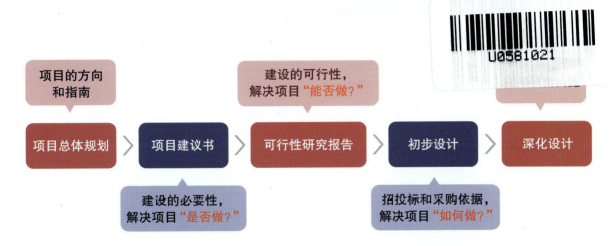

图 1　新一代数字化工程设计基础——数字化工程全过程的设计服务内容图

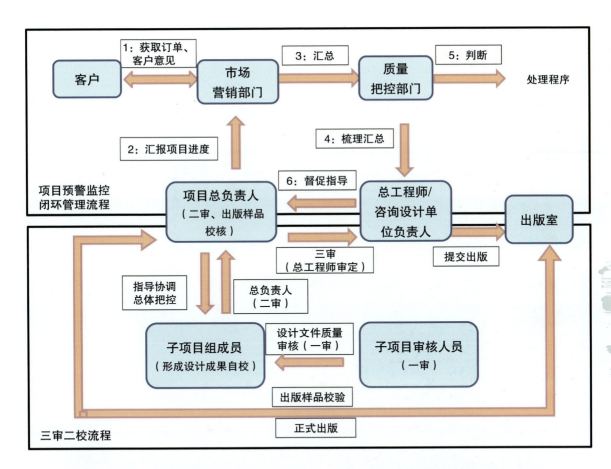

图 2　新一代数字化工程设计基础——咨询设计服务质量管理流程图

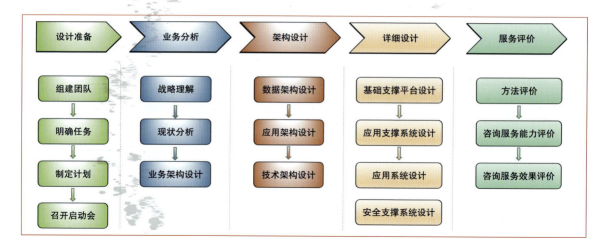

图3　新一代数字化工程设计基础——数字化工程设计的工作步骤图

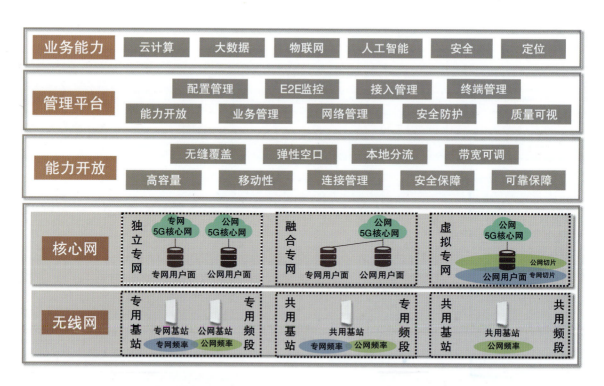

图4　数字基础设施工程计划——5G专网总体架构示意图

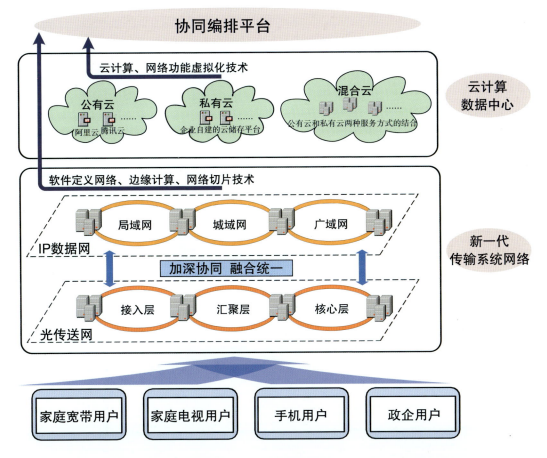

图 5 数字基础设施工程设计——适应数字化业务的承载网演进架构图

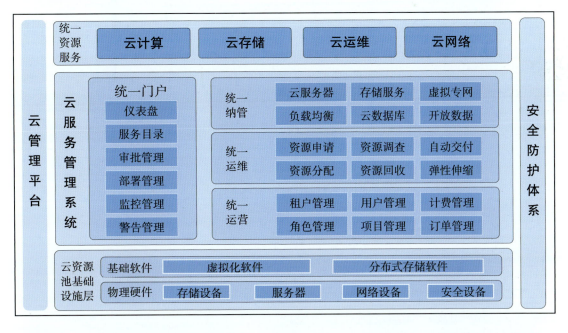

图 6 数字基础设施设计案例——省级工业云平台资源池逻辑结构示意图

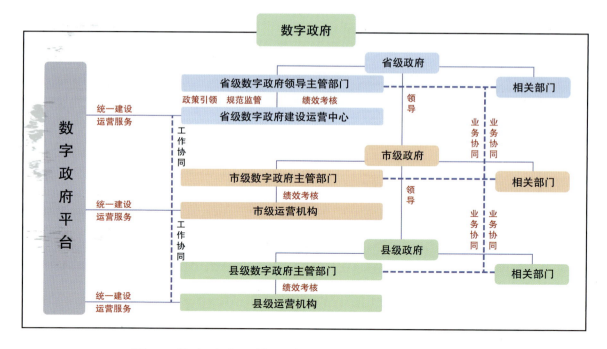

图 7　数字政府总体设计——数字政府管理架构图

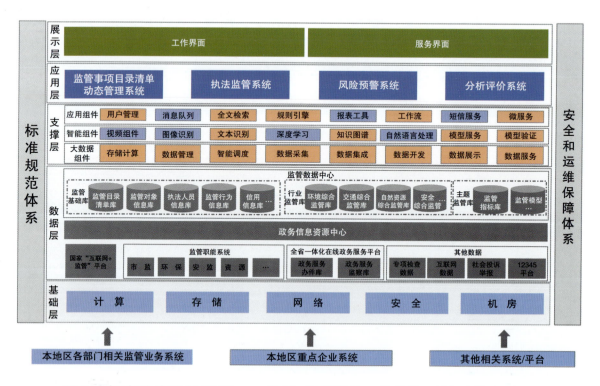

图 8　数字政府设计案例——省级"互联网＋监管"系统总体架构图

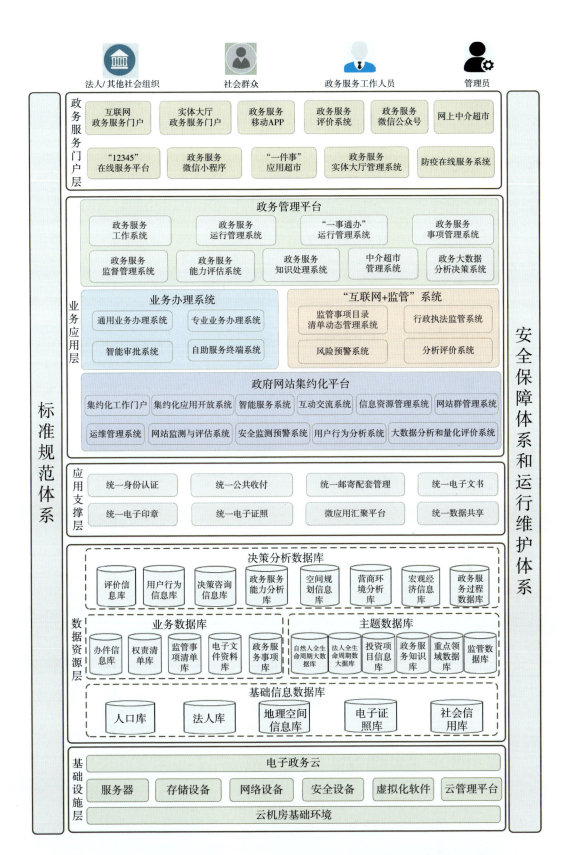

法人/其他社会组织　　社会群众　　政务服务工作人员　　管理员

标准规范体系

安全保障体系和运行维护体系

政务服务门户层

互联网政务服务门户	实体大厅政务服务门户	政务服务移动APP	政务服务评价系统	政务服务微信公众号	网上中介超市

"12345"在线服务平台	政务服务微信小程序	"一件事"应用超市	政务服务实体大厅管理系统	防疫在线服务系统

业务应用层

政务管理平台

政务服务工作系统	政务服务运行管理系统	"一事通办"运行管理系统	政务服务事项管理系统

政务服务监督管理系统	政务服务能力评估系统	政务服务知识处理系统	中介超市管理系统	政务大数据分析决策系统

业务办理系统

通用业务办理系统	专业业务办理系统
智能审批系统	自助服务终端系统

"互联网+监管"系统

监管事项目录清单动态管理系统	行政执法监管系统
风险预警系统	分析评价系统

政府网站集约化平台

集约化工作门户	集约化应用开放系统	智能服务系统	互动交流系统	信息资源管理系统	网站群管理系统
运维管理系统	网站监测与评估系统	安全监测预警系统	用户行为分析系统	大数据分析和量化评价系统	

应用支撑层

统一身份认证	统一公共收付	统一邮寄配套管理	统一电子文书

统一电子印章	统一电子证照	微应用汇聚平台	统一数据共享

数据资源层

决策分析数据库

评价信息库	用户行为信息库	决策咨询信息库	政务服务能力分析库	空间规划信息库	营商环境分析库	宏观经济信息库	政务服务过程数据库

业务数据库

办件信息库	权责清单库	监管事项清单库	电子文件资料库	政务服务事项库

主题数据库

自然人全生命周期大数据库	法人全生命周期大数据库	投资项目信息库	政务服务知识库	重点领域数据库	监管数据库

基础信息数据库

人口库	法人库	地理空间信息库	电子证照库	社会信用库

基础设施层

电子政务云

服务器	存储设备	网络设备	安全设备	虚拟化软件	云管理平台

云机房基础环境

图 9　数字政府设计案例——省级数字政府系统总体技术架构图

图 10　数字社会设计案例——省级文化大数据平台总体架构图

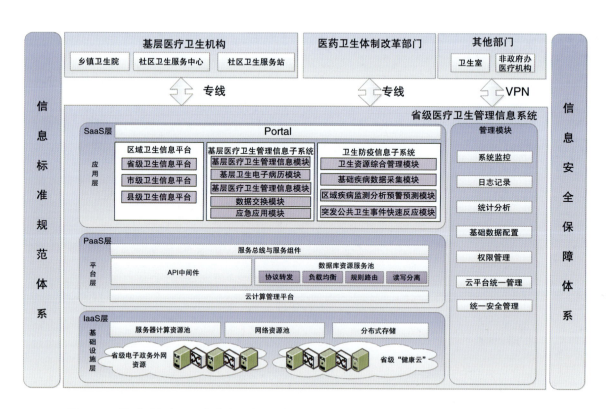

图 11　数字社会设计案例——省级医疗卫生管理信息系统总体架构图

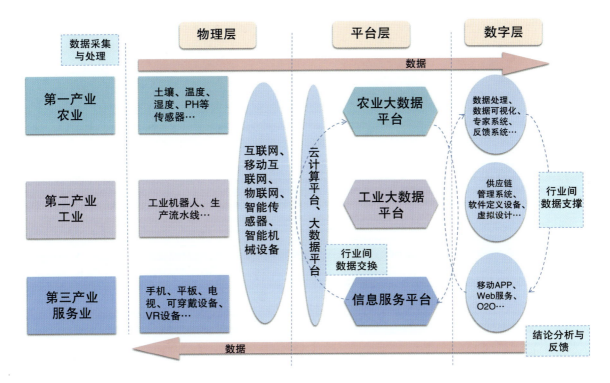

图 12　数字经济工程概论——产业数字化的层次架构图

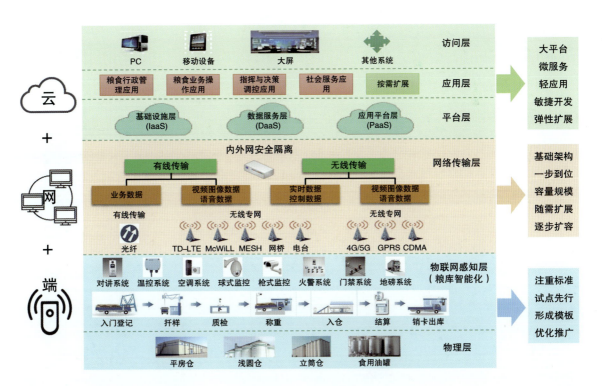

图 13　数字经济设计案例——省级粮食一体化管理平台的"云、网、端"关系图

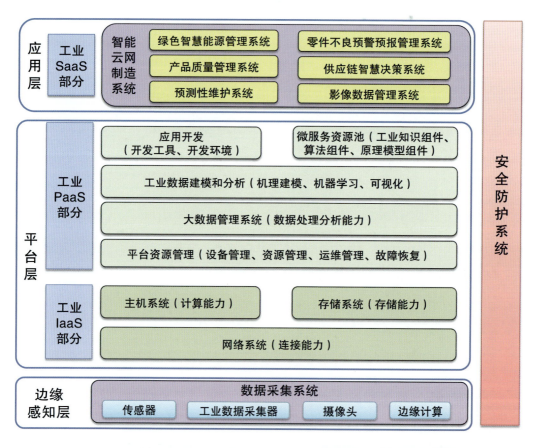

图 14 数字经济设计案例——工业互联网的体系架构图

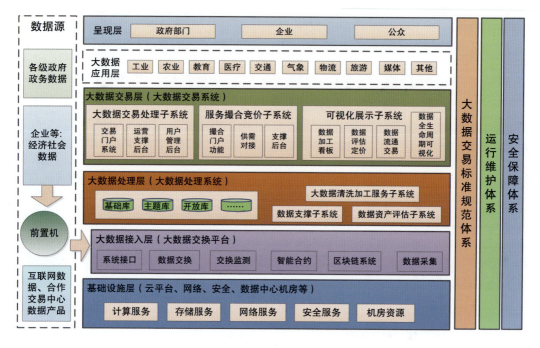

图 15 数字经济设计案例——省级大数据交易中心总体架构图

本书由广西通信规划设计咨询有限公司（即中国通信服务广西设计公司）组织编写。

新一代数字化工程设计

黄 耿　主编

何 曲　郑 灏　周 鸣

陈 勇　王 倩　　副主编

科学出版社

北 京

内 容 简 介

本书以新一代数字化工程设计为主题,以"跟随世界潮流,紧贴时代脉搏,适应技术发展,面向工程应用"为宗旨,为推动数字化工程设计事业发展而献出微力。

本书紧扣新一代数字化工程设计,涵盖新一代数字化工程设计全方位的内容。全书共15章,收集了当前有关新一代数字化工程设计的较新资料,全面阐述了新一代数字化工程设计事业的新动态、新思维、新经验。紧贴实际、面向应用、深入浅出、图文并茂、重于实用。

本书可供各省(区、市)各部门的数字化工程设计与大数据管理机构、各级数字化设计与管理人员、技术人员、各类大数据系统工程设计与建设企业等参考,也可作为大中专院校相关专业师生的参考材料。

图书在版编目(CIP)数据

新一代数字化工程设计/黄耿主编.—北京:科学出版社,2020.10
ISBN 978-7-03-054767-5

Ⅰ.新… Ⅱ.①黄… Ⅲ.①数字化–工程设计 Ⅳ.①TB21

中国版本图书馆CIP数据核字(2020)第188691号

责任编辑:杨 凯/责任制作:魏 谨
责任印制:师艳茹/封面设计:杨安安

北京东方科龙图文有限公司 制作
http://www.okbook.com.cn

科 学 出 版 社 出版
北京东黄城根北街16号
邮政编码:100717
http://www.sciencep.com

天津市新科印刷有限公司 印刷
科学出版社发行各地新华书店经销
*

2020年10月第 一 版 开本:787×1092 1/16
2020年10月第一次印刷 印张:43 1/4 插页:4
字数:1120 000

定价:128.00元
(如有印装质量问题,我社负责调换)

序

理论是思想的旗帜，旗帜是前行的方向。在习近平总书记实施国家大数据战略、建设"数字中国"战略部署指引下，大力开展新型基础设施建设，打造协同高效的数字政府，培育富有活力的数字经济，构建智慧便民的数字社会，以数字化培育新动能，用新动能推动新发展，以新发展创造新辉煌，已成为我们建设网络强国，谱写新时代中国特色社会主义新篇章的主旋律。

立足新时代，描绘"数字中国"的伟大愿景，勾画数字化的未来蓝图，需要一大批工程设计人员不忘初心，砥砺奋进。数字化工程设计是根据数字化建设工程的要求，对建设新型数字基础设施、数字政府、数字社会、数字经济等工程所需的技术、经济、资源、环境等条件进行综合分析、论证，进而编制出科学、合理的工程设计文件的系统性工作。新一代的数字化工程设计的特点，则是应该在总结我国多年信息化工程建设实践与经验的基础上，运用云计算、大数据、人工智能、区块链等最新数字技术和方法，构思和设计出技术架构先进、数据互通共享、创新特点鲜明、综合效益显著的数字化工程，充分发挥数据这一新型生产要素的作用，助推我国实现经济社会的高质量发展。

在此，我很高兴地看到《新一代数字化工程设计》一书的出版。这是国内第一部抓住了新型数字基础设施与数字政府、数字经济、数字社会工程设计这个重要课题的科技专著。广西通信规划设计咨询有限公司作为中国通信服务旗下的国有甲级咨询设计企业，在总结和归纳自身数字化工程设计建设经验的基础上，汲取了国内新一代数字化工程设计的新技术、新思维、新方法，全面系统地阐述了数字化工程设计的最新技术、设计理念和应用实践，列举了相当多的典型案例，题材新颖、范围广泛、面向实际、深入浅出、图文并茂，具有一定的技术先进性和项目代表性。一书在手，可以借鉴、可以参考、更可以启迪，希望书籍的出版能对新一代数字化工程建设提供重要的参考值和指导意义，为推动数字中国事业发展做出有益的探索。

中国工程院院士 刘韵洁

前　言

今天，中国特色社会主义进入了新时代，这是我国发展新的历史方位。党的十八大以来，以习近平同志为核心的党中央高度重视信息化发展，加强顶层设计、总体布局，作出了建设数字中国的战略决策。

数字中国是以中国为对象的国家信息化体系。它是以新时代中国现代化建设为对象，以新一代数字技术和产业创新发展为引领，以信息资源为核心要素的国家信息化建设系统工程。数字中国建设目标是为我国经济建设、政治建设、文化建设、社会建设、生态文明建设提供信息化技术和信息资源支撑。数字中国是新时代国家信息化发展的新战略，是满足人民日益增长的美好生活需要的新举措，是驱动引领经济高质量发展的新动力。数字中国推动信息化发展更好造福国家和人民，为决胜全面建成小康社会、开启全面建设社会主义现代化国家新征程提供强大动力。

数字中国是一个包括数字经济、数字政府、数字社会"三数一体"的综合体系。在经济、社会和政府三大数字化转型中，经济数字化转型是基础，社会数字化转型具有全局意义，而政府数字化转型则发挥着先导性作用。数字政府是数字中国的大脑，是引领新一轮改革创新的核心引擎。以政府数字化转型为引领，撬动经济和社会数字化转型，是全球各个国家和组织大力推动数字化转型的基本规律。无论是哪个领域的数字化转型，构建数据体系、打造赋能组织、推动流程再造、实现数据共享与应用几乎成为基本公式。

当今世界，数字化转型已经成为国家发展与各业管理者关注的热点。新一代数字化工程设计也成为了各行各业各企业（机构）领导和信息服务部门关注的问题。这是一个随着数字技术的深入应用而产生的新课题。目前，如何做好新一代数字化工程设计，这方面的知识积累和实践经验还不够，需要进一步研究和探索。

我们作为新一代数字化工程设计的实践者，参与了大量省级、市级新一代数字化工程的设计工作，积累了有关新一代数字化工程设计的经验，这里选择了部分案例，加上我们的理解与体会编写成一本反映新一代数字化工程设计的专著。本书力求全面阐述新一代数字化工程设计的基础技术、层级结构、应用系统与设计方法；力求回答好什么叫新一代数字化工程设计、为什么要进行新一代数字化工程设计、设计什么样的新一代数字化工程这几个问题。希望本书的出版能对新一代数字化工程设计工作起到参考与启迪的作用。我们把本书作为一份习作，献给国家、献给社会、献给同行；同时，对我们自己也是一种鼓励和鞭策。

本书分为基础篇、基础设施篇、数字政府工程设计篇、数字社会工程设计篇、数字经济工程设计篇，共 15 章，包括新一代数字化工程概述、新一代数字化工程设计基础、数字基础设施概论、数字基础设施工程设计、省级云计算数据中心的设计案例、数字政府的建设、数字政府总体设计、数字政务一体化在线政务服务平台的设计、省级数字政府的设计案例、数字社会工程概论、数字社会工程设计、数字社会工程设计案例、数字经济工程概论、产业数字化工程设计、产业数字化工程设计案例。全书紧扣新一代数字化工程设计这个主题，涵盖了新一代数字化工程设计全方位的内容。

　　本书观点前瞻、面向实际、深入浅出、图文并茂、重于应用。本书可供各省（区、市）各部门的数字化工程设计与大数据管理机构、各级数字化设计与管理人员、技术人员、各类大数据系统工程设计与建设企业等参考，也可作为大中专院校相关专业师生的参考材料。

　　本书在编写的过程中得到了中国科技出版传媒股份有限公司、广西专家咨询服务协会信息专业委员会的帮助和指导；得到了钱坤、谭庆彪、何军、郝璐楠、刘裕森和黄新等同志从选题、编目、插画、绘图到录入、修改、制版、审校的具体帮助，对上述单位和同志一并表示衷心感谢。

　　鉴于新一代数字化工程设计的题材新颖、范围广泛，涉及现代信息技术和数字化技术的各个门类和多个学科，具有技术管理、经济管理、组织管理等多项业务职能；而且，我国的新一代数字化工程设计起步的时间不长，还需要随着事业发展和技术进步而不断完善。在这些方面，我们虽然有所感悟，但限于水平，书中难免会有缺点和错误。恳请各级领导和同行及读者批评指正，对我们提出宝贵意见，不胜感激。

《新一代数字化工程设计》编委会

2020 年 8 月

目 录

第2篇　基础设施篇

第3篇　数字政府工程设计篇

第4篇　数字社会工程设计篇

第5篇　数字经济工程设计篇

第 1 篇 基础篇

本篇包含新一代数字化工程概述、新一代数字化工程设计基础，这两章主要阐述数字中国开启我国信息化发展新征程、新一代信息化技术与数字化技术、数字化转型是各业发展通向未来的必由之路、数字化转型的技术驱动力、三大数字化工程的内涵、数字化工程设计。

文中还针对刚入门的初学者，较详细地介绍数字化工程设计的新要求、数字化工程全过程的设计服务内容、数字化工程设计的基本要求、数字化工程设计的工作步骤、数字化工程设计方法、数字化工程设计的总体编制要求、项目总体规划的编制要求、项目建议书的编制要求、可行性研究报告的编制要求、初步设计的编制要求、深化设计的编制要求、各设计阶段的编制深度及内容要求对比等相关内容，可以作为新一代数字化工程设计入门的培训教材。

第1章 新一代数字化工程概述

方位决定方略，方略明确使命，使命昭示未来[1]

今天，中国特色社会主义进入了新时代，这是我国发展新的历史方位。党的十八大以来，以习近平同志为核心的党中央高度重视信息化发展，加强顶层设计、总体布局，做出了建设数字中国的战略决策。"海阔扬帆催奋进，披涛斩浪更扬帆"，这为中华民族带来了千载难逢的机遇。数字中国开启了我国信息化发展新征程。加快建设数字中国，就是要适应我国发展新的历史方位，全面践行新发展理念，以信息化培育新动能，用新动能推动新发展，以新发展创造新辉煌，不断满足人民对美好生活的向往。

环视全球，数字化时代如同浩瀚汹涌的大海，无边无界。我们正站在变革的拐点，进一步海阔天空，退一步无据可守。唯有锐意创新，勇立潮头，才能不辜负中华民族复兴的伟大时代。

1.1 数字中国开启我国信息化发展新征程

1.1.1 数字中国的内涵

数字中国是以中国为对象的国家信息化体系。它是以新时代中国现代化建设为对象，以新一代数字技术和产业创新发展为引领，以信息资源为核心要素的国家信息化建设系统工程。数字中国建设目标是为我国经济建设、政治建设、文化建设、社会建设、生态文明建设提供信息化技术和信息资源支撑。

数字中国是一个包括数字政府、数字社会、数字经济"三数一体"的综合体系，它涵盖经济、政治、文化、社会、生态等各领域信息化。

数字中国是新时代国家信息化发展的新战略，是满足人民日益增长的美好生活需要的新举措，是驱动引领经济高质量发展的新动力。数字中国推动信息化发展更好造福国家和人民，为决胜全面建成小康社会、开启全面建设社会主义现代化国家新征程提供强大动力。

1.1.2 数字中国的新战略、新成就

国家互联网信息办公室发布的《数字中国建设发展报告（2018）》（以下简称《报告》）分析了数字中国面临的形势，评估总结了自党的十八大以来数字中国建设取得的重大成就与基本经验，提出了下一步努力的方向，是一份指导和推动我国信息化更好服务经济社会发展的重要报告。《报告》指出，数字中国开启我国信息化发展新征程。建设数字中国，是贯彻落实习近平新时代中国特色社会主义思想特别是网络强国战略思想的战略举措；是抢抓信息革命机遇构筑国家竞争新优势的必然要求；是推动信息化发展更好服务经济社会发展，加快建成社会主义现代化强国的迫切需要。

1. 数字中国顶层设计架构完成

党中央、国务院相继出台《国家信息化发展战略纲要》《"十三五"国家信息化规划》等重大战略规划，确定了数字中国建设发展的路线图和时间表，确定了新时代数字中国建设的总目标、三

1）摘自新华网"迎接十七大特稿：十七大的历史方位。"

大战略任务、六个主攻方向，确定了"十三五"时期数字中国建设的十个方面重大任务和十二项优先行动。国家将加快推动经济社会的数字化、网络化、智能化进程，开启我国信息化发展新征程。

（1）新时代数字中国建设的总目标：坚持与实现"两个一百年"奋斗目标同步推进，全面支撑党和国家事业发展，促进经济社会均衡、包容和可持续发展，为国家治理体系和治理能力现代化提供坚实支撑；明确数字中国建设要贯彻以人民为中心的发展思想，把增进人民福祉作为信息化发展的出发点和落脚点，让信息化更好造福人民。

（2）数字中国建设的三大战略任务：大力增强信息化发展能力、着力提升经济社会信息化水平、不断优化信息化发展环境。

（3）数字中国建设的六个主攻方向：

① 引领创新驱动，培育发展新动能。

② 促进均衡发展，优化发展新格局。

③ 支撑绿色发展，构建发展新模式。

④ 深化开放合作，拓展发展新空间。

⑤ 推动共建共享，释放发展新红利。

⑥ 防范风险，夯实发展新基石。

（4）"十三五"时期数字中国建设的十个方面重大任务：

① 构建现代信息技术和产业生态体系。

② 建设泛在先进的信息基础设施体系。

③ 建立统一开放的大数据体系。

④ 构筑融合创新的信息经济体系。

⑤ 支持善治高效的国家治理体系构建。

⑥ 形成普惠便捷的信息惠民体系。

⑦ 打造网信军民深度融合发展体系。

⑧ 拓展网信企业全球化发展服务体系。

⑨ 完善网络空间治理体系。

⑩ 健全网络安全保障体系。

（5）"十三五"时期数字中国建设的十二项优先行动：

① 新一代信息网络技术超前部署行动。

② 北斗系统建设应用行动。

③ 应用基础设施建设行动。

④ 数据资源共享开放行动。

⑤ "互联网＋政务服务"行动。

⑥ 美丽中国信息化专项行动。

⑦ 网络扶贫行动。

⑧ 新型智慧城市建设行动。

⑨ 网上丝绸之路建设行动。

⑩ 繁荣网络文化行动。

⑪ 在线教育普惠行动。

⑫ 健康中国信息服务行动。

2. 数字中国建设取得重大成就

数字中国建设重大任务深入推进，2018 年，《"十三五"国家信息化规划》确定的国家信息化发展主要指标完成情况良好。从发展指标看，国内信息技术发明专利授权数、光纤入户用户占总宽带用户的比率、固定宽带家庭普及率、移动宽带用户普及率、贫困村宽带网络覆盖率等5项指标提前完成"十三五"目标。从重大任务实施成效看,新一代信息基础设施加快建设,信息技术创新能力逐步增强,数据资源体系建设成效明显,数字经济培育壮大发展新动能,电子政务和新型智慧城市建设水平明显提升,网络扶贫与数字乡村建设接续推进,信息化发展不断增强人民群众的获得感、幸福感、安全感。

1)数字经济规模日益扩大,电子商务尤为突出

2017年我国数字经济规模达27.2万亿元,2018年则达到31.3万亿元。2017年年底,中国网民规模达7.72亿,2018年年底,中国网民规模达8.29亿,互联网普及率达59.6%。

2018年,我国电子商务交易额为31.63万亿元,比2017年的29.16万亿元增长了8.47%左右。其中,网络零售额的增长更进一步证明数字经济的强大动能:2017年网络零售额为7.18万亿元,2018年则达到9万亿元,这一变化也可以从电商平台重点大促节日的成绩单直观感受到,2017年"双11"全天成交额为1682亿元,2018年则为2135亿元,高额增长也侧面反映出2018年数字经济对实体经济的驱动和高质量发展。

2)多地驶入信息高速路,信息惠民落到实处

《报告》对2018年各地区信息化发展情况进行了评价,结果显示:2018年各地区信息化发展水平整体提升,北京、广东、江苏、上海、浙江、福建、天津、重庆、湖北、山东等地方信息化发展评价指数排名前十位,上述地区认真落实数字中国战略部署,制定实施数字化规划或行动计划,整体推进信息化创新发展,信息化发展水平走在全国前列。

新晋上榜的地区较多,四川、江西、山东和安徽均在2018年大幅提升公共服务信息化水平,这与另一项指数——信息技术产业指数的变化存在某种程度关联。从该指数的两年对比中可以发现,重庆是新晋进入前十名的城市,福建和北京均有位次上的上升,这代表信息产业在城市经济发展中贡献较大,以上地区对5G、人工智能、大数据等前沿产业发展较为鼓励,也形成多个产业聚集地。产业的蓬勃发展直接为信息惠民提供支撑,也是服务型城市提高民众口碑的关键。

同样代表信息惠民能力还有"信息基础设施指数",两年对比来看,宁夏为新晋进入前十名的地区,辽宁、重庆的排名均有上升。这代表信息基础设施建设的步伐在更多城市提速建设,比如宁夏在近年来就加紧智慧城市建设,加快数据共享和电子政务、便民服务推广度,同时形成全国首部智慧城市建设地方法规。

在各地信息产业和信息惠民指数不断上升之后,区域经济也呈现"京津冀、长三角、粤港澳"三大亮点地区。长三角地区完成我国首个跨四城5G视频通话,聚焦园区、廊圈带促进产业资源自由流动。京津冀三地签订信息化协同发展协议,共建信息基础设施和数据共享合作。雄安新区则吸引大量北京创新型、高成长性科技企业疏解转移。

粤港澳大湾区作为近年来国家高度重视和规划的世界级湾区,2018年内建设智慧城市群,并加快粤港澳互联宽带扩容,在三地信息资源共享上创新模式,也将成为未来数字经济、数字中国建设的新一极。

3. 数字中国建设新的着力点

数字中国建设报告分析了数字中国建设面临的形势,提出数字中国建设要坚持以习近平新时代中国特色社会主义思想为指导,深入贯彻落实习近平总书记关于网络强国的重要思想,要加强战略统筹,开展"十四五"信息化规划预研;要优化创新生态,增强网络信息技术创新能力;要发挥投资关键作用,加快建设新型基础设施;要立足高质量发展,推动数字经济创新发展;要着力缩小数字鸿沟,统筹推动城乡信息化融合发展;要促进改革创新,推动电子政务发展与信息惠民;要坚持安全发展,加强网络安全保障能力建设;要深化开放合作,推动共建网络空间命运共同体。

1.2　"三数一体"抗击新冠肺炎疫情立新功

2020 年庚子之春,一场没有硝烟的新冠肺炎疫情阻击战在神州大地打响。

在这场狙击战中,支撑数字中国的数字政府、数字经济、数字社会以"三数一体"的合力,在抗击新冠肺炎疫情中立下了新功,从技术层面为抗击疫情贡献了属于这个时代的力量。

1.2.1　数字政府助力"战疫"

新冠肺炎疫情的爆发,是一次突发性的公共卫生事件,同时也是政府面临的一次应急抗疫能力大考核。疫情防控期间,为满足企业和群众办事需求,全国各级政府通过数字政府的建设,充分发挥"互联网 + 政务服务"优势,提倡"服务网上办、审核不见面、便民不打烊",助力疫情防控数字化"战疫",如图 1.1 所示。

图 1.1　服务网上办、审核不见面、便民不打烊

针对疫情,国家卫生健康委发布通知提出,强化政务服务一网通办,以网上办、自助办、掌上办、咨询办实现"不见面审批",以"远距离、不接触"最大限度隔绝病毒的传播路径。上海、福建、广东、江西、浙江、湖北、四川、广西、贵州等省级政务服务部门开展了网上办、远程办、指尖办、电话办、邮寄办、预约办的政务服务办事方式。

上海市向广大市民发出倡议书,在疫情防控期间,如有相关办事需求,尽量网上办、掌上办,避免线下办、集中办。福建省提出六条措施大力推动政务服务"马上就办网上办",发挥该省 95%以上政务服务事项网上可办和 50%以上事项"一趟不用跑"的线上服务能力。广东省出台《关于依托"数字政府"一体化在线政务服务平台便利企业群众办事减少跑动的通知》,推进"网上办、指尖办、预约办、就近办"。江西省充分依托"赣服通"平台为企业和群众提供优质高效服务的十项举措,积极鼓励和引导广大企业和群众通过"赣服通"进行"掌上办"。浙江省公安机关大力推行"网上办、掌上办","浙里办"APP 中的"公安专区"为群众提供全天候服务。贵州省相关政务服务部门发出通知,提倡广大群众通过贵州政务服务网、"云上贵州多彩宝"APP、"数智贵阳"小程序进行"网上办事""手机办事"。

各地政府还利用大数据平台,整合政务服务移动客户端、微信小程序、支付宝等服务,开设疫情防控专题,提供疫情防治相关的公共服务。湖北"鄂汇办"客户端开设疫情专区,提供医疗救治信息、疫情相关线上办事、患者同程查询等服务。天津"津心办"上线疫情防控服务专区与确诊患者同行程查询功能,同时推出英文栏目,为驻津外国机构、企业和外籍人员等及时提供疫情防控信息服务。山东省"政务服务一网通办"总门户全面上线各类便民利民防疫服务,已形成覆盖省、市、县、乡、村五级的信息传达、政策传导、决策支持、监督管理等工作网络。

广东利用"粤省事"政务微信小程序可为公众提供在线"入粤登记""个人健康申报"等自助服务。四川推出"群防快线"疫情防控平台，可实现个人疫情防控信息自主申报、在线自测问诊、可疑疫情线索上报、权威信息发布、违反防控规定行为举报等功能。浙江"浙里办"正式上线新型肺炎防控公共服务管理平台，集成疫情主动申报和疫情线索提供、居家医学观察服务与管理、网上智能问诊与人工服务等公共服务内容。

此外，福州的"e防控"、深圳的"深i您"、广州的"穗康"、宿州的"皖事通"和"迅宿办"等相继推出"口罩预约系统""自主信息申报""医疗物资捐助"等服务，纷纷成为当地疫情防控的"爆款"小程序。

全国各地通过数字政府系统的建设，连通医疗、交通、公安、社区、城市管理、政务服务等各城市职能部门，让全国各地"防疫"全面数字化、在线化，大大提高了防疫效率和效果。

1.2.2　数字社会创新防疫举措

在这场疫情阻击战中，各地、各业依托自身科技实力与数字化技术，针对不同场景，开拓创新，提出了各类防疫举措。

小步创想公司开发了网格化防疫情管理平台，由全民战"疫"微信公众号、网格化防疫APP、网格化防疫联动指挥中心组成，结合大数据、3D可视化等先进技术，实现社区防疫体系化、精细化管理，在社区/居民、医院/网格员、疫情防控监管部门之间构建管理闭环，充分调动和发挥卫健委、医院、各级政府、网格员、社区等各类组织的力量，群防群控，共抗疫情。

数字政通公司开发了"网格化社区疫情防控系统"，上线运行后获得了良好的社会反响。为应对新冠肺炎疫情，让科技支撑为防疫工作赋能，进一步为基层疫情防控工作插上信息化的翅膀，数字政通公司结合各地防疫工作，创新性地在已上线的"网格化社区疫情防控系统"中又最新研制出"电子通行证"，在各地网格化社区疫情防控中的居民小区辅助基层管控居民出入，既可以辅助社区围合式管理，又让小区居民出行更便捷、更安全。通过这个电子通行证，亦可实现居民出入留痕，有效避免了纸质通行证伪造、乱放、乱借、乱用的情况，防疫管理人员可在系统后台一键查询出行信息，为抗疫防线插上"快、精、准"的翅膀。

海纳云公司通过搭建互联互通"IoT+IOC"物联平台，在智慧社区落地智慧安全、智慧服务、智慧出行等物联网智慧场景，从用户无接触出入小区、体温筛查，到外来人口人证比对；从进出社区人员轨迹查询，到用户线上APP交互、智慧垃圾桶……在社区多个环节为疫情防控发挥积极作用，用科技和智慧为社区用户生命安全筑牢防线，助力打赢疫情防控阻击战。

中国移动智慧家庭运营中心融合5G技术和AI能力，以全国范围落地的智慧社区为主线，创新防疫举措，展开了全面的防疫攻坚战。

中国移动智慧社区针对此次新型冠状病毒疫情的防控工作需要，以智能化的手段协助社区管理，借助AI模型进行疫情预判，用数字化手段协同管理，严守社区防线。针对各级政府，推出分级行政管理模块，可省—市—区—街道—小区—个人，层层关联，逐级管理。对各类疫情防控报表、健康状况打卡、问卷统计等进行统一管理，分级调用，实现大数据治理。智慧社区综合信息展示平台如图1.2所示。

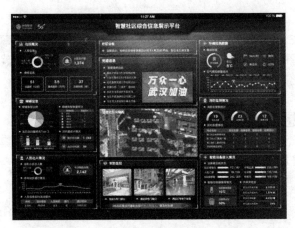

图 1.2　智慧社区综合信息展示平台

1.2.3　数字经济逆行而上，表现了强大的生命力

疫情发生以来，以新一代数字技术为支撑的数字经济逆行而上，表现了强大的生命力。

国家通信行业实现了网络不堵、服务不断、性能不降，成功地经受住了这次疫情的大考。疫情期间，新建的 4G 和 5G 基站超过 6.3 万个，进一步提升了网络的能力，夯实了通信服务保障的网络基础。同时加强 5G 网络部署和应用，迅速完成了火神山、雷神山等重点场所的通信保障任务和 5G 的覆盖。32 支国家应急通信一类保障队伍实时待命，及时提供应急通信保障，确保关键系统平稳运行。疫情中，全国通信行业累计投入通信保障人员 35.7 万人次，各类保障车辆 17.4 万辆次，有力地保障了全国通信网络的平稳运行。

疫情期间，各类信息通信服务得到广泛的应用，积极支撑了复工复产复学，社会各界对通信服务的使用量明显增长。2020 年 1～2 月，全国移动互联网的累计流量达到了 235 亿 GB，同比增长了 44.2%，2 月份当月户均移动互联网接入流量达到 8.88GB，同比增长了 45.5%，也达到了近 12 月以来的最高点。根据中国电信最新的数据显示，2020 年 3 月 1 日到 3 月 22 日，中国电信移动用户数日均新增 24.5 万，比 2 月份的日均新增用户数量增长了 114%。

疫情期间，人工智能技术得到了有效的运用，在疫情的监测、疾病的诊断、药物的研发等方面发挥了重要的作用。据不完全统计，目前已有 20 余款人工智能系统应用在湖北武汉等抗疫一线以及全国数百家医院。此外，各家企业特别是在人工智能 +CT 系统，还结合具体的应用场景开发了特殊的功能，比如用移动的 CT 设备的组合，实现了云端的部署，有效地提升了新冠肺炎的排查效率和诊断的准确率。下一步，将继续推动人工智能技术与医疗工作的融合发展。

疫情倒逼，推动了云办公、云教学、云医疗等网络新业态的繁荣。新型的网络基础设施为 5G+远程医疗、5G+ 远程办公、5G+ 远程会议等新技术、新应用的落地推广提供了有力的支撑。通过对以大数据、人工智能、云计算等为代表的数字技术的运用，及时地实现了疫情信息的获取，更方便地享受着无接触式配送服务，更流畅地实现在家"云办公"，以及更清晰地了解到防疫物资输送情况。

为了推动复工复产、释放新兴消费的潜力，国家组织了产业界加强协作、充分发挥 5G 的技术优势，探索培育了一批 5G 的典型应用。在电商领域，打造了 5G+VR 全景虚拟的导购云平台，用户利用手机就可随时随地浏览云货架、云橱窗，可实现 360 度全景、720 度无死角购物体验，已经在北京、广东、重庆、江苏、江西等近百家商业和企业推广应用。在文娱领域，利用 5G+VR、AR 以及边缘计算实现了文艺演出、体育赛事、景区等场馆和户外的直播，聚合了 5G 高清影视、云游戏等内容，推广了 VR 的眼镜、游戏的手柄，满足网络娱乐新的要求。在智慧教育领域，打造远程互动的教学，利用人工智能实现教育教学智能评测，全面升级教育教学、校园服务、教学管理、教育评价等用户的体验。

这次应对新冠肺炎疫情以及复工复产工作中，我国之所以取得令世人瞩目的成效，其中一个重要的原因就是采用了科学的方法，成功地应用了新技术，其中互联网、大数据、人工智能、区块链等新一代信息技术，在此次疫情防控和复工复产中发挥了重要的作用。

1.3 新一代信息化技术与数字化技术

1.3.1 信息化与数字化

1. 信息化的内涵

信息化自从问世以来，它的内涵在不断发展，与时俱进。

（1）在1997年召开的首届全国信息化工作会议上将信息化和国家信息化定义为："信息化是指培育、发展以智能化工具为代表的新的生产力并使之造福于社会的历史过程。国家信息化就是在国家统一规划和组织下，在农业、工业、科学技术、国防及社会生活各个方面应用现代信息技术，深入开发广泛利用信息资源，加速实现国家现代化进程。"

会议提出了信息化的要素、层次与范畴：

① 信息化构成要素主要有信息资源、信息网络、信息技术、信息设备、信息产业、信息管理、信息政策、信息标准、信息应用、信息人才等。

② 信息化层次包括核心层、支撑层、应用层与边缘层几个方面。

③ 信息化范畴包括信息产业化与产业信息化、产品信息化与企业信息化、国民经济信息化、社会信息化。

（2）中共中央办公厅、国务院办公厅在《2006—2020年国家信息化发展战略》中指出：信息化是充分利用信息技术，开发利用信息资源，促进信息交流和知识共享，提高经济增长质量，推动经济社会发展转型的历史进程。

2. 数字化的内涵

数字化在技术界至今并没有权威的定义。最初，数字化是指将信息载体（文字、图片、图像、信号等）以数字编码形式（通常是二进制）进行储存、传输、加工、处理和应用的技术途径。数字化本身指的是信息表示方式与处理方式，但本质上强调的是信息应用的计算机化和自动化。当前，随着数字经济这一经济学概念的发展，数字化是一切通信技术、信息技术、控制技术的统称。

（1）数字化是数字计算机的基础。若没有数字化技术，就没有当今的计算机，因为数字计算机的一切运算和功能都是用数字来完成的。

（2）数字化是多媒体技术的基础。数字、文字、图像、语音、虚拟现实，以及可视世界的各种信息等，实际上通过采样定理都可以用0和1来表示，这样数字化以后的0和1就是各种信息最基本、最简单的表示。因此计算机不仅可以计算，还可以发出声音、打电话、发传真、放录像、看电影，这就是因为0和1可以表示这种多媒体的形象。用0和1还可以产生虚拟的房子，因此用数字媒体可以代表各种媒体，可以描述千差万别的现实世界。

（3）数字化是软件技术的基础，是智能技术的基础。软件中的系统软件、工具软件、应用软件等，信号处理技术中的数字滤波、编码、加密、解压缩等等都是基于数字化实现的。例如图像的数据量很大，数字化后可以将数据压缩至十分之一甚至几百分之一；图像受到干扰变得模糊，可以用滤波技术使其变得清晰。这些都是经过数字化处理后所得到的结果。

（4）数字化是信息社会的技术基础。数字化技术还正在引发一场范围广泛的产品革命，各种家用电器设备，信息处理设备都将向数字化方向变化，如数字电视、数字广播、数字电影、DVD等，现在通信网络也向数字化方向发展。人们把信息社会的经济说成是数字经济，这足以证明数字化对社会的影响有多么重大。

1.3.2　信息化与数字化的关系

数字化并不是对各业以往的信息化推倒重来，而是需要整合优化以往的各业信息化系统，在整合优化的基础上，提升管理和运营水平，用新的技术手段提升各业新的技术能力，以支撑各业适应数字化转型变化带来的新要求，信息化与数字化的关系见表 1.1。

表 1.1　信息化与数字化的关系

对比角度	信息化	数字化
应用范围	部分系统或业务，局部优化	全域系统或流程，整体优化
联　接	联接和打通面窄，效率低响应慢	全联接和全打通，效率高响应快
数　据	数据比较分散，没有充分发挥真正价值	数据整合集中，深入挖掘数据资产价值
思　维	管理思维	用户导向思维
战　略	竞争战略	共赢战略
总　体	初级阶段	高级阶段

1. 从应用的范围看

信息化过去主要是单个部门或部分系统的应用，很少有跨部门的整合与集成，其价值主要体现在效率提升方面，而数字化则是在行业或部门整个业务流程进行数字化的打通，破除部门墙、数据墙，实现跨部门的系统互通、数据互联，全线打通数据融合，为业务赋能，为决策提供精准洞察。

2. 从联接的角度看

原有的行业或部门信息化系统是搭建于以往互联网没有高度发展的时期，很多行业或部门的信息系统在当时环境下缺乏对联接的深度认识。行业或部门没有打通各个业务单元的联接、没有实现各个数据单元的汇聚，造成内、外部的运行效率比较低，适应环境变化的能力差。

在今天数字化发展的环境下，互联网形成了行业或部门平台，移动互联网把用户联接在一起了，用户可以通过线上跟行业或部门全联接实时交互，从而带来了重大的革命性的改变。联接在改变效率、降低运行成本方面发挥重大价值，在联接的环境下，会产生去中间化的效果，重构新的工作和商业模式。

3. 从数据的角度看

以往的信息化也有很多数据，但数据都分散在不同的系统里，没有打通也没有真正发挥出数据的价值。而数字化是真正把"数据"看成一种"资产"，这是以前从未有过的视角。随着大数据技术的发展，数据的价值得到了充分的体现，促进了各种资源的数据化进程，为数字化整合了更多的资源。所以，行业或部门的数字化能够通过"数据资产"更好地赢利或者大大提升工作的效率。

4. 从思维方式上看

以往的行业或部门信息化从构建之初，所体现的思想就是一种管理思维。当时，行业或部门建立信息化管理的主要指导思想，就是通过这一套管理工具，把行业或部门的各个环节、涉及的进销存、涉及的相关岗位的动作都能管起来。当时所要体现的信息化管理目标就是管好、管死、管严格。所以当时的信息化系统设计的思路并没过多考虑用户需求的便利化，更多关注的是管理的思维。这种建立在管理思维环境下设计的各业信息系统，用户效率比较低，很多用户需求得不到满足。而数字化的核心是要解决用户效率和业务效率，也就是数字化转型的过程是要高度体现如何有效提升各个系统节点用户的效率，同时需要借助数字化转型的技术手段，推动行业或部门经营效率的提升。

特别是打通行业或部门与用户的连接，打通各个关键数字系统的连接，有效改变行业或部门的运行效率，推动行业或部门上一个新的台阶。

5. 从行业或部门战略上看

在信息化时代，能做什么取决于有什么资源和能力，可做什么取决于在所处的行业或部门中选什么位置。信息化时代要满足用户需求，基本上是要用比较优势，比较优势当中一定会有输赢，是一种竞争战略。而数字化时代，想做什么关键是能不能重新定义，能做什么不是拥有什么资源，而是跟谁联接，如果能联接就会有非常多的资源和可能性；可做什么也不受产业条件的限制，可以跨界合作。数字化时代最重要的是以用户为中心，不断创造用户价值，当以用户为中心创造价值的时候，那就不是跟谁竞争了，应该是跟谁合作去创造更大的用户价值和获取更宽广的生长空间。

6. 从总体来看

数字化是信息化的高级阶段。它是信息化的广泛深入运用，是从收集、分析数据到预测数据、经营数据的延伸。数字化脱离了信息化的支撑只不过是空中楼阁。

数字化植根于信息化。数字化就是解决信息化建设中信息系统之间信息孤岛的问题，实现系统间数据的互联互通。进而对这些数据进行多维度分析，对行业或部门的运作逻辑进行数字建模，指导并服务于行业或部门的高效运营或管理，创造更大的社会价值和经济价值。

1.4　数字化转型是发展通向未来的必由之路

当今世界，数字化转型已经成为国家发展与各业管理者关注的热点。对于数字化转型，究其实质，是指以数字化技术为基础，以数据为核心，以产品／服务转型以及流程优化重构为手段，从而实现各业绩效与竞争力的根本性提升的一系列变革。

1.4.1　数字化转型的驱动因素

各业发展开启数字化转型之路有三大驱动力。

（1）数字化转型的第一个驱动力是经济形势的挑战显现。在数字经济发展迅速的同时，我们也要看到中国市场整体经济的增速已放缓，特别是当前逆全球化的贸易保护主义抬头，各业面对着市场开拓、贸易壁垒、核心技术不足等诸多挑战。在经济环境压力越来越重的情况下，各业要应对消极因素的影响从而实现平稳的运营并追求长期的成长，驱使各业开始考虑通过数字化转型提升应对宏观困境的能力。另一方面是国家可持续发展战略要求各业在供给侧落实绿色节能、改进产品结构、实现技术创新。因此各业必然要借助新兴技术手段，以合理的投入来满足发展的要求。

（2）数字化转型的第二个驱动力是行业内市场竞争的加剧。各业管理者已经看到市场竞争不仅来源于同行业的升级和创新，也来自具有互联网基因的各业切入传统行业市场而形成的全新竞争压力。最近几年这类案例不胜枚举，例如腾讯的微信作为最大的社交平台直接冲击了运营商成熟且营收颇为巨大的短信业务，而微信银行的出现则代表着互联网各业直接切入了金融行业的传统市场并在小微贷领域不断攻城略地。

（3）数字化转型的第三个驱动力是各业运营的需要。从各业自身的运营来看，由于在数字经济发展的影响下客户的需求已经发生了显著的变化，因此各业需要从产品／服务的转型升级开始，全方位思考如何保证最大限度地满足客户需求并实现客户体验最大化。各业的成功还在于数字化生态系统的构建。借助数字化技术的应用，各业需要打造高效的平台以连接上下游各业和合作伙伴，使得内外部人员之间数据流转更加便利，为创新实践提供成本低、访问便利的资源池并提供丰富强大的数据分析支持。

1.4.2　数字化转型的内容

数字化转型将围绕着四个对象和六项任务来进行。

1. 数字化转型的四个对象

数字化转型贯穿产品（或架构）设计、运营（或管理）以及增值服务交付的全过程，因此会涉及各业的方方面面。从顶层设计角度看，数字化转型从四个对象开展：

（1）产品（或架构）。产品（或架构）的转型体现为功能和形式的设计能够密切贴合用户的需求，因此需要满足丰富的个性化需求，并且考虑通过增值服务实现最大收益。

（2）运营（或管理）。运营（或管理）优化的目的是提升各业决策效率，实现末端快速反馈，改进服务的用户体验并合理降低运营成本。由于各业间的竞争呈现出从技术、产品（或架构）等单方面竞争向平台化生态系统竞争转变的趋势，因此各业需要关注构建资源聚集、合作共赢的生态系统。

（3）用户。各业在数字化转型中首先可以考虑扩大业务流程对用户的开放，借助互联网的连接，让用户更多地参与到产品／服务的优化和推广中。因为数字化实现了用户和各业的直接对接，用户对产品／服务的体验和建议可以快速反馈，使产品（或架构）优化改进的节奏加快。

（4）人员。作为数字化转型的执行主体，人员也需要相应赋能。人员的数字素养将极大影响变革的进程，也会成为各业的核心竞争力之一。而且人员的赋能并不仅仅针对各业员工本身，它还应该包括各业所构建的生态系统中的相关人员。

2. 数字化转型的任务

数字化转型的信息技术（IT）团队在各业的数字化转型中将承担非常关键的六项任务。从 IT 的视角来看，数字化转型所涉及的内容涵盖了从业务战略到关键基础设施的所有层次，其中的每一个层次都担负了数字化转型工作开展的不同任务。

（1）业务战略。作为数字化转型的起点，各业的管理者需要依据数字经济的发展契机思考并明确业务的战略。这将涉及制定各业管理（经营）理念、管理（经营）策略和产品（或架构）策略，以及明确数字化生态系统的构建策略。管理层也需要完成数字化领导力转型，更新各业的决策模式，使数据成为决策的关键因素。

（2）业务流程。业务流程将以价值流为基础进行优化，从而在保证最大用户价值交付的同时，也能提升流程的执行效率并合理控制各业的经营成本。数字化时代的一个趋势便是业务流程开放。一方面向上下游合作伙伴开放，从而构建支持共享、支持创新的生态系统平台。另一方面向用户开放，让用户更多地参与到业务流程的执行，不仅提升了用户体验也有助于用户意见的快速反馈。当前，银行、运营商的业务开通、服务受理、信息查询等流程都极大地开放给了用户，其成效是非常显著的。

（3）数据。数据的重要性是因为数据将支撑上面的业务战略和业务流程。各业需要制定一个基于价值的数据治理计划，确保各业管理（经营）可以方便、安全、快速、可靠地利用数据进行决策支持和业务运行。因此各业要借助大数据和人工智能等技术，构建组织的数据能力，充分挖掘数据的价值。此外，各业也可以利用区块链技术的特点，让数据在数字生态系统中安全可靠地流转，实现不可篡改的产品溯源、机构间结算等丰富模式。

（4）应用。应用程序是业务流程的执行载体，也是数据加工的"工厂"。各业既可以在云计算平台开发满足高并发、大规模运算的分布式应用程序，也可以基于区块链开发去中心化应用。

（5）基础架构。各业需要发挥云计算的优势，构建整合计算、网络、存储等硬件的统一资源池，打造涵盖数据库、应用软件开发工具包（SDK）、中间件、消息队列、网络文件等系统组件的平台和应用程序的调用接口（API）。各业的数字化基础架构也要合理规划与社会数字基础设施的对接，从而构建灵活、可靠的基础架构平台。

（6）关键基础设施。今天，中国各行各业的数据中心建设更多地开始关注如何利用新兴的技术和理念，实现关键信息基础设施的绿色运营。各业要利用有限的预算投入来实现基础设施的稳定运营并不断提高数据中心电源使用效率。

1.5 数字化转型的技术驱动力

数字化转型的目的是从数据出发，借助云计算、大数据、物联网、人工智能、工业互联网、区块链等技术驱动力对业务进行改造和创新。

1.5.1 云计算——构建数字化基础的基石

1. 云计算的特点

云计算是基于网络的一种计算模式，是构建数字化基础的基石。它是把存储于计算机、服务器、磁盘阵列等基于网络互联的设备上的海量信息和计算能力集中在一起，协同工作。它使计算能力和存储能力像煤气、水电一样取用方便、价格低廉。用户在建设 IT 系统时，只需在云计算平台上部署其应用软件即可，由云计算平台向其提供所需的计算和存储资源，而无需关注物理设备配置。根据云计算平台所提供服务的类型，可以将云计算服务分为三类。

（1）基础设施即服务（Infrastructure as a Service，IaaS）：以服务的形式提供虚拟硬件资源，如虚拟主机 / 存储 / 网络 / 安全等资源。用户无需购买服务器、网络设备、存储设备，只需负责应用系统的搭建即可。

（2）平台即服务（Platform as a Service，PaaS）：提供应用服务引擎，如互联网应用编程接口 / 运行平台等。用户基于该应用服务引擎，可以构建该类应用。

（3）软件即服务（Software as a Service，SaaS）：用户通过标准的 Web 浏览器来使用云计算平台上的软件。用户不必购买软件，只需按需租用软件。

IaaS 是实现云计算的基础，它搭建了统一的硬件平台，通过虚拟化技术实现了计算和存储资源的动态调配，PaaS 对外提供了操作系统和应用服务引擎，SaaS 则对外提供完整的软件应用服务。

从上述三类服务类型的特点可以看出，只要实现了 IaaS，就可以很好地解决目前在 IT 系统建设中存在的种种问题。而实现 IaaS，其核心就是实现 IT 设备的虚拟化，尤其是服务器的虚拟化。IT 虚拟化技术带来的优势可以从两个角度去理解：纵向上，IT 虚拟化技术消除了操作系统及应用软件与底层硬件设备之间的对应关系，系统应用软件部署在虚拟主机上，不再依赖于特定的物理设备，部署方式更加灵活，部署速度更加快捷，且虚拟主机可在服务器故障时自动迁移到虚拟化平台其他服务器上，极大地提高了系统的可靠性；横向上，IT 虚拟化技术打破了应用系统的烟囱式架构，实现了物理层面的资源共享，提高了设备的利用率，减少设备数量，节省投资，降低维护难度，有利于节能减排。

2. 云计算的主流技术平台

云计算技术的发展离不开虚拟化的成功，因为虚拟化是硬件资源池化的基础。以 VMware、XEN 和 Hyper-V 为代表的虚拟化软件可以在一台物理服务器上通过运行多个虚拟机实例来提升硬件资源利用率，而且可以通过虚拟机配置的动态调整实现资源的灵活应用。

在虚拟化的基础之上，通过增加三个重要的典型功能，凸显了云计算的不同之处：

（1）自服务门户。所有对虚拟机的操作都不再需要通过系统管理员才能完成，使用者在自服务门户上基于菜单操作就能完成资源的申请及交付，这背后是一套自动化引擎在支撑。

（2）计费 / 账户。通过统计资源使用情况，云平台可以为每一个账户实现计费功能。该功能使得资源的使用和成本的支出有据可查。虽然是看似简单的功能，但在各业现实环境中却可以反向影响需求端的行为模式。在没有计费功能前，IT 部门面临的挑战是业务部门不断涌现的需求，这些需求中的大部分其实都要考虑到 IT 的成本和投入。计费功能可以让业务部门尽快决定哪些入不敷出的系统应该淘汰，哪些投资回报率不合理的需求不应提出。

（3）多用户。多用户技术是指以单一系统架构与服务为多个客户提供相同甚至可定制化的服务，并且仍然可以保障客户的数据隔离的软件架构技术。一个支持多用户技术的系统需要在设计上对它的数据和配置进行虚拟分区，从而使系统的每个租户或组织都能够使用一个单独的系统实例，并且每个用户都可以根据自己的需求对租用的系统实例进行个性化配置。

1.5.2　大数据——数字化的核心

数据作为信息的载体，已经成为数字化的核心。数据所蕴含的巨大能量，是商业模式创新、业务流程优化、商业决策制定的核心依据。随着业务类型的多样化、智能产品的百花齐放，越来越多的数据被源源不断地创造出来，数据从单纯的信息记录变成了巨大价值的矿藏。

1. 大数据的特点

大数据就是大量有价值的数据，并且数据资料规模巨大到无法通过人脑甚至主流工具软件在合理时间内进行处理和分析，加工成对部门或企业有更大价值的信息数据，它具有以下四个特性：更大的容量（Volume），从 TB 级跃升至 PB 级，甚至 EB 级；更高的多样性（Variety），包括结构化、半结构化和非结构化数据；更快的生成速度（Velocity）；前面三个的组合推动了第四个因素价值（Value）。

随着信息技术的高速发展，人们积累的数据量急剧增长，数据处理能力也越来越强，从数据处理时代到微机时代，再到互联网络时代，现如今已演变为大数据挖掘与分析的时代。大数据带来了机遇与挑战，尤其在收集了巨量数据后，已无法用人脑来推算、估测，或者用单台的计算机进行处理。怎样去优化整合、分析这些数据，占领大数据发展的至高地，是当前数据资源开发与利用的主要方向。

2. 国家大数据发展战略

作为世界上最大的互联网市场，我国的大数据发展日新月异。党的十八大以来，在习近平网络强国战略思想的指导下，党中央审时度势，精心谋划，进行了一系列超前布局，大数据产业取得突破性发展。2015 年，十八届五中全会首次提出"国家大数据战略"，这是大数据第一次写入党的全会决议，标志着大数据战略正式上升为国家战略。

2016 年 12 月 16 日，国务院印发了《"十三五"国家信息化规划》（以下简称《规划》）。《规划》是"十三五"国家规划体系的重要组成部分，是指导"十三五"期间各地区、各部门信息化工作的行动指南。《规划》中多处提及大数据及其相关内容，其中，在第四部分重大任务和重点工程及第五部分优先行动中，强调了"建立统一开放的大数据体系"及"数据资源共享开放"的任务和行动。

2017 年 5 月 3 日，国务院发布了《政务信息系统整合共享实施方案》，该方案是继政务大数据十三五规划和《政务信息资源共享管理暂行办法》之后的又一重磅文件。大数据约有 80% 来自广义的政府数据，是数据开放共享最关键的部分。我们经常说，网络时代人人皆记者。也就是说不论年龄、职业，只要你有相机、手机等设备，人人都可以像记者一样随时发布信息。所以说很多事情不可能再像以前那样去捂住盖住，堵不如疏，政府数据的开放势在必行。因此，方案中提出了明确的目标：2017 年 12 月底前，基本完成国务院部门内部政务信息系统整合清理工作；2018 年 6 月底前，实现国务院各部门整合后的政务信息系统统一接入国家数据共享交换平台，初步实现国务院部门和地方政府信息系统互联互通。

为保证国务院政策的真正落实，2016年国家发改委还密集出台了《关于组织实施促进大数据发展重大工程的通知》《促进大数据发展三年工作方案（2016—2018）》等配套政策；2017年1月17日，工业和信息化部正式发布了《大数据产业发展规划（2016—2020年）》，明确了"十三五"时期大数据产业的发展思路、原则和目标，引导大数据产业持续健康发展，有力支撑制造强国和网络强国建设。

3. 大数据采集与预处理

数据采集与预处理处于大数据生命周期中第一个环节，它通过RFID射频数据、传感器数据、社交网络数据、移动互联网数据等方式获得各种类型的结构化、半结构化及非结构化的海量数据。主要包括以下三种：

（1）系统数据采集。业务平台每天都会产生大量的数据。数据收集系统要做的事情就是收集业务日志数据供离线和在线的分析系统使用。

（2）网络数据采集。网络数据采集是指通过网络爬虫或网站公开API等方式从网站上获取数据信息的过程。这样可将非结构化数据、半结构化数据从网页中提取出来，并以结构化的方式将其存储为统一的本地数据文件。它支持图片、音频、视频等文件的采集，且附件与正文可自动关联。对于网络流量的采集则可使用带宽管理技术进行处理。

（3）数据库采集。一些企业会使用传统的关系型数据库MySQL和Oracle等来存储数据。除此之外，Redis和MongoDB这样的NoSQL数据库也常用于数据的采集。这种方法通常在采集端部署大量数据库，并对如何在这些数据库之间进行负载均衡和分片进行深入的思考和设计。

4. 大数据存储与管理

根据数据类型，大数据的存储和管理可分为三类：

（1）针对大规模结构化数据存储，通常采用新型数据库集群。它们通过列存储或行列混合存储以及粗粒度索引等技术，结合MPP（Massive Parallel Processing）架构高效的分布式计算模式，实现对PB量级数据的存储和管理。这类集群具有高性能和高扩展性等特点。

（2）针对半结构化和非结构化数据存储。采用基于Hadoop开源体系的系统平台实现对半结构化和非结构化数据的存储和管理。

（3）针对结构化和非结构化混合的大数据存储。采用MPP并行数据库集群与Hadoop集群的混合来实现对百PB量级、EB量级数据的存储和管理。利用MPP来管理计算高质量的结构化数据，提供强大的SQL和OLTP型服务，同时用Hadoop实现对半结构化和非结构化数据的处理。这种混合模式将是大数据存储和管理发展的方向。

5. 大数据挖掘与分析

随着信息技术的高速发展，人们积累的数据量急剧增长，动辄以TB计，如何从海量的数据中提取有用的知识成为当务之急。数据挖掘就是为顺应这种需要而发展起来的数据处理技术，是知识发现（Knowledge Discovery in Database）的关键步骤。

（1）数据挖掘步骤：定义问题、建立数据挖掘库、分析数据、准备数据、建立模型、评价模型和实施。

（2）数据挖掘类型：预测型和描述型。

（3）数据挖掘算法：数据挖掘算法是创建数据挖掘模型的机制。为了创建模型，算法将首先分析一组数据并查找特定模式和趋势。算法使用此分析的结果来定义挖掘模型的参数，然后将这些参数应用于整个数据集，提取可行模式和详细统计信息。

1.5.3　人工智能——催生工业革命新范式

当前，在新一代信息技术的引领下，随着数据的快速积累、运算能力的大幅提升、算法模型的持续演进以及行业应用的快速兴起，人工智能的发展环境发生了深刻变化，跨媒体智能、群体智能、自主智能系统、混合型智能逐渐成为新的发展方向，推动了数字化生态的转型，催生了工业革命新范式。

1. 人工智能的概念

1）人工智能

人工智能是研究、开发用于模拟、延伸和扩展人的智能的理论、方法、技术及应用系统的一门新的技术科学。无论是各种智能穿戴设备，还是各种进入家庭的陪护、安防、学习机器人，智能家居、医疗系统，这些其实都是人工智能的研究成果，改变了我们的生活方式。

2）人工智能的工作原理

不管是战胜围棋大师李世石的"阿尔法狗"，还是战胜世界冠军棋手朴廷桓等人的"Master"，还是在《最强大脑》上表现惊人的机器人"小度"，人工智能的工作原理都是计算机通过语音识别、图像识别、读取知识库、人机交互、物理传感等方式，获得音视频的感知输入，然后从大数据中进行学习，得到一个有决策和创造能力的大脑。利用大数据＋强计算＋新算法来对当前面临的一些情况做出反应与处理。

3）人工智能的应用

人工智能技术在未来发展的过程中，可能会成为科幻片中的那种非常灵活的、能代替人类工作的聪明家伙，也有可能会成为跟人类相辅相成、共同发展的好伙伴。当然，取代重复性高、低技能、单一型的工作岗位是必然的。在人工智能的发展过程中将构建一个适用于人机共生的新生态，机器人做机器人该做的，而人的价值有它的去向，可以更好地去操作机器人产生社会价值和财富，也可以把精力放在更多人类天赋的地方。

各国政府希望利用人工智能技术，提升制造业的智能化水平，建立具有适应性、资源效率及基因工程学的智慧工厂，在商业流程及价值流程中整合客户及商业伙伴，促进社会进步与发展。

2. 中国人工智能产业发展

1）中国人工智能行业市场情况和前景预测

《全球人工智能发展报告 2016》显示，中国人工智能专利申请数累计达到 15745 项，列世界第二；人工智能领域投资达 146 笔，列世界第三。据前瞻产业研究院数据，中国 2017 年人工智能产业规模大概为 135 亿元，2018 年大概为 203 亿元，同比增长 50%。

中国人工智能产业发展迅速，前途无量。

2）中国人工智能技术应用领域

（1）计算机视觉领域：目前国内人工智能应用中，计算机视觉类的应用最多。

（2）智能机器人领域：人工智能技术也服务于国内的服务类机器人和无人机，比如目前市场上的无人机拍摄、定位，服务机器人的安防、陪护、教育、聊天、家居等应用功能都是通过人工智能技术实现的。

3）中国人工智能行业还需要努力的地方

（1）促进技术的不断进步，摆脱低智时代，关注新的算法。对于人工智能技术来说，算法层次是技术关键，只有在核心算法领域有绝对优势的公司，在未来的竞争中才有可能获胜。只有不断提升技术，才能在浪潮趋势来的时候把握住机会，做出别人做不出的东西，保持战略的制高点。

（2）持续的观念创新、制度创新、数据的开发和专项支持。同时，将数据和场景结合起来，才能推动人工智能技术的成熟。

（3）提升数据基础的竞争力。只要后台有充分的数据作为数据分析的基础，将来实现人、机器和各种生物之间的沟通都是可以实现的。

人工智能技术发展的前进之路还有很多需要大家共同努力的地方，期望能在未来的人工智能行业中看到更多逆天的应用，改变人类的生活方式和生活态度，人机合一，友好共处。

1.5.4　物联网——构筑万物互联的新世界

物联网是当今世界新一轮经济和科技发展的战略制高点之一。发展物联网对于促进经济发展和社会进步具有重要推动作用，物联网将对人类未来的生活方式产生巨大影响。

1. 物联网的概念

国际电信联盟（International Telecommunications Union，ITU）给出的定义是：物联网是通过射频识别、红外感应器、全球定位系统、激光扫描器等信息传感设备，按约定的协议，把任何物品与互联网相连接，进行信息交换和通信，以实现对物品的智能化识别、定位、跟踪、监控和管理的网络。物联网有狭义和广义之分，狭义的物联网指的是物与物之间的连接和信息交换，广义的物联网不仅包含物与物的信息交换，还包括人与物、人与人之间的广泛的连接和信息交换。

物联网将无处不在的末端设备和设施，通过各种无线、有线的长距离、短距离通信网络实现互联互通，应用大集成及基于云计算的运营模式，提供安全可控乃至个性化的实时在线监测、定位追溯、报警联动、调度指挥、预案管理、远程控制、安全防范、远程维保、在线升级、统计报表、决策支持、领导桌面等管理和服务功能，实现对"万物"的"高效、节能、安全、环保"的"管、控、营"一体化。物联网将会对人类未来的生活方式产生巨大影响。

物联网不是一门技术或者一项发明，而是过去、现在和未来许多技术的高度集成和融合。物联网是现代信息技术、数字技术发展到一定阶段后才出现的聚合和提升，它将各种感知技术、现代网络技术、人工智能、通信技术和自动控制技术集合在一起，促成了人与物的智慧对话，创造了一个智慧的世界。

2. 物联网与互联网的区别

物联网是物物相连的互联网，是可以实现人与人、物与物、人与物之间信息沟通的庞大网络。互联网是由多个计算机网络相互连接而成的网络。物联网与互联网既有区别又有联系。物联网不同于互联网，它是互联网的高级发展。从本质上来讲，物联网是互联网存在形式上的一种延伸，但绝不是互联网的翻版。互联网是通过人机交互实现人与人之间的交流，构建了一个特别的电子社会。而物联网则是多学科高度融合的前沿研究领域，综合了传感器、嵌入式计算机、网络及通信和分布式信息处理等技术，其目的是实现包括人在内的广泛的物与物之间的信息交流。

物联网被视为互联网的应用扩展，应用创新是物联网发展的核心，以用户体验为核心的创新是物联网发展的灵魂。这里物联网的"物"，不是普通意义的万事万物，而是需要满足一定条件的物，这些条件包括：要有数据传输通路（包括数据转发器和信息接收器）；要有一定的存储功能；要有运算处理单元（即 CPU）；要有操作系统或者监控运行软件；要有专门的应用程序；遵循物联网的通信协议；在指定的范围内有可被识别的唯一编号。

互联网是人与人之间的联系，而物联网是人与物、物与物之间的联系。物联网与互联网的主要区别有以下三点。

（1）范围和开放性不同。互联网是全球性的开放网络，人们可以从任何地点上网到达任何网站，而物联网是区域性的网络。物联网有两类，一类是用来传输信号的互联网平台，另一类是应用部门的专业网，即封闭的区域性网络，如智能电网等。

（2）信息采集的方式不同。互联网借助于网关、路由器、服务器、交换机连接，由人来采集和处理各种信息。而物联网是把各种传感、标签、嵌入设备等联系起来，把世界万物的信息连接到互联网上，融合为一个整体网络。

（3）网络功能不同。互联网是传输信息的网络，物联网是实物信息收集和转化的网络。人们形象地认为：物联网＝互联网＋传感网＋云计算。

3. 物联网的主要特征

物联网是通过各种感知设备和互联网，将物体与物体相互连接，实现物体间全自动、智能化地信息采集、传输与处理，并可随时随地进行智能管理的一种网络。作为崭新的综合性信息系统，物联网并不是单一的，它包括信息的感知、传输、处理决策、服务等多个方面，呈现出显著的自身特点。它有三个主要特征：

（1）全面感知。全面感知即利用射频识别（RFID）、无线传感器网络（Wireless Sensor Networks，WSN）等随时随地获取物体的信息。物联网接入对象涉及范围很广，不但包括了现在的微机、手机、智能卡等，就如轮胎、牙刷、手表、工业原材料、工业中间产品等物体也因嵌入微型感知设备而被纳入。物联网所获取的信息不仅包括人类社会的信息，也包括更为丰富的物理世界信息，包括压力、温度、湿度等。其感知信息能力强大，数据采集多点化、多维化、网络化，使得人类与周围世界的相处更为智慧。

（2）可靠传递。物联网不仅基础设施较为完善，网络随时随地的可获得性也大大增强，其通过电信网络与互联网的融合，将物体的信息实时准确地传递出去，并且人与物、物与物的信息系统也实现了广泛的互联互通，信息共享和互操作性达到了很高的水平，可以对信息实时准确地传递。

（3）智能处理。物联网的产生是微处理器技术、传感器技术、计算机网络技术、无线通信技术不断发展融合的结果，从其自动化、感知化要求来看，它已能代表人、代替人对客观事物进行合理分析、判断及有目的地行动和有效地处理周围环境事宜，智能化是其综合能力的表现。

物联网不但可以通过数字传感设备自动采集数据，也可以利用云计算、模式识别等各种智能计算技术，对采集到的海量数据和信息进行自动分析和处理（一般不需人为干预），还能按照设定的逻辑条件，如时间、地点、压力、温度、湿度、光照等，在系统的各个设备之间，自动地进行数据交换或通信，对物体实行智能监控和管理，使人们可以随时随地、透明地获得信息服务。

1.5.5　工业互联网——实体经济振兴助推器

工业互联网是新一代信息通信技术与工业经济深度融合的全新工业生态、关键基础设施和新型应用模式，通过人、机、物的全面互联，实现全要素、全产业链、全价值链的全面连接，将推动形成全新的工业生产制造和服务体系。

1. 工业互联网的内涵

1）工业互联网兴起的背景

当前全球经济社会发展正面临全新挑战与机遇，一方面，上一轮科技革命的传统动能规律性减弱趋势明显，导致经济增长的内生动力不足；另一方面，以互联网、大数据、人工智能为代表的新一代信息技术创新发展日新月异，加速向实体经济领域渗透融合，深刻改变各行业的发展理念、生产工具与生产方式，带来生产力的又一次飞跃。在新一代信息技术与制造技术深度融合的背景下，在工业数字化、网络化、智能化转型需求的带动下，以泛在互联、全面感知、智能优化、安全稳固为特征的工业互联网应运而生、蓄势兴起，正在全球范围内不断颠覆传统制造模式、生产组织方式和产业形态，推动传统产业加快转型升级、新兴产业加速发展壮大。

2）工业互联网与传统互联网的区别

工业互联网与传统互联网相比有四个明显区别：

（1）连接对象不同。传统互联网的连接对象主要是人，应用场景相对简单，工业互联网需要连接人、机、物、系统等，连接种类和数量更多，场景十分复杂。

（2）技术要求不同。传统互联网技术特点突出体现为"尽力而为"的服务，对网络性能要求相对不高。工业互联网则必须具有更低时延、更强可靠性和安全性，以满足工业生产的需要。

（3）发展模式不同。传统互联网应用门槛低，发展模式可复制性强，产业由互联网企业主导推动，并且投资回收期短，容易获得社会资本的支持。工业互联网行业标准多、应用专业化，难以找到普适性的发展模式，制造企业在产业推进中发挥至关重要的作用。工业互联网资产专用性强，投资回报周期长，难以吸引社会资本投入。

（4）时代机遇不同。我国在互联网时代起步较晚，总体上处于跟随发展状态，而目前全球工业互联网产业格局未定，我国正处在大有可为的战略机遇期。

3）工业互联网网络的概念

工业互联网网络是工业系统互联和工业数据传输交换的支撑基础，是在现有互联网的基础上，通过技术演进升级和叠加新型专网而形成，包括企业内网络和企业外网络。其中，企业内网络实现工厂内机器、物品、生产线、信息管理系统和人等生产要素的广泛互联；企业外网络实现生产企业与智能产品、用户、供应链、协作企业等工业全环节的广泛互联。工业互联网网络的主要作用是：实现人、机器、车间、企业等主体以及设计、研发、生产、管理、服务等产业链各环节的泛在网络互连，促进工业数据的采集交换、集成处理、建模分析和反馈执行，为大规模个性定制、网络协同制造、服务型制造、智能化生产等新型生产和服务方式的实现提供有力的基础支撑，促进制造业资源要素和产业体系全局性优化，加速创新方式、生产模式、组织形式和商业范式变革。

4）工业互联网主要应用模式

工业互联网的主要应用模式有四种：

（1）智能化生产，通过部署工业互联网综合解决方案，实现对关键设备、生产过程、工厂等的全方位智能管控与决策优化，提升生产效率，降低生产成本。

（2）网络化协同，通过工业互联网整合分布于全球的设计、生产、供应链和销售资源等，形成协同设计、众包众创、协同制造等一系列新模式、新业态，能够大幅降低产品研发制造成本、缩短产品上市周期。

（3）规模化定制，基于工业互联网精准获取用户需求，通过灵活组织设计、制造资源与生产流程，实现低成本条件下的大规模定制。

（4）服务化延伸，依托工业互联网对产品的运行状态进行实时监测，并为用户提供远程维护、故障预测、性能优化等一系列增值服务，推动企业实现服务化转型。

2. 工业互联网的重要意义

当前，新一轮科技革命和产业变革蓬勃兴起，工业经济数字化、网络化、智能化发展成为第四次工业革命的核心内容。工业互联网是第四次工业革命的重要基石和关键支撑，为其提供具体实现方式和推进抓手。工业互联网通过人、机、物的全面互联，全要素、全产业链、全价值链的全面连接，对各类数据进行采集、传输、分析并形成智能反馈，推动形成全新的生产制造和服务体系，优化资源要素配置效率，充分发挥制造装备、工艺和材料的潜能，提高企业生产效率，创造差异化的产品并提供增值服务。

1）化解综合成本上升、产业向外转移风险

目前，我国制造业低成本优势正逐渐消退，面临制造业持续外迁和"产业空心化"的挑战。积极部署利用工业互联网，将原有工厂改造升级为智能工厂，不仅能帮助企业减少用工量，还能促进制造资源配置和使用效率提升，降低企业生产运营成本，增强企业特别是劳动密集型企业的竞争力。例如国内某大型电子信息制造企业运用工业互联网综合解决方案对工厂进行升级改造后，已在其标杆工厂成功实现人力节省 50%、效率提升 30%、人均产值提升 31%，其中，测试工段实现全自动化，人力节约 92%，有效缓解人工成本压力，保持了其在全球的竞争优势。

2）推动产业高端化发展

我国制造业长期处于产业价值链的中低端，低端产能过剩与高端产品有效供给不足并存。加快工业互联网应用推广，有助于推动工业生产制造服务体系的智能化升级、产业链延伸和价值链拓展，进而带动产业向高端迈进。具体包括：

（1）带动生产装备高端化。通过部署工业互联网，在装备上布设传感器，对装备加工、运行数据进行建模分析并根据工况进行优化，可以有效提高装备运行的稳定性并提升加工精度。

（2）带动生产智能化。利用工业互联网的联接、计算、分析能力，能够为生产运营中的各种要素深度赋智和赋值，推动生产向柔性制造、敏捷制造和绿色制造等方向发展，倍增放大生产线价值。

（3）带动产品高端化。不断增加智能化、个性化产品的供给，全面提升供给体系质量和效率。

3）为"双创"注入新活力，促进创新创业

依托工业互联网平台，能够跨行业、跨地域、跨时空实现创新资源的快速汇聚，促进工业经济各种要素资源的高效共享，为"双创"注入新活力，催生网络化协同、规模化定制、服务型制造等新模式新业态，大幅提升企业创新能力与创新效率，发展壮大新动能。加快发展工业互联网，还将推动先进制造业和现代服务业深度融合，促进一二三产业、大中小企业开放融通发展，培育发展大量深耕细作于实体经济的创新者和中小企业，并可能催生一批类似互联网时代的 BAT（百度、阿里巴巴、腾讯）一样的工业互联网企业巨头，在提升我国制造企业全球产业生态能力的同时，打造新的增长点。

4）推动实体经济数字化转型

工业互联网提供新型通用基础设施支撑，具有较强的渗透性，不仅仅用于工业领域，还能与能源、交通、农业、医疗等整个实体经济各个领域融合，为各行业数字化转型升级提供必不可少的网络连接和计算处理平台，加速实体经济各领域数字化进程。

工业互联网提供发展新动力，能促进各类资源要素优化配置和产业链紧密协同，帮助各实体行业创新产品和服务研发模式、优化生产制造流程，不断催生新模式新业态，延长产业价值链，促进新动能蓬勃兴起。

工业互联网加速构建与之匹配的新产业体系，将促进传统工业制造体系和服务体系再造，推动以网络为基础依托、以数据为关键资源、以智能生产和服务为显著特征的新产业体系加速形成，带动共享经济、平台经济、大数据分析、供应链金融等以更快速度、在更大范围、更深层面拓展。

3. 工业互联网的结构

工业互联网由网络、平台、安全三个部分构成，其中网络是基础、平台是核心、安全是保障。

（1）"网络"是实现各类工业生产要素泛在深度互联的基础，包括网络互联体系、标识解析体系和信息互通体系。通过建设低延时、高可靠、广覆盖的工业互联网网络基础设施，能够实现数据在工业各个环节的无缝传递，支撑形成实时感知、协同交互、智能反馈的生产模式。

（2）"平台"是工业全要素链接的枢纽，下连设备，上连应用，通过海量数据汇聚、建模分析与应用开发，推动制造能力和工业知识的标准化、软件化、模块化与服务化，支撑工业生产方式、商业模式创新和资源高效配置。

（3）"安全"是工业互联网健康发展的保障，涉及设备安全、控制安全、网络安全、应用安全、数据安全五个方面。通过建立工业互联网安全保障体系，能够有效识别和抵御各类安全威胁，化解多种安全风险，为工业智能化发展保驾护航。

1.5.6　区块链——构建可信的应用环境

2019年10月24日，中共中央政治局就区块链技术发展现状和趋势进行第十八次集体学习。中共中央总书记习近平在主持学习时强调，区块链技术的集成应用在新的技术革新和产业变革中起着重要作用。我们要把区块链作为核心技术自主创新的重要突破口，明确主攻方向，加大投入力度，着力攻克一批关键核心技术，加快推动区块链技术和产业创新发展。

1. 什么是区块链

区块链（Blockchain）目前并没有一个统一的定义，综合来看，区块链就是基于区块链技术形成的，具有去中心化、去信任特性的公共数据库。

区块链技术是一种解决信任问题、降低信任成本的信息技术方案。到目前为止，解决信任问题的最重要机制是"信任中介"模式，政府、银行都是信任中介，我们对货币，对交易的接受都基于对发钞银行和政府的信任。这是一种中心化的模式。然而也是由于信任模式的中心化，用户的许多需求也会被复杂化。无论在生活还是在工作中，用户都需要在各类机构中提供各式的大量的证明，而这些手续也为这些机构带来了巨大的人力成本、时间成本、资源成本。区块链技术的应用可以取代传统的信任中介，解决陌生人间的信任问题，大幅降低信任成本。这也是常说的区块链"去中心化、去信任"的意思。

通过区块链技术，互联网上的各个用户成为一个节点并相互连接起来，所有在此区块链架构上发布的内容都会在加密后被每一个节点接收并备份，换而言之每一个节点都可以查看历史上产生的任何数据。各节点将加密数据不断打包到区块中，再将区块发布到网络中，并按照时间顺序进行连接，生成永久、不可逆向的数据链，这便形成了一个公开透明的受全部用户监督的区块链。

区块链技术本质上是一种数据库技术，具体讲就是一种账本技术。账本记录一个或多个账户资产变动、交易情况，其实是一种结构最为简单的数据库。我们平常在小本本上记的流水账、银行发过来的对账单，都是典型的账本。区块链技术是一种利用块链式数据结构来验证与存储数据、利用分布式节点共识算法来生成和更新数据、利用密码学的方式保证数据传输和访问的安全、利用由自动化脚本代码组成的智能合约来编程和操作数据的全新的分布式基础架构与计算范式。

如上所述，区块链可以实现市场参与者对全部资产的所有权与交易情况的无差别记录，取代交易过程中所有权确认的环节，因而这可能是一种可以完全改变金融市场格局的技术，甚至会出现在各行各业以及生活中的每个角落里。

2. 区块链分类

区块链分为公有链、私有链、联盟链。

（1）公有链（Public Blockchain）：公有链是对所有节点都开放的区块链。在公有链中任何数据都是默认公开的，节点之间可以相互发送有效数据，参与共识过程且不受开发者的影响。已存在的应用有比特币、以太币等。

（2）私有链（Private Blockchain）：私有链是权限仅在一个组织的管理下的区块链。读取权限可以完全对外公开或者从任意程度上被限制，组织有权控制此区块链的参与者。相比于传统的分享数据库，私有链利用区块链的加密技术使错误检查更加严密，也使数据流通更加安全。

（3）联盟链（Consortium Blockchain）：联盟链是只对特定的组织团体开放的区块链，本质上可归入私有链分类下。已存在的应用有R3区块链联盟、Chinaledger联盟、超级账本项目联盟等。

3. 区块链特性

区块链特性有不可篡改、去中心化、去信任化、实时性、安全等特性。

（1）不可篡改。区块链加密技术采用了密码学中的哈希函数，该函数具有单向性，因此存在于链中的非本节点产生的数据是不可被修改的。同时由于区块链系统共识算法的限制，几乎无法单方面修改本节点产生的数据并使其被确认。

（2）去中心化。区块链就是一种去中心化的分布式账本数据库。去中心化，即与传统中心化的方式不同，这里没有中心，或者说人人都是中心；分布式账本数据库，意味着记载方式不只是将账本数据存储在每个节点，而且每个节点会同步共享复制整个账本的数据。

（3）去信任化。任意节点之间的连接或数据交换都不需要信任为前提并受到全网监督，即每个节点都是区块链系统的监督者。

（4）实时性。从信息披露角度来看，数据交换一旦完成便会立即上传到区块链网络中。从数据传输角度来看，如跨境支付这类目前数据处理缓慢的领域，已经可以通过区块链技术大大提升效率。在日常支付领域，随着区块链技术的进步，区块链应用最终会超过中心化应用的效率。

（5）安全。安全是区块链技术的一大特点，主要体现在两方面：一是分布式的存储架构，节点越多，数据存储的安全性越高；二是防篡改和去中心化的巧妙设计，任何人都很难不按规则修改数据。

4. 区块链的发展

区块链作为一项颠覆性技术，正在引领全球新一轮技术变革和产业变革，推动"信息互联网"向"价值互联网"变迁。区块链应用可以为实体经济"降成本""提效率"，助推传统产业高质量发展，加快产业转型升级。区块链对各个行业来说，既是挑战，也是机遇。区块链的去中心化、防篡改以及多方共识机制等特点，决定了区块链在解决各个行业合作中需多方共同决策并建立互信的问题、优化运营商间及与上下游产业链的合作协同等方面具有重要的价值。

我国已开始着手建立区块链国家标准，计划从顶层设计推动区块链标准体系的建设。国家工信部将继续推动区块链核心基础技术的研究，推动政产学研平台的搭建，促进区块链应用逐步落地，构建包含可信区块链标准在内的标准体系，引导行业良性健康发展，积极开展国际合作，提升中国在区块链领域的国际影响力。

至今，中国以区块链为主营业务的公司数量达到 500 多家，产业初步形成规模。从上游的硬件制造、平台服务、安全服务，到下游的产业技术应用服务，再到保障产业发展的行业投融资、媒体、人才服务，各领域各行业已经基本囊括在内，区块链产业链条已经形成。

1.6　三大数字化工程的内涵

数字经济、数字政府、数字社会的地位举足轻重，它们是数字中国的躯体。

数字中国是一个包括数字经济、数字政府、数字社会"三数一体"的综合体系，其结构如图 1.3 所示。在经济、社会和政府三大数字化转型中，经济数字化转型是基础，社会数字化转型具有全局意义，而政府数字化转型则发挥着先导性作用。数字政府是数字中国的大脑，将点燃新一轮改革创新的核心引擎。以政府数字化转型为引领，撬动经济和社会数字化转型，是全球各个国家和组织大力推动数字化转型的基本规律。无论是哪个领域的数字化转型，构建数据体系、打造赋能组织、推动流程再造、实现数据共享与应用几乎成为基本公式。

数字化转型是信息技术与业务不断融合的过程，在于通过新一代信息技术驱动业务、管理和商业模式的深度变革重构，其中技术是支点，业务是内核。

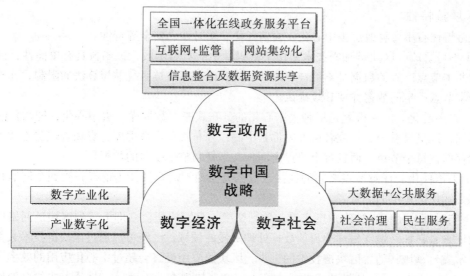

图 1.3　数字中国"三数一体"的综合体系

1.6.1　数字政府的内涵

数字政府是点燃新一轮改革创新的核心引擎。

1. 数字政府的范畴

数字政府是数字中国体系的有机组成部分,是推动数字中国建设、推动社会经济高质量发展、再创营商环境新优势的重要抓手和重要引擎。数字政府是对传统政务信息化模式的改革,包括对政务信息化管理架构、业务架构、技术架构的重塑,通过构建大数据驱动的政务新机制、新平台、新渠道,全面提升政府在经济调节、市场监管、社会治理、公共服务、环境保护等领域的履职能力,实现由分散向整体转变、由管理向服务转变、由单向被动向双向互动转变、由单部门办理向多部门协同转变、由采购工程向采购服务转变、由封闭向开放阳光转变,进一步优化营商环境、便利企业和群众办事、激发市场活力和社会创造力、建设人民满意的服务型政府。

2. 数字政府将对政府治理带来深刻性变革

数字政府不是传统政府的技术化加成,而是系统性的全方位变革。在政府治理的框架内,数字政府是传统政府的升级版,推动政府治理从低效到高效、从被动到主动、从粗放到精准、从程序化反馈到快速灵活反应的转变,更多的是政府理念的变革、治理方式的转变、运行机制的重构、政务流程的优化和体制资源的整合。在这一变革过程中,数字政府的价值定位是传统政府的延续和加强,建设数字政府是基于政府运作环境演化背景下政府改革发展的策略选择,即在建设人民满意的法治政府、创新政府、廉洁政府和服务型政府的价值目标坐标系中,依托互联网、物联网、数据等基础设施和云计算、大数据、人工智能等现代信息技术撬动政府治理变革,提升政府效率,提供优质服务,增进公共利益。

3. 数字政府是对传统电子政务的飞跃和扬弃

数字政府注重数字治理、精准治理、智能治理,实质上是对传统电子政务的飞跃和扬弃。世界经济合作与发展组织(OECD)在 2014 年发布的数字政府战略报告中,电子政务被看成改进现有业务流程的技术,数字政府则是创新地设计和供给公共服务,强调数据信息在一定条件下、在各治理主体之间的共享。电子政务虽然与数字政府在信息技术应用和公共服务提供上有相通之处,但电子政务的立足点在政府服务方式的技术化"改良",数字政府的立足点则是政府与其他治理主体之间互动关系的联动型"变革"。

4．数字政府建设将带来的转变

（1）质的转变：数字政府建设将从行政权力有效配置走向数据资源有效运用。

（2）活动方式的转变：数字政府建设将从传统政府走向传统政府和电子政务的深度融合。

（3）组织方式的转变：数字政府建设将从传统的等级科层制走向非中心化、扁平化的网络型结构。

（4）治理方式的转变：数字政府建设将从单一治理主体走向多主体协同共治。

（5）服务理念的转变：数字政府建设将从"政府端菜"变为"群众点菜"。

1.6.2　数字社会的内涵

数字社会是特定的技术与社会建构及社会文化形态。数字化、网络化、智能化等诸多动力因素使它显现出不同于既往实体社会的架构和运行状态，是"网络社会"或"虚拟社会"一种更为形象化的表达。

数字社会在其基本架构和整体运行上较为突出的一个特点就是它在数字化转换的前提下，依托互联网络，从具有基础性意义的技术保障和运作机制层面，解决人们在社会生活中所必须要面对的一系列基本问题，得益于数字化、网络化和智能化的助推，建构起了活动平台和通行路径。数字社会和网络生活在运行状态上，显现出以下四个方面的本质特征：跨域连接与全时共在，行动自主与深入互动，数据共享与资源整合，智能操控与高效协作。

数字社会将以数字中国建设作为统领，以运用大数据促进保障和改善民生为主线，抓住民生领域的突出矛盾和问题，强化民生服务，弥补民生短板，着力推进数字城市、数字乡村、数字民生、数字信用、数字公共安全、数字文化建设，进一步增强全民信息素质。使民生服务更加优质便捷，城乡数字鸿沟加快缩小，居民生活品质显著提升，数字惠民红利加速释放。

1.6.3　数字经济的内涵

数字经济是继农业经济、工业经济之后的更高级经济阶段，是以数字化的知识和信息为关键生产要素，以数字技术为核心驱动力，以现代信息网络为重要载体，通过数字技术深度融合应用，不断提高传统产业数字化、网络化、智能化水平，加速重构经济发展方式与政府治理模式的新型经济形态。数字经济是现代化经济体系的重要组成，包括数字产业化和产业数字化。

（1）数字产业化，是数字经济基础部分，即信息产业，具体业态包括电子信息制造业、软件与信息技术服务业、信息通信业等。

（2）产业数字化，是数字经济融合部分，即传统产业应用数字技术所带来的产出增长和效率提升，具体业态包括以智能制造、工业互联网等为代表的工业融合新业态，以精准农业、农村电商等为代表的农业融合新业态，以移动支付、共享经济等为代表的服务业融合新业态。

数字经济作为经济增长新动能的作用日益凸显，已成为世界经济发展的重要趋势和我国经济转型升级的重要驱动力。当前，各国纷纷制定数字经济发展战略，积极抢占全球竞争制高点。发展数字经济是我国建设现代化经济体系的迫切需要，是党中央、国务院全面分析当今世界经济格局变革新趋势，着眼中国经济社会迈入新阶段作出的重大战略部署。发展数字经济，加快推动数字产业化，依靠信息技术创新驱动，不断催生新产业新业态新模式，用新动能推动新发展。要推动产业数字化，利用互联网新技术和新应用对传统产业进行全方位、全角度、全链条的改造，提高全要素生产率。

1.7　数字化工程设计

今天，工程咨询设计单位向工程全生命周期数字化服务商发展，进入工程现代化服务业领域，是工程设计行业转型升级的必由之路，也是设计行业应尽的社会义务和历史责任。

1.7.1　数字化工程设计的概念

1. 设计的概念

设计是把一种设想通过合理的规划、周密的计划，以各种感觉形式传达出来的过程。人类通过劳动改造世界，创造文明，创造物质财富和精神财富，而最基础、最主要的创造活动是造物。设计便是造物活动进行预先的计划，可以把任何造物活动的计划技术和计划过程理解为设计。

2. 工程设计的概念

工程设计是根据建设工程的要求，对建设工程所需的技术、经济、资源、环境等条件进行综合分析、论证，编制建设工程设计文件的活动。工程设计是人们运用科技知识和方法，有目标地创造工程产品构思和计划的过程，几乎涉及人类活动的全部领域。

3. 数字化工程设计的概念

数字化工程设计是根据数字化建设工程的要求，对建设数字基础设施、数字政府、数字社会、数字经济等工程所需的技术、经济、资源、环境等条件进行综合分析、论证，编制建设工程设计文件的活动。数字化工程设计是人们运用现代信息技术、数字技术及相关科技知识和方法，有目标地建设数字化工程构思和计划的过程，涉及国计民生、政治、经济、社会活动等广泛领域。

4. 数字化工程设计的主要特征

（1）运用系统论的方法，从全局的角度，对某项任务或者某个项目的各方面、各层次、各要素统筹规划，以集中有效资源，高效快捷地实现目标。

（2）注意整体关联性，强调设计对象内部要素之间围绕核心理念和总体目标所形成的关联、匹配与有机衔接。

（3）设计的表述简洁明确，设计成果具备实践可行性，因此设计成果应是可实施、可操作的。

1.7.2　设计行业的数字化转型

工程设计行业未来最大的服务对象是城市（城镇）基础设施建设，信息、通信工程设计行业未来最大的服务对象是数字政府、数字社会、数字经济及其基础设施建设，与之相配套的现代化服务业将形成巨大的市场。行业资源，包括政府、资金、人才、技术，无不沿产业链从前向后聚集，以数字化为手段、智慧化为目标的基础设施现代服务业必将成为未来最为主要的、规模越来越大的产业。

1. 体系性变革的拐点已经到来

传统设计企业的核心资源是"人"，企业能力、经验都在"人"身上，经验的传递和积累也通过"师傅带徒弟"的方式进行，导致企业核心资源呈现出了脆弱性。一旦人员流失，就会出现企业断层现象。因此，设计企业要抓住新技术革命和新管理创新浪潮的契机，深入开展数字化革命，从IT向DT转化，从以流程为中心向以数据为中心转化。设计企业转型的关键在于"三化"，即数字化、在线化和智能化。数字化即数据的结构化、可检索、高精度和可分析，利用各种先进的工具软件设计实现设计企业的数字化。在线化即数据在线化、人员在线化、工作在线化和协同在线化，用"互联网＋"来实现在线化。智能化即设计智能、管理智能和数据智能，通过积累数据驱动产业升级实现平台化。

数字工程的源头在于设计，数字化设计成果是工程全生命周期数字化体系的主数据。数字化设计的主要价值在于提供工程全生命周期乃至全社会共享的高质量工程信息，它不仅是设计企业提高竞争力的手段，同时也是数字中国、智慧社会建设的基础数据。

无论设计企业规模大小，数字化成为当下设计企业未来发展共识。只不过不同规模的设计企业选择的数字化发展路径不一样，大企业立足于推动企业的数字化整体转型，极力探索数字化带来企业的商业模式升级，小企业关注数字发展对于企业点上的突破。路径没有对错，适合自己才是最好的！

2. 数字化时代设计行业面临的挑战与机遇

数字化时代绝不是单纯的技术创新，其带来的理念、模式的结构性冲击远大于技术本身，设计行业面临的挑战与机遇有以下几个方面：

（1）新兴业务将占主导地位。针对工程数字化服务的新兴业务将逐步占据产业链主导地位。困于关闭的窗，还是走出开启的门，这是每个设计企业面临的抉择。

（2）局限于传统业务的企业终将淘汰。数字化与网络技术极大提高了传统业务的工作效率，服务供给大增；而传统业务市场却出现大幅萎缩，市场需求日减，那些局限于传统业务的设计企业终将会被市场淘汰。

（3）作业模式变革与架构重塑。基于云平台，运行软件与平台内容分离，软件使用权从购买到租赁，异地协同作业得以实现。这一切将引起设计企业作业模式变革与企业架构重塑。

（4）设计资源社会化。数据库、图库、标准库、编码库等，是设计平台运行不可或缺的基础资料，其本身并不形成设计企业的核心竞争力，核心竞争力是如何快速、低成本和高质量地建立基础资料的获取模式。设计企业最后拼的就是供应链的成本、效率和质量，在专业化、产业化、云平台、互联网的新型商业环境下，工程设计行业亟须优化自身业务的供应链。

（5）设计作业互联网化。在人力成本不断被拉高的今天，人力资源依赖度高的企业已经成为比高固定资产更危险的重资产企业。基于云平台、互联网，设计企业通过可控的设计平台把设计作业外包，能够有效整合行业资源，实行轻量化组织、弹性业务模式，在拥有无限大业务能力的同时，控制企业风险，提高经营效益。

（6）设计市场互联网化。业主把设计招标搬到互联网上，企业面临的是海量的、无时无处不在的竞争对手，这将从根本上改变设计市场的格局，竞争将异常激烈，市场环境将非常严峻，这是工程设计行业必须要面对的潜在挑战。

（7）设计行业日益分化。各个行业都在经历集成化与碎片化的发展过程，设计行业也不例外。拥有强大行业资源、技术、资金和规模优势的设计工程公司将会形成超级工程服务商，实力较弱的传统设计公司可能面临倒闭，而众多个人或团体将在互联网大海中变身为不计其数的朵朵浪花，成为虚拟设计体。通过互联网与云平台，超级服务商将与虚拟设计体形成混合模式，重构行业发展格局。

（8）设计中心枢纽。具有地域优势或行业优势的超级服务商，将通过平台输出业务、技术、标准，形成具有地域或行业垄断力的区域或行业中心设计公司。更具挑战的是，超级业主可能组建自己的业主设计公司，形成市场垄断的格局。

（9）跨行业融合。以数字化为手段，面向工程服务需要传统工程服务企业与信息化企业相结合，打造新型工程数字化服务商，这不只是技术的融合、业务的融合，更是资本的融合。

3. 设计企业数字化转型升级之路

不忘初心，砥砺奋进。工程设计行业的初心是让人类社会更美好，当今社会从建设高峰期转向数字化服务期，工程设计行业的业务也应当顺应时代，拓展到工程数字化服务领域。工程设计行业的本质是工程建设的咨询服务商，在传统模式基础上如何做到与时俱进、创新工程行业的现代服务业，是摆在行业面前的紧迫问题。

设计的数字化产品是工程全生命周期的源头主数据，是工程产业链进入互联网时代的必要条件。提供基于数据的工程数字化服务是设计企业不可推卸的社会责任，也为自身拓展了更加广阔的生存空间。设计企业的天然属性就是工程服务商，未来就是在传统业务基础上把业务流延长到运营阶段，把业务拓宽到数字化领域。

设计行业是否适合这样的转型，我们要从社会不同发展阶段的商务逻辑进行分析。传统时代是线性产业链，企业业务以自我能力为中心，做我所能，精益求精，最终市场萎缩，成本高企，与行业一同衰退。数字经济时代是网状产业链，企业永远只有两个选择：我为谁做？谁为我做？前者指的是市场定位，在网状产业链不断寻找更优的位置；后者指的是行业资源整合，追求着更快的速度、更低的成本、更强的能力。

我们正面临结构性变化的关键节点，在"大数据＋互联网"催生的全新生态环境下，专业界限越来越模糊，行业壁垒正在被破除。企业的价值在于为客户提供的价值，企业必须重新选择自己在行业生态环境中的位置。实现从设计企业、工程公司到工程全生命周期数字化服务商的转型升级，企业需要做好以下五方面的工作：

（1）深化对工程数字化理念的认识。工程数字化绝不仅仅是一项技术，而是作业体系、赢利手段，承载着企业的未来。

（2）坚定将设计业务逐步转型升级成为工程全生命周期综合服务商的战略目标。

（3）真正做到"持续创新、兼容并蓄、跨界融合、深化合作"。数字化技术的飞速发展与持续迭代，使得自给自足的封闭发展模式成为陷阱，应该用资源整合的模式优化技术资源。

（4）资源整合、优化运营。开源、增效、提速，聚力、扬长补短、融合创新，构建新型运营体系。

（5）建立集"战略、组织、技术、经营"于一体的工程数字化体系。资源整合的能力将成为企业核心竞争力。

第 2 章　新一代数字化工程设计基础

设计乃匠心之作　运筹帷幄　遵规守范　塑数梦精品[1]

随着信息技术快速更迭和我国经济社会的快速发展，云计算、物联网、大数据、人工智能等创新技术落地发展，"数字化"理念已经渗透到传统信息化工程项目的各个领域；信息化工程项目的建设规模、技术复杂程度和投资总额也在不断增大，使得建设单位面临着更为复杂的技术、管理和资金问题。适应信息化工程的数字化转型和精细化管理的要求，及时进行数字化转型和创新发展，是咨询设计单位提升企业综合竞争力，为建设单位提供优质咨询设计服务的必然选择。本章结合新一代数字化工程设计的新要求，全面介绍数字化工程全过程设计服务内容、工作步骤、设计方法和详细编制要求，旨在为建设数字中国的战略决策献智，抛砖引玉，为各级同行业建设数字化工程的部门与人员提供参考与启迪。

2.1　新一代数字化工程设计的新要求

综观历史，设计的发展总是受着科学技术的影响。随着新一代信息技术和数字化技术的逐步深入发展，新一代数字化工程正朝着数据深度融合、全面汇聚、协同开发、共享互通、创新应用、安全可靠的方向发展，对数字化工程设计也提出了更高的要求，国内外的工程咨询服务市场也在发展演变。

新一代数字化工程设计是对传统信息化工程设计的继承和发扬，在沿用传统信息化工程设计方法、步骤的基础上，新技术为新一代数字化工程设计注入了新的理念，满足新一代数字化工程的新要求。在新的形势下，咨询设计单位也要顺应工程咨询服务的发展潮流，及时转型，持续创新发展，提升咨询设计单位的综合竞争力，打造新型数字化工程服务商，才能在激烈的竞争中立于不败之地。

（1）国民经济各领域、各行业的数字化转型，对信息技术服务的前瞻性、系统性提出了更高的要求。新一代数字化工程设计应充分适应新一代数字化工程项目整体推进、集约共享、数据开放、协同联动的新要求，加强顶层设计、科学规划，以目标为导向，结合实际需求和基础支撑能力，强化集约共享，建立数据共享机制，充分依托云服务资源开展集约化建设，加强业务协同联动，驱动数字化工程建设向更高水平进化。

（2）新一代数字化工程对咨询设计单位的能力提出了更高的要求。各行各业对咨询设计产品和集成方案的需求，除了常规的项目建议书、可行性研究报告和初步设计方案，逐步转变为对更科学的顶层规划、更系统的深化设计等更高层次的咨询设计服务需求。这就要求咨询设计单位要适应新一代数字化工程建设的需要，健全人员培养和管理机制，构建丰富资源库，运用各种数字化技术手段，持续提升自身的咨询设计服务能力；使咨询服务更高效，决策更科学，产品更丰富，服务更优质，为各行各业提供更为满意的差异化咨询设计服务。

（3）咨询设计产品的需求趋于模块化和多样化。数字化工程建设涵盖经济、政治、文化、社会、生态等各行业、各领域的信息化，数字化工程建设投资可包括国家投资、国有企业投资及民营企业投资等；不同领域、不同行业、不同的投资主体对设计的要求不尽相同，这就需要更为科学地分析

1）佚名。

和界定项目建议书、可行性研究报告、初步设计方案等设计产品的结构，将咨询设计产品的组成部分细分和模块化，并能够通过不同模块的组合来满足现有各行各业对信息技术咨询设计服务的不同层次、不同级别、不同类型、不同体制的需求；并要求咨询设计方案具有良好的延续性和扩展性，符合未来信息化、数字化工程发展的需求。

（4）咨询设计单位的能力水平需要更客观系统的评价体系。数字化工程设计是数字化工程建设项目的先导，工程前期规划、设计的质量是影响工程建设项目投资、进度和质量的关键因素；而选择良好的咨询设计单位，是确保工程设计质量、保证工程建设项目各项目标得以实现的前提。为便于建设单位遴选优质的咨询设计单位，需要建立更加客观、系统的咨询服务水平评价体系，推动形成公平竞争、以质量选择工程咨询服务的良好市场环境，促进咨询设计服务行业健康发展，保证设计产品的质量能满足各方对建设的需求。

（5）咨询设计服务正朝全过程工程咨询服务方向发展。随着我国新一代数字化工程投资项目建设和管理水平逐步提高，为更好地实现项目建设意图，投资者或建设单位在项目决策、工程建设、项目运营过程中，对综合性、跨阶段、一体化的咨询服务需求日益增强，全过程工程咨询服务势必成为未来发展方向。为顺应世界建设工程咨询服务的发展潮流，适应我国咨询设计服务发展趋势，咨询设计单位应及时转型，提升综合服务能力和水平，为建设单位提供建设工程决策、设计、招标代理、造价、项目管理和运营等全过程连续性的工程咨询服务，满足建设单位一体化服务需求，增强工程建设过程的协同性，使建设项目从项目决策阶段开始就朝着可控方向发展，为发挥项目整体性效益作出有益贡献。

2.2   数字化工程全过程的设计服务内容

数字化工程项目管理是为了确保数字化工程建设项目实现预定的成本、工期、质量、安全等目标，尽可能提高项目的投资效益，由项目建设单位主导，在项目生命周期内围绕项目实现所进行的系统管理过程。而数字化工程咨询设计阶段是数字化工程项目管理流程中的重要阶段，对工程建设项目的决策及工程建设项目的投资、质量和进度控制均起到重要的作用。

2.2.1   数字化工程项目建设管理流程

数字化工程项目建设管理流程是在总结工程建设的实践经验基础上制定的，反映了工程项目建设的客观内在规律，也是国家或企业对投资建设项目进行管理的工作流程。其基本流程一般包括项目准备、项目立项、招投标、项目实施、项目验收和项目运维等阶段，可根据自身项目建设的特点加以剪裁。数字化工程设计主要包括项目总体规划、项目建议书、可行性研究报告（也可简称可研报告）、初步设计方案和投资概算及深化设计和投资预算，位于数字化工程项目建设管理流程中的项目准备、立项和实施阶段。

数字化工程项目建设管理基本流程详见图2.1。

1. 项目准备

项目准备一般包括项目前期的论证、策划和咨询，定义项目的需求，估计项目分解所产生的任务及其属性，确定所需资源的配置及要求，协调各方需求及其承诺，制定进度计划，识别和处理相关风险等。在项目准备阶段应充分分析项目需要解决的经济和社会建设中面临的问题，并针对所需解决的问题，确定项目的具体目标和任务。

项目准备阶段的输出成果为项目总体规划，由建设单位自行编制，也可委托咨询设计单位编制。

2. 项目立项

项目立项主要是国家为了对经济发展实施有效调控，要求凡具备一定规模的固定资产投资项目

（行为），都要到审批部门申报立项，履行基本建设程序，再由审批部门组织评审机构或专家组，对工程项目方案和投资进行论证评审后，确认投资渠道和额度，下达审批意见（同意或否定或修改再报）。

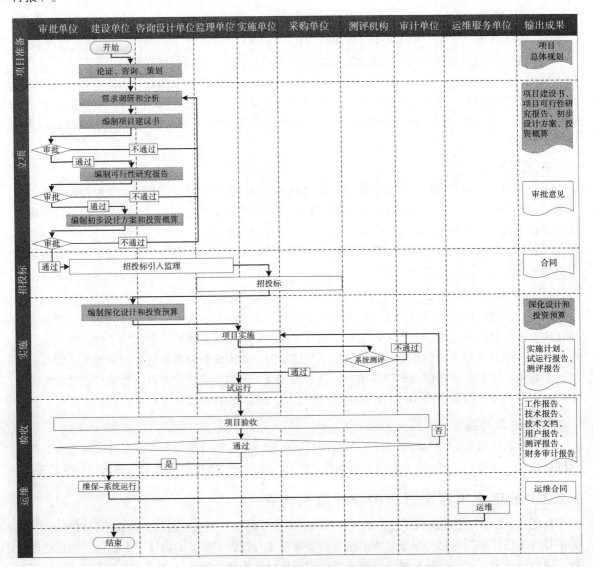

图 2.1　数字化工程项目建设管理基本流程

根据国办发〔2019〕57 号"国务院办公厅关于印发国家政务信息化项目建设管理办法的通知"的相关要求，国家发展改革委审批或者核报国务院审批的政务信息化项目的编制要求详见表 2.1。

表 2.1　政务信息化项目的编报要求

项目类别	编报内容要求
国家发展改革委审批或核报国务院审批的政务信息化项目	项目建议书、可行性研究报告、初步设计方案和投资概算
已纳入国家政务信息化建设规划的项目	可行性研究报告、初步设计方案和投资概算
党中央、国务院有明确要求，或者涉及国家重大战略、国家安全等特殊原因，且前期工作深度达到规定要求的项目	可行性研究报告、初步设计方案和投资概算

表 2.1 的编报要求适用于国家发展改革委审批或者核报国务院审批的政务信息化项目，企业投

资项目可按照企业各自的建设项目管理要求和项目特点简化项目管理流程,需要报政府备案的项目,按相关要求进行备案。

项目立项阶段的输出成果主要有项目建议书、项目可行性研究报告、初步设计方案和投资概算。

3. 项目招投标

为了确保工程项目的安全和质量,在建设过程中应引入监理机制,按照相关规定确定监理单位。

工程项目应按照《中华人民共和国招标投标法》进行招投标,项目建设单位应依据可行性研究报告审批时核准的招标范围、招标组织形式和招标方式,以及批复的初步设计方案和投资概算编写招标文件,组织招标。项目建设单位应与中标单位订立合同,项目建设单位与有关单位签订的工程设计、施工、监理等合同,应与建设项目招投标文件的实质内容一致,并在合同中明确价款结算程序和支付进度。

4. 项目实施

项目建设单位应严格按照项目审批单位批复的初步设计方案和投资概算(必要时可编制项目深化设计和投资预算)实施项目建设,并确定项目实施机构和项目责任人,建立健全项目管理制度。项目建设单位应对项目建设进度、质量、资金及运行管理等负责。

项目的主要建设内容或投资概算需调整的,项目建设单位须向项目审批单位提交调整报告,履行报批手续。

5. 项目验收

项目建设单位应在完成项目建设任务后的半年内,按照国家有关规定申请审批部门组织验收。项目竣工验收前,建设单位需提出竣工验收报告,编制项目过程总决算,分析预(概)算的执行情况,并整理出相关技术资料(包括竣工图纸、测试资料、重大障碍和事故处理记录等),清理所有财产、物资。随后,项目建设单位向项目审批单位提交竣工验收申请。项目审批单位应适时组织竣工验收,对建设规模较小或建设内容简单的项目,也可委托项目建设单位组织验收。

6. 项目运行维护

项目验收合格后,由项目建设单位负责项目的运行维护。项目建设单位根据自身需要可采取自行维护或托管服务的办法,确立项目运行机构,指定人员或专门的机构负责系统的运行和维护工作。

2.2.2　数字化工程全过程的设计服务内容

从图2.1数字化工程项目建设基本流程可以看出,要确保工程项目顺利实施和项目目标的实现,离不开咨询设计单位的精心服务。本书所指的数字化工程设计为广义的设计,主要包括项目总体规划、项目建设书、可行性研究报告、初步设计和深化设计等设计服务。

项目总体规划是项目的方向和指南,项目建议书解决"项目是否做?",可行性研究报告解决"项目能否做?",初步设计解决"项目如何做?",深化设计是对初步设计的进一步细化,指导项目的实施。随着设计阶段的推进,项目从最初的设想到目标逐步明确,方案深度依次加深,投资逐渐精确。数字化工程全过程的设计服务内容如图2.2所示。

图 2.2　数字化工程全过程的设计服务内容

1. 项目总体规划

数字化工程是投资大、周期长、复杂度高的社会技术系统工程，项目总体规划是数字化工程建设项目生命周期的第一阶段，是项目轮廓性的全面规划，既包括项目的近期建设计划，也要考虑项目远景发展设想。主要根据社会和国民经济发展现状和趋势，结合数字化工程项目的历史数据、建设单位的目标和发展战略及工程建设的客观规律，并考虑建设单位面临的内外环境，科学制定项目的发展战略和总体方案，合理安排项目建设的进程，为后续的系统分析和设计打好基础。科学的规划可以减少盲目性，使系统有良好的整体性、较高的适应性，建设工作有良好的阶段性，是工程成功与否的关键因素。

项目总体规划经过审批程序后，将成为后续工程建设的指导性文件，是完成后续工作（如详细定义工程项目的需求、优化企业各类业务流程、在项目实施中控制需求范围）、保证工程项目顺利实施和取得良好项目效果的关键所在。

2. 项目建议书

项目建议书也称初步可行性研究，其主要任务是研究项目建设的必要性，解决"项目是否做？"的问题。项目建议书是由建设单位向上级主管单位上报的文件，是上级主管单位选择和审批项目的依据，可供项目审批机关做出初步决策，减少项目选择的盲目性，也是编制可行性研究报告的依据，为项目可行性研究打下基础。

项目建议书主要根据国民经济的发展、国家和地方中长期规划，结合项目信息化现状和实际业务需求，分析项目建设的必要性，确定项目建设的原则和目标，提出项目建设内容、方案框架、组织实施方式，投融资方案和效益评价等方面的初步设想，判断项目的设想是否有生命力，并据此提出投资决策的初步意见，供上级主管单位选择并确定是否进行下一步工作，但项目建议书不是项目的最终决策。

3. 可行性研究报告

可行性研究报告是项目立项阶段最重要的内容，其主要任务是研究项目建设的可行性，解决"项目能否做"的问题。按国家现行投融资管理体制和政策规定，对新建项目和技改项目，在投资决策之前，建设单位应依据项目审批单位对项目建议书的批复等，本着客观、公正、科学的原则，对与拟建项目有关的社会、经济、技术等方面进行深入细致的调查研究，对各种可能采用的技术方案和建设方案进行认真的技术经济分析和比较论证，并对项目建成后的财务、社会经济效益及社会环境影响进行预测，在此基础上，综合论证项目建设的必要性、财务的盈利性、经济上的合理性等，进行多方案比较，并选择最佳方案供领导决策。可行性研究报告从项目建设和生产经营的全过程考察分析项目的可行性，提出该项目是否值得投资和如何进行建设的咨询意见，为投资决策和审批提供科学依据。

项目建设单位应招标选定或委托具有相关专业资质的咨询设计单位编制可行性研究报告。为保证可行性研究报告的质量，应切实做好编制前的准备工作，收集充分信息资料，进行科学分析比选论证，做到编制依据可靠、结构内容完整、报告文本格式规范、附图附表附件齐全，报告表述形式尽可能数字化、图表化，报告的深度应能满足投资决策和编制项目初步设计的需要。

4. 初步设计

初步设计的主要任务是说明"项目如何做"。它根据批准的可行性研究报告、计划任务书、必要而准确的基础资料（包含现场调研获取的资料）、相关的设计规范、现行的标准定额及取费标准、建设单位的委托要求进行编制，在可行性研究报告的基础上，进一步明确并细化项目需求、建设原则、建设目标、建设内容、实施方案、工艺流程、设备的选型和安装设计、工程概算、风险及效益分析等内容。

初步设计文件应当满足编制施工招标文件、主要设备材料订货和编制深化设计文件的需要，是下一阶段深化设计的基础。设计中的主要设计方案及重大技术措施应通过技术经济分析，进行多方案比选，对未采用方案的扼要情况及采用方案的选定理由均应写入设计文件。

初步设计报告需报送项目审批单位，由项目审批单位委托有资格的咨询机构评估后审核批准。初步设计报告如与项目可行性研究报告的批复内容有较大变化，其调整投资未超出批复额度范围的，须以独立章节对变更部分进行定量补充论证；对超出批复额度范围的，应按有关规定审批。

5. 深化设计

项目深化设计是工程设计的最后阶段，对施工起着决定性作用。深化设计的主要任务是根据审核批准的初步设计文件、相关的设计规范、现行的标准定额及取费标准、建设单位的委托要求进行编制，要求绘制出正确、完整和尽可能详细的安装图纸，包括建设项目部分工程的详图、零部件结构明细表、验收标准、方法、工程预算等内容。

深化设计文件应当满足设备材料采购、非标准设备制作和施工的需要，主要设备材料应说明名称、数量和规格型号；应重点描绘设备安装、调测具体实施步骤、安装工艺要求、方式及方法，并切实能够指导施工，其深度通常要达到以据安装和验收的要求。

2.2.3 数字化工程的全过程咨询服务

随着我国数字化工程项目建设水平的提高，对综合性、跨阶段、一体化的咨询服务需求日益增加。我国传统工程建设模式是将工程建设项目中的投资决策、设计、施工、运营等阶段分隔开来，由设计、监理、招标等不同的咨询单位分别负责各个环节和专业的工作，这种分散咨询方式不但增加了成本，也分割了建设工程各个环节的内在联系，由于缺乏全过程的整体把控，信息流被切断，很容易导致建设项目管理过程中各种问题的出现以及带来安全和质量隐患，单项、单一领域的咨询服务已经难以满足建设单位对数字化工程项目建设全过程咨询服务的需求。

当前，伴随着我国数字化工程项目的建设规模、技术复杂程度和投资总额不断增大，建设单位对工程咨询企业也提出了更高更细的要求。这就要求工程咨询单位应积极与国际先进的工程咨询模式接轨，运用现代化的技术和科学有效的管理手段，对数字化工程进行连续性的全过程控制，使项目从决策阶段开始就朝着可控方向发展。这是当前世界建设工程咨询服务的发展潮流，也是我国建设工程咨询服务的发展方向。

1. 全过程工程咨询服务的概念

全过程工程咨询是工程咨询单位接受建设单位委托，为工程建设提供包括项目策划、工程设计、招标代理、造价咨询、工程监理、项目管理及其他工程咨询服务，是在建设工程全生命周期中所采用的一套服务体系和模式。全过程工程咨询单位应当以工程质量和安全为前提，帮助建设单位提高建设效率、节约建设资金。全过程工程咨询单位对咨询成果的真实性、有效性和科学性负责，并对咨询成果质量终身负责。

2. 全过程工程咨询服务的优势

传统的单一领域的咨询服务时间成本大，经济成本和风险成本高，人均工作量大；而实行全过程工程咨询服务，专业间、各阶段衔接工作成为内部协调，沟通、推进更加高效，全流程的质量、进度、投资管控更加科学，高度整合的服务内容可避免各阶段工作脱节，更利于提高项目质量、缩短项目工期、节约项目投资，对提升项目投资决策科学化水平，进一步完善工程建设组织模式，推动工程建设高质量发展更具有重要的意义。

3. 全过程工程咨询服务的主要工作内容

专业咨询单位为建设单位提供工程全方位和全过程的项目咨询和管理服务，主要的工作任务包含以下方面：

（1）项目准备阶段：项目机会研究、策划咨询、规划咨询等。

（2）项目立项和实施阶段：项目建议书、可行性研究报告、投资估算、方案设计、初步设计、投资概算、设计方案经济比选与优化、深化设计、投资预算等。

（3）招投标采购阶段：招标策划、市场调查、招标文件（含工程量清单、投标限价）编审、合同条款策划、招投标过程管理等。

（4）工程施工阶段：工程质量、造价、进度控制，现场调研管理，安全生产管理，工程变更、索赔及合同争议处理，技术咨询，工程文件资料管理等。

（5）竣工验收阶段：竣工策划、竣工验收、竣工资料管理、竣工结算、竣工移交、竣工决算、质量缺陷期管理等。

（6）运营维护阶段：项目后评价、运营管理、项目绩效评价、设施管理、资产管理等。

4. 全过程工程咨询服务的能力要求

全过程工程咨询服务对咨询单位的服务能力提出了更高的要求，工程建设全过程咨询服务应当由一家具有综合能力的咨询单位实施，也可由多家具有招标代理、勘察、设计、监理、造价、项目管理等不同能力的咨询单位联合实施。

全过程工程咨询单位应当在技术、经济、管理、法律等方面具有丰富经验，具有与全过程工程咨询业务相适应的服务能力和资质，同时具有良好的信誉；应当建立与其咨询业务相适应的专业部门及组织机构，配备结构合理的专业咨询人员，提升核心竞争力，培育综合性多元化服务及系统性问题一站式整合服务能力。对于工程建设全过程咨询服务中承担工程勘察、设计、监理或造价咨询业务的负责人，应具有法律法规规定的相应执业资格。

2.3　数字化工程设计的基本要求

数字化工程设计在数字化工程建设项目中起到重要的作用。遵循国家相关政策和法律法规，严格遵守国家和行业的标准规范，根据建设单位对数字化工程设计的基本要求，不断完善自身咨询设计服务能力，为建设单位提供优质的咨询设计服务，是咨询设计单位生存和发展壮大的基石。

2.3.1　数字化工程设计的主要依据

数字化工程设计的主要依据包括：

（1）国家和地方相关的政策、法律、法规，总体规划。

（2）国家和行业相关的技术标准和规范。

（3）上级主管部门的批复文件。

（4）有关项目建设的会议纪要。

（5）前一设计阶段的设计文件及批复文件。

（6）调研分析获得的项目相关的基础资料。

（7）建设单位的设计委托书、协议书、合同等。

（8）建设单位提出的项目有关要求、建议和意见。

注意，作为设计依据的相关文件，应列出发文单位、文号和文件名称。

2.3.2   建设单位对数字化工程设计的基本要求

建设单位对数字化工程设计的基本要求主要包括：

（1）贯彻国家的经济建设方针和政策，遵守国家和地方的法律法规。

（2）符合国家最新版本的国家标准和行业标准，如果遇到规范之间的相互冲突，除非建设单位明确指定，否则按照更严格的标准执行。

（3）按照国内外领先的方法进行咨询设计服务，为工程建设的实施提供科学化、规范化、可持续的方案指导，保证统一高效、资源整合、互联互通、信息共享目标的实现，以提升智能化、信息化建设的管理水平。

（4）遵循可靠、先进、经济、实用、保密、环保、节能及可持续发展的原则，提供符合建设单位实际需求的优质的咨询设计服务。项目建设方案必须具有前瞻性和科学性，易于扩展，符合信息技术与管理的发展方向，内容全面、合理可行。

（5）详细掌握当前国家和本省的要求，在开展设计过程中，应研究项目的建设背景，分析项目建设要求，立足于项目建设现状、需求分析、调研结果，提出内容完备的项目建设设计方案，对项目所涉及的信息应用系统、配套子系统及配套设施系统的构成、设备选型及连接方式进行综合比选；细化各组成部分的功能、性能、安全要求、技术要点和技术方案，并对项目的建设、运行管理和维护等方面制定相应的方案。

（6）基于科学的方法论理清业务、流程、边界和范围，详细掌握业务、数据、技术和系统现状，做好业务架构设计，要求业务颗粒度适中，既保证业务方案的深度，又要防止过细带来的实施成本问题。

（7）设计中所配置的设备和材料，必须是技术先进，性能可靠，安全适用，经济合理，扩容容易等特点的优质产品，应优先选择国产化和自主品牌的产品。

（8）按照合同、有关附件规定的条件和上级主管部门的要求，建设单位可在项目建设范围内，对设计服务的工作内容和工作范围进行调整，咨询设计单位应认可及配合进行补充和修改。

（9）各设计阶段的咨询设计成果应符合国家标准和部颁（行业）标准规定的该阶段应达到的深度要求，满足相应阶段的项目审批、招投标、设备材料采购和项目备案等要求。按照国家或部颁（行业）标准规定的文档格式和编制要求编制设计文件，并根据建设单位的要求，不断完善相关内容。

（10）应跟进项目设计中的项目建设的全过程，为建设单位提供协助编制招投标需求、技术咨询、设计滚动优化、技术评审验证、设计方案交底、项目测试验收等技术支撑服务，并参与相关工作，确保建设单位的思路及总体设计意图得到实施和落实。

（11）实施过程中发生了质量或形成质量隐患时，咨询设计单位应派人参加由承建单位组织有关方参与的技术分析，并提出解决方案。

（12）严格做好与项目有关资料的保密工作，建设数据、设计需求、功能规划、招标设备配置清单等，均不得泄露给第三方。

2.3.3　咨询设计单位自身服务能力要求

工程设计在工程建设项目实施中起着十分重要的作用，优质的工程设计不但可以使工程建设项目更好地满足建设单位所需的功能和使用价值，更是工程项目质量、进度、成本等各项目标得以顺利实现的重要保证。要提供优质的咨询设计服务，咨询设计单位必须重视自身服务能力的培养，树立企业品牌效应，并跟随咨询服务市场的发展趋势，及时向全过程工程咨询服务企业转型，从人员、过程、技术、资源等多方面提升企业综合竞争力，打造优秀的全过程工程咨询服务团队，满足全过程优质工程咨询服务的需求。

1. 咨询设计服务能力模型

咨询设计服务能力模型描述咨询设计服务能力的要求、关键要素和能力管理要求。其中人员、过程、技术和资源是咨询设计能力具有的关键要素，策划—实施—检查—改进（PDCA：P，Plan；D，Do；C，Check；A，Action）是咨询设计服务能力持续改进的循环管理过程。

咨询设计服务能力模型详见图 2.3。

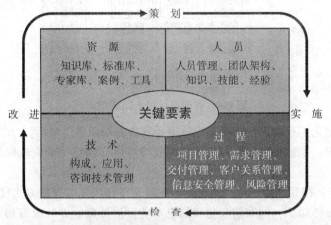

图 2.3　咨询设计服务能力模型

2. 咨询设计服务能力的关键要素

咨询设计服务能力的关键要素主要包括人员、过程、技术和资源。

1）人　员

工程咨询设计是以脑力劳动为主的复杂的创造性劳动，具有知识密集、技术含量高的特点，咨询设计人员是创造性劳动的实施者，一流的专业人才队伍，是咨询设计产品和服务质量的保证。咨询设计单位应根据企业发展战略和咨询设计业务发展的要求，具备完善的人员管理机制、合理的岗位结构，使咨询人员具备相关的知识、技能和经验，确保咨询设计业务目标的实现。

（1）人员管理。咨询设计单位应根据业务发展目标，建立良好的人才引入、储备及培训机制，培养咨询设计人员的责任意识、服务意识、团队意识，提升咨询设计人员所需的专业知识、技能和能力，通过人员评价及绩效考核措施，使人员配置满足咨询设计服务的需求，并鼓励员工通过培训、自学等方式考取咨询、造价、监理、系统集成等执业资格认证，实现员工个人能力提升和咨询设计单位服务水平的整体提高，树立企业品牌形象，确保咨询设计单位业务目标的实现。

（2）团队架构。咨询设计单位应建立优秀的咨询设计服务团队，明确咨询团队中的角色和职责分工，并对咨询团队进行有效管理。咨询设计团队主要分为管理团队和实施团队。

① 管理团队：由咨询设计单位项目领导小组构成，包括咨询设计单位的负责人和各业务部门领导，负责人力及资源的调配和项目的总体协调，对项目重大问题做出决策，对项目质量进行监督，

对咨询成果审核把关等。

②实施团队：由项目经理/项目总负责人、子项目负责人和各子项目组成员组成，负责咨询设计服务的实施和交付。其中项目经理/项目总负责人负责项目咨询计划的制定、负责整个项目的技术把关和进度管控，指导各子项目负责人开展工作，监督咨询设计服务质量，协调项目组与建设单位及其他相关单位的联系。各子项目组成员在子项目负责人的指导下开展具体的咨询设计工作。实施团队人员的素质能力对完成优质咨询设计服务至关重要，其能力要求详见2.3.4节。

咨询设计服务团队架构如图2.4所示。

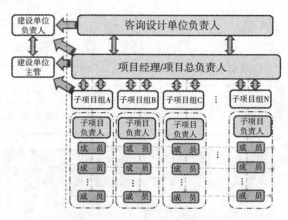

图2.4 咨询设计服务团队架构

（3）知识。数字化工程咨询设计服务人员需要具备的知识主要包括：

①标准规范知识：信息技术服务标准、应用支撑标准、网络基础设施标准、信息安全标准、管理标准等。

②法律法规知识：国家法律法规、国家和地方政策、部门规章、地方法规等。

③经济、行业业务知识：国家信息化和信息产业发展战略、方针政策和总体规划，各行各业业务知识等。

④数字技术基础知识：大数据、云计算、物联网、人工智能、工业互联网、区块链等知识。

⑤信息技术知识：信息输入输出技术、信息描述技术、信息存贮和检索技术、信息处理技术、IT产品知识、上下游供应商、系统集成方案、系统集成施工等知识。

⑥咨询设计服务专业知识：勘察设计流程、制图方法、概预算编制、文档编辑、PPT制作等知识。

⑦服务管理知识：管理制度、管理流程等知识。

（4）技能。与咨询设计工作紧密相关的技能包括理解能力、沟通协调能力、结构化思维和表达能力等。

①理解能力：理解的本质在于思考与整合，思考是为达到某一目的所做的启发式搜索与组织的过程，整合是找出知识/事件之间的联系。理解能力有助于减少重复工作，提升客户的满意度。

②沟通协调能力：项目组成员往往需要与同事、客户等进行沟通交流，掌握沟通技巧，保持顺畅的沟通，具备良好协调处理能力，对提高工作效率、更快解决工作上的问题、打造团结高效的团队至关重要。

③结构化思维：指从结构的视角去审视和思考问题，借用一些思维框架来辅助思考，是一种"先总后分，层级分明"的思考模式，强调先框架后细节，先总结后具体，先结论后原因，先重要后次要。结构化思维的目标是想清楚，说明白，思考清晰，表达有力。结构化思维有助于迅速抓住主要矛盾，忙而不乱地解决问题；能迅速理出重点，果敢且科学地做出决策。

④表达能力：指将自己的想法和见解很好地传递给对方，让对方顺利而准确地接受和理解信息，

实现良好的沟通交流。在口头表达方面，表现为语言准确，思路清晰，能快速总结说话要点。在书面表达方面，则表现为主体明确、结构严谨、层次清晰。

（5）经验。咨询设计人员的经验主要根据所从事咨询设计服务活动的经历来衡量，包括与咨询设计业务相关的工作年限，参与咨询设计服务的项目数量、类型和规模等。丰富的项目设计经验是咨询设计人员一笔宝贵的财富，挑选具有丰富咨询设计经验的人员进入项目团队可以保证项目更顺利、更优质高效地完成。

2）过　程

咨询设计单位应加强咨询设计服务所需的过程管理，以确保具备相应的服务管理能力并发挥其效能，包括项目管理、需求管理、交付管理、客户关系管理、信息安全管理和风险管理。

（1）项目管理。项目管理指运用各种相关知识、技能、技术与工具，开展计划、组织、领导、控制等方面的活动，以满足或超越项目有关各方对项目的要求与期望。

① 项目启动阶段：进行服务内容确认，评估项目风险，组建项目团队和制定服务计划。

② 项目实施阶段：对服务需求进行分析和评估，与建设单位保持良好沟通，提出服务方案和措施，完成咨询设计成果并通过内部评审，根据建设单位意见不断优化咨询设计成果。

③ 项目验收阶段：交付咨询成果，协助建设单位进行项目验收，验收结束后，进行项目归档。

（2）需求管理。需求管理主要包括需求调研、需求确认、需求变更控制和管理等。

① 需求调研：指通过和客户反复沟通和交流，准确获取客户需求的活动，是项目的基础工作。需求调研是一个非常重要的阶段，它的质量在一定程度上决定了咨询设计成果的交付质量。

② 需求确认：对需求调研获取的原始数据进行分析和整理，将需求进行归类分级，内部评审确认后形成描述完整、清晰和规范的文档，并与客户反复沟通修改，直至双方达成共识。

③ 需要变更控制和管理：用户需求是一个动态变化过程，需要适时调整。与客户就需求变更进行讨论和交流后，应形成书面的文档和签字手续，并通知相关人员，以免导致变更失控。

（3）交付管理。交付管理主要包括交付策划、交付实施、交付检查和交付改进等工作。

① 交付策划：根据客户对成果交付的要求和自身能力，选择合适的人员组建团队，明确职责分工、工作流程，准备必要的资源，制定交付计划。

② 交付实施：按照交付策划的要求实施，对人员、资源进行控制，对需要完善的方面及时改进。

③ 交付检查：对交付成果的质量校核，对成果出版、成果发送、客户签收确认等环节进行把控，跟踪客户对交付成果的意见反馈，对发现的问题及时处理并制定相应的改进措施。

④ 交付改进：根据改进措施进行整改，与建设单位沟通，不断完善咨询设计成果，直至提交客户满意的成果。

（4）客户关系管理。客户关系管理指在对客户资料深入分析的基础上，所展开的包括判断、选择、争取、发展和保持客户的工作，目的是赢得客户和留住客户，提高客户满意程度、忠诚度，从而提高企业的竞争力。主要包括收集客户信息，对客户需求进行充分识别，与客户建立并保持充分的沟通，建立稳定的沟通机制，指定专职人员，负责管理客户满意事宜。在服务过程中及服务完成后采集客户满意数据，及时对客户的投诉和反馈意见处理与管理，作为改进服务的输入，采取相应的改进措施提高服务质量，提升客户的满意度。

（5）信息安全管理。考虑服务需求、法律法规要求和协议责任，咨询设计单位应建立完善信息安全保密制度，采用相应的安全技术手段和管理措施，确保信息的保密性、完整性和可用性。加强员工信息安全保密教育，切实提升员工信息安全保密意识，增强防范意识，自觉执行安全保密管理规定。关注信息安全事件管理过程中的安全事态和弱点，及时报告、处理、总结和改进，以确保安全事件得以尽快遏制和有效处置。

（6）风险管理。风险管理是指在风险识别、风险评价的基础上，选择与优化组合各种风险管理技术，对风险实施有效控制，妥善处理风险所致的后果，从而降低风险的消极结果的过程。咨询设计单位应建立健全风险管理制度，识别风险对咨询服务产生的作用、作用程度和范围，评估确定风险管理的优先顺序，依据风险的种类，采取相应的措施或手段，达到控制风险、将风险最小化或避免风险影响的目的。对升级的风险及时跟踪，并依据新的风险级别进行管理控制；对已经避免和不再发生的风险，需重新组织评估和调整优先顺序。

3）技　术

咨询设计单位应具备可操作的咨询设计服务技术，并在提供咨询设计服务过程中合理应用；应设置技术管理部门，构建高效、合理的技术管理体系。一般由总工程师担任企业技术管理工作的总负责人，由业务部门领导配合总工程师负责分管业务范围内的技术管理工作。

（1）根据咨询设计服务开拓的需求，建立咨询技术体系。

（2）贯彻落实有关的技术政策、方针、规程、规定、制度等方面的要求，建立健全各类技术标准和规范。

（3）根据咨询设计服务的内容，研究策划咨询技术，以提高咨询设计服务的效果。

（4）对内部员工和建设单位进行咨询技术的培训，区分对象、区分层次，有计划、针对性地开展培训，并对培训效果进行评估和考核。

（5）选择适宜的技术并综合运用，以完成咨询设计服务，对咨询技术的应用与实践从适用性、可操作性、创新性和使用效果等方面进行总结评价，分析咨询技术的应用效果，对技术进行持续改进。

4）资　源

资源是咨询设计服务能力管理过程中的重要环节，包含知识库、标准库、专家库、案例库和工具库等。咨询设计单位应结合企业目标建立资源管理战略，做好资源库的需求和规划，并形成资源共享平台和资源共享机制，充分发挥资源的价值，为企业持续发展提供有效保障。

（1）知识库。咨询设计单位应选择一种合适的知识管理策略，对咨询设计服务知识进行分类，构建知识库，为高端的咨询服务提供全面有效的支撑。信息技术服务知识库主要包括政策法规、业务模型、数据模型、知识索引、系统集成知识、解决方案、构件和模板等知识资源。对知识库知识应进行定期的评审、更新和维护，针对知识管理要求制定相关管理制度，并进行知识生命周期管理。

（2）标准库。标准库的设计应满足咨询设计服务的要求，包括技术类标准和咨询设计服务类标准，应关注标准的时效性、完善性、系统性和适用性，标准库的内容应至少包括：

① 咨询设计服务领域标准体系框架。

② 标准核心元数据。

③ 标准目录。

④ 标准分类。

⑤ 标准简介。

（3）专家库。咨询设计单位应选择一种合适的专家库策略，对人员进行分类，构建专家库，对专家库的专家进行选用、交流、使用和评价。专家库包括内部专家库和外部专家库，咨询设计单位应制定专家库管理制度，对专家库进行定期的评审、更新和维护，专家储备应能满足项目的需要。

（4）案例库。案例库包括内部案例库和外部案例库，其设计应满足咨询设计服务的要求，应至少包括：

① 对咨询设计服务案例进行分类，案例应包括典型案例、行业应用案例、新技术应用案例。

② 对咨询设计服务案例的总结、交流和应用。

③ 对案例进行定期的评审、更新和维护。

④ 针对案例制定相关管理制度，并进行案例生命周期管理。

（5）工具库。咨询设计相关的工具库主要包括现场勘测工具、数据收集。

工具、数据分析工具、建模工具等。咨询设计单位应选择一种合适的工具策略，进行咨询设计服务工具的选用和分类，构建工具库。应建立工具库管理制度，对工具及其配套使用手册进行定期的评审、更新和维护，工具应能满足咨询设计服务的需要。

3. 咨询设计服务的能力管理

PDCA 是一个不断循环、持续运转和提升能力的管理过程，按照这样的顺序进行能力管理，将成功的纳入标准，不成功的留待下一循环去解决，并且循环不止持续提升的科学程序。PDCA 能力提升管理过程如图 2.5 所示。

图 2.5　PDCA 能力提升管理过程

（1）策划（Plan）：对咨询设计服务能力进行整体策划，根据咨询设计单位内外部的环境分析，确定企业的组织战略、业务定位，策划咨询设计服务能力的范围和内容，对人员、资源、技术和过程进行规划，建立相适应的指标体系、服务保障体系和服务能力评价体系，并形成服务绩效评价机制，以确保有能力提供优质的咨询设计服务。

（2）实施（Do）：按照咨询设计服务能力的整体策划制定实施计划，并按计划实施，形成咨询设计业务的解决方案，按照服务能力要求实施管理活动并记录，确保服务能力管理和服务过程实施可追溯，服务结果可度量或可评估，投资满足策划要求。

（3）检查（Check）：对咨询设计服务能力管理过程和实施结果进行监控、衡量、分析和评审，检查咨询设计服务能力管理活动是否符合计划要求和质量目标，调查客户满意度，并对服务能力策划实施的结果进行绩效评价，以持续提升咨询设计服务能力。

（4）改进（Action）：不断总结经验和教训，修改和优化咨询设计服务能力管理计划和规程，把成功的经验加以总结并适应推广，变成标准；对不符合策划要求的行为进行总结分析，对未达成的指标进行调查分析，分析失败的原因，吸取教训。根据分析结果确定改进措施，未解决的问题进入下一个 PDCA 循环，周而复始持续提升咨询设计服务能力。

4. 咨询设计服务的质量管理

咨询设计成果的质量是咨询设计单位的生命，关系到咨询设计单位的口碑和后续的发展空间，咨询成果质量实行终身负责制，质量意识是咨询设计单位生命的灵魂。咨询设计服务质量管理是确保咨询设计成果质量的重要环节，应从制度上建立严格的审核流程，以交付质量结果为导向，根据各项目的特点制定质量管理措施，对交付质量实行总体管控、细节管理，把握各环节的审核关键点，以提高咨询设计成果总体交付质量水平。

1）建立畅通的外部沟通渠道及客户沟通机制

良好的沟通是了解客户需求，保证咨询设计服务质量的前提。市场营销部门的客户经理定期对客户进行走访沟通，将项目实施情况以工作简报方式向重要客户进行通报，使客户能够清晰了解到重点项目的工作进度及需要协调的问题。

市场营销部门还应定期进行客户满意度调查，调查内容主要包括法律法规符合性、设计图纸交付及时性、设计方案深度、设计文件合理性、施工工艺及材料适宜性、现场服务及时性、现场服务处理能力、与相关部门沟通协调能力等。并根据客户的要求及改进意见进行设计完善与提高，切切实实提高咨询设计服务质量。

针对设计质量、服务水平中存在的问题，质量把控部门和业务部门及时分析原因，采取相应措施防止问题的再发生。

2）ISO质量管理体系的相关质量管控环节

（1）对设计人员能力资质进行控制，保障工作质量。根据咨询设计项目的具体要求和专业性质，选择能力胜任的人员组成咨询设计项目团队。

（2）项目咨询设计过程控制。由项目总负责人根据工程具体情况和需要，确定能力胜任的咨询设计人员，编制《作业指导书》，并按其要求进行调研分析，收集所需咨询设计的背景资料。对客户有关咨询设计的要求及提供的有关资料，以前类似项目提供的信息，有效的相关设计标准、规范，与行业有关的现行法律法规，以及咨询设计必需的其他要求进行内部评审，以确保咨询设计输入的充分性、适宜性、合理性和有效性，保证咨询设计的质量。

（3）咨询设计质量管理职责分工。咨询设计质量管理主要包括项目组内的质量管理及质量把控部门的质量管理：

① 项目组内部的质量管理。项目总负责人明确不同子项目组的咨询设计人员的职责，确保不同子项目组的咨询设计人员之间的有效沟通，做好子项目组接口的协调、管理工作。咨询设计人员按设计输入要求、法律法规要求、相关技术规范/标准/体制要求，以及相关的设计文件编制格式和要求，编制咨询/设计文件，并做好自校工作。相关校审核人员认真做好校审核工作，并按规定要求保持记录，以对咨询设计产品的质量实施有效控制。

② 质量把控部门的质量管理。咨询设计单位的质量把控部门定期对咨询设计质量进行检查，检查咨询设计成果的内容和质量是否达到国家、行业现行规范和强制性标准的要求，是否有效指导了施工的正常开展并很好满足建设单位的各项需要。根据检查结果对存在问题进行分析，提出相应的整改措施，形成服务质量监督检查工作报告，在咨询设计单位内部进行通报。同时，将检查结果反馈给相关业务部门，并监督整改措施落实情况。

（4）咨询设计成果的评审、验证。建立三审、二校的审核流程，明确各层级的质量职责要求，并建立各层级的质量监督负责机制。

① 三审是指经过子项目负责人审核、设计总负责人和总工程师/咨询单位技术负责人三级审核。

·一审（子项目负责人审核）：子项目负责人或其授权人员，对各子项目的咨询设计成果质量进行审核、验证，并按规定要求评定咨询设计成果子项目负责人级别的质量评分。所审的内容包括咨询设计成果的文字说明、图/表、技术方案、计算依据及结果、编制格式等。

·二审（设计总负责人审核）：咨询设计成果文件底稿编制完成后，由设计总负责人进行详尽的审核，使输出文件符合输入要求。审核内容包括子项目组之间咨询设计成果的协调情况、一审的情况、时限考核、工序管理要求等。

·三审（总工程师审定）：经一审、二审后交到咨询设计单位技术负责人/总工程师层级的咨询设计成果，由咨询设计单位总工程师或技术负责人审定把关，进行交付出版前的评审验证。审定人员按规定要求评定单位级别的质量评分。其中，重要工程项目应经咨询设计单位负责人审定。

② 二校是指经过设计人员自校和设计总负责人校核。

·一校（设计人员自校）：由设计人员在咨询设计成果底稿编制过程及编制完成后，认真做好校对（自校）工作，避免错、漏、缺、误等现象发生。

·二校（项目总负责人校核）：咨询设计成果提交出版完成后，将咨询设计成果成品的校品提交给设计总负责人进行校核，由校核人员把好最后一道质量关，对咨询设计成果成品内容的完整性、装订顺序、图文清晰度等进行认真的检查。

③ 咨询设计产品的最终检验。咨询设计产品出版完成后，在交付客户前由出版室的文印管理人员组织对咨询设计成品进行最终检验，确保咨询设计成品内容的完整性和出版质量。

咨询设计服务质量管理流程如图 2.6 所示。

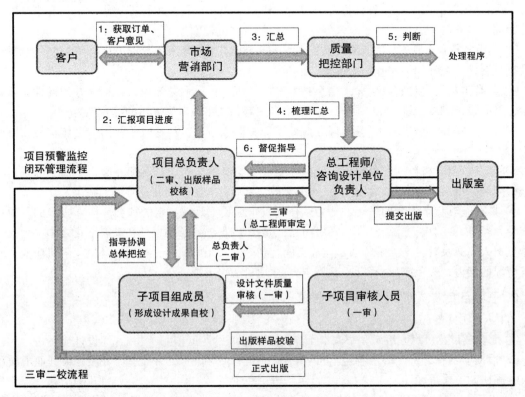

图 2.6　咨询设计服务质量管理流程

2.3.4　工程设计人员服务能力要求

人员素质对于咨询设计服务质量的重要性不言而喻，只有具备良好的沟通协调能力和服务意识，以及过硬的技术实力，通过团队齐心协力，方能优质高效地完成咨询设计任务。咨询设计单位应有提供咨询设计服务的专职团队，明确咨询设计服务中的角色、分工和职责定义，并对专职团队进行有效管理。负责咨询设计服务具体实施和交付的人员主要包括项目总负责人、子项目负责人和普通设计人员三大类。

1. 项目总负责人的职责和能力要求

（1）项目总负责人的职责：

① 作为设计的组织者、指挥者、责任者，对外代表咨询设计单位开展工作，对内负责全面跟进所负责项目的设计质量及进度。

② 协助各子项目负责人与建设单位沟通，建立与建设单位相关人员的接口并保持联系，掌握建设单位的相关进度计划，掌握建设单位对设计工作、施工配合的意见。

③ 协调与建设单位相关人员的关系，主动沟通以解决相互之间的分歧。

④ 在设计各阶段与各子项目负责人共同制定工作进度计划，监控工作进度计划的各节点执行情况，保证各阶段工作的顺利进行和按计划完成。

⑤ 协调项目资源，协调各子项目组设计人员之间的工作配合，组织各阶段的设计成果内部审核。

⑥ 全面负责项目设计的质量和进度，并提供技术支持和咨询；参与协调和解决本单位内部项目设计中出现的技术问题。

⑦ 在设计各阶段组织各子项目负责人根据各级审核意见修改设计，直至符合要求。

（2）项目总负责人的能力要求：

① 熟悉国家有关工程建设的方针、政策、规定和国家现行技术标准、规范，具有丰富的设计全生命周期经验。

② 熟悉本行业（专业）目前国内的技术水平和现状，了解国外本行业（专业）的技术发展概况，并具有复合性专业知识和跨专业的技术结构。

③ 具有丰富的设计实践经验、信息技术基础知识及行业业务知识，具有良好的设计团队管理经验，具备设计进度控制、组织协调、成果报告编制、文字及口头表达的综合能力。

④ 具有高度的责任感，具备良好的职业素养和职业道德，具备敬业及团队合作精神，协调沟通能力强。

⑤ 具有较强分析判断和处理问题能力，能凭借自身的知识、技能和经验，全面、客观、冷静地分析问题，得出正确判断或结论，并通过合理、有效的方法使问题及时得到解决。

⑥ 具有应对复杂多变的情况的能力。任何投资项目都是在一定的社会环境下实施的，项目的实施受到经济、社会、资源及环境等各方面因素的影响，项目条件也处在动态变化之中。因此，项目总负责人要有及时、准确了解项目与社会间复杂多变关系的能力，有适应环境、随机应变、处理突发情况的能力，避免或减少各种不利影响，使项目能够正常进行。

2. 子项目负责人的职责和能力要求

（1）子项目负责人的职责：

① 配合项目总负责人组织和协调本子项目组的咨询设计工作。

② 根据项目总体进度要求制定本子项目组的工作计划并上报项目总负责人，与其他子项目负责人共同协调工作进度计划，对本子项目组的进度负责。

③ 指导本子项目组设计人员开展咨询设计工作，解决本子项目组的技术问题，协调解决工作中出现的问题。

④ 审核本子项目组的咨询设计成果，并对本子项目组的咨询设计成果的质量负责。

（2）子项目负责人的能力要求：

① 熟悉与本子项目相关的政策、法规、标准和规范。

② 熟悉目前国内本子项目相关技术的水平和现状，了解国外本子项目相关技术的发展概况。

③ 具有丰富的设计实践经验和本子项目的基础知识及行业业务知识，具备一定的设计进度控制、组织协调、成果报告编制、文字及口头表达的综合能力。

④ 具有高度的责任感、良好的职业素养和职业道德，具备敬业及团队合作精神，具有较好的沟通协调能力。

3. 普通设计人员的职责和能力要求

（1）普通设计人员的职责：

① 根据子项目负责人的安排制定设计进度计划，按时、按质完成所承担的设计任务，对本人的设计进度和质量负责。

② 认真研究设计基础资料，领会设计意图，掌握设计标准，做好所负责部分的方案设计，解

决有关技术问题。

（2）设计人员的能力要求：

① 具备一定的专业基础知识和技术水平，并能通过各种培训（外培或自学）快速掌握与项目有关的新技术、新知识，不断学习提高自身技能。

② 熟悉国家有关工程建设的方针、政策、规定，能正确选用有关技术标准、规范开展设计制图及计算工作，合理选用设备、材料。

③ 通过培训考试取得概预算编制资格证书，能熟练应用 Auto CAD、Office 等专业辅助设计及绘图软件，进行项目方案设计及图纸绘制。

④ 具有综合运用知识进行设计实践的能力，能根据实际情况灵活解决具体问题。

⑤ 具有较好的逻辑思维能力和语言表达能力。具有良好沟通协调能力，有团队精神，能融入团队合作。

⑥ 具备乙方应有的市场服务意识，对设计有高度热情，对待客户热情有礼，能站在客户的立场考虑问题；认真听取客户意见，尊重客户要求，细致入微地为客户着想，及时向客户提供所需的设计文件，并根据客户要求及时修改，不断完善设计文件的质量。

⑦ 要有高度的责任心，进行实地调研时耐心细致，详细记录现场情况，针对现场实际情况，据此提出合理的解决方案。认真细致进行图纸绘制，避免出现设计不到位或者设计不合理的情况。

⑧ 具备吃苦耐劳的精神和健康的体魄，拥有良好的身体素质，有足够的精力不断努力工作和学习。

2.4 数字化工程设计的工作步骤

数字化工程设计是以脑力劳动为主的复杂的创造性劳动，高质量的数字化工程设计，需要一支高素质的咨询设计团队，遵循特定的工作步骤，精心谋划，科学论证，稳步推进，发扬工匠精神，付出艰辛的努力方能出色地完成。

数字化工程设计的工作步骤主要包括设计准备、业务分析、架构设计、详细设计和服务评价五个阶段。数字化工程设计的工作步骤如图 2.7 所示。

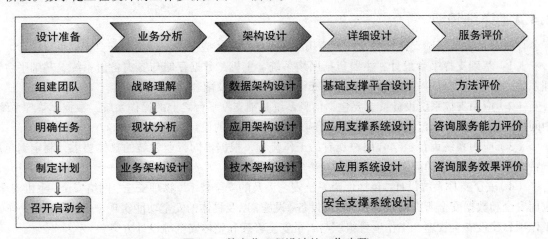

图 2.7 数字化工程设计的工作步骤

2.4.1 设计准备

设计准备包括组建团队，明确任务，制定计划，召开启动会。

（1）组建团队。咨询设计单位与建设单位就项目规划设计编制工作的范围、重点、深度要求、完成时间、费用预算和质量要求交换意见，根据委托项目的工作量、内容、范围、技术难度、时间要求等组建项目团队。

（2）明确任务。与建设单位建立良好的沟通方式，确认建设单位的业务需求和目标，明确设计咨询服务的具体范围、原则和主要任务，并获得建设单位管理层的认可。

（3）制定计划。结合工作任务，评估人力、时间等资源需求，依据需求制定进度计划，明确咨询设计成果的交付时限和深度要求。

（4）召开启动会。主要就规划设计的指导思想、建设原则和总体要求，设计的范围、目标、工作计划及人员职责等内容进行宣贯和培训。

2.4.2 业务分析

业务分析主要包括战略理解、现状调研、需求分析和业务架构设计等工作内容。

首先，应理解建设单位的业务战略与管理问题，找出影响组织发展的关键问题，确保建设单位信息技术规划与建设单位的战略和发展目标相符，从而制定与建设单位业务战略高度匹配的信息技术战略。

其次，对建设单位的业务现状进行调研，并对信息化建设的需求进行分析，包括对业务现状及存在问题进行详细的调查研究，分析评估当前环境和资源、信息技术发展趋势与相关行业先进实践，确定信息化建设的需求。

根据业务现状和需求分析，选取参考模型及工具，结合当前业务架构和目标业务架构的差距，进行业务架构设计。

2.4.3 架构设计

架构设计包括数据架构设计、应用架构设计和技术架构设计。选取参考模型及工具，根据业务驱动力、利益相关者的关注点及业务流程，从已知的架构框架或原有项目中选取相关的数据架构、应用架构和技术架构的资源，分析当前架构与目标架构的差距，对照业务目标，进行数据架构、应用架构和技术架构的设计。

2.4.4 详细设计

详细设计包括基础支撑平台设计、应用支撑系统设计、应用系统设计和安全支撑系统设计。

（1）基础支撑平台设计：主要包括网络系统、主机、数据存储与容灾备份系统、基础平台管理系统、信息系统机房/数据中心和通用布缆系统的硬件及配套软件等的设计。

（2）应用支撑系统设计：主要包括信息系统基础支撑平台之上的操作系统、数据库管理系统、中间件、业务基础平台、领域应用扩展所构成的支撑系统的设计。

（3）应用系统设计：结合用户现有的工作流程，根据不同行业领域的具体要求，制定满足用户特定使用习惯需求的应用软件开发设计方案。

（4）安全支撑系统设计：包括保障系统安全涉及的安全技术（物理安全、网络安全、主机安全、应用安全和数据安全所需的软、硬件安全设备、设施，以及具体的安全功能实现、安全策略配置等）、工作项目建设安全管理、工作项目组织与人员安全管理和整体安全等设计方案。

2.4.5 服务评价

服务评价的目的是分析评价咨询设计服务的质量，找出影响咨询设计服务质量的因素及存在问题，为不断改进咨询设计服务质量，提高服务质量水平，提升客户满意度提供依据。服务评价包括设计方法评价、设计服务能力评价和设计服务效果评价。

（1）设计方法评价：主要从先进性、合理性、完整性和参考性等方面进行评价。

（2）设计服务能力评价：主要从咨询设计单位过往从事设计咨询业务的规模、行业内知名度；咨询设计技术的先进性、合理性和安全性；顾问和专家的资质、经验及稳定性等方面进行评价。

（3）设计服务效果评价：主要从咨询设计团队的合理性、专业性、稳定性；咨询设计成果的完整性、前瞻性、与建设单位业务未来发展吻合度及建设单位对提交成果的满意程度等方面进行评价。

2.5　数字化工程设计方法

数字化工程设计方法是指导数字化工程咨询设计服务各个阶段的相关经验的总结和提炼，不同设计阶段应采用相应的咨询设计方法。咨询设计方法一般包括现状调研方法、业务分析方法和架构设计方法等。随着信息技术和数字化技术的发展，应灵活运用新一代数字化技术，提升数字化工程设计的效率和准确性。

2.5.1　现状调研方法

数字化工程现状调研的步骤和方法如下：

（1）明确调研的目的和范围：明确调研所要达到的目的，确定调研的对象和调研的主要内容，包括项目目前的实施背景，项目的领导组织、人员配置及相关政策、制度的部署，现有基础设施建设情况，现有信息化基础及应用开展情况。了解安全保障的重要设施、资源防护现状情况，安全相关的技术标准和管理制度等。了解项目的建设需求和建设思路。

（2）资料收集：收集现有业务、流程、信息系统、数据、基础设施、组织架构的各类电子文档、纸质文档等；查阅最近三年的政府工作报告、最新年鉴、经济运行情况报告、国民经济和社会发展统计公报、关于产业发展的专项汇报等文件资料。可以借助大数据技术，提高资料收集的效率。

（3）组建调研团队：明确调研决策组和调研实施组的成员，制定调研计划和具体分工。

（4）开展专题讨论：对信息化相关主题展开专题讨论，可以采用头脑风暴法，采用会议方式，利用集体思考，引导每个参加会议的人员围绕某个中心议题，不受任何限制，大胆地想象，尽可能标新立异，广开言路，激发灵感，在自己头脑中掀起风暴，毫无顾忌，畅所欲言，发表各自独特见解，以尽可能多地获得设想，最后记录整理讨论内容，进行评价、论证和归纳。

（5）用户访谈：直接接触用户进行访谈，是了解用户需求、明确项目建设目标、发展思路、提升用户体验的最佳手段。分别采用不同的访谈提纲对不同单位的领导层、核心业务人员、技术人员等进行调研。

（6）现场调研：进入项目相关配套、现有资源所在现场，进行现状的现场调研。

（7）问卷调查：设计调研问卷，通过问卷发放和收集整理，了解项目建设的基本现状，关注的重点、难点问题，相关单位或部门的建设需求和思路，相关建议和意见等。

（8）调研完成后，分析整理资料，形成调研报告。

2.5.2　业务分析方法

业务分析方法主要包括业务流程图、ESIA 分析、IDEF0 分析、鱼骨图分析法等。

1. 业务流程图

业务流程图是在业务功能的基础上将其细化，利用系统调查的资料，用一些规定的符号和连线来表示具体的业务处理过程，按业务的实际处理步骤和过程来编制。应理顺各个业务流程之间的关系，除去不必要的环节，对重复的环节进行合并，对新的环节进行增补。采用自顶向下的方法，首先画出高层管理的业务流程图，然后再对每一个功能描述部分进行分解，画出详细的业务流程图。

业务流程图的常用图例如图2.8所示。

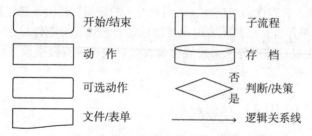

图 2.8　业务流程图的常用图例

2.ESIA 分析

ESIA 分析指以现有的业务流程为基础，通过清除（E，Eliminate）、简化（S，Simply）、整合（I，Integrate）和自动化（A，Automate）等活动对业务流程进行优化，以提高顾客的满意度。

（1）清除：指对现有流程内非必要的非增值活动予以清除。

（2）简化：指在尽可能清除了非必要的非增值环节后，对剩下的活动仍需进一步简化。

（3）整合：指对分解的流程进行整合，以使流程顺畅、连贯、更好地满足顾客需求。

（4）自动化：指在清除、简化、整合的基础上，作业流程的自动化。

3.IDEF0 分析

IDEF 是美国空军在 ICAM（Integrated Computer Aided Manufacturing，集成计算机辅助制造）工程在结构化分析和设计方法基础上发展的一套系统分析和设计方法。IDEF0 是一种图形化的方法，用于系统的需求处理和结构关系的功能定义，能同时表达系统的活动（用盒子表示）和数据流（用箭头表示）及它们之间的联系，采用严格的自顶向下逐层次分解的方式来构造模型，使其主要功能在顶层说明，然后逐步分解构成树结构，从而表示完成一项活动所需的具体步骤、操作、数据要素及各项具体活动之间的联系方式。

IDEF0 结构树示意图如图 2.9 所示。

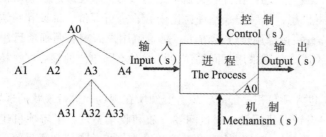

图 2.9　IDEF0 结构树示意图

其中，输入输出箭头表示活动进行的是什么，控制箭头表示为何这么做，而机制箭头表示如何做，可以看作系统的支持，如设备能力、数据库、运行平台等。结构树将功能之间彼此相关联性加以分解，让使用者通过图形便可清楚知道系统的运作方式及功能所需的各项资源，并且提供建构者与使用者在进行相互沟通与讨论时一种标准化与一致性的语言。

4.鱼骨图分析法

鱼骨图是一种发现问题"根本原因"的方法，倡导头脑风暴法，是一种通过集思广益，发挥固有智慧，从各种不同角度找出问题所有原因或构成要素的会议方法，以团队努力，聚集并攻克复杂难题。

鱼骨图的使用步骤如下：

（1）查找要解决的问题。

（2）把问题写在鱼骨的头上。

（3）召集同事共同讨论问题出现的可能原因，尽可能多地找出问题。

（4）把相同的问题分组，在鱼骨上标出。

（5）根据不同问题征求大家的意见，总结出正确的原因。

（6）拿出任何一个问题，研究为什么会产生这样的问题。

（7）针对问题的答案再问为什么？这样至少深入五个层次（连续问五个问题）。

（8）当深入到第五个层次后，认为无法继续进行时，列出这些问题的原因，而后列出至少 20 种解决方法。

鱼骨图分析法的示意图如图 2.10 所示。

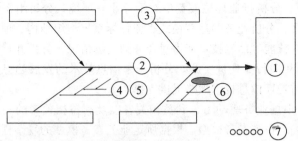

① 问题的特性：需要解决的主要问题。

② 主骨：用粗线画，加箭头标志。

③ 大骨和要因：在大骨上分类书写 3～6 个要因，用四方框圈起来。

④ 中骨、小骨和孙骨：中骨为事实，小骨要围绕"为什么会那样"来写，孙骨要更进一步来追查"为什么会那样"来写。

⑤ 记入中骨、小骨、孙骨的"要点"：围绕事实系统整理要因。

⑥ 深究原因：将深究的要因称为"主要因"，由全员讨论决定。

⑦ 记入关联事项：在制成的鱼骨图下栏标注名称，制图日期和制图人姓名等。

图 2.10　鱼骨图分析法示意图

2.5.3　架构设计方法

1. 架构要素

数字化工程架构设计方法提供分析建设单位当前架构、建立目标架构并实现架构迁移的规划设计方法及架构分析的参考框架。架构设计的各主要构成因素包括变更因素、战略方向、当前架构、目标架构和架构迁移等。

（1）变更因素：建设单位架构变更的外部动力，主要来自业务和战略因素。

（2）战略方向：目标架构发展的指南，由战略规划、架构发展的策略、目标和管理决策流程组成。

（3）当前架构：架构的当前状态，包括当前业务架构、应用架构和技术架构等。

（4）目标架构：架构的预期状态，包括目标业务架构、应用架构和技术架构等。

（5）架构迁移：分析支撑系统由当前架构向目标架构迁移的过程。包括投资计划和决策、投资管理、细分合作、市场调研、资产管理、架构实践和架构治理等。

2. 架构设计

架构设计主要包括业务架构、应用架构、技术架构和数据架构等架构的设计。

1）业务架构

数字化工程业务架构是把建设单位的业务战略转化为日常运作的渠道，业务战略决定业务架构。业务分析的目的是理解建设单位业务战略与管理问题，找出影响组织发展的关键问题，确保建设单位信息技术规划与建设单位战略和发展目标相符，从而制定与建设单位业务战略高度匹配的信息技术战略。

（1）业务架构设计需要明确组织业务范围和功能，分析业务流程：

① 业务目标：组织结构和职能。

② 交付机制：直接面对客户、组织内部。

③ 过程支撑：运维监控和过程管理。

④ 资源管理：供应链、行政和信息技术。

（2）业务架构设计的主要步骤包括：

① 分析评估当前环境和资源。分析行业环境或竞争对手等业务环境，分析组织当前的业务战略以及业务战略所做的权衡和取舍，分析业务的运营模式、流程体系、组织结构、地域分布等，评估当前信息化应用、系统、网络、技能等信息技术能力对业务的支撑情况，分析并找出差距。

② 分析信息技术发展趋势与相关行业先进实践。分析未来信息技术的发展趋势，研究行业最佳实践，吸收成功经验，为制定前瞻性信息技术战略提供支撑。

③ 选取参考模型以及工具。根据业务驱动力、利益相关者以及利益相关者的关注点，从已知的规划框架或原有项目中选取相关的业务参考模型。根据所定业务参考模型的复杂程度，确认出适于记录、建模和分析的工具与技术，视情形可选择简单的文档与电子数据表或业务流程管理模型、用例模型等较为复杂的建模工具与技术。

④ 描述当前业务架构。定义业务战略、远期目标、近期目标，描述组织关系架构、关键业务流程和活动，定义相关业务合作方关系等。

⑤ 设计目标业务架构。目标业务架构应满足组织战略发展和管理需要。设计目标业务架构的推荐过程为：

·从现有的业务架构素材中收集资料。

·通过行业发展战略分析、业务和信息技术发展趋势分析等，编制组织架构、组织业务关系及流程等目标业务架构内容。

·业务架构的更新需贯穿整个数据、应用和技术架构的设计过程。

⑥ 进行差距分析。确认当前架构与目标架构之间的差距，确认将改变和未改变的内容。

⑦ 输出业务架构描述文档。以文档的形式详细记录业务架构中的各项细节内容及决策性内容的全部依据，并对照业务目标，进行修改完善，最终完成业务分析报告和业务架构描述文档的编写。

⑧ 定义未来信息技术远景。通过对建设单位业务战略和核心业务流程的理解和分析，建设单位信息技术资源与环境的评估及信息技术发展趋势的研究，制定符合建设单位业务发展战略的远景规划。

2）应用架构

应用架构设计发挥统一规划、承上启下的作用，向上承接建设单位战略发展方向和业务模式，向下指导信息系统的定位和功能设计。应用架构设计的目的是定义与组织相关的应用系统组成。应用架构设计不是设计应用系统，而是定义数据处理和业务支持中所需的应用系统的主要类型。

应用架构设计的主要步骤包括：

（1）选取参考模型和工具。根据业务驱动力、利益相关者及利益相关者的关注点，从已知的架构框架或原有项目中选取相关的应用架构资源。根据应用架构资源的复杂程度，确认出适于记录、建模和分析的工具与技术，视情形可选择简单的文档与电子数据表或微服务、敏捷开发等较为复杂的建模工具与技术。

（2）描述当前应用架构。描述应用系统的组成、应用系统的边界和定义、系统总体架构设计、子系统分析与设计、应用系统之间交互作用、应用系统与组织的核心业务流程间的关联关系、接口分析与设计、应用系统集成要求等。

（3）设计目标应用架构。目标应用架构应支持组织战略发展、管理需要、目标业务架构和目标数据架构。设计目标应用架构的推荐过程为：

① 从相关项目中收集应用架构相关资料。

② 根据当前的应用系统和应用构件，理解需求及业务架构的范围。

③ 确认出逻辑应用和物理应用系统。

④ 通过建立应用与业务服务、业务功能、数据、流程之间的联系，编制应用架构图。

⑤ 从信息记录、集成、迁移、开发与运营等角度，对应用架构图进行描述。

⑥ 应用架构的更新需贯穿整个数据和技术架构的设计过程。

（4）进行差距分析。确认当前架构与目标架构之间的差距，确认将改变和未改变的内容。

（5）输出应用架构描述文档。以文档的形式详细记录各项应用系统的相关信息及决策性内容的全部依据，对照业务目标，进行修改完善，最终完成应用架构描述文档的编写。

3）技术架构

技术架构设计为应用程序、网络连接组件、系统平台等开发和部署提供规则。技术架构设计的目的是将应用架构阶段所定义的应用构件映射到一系列技术构件上。技术构件包括基础支撑性软件构件和硬件构件。技术架构定义的是架构解决方案的物理实现，与具体实现和迁移规划存在紧密的联系。

技术架构设计的主要步骤包括：

（1）选取参考模型和工具。根据业务驱动力、利益相关者及利益相关者的关注点，从已知的架构框架或原有项目中选取相关的技术架构资源。根据技术架构资源的复杂程度，确认出适于记录、建模和分析的工具与技术，视情形可选择简单的文档与电子数据表或云计算、大数据、人工智能、物联网、虚拟现实等较为复杂的技术。涉及信息安全的建模工具与技术，建议参考国内信息安全方面的标准与技术规范。

（2）描述当前技术架构。描述支持业务、数据和应用服务部署所需的软件与硬件能力，包括硬件基础设施、数据库、中间件、网络、通信、应用程序、技术路线选型、信息安全体系等。

（3）设计目标技术架构。目标技术架构应支持组织战略发展、管理需要、目标业务架构、目标数据架构和目标应用架构。设计目标技术架构的推荐过程为：

① 从现有的技术架构素材中收集资料。

② 选择采用的技术路线，确定目标架构所需的技术指标、产品规格和服务方式，确保信息系统的高可用、高性能、先进性、可扩展和安全性。

③ 确定信息系统的组成和运行组件，确定组件之间的关系，以及部署到硬件的策略。

④ 技术架构的更新需贯穿整个数据和应用架构的设计过程。

（4）进行差距分析。确认当前架构与目标架构之间的差距，确认将改变和未改变的内容。

（5）输出技术架构描述文档。以文档的形式详细记录每个技术构件的信息及决策性内容的全部依据，对照业务目标，进行修改完善，最终完成技术架构描述文档的编写。

4）数据架构

数据架构是建设单位架构的核心，为战略性的规划提供坚实的基础。数据架构设计的目的是定义与建设单位相关的数据实体，通过对组织数据或信息的识别，描述逻辑的和物理的数据资产和数据管理资源的结构。数据架构设计的重点工作是定义支持业务的主要数据类型和数据源。数据架构设计不是设计物理或逻辑存储系统，数据架构设计与数据库的设计无关，但需描述与现有文件和数据库的联系，并说明某些需要改进的重要领域。

（1）数据架构设计的主要内容包括信息资源、数据模型、数据分布、数据共享与交换、数据质量和数据管理体系等。

① 信息资源：梳理信息资源现状，进行信息资源的规划，建立信息资源的目录。

② 数据模型：建立数据整体模型，分析数据主题域模型。

③ 数据分布：确定数据分布方式，进行数据分布设计。

④ 数据共享与交换：分析数据交换与共享的需求，设计数据共享与交换的方式，引入相关技术。

⑤ 数据管理体系框架：进行数据全生命周期的管理，强化数据质量管理，完成元数据管理。

（2）数据架构设计的主要步骤包括：

① 选择参考模型和工具。根据业务驱动力、利益相关者的关注点及业务架构，从已知的架构框架或原有项目中选取相关的数据架构资源。根据数据架构资源的复杂程度，确认出适于记录、建模和分析的工具和技术，视情形可选择简单的文档与电子数据表或实体 – 关系图、类图、对象角色建模、知识图谱等较为复杂的建模工具与技术描述当前数据架构。描述逻辑与物理数据资产及数据管理资源的结构，制定编码、名称数据类型规范，定义业务信息及信息的来源、拥有者和使用者，规划数据的采集、处理、存储和管理。

② 设计目标数据架构。目标数据架构应支持组织战略发展、管理需要和目标业务架构。设计目标数据架构的推荐过程为：

· 从现有的业务架构和应用架构素材中收集数据相关的模型。

· 通过建立数据与业务服务、业务功能、访问权限和应用软件的联系，确定创建数据、分发数据、存储数据、迁移数据的方式，详细描述数据架构图。

· 数据架构的更新需贯穿整个应用和技术架构的设计过程。

③ 进行差距分析。确认当前架构与目标架构之间的差距，确认将改变和未改变的内容。

④ 输出数据架构描述文档。以文档的形式详细记录数据实体的信息及决策性内容的全部依据，对照业务目标，进行修改完善，最终完成数据架构描述文档的编写。

2.6　数字化工程设计的总体编制要求

数字化工程设计的项目总体规划、项目建议书、可行性研究报告、初步设计、深化设计从工作深度上来说，是依次递进的关系，随着设计阶段的推进，项目从最初的设想到目标逐步明确，方案深度依次加深，投资逐渐精确，但是各有侧重。

不同投资主体、不同行业、不同地域的数字化工程项目对设计编制的内容及深度要求会有不同，而且会随着新政策新规定的出台而变化，例如国家政务信息化系统随着《国家政务信息化项目建设管理办法》（国办发〔2019〕57号）的发布实施，从规划、审批、建设、资金、监督等方面，对国家政务信息化项目的建设管理提出了系统全面的要求，充分吸取了"十三五"期间电子政务工程建设项目管理中的经验和教训，优化相应流程，突出统筹规划、共建共享、业务协同、安全可靠的原则，强化同步安全建设，并在需求分析、资源共享、咨询资质、内容变更处理等方面做了较大的调整，更加切合当前经济技术条件下政务信息化项目建设的实际需要，但核减了各设计阶段的编制要求（提纲）及验收大纲，2007年8月13日国家发展改革委公布的《国家电子政务工程建设项目管理暂行办法》同时废止。

《国家电子政务工程建设项目管理暂行办法》和历年国家各级委办曾经提出过各类信息化工程

各阶段的编制大纲和深度要求，各有差异，但基本都包含项目基础部分，项目设计方案，项目投资估算 (概算 / 预算) 方案，项目附表、附件、附图等四部分内容，在各阶段设计编制时进行分拆、组合，内容深度各有侧重：

（1）项目基础部分。主要包括项目概述、项目建设单位概况、需求分析、项目建设必要性、项目建设与运行管理、项目招标方案、人员配置与培训、项目实施进度、风险及效益分析、保障措施和政策建议，以及环保、消防、职业安全、卫生和节能等。

（2）项目设计方案。主要包括总体建设方案、本期项目建设（设计）方案等。

（3）项目投资估算（概算 / 预算）方案。主要包括项目投资估算（概算 / 预算）、资金来源与落实情况等。

（4）项目附表、附件、附图。主要包括项目软硬件配置清单、应用系统定制开发工作量核算表、项目投标范围和方式表、项目资金运用表、项目运行维护费估算表、信息资源共享目录表等附表，编制依据（有关的政策、技术、经济资料）附件，系统总体框架图、系统网络拓扑图、系统软硬件物理部署图、机房设计图等附图。

数字化工程设计的编制应充分吸取“十三五”期间各类信息化系统项目（特别是电子政务工程）在设计、建设及管理中的经验和教训，并根据国家、地方及行业等对数字化工程最新的政策、法规、规定、标准及相关文件要求，以模块式、积木式的方式，按建设项目实际要求来搭建各阶段设计文件的编制结构，满足不同投资主体、不同行业、不同地域的数字化工程建设项目在规划、审批、备案、招投标、实施、验收、监督等环节的要求。

2.6.1 项目总体规划的编制要求

项目总体规划是数字化工程建设项目轮廓性的全面规划，主要根据社会和国民经济发展现状和趋势，结合项目现状及存在问题分析，结合建设单位的目标、发展战略及工程建设的客观规律，并考虑建设单位面临的内外环境，科学地制定项目的总体发展目标和总体方案，明确建设发展路径、分期建设目标和任务，有效指导项目后续的建设实施。

项目总体规划各部分的具体编制要求可参考如下内容，但不同项目需根据项目的实际需求有所侧重，可结合项目基础部分，项目设计方案，项目投资估算方案，项目附件、附表、附图等四部分内容灵活搭建，并根据最新的政策、规定优化编制要求：

第一章 规划背景

简述有关政策法规、体制改革、社会环境及职能、业务管理、技术发展等方面对项目建设的有关需求，以及项目建设必要性及重要意义。

第二章 发展现状与形势分析

1. 发展成就

对项目相关的近年的发展成就进行分析。

2. 发展形势

对项目相关的近年的发展形势进行分析。

3. 差距和不足

对项目的现状及存在问题进行分析，结合现状及主要存在问题的分析，从组织的战略出发和从业务的变革出发，进行项目总体规划需求分析。

第三章   总体要求

1. 指导思想

明确建设单位的远景和使命,确定发展战略和目标,明晰业务及管理变革策略。

2. 基本原则

阐述项目建设的基本原则,提出项目建设策略。

3. 发展目标

提出项目建设的总体目标,包括业务目标、工程建设目标和建设规模、效益目标等;分阶段提出业务目标、工程建设目标和建设规模、效益目标等,清晰界定各期目标的边界和演进的内容,并用定性和定量(可考核、可量化的指标)相结合的方式对目标进行刻画。

第四章   总体建设方案

结合项目总体目标和信息化现状,制订出项目长期发展方案,确定项目在整个生命周期内的发展方向、规模和发展进程,提出项目总体建设任务,建立项目总体框架,明确建设发展路径。

第五章   分期建设任务

根据项目的现状和不足,结合确定的项目总体目标,考虑现有的客观条件(包括资金情况、设备条件、现场条件、技术水平、管理现状等),合理地确定项目的范围和功能,将目标进行分解和阐释。在总体目标的指导下,进一步规划系统的实施范围、功能结构、进度计划、投资规模、参加人员和组织保证等;在做好可行性分析的基础上,制订出实施方案,确定系统的总体结构和子系统的划分,明确分期建设任务。

第六章   项目建设投资及预期效益

1. 项目总投资

汇总各分项工程投资估算,同时考虑规划编制费用等其他费用,得出本规划的总体投资。

2. 各分项工程投资估算

根据分期建设任务进行分项工程投资估算,该阶段投资估算可按照总体框架的子系统/功能模块软件(含开发)投资、硬件设备投资、工程建设其他费、预备费的投资结构进行估算。

3. 建设预期效益

简述项目实施后产生的经济效益和社会效益。

第七章   保障措施

简述项目实施的保障措施和配套政策建议。

附   件

1. 项目建设计划与安排表

2. 项目建设投资估算表

3. 重点建设项目内容、投资、进度与负责单位一览表

2.6.2　项目建议书的编制要求

编制项目建议书,旨在结合信息化现状和实际需求,分析项目建设的必要性,确定项目建设的原则和目标,并提出项目建设内容、方案框架、组织实施方式、投融资方案和效益评价等方面的初步设想。项目建议书主要任务是研究项目建设的必要性,解决"项目是否做?"的问题。

项目建议书各章节的编制内容要求可参考如下,但不同项目需根据项目的实际需求有所侧重,可结合项目基础部分,项目设计方案,项目投资估算方案,项目附表、附件、附图等四部分内容灵活搭建,并根据最新的政策、规定优化编制要求:

第一章　项目简介

1. 项目名称

工程项目的全称及简称。项目全称应与已批准规划中的项目名称或其他计划任务下达的项目名称一致。

2. 项目建设单位及负责人、项目责任人

项目建设单位(含参建单位)及项目实施机构名称,项目建设单位负责人及项目责任人姓名和职务。

3. 项目建议书编制依据

列举所依据的重要政策法规、标准与规范、其他编制依据的资料名称、文号、发布日期等,如项目相关的标准、规范、项目建设规划、项目需求分析报告及项目审批部门组织专家评议意见等,并将其中必要的部分全文附后,作为项目建议书的附件。

4. 项目概况

简述项目建设目标、规模、内容、建设期、总投资和资金来源。

5. 主要结论和建议

简述项目建议书的规范符合性、技术成熟度、效益、项目建设必要性等主要结论。对于需要解决的问题,以及需要进一步落实的工作,可以提出相关建议。

第二章　项目建设单位概况

1. 项目建设单位与职能

对项目建设单位的基本情况进行阐述和分析,体现项目承建单位的建设资格和能力,主要包括建设单位的性质、组织机构、主要领导人/法定代表人、主要职能和相关工作。对于多个部门和单位参与建设的项目,按照牵头单位和参加单位的顺序分别描述。

2. 项目实施机构与职责

描述项目实施机构概况,包括机构名称、主要职责、项目负责人、主要技术力量等。

第三章　项目建设的必要性

1. 项目提出的背景和依据

简述项目相关的国内外及本地技术背景及发展趋势,有关政策法规、体制改革、社会环境,以及职能、业务管理、技术发展等方面对项目建设的有关需求。

2. 现有信息系统装备和信息化应用状况

详细描述项目建设单位现有网络、主机、存储、备份、软件、终端、安全、信息交换与共享、机房等采集、处理、存储、传输能力的装备状况,信息化应用现状和应用系统功能现状,列出现有的主要软硬件设备清单。

3. 现有信息系统装备和信息化应用存在的主要问题和差距

结合项目需求分析、现有信息系统装备和信息化应用状况，描述现有的信息系统装备和信息化应用存在的主要问题和差距（需求、现状、差距和建设内容应尽可能逻辑对应）。

4. 项目建设的意义和必要性

结合需求和现状，以及要实现的建设目标，从依法履职需要、政策及规划要求、技术发展要求、经济社会文化发展要求、现状需求差距等方面阐述项目建设的意义和必要性。

第四章　需求分析

1. 业务目标分析

详细分析与职能相关的问题及产生问题的根源，按照项目建设单位职能，明确提出项目建设所要解决和改善的问题，提出解决项目所涉及问题的业务目标、实现业务目标的相关作业目标和实现关键作业目标的信息化建设目标。

2. 业务需求分析

详细分析与项目相关的各项业务功能、业务结构、业务流程和业务处理量。要求对每一项业务需求进行图示化业务逻辑描述，以及基于每一业务逻辑展开数据流描述。

3. 信息量分析与预测

信息量分析的目的是为了明确业务所需的系统支撑能力。根据业务逻辑分析，明确提出项目的数据处理量、存储量、传输流量的分析过程和测算结果，并分别提出这些数据量的现值和 3 ~ 5 年的预测值。

4. 应用支撑需求分析

根据业务需求分析、信息量分析与预测，明确操作系统、数据库管理系统、中间件、业务基础平台、领域应用扩展等应用支撑需求。

5. 基础支撑需求分析

根据业务需求分析、信息量分析与预测，明确信息资源建设、业务协同、信息交换与共享、网络建设、云服务、主机、数据存储与容灾备份系统、基础平台管理系统、机房、通用布缆系统等需求。

6. 安全需求分析

根据项目特点，分析项目的安全需求。

7. 性能需求分析

根据项目特点和业务需求内容，分析项目的性能需求，包括系统的服务响应速度、服务质量等级、资源使用效率等。

第五章　总体建设方案

1. 建设原则和策略

阐述项目建设原则，提出项目建设策略。

2. 总体目标与分期目标

项目建设目标是考核项目效能实现的重要体现，也是项目信息系统设计的重要依据。项目建设目标涉及总体建设目标和分期建设目标。根据前述需求分析，提出项目建设的总体目标，包括业务目标、作业目标、工程建设目标、建设规模和效益目标等；分阶段提出业务目标、作业目标、工程建设目标、建设规模和效益目标等，清晰界定各期目标的边界和演进的内容，并用定性和定量（可考核、可量化的指标）相结合的方式对目标进行刻画。

3. 总体建设任务与分期建设内容

总体建设规模、建设任务和分期建设内容是实现项目总体建设目标和分期建设目标的具体体现。结合项目总体目标和信息化现状，提出项目总体建设任务；结合项目分期目标和信息化发展状况，提出各期工程建设内容。

4. 总体设计方案

总体设计方案是项目涉及的系统整体架构体系，通过文字和图表等描述信息系统整体框架，以及系统内部结构与外部系统间的联系，并区分出已建系统和新建系统、已建功能和新增功能。架构包括业务架构、应用架构、技术架构、数据架构和网络架构。

第六章　本期项目建设方案

1. 建设目标与主要建设内容

描述本期项目的建设目标，尽可能提出可量化、可考核的目标；简述本期项目的建设内容和建设规模。

2. 标准规范建设

描述需要制定的统一技术标准和管理规范，以及在项目建设中需要遵从的标准规范。

3. 信息资源规划和数据库建设

描述项目的信息（数据）资源建设规划、数据库结构、数据库建设内容，以及数据库软件。

4. 信息资源共享建设

如果项目有信息资源共享要求，应编制信息资源共享目录表（见表 2.2）和信息资源共享需求表（见表 2.3），简述信息资源共享工作相关的责任单位及其职责，明确信息共享的目标、原则、类别、方式、数据采集及归集方式、信息共享安全等内容。

5. 应用支撑平台建设

应用支撑平台是支撑应用系统运行、实现业务协同、资源共享和系统功能的公共支撑平台。方案应描述应用支撑系统（包含操作系统、中间件、数据库管理系统、业务基础平台、领域应用扩展等）的功能和技术特征，并提出主要软硬件设备选型。

6. 应用系统建设

应用系统是面向主要业务应用的软件系统，应描述应用系统的功能结构和技术特征，细化到子系统和功能模块。业务功能应与业务需求分析对应，通过业务流程图来阐述各功能节点的逻辑关系，并说明清楚各功能模块的内容。应简单计算定制开发工作量、开发周期和开发费用，提出主要软硬件设备选型。

7. 网络系统建设

简述网络系统的结构、技术特征、网络带宽等，绘制网络拓扑图，提出主要软硬件设备选型。

8. 数据处理和存储系统建设

简述信息处理和数据存储系统的结构、技术特征、处理和存储能力及主要软硬件设备选型。

9. 安全系统建设

结合业务需求分析安全风险隐患，确定系统安全等级，根据相应安全等级标准要求，简述安全系统框架设计、安全域划分、安全解决方案、安全管理制度、密码应用方案和主要软硬件设备选型。

10.其他（终端、备份、运维等）系统建设

简述终端系统、备份系统（包括确定备份等级，提出数据备份、应用备份、网络备份、环境备份解决方案等）、运维系统（包括提出设备维护、网络维护、安全系统维护、应用系统维护的机制和建设方案，明确自维或代维方式）等建设内容和主要软硬件设备选型。

11.主要软硬件选型原则和软硬件配置清单

根据项目建设内容，明确提出软硬件设备配置原则（包括采用安全可靠的产品，并在同等性能价格比下，优先选择国产产品；充分使用云服务资源开展集约化建设等原则）和系统配置软硬件设备清单，软硬件设备清单可按照系统分别列表。软硬件配置清单包括设备及软件名称、主要性能指标、单价（选择近期市场成交价或信息价）、数量、总价（见表2.4），并提出国产化和自主品牌软硬件配置投资比例；列出各应用系统定制开发工作量初步核算表，定制开发工作量可按人月数进行计列（见表2.5）。

12.机房及配套工程建设

根据需求明确机房级别，简述新建或改造机房及配套设施的建设方案，包括新建机房选址、周边环境、建设或改造面积（列表表示功能分区面积）、建设和改造的内容、配套动力、空调、装饰装修和支撑设备的选型和清单。

配套设备建设方案涉及电力（电源）设施、安防设施、通信设施和其他动力设施等内容。

第七章　环保、消防、职业安全、职业卫生和节能[1]

1.环境影响和环保措施

分析项目建设对环境的影响，包括分析项目建设及运行对环境可能产生的破坏因素，如废气、废水、固体废弃物、噪声、电磁波和其他废弃物的数量及对环境的影响程度，对地形、地貌、植被、区域环境及生态系统的综合影响等，并提出环保措施和环保解决方案。

2.消防措施

分析消防安全隐患，提出消防措施和解决方案。

3.职业安全和卫生措施

分析职业安全和卫生隐患，提出职业安全和卫生措施与解决方案。

4.节能目标和措施

分析能源消耗情况，提出项目节能目标、措施和解决方案。

第八章　项目组织机构和人员

1.项目领导、实施和运维机构及组织管理

简述项目建设单位、实施机构和运维机构的组织建设与管理体系，明确领导和各级职责，确保项目的有效实施。

2.人员配置

提出项目建设和运行维护的技术力量及人员配置计划。

1）按照国办发〔2019〕57号"国务院办公厅关于印发国家政务信息化项目建设管理办法的通知"的第八条规定，国家政务信息化项目原则上不再进行节能评估、环境影响评价等审批的要求（涉及新建土建工程、高耗能项目的除外），对类似项目的建议书编制，可以略去相关内容的阐述。

3. 人员培训需求和计划

提出项目建设和应用的人员培训需求与计划，人员包括管理人员、技术人员和系统应用人员等。

第九章　项目实施进度

1. 项目建设期

提出项目建设期和建设各阶段的划分。

2. 实施进度计划

简述项目实施进程安排，绘制项目实施进度表。说明合同签订、工程查勘及设计、设计会审、设计批复、项目采购、设备到货、人员培训及施工准备、设备安装、设备调测、初验、试运行、竣工验收等阶段的安排。

第十章　投资估算和资金筹措

1. 项目投资估算编制说明

投资估算编制说明一般包括以下内容：

（1）编制范围。说明建设项目总投资估算中包括的和不包括的工程项目和费用，如有几个单位共同编制时，说明分工编制的情况。

（2）编制依据。建设项目投资估算编制依据是指在编制投资估算所遵循的计量规则、市场价格、费用标准及工程计价有关参数、率值等基础资料，主要有以下几个方面：

① 国家、行业和地方政府的有关法律、法规或规定；政府有关部门、金融机构等发布的价格指数、利率、汇率、税率等有关参数。

② 行业部门、项目所在地工程造价管理机构或行业协会等编制的投资估算指标、概算指标（定额）、工程建设其他费用定额（规定）、综合单价、价格指数和有关造价文件等。

③ 类似工程的各种技术经济指标和参数。

④ 工程所在地同期人工、材料、机具市场价格，建筑、工艺及附属设备的市场价格和有关费用。

⑤ 与建设项目有关的工程地质资料、设计文件、图纸或有关设计专业提供的主要工程量和主要设备清单等。

⑥ 委托单位提供的其他技术经济资料。

（3）编制方法。说明投资估算是采用匡算法，还是指标估算法，或其他方法。在项目建议书阶段，可采取简单的匡算法，如果条件允许时，也可采用指标估算法。

（4）主要技术经济指标。包括投资、用地和主要材料用量指标。

（5）有关参数、率值选定的说明。如前期工作费费率、设计费费率、招标费费率、监理费费率、预备费费率、第三方测评费费率、等保测评费费率等。

（6）特殊问题的说明（包括采用新技术、新材料、新设备、新工艺）；必须说明的价格的确定；进口材料、设备、技术费用的构成与技术参数；采用特殊结构的费用估算方法；安全、节能、环保、消防等专项投资所占总投资的比重；建设项目总投资中未计算项目或费用的必要说明等。

（7）采用方案比选的工程还应对方案比选的估算和经济指标做进一步说明。

2. 项目投资估算分析

投资估算分析应包括以下内容：

（1）各类费用的构成占比分析。分析设备及工器具购置费、建筑工程费、安装工程费、工程建设其他费用、预备费占建设项目总投资的比例；分析引进设备费占全部设备费用的比例等。

（2）分析影响投资的主要因素。

（3）与类似工程项目的比较，对投资总额进行分析。

3. 项目总投资估算

阐述项目所需总投资额及其构成，包括建筑工程费、硬件设备购置费、软件购置费、系统集成费、其他工程和费用、项目预备费等。列出项目总投资估算表（见表2.6）。对分项目或分地建设的项目在项目总投资估算表中以分项目1、2或地点1、2分列表示。

（1）建筑工程费：包括机房建设或改造费、机房设备购置费和配套设施建设费。

（2）硬件设备购置费：包括网络设备、计算机设备、存储设备、安全设备及其他设备的购置费。

（3）软件购置费：包括系统软件和应用软件的购置费。

（4）系统集成费：系统集成费＝（硬件设备购置费＋系统软件购置费）×（6%～8%）（以最新政策为准）。

（5）其他工程和费用：包括建设管理费、前期工作费、设计费、工程监理费、招投标费、培训费、第三方测评费、等保测评费、建设期通信线路费、标准规范和其他费用。

① 项目前期咨询费、设计费、工程监理费、招投标费、第三方测评费、等保测评费等均参照国家有关颁布的取费标准进行测算。

② 培训费分为业务培训费和技术培训费，需根据培训人数、培训天数、培训费标准进行测算，如果应用系统建设费中包含了应用培训内容，则培训费中应予以剔除。

（6）项目预备费费率10%（以最新政策为准）。

4. 资金来源与落实情况

明确项目投资的资金来源和落实情况，包括中央投资、地方投资及项目单位自筹资金，并附地方投资和项目建设单位自筹资金的意向承诺函或资金证明。

在项目资金来源表中，按照投资估算表科目，分别填写中央投资、地方投资和单位自筹资金额。对于申请财政补贴的项目，再列出补贴资金额和补贴比例（见表2.7）。

5. 资金补贴方案

对于使用补贴投资的项目，需要提出资金补贴方案，简述申请补贴的理由、补贴内容、补贴范围、补贴比例或补贴金额等。

第十一章　效益与风险分析

1. 项目的经济效益和社会效益分析

分别描述项目的经济效益和社会效益，明确项目建设对职能和业务开展的贡献度，尽可能用量化指标描述。

项目的效益与经济指标分析的内容及侧重点，应根据项目性质、项目目标、项目对经济与社会的影响程度等具体情况选择确定。主要分析项目对加强调控、加强监管、改善管理、提高服务水平、带动相关产业发展、促进经济发展和社会发展产生的作用和影响。

与传统的工程项目相比，数字化工程项目的效益分析具有以下特点：

（1）收益的无形性和延迟性。数字化工程建设项目的收益并不总是能够在财务报表中反映出来，而且收益具有一定的时间滞后性，时间的长短取决于数字化工程建设项目实施的规模和程度。

（2）效益评估的复杂性。与传统的项目效益评估相比，数字化工程建设项目的效益评估和优化确实具有更高的复杂性。传统的工程项目价值评估的指标比较容易量化，进行最终的评价就比较容易，而且其效益主要还是体现在显性收益上，而数字化工程建设项目的价值评价中隐性成分相对较多，且受到许多变量的影响，与其他因素有很强的互补性。因此，对数字化工程建设项目进行效益评估时，需要进行综合全面衡量。

1）项目经济评价

项目经济评价包括财务评价（也称财务分析）和国民经济评价（也称经济分析）两个层次。财务评价是在国家现行财税制度和价格体系的前提下，从项目的角度出发，计算项目范围内的财务效益和费用，分析项目的盈利能力和清偿能力，评价项目在财务上的可行性。国民经济评价是在合理配置社会资源的前提下，从国家经济整体利益的角度出发，计算项目对国民经济的贡献，分析项目的经济效率、效果和对社会的影响，评价项目在宏观经济上的合理性。

项目的经济评价，对于财务评价结论和国民经济评价结论都可行的建设项目，可予以通过，反之则应予以否定。对于国民经济评价结论不可行的项目，一般应予以否定。对于关系公共利益、国家安全和市场不能有效配置资源的经济和社会发展项目，如果国民经济评价结论可行，但财务评价结论不可行，应重新考虑方案，必要时可提出经济优惠措施的建议，使项目具有财务生存能力。

2）社会效益分析

分析项目对国民经济和社会发展产生的促进作用。以国家各项社会政策为基础，对项目实现国家和地方社会发展目标所作贡献和产生的影响及其与社会相互适应性所作的系统分析评估，要充分体现以人为本、促进社会全面、协调、可持续发展和提高投资效益的原则。社会效益根据实际情况采用定性方法进行评价，从提高决策水平、对经济和可持续发展的作用、推进职能转变、提高办事效率、管理水平和监管力度、促进信息公开、改善服务质量、优化重组工作流程、提供信息共享等方面进行阐述。

3）项目评价指标分析

分析项目建设对职能和业务开展的贡献度，尽可能用量化指标描述，包括项目建设对社会的贡献度和系统的利用率等。贡献度涉及规范职能行为、服务能力、决策支持能力、信息共享程度、效率提高和成本降低程度等；系统利用率涉及软件和硬件设备的利用率、应用系统软件复用能力和应用软件推广应用程度。

2. 项目风险与风险对策

简述项目的政策风险（如政策变化、体制变化等）、系统风险（如技术变化、系统设计、系统成熟度等）和操作风险（如管理及技术队伍等），提出应对风险的对策和风险管理措施。

附　表

1. 信息资源共享目录表（见表 2.2）

2. 信息资源共享需求表（见表 2.3）

3. 项目软硬件配置清单（见表 2.4）

4. 应用系统定制开发工作量初步核算表（见表 2.5）

5. 项目总投资估算表（见表 2.6）

6. 项目资金来源表（见表 2.7）

附　件

将项目建议书编制依据及与项目有关的、必要的政策、技术、经济资料列为附件。

表 2.2   信息资源共享目录表

序号	信息资源分类	信息资源名称	信息资源代码	信息资源提供方	提供方内部部门	资源提供方代码（填本单位社会信用代码）	资源关键字	信息资源摘要	数据起始日期	更新周期	资源所属领域	使用方式	信息资源格式	信息资源格式类型	共享类型	共享条件	共享方式	共享范围	是否向社会开放	开放条件	发布日期	所属网络环境	系统部署	管理方式	申请删除的理由	备注

表 2.3   信息资源共享需求表

序　号	信息名称	字　段	格　式	提供部门	支撑业务

表 2.4   项目软硬件配置清单

（a）按类别划分

项目名称/子项目名称：   单位：万元

序　号	设备及软件名称	主要性能指标	所属系统及部署位置	单　价	数　量	总　价	说　明
	总　计						
一、硬件设备							
（一）网络设备							
1							
……							
	小　计						
（二）服务器和计算机设备							
1	服务器						
2	计算机						
……							
	小　计						
（三）存储设备							
1							
……							
	小　计						
（四）安全设备							
1							
……							
	小　计						
（五）其他设备							
1							
……							
	小　计						
二、软　件							
（一）系统软件							
1	操作系统						
2	中间件						

项目名称 / 子项目名称：　　　　　　　　　　　　　　　　　　　　　　　　　　单位：万元

序　号	设备及软件名称	主要性能指标	所属系统及部署位置	单　价	数　量	总　价	说　明
3	工具软件						
4	数据库软件						
……							
	小　计						
（二）应用软件							
1							
……							
	小　计						
（三）安全软件							
1							
……							
	小　计						
三、标准规范							
1	操作系统						
……							
	小　计						

注：也可按照类别分别列表。

（b）按系统划分

项目名称 / 子项目名称：　　　　　　　　　　　　　　　　　　　　　　　　　　单位：万元

序　号	设备及软件名称	主要性能指标	单　价	数　量	总　价	说　明
	总　计					
一、网络系统						
（一）网络设备						
1						
……						
	小　计					
（二）网络系统软件						
1						
……						
	小　计					
二、数据处理和存储系统						
（一）服务器设备						
1						
……						
	小　计					
（二）数据处理软件						
1						
……						
	小　计					
（三）存储设备						
1						
……						
	小　计					
（四）存储软件						
1						
……						
	小　计					
三、应用支撑系统						
1						
……						
	小　计					

项目名称／子项目名称：

单位：万元

序　号	设备及软件名称	主要性能指标	单　价	数　量	总　价	说　明
四、应用系统						
1						
……						
	小　计					
五、信息资源建设						
1						
……						
	小　计					
六、数据库						
（一）数据库服务器						
1						
……						
	小　计					
（二）数据库软件						
1						
……						
	小　计					
七、终端系统						
（一）终端设备						
1						
……						
（二）终端软件						
1						
……						
	小　计					
八、安全系统						
（一）安全设备						
1						
……						
（二）安全软件						
1						
……						
	小　计					
九、备份系统						
（一）备份设备						
1						
……						
（二）备份软件						
1						
……						
	小　计					
十、标准规范						
1						
……						
	小　计					

表 2.5　应用系统定制开发工作量初步核算表

序　号	应用系统名称	工作量核算（人月数）				单　价	总　价
		需求分析和建模	程序开发	软件测试	应用推广	（万元）	（万元）
一、应用系统一							
（一）子系统 1							

续表 2.5

序 号	应用系统名称	工作量核算（人月数）				单 价 （万元）	总 价 （万元）
		需求分析和建模	程序开发	软件测试	应用推广		
1	功能模块 1						
2	功能模块 2						
……							
	小 计						
二、应用系统二							
（一）子系统 1							
1	功能模块 1						
2	功能模块 2						
……							
	小 计						
三、应用系统三							
（一）子系统 1							
1	功能模块 1						
2	功能模块 2						
……							
	小 计						
	总 计						

表 2.6 项目总投资估算表

项目名称： 单位：万元

序号	费用名称	投资估算金额				合 计	说 明
		分项目 1	分项目 2	分项目 3	合 计		
	总 计						
（一）建筑工程费							
1	机房建设或改造费						
2	机房设备购置费						
3	配套设施建设费						
……							
	小 计						
（二）硬件设备购置费							
1	网络设备						
2	计算机设备						
3	存储设备						
4	安全设备						
5	其他设备						
……							
	小 计						
（三）软件购置费							
1	系统软件						
2	应用软件						
……							
	小 计						
（四）系统集成费							
……							
	小 计						
（五）其他工程和费用							
1	建设管理费						
2	前期工作费						
3	设计费						
4	工程监理费						
5	招投标费						

续表 2.6

项目名称：　　　　　　　　　　　　　　　　　　　　　　　单位：万元

序号	费用名称	投资估算金额				合计	说明
		分项目1	分项目2	分项目3	合计		
6	培训费						
7	建设期通信线路费						
8	标准规范						
9	其他						
……							
	小计						
（六）项目预备费							
……							
	小计						

表 2.7

（a）项目资金来源表

项目名称：　　　　　　　　　　　　　　　　　　　　　　　单位：万元

序号	费用名称	项目资金来源			补贴资金	
		中央投资	地方投资	单位自筹	××补贴资金	补贴比例
	总计					
（一）建筑工程费						
1	机房建设或改造费					
2	机房设备购置费					
3	配套设施建设费					
……						
	小计					
（二）系统硬件设备购置费						
1	网络设备					
2	计算机设备					
3	存储设备					
4	安全设备					
5	其他设备					
……						
	小计					
（三）软件购置费						
1	系统软件					
2	应用软件					
……						
	小计					
（四）系统集成费						
……						
	小计					
（五）其他工程和费用						
1	建设管理费					
2	前期工作费					
3	设计费					
4	工程监理费					
5	招投标费					
6	培训费					
7	建设期通信线路费					
8	标准规范					
9	其他					
……						
	小计					

续表 2.7

项目名称：　　　　　　　　　　　　　　　　　　　　　　　　　　　　　　　　　　　　单位：万元

序　号	费用名称	项目资金来源			补贴资金	
		中央投资	地方投资	单位自筹	×× 补贴资金	补贴比例
（六）项目预备费						
……						
	小　计					

说明：按照实际年度分别列出各年经费使用计划安排。

（b）项目资金来源和分配表

项目名称：　　　　　　　　　　　　　　　　　　　　　　　　　　　　　　　　　　　　单位：万元

序　号	项目单位	中央投资	地方投资	单位自筹	×× 补贴资金	补贴比例
（一）中央机构						
1						
2						
3						
……						
	小　计					
（二）地方各省机构						
1						
2						
3						
4						
5						
6						
7						
8						
……						
	小　计					
（三）建设单位						
1						
2						
……						
	小　计					
	总　计					

注：对于多部门、多建设单位、中央和地方共建的项目，应分别将项目资金的来源和分配情况进行填写。

2.6.3　可行性研究报告的编制要求

项目可行性研究报告主要是在批复的项目建议书的基础上，通过对实施条件和项目实际需求的进一步分析，提出项目建设的原则、目标、内容、方案、组织实施方式、投融资方案和效益评价。可行性研究报告主要任务是研究项目建设的可行性，解决"项目能否做？"的问题。

可行性研究报告各章节的编制内容要求可参考如下，但不同项目需根据项目的实际需求有所侧重，可结合项目基础部分，项目设计方案，项目投资估算方案，项目附表、附件、附图等四部分内容灵活搭建，并根据最新的政策、规定优化编制要求：

第一章　项目概况

1. 项目名称

2. 项目建设单位及负责人、项目责任人

项目建设单位（含参建单位），项目实施机构名称，项目建设单位负责人和项目责任人姓名和职务。

3. 可行性研究报告编制单位

包括咨询设计单位及参与可行性研究报告编制的有关单位，并附资质复印件。

4. 可行性研究报告编制依据

列举所依据的重要政策法规、标准与规范、其他编制依据的资料名称、文号、发布日期等，如项目相关的标准、规范、项目审批部门对项目建议书的批复、项目建设规划、项目需求分析报告及项目审批部门组织专家评议意见等，并将其中必要的部分全文附后，作为报告的附件。

5. 项目建设目标、规模、内容、建设期

简述项目的建设目标、建设规模、建设内容和建设周期。提出可量化、可考核的目标和内容。

6. 项目总投资及资金来源

简述项目总投资及资金构成，明确项目资金来源。

7. 经济与社会效益

简述项目实施后产生的经济效益和社会效益。

项目的直接经济效益和间接经济效益，尽可能用量化指标描述。根据不同项目，从节省资源、降低成本、直接经济收入等不同方面挖掘项目可能产生的经济效益。

社会效益根据实际情况采用定性方法进行评价，从提高决策水平、对经济和可持续发展的作用、推进职能转变、提高办事效率、管理水平和监管力度、促进信息公开、改善服务质量、优化重组工作流程、提供信息共享等方面进行阐述。

8. 相对项目建议书批复的调整情况

简述可行性研究报告中相对于项目建议书批复的调整内容，包括建设内容的调整和项目投资的调整，并说明调整的主要原因、调整依据及产生的影响。

9. 主要结论与建议

简述项目可行性研究报告的规范符合性、技术成熟度、效益、项目建设可行性等主要结论。对于需要解决的问题及需要进一步落实的工作，可以提出相关建议。

第二章　项目建设单位概况

1. 项目建设单位与职能

对项目建设单位的基本情况进行阐述和分析，体现项目承建单位的建设资格和能力，主要包括建设单位的性质、组织机构、主要领导人/法定代表人、主要职能和相关工作。对于多个部门和单位参与建设的项目，按照牵头单位和参加单位的顺序分别描述。

2. 项目实施机构与职责

描述项目实施机构概况，包括组织机构名称、承担项目的主要建设责任、项目负责人、主要技术力量等内容。

第三章　需求分析和项目建设的必要性

1. 业务目标分析

详细分析与职能相关的问题及产生问题的根源，按照项目建设单位职能，明确提出项目建设所要解决

和改善的问题，提出解决项目所涉及问题的业务、实现业务的相关作业和实现关键作业的信息化建设目标。

2.业务需求分析

详细分析与项目相关的各项业务功能、业务结构、业务流程和业务处理量。要求对每一项业务需求进行图示化业务逻辑描述，以及基于每一业务逻辑展开数据流描述。

3.信息量分析与预测

信息量分析的目的是为了明确业务所需的系统支撑能力。根据业务逻辑分析，明确提出项目的数据处理量、存储量、传输流量的分析过程和测算结果，并分别提出这些数据量的现值和 3～5 年的预测值。

4.应用支撑需求分析

根据业务需求分析、信息量分析与预测，明确操作系统、数据库管理系统、中间件、业务基础平台、领域应用扩展等应用支撑需求。

5.基础支撑需求分析

根据业务需求分析、信息量分析与预测，明确信息资源建设、业务协同、信息交换与共享、网络建设、云服务、主机、数据存储与容灾备份系统、基础平台管理系统、机房、通用布缆系统等需求。

6.安全需求分析

根据项目特点，分析项目的安全需求。

7.性能需求分析

根据项目特点和业务需求内容，分析项目的性能需求，包括系统的服务响应速度、服务质量等级、资源使用效率等。

8.信息系统装备和应用现状与差距

结合项目需求分析，描述现有的信息系统装备和应用现状、存在的主要问题和差距，需求、现状、差距和建设内容应尽可能逻辑对应。对项目建设单位信息化建设现状的分析，包括详细分析项目建设单位当前信息系统的装备状况，分析网络、主机、存储、备份、软件、终端、安全、信息交换与共享、机房等采集、处理、存储、传输能力的装备存量情况和差距；分析信息化应用现状和应用系统功能现状、存在的主要问题及差距。此分析是项目主要建设内容建设必要性与合理性的重要参考，是对已有资源综合利用和确定项目新增资源配置的参考基础。

9.项目建设的必要性

结合需求和现状，以及要实现的建设目标，从依法履职需要、政策及规划要求、技术发展要求、经济社会文化发展要求、现状需求差距等方面分析项目建设的意义。从行使职责的角度、满足业务需求的角度论述各项建设内容的必要性。

第四章　总体建设方案

1.建设原则和策略

阐述项目建设原则，提出项目建设策略。

2.总体目标与分期目标

项目建设目标是考核项目效能实现的重要体现，也是项目信息系统设计的重要依据。项目建设目标涉及总体建设目标和分期建设目标。根据前述需求分析，提出项目建设的总体目标，包括业务目标、作业目标、工程建设目标、建设规模和效益目标等；分阶段提出业务目标、作业目标、工程建设目标、建设规模和效益目标等，清晰界定各期目标的边界和演进的内容，并用定性和定量（可考核、可量化的指标）相结合的方式对目标进行刻画。

3. 总体建设任务与分期建设内容

总体建设规模、建设任务和分期建设内容是实现项目总体建设目标和分期建设目标的具体体现。结合项目总体目标和信息化现状，提出项目总体建设任务；结合项目分期目标和信息化发展状况，提出各期工程建设内容。

4. 总体设计方案

总体设计方案是项目涉及的系统整体架构体系，通过文字和图表等描述信息系统整体框架，以及系统内部结构和与外部系统间的联系，并区分出已建系统和新建系统、已建功能和新增功能。架构包括业务架构、应用架构、技术架构、数据架构和网络架构。

5. 技术路线

针对本项目的业务需求描述总体方案中所采用的主要技术路线、设备选型或实现方法等。需对采用的总体技术方法和路线说明选择的依据，包括主要依据的设计思想和实现方法。

第五章 本期项目建设方案

1. 建设目标、规模与内容

详述本期工程的建设目标、建设规模和各项建设内容，提出可量化、可考核的目标和内容。建设内容应该解决现有系统存在的主要问题和差距，达到建设目标。

2. 标准规范建设内容

详述需要制定的统一技术标准和管理规范，以及在项目建设中需要遵从的标准规范，并提出工作量和费用测算依据。

3. 信息资源规划和数据库建设方案

信息（数据）资源规划和数据库建设是信息系统建设和应用的基础。信息资源规划包括数据资源目录体系、数据采集、存储、数据资源开发、深度挖掘和利用等。数据库建设包括数据库结构、数据量测算、数据库建设内容、技术特征及数据库软件。

4. 信息资源共享建设方案

如果项目有信息资源共享要求，应描述信息资源共享工作相关的责任单位及其职责，明确信息共享的目标、原则、类别、方式、数据采集及归集方式、信息共享安全等内容，描述本项目对接的其他已建系统或待建系统名称、接口方案、接入目的，以及可能产生的影响等内容，编制信息资源共享目录表（见表2.2）和信息资源共享需求表（见表2.3），制定完善信息资源共享标准、管理规范及信息资源共享的长效机制，确保实现信息资源共享。

涉及多部门之间共享的项目，须以联合发文或签署信息共享协议等方式，共同确定共享信息的名称、内容、质量、数量、更新频度、授权使用范围和使用方式、共享期限、共享依据、实现进度等事项。有关文件和协议作为可行性研究报告的附件。

5. 应用支撑平台建设方案

应用支撑平台是支撑应用系统运行、实现业务协同、资源共享和系统功能的公共支撑平台。方案应详述应用支撑系统（包含操作系统、中间件、数据库管理系统、业务基础平台、领域应用扩展等）的功能和技术特征，并提出主要软硬件设备选型。

6. 应用系统建设方案

应用系统是面向主要业务应用的软件系统，应描述应用系统的功能结构和技术特征，细化到子系统和功能模块。业务功能应与业务需求分析对应，通过业务流程图来阐述各功能节点的逻辑关系，并说明清楚各功能模块的内容。应详细计算定制开发工作量、开发周期和开发费用，提出主要软硬件设备选型。

7. 数据处理和存储系统建设方案

数据处理和存储系统是数据资源开发利用、应用系统运行的支撑和基础。建设方案应详述信息处理和数据存储系统的结构、技术特征、处理和存储能力、主要软硬件设备选型等。

8. 终端系统建设方案

对于配置大量终端系统的大型业务系统，提出终端系统设计方案，设计人机交互界面，确定终端设备配置方案。

9. 网络系统建设方案

详述网络系统的结构、技术特征、网络带宽等，绘制网络拓扑图。根据系统的需求和网络系统的设计原则，对相关的网络设备（交换机、核心交换机、路由器、网络操作系统、网络管理软件等）的配置方案（规格、型号、数量、技术指标等）进行选型分析。

10. 安全系统建设方案

结合业务需求分析安全风险隐患，确定系统安全等级定级，根据相应安全等级标准要求，详述安全系统框架设计、安全域划分、安全解决方案、安全管理制度、密码应用方案和主要软硬件设备选型。

11. 备份系统建设方案

论述备份系统建设内容和方案，确定备份等级，提出数据备份、应用备份、网络备份、环境备份解决方案和主要软硬件设备选型。

12. 运行维护系统建设方案

提出设备维护、网络维护、安全系统维护、应用系统维护的机制和建设方案，明确自维或代维方式，提出年运行维护工作内容、工作量和费用测算依据。并阐述突发事故的应急措施。

13. 其他系统建设方案

根据本项目需求和特点提出除上述系统建设以外的其他系统建设方案。

14. 主要软硬件选型原则和详细软硬件配置清单

软硬件配置是项目建设内容的具体体现，是核定投资估算的主要内容。根据本项目建设内容，明确提出软硬件设备配置原则（包括采用安全可靠的产品，在同等性能价格比下，优先选择国产产品；充分使用云服务资源开展集约化建设等）和系统配置软硬件设备清单，软硬件设备清单可按照系统分别列表。项目软硬件配置清单包括设备及软件名称、主要性能指标、单价（选择近期市场成交价或信息价）、数量、总价（见表 2.4），并提出国产化和自主品牌软硬件配置投资比例；列出各应用系统定制开发工作量初步核算表（见表 2.5），定制开发工作量可按人月数进行计列。绘制系统主要设备配置图。

15. 机房及配套工程建设方案

根据需求明确机房级别，详述新建或改造机房及配套设施的建设方案，包括新建机房选址、周边环境、建设或改造面积（列表表示功能分区面积）、建设和改造的内容、单位造价、配套动力、空调、装饰装修和支撑设备的选型及清单，提出水、电、气需求与供应情况，落实土地、规划和环保相关落实文件等。

配套设备建设方案涉及电力（电源）设施、安防设施、通信设施和其他动力设施等内容。

16. 建设方案相对项目建议书批复变更调整情况的详细说明

详述可行性研究报告中建设方案相对于项目建议书批复调整的内容、主要原因和调整依据。

<h2 style="text-align:center">第六章　项目招标方案</h2>

1. 招标遵循的法规和依据

描述项目招标遵循的法规和依据。

2. 招标范围

根据项目建设内容，提出建设项目涉及的各单项工程、软硬件设备及服务（工程设计、施工、系统集成、工程监理等）的具体招标范围。

3. 招标方式

通过文字和列表描述项目的各单项工程、软硬件设备及服务（工程设计、施工系统集成、工程监理等）等招标内容所采取的招标采购方式，涉及公开招标、邀请招标、询价采购、竞争性谈判、单一来源采购等方式（见表2.9）。

4. 招标组织形式

提出各项招标内容所采取的组织形式，涉及委托招标、自行组织招标、直接政府采购等。

<h2 style="text-align:center">第七章　环保、消防、职业安全和卫生[1]</h2>

1. 环境影响分析

分析建设项目对环境的影响，包括分析项目建设及运行对环境可能产生的破坏因素，如废气、废水、固体废弃物、噪声、电磁波和其他废弃物的数量及对环境的影响程度，对地形、地貌、植被及区域环境及生态系统的综合影响等。

2. 环保措施及方案

提出环保措施和环保解决方案，对于涉及土建工程需要落实环保批复文件。

3. 消防措施

分析消防安全隐患，提出消防措施和解决方案。

4. 职业安全和卫生措施

分析职业安全和卫生隐患，提出职业安全和卫生措施与解决方案。

<h2 style="text-align:center">第八章　节能方案[1]</h2>

1. 用能标准及节能设计规范

提出适用的电子信息等行业用能标准和节能设计规范。

2. 项目能源消耗种类和数量分析

分析项目用水、电、气等各种资源消耗情况，并提出耗能指标。并根据节能专项规划及有关政策法规要求，分析项目方案是否体现了合理利用能源、提高能源利用效率的原则，是否符合产业发展政策对能耗指标的相关要求。

3. 项目所在地能源供应状况分析

分析项目所在地用水、电、气等各种资源的供应情况。

---

1) 按照国办发〔2019〕57号"国务院办公厅关于印发国家政务信息化项目建设管理办法的通知"的第八条规定，国家政务信息化项目原则上不再进行节能评估、环境影响评价等审批的要求（涉及新建土建工程、高耗能项目的除外），对类似项目的可行性研究报告编制，可以略去相关内容的阐述。

4. 能耗指标

分析水、电、气等资源消耗情况和消耗量。将能耗指标与国际国内先进水平进行对比分析。

5. 节能措施和节能效果分析等内容

提出项目节能措施和解决方案，并说明和测算节能效果。

第九章　项目组织机构和人员培训

1. 领导和管理机构

描述和绘制项目建设单位的组织建设和管理体系，明确领导和各级职责，确保项目的有效实施。

2. 项目实施机构

描述项目具体实施单位的机构设置和相关职责，明确项目实施和管理的分工与责任。

3. 运行维护机构

提出项目建成后，系统运行维护机构的设置方式和相关运维方案。

4. 技术力量和人员配置

人力资源配置与人才队伍建设是确保项目建设和成功运行的基本保证，必须充分体现以人为本的原则，合理、有效地配置人员，吸引、激励和稳定人才队伍。应提出项目建设和运行维护的技术力量与人员配置。

5. 人员培训方案

提出系统建设和应用的人员培训计划、培训方案和培训经费测算依据，包括管理人员、技术人员和系统应用人员。

第十章　项目实施进度

1. 项目建设期

提出项目建设期和建设各阶段的划分。

2. 实施进度计划

描述项目实施进程安排，绘制项目实施进度表。说明合同签订、工程查勘及设计、设计会审、设计批复、项目采购、设备到货、人员培训及施工准备、设备安装、设备调测、初验、试运行、竣工验收等阶段的安排。

第十一章　投资估算和资金来源

1. 项目投资估算编制说明

投资估算编制说明一般包括以下内容：

（1）编制范围。说明建设项目总投资估算中包括的和不包括的工程项目和费用，如有几个单位共同编制时，说明分工编制的情况。

（2）编制依据。建设项目投资估算编制依据是指在编制投资估算所遵循的计量规则、市场价格、费用标准及工程计价有关参数、率值等基础资料，主要有以下几个方面：

① 国家、行业和地方政府的有关法律、法规或规定；政府有关部门、金融机构等发布的价格指数、利率、汇率、税率等有关参数。

② 行业部门、项目所在地工程造价管理机构或行业协会等编制的投资估算指标、概算指标（定额）、工程建设其他费用定额（规定）、综合单价、价格指数和有关造价文件等。

③ 类似工程的各种技术经济指标和参数。

④ 工程所在地同期人工、材料、机具市场价格，建筑、工艺及附属设备的市场价格和有关费用。

⑤ 与建设项目有关的工程地质资料、设计文件、图纸或有关设计专业提供的主要工程量和主要设备清单等。

⑥ 委托单位提供的其他技术经济资料。

（3）编制方法。说明投资估算是采用指标估算法，还是概算指标法，或其他方法。在项目可行性研究报告阶段，原则上采用指标估算法。在条件具备时，对于投资有重大影响的主要工程应估算出部分项工程量，套用相关综合定额（概算指标）或概算定额进行编制。

（4）主要技术经济指标。包括投资、用地和主要材料用量指标。

（5）有关参数、率值选定的说明。如前期工作费费率、设计费费率、招标费费率、监理费费率、预备费费率、第三方测评费费率、等保测评费费率等。

（6）特殊问题的说明（包括采用新技术、新材料、新设备、新工艺）；必须说明的价格的确定；进口材料、设备、技术费用的构成与技术参数；采用特殊结构的费用估算方法；安全、节能、环保、消防等专项投资所占总投资的比重；建设项目总投资中未计算项目或费用的必要说明等。

（7）采用方案比选的工程还应对方案比选的估算和经济指标做进一步说明。

2. 项目投资估算分析

投资估算分析应包括以下内容：

（1）各类费用的构成占比分析。分析设备及工器具购置费、建筑工程费、安装工程费、工程建设其他费用、预备费占建设项目总投资的比例；分析引进设备费用占全部设备费用的比例等。

（2）分析影响投资的主要因素。

（3）与类似工程项目的比较，对投资总额进行分析。

3. 项目总投资估算

阐述项目所需总投资额及其构成，包括建筑工程费、硬件设备购置费、软件购置费、系统集成费、其他工程和费用、项目预备费等。列出项目总投资估算表（见表2.6）。对分项目或分地建设的项目在总表中以分项目1、2或地点1、2分列表示。

（1）建筑工程费：包括机房建设或改造费、机房设备购置费和配套设施建设费。

（2）硬件设备购置费：包括网络设备、计算机设备、存储设备、安全设备及其他设备的购置费。

（3）软件购置费：包括系统软件和应用软件的购置费。

（4）系统集成费：系统集成费 =（硬件设备购置费 + 系统软件购置费）×（6% ~ 8%）（以最新政策为准）。

（5）其他工程和费用：包括建设管理费、前期工作费、设计费、工程监理费、招投标费、培训费、第三方测评费、等保测评费、建设期通信线路费、标准规范和其他费。

① 项目前期咨询费、设计费、工程监理费、招投标费、第三方测评费、等保测评费等均参照国家有关颁布的取费标准进行测算。

② 培训费分为业务培训费和技术培训费，需根据培训人数、培训天数、培训费标准进行测算；如果应用系统建设费中包含了应用培训内容，则培训费中应予以剔除。

（6）项目预备费费率5%（以最新政策为准）。

4. 资金来源与落实情况

明确项目投资的资金来源和落实情况，包括中央投资、地方投资及项目单位自筹资金，并附地方投资和项目建设单位自筹资金的意向承诺函或资金证明（见表2.10）。

在项目资金来源和运用表中，按照投资估算表科目，分别填写中央投资、地方投资和单位自筹资金额。对于申请财政补贴的项目，再列写出中央补贴资金额和补贴比例。

5. 资金使用计划

提出分年度资金使用计划。

6. 项目运行维护经费估算

结合系统运行方案，对系统建成后的年运行经费进行估算（见表2.11）。包括通信线路租费、系统维护费、设备维护费、软件维护费、系统运行耗材费、动力消耗费和其他费用。

第十二章 效益与评价指标分析

项目的效益与经济指标分析一般分为经济评价和社会效益分析两部分。

1. 经济评价

1）经济评价的概念

建设项目经济评价包括财务评价（也称财务分析）和国民经济评价（也称经济分析）两个层次。目前按照《建设项目经济评价方法与参数（第三版）》（包括《关于建设项目经济评价工作的若干规定》《建设项目经济评价方法》和《建设项目经济评价参数》三部分），对建设项目的财务可接受性和经济合理性进行详细、全面的分析论证。如有新政策新规定出台，应按最新的政策规定进行相应修改。

（1）财务评价。财务评价是在国家现行财税制度和价格体系的前提下，从项目的角度出发，计算项目范围内的财务效益和费用，分析项目的盈利能力和清偿能力，评价项目在财务上的可行性。

（2）国民经济评价。国民经济评价是在合理配置社会资源的前提下，从国家经济整体利益的角度出发，计算项目对国民经济的贡献，分析项目的经济效率、效果和对社会的影响，评价项目在宏观经济上的合理性。

（3）财务评价与国民经济评价的异同：

① 相同点：

·都采用经济评价的方法，即费用与效益比较的方法。

·评价的目的相同，都是寻求以最小的投入获得最大的产出。

·计算方法类同，都是采用现金流量分析方法，通过基本报表来计算净现值、内部收益率等指标。

② 不同点：财务评价和国民经济评价主要的区别是由于基本的出发点和评估的角度不同，导致项目在"费用"和"效益"的识别和范围划分上有所不同，如表2.8所示。

表2.8 财务评价与国民经济评价主要的区别

不同点	财务评价	国民经济评价
评价角度	站在企业角度，评价项目的盈利能力和清偿能力	站在国家角度，评价项目对国民经济的贡献和付出的代价，仅做盈利能力分析，不做清偿能力分析
评价指标	盈利能力指标：投资回收期、财务内部收益率、财务净现值、资本金净利润率等 清偿能力指标：利息备付率、偿债备付率和资产负债率等	盈利能力指标：经济内部收益率、经济净现值、经济效益费用比等
评价任务	为企业选定和生产规模方案的选择提供财务数据	为重大项目决策提供依据
效益和费用构成及范围	只包括直接收益和直接成本，可计量；项目全部支出均作为成本费用	包括直接和间接收益和成本；将转移支付（税金、补贴、国内利息，土地费用）和折旧等从成本费用中扣除
评价参数	国内现行市场价格、行业基准收益率、官方汇率	影子价格、社会折现率、影子汇率

项目的经济评价，对于财务评价结论和国民经济评价结论都可行的建设项目，可予以通过，反之则应予以否定。对于国民经济评价结论不可行的项目，一般应予以否定。对于关系公共利益、国家安全和市场

不能有效配置资源的经济和社会发展项目，如果国民经济评价结论可行，但财务评价结论不可行，应重新考虑方案，必要时可提出经济优惠措施的建议，使项目具有财务生存能力。

2）经济评价的内容及要求

项目的经济评价的内容及侧重点，应根据项目性质、项目目标、项目投资者、项目财务主体及项目对经济与社会的影响程度等具体情况选择确定。可行性研究阶段的经济评价，应系统分析、计算项目的效益和费用，通过多方案经济比选推荐最佳方案，对项目建设的必要性、财务可行性、经济合理性、投资风险等进行全面的评价。

（1）一般项目，只需进行财务评价。对于费用效益计算比较简单，建设期和运营期比较短，不涉及进出口平衡等的一般项目，财务评价结果将对其决策、实施和运营产生重大影响，财务评价必不可少。如果财务评价的结论能够满足投资决策需求，可不进行国民经济评价。

（2）重大项目，需要进行国民经济评价：

① 具有垄断特征的项目。

② 产出具有公共产品特征的项目。

③ 外部效果显著的项目。

④ 资源开发项目。

⑤ 涉及国家经济安全的项目。

⑥ 受过度行政干预的项目。

3）经济评价应遵循的基本原则

（1）"有无对比"原则。是指"有项目"相对于"无项目"的对比分析。"有项目"是指对项目进行投资后，在计算期内，资产、费用与收益的预计情况，"无项目"指不对该项目进行投资时，在计算期内，与项目有关的资产、费用与收益的预计发展情况。"有项目"与"无项目"两种情况下，效益和费用的计算范围、计算期应保持一致，具有可比性。

（2）效益与费用计算口径对应一致的原则。将效益与费用限定在同一个范围内，才有可能进行比较，计算的净效益才是项目投入的真实回报。

（3）收益与风险权衡的原则。在进行投资决策时，不仅要看到效益，也要关注风险，权衡得失利弊后再行决策。

（4）定量分析与定性分析相结合，以定量分析为主的原则。经济评价的本质是要对拟建项目在整个计算期的经济活动，通过效益与费用的计算，对项目的经济效益进行分析和比较。要求尽量采用定量指标，但对一些不能量化的经济因素，不能直接进行定量分析，对此要求进行定性分析，并与定量分析结合起来进行评价。

（5）动态分析与静态分析相结合，以动态分析为主的原则。动态分析是指利用资金时间价值的原理对现金流量进行折现分析。静态分析是指不对现金流量进行折现分析。项目经济评价的核心是折现，所以分析评价要以折现（动态）指标为主。非折现（静态）指标与一般的财务和经济指标内涵基本相同，比较直观，但是只能作为辅助指标。

4）经济评价的基本步骤

（1）财务评价的基本步骤。财务评价的基本步骤如图2.11所示。

（2）国民经济评价的基本步骤。国民经济评价是在财务评价的基础上，通过对评价参数的调整，调整财务效益和财务费用而得。国民经济评价的基本步骤如图2.12所示。

2. 社会效益分析

数字化工程建设项目的社会效益评估分析主要以国家各项社会政策为基础，应立足于项目的实施能够实现国家和地方社会发展目标，能够促进、保障社会和经济有序高效运行和可持续发展，分析重点应是项

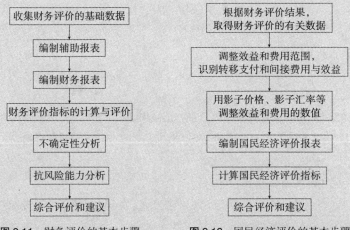

图 2.11　财务评价的基本步骤　　　　图 2.12　国民经济评价的基本步骤

目与区域发展战略和国家长远规划的关系。社会效益评估分析应遵循系统性、综合性、定性分析与定量分析相结合的原则。分析内容应包括下列直接贡献和间接贡献、有利影响和不利影响：

（1）项目对社会的直接贡献通常表现在：促进经济增长，优化经济结构，提高居民收入，增加就业，减少贫困，扩大进出口，改善生态环境，增加地方或国家财政收入，保障国家经济安全等方面。比如，基于工业互联网的智能制造产业的发展对拉动物流产业、研发产业、信息通信产业的影响。

（2）项目对社会的间接贡献主要表现在：促进人口合理分布和流动，促进城市化，带动相关产业，克服经济瓶颈，促进经济社会均衡发展，提高居民生活质量，合理开发、有效利用资源，促进技术进步，提高产业国际竞争力等方面。

（3）项目可能产生的不利影响主要包括：污染环境、损害生态平衡、危害历史文化遗产；出现供求关系与生产格局的失衡，引发通货膨胀；冲击地方传统经济；产生新的相对贫困阶层及隐性失业；对国家经济安全可能带来的不利影响等。

3. 项目评价指标分析

分析项目建设对职能和业务开展的贡献度，尽可能用量化指标描述，包括项目建设对社会的贡献度和系统的利用率等。贡献度涉及规范职能行为、服务能力、决策支持能力、信息共享程度、效率提高和成本降低程度等；系统利用率涉及软件和硬件设备的利用率、应用系统软件复用能力和应用软件推广应用程度。

第十三章　项目风险与风险管理

1. 风险识别和分析

针对建设内容、业务需求和技术方案，从政策、资金、市场、管理、安全、投资、进度、质量、技术以及建设单位对该项目人员的投入、业务需求的变化等方面对项目可能存在的风险进行识别和分析。

2. 风险对策和管理

针对风险识别和分析提出可能出现的风险，逐一提出风险对策和管理措施。

附　表

1. 项目软硬件配置清单

软硬件配置清单参照表 2.4 要求列出，同时附在报告的技术方案中和附表中，便于与投资估算表进行对应。

分别按类别（设备、软件、标准等）和按系统（网络、数据处理和存储、应用支撑、应用、数据资源、数据库、系统软件、安全、备份、终端、标准等）列出软硬件配置清单，并标明名称、所属系统及部署位置、主要性能指标、单价、数量、总价和需要说明的内容。

2. 应用系统定制开发工作量初步核算表

应用系统定制开发工作量初步核算参照表 2.5 要求列出，同时附在报告的技术方案中和附表中，便于与投资估算表进行对应。

应用系统应分解为子系统和功能模块，并分别列出应用系统、子系统、功能模块的名称、工作量核算值（人月数）、单价和总价（＝单价 × 人月数）；工作量再细分为需求分析和建模、程序开发、软件测试、应用推广四个环节，分别给出工作量的人月数。

3. 项目招投标范围和方式表

项目招标范围、方式、组织形式等参照表 2.9 要求列出，并同时附在报告的相应章节中和附表中。招标内容包括服务、单项工程、设备和软件。

4. 项目总投资估算表

参照表 2.6 详细列出项目总投资和各主要建设内容相对应的投资。

5. 项目资金来源和运用表

（1）在项目资金来源和运用表中，按照投资估算表科目，分别填写中央投资、地方投资和单位自筹资金额。对于申请中央或地方财政补贴的项目，再列写出补贴资金额和补贴比例。

（2）在项目资金来源和运用表中，对于国家多部门共建项目和中央地方共建项目，需要分别列出国家各部门、地方各省（市）自治区的资金来源和分配额，分别填写中央投资、地方投资、单位自筹资金额、补贴资金额和补贴比例。

（3）在项目资金来源和运用表中，参照表 2.10 列出项目资金来源、比例结构、落实情况和分年度使用计划等信息。

6. 项目运行维护费估算表

结合系统运行维护方案，参照表 2.11 对系统建成后的每年运行维护经费进行估算。项目的运行维护费主要为一年中各项费用之和，包括通信线路租费、系统维护费、设备维护费、软件维护费、系统运行耗材费、动力消耗费和其他费用。

7. 信息资源共享目录表

详见表 2.2。

8. 信息资源共享需求表

详见表 2.3。

附　件

将可行性研究报告编制依据及与项目有关的、必要的政策、技术、经济资料列为附件。

附　图

1. 系统总体框架图

绘制四/五层两翼的系统总体框架图，并表示出已建情况和未建情况，以及与外部系统的关联。

2. 系统网络拓扑图

绘制各个网络（包含不同网络间连接）的拓扑图。

3. 系统软硬件物理部署图

结合设备部署，绘制出系统软硬件的物理部署图。

表 2.9　招投标范围和方式表

		招标范围		招标组织形式		招标方式		其他采购方式			
		全部招标	部分招标	自行招标	委托招标	公开招标	邀请招标	询价采购	竞争性谈判	单一来源采购	其他
服务	咨询										
	设计										
	集成										
	监理										
	……										
单项工程	机房建设										
	网络系统										
	安全系统										
	应用系统										
	……										
设备	网络设备										
	服务器和计算机										
	存储设备										
	安全设备										
	……										
软件	系统软件										
	应用软件										
	安全软件										
	……										

表 2.10

（a）项目资金来源和运用表

项目名称：　　　　　　　　　　　　　　　　　　　　　　　　　　　　　单位：万元

		项目资金来源			补贴资金		项目资金使用计划			
序号	费用名称	中央投资	地方投资	单位自筹	XX补贴资金	补贴比例	第一年	第二年	第三年	合计
	总　计									
（一）建筑工程费										
1	机房建设或改造费									
2	机房设备购置费									
3	配套设施建设费									
……										
	小　计									
（二）系统硬件设备购置费										
1	网络设备									
2	计算机设备									
3	存储设备									

项目名称：　　　　　　　　　　　　　　　　　　　　　　　　　　　　　　　　　　　单位：万元

序　号	费用名称	项目资金来源			补贴资金		项目资金使用计划			
		中央投资	地方投资	单位自筹	××补贴资金	补贴比例	第一年	第二年	第三年	合　计
4	安全设备									
5	其他设备									
……										
	小　计									
（三）软件购置费										
1	系统软件									
2	应用软件									
……										
	小　计									
（四）系统集成费										
……										
	小　计									
（五）其他工程和费用										
1	建设管理费									
2	前期工作费									
3	设计费									
4	工程监理费									
5	招投标费									
6	培训费									
7	建设期通信线路费									
8	标准规范									
9	其　他									
……										
	小　计									
（六）项目预备费										
……										
	小　计									

说明：按照实际年度分别列出各年经费使用计划安排。

（b）项目资金来源和分配表

项目名称：　　　　　　　　　　　　　　　　　　　　　　　　　　　　　　　　　　　单位：万元

序　号	项目单位	中央投资	地方投资	单位自筹	××补贴资金	补贴比例
（一）中央机构						
1						
2						
3						
……						
	小　计					
（二）地方各省机构						
1						
2						
3						
4						
5						
6						

续表 2.10

项目名称：　　　　　　　　　　　　　　　　　　　　　　　　　　　　　　　　　　　单位：万元

序　号	项目单位	中央投资	地方投资	单位自筹	××补贴资金	补贴比例
7						
8						
……						
	小　计					
（三）建设单位						
1						
2						
……						
	小　计					
	总　计					

注：对于多部门、多建设单位、中央和地方共建的项目，应分别将项目资金的来源和分配情况进行填写。

（c）项目资金运用表

项目名称：　　　　　　　　　　　　　　　　　　　　　　　　　　　　　　　　　　　单位：万元

序　号	费用名称	第一年	第二年	第三年	合计
	总　计				
（一）建筑工程费					
1	机房建设或改造费				
2	机房设备购置费				
3	配套设施建设费				
……					
	小　计				
（二）系统硬件设备购置费					
1	网络设备				
2	计算机设备				
3	存储设备				
4	安全设备				
5	其他设备				
……					
	小　计				
（三）软件购置费					
1	系统软件				
2	应用软件				
……					
	小　计				
（四）系统集成费					
……					
	小　计				
（五）其他工程和费用					
1	建设管理费				
2	前期工作费				
3	设计费				
4	工程监理费				
5	招投标费				
6	培训费				
7	建设期通信线路费				
8	标准规范				
9	其　他				
……	……				
（六）项目预备费					
……					
	小　计				

表2.11　项目运行维护费估算表

序　号	费用名称	费用估算（元/年）
	总　计	
1	通信线路租费	
2	系统维护费	
3	设备维护费	
4	软件维护费	
5	系统运行耗材费	
6	动力消耗费	
7	其他费用	

2.6.4　初步设计的编制要求

项目初步设计工作的任务旨在可行性研究报告基础上，进一步明确并细化项目需求、建设原则、建设目标、建设内容、实施方案、投资概算、风险及效益分析等内容。初步设计主要任务是解决"项目如何做"的问题，是项目实施招投标的重要依据。

初步设计报告各章节的编制内容要求可参考如下，但不同项目需根据项目的实际需求有所侧重，可结合项目基础部分，项目设计方案，项目投资估算方案，项目附表、附件、附图等四部分内容灵活搭建，并根据最新的政策、规定优化编制要求：

第一章　项目概述

1. 项目名称

工程项目的全称及简称。项目全称应与已批准的可行性研究报告中的项目名称一致。

2. 项目建设单位及负责人、项目责任人

项目建设单位（含参建单位），项目实施机构名称，项目建设单位负责人和项目责任人姓名和职务。

3. 初设及概算编制单位

包括咨询设计单位及参与初设及概算编制的有关单位，并附资质复印件。

4. 初设和概算编制依据

列举所依据的重要法律法规、文件、引用的国家标准和行业标准等名称及具体引用条款内容，如中央和国务院的有关文件精神、项目相关的工程建设规划、项目审批部门对项目建议书和项目可行性研究报告的批复、项目需求分析报告及项目审批部门组织专家对需求分析报告提出的评议意见等，并将其中必要的部分全文附后，作为报告的附件。

5. 项目建设目标、规模、内容、建设期

简要概括项目主要建设目标、建设规模、建设内容和建设计划工期。提出可量化、可考核的目标和内容。

6. 总投资及资金来源

简述概算总投资及其构成，说明资金来源。

7. 效益及风险

简述项目建成后的社会及经济效益指标，项目建设期及建成后可能的风险。

8. 相对可行性研究报告批复的调整情况

简述初步设计方案相对项目审批部门对可行性研究报告批复进行变更调整主要内容的结果（包括建设

内容、项目投资的调整）。

9. 主要结论与建议

对项目初步设计质量进行简单评价，以及为使项目顺利建设需要落实或补充的环境条件等建议。

第二章　项目建设单位概况

1. 项目建设单位与职能

对项目建设单位的基本情况进行描述和分析，包括建设单位的性质、组织机构、主要领导人/法定代表人、主要职能和相关工作。对于多个部门和单位参与建设的项目，按照牵头单位和参加单位的顺序分别描述。依据有关文件规定摘录与项目有关职能的全部条款。

2. 项目实施机构与职责

介绍项目实施机构与项目建设单位的关系及其有效职责范围。描述项目实施机构概况，包括组织机构名称、承担项目的主要建设责任、项目负责人、主要技术力量等内容。

第三章　需求分析

1. 业务目标分析

如果与可行性研究报告一致，可以直接引述；如果有变化，对变化部分论述变化内容及其理由。

2. 业务需求分析

如果与可行性研究报告一致，可以直接引述；如果有变化，对变化部分论述变化内容及其理由。要求列出量化指标。

3. 信息量分析与预测

如果与可行性研究报告一致，可以直接引述；如果有变化，对变化部分论述变化内容及其理由。要求列出量化指标。

4. 应用支撑需求分析

如果与可行性研究报告一致可以直接引述，如果有变化，对变化部分论述变化内容及其理由。要求列出量化指标。

5. 基础支撑需求分析

如果与可行性研究报告一致，可以直接引述；如果有变化，对变化部分论述变化内容及其理由。要求列出量化指标。

6. 安全需求分析

如果与可行性研究报告一致，可以直接引述；如果有变化，对变化部分论述变化内容及其理由。要求列出量化指标。

7. 性能需求分析

如果与可行性研究报告一致，可以直接引述；如果有变化，对变化部分论述变化内容及其理由。要求列出量化指标。

8. 信息系统装备和应用现状与差距

结合项目需求分析，描述现有的信息系统装备和应用现状、存在的主要问题和差距，需求、现状、差距和建设内容应尽可能逻辑对应。引述项目建设单位当前信息系统的装备状况，包括网络、主机、存储、备份、软件、终端、安全、信息交换与共享、机房等采集、处理、存储、传输能力的装备存量情况和差距；

引述信息化应用现状和应用系统功能现状、存在的主要问题及差距。

第四章 总体建设方案

1. 总体设计原则

阐述项目建设原则,并与本期项目设计方案一致。

2. 总体目标与分期目标

阐述目标内容及二者之间的关系、界线。项目建设目标是考核项目效能实现的重要体现,也是项目信息系统设计的重要依据。项目建设目标涉及总体建设目标和分期建设目标。根据前述需求分析,引述项目建设的总体目标,包括业务目标、作业目标、工程建设目标、建设规模和效益目标等;分阶段提出业务目标、作业目标、工程建设目标、建设规模和效益目标等,清晰界定各期目标的边界和演进的内容,并用定性和定量(可考核、可量化的指标)相结合的方式对目标进行刻画。

3. 总体建设任务与分期建设内容

阐述二者内容及二者之间的关系。总体建设规模、建设任务和分期建设内容是实现项目总体建设目标和分期建设目标的具体体现。结合项目总体目标和信息化现状,提出项目总体建设任务;结合项目分期目标和信息化发展状况,提出各期工程建设内容。

4. 系统总体结构和逻辑结构

通过文字和图表等描述信息系统总体结构和逻辑结构,以及系统内部结构和与外部系统间的联系,并区分出已建系统和新建系统、已建功能和新增功能,要用文字、符号或颜色显著表明本期与总体的界线和相互关系。系统结构包括业务架构、应用架构、技术架构、数据架构和网络架构。

5. 技术路线

针对项目的业务需求描述总体方案中所采用的主要技术路线、设备选型或实现方法等。

第五章 本期项目设计方案

本章以下各项建设内容是在批复的可行性研究报告中所确定的技术方案基础上进一步细化和量化,其各自边界要明确,内在逻辑联系清晰,要具体体现设计原则和明显体现利用现有资源的内容。

1. 建设目标、规模与内容

全面描述本期工程的建设目标、建设规模和各项建设内容。提出可量化、可考核的目标和内容。

2. 标准规范建设内容

详述需要制定的统一技术标准和管理规范,以及在项目建设中需要遵从的标准规范,并提出工作量和费用测算依据。

3. 信息资源规划和数据库设计

信息资源(数据)规划包括数据资源目录体系、数据采集、存储、数据资源开发、深度挖掘和利用等。数据库设计包括数据库结构、数据处理流程、数据量测算、指标代码表、代码表、数据表、数据库建设内容、技术特征及数据库软件。

4. 信息资源共享设计

如果项目有信息资源共享要求,项目应明确信息资源共享工作相关的责任单位及其职责,信息资源共享设计包括信息共享的目标、原则、类别、方式、数据采集及归集方式、信息共享安全等内容,描述本项目对接的其他已建系统或待建系统名称、接口方案、接入目的,以及可能产生的影响等内容,编制信息资源共享目录表（见表 2.2）和信息资源共享需求表（见表 2.3），制定完善信息资源共享标准、管理规范及信息资源共享的长效机制，确保实现信息资源共享。

涉及多部门之间共享的项目，须以联合发文或签署信息共享协议等方式，共同确定共享信息的名称、内容、质量、数量、更新频度、授权使用范围和使用方式、共享期限、共享依据、实现进度等事项。有关文件和协议作为初步设计报告的附件。

5. 应用支撑系统设计

应用支撑平台是支撑应用系统运行、实现业务协同、资源共享和系统功能的公共支撑平台。设计方案应详述应用支撑系统（包含操作系统、中间件、数据库管理系统、业务基础平台、领域应用扩展等）的功能、技术特征、配置方案和计算方法，其详细程度要达到可以用以招标、判断或确定投标价是否合适程度。并提出主要软硬件设备详细清单。

6. 应用系统设计

应用系统是面向主要业务应用的软件系统，应细化到子系统和功能模块，应陈述应用系统的功能结构和技术特征，并描述所有应用系统内容及各应用系统间的关系。业务功能应与业务需求分析对应。通过业务流程图来阐述各功能节点的逻辑关系，并说明清楚各功能模块的内容。应详细计算定制开发工作量、开发周期和开发费用，提出主要软硬件设备详细清单。

7. 数据处理和存储系统设计

数据处理和存储系统是数据资源开发利用、应用系统运行的支撑和基础。设计方案应详述信息处理和数据存储系统的结构、技术特征、处理和存储能力、主要软硬件设备配置方案和计算方法，提出设备详细清单。

8. 终端系统及接口设计

对于配置大量终端系统的大型业务系统，提出终端系统及接口设计方案，设计人机交互界面，确定终端设备配置方案。

9. 网络系统设计

详述网络系统的结构、技术特征、网络带宽，绘制网络拓扑图，提出网络系统的 IP、VLAN 及路由协议规划。根据系统的需求和网络系统的设计原则，对相关的网络设备（交换机、核心交换机、路由器、网络操作系统、网络管理软件等）的配置方案（规格、型号、数量、技术指标等）进行选型分析。

10. 安全系统设计

结合业务需求分析安全风险隐患，确定系统安全等级定级，根据相应安全等级标准要求，详述安全系统框架设计、安全域划分、安全解决方案、安全管理制度、密码应用方案和主要软硬件设备选型。

11. 备份系统设计

论述备份系统建设内容和方案，确定备份等级，提出数据备份、应用备份、网络备份、环境备份解决方案和主要软硬件设备选型。

12. 运行维护系统设计

提出设备维护、网络维护、安全系统维护、应用系统维护的机制和建设方案，明确自维或代维方式，提出年运行维护工作内容、工作量和费用测算依据，并阐述突发事故的应急措施。

13. 其他系统设计

根据本项目需求和特点提出除上述系统建设以外的其他系统设计方案。

14. 系统配置及软硬件选型原则

根据本项目建设内容，明确提出系统配置及软硬件选型原则。选型原则应符合安全、可控、可靠、延续、开放、兼容、可扩展、高性价比及集约化建设的要求，选型原则就与技术方案、设备配置清单一致。

15. 项目软硬件配置清单

项目软硬件配置清单包括设备及软件名称、主要性能指标、单位、单价（选择近期市场成交价或信息价）、数量、总价（见表2.4），并提出国产化和自主品牌软硬件配置投资比例；分别列出各应用系统定制开发工作量（按人月数计费）核算表（见表2.12）。绘制系统主要设备配置图。

16. 系统软硬件物理部署方案

用图和文字阐述本项目建设的软件、硬件设施的部署设计方案。在图中展现本项目建设的软硬件的部署网络环境、所部署的服务器及数量，以及软件所部署的服务器之间的连接方式；如有负载均衡、双机热备等情况，也要求在图中标明；如软件所部署的服务器存在于不同的网络区域，如内外网、安全区域等，应在图中分不同区域展现，并注明不同网络区域的连接方式，以及相应的安全设备的部署位置。

17. 机房及配套工程设计

根据需求明确机房级别，详细陈述机房及配套设施的建设技术指标和建设方案，包括新建机房选址、周边环境、建设或改造面积（列表表示功能分区面积）、建设和改造的内容、装饰装修、单位造价、配套动力和支撑设备的选型和清单。

配套设备建设方案涉及电力（电源）设施、安防设施、通信设施和其他动力设施等内容。

18. 环保、消防、职业安全与卫生和节能措施的设计[1]

（1）环境影响分析。分析建设项目对环境的影响，包括分析项目建设及运行对环境可能产生的破坏因素，如废气、废水、固体废弃物、噪声、电磁波和其他废弃物的数量及对环境的影响程度，对地形、地貌、植被及区域环境及生态系统的综合影响等。

（2）环保措施及方案。提出环保措施和环保解决方案，对于涉及土建工程需要落实环保批复文件。

（3）消防措施。分析消防安全隐患，提出消防措施和解决方案。

（4）职业安全和卫生措施。分析职业安全和卫生隐患，提出职业安全和卫生措施与解决方案。

（5）节能措施。分析项目能源消耗种类和数量、项目所在地能源供应状况，提出项目节能措施和解决方案，并说明和测算节能效果。

19. 初步设计方案相对可行性研究批复变更调整情况的详细说明

详述初步设计方案中建设方案相对于可行性研究报告批复调整的内容、主要原因和调整依据。

第六章 项目建设与运行管理

1. 领导和管理机构

详述和绘制项目建设单位的组织建设和管理体系，明确领导和各级职责，确保项目的有效实施。

2. 项目实施机构

详述项目具体实施单位的机构设置和相关职责，明确项目实施和管理的分工与责任。

1）按照国办发〔2019〕57号"国务院办公厅关于印发国家政务信息化项目建设管理办法的通知"的第八条规定，国家政务信息化项目原则上不再进行节能评估、环境影响评价等审批的要求（涉及新建土建工程、高耗能项目的除外），对类似项目的初步设计报告编制，可以略去相关内容的阐述。

3. 运行维护机构

运行维护主体的比选及其确定。

4. 核准的项目招标方案

若与可行性研究报告批复相比没有变化，可直接引述；若有变化，则需要说明变化内容及其理由。

5. 项目进度、质量、资金管理方案

描述项目进度计划结果、影响质量的主要因素及保证质量的措施、影响资金安全和效益的因素及其对策。

6. 相关管理制度

描述为保证项目顺利建设并实现其预计目标需要的管理制度体系。

第七章　人员配置与培训

1. 人员配置计划

人员配置与人才队伍建设是确保项目建设和成功运行的基本保证，必须充分体现以人为本的原则，合理、有效地配置人员，吸引、激励和稳定人才队伍。通过分析直接相关业务人员现状，分析工程对人员的需求与现状的差距确定管理、技术、操作人员配置计划并论证其可实现性。应提出项目建设和运行维护的技术力量与人员配置。

2. 人员培训方案

经分析论证提出包括培训内容、课时、授课人员、费用标准、培训单位及人员数量、培训地点等内容的培训计划。人员培训应包括管理人员、技术人员和系统应用人员。

第八章　项目实施进度

分析影响进度的各种因素、制定进度计划的方法和过程。区分关键节点绘制出项目实施进度计划详表和网络图。

第九章　初步设计概算

初步设计概算是在投资估算的控制下根据初步设计的图纸和说明，利用国家或地区颁发的概算指标、概算定额、综合指标预算定额、各项费用定额或取费标准（指标）、建设地区自然、技术经济条件和设备、材料预算价格等资料，按照设计要求，对建设项目从筹建至竣工交付使用所需全部费用进行的预计。

1. 项目初步设计概算编制说明

初步设计编制说明一般包括以下内容：

（1）工程概况。简述建设项目性质、特点、建设规模、建设周期、建设地点、主要工程量、工艺设备等情况。引进项目要说明引进内容及国内配置工程等主要情况。

（2）编制依据。在编制设计概算时所遵循的计量规则、市场价格、现行概算指标法（或其他方法）、费用标准及工程计价有关参数、率值等基础资料，主要有以下几个方面：

① 国家、行业和地方政府的有关法律、法规或规定。政府有关部门、金融机构等发布的价格指数、利率、汇率、税率等有关参数。

② 行业部门、项目所在地工程造价管理机构或行业协会等编制的概算定额（或指标）、工程建设其他费用定额（规定）、综合单价、价格指数和有关造价文件等。

③ 工程勘察与设计文件。

④ 拟定或常规的施工组织设计和施工方案。

⑤ 建设项目资金筹措方案。

⑥ 工程所在地同期人工、材料、机具台班市场价格，以及设备供应方式及供应价格。

⑦ 建设项目的技术复杂程度，新技术、新材料、新工艺以及专利使用情况等。

⑧ 建设项目批准的相关文件、合同、协议等。

⑨ 委托单位提供的其他技术经济资料。

（3）编制方法。说明设计概算是采用概算定额法，还是概算指标法或其他方法。建筑工程概算的编制方法有概算定额法、概算指标法、类似工程预算法等；设备及安装工程概算的编制方法有预算单价法、扩大单价法、设备价格百分比法和综合吨位指标法等。

（4）主要设备、材料数量。

（5）主要技术经济指标。包括项目概算总投资（有引进的给出所需的外汇额度）及主要分项投资、主要技术经济指标（主要单位投资指标）等。

（6）有关参数、率值选定的说明，如前期工作费率、设计费率、招标费率、监理费率、预备费费率、第三方测评费费率、等保测评费费率等。

（7）工程费用计算表。

（8）引进设备材料有关费率取定及依据。

（9）其他必要的说明。

2. 总概算表

包括工程费用、工程建设其他费用、预备费、专项费用等。

3. 工程建设其他费用概算表

工程建设其他费用概算按国家或地区或部委所规定的项目和标准确定，并按统一格式编制。应按具体发生的工程建设其他费用项目填写工程建设其他费用概算表，需要说明和具体计算的费用项目依次相应在说明及计算式栏内填写或具体计算。

4. 单项工程综合概算表和建筑安装单位工程概算表

5. 主要设备材料汇总表

6. 资金筹措及投资计划

结合项目具体情况，依据审批文件和项目进度实施计划提出项目的资金筹措方案，并分项说明资金来源，合理安排投资计划，并以表格说明。

明确项目投资的资金来源和落实情况，包括中央投资和项目单位自筹资金，并附地方投资和项目建设单位自筹资金的意向承诺函或资金证明。（见表2.10）。

在项目资金来源和运用表中，按照投资估算表科目，分别填写中央投资、地方投资和单位自筹资金额。对于申请中央或地方财政补贴的项目，再列写出中央或地方补贴资金额和补贴比例。

7. 项目运行维护经费估算

结合系统运行方案，对系统建成后的年运行经费进行估算（见表2.11）。包括通信线路租费、系统维护费、设备维护费、软件维护费、系统运行耗材费、动力消耗费和其他费用。

第十章   风险及效益分析

1. 风险分析及对策

针对建设内容、业务需求和技术方案，从政策、资金、市场、管理、安全、投资、进度、质量、技术，以及建设单位对该项目人员的投入、业务需求的变化等方面对项目可能存在的风险进行识别和分析，提出避免风险和应对风险的具体对策与设计方案。

2. 效益分析

项目的效益分析一般分为经济效益分析和社会效益分析两部分，结合所承担的项目，尽量以量化指标进行项目效益分析。

附　表

1. 项目软硬件配置清单

软硬件配置清单参照表 2.4 要求列出，同时附在初步设计报告的技术方案中和附表中，便于与投资估算表进行对应。

分别按类别（设备、软件、标准等）和按系统（网络、数据处理和存储、应用支撑、应用、数据资源、数据库、系统软件、安全、备份、终端、标准等）列出的软硬件配置清单，并标明名称、所属系统及部署位置、主要性能指标、单价、数量、总价和需要说明的内容。投资之和就是项目总投资中的非定制应用系统以外的软硬件投资总额。

2. 应用系统定制开发工作量核算表

应用系统定制开发工作量核算参照表 2.12 要求列出，同时附在初步设计报告的技术方案和附表中，便于与投资估算表进行对应。

应用系统应分解为子系统和功能模块，并分别列出应用系统、子系统、功能模块的名称、工作量核算值（人月数）、单价和总价（＝单价 × 人月数）；工作量再细分为需求分析和建模、程序开发、软件测试、应用推广四个环节，分别给出工作量的人月数。要求细化到软件工程的功能模块深度，达到可以用以招标、判断或确定投标价是否合适的程度。

3. 项目投标范围和方式表

项目招标范围、方式、组织形式等参照表 2.9 要求列出，并同时附在初步设计报告的相应章节和附表中。招标内容包括服务、单项工程、设备和软件。

4. 项目资金来源和运用表

在项目资金和运用表中，参照表 2.10 列出项目资金来源、比例结构、落实情况和分年度使用计划等信息。

5. 项目运行维护费估算表

结合系统运行维护方案，参照表 2.11 对系统建成后的每年运行维护经费进行估算。项目的运行维护费主要为一年中各项费用之和，包括通信线路租费、系统维护费、设备维护费、软件维护费、系统运行耗材费、动力消耗费和其他费用。

6. 信息资源共享目录表

详见表 2.2。

7. 信息资源共享需求表

详见表 2.3。

8. 概算书表格

（1）工程总概算表（见表 2.13）。
（2）建筑工程人工、材料、施工机械使用费计算表（见表 2.14）。
（3）设备（主材）购置费用计算表（见表 2.15）。
（4）安装工程人工、材料、施工机械和施工仪器仪表使用费计算表（见表 2.16）。
（5）建筑（安装）工程人工、材料、施工机械台班、施工仪器仪表台班价差表（见表 2.17）。

（6）建筑、安装工程费用计算表（见表2.18）。

（7）措施项目费计算表（见表2.19）。

（8）工程建设其他费用汇总表（见表2.20）。

（9）预算费用计算表（见表2.21）。

（10）专项费用计算表（见表2.22）。

<h1 style="text-align:center">附　件</h1>

初步设计及概算编制依据，有关的政策、技术、经济资料。

<h1 style="text-align:center">附　图</h1>

系统总体框架图、系统网络拓扑图、系统软硬件物理部署图、机房设计图等。

表 2.12　应用系统定制开发工作量核算表

序　号	应用系统名称	工作量核算（人月数）				单　价	总　价
		需求分析和建模	程序开发	软件测试	应用推广	（万元）	（万元）
一、应用系统一							
（一）子系统1							
1	功能模块1						
（1）	功能点1						
（2）	功能点2						
……							
2	功能模块2						
（1）	功能点1						
（2）	功能点2						
……							
	小　计						
二、应用系统二							
（一）子系统1							
1	功能模块1						
（1）	功能点1						
（2）	功能点2						
……							
2	功能模块2						
（1）	功能点1						
（2）	功能点2						
……							
	小　计						
	总　计						

表 2.13　工程总概算表

工程名称：　　　　　　　　建设单位名称：　　　　　　　　　　　第　页　共　页

序　号	预算表编号	工程或费用名称	概算价格（万元）							
			建筑工程费	需要安装的设备购置费	不需要安装的设备购置费	安装工程费	其他费用	预备费	专用费用	金　额

续表 2.13

工程名称：			建设单位名称：							第　页　共　页	
序　号	预算表编号	工程或费用名称	概算价格（万元）								金　额
			建筑工程费	需要安装的设备购置费	不需要安装的设备购置费	安装工程费	其他费用	预备费	专用费用		
	合计（万元）										

编制：　　　　　　校对：　　　　　　审核：　　　　　　编制日期：

表 2.14　建筑工程人工、材料、施工机械使用费计算表

工程名称：					建设单位名称：						第　页　共　页	
序号	定额编号	工程或费用名称	单位	数量	单价（元）				合价（元）			金额
					人工费	材料费	施工机械使用费	基价	人工费	材料费	施工机械使用费	
	合　计											

编制：　　　　　　校对：　　　　　　审核：　　　　　　编制日期：

表 2.15　设备（主材）购置费用计算表

工程名称：		建设单位名称：					第　页　共　页	
序　号	设备（主材）名称	单　位	数　量	原价（元）	运杂费费率（%）	采购及保管费费率（%）	运输保险费费率（%）	金　额（元）
	合　计							

编制：　　　　　　校对：　　　　　　审核：　　　　　　编制日期：

表 2.16　安装工程人工、材料、施工机械和施工仪器仪表使用费计算表

工程名称：					建设单位名称：								第　页　共　页	
序号	定额编号	工程或费用名称	单位	数量	单价（元）					合价（元）				金额
					人工费	材料费	施工机械使用费	施工仪器仪表使用费	基价	人工费	材料费	施工机械使用费	施工仪器仪表使用费	
	合　计													

编制：　　　　　　校对：　　　　　　审核：　　　　　　编制日期：

表 2.17 建筑（安装）工程人工、材料、施工机械台班、施工仪器仪表台班价差表

工程名称：　　　　　　　　　建设单位名称：　　　　　　　　　　　　　　第　页　共　页

序　号	人工、材料、施工机械、施工仪器仪表		单　位	定额价（元）	市场价（元）	价　差（元）	数　量	价差合计（元）
	名　称	类别、型号、规格						
合　计								

编制：　　　　　　　校对：　　　　　　　审核：　　　　　　　编制日期：

表 2.18 建筑、安装工程费用计算表

工程名称：　　　　　　　　　建设单位名称：　　　　　　　　　　　　　　第　页　共　页

序　号	费用名称	计费基数及计算式	金额（元）
1	定额人工费＋价差		
2	定额材料费＋价差		
3	定额施工机械使用费＋价差		
4	定额施工仪器仪表使用费＋价差		
5	措施项目费		
6	企业管理费	1×费率	
7	规　费		
（1）	社会保险费	1×费率	
（2）	住房公积金	1×费率	
（3）	工程排污费		
8	利　润	1×费率	
		（1+2+3+4+5+6）×费率	
9	税　金	（1+2+3+4+5+6+7+8）×费率	
10	建筑、安装工程费用合计	1+2+3+4+5+6+7+8+9	

编制：　　　　　　　校对：　　　　　　　审核：　　　　　　　编制日期：

表 2.19 措施项目费计算表

工程名称：　　　　　　　　　建设单位名称：　　　　　　　　　　　　　　第　页　共　页

序　号	费用名称		计费基数	费率（%）	金额（元）
1	安全文明施工费（安全施工费、文明施工费、环境保护费、临时设施费）		人工费		
2	夜间施工增加费		人工费		
3	二次搬运费		人工费		
4	冬雨季施工增加费		人工费		
5	工程定位复测、工程点交费		人工费		
6	已完成工程及设备保护费		人工费		
7	测量放线费		人工费		
8	超高施工降效增加费	8m以下	人工费		
		12m以下	人工费		
		16m以下	人工费		
		20m以下	人工费		
		30m以下	人工费		

续表 2.19

工程名称：　　　　　　　　　建设单位名称：　　　　　　　　　　　第　页　共　页

序　号	费用名称		计费基数	费率（%）	金额（元）
9	高层施工增加费	40m 以下	人工费		
		80m 以下	人工费		
		120m 以下	人工费		
		160m 以下	人工费		
		200m 以下	人工费		
10	高层地区施工降效增加费	2000～3000m	人工费		
		3001～4000m	人工费		
		4001～4500m	人工费		
		4501～5000m	人工费		
		5000m 以上	人工费		
11	安装与生产同时进行施工增加费		人工费		
12	有害身体健康的环境中施工增加费（在化工地区、核污染地区、高寒地区、高温地区施工）		人工费		
13	脚手架费		人工费		
14	施工队伍车辆使用费				
15	施工队伍调遣费				
16	远地施工增加费				
17	大型机械、仪器仪表进出场及安拆费				
18	停、窝工费				
19	施工用水、电、气费				
20	工程系统检测、检验费（由国家或地方检测部门进行的各类检测、检验）				
21	工程现场安全保护设施费				
22	地下管线交叉处理措施费				
23	设备、管道施工的防冻和焊接保护费				
24	组装平台费				
25	洁净措施费				
26	技术培训费				
27	其　他				
	合　计				

编制：　　　　　　校对：　　　　　　审核：　　　　　　编制日期：

表 2.20　工程建设其他费用汇总表

工程名称：　　　　　　　　　建设单位名称：　　　　　　　　　　　第　页　共　页

序　号	设备（主材）名称	金额（元）
1	建设单位管理费	
2	前期工作费	
3	招标代理服务费	
4	勘察费	
5	设计费	
6	建设领域应用软件开发费	
7	环境影响咨询费	
8	劳动安全卫生评价费	
9	现场准备及临时设施费	

续表 2.20

工程名称：	建设单位名称：		第　页　共　页
序　号	设备（主材）名称		金额（元）
10	引进技术和引进设备其他费		
11	建设工程监理费		
12	工程保险费		
13	联合试运转费		
14	特殊设备安全监督检验费		
15	市政公用设施及绿化补偿费		
16	施工承包费		
17	建设用地费		
18	专利及专有技术使用费		
19	生产准备及开办费		
20	培训费		
21	建设期通信线路费		
22	标准规范		
23	第三方测评费		
24	等保测评费		
25	其　他		
	合　计		

编制：　　　　　　校对：　　　　　　审核：　　　　　　编制日期：

表 2.21　预算费用计算表

工程名称：	建设单位名称：		第　页　共　页	
序　号	费用名称	取费基数	费率（%）	金额（元）
	（一）基本预备费			
	（二）价差预备费			
	合　计（元）			

编制：　　　　　　校对：　　　　　　审核：　　　　　　编制日期：

表 2.22　专项费用计算表

工程名称：	建设单位名称：		第　页　共　页	
序　号	费用名称	取费基数	费率（%）	金额（元）
	（一）建设期贷款利息			
	（二）铺底流动资金			
	（三）固定资产投资方向调节税			
	合　计（元）			

编制：　　　　　　校对：　　　　　　审核：　　　　　　编制日期：

2.6.5　深化设计的编制要求

项目深化设计工作的任务是在初步设计基础上，进一步细化项目需求，深化项目实施方案，编制投资预算，绘制详细设计图纸等内容。深化设计应当满足设备材料采购、非标准设备制作和施工的需要。凡不能用图示表达的施工要求，均应以设计说明表述，有特殊需要说明的可集中或分列在有关图纸上。

项目深化设计各章节的编制内容要求可参考如下，但不同项目需根据项目的实际需求有所侧重，可结合项目基础部分，项目设计方案，项目投资估算方案，项目附表、附件、附图等四部分内容灵活搭建，并根据最新的政策、规定优化编制要求。

第一章 项目概述

1. 项目名称

工程项目的全称及简称。项目全称应与已批准的初步设计方案及投资概算报告中的项目名称一致。

2. 项目建设单位及负责人、项目责任人

项目建设单位（含参建单位），项目实施机构名称，项目建设单位负责人和项目责任人姓名及职务。

3. 深化设计编制单位

包括咨询设计单位及参与深化设计编制的有关单位，并附资质复印件。

4. 深化设计编制依据

列举建设单位提供的有关资料和设计任务书，设计所执行的主要法规和所采用的标准（包括标准的名称、编号、年号和版本号），已批准的初步设计文件等，并将其中必要的部分全文附后，作为深化设计的附件。

5. 项目建设目标、规模、内容、建设期

简要概括项目主要建设目标、建设规模、建设内容和建设计划工期。提出可量化、可考核的目标和内容，应将经初步设计审批定案的主要指标录入。

6. 总投资及资金来源

项目预算总投资及其构成，说明资金来源。

7. 相对初步设计批复的调整情况

简述深化设计方案相对项目审批部门对初步设计方案及投资概算报告批复进行变更调整主要内容的结果（包括建设内容、项目投资的调整）。

8. 主要结论与建议

对项目深化设计质量进行简单评价以及为使项目顺利建设需要落实或补充的环境条件等建议。

第二章 需求分析

1. 业务目标分析

如果与初步设计报告一致可以直接引述，如果有变化，对变化部分论述变化内容及其理由。

2. 业务需求分析

如果与初步设计报告一致可以直接引述，如果有变化，对变化部分论述变化内容及其理由。

3. 信息量分析与预测

如果与初步设计报告一致可以直接引述，如果有变化，对变化部分论述变化内容及其理由。

4. 应用支撑需求分析

如果与初步设计报告一致可以直接引述，如果有变化，对变化部分论述变化内容及其理由。

未提供

5. 基础支撑需求分析

如果与初步设计报告一致可以直接引述，如果有变化，对变化部分论述变化内容及其理由。

6. 安全需求分析

如果与初步设计报告一致可以直接引述，如果有变化，对变化部分论述变化内容及其理由。

7. 性能需求分析

如果与初步设计报告一致可以直接引述，如果有变化，对变化部分论述变化内容及其理由。

8. 信息系统装备和应用现状与差距

简述现有的信息系统装备和应用现状、存在的主要问题和差距。引述项目建设单位当前信息系统的装备状况，包括网络、主机、存储、备份、软件、终端、安全、信息交换与共享、机房等采集、处理、存储、传输能力的装备存量情况和差距；引述信息化应用现状和应用系统功能现状、存在的主要问题及差距。

第三章 本期项目设计方案

1. 系统总体结构设计

通过文字和图表等描述信息系统总体结构和逻辑结构，以及系统内部结构和与外部系统间的联系，并区分出已建系统和新建系统、已建功能和新增功能，要用文字、符号或颜色显著表明本期与总体的界线和相互关系。系统结构包括业务架构、应用架构、技术架构、数据架构和网络架构。

2. 信息资源规划和数据库设计

信息（数据）资源规划包括数据资源目录体系、数据采集、存储、数据资源开发、深度挖掘和利用等。数据库设计包括设计原则、数据库结构、数据处理流程、数据量测算、数据表设计（指标代码表、代码表和数据表）、数据库建设内容、技术特征以及数据库软件、系统和主要设备的性能指标。

3. 信息资源共享设计

如果项目有信息资源共享要求，项目应明确信息资源共享工作相关的责任单位及其职责，信息资源共享设计包括信息共享的目标、原则、类别、方式、数据采集及归集方式、信息共享安全等内容，描述本项目对接的其他已建系统或待建系统名称、接口方案、接入目的，以及可能产生的影响等内容，编制信息资源共享目录表和信息资源共享需求表，制定完善信息资源共享标准、管理规范及信息资源共享的长效机制，确保实现信息资源共享。

涉及多部门之间共享的项目，须以联合发文或签署信息共享协议等方式，共同确定共享信息的名称、内容、质量、数量、更新频度、授权使用范围和使用方式、共享期限、共享依据、实现进度等事项。有关文件和协议作为深化设计的附件。

4. 应用支撑系统设计

设计方案应详述应用支撑系统（包含操作系统、中间件、数据库管理系统、业务基础平台、领域应用扩展等）的用途、结构、功能、性能、设计原则、系统点表、系统及主要设备的性能指标。

5. 应用系统设计

应用系统是面向主要业务应用的软件系统，应细化到子系统、功能模块和功能点，设计方案应详述应用系统的用途、结构、功能、性能、设计原则、系统点表、系统及主要设备的性能指标。业务功能应与业务需求分析对应，通过业务流程图来阐述各功能节点的逻辑关系，并说明清楚各功能模块和功能点的内容。

6. 数据处理和存储系统设计

设计方案应详述信息处理和数据存储系统的用途、结构、功能、性能、设计原则、系统点表、系统及主要设备的性能指标。

7. 终端系统设计

对于配置大量终端系统的大型业务系统，提出终端系统的设计用途、结构、功能、性能、设计原则、系统点表、系统及主要设备的性能指标。

8. 网络系统设计

详述网络系统的用途、结构、功能、性能、网络带宽、设计原则、IP 地址和 VLAN 规划、路由协议设计、系统点表、系统及主要设备的性能指标，绘制网络拓扑图。

9. 安全系统设计

根据安全等级定级，详述安全系统框架设计、安全域划分、安全解决方案、安全管理制度、密码应用方案和主要设备的性能指标。

10. 备份系统设计

确定备份系统的备份等级，陈述数据备份、应用备份、网络备份、环境备份设计方案，包括备份系统的用途、结构、功能、性能、设计原则、系统点表、系统及主要设备的性能指标。

11. 运行维护系统设计

陈述设备维护、网络维护、安全系统维护、应用系统维护的机制和设计方案，明确自维或代维方式，提出年运行维护工作内容、工作量和费用测算依据。并阐述突发事故的应急措施。

12. 其他系统设计

根据本项目需求和特点提出除上述系统建设以外的其他系统设计方案，应包括系统的用途、结构、功能、性能、设计原则、系统点表、系统及主要设备的性能指标。

13. 系统配置及软硬件选型原则

根据本项目建设内容，明确提出系统配置及软硬件选型原则，设备主要技术要求及控制精度要求（亦可附在相应图纸上）。

14. 项目软硬件配置清单

项目软硬件配置清单包括名称、规格、单位、数量。绘制系统主要设备配置图。

15. 系统软硬件物理部署方案

用图和文字阐述本项目建设的软件、硬件设施的部署设计方案。

16. 机房及配套工程设计

根据需求明确机房级别，详细陈述机房及配套设施的建设技术指标和设计方案，包括新建机房选址、周边环境、建设或改造面积（列表表示功能分区面积）、建设和改造的内容、装饰装修、单位造价、配套动力和支撑设备的选型和清单。配套设备建设方案涉及电力（电源）设施、安防设施、通信设施和其他动力设施等内容。

17. 接口要求及分工界面设计

本项目各系统之间及与其他系统的技术接口要求及专业分工界面说明。

18. 施工要求和注意事项

各系统的施工要求和注意事项（包括布线、设备安装等）。

19. 环保、消防、职业安全与卫生和节能措施的设计 [1]

简述环保、消防、职业安全与卫生、节能等措施。

20. 深化设计方案相对初步设计报告批复变更调整情况的详细说明

详述深化设计方案中建设方案相对于初步设计报告批复调整的内容、主要原因和调整依据。

以上各项建设内容是在批复的初步设计方案及投资概算报告中所确定的技术方案基础上进一步细化和量化,其各自边界要明确,内在逻辑联系清晰,包括各系统的用途、结构、功能、性能、设计原则、系统点表、系统及主要设备的性能指标,应能满足设备材料采购、非标准设备制作、施工和调试的需要。

第四章 人员配置与培训

1. 人员配置计划

人员配置与人才队伍建设是确保项目建设和成功运行的基本保证,必须充分体现以人为本的原则,合理、有效地配置人员,吸引、激励和稳定人才队伍。通过分析直接相关业务人员现状,分析工程对人员的需求与现状的差距确定管理、技术、操作人员配置计划并论证其可实现性。应提出项目建设和运行维护的技术力量与人员配置。

2. 人员培训方案

经分析论证提出包括培训内容、课时、授课人员、费用标准、培训单位及人员数量、培训地点等内容的培训计划。人员培训应包括管理人员、技术人员和系统应用人员。

第五章 项目实施进度

分析影响进度的各种因素、制定进度计划的方法和过程。区分关键节点绘制出项目实施进度计划详表和网络图。

第六章 深化设计预算

深化设计预算是在投资概算的控制下根据深化设计的图纸和说明,利用国家或地区颁发的预算价格、取费标准、计价程序计算而得到属于计划或预期性质的建设项目从筹建至竣工交付使用所需全部费用预算。

1. 项目深化设计预算编制说明

深化设计预算编制说明一般包括以下内容:

(1) 工程概况。简述建设项目性质、特点、建设规模、建设周期、建设地点、主要工程量、工艺设备等情况。引进项目要说明引进内容及国内配置工程等主要情况。

(2) 编制依据。在编制设计预算时所遵循的计量规则、市场价格、现行单价法(或其他方法)、费用标准及工程计价有关参数、率值等基础资料,主要有以下几个方面:

① 国家、行业和地方政府的有关法律、法规或规定。政府有关部门、金融机构等发布的价格指数、利率、汇率、税率等有关参数。

② 行业部门、项目所在地工程造价管理机构或行业协会等编制的预算定额、工程建设其他费用定额(规定)、综合单价、价格指数和有关造价文件等。

③ 深化设计文件及相关标准图集和规范。

④ 项目相关文件、合同、协议等。

---

1) 按照国办发〔2019〕57号"国务院办公厅关于印发国家政务信息化项目建设管理办法的通知"的第八条规定,国家政务信息化项目原则上不再进行节能评估、环境影响评价等审批的要求(涉及新建土建工程、高耗能项目的除外),对类似项目的深化设计编制,可以略去相关内容的阐述。

⑤ 工程所在地同期人工、材料、设备、施工机具预算价格。

⑥ 项目施工组织设计和施工方案。

⑦ 建设项目资金筹措方案。

⑧ 项目的管理模式、发包模式及施工条件。

⑨ 其他应提供的资料。

（3）编制方法。说明深化设计预算是采用单价法，还是实物量法或其他方法。深化设计预算的主要编制方法有单价法和实物量法，其中单价法分为工料单价法和全费用综合单价法，在单价法中，使用较多的还是工料单价法。

（4）主要技术经济指标。包括项目预算总投资（有引进的给出所需的外汇额度）及主要分项投资、主要技术经济指标（主要单位投资指标）等。

（5）有关参数、率值选定的说明，如前期工作费费率、设计费费率、招标费费率、监理费费率、预备费费率、第三方测评费费率、等保测评费费率等。

（6）引进设备材料有关费率取定及依据。

（7）其他必要的说明。

2. 总预算表

包括工程费用、工程建设其他费用、预算预备、建设期利息等费用。

3. 工程建设其他费用预算表

工程建设其他费用预算按国家或地区或部委所规定的项目和标准确定，并按统一格式编制。应按具体发生的工程建设其他费用项目填写工程建设其他费用预算表，需要说明和具体计算的费用项目依次相应在说明及计算式栏内填写或具体计算。

4. 单项工程综合预算表和建筑安装单位工程预算表

5. 主要设备材料汇总表

6. 资金筹措及投资计划

结合项目具体情况，依据审批文件和项目进度实施计划提出项目的资金筹措方案，并分项说明资金来源，合理安排投资计划，并以表格说明。

7. 项目运行维护经费估算

结合系统运行方案，对系统建成后的年运行经费进行估算。包括通信线路租费、系统维护费、设备维护费、软件维护费、系统运行耗材费、动力消耗费和其他费用。

第七章　项目风险及风险对策

针对建设内容、业务需求和技术方案，从政策、资金、市场、管理、安全、投资、进度、质量、技术，以及建设单位对该项目人员的投入、业务需求的变化等方面对项目可能存在的风险进行识别和分析，提出避免风险和应对风险的具体对策与设计方案。

附　表

1. 项目软硬件配置清单

2. 应用系统定制开发工作量核算表

3. 项目运行维护费估算表

4. 信息资源共享目录表

5. 信息资源共享需求表

6. 预算书表格

（1）工程总预算表。

（2）建筑工程人工、材料、施工机械使用费计算表。

（3）设备（主材）购置费用计算表。

（4）安装工程人工、材料、施工机械和施工仪器仪表使用费计算表。

（5）建筑（安装）工程人工、材料、施工机械台班、施工仪器仪表台班价差表。

（6）建筑、安装工程费用计算表。

（7）措施项目费计算表。

（8）工程建设其他费用汇总表。

（9）预算费用计算表。

（10）专项费用计算表。

深化设计各附表格式要求可参考初步设计的同名表格格式，其中工程总预算表与初步设计的工程总概算表格式相同，仅名称不同。

附 件

深化设计及预算编制依据文件全文，有关的政策、技术、经济资料。

设 计 图

1. 图纸目录设计要求

应按图纸序号排列，先列新绘制图纸，后列选用的重复利用图和标准图。先列系统图，后列平面图。

2. 图例设计要求

注明主要设备的图例、名称、数量、安装要求，注明线型的图例、名称、规格、配套设备名称、敷设要求。

3. 设计图纸要求

设计图纸应包含反映工程建设总体方案的图纸，包括总体系统构成、各子系统构成、网络拓扑、设备平面布置及走线路由图、设计安装及工艺要求等图纸。

（1）系统图应表达系统结构、主要设备的数量和类型、设备之间的连接方式、线缆类型及规格、图例。

（2）平面图应包括设备位置、线缆数量、线缆管槽路由、线型、管槽规格、敷设方式、图例、风险及应对措施。

（3）图中应表示出轴线号、管槽距、管槽尺寸、设计地面标高、管槽标高（标注管槽底）、管材、接口型式、管道平面示意，并标出交叉管槽的尺寸、位置、标高；纵断面图比例宜为竖向 1：50 或 1：100，横向 1：500（或与平面图的比例一致）。对平面管槽复杂的位置，应绘制管槽横断面图。

（4）在平面图上不能完全表达设计意图及做法复杂容易引起施工误解时，应绘制做法详图，包括设备安装详图、机房安装详图等。

（5）图中表达不清楚的内容，可随图作相应说明或补充其他图表。

2.7 各设计阶段的编制深度及内容要求对比

2.7.1 各设计阶段的编制深度要求对比

对本章关于数字化工程各设计阶段编制要求进行归纳总结，梳理出各设计阶段编制深度要求的要点，如表 2.23 所示。

表 2.23　建设项目各设计阶段的深度编制要求对比表

设计阶段	工程建设流程阶段	深度要求	投资估算（概算/预算）精度要求
项目总体规划	项目准备阶段	项目总体规划是数字化工程建设项目生命周期的第一阶段，是项目轮廓性的全面规划 　　主要根据社会和国民经济发展现状和趋势，结合项目现状及存在问题分析，结合建设单位的目标、发展战略及工程建设的客观规律，并考虑建设单位面临的内外环境，科学地制定项目的总体发展目标和总体方案，明确建设发展路径、分期建设目标和任务，有效指导项目后续的建设实施 　·确定项目的总体发展目标和总体方案 　·明确建设发展路径、分期建设目标和任务 　·明确保障措施	—
项目建议书	项目立项阶段	项目建议书也称初步可行性研究，其主要任务是研究项目建设的必要性，解决"项目是否做？"的问题 　　主要根据国民经济的发展、国家和地方中长期规划，结合项目信息化现状和实际业务需求，分析项目建设的必要性，确定项目建设的原则和目标，提出项目建设内容、方案框架、组织实施方式，投融资方案和效益评价等方面的初步设想，判断项目的设想是否有生命力，并据此提出投资决策的初步意见，供上级主管单位选择并确定是否进行下一步工作，但项目建议书不是项目的最终决策。项目建议书的深度应能满足投资决策和编制项目可行性研究报告依据的需要 　·分析项目需求 　·分析项目建设的必要性 　·对拟建项目提出的框架性的总体设想 　·编制投资估算，内容和费用构成应齐全，计算合理，不重复计算，不提高和降低估算标准，不高估冒算或漏项少算 　·说明资金筹措及落实情况 　·项目建议书是项目立项申请和审批的重要依据 　·项目建议书批复文件是项目可行性研究报告的编制依据	±20%
可行性研究报告	项目立项阶段	可行性研究报告是项目申报阶段最重要的内容，其主要任务是研究项目建设的可行性，解决"项目能否做？"的问题 　　主要是在批复的项目建议书的基础上，对项目有关的技术、经济、法律、社会环境等方面的条件和情况进行详尽的、系统的、全面的调查、研究、分析，对各种可能的技术方案进行详细的论证、比较，并对项目建设完成后所可能产生的经济、社会效益进行预测和评价，最终提交的可行性研究报告将成为进行项目评估和决策的依据。应做到编制依据可靠、结构内容完整、报告文本格式规范、附图附表附件齐全，可行性研究报告表述形式尽可能数字化、图表化，报告的深度应能满足投资决策和编制项目初步设计依据的需要 　·分析项目现状及差距 　·分析项目需求 　·分析项目建设在技术、经济、运行环境、法律及社会等方面的可行性 　·方案要明确工程所必需的全部单项（功能）工程（不能漏项） 　·要实现项目必需功能的途径最合理、最经济，对各种可能的技术方案进行详细的论证、比较，确定建设方案和技术路线 　·编制投资估算，主要设备软硬件以及各项必需的取费科目构成应齐全，计算合理，不重复计算，不提高和降低估算标准，不高估冒算或漏项少算 　·说明相对项目建议书批复变更调整情况 　·确定项目招标方案 　·项目可行性研究报告批复文件是项目初步设计的编制依据	±10%

续表 2.23

设计阶段	工程建设流程阶段	深度要求	投资估算（概算/预算）精度要求
初步设计	项目立项阶段	初步设计主要解决"项目如何做"的问题，是项目实施招投标的依据 主要根据批准的可行性研究报告、计划任务书、必要而准确的基础资料（包含现场调研获取的资料）、相关的设计规范、现行的标准定额及取费标准、建设单位的规定和委托进行编制，在可行性研究报告的基础上，进一步明确并细化项目需求、建设原则、建设目标、建设内容、建设方案、设备的选型、安装设计、项目概算、风险及效益分析等内容，初步设计的深度应能满足项目招投标和编制项目深化设计依据的需要 ·分析项目现状及存在差距 ·分析项目需求 ·提出项目建设的具体思路、技术手段、实施方法 ·描绘项目建设的主要蓝图 ·建设方案要明确工程所必需的全部单项（功能）工程（不能漏项），并在项目可行性研究报告批准的方案上进行细化 ·设备软硬件要有名称、主要性能指标、单位、单价、数量和折扣率的确定依据、方法（计算过程和结果） ·对定制软件，其详细程度要达到可以用以招标、判断或确定投标价是否合适的程度 ·编制投资概算，主要设备软硬件以及各项必需的取费科目构成应齐全，计算合理，不重复计算，不提高和降低估算标准，不高估冒算或漏项少算 ·说明相对项目可行性研究报告批复变更调整情况 ·项目初步设计批复文件是项目招标的依据，以及项目深化设计的编制依据	±5%
深化设计（施工图设计）	项目实施阶段	项目深化设计是工程设计的最后阶段，对施工起着决定性作用 主要根据批准的初步设计文件，相关的设计规范、现行的标准定额及取费标准，建设单位的规定和委托进行编制，要求绘制正确、完整和尽可能详细的安装图纸、工程预算及说明等。凡不能用图示表达的施工要求，均应以设计说明表述，有特殊需要说明的可集中或分列在有关图纸上 深化设计文件应当满足设备材料采购、非标准设备制作和施工的需要，主要设备材料应说明名称、数量和规格型号；应重点描绘设备安装、调测具体实施步骤、安装工艺要求、方式及方法，并切实能够指导施工，其深度通常要达到以据安装和验收的要求	±5%

注：投资估算（概算/预算）精度要求可做参考，但需以最新的政策规定为准。

2.7.2 主要设计阶段的编制内容要求对比

数字化工程设计包括项目总体规划、项目建议书、可行性研究报告、初步设计、深化设计五个设计阶段，其中项目建议书、可行性研究报告、初步设计这三个设计阶段最为重要，在整个数字化工程设计工作量中的占比超过70%，属于数字化工程的主要设计阶段。

为更好地帮助读者了解数字化工程设计的编制内容要求，下面根据本章中提出的各设计阶段编制大纲和编制要求，对项目建议书、可行性研究报告、初步设计这三个主要设计阶段的编制内容进行详细列表对比。如表 2.24 所示。

表 2.24　主要设计阶段的编制内容要求对比表

章节篇幅比较分析	项目建议书（A）	可行性研究报告（B）	初步设计方案和投资概算（C）
	共 11 章	共 13 章	共 10 章
"项目概述"部分：A1 仅 5 项；B1=C1，共 9 项，其中的第 8 项略有差别	第一章　项目简介 1. 项目名称 2. 项目建设单位及负责人、项目责任人 3. 项目建议书编制依据 4. 项目概况 5. 主要结论和建议	第一章　项目概述 1. 项目名称 2. 项目建设单位及负责人、项目责任人 3. 可行性研究报告编制单位 4. 可行性研究报告编制依据 5. 项目建设目标、规模、内容、建设期 6. 项目总投资及资金来源 7. 经济与社会效益 8. 相对项目建议书批复的调整情况 9. 主要结论与建议	第一章　项目概述 1. 项目名称 2. 项目建设单位及负责人、项目责任人 3. 初设及概算编制单位 4. 初设及概算编制依据 5. 建设目标、规模、内容、建设期 6. 总投资及资金来源 7. 效益及风险 8. 相对可行性研究报告批复的调整情况 9. 主要结论与建议
"项目建设单位概况"部分：A2 = B2 = C2，共 2 项	第二章　项目建设单位概况 1. 项目建设单位与职能 2. 项目实施机构与职责	第二章　项目建设单位概况 1. 项目建设单位与职能 2. 项目实施机构与职责	第二章　项目建设单位概况 1. 项目建设单位与职能 2. 项目实施机构与职责
"项目建设的必要性"部分：共 4 项，A 单列一章；B 与需求分析合并；C 没有	第三章　项目建设的必要性（仅建议书特有） 1. 项目提出的背景和依据 2. 现有信息系统装备和信息化应用状况 3. 信息系统装备和应用目前存在的主要问题及差距 4. 项目建设的意义和必要性		
"需求分析"部分： 1. A4.1 ~ 4.7 　 = B3.1 ~ 3.7 　 = C3.1 ~ 3.7 2. B3.8 = A3.2 ~ 3.3 　 = C3.8 3. B3.9 = A3.4	第四章　需求分析 1. 业务目标分析 2. 业务需求分析 3. 信息量分析与预测 4. 应用支撑需求分析 5. 基础支撑需求分析 6. 安全需求分析 7. 性能需求分析	第三章　需求分析和项目建设的必要性 1. 业务目标分析 2. 业务需求分析 3. 信息量分析与预测 4. 应用支撑需求分析 5. 基础支撑需求分析 6. 安全需求分析 7. 性能需求分析 8. 信息系统装备和应用现状与差距 9. 项目建设的必要性	第三章　需求分析 1. 业务目标分析 2. 业务需求分析 3. 信息量分析与预测 4. 应用支撑需求分析 5. 基础支撑需求分析 6. 安全需求分析 7. 性能需求分析 8. 信息系统装备和应用现状与差距
"总体建设方案"部分： 1. A5.1 ~ 5.4 　 = B4.1 ~ 4.4 　 = C4.1 ~ 4.4 但 C4.4 的总体设计方案侧重系统总体结构和逻辑结构 2. B4.5 = C4.5	第五章　总体建设方案 1. 建设原则和策略 2. 总体目标与分期目标 3. 总体建设任务与分期建设内容 4. 总体设计方案	第四章　总体建设方案 1. 建设原则和策略 2. 总体目标与分期目标 3. 总体建设任务与分期建设内容 4. 总体设计方案 5. 技术路线	第四章　总体建设方案 1. 总体设计原则 2. 总体目标与分期目标 3. 总体建设任务与分期建设内容 4. 系统总体结构和逻辑结构 5. 技术路线

章节篇幅比较分析	项目建议书（A）	可行性研究报告（B）	初步设计方案和投资概算（C）
	共 11 章	共 13 章	共 10 章
"本期项目建设方案"部分： 1. C5（19 项）＞ B5（16 项）＞ A6（12 项） 2. C5.14 ～ C5.15 = B5.14 3. C5 比 B5 多了两项：C5.16 和 C5.18 4. B5.8、B5.11、B5.12、B5.13 = A6.10 5. B5 比 A6 多了一项：B5.16	第六章　本期项目建设方案 1. 建设目标与主要建设内容 2. 标准规范建设 3. 信息资源规划和数据库建设 4. 信息资源共享建设 5. 应用支撑平台建设 6. 应用系统建设 7. 网络系统建设 8. 数据处理和存储系统建设 9. 安全系统建设 10. 其他（终端、备份、运维等）系统建设 11. 主要软硬件选型原则和软硬件配置清单 12. 机房及配套工程建设	第五章　本期项目建设方案 1. 建设目标、规模与内容 2. 标准规范建设内容 3. 信息资源规划和数据库建设方案 4. 信息资源共享建设方案 5. 应用支撑平台建设方案 6. 应用系统建设方案 7. 数据处理和存储系统建设方案 8. 终端系统建设方案 9. 网络系统建设方案 10. 安全系统建设方案 11. 备份系统建设方案 12. 运行维护系统建设方案 13. 其他系统建设方案 14. 主要软硬件选型原则和详细软硬件配置清单 15. 机房及配套工程建设方案 16. 建设方案相对项目建议书批复变更调整情况的详细说明	第五章　本期项目设计方案 1. 建设目标、规模与内容 2. 标准规范建设内容 3. 信息资源规划和数据库设计 4. 信息资源共享设计 5. 应用支撑系统设计 6. 应用系统设计 7. 数据处理和存储系统设计 8. 终端系统及接口设计 9. 网络系统设计 10. 安全系统设计 11. 备份系统设计 12. 运行维护系统设计 13. 其他系统设计 14. 系统配置及软硬件选型原则 15. 项目软硬件配置清单 16. 系统软硬件物理部署方案 17. 机房及配套工程设计 18. 环保、消防、职业安全卫生和节能措施的设计 19. 初步设计方案相对可行性研究报告批复变更调整情况的详细说明
"项目招标方案"部分： 仅 B 单列一章 C 合并在 C6		第六章　项目招标方案（仅可研报告特有） 1. 招标遵循的法规和依据 2. 招标范围 3. 招标方式 4. 招标组织形式	
"环保、消防、职业安全、职业卫生和节能"部分： 1. A7 = B7 2. B 部分增加 B8"节能分析" 3. C 部分有关"节能"内容放到 C5.18	第七章　环保、消防、职业安全、职业卫生和节能 1. 环境影响和环保措施 2. 消防措施 3. 职业安全和卫生措施 4. 节能目标及措施	第七章　环保、消防、职业安全和卫生 1. 环境影响分析 2. 环保措施及方案 3. 消防措施 4. 职业安全和卫生措施 第八章　节能分析（仅可研报告特有） 1. 用能标准及节能设计规范 2. 项目能源消耗种类和数量分析 3. 项目所在地能源供应状况分析 4. 能耗指标 5. 节能措施和节能效果分析等内容	

章节篇幅比较分析	项目建议书（A）	可行性研究报告（B）	初步设计方案和投资概算（C）
	共 11 章	共 13 章	共 10 章
"项目建设与运行管理"部分： 仅 C 特有的			第六章　项目建设与运行管理（仅初步设计特有） 1. 领导和管理机构 2. 项目实施机构 3. 运行维护机构 4. 核准的项目招标方案 5. 项目进度、质量、资金管理方案 6. 相关管理制度
"项目组织机构和人员培训"部分： A8（3 项）≈ B9（5 项）≈ C7（2 项）均差不多；B9 最全，应以 B9 为基准	第八章　项目组织机构和人员 1. 项目领导、实施和运维机构及组织管理 2. 人员配置 3. 人员培训需求和计划	第九章　项目组织机构和人员培训 1. 领导和管理机构 2. 项目实施机构 3. 运行维护机构 4. 技术力量和人员配置 5. 人员培训方案	第七章　人员配置与培训 1. 人员配置计划 2. 人员培训方案
"项目实施进度"部分： A9= B10= C8	第九章　项目实施进度 1. 项目建设期 2. 实施进度计划	第十章　项目实施进度 1. 项目建设期 2. 实施进度计划	第八章　项目实施进度
"投资估算和资金筹措"部分： 1.A10（5 项）≈ B11（6 项） 2.C9 重点为初步设计概算	第十章　投资估算和资金筹措 1. 项目投资估算编制说明 2. 项目投资估算分析 3. 项目总投资估算 4. 资金来源与落实情况 5. 资金补贴方案	第十一章　投资估算和资金来源 1. 投资估算编制说明 2. 项目投资估算分析 3. 项目总投资估算 4. 资金来源与落实情况 5. 资金使用计划 6. 项目运行维护经费估算	第九章　初步设计概算 1. 项目初步设计概算编制说明 2. 总概算表 3. 工程建设其他费用概算表 4. 单项工程综合概算表和建筑安装单位工程概算表 5. 主要设备材料汇总表 6. 资金筹措及投资计划 7. 项目运行维护经费估算
"效益与风险分析"部分： A11、B12、C10 均差不多，但侧重点略有不同	第十一章　效益与风险分析 1. 项目的经济效益和社会效益分析 2. 项目风险与风险对策	第十二章　效益与评价指标分析 1. 经济效益分析 2. 社会效益分析 3. 项目评价指标分析 第十三章　项目风险与风险管理 1. 风险识别和分析 2. 风险对策和管理	第十章　风险及效益分析 1. 风险分析及对策 2. 效益分析

章节篇幅比较分析	项目建议书（A）	可行性研究报告（B）	初步设计方案和投资概算（C）
	共 11 章	共 13 章	共 10 章
"附表"部分：初步设计增加概算书表格	附 表 1. 项目软硬件配置清单 2. 应用系统定制开发工作量初步核算表 3. 项目总投资估算表 4. 项目资金来源表 5. 信息资源共享目录表 6. 信息资源共享需求表	附 表 1. 项目软硬件配置清单 2. 应用系统定制开发工作量初步核算表 3. 项目招投标范围和方式表 4. 项目总投资估算表 5. 项目资金来源和运用表 6. 项目运行维护费估算表 7. 信息资源共享目录表 8. 信息资源共享需求表	附 表 1. 项目软硬件配置清单 2. 应用系统定制开发工作量核算表 3. 项目招投标范围和方式表 4. 项目资金来源和运用表 5. 项目运行维护费估算表 6. 信息资源共享目录表 7. 信息资源共享需求表 8. 概算书表格 （1）工程总概算表 （2）建筑工程人工、材料、施工机械使用费计算表 （3）设备（主材）购置费用计算表 （4）安装工程人工、材料、施工机械和施工仪器仪表使用费计算表 （5）建筑（安装）工程人工、材料、施工机械台班、施工仪器仪表台班价差表 （6）建筑、安装工程费用计算表 （7）措施项目费计算表 （8）工程建设其他费用汇总表 （9）预算费用计算表 （10）专项费用计算表
"附件"部分：可研报告和初步设计分别有前一阶段的批复文件	附 件 项目建议书编制依据及与项目有关的政策、技术、经济资料	附 件 1. 可研报告编制依据，有关的政策、技术、经济资料 2. 项目建议书的批复复	附 件 1. 初步设计及概算编制依据，有关的政策、技术、经济资料。 2. 项目可研报告的批复
"附图"部分：项目建议书一般没有附图		附 图 1. 系统总体框架图 2. 系统网络拓扑图 3. 系统软硬件物理部署图	附 图 系统总体框架图、系统网络拓扑图、系统软硬件物理部署图、机房设计图等

第2篇 基础设施篇

本篇包含数字基础设施概论、数字基础设施工程设计、省级云计算数据中心的设计案例，这三章主要介绍数字基础设施概述、数字基础设施建设的主要目标、数字基础设施建设的主要任务、典型数字基础设施发展态势、数据中心工程设计、云计算平台工程设计、5G 移动网络工程设计、高速承载网络工程设计等内容。

第 5 章还以一个省级云计算数据中心的设计为案例，阐述云计算数据中心园区规划、云计算平台设计、数据中心配电系统设计、数据中心不间断电源系统设计、数据中心通风空调配套设计、数据中心机房建设设计、数据中心机房装修设计、数据中心智能化系统设计、数据中心甚早期报警系统设计、云计算数据中心安全设计等相关内容。

第 **3** 章　数字基础设施概论

九层之台，起于垒土；千里之行，始于足下¹⁾

数字基础设施是面向全球、面向未来，提升城市能级和核心竞争力的重要载体，是推动数字中国发展的关键重器，是打造数字政府、数字社会、数字经济的战略性基础资源，是实现政府、社会与经济数字化转型的有力抓手。本章将通过介绍数字基础设施的概念，明确其建设目标及任务，分析典型数字基础设施发展态势，对数字基础设施进行系统阐述。

3.1　数字基础设施概述

3.1.1　数字基础设施的概念

1. 数字基础设施的内涵

数字基础设施主要是指基于新一代信息技术，面向现代化建设和数字中国发展，支撑数据的感知、连接、汇聚、融合、分析、决策、执行、安全等各环节运行，并提供智能化产品和服务的新一代基础设施。

数字基础设施涉及更多感知、计算、存储层面的功能，并不局限于信息基础设施的通信功能，是信息基础设施在功能上的拓展，在结构上的优化，是新一代信息技术引领下发展的新形式，旨在推动经济转型升级和社会进步。

2. 新型基础设施建设成为引领基础设施发展的新风向

新型基础设施建设（简称"新基建"）是以新发展理念为引领，以技术创新为驱动，以数据为核心，以信息网络为基础，面向高质量发展需要，提供数字转型、智能升级、融合创新等服务的基础设施体系，是新时代下基础设施建设的重点发展方向。

当前，中央已经将"新基建"提升到了前所未有的战略高度。进入2020年，国家陆续出台"新基建"相关政策，"新基建"已成为我国着眼未来的关键之举，"新基建"正在按下快进键。

"新基建"主要包括信息基础设施、融合基础设施、创新基础设施三方面内容：

（1）信息基础设施：主要指基于新一代信息技术演化生成的基础设施。比如，以5G、物联网、工业互联网、卫星互联网为代表的通信网络基础设施，以人工智能、云计算、区块链等为代表的新技术基础设施，以数据中心、智能计算中心为代表的算力基础设施等。

（2）融合基础设施：主要指深度应用互联网、大数据、人工智能等技术，支撑传统基础设施转型升级，进而形成的融合基础设施。比如，智能交通基础设施、智慧能源基础设施等。

（3）创新基础设施：主要指支撑科学研究、技术开发、产品研制的具有公益属性的基础设施。比如，重大科技基础设施、科教基础设施、产业技术创新基础设施等。

3. 数字基础设施是"新基建"的重要组成部分

当前新型基础设施更侧重于以新一代信息技术为核心的数字基础设施。与传统基础设施相

1）老子《道德经》。

比，数字基础设施范畴持续扩展延伸，技术迭代升级迅速，对持续性投资、技能和创新型人才需求大。

数字基础设施是数字化工程的底座和硬核，以 5G 移动网络、数据中心、工业互联网、人工智能为代表的数字基础设施是培育新模式、新业态、新产业，促进新旧动能转换的重要领域；是推动传统产业转型升级，实现降本提质增效，提升传统产业市场竞争能力和整体发展水平的关键支撑；是加速治理体系和治理能力现代化进程，全面提升治理效率、能力和水平的重要依托。数字基础设施已成为"新基建"的重要组成部分，推动着"新基建"的升级发展。

3.1.2 数字基础设施的变革

我国顺应新一代信息技术发展的趋势，比照国际的高标准、高水平，以软件化、知识化、智能化重构信息基础设施，建设具有世界级、地区级、行业级信息基础设施的先进城市、先进地区、先进行业。当前，新一代信息技术赋能的数字基础设施正面临着三大变革（见图 3.1）。

图 3.1 数字基础设施的三大变革

1. 新旧动能转换

数字基础设施的内生动能将从传统网络技术向 5G、大数据、人工智能、云计算、物联网等新一代信息技术拓展。新一代的信息技术将引领群体性和颠覆性的技术突破，推动构建"泛在连接、高效协同、全域感知、智能融合、安全可信"的数字基础设施体系，有力支撑各行业数字化、网络化、智能化转型，实现数字经济和实体经济的深度融合，形成经济增长的新动能。

2. 发展重心调整

数字基础设施发展重心将从带宽、速率等传统网络指标向与城市管理、民生服务等密切相关的物联感知、数据算力等生态指标转变。通过打造万物互联的数字基础设施，在推动横向"数据流动"、纵向"数据使能"，推动社会治理模式创新，提高公共服务供给能力等方面发挥关键性作用。

3. 运营模式创新

运营主体将从传统电信运营商向互联网企业、行业龙头企业等主体延伸，将形成多元的发展动力、多维的评价标准和多样的服务业态。数字基础设施建设覆盖面更加广阔，不同领域的基础设施交叉融合度更高，参与投资建设和运营的主体更多，支撑的业态更丰富，对投资和运营模式创新的要求也更高。例如，5G 的建设一方面需要无线技术和网络技术的推进，另一方面也需要智能交通、智慧城市、智能家居、智能制造和智慧能源等主要应用场景和商业模式的支撑，在以 5G 为重点的新型基础设施建设过程中，传统投资、建设、运营主体的边界发生改变，新型的投资和运营模式应运而生。数字基础设施对应的产业生态系统更加丰富，也为创新型企业和民营企业的进入与参与建设创造了更大的空间。

3.2　数字基础设施建设的主要目标

（1）形成技术先进、模式创新、服务优质、生态完善的新一代信息基础设施的总体布局。

（2）创建高速智能的信息通信连接网络。建设移动通信网络和固定宽带网络双千兆宽带城市，第五代移动通信技术（5G）逐步开展商用，互联网协议第 6 版（IPv6）、网络智能化改造和新型工业互联网络实现规模部署。

（3）创建高效密集的网络信息交换枢纽。分类分级，建成地区级、国家级、世界级的信息通信枢纽、数据信息港和内容交换中心。

（4）创建存算一体的数据中心资源高地，在大型节点建设具备 E 级计算能力的超算中心[1]。数据中心与超算中心实现规模发展、存算均衡、空间集聚、节能降耗。

（5）聚焦公共服务、公共管理、公共安全 3 大领域，部署感知灵敏、互联互通、实时共享的"城市神经元系统"，深化智慧应用（部署一批新型城域物联专网应用）。

3.3　数字基础设施建设的主要任务

数字基础设施建设的主要任务将围绕如何为数字基础设施"增速""增能""增效""增智""增保"展开。

3.3.1　为数字基础设施"增速"

我国通过推进打造双千兆城市精品网络，建设智能化信息通信网络、搭建工业互联网网络架构体系等任务，实现数字基础设施"增速"发展。

1. 打造双千兆城市精品网络

以打造双千兆城市为主要抓手，大力推进固移融合，推进 5G、高速光网协同部署。加快 5G建设进度，力争早日建成高质量、广覆盖的 5G 网络，特别是在需求迫切的产业集聚区、经济发达地区优先建成应用，构建全程全网的 5G 移动网络基础设施。全面建成高水平全光网，加快千兆光网覆盖普及，加速建设新一代高速承载网，提升网络承载能力，加强全程全网性能优化。

2. 推动 IPv6 升级改造

加快提升 IPv6 端到端贯通能力，推进典型互联网应用 IPv6 升级，聚焦新型智慧城市、工业互联网、人工智能等领域，强化基于 IPv6 网络的终端协同创新发展，网络、应用、终端全面支持IPv6。在 IPv6 具备全面服务基础上，进一步将 IPv6 与创新技术结合，发展增强型的"IPv6+"网络。加快接入设施软件定义网络（SDN）、网络功能虚拟化（NFV）改造，建成智能、敏捷、安全的新一代网络，信息通信服务实现按需供给，信息网络应用实现个性定制、即开即用。

3. 建设工业互联网网络架构体系

加快打造人机物全面互联的工业互联网，大幅提升工业互联网平台设备连接和产业赋能能力。按照国家的战略部署，统筹网络资源，公专结合、宽窄结合，基于 5G 移动网络、窄带物联网（NB-IoT）、软件定义网络、网络功能虚拟化等新技术构建工业互联网网络架构体系，推动企业内外部工业网络向低时延、高带宽、广覆盖、可定制的方向转型升级。

3.3.2　为数字基础设施"增能"

我国通过推进打造地区级、国家级、世界级的通信枢纽、数据信息港、内容交换枢纽等任务，

---

[1] 每秒可进行百亿亿次数学运算的超级计算机。

实现数字基础设施"增能"发展。

1. 打造地区级、国家级、世界级的通信枢纽

提升地区信息通信网络承载能级，拓宽带宽出口能力和流量转接能力，树立地区在地域乃至全球信息通信领域的核心枢纽地位。

2. 打造地区级、国家级、世界级的数据信息港

优化省、市间通信网络架构，提升互联互通质量，启动地区级、国家级、世界级数据信息港建设，探索建立基于直连的数据信息港区新模式，推动地区的数据中心直连，使高密度信息流成为区域经济发展的新型驱动要素。持续扩容、优化城域骨干网络，拓宽互联网省际出口能力。

3. 打造内容交换枢纽

推动 CDN 扩容及智能改造，优化节点布局，内容网络节点就近部署，按需下沉，完善音乐、短视频、直播、增强现实、虚拟现实、游戏等领域的区域内容分发网络体系。

3.3.3　为数字基础设施"增效"

我国通过推进高性能计算中心建设、推进数据中心布局建设、推进边缘计算资源池节点规划布局等任务，实现数字基础设施"增效"发展。

1. 推进高性能计算中心建设

大力发展新型智能化计算设施，建设高性能计算体系，着力形成计算科学研究枢纽、打造重点领域计算应用高地、建立高性能计算设施和大数据处理平台，支撑人工智能加速、人工智能开放平台、AI（人工智能）大数据中心等重点领域计算应用，推动人工智能在医疗、教育、健康、交通、物流等民生领域行业实现跨越式发展。

2. 推进数据中心布局建设

统筹空间、规模、用能，加强区域协同，跨层级、跨地区、跨系统布局高端、绿色的数据中心，构建具有协同效力的地区级、国家级、世界级数据中心集群，形成存算一体的全国一体化数据中心资源高地。

3. 推进边缘计算资源池节点规划布局

面向 5G 网络演进，打破行政区划和主体边界，推动既有电信设施改造，加快形成共建共享、规模适度、服务快准、响应及时、主体多元的边缘计算节点布局。

3.3.4　为数字基础设施"增智"

我国通过推进城市神经元节点部署、推进神经元感知综合服务平台建设、推进神经元应用服务创新等任务，实现数字基础设施"增智"发展。

1. 推进城市神经元节点部署

建设深度覆盖的物联网络，聚焦物物连接多样的网络架构，宽窄结合、公专结合、长短结合、固移结合，实现亿级物物连接能力。

2. 推进神经元感知综合服务平台建设

市、区统筹，对接"城市大脑"总体架构，完成分级构造，实现与城市大脑平台的汇聚和互通，形成"一网统管"新格局。构建基于城市管理的分级体制机制，形成与连接、数据、算法适配的综合服务平台，实现汇聚、计算、预警、管理、展示高度耦合。

3. 推进神经元应用服务创新

条块结合、以块为先做深做细基层单元，提升城市公共服务供给水平，形成一批海量数据和人工智能驱动下的跨行业创新应用。推动算法模型和人工智能服务体系建设，利用深度学习、跨界融合等关键技术打造城市运行规则和算法引擎，使城市和社会运行可建模、可计算，形成基于新算法的城市精细化管理和社会治理服务体系。城市神经元系统示意图如图 3.2 所示。

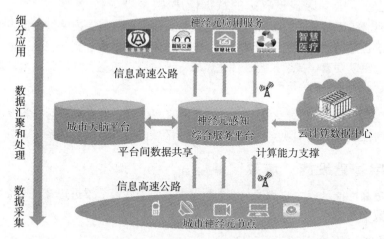

图 3.2　城市神经元系统示意图

3.3.5　为数字基础设施"增保"

我国通过提高数字基础设施安全可控水平、提升安全技术保障能力、强化安全管理服务能力等任务，实现数字基础设施"增保"发展。

1. 提高数字基础设施安全可控水平

保障各类数字基础设施，尤其是核心网络设备、基础软硬件产品、信息安全装备等关键产品安全可控，推动安全技术和产品自主创新。

2. 提升安全技术保障能力

科学配置安全策略，强化网络安全态势感知，运用大数据等技术提升安全事件预警能力。建立主动防御机制，提高重要数字基础设施和信息系统防攻击、防篡改、防病毒、防瘫痪、防窃密水平，提高网络和信息安全事件动态响应和恢复处置能力。

3. 强化安全管理服务能力

落实国家网络安全等级保护制度，建设应急管理平台，完善容灾备份系统，提升数字基础设施网络安全防护水平，形成运营主体和社会各方合力，提高风险评估、检查测评、应急处理、数据恢复等安全服务水平。

3.4　典型数字基础设施发展态势

数字基础设施是一个门类繁多、广域跨界、涉及百业的大体系，它是当代新技术、新模式与传统信息技术深度融合后，形成的具备数据感知、连接、汇聚、融合、分析、决策、能力的新一代基础设施。在数字基础设施的庞大家族中，数据中心、云计算平台、5G 移动通信网络和新一代承载网是当前技术比较成熟，应用日渐增多，运行效果显著的四类数字基础设施。

3.4.1　数据中心发展态势

数据中心为立业营运之本，承载数字化工程之摇篮。作为一整套复杂的数字基础设施，数据中心不仅仅包括计算机系统和其他与之配套的设备（例如通信和存储系统），还包含冗余的数据通信连接、环境控制设备、监控设备以及各种安全装置，它作为承载数据的基础物理单元，承担着在网络基础设施上传递、加速、展示、计算、存储、管理数据信息的重要使命，是数字化工程的基础支撑平台。

1. 数据中心国内发展简况

国内数据中心整体建设规模持续增长。当前，我国数据中心整体建设规模年增长率约 40%，机架平均上架率约 50%，2019 年中国数据中心市场规模超过 1000 亿元人民币，我国数据中心整体建设规模正处于全面快速增长阶段。

我国数据中心区域分布较为集中。当前，国内数据中心主要集中在东部地区和中西部的蒙贵宁三省，新建的数据中心呈现规模化发展趋势，规模经济效应促使超大型和大型数据中心占比日益增大。

2. 数据中心发展趋势

（1）市场规模不断扩大，处理能力持续增强。数据中心应用需求不断攀升。当前，5G、物联网、人工智能等信息技术产业的快速发展已成为数据中心市场规模不断扩大的最大驱动力，据中国 IDC 圈预测，未来五年内我国数据中心供给年复合增长率仍将保持在 30% 左右。另一方面，各垂直行业对信息化和智慧化的需求不断提升，呈现出应用场景更为多样、数据结构更加复杂以及数据处理及信息交互越趋频繁的趋势，因此数据中心将持续增强数据处理量级与精细度，进而推动大数据中心业务市场规模的增长。

（2）关注环保建设，提升绿能水平。国家积极引导数据中心合理布局有序建设。2015 年 3 月，工业和信息化部、国家机关事务管理局、国家能源局联合发布了《国家绿色数据中心试点工作方案》，引导绿色数据中心建设，强调因地制宜、合理布局，提升数据中心节能环保水平。2016 年 7 月，国务院发布《国家信息化发展战略纲要》，提出"优化数据中心布局，加强大数据、云计算、宽带网络协同发展，增强应用基础设施服务能力"。2017 年《大数据产业发展规划（2016—2020 年）》引导地方政府和有关企业统筹布局数据中心建设，整合改造规模小、效率低、能耗高的分散数据中心。2019 年 2 月，工业和信息化部、国家机关事务管理局、国家能源局再次联合发布了《关于加强绿色数据中心建设的指导意见》，明确提出要建立健全绿色数据中心标准评价体系和能源资源监管体系，打造一批绿色数据中心先进典型。到 2022 年，数据中心平均能耗基本达到国际先进水平，新建大型、超大型数据中心的电能使用效率值达到 1.4 以下。

（3）建设主体多元，建设模式转变。数据中心建设主体日趋多元化，集聚趋势初显。凭借完善的网络基础设施、行业人才优势及国家先期市场准入政策，电信运营商是早期我国数据中心建设的主体和数据中心服务的主要提供者。而近几年来，随着互联网行业的强势崛起，数据中心建设主体正从传统电信运营商向互联网企业、行业龙头企业等主体延伸，数据中心服务趋于多元化。另一方面，大量早期建设的规模大小不一的数据中心正在逐渐废弃，党政机关、中小型企业租用云数据中心的趋势日益明显。

（4）部署快速灵活，提高建设效率。模块化建设成为数据中心部署趋势。作为基于云计算的新一代数据中心部署形式，模块化数据中心采用模块化设计理念，最大程度降低基础设施对机房环境的耦合，其集成供配电、制冷、机柜、气流遏制、综合布线、动环监控等子系统，可以实现快速部署、弹性扩展和绿色节能，提高数据中心的整体建设和运营效率。同时，模块化数据中心可在工厂进行组装并预先测试，保障了系统的调试速度和可靠性、减少现场装配工作量，加快安装速度。

此外，模块化数据中心弹性扩展的特性使其能降低初期投资、实现按需部署、避免固定资产的闲置浪费，同时保证了大型数据中心的任意 IT 空间的基础设施配置达到最佳状态。

（5）设备高效智能，管理安全可靠。智能化是数据中心未来发展的关键点。随着业务的不断发展，数据中心的管理任务日益繁重，而智能化的数据中心能将人从各类繁琐的维护工作中解脱出来，极大降低数据中心的人力成本，减少人为故障，提升数据中心的运行安全性、可靠性。因此，数据中心所选用的设备应具备智能化、可管理的特征，同时采用先进的管理监控系统，实现集中管理监控，实时监测整个中心机房的运行状况，实现灯光、语音报警，进行实时事件记录以便迅速确定故障，提高系统安全性、可靠性，简化数据中心管理人员的维护工作，从而为数据中心安全、可靠的运行提供最有力的保障。

3.4.2 云计算平台发展态势

云计算通过将计算能力和存储能力汇聚到虚拟化资源池，可实现在网络上提供快速安全的计算与存储服务，是信息社会重要的公共资源。当前，云计算正不断打破既有技术锁定和传统垄断体系，推动着产业链和产业力量的分化重组，催生着新兴产业体系，为重塑产业格局带来新的重大机遇。

1. 云计算国内发展简况

我国云计算市场增速抢眼，云计算整体市场规模持续扩张，2018 年达到 962.8 亿元，增速39.2%，预计未来几年内仍将保持快速增长的势头，到 2022 年将达到 1172 亿元。

行业云市场群雄争霸。云计算应用渗透传统行业，行业云时代全面开启，中国电信、中国联通等基础电信企业，华为、浪潮等 IT 企业，以及腾讯、阿里巴巴等互联网企业均在云市场重点发力，行业云进入群雄争霸的战国时代。

2. 云计算发展趋势

当前，云计算已经活跃在社会生产的每一个领域中，为了适应不同领域的不同应用需求，云计算的发展也呈现出一些与以往不同的趋势。

（1）云边结合，应用模式更灵活。云计算与边缘计算结合，协同发展。长久以来，通过在核心节点建设高性能计算平台，云计算能够很好地适应数据的大规模运算、长周期维护等需求。但随着"万物互联"时代的到来，对云计算的需求呈现出"大连接、低时延、大带宽、本地化"的演变趋势，更强调集中性的传统云计算模式难以满足"低时延、低成本"的需求，因此需要在网络边缘侧引入边缘计算，将局部性、实时、短周期数据处理转移到边缘侧，使云计算核心节点专注于全局性、长周期、大计算量的数据处理，二者紧密协同，形成"云—边—端"三体协同的技术架构，提供端到端的云服务，从而更好地支撑数字化工程。

（2）持续渗透，推动各领域发展。云计算将持续加强对政务、金融、工业等垂直行业的渗透。其中，智慧城市和工业等重点行业应用将成为重要的云计算服务市场，面向物流、教育、旅游、医疗等行业的行业云平台也开始加速发展，垂直行业的云应用将取得突破，云计算将从技术导向转向应用导向，提供更为细分、垂直的云服务。在云服务业态方面，混合云、多云协同将成为主要发展趋势，即私有云和公有云对接并允许自由切换，在维持方便易行、程序标准化的公有云服务特点时兼顾私有云的数据安全保障能力。

（3）吸收融合，多技术并行发展。新技术将进一步融入云平台架构。云原生技术快速发展，微服务推动应用架构不断解耦和细化、容器技术大幅提高业务部署效率、存储即服务带来新的存储资源理念，使存储服务更加便捷。另一方面，软件定义技术和硬件重构技术发展加剧超融合架构趋势，服务器、存储、网络等分布式设备和虚拟化技术走向集成融合，实现统一管理，利于提高系统可靠性、确保核心业务连续性、降低运维及管理成本。此外，云计算还将作为技术底座与人工智能协同发展，基于云的异构计算加速体系将助力人工智能、虚拟现实等技术快速发展，"云＋智能"快速兴起，推动各领域以智能化手段提高运维管理能力，提升用户体验，获取更高的价值。

3.4.3　5G 移动网络发展态势

5G 即第五代移动通信技术，是目前最新一代蜂窝移动通信技术。5G 网络建设具有极强的溢出效应，将带动投资增长，引领新一代的产业变革以及面向消费者的数字生活变革。5G 作为数字世界的驱动平台，是经济发展的新动能，对于建设网络强国、制造强国、全面构建数字社会、发展数字经济、推动国家经济高质量发展具有重要战略意义。

1. 5G 国内发展简况

国家高度重视 5G 发展，将 5G 纳入国家战略，视为实施国家创新战略的重点之一。省市各级政府瞄准 5G 的巨大潜力，密集出台政策文件，布局 5G 发展。截至 2020 年 3 月，已有 29 个省给出了 2020 年 5G 建设目标及覆盖计划。

2019 年为我国 5G 商用元年。2019 年 6 月，工信部发放 5G 商用牌照，我国正式进入 5G 商用时代。同年 10 月，三大电信运营商共同宣布启动 5G 商用服务，发布相应的 5G 套餐，席卷全球的 5G 浪潮正式走进中国的千家万户。

5G 基站建设加快。工信部加快推进 5G 网络建设进度，截至 2020 年 3 月，国内开通 5G 基站 16.4 万个，到 2020 年底预计超 60 万个，实现 5G 网络地级市外连续覆盖、县城及乡镇有重点覆盖、重点场景室内覆盖。

5G 市场发展加快。现在支持 5G 的手机款数已经超过 60 款。到 2020 年 3 月，国内新进网的手机接近 50% 都支持 5G。支持 5G 已经是手机的标配，按照这个态势发展，未来大部分手机都有 5G 功能。

2. 5G 发展趋势

随着国内 5G 的正式商用，5G 正驶入高速发展的赛道。当前，5G 呈现出如下发展趋势：

（1）使能垂直行业，促进智能转型。5G 正在改变社会经济发展模式。随着"数字中国"战略持续推进，我国目前正处于实现新旧动能转换，促进数字经济发展的关键阶段，作为使能垂直行业、改变传统业务运营方式和作业模式的关键重器，社会经济发展对 5G 的需求正在快速攀升。当前，通过超高带宽、超低时延以及海量连接的特点，5G 将人与人互联拓展到万物互联，并以丰富的垂直行业应用为企业发展提供更优的无线解决方案，同时通过为行业用户打造定制化的"行业专网"服务，更好地满足行业客户对业务差异化的需求，进一步提升企业对自身业务的自主可控能力和运营效率，使传统行业实现管理智能化、决策智慧化。

（2）服务更多用户，满足规模增长。用户数量快速增长。移动设备的发展将继续占据绝对领先的地位，移动互联网应用和移动终端种类将不断丰富，移动宽带的用户数量和渗透率将持续增加。预计到 2020 年，人均移动终端数量将达 3 个，5G 网络也将为超过 150 亿的移动终端提供高速的移动互联网服务。

（3）支持更高速率，适应业务变迁。通信速率持续增加。数字时代的到来将带动移动用户在全球范围快速增长，虚拟现实、高清视频点播、移动云计算等新型业务将迎来井喷，用户对网络数据吞吐量和数据速率的需求将迅猛增长。据国际电信联盟发布的数据预测，2030 年全球的移动业务量将达到 500EB/ 月，为此 5G 也将以更高的峰值速率做出匹配。以 10 倍于 4G 蜂窝网络的峰值速率计算，5G 网络的峰值速率将达到 10Gbit/s 量级。

（4）支持无限连接，开启万物互联。5G 引领"万物互联"时代。随着物联网应用的普及和无线通信技术及标准化的进一步发展，移动通信网络的服务对象正向泛化发展，物与物的连接将取代人与人的连接，成为网络连接的主体，产生无限的连接数和巨大数据量。到 2020 年，全球物联网的连接数将达 1000 亿，物与物互联的数据量也将达到传统的人与人通信的数据量的 30 倍左右。

（5）满足个性需求，优化用户体验。5G 满足用户个性需求。针对需求不尽相同的业务应用，5G 将为其打造更为个性化、多样化、智能化的解决方案，进一步改善移动用户体验。例如，汽车自动驾驶应用要求将端到端时延控制在毫秒级，社交网络应用需要为用户提供永远在线体验，并为高速场景下的移动用户提供全高清 / 超高清视频实时播放等体验等。为此，5G 在确保低成本和传输的安全性、可靠性、稳定性的前提下，将会持续向更高的数据速率、服务更多的连接数、更好的用户体验进行演进。

3.4.4 新一代承载网发展态势

新一代承载网是通信网络体系稳定运行的重要基石，是智能时代业务全面开展的坚实保障。新一代承载网的建设将会引入以智能化和云化为主要特征的新型网络技术，因此新一代承载网将具备低时延、扁平化、高可靠的特点，能够快速灵活地部署新业务、降低通信网络带宽压力。同时，新一代承载网的网络建设内容将直接面向用户需求，即用户需求将决定承载网络的建设发展方向，从而更好实现用户业务感知体验提升，适应新兴业务的开展。

1. 新一代承载网国内发展简况

我国光网部署进入快车道。与美日韩等领先国家相比，我国光纤网络发展取得显著效果。2018 年基本完成全国城乡的光纤化改造，普遍具备百兆接入能力。截至 2019 年底，我国已在 29 个省的 300 多个城市启动了千兆业务商用，千兆家庭用户总数达 87 万户。我国光纤覆盖水平已处于世界前列，2019 年国内新建光缆线路长度 434 万公里，光缆总长达 4750 万公里，光缆总长位于世界第一。

在技术架构上，国内承载网目前正处于 DWDM（密集波分复用）逐步向 OTN（光传送网）、ROADM（可重构光分插复用器）过渡的阶段。OTN 是 DWDM 的演进形态，解决了传统 WDM 网络无波长 / 子波长业务调度能力差、组网能力弱、保护能力弱等问题；ROADM 则是 OTN 的进一步演进，目前主要被应用在省干、国干等容量和路由保护要求更加高的业务层级中。

2. 新一代承载网发展趋势

为了更好实现用户业务感知体验提升，适应新兴业务的开展，新一代承载网目前正呈现出如下发展趋势：

（1）云网协同，智能化发展。新一代承载网是具备智能化特性的云网络。为了获得更快速的新业务引入能力以及更好的业务部署灵活性，以智能化和云化为主要特征构建的新型网络技术将引入到承载网建设中。通过搭建端到端低时延高速可靠的光缆路由架构，传输设备组网配合虚拟化功能实现数据中心尽量接近用户面的云化部署，实现不同业务流量在有限传输通道中的分流，降低网络带宽压力，实现用户业务感知体验的提升。因此，打造具备智能化特性的云网络将成为新一代通信网络发展的主要趋势，未来高速承载网将具备低时延、扁平化、高可靠性的特点。

（2）业务导向，差异化服务。新一代承载网将以业务为导向，为用户提供差异化服务。作为搭载业务的底层基础设施，承载网是保障用户及数据中心之间的流量进行稳定输送的重要基石，其网络建设内容直接面向用户需求，即用户需求将决定承载网络的建设发展方向。因此，随着业务需求向高速化、移动化、泛在化发展，通过提升高速承载网的网络可用性，搭建安全可靠的网络架构，提供一个用户感知良好、业务开通灵活、运维管理便利的承载平台，实现高速协同接入、资源自助指配、速率针对性保障的差异化服务，将是未来 5 至 10 年内构建高速承载网络所追求的目标。

第 **4** 章　数字基础设施工程设计

守正出新，敦行致远。[1]

　　数字基础设施是一个门类繁多、广域跨界、涉及百业的大体系，它是当代新技术、新模式与传统信息技术深度融合，形成具备数据感知、连接、汇聚、融合、分析及决策能力的新一代基础设施。数字基础设施工程设计是一项非常复杂的工作。必须抓住发展方向，守正出新，才能敦行致远。本章针对当前正在火热推进的数据中心、云计算平台、5G 移动网络、高速承载网络这四类工程，对其设计要点进行阐述，以飨读者。

4.1　数据中心工程设计

　　信息化及大数据的发展，促使数据中心建设大发展，总结起来，数据中心在向两个极端方向发展，即向规模越来越大的集约化大型数据中心发展和向小而散的边缘数据中心发展，应对了数字基础设施需要建设高效密集信息中心枢纽的目标。集约化大型数据中心的发展主要满足大型互联网＋企业、国家级数据等业务发展需求，小而散的边缘数据中心主要满足数据下沉和地方数据中心的需求。因此数据中心需要针对不同的需求进行设计，具有绿色节能、安全可靠、维护简单方便等特点。

4.1.1　数据中心建设政策及规范

　　1. 相关的主要政策条令

　　（1）《全国数据中心应用发展指引（2018）》（工信部 2019 年）。

　　（2）《促进大数据发展行动纲要》（国发〔2015〕50 号）。

　　（3）《关于数据中心建设布局的指导意见》（工信部 2013 年）。

　　2. 相关的主要技术规范

　　（1）数据中心机房设计：

　　① GB 50174–2017《数据中心设计规范》。

　　② GB 50311–2016《综合布线系统工程设计规范》。

　　③ CECS 292–2011《气体消防设施选型配置设计规程》。

　　④ GB 50689–2011《通信局（站）防雷与接地工程设计规范》。

　　⑤ YD/T 1051–2018《通信局（站）电源系统总技术要求》。

　　（2）数据中心电气设计：

　　① GB 50053–2013《20kV 及以下变电所设计规范》。

　　② GB 50054–2011《低压配电设计规范》。

　　③ GB 50052–2009《供配电系统设计规范》。

　　（3）数据中心暖通、绿色建筑及节能设计。

　　① GB/T 50378–2019《绿色建筑评价标准》。

1）佚名。

② GB 50176-2016《民用建筑热工设计规范》。

③ GB 50736-2012《民用建筑供暖通风与空气调节设计规范》。

④ JGJ/T 229-2010《民用建筑绿色设计规范》。

4.1.2   数据中心设计要求

本节主要对数据中心的设计要求进行具体阐述。确定数据中心的设计要求，再根据相关规范开展具体的设计。具体设计要求如下：

1. 集约建设，绿色节能

坚持集约建设与低、小、散整合提升相结合，鼓励和引导规模化、集约化、专业化发展。坚持采用先进节能技术，推进绿色发展，提高资源利用效率，提升节能减排水平。同时应配套完善绿色运维制度和数据中心绿色标准体系、加强绿色关键和共性技术产品研发等内容，构建空间集聚、降耗节能、绿色环保的高端绿色数据中心。

2. 模块建设，易于扩展

数据中心采用模块化建设方式，实现各模块产品的标准化和接口的兼容性，使得数据中心可以按需建设，快速部署，目前技术和产品的发展使得模块化建设数据中心具有更大的可持续性和可扩展性，极大降低了初期投资和建设周期。

3. 规划合理，灵活布局

数据中心必须规划合理，使得数据中心的建设可以根据需求的改变能及时进行调整，使得数据中心的适应性更强，可以满足更多的不同客户的需求，提供多样化服务，合理的整体规划，可以让数据中心布局更加灵活多变。

4. 智能运营，安全高效

数据中心采用高度智能化建设，智能运营，集中监控，可以降低运营成本，提高运营效率，同时对故障具备预警性和可追溯性，而且降低了人为误操作和失误的概率，有效地提高了数据中心的运营安全性和可靠性。随着技术的发展，智能化建设可以包含数据中心的全部内容，小到某个开关，大到油机、冷水机组等，全覆盖的智能化建设，提高数据中心运营效率和安全的同时，也降低了成本。

4.1.3   数据中心设计内容

数据中心的设计内容主要有机房规划、数据中心供电系统建设、不间断电源系统建设、空调系统建设、机房工艺建设、机房配套装修建设、智能化系统建设及其他节能建设等，具体的设计内容如下。

1. 数据中心或园区的规划

园区和数据中心机房前期的规划在整个项目建设中有着十分重要的作用，合理的规划将使得数据中心可以根据需求灵活调整，或者根据现有机楼现状，规划好现有机楼的使用，最大化地为业务提供机房及供配电等能力，以便达到数据机楼的最佳使用规划。不合理的规划，不但容易造成投资的浪费，而且容易造成重复建设和机房使用率低等问题。

2. 数据中心供电系统建设

对于无法满足设备用电等级和容量需求的大型或重要数据中心机房，则需要进行数据中心供电系统建设。数据中心供电系统建设主要包含10kV市电引入（容量和路数）、高压配电系统、低压配电系统和柴油发电机组（又称油机）系统。

根据机房的等级规划建设高低压配电系统，确保数据中心电源的高可靠性。难点在多台油机并机系统，理顺配电系统的逻辑关系，确保系统的安全可靠。同时对于园区建设，由于各机楼之间采用 10kV 等级电源配电，因此 10kV 油机及配电系统的配电原则，更应该简单清晰，避免造成方案冲突。每路市电容量建议不超过 10000kV·A。油机一般放置在动力楼或者数据中心的一楼。

3. 数据中心不间断电源系统建设

不间断电源系统建设主要包含 UPS（不间断电源设备）系统、–48V 开关电源系统和高压直流系统。数据中心的设备，主要采用不间断电源供电（目前也有使用一路市电 + 一路不间断电源，但使用范围不广），根据业务的远期需求规划布局机楼内的不间断电源系统的安装位置及本期、远期建设的规模，确定不间断电源的容量和供电方式（UPS 系统、–48V 开关电源系统或高压直流系统，采用 2N 或 N+1），确定设备和蓄电池的安装位置。尤其需要注意蓄电池室的承重，建议在 16kN/m² 以上。

4. 数据中心空调系统建设

数据中心（机房）空调按制冷原理可分为：风冷型、水冷型、双源冷型及自有制冷型；按送回风方式可分为：上送风、下送风、上回风、下回风、侧回风等。设计时可根据数据中心（机房）的面积、地理位置、级别、机柜布置方式、气流组织形式、设备安装空间、成本等因素综合考虑采用何种方式。数字中心（机房）在其他建筑物内时，宜设置独立的恒温恒湿的精密空调系统。

小型数据中心（机房）可采用风冷式，其具有安装简易、成本低、易维护的特点。大型数据中心宜采用制冷效率较高的水冷型，其建设包含冷冻水空调系统（含冷却塔系统和冷冻水空调系统）、空调末端、空调配电、空调群控系统等。数据中心一般把冷冻水主机放在一楼或负一楼（出于承重考虑），冷却塔安装在楼顶，冷冻水主机和冷却塔按照 N+1 进行配置，水系统一般按照双管路或者环形管路设计，空调末端可以采用房间级精密空调、列间精密空调和背板空调（依据机架的发热量做相应的匹配），空调配电根据机房等级要求建设空调配电系统。

5. 数据中心机房工艺建设

机房工艺建设主要包含机架和列头柜、走线架、尾纤槽、防雷接地等机房内的配套建设，机架和列头柜的布局要符合规范要求，且利于维护，一般采用密闭冷通道（两列设备正面对正面布放，设备通道做成密闭方式）建设机架，选择合理的气流组织方式布放机架，可以达到较好的制冷效果和节能效果，列头柜也可以用智能小母线取代，走线架和尾纤槽要考虑线缆的数量进行总体规划布局。机房工艺是否合理将影响机房的美观和使用功能，科学规划机房布局，使得机房整齐美观大气，且维护方便，是机房工艺建设的目的。

6. 数据中心机房配套装修建设

配套装修建设主要包含相关数据中心机房内的装修，根据机房标准及机房规划进行配套装修，含地面、墙面、天花板、走廊、卫生间等，如果规划需要安装活动地板，则还需负责活动地板的安装。对于有涉密要求的数据中心应设置屏蔽室或屏蔽机柜，滤波器、波导管等屏蔽件，设计安装位置需考虑便于日后施工、维修等因素。

7. 数据中心智能化运营系统建设

智能化系统建设内容多而广，主要包含动力环境监控系统 /DCIM 系统（数据中心基础设施管理系统）、安全防范系统和停车场管理系统等，将以上系统统一纳入 DCIM 系统中从而为实现数据中心综合管理与运营奠定数据基础。有了详实的基础数据，我们可以配置智能维护机器人等先进设备，可极大提升数据中心维护效率，降低维护人工成本。

动力环境监控系统主要是对机房的温湿度、主要设备（配电柜、不间断电源、空调等）进行实时监控；门禁系统主要是对数据中心（机房）、配套设备用房和强弱电井等出入口处设置门禁，可采用刷卡、指纹或人脸识别等方式进出；视频监控系统主要实现对数据中心进行全天候、无死角监控，公共过道区域设置人像识别摄像机可较大幅度提升对外来人员的排查管理；对于数据园区，出入口设置出入口控制系统和停车场管理系统，加强对人员和车辆的管理，园区内设置视频监控系统和电子巡更管理系统加强安保管理，园区围墙设置视频监控系统和周界防范系统，防止外物入侵。园区总平面图（又称总平）上所有设施设备均需要提供电力、通信、控制信号，合理的总平弱电管网设计不但能满足总平管线扩容、维修等需求，还可为将来电动汽车智能充电桩、智慧灯杆等新产品、新技术的应用提供预留承载管网。

4.1.4 数据中心设计要点

数据中心的设计要点，在遵从需求和相关规范的前提下，根据多年积累的设计经验，主要从数据中心的总体规划、绿色节能、新技术应用和安全可靠性这四方面体现。这四方面具体要求如下：

1. 数据中心的总体规划设计

数据中心的总体规划设计，主要是根据业务部门提供的需求进行，但需求实际是在不断变化的，数据中心的功率密度也在不断增长，因此数据中心的需求、容量和功率密度均存在不确定性，这些不确定性给规划设计带来了较大的难度。一个数据中心使用起来能否灵活适应各种需求的变化，是数据中心规划设计优秀与否的一个判断标准。因此数据中心的规划设计，在整个数据中心项目建设中，具有较为重要的作用，规划设计包含了各专业的需求预估，各专业行业发展的前景、趋势等预估，各专业设备的技术更新发展的预估等，只有准确预估各类可能存在的需求，统筹兼顾，同时兼顾投资与收益，才能做出一个好的数据中心规划设计。

2. 数据中心的绿色节能设计

数据中心的绿色节能设计，主要有设备的节能、制冷技术的节能及运行维护方面的节能。设备节能主要是采用同类产品中节能的设备，如使用变频技术、采用模块化高配 UPS、高压直流采用高功率整流模块、采用高压油机降低线路的能耗损失、冷水机组采用二级离心式或磁悬浮冷水机组、选用节能的服务器和存储设备或液冷服务器、采用空调末端前移（更靠近设备，如背板空调、列间空调和机房专用精密空调）等。制冷技术节能主要是改善气流组织（采用密闭冷/热通道）、利用自然冷源（新风系统、自然冷却板换设备、氟泵热管空调等）、采用冷水系统空调替换风冷型空调等，同时单机架功耗不同，选用的空调制冷方式也不一样，由于空调是数据中心的主要能耗设备，因此节能的空调技术可以很大程度降低机房的 PUE（电源使用效率）值。运行维护方面的节能，主要是采用先进的电源智能管理系统（如 DCIM[1] 系统、空调群控系统等）、提高供电设备的负载率，从而提高供电设备的效率，根据负载情况有计划停掉部分设备空载运行等方式，均能达到很好的节能效果。

3. 数据中心的新技术应用设计

数据中心建设采用高新技术进行，代表了行业最先进的水平，有利于新技术的推广和应用，新技术的应用才是一个优秀数据中心建设的体现。如目前社会上各类机房广泛使用的微模块机架，也是在数据中心最先应用，并且不断优化改进，才能在社会上广泛使用，并且能适应各类应用场景。目前数据中心的新技术主要是利用自然冷源方面的技术，维护上主要应用 DCIM 系统和智能机器人全程维护等。

1）数据中心基础设施管理。

4. 数据中心的安全可靠性设计

数据中心的安全可靠主要是安防的安全可靠、配电系统与制冷系统的安全可靠和设备信息的安全可靠。安防的安全可靠指数据中心园区或机楼的安防系统，包含视频监控系统、出入口管理系统（门禁系统、人行闸机系统、访客管理系统和停车场管理系统）、周界入侵防范系统。配电系统与制冷系统的安全可靠主要是根据机房的等级要求，配电与制冷系统出现系统性故障或设备性故障时，不影响数据中心的有效运行。设备信息的安全可靠主要包含信息安全技术体系（包括安全物理环境、安全通信网络、安全区域边界、安全计算环境、安全管理中心）和信息安全管理体系（包括安全管理制度、安全管理机构、安全管理人员、安全建设管理、介质管理、云计算安全扩展要求）。

4.2　云计算平台工程设计

从传统的"PC（计算机）互联"时代、"人人互联"时代到今天及未来的"万物互联"时代，云计算作为创新技术已逐步演进成为推动信息化、数字化、智能化发展的关键技术之一。随着经济的快速发展、技术的进步创新，经济社会环境日趋复杂，迫使各类信息化系统需要更快速的响应能力、更敏捷的部署模式、更高效的计算能力，势必需要向灵活快速响应、弹性共享的云计算架构进行迁移转换，以实现数字基础设施在新一代信息化领域，建设高效密集的信息中心枢纽，组建灵敏泛在的物联感知神经元体系的目标。做好云计算平台的工程设计工作，对建设经济、高效、实用的通用云基础设施至关重要。

4.2.1　云计算平台建设政策及规范

1. 相关的主要政策条令

（1）《推动企业上云实施指南（2018—2020 年）》（工信部 2018 年）。

（2）《云计算发展三年行动计划（2017—2019 年）》（工信部 2017 年）。

（3）《云计算综合标准化体系建设指南》（工信部 2015 年）。

（4）《关于加强党政部门云计算服务网络安全管理的意见》（中网办〔2015〕14 号）。

（5）《国务院关于促进云计算创新发展培育信息产业新业态的意见》（国发〔2015〕5 号）。

2. 相关的主要技术规范

（1）平台架构设计：

① YD/T 5227–2015《云计算资源池系统设备安装工程设计规范》。

② YD/T 2806–2015《云计算基础设施即服务（IaaS）功能要求与架构》。

③ YDB 144–2014《云计算服务协议参考框架》。

（2）信息安全设计：

① GA/T 1389–2017《信息安全技术网络安全等级保护定级指南》。

② YD/T 3148–2016《云计算安全框架》。

③ GB/T 31168–2014《信息安全技术云计算服务安全能力要求》。

④ GB/T 20271–2006《信息安全技术信息系统通用安全技术要求》。

4.2.2　云计算平台设计要求

本节主要对云计算平台的设计要求进行具体的阐述，设计中的具体要求如下。

1. 体系完整，规模超前

云计算平台是面向各行业、覆盖全领域的基础资源服务平台，应提供体系完备、功能完整、架构完善的服务能力，包括网络服务、虚拟主机、存储服务、安全服务等能力；云计算平台的软硬件要求采用规范化、标准化的架构，避免使用非标准化的软硬件，以减少兼容性问题。

作为承载各类业务系统的基础设施平台，在满足信息化应用系统现有需求的基础上，云计算平台的建设规模应适度超前。

2. 稳定运行，安全管控

云计算平台采用虚拟化技术、SDS（软件定义存储）、SDN（软件定义网络）等技术提供资源服务，承接所有信息系统部署需求，影响面大，安全性要求高，因此需采取必要的安全措施保障云计算系统安全以降低潜在风险。设计上要充分考虑其大量硬件设备、软件系统和数据信息资源的实时服务特点，要充分保障网络、系统、数据的安全，保证系统运行的高可靠性，确保云资源池上运行的各类应用的稳定性和可访问性。

云计算平台应按照相应的系统标准要求进行安全部署，系统软硬件架构要充分考虑确保整个云平台运行的安全策略和机制；针对不同的应用系统、用户群体、业务服务流程，采用多样化的安全技术手段，提供完善的安全技术保障措施，提供完备的数据资源安全存储和管控手段，确保应用系统的正常运行和数据存储的安全可靠。

3. 平台开放，弹性扩展

区别于传统烟囱式、封闭式、独享式的业务系统架构设计，云计算平台遵循开放性原则要求，其软硬件应优先选择开放的体系架构和技术标准，尽可能避免引入封闭的架构、标准和协议。云计算平台要为各类信息化应用系统和平台提供统一、开放、标准的资源，业务维护和发展不受制于特定的设备厂商、特定的体系架构和特定的技术标准。

同时，基于传统业务系统存在的资源容量限制、扩展困难、建设成本高和周期长等问题，云计算平台采用分布式架构、模块化设计、资源规模部署，能够快速、弹性、持续和自动化地供给服务能力，具备良好的系统可扩展能力，可根据业务、管理的要求对计算和存储资源进行适当调整、扩充和删减，满足业务的快速部署、灵活扩展等需求。

4. 成熟应用，高效易维

云计算平台应采用先进的设计思想和方法，符合技术发展趋势；设备技术、软件架构应成熟稳定，并具有成熟商业化应用实例，确定云资源池的稳定运行；在条件成熟时，应积极稳妥地引入各种先进的新架构、新技术和新产品。

云计算平台作为各类基础硬件和软件的有机结合体，应适当引入自动化、智能化的运维手段，实现云计算的资源服务量化统计和用户自助服务等功能。采用统一的云管理平台，对云计算平台的计算、存储、网络等基础硬件资源进行统一管理和统一呈现，提高管理效率；同时要求系统的管理、维护和用户界面具有简易性和可操作性，进而降低运维成本。

4.2.3　云计算平台设计内容

云计算平台作为基础设施的建设，重点是平台资源池（即 IaaS）的建设。与业务系统和传统基础架构相比，资源池建设是一个较新的领域，是一个复杂的工程项目。资源池的设计工作围绕资源池的需求阶段和设计阶段进行。本节将对这两个阶段中资源池的关注内容进行分析说明。

1. 需求阶段

资源池需求阶段作为设计工作的首要任务，分为现状调研和需求分析两部分。

（1）现状调研：收集汇总包括基础设施（机房、机架、空调等）、信息系统设备资源（计算、存储、网络、安全、专用设备等配置信息及利用率情况）、应用系统软件（操作系统、数据库、中间件等）、行业案例、主流技术等现状情况，同时分析当前痛点和难点，输出现状分析报告。

（2）需求分析：根据目标对象用户的不同业务场景需求，结合适当的业务模型和预测方法，以满足工程期限（某段特定时期，如 1 年或 1.5 年）内的业务承载需求为目标，兼顾部分中长期资源需求，并预留一定资源应对突发业务需求，最终输出工程满足期限内计划部署或迁移至资源池的应用系统所需的资源（计算、存储、网络及安全等）需求、设备入云需求、边缘计算需求、云管理平台需求等，输出项目总体建设目标。

需求分析过程中可适当考虑如下三点：

① 业务规模：使用对象（内部用户或外部用户）、用户规模、接入流量大小等。新建系统入云应根据业务发展策略、用户规模和用户行为进行预测；原有系统入云应结合现网运行数据进行评估。

② 部署策略：确定资源池的部署位置（云端集中式或网络边缘分布式），布局情况（单节点或多节点），是否实现区域、机房间、节点间灾备及负载分担等。

③ 资源需求：包括虚拟机配置（vCPU[1]、内存、硬盘等）及数量、存储容量（系统管理数据量、业务数据量等）、物理服务器配置（CPU[2]、内存、GPU[3]、硬盘、网卡等）及数量、交换机数、端口数、网络带宽等资源需求。

2. 设计阶段

资源池的设计阶段处于关键位置，其工作是在完成需求分析的前提下进行，匹配不同业务需求择优确定具体的建设方案，同时输出施工图设计，为后续的工程实施工作提供指导。资源池设计主要围绕资源池基础架构设计和管理系统设计两方面进行，这两方面需要统一的资源池总体设计作为指导。资源池总体设计主要包括布局规划、总体容量规划等；基础架构设计主要包括资源池的硬件架构模式、各类资源建设方式、其他基础架构配套措施等；管理系统设计主要是资源池统一管理、资源服务交付、资源调配等。

1）资源池总体容量规划

根据实际业务的资源需求，综合考虑计算超配比、CPU 与内存比、数据存储要求、网络带宽要求、冗余系数等指标，测算出资源池的总体容量规划需求（计算、存储、网络等），并以此作为节点布局和机房选址的基础依据。

2）节点布局和机房选址规划

资源池节点定义为网络上采用统一出口的单局址或机房，按满足未来 3～5 年的业务资源需求（包括计算、存储、网络等）进行节点布局规划和机房选择。节点布局需考虑集约化和规模效应，初期可按单节点集约化部署，存在多节点部署时尽可能采用统一架构和统一管理；机房选址要求基础设施条件较好（配套齐全）、具备丰富的出局网络资源、可扩展性好、运维便利等。

3）资源池建设方案

（1）总体目标架构：云资源池是基础物理硬件和基础软件的结合体，各类物理硬件设备通过基础的虚拟化软件、分布式软件，构成一个有机的整体，以资源池的形式向各类信息化应用系统提供计算、存储、网络等资源服务能力，并通过云资源池管理软件，实现按需定制、调配和管理资源，并根据业务发展需要动态调整资源，满足各类应用系统的云化承载需求。

云资源池系统主要包括资源池软硬件资源及云管理平台，采用分布式架构、模块化设计、分层部署，具备良好的系统可扩展能力。云资源池系统总体体系架构如图 4.1 所示。

1）虚拟中央处理器。

2）中央处理器。

3）图形处理器。

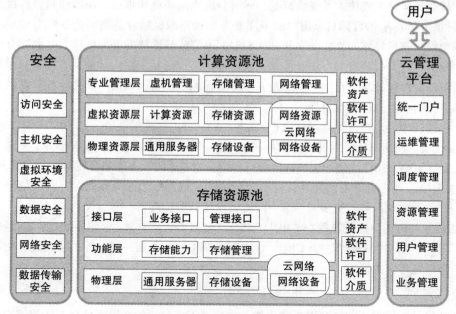

图 4.1 云资源池系统总体体系架构图

按功能结构来划分，云资源池可分为计算、存储、网络、安全和管理等五个功能子系统，每个子系统各司其职。其中网络子系统由内部网络和出口网络构成，内部网络实现计算、存储、业务互访和接入，出口网络实现与其他云资源池节点、外部网络（如 Internet、企业跨域承载网等）的互联；计算子系统由各种不同类型的通用服务器组成计算集群，面向各类信息化系统提供差异化的计算能力；存储子系统与计算资源配合，为各种信息化系统提供存储资源；安全子系统由多层次的安全功能构成，针对云资源池承载的各类应用系统提供完备的基础安全防护体系；管理子系统负责对资源池的各类资源进行管理，并通过管理接口，与上层的统一资源管理平台对接，实现异构、跨节点资源的管理。

（2）资源池配置方案：根据资源池建设需求分析结果，结合资源池总体容量规划，对计算、存储、网络、安全、软件、管理等软硬件资源进行设计。

云资源池应采用统一的技术架构，根据业务需求和部署特点，提供计算、存储、网络、安全等统一形态的硬件资源，并纳入统一管理平台实现资源的统一管理。云资源池网络结构如图 4.2 所示。

云资源池的各类资源按模块化设计、分区分类型部署，兼顾各类新技术的引入（如容器、SDN、NFV[1]、SDS 等），考虑资源冗余需求，结合实际业务需求和维护能力，选择合适的技术架构和部署方式，从而构建弹性伸缩、按需分配的统一云数据中心基础资源池。

① 计算系统设计：根据不同业务部署需求及现网运行数据进行资源模型抽象，计算系统按需配置虚拟化计算资源、分布式计算资源和物理计算资源；主要部署通用服务器（配置 CPU、内存、系统盘、网卡等）、GPU 服务器（配置 CPU、GPU、内存、网卡等）、虚拟化软件（如VMware）、分布式软件（如 Hadoop）等。计算资源采用多台服务器部署，按集群方式扩展；集群内各服务器通过交换机实现互联，采用光纤通道或 IP（网络互连协议）网络方式连接存储资源。

② 存储系统设计：云计算平台存储系统充分考虑存储的扩展灵活性和性价比，选择传统集中式存储、分布式存储或两种存储方式的组合。集中式存储主要包括传统 FC-SAN（光纤通道存储区域网络）、IP-SAN（IP通道存储区域网络）、磁带库等，通过硬件保障性能和可靠性，技术成熟，

1）网络功能虚拟化。

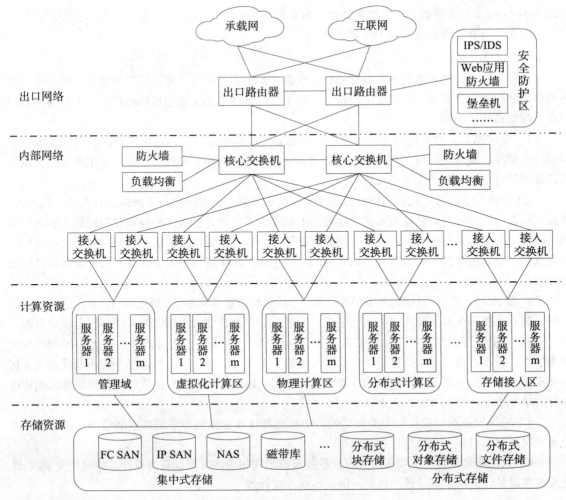

图 4.2　云资源池网络结构示意图

但建设成本较高、扩展不灵活；分布式存储主要包括基于通用服务器集群部署的分布式块存储、分布式对象存储、分布式文件存储及大数据存储，主要通过软件保障性能和可靠性，具备低成本、灵活扩容、高并发访问等优势，可作为资源池分级存储手段。

③ 网络系统设计：主要考虑节点内部网络（包括大二层、三层、扁平化设计）、节点间互联网络（三层互通、二层互通），以及外部访问网络的设计，同时考虑流量隔离需求、负荷分担需求、IP 地址规划、VLAN（虚拟局域网）规划及 SDN/NFV 等新技术的引入。常用的网络设备有路由器、核心交换机、接入交换机、防火墙、负载均衡器等，每个层级设备应无单点故障，各设备应支持两台主备或两台堆叠部署，保障整个网络架构的安全性。

④ 安全体系设计：针对资源集中化、引入云技术等带来的安全问题，需从基础网络、虚拟化环境、数据保护和安全管理等多个角度和方面增强资源池的安全性。在充分考虑基础设施安全（如机房环境、双电源等）、网络结构安全性的前提下，主要部署防火墙、防毒墙、Web 应用防火墙、入侵防护设备、堡垒机、网闸等安全防护设备，从各层面保障云计算平台上各类业务的运行安全。

⑤ 管理体系设计：建设统一的云资源管理平台，实现各类资源的统一管理、统一呈现，并可通过分权分域的方式实现精细化管理、调度与监控维护。目前开源的管理平台架构主要有 OpenStack、CloudStack 等，基于通用物理服务器部署，纳入管理域。云管理平台应包括资源监控与管理、业务及流程管理、可视化管理与分析、业务自定义拓扑及展示等内容。同时管理体系建设

需适当引入 AI（人工智能）、大数据分析、数据挖掘等技术，增强自动化、智能化运营能力，提高管理效率，有效支撑业务快速上线需求。

4）施工图设计

云计算架构与传统单系统架构设计相比，设备种类更多，网络结构设计要求更高，因此需在准确的组网结构图设计基础上进行施工图设计。施工图设计的工作主要包括机房勘察、主设备安装图设计、配套设计等内容。

（1）机房勘察：首先经过工程勘察明确设备安装机房的条件，包括机房空间、电源供电、空调制冷等情况，确保机房可用可扩展。设备安装地点应选择在便于维护和安装的专用机房内，机房内各系统设计应符合相关规范要求。

（2）硬件安装位置：包括云资源池需要安装的服务器、磁盘阵列、交换机、防火墙、路由器、负载均衡器等，需综合评估设备尺寸、功耗、重量等因素，做好机房内的设备安装规划；在充分考虑组网要求及机房条件的情况下，设备安装位置尽可能靠近需要连接的设备，同一功能的两台网络设备或同一个主机集群尽可能放置在相邻的两个机柜内；根据机房平面布置图，指定设备的具体安装位置。

（3）设备走线设计：根据设备组网连接要求，结合机房的实际情况，确定设备之间相关线缆（如尾纤、超五类线等）的走线方式（如上走线、下走线等）及长度，并给出相关线缆的走线示意图。

（4）设备上架及取电设计：根据需安装设备的尺寸、功耗、重量等因素，考虑可操作性和便于维护性，较重且尺寸较大的设备尽量放置在机架下半部分，较轻且需经常操作的小型设备（如接入交换机）放在上半部分触手可及的位置；设备需要双路电源供电，直接从所在机柜顶部或侧边电源分配单元取电，避免跨机柜取电。

（5）网络设备端口设计：主要包括核心交换机和接入交换机等多端口网络设备，需根据接入设备情况做好端口规划，以指导工程施工。

（6）其他配套设计：主要是与资源池设备布放紧密相关的配套设备的设计，如机柜安装设计、电源系统设计、机房空调设计、外部网络设备接入设计等。

5）预算编制

围绕云资源池工程所涉及的主要设备、主要材料及各安装工作量，根据国家相关规范、设备工程概（预）算编制相关规范要求及建设单位的相关规定等，编制云资源池工程的预算文件，输出设备费、建设安装工程费、安装工作量、设计费、安全生产费、建设单位管理费、预备费等各项费用。

6）其他设计要求

（1）软件安装调试：较大规模的云资源池建设通常需要配置系统集成单位，由系统集成单位配合云资源池维护部门进行基础软件（如操作系统、虚拟化软件、SDN 软件、SDS 软件等）的安装和调试；云资源池上承载的应用系统所需的操作系统、应用软件等由应用系统维护部门或应用系统集成商负责部署调试。

（2）机房环境要求：主要包括机房抗震加固要求、防雷接地要求、消防安全要求及节能环保要求等因素。

（3）项目安全风险评估：需对项目进行安全风险评估，找出施工环节可能的风险点，并提出相应的风险处置方案，从而指导后续的施工工作。

4.2.4　云计算平台设计要点

与传统独立建设的业务系统不同，云计算平台以体系化和集约化部署、提升资源利用率为目标，以支撑信息系统的统一运营和快速部署为导向，根据不同业务场景要求匹配不同资源配置策略，最终提高资源池的承载能力，充分保障不同业务的部署需求。

1. 计算资源配置策略

1）资源分类部署

模块建设是云计算数据中心建设的主流方向，云计算平台进行资源建设时应以满足不同应用的计算需求为前提，分类、分区、分模块进行资源部署，在保障安全的前提下，降低计算资源部署成本，实现弹性化资源分配。根据计算资源功能和提供方式的不同可分为三类资源：

（1）虚拟化计算资源：基于通用物理服务器部署主流虚拟化软件，以虚拟机方式提供计算能力，按集群部署和扩展；采用 2 路 /4 路服务器作为宿主机服务器，用于通用业务生产区、测试区。

（2）分布式计算资源：基于通用物理服务器部署分布式计算软件，主要满足大数据平台部署需求，按集群部署和扩展；可采用带硬盘的 2 路服务器作为计算存储一体化服务器，用于业务大数据区。

（3）物理计算资源：直接以通用物理服务器整机方式提供能力，主要满足部分资源要求较高的数据库和大型业务模块部署需求；采用 2 路 /4 路服务器作为物理服务器，用于高性能业务生产区、测试区。

2）虚拟化计算资源设计

（1）超配比：超配比等于虚拟机 vCPU 总数与物理 CPU 总核数的比值，最佳超配比应根据实际业务需求和负载情况进行确定。轻量级行业应用或新兴互联网应用的场景，宿主机服务器超配比可考虑 2 ~ 4；较为繁忙的应用系统场景，宿主机服务器超配比可考虑 1 ~ 2。

（2）CPU 与内存比：宿主机服务器的物理 CPU 核数与内存的比例应根据业务需求确定，考虑满足消耗内存要求及应用系统需求，可采用 1：8 或 1：16 甚至 1：32 的内存配比。

（3）宿主机服务器的测算过程参考：

① 测算物理 CPU 资源总需求：

$$物理 CPU 资源总需求 = vCPU 总需求 / 超配比$$

其中，vCPU 总需求由各个应用系统提出的虚拟机需求汇总得到。

② 测算基于 CPU 资源的服务器数量：

$$基于 CPU 资源的服务器数量 = ROUNDUP（（物理 CPU 资源总需求）$$
$$÷（（单台服务器 CPU 核数）—（I 层系统 CPU 预留资源）），0）+（HA 冗余数）$$

③ 测算基于内存资源的服务器数量：

$$基于内存资源的服务器数量 = ROUNDUP（（总内存资源需求）$$
$$÷（（单台服务器内存总数）—（I 层系统内存预留资源）），0）+（HA 冗余数）$$

其中，总内存资源需求由各个应用系统提出的虚拟机需求汇总得到。

④ 宿主机服务器需求数：

$$综合 CPU 和内存资源的服务器数量$$
$$= MAX（基于 CPU 资源的服务器数量，基于内存资源的服务器数量）$$

2. 存储选择策略

存储资源池按照业务数据存储类型划分，包括块存储资源池、NAS 资源池、分布式文件存储资源池和分布式对象存储资源池，简单对比如表 4.1 所示。

表 4.1 不同类型资源池对比

资源池类型	存储特点	主要存储对象
块存储	以块为存储单元,支持实时更新;主要有传统 IP-SAN、FC-SAN,以及逐步成熟商用的分布式块存储(Server-SAN)	核心数据、虚拟机运行环境、数据库等
NAS(网络附属存储)	以文件为存储单元,支持实时更新	网络共享数据
分布式文件存储	以文件为存储单元,支持实时更新	互联网应用的海量文件分析处理和服务请求,可随机读写、文件在线备份和共享
分布式对象存储	对象为存储单元,不支持实时更新,需要新建对象版本进行更新	Web 的海量只读文件,例如视频、图片下载

分布式块存储系统与传统 SAN 架构主要差异如表 4.2 所示。

表 4.2 分布式块存储系统与传统 SAN 架构对比

	分布式块存储	传统 SAN 存储
资源管理	以数据块为单位	以硬盘为单位
I/O	数据 I/O 在所有节点和硬盘间负载均衡,消除磁盘热点瓶颈	I/O 由少量硬盘承担,存在磁盘热点
数据重构	重构快速,大量硬盘重构一块硬盘空间,有空间即可自动进行重构	重构费时,少量硬盘重构一块硬盘空间,独立热备盘,需及时更换
可扩展性	横向扩容,增加通用服务器和软件 license,几乎没有扩容瓶颈;可随时添加新节点,加入新节点时只需迁移部分数据并达到负载均衡	纵向扩容,增加硬盘,受存储设备最大硬盘数和存储控制器性能限制

云资源池规模较小、存储量不大时,建议部署相对单一成熟的存储,如技术门槛相对较低的 IP-SAN、FC-SAN 等;资源池规模较大、存储量较大、承载平台类型较多时,可根据不同业务特性和存储需求配置不同的存储,如高性能计算挂载高端 FC-SAN、虚拟化环境采用中低端分布式块存储、备份 / 容灾存储采用分布式文件 / 对象存储等,实现差异化的分级存储能力。

3. IP 地址和 VLAN 划分建议

云资源池采用统一规划的 IP 地址,结合各应用系统的实际情况考虑云资源池的 IP 地址分配,以 IP 地址数量够用、易于标识平台 / 系统名称、与现网在用 IP 地址不重复为主要原则。建议分配一段地址段作为整个云资源池的 IP 地址,以保证 IP 地址的统一性、连续性。

1)局域网 IP 地址

云资源池所需的局域网 IP 地址主要涉及各云化平台的局域网 IP 地址、云资源池内部管理类 IP 地址等。

(1)各云化平台的局域网 IP 地址:为便于标识,建议为云资源池上每个云化平台 / 系统分配一个统一的 IP 地址,主要作为平台数据库服务器、应用服务器、接口服务器等的主机 IP 地址和浮动 IP 地址。

(2)云资源池内部管理类 IP 地址:主要分为云资源池虚拟化软件所需的内部管理类 IP 地址和硬件设备接口所需的 IP 地址,其中虚拟化软件所需的内部管理类 IP 地址主要包括宿主机 IP、迁移 IP 及相关管理服务器的 IP 等,硬件设备管理接口所需的 IP 地址主要包括 PC 服务器、磁盘阵列等硬件设备提供的管理控制接口所需的 IP 地址。

2)VLAN 划分

VLAN 是指在交换机局域网的基础上,采用网络管理软件构建的可跨越不同网段、不同网络的端到端逻辑网络。为提升网络性能、增强网络的安全性,云资源池可做必要的 VLAN 设计。VLAN 把传统的广播域按需要分割成各个独立的子广播域,将广播限制在虚拟工作组中,由于广播域的缩小,网络中广播包消耗带宽所占的比例大大降低,网络性能得到显著提高,同时 VLAN 部署也可以增强网络的安全性。

VLAN 的划分方法主要包括基于端口的 VLAN、基于 MAC 地址的 VLAN、基于子网（IP 地址）的 VLAN 和基于用户的 VLAN 等几种方式。根据云资源池虚拟化的特性要求，建议云资源池采用基于子网（IP 地址）的 VLAN 划分方式。

4. 安全部署策略

1）安全防护方案

云资源池的安全防护方案主要包括网络安全防护、流量安全隔离、软件安全防护、数据安全、业务连续性、安全域设置及运维安全管理等方面。

（1）网络安全防护：资源池应部署硬件防火墙对南北流量进行安全防护，按需部署 IDS（入侵检测系统）/IPS（入侵防御系统）设备；承载网络应支持设备级、链路级的冗余备份，并根据业务需求部署网络 VPN（虚拟专用网络）隔离。

（2）流量安全隔离：资源池应使用 VLAN、虚拟防火墙等方式对不同平台的流量进行隔离，保障东西向流量安全。

（3）软件安全防护：资源池对管理平台适配层、专业管理服务器安装防病毒软件和补丁，保障适配层、管理服务器的操作系统、应用及数据安全。大型资源池可部署虚拟化防护软件，实现无代理安全防护，提供虚拟补丁、虚拟化层面的 DPI（深度数据包检测）、恶意软件防护功能。

（4）数据安全：资源池按需部署备份系统，保障数据安全，并从机制上保障遗留信息清理。

（5）业务连续性：资源池提供冗余设备、冗余链路，利用虚拟化软件的 HA（高可用）/FT（容错）功能提供冗余性，大型资源池可考虑异地容灾。

（6）安全域设置：采用模块化设计，使用物理防火墙或虚拟化软件提供的软件防火墙对云资源池安全区域进行划分，提供不同级别的安全防护策略和手段。

（7）运维安全管理：资源池部署用户认证系统、安全审计系统，构建堡垒机制，对资源池运维操作进行认证并保存相关操作记录以便追溯，可以为各平台提供虚拟堡垒机，供平台运维人员安全登录。

2）安全防护要求

除了配置云资源池的安全防护方案外，云资源池的安全仍需对标国家相关安全标准要求或企业相关规定，建设安全、合规、可靠的云资源池。

5. 节能减排策略

云计算采用分布式、虚拟化等技术建立云资源池，不仅提高了运算、存储等信息服务能力，同时大幅度提高了设备的利用率。云资源池的建设，除了关注服务能力，节能措施及效果也不能忽视。云计算的节能策略主要从设备、系统、环境等方面同时考虑，通过各个方面的节能措施，提高云计算的节能效果。

（1）优先选择低功耗的 IT 设备。降低 IT 设备的能耗是云计算节能的基础，在满足服务能力的前提下，通过选用低功耗的处理器、刀片式服务器等来实现节能目的。

（2）系统应用方面，通过设备虚拟化、动态能耗管理、优化虚拟机资源等措施达到更进一步的节能效果。采用虚拟化技术统筹设备使用，关停使用率不高的设备；同时根据设备负载情况，动态调整设备资源，结合电源管理功能视服务器的忙闲情况制定相应的服务器休眠原则，实现动态能耗管理，降低运营能耗和运营成本。

（3）关注 PUE（电源使用效率）、节能配套环境，从机房空调、设备布局、供电系统的节能等方面，全局统筹考虑云计算的节能措施。

① 降低空调系统能耗。在保证空调运行可靠性的前提下，优选高能效的空调系统、压缩机或冷水机组；采用空调联网智能联动控制技术，能够根据热负荷自动调节空调制冷量、送风量；当

业务量增多、负载率高、设备重新开启时，空调能逐步恢复运行，尽量减少空调能耗比例，优化 PUE。

② 合理的设备布局。随着云资源池设备的快速增长，综合机房空调系统进行合理的设备布局和规划，比如发热大的设备尽可能靠近空调出风口，从而提高空调效率。

③ 云计算设备数量庞大，用电量高，在设备部署时应充分考虑配套供电的利用率，降低供电线路、电源转换等能耗损失，优化设备的供电系统以提高节能效果。

4.3 5G 移动网络工程设计

目前在 5G 产业上，虽然中国有些企业已经走到了世界的前面，但并不意味着在所有方面都处于领先地位，还应该加强自主创新能力。我国 5G 牌照虽已发放，但是 5G 技术仍在不断发展演进中。在网络建设方面，5G 带来的新变化、新问题也需要不断探索和实践，找出分析和解决问题的办法。"九层之台，起于垒土"，规划设计建设是网络发展之本，为了抓住机遇，迎接挑战，做好 5G 建设准备工作，本节将介绍 5G 移动网络设计要求、设计内容及设计要点，为网络建设提供参考和借鉴。

4.3.1 5G 移动网络建设政策及规范

1. 相关的主要政策条令
（1）《工业和信息化部关于推动 5G 加快发展的通知》（工信部 2020 年 3 月）。
（2）《"5G+ 工业互联网"512 工程推进方案》（工信部 2019 年 11 月）。
（3）《5G 发展前景及政策导向》（工信部 2018 年 3 月）。
（4）《关于促进移动互联网健康有序发展的意见》（国务院 2017 年 1 月）。

2. 相关的主要技术规范
（1）5G 相关现行通信标准：
① YD/T 3615-2019《5G 移动通信网核心网总体技术要求》。
② YD/T 3616-2019《5G 移动通信网核心网网络功能技术要求》。
③ YD/T 3618-2019《5G 数字蜂窝移动通信网无线接入网总体技术要求（第一阶段）》。
④ YD/T 3619-2019《5G 数字蜂窝移动通信网 NG 接口技术要求和测试方法（第一阶段）》。
⑤ YD/T 3620-2019《5G 数字蜂窝移动通信网 Xn/X2 接口技术要求和测试方法（第一阶段）》。
⑥ YD/T 3621.1-2019《面向 5G 前传的 N×25Gbit/s 波分复用无源光网络（WDM-PON）第 1 部分：总体》。
⑦ YD/T 3621.2-2019《面向 5G 前传的 N×25Gbit/s 波分复用无源光网络（WDM-PON）第 2 部分：PMD》。
⑧ YD/T 3625-2019《5G 数字蜂窝移动通信网无源天线阵列技术要求（< 6GHz）》。
⑨ YD/T 3628-2019《5G 移动通信网安全技术要求》。
（2）5G 相关通信标准（申报制定中）：根据 2019 年 12 月 11 日发布的《工业和信息化部办公厅关于印发 2019 年第三批行业标准制修订项目计划的通知》，以下 17 项 5G 相关通信标准项目正处于制定中，详见表 4.3。

表 4.3   国家正在制定的 5G 相关标准

序 号	申报号	项目名称	完成年限
1	2019-1024T-YD	数字蜂窝移动通信网 5G 核心网工程技术规范	2021
2	2019-1025T-YD	数字蜂窝移动通信网 5G 无线网工程技术规范	2021

序 号	申报号	项目名称	完成年限
3	2019-1028T-YD	基于服务化架构的 5G 核心网增强位置业务总体技术要求	2021
4	2019-1029T-YD	5G 核心网边缘计算平台测试方法	2021
5	2019-1030T-YD	5G 核心网边缘计算平台计算要求	2021
6	2019-1031T-YD	5G 数字化室内分布系统技术要求	2021
7	2019-1032T-YD	5G 核心网边缘计算总体技术要求	2021
8	2019-1033T-YD	5G 移动通信网非 3GPP 接入网络接入 5G 核心网技术要求	2021
9	2019-1034T-YD	5G 移动通信网核心网策略控制技术要求	2021
10	2019-1035T-YD	5G 网络管理技术要求关键性能指标	2021
11	2019-1036T-YD	5G 网络管理技术要求管理服务	2021
12	2019-1037T-YD	5G 网络管理技术要求通用管理服务	2021
13	2019-1038T-YD	5G 网络管理技术要求网络资源模型	2021
14	2019-1039T-YD	5G 网络管理技术要求性能测量数据要求	2021
15	2019-1040T-YD	5G 网络管理技术要求总体要求	2021
16	2019-1041T-YD	面向 5G 前传的 N×25Gbit/s 波分复用无源光网络（WDM-PON）第 3 部分：管理层要求	2021
17	2019-1042T-YD	接入网设备测试方法面向 5G 前传的 N×25Gbit/s 波分复用无源光网络（WDM-PON）	2022

4.3.2　5G 移动网络设计要求

1. 三大业务场景设计差异化要求

5G 的增强型移动宽带（eMBB）、海量机器类通信（mMTC）、超高可靠与低时延通信（uRLLC）三大业务场景对网络要求不同，增强型移动宽带更关注大带宽、高速率，海量机器类通信更关注大连接，超高可靠与低时延通信更关注低时延、高可靠特性，但是作为基站网络，需要同时满足各场景要求。在规划设计时需要进行三种网络覆盖、容量、网络质量要求分析及相互之间的协同分析。这一点是有别于以往移动网络设计的。

2. 高频段对于覆盖能力提出要求

5G 系统对于 6GHz 频段以上的毫米波，由于其覆盖特性，决定了其覆盖设计的巨大挑战，因此在设计中需要考虑更多因素，在网络建设策略中需要考虑高低频段搭配组网的问题。对于 6GHz 以下的频段，由于其覆盖能力不强，在做城区全面覆盖时也有不小的挑战，需要在网络覆盖设计中克服选址问题、原有站点利用问题等。对于城市的深度覆盖，由于 5G 信号所处高频段信号穿透能力弱，楼宇深处的覆盖成为 5G 网络覆盖规划的最大挑战。

3. 网络结构云化、池化带来要求

5G 无线系统的基站设备重构为 CU（中央控制单元）+DU（分布单元）+AAU（有源天线处理单元）模式，与 4G 中的 BBU（室内基带处理单元）+RRU（远端射频模块）模式有区别，其中，CU 具备云化和池化的特征。结合业务需求和资源情况，合理规划布局 CU 和 DU 对无线网络规划而言也是一个新的挑战。

4. 大规模 MIMO 天线部署要求

5G 系统采用大规模 MIMO（大规模多入多出天线技术）天线，RRU 和天线合为一体，组成 AAU（有源天线处理单元），有源天线大规模普及，其安装空间、承重、风阻的要求也是 5G 系统带来的新要求。

4.3.3　5G 移动网络设计内容

5G 移动网络规划设计主要包括以下环节：网络需求分析、网络规模估算、站址规划、无线网络仿真、无线参数规划、基站选址和勘察、设备安装设计、组网设计、接入汇聚机房设计、承载设计。

1. 网络需求分析

网络需求分析阶段明确 5G 网络的建设目标是展开网络规划工作的前提条件，可以从业务场景分析、用户分布情况、网络覆盖目标、容量目标、质量目标等几个方面入手。同时注意现网站点、数据业务流量分布及地理信息数据，这些数据都是 5G 无线网络规划的重要输入信息，对 5G 网络建设具有指导意义。

2. 网络规模估算

网络规模估算阶段通过覆盖和容量估算来确定网络建设的基本规模，在进行覆盖估算时，首先应该了解当地的传播模型，然后通过链路预算来确定不同区域的小区覆盖半径，从而估算满足基本覆盖需求的基站数量。再根据区域建筑和用户分布，估算额外需要满足深度覆盖的基站数量。容量估算则是分析在一定站型配置的条件下，5G 网络可承载的系统容量，并计算出是否可以满足用户的容量需求。

3. 站址规划

通过网络规模估算出规划区域内需要建设的基站规模及位置，受限于各种因素，理论位置并不一定可以布置站点，因而实际站点同理论站点并不一致，这就需要对备选站点进行实地勘察，并根据备选站数据调整基站规划参数。其内容包括基站选址、基站勘察、基站规划参数设置等。同时应注意利用原有基站站点进行共站址建设 5G，共站址主要依据无线环境、传输资源、电源、机房条件、工程可实施性等方面综合确定是否可以建设。

4. 无线网络仿真

完成初步的站址规划后，需要进一步将站址规划方案输入 5G 规划仿真软件进行覆盖及容量仿真分析。仿真分析流程包括规划数据导入、覆盖预测、邻区规划、PCI（物理小区标识）规划、用户和业务模型配置以及蒙特卡罗仿真，通过仿真分析输出结果，可以进一步评估目前的规划方案是否可以满足覆盖及容量目标，如果部分区域不能满足要求，则需要对规划方案进行调整修改，使规划方案最终满足规划目标。

5. 无线参数规划

在利用规划软件进行详细规划评估和优化之后，就可以输出详细的无线参数，主要包括天线高度、方向角、下倾角等小区基本参数、邻区规划参数、频率规划参数、PCI 参数等，这些参数最终将作为规划方案输出参数提交给后续的工程设计及优化使用。

6. 基站选址和勘察

根据规划所确定的站址位置，通过现场勘察获得基站机房、塔桅、方位角及其他配套详细情况。

7. 主设备及配套设备的安装设计

（1）设备配置：根据规划所确定的设备类型，进一步确定基站的硬件和软件配置，包括主控板、基带板的配置。

（2）设备安装：在机房内综合规划已有设备、新增设备的排列布放，将本次工程新增设备安装在合适的位置，并尽量预留将来扩容设备的安装位置。

（3）天线参数设置：通过基站勘察核实规划中所确定的天线类型及挂高、方位角、下倾角等，必要时进行相应的调整。

（4）电源配套设计：根据设备配置情况，计算相应的电源和配套需求，并进行安装设计，除了直流配电系统外，还需要计算交流容量是否满足需求。在工程设计阶段，这部分工作主要是细化和落实无线网络规划方案。

8. 组网设计

C-RAN（集中化无线接入）组网模式下，DU 集中放置的机房，与传统基站机房相比，其空间布局、设备安装、电源配套的设计要求和标准都要提高。采用 DU 汇聚、AAU 拉远后，前传承载网需要单独设计，需综合考虑无线光模块、传输光缆和管道资源及组网情况设计的合理方式。

9. 接入汇聚机房设计

根据 C-RAN 规划已经明确汇聚区域的位置和大小、汇聚区域内的站点数量及汇聚 BBU 的数量。接入汇聚机房设计分为机房位置选择和机房内设计。机房位置选择主要考虑机房属性、安全性、外电和传输因素；机房内设计主要考虑汇聚 BBU 的安装、供电、GPS（全球定位系统）、出入局的线缆设计。

10. 承载设计

前传承载网设计：DU 至 AAU 这段传输承载称为前传，前传承载网设计需要考虑光模块选型、前传承载方式、光纤路由规划。

回传承载传输网设计：CU 至核心网的传输承载称为回传，回传承载传输网设计需要依据基站自身容量和组网结构，包括传输容量、方式等。

11. 其　他

（1）提供基站设计的勘察设计图，要求能指导工程施工。
（2）提供基站设施的施工工艺要求，如机房工艺、塔桅工艺、施工工艺等。
（3）编制无线网络工程设计预算。

4.3.4　5G 移动网络设计要点

1. 不同应用场景通信需求分析

5G 网络的设计中，最重要的设计要点在于如何通过对各类 5G 典型业务特性、用户体验、场景特性的分析对网络进行设计，需要在源头梳理最终用户和业务的需求，以此作为规划设计的输入条件和输出结果的验证条件。

目前，业内已有多份 5G 应用和应用场景的白皮书发布。表 4.4 梳理了 5G 典型应用场景的关键通信需求及其与 5G 场景的相关性。

表 4.4　5G 典型应用场景的关键通信需求

典型应用场景	通信需求				与 5G 场景相关性		
	时延（ms）	带宽（Mbps）	可靠性	连接数（个 /km²）	eMBB	mMTC	uRLLC
VR/AR	≤ 50	100 ~ 9400	99.99%	局部 2 ~ 100	●	●	●
车联网	≤ 10	0.01 ~ 20	99.999%	2 ~ 50	●	●	●
无人机	≤ 20	0.01 ~ 200	99.99%	2 ~ 100	●	●	●
云端机器人	10 ~ 100	1 ~ 1000	99.9999%	2 ~ 50	●	●	●
工业互联网	≤ 10	0.01 ~ 10	99.999%	局部百~万级	●	●	●
智慧医疗	≤ 50	0.01 ~ 50	99.999%	局部 10 ~ 1000	●	●	●
智慧农业	≤ 200	0.01 ~ 500	99.99%	千~百万级	●	●	●
智慧城市	≤ 200	0.01 ~ 500	99.99%	百万~千万级	●	●	●

典型应用场景	通信需求				与 5G 场景相关性		
	时延（ms）	带宽（Mbps）	可靠性	连接数（个 /km^2）	eMBB	mMTC	uRLLC
智慧穿戴	≤ 50	≥ 100	99.99%	2 ~ 100	●	●	●
家庭娱乐	≤ 50	≥ 50	99.9%	局部 2 ~ 50	●	●	●
全景直播	≤ 50	≥ 100	99.9%	2 ~ 100	●	●	●

注：① ● 表示与 5G 场景相关度强。

　② ● 表示与 5G 场景相关度适中。

　③ ● 表示与 5G 场景相关度弱。

2. 不同场景差异化覆盖方式选择

5G 无线网的基本覆盖建议室外采用宏微结合方式，宏站为主，微站补盲和分流；室内采用 5G 与固定宽带、WiFi 等多网络协同方式，分场景解决。5G 无线网需探索场景差异化的覆盖解决方式，典型场景建网覆盖策略如表 4.5 所示。

表 4.5　5G 典型场景建网覆盖策略

场　景	场景特点	建网策略
高层楼宇（包括住宅 / 写字楼 / 酒店等）	高度 > 100m 的高层、超高层建筑，楼宇密集，互相遮挡严重	对于超高层楼宇场景，普通宏站覆盖方案难以形成网络全覆盖，建议采用 5G+WiFi6 互补方案进行场景覆盖。5G 网络进行室外及浅层覆盖，室内结合光纤 +WiFi6 方案与 5G 形成互补，供用户日常业务体验
中层楼宇（包括机场 / 车站 / 大型商业街 / 购物中心等）	建筑物面积大，高度较低，室内空间大；业务分布集中，流量大，小区负荷较高	对于机场、车站、大型商圈等容量需求较高的场景，建议采用有源室分方式进行 5G 网络的部署，灵活扩容，大程度提升网络容量，保障大话务场景下用户网络感知
中底层建筑（包括城中村 / 中低层住宅区等）	建筑物密集，楼高较低，业务大多发生在室内场景，室内深度覆盖为主要目标；物业协调困难，站点选址安装困难	对于城中村、低层居民区等场景，建议采用宏微结合的方式，充分利用杆站、挂墙小站与楼顶宏站方式相结合，通过楼顶宏站形成广覆盖，各类小站进行深度覆盖补充，全面提升场景网络覆盖质量
室外开阔区域（包括绿地 / 公园 / 广场 / 街道等）	场地开阔，面积大，人员和业务分布不固定；基站无直接遮挡，计算链路损耗时，基本上只需要考虑树衰	这种场景通常使用室外宏站就可以获得较好的覆盖效果，同时对于人流密集区域，可挖潜周边杆站资源，近距离精准覆盖，提升网络容量和用户体验

3. 5G 专网建设策略

为满足行业客户安全隔离、高效可靠、灵活调整、自主管控等多样化、差异化的需求，5G 专网可基于网络层、功能服务层、管理维护层和业务能力层提供核心能力，打造"智能"＋"定制"的 5G 专网。5G 专网总体架构如图 4.3 所示。

（1）在业务能力层面，5G 专网应具备丰富的业务能力，助力企业智能化转型。基于运营商丰富的中心云和边缘云资源，向用户提供计算、存储、大数据分析等能力；基于运营商先进的网络技术，向用户提供物联网、语音、短信、集群通信等通信能力；基于运营商的创新平台，向用户提供定位、视频会议、AI（人工智能）、安全防护等能力。

（2）在管理维护层面，5G 专网应能够向客户提供专属化的运营和维护平台，实现网络和业务的敏捷开通，提供建设、维护、优化一体化服务。

（3）在功能服务层面，5G 专网应具备高度定制化、自助化的能力，灵活适配用户需求。基于运营商网络层能力，如动态的无线网资源分配技术，灵活的核心网组网模式，可满足客户对于弹性带宽、本地分流、连接管理、安全隔离、移动切换、高容量等需求。

（4）在核心网层面，5G 专网应具备按需实现灵活组网、等级化隔离的核心能力。5G 专网的核心网层面可根据行业客户的需求，通过多种部署方式实现不同程度的隔离。对于隔离性要求一般的行业客户，共享运营商核心网用户面和控制面；对于隔离性要求较高的行业客户，可以共享运营

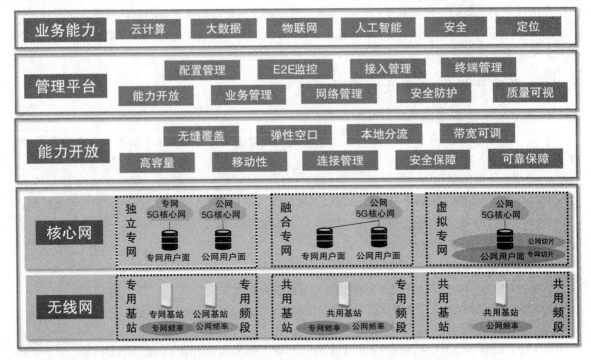

图 4.3　5G 专网总体架构示意图

商核心网的控制面，将核心网用户面下沉到园区内，实现应用数据不出园区的同时，提供低时延的数据传输；对于隔离性要求极高的行业客户，则独立部署核心网，保证任何数据不出园区。此外，与传统运营商公网的核心网不同，5G 专网核心网网元应能够按需进行功能的裁剪，实现设备轻量化，满足用户应用需求的同时裁剪掉不相关的功能，降低用户投资成本。

（5）在无线网层面，公网和专网频率、基站硬件资源可按需灵活配置。可根据客户需求，考虑低成本的公网、专网共享基站和频率的部署方式，或者为专网部署独立基站、分配专有频段，减少甚至消除公网对专网的影响。

5G 专网典型的部署方案分析如表 4.6 所示。

表 4.6　5G 专网典型部署方案

部署方案	独立专网	融合专网	虚拟专网
基 站	专 用	共 用	共 用
频 率	专 用	专 用	共用频率 + 切片
核心网用户面	专 用	专用 + 下沉园区	共用 + 切片
核心网控制面	专 用	专用 / 共用	共用 + 切片
适用场景	大型企业，对质量保障、安全隔离、数据不出园区、可靠性有严格要求；主要用于局域场景	中型企业，对质量保障、安全隔离、内部数据不出园区等有较高要求；主要用于局域场景，少量广域场景	中小型、成本敏感客户，广覆盖大型客户，对质量保障、隔离等有需求；主要用于中小型园区或大型用户广域场景

4.4　高速承载网络工程设计

当前信息化技术蓬勃发展，随之涌现的信息化业务也提出了网络特性需求，对现有承载网的传统组网架构及运维方式提出了巨大的挑战，但从另一个角度看，这也给承载网络技术的更迭及演进带来了机遇。现有承载网在可提供宽带、连接数量、可移动性及数据传输的稳定性等性能上均存在一定局限性。目前,新一代信息化技术对数字基础设施提出建设畅通无阻的信息高速公路的目标,承载网更作为基础设施建设内容已列入国家战略政策。本节将从光纤传送网及传输系统网络两个领域,介绍承载网络的规划设计,为网络建设提供参考和借鉴。

4.4.1　高速承载网络建设政策及规范

1. 相关的主要政策条令

(1)《联合组织实施 2019 年新一代信息基础设施建设工程通知》(工信部、发改委 2018 年 12 月)。

(2)《扩大和升级信息消费三年行动计划(2018—2020)》(工信部、发改委 2018 年 8 月)。

(3)《2018 年新一代信息基础设施建设工程拟支持项目名单》(国家发改委 2018 年 2 月)。

(4)《关于推进光纤宽带网络建设的意见》(工信部联通 [2010]105 号)。

2. 相关的主要技术规范

(1)有线接入网:

① YD/T 5139–2019《有线接入网设备安装工程设计规范》。

② YD 5206–2014《宽带光纤接入工程设计规范》。

③ YD/T 2402–2012《接入网技术要求 10Gbit/s 无源光网络(XG–PON)》。

④ YD/T 2274–2011《接入网技术要求 10Gbit/s 以太网无源光网络(10G–EPON)》。

(2)线路管道:

① GB 50373–2019《通信管道与通道工程设计标准》。

② GB 51158–2015《通信线路工程设计规范》。

③ GB 50311–2016《综合布线系统工程设计规范》。

④ YD 5148–2007《架空光(电)通信杆路工程设计规范》。

(3)传输设备:

① YD/T 5113–2018《WDM 光缆通信工程网管系统设计规范》。

② YD/T 2939–2015《分组增强型光传送网络总体技术要求》。

③ YD/T 2485–2013《N×100G 光波分复用(WDM)系统技术要求》。

④ YD/T 2649–2013《N×100G 光波分复用(WDM)系统测试方法》。

⑤ YD/T 1960–2009《N×10G 超长距离波分复用(WDM)系统技术要求》。

4.4.2　高速承载网络设计要求

根据网络类型,承载网络又分为光纤传送网及传输系统网络两个部分。其中,光纤传送网根据承载业务的类型及传送距离,可划分为连接用户侧的光纤接入网与长距离敷设的本地及骨干光缆网。这几类网络各具特性,功能不一,因此网络设计中关注点也不同。

以下将分别对光纤传送网及传输系统网络的设计要求进行阐述。

1. 光纤传送网设计要求

1)底层接入简洁灵活

在结构上,用户光纤接入网应按主干层、配线层、引入层进行建设,各层定义如下:

(1)主干层:主要由接入光缆汇聚节点与主干光节点之间的光缆和主干光节点构成。其中主干光节点主要指光缆交接设施,用于汇聚主干、配线光缆,灵活实现交接配线。

(2)配线层:主要由配线光节点及连接配线光节点和主干光节点的光缆构成。其中,配线光节点主要指光缆配纤设施,用于实现引入光缆的灵活调度。

（3）引入层：主要由用户光节点及连接用户光节点和配线光节点的光缆构成。其中，用户光节点主要指安装在接近业务点的光缆终端设施，用于面向业务侧的用户光缆引接。

用户光纤接入网结构如图 4.4 所示。

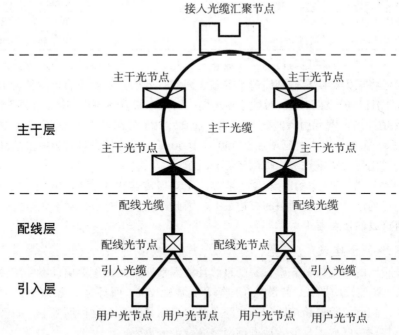

图 4.4　用户光纤接入网结构图

光纤接入网应结构简洁、层次分明、灵活调配，尽量部署在靠近业务使用点的位置，以快速满足业务的使用。

主干光节点应设置在管道路由丰富、易于扩容的位置，主要采用光缆交接间或大容量光缆交接箱的形式，主干光节点设置的位置应能保持长期稳定，能灵活适应服务区范围内的用户发展情况。主干光缆尽量采用"环形"模式进行建设，提高对业务的安全保障能力，建设规模应适度超前，预留一定的冗余。

配线光节点应设置在方便收敛引入光缆的中心位置，配线光缆结构以星形或树形为主，规模应该能满足收敛的用户光节点的业务使用。

引入光节点应尽量设置在靠近业务点的地点，方便业务快速使用，引入光缆的规模应以满足用户光节点覆盖周边的业务规模进行建设。

2）打造低时延网络架构

降低网络时延是建设高速承载网络的关键，时延基本上由线路时延和设备时延构成。以下将对整个传输网络中的时延情况进行分析，对比各类型传输介质引入的时延产生的影响。根据测试和经验数据，传输网络中各传输介质引入的时延数量级如表 4.7 所示。

表 4.7　传输介质引入时延对比

序　号	传输介质	引入时延
1	光　纤	5μs/km
2	OLT（接入光线路终端）设备	100μs 量级
3	光学器件（包括可重构光分插复用器、合分波器、滤波器和耦合器等）	ns 量级
4	OLA（光线路放大器）设备	100ns 量级

序　号	传输介质	引入时延
5	收发合一光转换单元（光 / 电 / 光）	10 ~ 100μs 量级
6	同步数字体系设备	100μs 量级
7	传统 OTN（光传送网）节点	10 ~ 100μs 量级
8	分组增强型 OTN（光传送网）节点	10 ~ 100 ~ 1000μs 量级

数据显示，光纤引入的时延与传输距离成正比，每公里呈 5μs 递增。当进行长距离传输时，光纤带来的线路时延将成为影响传输网络速率的最大阻碍。光层设备网元引入时延为 100ns 量级及以下，几乎无法感知，且提升空间较低。对整个传输网络时延来说基本可以忽略，可暂不进行优化考虑。电层设备网元及光纤接入网元引入时延为 100μs 量级；对于分组增强型 OTN 节点中同步数字体系的 VC（虚拟容器）业务，引入时延增加至 100 ~ 1000μs 量级，是设备时延中占比最大的一部分，应在传输系统的优化建设中重点考虑降低该部分时延。

综上讨论分析，光纤带来的时延占比最大，尤其当传输距离达到 200km 时，时延甚至大于 1ms 量级，线路时延在骨干传输网中的影响最大。因此，建设低时延、扁平化路由的光缆网络，应成为光纤传送网建设的重要要求。

3）加强网络融合建设

光缆作为最底层的物理传输介质，易受自然环境因素和人文因素影响，不可控性较大，涉及协调方较多，导致光缆建设周期长，敷设光缆的综合成本比较高。而且每条光缆的纤芯数量是有限的，后期扩容难度大，因此长距离跨市跨省的线路资源珍贵而紧张。在这种形势下，如何实现网络基础设施之间的共建共享、低成本高能效地进行网络融合十分重要。

国务院发布的相关文件中提出，对于电力通信、铁路轨道通信、公路管道通信等专用通信网（指有关部门、单位内部因自身业务需求而建设的独立通信网络），应与其他公用通信网（指国家信息行业部门经营的，以及网络服务提供商建设和经营的供公共用户使用的通信业务网络）进行合作互补，共建共享网络基础设施，减少重复建设，打破行业壁垒，提高整个行业的盈利和运行效率，实现基础设施的最大化利用。

专用通信网和公用通信网的基础架构存在很多相似之处，都具备深入覆盖、横纵贯穿、点对点等通用性特点，且相互之间能够利用彼此网络的优势对自身网络的短板进行互补，实现网络基础设施的共建共享、互惠互利。因此，不同行业、领域的专用通信网与网络运营商的公用通信网之间的融合，成为推动下一代综合信息化网络发展的最佳协同方式，现在网络融合已经成为国家的重要战略之一。

4）提升安全可靠能力

数字化建设推动信息服务发展的同时，也拔高了用户对业务体验的敏感能力及评价标准，对底层光缆架构的安全可靠性及保障能力也提出更高要求。尤其应对 5G 时代引入的工业智能制造、自动驾驶、远程医疗、虚拟现实、增强现实等海量万物互联应用，不仅要求无处不在地接入通信网络，更意味着基础承载网将成为这张生命线网络、实时性网络的重要支撑。

我国的光缆网系统多建设于 20 世纪 80 年代末，网络发展至今，随着行业、企业间的多次融合重组，跨市跨省的长途光缆已经形成了覆盖面较为密集的网格型架构。但建设初期的光缆建设方式较为简单，光缆使用至今，经历不同程度的耗损，受光缆寿命制约，光缆质量下降，纤芯使用率达到饱和，将无法满足新一代信息化业务的需求，甚至对基础业务的保障也存在困难。

初期建设的光缆多为杆路架空光缆和一般道路直埋管道光缆。采用传统敷设方式，尤其是杆路架空方式敷设的光缆，易遭受外力破坏发生故障，且故障反复率高。一般公路的管道敷设亦面临着建设期间协调难度大，赔补费用高且不可控等情况。运维过程中易受道路扩改、开发建房、市政干涉等影响，出现频繁迁改等问题。

传统敷设方式越来越不适用于高速承载网络的发展趋势，且由于不同运营商、不同企业行业之间的光缆资源来源复杂，光缆网维护困难，积累了许多问题隐患。随着一大批早期光缆的运行时间接近寿命临界值，需要选择更为安全可靠、路由稳定、利于网络优化的建设方式对光缆网络进行更新替换。

2. 传输系统网络设计要求

目前传输系统网络的需求对象主要为公众用户及政企客户两大类，业务类型较为传统单一，与之匹配的现有传输系统网络的组网架构及业务处理模式已不再适用于新一代的信息化业务。未来传输系统网络的建设将面临网络转型升级，甚至需要构建一套新型网络架构，以满足大数据云时代的新型业务需求。

以下将针对新一代高速承载网在端到端传输网络建设时应遵循的要求进行分析。

1）提高速、广覆盖

无论是传统的宽带上网业务、政企业务，还是大数据信息化带来的移动互联网、5G 应用等新型业务，对传输系统网络都提出了高速广覆盖的要求。尤其以 5G 应用需求为代表，业务对于网络速率及覆盖范围的要求较以往明显提高。而新一代高速承载网，主要是面向 5G 架构进行云化融合的高智能网络，因此传统传输网络的提升将围绕 5G 业务的特性进行升级。

5G 网络在时延、连接密度、峰值速率、体验速度、频谱效率、网络能效、空间容量等各项指标均有较大的提升。各方面性能的增强，5G 网络对承载网的高速广覆盖能力提出了极高的要求。这一要求同样适用于云计算、大数据、物联网等业务，这意味着要提升终端和用户访问云平台的接入及互联能力，并通过扩大接入节点范围提供丰富多样的服务和业务全覆盖。

讨论光缆部分建设要求时，已对新一代高速承载网络在打造低时延网络架构方面的要求进行了论述，而提高速、广覆盖则是这个要求在传输系统网络层面的体现，亦是一直以来传输系统建设发展的重要方向。

2）简洁集约、协同融合

新一代的高速承载网将是一个真正意义上的融合网络，其关键是构建基于用户和业务导向，基于大数据和云的智能 IT 平台，这需要从网络架构的角度重新审视现在的承载网，争取通过网络架构的优化来满足日益增长的数据需求，而不仅仅是简单的容量扩展。

如图 4.5 所示，未来承载网最终将演进为云网融合的三大层，网络自下而上依次为：新一代传输系统网络、云计算数据中心、协同编排平台，各层级兼具当前技术的持续演进和革命性技术的创新。与传统传输网络对比，新一代传输系统网络加深光传送网与 IP 数据网协同融合，同时引入软件定义网络、边缘计算、网络切片等新型技术，进一步提升集中控制、转发分离及业务开放能力，提高业务处理时效，构建一个无缝、统一的转发面，提供更为简洁灵活的平台基础；云计算数据中心由传统机房演进，采用云计算和 NFV（网络功能虚拟化）技术，组建高度动态性的集约化处理中心，实现机房及用户之间横纵大流量数据的互联；协同编排平台主要负责新一代网络和业务的全局编排，通过端到端的业务编排，灵活地扩展业务覆盖范围，并快速引入新功能以提升网络的能力。

在下一代网络发展进程中，网络架构将会由传统的面向单一用户面的架构，向支持更大体量的多制式业务架构转型，传输系统结构根据业务特征衍生出简洁集约的特性，网络建设逐渐以用户体验为目标，多业务协同成为主流方向，也预示着传输系统网络向更智能更高效的资源协同、云网协同和融合方向发展的趋势将越来越明确。组建一张架构简洁、集约化程度高的协同融合网络，将成为新一代传输系统网络在规划建设中的重要要求。

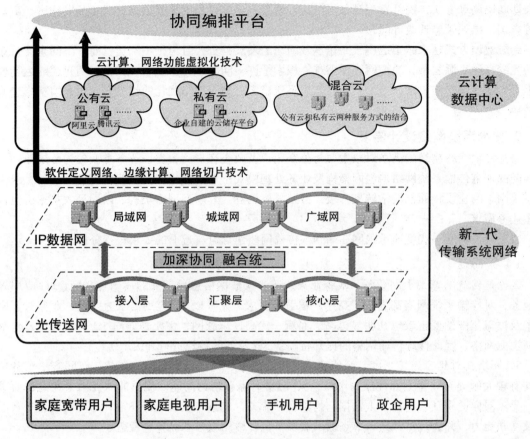

图 4.5 适应数字化业务的承载网演进架构图

3）动态灵活、开放快捷

业务形式的多元化决定了新一代传输系统将会是一个开放的网络，面向垂直行业的多场景应用，对网络的灵活性提出很高要求。基于用户站址流量的传输时延及其带宽考虑，需要支持就近转发，这对于 IP 网中三层网络的下移提出了一定的需要，出现了数据网关边缘化下沉的部署形式。DC 机房（数据中心机房）的下沉也因此引入了移动边缘计算技术，使无线接入网具备提供 IT 和云计算的能力，提升移动网络资源的开放能力，与数据中心平台交叉进行大数据分析，在大数据信息化时代实现网络资源最高能效利用尤为重要。为了应对不同业务在不同层级的需求，分别部署了核心 DC 机房、汇聚 DC 机房及边缘 DC 机房，而边缘 DC 机房跟随用户位置选择下沉至网络架构中的合适层级，边缘 DC 机房是离用户最近的地方，由此也出现了 OC 机房（边缘数据中心）的概念。越来越多的网络功能将以虚拟化的方式存在于各层级 DC 机房及边缘 OC 机房中，不同业务类型的需求分别运行在不同层级 DC 机房的服务器中。此时，承载网的服务对象将主要是网络中各种类型的 DC 机房，目标是以最低的成本高效地连接各个数据中心。

未来的传输系统必须足够灵活，则需要满足以下要求：多场景业务的承载需求在同一张网上均能得到匹配，实现端到端业务秒级迁移或开通；充分满足用户站点东西向流量的调度需求，并能够对流量进行灵活控制和调度；有效利用网络资源，以相同的基础设施满足不同业务需求，且业务之间调度互不影响；网络平台足够弹性开放，对于业务特定资源能够快速指配，具备智能运维，易于管理配置。

4.4.3 高速承载网络设计内容

高速承载网络设计主要包括以下环节：需求分析、网络现状及存在问题分析、网络建设方案、系统性能计算、设备配置、设备布置及安装方式、通信网络安全保障方案、维护人员配置、培训及仪表配置、预算编制说明及预算表格、工程设计环节安全管理方案。以下将分别进行阐述。

1. 需求分析

（1）业务需求：根据业务部门的业务发展现状、业务预测方法及预测结果、工程满足期限，来确定本期项目业务发展需求，可适度超前规划。该部分主要由业务需求部门提供，当业务需求部门较多时，设计中应注意与各部门协同配合。

（2）需求承载分析：根据各需求输入专业自身链路特点，判断业务电路的属性、业务方向，以及业务对服务等级、优先级、质量保证的要求，确定本期项目所涉及传输网络提供的电路通道速率、接口类型、保护方式，确定所需光缆路由及纤芯数量。

2. 网络现状及存在问题分析

（1）网络现状：说明本期项目涉及的相关承载网络现状，包括：省干／市到县、市区或县到乡镇的网络结构、能力、利用率；网络分层情况、覆盖规模、设备制式；与其他单位系统之间互联互通等情况。

（2）网络存在的问题：从是否能够满足业务发展需求、运行维护需求及传输网自身网络演进等方面来分析承载网存在的问题。

3. 网络建设方案

（1）确定建设原则：根据清晰的网络层次、多业务网的协同规划、先进的技术选型等主要建设原则，结合业务需求及承载分析、目前现有系统利用率情况、投资情况及网络优化方向，细化本项目网络建设原则。

（2）确定设计方案：根据网络资源现状、网络存在的问题，结合本期项目业务需求、建设原则，确定网络设计方案。包括对已有系统的升级和调整、新建网络的结构和容量、新增设备的选型、光纤网络规划、网络管理及时钟同步系统的规划、保护策略的选择等。承载网络设计方案主要由以下部分组成：

① 传输通信系统：首先，应通过业务需求分析确定本项目目标网络结构，包括分层结构及各层级业务路由，由光缆路由情况划分网络汇聚区，进而设置各层级节点局站；其次，根据网络分层结构，对各层级通路带宽进行规划，接入层通常处理小颗粒业务，汇聚核心层处理大颗粒业务，由业务规模确定传输系统应建设的通道类型；最后根据业务或网络层级的安全等级，匹配建设相应的网络管理系统、时钟同步系统及电路保护系统，提供网络保护。

② 网络管理系统：网管系统可对电路进行监管控制，使信息传送通道更高效、可靠、透明。网络管理系统的设计主要是对网管系统的管理范围、职责分工进行优化配置，发挥网管设备的管理能力，提高网络的可运营性及可控性。

③ 时钟同步系统：时钟同步系统能使网络内其他时钟对准并同步，通过对网络主备用时钟进行规划，保证承载网络中各类装置动作顺序正确，确保同步定时信息传送的可靠、精准。

④ 光纤网络规划：光缆使用需求根据传输网络系统建设方案得出，包括光缆路由需求及纤芯使用需求，建设传输网络系统时应注意选择光缆是否存在同缆、同沟、同管道、同路由等安全隐患。若现有光缆暂无法避开隐患，则在传输系统开通业务时，确保主备业务传输通道承载在完全独立的光缆路由。光缆专业应以传输网络为导向，进行纤芯规划、线路建设。

⑤ 电路保护／调度方式：电路保护及调度方案根据业务等级确定。集中型业务模型适宜建设

环状的传输网络系统，采用双纤双向复用段通道环保护。环内各点间业务量较大、环上传输节点数量较多时，可考虑选用复用段共享保护环。

4. 系统性能计算

系统性能需达到工程验收指标，验收指标包括国家验收标准及行业验收标准，因此设计中需进行相应的系统性能计算。若为 SDH（同步数字体系）系统，则须进行光功率预算计算；若为 DWDM（密集型光波复用）系统，则须说明衰耗、色散、光信噪比、差分群时延对系统的影响。

5. 设备配置

网络建设方案确定后，根据系统建设需求进行主设备及配套材料设备的配置。

（1）主设备配置：主设备配置内容包含主设备型号、子架型号、板件型号及数量；板件客户侧光口类型、发送光功率、接收灵敏度、过载光功率等指标，并给出接收光功率及是否配置光衰减器的建议；各厂家集中网管管理能力现状，是否满足本期新增网元的网管需求，并描述本期新增网管设备配置。另外，还应根据运维需求配置备品备件。

（2）配套设备配置：说明本项目配套设备配置原则、配置数量。

6. 设备布置及安装方式

根据国家及行业的相关要求规范，结合局站现场实际情况，确定设备布置及安装方式。具体内容如下：

（1）设备安装：本期项目的设备、板卡安装节点、地点、机房平面布置、安装位置等详细情况。

（2）机房槽道及电缆走线：根据机房的实际情况，确定机房设备走线及安装方式。

（3）设备供电及接地要求：说明本工程直流供电、交流供电、保护接地要求；所涉及各种型号主设备、配套设备的功耗及引电要求。

（4）电缆的选择与布放：电源线线径取定、电力电缆的布放及要求、保护地线的布放及要求等内容；光缆尾纤、网线等通信线缆选择及布放路由要求。

（5）机房抗震加固要求：按照相关规范对抗震加固等级、机房抗震加固的要求。

（6）机房防雷接地要求：包括接地系统的组成、设备接地要求、接地系统施工要求、机房防雷过压要求。

（7）消防安全要求：机房、建筑的消防要求要满足国家标准的相关规定。

（8）节能环保要求：包括生态环境保护、噪声控制、废旧物品回收及处置。

7. 通信网络安全保障方案

通信网络安全包括网络安全、信息安全及施工安全。设计内容需说明本项目网络、电路、设备级保护情况，提供网络安全保障措施；说明信息安全要求，根据要求提供信息安全方案；明确本期项目施工安全注意事项。

8. 维护人员配置、培训及仪表配置

根据业务保障等级、网络安全保障方案及国家行业相关规定，说明维护组织机构人员配置、人员培训需求、维护仪表配置建议。

9. 预算编制说明及预算表格

（1）预算编制说明：预算编制的总体情况和总体投资情况。

（2）预算编制依据：应逐条列出依据的相关文件，包括国家相关规范、概（预）算编制和费用定额的相关文件、建设单位的相关规定等。编制依据的相关文件，应列出发文单位、文号、文件名称。

（3）有关费率的取定及计算方法：应对有关费用项目、定额、费率及价格的取定和计算方法进行说明。预算编制中相关定额应做说明。有关费用包括可行性研究费、勘察设计费、工程监理费等费用。

10. 工程设计环节安全管理方案

包含项目概况、建设重点及难点、项目安全风险等级、施工子环节风险分析及等级、风险发生的可能性、网络安全风险损失等级、人身安全影响等级、风险处置方案。

4.4.4 高速承载网络设计要点

光纤传送网作为物理网络通道，设计中侧重于考虑光缆的调配灵活性及安全稳定性；传输系统网络与业务处理通道更靠近，需要侧重关注与数据网的协同及架构上如何与业务网络更为适配。以下将分别对光纤传送网及传输系统网络的设计要点进行阐述。

1. 光纤传送网设计要点

1）光纤接入网调配灵活

根据光纤接入网的三层结构，光纤接入网的建设内容包含安装在光缆汇聚节点的光纤配线架、主干层的光缆交接箱 / 光缆交接间、主干光缆，配线层的光纤配线设施、配线光缆，引入层的光缆终端设施及引入光缆。具体包括各类光节点的安装位置、安装方式、容量选择，以及各类光缆的路由选择、敷设方式、光缆结构选择、纤芯规模选择等，各项内容建设要点如下：

（1）主干光节点建设的重点是选择合理、恰当的安装位置，以保证主干光节点的长期稳定，并能收敛周边的所有业务需求，有利于光缆路由走向布放。

（2）主干光缆的建设重点在于选择路由布放，在保障路由安全的前提下，以最优的路由进行布放，节省材料，同时需考虑光缆敷设的方式，在城市区域尽量沿管道布放，提高安全性且不影响城市市容市貌，在农村区域尽量选择架空杆路进行布放，降低布放难度及工程投入。

（3）配线光节点建设的重点是选择恰当的中心位置及合适的容量，以便能收敛周边的用户光节点引入光缆。

（4）配线光缆的建设重点是选择最优的布放路由及纤芯容量配置。

（5）用户光节点建设的重点是尽量靠近业务使用点末端，缩短业务使用点到用户光节点的距离，能方便、快捷地响应业务需要，引入光缆容量规模需满足用户光节点收敛的所有业务使用需求。

2）缩短路由、扁平化组网

作为搭载传输系统的底层介质，现有光缆网络架构主要依据传输网络层级进行划分，自下而上形成环状网络架构。以某省光传送网架构现状进行分析，光缆网络包含国际光缆、省际一干光缆、省内二干光缆、本地中继光缆（县—市光缆）、乡镇光缆（乡—县光缆）、接入层光缆等几个层级，各层级光缆网络与传输网络架构关系如图 4.6 所示。

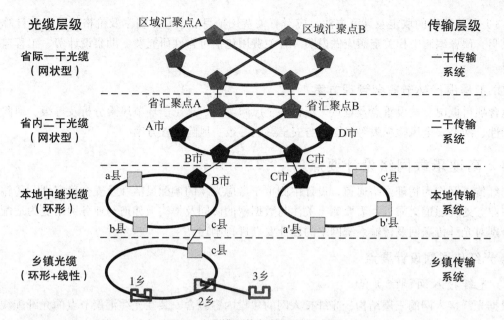

图 4.6 光缆网络架构现状示意图

观察目前的光缆网络架构，由于根据传输系统进行划分的特点，同层级的业务组环归入该环的统一汇聚点后，再上联至上层数据中心进行处理，数据下行亦是同样的业务路由。这导致每一个用户接入点与数据下发中心之间的路由并不一定是最短路由。因此，在建设方案设计中，结合低时延网络架构的要求，应重点考虑跨层级承载系统的融合，光缆网络协同配合承载网需求扁平化建设，实现承载网发展的目标架构。

首先，需要通过优化光缆路由和建设直达路由加密光缆网格，以有效降低长途光缆网络时延，满足客户低时延要求、降低 IP（网络互连协议系统）不同路由时延差，同时使得最优业务节点的设置依托路由架构能有更多选择性，实现用户端到数据下发中心的距离达到最短。

其次，在建设本地及骨干光缆网时，可通过一二干光缆、本地和干线光缆统筹规划协同复用的方式，实现网络的扁平化，减少不同传输层级之间光缆路由绕转，能够更高效直达地开通业务。同时，也实现了跨层级光缆架构之间的共建共享，降低了建网成本。

3）新型光缆建设方式的选择

结合加强网络融合建设的要求，专用通信网中的铁路轨道通信网、高速公路管道通信网等网络在组网架构上与公用通信网存在较高的相似之处，对于山区、林区、居民区等建设困难或涉及多方协调的区域，铁路通信网及高速公路通信网尤其能提供更高的安全性及维护便利性。近几年借助高速公路、高速铁路轨道的发展，运营商们在建设通信光缆网的过程中也在深入研究与专用通信网的合作方式。通过多次比较及实践验证得出，利用高速公路管道、高速铁路槽道敷设光缆，将成为未来光缆网络建设的主要方式。

目前，公用通信光缆网与高速公路通信网的融合共建已经形成模式，最早一批建设的高速公路管道光缆使用至今已有十多年。对比传统光缆，高速公路管道光缆在安全性、质量性能、维护便利等方面优点显著，但也存在一定问题：

（1）由于高速公路投资主体较多，各家利益诉求不同，租赁政策难以统一，建设前期与高速公路产权及管理部门的沟通协调难度较大。

（2）管道合同租期难以达成长期的协定，多为短期租赁，而租费呈逐年上升趋势，运营成本越来越高，或超出建设方案初期的经济成本分析预算。

（3）高速公路的交通管制特殊性，运维人员进行抢修、巡视需要经由交管、路政等部门审批，流程繁琐或影响维护效率，管道维护风险较大。

利用高速铁路槽道敷设光缆的建设方式是目前最新探讨的高速光缆建设方式，这种新型光缆敷设方式在保留高速公路管道光缆的优势之外，还具备以下特点：

（1）高速公路全程采用隧道、桥梁方式建设，是目前所有交通线中长度最短的线路，但沿线机房面积狭小，配套不足，制约后期发展。

（2）高速铁路路由选择充分考虑各种地形灾害的影响，尤其在山区、山林等自然灾害频发段落的安全等级远高于一般的高速公路，受破坏可能性小，但后期运维必须由铁路方代维，且维护时间受列出行车制约，维护时间最长。

（3）高速铁道一般为国家投资，管理部门单一，沟通协调工作与铁路建设进度同期进行时，比较容易达成合作，且租金价格较为合理，后续基本无迁改风险，不需额外费用及其他审批手续，但也不排除合同期结束后管道租金上涨的风险。

建设高速光缆网络时，应注意根据不同建设方式的特点权衡选择。除了高速公路管道与高速铁路槽道敷设光缆的建设方式外，下一代高速光缆网络的建设也可尝试探讨与电力、气象、广播等其他行业领域的专用通信网的共建可行性，通过对不同网络特点的分析，光缆网络的建设方式将得到更多的有益补充。

4）新型光纤材料的挑选

我国自 20 世纪 80 年代末发展光缆网络至今，光缆选型主要以 G.652 光纤为主。在 21 世纪初期，也曾应用 G.655 光纤进行长途光缆敷设，但由于其不适宜承载高速率传输系统、无电中继传输距离受限、产能萎缩采购困难等原因，G.655 光缆在经历了一段短暂的应用时期后，光缆选型又恢复为 G.652 光纤。

但是随着未来大数据信息化时代提出的高速移动互联需求，将会带来超高网络流量增长，网络带宽扩容速度不断加快，目前超 100G 的高速波分复用传输系统已经逐步在骨干传输网络中投入应用，未来传输网络系统将呈现向 400G 及 1T/2T 等更高速传送技术方向发展的趋势，对光纤性能提出更大要求，而现有的 G.652 及 G.655 光纤在应用到超高速率传输网络时的光复用段距离受到较大限制，而复用段及中继站的增加，将大幅增加设备投资，进而增加建网成本。

为了应对高速传输系统的需求，业界近几年也在尝试着新型光纤材料的应用，推出了更适宜超 100G 传输系统的 G.654.E 光纤。目前，对于 G.654.E 光纤的实验测试已经趋于成熟，试点工程测试和技术研究表明，G.654.E 光纤的光纤衰耗低于 0.170db/km，有效面积达到 $130 \mu m^2$，相对于 G.652 光纤能够实现更低的损耗、有效面积更大，在满足同样的传输系统指标的情况下，G.654.E 光纤可以实现更长的传输距离，显著提升传输系统性能。

在采用新工艺和新材料方面，新型 G.654.E 光纤在环境测试和工程应用中也体现出了优势：

（1）采用了下陷包层设计，有效降低了宏弯和微弯损耗，熔接损耗亦低于 G.652 光纤。

（2）采用纯硅芯的生产工艺，使其衰减系数进一步降低。

（3）成缆无特殊工艺要求，可利用现有光缆工艺直接生产。

综上所述，G.654.E 光纤的推出解决了新一代高速传输系统对光缆性能的新需求，其功能性在现有光缆基础上有了较大的提高，更适用于未来的工程环境。因此，在建设高速光缆网时，可适当考虑将 G.654.E 光纤作为主用光纤。

2. 传输系统网络建设

1）加强网络协同，加深系统融合

具体来说，协同融合在系统之间主要包括 IP 网与光网的协同、在系统内部层面体现为光层与电层交叉的融合等。

传统设计上，IP网与光网是分开规划、分开建设的，这种分工模式使得两个专业之间的保护机制进行了重复部署。IP网的保护机制是配备快速重路由能力且预留了数据冗余，光层的保护机制是在光复用段线路侧进行1+1保护或OLP（光纤线路自动切换保护装置）保护，以及在光通道层配备1+1保护功能。这两种保护机制目前没有相互连通，实际上是会造成相互冗余的，也存在流量在物理路径的绕转，且两者之间还需要进行统筹安排及协同，才能确保用户能够得到最佳的业务体验。

为了实现更加精确的动态资源调度，让传输资源更好地服务于IP网业务，有必要引入新的建设方式，对IP网和光网进行合理协同。而且，多层的协同保护能够有效提高网络可靠性，协同运维能够提升网络的运维效率。

IP网与光网的协同建设主要关注两个要点：

（1）为了适配IP业务统计复用特征采用分组化传输技术，经过多样化的复用方式提高数据链路层资源整体利用率。

（2）在传输光网络系统中组建灵活的容器、选用封装技术提升IP数据在传输单元的承载效率，实现任意颗粒IP业务在传输网络之间的输送。

系统内部光与电的融合，具体是指以ROADM（可重构光分插复用器）技术为基础的光层交叉，与处理ODU（光通道数据单元）、VC、PKT（储存器）等平面小颗粒业务的电层交叉的融合。

技术电层交叉在处理信号时具有业务开通快速、调度方便、性能监控管理完善等优点，但是在处理高速业务时存在局限性，网络提速扩容时将面临容量瓶颈。这需要在同一个系统中引入以ROADM技术为基础的光层平台，实现波长的动态调度，且该架构与单波速率无关，即使将来系统扩容升级至400G甚至1T以上，也不会造成架构变化，尤其适用于搭载大颗粒业务。

目前，已有能够实现光电融合的产品得到运用，未来随着业务的增多、网络的提速，越来越多传输系统网络将运用光层与电层的融合，小颗粒业务通过电层调度，大颗粒业务通过光层传输，两者互为补充，提升传输系统网络的波长利用效率。

2）新型技术的结合运用

新一代高速承载网为了实现动态灵活、开放快捷等网络要求，应运而生了SDN（软件定义网络）、MEC（移动边缘计算）、网络切片等新型技术，而这些技术如何落地运用到网络建设中，则成为我们在建设时应关注的要点。

SDN采用控制平面与数据平面分离的架构，不仅使得转发和控制分离，提供更开放的网络环境以满足数据中心互联等高度动态化的网络业务需求，而且带来了传统网络架构不具备的很多优势，其具备的可编程能力有助于网络创新、集中化控制并简化网络管理，虚拟化特性支持网络资源优化调度和高效利用。通过在承载系统的网络运维平面部署SDN，可以将业务流量的调度归结为路由规划问题，在网络结构发生变化时自动选择优化路由，保证网络的畅通。将SDN应用于组建网络架构，则体现为承载传输系统中业务调度、带宽调整都可以根据既定的策略自动完成，快速高效自组网及拓扑重构，提高服务效率、规模及灵活性，同时降低网络运维成本，减少人工出错的可能。

MEC通过将数据中心尽量部署到靠近用户的一侧，业务应用在本地进行缓存、加速分流，实现数据发放高速率、广覆盖，提升网络及业务的灵活开放能力等网络特性。对于传输系统网络，建设中对于支持边缘计算的能力包括增强本地路由，即通过增强选择用户端口功能引导用户流量进入本地数据网络；构建MESH网络（交叉性网络），通过灵活的密集网络确保数据中心因业务需求发生迁移时，DC机房之间业务处理连续性及流量灵活互通；边缘功能处理，结合以SDN为代表的虚拟化技术应对边缘用户面业务进行选择和重组。

网络切片技术是指在物理传输系统平台上，利用虚拟化技术，将同一张传输网络划分为多个逻辑物联网应用场景的一种技术，其运用流程可简单理解为用户请求、调用资源、形成场景。将网络切片技术运用到传输系统网络中，使其拥有自己独立的网络资源和管控能力以满足多元化的用户需求，可以很好地适应各种智慧信息化业务应用。网络切片技术在传输系统网络中的运用又分为硬切片和软切片，隧道隔离、VPN（虚拟专用网络）隔离和 QoS（服务质量）调度是常用的软切片方案；针对特定的网络切片需求，可采用 Flex Ethernet（灵活以太网）技术，结合智能化管控，基于硬管道为特定的业务提供硬切片承载方案。

3）网络架构选择及优化

目前传输系统网络大多基于单网多平面的架构建设，如图 4.7 所示，数据中心及业务汇聚点设置在相应等级的传输平面节点上，保障不同种类业务的接入与转发顺畅，从而实现汇聚数据在多个业务平面的分流，并在物理层面保证业务之间互不干扰，业务路径清晰固定，不同平面间的业务可以互为备份，提供了平面级的安全、高可用性保障。

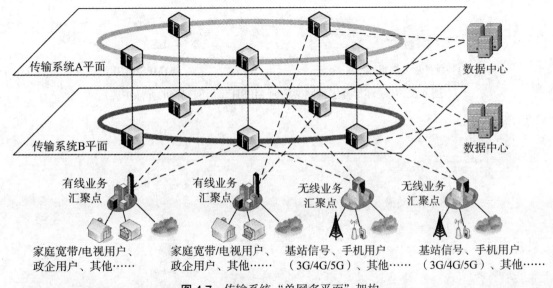

图 4.7　传输系统"单网多平面"架构

应对提速广覆盖的网络要求，平面之间节点的时延需要进一步压缩，节点连接密度将会增强。对于环路数据节点在三个以上的大中型城市，"单网多平面"的架构在网络密度及各节点保障能力上略显不足，单节点上行路径可能出现繁冗无法达到最佳路由，且该架构无法抵御环网线路多处同时出现故障的运营风险。因此需要对独立的传统环形分层组网架构进行优化，向网格化架构弹性扩展，减少设备之间的跳转，进而加密节点之间的连接。如图 4.8 所示，传输系统平面建设采用了MESH 型组网架构，增强了各节点至汇聚中心的紧密连接，层级划分扁平化，缩短路由实现降时延、提高速，增强了每个平面的网络容灾和自愈能力，提升网络健壮性。

然而，传输网络架构的优化也对节点之间的光缆资源提出需求，网络覆盖范围扩大的光缆配套建设也应将传输网络架构的需求一并考虑，在规划初期做好协同工作，综合分析可行性，减少网络建设的复杂性，降低建网成本。

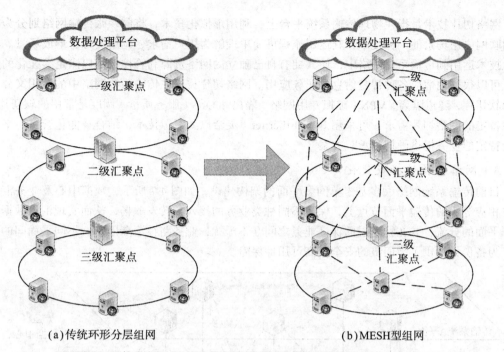

(a)传统环形分层组网　　　　　　　　　(b)MESH型组网

图 4.8　传统环形分层组网架构向 MESH 型组网架构的弹性扩展

第 **5** 章　省级云计算数据中心的设计案例

数据中心为立业营运之本，承载数字化工程之摇篮[1]

数据中心是重要的信息基础设施，是数据的枢纽、计算的中心、网络的总汇、安全的总控，是数字化工程立业营运之本，承载数字化工程之摇篮。随着新一代信息技术的飞速发展，传统数据中心正在向云计算数据中心演进。云计算数据中心是基于云计算架构，计算、存储、服务及网络资源松耦合，各种 IT 设备虚拟化程度、模块化程度、自动化程度和绿色节能程度均较高的新型数据中心。本团队结合多年数据中心设计实践体验，以一个省级云计算数据中心为例，从园区规划、云计算平台、供配电系统、不间断电源系统、通风空调、机房建设、机房装修、智能化系统、甚早期报警系统、绿色节能、安全共 11 个方面对云计算数据中心的规划设计进行系统阐述，以期与同行探讨切磋，共同进步。

5.1　省级云计算数据中心案例概述

5.1.1　省级云计算数据中心承载业务与需求分析

该省级云计算数据中心将为全省各需求行业提供数据计算及存储支撑。全省行业众多，数据信息分布广泛，需要依托多个云计算数据中心进行业务承载。本案例云计算数据中心作为一个省级区域中心，承载业务范围覆盖该省北部地区 6 个地市及下辖 70 个县份，业务内容包括所辖区域内信息技术服务业、商务服务业、批发零售业、制造业、金融业、交通、医疗、政务、教育等行业的数字化业务。

云计算数据中心的建设目的是根据不同行业的业务需求建设相应的云计算平台，并满足各类业务云平台输出的 DC 机架承载。云计算数据中心建设进行需求测算时，首先需要根据当前用户数据存储量以及本行业业务发展趋势，测算建设期内潜在数据用量需求，同时分析数据用量需求中需要依托云计算平台计算存储的部分，进而搭建可以匹配不同行业需求的云计算平台，并进行网络设备配置，最终输出 DC（数据中心）机架需求。

本案例云计算平台包括工业云、政务云、警务云、视频云、教育云以及医疗云等。云计算平台建设数量较多，各平台数据计算存储能力需求也因不同业务类型各不相同。本章会在 5.2.2 节以工业云计算平台建设为例进行设计案例剖析，限于篇幅，其他云计算平台不作介绍。

云计算数据中心建设需要配置大量机架，根据各行业客户对自身业务未来 10 年发展的预测，2021 ～ 2030 年本中心机架需求见表 5.1。

表 5.1　2021 ～ 2030 年 DC 机架需求

时间段	总计机架		
	4.4kW（含）～ 6.6kW（30A，含）	6.6kW 以上（不含）	分阶段小计
近　期	410	20	430
中　期	550	40	590

1）佚名。

时间段	总计机架		
	4.4kW（含）～ 6.6kW（30A，含）	6.6kW 以上（不含）	分阶段小计
远 期	760	60	820
合 计	1840		

近期指 2021 ～ 2023 年，中期指 2024 ～ 2025 年，远期指 2026 ～ 2030 年。根据表 5.1 的测算，至 2030 年总的新增 DC 机架需求数量为 1840 台。设计规划期对本案例原有数据中心机房的空间现状进行调查，原有机房可提供 470 个机架空间。预计每个阶段 DC 机架的具体需求量如表 5.2 所示。

表 5.2   本案例 DC 机架需求

	2020 年	2021 ～ 2023 年	2024 ～ 2025 年	2026 ～ 2030 年	新增量合计（台）
DC 机架达到值（台）	470（现状）	900	1490	2310	
新增量（台）	/	430	590	820	1840

根据机架需求增长趋势的预测，原有机房已无法满足业务发展需求，本案例云计算数据中心在本期建设主要考虑满足近期、中期建设需求，远期需求分阶段列入后期机房建设考虑。

从近期及中期（截至 2025 年底）需求来看，DC 机架缺口为 1490-470 = 1020 个，即本案例新建的 1# 云计算数据中心需要满足 1020 个机架缺口需求。

5.1.2   省级云计算数据中心建设平面规划

本案例云计算数据中心项目地块东西宽 190m，南北长 170m，规划用地总面积为 33100m²。地上拟建一栋四层的 1# 云计算数据中心，一栋 6 层的 2# 云计算数据中心，一栋 16 层的综合楼；并按机动车、非机动车配建要求，建设全埋地下室一层，地下室总建筑面积为 14500m²。项目规划总建筑面积为 80980m²。总平面布置图如图 5.1 所示。

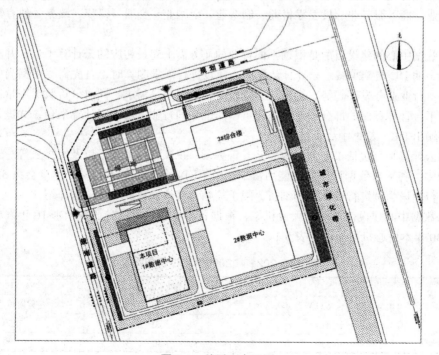

图 5.1   总平面布置图

1# 云计算数据中心建筑层数为四层，建筑高度 24m，建筑面积为 9460m²，全部作为云计算数据中心使用。1# 云计算数据中心定位为省级 DC，最大规划容量为 1020 个业务机架和局端网络机架。机楼按照 GB 50174–2017 标准 B+ 级 / 混合式云计算数据中心进行建设。

5.1.3　省级云计算数据中心建设标准设定

GB 50174–2017 标准分为 A 级、B 级和 C 级三个级别，本案例涉及的建设内容与 GB 50174–2017 标准内容相关的条目，以及三个级别的对比见表 5.3。

表 5.3　本案例数据中心各级别建设内容

序 号	条 目	国标 GB50174–2017		
		A 级	B 级	C 级
1	市电引入	应由双重电源供电	宜由双重电源供电	应由两回线路供电
2	变压器	2N	N+1	满足基本需求（N）
3	油机	应（N+X）冗余（X=1～N）	N+1 当供电电源只有一路时需设置后备柴油发电机系统	不间断电源系统的供电时间满足信息存储要求时，可不设置柴油发电机
4	不间断电源	2N 或 M（N+1）	N+1	应满足基本需求（N）
5	电池后备时间	15 分钟	7 分钟	根据实际需要确定
6	主机房保持正压	应		可
7	冷冻机组、冷冻水泵、冷却水泵、冷却塔	应 N+X 冗余（X=1～N）	宜 N+1 冗余	应满足基本需求（N）
8	空调末端	应 N+X 冗余（X=1～N）主机房中每个区域冗余 X 台	宜 N+1 冗余主机房中每个区域冗余一台	应满足基本需求（N）
9	空调末端风机、控制系统、末端冷冻水泵等供电	采用不间断电源供电	仅控制系统采用不间断电源供电	
10	蓄冷装置供应冷冻水的时间	不应小于不间断电源设备的供电时间	—	—
11	冷冻水供回水管网	应双供双回、环形布置	宜单一路径	
12	冷热通道隔离	宜设置		

目前云计算数据中心建设大部分采用 B 级标准，但 A 级标准需求呈现增长趋势。本案例根据业务需求情况及投入产出比考虑，采用 B+ 级 / 混合式标准建设，大部分按照 B 级标准建设，核心和关键部分采用 A 级标准建设。

5.1.4　省级云计算数据中心设计分工

1. 工程管理界面

1# 云计算数据中心建设由业主负责组织委托可研编制、评审、批复、技术规范书的编制及设备采购，并负责工程进度管理。

2. 工程分工界面

1# 云计算数据中心建设包括土建工程、大机电配套工程和机房生产能力配套工程。各工程主要建设内容及分工界面如图 5.2 所示。

（1）机楼土建工程的分工：土建工程分项中按照验收要求，完成大楼的建筑结构、给排水、公共区域的电气、公共区域的水消防和机房的气体消防、通风与防排烟等土建工程。机房装修做到简单装修界面，完成"四白落地"，电气分界做到每个房间的照明配电箱。

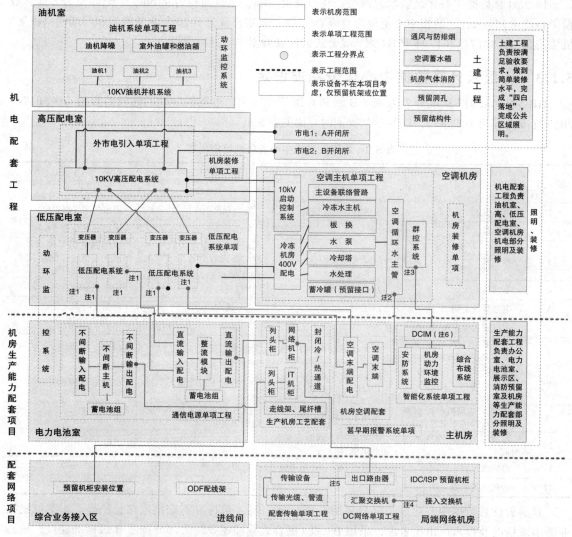

注1：工程分界点为低压配电屏的熔丝端子（机电配套工程负责）
注2：工程分界点为空调循环水主管的支管阀门（机电配套工程负责）
注3：工程分界点处为群控系统的北向接口（机电配套工程负责）
注4：设备末端点处为汇聚交换机下行接口（配套网络项目负责，接入交换机的接入及线缆的布放由建设单位负责）
注5：传输设备线路侧为双局点方向的光缆、管道
注6：DCIM系统为独立工程项目，不在生产能力配套工程范围内

图 5.2 工程分工界面图

（2）机电配套工程的具体分工如下：

① 机电配套工程负责外市电引入、高低压变配电、柴油发电机、空调主机系统及配电系统等工程。

② 生产能力配电单项工程配电系统以低压配电柜为界，低压配电柜之后的部分由生产能力配套工程负责。

③ 空调系统分界：机电配套工程负责楼层冷冻水横管的布放，并预留出水口；生产能力配套工程负责新增末端空调和冷冻水支管的布放。

④ 云计算数据中心网络建设、云资源池建设和安全系统建设的设计。

（3）云计算平台的具体分工如下：

① 制定云计算平台整体建设规模及组网方案设计。

　　② 机房内主设备的安装设计，包括新增设备的安装设计、原有设备的扩容设计、搬迁设备的拆除与安装设计。

　　③ 设备之间信号线的布放设计，包括新增或扩容设备之间的设备电缆连接、新增设备与网络接入交换机之间的网络电缆连接。

　　④ 新增或扩容设备的电源供电方案说明及耗电量需求估算，为机房的电气、空调、不间断电源等配套提供设计依据。

　　⑤ 云计算平台网络整体的 IP 地址规划和 VLAN ID 规划，以及至公网、电子政务外网的连接规划。

5.2　省级云计算数据中心案例设计内容

5.2.1　省级云计算数据中心园区规划设计

1. 总平面布局设计

　　该数据中心项目地块东西宽 190m，南北长 170m，规划用地总面积为 33100m²，地上拟建一栋四层的 1# 云计算数据中心，一栋 6 层的 2# 云计算数据中心，一栋 16 层的办公综合楼；并按机动车、非机动车配建要求，建设全埋地下室一层，地下室总建筑面积为 14500m²。项目规划总建筑面积为 80980m²。该省级云计算数据中心园区规划如图 5.3 所示。

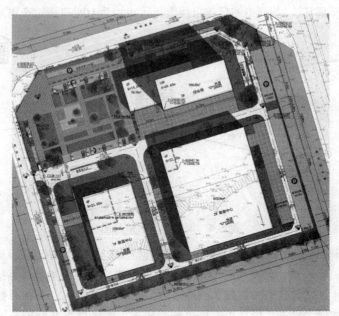

图 5.3　本案例园区规划

　　该省级云计算数据中心案例规划总平面主要技术经济指标见表 5.4。

表 5.4　本案例总平面主要技术经济指标表

项　目	指　标	备　注
规划总用地面积（m²）	33100	合 50 亩
城市道路用地面积（m²）	—	—
建设净用地面积（m²）	33100	合 50 亩
总建筑面积（m²）	80980	计容面积为 66500m²

续表 5.4

项　目		指　标	备　注
地上建筑面积（m²）		66500	计容面积为 66500m²
其　中	云计算数据中心	40500.00	1# 数据中心建筑面积为 9500.00m² 2# 数据中心建筑面积为 31000.00m²
	综合楼	40000.00	首层设置 100m² 公厕
地下室建筑面积（m²）		14500.00	全埋式地下室一层，不计入容积率
建筑基底面积（m²）		9530.00	—
建筑密度		28.77%	指标以建设净用地面积为基准计算
容积率		2.0	指标以建设净用地面积为基准计算
绿地率		25%	指标以建设净用地面积为基准计算
机动车停车位（位）		590	办公部分不少于 1.5 车位 /100m² 建筑面积 数据中心不少于 0.5 车位 /100m² 建筑面积
其　中	地面停车（位）	60	地面停车位不少于 25m²/ 位
	地下停车（位）	530	地下停车位不少于 35m²/ 位 局部设置双层机械停车位

2. 园区管道路由示意

1）电力管道

园区附近有 5 个 110kV 及以上变电站，分别为 220kV 某 A 站、220kV 某 B 站、110kV 某 C 站、110kV 某 D 站、110kV 某 E 站，各变电站低压出线电压等级均为 10kV。周边变电站情况如图 5.4 所示。

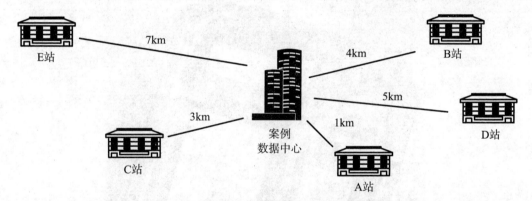

图 5.4　周边变电站情况图

园区各变配电系统均考虑采用双外市电供电。根据与周边变电站距离以及规划路网情况，园区拟就近从东南 220kV 某 A 站，以及西南 110kV 某 C 站引电，外电源电缆线路拟分别从东面、西面或北面围墙引入。1# 云计算数据中心按 2 回外市电供电线路考虑，2# 云计算数据中心按 6 回外市电供电线路考虑，3# 综合楼按 2 回外市电供电线路考虑。园区地下部分拟采用多回排管线路敷设方式，排管线路应预留一定数量备用管路，主干线路按三层 4 列 12 管排管线路考虑，分支线路按二层 3 列 6 管排管线路考虑；地下室部分拟采用电缆桥架架设方式。园区电力管道规划如图 5.5 所示。

电缆排管路径应预留两根七孔梅花管，其中一根预留给供电公司遥信、遥测、遥控通信光缆接入；一根可用于园区周围照明、监控、门卫室接电线路敷设，东面、北面围墙照明配电线路可就近从南面、西面电力电缆井通过热镀锌钢管敷设，照明配电线路路径热镀锌钢管埋深按 0.5m 考虑。

云计算数据中心其他管路主要有通信管道、输油管道、排水管道等。电力管道与通信管道、输油管道交叉处，电力管道应置于下层。电力保护管埋深按 1.1m 考虑，电力保护管外轮廓距离通信、输油管外轮廓不应低于 0.25m。排水管应从电力保护管 0.25m 以下穿过。电缆与电缆、管道、构筑物等之间允许最小距离详见表 5.5。

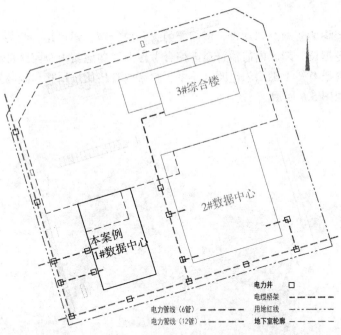

图 5.5 园区电力管道规划图

表 5.5 电缆与电缆、管道、构筑物等之间允许最小距离（m）

电缆直埋敷设时的配置情况		平 行	交 叉
控制电缆之间			0.5[①]
电力电缆之间或与控制电缆之间	10kV 及以下电力电缆	0.1	0.5[①]
	10kV 以上电力电缆	0.25[②]	0.5[①]
不同部门使用的电缆		0.5[②]	0.5[①]
电缆与地下管沟	热力管沟	2.0[③]	0.5[①]
	油管或易（可）燃气管道	1.0	0.5[①]
	其他管道	0.5	0.5[①]
电缆与铁路	非直流电气化铁路路轨	3.0	1.0
	直流电气化铁路路轨	10	1.0
电缆与建筑物基础		0.6[③]	—
电缆与道路边		1.0[③]	—
电缆与排水沟		1.0[③]	—
电缆与树干的主干		0.7	—
电缆与 1kV 及以下架空线电杆		1.0[③]	—
电缆与 1kV 以上架空线杆塔基础		1.0[③]	—

注：① 用隔板分隔或电缆穿管时不得小于 0.25m。
② 用隔板分隔或电缆穿管时不得小于 0.1m。
③ 特殊情况时，减少值不得大于 50%。

根据《电力工程电缆设计标准》（GB 50217—2018），电缆贯穿隔墙、楼板的孔洞处，应实施防火封堵。穿隔墙采用耐火砖砌筑，电缆保护管与砖体之间采用矿棉灰泥填充；电缆与保护管之间采用灰泥浆灌注；备用电缆保护管内应塞满矿棉，两端用灰泥浆密实封堵；在封堵砖墙户内侧及顶部批荡，并做防水涂料。

2）通信管道

园区以外的管道均为管网公司建设，所需要的管孔向管网公司报建、购买。根据该省级云计算数据中心园区的业务定位，园区内通信管道需综合考虑上述功能需求及园区自身安防、生产需求，本次规划园区通信管道有三个不同的出园区路由，园区内管道通过顶管与园区外的市政管道连通。园区通信管道规划如图5.6所示。

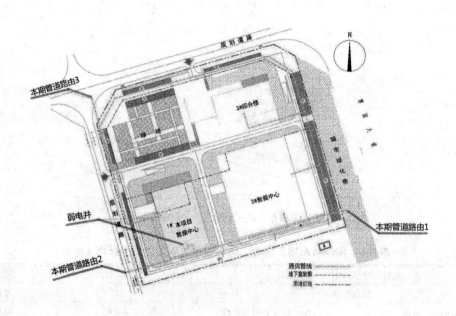

图5.6　园区通信管道规划图

园区内根据规划定位及需求，新建通信管道，拟新建二层4列8孔排管，其中2管7孔梅花管用于干线和中继光缆，其余6管为聚乙烯塑料管，作为主干光缆。

云计算数据中心其他管路主要有电力管道、输油管道、给排水管道等。通信管道与电力管道、输油管道交叉时，通信管道应置于最上层。通信管道的埋深（管顶至路面）按0.7m考虑，当采用钢管时按0.5m考虑。通信管道与其他地下管线及建筑物间的最小净距详见表5.6。

表5.6　光缆与电缆、管道、构筑物等之间允许最小距离（m）

其他地下管线及建筑物名称		平行净距	交叉净距
已有建筑物		2.0	—
规划建筑物红线		1.5	—
污水、排水管		1	0.15
热力管		1	0.25
电力电缆	35kV及以下	0.5	0.5
	大于等于35kV	2	0.5
燃气管	压力小于等于300kPa	1	0.3
	压力在300kPa至800kPa之间	2	0.3

考虑到今后园区内三栋楼宇均需要双路由进入，因此园区内新建管道绕园区一周，在与其他管线交越时，采用钢管敷设以便保持安全净距。

5.2.2 省级云计算数据中心云计算平台设计

1. 建设内容

云计算数据中心可以承载的业务繁多,各类型业务应匹配建设相应的云计算平台及安全系统。本节介绍的云计算平台设计案例,将围绕工业云平台建设在设计时应如何考虑进行主要阐述。

本案例采用专有云架构搭建资源池,主要支持云服务管理系统、信息共享开放平台、大数据处理中心和大数据交易中心,同时也为部分对数据私密性要求较高的客户提供专有云计算环境。建设统一的管理系统,实现专有云资源的统一门户、统一管理和统一运维。按照"服务承诺—服务运维—平台支撑—服务承诺"运维管理闭环要求,建立运维团队,建立统一服务电话、运行维护系统等支撑平台,制定故障响应流程、日常巡检、服务质量监督和服务质量报告等运维管理制度,提供涵盖事件管理、问题管理、配置管理、变更管理、发布管理等全方位的运维服务,实现对服务全生命周期的精细化管理,确保运维工作正常、有序、高质量地进行。按照网络信息安全等级保护 2.0 的三级等保要求,构建信息安全技术体系和信息安全管理体系,提供系统稳定可靠、安全可控的运行环境。

2. 建设规模

本案例工业云将建设一个专有云资源池,为信息共享开放平台、大数据处理中心和大数据交易中心等应用 / 平台提供计算资源、存储资源、网络资源及安全保障体系。专有云资源池建设需求合计为云计算与云存储资源需求 vCPU:8250 核、内存:24420GB、虚机镜像存储:150TB、关键性数据存储:1750TB、非关键性数据存储备份:1450TB;大数据计算资源需求 CPU:9300 核、存储:7100TB;云数据库资源需求 vCPU:1280 核、内存:5120GB、存储:96TB。

本案例专有云资源池要求互联网接入带宽 20Gbps,电子政务网专线接入 2Gbps;要求按照安全等级保护三级进行建设;要求使用数据中心机房 B 级以上进行承载。

本案例工业云将基于现有新建的数据中心机房构建一个专属云资源池节点,按需部署相应的计算资源、存储资源和网络资源作为基础硬件支撑,并根据网络安全等级划分,进行相匹配的安全系统建设。

3. 建设原则

(1)完整性。云计算平台应提供体系完备、功能完整、架构完善的服务能力,包括网络服务、虚拟主机、存储服务、安全服务等。云计算平台应满足单节点内云服务的互联互通,多节点之间的数据同步,必要时实现多节点之间的任务调度和统一运维管理。

(2)扩展性。云计算平台应具备云基础资源的快速、弹性、持续和自动化供给服务能力;提供大规模、分布式集群的管控能力;通过增加物理设备,实现总体网络资源、计算 / 存储资源、内存资源和数据库资源的自动扩展;提供横向扩展能力,可根据业务、管理要求,跨机房、跨地区增加云计算节点。

(3)开放性。云计算平台应以 API 的方式提供开放接口,可以和第三方软件产品集成、兼容,便于软件开发商针对业务需求进行软件开发。

(4)成熟性。云计算平台应采用先进的设计思想和方法,符合技术发展趋势。经过实践验证,确保云计算平台稳定、可靠。

(5)安全性。云计算平台应支持冗余、自恢复、高可扩展编程模型,允许应用系统从不可避免的硬件、软件错误中恢复,确保应用系统的正常运行和数据存储的安全可靠。应提供远程、跨节点的容灾机制,保证业务连续性。应按照云服务的使用范围以及层次,结合安全基础防护、安全监测管理、安全运维等,形成完整的云计算平台安全防护体系。

4. 总体架构

1）工业云平台逻辑架构

本案例工业云资源池为工业行业各类应用提供计算、存储、网络安全等基础资源。主要由以下三个部分组成。

（1）云资源池基础设施。云资源池基础设施主要通过云服务 API 向上层云服务管理系统提供计算、存储、网络、数据库以及安全服务等基础资源。

（2）云服务管理系统。云服务管理系统主要实现对异构云基础设施提供的云资源进行统一管理，并针对上层统一资源服务层提供统一的资源管理、运维管理、运营管理服务。

（3）统一资源服务层。统一资源服务层主要针对上层业务系统以自助服务的形式提供统一的应用资源。

本案例工业云平台资源池逻辑结构如图 5.7 所示。

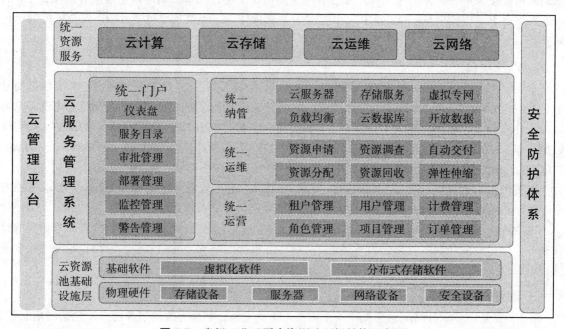

图 5.7　省级工业云平台资源池逻辑结构示意图

2）云资源池功能架构

从功能上看，工业云平台资源池主要由网络、计算、存储、安全和管理等五个功能子系统组成，具体如图 5.8 所示。

本案例工业云平台将基于本案例的省级数据中心机房，围绕云资源池的各子系统进行建设。

5. 计算资源设计

1）平台架构分析

当前系统建设的架构主要有传统的业务型架构以及云计算平台架构。传统的业务型架构一般基于特定业务构建，需要有自己的服务器和存储系统等资源，各个业务系统之间的资源无法统一管理和调度使用，导致资源利用率低，数据共享难度大。

而云计算平台架构则是一种基于网络的计算服务供给方式，它以跨越异构、动态流转的资源池为基础为客户提供可自治的服务，实现资源的按需分配、按量计费。云计算导致资源规模化、集中化，促进 IT 产业的进一步分工，让 IT 系统的建设和运维统一集中到云计算中心运维处，普通用户则更加关注于自己的业务，从而提高了信息化建设的效率和弹性，促进社会资源的集约化水平。

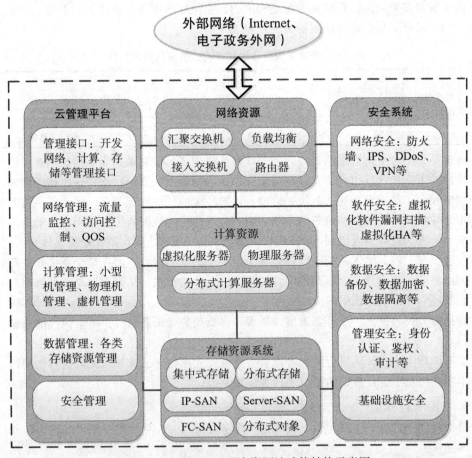

图 5.8　本案例工业云平台资源池功能结构示意图

对于工业行业各应用系统来说，通过云计算系统架构部署各智慧应用系统，将具备传统架构下应用系统所不具备的优势。

（1）整合数据信息更全面，信息分析更快、更准确。云资源池配置了云存储系统，具备强大的海量信息集中存储能力，支持 1000 以上存储节点，百 PB 级容量。因此，更多的数据信息可以统一进行存储和共享，能够统计分析的信息也更丰富。对于业务部门来说，拥有的信息量比传统模式架构下更多，可以用于分析和挖掘的信息也就更多。

此外，由于这些不同的信息都集中存储在云存储系统中，信息的调取、融合和联合分析速度会更快，对信息的综合处理能力会更强。其效果直接反应在业务部门实际操作中和辅助决策分析中，就是对于信息的检索、信息综合分析判断等会更快，而应用于综合分析的信息越多，得到的分析结论也就越准确。传统架构与云计算架构信息分析能力对比见表 5.7。

表 5.7　传统架构与云计算架构信息分析能力对比

	传统架构	云计算架构
数据信息资源	分　散	集　中
资源和数据调用和整合效率	低	高
信息综合处理分析能力	低	高
信息存储	容量有限，扩展不易	容量巨大，扩展灵活快捷

（2）综合应用更高效、更灵活。云计算系统资源集中虚拟化管理，通过实时资源动态监测和调度，可实现业务资源按需调度分配，具备强大的资源管理调度能力。因此，云计算系统相对于传

统架构下的系统具备更强的综合业务并行处理能力，更快捷的业务扩容能力，更快捷的业务部署能力。传统架构与云计算架构业务应用能力对比见表5.8。

表 5.8　传统架构与云计算架构业务应用能力对比

	传统架构	云计算架构
业务应用能力部署	复杂，较慢	快速，方便
业务应用能力资源调度	差	高效，灵活
业务应用的监测和管理	分散，复杂	集中，高效

按需分配是云平台支持资源动态流转的外部特征表现。云计算系统能够提供动态资源池、虚拟化和高可用性的下一代计算模式。在这种虚拟资源池的基础上，云平台支持资源动态伸缩，实现基础资源的网络冗余，意味着添加、删除、修改云计算环境的任一资源节点，或者任一资源节点异常宕机，都不会导致云环境中各类业务的中断，也不会导致用户数据的丢失。而资源动态流转，则意味着在云平台下实现资源调度机制，资源可以流转到需要的地方。如在系统业务整体升高的情况下，可以启动闲置资源，将其纳入系统中，提高整个云平台的承载能力。而在整个系统业务负载低的情况下，则可以将业务集中起来，将其他闲置的资源转入节能模式，从而在提高部分资源利用率的前提下，达到其他资源绿色、低碳的应用效果。

在这种按需分配特征下，业务资源可以随着工作负荷的增长而增长，不会因性能瓶颈而影响业务的执行。

因此，考虑到上述云计算平台的优势以及各系统行业正在向云计算、大数据系统架构迈进的现实情况，本案例将基于云计算架构建设平台和应用系统。

2）云计算平台分析

云计算平台服务的模式主要包括基础设施即服务（IaaS）、平台即服务（PaaS）和软件即服务（SaaS）等层次。

在云计算平台系统方面，业内主要是以VMware为代表的专业商用云平台系统与开源的OpenStack云平台系统，作为开放与非开放的企业级云计算软件系统的代表，下面对二者进行简单比较分析。

（1）云计算平台市场应用情况分析。从整体架构看，VMware系统的软件套件核心是ESX（i）虚拟机管理器，该管理器为系统提供完整的部署架构，相关的软件套件已经过全面测试的，并且都有较为成熟的部署框架。VMware的产品由于其架构的稳定性，很多高规格用户在多云计算数据中心规模的环境中都有使用。但是，VMware软件系统同时也是封闭的，软件系统的发展路线完全遵循VMware自己的发展目标，用户或消费者在这方面没有任何控制权。而OpenStack作为一个开源系统，没有任何一家单独公司控制OpenStack的发展路线。由于OpenStack本身具有巨大的市场动力，很多大公司都支持OpenStack发展。也正因为这样，OpenStack的发展趋向多元化，而且由于其相对快速的版本更新速度，技术支持文档更新较慢，因此，OpenStack部署和架构的实施及维护成本比VMware要高一些。但是随着OpenStack等开源产品不断成熟和稳定，以及业内统一的标准接口，其相应的维护和管理难度正在逐步降低。

（2）云计算平台开放性分析。云计算平台技术近些年来已经得到了很快的发展，目前市面上已有数量众多的商业软件可用于构建云基础设施，不少产品基于OpenStack等开源方案进行构建。基于开源方案的云平台软件有着私有云平台软件所不具备的优势，比如，由于业务需求的多样性，需要定制化的开发，开源系统具备更广阔的开发应用环境，相应的业务需求在开源环境下，能够更快地开发和部署上线，而且可供产品开发的开发商以及软件类型选择也更多。与之相反，如果购买了VMware公司的产品，那么该公司可能会提供多种价格不菲的产品，初期也能较为快速和稳定的运行，但是由于 VMWare 产品的封闭性，后期的定制化扩展性相对就比较差，会出现厂商锁定的问题。

此外，对于涉及国计民生的数据中心业务系统来说，从国家战略角度出发，在项目建设中，应尽量考虑采用开放架构的国产品牌。

3）服务器方案比选

（1）服务器类型分析。主机（host）可以根据 CPU 总线架构、操作系统、运算能力以及可靠性等因素分为三种类型：大型机、小型机、X86 服务器。普通系统常用的是小型机和 X86 服务器。小型机相对于 X86 服务器而言，是一种封闭的专用的计算机系统。一般每个厂家小型机的处理器、I/O 总线、网卡、显示卡、SCSI 卡和软件都是特别设计的，含有各个厂家的专利技术。X86 服务器也称为 PC 服务器，其以 X86 及其扩展（EM64T，AMD64）CPU 为核心，一般多采用 Intel Xeon/Itanium 或者 AMD Opteron 等 CPU，支持标准的 Windows 和 Linux 操作系统。X86 服务器相比较小型机，包括某些高档 X86 服务器，其系统整体 RAS 与小型机相比还是有一定的差距。另外，X86 服务器 I/O 处理能力不足。但 X86 服务器具有价格低廉、系统开放性和可扩展性良好、易于使用及构架集群系统等优点，故在实际生产中获得广泛应用。

X86 服务器目前常见的样式包括塔式、机架式和刀片式服务器。具体采用何种类型，需根据应用需求、管理方式和场地条件等实际情况来确定。塔式服务器尺寸稍大、空间利用率低，不予考虑。机架式服务器在采购服务器数量较少时具有成本优势，通过搭建集群实现系统的高性能、高扩展和高可用性，以低廉的成本获得灵活的横向性扩展，且便于应用系统的开发和维护。但在服务器数量大、种类多的情况下，考虑到统一管理、空间布局等因素，刀片式服务器是较好的选择。相同性能的刀片式服务器和机架式服务器相比，刀片式服务器能效更高，并且更容易使用，但刀片式服务器的高密度计算设计对散热提出了更高的要求。

本案例配置的服务器主要用于工业云资源池的处理，采用刀片式服务器或机架式服务器均能满足建设要求。综合考虑实际业务需求、机房环境、建设及运营成本等各种因素，本案例工业云资源池的服务器建议选择机架式的 X86 服务器。

（2）计算资源类型分析。计算资源根据计算功能和资源提供方式不同分为虚拟计算资源、物理计算资源和分布式计算资源三大类。虚拟计算资源基于 X86 服务器部署主流虚拟化技术，以虚拟机方式提供计算能力，满足大部分业务应用场景，以集群方式部署，按集群扩展。物理计算资源基于 X86 服务器直接以物理整机方式提供计算能力，主要满足部分资源要求较高的数据库和大型业务模块部署需求。分布式计算资源基于 X86 服务器集群部署分布式计算技术，主要满足大规模数据存储与处理需求，按集群部署和扩展。

结合实际业务需求，本案例工业云资源池主要部署虚拟计算资源、物理计算资源和分布式计算资源，为各应用、数据库及业务分析系统提供虚拟机计算能力、云数据库能力和大数据分析能力。

（3）数据库类型分析。对于云化平台的数据库承载主要分为两种情况：一是通过虚拟机承载，适用于规模较小的数据库场景；二是通过 X86 物理服务器承载，适用于对数据库性能要求较高（处理能力超过单台物理机 50% 以上），且 I/O 读写非常频繁或者有特殊数据库需求（如 Oracle RAC）的应用场景。

数据库高可靠性设计主要考虑以下几个方面：

① 对于可靠性要求不高的数据库，可采用虚拟机的 HA 技术。

② 对于 I/O 要求较高的数据库，可以采用缓存数据库 + 主库的方式配置，适当降低 I/O 开销。

③ 当单机虚拟机开销占物理机性能的 50% 以上时，建议采用物理机资源直接部署数据库及相应的 HA 或者 RAC。

④ 当需要多台物理机运行大型数据库时，可考虑采用分布式数据库（包括关系型和非关系型）技术解决 I/O 问题。

4）计算资源配置规划

本案例涉及的计算资源服务器主要为虚拟化计算服务器、物理服务器、大数据计算服务器及管理服务器，均选用机架式 X86 服务器，具体配置需求如下。

（1）虚拟化计算服务器。本案例工业云需提供的云服务器（ECS）资源为 vCPU：8250 核、内存：24420GB。结合项目经验及云资源池业务承载的实际情况，本案例云资源池配置的物理服务器总 CPU 线程数与 vCPU 个数超配比选择 1：1.5。

目前用于虚拟化的主流机架式 X86 服务器主要有 2 路机架式服务器和 4 路机架式服务器，2 路服务器可囊括几乎所有一般应用场景，4 路服务器一般用于对性能要求较高的数据库处理类服务器。考虑本期应用系统对服务器性能的要求，结合设备性价比，本案例建议配置 40 台 2 路 24 核（双线程）384GB 内存的虚拟化计算服务器和 60 台 2 路 10 核（双线程）256GB 内存的虚拟化计算服务器，作为云计算服务器。

① 云服务器 –1。单台物理线程：96，考虑系统消耗及冗余，单台有效线程数：90，单台有效内存：352GB，配置 40 台，则可提供 vCPU：$90 \times 1.5 \times 40 = 5400$ 核，有效内存：$352 \times 40 = 14080$GB。

② 云服务器 –2。单台物理线程：40，考虑系统消耗及冗余，单台有效线程数：32，单台有效内存：224GB，配置 60 台，则可提供 vCPU：$32 \times 1.5 \times 60 = 2880$ 核，有效内存：$224 \times 60 = 13440$GB。

合计可提供 vCPU：$5400 + 2880 = 8280$ 核、内存：$14080 + 13440 = 27520$GB，满足本期项目需求 vCPU：8250 核、内存：24420GB。

（2）物理服务器。本案例工业云对云数据库资源需求为 vCPU：1280 核、内存：5120GB、存储：96TB。考虑到数据库对服务器性能的要求，使用物理整机方式提供计算能力，本案例选择 2 路 24 核（双线程）512GB 内存服务器作为 MySQL 云数据库服务器，单机有效 CPU 逻辑核数 =（物理逻辑核数（96）– 系统保留核数（16）/ 主备存储消耗系数（2）= 40；单机有效内存 =（内存物理容量（512GB）– 系统保留容量（30GB））× 内存水位（0.75））/ 主备存储消耗系数（2）= 180.75GB；单机逻辑存储容量 = 磁盘物理容量（15.36TB）× 数据磁盘占比（0.56）× 磁盘格式化损耗（0.90）× 水位线（0.75）= 5.81TB。

配置 40 台服务器，则云数据库服务器可提供的资源为：CPU 核数 = 单机有效 CPU 核数（40）× 服务器数量（40）= 1600 核；内存资源 = 单机有效内存（180.75GB）× 服务器数量（40）= 7230GB；存储容量 = 单台服务器存储容量（5.81TB）× 服务器数量（40）/ 副本数（2）= 116.2TB。

满足本案例云数据库资源需求 vCPU：1280 核、内存：5120GB、存储：96TB。

（3）大数据计算服务器。本案例工业云大数据计算与存储资源为 CPU：9300 核、存储：7100TB。结合项目经验及云资源池业务承载的实际情况，本案例云资源池配置的物理服务器的总 CPU 线程数与 vCPU 个数超配比选择 1：1。

目前用于大数据的主流机架式 X86 服务器主要有 2 路机架式服务器和 4 路机架式服务器，2 路服务器可囊括几乎所有一般应用场景，4 路服务器一般用于对性能要求较高的数据库处理类服务器。考虑本期应用系统对服务器性能的要求，结合设备性价比，本案例建议选择 2 路 96 核（双线程）384GB 内存 8T×12 硬盘的大数据服务器，单台物理线程：96，考虑系统消耗及冗余，单台有效 vCPU 数：92。按照 CPU 计算，则所需 vCPU 数折算到虚拟化计算服务器（物理机）数量为：$9300/92 \approx 100$（台），需配置 100 台 2 路 96 核（双线程）384GB 内存的大数据服务器。

单台服务器有效存储容量 = 磁盘物理容量（96TB）× 数据磁盘占比（1.00）× 磁盘格式化损耗（0.90）× 水位线（0.85）/ 副本数（3.0）× 数据压缩比（3.00）= 73.44TB，共配置 100 台，则可提供存储 $73.44 \times 100 = 7344$TB，满足本期项目大数据存储需求：7100TB。

（4）管理服务器。管理服务器需求数 = ROUNDUP（虚拟化计算服务器需求数 × 5%，0）= ROUNDUP（100 × 5%，0）= 5 台，考虑到管理服务器日常维护对性能要求不高，本案例新增 5 台 2 路 12 核 128GB 内存 X86 服务器作为管理服务器，用于部署云平台管理平台软件、运维软件等。

6. 存储资源设计

1）存储方案分析

（1）存储技术方案选择。目前主流存储技术主要包括直连式存储（Direct-Attached Storage，DAS）、网络接入存储（Network-Attached Storage，NAS）和存储区域网络（Storage Area Network，SAN）。

传统的直连式存储主要依赖服务器主机操作系统进行数据的 I/O 读写和存储维护管理，存在备份、恢复、扩展、灾备等方面的瓶颈，现在较少应用。NAS 和 SAN 的出现适应了网络正成为主要信息处理模式的发展趋势。NAS 采用网络技术，通过网络交换机连接存储系统和服务器主机，建立专用于数据存储的存储私网。SAN 采用光纤通道技术（或者 IP 网技术），通过光纤通道交换机连接存储阵列和服务器主机，建立专用于数据存储的区域网络。NAS 和 SAN 最本质的不同就是文件管理系统（FS）在哪里。SAN 结构中，文件管理系统还是分别在每一个应用服务器上，SAN 将目光集中在磁盘、磁带以及连接它们的可靠的基础结构上。而 NAS 结构中，每个应用服务器通过网络共享协议（如 NFS、CIFS）使用同一个文件管理系统，NAS 将目光集中在应用、用户和文件以及它们共享的数据上。

由此可见，SAN 对于高容量块状级数据传输具有明显的优势，而 NAS 则更加适合文件级别上的数据处理。

（2）存储资源类型分析。根据存储资源部署模式和提供方式不同，存储方式可分为集中式存储和分布式存储两大类。其中集中式存储是目前资源池的主要存储提供方式，主要基于集中式部署的磁盘阵列 / 磁带库进行存储，可提供块、文件存储，主流技术包括 FC-SAN、IP-SAN、NAS 等，通过硬件保障性能和可靠性，技术较为成熟，但部署成本较高，扩容不灵活，建议尽量选择 1 ~ 2 种技术方案，便于存储资源共享。分布式存储（Server-SAN）是一种新兴存储技术，主要基于通用 X86 服务器集群提供存储，可提供对象、文件和块存储，主流技术包括分布式对象存储、分布式块存储、分布式文件存储等，通过软件保障性能和可靠性，具有低成本、灵活扩容、高并发访问等优势，但维护成本较高，可作为资源池的分级存储手段，满足中低端存储、数据归档备份、大数据存储等需求。

当前主流存储技术特点及适用场景见表 5.9。

表 5.9　当前主流存储技术特点及适用场景

存储类型	特　点	适用场景
FC-SAN	高成本、高性能、高可靠的块存储，作为中高端存储	核心平台的虚机文件系统和数据库存储
IP-SAN	成本较低、性能和稳定性中等的块存储	非核心平台（一般应用平台）的虚机文件系统和数据库存储
NAS	成本较低、性能也较低，易部署，支持长距离、跨平台的共享文件服务器，作为中低端文件存储	对访问性能要求不高的平台存放非系统类文件，如大容量音视频、办公文件资料等
磁带库	成本低、容量大、成熟度高，作为传统离线备份存储	可作为各类平台的主要数据备份和归档存储，一般存放历史冷数据，如日志文件、话单等
对象存储	成本低、多租户、大规模对象存储	各类数据的存储，可作为云盘底层存储
分布式块存储	成本低、灵活扩容、高并发访问；成熟度有所提升	各类数据的存储，可作为云盘底层存储
大数据存储	以 Hadoop HDFS/Hbase 为代表的大数据存储系统，计算靠近数据	存储大文件，适用于作为大数据分析数据的存储

云资源池规模较小、存储量不大时,建议部署相对单一成熟的存储;云资源池规模较大、存储量较大、承载平台类型较多时,可根据不同业务特性和存储需求配置不同的存储,实现分级存储,差异化利用资源。

(3)磁盘类型分析。常见的磁盘类型有 SAS 盘、SATA 盘和 SSD 盘,三种磁盘对比见表 5.10。

表 5.10 常见三种磁盘对比

磁盘类型	接口类型	接口速度	磁盘容量	转 速	特点分析
SAS	SAS 接口	12Gb/S	300/600/900/1200/1800GB	10K/15K	相对单位容量具有较高的性价比,融合资源池业务较多采用该类硬盘
SATA	SATA 接口	6Gb/S	4/6/8/10/12TB	7200	相对单位容量价格低廉,但是访问速度慢,适用于大容量的低速访问
SSD	SATA,M.2,PCIE 接口	6Gb/S,10Gb/S,32Gb/S	240/480/960GB/1.92TB	—	无噪声、读写速度极快、防震动、发热量低、轻便等,但是价格高,容量小,PE 写入次数有限,寿命要比机械硬盘更低且数据不易恢复。适用于小容量的高速低时延访问场景

本案例工业云资源池规模较大、存储量大,综合考虑技术成熟度、设备成本及运维成本等因素,建议采用分布式存储,实现分级存储,差异化利用资源。

分布式存储基于通用 X86 服务器集群提供存储,可提供对象、块存储,主流技术包括分布式对象存储、分布式块存储等,通过软件保障性能和可靠性。根据本案例工业云业务需求,需提供分布式块存储和分布式对象存储。

2)存储资源配置规划

(1)高性能分布式块存储。本案例工业云虚拟机镜像存储资源 150TB。结合项目经验,提高虚拟机启动速度,采用全 SSD 盘构建高性能分布式块存储。考虑到服务器性能的要求,结合设备性价比,本案例配置 5 两台 2 路 960GB SSD×12 块盘位的存储服务器,单台逻辑存储容量 = 磁盘物理容量(0.96×12TB)× 数据磁盘占比(1.00)× 磁盘格式化损耗(0.90)× 水位线(0.85)/副本数(3.0)= 2.94TB,总的逻辑存储容量 = 单台服务器存储容量(2.94TB)× 服务器数量(52)= 152.88TB,满足本期项目虚拟机镜像存储需求:150TB。

(2)低性能分布式块存储。本案例工业云关键性存储资源 1750TB。结合项目经验,采用 SATA 盘构建低性能分布式块存储。考虑到服务器性能的要求,结合设备性价比,本案例配置 7 两台 2 路 8TB SATA×12 盘位的存储服务器,单台逻辑存储容量 = 磁盘物理容量(96.00TB)× 数据磁盘占比(1.00)× 磁盘格式化损耗(0.90)× 水位线(0.85)/副本数(3.0)= 24.48TB,则总的逻辑存储容量 = 单台服务器存储容量(24.48TB)× 服务器数量(72)= 1762.56TB,满足本期项目关键性数据存储需求:1750TB。

(3)分布式对象存储。对象存储资源是一种海量、安全和高可靠性的云存储服务。通过对象存储资源建设实现通过简单的 RESTFul API,在任何时间、任何地点、任何互联网设备上进行数据的上传和下载,也可以通过 Web 页面对数据进行管理。本案例工业云非关键性存储备份资源 1450TB。结合项目经验,本案例配置 60 台 2 路 8TB SATA×12 存储服务器,单台逻辑存储容量 = 磁盘物理容量(96.00TB)× 数据磁盘占比(1.00)× 磁盘格式化损耗(0.90)× 水位线(0.85)/备份比(3.0)= 24.48TB,总的逻辑存储容量 = 单台服务器存储容量(24.48TB)× 服务器数量(60)= 1468.8TB,满足本期项目非关键性数据存储备份需求:1450TB。

7.网络架构设计

本案例工业云网络架构基于层次化、模块化、高可用、高灵活等原则建设,物理网络结构分为外联区(互联网接入区和专线接入区)、核心交换区、业务资源区、虚拟网络区、运维管理区、安全区。具体结构如图 5.9 所示。

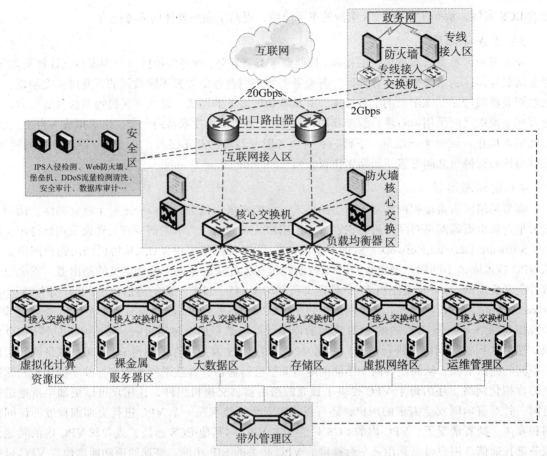

图 5.9 本案例工业云网络架构图

1）外联区

外联区负责工业云与外部的通信，包括互联网接入区和专线接入区。

互联网接入区由两台核心路由器构成，两台核心路由器使用 40G 堆叠线缆互联，并采用网络虚拟化技术将两台核心路由器虚拟成一台，提升该区域的可靠性。云平台通过互联网接入区上联 ISP 运营商，实现互联网访问。其次，互联网接入区旁挂安全区，负责对云资源池进行整体安全防护。

专线接入区负责专有云资源池与政务外网之间通过专线万兆接入交换机进行通信，边界部署两台防火墙进行边界安全隔离，并在防火墙上设置严格访问控制，确保管理网的安全。

2）核心交换区

核心交换区是云平台最重要的区域，负责各个分区之间的数据转发。因此，该区域的网络设备需要具备高性能、高可靠、高安全特性。在该区域部署两台核心交换机，每台配置万兆光口、冗余引擎、冗余风扇、冗余电源、冗余交换网板。

两台核心交换机之间采用 40G 堆叠线缆互联，核心网络采用扁平化方式，网络核心采用"多虚一"的网络虚拟化技术，通过将多台物理设备虚拟成一台逻辑设备的方式，减少设备节点，并采用跨设备链路聚合技术取代传统部署方式中的 STP+VRRP 协议，使网络拓扑变得更简洁，具备更强的扩展性，以满足虚拟机迁移所需要构建的二层网络环境。同时，其毫秒级的故障收敛时间，为虚拟机迁移提供了更加宽松的实现环境。

核心交换区的两台核心交换机通过多个万兆口各旁挂一台负载均衡器，负载均衡器将访问流量根据转发策略分发到后端多台云服务器（ECS 实例），实现流量分发控制服务，自动隔离异常状态的 ECS 实例，消除了单台 ECS 实例的单点故障，提高了应用整体的服务能力。

3）业务资源区

业务资源区负责云服务节点的接入。按照业务类型划分，业务资源区可分为虚拟化计算资源区、裸金属服务器区、大数据区、存储区。各业务类型按照业务量配置不同数量的万兆接入交换机，用来给服务器做可靠、无阻塞的上行接入，并承载物理服务器网关。接入交换机每两台组成一对，一对万兆交换机之间采用 40G 堆叠线缆互联，并采用网络虚拟化技术将两台交换机虚拟成一台交换机，做网络虚拟化，同时承载流量。下行为各台业务服务器提供万兆接入，并承载下联服务器的网关；上行与核心交换机之间配置三层路由协议。

4）虚拟网络区

虚拟网络区负责虚拟网络服务节点的接入。虚拟网络为每个云租户分配一个独立网络，用户进入云平台后由虚拟网络对用户进行识别，标记用户所属的网络。本案例专有云建设采用软件定义网络（Software Defined Network，SDN）架构，整个 SDN 网络采用 VxLAN 协议隔离租户网络，使用 VPC 技术隔离不同租户的资源。SDN 控制器包括集群式服务器、软件定义的路由器、安全组、软件定义交换机、软件定义路由表、软件定义负载均衡。基于目前主流的隧道技术，专有网络（Virtual Private Cloud，VPC）隔离了虚拟网络。每个 VPC 都有一个独立的隧道号，一个隧道号对应着一张虚拟化网络。一个 VPC 内的 ECS 之间的传输数据包都会加上隧道封装，带有唯一的隧道 ID 标识，然后送到物理网络上进行传输。不同 VPC 内的 ECS 因为所在的隧道 ID 不同，本身就处于两个不同的路由平面，从而使得两个不同的隧道无法进行通信，天然进行了隔离。除了给用户一张独立的虚拟化网络，还为每个 VPC 提供了独立的路由器、交换机组件，让用户可以更加丰富地进行组网。针对有内网安全需求的用户，还可以使用安全组技术在一个 VPC 进行更加细粒度的访问控制和隔离。缺省情况下，VPC 内的 ECS 只能和本 VPC 内其他 ECS 通信，或者和 VPC 内的其他云服务进行通信。用户可以利用云平台提供的 VPC 相关的 EIP 功能、高速通道功能，使得 VPC 可以和 Internet、其他 VPC、用户自有的网络（如用户办公网络、用户数据中心）进行通信。SDN 可自定义的网络设备见表 5.11。

表 5.11　SDN 可自定义的网络设备

名　词	英　文	说　明
专有网络	VPC	用户基于云创建的自定义私有网络，不同的专有网络之间彻底逻辑隔离，用户可以在自己创建的专有网络内创建和管理云产品实例
路由器	VRouter	VPC 网络的枢纽，它可以连接 VPC 内的各个交换机，同时也是连接 VPC 与其他网络的网关设备。它会根据具体的路由条目的设置来转发网络流量
交换机	VSwitch	组成 VPC 网络的基础网络设备。它可以连接不同的云产品实例。在 VPC 网络内创建云产品实例的时候，必须指定云产品实例所在的交换机
路由表	Route Table	路由器上管理路由条目的列表
路由条目	Route Entry	路由表中的每一项成为一条路由条目，路由条目定义了通向指定目标网段的网络流量的下一跳地址，路由条目包括系统路由和自定义路由两种类型

本案例配置 10 台 CPU 核（含超线程）40 个、内存 192GB 的物理服务器，作为 SDN 控制器集群，提供网络虚拟化功能和 VPC 服务，实现虚拟网络的虚拟私有云的访问和管理，包括虚拟私有云内部的互访、虚拟私有云到公网的访问、虚拟私有云到其他云产品的访问、虚拟私有云到用户专线之间的互通访问。

5）安全区

安全区旁挂在互联网接入区两台出口路由器上，负责对云资源池进行整体安全防护。

（1）防火墙。在核心交换区和专线接入区分别部署两台防火墙，进行 3～4 层防御，并在防火墙上设置严格访问控制，进行边界安全隔离，确保网络安全。

（2）IPS 入侵检测。在互联网接入区旁挂一台 IPS 入侵检测设备，及时发现文件篡改、异常进程、异常网络连接、可疑端口监听等非法入侵行为。

（3）Web 防火墙。在互联网接入区旁挂一台 Web 防火墙，保护云环境中网站应用服务避免遭受常见 Web 漏洞的攻击，既包括诸如 SQL 注入、XSS 跨站脚本等常见 Web 应用攻击，也包括 CC 攻击这类影响网站可用性的资源消耗型攻击。同时，WAF 模块可根据网站实际业务制定精准的防护策略，用于过滤对用户网站有恶意针对性的 Web 请求，并提供网站防篡改服务。

（4）堡垒机。在互联网接入区旁挂一台堡垒机，为云服务器的运维提供完整的审计回放和权限控制服务。基于账号（Account）、认证（Authentication）、授权（Authorization）、审计（Audit）的 AAAA 统一管理方案，通过身份管理、授权管理、双因子认证、实时会话监控与切断、审计录像回放、高危指令查询等功能，增强运维管理的安全性。

（5）DDoS 流量清洗设备。在互联网接入区旁挂一台 DDoS 流量清洗设备，DDoS 流量清洗模块为云平台用户提供基于云计算架构设计和开发的海量 DDoS 攻击防御模块。

（6）安全审计。在互联网接入区旁挂一台安全审计设备，安全审计提供基于云平台的一体化审计解决方案。对标信息系统安全等级保护基本要求，安全审计从物理服务器层面、网络设备层面、云平台应用层面分别进行审计，实现行为日志的收集、存储、分析、报警等功能。

（7）数据库审计。在互联网接入区旁挂一台数据库审计设备，数据库审计系统实现对云端自建数据库、RDS 数据库访问的全面精确审计及 100% 准确的应用用户关联审计，并具备风险状况、运行状况、性能状况、语句分布的实时监控能力。

此外，主机安全加固、杀毒软件等上层安全应用由各租户进行部署。安全区各安全设备可以以实体设备进行部署，也可以使用 X86 服务器，将各个安全模块进行云化部署。各安全模块向上提供 API 接口，与云计算运维管理系统进行对接，纳入运维管理体系，以服务的方式提供给用户使用。

6）云平台运维管理区

运维管理区部署云平台运维管理系统。运维管理系统提供对云资源及物理服务器的概览信息查看，并提供多维度的精细化信息监控，包括基本信息（如区域、主机名称、集群、CPU 核数、硬盘、机器型号等）、位置、操作系统、CPU 使用情况、内存、网卡、存储、物理机使用性能等的详尽信息查看。提供对关键性能指标（如 CPU 使用率、内存使用率、流入 / 流出流量）设置基于时间段的监控报警。提供对计算、存储、网络、安全等资源进行分配，避免资源配置过高导致浪费，避免资源配置过低导致业务运行不稳定，最终使云计算平台能够稳定、高效地为业务提供服务。

7）带外管理区

带外网管系统是通过独立于数据网络之外的专用管理通道对机房内的网络设备（路由器、交换机、防火墙等）、服务器设备（小型机、服务器、工作站）以及机房电源系统进行集中化整合管理。本案例配置多台千兆以太网交换机作为带外接入交换机，上行接入远端带外运维管理中心，下行连接各服务器带外管理口和网络设备带外管理口。

5.2.3　省级云计算数据中心配电系统设计

1. 负荷分级

1）一级负荷中特别重要的负荷

（1）机房 IT 设备。

（2）空调系统设备（冷冻二次水泵、机房末端空调）。

2）其他一级负荷

（1）空调制冷主机、冷冻一次水泵、冷却水泵、冷却塔。

（2）机房备用照明。

（3）消防负荷：消防中心用电、消防水泵、消防电梯、防排烟风机、消防应急照明。

3）二级负荷

（1）货梯、客梯。

（2）机房及配套用房的照明、动力负荷。

4）三级负荷

（1）非机房用的照明及动力负荷。

（2）室外景观等用电。

2.外市电及高压配电系统

本数据中心根据客户实际需求，机电配套建设标准不低于《数据中心设计规范》（GB 50174-2017）B+ 级 / 混合式机房，10kV 外市电引入双重电源。双重电源从两个不同变电站引接，当一个电源中断供电时，另一电源不会同时受到损坏；采用互为备用运行方式，每路电源的供电能力均能满足数据中心全部负荷需求。

1）外市电容量需求

数据中心负荷主要包括机房 IT 设备、空调系统用电，还包括机房工艺、建筑电气、户外照明等设备用电。外市电容量总需求应为数据中心所有用电设备功耗需求总和，并参考片区内数据中心机房 IT 设备上架率，同时根据用电情况的经验值，选定需求系数、同时系数，最终折算确定。本数据中心总市电容量需求统计见表 5.12。

表 5.12　外市电引入容量统计表

用电名称	功耗（kW）	需求系数	功率因素 $\cos\phi$	$\tan\phi$	计算负荷		
					有功	无功	视在
IT 设备	5659	0.8	0.98	0.20	4527	919	4620
充电功率	566	0.5	0.95	0.33	283	93	298
10kV 空调冷水机组（主用）	1027	0.85	0.85	0.62	873	541	1027
空调泵、冷却塔等	536	0.85	0.85	0.62	456	282	536
空调末端	348	0.9	0.85	0.62	313	194	368
建筑电气、室外照明	701	0.7	0.8	0.75	491	368	613
线路损耗	88	1	0.99	0.14	88	13	89
小计 1			0.95	0.34	7031	2410	7433
计入同时系数 $K\Sigma p=0.9$					6328		
计入同时系数 $K\Sigma p=0.95$						2290	
小计 2			0.94	0.36	6328	2290	6729
变压器损耗					56	375	
小计 3			0.92		6384	2665	6918
无功补偿						905	
小计 4			0.96		6384	1760	6622

注：无功补偿为变压器所需补偿的容性无功量与负荷所需补偿的容性无功量之和。

根据表 5.12 对数据中心总负荷需求的测算结果，双路外市电引入容量均不应低于 6622kV·A。供电公司供电协议原则上按装机容量批复市电引入容量，本数据中心建设一台 1250kV·A、三台 2000kV·A 变压器作为主用变压器，冷备变压器不计入报装容量，另有三台 514kW 空调冷水机组采用 10kV 电压等级接入高压配电系统，合计总装机容量 9062kV·A。本数据中心双路外市电均采用 ZR-YJV22-8.7/15-3×300 电力电缆分别从园区东南、西南角通过排管线路引入，电缆截面满足10000kV·A 容量接入需求。

2）高压配电系统

根据供电公司最终供电方案协议，数据中心采用 10kV 电压等级供电，设置一套 10kV 高压配电系统。10kV 配电装置主接线采用单母线分段接线方式，配置 10kV 联络开关及母联开关备投装置。外市电进线开关、母联开关设置电气联锁，只能"三合二"运行，避免造成电网电磁环流。双路外市电采用"互为备用"运行方式。正常运行方式下，双路外市电各带一段 10kV 母线运行；在其中一路外市电故障情况下，故障外市电所属进线开关断开，联络开关合闸，由另一路外市电承担数据中心全部负荷。

为保证数据中心可靠供电，数据中心另配 10kV 柴油发电机组作为应急电源。10kV 柴油发电机组并机运行，从 10kV 并机母线引两回线路分别至数据中心 10kV 配电装置两段母线。10kV 配电装置两段母线均配置市电 - 发电机电源切换装置，市电进线开关、发电机进线开关设置电气机械联锁，避免发电机并入电网运行。

本数据中心各楼层均设置一套变配电系统满足各楼层供电，10kV 电源以放射式供电。根据《20kV 及以下变电所设计规范》（GB 50053-2013）"电源以放射式供电时，宜装设隔离开关或负荷开关。当变压器安装在本配电所内时，可不装设高压开关"，并考虑变压器就近保护及维护方便，二层、三层、四层变压器高压侧均配置一面高压开关柜；一楼 1250kV·A 变压器与 10kV 配电装置布置于同一个房间，无须另外配置开关。

本数据中心设置三台高压空调冷水机组，"两主一备"运行。为满足数据中心 10kV 配电装置有一段母线检修情况下仍能实现两台高压空调冷水机组运行，在 3# 空调冷水机组高压侧独立设置一套高压配电装置，设两面进线开关和一面出线开关。其中进线开关分别从 10kV Ⅰ、Ⅱ段母线供电，出线开关接至 3# 空调冷水机组高压接线端。10kV 系统接线如图 5.10 所示。

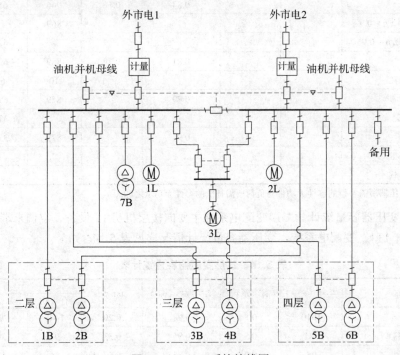

图 5.10　10kV 系统接线图

3. 低压配电系统

1）系统配置

本数据中心各楼层均配置一套低压配电系统，分楼层供电。变压器更接近负荷中心，有效降低了电能损耗和低压电缆投资。根据《数据中心设计规范》（GB 50174-2017）B 级数据中心要求，变压器应按"N+1"配置。考虑数据中心能适应远期业务发展需求，升级为 A 类机房，二层、三层、四层 IT 设备供电均按"1+1"变配电系统配置，共建设三套 2000kV·A"1+1"变配电系统。"1+1"变配电系统两台变压器高压侧开关设置电气联锁，按一台 2000kV·A 变压器主用，一台 2000kV·A 变压器冷备用方式运行。远期如有客户需求提升为 A 类机房，可向供电局增加容量报装，拆除变压器高压侧联锁，将冷备用变压器转为热备用运行，即可满足 A 类机房变压器"2N"要求。一层负荷主要为冷却水泵、冷却塔，以及照明、消防、电梯等建筑电气设备供电，按一台 1250kV·A 变压器配置。一层负荷中一级、二级负荷备用电源回路利用其他楼层变压器剩余容量，经合理分配从二层、三层、四层低压系统引接。

（1）一层变压器容量统计。本数据中心一层负荷主要有空调冷水主机、冷却水泵、冷却塔，以及照明、消防、电梯等建筑电气设备用电，配置一套 1250kV·A 变配电系统。一层空调冷水主机采用 10kV 电压等级供电，负荷无须计入变压器容量需求统计。变压器容量统计情况详见表 5.13。

表 5.13　一层变压器容量统计表

用电名称	功耗（kW）	需求系数	功率因素 $\cos\phi$	$\tan\phi$	计算负荷		
					有　功	无　功	视　在
空调泵、冷却塔等	536	0.85	0.85	0.62	456	282	536
空调末端	8	0.9	0.85	0.62	7	4	8
建筑电气、室外照明	701	0.7	0.8	0.75	491	368	613
线路损耗	12	1	0.99	0.14	12	2	12
小计 1			0.83	0.68	966	657	1168
计入同时系数 $K\Sigma p = 0.9$					869		
计入同时系数 $K\Sigma p = 0.95$						624	
小计 2			0.81	0.72	869	624	1070
变压器损耗					10	67	
小计 3			0.79		879	691	1118
无功补偿						375	
小计 4			0.94		879	316	934
变压器容量							1250
变压器负载							75%

注：无功补偿为变压器所需补偿的容性无功量与负荷所需补偿的容性无功量之和。

（2）二层变压器容量统计。二层变配电系统主要向楼层机房 IT 设备、空调末端供电，配置一套 2000kV·A"1+1"变配电系统。变压器容量统计情况详见表 5.14。

表 5.14　二层变压器容量统计表

用电名称	功耗（kW）	需求系数	功率因素 $\cos\phi$	$\tan\phi$	计算负荷		
					有　功	无　功	视　在
IT 设备	1810	0.8	0.98	0.20	1448	294	1478
充电功率	181	0.5	0.95	0.33	91	30	95
空调末端	95	0.9	0.85	0.62	86	53	101
线路损耗	21	1	0.99	0.14	21	3	21
小计 1			0.97	0.23	1645	380	1688

用电名称	功耗（kW）	需求系数	功率因素 $\cos\phi$	$\tan\phi$	计算负荷		
					有 功	无 功	视 在
计入同时系数 $K\Sigma p = 0.9$					1480		
计入同时系数 $K\Sigma p = 0.95$						361	
小计 2			0.97	0.24	1480	361	1524
变压器损耗					15	103	
小计 3			0.96		1495	464	1566
无功补偿						173	
小计 4			0.98		1495	291	1523
变压器容量							2000
变压器负载							76%

注：无功补偿为变压器所需补偿的容性无功量与负荷所需补偿的容性无功量之和。

（3）三层变压器容量统计。三层变配电系统主要向楼层机房 IT 设备、空调末端供电，配置一套 2000kV·A "1+1" 变配电系统。变压器容量统计情况详见表 5.15。

表 5.15　三层变压器容量统计表

用电名称	功耗（kW）	需求系数	功率因素 $\cos\phi$	$\tan\phi$	计算负荷		
					有 功	无 功	视 在
IT 设备	1904	0.8	0.98	0.20	1523	309	1554
充电功率	190	0.5	0.95	0.33	95	31	100
空调末端	134	0.9	0.85	0.62	121	75	142
线路损耗	22	1	0.99	0.14	22	3	23
小计 1			0.97	0.24	1761	418	1810
计入同时系数 $K\Sigma p = 0.9$					1585		
计入同时系数 $K\Sigma p = 0.95$						398	
小计 2			0.97	0.25	1585	398	1634
变压器损耗					15	103	
小计 3			0.95		1600	501	1676
无功补偿						178	
小计 4			0.98		1600	323	1632
变压器容量							2000
变压器负载							82%

注：无功补偿为变压器所需补偿的容性无功量与负荷所需补偿的容性无功量之和。

（4）四层变压器容量统计。四层变配电系统主要向楼层机房 IT 设备、空调末端供电，配置一套 2000kV·A "1+1" 变配电系统。变压器容量统计情况详见表 5.16。

表 5.16　四层变压器容量统计表

用电名称	功耗（kW）	需求系数	功率因素 $\cos\phi$	$\tan\phi$	计算负荷		
					有 功	无 功	视 在
IT 设备	1945	0.8	0.98	0.20	1556	316	1588
充电功率	195	0.5	0.95	0.33	98	32	103
空调末端	111	0.9	0.85	0.62	100	62	118
线路损耗	23	1	0.99	0.14	23	3	23
小计 1			0.97	0.23	1776	413	1823
计入同时系数 $K\Sigma p = 0.9$					1598		

用电名称	功耗（kW）	需求系数	功率因素 cosϕ	tanϕ	计算负荷		
					有 功	无 功	视 在
计入同时系数 $K\Sigma p = 0.95$						392	
小计 2			0.97	0.25	1598	392	1646
变压器损耗					15	103	
小计 3			0.96		1613	495	1688
无功补偿						179	
小计 4			0.98		1613	316	1644
变压器容量							2000
变压器负载							82%

注：无功补偿为变压器所需补偿的容性无功量与负荷所需补偿的容性无功量之和。

2）低压系统接线形式

一层 1250kV 变压器低压侧采用单母线接线形式；二层、三层、四层"1+1"变配电系统低压侧均按单母线分段接线形式，配置联络开关。每套系统进线开关、联络开关设置电气联锁，任何情况下三个断路器中只能有两个断路器处于闭合状态。数据中心投入前期，备用变压器为冷备用运行。冷备用变压器低压进线开关断开，主用变压器进线开关、联络开关合闸，"1+1"变配电系统低压母线均由主用变压器供电。远期可根据业务需求，将备用变压器转为热备用运行，并断开联络开关、合上进线开关，两台变压器各带一段低压母线。"1+1"变配电系统进线开关、联络开关分合闸应具备延时并且时间可调功能，合分闸时间应避过高压系统备投动作时间。

4. 油机系统

数据中心作为超大容量数据运行平台的支撑，对供电系统可靠性要求高，应独立配置柴油发电机组，在双路外市电均失电情况下，有效保障数据中心供电。

1）柴油发电机组建设规模

数据中心柴油发电机组发电功率应满足机房 IT 设备、空调系统以及主要建筑电气设备正常供电需求。考虑到本数据中心规模较大，配套变配电系统数量较多，按传统数据中心配套建设低压油机保障供电，将占用较大建筑面积用于油机布置，机楼利用率低。本数据中心采用大容量 10kV 高压柴油发电机组，按"N"配置三组 2400kW 备用功率柴油发电机组并机运行，发电功率合计 7200kW，满足《数据中心设计规范》（GB 50174–2017）B+ 级 / 混合式数据中心要求。相对低压柴油发电机组，高压柴油发电机组还有输出电流小、导体耗材小、电能损耗低等优点。油机功率需求统计表见表 5.17。

表 5.17 油机功率需求统计表

用电名称	功耗（kW）	需求系数	计算有功负荷（kW）	油机功率需求（kW）
IT 设备	5659	0.8	4527	5432.64
充电功率	566	0.5	283	339.6
10kV 空调冷水机组（主用）	1027	0.85	873	873
空调泵、冷却塔等	536	0.85	456	456
空调末端	348	0.9	313	313
建筑电气	489	0.7	342	342
线路损耗	86	1	86	86
小计 1			6881	7843
计入同时系数 $K\Sigma p = 0.9$			6192	7058

用电名称	功耗（kW）	需求系数	计算有功负荷（kW）	油机功率需求（kW）
变压器损耗			56	56
小计 2				7114

注：IT 设备供电为不间断电源供电，柴油发电机需求按设备容量 1.2 倍考虑。

2）并机系统

本数据中心建设高压柴油发电机组采用并机运行方式，机组输出端并联接入同一母线后向已与电网断开的 10kV 配电装置母线供电。并机系统让发电机组发电功率合成一体，通过复用减少发电机组配置数量。为保证响应速度，并机系统采用随机并联方式，即系统中任一台首先达到额定输出的机组先合闸到并机母线供电；并机系统同步控制采用准同期方式，剩余机组输出电压、相位、频率等电力参数与首先合闸机组同步后即可合闸到并机母线供电。

数据中心每台发电机组配置一面控制柜（GCP）。GCP 内置有自动同步模块，通过控制对应机组的输出电压、相位、频率，首先达到额定输出或与其他机组输出同步后向对应机组高压开关发出合闸信号；GCP 内置有负载分配模块，通过控制对应机组的转速，合理均衡系统内机组负载；GCP 还配置有广角模拟显示仪表，运维人员可通过仪表观测三台机组的电压、电流、有功功率、无功功率、功率因素等参数。

数据中心配置一套主控柜（MCP），协调控制整个系统的运行。MCP 通过 PLC 编程，实现投入和切除机组，优先级设定等逻辑控制。发电机系统（包含发电机组、并机系统、高压开关等）正常运行方式下设置为自动模式，当外市电失电时，接收市电 / 油机切换系统发出的启机信号，MCP 主机经时间延时（可调，应大于电网备投动作时间）后向全部机组对应的 GCP 送出启动信号；当外市电恢复供电时，接收市电 / 油机切换系统发出的停机信号，MCP 主机经时间延时（可调）后向全部机组对应的 GCP 送出停机信号。

3）油机房降噪处理

发电机组是一个由多个噪声源综合而成的复杂声源，具有噪声频带宽（尤以中低频更突出）、声能辐射强度大的特点。柴油发电机组单机噪声约为 108dB（A），本数据中心油机房三台柴油发电机组同时运转时，机房内噪声会超过 112dB（A）。因此，无论是从环境保护角度还是劳动保护角度出发，都应采取有效的措施予以控制，最大限度地减少噪声对外部环境的污染。本数据中心针对发电机房内声源特性及传播特点，提出相应的噪声控制措施。发电机房应达到国家标准 GB 3096-2008《声环境质量标准》的三类标准要求。

（1）发电机房内的吸声处理。发电机房的内壁面为光滑且坚硬材料，吸声系数很低，而容积又较大，因此室内的混响时间长，尤其是低频混响严重。发电机房内的声能量，除了来自声源的直达声以外，还有来自各个内壁的多次反射声。直达声和反射声叠加的结果导致室内声级的提高。因此机房内部对整个墙面及吊顶做吸声处理，内衬超细玻璃棉，外扣穿孔铝质扣板。这样的处理既增加了围护结构的隔声量，又可降低油机房内的混响声，减少声反射，降低室内声，可有 5 ~ 7dB（A）的降噪效果。机房内吸声处理后还能起到对整个机房的装饰作用，使机房显得整洁、干净、美观。

（2）发电机房排风通道的噪声控制。发电机组在运行中需要大量的空气供其燃烧，另外，发电机组既是一个强发声体，又是一个强热源，只有组织好通风散热，才能保证机组的正常运转。柴油发电机组自配的冷却风扇风量很大，发电机组排风量约为 3120m³/min。控制方案既要保证排风量顺畅地排出室外，同时又要有效地控制噪声外泄传播。根据现场具体情况，在排风通道上采用阻性片式消声器消声，片式规格 δ100@150。充分利用土建结构的排风消音室和排风井道的声学效应，确保出风口一侧的噪声排放达标。

（3）发电机房进风通道的噪声控制。发电机组运行时大量的空气排出室外，必然在机房内形成强大的负压场，为保证大量的新鲜空气进入室内，需要有足够的进气通流面积。本数据中心在土建结构的进风消音室内设计安装消声设备，形成进风消声系统，既保证新鲜空气的进入，又有效控制机房内噪声的外传。

（4）发电机组排烟的噪声控制。发电机组的排烟管是一个重要的噪声源。它形成的中低频脉动噪声辐射强度很大。随机携带的排烟消声器，消声效果（插入损失）一般在 10 ~ 15dB 范围，达不到噪声排放的允许限值。机组排烟口与排烟管之间装金属波纹管，排烟口再经一、二级消声处理，消声处理后尾气由排烟管引至排烟井，烟管均为6mm厚钢管。排烟消声器净化器采用弹簧吊架固定。烟管刷两遍耐高温的银灰色漆，排烟管及消音器采用二层保温材料进行隔热包裹处理，外面装饰铝板，即接触管壁的一层为硅酸铝纤维毡，外包一层岩棉毡。

4）燃油系统

为保障在外市电失电情况下，后备应急电源柴油发电机组持续运行，数据中心应配置一套稳定可靠的燃油系统。本数据中心发电机燃油系统分为室内日用油箱和室外地下油罐两部分。机楼内设置三个日用燃油室，每个燃油室放置一个 $1m^3$ 日用油箱；室外地下油罐容量 $25m^3$，合计总容量 $28m^3$。本数据中心三台 2400kW 柴油发电机满载总耗油量约为 1980L/h，正常储油量按总容量90%计，可满足三台柴油发电机组运行 12 小时。本数据中心为油罐与日用油箱之间的输油、回油设置一套自动供油控制系统。

（1）供油控制系统设置一台主 PLC（Programmable Logic Controller，可编程逻辑控制器）、一台冗余 PLC 和三个单元小 PLC，主 PLC 控制柜应自带触摸屏并能实时反应供油系统的相关运行参数。

（2）地下油罐系统设置两台供油泵，每台供油泵自身的控制柜应预留两个启停点位，两个故障、两个状态及两个手自动点位分别给主用 PLC 和冗余 PLC。

（3）地下油罐。日用油箱内均设有液位监控设施，地下油罐和日用油箱的液位传感器具有远传和本地显示功能，探测到的液位传感器信号接入对应的 PLC 中，日用油箱、地下油罐需采用冗余的液位传感器，并分别接入主用 PLC 及冗余 PLC 中。

（4）每个日用油箱的进油管道设电动球阀，单元 PLC 控制器根据油箱内的液位传感器信号设置超高液位、高液位、低液位和超低液位四个液位状态。当液位到达超高液位（90% 油箱容积，可调），现场报警，并系统告警；当液位达到高液位（80% 油箱容积，可调）时，关闭对应日用油箱的供油阀；当液位达到低液位（50% 油箱容积，可调）时，开启对应日用油箱供油阀；当液位达到超低液位（20% 油箱容积，可调）时，应在现场声光报警，并系统告警。

（5）地下油罐的供油泵与日用油箱的供油电动球阀设置联锁，供油回路中任意一个日用油箱的电动球阀开启且阀门状态得到确认后，单元 PLC 将给主用 PLC 及冗余 PLC 分别发送一个启动供油泵请求，此时主用 PLC（主用 PLC 正常时运用，当主用 PLC 故障时由冗余 PLC 发出命令）开启对应地下油罐的供油泵；当检测到对应日用油箱的电动球阀都关闭时，则对应供油泵应立即停止运行。

（6）每个地下油罐内的供油泵的状态、故障及手自动点位同时由主用和冗余 PLC 纳入监视，当检测到投入运行的任意一个供油泵故障时，主用或者冗余 PLC 自动启动备用的供油泵。

（7）所有油泵的状态、日用油箱液位、油罐的液位、控制阀状态以及所有的报警信号等通过主用或者冗余 PLC 集成到动环监控服务器中，每台主用或者冗余 PLC 控制器预留通信协议接口供动环系统集成。

（8）柴油供油系统的主 PLC 控制柜设置在配电室内，每个单元 PLC 控制器安装在日用油箱的出口处。

（9）所有 PLC 控制器均配置独立的 CPU 及内存，PLC 控制器独立执行相关程序或代码。在每个 PLC 掉电恢复后自动执行存储的程序；每个单元 PLC 相关的内部运行数据通过总线形式传递到主用或者冗余 PLC 中。

（10）主 PLC 与冗余 PLC 之间的功能切换自动完成，正常情况下主 PLC 运行并且执行相关程序；当主 PLC 故障时程序及控制应自动切换到冗余 PLC 中执行，单个主 PLC 故障不影响整个系统使用。

（11）主 PLC 控制柜自带一个操作显示屏供运维人员操作及查看系统运行状态，操作显示屏显示整个供油控制系统的运行状态和相应参数。

（12）主 PLC 控制柜由两路不间断电源供电，主 PLC 控制柜内设置双电源切换装置，保证对 PLC 控制器供电的可靠性，其他单元 PLC 控制箱的电源从主 PLC 控制柜引出；双电源切换装置使用静态切换，保证在切换过程中能够无缝地从主用电源切换到备用电源，不会中断关键负载；双电源切换装置安装在 PLC 控制柜内。

（13）室外油泵取两路电源，末端设置静态切换。

5.2.4　省级云计算数据中心不间断电源系统设计

电网中存在大量的谐波以及各种各样的干扰，使得电能质量越来越差，不足以满足一些重要设备（数据中心、医院、通信设备、关键信号设备等）用电需求，这些重要设备需要高质量的供电性能，即波形、频率、电压等较好，还需要满足不停电的要求。因此，本数据中心需要设计不间断电源系统给负载供电。不间断电源能够通过储能装置保证负载不间断供电，还能保证输出电压、频率只在设定范围内波动，保障业务 7×24 小时持续运行。

1. 不间断电源基本运行方式

1）交流不间断电源运行方式

本数据中心采用双转换在线 UPS，有四种运行方式：正常方式、电池后备方式、旁路方式以及维修旁路方式。

（1）正常方式。市电经过主输入为整流器提供交流电，整流器输出直流电源，一部分给逆变器提供直流电，并通过逆变器产生一个幅值和频率都在规定范围内的正弦波波形输出电压；另一部分给电池充电。

（2）电池后备方式。市电断电时，整流器停止工作，后备蓄电池投入运行，向逆变器提供直流电，产生一个幅值和频率都在规定范围内的正弦波波形输出电压。UPS 基本运行方式如图 5.11 所示。

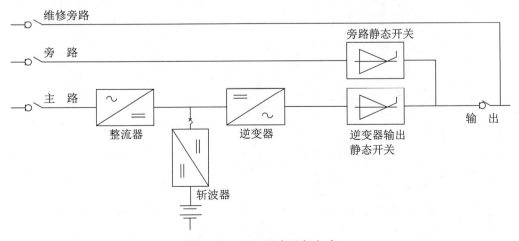

图 5.11　UPS 基本运行方式

（3）旁路方式。当主路输入的任何部件出现故障时，旁路静态开关将负载不间断地切换到旁路交流输入，由旁路直接为负载供电。这种情况下，设计时需要主路输入与旁路输入同源。

（4）维修旁路方式。当 UPS 进行检修或故障时，负载通过维修旁路开关进行供电。UPS 整机与电源隔离，实现安全、可靠地进行 UPS 检修。

2）直流不间断电源系统运行方式

根据客户要求以及前期规划定位，本数据中心兼顾本地电网核心节点，另外，还需承担汇聚节点及园区附近综合业务接入局的功能。根据《通信局（站）电源系统总技术要求》（YD/T1051–2000）规定，直流基础电源的首选电源电压为 –48V。大多数通信设备用电采用的是 –48V 的直流基础电源，由整流设备、直流配电屏、蓄电池组等组成。

2. 不间断电源建设标准

UPS 系统按供电可靠性要求进行分类建设，常用的配置方式有 A 级、B 级两种。其中，A 级按 2N 系统配置；B 级按 N+1 系统配置。规范标准关键技术对比见表 5.18。

表 5.18　规范标准关键技术对比

序　号	条　目	国标 GB50174–2017		本期建设标准
		A 级	B 级	
1	不间断电源	2N 或 M（N+1）	N+1	N+1，B 级
2	电池后备时间	15 分钟	7 分钟	≥ 0.5h，优于 A 级

本案例数据中心参照《数据中心设计规范》（GB 50174–2017）B+ 级 / 混合式标准及建设单位提出的建设标准要求，不间断电源系统按 B+ 级 / 混合式标准建设，即按照 N+1 系统配置。

B 级负荷的供电系统从低压配电到 UPS 系统再到机房 IT 设备，配电全程采用 A、B 双回路，形成一个 N+1 单系统、双路由配电的供电系统。配置示意图如图 5.12 所示。本案例数据中心考虑远期升级为 A 级机房，后续可按实际需求灵活调整设计（根据客户需求，不间断电源系统可调整为 2NUPS 系统或 240V 直流供电系统，或一路 240V 直流 /UPS+ 一路市电直供）。

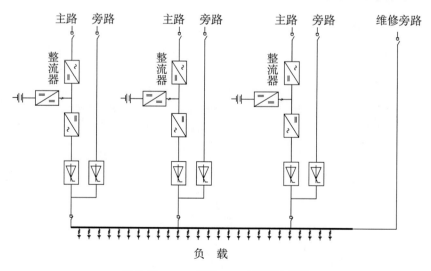

图 5.12　UPS 系统 N+1 配置示意图

3. 不间断电源供电方式

目前，主流的不间断电源主要有 UPS 电源、高压直流电源。根据机房建设标准，本数据中心 1# 楼按照 B+ 级 / 混合式标准进行建设。不间断电源可以采用以下三种供电方式：方式一，IT 机柜的两路电源均为 UPS 电源；方式二，IT 机柜的两路电源一路为 UPS 电源，另一路为市电；方式三，设备的两路电源一路为高压直流，另一路为市电。

1）供电方式一

市电作为主用电源，自启动柴油发电机组作为备用电源。当市电正常时，由市电经 UPS 向 IT 机架供电，IT 设备的两路电源均从 UPS 取电；当市电检修或故障停电时，发电机应急电源自启动，经 UPS 向 IT 设备供电。在市电停电而发电机未供电时，由蓄电池组放电经 UPS 逆变后进行供电，当市电恢复后，自动转回市电，经 UPS 向 IT 设备供电。每套 UPS 系统的两路交流进线均采用电力电缆，从低压配电系统的馈电开关取电后接入每套 UPS 系统的交流进线柜，主用和备用取电均从该楼层不同的变压器取电。UPS 系统按照 N+1 配置（N 表示设备的所有负载），安全级别高；该方式的连线拓扑图如图 5.13 所示。

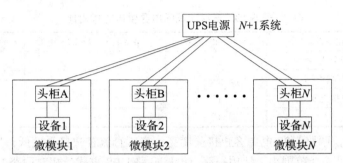

图 5.13　双路 UPS 取电连接示意图

2）供电方式二

设备的两路电源，一路为市电直供，一路为 UPS 电源，随着供电技术的不断发展，目前电网的电能质量较好，已适合电子产品直接取电，因此使用市电直供，可以减少整流和逆变这两个过程，减少损耗，提高电能效率。UPS 系统按照 N+1 配置，因为当市电停电时，油机还未开始供电，UPS 系统将负担原市电直供的那部分负载（服务器需配置双电源，双电源同时在线分担负载），这种方式在市电停电、柴油发电机未启动的情况下，当有某台 UPS 出现故障，IT 设备将出现掉电。该方式的连线拓扑图如图 5.14 所示。

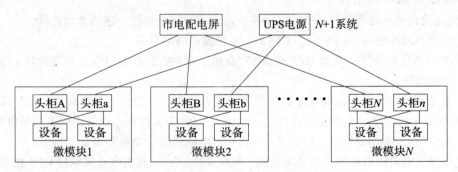

图 5.14　一路市电＋一路 UPS 取电连接示意图

3）供电方式三

设备的两路电源，一路为市电直供，一路是 240V 高压直流供电，某行业运营商在各项规范里面，都明确提出要大力发展高压直流设备。高压直流按照 N+1 配置，N 不大于 10。该方式的连线拓扑图如图 5.15 所示。

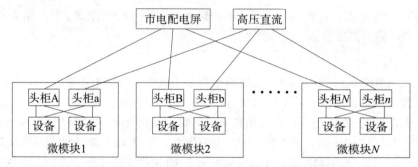

图 5.15 一路市电 + 一路高压直流取电连接示意图

综上所述，这三种方式的对比见表 5.19。

表 5.19 三种不间断电源供电方式对比

序 号	对比项目	两路 UPS 电源	一路市电 + 一路 UPS 电源	一路市电 + 一路高压直流
1	安全性	高	低	高
2	经济性	低	高	中
3	客户接受度	高	低	低
4	效 率	低	中	高

由表 5.19 可知，两路 UPS 电源客户接受度高，高压直流客户接受度低，另外，提供高压直流设备的厂家有限，可选择范围小。使用一路市电 + 一路 UPS 方式，相对两路 UPS 电源的方式，每个微模块需要增加一个市电直供的头柜，会减少 IT 机架的数量，同时需要增加市电直供总屏、头柜及配套电缆的相应投资，采用一路市电 + 一路 UPS 供电的方式，市电必须是两路不同的回路引入，且高压同时热备份，不能冷备份，而目前高压部分的规划是没有联络柜的，即没有热备份。如果做成热备份，还需供电部门同意同时给两路市电供电。从用电安全性的角度来说，采用一路市电 + 一路 UPS 供电时，若市电端停电，UPS 就成为单路，若 UPS 出现故障，后端就会掉电，存在一定的安全风险，同时也会增加维护人员的压力。双路 UPS 供电方式更加稳定，更加安全可靠，客户接受程度更高，因此建议选用双路 UPS 供电方式。

4. 不间断电源供电范围

根据交流及直流不间断电源系统的应用特点及设备的用电特性，进行合理选择。

（1）交流不间断电源（UPS）：IT 设备、关键监控弱电设备。

（2）IT 设备供电方式（交流 UPS 或 240V 直流）可根据后续客户需要按需选择，本方案暂按交流 UPS 配置说明。

（3）关键制冷设备（如冷冻水泵、机房末端空调风柜等，根据空调系统连续制冷需求确定需采用不间断供电的设备），根据负荷特性，规划建设 UPS 为关键制冷设备提供不间断电源。

（4）-48V 直流不间断电源：需要采用 -48V 供电的传输、交换等设备。

（5）柴油发电机组启动如果与进风风阀（风机）联动，风阀供电直接取自 UPS 供电。

5. 负荷计算

1）交流负荷计算

根据业务部门提供的需求，以及机房环境、机架布置和用户类型的不同，本数据中心大部分机架耗电量按 5kV·A 计算，同时配置少量单机架功率为 8kV·A 的高密度机架，根据数据中心机房使用的经验值，同时系数暂按 0.80 取值计算，交流负荷统计见表 5.20。

表 5.20　机架负荷统计表

楼层	区 域	机柜数量（架）	单机架功耗（kW）	服务器功耗因素	同时系数	UPS 输出功率因数	UPS 功耗需求（kV·A）
2F	机房 1	79	5	0.98	0.8	0.95	339.42
	机房 2	235	5	0.98	0.8	0.95	1009.67
2F 小计		314					1349.09
3F	机房 3	64	5	0.98	0.8	0.95	274.97
		53	8	0.98	0.8	0.95	364.34
	机房 4	235	5	0.98	0.8	0.95	1009.67
3F 小计		352					1648.98
4F	机房 5	119	5	0.98	0.8	0.95	511.28
	机房 6	235	5	0.98	0.8	0.95	1009.67
4F 小计		354					1520.95
合计		1020					4519.01

注：上述计算表格中，UPS 输出功率因数暂按高频 UPS 设备计算。

2）–48V 直流负荷计算

根据规划，本数据中心在二层设置了业务接入机房，该机房的机柜设备规划采用 –48V 直流电源供电，直流负荷计算见表 5.21。

表 5.21　直流负荷计算

机房名称	用户机架数（架）	同时系数	单机架功耗（kW）	机架总功率（kW）	机架总电流（A）
业务接入机房	31	0.8	5	124	2340

6. UPS 系统配置方案

根据上述负荷统计情况，参考 B+ 级 / 混合式数据中心配置规范，UPS 系统建设方案如下。

1）UPS 配置

在二层、三层、四层分别设置两套总输出容量为 1000kV·A（N+1）的模块化 UPS 系统。每套 1000kV·A UPS 系统均由三台容量为 500kV·A 的 UPS 主机组成，每台 UPS 主机配置五个 100kV·A 的 UPS 功率模块，每套 UPS 系统总输出容量为 100kV·A。

预留 UPS 扩展位，后期将各层机房升级为五星级机房时，新增一台容量为 500kV·A 的模块化 UPS，配置五块 100kV·A 功率模块，与原先的三台 UPS 系统组成两套 1000kV·A（2N）UPS。每套 1000kV·A UPS 2N 系统均由两套分系统组成（每套 2N 系统的分系统均由两台 500kV·A UPS 主机按并联运行、功率均分的运行方式组成），形成一个双系统冗余、双总线配电、额定输出容量为 1000kV·A 的 UPS 系统，为各层机房的 IT 机柜提供 A、B 两路完全独立的交流不间断电源。同时预留有空调末端的 UPS 电源位置。

2）UPS 蓄电池配置

根据规范要求，UPS 蓄电池组容量按每台 UPS 额定功率的 67% 计算，后备时间按照 30 分钟进行配置。

逆变器的输入电流：

$$I = \frac{S \times 0.67 \times \cos\phi}{\eta_{逆} \times n \times V} \qquad 式（5.1）$$

式中：I 为逆变器输入电流（A）；S 为 UPS 额定功率（kV·A）；$\cos\phi$ 为功率因数，取 0.9；

$\eta_{逆}$ 为逆变器的效率，取 0.95；n 为蓄电池只数，蓄电池组只数与具体厂家的 UPS 设备运行参数有关，本设计参照华为 UPS 的配置，500kV·A 的 UPS 按 240 只 2V 蓄电池配置；V 为蓄电池放电终止电压，2V 蓄电池放电终止电压为 1.75V。

根据上述公式计算，500kV·A UPS 的逆变器输入电流为 $I = 755.64A$。

本数据中心所需蓄电池组容量为：

$$Q = \frac{KIT}{\eta\left[1+\alpha\left(t-25\right)\right]} \qquad\qquad 式（5.2）$$

式中：Q 为蓄电池容量（A·h）；K 为安全系数，取 1.25；T 为蓄电池放电时间（h）；I 为蓄电池放电电流（A）；η 为放电容量系数，0.5 小时放电率为 0.4（不同情况下 η 取值见表 5.22）；α 为电池温度系数，当 10＞放电小时率≥1 时，取 $\alpha = 0.008$；t 为电池所在地最低环境温度，按 5℃考虑。

表 5.22 电池放电容量系数（η）

电池放电小时数（h）	0.5		1	2	3	4	6	8	10	≥ 20
放电终止电压（V）	1.7	1.75	1.75	1.8	1.8	1.8	1.8	1.8	1.8	≥ 1.85
容量系数（η）	0.45	0.4	0.55	0.45	0.61	0.75	0.79	0.88	0.94	1	1

核算得每台 500kV·A UPS 0.5 小时后备时间所需蓄电池组容量为 1405.58A·h，因此，每台 500kV·A UPS 配置两组 480V/800A·h 蓄电池组。

7. 48V 直流系统配置方案

1）配置原则

开关电源整流模块数量按 N+1 冗余方式配置。主用整流模块的负荷电流按通信设备直流负荷与蓄电池组 10 小时率均充电流之和计算。模块数量采用 N+1 配置，即当主用模块 ≤ 10 时，加备用模块 1 块；当 n ＞ 10 时，每 10 块备用 1 块。

根据负荷计算表，建设两套 –48V 直流电源为二层业务接入机房和节点分局机房设备供电，每套 –48V 直流系统满配容量为 2000A，可提供设备直流电流为 1200A，每套需配置 12 个 100A 高效整流模块，蓄电池后备时间为 60 分钟。配置两组 3000A·h/48V 蓄电池；按 0.1C10 计算电池充电电流，需配置 6 个 100A 整流模块，冗余模块按 N+1 方式（N 只为主用，N ＞ 10 时，每 10 只备用 1 只），需配置两个冗余模块，本期每套 48V 系统配置 20 个 100A 模块。

2）蓄电池配置

根据规范，蓄电池组按 1 小时后备供电时间计算。根据厂家提供的数据，通信设备基础电压允许变动范围为 –40V ~ –57V，蓄电池每组单体 24 只，单体放电终止电压取 1.80V，放电回路压降为 $1.8 \times 24–40 = 3.2V$。

本数据中心所需蓄电池组容量为：

$$Q = \frac{KIT}{\eta\left[1+\alpha\left(t-25\right)\right]} \qquad\qquad 式（5.3）$$

式中：Q 为蓄电池容量（A·h）；K 为安全系数，取 1.25；T 为蓄电池放电时间（h）；I 为蓄电池放电电流（A）；η 为放电容量系数，1 小时放电率为 0.45（不同情况下 η 取值见表 5.23）；α 为电池温度系数，当 10＞放电小时率≥1 时，取 $\alpha = 0.008$；t 为电池所在地最低环境温度，按 5℃考虑。

蓄电池放电电流按 1200A 计算，根据上述公式计算出开关电源系统所需的蓄电池组容量为 3969A·h。本期配置两组 2000AH 蓄电池组，总容量 4000A·h。

表 5.23　阀控式铅酸蓄电池放电容量系数（η）

放电小时数（h）	0.5		1		2	3	4	6	8	10	≥ 20
单体放电终止电压（V）	1.7	1.75	1.75	1.8	1.8	1.8	1.8	1.8	1.8	1.8	≥ 1.85
放电容量系数（η）	0.45	0.4	0.55	0.45	0.61	0.75	0.79	0.88	0.94	1	1

5.2.5　省级云计算数据中心通风空调配套设计

本数据中心建设的园区共占地 50 亩，规划建设三栋楼，1# 、2# 楼为数据中心，3# 楼为综合楼，其中 1# 楼建筑面积 9500m²。空调系统工程主要包括制冷主机、水泵、冷却塔、板换、空调末端、水系统的整个管路、集中控制系统及设备配电。

1. 空调设计

1）设计依据

（1）《建筑设计防火规范》GB 50016–2014（2018 年版）。

（2）《公共建筑节能设计标准》GB 50189–2015。

（3）《民用建筑供暖通风与空气调节设计规范》GB 50736–2012。

（4）现行的其他设计规范和规定。

2）设计原则

（1）空调设计标准。本数据中心建设国标 B 级机房，空调设计满足国标 B 级标准。基于数据中心用电量大、运行时间长等特征，本系统设计采用冷却塔免费制冷、封闭冷或热通道、变频控制等节能措施。

（2）预留升级能力。空调预留 50% 升级为国标 A 级标准的能力。预留蓄冷罐空间及管线接口，膨胀水箱接口，供回水管网环形布置，由土建专业预留冷却水补水池，由电气专业预留空调冷冻水泵、空调末端风机、定压补水装置的 UPS 供电系统。其中蓄冷罐容量为 150m³，满足数据中心 50% 升为 A 级后，15min 的保障时间。

（3）末端空调配置。局端综合机房设置 4+1 套冷冻水型机房空调。采用活动地板下送风上回风的气流组织。客户机房采用列间空调，每组数据机柜模块采用 N+1 配置空调，空调送风直接送至冷通道，冷通道封闭。列间空调供回水管道采用环形布置，各机组间设置阀门，可保证当管路中单点出现故障时，不影响系统运行。电力室和电池室设置冷冻水型机房空调，采用上送风侧回风的气流组织。走道、运维办公室、消控室、客户接待区采用四面出风卡式风机盘管。

3）室内外设计参数及标准

本案例以国内南方某市为例，取室内外温湿度参数进行配置。

海拔：96.8m

年平均气温：20.7℃

空调计算干球温度：冬季 3.0℃

　　　　　　　　　夏季 34.8℃

通风计算干球温度：冬季 10.4℃

　　　　　　　　　夏季 32.4℃

夏季空调室外计算湿球温度：27.5℃

冬季空调计算相对湿度：75%

夏季通风室外计算相对湿度：65%

夏季空调日平均计算温度：31.4℃

　　　　室外平均风速：冬季 1.5m/s
　　　　　　　　　　　夏季 1.6m/s
　　极端最高温度：39.1℃
　　极端最低温度：–1.3℃
　　室内空气计算技术要求详见表 5.24。

表 5.24　室内空气计算技术要求

项　目	技术要求	备　注
冷通道或机柜进风区域的温度	18 ~ 27℃	
冷通道或机柜进风区域的相对湿度和露点温度	露点温度 5.5 ~ 15℃， 同时相对湿度不大于 60%	不得结露 维持机房正压：5 ~ 10Pa
辅助区（电力室配电房）温度、相对湿度（开机时）	18 ~ 28℃，35% ~ 75%	
电池室温度	20 ~ 30℃	

注：数据机房内空气含尘浓度，在静态条件下测试，每升空气中 ≥ 0.5μm 的悬浮粒子数 ≤ 17600000 粒；并要求温度变化率小于 5℃ /h 且不结露。

　　根据所取参数，本案例空调负荷计算如表 5.25 所示。

表 5.25　空调负荷计算表

建筑名称	工艺机架（架）	单机架功（kW）	工艺负荷（kW）	电力负荷（kW）	建筑负荷（含围护结构等）（kW）			空调冷负荷（kW）	设计总负荷（kW）富裕 1.1
					空调面积（m²）	负荷指标（W/m²）	建筑负荷（kW）		
1# 楼	1020	5.5	5677	568	7044	100	704	6949	7644

4）冷源及末端形式概述

　　（1）冷源：根据该市气候特点，为保证机房安全、节能运行，本设计数据机房采用集中式水冷冷冻水空调系统形式，冷冻水系统供 / 回水温度设计为 14/20℃。冷冻水空调系统主机拟采用三台 1100RT（制冷量 3869kW）的高压变频水冷离心式冷水机组（两台主用一台备用），提供总制冷量 7738kW，满足本数据中心空调制冷负荷要求。冷水机组于数据中心一层冷冻机房集中布置。考虑到漏水、检修等因素，冷冻机房内由土建专业布置断面尺寸不小于 200mm × 150mm 的排水沟，并保持坡向集水井的坡度。

　　根据本数据中心的实际情况（已有两路高压供电），空调冷水主机选用高压冷水机组，具有启动电流小，运行电流小，降低用电设备和电缆规格，减少线路压降和损失，节省变压器和耗损的优势。同时也具有危险性高，谐波干扰，磁场强，易产生电晕，对操作人员要求高（需同时具备空调和高压电的操作证），高压冷水机组比低压冷水机组设备成本高 15% ~ 30% 的劣势，综合比较高压变频冷水机组投资和运维成本较高，初设阶段初步确定按高压变频冷水机组配置。

　　为保证系统节能运行，本设计冷却塔风机、水泵等均配置变频控制，冷冻水空调系统配置集中自控系统，系统管道选用电动切换阀门，实现远程监控与自动切换控制，提高空调系统整体能效。空调系统结构示意图如图 5.16 所示。

　　初期装机容量较小，无法满足单台冷水机组启用条件时，可通过热气旁通和变频解决机房供冷需求。

　　集中式冷冻水空调系统中每台水冷离心冷水机组配套一台板式换热器，本次设计冷水机组和板换的管道连接方式为串并联模式，最大限度利用自然冷源，减少冷水机组开启时间，提高冷空调系统的制冷效率，降低能源消耗。

　　（2）空调补水系统：本数据中心考虑土建设计阶段设置一路独立水源 + 补水池的补水方式，集中设置应急补水池，应急补水时间按 12 小时考虑，本次项目空调冷却塔补水管相应接至屋面预留给水接口。

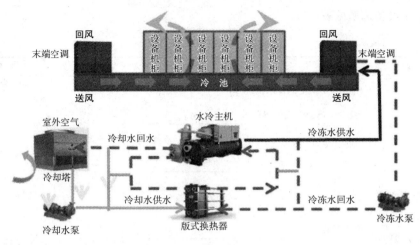

图 5.16　空调系统结构示意图

（3）空调群控系统：为保证系统节能运行，本设计冷水机组、冷却塔、水泵等均配置变频控制，实现部分负荷时段节能运行。冷冻水空调系统配置集中自控系统，系统管道选用电动切换阀门，实现远程监控与自动切换控制，提高空调系统整体能效。

（4）空调冷源系统如图 5.17 所示。

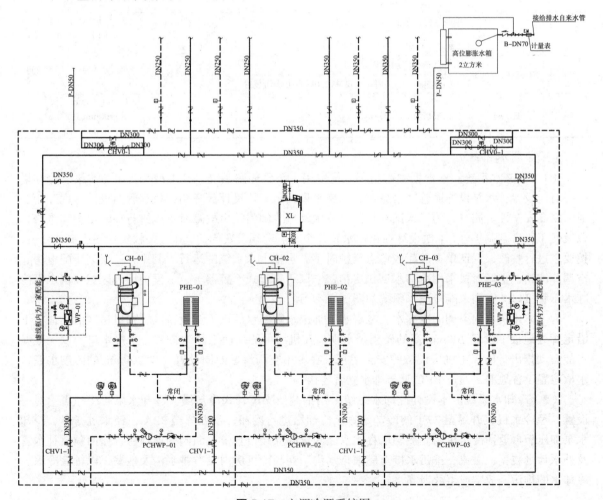

图 5.17　空调冷源系统图

（5）冷站主设备选型见表5.26。

表5.26　冷站主设备选型

序 号	设备编号	项 目	数 量	单 位	备 注
1	CH–01 ~ 03	10kV变频离心式冷水机组 $LQ_冷$=3869kW（1100RT），N=513kW，10kV 蒸发器：$L_流$=554m³/h， 压降≤80kPa 蒸发器进出水：14 ~ 20℃ 冷凝器：$L_流$=762m³/h，压降≤80kPa	3	台	变频控制（两台带热气旁通） 其中一台备用
2	PHE–01 ~ 03	板式换热器 L=4300 kW，二次侧：14 ~ 20℃，一次侧：12.5 ~ 18.5℃	3	台	
3	CP–01 ~ 03	冷冻水泵 L=620m³/h，H=40m，N=110kW	3	台	（双吸泵）效率＞80%、n=1450r/s；其中一台备用；变频
4	CTP–01 ~ 03	冷却水泵： L=850m³/h，H=30m，N=110kW	3	台	
5	CT–01 ~ 03	钢制低噪声开式冷却塔 LQ≥4500kW（湿球温度28℃） LQ≥3900kW（湿球温度8℃） N=60kW，380V	3	台	风机变频；其中一台备用；温度传感器、液位传感器厂家配套
6	WP–01 ~ 02	微晶旁流装置 L=1100 m³/h，功率：1kW/220V	2	台	承压1.0MPa；缓蚀、除锈、防垢、除垢、超净过滤；一台备用
7	SC01–01 ~ 03	全自动智能加药装置 L=850m³/h，功率：1.6kW/220V 自带排污装置	3	台	承压1.0MPa；一台备用
8	ET–01	膨胀水箱：容积1m³	1	台	尺寸1100mm（长）×1100mm（宽）×1100mm（高）

5）空调水系统

（1）冷冻水系统。本数据中心空调系统采用一级泵环网系统，其中冷水机组与水泵、冷却塔一一对应设置，水泵设连通管互为备用，冷冻水供回水管均设计成环路，机房管路设计考虑互用互通，提高安全性。同时，为了保证在局部冷冻水管道或阀门发生故障时可以进行在线维护和维修，以及便于机房空调扩容，本次设计在供回水管每个节点两端设置阀门，并一一核实现场已安装管道，按要求进行整改，保证单点故障或单点维护时不影响整个水系统的运行。其中，一层高压配电房、空调冷冻站，空调形式采用冷却水型机房精密空调（壳管式冷凝器），一层门厅等区域预留水平冷冻水干管接口。空调末端冷冻水系统如图5.18所示。

为了防止机房内空调的冷冻水、冷凝水及加湿水管漏水后进入主设备区，在机房区活动地板下沿走廊处地板下设置200mm高的砖砌挡水坝，在机房一侧地面上均匀排布若干排水口，以保证漏水能自动排出，确保主机房设备的安全运行，在专用空调设备四周设置至少200mm的砖砌水槽，水槽位置设置地漏，通过PVC管与排水立管连接。

（2）冷却水系统。本设计冷却水系统采用钢制低噪声开式冷却塔，冷却水泵与冷却塔一对一设置，经冷水机组升温至37℃的冷却水送至冷却塔进行冷却，水温降至32℃，经水过滤器、冷却水泵加压后再返回冷水机组。冷却塔存水盘之间设独立接口且带关断阀的连通管，屋面预留补水管及补水计量装置，溢流、排污水接至屋面排水沟。在制冷机房内设有排水沟及地漏，以排除冷水、冷却水的排污、放空或事故泄漏水。

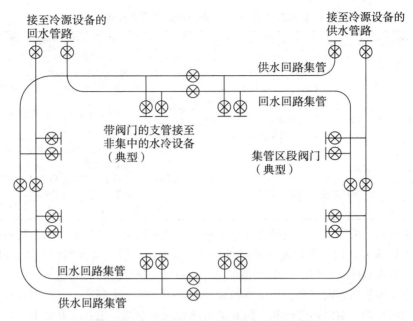

图 5.18　空调末端冷冻水系统环网示意图

冷却水系统按单元模块规划，每个模块相互独立，便于分期建设和维护管理，室外水管道均设置电伴热系统，冷却塔集水盘配置电热器，避免管道冻裂，保障系统安全可靠运行。

（3）空调水处理系统。冷却水系统设有全自动加药装置，水质抽样检测装置，与冷却塔一一对应，保证冷却水的水质。

（4）空调系统的定压、补水。冷冻水循环系统采用高位膨胀水箱定压补水，膨胀水箱设置于屋顶。

（5）空调水管标识标准。数据中心相关管道系统采取 PVC 管道及管件彩壳外护标识工艺。中温冷冻水供水管道为深蓝色，中温冷冻水回水管道为潘通绿色，中温冷冻水用冷却水供水管道为浅蓝色，中温冷冻水用冷却水回水管道为浅蓝绿色，冷却水旁滤管道为灰色，冷却塔加药管道为紫色。在管道每隔 2 米及穿墙的两侧，视觉易见区域贴上白底＋黑体文字箭头标识（箭头指向水流方向，文字标注管道水流的类别），相关附近管线的白底＋黑体文字箭头标识在一个水平（竖直）线上，确保机房维护快捷便利，外观美观得体。

6）空调风系统

本数据中心 IT 机房通过封闭冷（热）通道将冷热气流完全隔离（另外要求机柜配盲板，减少冷热气流混合），提高冷量的利用效率。

配电室、电池室气流组织形式为风帽上送风、机组侧下回风。

IT 机房采用列间空调方式建设，主要采用微模块机架方式建设。

为维持机房正压，满足机房卫生要求及正压需求，本次 IT 机房均设置新风系统。

7）空调末端的选择

随着单机架功耗的不断增加及空调技术的发展，空调末端也随之发生改变，空调末端越来越接近热源，由房间级空调逐步向列间空调、背板空调和液冷服务器方向发展，制冷的颗粒度越来越细，越来越精确，能耗比也越来越高，空调末端要求既能达到制冷效果又节能，因此，在空调末端的选取上，既要考虑空调末端的效果和经济投资，也要考虑一定的先进性。

数据中心采用的房间级空调和列间空调的对比见表 5.27。

表 5.27　房间级空调和列间空调对比表

序　号	对比项目	房间级空调	列间空调
1	制冷效果	差，由于每列机架较多，间间级空调单面安装，采用房间级空调对距离较远的机架制冷效果差	优，空调安装在机架中间，送风距离短，制冷效果好且节能
2	节　能	差，送风距离远，能耗损失大	优，空调送风距离短，按需供冷，节能
3	空调安装位置	根据机房布局，房间级空调需要采购单台 140kW 制冷量才能布放，如果采用小于 140kW 房间级空调，空调房间空间不足	本期列间空调采用较为常用的 40kW 或 40kW 冷冻水列间空调
4	灵活性	不能升级	微模块内预留空调柜位即可实现机房平均功率密度提升
5	安全性	采用 N+1 配置，当一台坏了，备用空调送风距离将更远，可能存在热岛风险	每个微模块采用 N+1 方式配置，备用的颗粒度小，安全级别高
6	投　资	低	高

　　由以上对比可知，采用列间空调缺点在于高投资与水进机房存在隐患，需要对主机房做好防水以及漏水监测等措施，其他方面均优于房间级空调。根据房间级空调及列间空调 CFD 仿真结果，房间级空调可能存在制冷不均匀，产生热岛效应，列间空调制冷更均衡。

　　本数据中心主要采用列间空调。由于本数据中心采用了冷冻水制冷，因此列间空调主要有三种形式：冷冻水列间空调、重力热管列间空调和动力热管列间空调。三者的差别主要体现在选择水进机房和水不进机房方式建设。水进机房方式配置的是冷冻水型末端空调，冷冻水直接连接到列间空调进行热交换；水不进机房是指列间空调采用冷媒为媒介，冷媒通过壳管或板式换热器在空调房与冷冻水热交换。这两种方式的优劣势见表 5.28。

表 5.28　末端空调对比表

序　号	对比项目	冷冻水列间空调（水进机房）	热管型列间空调（水不进机房）
1	投　资	低	高，每台空调多配置一个板换及氟泵
2	效　率	高	低，多了板换（和氟泵）
3	规　格	使用条件限制小，单台制冷量从 12.5kW 到 60kW 均可选择	使用条件限制多。回风温度要求高，单台最大制冷量只能达到 40kW
4	密闭方式	可密闭冷池或热池	密闭热池效果更加好
5	安全性	差，水进机房存在安全隐患	优，水不进机房
6	维　护	难，冷冻水管布放在活动地板下，难以维护，且较为复杂	较容易，冷冻水管不需布放在活动地板下，且统一集中在空调房维护

　　从上表对比数据看，采用冷冻水列间空调和热管列间空调各有优缺点，建议采用冷冻水列间空调，水进机房。

　　8）空调管材

　　（1）空调系统风管及排风风管均采用镀锌钢板制作，厚度按国标。

　　（2）空调系统冷冻水、冷却水水管均采用无缝钢管焊接连接，管道内表面进行酸洗、钝化预膜处理，外表面除锈处理后刷防锈漆。

　　（3）冷凝水管采用钢塑复合管（涂塑），丝扣连接，排水坡度 0.005，坡向排水立管。

　　（4）冷冻水管、冷却水管、冷凝水管、加湿水管及其上的阀门、零配件等需用难燃 B1 级橡塑作为保温材料，冷冻机房及室外部分保温管道保温层外设彩钢板保护层。保温材料性能参数如下：平均温度 35℃时，导热系数 < 0.037W/m² · k，吸水率 ≤ 10%，氧指数 ≥ 32%，湿阻因子 > 20000。

　　（5）机房空调送风管均需保温，保温材料采用难燃 B1 级橡塑海绵，厚度为 28mm。

　　（6）冷冻水管管材，管径 ≤ DN50 采用热镀锌钢管，DN50 < 管径 ≤ DN150 采用焊接钢管。

热镀锌钢管和焊接钢管需满足低压流体输送用焊接钢管（GB/T3091–2015）要求。管道连接形式：水管管径 DN ≤ 50 采用丝扣连接，DN > 50 采用焊接连接。凝结水管采用镀锌钢管，螺纹连接，镀锌层破坏处需做二次防腐。水管应在结构预留结点处设置支吊架，支吊架间距符合设计要求。

（7）阀门：DN ≤ 40 采用铜质截止阀，50 ≤ DN < 150 采用手柄传动法兰蝶阀。所有蝶阀均采用高可靠性双向密封蝶阀，阀体为球墨铸铁，阀芯为不锈钢。管道和设备入口 Y 形过滤器采用法兰 Y 形球墨铸铁过滤器（大内胆、高流通面积）。排气阀采用铜丝扣自动排气阀 DN20。压力表为不锈钢压力表，量程 0 ~ 1.6MPa。温度计为不锈钢盘式温度计，量程 0 ~ 50℃。

（8）安装前必须仔细检查管道质量，并需认真清除待装管道内积存的污物，然后按照图纸中所标注的位置、坡度、坡向及标高施工。安装电动调节阀的局部管道应严格保持水平。

（9）安装前必须对配用管件进行外观检查，凡有裂缝、砂眼及明显缺陷的管件严禁使用。所有阀门在安装前除先做上述外观检查外，还需做组装性能检查，视其动件是否正确和灵活，关断用阀门必须做严密性实验，不合格的阀门严禁安装到管道系统上。

（10）放气、排污、坡度、清洗阀：

① 空调冷热水管道立管及水平干管的最高处需设自动排气阀。

② 空调冷热水管道立管最低处需安装长度大于 200mm 的集污管，底部设 DN40 排污球阀。

③ 空调机组供水管最低处需设 DN20 泄水丝堵。

④ 空调箱空调凝结水管出口处需设存水弯。

⑤ 空调冷凝水管的坡度 ≥ 0.3%，且不得上翻，冷凝水水平干管始端应设置扫除口，立管的顶部应设置透气管。

（11）套管：空调水管穿墙或穿楼板处必须加套管，套管内径应比管道保温层外径大 20 ~ 30mm，套管处管道不得有接头、寒风。在管道保温工程竣工后，用防火材料塞实空隙。墙体上的套管两端应与墙面抹灰外平，穿楼板的套管应比建筑面层高出 30mm，套管可用厚度为 1.5mm 的镀锌铁皮或内径适合的钢管制作。

（12）支、吊架：空调水管道的支、吊架处必须衬垫大于或等于保温层厚度的 PE 管托。管道支、吊架的位置不允许妨碍水过滤器、阀门等关键的拆装，也不得占用设备的操作空间，空调水管道水平吊点采用对穿楼板吊点或用膨胀螺栓固定在结构梁板上。支座按"施工图设计大样图集"施工，水管支座采用摩擦系数小于 0.1 的聚四氟乙烯活动支座；吊架按国家标准 05R417–1 施工。水管支吊架安装间距见表 5.29。

表 5.29　水管支吊架安装间距表

公称直径	每米重量（kg/m）	允许最大跨距（m）	公称直径	每米重量（kg/m）	允许最大跨距（m）
DN100	33	4	DN80（或以下）	17	3

9）空调节能措施

（1）利用自然冷源。该数据中心所在地室外湿球温度 ≤ 8℃的时间约 590 小时，占全年 6.7%，室外湿球温度 ≤ 15℃的时间约 2814 小时，占全年 32.1%，具备利用自然冷源的条件。具体湿球温度段与全年出现的时长见表 5.30。

表 5.30　该地市全年湿球温度与时间统计表

分段序号	1	2	3	4	5	6	7
	0	5	8	15	20	25	30
湿球温度段（℃）	0 ~ 5	5 ~ 8	8 ~ 15	15 ~ 20	20 ~ 25	25 ~ 30	30 ~ 35
时间（h）	49	541	2224	1792	2925	1229	0

根据上表进行统计分析，具体湿球温度时间段和全年的时间长短如图 5.19 所示。

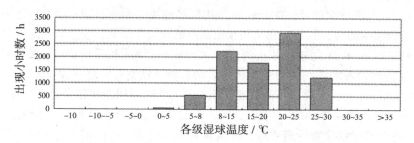

图 5.19　该地市全年各级湿球温度与频数分布

结合当地气候特点，本数据中心机房区全年制冷，空调系统主要采用冷冻水集中空调系统，过渡季节和冬季采用开式冷却塔 + 板式换热器免费制冷方式，此时冷冻水主机（压缩机）不开启，最大限度减少空调能耗。

（2）自然冷却技术（冷却塔免费制冷）。采用高效水冷离心式冷水机组 + 板式换热器相结合的集中空调系统形式，当室外环境温度较低（湿球温度低于 8℃），全部或部分使用自然界的免费冷源进行制冷，从而减少冷水机组压缩机开启的时间，以降低空调系统运行能耗。系统结构详见图 5.20。

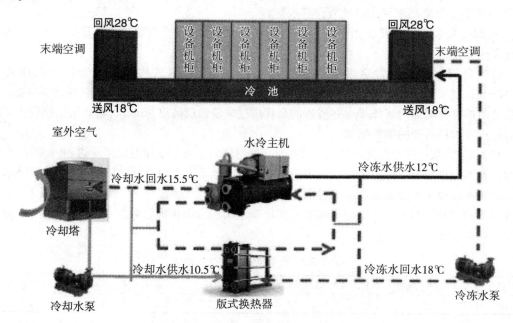

图 5.20　本项目空调系统结构示意图

运行工况如下：

① 冷却水出水温度 $t > 18.5℃$，冷水机组压缩机制冷。

② 冷却水出水温度 $12.5℃ < t \leqslant 18.5℃$，部分冷水机组压缩机制冷 + 通过板换换热实现免费制冷。

③ 冷却水出水温度 $t \leqslant 12.5℃$（湿球温度 $t_s \leqslant 8℃$），停止压缩机工作，全部通过板换换热实现免费制冷。

（3）采用变频电机节约能源。冷水机组、冷却塔、水泵、恒温恒湿空调末端风机均采用变频控制，实现部分负荷时段的节能运行。

① 冷水机组、冷却塔变频控制。冷水机组、冷却塔采用变频电机，在部分负荷和满负荷的不

同气象条件下实现节能效果。

② 变频水泵。冷却水和冷冻水的水泵由于常年运转，耗能惊人；变频水泵可以在部分负荷时通过降低频率减少水的流速来节能。

（4）提高冷冻水供回水温度和供回水温差。冷水机组标准的冷冻水供回水温度为 7/12℃，这个温度大大低于数据中心正常运行在 40% 左右相对湿度的露点温度，从而形成大量的冷凝水，需要进一步加湿才能保持机房的环境湿度。这个除湿和加湿过程都是消耗能量的过程。冷冻水的温度和冷水机组的效率成正比，因此，将冷冻水供回水温度提高为 14/20℃，年节能率提高 15% ~ 20%。供回水温差增加 1℃，对应水泵流量可减少 20%，能耗大幅降低。

（5）其他空调节能技术：

① 水冷恒温恒湿空调采用调速（EC）风机。调速风机一般根据回风温度控制风机的功率，若回风温度较低，就降低调速风机的功率减少风量，若回风温度较高，就提高调速风机的功率增加风量。采用下沉方式安装调速风机比普通风机节省能耗约 35%。

② 封闭冷（热）通道技术。将冷热气流完全隔离（另外要求机柜配盲板，减少冷热气流混合），提高冷量的利用效率。封闭冷（热）通道后，空调回风温度可提高至 30℃ 左右（传统机房回风温度 24℃），减少空调系统运行能耗。

③ 背板冷却。热管背板送风距离近，风机能耗小，运行费用低，由于实现了就地冷却，机房高热密度冷却效果好。机房内无须设架空地板，对机房层高要求较低，不需要安装封闭冷通道，分期建设相对更灵活。另外背板占用机房空间少，机房装机率较高。根据复核及以往项目经验，供回水温度为 14℃ /20℃ 的热管背板空调单台制冷量可达 7.8kW，满足大于本数据中心单机柜 5kW 功耗的要求。

④ 独立加湿除湿。机房加湿除湿采用独立恒湿机，取消空调末端电极式或红外式加湿功能，大幅降低机房空调系统的运行能耗，节省空调及电源配套的投资。

10）空调自控系统

（1）空调自控系统主要对以下设备进行监测和控制：冷水主机、冷水循环泵、冷却水泵、电动阀门、冷却塔、蓄冷罐以及相关数据采集设备等。通过控制器将各设备的控制和状态接入对应运维监控室进行远程监测和控制。

本系统采用集散式直接数字控制系统（DDC 系统）作为空调自动控制系统，制冷机房内的主要设备均纳入 DDC 控制系统，系统需满足以下监测及控制功能：

① 制冷机组：蒸发器进出口水温；冷凝器进出口水温；蒸发器、冷凝器的水流状态；供 / 回水水流状况；供 / 回水水温；每台机组耗电量；供 / 回水压差监测；输出冷量监控；供水温度设定。

② 水泵：水泵流量；变流量水泵频率监测及控制；每台水泵耗电量；每台水泵水流压差监测。

③ 冷却塔：冷却塔补水耗水量；水位溢流报警；每台冷却塔耗电量；变频风机转速；水位溢流报警。

④ 制冷机组、水泵、冷却塔风机、冷却塔泄放装置等设备的工作状态、控制及故障报警。

⑤ 制冷机组、水泵等设备的启停次数、累计运行时间，以及设定定时检修提示。

⑥ 制冷机组自带监控设备，从而控制制冷机组的开停和所供冷量。

⑦ 室外温度、通信机房内温湿度检测。

⑧ 冷冻水系统静压检测、流量检测、阀门状态检测、漏水检测、制冷剂泄露检测，制冷剂泄露报警装置与已安装排风机联锁。本次设计采用自动化组件监测冷冻水供、回水温度及回水流量，送至控制系统的计算机，再根据实际冷负荷情况，进行负荷分析，决定制冷机组或板换的开启台数，以达到最佳节能状态。当制冷机组采用自动方式运行时，冷水中各相关设备及附件与冷水机组电气联锁，制冷机组在水流得以证实后启动。

（2）控制系统能实现以下运行工况的控制。主机单独制冷运行工况（水冷主机常规制冷）；半自然冷却运行工况（板式换热器＋冷水主机联合供冷）；完全自然冷却运行工况（板式换热器运行）；运行模式根据湿球温度切换。注：模式切换时，相应的冷冻水泵、冷却水泵不得停止。

（3）冷水机组、冷冻水泵、冷却水泵、冷却塔及其进水电动阀开启次序由电脑集中控制，启动顺序为：冷却水阀→冷却水泵→冷却塔风机→冷冻水阀→冷冻水泵→制冷机组；停止程序为：制冷机组→冷冻水泵→冷却水泵→冷却水阀→冷却塔水阀→冷却塔风机。

（4）冷水系统采用冷量控制冷水机组及其对应的水泵、冷却塔的运行台数。系统设计从数据中心日常运营管理的角度出发，满足数据中心 7×24 小时运行条件，为数据中心正常运行提供连续性的保证；空调冷源控制系统采用"分布式"结构，DDC 采用分散布放时，与服务器之间的连接采用星形方式。

系统现场设备采集层由各种 I/O 采集、控制模块组成，直接连接各种被监控设备。硬件采集模块采用模块化设计，输入输出点通过采集模块组合完成对监控系统中需要被监控设备和控制点的匹配，并采集现场信号。

2. 空调群控

1）设计依据

（1）《数据中心设计规范》GB 50174-2017。

（2）《建筑物电子信息系统防雷技术规范》GB 50343-2004。

（3）《建筑设计防火规范》GB 50016-2014（2018 年版）。

（4）《中央空调水系统节能控制装置技术规范》GB/T 26759-2011。

（5）其他有关规划、建筑、公安等部门的规定和标准，以及最新颁布的相关国家标准。

2）空调群控系统

制冷站内布置水冷式制冷单元组及其配套设施，每套高压制冷单元组由高压冷水机组、板式换热器、冷冻水循环泵、冷却水循环泵、冷却塔及相关阀件等组成，每套制冷单元组设置一个控制器。冷水机组重新启动到正常供冷前的连续供冷。

本数据中心设计的监测和控制内容如下：

（1）冷水机组配置负荷调节、运行状态、故障显示与报警、完备的控制及自保护装置，可实现机组空调出水温度的控制、调节能量等功能，机组配备标准通信接口。

（2）冷水机组采用群控的控制方式，实现能量计算、温度控制、机组及配套组件的自动投入或退出、机组的均衡运行，实现空调冷源系统智能化运行，达到可靠、经济运行的目的。

（3）冷水机组、冷冻水循环泵、冷却水循环泵、冷却塔风机设启停机顺序联锁，并设置手动 / 自动远距离启停，安全保护故障报警，安全停机等 DDC 自动控制系统。

（4）开机顺序：冷水机组与冷冻水泵、冷却水泵和冷却塔一一对应，联锁控制，制冷系统开启时先开启对应的冷水机组和冷却塔进水管上的电动蝶阀、冷却塔风机、冷却水循环泵、冷冻水循环泵、冷水机组。停机顺序与上述相反。

（5）根据室外湿球温度信号进行制冷组的三种工况切换：机械制冷工况、部分自由冷却工况、完全自由冷却工况。

（6）监测冷水机组冷冻水、冷却水供回水的温度、压力、流量；监测冷却塔风机启停状态、故障报警状态及手 / 自动状态；监测冷却塔进出口温度、集水盘液位和温度，冷却塔集水盘液位和温度超高、超低报警；监测冷冻水循环泵、冷却水循环泵、冷冻水补水泵的主要运行状态和故障报警信号及手 / 自动状态。

（7）冷冻水补水定压膨胀罐（备用定压设备）的压力和低压声光报警信号引至控制值班室。

（8）监测软水箱、开式蓄水罐、冷却水补水池液位及超高、低限报警，根据开式蓄水罐水位信号控制补水泵启停。监测自来水流量。监测冷却水补水量。

（9）监测冷却水补水泵的启停、故障报警及手 / 自动状态。

（10）监测加湿水泵的启停、故障报警及手 / 自动状态。

（11）所有运转设备的开停信号，引至控制值班室。

（12）所有电动控制阀的开闭设就地操作和控制值班室操作按钮。

（13）冷水机组设制冷剂泄漏监测报警系统，一旦发生制冷剂泄漏时，则向控制值班室操作人员发出声光信号，同时制冷剂泄漏机组自动停机。联锁排风机和送风机启动，高速运行。

（14）监测冷水机组、水泵等设备的启停次数、累计运行时间、定时检修提示。监测压差旁通装置压差值。

（15）冷水机组控制：每台冷水机组控制与冷冻水泵、冷却水泵和冷却塔一一对应，联锁控制。

（16）当制冷组接到制冷单元控制器的启动命令后，顺序启动电动阀门、冷却塔、水泵、冷水机组等并向控制器确认状态。在此期间内，若电动阀门、冷却塔、水泵、冷水机组等任何一处状态不正常，制冷单元启动程序将终止；制冷站管理器将锁定该制冷单元，然后选择另一组运行；前端报警。

（17）一旦选择的冷水机组运行，出厂时安装的控制器将维持冷冻水供水温度在 14℃（可调）。

（18）检测制冷单元组的运行时间，对其进行均一化管理，即优先启动累计运行时间较短的制冷单元组；关闭过程中，优先关闭累计运行时间较长的制冷单元组，以保证所有的制冷单元组运行时间基本一致。

（19）加减机策略：冷水机组根据冷冻水的供 / 回水温度、机组电流自动选择冷水机组运行台数，以便达到最佳的节能状态。加机策略：冷冻水泵频率达到 45Hz，且供水温度 > 15℃（可调）并持续 15min（可调），加机；减机策略：每台机组运行电流与额定电流的百分比之和除以（运行台数 −1），如果得到的商数小于 80%（可调），并持续 15min（可调），减机。

（20）运行过程中，尽量使正在运行的每套制冷组的负荷百分比一致，即等于所有制冷组的平均负荷百分比。

（21）如果制冷单元控制器指示需要增开一套制冷组，同时正在运行的制冷组运行在部分自然冷却模式或者全部自然冷却模式。那么制冷组管理器将命令增开一套制冷组，新开的制冷组运行模式参照正在运行的制冷组。

（22）冷却塔控制：冷却塔风机根据设定的冷却水出水温度进行变频调节，在机械制冷工况下，冷却水出水温度设定为室外湿球加 6℃（可调）；在部分自然冷却工况和完全自然冷却工况下，冷却水出水温度设定为 12℃（可调）。

（23）冷却塔风机启动控制：接到制冷单元控制器的启动命令后，制冷单元组的冷却塔风机处于相同转速，风机以厂家允许的最小转速启动，当所有风机确认运行状态后，风机根据需要运行在同一转速，维持冷却水出水温度在设定点。

（24）冷却塔集水盘液位由冷却塔自带液位传感器监测，并输出给制冷单元控制器。

（25）机械制冷工况下，冷却塔出水温度大于室外湿球加 6℃（可调）并持续 15min（可调），声光报警至前端。完全自然冷却工况下，冷却塔出水温度大于 12℃（可调）并持续 15min（可调），声光报警至前端。

（26）冷冻水泵变速控制：通过测量分集水器两侧的压差与压差设定值比较，调节水泵转速。冷冻水泵运行状态参数可以在变频器控制盘上显示并输出至制冷单元控制器。

（27）冷却水泵变速控制：冷却水泵仅在完全自然冷却工况下变频，根据板换侧冷冻水设定温度（14℃）进行变频。在机械制冷工况及部分自然冷却工况下，冷却水泵工频运行。

（28）冷冻水压差旁通阀流量控制：当仅有一台冷机运行，冷冻水泵根据分集水器两侧的压差变频调节至25Hz（可调）且压差仍然较大时，维持水泵频率25Hz（可调）不变，开启分集水器间的压差旁通阀，旁通阀开度由压差信号调节，维持压差平衡及冷机最低流量。

（29）其他空调设备控制：冷冻水补水泵（主用）根据开式蓄水罐水位信号控制补水泵启停，冷冻水补水定压膨胀罐为备用定压设备，平时不启用，待补水泵故障时启用，根据气压罐压力信号进行启停控制。

（30）工况切换控制：根据室外湿球温度信号进行制冷组的三种工况切换，即机械制冷工况、部分自由冷却工况、完全自由冷却工况。

（31）室外湿球温度大于11℃（可调）时，制冷组处于机械制冷模式。

（32）当室外湿球温度达到11℃（可调）且冷却水出水温度低于17℃（可调），并维持20分钟（可调）。制冷单元控制器发出部分自然冷却模式的命令。冷却塔设定出水温度改为12℃（可调）。冷水机组电动旁通阀V7根据冷却水温度控制，当室外湿球温度达到6℃（可调）且冷却水出水温度达到12℃（可调），并维持20分钟（可调），制冷单元控制器发出完全自然冷却模式的命令。此时，冷水机组关闭，冷却水泵根据换热器冷冻水出水设定温度14℃（可调）变频调节，冷却塔风机根据冷却水出水温度12℃（可调）变频调节。

（33）全部自然冷却工况下，如果所有冷却塔风机全部运行持续20分钟，换热器冷冻水供水温度始终高于14℃（可调）并持续15分钟（可调），全部自然冷却工况将被终止。制冷组将通知制冷机管理器解除全部自然冷却模式，进入部分自然冷却模式。

（34）若制冷单元控制器指示需要增开一套制冷组，新开的制冷组运行工况参照正在运行的制冷组。

空调集中控制系统结构如图5.21所示。

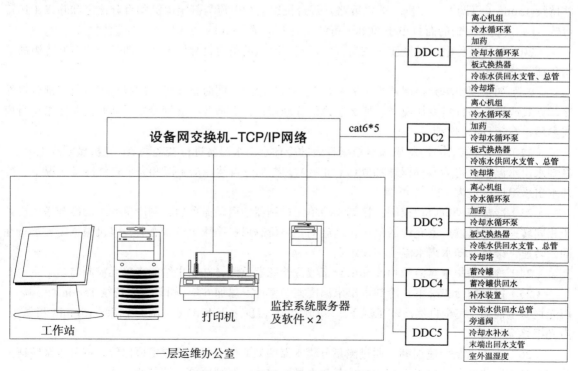

图5.21　空调集中控制系统结构图

3）主要设备表

控制系统主要设备表见表 5.31。

表 5.31 控制系统主要设备表

序 号	产品名称	参数规格	数量	单位	备 注
一	系统工作站				
1	中央操作站	双核处理器，2G 内存，320G 以上硬盘，3.0GHz 以上主频，带 RS232 接口；19 吋液晶显示器	1	台	
2	打印机	针数：24 针，接口 IEEE-1284 双向并行接口，打印速度：超高速、高速，信函质量：中文（6.7cpi）：220 汉字/秒、146 汉字/秒、73 汉字/秒，英文（10cpi）：440 字符/秒、330 字符/秒、110 字符/秒	1	台	
3	群控系统软件	定 制	1	套	
4	冷水机组接口	标准 MODBUS RTU/ASCII 协议或 BACnet 协议，网关	1	套	
二	现场控制器及扩展模块				
1	控制器	（1）DDC 应具有数字输入输出点、模拟输入输出点 （2）DDC 的选择搭配上应保证满足系统所需控制点位数量并留有不低于 15% 的点位余量，以便以后控制点的扩充 （3）DDC 的选择、设置上应与施工图纸中系统图及平图纸对应：冷冻机房 DDC 的选型应保证选用带有 CPU 的 DDC 控制器，控制区域内点位不足可允许使用少量输入输出模块对点位进行扩充	以实际为准	台	DDC 的选择搭配上应保证满足系统所需控制点位数量并留有不低于 15% 的点位余量，各厂家可根据自身产品实际情况搭配控制器及相应扩展模块
2	电源模块	24V AC 外接电源供应，可为 7 个 BCM 模块供电，电源供给输出通过简单的带状电缆连接。7.2V 镍镉蓄电池为有序的关机和数据备份提供临时电源	以实际为准	台	
3	通信模块	高性能的符合 BACnet 标准的路由器及全局控制器，通过 BCM-PWS 电源模块供电。支持一个 BACnet 以太网和一个 BACnet MS/TP 网络连接	以实际为准	台	
4	通信扩展模块	高性能的符合 BACnet 标准的路由器及全局控制器，通过 BCM-PWS 电源模块供电，可连接一条 MS/TP 网络	以实际为准	台	
三	末端设备				
1	室外温湿度传感器	湿度测量范围：0 ~ 100%RH，3% 精度；输出信号：0 ~ 10V DC 或 4 ~ 20mA；温度测量范围：-40 ~ 70 ℃，NTC10K，±0.2℃ @25℃	以实际为准	只	各种传感器变送器量程不大于该参数最大值 1.5 倍；流量计精度不低于 0.5%；末端设备具体要求详见技术规范书
2	流量计	电源：DC 24V；量程：0 ~ 8m/S；输出：4 ~ 20mA；介质温度：-25 ~ 150℃，精度 ±3%；测量值：IP66	以实际为准	只	
3	水管温度传感器（带护套）	湿度元件：NTC10K；测量范围：-20 ~ 105℃，包含不锈钢保护套管；防护等级：IP23	以实际为准	套	
4	水管压力传感器	电源：24V AC；输出：4 ~ 20mA；介质温度：-15 ~ 80℃；防护等级：IP65	以实际为准	只	
5	水浸变送器	工作温度：0 ~ 50℃；四档灵敏度可调；水浸传感器长度 30m	以实际为准	只	

续表 5.31

序　号	产品名称	参数规格	数　量	单　位	备　注
6	液位开关	使用温度：0 ~ 80℃；线缆长度 3m；触点容量：250V，8A；机械寿命 500 000 次；防护等级：IP67	以实际为准	只	各种传感器变送器量程不大于该参数最大值 1.5 倍；流量计精度不低于 0.5%；末端设备具体要求详见技术规范书
7	液位传感器	测量介质：非腐蚀性液体；介质温度：−20 ~ 70℃；10 面线缆；浸入式传感器；输出信号：4 ~ 20mA	以实际为准	只	
8	制冷剂浓度传感器	监测制冷剂类型：R134A 等制冷剂；模拟量输出；输出信号：0.2 ~ 1mA，4 ~ 20mA；电源：10 ~ 32V，300mA；防护等级：IP54，带有防溅罩，电缆尺寸：带有屏蔽的电缆线，3 × 0.75mm 传输 500m，3 × 1.5mm 传输大于 500	以实际为准	只	
四	辅助设备				
1	控制器箱体组件（600 × 500 × 200mm）	箱体尺寸：600mm × 500mm × 200mm，内含空气开关、熔断器、端子排、内部连接导线、继电器、变压器等元器件	以实际为准	套	定制，根据 DDC 设置位置，DDC 数量及尺寸可根据现场情况调整
2	控制器箱体组件（800 × 600 × 200mm）	箱体尺寸 800mm × 600mm × 200mm，内含空气开关、熔断器、端子排、内部连接导线、继电器、变压器等元器件	以实际为准	套	
3	控制器箱体组件（1000 × 800 × 200mm）	箱体尺寸 1000mm × 800mm × 200mm，内含空气开关、熔断器、端子排、内部连接导线、继电器、变压器等元器件	以实际为准	套	
4	辅　材		1	批	

3. 空调配电

本数据中心电气系统设计主要包括数据中心空调冷源设备的配电系统、高低压配电房、制冷机房和油机房的照明系统等。

1）设计依据

（1）《供配电系统设计规范》GB 50052—2009。

（2）《低压配电设计规范》GB 50054—2011。

（3）《数据中心设计规范》GB 50174—2017。

（4）《建筑设计防火规范》（2018 年版）GB 50016—2014。

（5）暖通及各相关专业提供的技术资料。

2）空调配电系统设计

（1）空调配电系统。空调配电系统主要包括一层冷冻机房冷源设备、屋面冷却塔和一层配电房空调末端设备的配电，空调设备均按一级负荷配电，采用双路电源，末端切换。

10kV 冷水机组采用变频控制，电源引自一层配电房高压配电系统，冷水机组的变频控制柜由厂家配套提供，冷机控制屏需不间断电源保障；冷却水泵、冷冻水泵均采用变频启动，配置双电源切换柜，变频控制装置设置在配电柜内；冷却塔风机采用变频启动，在冷却塔双电源切换柜内设变频控制装置；配电房内的空调末端采用双电源供电，配置双电源切换配电箱。

空调末端配电，为满足空调设备供电，本次工程在二楼电力室配置两台空调配电柜，主路、备路分别从 1#、2# 低压系统 630A 断路器引电；在三楼电力室配置两台空调配电柜，主路、备路分别从 3#、4# 低压系统 630A 断路器引电；在一楼运维办公室新增一套空调配电箱 AL1，配电箱从二楼 F1 空调配电柜引电。走道间和维护办公室空调均从一楼空调配电箱引电，二楼所有空调均在二楼空调配电柜引电，三楼所有空调均在三楼空调配电柜引电。

本次新增的空调配电柜（箱）均通过消防联动模块就近接入原有消防报警系统，火灾时切断非消防电源。

（2）电缆选型及敷设。中压设备的供电电缆选用 ZA-YJV-8.7/15kV 型 A 类阻燃铜芯交联聚乙烯绝缘聚氯乙烯护套电缆，低压设备的供电电缆选用 WDZ-YJY-1kV 型阻燃低烟无卤交联聚乙烯绝缘聚乙烯护套电缆。电缆沿防火电缆桥架敷设，由桥架至用电设备的电缆可穿管明敷或暗敷。由配电柜至分配电盘或小功率电气设备的线路采用 WDZ-BYJ-450/750V 型阻燃低烟无卤聚烯烃绝缘导线穿镀锌钢管明敷或暗敷。

（3）空调配电升级机房方案。如需升级为 A 级机房，则在一层配电房配置三套冷冻水泵用 EPS，本次预留设备位置；同时机房空调末端配置不间断电源保障。

5.2.6　省级云计算数据中心机房建设设计

1. 机房工艺

1）装修材料要求

（1）数据中心室内装修材料参照项目相关要求进行设计。在室内装修材料使用上，首先满足建筑消防耐火要求，在空间上色彩协调，易施工及后期设备维护。力求绿色节能、方便实用、美观大方，在空间的使用功能和视觉审美达到完美结合效果。

（2）主机房室内装修，应选用气密性好、不易起尘、符合环保要求、在温度和湿度变化作用下变形小、具有表面静电耗散性能的材料，不得使用强吸湿性材料及未经表面改性处理的高分子绝缘材料作为面层。

（3）机房内墙壁和顶棚的装修应满足使用功能要求，表面应平整、光滑、不起尘，避免眩光，并应减少凹凸面。

（4）主机房地面设计应满足使用功能要求，当铺设防静电活动地板时，活动地板的高度应根据电缆布线和空调送风要求确定。活动地板下的地面和四壁装饰应采用不起尘、不易积灰、易清洁的材料。楼板或地面应采取保温、防潮措施，一层地面垫层宜配筋，围护结构宜采取防结露措施。

（5）当主机房内设有用水设备时，应采取防止水漫溢和渗漏措施。

（6）机房内的门窗、墙壁、地（楼）面的构造和施工缝隙应采取密闭措施。

室内装饰材料参考建议见表 5.32。

表 5.32　室内装饰材料参考建议

功能分区	功能空间	墙　面	顶　面	地　面	灯　具	备　注
公共空间	门　厅	石材、墙砖、金属板、无机涂料（A级）等	石膏板、金属板、铝塑板、无机涂料（A级）等	地砖、石材、耐磨地坪（A级）、水磨石	灯带、筒灯、格栅灯、射灯等	
	电梯厅	石材、墙砖、金属板、乳胶漆等	石膏板、金属板、铝塑板、无机涂料（A级）等	地砖、石材、耐磨地坪（A级）、水磨石	灯带、筒灯、射灯等	
	走　廊	无机涂料（A级）	无机涂料（A级）	地砖、水泥自流平地坪	支架灯	
	楼梯间	无机涂料（A级）	无机涂料（A级）	地砖、石材	吸顶灯	
	卫生间	地　砖	金属扣板	地砖、石材	格栅灯、平板灯等	
主机房空间	主机房	防尘无机涂料（A级）	裸顶刷无机涂料（A级）	防静电架空地板、保温板（A级）、防水处理等	支架灯	对于铺设架空地板的非降板主机房，需设置坡道或台阶

续表 5.32

功能分区	功能空间	墙 面	顶 面	地 面	灯 具	备 注
辅助支持空间	进线间、拆包区、备品备件间、操作间、测试间	无机涂料（A级）	裸顶刷无机涂料（A级）	地砖、水泥自流平地坪	支架灯	
	消防和安防控制室	无机涂料（A级）	金属扣板	防静电架空地板	格栅灯、平板灯等	
	变配电室、电池室、空调制冷机房、柴油发电机房	无机涂料（A级）	裸顶刷无机涂料（A级）	水泥自流平地坪	支架灯	

2）设计依据

（1）《数据中心设计规范》（GB 50174-2017）。

（2）《建筑设计防火规范》（GB 50016-2014）（2018 版）。

（3）《通信局（站）防雷和接地工程设计规范》（GB 50689-2011）。

（4）《通信电源设备安装工程设计规范》（GB 51194-2016）。

（5）《电信设备安装抗震设计规范》YD 5059-2005。

3）设计范围

（1）机房内微模块的安装，微模块内的设备机柜（不含空调柜，空调柜由通风空调配套负责）、配套智能母线的安装及所有机柜位抗震底座的安装。

（2）二楼、三楼、四楼客户机房，局端机房，所有微模块内服务器机柜的配电。

（3）电池室、电力室、局端机房、综合业务接入局、客户机房、动环监控的走线架及尾纤槽。

（4）客户机房内等电位地网的布置及设备机柜、走线架的接地。

4）机房布局

本数据中心客户机房采用微模块方式建设，二楼部分采用房间级空调＋活动地板下送风方式建设，其他均采用列间空调微模块方式建设，各楼层机房布局如图 5.22 和图 5.23 所示。

根据机房布局，该数据中心总共可以安装 36 个微模块，单机架功耗根据需求，主要是 5kW/架，有两个微模块是 8kW/架，微模块没有列头柜，采用智能小母线配置，使得机架数量最大化。每个微模块的主要配置见表 5.33。

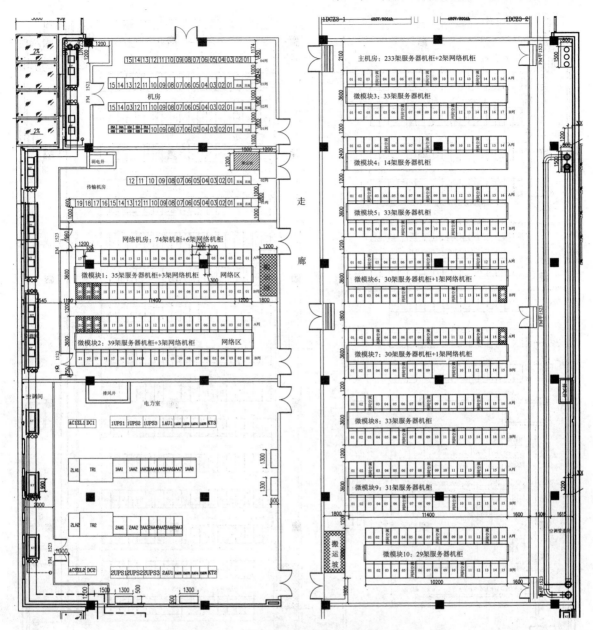

图 5.22　数据机楼二层设备布放平面图

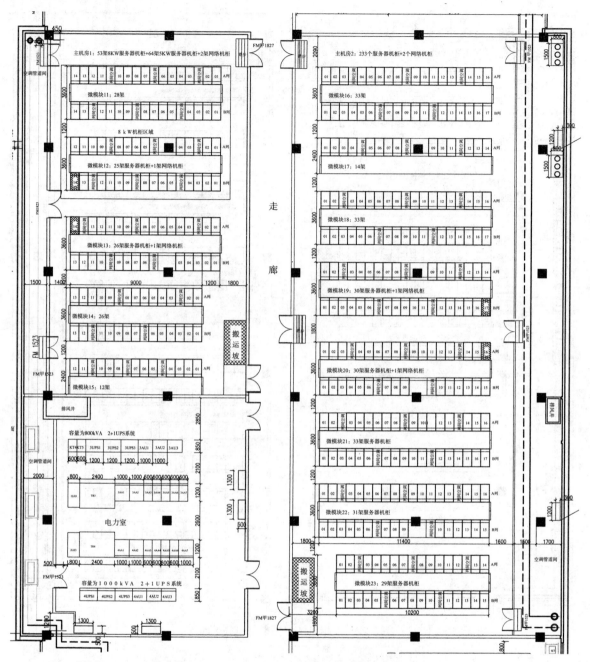

图 5.23 数据机楼三层和四层设备布放平面图

表 5.33 微模块配置表

序 号	微模块名称	服务器机柜数量		微模块内空调数量	单柜功耗（kW）
		IT机柜数量	网络综合柜数量		
1	微模块一	36	3		5
2	微模块二	39	3		5
3	微模块三	33	5		5
4	微模块四	15	3		5
5	微模块五	33	5		5

序 号	微模块名称	服务器机柜数量		微模块内空调数量	单柜功耗（kW）
		IT 机柜数量	网络综合柜数量		
6	微模块六	31	1	5	5
7	微模块七	31	1	5	5
8	微模块八	33		5	5
9	微模块九	32		5	5
10	微模块十	29		5	5
11	微模块十一	28		6	8
12	微模块十二	26	1	6	8
13	微模块十三	27	1	5	5
14	微模块十四	26		4	5
15	微模块十五	12		3	5
16	微模块十六	33		5	5
17	微模块十七	15		3	5
18	微模块十八	33		5	5
19	微模块十九	31	1	5	5
20	微模块二十	31	1	5	5
21	微模块二十一	33		5	5
22	微模块二十二	32		5	5
23	微模块二十三	29		5	5
11	微模块二十四	29		5	5
12	微模块二十五	27	1	5	5
13	微模块二十六	27	1	5	5
14	微模块二十七	26		4	5
15	微模块二十八	12		3	5
16	微模块二十九	33		5	5
17	微模块三十	15		3	5
18	微模块三十一	33		5	5
19	微模块三十二	31	1	5	5
20	微模块三十三	31	1	5	5
21	微模块三十四	33		5	5
22	微模块三十五	32		5	5
23	微模块三十六	29		5	5
合计		1026	16	160	

5）微模块

（1）密封冷通道。密封冷通道由天窗、端门与机柜连接组合而成。天窗采用平顶结构，两端控制天窗可安装摄像头、温湿度传感器、烟雾传感器，预留消防喷头深入孔等，中间天窗可固定、可翻转（由电磁锁自动控制开启）。天窗开启实现与通道内消防告警信号联动，在消防状态下电磁锁打开，旋转天窗在重力作用下自动打开，保证灭火气体进入密封冷通道。天窗开启后冷通道的净高不小于 2 米，不影响日常维护工作和维护人员安全。

（2）封闭天窗。封闭天窗主要用于模块通道的密封。封闭天窗分控制天窗、旋转天窗、平顶天窗三种，如图 5.24 所示。

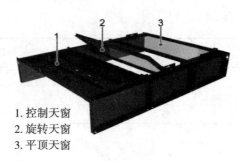

1. 控制天窗
2. 旋转天窗
3. 平顶天窗

图 5.24   封闭天窗示意图

① 天窗执行器控制电磁锁打开旋转天窗，烟雾传感器安装在通道顶部，与天窗控制器连接。

② 当天窗控制器接收到火灾告警信号，控制电磁锁开启天窗，同时发出声光报警信号，并将告警信号上传至机房管理系统。

③ 天窗采用钢化玻璃，厚度不低于 5mm，透光率不小于 90%，符合机房防火要求。

④ 天窗边框采用铝型材，厚度为 2.0mm；控制天窗采用高强度 A 级优质碳素冷轧钢板 1.5mm。

⑤ 表面喷涂要求：黑色喷涂。

⑥ 开启条件：温度或者烟雾浓度达到设定值时，天窗开启。

⑦ 翻转顶窗应设计有锁死机构，在顶窗需维护或无须翻转时，可锁死。

⑧ 翻转顶窗可翻转部分应采用偏心设计，确保顶窗翻转跌落时从确定一侧翻转。

（3）通道门：

① 双开旋转门整体与机柜通过螺钉连接，保证密封冷通道系统的独立性。门板中间镶嵌钢化玻璃，保证通道的可视性。双开门带有自动闭门装置，可以实现自动闭合。双开旋转门外观如图 5.25 所示。

② 尺寸规格：高度应达到机柜高度。

③ 端门框架内部采用钢化玻璃，钢化玻璃面积不小于 85%，厚度不低于 5mm，透光率不小于 90%。

④ 端门框架采用高强度 A 级优质碳素冷轧钢板 1.2mm。

⑤ 表面喷涂要求：黑色喷涂。

图 5.25   双开旋转门外观示意图

（4）服务器机柜：

① 服务器机柜为前进风、后出风机柜。IT 机柜类型：600mm × 1200mm × 2200mm（长 × 深 × 高）。

② 机柜门和侧板为可拆卸式结构，门的开合转动灵活、锁定可靠、施工安装和维护方便；门的开启角应不小于 110°。后门应采用外开门方式，前门单开，后门双开。

③ 符合 GB/T19520.1–2007 标准，前后机柜立柱之间距离可支持按照 25mm 步距灵活调节，采用拼装架构，可满足便于扩展要求。

（5）机柜外观：

① 机柜颜色为黑色。

② 采用高强度 A 级优质碳素冷轧钢板和镀锌板，能满足《电子信息产品污染防治管理办法》要求。

③ 喷粉厚度应不小于 60μm，满足防腐、防锈、防火、光洁、色泽均匀、无流挂、不露底、无起泡、无裂纹、金属件无毛刺锈蚀要求，符合 GB/T4054-2008 中规定外观等级的二级要求。

④ 机柜门和侧板为可拆卸式结构，前后门采用外露式，门的开合转动灵活、锁定可靠、施工安装和维护方便；前后门通过铰链固定，门的开启角应不小于 110°。

⑤ 机柜需要配置和机柜配套螺丝、螺帽。机柜用料及螺丝、螺钉等连接器件均应采用经过防锈处理的材料。

（6）机柜内部：

① 机柜内部应设置不少于四根安装立柱，用于安装设备和固定层板。安装立柱能够前后移动调节。安装立柱的间距、孔距等机柜内部尺寸结构应满足 GB/T 19520.1-2007 和 GB/T 19520.2-2007 的要求。机架前门立柱需要有具体 U 数标示。

② 机柜立柱采用八折型材一次滚压成型技术，机柜主要承重部件（框架、横梁、立柱、U 位方孔条、L 型支架）所用钢板厚度均不小于 1.5mm，侧板、顶板、底板、PDU 固定板、网线扎线板 / 束线圈、层板所使用钢板厚度为不小于 1mm，要求机柜静态承载能力不小于 1000kg，并提供第三方权威机构测试报告。

③ 服务器机柜 L 型支架承重不小于 50kg，可调节托盘承重不小于 100kg，深度方向可调节范围：570 ~ 870mm，支持方孔条移动，可实现单人安装。固定托盘承重不小于 100kg，安装后不可调节深度，本数据中心按 L 型支架 10 对，固定托盘 10 个配置。

④ 机柜内部有效承载空间：≥ 46U（600mm × 1200mm × 2200mm），可按要求配置不同规格的设备托盘，每个机柜单元配置的托盘可根据用户需求增加。

⑤ 机柜内部设备的有效安装深度不小于 750mm。PDU 或插座（包括服务器电源插头与插座连接之后）不能阻挡服务器设备的安放。

⑥ 机柜顶部框架结构建议设计为不少于四个预留进出线孔，边缘应作钝化处理，以免划伤线缆。进出线孔应具有专用防鼠防害封堵装置，封堵装置可根据进出线量随意裁切，不允许漏风。机柜底部要求密封。

⑦ 机柜正面立柱方孔条与前门门框之间不少于 50mm 深，后侧空间不低于 200mm，区域两侧应设置为可拆卸式挡板，安装所有的服务器后，冷风只能通过服务器进风面板进入服务器内，经设备内部热交换后，散热到机柜背部，不会通过其他区域直接进入热通道。每个机柜可暂时按照 1U 挡板 15 个、2U 挡板 10 个配置，选用卡扣型挡板。

⑧ 机柜并柜后，柜体之间不应有明显的透光缝隙。机柜前后门框右下角处有接地装置，应尽量靠近门框，不能影响设备安装。机柜 PDU 安装后厚度不超过同侧平面，即机柜后侧平面之间净宽投影方向没有阻挡。

⑨ 机柜内部应配置供设备接地用的横截面积不小于 36mm^2 的接地铜排。柜体及其内部各金属部件应与接地装置可靠连通。

⑩ 机柜内部各非金属部件需满足国家相关阻燃特性要求。

（7）机柜运行环境。机柜的工作环境包括机柜工作环境温度、相对湿度、存储温度、海拔高度、气压条件以及 IP 等级，为保证设备始终具备良好的工作状态，在机房内需维持一定的温度、湿度。

工作环境温度：5 ~ 40℃。

相对湿度：5% ~ 95%。

存储温度：–55 ~ 70℃。

海拔高度：≤ 1000m，海拔高度 > 1000m 时，应按 GB/T 3859.2–1993 规定降额使用。

气压条件：70 ~ 106kPa。

IP 等级：IP20

（8）机柜安装：

① 设备安装要求：

· PDU 安装板：机柜可支持 PDU 螺丝安装和免工具挂装；机柜应可支持带 PDU 运输。

· L 型导轨：采用 L 型导轨安装服务器，承重不小于 50kg，每个机柜配置 15 对。

② 机柜底座：机柜采用系列化的工程安装孔，可配合工程安装支架，用于垫高与支撑机柜；每个机柜配一个，以便灵活安装。

（9）机柜 PDU 单元。微模块精密列头柜输出支路空开，每个机柜配置两个 PDU。

两排 PDU 独立并排安装在机柜右后方，且方便单个拆卸更换。

PDU 设计每路输入微型断路器需要满足机架功率要求。机柜按照功耗分为 8kV·A 和 5kV·A 两种规格。其中 8kV·A/15kW 机柜，每个机柜配两套单相交流电源分配盒，每套配置为 1 路 63A 输入、12 路 10A 输出、9 路 16A 输出。配电单元的输入电源采用单相（220V）三线制电源方式。其中 5kV·A 机柜，每个机柜配两套单相交流电源分配盒，每套配置为 1 路 32A 输入、20 路 10A 输出和 4 路 16A 输出。

（10）微模块智能母线。本次微模块采用智能母线的方式给 IT 机柜供电，智能母排结构分为始端箱、插接箱、直线段部分；本次始端箱制式采用三相四线 +PE 线，始端箱输入为 250A，母线铜横截面积 80mm²；每个插接箱有 6 路输出开关，输出开关有 40A/1P 或 63A/1P，根据每个微模块机柜数量及机柜功耗需求灵活配置插接箱数量及输出开关的选用；根据插接箱使用位置选择不同长度的直线排。智能母线在布置时遇柱需绕柱布置。

本数据中心在微模块 1 和微模块 2 每列机柜上方配置两列智能母线排，每列母线排配置一个 250A/3P 始端箱，每列配置四个插接箱，每个插接箱输出配置 6 路 63A/1P 微断；在微模块 11 和微模块 12 每列机柜上方配置两列智能母线排，每列母线排配置一个 250A/3P 始端箱，每列配置三个插接箱，每个插接箱输出配置 6 路 63A/1P 微断。

其他微模块每列机柜上方配置两列智能母线排，每列母线排配置一个 250A/3P 始端箱，每列配置三个插接箱，每个插接箱输出配置 6 路 40A/1P 微断。

6）走线架与尾纤槽

（1）电力走线架上方需预留不小于 200mm 高度的电缆走线空间；电力室、电池室、走廊走线架一律采用铝合金走线架，机房内一律采用不锈钢金属网格走线架。

（2）走线架单层承重要求为每米不小于 300kg，400mm 宽的走线架单层每米不小于 200kg，走线架遇柱变窄或根据单个情况适当前后调整走线架位置。

（3）走线架吊挂采用 30×6 吊钢，加固角钢采用 L50×5，吊顶顶部采用 M10 化学锚栓固定，电力室走线架吊挂每隔 1000mm 加固一次，其他机房吊顶和短支撑杆每隔 1500mm 加固一次；在走线架与走线架对接处，必须设置吊挂，以防走线架对接处变形过大，吊杆位置注意避开梁，避开相交走线架时吊挂位置打在相交走线架的内部。

（4）尾纤槽为 ABS 材质，主尾纤槽宽 360mm，列内尾纤槽宽 240mm，高度均为 100mm，光纤槽槽道两端需要用堵头封堵，堵头规格与槽道尺寸相应配套。尾纤槽经过机柜光纤引入的位置时需安装活动出线口，尾纤槽遇到柱子则绕柱子布置。

（5）尾纤槽的固定，尾纤槽采用吊顶安装，根据尾纤槽的高度确定丝杠（M12）长度，间距在 1.2 ~ 1.5m，丝杠与楼板采用 M12 组合膨胀螺栓固定。尾纤槽遇到柱子则绕柱子布置。尾纤槽根据位置不同可以将部分尾纤槽与走线架用支撑件连接固定。

根据机房机柜离地高度的不同，设置不同高度的走线架与尾纤槽，根据走线架及尾纤槽的划分，为每层、每处走线架做好吊牌标识（采用 54mm×86mm 长边双孔 PVC 塑料吊牌，吊牌标注走线架类型、距地 / 活动地板高度、平均每米限重）以便现场电缆 / 光缆的布线。

2. 机房防雷与接地

数据中心应采用系统的综合防雷措施，满足《建筑物电子信息系统防雷技术规范》GB 50343-2012A 级的要求，涉及建筑、构筑物的防雷接地部分，还应符合《建筑物防雷设计规范》GB 50057-2010 的要求。

本数据中心配电系统接地形式采用 TN-S 系统，即把工作零线 N 和专用保护线分开设置的系统。

（1）本数据中心利用机楼的地网系统。其中客户机房的接地系统须采用联合接地方式，等电位地网设置在静电地板下方，通过绝缘子间隔固定在微模块加固底座上，离地高 400mm；端局机房等电位地网设置在走线架正下方，通过绝缘子间隔固定在走线架上；两个节点机房分别新增两块地线排（一块保护地排，一块防雷排）。接地电阻应小于等于 1Ω。

（2）室内走线架及各类金属构件必须接地，各段走线架之间、电池支架之间须电气连通，严禁在接地线中加装开关或熔断器。接地线布放时应尽量短直，多余线缆应截断，严禁盘绕。严禁使用中性线作为交流接地保护线。接地线与设备及接地排连接时必须加装铜接线端子，并且必须压（焊）接牢固。

（3）保护性接地和功能性接地宜共用一组接地装置，其接地电阻应按其中最小值确定。

（4）对功能性接地有特殊要求需单独设置接地线的电子信息设备，接地线应与其他接地线绝缘；供电线路和接地线宜同路敷设。

（5）数据中心内所有设备的金属外壳、各类金属管道、金属线槽、建筑物金属结构等必须进行等电位联结并接地。

（6）电子信息设备等电位联结方式应根据电子信息设备易受干扰的频率及数据中心的等级和规模确定，可采用 S 型、M 型或 SM 混合型。

3. 机房抗震设计

楼面均布活荷载要求：楼面的活荷载应满足《数据中心设计规范》GB 50174-2017 的要求，设备应按所在地区地震烈度进行抗震加固设防，须满足《电信设备安装抗震设计规范》YD5059-2005 要求。

（1）冷通道内机柜底部的抗震加固：

① 安装机柜的钢抗震架等其他材料抗震框架的结构强度，须满足设备安装地点的抗震设防要求。

② 该市地处抗震烈度为 6 度区域，根据要求 6 度和 7 度抗震设防时可采用钢抗震架等材料的抗震框架安装机柜，加固用的螺栓规格要求详见 YD5059-2005《电信设备安装抗震设计规范》表表 6.1.2-1、6.1.2-2。抗震底座构件之间采用等强对焊连接，抗震底座与楼面结构之间采用化学锚栓或等强度的螺栓连接加固，抗震底座与机柜采用螺栓连接。

（2）机房用电源设备：

① 交流配电屏、列间空调、设备机柜等设备，同列相邻设备侧壁间至少有两点用 M8 螺栓紧固，设备底座槽钢应采用螺栓与地面加固，加固用的螺栓应符合 YD5059-2005《电信设备安装抗震设计规范》表 6.2.1 的要求。

② 交流配电屏、设备机柜等架式设备、走线架均应采用 50×5mm 角钢与列架上梁加固，具体

要求及做法详见相关规范《电信设备安装抗震设计规范》《通信机房铁架安装设计标准》《设备安装抗震图集》。

（3）电缆：敷设在走线架的电缆应将其绑扎在走线架横铁上。根据电缆颜色要求的规定，直流电源线正极外皮颜色应为红色，负极外皮颜色应为蓝色，接地线为黄绿双色；交流电源线三相电路的 A 相为黄色、B 相为绿色、C 相为红色、零线为蓝色、地线为黄绿双色。A/B 路的输入侧及输出侧电缆均采用不同颜色区分，且不使用黄、绿、红、蓝、黄绿、棕色颜色作为区分色使用。

（4）电缆走线架、密集型母线的安装应采用具有抗震功能的支吊架，满足《建筑机电工程抗震设计规范》GB 50981-2014 的要求。

5.2.7　省级云计算数据中心机房装修设计

机房装修既要与现代化计算机、信息设备相匹配，又要通过精良的设计构思，真正体现安全、适用、美观、现代的整体形象。

在机房总体装饰设计中，应遵循简洁、明快、大方的宗旨，强调规范性、标准性、实用性，注重绿色环保设计，注意色彩搭配和组合。室内色调淡雅柔和，有效调节人的情绪，起到健康和装饰的双重功效。

1. 整体装修原则

数据中心装饰装修满足数据中心机房承重、防火、防水、防尘、防静电、隔热、保温、屏蔽、防鼠、防白蚁、防腐蚀气体等要求。

（1）承重。根据《数据中心设计规范》GB 50174-2017 规定主机房活荷载标准值应为 8 ~ 12kN/m²。1# 数据中心机房承重为 10kN/m²，满足规范要求。

（2）防火。首先要在机房装修材质上严格要求，室内装修设计选用材料的燃烧性能应符合现行国家标准《建筑内部装修设计防火规范》（GB 50222）的有关规定，机房顶面、壁板和隔断装修材料燃烧性能等级按 A 级设计，地面及其他装修按 B1 级别设计。机房内线缆采用阻燃线缆，并且套阻燃线管进行敷设。

（3）防水。在机房外围隔断墙、幕墙边缘、机房区活动地板下沿走廊处地板下设置 200mm 高的砖砌挡水坝，在专用空调设备四周设置至少 200mm 的砖砌水槽，水槽位置设置地漏，通过 PVC 管与排水立管连接，以便发生水患时及时排水。空调给水和排水尽可能不经过主机房，当经过主机房时，应在主机房做防水层以防止渗水，并在主机房设置地漏，机房整体找坡向地漏方向，以排除事故漏水。

机房外墙窗户可能有飘雨进入时，应视具体情况设置雨棚或防雨拉帘。

（4）防尘。主机房室内装修，应选用气密性好、不起尘、易清洁、符合环保要求、在温度和湿度变化作用下变形小、具有表面静电耗散性能的材料，不得使用强吸湿性材料及未经表面改性处理的高分子绝缘材料作为面层。机房的上下左右前后六面墙都需要刷防尘防潮漆。对于管道饰面应选用不起尘材料，并刷防尘漆。

同时，在机房入口处设鞋柜 / 鞋套机，以减少机房尘埃污染，使机房区域和其他部位有效地分割成两个不同的指标空间。

（5）抗干扰。科学进行区域分割，将强电、弱电严格区分，合理建设机房接地系统；灯具宜选用无眩光灯具，照明亮度不小于 500Lux。

（6）防静电。主机房、电力室与电池室的地板或地面应有静电泄放措施和接地构造，防静电地板或地面的表面电阻或体积电阻应为 2.5×10^4 ~ $1.0 \times 10^9 \Omega$，且应具有防火、环保、耐污、耐磨性能。

（7）保温、隔热。机房的冬季保温、夏季隔热以及防凝露是机房设计的重要考虑因素，以降低机房空调制冷系统的负荷。门窗、墙壁、地（楼）面的构造和施工缝隙，均应采取密闭措施。主机房设备区及配电区采用双层固定窗，并应有良好的气密性。对于新风管道、管道孔需要做好保温处理，管道孔应密封。

（8）消声、减震。机房空调和通风设备工作都会产生噪声和震动。在安装时应加装减震弹簧片和橡皮垫。

合理设计风机风口板数量以控制风速（通风空调专业内容），减少主机房区噪声的作用。

（9）防鼠。电力室和电池室门口处设置防鼠板，防鼠板卡槽高度和挡板高度一致，高度为600mm，中间挡板厚度约25mm，在所有机房与外界连接的墙体的缝隙区（吊顶上或地板下）管线槽接口处均以防火砂浆或防火泥堵塞，以防止虫、鼠进入机房。

（10）防白蚁。地下室及一层沿墙深度300mm范围内、地下室墙体高度1m范围内进行防白蚁处理。

二层以上墙体高度50cm范围内、室内地坪垫层、房屋建筑内的电梯井和管缆井等的地坪和内墙接合缝隙处、管道经过处、门窗框架（不包括装修所用材料）等均应作防白蚁处理。

（11）防腐蚀气体。机房墙面需进行密封，新风系统应使机房内保持正压，防止腐蚀气体进入机房。

2. 装修方案

（1）地面工程。监控、办公区域地面采用600mm×600mm地面抛光砖。地板与墙体交界处用不锈钢踢脚板或瓷质封边。

机房铺设全钢防静电活动地板，采用600mm×600mm×35mm活动地板，并设置1.2mm拉丝不锈钢踢脚线。活动地板厚度为面层0.7mm和下层0.8mm，集中荷载大于4450N，均布荷载大于23000N/m²，地板贴面采用三聚氰胺（HPL）材质，磨耗性能 ≤ 0.08g/cm²（100r时），地板防火性能应达到A级。设置静电接地导电网，宜采用截面0.3mm×20mm的铜箔网，接地导电网与机房等电位网连接。活动地板的电性能应达到如下要求：表面电阻 $1.0 \times 10^5 \sim 1 \times 10^9 \Omega$，体积电阻 $1.0 \times 10^5 \sim 1 \times 10^9 \Omega.cm$。

全钢防静电活动地板为全钢组制，机械强度高、承载能力强、耐冲击性能好、使用寿命长，地板内部填充特质泡沫水泥，踏感舒适稳定，吸音隔热，防火性能好。

活动地板贴面一般有三聚氰胺（HPL）贴面和PVC贴面，PVC贴面优点是具有永久性防静电功能，电性能稳定，表面有多种花纹，装饰效果较好，但是耐磨性较差；三聚氰胺贴面优点是维护简单，表面高耐磨、耐高温、耐清洗、防尘、放烟火、不易划伤、色泽鲜艳等，缺点是干燥寒冷的环境下容易开裂。本数据中心位于南方，机房环境比较稳定，综合以上对比，本数据中心活动地板选用三聚氰胺贴面。

（2）墙体工程。根据机房各功能间的具体要求，机房区隔墙的做法有以下两种：

① 防火玻璃隔墙：玻璃隔墙下部砖砌700mm高窗台，100mm厚混凝土压顶，上部采用矩形钢管焊制支架，1.0mm厚不锈钢饰面，玻璃采用铯钾防火玻璃，耐火极限不小于2小时。玻璃隔墙平梁底或楼板底面，在吊顶高差部位采用埃特板封板。

② 轻钢龙骨埃特板隔墙：轻质隔墙主要用于位置不在梁上的隔墙，采用轻钢龙骨埃特板隔墙，内填防火岩棉，面层采用8.0mm厚度埃特板，刮两遍腻子一底二面乳胶漆。

（3）墙面工程。采用乳胶漆墙面，处理要求为：清理基层，满刮腻子三遍，乳胶漆三道。要求表面平整、干净、耐擦洗，经久耐用。具有优异的垂直墙体防水性能。气味清新、安全环保、色彩持久亮丽。涂装道数：三道。施工方法：刷涂、辊涂或无气喷涂。施工条件：5℃以上。耗漆量：干膜厚度40μm的情况下，不低于10m²/遍/升。稀释：根据施工方法，使用不超过15%的清水稀释。干燥时间：25℃时，表干60分钟，重涂6小时以上。

（4）天棚工程。办公室区域采用铝合金微孔吊顶，尺寸 600mm×600mm×1.2mm（长×宽×高）铝扣板。要求吊顶板平整度好、无色差、不起尘、易清洁，防火、防潮，经久耐用。

门厅过道吊顶做法为：靠墙 600mm 采用轻钢龙骨打底封埃特板基底，表面刮腻子（满刮两次，灯光打磨）、刷白色乳胶漆（一遍底漆，两遍面漆），空间中间区域采用深灰色或黑色格栅，格栅间隔嵌 LED 光源发光灯管，重点展示部位可在格栅间暗藏角度射灯。灯具的安装与吊顶的安装必须有机结合，使装修达到和谐统一的效果。同时，又必须保证灯具的维护和更换方便快捷。

机房天棚采用防尘乳胶漆吊顶。

（5）门窗。主要采用甲级钢质防火门，防火门的材质应符合 GB 12955-2008 的具体要求。电力电池室的门口设置 600mm 高的防鼠板。

（6）照明工程。机房内照明装置采用机房无眩光灯具，照明亮度不小于 500Lux，办公室采用平板灯和筒灯。机房采用 LED 光源灯具，电池室采用 LED 玻璃罩防爆灯，光源显色指数 Ra≥80，色温应在 3300～5300K。照明标准值见表 5.34。

表 5.34　电子信息系统机房照明标准值

房间名称		照明标准 Lux	统一眩光值 UGR	一般显色指数 Ra
主机房	服务区设备区	500	22	80
	网络设备区	500	22	
	存储设备区	500	22	
辅助区	进线区	300	25	
	监控中心	500	19	
	测试区	500	19	
	打印区	500	19	
	备料室	500	22	

工作区内一般照明的照明均匀度不应小于 0.7。非工作区域内的一般照明照度值不宜低于工作区域内一般照明照度值的 1/3。

1# 数据中心内灯具按规范使用 I 类灯具，灯具的金属外壳均与保护导线（PE 线）做电气连接。

主机房和辅助区应设置保证人员正常工作的备用照明，备用照明与一般照明的电源应由不同回路引来，火灾时切除。1# 数据中心在主机房和辅助区将 10% 照明设为备用照明，与普通照明从不同回路引电。

5.2.8　省级云计算数据中心智能化系统设计

1. DCIM 系统

1）DCIM 简介

DCIM（Data Center Infrastructure Management）数据中心基础设施管理系统由动环监控系统发展而来，旨在采用统一的平台同时管理一个乃至多个数据中心关键基础设施。基础设施是指支撑整个数据中心 IT 系统运行的所有物理层设施，包括供配电、空调环境、安全防护、综合布线、消防等场地基础设施与服务器、存储、网络等 IT 硬件基础设施。DCIM 是一个综合利用计算机网络技术、数据库技术、通信技术、自动控制技术、新型传感技术等构成的计算机网络管理平台，提供一种 IT（信息技术）和设备管理结合起来的自动化、智能化和高效率的技术手段，实现对数据中心关键设备如 UPS、空调以及 IT 基础架构服务器等集中监控、容量规划等集中管理，并通过数据分析和聚合，最大化提升数据中心的运营效率，提高可靠性。DCIM 组网如图 5.26 所示。

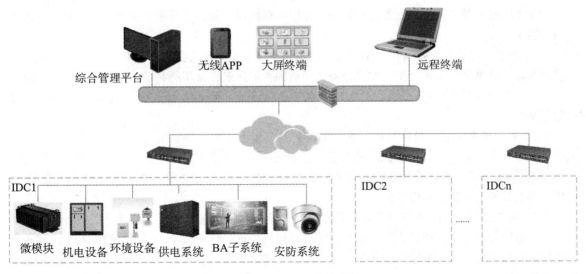

图 5.26　DCIM 组网图

2）DCIM 系统架构

DCIM 主要由数据中心管理系统平台和监控子系统组成。其中管理系统平台包含 DCIM 服务器、DCIM 客户端以及一些组网设备。管理系统平台通过传输网络与数据中心各个监控子系统相连接。管理系统平台可以根据实际需求选择性安装特定功能的组件（如运维组件、运营组件、能效组件以及定制第三方组件）来管控机房。特定的第三方系统（如 ITSM、CRM、计费系统以及派单系统等）可以连接到 DCIM 管理系统平台读取所需数据。本单元只涉及 DCIM 管理系统平台建设，监控子系统由其他单项工程负责。DCIM 架构如图 5.27 所示。

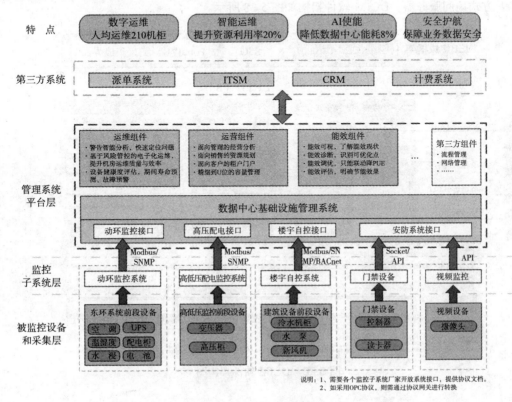

图 5.27　DCIM 架构图

　　DCIM 系统部署架构包括设备与采集层、监控子系统层、管理系统平台层（集中监控层、运维与运营层）。

　　（1）设备与采集层：指通过采集设备对数据中心高低压配电设备、环境调节设备、安防设备、传感器等运行数据进行采集。被监控设备提供开放的智能接口，常用的智能接口包括 RS485、以太网接口，通用协议类型有 Modbus、SNMP、BACnet 协议等。通过采集设备与上层监控子系统层进行数据交换。

　　（2）监控子系统层：指分专业分系统部署的各个监控系统，与下层的被监控设备通信，监视或控制各个设备的运行状态。常见的监控子系统包括动力环境监控子系统、BA 子系统、变配电子系统、安防子系统等。各个子系统均能够向上提供软件接口（比如 SNMP、API 等标准协议的接口），提供相应的告警、资源、事件等信息。

　　（3）集中监控层：由服务器和综合管理平台的基础软件模块组成，支持与下层的各个监控子系统进行数据交互，提供集中监控、集中告警、可视化展示、数据报表、权限管理、安全访问和日志管理等基础功能。实现系统数据存储、记录告警、输出告警、安全管理的基础能力，为上层管理提供支撑。

　　（4）运维与运营层：指综合管理平台的软件模块，基于下层获取的各类监控数据、配置数据等，结合数据中心业务场景，提供逻辑处理分析、流程管理和控制调节的功能，包含数字化运维方面、运营管理方面、节能和控制方面等，可以为客户提供人机交互界面，定义流程、按业务需求生成各种报表、节能优化等。

　　3）DCIM 软件架构

　　DCIM 数据中心管理系统平台基础软件采用 B/S 架构，由接入、公共框架、应用与服务及 UI 层构成，基于 SUSE10/SUSE11 的操作系统运行。用户可以在基于 Windows 的操作系统的终端上通过 Web 方式访问服务器。DCIM 软件架构如图 5.28 所示。

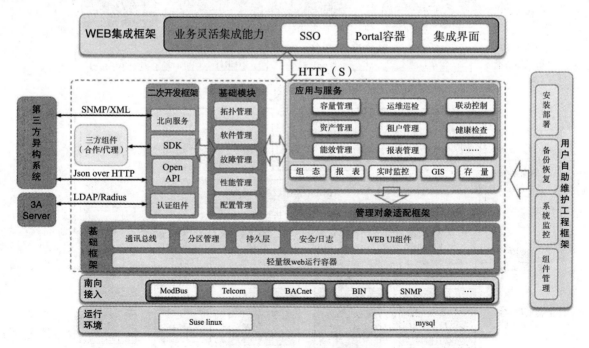

图 5.28　DCIM 软件架构图

4）DCIM 系统的管理功能

DCIM 系统平台可实现多机房、多区域联网集中监管，工作人员在总控中心即可统一对数据中心下属多个机房的各独立监控系统进行统一监控、管理，并按具体需求有针对性地制定相应的联网监控策略，对运行状况进行查看、数据备份、远程升级及远程维护等。DCIM 是一套可扩展的数据中心管理系统平台，可以根据不同需求选择性安装特定组件来实现所需功能。其中主要功能包括大屏展示、告警管理、可视化展示、温度云图、权限管理、报表管理、联动管理、访问安全管理等功能。

（1）大屏展示。具备大屏展示功能，可以提供专用的深色背景的大屏展示界面，在拼接屏上展示数据中心运行总览与关键 KPI 指标值，可展示的内容不少于 20 种，包括但不限于：

① 数据中心立面图。

② PUE 与日耗电量。

③ 各级告警数量与占比。

④ 配电拓扑图、制冷拓扑图。

⑤ 容量利用率（机位、电力、制冷）、各个机房的机架使用率。

⑥ 各种设备类型占比、各类设备维保期限占比分析、本月与上月设备投产对比。

⑦ 各行业客户机架租用数、各行业客户平均单柜功率。

⑧ 可以结合监控中心的拼接屏尺寸，适配不同的分辨率，大屏展示通过高清接口 DVI/HDMI 接口投射到大屏显示器上。

⑨ 具备个性化展示功能：可根据需要自定义大屏上显示的各关键节点实时 KPI 指标。

⑩ 具备页面轮播功能：可以自定义轮播间隔和播放页面内容。

（2）告警管理：

① 告警分级定义：系统应具备强大的报警级别报警功能，可区分四级报警，等级越高，其处理优先级越高。其中，一级告警以红色标识，二级告警以橙色标识，三级告警以黄色标识，四级告警以淡蓝色标识。

② 告警方式：可根据告警级别提供不同的告警推送方式，如短信、邮件等告警推送方式；支持告警分区管理，通过告警分组、过滤功能，将告警发送给设定接收对象，系统本身的故障应能自诊断并发出告警，能直观地显示故障内容。

③ 告警定位：告警发生时应能够在视图上直观显示发生告警的具体位置及告警对象。在数据中心、楼层、房间、微模块等各层级视图上均应能显示当前区域内的告警数量统计信息。

（3）可视化展示：

① 视图展示：应可一键自由切换 2D/3D 视图，随时查看园区鸟瞰图、大楼整体图、楼层与房间模型图、动环设备视图、机柜及柜内设备视图。视图应支持自由放大、缩小、旋转、恢复原位等功能。

② 机房视图组态：系统可以提供设备组件库，可以支持在线创建 2D 或 3D 机房及模块化场景。用户可以自行添加新设备，并拖放到机房平面图中的对应位置上，系统可以基于此布局图自动生成 2D、3D 视图，以便在机房扩容时可以快速生成 3D 视图。

③ 制冷拓扑展示：可以通过构建制冷系统拓扑，展示制冷系统连接关系，系统应支持制冷系统中冷量的关键测点定制，以及测量参数绑定。支持从室内的空调末端到室外冷冻站的制冷链路，支持动态显示各个制冷设备的运行状态，支持同时显示室外、室内的温湿度值。

④ 配电拓扑展示：可以通过构建配电系统拓扑，展示配电系统连接关系，系统应支持配电系统关键节点定制，以及测量参数绑定，支撑多层次、精细化的 PUE 评估。支持从市电到机柜的供配电链路，支持配电路径的动态流图显示，支持显示各个空开状态。支持基于供配电链路的故障影

响分析，自动屏蔽无效告警与次要告警。例如，当 UPS 输入端发生市电中断时，可以自动屏蔽各个输出空开处的告警，只显示根因告警，以缩短故障定位时间。

（4）权限管理。系统应具有完善的安全防范措施，对不同的操作人员（系统管理员、操作管理员、一般操作人员）赋予不同的操作权限，并有完善的密码管理功能，支持用户更改密码，以保证系统及数据的安全。

① 账户管理：系统提供登录用户的管理功能，包括增加、删除、修改、密码修改、IP 绑定、设置账号长度、锁定、停用等操作。

② 角色定义：根据不同操作人员（系统管理员、操作管理员、一般操作人员）的职责，定义不同的级别，可以设定每个角色能够看到系统哪些界面、查看哪些设备的参数和报警。

③ 角色权限管理：系统支持角色权限管理，可对管理和使用者分配不同的操作使用权限，并对所有管理和使用者根据职能进行分组管理，包括允许查看的内容、允许控制的设备等。

④ 用户组管理：系统支持基于角色的用户组管理功能，用户组是拥有相同操作权限的用户集合，不同用户组权限也不同，通过用户组为用户分配权限。支持增加、删除和修改用户设置。

（5）报表管理。系统应提供丰富的预定义标准报表，不仅支持即时报表和周期报表，还拥有完善的报表 E-mail 转发机制，具有强大的数据采集功能和呈现能力。平台需要内置的预定义报表，必须包括但不限于以下类型：

① 监控类：机房温度报表、机房湿度报表、设备电压报表、设备电流报表等。

② 能效类：PUE 报表、机柜能耗报表、管理域能耗报表、服务器功耗报表、服务器功耗趋势报表等。

③ 资产类：资产类型统计报表、资产维保统计报表、资产生命周期报表、机柜资产统计报表等。

④ 容量类：容量使用统计报表、可用空间统计报表、变更工单报表等。

⑤ 自定义报表：系统应具有用户自定义报表的能力，用户能够读取到已采集的所有数据，通过不同的组合生成报表。

（6）日志管理。包括安全日志、系统日志和操作日志，支持日志导出。除最高级权限用户，系统日志原则上不可被任何人修改、删除。

（7）开放接口。系统须具有开放性，要求向下支持的接口协议包括但不限于 MODBUS、SNMP、BACNET、API、TCP/IP 等。向上支持的接口协议包括但不限于 SNMP、WebService Restful 等。

5）部署 DCIM 系统优势

建设 DCIM 系统可以充分利用人力资源，有效保障设备稳定运行和机房安全，提高劳动生产率和网络维护水平，实现机房从有人值守到少人或无人值守，对实现机房维护现代化具有积极的促进作用。DCIM 系统具有数字运维、能效管理、资产管理、容量管理等功能。

（1）数字运维。帮助用户进行机房日常巡检，提升巡检效率与质量。告警智能分析，快速定位问题，支持可视化显示风险事项，自动生成并派发风险处理任务给指定责任人，且具备超时提示功能。设备健康度评估，器件寿命预测、故障预警。数据中心故障生命周期全程跟踪记录的闭环处理流程。基于风险管控的电子化运维，提升机房运维质量与效率，有效减少运维人员数量。

（2）智能能效管理。能效可视，精准监测资产设备能耗使用情况，并实时动态展示，以方便用户及时掌握能耗变化信息。同时实时能耗统计、分析，智能识别可优化点并制定节能减排措施，智能联动降低 PUE。可提供异常报警及趋势预警等趋势分析预警功能。可实现能效评估，明确节能措施效果。可提供自动生成的电费使用情况图、表。

（3）资产管理。系统提供并呈现一个资产统一视图，管理数据中心内的各类基础设施设备及 IT 设备，如机架前后面板视图，可以显示各类设备的资产属性。支持全局的设备查找定位，支持通过硬件检测，自动读取资产信息与所在的机柜 U 位，实现资产位置自动识别。以资产生命周期为管理基础，以最大化利用资产资源为原则，帮助数据中心提高资产管理质量和效率。可提供面向管理的经营分析及面向销售的资源规划。

（4）容量管理。系统具备结合资产管理对空间、制冷、电力等容量信息进行查询统计、容量报表、低容量告警和容量配置等功能。可以高度可视化展示数据中心资源使用情况。可显示的信息包括机柜的 U 位空间、机架承重、已用与剩余容量、机柜的制冷量、进出风温度、机柜的设计功率、实际功率、峰值功率、配电端口等，以及机柜内的交换机网络端口，含光口、网口。可生成数据中心、机楼、机房、子系统及设备等维度的容量信息趋势分析图、表，并可提供容量不足预警。精细到 U 位的容量管理，防止容量碎片化导致的资源浪费，有效提升容量利用率。为新的资产设备上架部署提供决策性支持，根据新增设备的型号、功率、U 位高度、承重等信息，智能化提供设备上架安装方案设计。

6）建设方案

为了保证系统的高可用性，本数据中心的 DCIM 系统需要采用高可用性双机备份案，应采用 X86 服务器和行业通用备份软件（Veritas Cluster Server，集群软件或相近档次的软件）进行管理。系统正常工作时，一台服务器处于主用状态，另一台服务器处于备用状态，如图 5.29 所示。

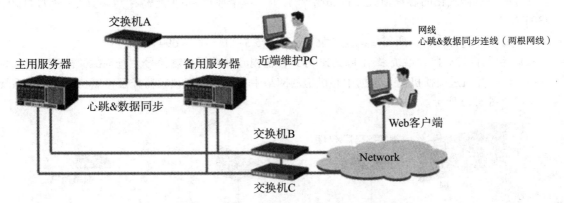

图 5.29　本期 CDIM 平台建设方案示意图

正常情况下，主用服务器运行 CDIM 平台所有的应用层业务，对外提供服务，备用服务器通过心跳线路实时监控主用服务器的运行状况，同时从主用服务器同步业务数据。当某些特定场景下，主用服务器无法正常提供业务（例如主用服务器工作异常等）时，系统会自动把主用服务器上的所有资源切换到备用服务器上，备用服务器接管所有资源后，对外提供服务，使系统保持正常工作。

为了保证双机切换过程的高可用性，数据及时同步不丢失，要求配置行业通用、有成熟应用的企业级双机数据备份软件，如 Vertias、Redhat RHCS、Linux Heartbeat 等。

CDIM 平台也可支持虚拟化部署解决，可以使用云资源池代替新增服务器。

2. 安全防范系统

安全防范系统包含视频监控系统、门禁系统、人行闸机系统、访客管理系统、停车场管理系统及周界入侵防范系统。

1）视频监控系统

（1）概述。为保证机房设备的安全，需要对机房进行实时安全监控，实现日常管理电子化。视频监控系统具有远程管理功能，可进行远程监控，方便客户远程监控和管理。平台具有对动环监控系统报警信息进行视频联动功能，可实现报警设备联动摄像机画面实时弹屏功能。

（2）布点设计。视频监控系统要求摄像机 24 小时视频监控，监控录像保存时间为 90 天。摄像机布置在如下位置：

① 大楼一层各个出入口。

② 各个楼层的电梯前厅。

③ 主要走廊。

④ 各机房区域，辅助设备区域出入口。

⑤ 机房机柜热通道。

⑥ 园区内及周围边界。

⑦ 大楼楼顶。

（3）存储容量计算。后端存储服务器放置在客户指定的机房内，视频存储器的硬盘容量将按照 1080P 存储 90 天配置。视频监控按照能满足系统监控图像保存至少 90 天的需要进行计算，计算公式如下：

单路监控 24 小时存储容量（GB）= 码流大小（Mbps）÷ 8 × 3600 秒 × 24 小时 × 1 天 ÷ 1024

高清视频图像编码后按 4Mbps 码流计算，存放 1 天的数据总量为 4Mbps ÷ 8 × 3600 秒 × 24 小时 ×（1 天）÷ 1024 = 42.19GB。

90 天需要的容量（TB）= 42.19GB × 90 天 ÷ 1024 = 3.71TB

再考虑硬盘格式化的容量损失（按 30% 计算），单个通道 90 天所需存储容量为：3.71TB/0.7 = 5.30TB。

总共配置 X 台摄像机，所需要的总存储空间为：5.30TB × X ≈ 694TB

（4）组网设计。监控系统采用 TCP/IP 方式传输视频和数据控制信号，所有摄像机、管理计算机等终端设备都通过交换机接入数据中心机房的网络中，从而实现视频监控及存储功能。视频系统网络结构如图 5.30 所示。

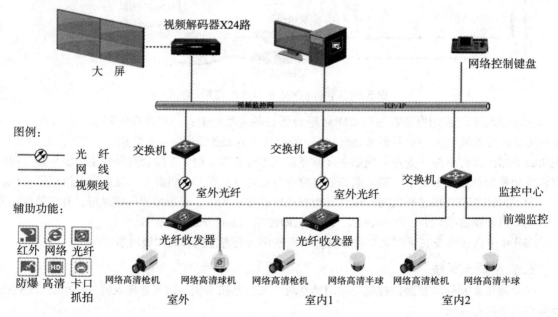

图 5.30　视频系统网络结构图

（5）前端接入。在前端监控系统中，视频信号的传输关系到整个监控系统的图像质量和使用效果。目前常用的传输方式有双绞线和光纤传输两种。

① 双绞线传输方式。在前端摄像机到接入交换机距离不超过 100m 的情况下，采用六类非屏蔽双绞线（以下简称网线）传输。

② 光纤传输方式。前端摄像机到接入交换机距离超过 100m 时，使用光纤来传输，通过光纤

收发器将电信号转为光信号传输，这种方式需要使用光纤并增加光纤收发器。

根据现场情况，在传输方式选用中，室内监控采用网络传输方式，室外监控（前端摄像头到交换机距离大于 100 米）采用光纤传输方式。

（6）监控摄像头选型：

① 室内部分：

·监控镜头：主要采用网络高清枪形摄像机、网络高清半球摄像机。

·像素选择：室内全部采用 400 万像素摄像头。

·辅助功能：摄像头同时具有红外、强光抑制、背光补偿、日夜切换等功能。

② 室外部分：

·监控镜头：主要采用网络高清枪形摄像机、网络高清球形摄像机。

·像素选择：室外全部采用 400 万像素摄像头。

·辅助功能：摄像头同时具有红外、强光抑制、背光补偿、人脸识别、日夜切换、超低照度、高清透雾、微智能等。

（7）室外防雷接地。对前端供电和控制部分，需要采取有效的避雷接地措施，充分保障前端的稳定性和可靠性。前端监控的防雷接地主要从以下三个方面进行：

① 直击雷防护。在直击雷非防护区的每个视频监控点均配置提前预放电避雷针，安装于监控点立杆顶部。提前预放电避雷针利用雷云电场周围电场强度向针尖发射高压脉冲特性，提前一定的时间引导雷电放电，降低监控点雷击接闪强度和电子设备雷击电磁脉冲强度，提高室外监控点的保护裕度。

② 供电设施的雷击电磁脉冲防护。电源防雷系统主要是防止雷电波通过电源对前端设备造成危害。为避免高电压经过避雷器对地泄放后的残压或因更大的雷电流在击毁避雷器后继续毁坏后续设备，以及防止线缆遭受二次感应，对前端室外防水箱 220V 电源进线以及室外防水箱到摄像机的低压电源线路进行避雷接地。220V 电源进线避雷标称放电电流不小于 10kV，接地线缆建议不小于 6mm²。

③ 均压等电位连接。等电位连接是将正常不带电（或不带信息）的、未接地或未良好接地的设备金属外壳、电缆的金属外皮、金属构架、金属管线与接地系统作电气连接，防止在此物件上由于感应雷电高压或接地装置上雷电入地高电位的传递造成对设备内部绝缘、电缆芯线的反击。监控点设备（含电源避雷器、控制信号避雷器）宜采用单点接地方式实现等电位连接，独立接地电阻小于 10Ω。

2）门禁系统

（1）概述。人脸识别门禁是一种基于人的脸部特征信息进行身份识别的生物识别技术。用摄像机或摄像头采集含有人脸的图像或视频流，并自动在图像中检测和跟踪人脸，进而对检测到的人脸进行脸部的一系列相关识别，包括人脸图像采集、人脸定位、人脸识别预处理、记忆存储和比对辨识，达到识别不同人身份的目的。人脸识别门禁系统就是把人脸识别和门禁系统结合，并且通过人脸识别作为门禁开启的要素之一。人脸识别技术的先天优势：非接触识别方便使用，人脸直观辨识；嵌入式解决方案大幅降低系统成本。

（2）系统设计。门禁系统通过在各防护区域的通道门和机房门口等相应区域的出入口设置门禁点，通过人脸识别、指纹识别、刷卡等识别身份和使用权限，对通行位置、通过对象、通过时间进行有效记录、控制和管理，从而保证上述重要防护区域的设备、财产和资料安全。

对于重要区域，门禁系统可根据客户需求装设指纹读卡器等生物技术设施，达到较高等级的安防要求。

各设备机房门口均设置门禁点，进门需读卡。网管室、客户操作室等重要房间、区域根据使用要求适当设置门禁点。所有人员必须凭有效卡才能进入门禁区域。门禁记录保存时间为1年。门禁设备包括人脸门禁一体机、多技术读卡器、卡片发卡器、门磁、电锁及出门按钮等设备。

本套门禁系统由人脸识别仪、电控锁、备用电源（UPS）、人脸识别管理软件（门禁管理软件）和网络共同组成。

① 人脸识别仪：存储人脸模板和刷脸记录，负责和计算机通信，以及和其他数据存储器协调，配合管理软件的智能处理中心，是门禁系统的核心和灵魂部分。人脸识别仪到交换机之间建议使用六类非屏蔽网线。

② 电控锁：电动执行机构。

③ 开门按钮：出门时利用按钮开门。

④ 电源：提供系统运作电源和电锁执行结构的电源供应，可以采取就近取电原则。

⑤ 管理软件：通过电脑对所有单元设备进行中央管理和监控，可以对所有人脸模板通过网络进行管理。

⑥ 网络：使用园区内部局域网络来管理和控制管理系统。

（3）门禁系统主要功能：

① 灵活的权限管理：可以设置某个人能过哪几个门，或者某个人能过所有的门。也可以设置某些人能过哪些门。设置结果可以按门或者按人来排列，用户可以很清晰地看到某个门哪些人能过，或者某个人可以通过哪些门。一目了然，并可以打印或者输出到Excel报表中。

② 时间段权限管理功能：可以设置某个人对某个门，星期几可以进门，每天几点到几点可以进门。脱机运行通过软件设置上传后，控制器会记住所有权限，记录所有信息，即使电脑软件停止运行或电脑关闭，系统依然可以正常脱机正常运行，停电信息也永不丢失。

③ 实时监控：照片显示门状态，显示功能可以实时监控所有门刷卡情况和进出情况，可以实时显示刷卡人预先存储在电脑里的照片，以便保安人员和本人核对。如果接上门磁信号线，用户可以一目了然地看到哪些门是开着的，哪些门是关着的。合法卡的实时记录以绿色的方式显示，非法卡的记录以橙色的方式记录，报警记录以红色的方式显示，便于提醒保安人员注意。在加装视频门禁设备的情况下，还可以在客户刷卡的时候进行实时照相和录像。

④ 实时提取功能：用户可以边实时监控，边自动提取控制器内的记录，刷一条就上传一条到电脑数据库里。

⑤ 强制关门和强制开门功能：某些门需要长时间打开的话，可以通过软件设置其为常开，某些门需要长时间关闭不希望任何人进入的话，可以设置为常闭。或者某些特定时候，例如，需要关门抓贼等也可以设置为常闭。

门禁系统功能原理示意图如图5.31所示。

门禁系统的开启记录能在总控中心综合监控系统上记录并统计，门禁系统具有多种出入权限模式，如人脸、指纹、刷卡、密码、人脸任意组合的开放模式。

（4）门禁系统网络架构。门禁系统采用TCP/IP主控器（TCP/IP通信）及分控器（RS-485通信）二级控制结构。满足系统在脱机状态下正常运行，在联机状态下实时性强的要求。

每个门禁控制器控制一个房门的读卡系统，每层配置一个TCP/IP主控器（TCP/IP通信协议），实现门禁控制器与门禁管理主机之间的通信。

门禁控制器之间采用现场总线RS-485进行通信，通过检测线反馈，实时传送读卡信息。在管理主机故障或通信中断的情况下，门禁控制器能维持门禁正常运行。在断电状态下，门禁控制器能够通过UPS不间断供电，保证门禁读卡器能够正常工作，即使真的无法供电，系统也遵循国家消防的相关规定，采用断电开锁的设置，确保停电时机房内人和物的安全。

门禁系统结构如图5.32所示。

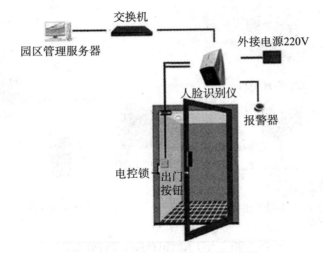

图 5.31　门禁系统功能原理示意图

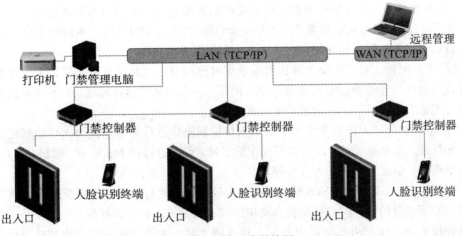

图 5.32　门禁网络结构图

传输前端负责采集、判断人员身份信息及通道进出权限，结合电锁控制对授权人员放行，主要由刷卡读卡器、门控锁和开门按钮组成。

传输网络主要负责数据传输，包括门边设备与门禁人脸识别仪之间，以及与管理中心之间的数据通信，根据楼层情况，门禁控制交换机放置在每层弱电井内，传输线可采用六类网线。

管理中心负责系统配置与信息管理，实时显示系统状态等，主要由管理服务器与管理平台组成。

3）人行闸机系统

人行闸机系统采用入口人脸识别闸机系统，该系统能够对受控区域进行有效管控，所有进出受控区域的人员均需经过认证后方可通行，可以有效防止未授权人员随意进入受控区域，提升内部安全系数。此外，该系统可有效控制人员通行秩序，使得出入口通行井然有序，方便人员出入管理。本方案设计在园区外部人行出入口及大楼大厅一共布放八台人脸识别闸机。

（1）系统架构。入口人脸识别系统由人员通道闸机、工作站和发卡器等组成，对于安保要求严格的场景，还可以配置人证比对组件的人证闸机。根据出入口通道管理需要，选用网络型门禁控制主机，通过 TCP/IP 通信方式与上层管理层通信，支持联机或脱机独立运行，并可联动附近视频监控设备进行抓拍存储，门禁控制主机接入综合管理平台可实现设备资源、人员权限与配置的统一管理。系统架构示意图如图 5.33 所示。

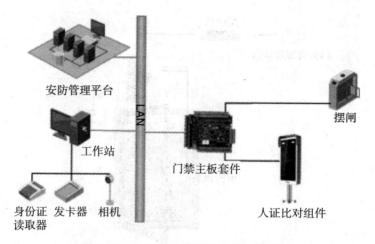

图 5.33　入口人脸识别系统架构示意图

（2）系统组成：

① 人员通道闸机。人行通道闸机阻拦体受控制系统驱动，人员身份验证通过后，阻拦体自动打开，延时后闭合。闸机可辅以摄像头、身份证读卡器、CPU 卡读卡器、二维码读卡器、指纹识别仪、显示屏、自动收卡器、恒温箱等配件，认证方式和逻辑灵活多样。

② 人证比对组件。对于需要人证比对系统实时进行身份比对验证的场所，人员通道闸机可以配置人证比对组件，能够确保实人通行，即时比对，一人一证，验证通过。1:N 比对设备抓拍人脸照片，进行人证实时比对，比对通过后予以放行。

③ 工作站和相机。工作站主要用于对出入口控制操作进行记录，供出入口控制管理人员进行数据查询和管理。发卡器是对卡进行读写操作的工具，可以进行读卡、写卡、授权、格式化等操作。采用人证闸机时，需配置相机录入人脸照片。

（3）系统功能。系统支持刷人脸 / 刷卡 + 人脸两种模式自动切换，系统默认为刷脸模式，当检测到卡（IC 卡 / 身份证）时，系统会自动切换成（刷卡 + 人脸）验证模式。

在这种模式下，用户可根据需要在刷人脸或刷（卡 + 人脸）模式间自由切换，一方面有卡 + 人脸生物识别验证方式保证安全性，另外也给了工作人员一定的自由度，在忘记带卡的情况下也可以使用人脸生物识别验证方式核验通行。

4）访客管理系统

（1）系统概述。随着园区的机房逐步对外开放，参观和维护人员进入园区的情况越来越多，致使管理难度加大，园区访客的管理越来越受到重视。智能园区访客管理系统可实现如下目标：

① 访客管理便捷。实现外来人员到访后，通过身份证快速登记。

② 安全管理高效。访客登记后，对相关信息进行存储、比对，给安保人员提供放行依据。

③ 数据管理完整。可随时查询访客信息，方便管理者进行查询及汇总。

④ 维护方便快捷。在中心平台进行黑名单数据统一录入、访客记录统一查询等操作，方便管理人员后期维护。

（2）系统架构。访客管理系统是一个面向园区各管理应用部门以及各层次用户的综合信息管理系统。该系统架构在园区网上，利用计算机、网络设备、终端设备、安防监控设备等设备，充分发挥网络优势，借助 IC 卡片以及预约二维码等作为信息媒介和载体，通过读取身份证实现安全管理的先进信息化管理系统。

系统总体结构图如图 5.34 所示。

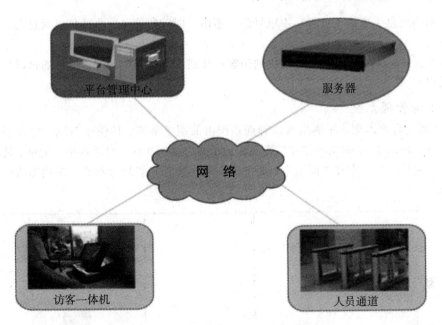

图 5.34 访客系统总体架构图

（3）访客管理流程：

① 临时访客登记。传统的访客来访登记靠的是手工登记，即烦琐也不方便快速查找，访客来访的记录也无法长久保存，这些都给保安管理带来很多工作上的不便，给园区的安保管理带来不必要的安全漏洞。

没有提前预约的来访人可以到访客接待工作站告之被访人信息，由保安管理人员联系被访人，经被访人确认后，管理人员通过访客一体机上的身份证阅读器对到访人员所持身份证件进行登记，登记完成后配置访客卡的一卡通"权限组"并交予来访人。系统同时抓拍一张来访人员照片并存档，以便在日后备查。具体流程如图 5.35 所示。

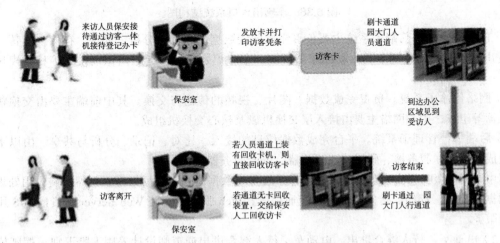

图 5.35 临时访客管理流程图

如果人员通道上未配置收卡装置，则将访客卡交给工作人员进行手动签离。

② 访客预约登记。对于需要提前预约的来访者，提供提前预约登记的功能，通过园区的微信公众号（微信公众号由业主方自行设计，通过访客系统与微信公众号后端服务进行对接实现访客预约信息的获取）进行预约，被访者需事先注册并由安保人员审核有权限可以申请被访。微信公众号

中填写相关来访信息（来访人资料、手机号码、事由、时间段等），来访信息通过后，反馈二维码信息到来访人。

当来访人到达门卫室后，出示二维码到访客一体机上进行登记验证，验证通过以后由保安手动发放访客授权卡。

5）停车场管理系统

（1）车辆混合牌识别。车辆出入口管理系统由前端子系统、传输子系统、中心子系统组成，实现对出入口车辆的 24 小时全天候监控覆盖，记录所有通行车辆，自动抓拍、记录、传输和处理，同时系统还能完成车牌、卡片（固定卡、临时卡）与车主信息管理等功能。车辆出入口系统结构如图 5.36 所示。

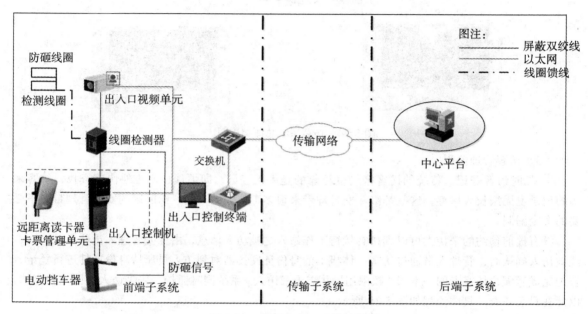

图 5.36　车辆出入口系统结构图

① 前端子系统。前端子系统主要负责完成前端数据的采集、分析、处理、存储与上传，负责车辆进出控制，主要由刷卡及电动挡车器模块、车牌识别模块、远距离识别模块等相关模块组件构成。

② 网络传输子系统。负责完成数据、图片、视频的传输与交换。其中前端主要由交换机、光纤收发器等组成；中心网络主要由接入层交换机以及核心交换机组成。

③ 后端平台管理子系统。平台完成数据信息的接入、比对、记录、分析与共享。由以下软件模块组成：数据库服务器、数据处理服务器、Web 服务器。

其中数据库服务器安装数据库软件保存系统各类数据信息；数据处理服务器安装应用处理模块负责数据的解析、存储、转发以及上下级通信等；Web 服务器安装 Web Server 负责向 B/S 用户提供访问服务。

（2）电动车、行人混合进出。电动车、行人混合进出通道闸设计采用人脸识别＋摆闸模式，进出由人脸认证后摆闸开门。此系统与人行闸机系统一致，故不另行描述。

6）周界入侵防范系统

（1）系统概述。震动光缆探测报警系统是通过安装在围栏上的光纤传感电缆来探测围栏的震动，从而探测因有人攀爬而引起围栏的震动，光纤传感电缆能将围栏上的微小震动转化成电信号传给数字信号处理器，将震动信号转换成电信号，处理器通过对信号进行分析，区分出是有人剪断围栏还是攀爬围栏或是抬起围栏，进而报警。信号处理器是可编程的，可对每个区域的工作参数进行设置，设置不同的探测参数使各自的报警处理过程得到最佳效果。

　　这种独特的光缆入侵探测系统应用在围栏上来保护周界的安全。但是这种探测系统也比较容易受住户、车辆噪声、树枝摆动以及天气变化的影响而产生误报。对此，光纤传感系统特别研究了一套稳定的自适应算法。这套算法具有对信号进行独特处理的功能，使得系统可以补偿外界环境干扰的影响，消除由于环境因素造成的误报。

　　该系统也具有报警联动功能，其信号处理器可以输出继电器信号，也可以通过内置的电路接口与监视系统相连接实现报警联动。

　　光纤传感系统还可以选择安装气象探测设备，并连接气象信号处理器，将当前的天气状况参数反馈给光纤振动探测系统，在专用分析软件的控制下便能自动适应天气变化影响，在不牺牲系统探测灵敏度的前提下，既极大地降低了误报率，又确保了报警的灵敏度。

　　（2）系统总体架构。入侵报警管理系统主要由报警主机、报警通信控制主机、震动光缆报警主机、报警控制键盘、前端震动光缆等部分组成，通过网路接入到控制室管理中心。系统总体架构如图 5.37 所示。

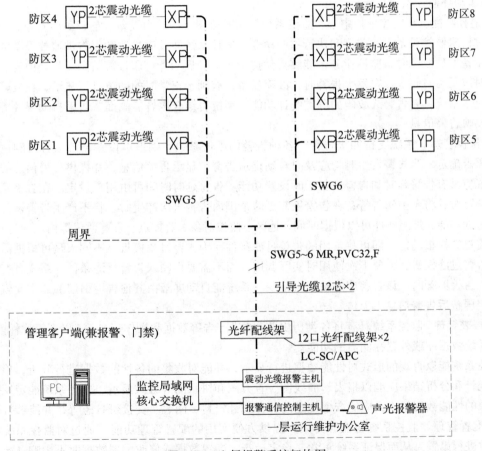

图 5.37　入侵报警系统架构图

　　（3）前端子系统。在探测器设置中，可结合方案设计要求及平面图，本系统共设置八个防区。根据现场地形及围栏走向，每 90 ~ 100 米设置一个防区。

　　（4）传输子系统。报警输入模块信号传输及供电原则上采用总线型结构，各终端探测器通过挂接在总线上的报警输入模块接入系统，上述结构易于扩展、布线简洁。

3.动力与环境监控系统

（1）系统主要监控内容：

① 供配电系统。监测重要供电回路的开关状态（正常、故障动作），测量三相线电压、三相相电压、三相电流、有功功率、无功功率、视在功率、功率因数等。

② UPS 电源系统。通过由 UPS 厂家提供的通信协议及智能通信接口，对 UPS 进行监控，对 UPS 内部整流器、逆变器、电池、旁路、负载等各部件的运行状态进行实时监视，一旦有部件发生故障或参数越限，系统会自动报警。能够通过直观的图形界面实时监视各个运行参数。

③ 机房环境温湿度监控系统。对于面积较大的机房，由于气流及设备分布的影响，温湿度值会有较大的区别，应根据主机房实际面积，检测机房内的温湿度。一旦温湿度值越限，系统将自动报警，提示管理员调节空调温湿度值，给机房设备提供最佳运行环境。并且还可以将一段时间内机房里的温湿度值的历史曲线直观地表现出来，以方便管理人员进行查看。

④ 漏水检测系统。由于用户机房面积大，且漏水水源一般在机房地板下，采用感应线缆将有水源的地方围起来，一旦有液体泄漏碰到感应绳，感应绳通过控制器将信号上传，及时通知有关人员排除。

（2）动环监控系统功能：

① 监控功能。在监控维护中心，监控系统能实时监视机房动力设备、空调和环境等监控信息，并可通过机房监控设备下达监测和执行控制命令。监控系统能及时检测和报告被监控设备的异常情况。当设备出现故障时，监控业务台能够自动提示告警，显示并打印告警信息（告警内容、类型、位置、时间及历时等）。在发生告警时，故障设备以有别于正常时的颜色进行显示，在故障排除后恢复原色。系统具有告警或故障的分类统计功能，系统可结合声音、画面、告警自动寻呼等多种手段及时反映告警信息。

② 告警管理。系统支持四级告警，各种告警门限值参数、阈值可设置，各级告警颜色应能根据维护需求确定，当告警发生时均应及时自动提示告警，显示告警信息，并提供告警信息的打印功能。系统应具有告警延时和告警恢复延时设置功能，告警延时时间可由用户设定。在告警延时范围内告警消除时，将不上送告警；在告警恢复延时范围内告警再次产生时，将不产生告警恢复信息。有告警过滤功能，过滤条件可以根据时间、地区、监控对象、监控点、告警数值等由用户进行设置。提供告警过滤模板功能，即可将常用的告警过滤条件存为告警过滤模板，不同人员可根据需要定义不同的告警过滤模板，方便下次使用时实际调用，而不需要再输入告警过滤条件。系统具有告警屏蔽功能，告警屏蔽时，该告警应能被正常记录。系统能自动屏蔽由其他告警引起的非主要告警的功能，设定屏蔽后告警信息不上传。

③ 报表管理。监控系统具有将各类历史监测数据、告警数据和操作记录等（以下简称性能数据）保存在系统数据库或外置存储器的功能。

监控系统能以直观的形式对性能数据进行显示，并能对收集的各性能数据进行分析，检测异常状态。统计和分析结果应能以报表、曲线图、直方图和饼状图等方式显示。监控系统能定期提供被监控对象的性能数据报告，应能产生规定的各种统计资料、图表、交接班日志等，并能够打印。

④ 配置管理。监控系统应能够为用户提供方便实用的配置管理功能，通过对监控系统各个方面的参数进行设置，从而保证系统正常、稳定运行。配置数据或修改配置数据时不影响系统正常运行，支持在线配置和修改功能，并能将监控中心配置的数据下载到现场监控单元，以及将监控现场配置的数据上传到监控中心。

⑤ 安全管理。监控系统应具有系统操作权限的划分和配置功能，系统管理员可增删下级各级操作人员并根据需求分配适当的权限。当操作人员取得相应权限时，方可进行相应操作。对于各级操作人员，每人应具有单独的账号与密码，操作人员登录和进行某些重要操作时，应进行账号和密

码的验证。系统应具有完善的用户登录及操作记录，监控系统的登录、操作记录信息不被修改、删除。

（3）系统性能指标。监控系统的设计在性能指标上能够满足下述基本要求。

实时性指标：

① 实时数据响应时间＜ 10s。

② 告警数据响应时间＜ 10s。

③ 系统控制响应时间＜ 10s。

注：实时性指标是在传输带宽有保障的情况下监控系统的整体性能指标，即包括从端局采集到中心监控台显示的全过程，且不包含被监控设备自身的响应时间。界面刷新周期＜ 10s。

测量精度：

① 直流电压测量精度优于 0.5%（被测量值在传感器或变送器量程 2/3 以上，测量仪器精度 0.1 级）。

② 交流电压测量精度优于 2%（被测量值在传感器或变送器满量程 2/3 以上，测量仪器精度 0.5 级）。

③ 直流电流测量精度优于 2%（被测量值在传感器或变送器满量程 2/3 以上，测量仪器精度 0.5 级）。

④ 交流电流测量精度优于 2%（被测量值在传感器或变送器满量程 2/3 以上，测量仪器精度 0.5 级）。

⑤ 温度测量精度。外置 I^2C 温湿度传感器的精度：+/-2℃，S3-RHT-R2-T6-P1-O4 温湿度传感器的精度：+/-1℃。

⑥ 频率测量精度优于 2%（被测量值在传感器量程 2/3 以上，测量仪器精度 0.5 级）。

⑦ 液位、油压等其他非大量测量精度优于 5%（被测量值在传感器量程 2/3 以上，测量仪器精度 0.1 级）。

⑧ 告警准确率：100%。

⑨ 控制准确率：100%。

4. 大屏显示系统

（1）系统概述。该数据中心 1# 楼作为一个面向外部客户的数据大楼，一个标准的、现代化的业务展示大屏对于宣传大楼优势、吸引客户来说是非常有必要的。视频显示系统的设计非常重要，设计一套完整、高标准的视频显示系统，可解决视频资料显示、图片显示、视频显示、摄像跟踪显示等需求，提高展示效率。

分布式音视频综合管理控制系统是基于传统集中式控制器的缺点及新的市场发展趋势出现的。系统将高质量的音频、视频和诸多智能特性紧密结合在一起，通过分布式音视频综合管理控制平台的音视频信号、信息控制和数据传输数字化处理新技术的融入，实现功能更多、更齐全的音视频综合管理和控制等功能。

分布式系统是在软件、硬件的支持下，将各种系统及相关设备，如数字会议系统、音视频信号调度系统、KVM 座席系统、远程会议系统、多媒体显示系统、会议实时录音录像系统、扩声系统、集中控制系统等有机地集成在一起，形成一个完整的多功能展示中心。

（2）需求分析。在业务展示、客户接待预留区域规划建设一套 $5.4 \times 2.8m^2$ 的 P1.89LED 屏，利用分布式系统打造一套可视化拼接系统，无须另外配置拼接处理器，支持不规则非标分辨率进行拼接输出，利用手势拖拉上屏拼接、漫游、开窗，控制终端具有虚拟墙显示大屏拼接状态，物理大屏与手持控制终端内容完全同步，多个控制终端亦可同步。同时具备场景一键保存、调用的功能，分级控制权限。

① 系统可采用一人三屏、一人双屏、一人单屏的方式，每个工位一套鼠标键盘即可，主机放置在机房内，实现人机分离。KVM管理系统嵌套于节点内，电脑端无须安装任何软件，主机只需HDMI线和USB线与节点相连，实现各个业务网、内网电脑物理隔离。操作席位可进行权限内电脑的接管，鼠标跨屏漫游，并可把信号推送至大屏。

② 系统内只需布置一根网线至节点，即可实现切换调度、拼接处理、长距离传输、KVM、中控等功能，使整个指挥系统变得简洁、效率、直观，为重大指挥任务提供强有力的保障。

（3）系统组成。整个指挥系统可以分为以下几个部分：

① 前端系统：分布式音视频综合管理控制平台支持各类型信号的接入，如机房内的各类信息系统主机（电脑服务器）信号、指挥大厅内的高清摄像头、视频会议系统、本地信息系统的DVI信号或HDMI信号等。除了对音视频信号的采集，信息系统主机连接USB线至KVM输入节点，可对所有信息系统主机的鼠标键盘USB数据进行对接，满足用户所有信号类型的接入。

② 传输控制系统：前端分布式4K座席输入节点采集音视频信号，对接主机USB之后，通过网线进入运营指挥中心分布式系统的交换机，交换机网线再到后端分布式输出节点，后端输出节点信号线送至大屏或其他显示设备，后端分布式节点插上操作工位的鼠标键盘，可实现上墙显示画面的选择与控制，以及可在桌面显示器对信息系统主机进行操作。分布式节点上带有232控制接口、485控制接口、红外控制口，可对运营指挥中心内支持中控控制的设备进行控制。

③ 显示系统：大屏显示系统支持DVI、HDMI等信号类型的分布式节点的接入显示，通过分布式控制界面软件可对所有输入信号进行预览显示，然后可通过该软件实现信号推送上屏、任意分割、开窗漫游、图像叠加、任意组合显示、图像拉伸缩放以及各种大屏显示模式的设置、保存、调用等一系列功能。各个操作工位的桌面显示器对接分布式节点连接信号线显示信息系统主机画面，每个操作工位配备一套鼠标键盘连接至分布式节点的USB接口，操作鼠标键盘通过OSD菜单可快速接管信息系统主机的信号，并可对其进行操作。

系统架构如图5.38所示。

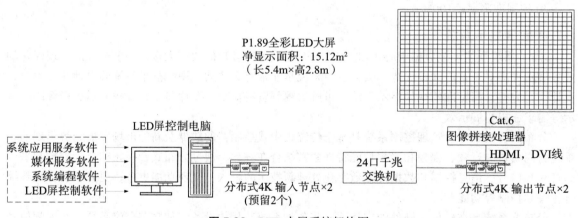

图 5.38 LED 大屏系统架构图

5.2.9 省级云计算数据中心甚早期报警系统设计

本数据中心采用吸气式烟雾探测系统。吸气式烟雾探测报警系统的工作原理是利用光散射技术对空气中的烟粒子进行探测。通过分布在防护区的采样管网，将空气样品抽取到探测器内进行分析，并显示防护区的烟雾含量。当其达到各级报警阈值时，发出相应的报警信号，而报警阈值是根据环境的要求设定的。测得的信号经微处理器处理后，与预先设定的报警阈值比较。如达到某一报警值，则系统给出相应的报警信号。

　　数据机房大量的气流会稀释烟雾，并使普通烟、温感探测器更迟才感知，而吸气式烟雾探测器采用先进的探测技术能在早期探测出机房空气中更微弱的烟雾和其他微粒。例如，小到设备内部电容（电阻）、芯片烧毁产生的细微的、不可见的燃烧释放粒子，也能够侦测出来，因此甚早期烟感的预警时间大为提前，可以及时消除火灾苗头，为保障机房消防安全起到了关键作用。

　　为及时发现和处理灾备机房的火情，实现火灾的早期预报警，避免酿成火灾，本数据中心机房、电池电力室、高低压变配电室内加装点型激光感烟探测器报警系统，以提高火灾报警防护等级。本数据中心机房、电池电力室、高低压变配电室外的其他区域无须设计安装。

　　吸气式烟雾探测器采用模块化设计，包括探测器、显示器、编程器、网络插座及网络接口等部件。探测器为积木式结构，根据现场情况及用户要求，可以单独使用，也可以与显示器或编程器等组合使用。单独使用时，显示器或编程器可以放在监控室集中管理。

　　本数据中心采用标准采样管网，应用于吊顶下。按照吸气式感烟探测器规范的设置要求，安排采样管走向及采样孔的位置。采样管网与探测器的抽气机连在一起，将空气经各采样点抽到探测器中，进行烟雾测定。管网可以水平或者垂直方向安装，梁突出顶棚的高度超过 600mm 时，采用带弯头的立管采样。

　　采样管应平行于探测器的排列方向布置，在设计探测器位置的网格交叉点上安排采样孔。主机进气口距采样管弯头至少要留 500mm 直管。

　　本数据中心 19 个机房配置 2 两台吸气式烟雾探测器，吸气式烟雾探测器配置见表 5.35。

表 5.35　吸气式烟雾探测器配置

楼　层	机房名称	数量（台）
1F	高压配电房 1	1
	高压配电房 2	1
2F	局端机房	1
	客户机房	2
	综合机房	1
	电池室 1	1
	电池室 2	1
	变配电室	1
3F	客户机房 1	1
	客户机房 2	2
	电池室 1	1
	电池室 2	1
	变配电室	1
4F	VIP 客户机房 1	1
	VIP 客户机房 2	1
	客户机房	2
	电池室 1	1
	电池室 2	1
	变配电室	1
合　计		22

5.2.10 省级云计算数据中心绿色节能设计

1. 建筑节能

本数据中心节能设计主要从以下几个方面考虑：建筑设计、给排水设计、电气及照明设计、空调设计、智能控制。

（1）建筑设计：

① 总体布局：本数据中心建筑南北向布局，尽可能地利用自然通风及自然采光。

② 建筑平面及立面：建筑平面布局规整，根据数据机楼的特点，尽可能利用自然通风和采光，尽量减少使用玻璃幕墙，减少运行能源消耗。

③ 外围护结构：本数据中心外墙面层尽可能采用浅色装饰材料；外墙采用新型隔热材料及保温措施；建筑屋面采用隔热材料及保温措施（按节能设计要求）。

④ 外窗：本数据中心尽量减少大面积玻璃幕墙，并按相关节能要求设计。

⑤ 建筑及装饰材料：外墙、屋面等维护结构采用新型隔热材料及保温措施；外墙玻璃采用节能的中空 LOW-e 玻璃。

（2）给排水设计：

① 充分利用当地水源及排污处理系统，节约投资及运行费用。

② 结合地形，合理确定总平面的竖向设计及雨水排向。

③ 选用变频调速的全自动节能供水设备和节水型的卫生洁具。

④ 收集雨水、污水、消防水池定期更换下的水供绿化使用。

（3）电气及照明设计：

① 充分利用当地外网、节约投资及运行费用。

② 合理安排变、配电间的位置，尽量靠近负荷中心，缩短管网，减少线路损耗，降低运行成本。

③ 合理选用设备系统，提高其负荷率，使设备处于经济运行状态，降低其无功损耗（在变配电房的低压侧安装电容器，进行无功补偿，以提高变压器利用率并降低无功损耗；合理选用变压器，提高其负荷率，使变压器处于经济运行状态）。

④ 合理确定照度标准，采用高效节能型的照明灯具和低损耗、性能优的电子配件。

（4）智能弱电：

① 本数据中心智能系统设计楼宇设备自动化（BAS）系统，以保证楼宇设备的自动化控制和低能耗高效率的运行。

② 本数据中心除参照《智能建筑设计标准》的甲级标准设计外，还符合《公共建筑节能设计标准》中有关监测和控制的各项规定。

2. 环境保护方案

（1）1# 数据中心对环境的影响。本项目地块周边现状无易燃易爆物质，交通顺畅，主要安排数据机房。1# 数据中心首层主要布置发电机房（有防噪声处理环保措施）外，其他生产调度用房对环境无污染。

（2）辐射污染分析。本数据中心不产生辐射及其他有毒污染物。

（3）绿化规划。按照城市规划的整体要求，保持用地的环境特征，建筑布局、造型因素符合规划目标，维护城市整体环境特点。

（4）污染源分析及治理：

① 投入使用后产生的污染物主要是职工的生活污水及丢弃的生活垃圾。

② 发电机产生的噪声经过严格的消音设计与处理，达到国家控制的标准。

③ 环境保护与防电磁干扰。

（5）污水处理。本大楼室内污水、粪水采用分流排放，室外设化粪池。本数据中心机房不产生污水。

（6）废弃物处置。主要是一些生活垃圾，设置垃圾桶，并配置清洁人员及时清扫、集中，每天由垃圾车送到垃圾场处理。

（7）防噪声及油烟污染的环保措施。备用的柴油发电机房，天棚作吸声处理，采用隔声门减少噪声外泄，油机房基础作减震处理。柴油发电机房设有专门的排烟井道将油机油烟排放到大楼天面以上，防止烟气对环境的影响。

3. 环境效益评价

本建设项目无任何污染性项目，不会对环境造成破坏。同时，建议在工程中，采用建设部、自治区建设厅相关部门推荐使用的环保建材及设备，并满足生态循环要求，交付使用前对室内环境进行监测评估，防止形成建材污染，使通信机楼成为一座绿色环保建筑。

4. 再生能源及海绵城市建设

海绵城市建设是一项系统性工程，根据住房城乡建设部下发的"海绵城市建设技术指南——低影响开发雨水系统构建（试行）"的技术资料，强调城市地块实行低影响的生态开发模式，在城市建设时应充分利用城市绿地、道路、水系等对雨水的吸纳和缓释作用，增加雨水的下透性和土壤的保水性，解决城市排水及内涝问题，有利于改善城市生态环境。

对于本数据中心，由于地块面积较小，宜采用下述措施满足"海绵城市"建设要求：

（1）地块绿地率符合规划要求，在满足建筑布置及交通设计的情况下尽量提高。

（2）地块内道路、广场、铺地等应选用绿色环保、透水性高的建材。

（3）妥善处理建筑垃圾，不用于地块铺装，避免对地块带来环境污染；绿地设计以草坪、植物种植为主，少使用硬质铺地等。

5.2.11　省级云计算数据中心安全设计

在云计算数据中心的安全设计过程中，应遵循国家网络安全等级保护标准要求，进行安全体系的总体规划，包括信息安全技术体系（包括安全物理环境、安全通信网络、安全区域边界、安全计算环境、安全管理中心）和信息安全管理体系（包括安全管理制度、安全管理机构、安全管理人员、安全建设管理、介质管理、云计算安全扩展要求）。

1. 网络安全等级划定

1）等级划分方法

依据《信息安全技术网络安全等级保护定级指南》（GA/T 1389-2017），确定等级保护对象定级工作的一般流程如下：

（1）确定作为定级对象的信息系统：本案例工业云平台承载相对独立的业务应用，因此可以作为等级保护的定级对象。

（2）初步确定等级。

（3）专家评审。

（4）主管部门审核。

（5）公安机关备案审查。

（6）最终确定等级。

定级对象的安全主要包括业务信息安全和系统服务安全，与之相关的受侵害客体和对客体的侵害程度可能不同，因此，安全保护等级也应由业务信息安全和系统服务安全两方面确定。从业务信息安全角度反映的定级对象安全保护等级称为业务信息安全保护等级；从系统服务安全角度反映的定级对象安全保护等级称为系统服务安全保护等级。

2）业务信息安全保护等级

（1）业务信息受到破坏时所侵害客体的确定。本案例工业云平台遭到破坏后，侵害的客体是社会秩序以及可能涉及的相关公共利益、公民、法人和其他组织的合法权益。

（2）信息受到破坏后对侵害客体的侵害程度的确定。侵害的客观方面（客观方面是指定级对象的具体侵害行为，侵害形式以及对客体造成的侵害结果）表现为：一旦业务信息遭到入侵、修改、增加、删除等不明侵害（形式包括丢失、破坏、损坏等），会对侵害的客体造成影响与损害。

对公民、法人和其他组织的合法权益方面造成严重损害，主要表现为：一旦平台发生故障或遭受侵害，将会造成平台上各个信息系统内信息的保密性、完整性和可用性遭受严重破坏，严重影响相关公民、法人和其他组织等获取相关信息，严重影响行使工作职能，造成业务能力严重下降，甚至会引起法律纠纷，导致财产损失，造成社会不良影响。

对社会秩序和公共利益方面造成严重损害，主要表现为：平台承载全省各个工业层面的信息化应用，属于重要性信息系统的范畴，严重影响应用系统的正常运行，导致信息传达、调用延误等问题。严重影响相关企业的生产效率及产值，甚至可能因信息的延迟导致财产的损失、应急处突响应不及时、重大事件决策延误、组织单位的管理效率严重下降等严重问题。

（3）业务信息安全等级的确定。根据业务信息安全被破坏时所侵害的客体以及对相应客体的侵害程度，依据《信息安全技术网络安全等级保护定级指南》（GA/T 1389–2017），本工业云平台承载的业务信息安全保护等级定为第三级，见表 5.36。

表 5.36　业务信息安全保护等级矩阵表

业务信息安全被破坏时所侵害的客体	对相应客体的侵害程度		
	一般损害	严重损害	特别严重损害
公民、法人和其他组织的合法权益	第一级	**第二级**	第三级
社会秩序、公共利益	第二级	**第三级**	第四级
国家安全	第三级	第四级	第五级

3）系统服务安全保护等级的确定

（1）系统服务描述。该平台服务范围为全省范围内有上云需求的工业行业相关企业、单位、组织等。

（2）系统服务受到破坏时所侵害客体的确定。该系统服务遭到破坏后，所侵害的客体是公民、法人和其他组织的合法权益，同时也侵害社会秩序和公共利益，但不损害国家安全。

对公民、法人和其他组织的合法权益方面造成严重损害，主要表现为：损害导致工业行业体系保障下的公民的人身、财务存在一定的安全隐患；组织单位的管理效率下降等。

对社会秩序和公共利益方面造成一般损害，主要表现为：平台存在一定时间的中断，影响相关企业的生产效率及产值，甚至可能因信息的延迟导致公共财政的损失、应急处突响应不及时、重大事件决策延误等严重问题。

（3）系统服务受到破坏后对侵害客体的侵害程度的确定。上述结果的程度表现为：对公众人身财产、社会秩序和公共利益造成严重损害，即会对公众的人身财产存在较大威胁，出现较大范围的社会不良影响和较大程度的公共利益的损害等。

（4）系统服务安全等级的确定。根据系统服务被破坏时所侵害的客体，对应客体的侵害程度以及服务的重要程度，本案例工业云平台系统服务安全保护等级为第二级，见表 5.37。

表 5.37　系统服务安全保护等级矩阵表

系统服务安全被破坏时所侵害的客体	对相应客体的侵害程度		
	一般损害	严重损害	特别严重损害
公民、法人和其他组织的合法权益	第一级	**第二级**	第三级
社会秩序、公共利益	**第二级**	第三级	第四级
国家安全	第三级	第四级	第五级

4）安全保护等级的确定

信息系统的安全保护等级由业务信息安全等级和系统服务安全等级较高者决定，最终确定本案例工业云平台安全保护等级为第三级。

2. 安全建设方案

本案例的安全建设内容分为信息安全技术体系及信息安全管理体系两部分。其中，安全技术体系包括安全物理环境、安全通信网络、安全区域边界、安全计算环境及安全管理中心；安全管理体系包括安全管理制度、安全管理机构、安全管理人员、安全建设管理及安全运维管理。

1）信息安全技术体系设计方案

（1）安全物理环境。安全物理环境从数据中心机房的物理位置选址、物理访问控制、防盗窃和防破坏、防雷击、防火、防水和防潮、防静电、温湿度控制、电力、电磁防护等方面防护，具体建设方式已在前文介绍相关案例设计中融入考虑。

① 物理位置选择：数据中心机房场地选择在具有防震、防风和防雨等能力的建筑内。

② 物理访问控制：在数据中心机房出入口配置电子门禁系统，控制、鉴别和记录进入的人员，从物理访问上加强对机房的管理。

③ 防盗窃和防破坏：对数据中心机房设备或主要部件进行固定，并设置明显的不易除去的标记；通信线缆铺设在隐蔽处；机房配备防盗报警系统或设置有专人值守的视频监控系统。

④ 防雷击：数据中心机房内的各类机柜、设施和设备等通过接地系统安全接地并采取措施防止感应雷。

⑤ 防火：在数据中心配备消防系统。机房及相关的工作房间和辅助房采用具有耐火等级的建筑材料，同时对机房划分区域进行管理，区域和区域之间设置隔离防火措施。

⑥ 防水和防潮：在数据中心机房做好防水措施，防止雨水通过机房窗户、屋顶和墙壁渗透，防止机房内水蒸气结露和地下积水的转移与渗透。同时安装对水敏感的检测仪表或元件，对机房进行防水检测和报警。

⑦ 防静电：在数据中心机房安装防静电地板并采用接地防静电措施，防止静电的产生，例如，采用静电消除器或佩戴防静电手环。

⑧ 温湿度控制：数据中心机房配置温湿度监控系统，并对温湿度进行精密电子监控，一旦发生告警立即采取对应措施。并且，设备冷风区域进行了冷风通道密闭，充分提高制冷效率，绿色节能。空调机组均采用 $N+1$ 的热备冗余模式，空调配电柜采用不同的双路电源模式，以保证其中一路市电电源发生故障后空调能正常接收供电。在双路市电电源发生故障后，由柴油发电系统提供紧急电源，减少服务中断性的可能，以防止设备过热。设置温湿度自动控制设施。

⑨ 电力供应为保障业务 $7 \times 24h$ 持续运行，数据中心机房采用冗余的电力系统（交流和高压直流），主电源和备用电源具备相同的供电能力，且主电源发生故障后（如电压不足、断电、过压或电压抖动），会由柴油发电机和带有冗余机制的电池组对设备进行供电，保障平台在一段时间的持续运行能力。

⑩ 电磁防护：数据中心机房的电源线和通信线缆隔离铺设，避免互相干扰，对关键设备实施电磁屏蔽。

（2）安全通信网络。安全通信网络对云计算平台的网络架构、通信传输、可信验证等方面进行防护，主要措施如下：

① 网络架构。网络设备预留业务处理能力和带宽冗余空间，满足业务高峰期的要求。

使用 VPC/VLAN/VxLAN 定义的地址对象等方式，定义和划分不同网络区域。遵循保护等级、业务使命、安全需求等要素，本着便于管理的原则划分安全区域。

避免将重要区域 / 应用部署在网络边界处；重要网络区域与其他网络区域之间采用防火墙 / 入侵防范设备等进行隔离。

采取核心链路、关键网络设备和关键计算设备的硬件冗余，保证系统的可用性。

建立相应的业务系统部署管理制度，保证云计算平台不承载高于其安全保护等级的业务应用系统。

为云服务客户提供自主设置安全策略的权限，包括定义访问路径、选择安全组件、配置安全策略。

提供相应开放接口或开放性安全服务，允许云服务客户接入第三方安全产品或在云计算平台选择第三方安全服务。

建立云平台的通信网络，提供网络接入，采取防火墙、入侵防范设备等措施建立安全防护能力。

在网络层面，通过 VxLAN 技术实现云平台内不同租户内子网的逻辑层面隔离；不同物理服务器上的同一租户 VM，将通过 GRE 隧道实现通信；采用云计算平台的 VPC 技术实现不同租户之间的资源隔离。

② 通信传输。采用校验码或者密码算法保证通信过程中的数据完整性；采用密码算法保证通信过程中的数据完整性。

③ 可信验证。基于可信根对通信设备的系统引导程序、系统程序、重要配置参数和通信应用程序等进行可信验证，并在应用程序的关键执行环节进行动态可信验证，检测到其可信性受到破坏后进行报警，并将验证结果形成审计记录送至安全管理中心。

（3）安全区域边界。安全区域边界对云计算平台从边界防护、访问控制、入侵防范、恶意代码和垃圾邮件防范、安全审计、可信验证等方面进行防护，主要措施如下：

① 边界防护：采用防火墙设备进行防护。

② 访问控制：采用防火墙设备进行防护，并设置相应的安全策略，保证访问控制规则数量最小化。

③ 入侵防范：采用 IPS/ 抗 DDoS 攻击 /Web 应用防火墙设备进行防护，部署沙箱对未知威胁进行防御。

④ 恶意代码和垃圾邮件防范：采用病毒防护系统进行防护。

⑤ 安全审计：采用安全审计、数据库审计系统进行防护。

⑥ 可信验证：基于可信根对边界设备的系统引导程序、系统程序、重要配置参数和边界防护应用程序等进行可信验证，并在应用程序的关键执行环节进行动态可信验证，检测到其可信性受到破坏后进行报警，并将验证结果形成审计记录送至安全管理中心。

（4）安全计算环境。安全计算环境对云计算平台从身份鉴别、访问控制、安全审计、入侵防范、恶意代码防范、可信验证、数据完整性、数据保密性、数据备份恢复、剩余信息保护、个人信息保护、镜像和快照保护等几个方面进行防护，主要采取的措施如下：

① 身份鉴别：通过堡垒主机，实现对主机（物理服务器和虚拟化主机）、数据库等 IaaS 和 PaaS 层资产，以及云计算平台、安全管理平台等平台级管理工具的访问账号管理、身份鉴别。针对重要资产，强调对访问者的双因素身份鉴别，访问抗抵赖。结合堡垒主机，形成安全、可控的访问路径，记录访问行为，杜绝非授权访问。

② 访问控制：通过堡垒主机，实现对主机、操作系统、数据库、平台级管理工具的基于身份鉴别的访问控制。

③ 安全审计：通过安全事件管理中心综合收集全网产生日志信息的资产日志，进行统一存储。部署安全审计系统、数据库审计系统进行防护。

④ 入侵防范：通过主机安全加固软件实现异地登录告警、非白名单 IP 登录告警、非法时间登录告警、非法账号登录告警、暴力破解登录拦截、网站后门（Webshell）查杀等。通过在操作系统中部署主机安全加固软件，弥补主机漏洞、配置脆弱性、缩减被攻击面，包括 Linux 软件漏洞检测、Windows 漏洞检测与修复、Web–CMS 漏洞检测与修复、配置型 / 组件型的漏洞检测等。

⑤ 恶意代码防范：部署网络防病毒系统，覆盖物理服务器、虚拟化主机、PC 终端，综合防治病毒在网络内的传播，查杀主机资产中驻留的病毒。

⑥ 可信验证：基于可信根对计算设备的系统引导程序、系统程序、重要配置参数和应用程序等进行可信验证，并在应用程序的关键执行环节进行动态可信验证，检测到其可信性受到破坏后进行报警，并将验证结果形成审计记录送至安全管理中心。

⑦ 数据完整性：采用校验技术或密码技术保证重要数据的完整性。

⑧ 数据保密性：采用密码技术保证数据保密性。

⑨ 数据备份恢复：采用本地备份和恢复机制。

⑩ 剩余信息保护：云平台采用分布式存储，文件被分割成小块存储在不同的物理机磁盘中，用户退出后，云计算操作系统将删除该用户的磁盘索引。

⑪ 个人信息保护：建立应用系统的个人信息采集机制，应确保云服务客户数据、用户个人信息等存储于中国境内，如需出境应遵循国家相关规定，确保只有在云服务客户授权下，云服务商或第三方才具有云服务客户数据的管理权限。

⑫ 镜像和快照保护：云计算平台操作系统针对重要云服务和业务系统的镜像和快照进行版本控制；将操作系统加固措施，融入虚拟化主机镜像中，创建加固的操作系统和业务平台镜像。

（5）安全管理中心。安全管理中心对云计算平台从系统管理、审计管理、安全管理、集中管控几个方面进行防护，主要措施如下：

① 系统管理：通过网络管理系统对多厂商和多类型的设备进行统一的监控和配置管理，并对网络和业务质量进行监视和分析，实现对企业资源、业务、用户的统一管理以及关联分析。

② 审计管理：通过安全审计等对审计管理员进行身份鉴别，并存储、管理和查询相关审计记录等。

③ 安全管理：通过数据库审计等对安全管理员进行身份鉴别和安全管理。

④ 集中管控：通过安全事件管理中心、数据库审计、安全势态感知等进行安全统一集中管控。

2）信息安全管理体系建设方案

本案例省级云计算数据中心的信息安全管理体系建设包括安全管理制度、安全管理机构、安全管理人员、安全建设管理和安全运维管理。

（1）安全管理制度。在安全策略、管理制服、指定和发布、评审和修订方面，主要采取的措施如下：

① 安全策略：制定网络安全工作的总体方针和安全策略，说明机构安全工作的总体目标、范围、原则和安全框架等。

② 管理制度：对安全管理活动中的各类管理内容建立安全管理制度；对管理人员 / 操作人员执行的日常管理操作建立操作规程。形成由安全策略、管理制度、操作规程、记录表单等构成的全面的信息安全管理制度体系。

③ 制定和发布：安全策略和制度的制定由信息安全工作小组和专家小组共同完成，由安全管理委员会正式发布，同时对安全管理制度进行版本控制，当系统出现变更时，策略或制度的变化应得以体现。

④ 评审和修订：安全管理委员会定期组织对安全管理制度的合理性和适用性的论证和评审，尤其是当系统 / 云平台出现重大变更后，应及时对不合时宜的、存在不足的或需要改进的安全管理制度进行修订。

（2）安全管理机构。在岗位设置、人员配置、授权和审批、沟通和合作、审核和检查方面，主要采取的措施如下：

① 岗位设置：建立具有安全管理权限的安全管理委员会，负责批准信息安全方针、分配安全证职责并协调组织内部信息安全的实施。

·建立审计与监管工作组，对各自管辖范围内资产进行审计，并设置安全审计员，对安全策略的变更以及关键业务配置的变更需经过安全审计员的评估后方可执行。同时，云租户在对自身进行运行监管的同时，还应加强对云租户方的运行监管，云服务方和第三方评估机构应积极参与并配合。由安全管理委员会委派专员任组长，由云服务方和各云租户的运行监管人员负责，并特设联络员。

·建立信息安全工作组，负责制定具体的安全管理策略（方针），监督安全管理策略的实施，对内部人员进行培训。由安全管理委员会委派专员任组长，由各租户的网络管理员、系统管理员和安全管理员组成，受安全管理委员会领导。

·建立运行维护工作组，负责云环境和基础设施维护，由安全管理委员会委派专员任组长，成员由各租户的应用维护人员及云服务方基础设施维护人员组成，受安全管理委员会领导。

·建立提供信息安全建议的专家组，并使其有效。专家小组应与外部安全专家联络，跟踪行业趋势，监督安全标准和评估方法，并在处理安全事故时提供适当的联络渠道。

·建立应急响应工作组，快速应对信息安全事件。由安全管理委员会委派专员任组长，成员包括各租户的 IT 部门负责人、应急响应执行专员以及联络专员和云服务方工作配合人员。

·设立系统管理员、审计管理员和安全管理员等岗位，并定义部门及各个工作岗位的职责。

② 人员配备：配备系统管理员、审计管理员和安全管理员等，其中，安全管理员专职。

③ 授权和审批：在安全管理委员会的框架内，根据各工作组的职责，明确授权审批事项、批准人等。针对系统变更、重要操作、物理访问和系统接入等事项，建立审批程序，按照程序执行审批过程。对重要的活动应建立逐级审批制度。定期审查审批事项，及时更新需授权和审批的项目、审批部门和审批人的信息。

④ 沟通和合作：除了加强安全管理委员会内部沟通合作之外，租户和云服务方应加强各部门的合作与沟通，定期召开协调会议，共同协作处理信息安全问题。建立与外联单位（如兄弟单位、公安机关、各类供应商、业界专家和专业安全组织）的沟通与合作。建立外联单位联系列表，注明单位名称、合作内容、联系人和联系方式等内容。

⑤ 审核和检查：定期执行常规安全检查，检查内容包括系统日常运行、系统漏洞和数据备份情况等。租户和云服务方定期执行全面的安全检查，检查内容应包括安全技术措施有效性、安全配置和策略一致性、安全管理制度的执行情况等。使用定制的安全检查表格实施安全检查，汇总检查数据，形成检查报告，对安全检查结果进行通报。

（3）安全管理人员。在人员录用、人员离岗、安全意识教育和培训、外部人员访问管理方面，主要采取的措施如下：

① 人员录用：指定或授权专门的部门或人员负责人员录用。对被录用人员的身份、背景、专业资格和资质进行审查，对其工作范围内应具备的技术技能进行考核。无论是云服务方还是租户，只要被录用人员具备接触和掌握租户敏感数据的权限，要签署保密协议。对于重要的岗位人员，签署岗位责任协议。

② 人员离岗：人员离岗时，及时终止其所有访问权限，收回各类身份证件、钥匙、身份鉴别硬件 Key 等各类软硬件设备。要求人员离职办理严格的调离手续，承诺调离后的保密义务后方可离开。

③ 安全意识教育和培训：对人员进行安全意识教育和岗位技能培训，并告知相关的安全责任和惩戒措施。对组织内不同岗位制定不同的培训计划。培训内容应涵盖岗位操作规程、组织安全策略的宣讲、信息安全基础知识等；定期对不同岗位的人员进行技能考核。

④ 外部人员访问管理：当外部人员通过物理方式访问系统时，需先提出书面申请。批准后，由专人陪同（开通账号、分配权限），并登记备案。对于云平台，获得访问授权的外部人员还应签署保密协议，不得进行非授权的操作，不得复制和泄露任何敏感信息。当外部人员通过远程接入方式访问系统时，需先提出书面申请。批准后，由专人开通账号、分配权限，并登记备案。当外部人员离场后应及时清除其所有的访问权限。

（4）安全建设管理。在定级和备案、安全方案设计、产品采购和使用、自行软件开发、外包软件开发、工程实施、测试验收、系统交付、等级测评、服务供应商选择、供应链管理方面，主要采取的措施如下：

① 定级和备案：将工业云平台作为等级保护的定级对象。定级文件文档化，以书面形式说明保护对象的边界、安全保护等级以及确定登记的方法和理由。定级结果经过专家评审其合理性和正确性，确定结果后经主管部门批准，并将备案材料报主管部门和公安机关备案。

② 安全方案设计：在对业务系统/云平台进行等级保护安全设计时，进行风险评估和差距分析，补充和调整相应的安全措施。根据保护对象的安全保护等级及与其他级别保护对象的关系进行整体安全规划和安全方案设计，并形成配套文件。规划文件和设计方案经过安全专家对合理性和正确性进行论证和审定，经过批准后才能正式实施。

③ 产品采购和使用：采购的安全产品和密码学产品具备相应产品认证资质。安全产品至少具备公安机关颁发的《计算机信息系统安全销售许可证》，密码学产品具备国家密码管理局颁发的《商用密码产品销售许可证》。在采购安全产品之前，应先进行产品选型测试，确定产品候选范围，建立候选产品名单，并进行定期审核和更新。

④ 自行软件开发：建立单独的开发环境，与实际物理运行环境逻辑隔离，保证测试数据和测试结果可控，避免侵害实际运行环境；制定软件安全开发管理制度，明确开发过程的控制方法和人员行为准则；指定代码编写安全规范，要求开发人员遵照执行；确保具备软件设计的所有相关文档和使用指南，并对文档进行版本控制；安全性测试融入软件开发过程，在软件安装前对可能存在的恶意代码进行检测。确保对程序资源库的修改、更新和发布均进行授权和批准控制。确保开发人员为专职人员，开发人员的开发活动受控制、监视和审查。

⑤ 外包软件开发：在软件交付使用前，进行源代码审计和检测，检测软件质量和其中可能存在的恶意代码。外包单位提供软件设计文档和使用指南。外包单位提供软件源代码，并执行源代码安全审查，重点关注是否存在后门、隐蔽信道等。

⑥ 工程实施：在实施前，制定工程实施方案，控制安全工程的实施过程。并指定专门的部门或人员负责工程实施过程的管理。同时，要通过第三方工程监理控制项目的实施过程。

⑦ 测试验收：测试验收过程，首先制定测试验收方案，并依据测试验收方案实施测试验收，最终形成测试报告。进行上线前的安全性测试，对安全措施有效性进行测试，并出具安全测试报告。

⑧ 系统交付：系统交付时，根据交付清单对交接的设备、软件和文档等进行逐一清点。交付后，对运行维护技术人员进行相应的技能培训。提供建设过程中的文档，以及指导用户进行运行维护的指南性文档。

⑨ 等级测评：定期执行等级测评工作，在发现存在安全差距时，及时进行整改。出现重大变更或级别发生变化时，均执行等级测评。对于测评，应由具备等级保护测评资质的单位进行。

⑩ 服务供应商选择：选择符合国家规定的服务供应商，与选定的服务供应商签订相关协议，明确整个服务供应链各方需履行的网络安全相关义务。定期监督、评审和审核服务供应商提供的服

务，并对其变更服务内容加以控制。

⑪ 供应链管理：选择符合国家有关规定的供应商，及时获悉与产品相关的安全事件信息、威胁信息（例如产品爆出重大漏洞），评估变更可能带来的安全风险，提供推荐措施对风险进行控制。

（5）安全运维管理。在环境管理、资产管理、介质管理、设备维护管理、漏洞和风险管理、网络和系统安全管理、恶意代码防范管理、配置管理、密码管理、变更管理、备份与恢复管理、安全事件处置、应急预案管理、外包运维管理方面，主要采取的措施如下：

① 环境管理：指定专门的部门或人员负责机房安全，对机房出入进行管理，定期对机房供配电、空调、温湿度控制、消防等设施进行维护管理。不在重要区域接待来访人员，桌面上没有包含敏感信息的纸档文件、移动介质等。建立机房安全管理制度，对有关机房物理访问，物品带进、带出机房和机房环境安全等方面的管理作出规定。云计算平台的运维地点位于中国境内，境外对境内云计算平台实施运维操作遵循国家相关规定

② 资产管理：编制并保存与保护对象相关的资产清单，包括资产责任部门、重要程度和所处位置等内容。根据资产的重要程度对资产进行标识管理，根据资产的价值选择相应的管理措施。对信息分类与标识方法做出规定，并对信息的使用、传输和存储等进行规范化管理。

③ 介质管理：确保介质存放在安全的环境中，对各类介质进行控制和保护，实行存储环境专人管理，并根据存档介质的目录清单定期盘点。对介质在物理传输过程中的人员选择、打包、交付等情况进行控制，并对介质的归档和查询等进行登记记录。

④ 设备维护管理：对各种设备（包括备份和冗余设备）、线路等指定专门的部门或人员定期进行维护管理。确保信息处理设备经过审批才能带离机房或办公地点，含有存储介质的设备带出工作环境时，其中重要数据必须加密。有存储介质的设备在报废或重用前，进行完全清除或被安全覆盖，确保该设备上的敏感数据和授权软件无法被恢复重用。建立配套设施、软硬件维护方面的管理制度，对其维护进行有效管理，包括明确维护人员的责任、涉外维修和服务的审批、维修过程的监督控制等。

⑤ 漏洞和风险管理：采取措施识别安全漏洞和隐患，对发现的安全漏洞和隐患及时进行修补或评估可能的影响后进行修补。定期开展安全测评，形成安全测评报告，采取措施应对发现的安全问题。

⑥ 网络和系统安全管理：

· 划分不同的管理员角色进行网络和系统的运维管理，明确各个角色的责任和权限。

· 制定重要设备的配置和操作手册，依据手册对设备进行安全配置和优化配置等。

· 详细记录运维操作日志，包括日常巡检工作、运行维护记录、参数的设置和修改等内容。

· 安排专门的部门或人员对日志、监测和报警数据等进行分析、统计，及时发现可疑行为。

· 严格控制变更性运维，经过审批后才可改变连接、安装系统组件或调整配置参数，操作过程中应保留不可更改的审计日志，操作结束后应同步更新配置信息库。

· 严格控制运维工具的使用，经过审批后才可接入系统进行操作，操作过程中应保留不可更改的审计日志，操作结束后应删除工具中的敏感数据。

· 严格控制远程运维的开通，经过审批后才可开通远程运维接口或通道，操作过程中应保留不可更改的审计日志，操作结束后立即关闭接口或通道。

· 保证所有与外部的连接均得到授权和批准，定期检查违反规定无线上网及其他违反网络安全策略的行为。

· 指定专门的部门或人员进行账号管理，对申请账号、建立账号、删除账号等进行控制。

· 建立网络和系统安全管理制度，对安全策略、账号管理、配置管理、日志管理、日常操作、升级与打补丁、口令更新周期等方面作出规定。

⑦ 恶意代码防范管理：提高所有用户的防恶意代码意识，告知对外来计算机或存储设备接入系统前进行恶意代码检查等。定期检查恶意代码库的升级情况，对截获的恶意代码及时进行分析处理。

⑧ 配置管理：记录和保存基本配置信息，包括网络拓扑结构、各个设备安装的软件组件、软件组件的版本和补丁信息、各个设备或软件组件的配置参数等。将基本配置信息改变纳入变更范畴，实施对配置信息改变的控制，并及时更新基本配置信息库。

⑨ 密码管理：遵循相关国家标准和行业标准，使用符合国家密码管理主管部门认证核准的密码技术和产品。

⑩ 变更管理：明确变更需求，变更前根据变更需求制定变更方案，变更方案经过评审、审批后方可实施。建立中止变更并从失败变更中恢复的程序，明确过程控制方法和人员职责，必要时对恢复过程进行演练。建立变更的申报和审批控制程序，依据程序控制所有的变更，记录变更实施过程。

⑪ 备份与恢复管理：识别需要定期备份的重要业务信息、系统数据及软件系统等。规定备份信息的备份方式、备份频度、存储介质、保存期等。根据数据的重要性和数据对系统运行的影响，制定数据的备份策略和恢复策略、备份程序和恢复程序等。

⑫ 安全事件处置：及时向安全管理部门报告所发现的安全弱点和可疑事件。制定安全事件报告和处置管理制度，明确不同安全事件的报告、处置和响应流程，规定安全事件的现场处理、事件报告和后期恢复的管理职责等。在安全事件报告和响应处理过程中，分析和鉴定事件产生的原因，收集证据，记录处理过程，总结经验教训。对造成系统中断和造成信息泄漏的重大安全事件，采用专门制定的处理程序和报告程序。

⑬ 应急预案管理：规定统一的应急预案框架，并在此框架下制定不同事件的应急预案，包括启动预案的条件、应急处理流程、系统恢复流程、事后教育和培训等内容。制定重要事件的应急预案，包括应急处理流程、系统恢复流程等内容。定期对系统相关的人员进行应急预案培训，并进行应急预案的演练。定期对原有的应急预案重新评估，修订完善。

⑭ 外包运维管理：选择符合国家有关规定的外包运维服务商。与选定的外包运维服务商签订相关的协议，明确约定外包运维的范围、工作内容。确保选择的外包运维服务商在技术和管理方面均具有按照等级保护要求开展安全运维工作的能力，并将能力要求在签订的协议中明确。在与外包运维服务商签订的协议中明确所有相关的安全要求。如可能涉及对敏感信息的访问、处理、存储要求，对 IT 基础设施中断服务的应急保障要求等。

第3篇 数字政府工程设计篇

本篇包含数字政府的建设、数字政府总体设计、数字政务一体化在线政务服务平台的设计、省级数字政府的设计案例，这四章主要阐述数字政府概述、从电子政务到数字政府的转型、建设数字政府是我国国家治理的重大战略部署、数字政府建设的使命与赋能、数字政府建设方兴未艾、数字政府设计总体要求、数字政府建设任务、数字政府架构设计、数字政府政务应用设计要点、数字政府应用支撑平台设计要点、数字政府基础设施设计要点、数字政府行政权力监管体系设计要点、数字政府安全、运营与运维管理设计要点、一体化在线政务服务平台的总体要求、一体化在线政务服务平台的总体架构、一体化在线政务服务平台、政务服务平台"八个统一"、综合保障一体化、省级数字政府建设的目标与任务、省级数字政府的总体设计、省级数字政府的政务服务门户、省级数字政府的政务管理及业务办理、省级数字政府的"互联网＋监管"系统、省级政府网站集约化平台、省级数字政府的政务数据共享平台、省级数字政府的基础公共支撑系统等相关内容。

第 **6** 章　数字政府的建设

以人民为中心，这是数字政府最基本的价值导向[1]

数字政府是数字中国的重要组成部分，是推动国家治理能力现代化的必由之路，是我国政府工作从管理型向服务型发展的重大转型，是我国政府运行模式的升级，是习近平新时代以人民为中心的宗旨的体现。本章从介绍数字政府的概念入手，阐述什么是数字政府，为什么要建设数字政府和建设一个怎样的数字政府这三个问题。

6.1　数字政府概述

数字政府在数据驱动下动态发展、不断演进，立足新的时代条件和实践要求，加快数字政府建设是我国政府治理现代化的趋势所在，将给政府治理带来深刻的变革。

1. 什么是数字政府

数字政府是建立在互联网上、以数据为主体的虚拟政府，是一种新型政府运行模式，以新一代信息技术为支撑，以"业务数据化、数据业务化"为着力点，通过数据驱动重塑政务信息化管理架构、业务架构和组织架构，形成"用数据决策、数据服务、数据创新"的现代化治理模式。数字政府既是"互联网＋政务"深度发展的结果，也是大数据时代政府自觉转型升级的必然，其核心目的是以人为本，实施路径是共创共享共建共赢的生态体系。

（1）数字政府是数字中国的重要组成部分——是扩展，更是改革。数字政府作为实现国家治理体系和治理能力现代化的战略支撑，是数字中国的重要体现。数字政府是对传统政务信息化模式的改革，包括对政务信息化管理架构、业务架构、技术架构的重塑。通过构建大数据驱动的政务新机制、新平台、新渠道，全面提升政府在经济调节、市场监管、社会治理、公共服务、环境保护等领域的履职能力，实现由分散向整体转变、由管理向服务转变、由单向被动向双向互动转变、由单部门办理向多部门协同转变、由采购工程向采购服务转变、由封闭向开放阳光转变，进一步优化营商环境、便利企业和群众办事、激发市场活力和社会创造力、建设人民满意的服务型政府。

（2）数字政府是一种新型政府运行模式——是技术的创新，更是思维的创新。数字政府不是传统政府的技术化加成，而是系统性的全方位变革。在这一变革过程中，数字政府的价值定位是传统政府的延续和加强。数字政府将实现政府部门横纵贯通、高效协同、数据资源流转通畅、社会治理精准有效、公共服务便捷高效、安全保障可管可控的目标，不断提升政府现代化治理能力。数字政府是传统政府的升级版，推动政府治理从低效到高效、从被动到主动、从粗放到精准、从程序化反馈到快速灵活反应的转变，更多的是政府理念的变革、治理方式的转变、运行机制的重构、政务流程的优化和体制资源的整合。

（3）数字政府遵循"体制创新＋技术创新＋管理创新"三位一体架构——是数字化，更是智能化。数字政府以云计算、大数据、移动互联网、人工智能、区块链等现代信息技术为支撑；以数字化、协同化、透明化、智慧化的推进策略与实施路径为特征；以大平台共享、大数据治理为顶层架构；以信息化推动国家治理体系和治理能力现代化；打通信息壁垒，构建全国信息资源共享体系，

1）佚名。

构建一体化服务平台，发挥"互联网＋政务服务"优势。

2. 数字政府改革对政府治理带来的变革

数字政府着力推进业务协同，突出发展政务服务和主题应用，统筹能力显著增强、集约化水平显著提高、审批便利化有效提升，实现大服务惠民、大系统共治、大数据慧治、大平台支撑的横向到边、纵向到底的"全国一盘棋"整体化数字政府。

（1）有助于创新发展。数字政府改革充分发挥信息技术在优化营商环境和激发市场活力方面的作用，提高各类市场主体创新能力，形成全国统一的发展格局，为区域经济的协调发展提供新动力，使政府信息资源与社会信息资源融合创新，形成全社会共同参与的公共数据服务体系，为经济社会发展打造新支撑和新引擎。

（2）有助于提升智慧服务新体验。数字政府改革利用移动互联网等技术，不断完善服务渠道、丰富服务类别，打造政务服务新模式，建成覆盖全国、部门协同、双向互动、安全可靠、一体化办理的政务服务体系，不断提升政务服务的精准化、人性化、均等化、普惠化、便捷化水平。

（3）有助于构建协同治理新环境。数字政府改革以互联网、大数据、人工智能等技术为支撑，创新社会治理理念，优化社会治理流程和模式，推进社会治理网络化、平台化和智能化，推动社会治理从局部到整体、从被动到主动、从粗放到精准的模式转变。

（4）有助于探索数据决策新方式。数字政府改革深度融合政府、社会及互联网等数据资源，运用大数据辅助领导决策，助力重大改革措施贯彻落实、重大问题决策研判、重点工作督查落实，提高决策的精确性、科学性和预见性，提升政府治理能力。

（5）有助于建设整体运行新模式。数字政府改革以目标导向的职能设计、透明快捷的协同过程、多元互动的动态反馈，建设数字政府整体化运行新模式，以政府行政运作过程中的各类问题和需求为导向，按需实现信息的高效共享和跨部门的无缝协同，提高政府的整体运行效率。

6.2　从电子政务到数字政府的转型

我国电子政务建设起步于 20 世纪 80 年代末，在进入 21 世纪之后，得益于互联网、云计算、大数据、移动通信等信息技术以及社交媒体应用的快速发展，我国电子政务发展迅速。根据《2018 联合国电子政务调查报告（中文版）》显示，中国的电子政务发展指数位于全球中上水平，其中，在线服务指数达到全球领先发展水平。我国电子政务经过了近 40 年的发展，整体来看，实现了由离散化向集约化和整体化的转变。

具体来说，我国电子政务发展主要经历以下几个阶段（图 6.1）。

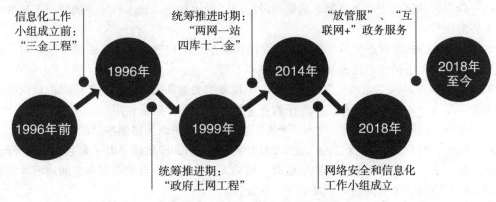

图 6.1　电子政务到数字政府发展历程

1. 第1阶段（1996年之前）——萌芽阶段：概念初现、数据启动

在这一阶段，我国电子政务体制、机制建设经历了机构与人才队伍从少到多、从兼任到专任，技术应用发展经历了从萌芽到办公自动化再到"三金工程"的演变。

（1）我国从事政府信息化的机构逐步建立发展，信息技术人才队伍逐步形成，为我国电子政务发展奠定了基础，推动了政务信息化进程。

（2）"电子政务"的概念还没有正式提出来，政府信息化大部分以"办公自动化"为主要表现形式，辅助政府机构内部进行相关的政务工作，提升政府机构本身的信息分析能力。

1983年，原国家计委成立信息管理办公室，负责国家信息管理系统的规划和建设工作，以及相关总体方案、法律法规和标准化研究工作。

1986年，国务院批准建设国家经济信息系统，并组建国家经济信息中心。

1993年，成立了国家经济信息化联席会议，统一领导、组织、协调全国信息化建设工作。为适应全球建设信息高速公路的潮流，我国启动了金卡、金桥、金关等"三金"工程，信息化基础设施和通信网络的建设，是该阶段电子政务建设进展最显著的标志，极大地推动了我国国民经济信息化建设与发展。

1994年，国家信息化专家组成立，成为国家信息化建设的决策参谋机构。

2. 第2阶段（1996—1999年）——发展阶段：流程细化、数据升级

在这一阶段，我国电子政务体制、机制建设经历了从单一部门到跨部门，技术应用发展经历了"政府上网"从起步到全面发展的演变。

1996年，国务院信息化工作领导小组成立，由20多个部委组成，是国务院负责全国信息化工作的议事协调机构。国务院信息化工作领导小组确立了国家信息化的定义和国家信息化体系的六要素，进一步充实和丰富了我国信息化建设的内涵，为跨部门信息化协调工作提供了有力的新途径。

1998年，国务院机构改革，组建了信息产业部，撤销国务院信息化工作领导小组，相关工作改由信息产业部承担。一方面加强了信息化推进工作的专业性，另一方面弱化了跨部门的信息化推进工作。

在第2阶段，国家启动了"政府上网工程"，该工程由中国邮电电信总局和国家经贸委经济信息中心等40多家部委（办、局）信息主管部门联合策划发起，各省、自治区、直辖市电信管理局作为支持落实单位，联合信息产业界各方面的力量，实现各级政府、各部门在网络上建有正式站点，并提供信息服务和便民服务。

3. 第3阶段（1999—2014年）——统筹阶段：机构重组、数据决策

在这一阶段，我国电子政务体制、机制建设经历了机构重组，技术应用发展经历了从单向应用向全面发展的演变。

1999年12月，根据国务院领导批示，恢复国家信息化工作领导小组，表明了国家对信息化工作的高度重视，强化了国家对信息化工作的领导和指导。

2008年，国信办并入工业和信息化部，与电子政务相关的职能被合并到工信部信息化推进司，工信部承担国家电子政务推进工作，为电子政务基层发展发挥了巨大作用。

我国于2000年将"电子政务"列入"十五"计划中，电子政务得到快速发展：

（1）围绕"两网一站四库十二金"建设的快速推进时期，即启动了电子政务内网和外网建设，全面推进中央、省、市、县四级政府网站建设，启动人口、法人、自然资源和空间地理、宏观经济四大基础数据库建设，全面开启"十二金"工程建设。

（2）各级政府部门围绕市政管理、应急救灾、公共安全等业务，大力推进政务信息共享和业务协同。

（3）多地政府部门都推出了适应移动互联网发展的手机版政府网站、政务微博和政务服务APP 应用，以及利用微信公众号推进政务公开。随着云计算技术的发展，许多政府部门开始利用云平台推进政务部门电子政务的集约建设。

4. 第 4 阶段（2014 年至今）——推进时期：人性服务、数据创新

在这一阶段，我国电子政务体制、机制建设经历了从各自为政到统筹推进，技术应用发展经历了从基础应用到全面整合共享、深度应用的演变。

2014 年 2 月，为了统筹推进全国网络安全和信息化工作，成立了中央网络安全和信息化领导小组，负责全国网络安全和信息化推进工作，下设办公室。此后，电子政务统筹推进相关职能从工信部信息化推进司划归到中央网信办信息化发展局，由该局负责统筹推进全国电子政务发展工作，全国电子政务发展和推进工作进入一个新时期。

近几年，各级政府纷纷成立大数据局等数据管理机构，大多承担统筹信息化建设、信息基础设施建设、大数据发展规划、数据汇聚、产业融合、政策措施和评价体系等相关工作。

在这一阶段，中央网信办、中办、国办、国家发展改革委员会等部门围绕电子政务发布了一系列政策文件，其中，政务信息系统整合共享和"互联网+政务服务"建设成为电子政务的工作重点，全面推进一体化网上政务服务平台建设，提出"一网通办""一网通管"的新模式，实现"数据多跑路、群众少跑路"，最大程度地利企便民。

6.3　建设数字政府是我国国家治理的重大战略部署

在以上不同阶段的发展过程中，我国政务信息化实现了政府结构由物理碎片化到虚拟空间整体性的转变，政府管理由封闭到开放的转变，政府内部治理由部门协调到整体协同的转变，政府运行由传统的手工作业到智能智慧的转变。

政府数字化转型是大数据时代政府提升社会治理效能必须面对的一场深刻革命，需要从量变到质变、从理念到行为、从制度与工具到方法的系统性转变。理解数字政府建设的必然性和重要性，可以从历史、现实和未来三个维度进行考量。

1. 从历史维度看，数字政府将突破以往政府改革的局限性

政府职能转变从改革开放之初就开始提及，多年来仍然没有彻底完成，重要原因在于内部性效应的存在。具体体现为各部门分解运用政府的整体权力而使业务分割，形成政府治理过程中的碎片化。各部门各自为政，协同性不足，同时不同部门的职能之间存在交叉和重叠，信息沟通不畅与信息重复矛盾的现象并存。政府各部门大多有海量数据沉睡而没有进行充分利用，部门内部数据僵化、部门之间数据固化的现象比较常见。破除政府治理的碎片化主要依靠两个途径：一是部门整合，二是流程再造。部门整合涉及整个行政体制，相对来说成本较大、风险较高，在一定程度上束缚了地方政府改革探索的自主性。因此，形成统一的标准化的流程是推进整体政府建设的必然选择。

数字政府提出的"最多跑一次"改革主要是通过流程再造实现的，而数字政府则进一步深化了改革成果，并放大了其整体效应。将传统的业务流转变为数据流，通过省级层面的整体规划，在纵向上贯通数据平台，打破层次分化，在横向上连通数据交换，打破数据孤岛，极大地推动政府间和部门间的协同与合作，为传统的政府治理碎片化的局限性提供可能的解决方案。政府数字化转型是一项系统性、整体性的改革，事关政府治理的方方面面，需要通过技术融合、数据融合、业务融合，对政府运行的理念、行为、制度、方法、工具全方位转型。

2. 从现实维度看，数字政府的治理基础已发生重大变化

政府治理必须实现技术理性与价值理性的有机统一。也就是说，政府治理既要适应经济社会的

发展需求，运用技术手段不断完善治理工具，又要在行政价值上积极回应公民关切。数字政府建设的价值逻辑必然是服务型政府，有力地推进服务型政府从理念到实践、从目标到现实、从初级向优质发展。

当前政府治理的目标已经发生了基础性变化。首先，我国的社会主要矛盾已经发生深刻转变，人民日益增长的美好生活需要和不平衡不充分的发展之间的矛盾取代了以往对物质文化的简单需要，对政府服务意识、服务能力、服务质量提出了更高的要求。这就迫切需要政府从传统自身运转便利的思维，转变成站在用户思维来设计政务流程。人民群众对政务服务质量的高标准和新要求，为数字政府建设提供了强劲的动力。

3. 从未来维度看，数字政府将创造新的治理模式

党的十九大提出完善党委领导、政府负责、社会协同、公众参与、法治保障的社会治理体制。十九届四中全会发展了十九大的理论成果，在完善社会治理体制方面增加了"民主协商"和"科技支撑"。数字政府恰好回应了我国体制性改革的要求，顺应了数字时代对政府转型的技术倒逼。数字政府建设的推进，将极大改变现有的治理结构，加速政府治理体系和治理能力现代化的进程，重塑政府治理方式和治理主体。

数字化时代，政府治理结构必然趋向开放的、灵活的、合作的形态，深刻改变传统政府单一且固化的治理结构。社会治理不仅是政府的独角戏，数字时代兴起大量具有创新力和竞争力的互联网科技企业，这些新兴的社会力量，凭借其对数字技术的深刻理解和人才优势，与政府展开广泛合作。数字化生存是未来社会的基本运行方式，公民个体与政府的联结方式也将发生重大改变，传统意义上政府与公民之间管理与被管理、服务与被服务的简单双向关系将不复存在，数字化技术的介入大大降低了双方的沟通成本，增强了沟通意愿，增加了互动机会，提高了沟通效率。

因此，数字政府因其智能化属性，相比于传统规制手段，更具有科学性、客观性、程序性、确定性等特点。数字政府在传统政府的基础上，通过整体的平台架构，加强政府与民众之间互相沟通，互相流动，实现自身运行过程中公正与效率双重价值目标的协调与统一。

6.3.1　数字政府建设的时代背景

在经济、社会和政府三大数字化转型中，经济数字化转型是基础，社会数字化转型具有全局意义，而政府数字化转型则发挥先导性作用。数字政府是重中之重，将点燃新一轮改革创新的核心引擎。以政府数字化转型为引领，撬动经济和社会数字化转型，是全球各个国家和组织大力推动数字化转型的基本规律。世界主要发达国家纷纷提出政府数字化转型战略与规划，以公众需求为导向，以提升政府治理与政府服务能力为目标，致力于建设开放、共享、高效、协同的数字政府。

1. 数字政府建设过程中的痛点难点

各地对于数字政府的重视程度不同、做法不同，各地数字政府发展不平衡，影响了数字政府的实际知晓率和使用率。在将数字政府放在工作重心及宣传重点的地级市，办事大厅推出"全流程/半流程电子化"的服务，在宣传推广及建设网上政务平台的过程中做出了较大努力，提升了市场主体的知晓率和使用率。办事大厅的工作人员如果主动告知，当地的业务办理大多都已实现全程电子化，尽量减少市场主体的时间成本，就容易使得当地的市场主体对于数字政府的知晓率与使用率较高。而尚未重视数字政府建设，将数字政府作为线下办理的补充的地区，尽管办事大厅内已经设置有电脑或竖起宣传标语，但由于办事人员未能主动推广，当地数字政府的知晓率与使用率较低。

各地数字政府需求侧建设的知晓率和使用率不平衡，源于各地政府职能推广力度差距大、功能建设差距大。因此，需要推进数字政府标准化建设，细化、量化数字政府建设标准，缩小地区间差距，实现全国数字政府需求侧建设均等化。

2. 数字政府的业务建设、流程建设未能满足需求

线上政务服务不能实现线上全流程办理，仍需线下跑腿，因而市场主体不愿使用线上平台。部分市场主体表示在网上办事大厅未能办完业务，仍然需要到大厅现场办理。这表明，未能实现全流程办理降低了线上平台的使用率，削弱了数字政府提倡线上一站式服务的吸引力。在某省，据市场主体反映，全省统一使用的企业登记全程电子化系统目前能办理的主要业务只有企业登记等一些简单业务，迁入、迁出、注销等一些其他业务没有办法在网上办理。在某地，市场主体反映目前许多政务系统只能办理企业相关的业务，个人或个体的业务大部分还需要来现场办理。

3. 长久以来"线下办理"的习惯，使得线上政务服务的全面推行还需要一定的时间

尽管线上政务服务的发展已是大势所趋，但同时也有多方声音认为线上平台不能完全取代窗口办理，部分市场主体还是习惯线下办理。市场主体因为线下办理时有人咨询更放心而愿意线下办理，同时也因为线上办理无人引导、线上咨询无人应答而不愿用线上平台。在某市，有市民表达了想用线上平台但又不会用的无奈："我本人很愿意去尝试在电脑系统办理工商业务，但是找不到入口在哪儿，不知道在哪儿可以进行相关操作，所以没办法还是得本人过来现场咨询。"如果办事大厅对市场主体网上办理业务指引不充分，可能更加制约线上平台使用率的提升。

在数字政府的建设过程中，仍存在很多需要提升和改善的重点难点，根据当前数字政府建设所处的发展阶段、面临的主要矛盾，将重点难点当成改革建设的出发点、落脚点，可更全面助力线上政务服务实现全方位的使用。

6.3.2 数字政府建设的发展趋势

党的十九大提出要加快建设网络强国、数字中国和智慧社会。建设数字政府的本质体现了以人民为中心的服务型政府发展方向和发展目标。面向未来信息社会由信息时代向智能时代转型升级的历史新机遇，要求我们进一步增强运用互联网技术和信息化手段推动各项工作的能力和水平，不断提升国家治理体系和治理能力的现代化水平。

以人民为中心的发展思想贯穿数字政府建设全过程。全心全意为人民服务，是我们党的根本宗旨；为中国人民谋幸福、为中华民族谋复兴，是我们党的初心使命。实现政府数字化转型更加迫切需要全面践行以人民为中心的发展思想。

互联网经历50年的发展，使得信息时代背景下人类社会的生产生活方式发生了重大转变，对一个国家和地区的治国理政理念、方式和途径提出了全新的挑战和考验。

1. 人机交融是一种新的数字政府的体现形式

在我国，全心全意为人民服务，为中国人民谋幸福、为中华民族谋复兴历来是治国理政的基本准则。这也是社会主义国家独有的制度优势。数字化时代最重要的是以用户为中心，不断创造用户价值，当你以用户为中心创造价值的时候，通过合作去创造更大的用户价值，获取更宽广的生长空间，变成一个你中有我、我中有你的"人机交融"世界，并逐步走向共生、共赢、共创。深入了解用户的服务需求，全面根据用户需求和习惯体验优化配置服务资源，丰富服务内容，优化服务方式，为政府部门决策提供精准的科学依据。破解"找谁办""去哪办""怎么办"的难题，变被动服务为主动服务，最大限度地满足群众个性化、定制化以及多样化的服务需求，不断提升人民群众的满意度和获得感。

2. 公众参与是数字政府公共服务一体化的进步形式

"互联网＋政务服务"是政府管理模式不断创新的产物，有助于提高政府的工作效能和服务质量。它进一步打开了政府对外服务的大门，提高了政府工作的透明度，拓宽了公众参与政治建设的渠道。

（1）要建立公众参与机制，各级政府部门都要保证互联网沟通渠道的畅通，政府部门应与公众能够进行随时的互动和沟通，让公众更加方便地参与政务管理。

（2）推进平台服务向移动端、自助终端、热线电话等延伸，及时回应社会关切的问题，提升政府公信力和治理能力。

（3）注重从需求侧出发，不断优化质量标准，规范管理标准，注重持续改进，不断提高行政服务质量，切实提升用户体验感。对用户数据与业务数据进行深度学习和智能挖掘，准确掌握用户访问行为特征和规律。

数字政府建设在完善国家信息网络基础设施，推进经济社会数字化发展，提升电子公共服务水平的同时，对公众的数字化技能、数字化参与提出了新要求。同时，对政府自身能力建设也提出了新的更高的要求。一方面，加强对数字政府战略的统一领导、统筹规划，依托中央网络安全和信息化委员会的决策中枢工作机制，制定完善数字中国背景下的数字政府建设的路线图和时间表，统筹国务院与地方各级人民政府数字化转型的任务和进程；另一方面，要求党政部门领导干部具备适应信息社会治理必需的技能和本领，要增强运用互联网技术和信息化手段推动工作的能力，主动适应信息时代经济社会发展和智慧社会治理要求。各级领导干部要增强数字领导能力，具体来说就是对互联网规律的把握能力、对网络舆论的引导能力、对互联网发展的驾驭能力和对网络安全的保障能力。

3. 数字服务是数字政府五位一体发展模式的实现形式

在建设数字政府、智慧社会和数字中国的历史进程中，着力打造"数字基础 + 数字服务 + 数字经济 + 数字治理"的发展模式，建成整体协同、运行高效、服务精准、管理科学的数字政府。数字化是真正把"数据"看作一种"资产"，这是以前从未有过的"视角"。

数字政府建设的一个重要使命和任务，就是按照"五位一体"总体布局和"四个全面"战略布局，实现治理体系和治理能力的现代化。同时，也包括同步推进网络空间治理体系和治理能力的现代化建设。在打造服务型政府的过程中，从数字治理、数字服务和数字创新方面引领治理体系现代化是当前全球治理公认的高效模式和途径。

数字政府建设围绕数字经济、政治、社会、文化和生态五位一体发展理念，实现行政决策科学化、社会治理精细化、市场监管精确化、公共服务高效化。在经济建设数字化改进上增强实体经济与数字经济的实效性和系统性；在政治建设数字化改进上应着力夯实中国共产党全面领导下治国理政实践的社会基础和群众基础，充分运用互联网平台依法维护公众基本权利，扩大公众有序政治参与。

6.3.3　数字政府建设的机遇与挑战

随着新一代信息技术的创新应用，主要国家加速布局数字经济，数字经济规模不断扩大，商业模式不断创新，为加强政府与企业在信息化领域合作提供了经济支撑。数字政府能够为企业提供更高质量的数字化服务，在充分发挥各自优势的情况下，实现政府与企业在多领域的深度合作，构建数据社会化大生态。根据我国地方数字政府实施的实践，在推进数字政府过程中还面临着各种挑战，例如，数字化转型战略的缺失、数字文化变革的困难、数字思维的转变，以及数据与政策和管理的有效融合等，这些都是政府数字化转型的关键。

1. 从行政权力有效配置走向数据资源有效运用

数据是信息时代的生产资料和基本要素，数字政府的治理虽然同样存在对社会公共事务的管理，但这种"管理"是依托数据资源进行的精准治理，故数据资源的有效运用是数字政府治理的逻辑起点。数字政府建设实质上推动了传统政府以权力为中心到数字政府以数据、信息、网络为中心的转变。数字政府相对于传统政府来说，一个质的飞跃就是数据赋能，由数据驱动决策，而不再是数据辅助决策。

2018 年各地区按照全国一体化在线政务服务平台统一要求，坚持以"一网通办"为目标，整合对接各级网上业务办理系统、实体大厅运行系统，将原来孤立运行的"小系统"重构为标准统一、整体联动、业务协同的政务服务"大服务"，着力打造"能办事、好办事、快办事、办成事"的省级政务服务体系，为构建以国家政务服务平台为枢纽的"全国一张网"奠定了平台和技术基础。

2018 年底，国家政务服务平台"六个统一"的主体功能建设初步完成，建成了统一的身份认证系统、电子证照系统、投诉建议功能、用户管理功能、事项管理功能和服务搜索功能。9 个试点地区（上海市、江苏省、浙江省、安徽省、山东省、广东省、重庆市、四川省、贵州省）和 6 个国务院试点部门（国家发展改革委、教育部、公安部、人力资源社会保障部、商务部、市场监管总局）均已实现与国家政务服务平台对接。

适应人民期待和需求，打通信息壁垒，推动政务信息资源共享，不断提升政府网上服务水平，以信息化推进国家治理体系和治理能力现代化，是当前各级政府推进"互联网 + 政务服务"的一项重要工作。截至 2018 年 12 月 31 日，全国有 30 个地区按照规范化、标准化、集约化的建设要求，构建了覆盖省市县三级以上一体化网上政务服务平台，实现了政务服务的"多层纵向贯通、多面横向联通"，推动政务服务平台从分头建设向集中管理、从信息孤岛到协同共享的转变。32 个省级政务服务平台已有 1481 个省直部门、441 个地市政府的 18297 个部门、3629 个县级政府的 94793 个部门、31229 个乡镇和 247841 个村居进驻。调研发现，各地区积极依托省级政务服务平台，大力拓展平台服务范围，持续推进政务服务网迭代升级和功能完善，集约建设集行政审批、公共服务、政务公开等功能于一体，省、市、县、乡、村多级联动的网上政务服务平台，推动实现行政权力和公共服务事项的"一站式"网上办理与"全流程"效能监督，形成整体联动、部门协同、省级统筹、一网办理的"互联网 + 政务服务"体系，努力实现群众和企业"进一张网，办所有事"。

2. 传统政府和电子政务的深度融合

立足于信息技术的快速发展，服务型政府建设强调政府在线下与线上的深度融合、有效衔接、相互补充。线下传统政府是电子政务在物理世界的支撑和依托，电子政务是数字政府在虚拟世界的组织形态和实体政府的延伸，要探索线下与线上业务体系的补充和协同，从而推动政府服务质量和服务效率的提升。利用数字技术和数据提升数据驱动公共服务的能力，在增强政府开放的过程中，让公众和多利益相关者参与到服务设计中并协同工作。

3. 从传统的等级科层制走向非中心化、扁平化的网络型结构

在信息时代，由于大规模、实时化、个性化的公众需求和快速迭代、分布式、高度互联的现代信息技术冲击，传统的等级科层制面临困境，促使传统管理体系进行分解和网络化。云端制（统一大平台 + 海量的小前端）是与信息时代相适应的组织模式，等级科层制和云端制将共同出现在数字政府的建设过程中。

电子政务的一大变化在于从科层制管理走向网络型治理。首先，官民平等互信，这是多元主体治理取得成效的先决条件，官民的平等互信固然可以通过群众路线教育活动予以培育和改良，但根本路径必须是制度安排和社会结构的重建；其次，网络协商民主决策必须兼有科学性和民主性，将协商民主和网络技术相结合发展出网络协商民主，才能真正实现确保参与各方的平等地位；最后，信息公开共享，这是社会治理的科技和信息化基础。

4. 从单一治理主体走向多主体协同共治

传统政府治理实践中，往往由政府生产、提供公共产品及公共服务，同时进行社会公共事务的治理。随着社会资源的网络化配置，市场组织、社会组织和广大民众都可以有效参与公共事务管理和公共服务供给，主体之间的互动表现出大规模、实时化、自发性、社会化的协作特点，治理实践也越来越多地呈现政府、市场、社会在公共领域的协同共治。因此，需进一步发挥行政治理机制、

市场治理机制、社群治理机制的功能优势,通过跨界互动和平台协作,协调各种资源实现价值协同,创造公共价值。

5. 从"政府端菜"变为"群众点菜"

以人民为中心,这是数字政府最基本的价值导向。一方面强调为人民服务的理念,围绕人民日益增长的美好生活需要提供优质的公共服务;另一方面要构建制度体系,使人民参与治理、人民监督政府、人民共享成果。

以用户为驱动,政府采取的方法和行动能让公众和企业来决定他们自己的需求,即政策和公共服务的自我设计。以用户为中心,这是数字政府的时代价值表现,强调用户需求导向和用户满意作为评判治理成效的准绳。首先,扁平化、开放式的政府网络结构可以与用户零距离、实时性互动交流,了解用户诉求并快速响应,有效降低沟通的制度性交易成本。其次,为推动快速多变、高度个性化的用户需求落地,必然要求提升政府执行力,精准施策发力,提供端到端的精准服务。最后,政府提供的服务要满足用户需求和增进用户体验,不断提升用户的满意度,进而提升政府的公信力。

6.4 数字政府建设的使命与赋能

6.4.1 数字政府建设的使命

推进国家治理体系和治理能力现代化,建设人民满意的服务型政府是建设数字政府的使命。新时期数字政府是在以人民为中心的发展理念指导下,以5G、区块链、大数据、人工智能等新一代信息技术为支撑,以政府服务场景为牵引,以政务数据治理为关键,通过重组政府架构、再造政府流程、优化政府服务,全面提升政府经济调节、市场监管、社会治理、公共服务、自然资源监管、政务服务、环境保护等履职能力,实现政府决策科学化、社会治理精准化、公共服务高效化的新型政府运行形态。

6.4.2 数字政府建设的赋能

1. 制度赋能:推进完善制度体系建设

按照国家政务信息资源目录体系和交换体系标准要求,构建跨层级数据共享交换体系,完善政务数据资源体系,完善数据资源库,推动政务数据资源的开放。加快各级政务部门政务信息资源的梳理,明确政务信息资源的分类、责任方、格式、属性、更新时限、共享类型、共享方式、使用要求等相关内容。有效推进政务服务管理制度、数据资源管理制度、安全管理保障制度、运营维护管理制度、绩效考核评估制度,推进共享交换平台上下互联互通,提升共享交换平台部门和重点业务系统接入率,强化系统直连交换。

2. 平台赋能:全面推进一体化平台和"互联网+监管"系统的建设

1)一体化在线政务服务平台的建设

全国一体化在线政务服务平台的建设任务,主要包括政务服务一体化、公共支撑一体化、综合保障一体化等重点建设内容。在推进政务服务一体化方面,通过规范政务服务事项、优化政务服务流程、融合线上线下服务、推广移动政务服务等举措,推动实现政务服务事项全国标准统一、全流程网上办理。在推进公共支撑一体化方面,通过统一网络支撑、统一身份认证、统一电子印章、统一电子证照、统一数据共享等举措促进政务服务跨地区、跨部门、跨层级数据共享和业务协同。在推进综合保障一体化方面,通过健全标准规范、加强安全保障、完善运营管理、强化咨询投诉、加强评估评价,确保平台运行安全平稳规范。

2）"互联网＋监管"系统的建设

各省（自治区、直辖市）"互联网＋监管"系统是全国"互联网＋监管"体系的重要组成部分，是国家"互联网＋监管"系统的重要数据来源。为完善事中事后监管，加强和创新"双随机、一公开"等监管方式，国务院常务会议提出，要依托国家政务服务平台建设"互联网＋监管"系统，强化对地方和部门监管工作的监督，实现对监管的"监管"，并通过归集共享各类相关数据，及早发现、防范苗头性和跨行业、跨区域风险。

（1）建设数字化自然资源监管体系：包括构建数字化自然资源调查和评价体系，构建数字化自然资源监管体系，构建自然资源大数据应用平台等内容。

（2）建设数字化生态环境治理体系：包括建设生态环境感知体系，深化生态环境大数据应用，开展"互联网＋"再生资源回收利用等内容。

3. 数据赋能：加快推进数据有序共享、有效利用

建设政务大数据中心的目标是采用数据汇聚、数据治理等技术手段，建设结构合理、质量可靠的政务"大数据"体系，建立和完善政务数据采集、提供、维护、管理长效机制，提升政务大数据的准确性、完整性、一致性，为实现数字政府提供有力的数据支撑。通过整合社会数据资源，构建宏观经济基础数据库和专题数据库。建设经济运行监测综合平台、宏观经济大数据分析系统等大数据分析平台，为政府开展宏观经济监测预测和制定宏观经济调控措施提供数据支持及科学依据。充分整合利用政府和社会数据资源，建立以大数据为支撑的政府决策新机制，建设空间规划管理系统等创新应用，不断提高决策科学性、预见性和有效性。

4. 标准赋能：加快推进标准规范体系建设

建立相关政府部门的分工合作机制、数据汇聚更新机制，完善相关标准规范，强化平台功能，建立数据共享交换授权机制，明确数据归属权、使用权和收益权。以规范约束，以标准统一，按照"物理分散、逻辑集中"的模式，打通各级机构共享交换平台并进行紧耦合对接，支撑政务信息资源跨部门、跨地区、跨层级实时无缝全业务流程流动。

5. 技术赋能：加快新技术创新应用

数字政府作为新技术条件下政府组织和运作模式的新形态，运用大数据加强社会治理、辅助决策，可同时利用 5G 技术提供"秒批"服务，利用区块链技术提高政府监管效率，持续完善数据资源目录，动态更新政务数据资源，不断提升数据质量，扩大共享覆盖面，提高服务可用性，从而实现利用人工智能提供人性化温情服务。

充分利用外部数据强化政府决策支撑，加强政企合作、多方参与，加快宏观调控、社会管理、公共服务、市场监管领域社会数据的集中和共享，推进同互联网、金融、电信、银行、能源、医疗、教育等领域服务企业积累的数据进行平台对接，形成数据来源广泛、多方数据比对、数据时效性强的政府决策数据支撑体系。加强政务、行业、社会等多方面数据交叉比对、关联挖掘和趋势预判，提高对经济运行、社会发展、民生服务、社会管理等领域的深度分析能力。完善政府数据决策系统平台支撑体系，不断提高数据分析利用的便利程度。

6.5　数字政府建设方兴未艾

党的十八大以来，以习近平同志为核心的党中央高度重视网络安全和信息化工作，提出了建设网络强国战略部署。党的十九大明确提出要加快推进信息化，建设"数字中国""智慧社会"。国务院要求推进政务服务"一网通办"和企业群众办事"只进一扇门""最多跑一次"，加快推进"互联网＋政务服务"、政务信息系统整合共享、审批服务便民化和建设一体化在线政务服务平台等工作。

在5G时代，我国数字政府将迎来新的发展，力求进一步改善营商环境，促进服务发展方式转型，使人工智能得到充分应用。未来智慧政务的发展要把改善和优化营商环境作为重中之重，力求取得突破，为应对经济下行、解决贸易摩擦作出新贡献。

6.5.1 一体化在线平台是当务之急

在新时代"互联网+"大环境下，国家以"互联网+政务服务"为契机，对建设全国一体化在线政务服务平台进行了战略部署，加快推进建设。

1．"互联网+政务服务"技术体系建设总体目标

2017年1月，国务院办公厅印发了《国务院办公厅关于印发"互联网+政务服务"技术体系建设指南的通知》（国办函〔2016〕108号）（以下简称《建设指南》），明确了建设的总体目标：2020年底前，建成覆盖全国的整体联动、部门协同、省级统筹、一网办理的"互联网+政务服务"技术和服务体系。

根据总体目标，提出围绕构建统一、规范、多级联动的"互联网+政务服务"技术体系，以服务驱动和技术支撑为主线，重点建设"互联网+政务服务"业务支撑体系、基础平台体系、关键保障技术体系、评价考核体系等四方面内容。

另外，《建设指南》对"互联网+政务服务"平台体系总体层级体系、系统组成、技术架构、建设方式等给出了指导意见。平台总体层级体系应由国家级平台、省级平台、地市级平台三个层级组成，各层级之间通过政务服务数据共享平台进行资源目录注册、信息共享、业务协同、监督考核、统计分析等。平台主要由互联网政务服务门户、政务服务管理平台、业务办理系统和政务服务数据共享平台等四部分组成，各部分之间需实现数据互联互通。"互联网+政务服务"平台技术架构应由基础设施层、数据资源层、应用支撑层、业务应用层、用户及服务层五个层次组成。平台建设方式遵循平台总体架构，平台各组成部分可结合各地区的情况组合建设，可采用分建、统分或者统建等方式。

2．全国一体化在线政务服务平台建设

2018年7月，为了深入推进"互联网+政务服务"，进一步加快推进建设全国一体化在线政务服务平台，全面推进政务服务"一网通办"，国务院印发了《国务院关于加快推进全国一体化在线政务服务平台建设的指导意见》（国发〔2018〕27号）（以下简称《指导意见》），对各省（自治区、直辖市）人民政府及国务院各部委、各直属机构提出了进一步建设意见。

1）全国一体化在线政务服务平台建设总体要求

《指导意见》提出，要统筹推进"五位一体"总体布局，协调推进"四个全面"战略布局，坚持以人民为中心的发展思想，牢固树立新发展理念，充分发挥市场在资源配置中的决定性作用，更好发挥政府作用，推动"放管服"改革向纵深发展，深入推进"互联网+政务服务"，加快建设全国一体化在线政务服务平台，整合资源，优化流程，强化协同，着力解决企业和群众关心的热点难点问题，推动政务服务从政府供给导向向群众需求导向转变，从"线下跑"向"网上办""分头办"向"协同办"转变，全面推进"一网通办"，为优化营商环境、便利企业和群众办事、激发市场活力和社会创造力、建设人民满意的服务型政府提供有力支撑。

《指导意见》指出，建设全国一体化在线政务服务平台应坚持全国统筹、协同共享、优化流程、试点先行、安全可控的工作原则，加强顶层设计，做好政策衔接，注重统分结合，完善统筹协调工作机制。应强化标准规范，推进标准化建设。充分利用各地区各部门已建政务服务平台，整合各类政务服务资源，协同共建，整体联动。坚持政务服务上网是原则、不上网是例外，联网是原则、孤网是例外，推动线上线下深度融合，充分发挥国家政务服务平台的公共入口、公共通道、公共支撑

作用，以数据共享为核心，不断提升跨地区、跨部门、跨层级业务协同能力。推动面向市场主体和群众的信息公开、共享，深入推进"网络通""数据通""业务通"。并坚持问题导向和需求导向，充分运用互联网和信息化发展成果，优化政务服务流程，创新服务方式，强化全国一体化在线政务服务平台功能，不断提升用户体验，推动政务服务更加便利高效，切实提升企业和群众获得感、满意度。主张推行试点建设，推动在全国一体化在线政务服务平台建设中的探索创新，分步推进、积累经验、逐步完善，并强调了网络安全建设的重要性。

2）全国一体化在线政务服务平台建设阶段性工作目标

《指导意见》提出了阶段性的工作目标：2020 年底前，国家政务服务平台功能进一步强化，各省（自治区、直辖市）和国务院部门政务服务平台与国家政务服务平台应接尽接、政务服务事项应上尽上，全国一体化在线政务服务平台标准规范体系、安全保障体系和运营管理体系不断完善，国务院部门数据实现共享，满足地方普遍性政务需求，"一网通办"能力显著增强，全国一体化在线政务服务平台基本建成；2022 年底前，以国家政务服务平台为总枢纽的全国一体化在线政务服务平台更加完善，全国范围内政务服务事项基本做到标准统一、整体联动、业务协同，除法律法规另有规定或涉及国家秘密等外，政务服务事项全部纳入平台办理，全面实现"一网通办"。

3.一体化在线政务服务平台发展现状与趋势

党的十八大以来，以习近平总书记为核心的党中央高度重视网络安全和信息化工作，提出了建设网络强国战略部署。党的十九大明确提出要加快推进信息化，建设"数字中国""智慧社会"。近年来，一体化在线政务服务得以大力推进，各地区以便民、利民、惠民为目标，以融合发展为核心，以一体化平台为统领，以信息技术为支撑，有效整合实体大厅的深度服务、服务热线的方便快捷和一体化平台的全时空性，推动形成线上线下一体化政务服务体系。

1）一网通办，扎根民生实务

依托"互联网+"提升政务服务效能，其核心是依托政务服务平台实现服务理念和模式的深刻变革。近年来，各地区从解决网上政务服务平台建设管理分散、服务系统繁杂、事项标准不一、数据共享不畅、业务协同薄弱等问题出发，积极建设"标准统一化、服务个性化、衔接无缝化、应用便利化"的省级政务服务"一张网"，大力推进政务服务"应接尽接、应上尽上"，持续完善平台迭代升级和功能优化，深入推动"用户通、系统通、数据通、业务通"一体化服务，政务服务平台的供给能力大幅提升。

浙江省以"互联网+政务服务"为抓手，持续推进"四张清单一张网"和"最多跑一次"改革，推进政府职能数字化转型，打造整体协同、高效运行的数字政府，实现政府决策科学化、治理精准化、公共服务高效化。

上海市全面推进政务服务"一网通办"，实现政务服务以部门为中心向以用户为中心转变，群众和企业办事线上"一次登录、全网通办"，线下"只进一扇门、最多跑一次"。

2018 年 11 月，重庆"一网通办"移动端"渝快办"上线，首批推出 300+ 项老百姓最关心的审批服务事项。2018 年底，在首批已上线审批服务事项基础上，再次推出审批服务事项 200+，总数达到 500+，同步推动"渝快办"向支付宝、微信等知名应用平台拓展，努力为企业群众提供多样性、多渠道、便利化服务。

山东省针对企业群众反映强烈的移动端政务服务能力不强，"每办一件事下载一个 APP"等问题，逐步整合各级各部门分散建设的移动端政务资源，打造了全新的"爱山东"APP，形成移动端政务服务总门户，作为山东省整合共享工作中通用系统建设的重要成果，已接入 658 项与企业群众生活密切相关的政务服务事项。

从"来回跑"到"跑一次"到"不见面","一网通"全面推行,"互联网+政务服务"服务深度显著提升。

2）智慧为基,深促政网合一

移动政务可以有效推动政务管理与服务从"以政府为中心"到"以公民为中心"的根本转变。服务效率、交互程度、用户体验优势明显,移动政务应用已经成为提高政府行政效率和服务质量的重要手段。

2000年,福建在全国率先提出建设"数字福建",大规模推进信息化建设,把加快电子政务建设作为重要抓手,先行先试,主动作为。率先统一建设全省政务信息网、开展信息资源整合与开发利用;率先实施省级范围政务信息资源标准化、规范化、时空化改造;率先开展省直部门数据中心和信息中心整合。目前,福建已成为电子证照、无线政务专网、电子政务综合试点、政务信息开放、政务信息系统整合共享应用、健康医疗大数据等六项全国试点省份,电子政务建设保持全国领先。

2018年5月,作为广东数字政府改革建设的阶段性成果,全国首个省级政务服务微信小程序"粤省事"及同名公众号正式上线。截至2018年底,累计注册用户数量超632万,实名用户数量471万,公众号粉丝数量143万,日均访问量224万,最高日访问量超过1400万。

2018年6月,全国首个省级政务服务支付宝小程序"江苏政务服务"正式上线。除了能为江苏考生提供高考分数查询服务外,该小程序还支持办理如交通、教育等超400项服务。在全国首家推出政务服务用户评价体系,率先引入星级评价机制,探索建设了"旗舰店""主题服务""一号答""全过程评价""服务集群""我的卡包"六大功能,全面升级了江苏政务移动端生态体系。

3）一体两翼,推进"放管服"改革

《指导意见》提出,国家政务服务平台构建统一政务服务门户,以中国政府网为总门户,具有独立的服务界面和访问入口,两者用户互访互通,对外提供一体化服务。目前,各省级网上政务服务平台体系已基本建成,初步实现了政务服务的"多层纵向贯通、多面横向联通",推动了政务服务整体质量提升。

（1）贵州省以建设国家大数据综合试验区为契机,深入实施"聚通用",推进系统整合、数据共享、流程再造、重心下沉,破解痛点、堵点和难点问题,全面构建线上线下相融合的创新服务体系,打造"服务到家"品牌。

（2）福建省把"数字福建"建设作为一项重大战略工程持续推进,引领和推动经济发展、社会治理、百姓生活等方方面面的变革,以信息资源的整合共享和信息技术的创新应用为抓手,推进数字政府建设。各地区、各部门按照党中央、国务院统一部署,将网上政务服务作为深化"放管服"改革、优化营商环境的重要抓手,取得了积极成效。

（3）湖北省实现了电子政务外网在湖北对省、市、县的100%全覆盖,为各厅局、门户网站、信息公开、业务协同、数据共享等提供了畅通的网络通道。

（4）广西一体化网上政务服务平台实现了全区统一覆盖的新突破。广西推行政务服务"一事通办",正是找准了群众办事需求点,打通了行政审批环节的堵点。在电子政务领域,广西以数字政务一体化平台建设为总抓手,充分发挥"互联网+"思维,以利企便民为总原则,强力推进一体化平台建设,通过平台建设,推动各级各部门消除业务专网,改造业务系统,实现与一体化平台对接联通,努力实现"让数据多跑路,群众少跑腿",使群众办事像"网购"一样方便。

经过几年发展,各地结合实际,创新实践层出不穷,探索出许多独具特色、深受企业和群众欢迎的好经验好做法。省级政府层面,网上政务服务能力指数得分为"高"以上的地区,已由2015年的12个地区增加到2018年底的22个地区;重点城市层面,21个城市的网上政务服务能力指数得分为"高"以上。

以"智能化、移动化、一体化、便利化"为标志的政务服务新模式不断涌现，人民群众的满意度不断提高。优质高效的政务服务是数字政府价值的直接体现。政务服务以当前供给侧为主向供给侧和需求侧并重转变，以人民群众需求为起点，通过新技术应用不断创新政务服务模式。

4．一体化在线政务服务平台发展面临的问题

1）改革配套措施仍需建立健全

目前的网上政务服务基本实现了各部门政务服务在政务服务平台的"物理集中"，但是服务仍旧以部门为单位进行梳理，还没有实现整体服务的目标，部门之间的流程没有进行整体优化，这需要政府在机构设置和职能调整等方面加大改革力度，建立一套适应互联网发展的组织架构。同时，政务服务的深化应用，还需要后台数据的共享开放，这也需要从政府数字化转型的整体战略出发，统筹规划数据资源，促进政务信息资源的整合共享，全面支撑业务协同与高效服务。

2）区域一体发展仍需深入推进

受经济发展、地理环境、基础条件等主客观因素的影响，我国各地区网上政务服务发展水平差距较为明显。总体来看，东部沿海地区发展较好，从东部到西部逐渐降低，呈现出"东强西弱、南强北弱"的总体格局。2018 年省级政府和重点城市网上政务服务能力为"中"和"低"的地区全部为中西部地区。区域发展的不平衡和不充分，带来很多社会矛盾和问题，需要加大力度研究适用于中西部经济欠发达地区的网上政务服务发展模式，同时，在推进机制、资金投入、技术支撑和政策保障等方面合力推进，加大对欠发达地区信息化的投入力度，确保不同地区和不同群体能够拥有平等获取网上政务服务的机会和权益。

3）政府数字化转型仍需大力推动

当前传统政务模式的惯性作用和改革推进的匹配性不足，政务服务供给的部门式、层级式服务模式仍未被有效打破，以政府职能本位为导向建设的政务服务平台造成了群众办事"进多站、跑多网"等"信息迷航"问题，多渠道服务仅停留在"物理聚合"阶段，并没有提供以公众为导向、产生"化学反应"的整体性政务服务，无法满足公众多层次、多样化与个性化的信息服务需求。政府数据治理效果没有得到充分体现，数据共享和安全利用没有取得实质性进展，各地大数据管理局职责的发挥尚在探索中，统筹协调利用政府和社会数据的体系尚未建立，挖掘数据在推动政府业务转型中的潜力和实效是当前需要迫切关注的问题。

4）政务数据同源仍需持续强化

不同渠道、不同载体办事要求不统一、事项数量不一致、信息更新不同步的现象仍然存在，"数据共享难"制约改革深化的问题日益突出，导致事项办理难以简化、申办材料难以精简，对政务服务流程优化、业务重组造成了阻碍，在一定程度上影响了改革的整体进展。虽然省级层面数据同源已经取得显著成效，但各地区所辖地市级和省直部门同源提供政务服务数据方面仍存在较大问题，约 1/3 的地市级和省直部门相关服务渠道存在服务数据不同源提供的问题。

5）企业和群众获得感仍需不断提升

由于目前政务服务平台规划主要是按政府部门进行分类，信息整合能力还比较薄弱，"以公众为中心"的引导服务模式尚未建成，服务内容主要是面向所有对象的大众化应用，难以提供有针对性、个性化、跨部门的一体化"集成式套餐式服务"。政务服务的供给与办事群众的特定需求间产生了巨大的矛盾，用户体验不强问题饱受热议，公众在庞大而无序的海量信息中，花费大量时间和精力也难以获取有效的信息，这导致公众无法顺利获得政府精心准备的诸多服务，严重影响政务服务的用户满意度。

6.5.2 "聚通用"紧紧跟上

政务数据的管理和应用创新既是构建社会治理新体系的前沿问题，也是推进数字政府建设、推动数字产业化发展的源动力。推动数字政府的政务数据深度融合、开发开放、引领发展，构建统一高效、互联互通、安全可靠的数据资源服务体系，实现政务数据全面汇聚、共享互通、创新应用（以下简称"聚通用"），推进跨层级、跨地域、跨系统、跨部门、跨业务的数据资源共享和业务协同应用基本普及，使政务数据资源的开发利用形成新业态，最大程度释放信息化发展带来的巨大潜能和数字红利，是大势所趋，也是有效提升政府现代化治理体系、治理能力，带动创新与经济增长的重要途径。政务数据的"聚通用"，不仅能够出现更多的服务于大众的数据产品，还能产生新的商业模式，使产业的发展具有可持续性，形成更强大的支撑。

1. "聚通用"的内涵

1）加快整合，满足"聚"的要求

"聚"是运用大数据创造价值的基础，在浩瀚繁杂的数据汇集过程中，会不可避免遇到一个难题：格式不统一、标准不统一，会大大增加数据共享、挖掘和利用的成本及难度。因此，需要加快整合，建设安全、可信、可靠的集约化电子政务基础设施，构建省级政务大数据中心。采用统一服务标准，整合和升级省级各类政务服务在线办理事项。加速推进业务专网向电子政务外网的迁移。将各级各部门社会管理和公共服务类的政务信息系统向本级电子政务外网迁移，并有序向政务云部署。

2）推进共享，提升"通"的能力

按照国家数据共享交换平台体系总体框架的要求，建成统一的政务数据共享网站，实现政务数据共享交换"统一入口、统一出口"，并与全国政务信息共享网站实现互联互通。

（1）建设统一信息资源库。完成"六证合一"、健康保障、社会保障、食品药品安全、安全生产、价格监管、信用体系、城乡建设、生态环保等主题目录编制，形成重点领域主题信息资源库。建设并完善人口、法人单位、空间地理、宏观经济、公共信用、电子证照等重点基础信息资源库，实现政务基础数据资源的统筹管理、集中共享。

（2）建设一体化网上政务服务平台。基本建成覆盖全省、部门协同、"一网通办"的"互联网+政务服务"体系，大幅提升政务服务效率和便民惠民的公共服务能力。以创新促精简，梳理企业、群众现场办理事项的目录和规范行政审批的前置要件，大力推进政务服务事项办理减材料、减环节，让企业和群众"最多跑一次"。

3）开放数据，创新"用"的发展

建成统一规范、互联互通、安全可控的公共数据开放平台。完成交通地理、经济统计、医疗教育、资源环境、政务服务等数据向社会开放。支持企业开展基于政务数据的第三方数据分析挖掘服务、技术外包服务。鼓励、支持各类市场主体共同参与开发、创新公益性和增值性的应用服务，发展智慧农业、智能制造、智慧旅游、智慧健康等产业，培育数字化服务市场，推动大数据、人工智能专业化和产业化。

建设数据融合示范项目。统筹推进政务数据、行业数据、企事业单位数据、社会数据等连通共享，支持和鼓励军民融合、传统产业、医疗卫生、旅游、文化教育、商贸物流等行业，建设一批引领性示范性的政务数据与社会数据融合应用项目，推进"条数据"与"块数据"的综合利用，促进数字经济发展。

以"用"为核心，继续扎实推进政府数据"聚通用"建设，让大数据成为支撑政府重大问题决策研判、促进政府管理改革、提高政府服务群众水平的有效手段。

2．"聚通用"的实践与启示

随着政务信息化的不断发展，各级政府积累了大量与公众生产生活息息相关的信息系统和数据，并成为最具价值数据的保有者。如何盘活这些数据，更好地支撑政府决策和便民服务，进而引领促进大数据事业发展，是事关全局的关键。2015 年 9 月，国务院发布《促进大数据发展行动纲要》，其中重要任务之一就是"加快政府数据开放共享，推动资源整合，提升治理能力"，并明确了时间节点：

（1）2017 年，跨部门数据资源共享共用格局基本形成。

（2）2018 年，建成政府主导的数据共享开放平台，打通政府部门、企事业单位间的数据壁垒，并在部分领域开展应用试点。

（3）2020 年，实现政府数据集的普遍开放。

随后，国务院和国务院办公厅又陆续印发了系列文件，推进政务信息资源共享管理、政务信息系统整合共享、互联网＋政务服务试点、政务服务"一网一门一次"改革等，推进跨层级、跨地域、跨系统、跨部门、跨业务的政务信息系统整合、互联、协同和数据共享，用政务大数据支撑"放管服"改革落地，建设数字政府和智慧政府。目前，我国政务领域的数据开放共享已取得重要进展和明显效果。

为推进政务数据资源互联互通和共享利用，以应对大数据环境下的新挑战，各省市纷纷设立专职大数据管理机构，目前全国大部分省份都已成立了大数据发展与管理主管部门。

（1）北京市设立大数据管理局负责统筹推进北京市大数据工作，加强大数据顶层设计和统筹协调，推动政务信息和公共数据开放共享，深化大数据创新应用，完善相关法规标准，保障数据安全。

（2）上海市设立上海市大数据中心，承担构建上海市数据资源共享体系，制定数据资源归集、治理、共享、开放、应用、安全等技术标准及管理办法工作。同时，推进上海政务信息系统的整合共享，贯通汇聚各行、各行政部门和各区的政务数据。

（3）山东省设立山东省大数据局，统筹全省大数据发展工作和电子政务建设，推动公共数据资源开放共享，解决部门信息"孤岛"和信息"烟囱"问题，推进"数字山东"和"互联网＋政务服务"建设。

（4）贵州省成立省级大数据管理局，负责推进全省大数据产业规划与发展。围绕解决企业群众"办事难、办事慢、办事繁"等问题，制定印发了《贵州省推进"一云一网一平台"建设工作方案》，以消除"信息孤岛""数据烟囱"为重点，加快提升政府管理、社会治理和民生服务水平。

当前我国各级各地政府对发展政务大数据越来越重视。多地出台促进大数据发展的具体实施意见，不断加强对政务大数据的应用规划和设计，积极探索具备自身特色和实力特点的发展道路，对政务大数据发展路径的探索越来越成熟，正在形成越来越多的政务数据"聚通用"案例。

2019 年 5 月 26 日，贵州省政务数据"一云一网一平台"在 2019 数博会上发布。"一云"指"云上贵州一朵云"，这朵"云"将实现所有政务数据在"云上贵州"集中存储、共享交换和开放开发。截至当时，"云上贵州一朵云"已承载了省、市、县 9728 个应用系统，存储数据量达到 1387TB。"一网"指政务服务"一张网"，包括物理的电子政务网络和逻辑的政务服务网。物理的电子政务网络方面，已实现电子政务网络覆盖省、市、县、乡四级，当年年底即可实现省、市、县、乡、村五级全覆盖。逻辑的政务服务网方面，建设的贵州政务服务网 PC 端，实现省、市、县、乡、村五级所有政务服务中心的业务都可查询和办理；移动端，建设云上贵州多彩宝，主要为老百姓提供高频使用的便民服务。"一平台"指智能工作"一平台"，包括政务服务平台和数据治理平台。政务服务平台上，通过数据共享，过去在各个部门之间串行流转，甚至互为前置的审批程序，可以实现并行审批。数据治理平台上，梳理完成全省所有部门的数据资源。目前，数据目录已达到 1.2 万多个，信息项达到 20 万余项。贵州以数据"聚通用"为突破口，建设"一云一网一平台"，不断升级"聚通用"体现了以人民为中心的理念,是对国家要求的具体实践和创新型探索。

2019 年 8 月 15 日,广西壮族自治区举行政务数据迁移上线发布仪式,正式拉开政务数据"聚通用"大幕。自治区大数据发展局等部门提出将以政务数据的管理和应用改革为抓手,继续深化改革、攻坚克难,持之以恒推动政务数据汇聚和共享,彻底打通业务部门专业系统,彻底打通"信息孤岛""系统孤岛",有效构建起"覆盖全区、服务各级、责权清晰、安全可信"的政务数据共享服务体系,加快数字产业生态发展。自 2018 年以来,广西壮族自治区构建了自治区大数据发展局、自治区信息中心、自治区大数据研究院、数字广西集团有限公司的"四位一体"工作格局,通过建设广西数字政务一体化平台、实施《2019 年推进政务数据"聚通用"工作检查指标》等一系列措施,努力解决平台不互通、数据不共享、线上线下不通畅等问题。目前,"壮美广西·政务云"已基本建成,广西数字政务一体化平台已上线试运行,自治区政务数据共享交换平台已上线运行。

第 **7** 章　数字政府总体设计

不谋全局者，不足谋一域[1]

　　数字政府是现代行政管理与数字化技术在国家上层建筑深度融合的体现，数字政府在数字经济、数字政府、数字社会这支撑数字中国的"三位一体"中处于主导地位。数字政府是一个复杂的系统工程，需要分步建设、与时俱进、逐步升级，不可能一蹴而就。古训说得好，"不谋全局者，不足谋一域"。数字政府建设必须要做好顶层规划、总体设计，才能循序渐进，实现最终的目标。

　　本章从数字政府设计的总体要求入手，解读数字政府建设的七大任务，阐述数字政府各类架构的设计，介绍数字政府九大政务应用的设计要点，论述数字政府八大支撑平台的构筑方法，最后对数字政府的基础设施和数字政府的安全、运行与维护体系的设计要点作全面介绍。

7.1　数字政府设计总体要求

　　数字政府是信息时代为推动国家治理体系和治理能力现代化，将数字化进程作用于政府自身改革，创新政府职能结构和权力运行方式，运用信息技术处理公共事务的一系列机制、方式和过程的综合体，呈现整体性、服务型、数字化的特征。

7.1.1　指导思想

　　各地数字政府建设应以习近平新时代中国特色社会主义思想为指导，深入学习贯彻习总书记关于"实施国家大数据战略，加快建设数字中国"的重要指示精神，坚持"便民、高效"原则，树立以人民为中心的发展理念，以建设数字中国、智慧社会为导向，立足各地经济社会发展需要，以提高政府决策水平、社会治理能力、公共服务效率为重点，以"互联网＋政务服务"为抓手，以改革的思路和创新的举措，建立大数据驱动的政务信息化服务新模式，推进信息资源整合和深度开发，促进政务信息共享共用和业务流程协同再造，推进政府治理体系和治理能力现代化。

7.1.2　设计思路

　　为打造一体化高效运行的"整体政府"，整合资源、优化流程，提高跨部门协同能力，进一步提升企业和群众的获得感，在进行数字政府设计时，应遵循以下五个方面的设计思路：

　　（1）坚持"以用户为中心"，从用户体验角度优化政务服务流程和应用设计。

　　（2）以用户体验反馈结果检验政务服务成效，持续优化改进。

　　（3）通过集约建设新模式，建设共享大平台，改变系统分散、"烟囱"林立的局面。

　　（4）改变传统建设运营管理模式，在数字政府建设中引入互联网思维，借鉴互联网发展理念，提高数字政府建设效率。

　　（5）从整体上考量，从技术革新到业务创新、从管理创新到体制机制改革，成体系推进数字政府改革建设。

1）陈澹然《寤言二·迁都建藩议》[清]。

7.1.3   设计理念

数字政府设计理念主要体现在"整体、移动、协同、创新、阳光、集约、共享、可持续"八个方面。

（1）整体：体现在上接国家、下联市县、横向到边、纵向到底的全覆盖数字政府，实现政府内部运作与对外服务一体化、线上线下深度融合，提升用户体验，促进"整体政府"建设。

（2）移动：体现在推进移动化应用终端，充分利用微信公众号、小程序、城市服务、政务微信等多元化移动端渠道，提供高频事项移动终端快速办理以及移动协同办公便捷政务服务能力。

（3）协同：体现在建立跨地区、跨部门、跨层级的协同工作平台和相应的管理机制，减少审批环节，压缩审批时间，提升部门间沟通协作效率，最大程度优化政府行政效能。

（4）创新：体现在以观念创新、制度创新、管理创新、业务创新、技术创新、模式创新驱动数字政府建设，推动信息技术与政府管理深度融合，创新政府治理手段，强化创新要素的集聚效应，汇聚各方力量共建数字政府。

（5）阳光：体现在建立一体化在线政务服务平台，推进政府审批服务全过程留痕、全流程监管，建立科学合理的管理指标体系，实现政府办事公开、透明，依托数字政府打造"阳光政府"。

（6）集约：体现在坚持政务信息化公共基础设施特别是政务云平台集约化、一体化建设，优化资源配置，减少重复投资，促进信息资源高效循环利用，提升信息基础设施的运行效率和服务能力。

（7）共享：体现在建设共建、共治、共享的开放平台，推动公共数据资源统一汇聚和依法有序向社会开放，鼓励公众和社会机构运用数据进行创新应用和增值利用，最大程度释放政府数据红利，带动数字经济发展。

（8）可持续：体现在构建数字政府绿色发展的长效机制，完善项目管理、运维体系和平台，推动政务信息化体系快速迭代，确保数字政府建设持续优化和拓展。

7.1.4   设计目标

（1）实现政府部门横纵贯通、数据资源流转通畅、决策支撑科学智慧、社会治理精准有效、公共服务便捷高效、安全保障可管可控，提升政府治理现代化能力。

（2）建立完善的政务数据中心和云服务体系，建立跨层级、跨地域、跨系统、跨部门、跨业务的数据共享交换体系，形成政务数据资源开放应用的格局。

（3）建立全覆盖、全时空、全联动、全监督、全公开的"互联网＋政务服务"体系，实现高频事项"一证通办"，政务服务事项和公共服务事项能够实现"百姓少跑腿，信息多跑路，监管无死角，服务零距离"。

7.2   数字政府建设任务

建设数字政府不是简单地将网络信息技术在政府履职领域进行深度应用，而是一项全方位系统性工程，涉及面较多，需要革新理念、统筹规划、强化创新、稳步推进、持续改进。当前数字政府建设任务主要包含以下七个体系的建设。

7.2.1   建设一体化基础支撑体系

一体化基础支撑体系是数字政府重要的组成部分，是信息化建设过程中最重要的一环。建设一体化基础支撑体系可以提升数字政府建设集约化程度，节省大量建设资金。建设一体化基础支撑体系主要包括以下三个方面内容：

（1）政务数据中心体系：政务数据中心体系是数字政府建设的基础环境设施。政务数据中心体系建设宜进行统一规划、统一管理、资源集中调度，努力建设布局合理、规模适度、保障有力、绿色集约的数据中心体系，从而达到提升利用效率、节约建设资金目的。

（2）政务网络体系：政务网络体系建设应满足业务量大、实时性高的应用需求，具备跨层级、跨地域、跨系统、跨部门、跨业务的支撑服务能力。规范网络连接，整合网络资源，实现省、市、县、乡（镇）四级全覆盖和政务部门全接入，确保安全接入。

（3）各类政务云平台：推动各省级、市级政务云平台建设，推进各级各部门政务信息系统尽量向政务云平台迁移和应用接入。

7.2.2　建设数据资源共享开放体系

建设数据资源共享开放体系主要包括构建跨层级数据共享交换体系、完善政务数据资源体系、完善数据资源库和推动政务数据资源开放等方面。

（1）构建跨层级数据共享交换体系：构建跨层级数据共享交换体系主要指构建省市级统一、多级互联的数据共享交换体系，完善相关标准规范，强化平台功能，建立数据共享交换授权机制。需要建成统筹利用、统一接入的数据共享大平台，使数据共享交换体系具备跨层级、跨地域、跨系统、跨部门、跨业务的数据调度能力。

（2）建设完善政务数据资源体系：省市各级政府要构建并完善政务数据资源体系，持续完善数据资源目录，动态更新政务数据资源，不断提升数据质量，扩大共享覆盖面，提高服务可用性。

（3）建设完善数据资源库：建设全面完整准确的人口、法人、空间地理、宏观经济、社会信用、电子证照等基础数据资源库，建立健全动态更新和校正完善机制，不断拓展基础数据资源库的覆盖范围。重点建设健康卫生、社会保障、食品药品安全、安全生产、生态环保等国家重点领域主题数据库，促进各级各部门数据共享，最终实现各级政府基础数据库信息全方位共享。

（4）推动政务数据资源开放：建立各级政府部门和事业单位等公共机构数据资源清单，制定政府数据开放目录和数据开放共享标准，加快政府统一数据开放平台建设。同时引导企业、行业协会、科研机构、社会组织主动采集并开放数据，支持社会数据通过政府共享平台开放接口，进行第三方合作开发，丰富数据资源和数据产品，最终形成多元汇集、集中开放的政务数据资源开放应用格局。

7.2.3　建设"互联网＋政务服务"体系

"互联网＋政务服务"体系指各级政务服务实施机构运用互联网、大数据、云计算等技术手段，构建"互联网＋政务服务"平台，整合各类政务服务事项和业务办理等信息，通过网上大厅、办事窗口、移动客户端、自助终端等多种形式，结合第三方平台，为自然人和法人（含其他组织）提供一站式办理的政务服务体系。"互联网＋政务服务"平台主要实现政务服务统一申请、统一受理、集中办理、统一反馈和全流程监督等功能。

"互联网＋政务服务"体系建设主要包括以下五个方面内容：

（1）建设一体化在线政务服务平台：建设一体化在线政务服务平台主要是依托政府政务云、电子政务网络，统筹建设各级政府一体化在线政务服务平台，推进各级政府政务服务工作规范化、标准化和集约化管理，实现政务数据互联互通，形成政府政务服务"一张网"。同时实现地方政府与国家政务服务平台连接、政务服务事项实现政务服务"一网通办"。

（2）优化网上政务服务运行管理机制：推进政务服务"一事通办"改革，构建一体化联合推进机制，提升协同服务能力和综合管理水平。拓展网上办事广度和深度，延长网上办事链条，实现从网上咨询、网上申报到网上预审、网上办理、网上反馈"应上尽上、全程在线"，最终达到政务服务业务线上线下融合互通，跨地区、跨部门、跨层级协同办理，实现"马上办、网上办、就近办、一次办"。

（3）构筑行政权力监管体系：行政权力监管体系运用大数据手段，以权力监督和提升政府治理能力为核心，通过制定行政权力信息化标准化体系，构建行政权力标准库、行政权力监管平台、行政权力绩效管理平台、行政权力大数据综合分析平台，建立完善"有权必有责、用权必担责、滥权必追责"的行政权力制约监督体系，促进行政权力运行规范、程序严密、过程透明、结果公开、监督有力、服务便捷，有力支撑高标准、高品质、高效能政务服务体系建设，打造法治政府、创新政府、廉洁政府和服务型政府。

（4）拓展政务服务移动应用：建设各级政府统一移动服务平台，实现统一入口、统一应用管理、统一服务监测，推进覆盖范围广、应用频率高的政务服务事项向移动端延伸，为群众提供多样化、多渠道、便利化服务。通过规范整合各级政府部门便民服务公众号和移动端APP，汇聚更多的便民服务事项，实现移动端便民服务一次认证、全网通行。

（5）打造政务服务总客服：推进政府政务热线资源整合，加强与政务服务深度融合。以"12345"服务热线为基础，建立面向群众和企业统一的政务咨询、投诉、建议平台，健全统一接收、按责转办、统一督办、评价反馈工作机制，做到群众和企业诉求"一号响应"，定期分析研判突出问题，客观检验政府绩效。

7.2.4　建设宏观决策大数据应用体系

建设宏观决策大数据应用体系涉及建设宏观经济决策支撑体系、建设政府决策大数据创新应用和建设政府决策咨询大数据智库支撑平台三个方面内容：

（1）建设宏观经济决策支撑体系：建立完善财税、金融、物价、统计、就业、消费、投资、电力、进出口等领域国民经济数据归集和协同工作机制，汇聚整合社会数据资源，构建宏观经济基础数据库和专题数据库。建设经济运行监测综合平台、宏观经济大数据分析系统、工业经济预测系统等大数据分析平台，形成基于大数据分析的宏观经济决策支撑体系，为政府开展宏观经济监测预测和制定宏观经济调控措施提供数据支持及科学依据。

（2）建设政府决策大数据创新应用：在政府规划、政策法规制定等工作中充分整合利用政府和社会数据资源，建立以大数据为支撑的政府决策新机制，建设空间规划管理系统、数字财政系统、大数据应用统计支撑平台、科技大数据平台等政府决策支持服务平台，不断提高决策科学性、预见性和有效性。

（3）建设政府决策咨询大数据智库支撑平台：推动大数据智能平台建设，实现各部门经济社会数据和研究咨询机构经济社会研究数据共享融合，开展跨学科、数据密集型科学研究。可以借助各地特色新型智库联盟、高校等研究机构开展基于大数据的经济社会发展研究，通过采购民间智库提供的大数据产品与服务，拓宽政府大数据宏观决策服务渠道，为政府决策提供更开阔的视野和创新性意见。

7.2.5　建设数字化市场监管体系

构建数字化市场监管体系，打造"互联网＋监管"新模式。

"互联网＋监管"具有以下两方面作用：

（1）提升整体监管能力，加强事中、事后监管，推动监管工作的规范化、精准化。

（2）协助守住市场安全底线，针对生产安全、食品药品安全、生态安全、金融安全等方面存在的风险和问题，用智能化、互联网化的措施和手段，确保市场主体履行安全合规主体责任。

通过市场监管资源整合，建设统一的智能化市场监管综合服务平台，完善市场监管、"12315"

消费维权平台、国家企业信用信息公示平台、质量监督信息平台、食品药品监管平台等，促进监管方式由传统模式向智能化、精准化转变。

通过建设市场监管大数据应用系统，打造规范、审慎的政府监管环境，开展市场监管大数据平台建设和示范应用，通过整合工商、城乡住房建设、食品药品监管、质监、安全监管、信贷金融、物价等领域的数据，对市场主体信息进行大数据分析，强化市场主体大数据监管和跨部门联动响应，加强事中、事后监管和服务，重点推进食品药品、质量监督、安全生产、信贷金融等领域大数据监管应用，最终实现市场主体全监管。

7.2.6　建设数字化自然资源监管体系

建设数字化自然资源监管体系包括构建数字化自然资源调查和评价体系、构建数字化自然资源监管体系、构建自然资源大数据应用平台三个方面内容：

（1）构建数字化自然资源调查和评价体系：按照国家统一的调查规范、资源分类、坐标体系、测绘规范和数据格式等标准，利用遥感、测绘、互联网等技术，构建各类资源基本特征、总量、空间分布、利用状况的调查规范，形成自然资源调查和评价体系。

（2）构建数字化自然资源监管体系：构建以现代对地观测与信息技术集成为支撑的全覆盖全天候监测及监管体系，包括实行统一监测预警、统一执法督察、统一查处整改，统筹"山水林田湖草"系统治理，建成国土空间基础信息统一平台，实现地方与国家平台的无缝对接，基本形成国家、省、市级统一监管体系。

（3）构建自然资源大数据应用平台：实现自然资源大数据高性能处理，提供数据服务、专题服务、基础服务、定制服务等，对不同来源、不同格式、不同目的的自然资源数据、社会统计数据、环境监测数据及其他相关数据的混合多态管理，实现自然资源决策科学化、监管精准化、服务便利化，有效支撑政府部门自然资源保护和监管。

7.2.7　建设数字化生态环境治理体系

建设数字化生态环境治理体系包括建设生态环境感知体系、深化生态环境大数据应用、开展"互联网＋"再生资源回收利用三个方面内容：

（1）建设生态环境感知体系：建立资源环境承载能力动态监测网络，完善污染物排放在线监测系统，优化监测站点布局，提高对大气、水、土壤、生态、核与辐射等各类环境要素及污染源全面感知和实时监控能力，实现对环境质量和重点污染企业排放的动态实时监测。

（2）深化生态环境大数据应用：建设生态环境大数据平台，建立完善涵盖生态环境全要素的数据库，推动环境保护、能源、交通运输、水利、海洋、安全监管、气象等部门的环境风险源、危险化学品及其运输、水文气象、能源生产消费等数据资源共享。

加强生态环境质量、污染源、污染物、环境承载力等数据的关联分析和综合研判，支撑生态环保红线、总量红线和准入红线科学划定。推动跨流域、跨地域的生态环境治理联防联控，精确打击企业未批新建、偷排漏排、超标排放等违法行为，提升生态环境监测预警、监察执法、督察监管和应急处置能力。

（3）开展"互联网＋"再生资源回收利用：建设再生资源回收利用信息平台，汇聚整合城乡生产生活、产业集聚区、开发区、工业园区等领域的废弃物资源，加强废弃物的信息采集、数据分析、流向监测，培育再生资源回收新模式、新业态。

建立动力电池生产、回收动态监控平台，推动现有骨干再生资源交易市场向线上、线下融合转型升级。推进用能权、用水权、碳排放权、排污权网上交易市场建设。

7.3　数字政府架构设计

数字政府架构从管理运营、业务应用和技术构建等不同角度分析，分别对应有管理架构、业务架构和技术架构三大架构体系，同时各层级数字政府之间的逻辑关系也是数字政府设计成功与否的重要因素。

7.3.1　总体架构设计

数字政府总体架构包括管理架构、业务架构、技术架构。

管理架构体现"管运分离"的建设运营模式，以政务服务数据管理部门统筹管理和数字政府建设运营中心统一服务为核心内容，通过构建数字政府组织管理长效机制，保证数字政府的可持续发展。

业务架构对接国家和省（自治区、直辖市）深化机构改革与"放管服"改革要求，包括管理能力应用和服务能力应用，促进机构整合、业务融合的整体型、服务型政府建设。

技术架构采用分层设计，遵循系统工程的要求，实现数字政府应用系统、应用支撑、数据服务、基础设施、安全、标准、运行管理的集约化、一体化建设和运行。

数字政府总体架构图如图 7.1 所示。

图 7.1　数字政府总体架构图

7.3.2　管理架构设计

数字政府管理架构一般按照"管运分离"的设计思路，在管理体制、运行机制、建设运维模式等方面探索创新，构建共建共享的数字政府管理框架。

数字政府管理架构图如图 7.2 所示。

1. 建议从省级层面统筹建立数字政府发展的长效机制和管理模式

在省级层面成立数字政府管理机构，强化省级管理机构统筹协调作用，贯彻执行国家关于电子政务工作的方针、政策，制定省级电子政务发展政策规划，加强纵向到市、县级工作指导和横向到其他部门的协调力度，健全与各市和部门的工作统筹协调机制，指导各地、各部门制定具体工作方案和相关规划，形成数字政府省级统筹建设管理体制和省市县协同联动机制。

2. 各级政府形成合力，稳步、规范推进各项改革

（1）省直各部门利用改革机遇，统筹部门政务信息化需求、业务创新、信息资源规划等工作，提高政务信息化发展能力。

（2）各市要根据省级数字政府管理建设模式，积极探索、整合、优化电子政务机构和职能，整合分散在各部门的信息化职能，确定各地数字政府统筹管理机构。

（3）有条件的地区也可以充分发挥优秀骨干企业的技术优势、渠道优势和专业运营服务能力，完善法规、规章及配套政策、制度，鼓励、吸引社会主体共同参与数字政府项目建设、运营和管理，鼓励社会主体广泛参与数字政府创新应用开发。

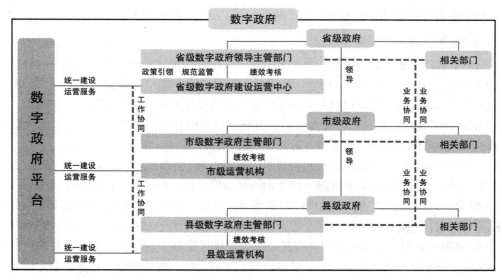

图 7.2　数字政府管理架构图

7.3.3　业务架构设计

　　数字政府业务架构设计应突出"整体协同性"。数字政府业务需要突破传统业务条线垂直运作、单部门内循环模式，以数据整合、应用集成和服务融合为目标，以服务对象为中心，以业务协同为主线，以数据共享交换为核心，构建"纵向到底、横向到边"的整体型数字政府业务体系，聚焦各地各部门核心业务职能，推动业务创新和改革。

　　数字政府业务架构图如图 7.3 所示。

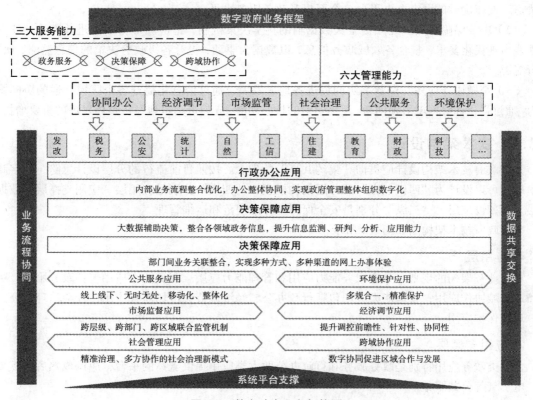

图 7.3　数字政府业务架构图

数字政府整体协同性主要体现在六大管理能力应用和三大服务能力应用。

1. 六大管理能力应用

以政府各级部门业务系统为重点，基于政府职能进行纵向统筹，整合政府内部共性管理业务。

（1）协同办公应用。以大系统理念，采取统一设计建设、部门一体化使用的方式，推动"整体政府"业务协同，以统一建设行政办公应用推进政府内部业务流程整合优化、扁平高效。

（2）经济调节应用。创新经济调节方式，强化经济监测预测预警能力，综合运用大数据、云计算等技术手段，增强宏观调控前瞻性、针对性、协同性，实现经济调节科学化应用。

（3）市场监管应用。通过推进市场相关数据的集中汇聚、公开发布，形成市场监管部门跨层级、跨部门、跨区域联合监管机制，实现统一协作的市场监管应用，构建良好的营商环境。

（4）社会治理应用。数字政府治理体系强调政企合作，加强公共服务领域数据集中和共享，深化数据资源应用，促进社会协同治理，提升社会治理智能化水平，实现社会治理应用格局。

（5）公共服务应用。发挥信息化在促进公共资源优化配置中的作用，促进信息化创新成果与公共服务深度融合，推进智慧健康养老、智慧教育、智慧社区、智慧旅游、精准脱贫等建设，形成线上线下协同、服务监管统筹的移动化、整体化、普惠化、人性化服务能力。

（6）环境保护应用。以技术监测、数据感知推进生态环境保护管理体系创新，构建政府主导、企业主体、社会组织和公众多方共同参与的环境治理体系，为推进生态文明建设提供强有力的技术支撑。

2. 三大服务能力应用

以一体化"互联网+政务服务"、政府决策为重点，包括政务服务、决策保障、跨域协作等三大服务能力应用。

（1）政务服务应用。围绕服务对象应用需求进行业务关联整合，为群众、企业提供多方式、多渠道、便捷优质的网上办事平台，全面提升政务服务水平。

（2）决策保障应用。建立健全大数据辅助科学决策机制，适应新形势下推进政府治理体系和治理能力现代化要求，整合各领域政务信息，以数据为驱动，提升各级政府决策的信息监测、研判、分析能力。

（3）跨域协作应用。以数字协同促进各地区发展，通过信息化提升各个区域互通的协同服务能力，通过强化优势区域引领创新、聚集辐射的核心功能，成为带动当地经济整体发展的重要增长极。

7.3.4　技术架构设计

数字政府技术架构设计应贯彻"集约共享"的理念。按照目前流行的分层设计思路，数字政府技术架构可以设计为"四横三纵"的分层架构模型，"四横"分别是应用层、应用支撑层、数据服务层、基础设施层，"三纵"分别是安全保障、标准规范和运维管理。

数字政府技术架构图如图 7.4 所示。

1. 应用层

对应业务架构的规划，分为服务能力应用和管理能力应用。服务能力应用包括政务服务、决策保障、跨域协作应用，管理能力应用包括行政办公、经济调节、市场监管应用、社会治理、公共服务、环境保护应用。

2. 应用支撑层

为各类政务应用特别是政务服务和行政办公两大类应用提供支撑的平台，应用成熟后，逐步向水、电、气等公共服务推广应用。

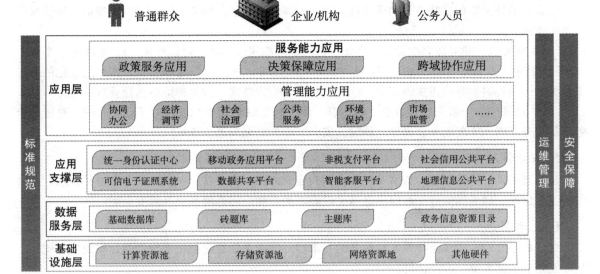

图 7.4　数字政府技术架构图

应用支撑类平台主要包括以下八大类：

（1）统一身份认证中心。接入、整合多种认证方式和认证源，实现统一的身份认证核验，做到省市乃至全国范围内一号通用。

（2）可信电子证照系统。提供电子证照发证、用证、电子印章认证、身份认证、数字签名认证和信息加解密等服务，解决办事过程中证照多次重复提交、证照文件验证等问题。

（3）非税支付平台。提供统一的网上非税支付渠道，支撑非税业务网上缴费，实现随时随地便捷支付。

（4）社会信用公共平台。实现社会信用信息互联互通及跨部门、跨行业、跨区域的记录、整合和应用，为信用公示、信用红黑名单管理等信用业务与服务提供支撑，形成社会共同参与的社会信用信息联动机制。

（5）移动政务应用平台。为行政办公移动化提供支撑，让公务人员可在移动端处理办公和协同审批等事务。

（6）数据共享平台。在政务大数据中心的基础上实现数据的交换、共享，建立政务信息资源共享目录，支持政务数据资源实现跨层级、跨区域、跨部门的共享交换和协同应用。

（7）地理信息公共平台。基于数据共享平台支持统一的省、市、县多级地理信息服务体系，为各级部门、社会公众提供地理信息数据的共享与服务，为城市公共管理、应急处理、公共服务以及科学决策等提供"一张电子地图"的地理信息数据。

（8）智能客服平台。实现统一的业务管理和绩效考核，为政务服务应用提供预约、客服（咨询和服务评价）、物流等运营支撑能力，包括政务服务预约、业务咨询、用户评价、投诉处理等功能。

除上述八大应用支撑平台外，还可以提供 API（Application Programming Interface，应用程序接口）网关、服务总线等各种统一通用应用支撑服务。

3. 数据服务层

一般通过建设政务大数据中心，构建包括各部门的专业应用系统相关的基础信息库，在基础信息库之上建设的主题库，面向业务建立的专题库，以及政务数据资源目录、元数据管理等数据服务内容。政务大数据中心汇聚各部门数据、行业数据，形成政务大数据资源池，实现数据资源开放利用，通过数据治理提升数据质量和价值，加强数据管理。

4. 基础设施层

基础设施层主要包括政务云和政务网，提供计算资源池、存储资源池、网络资源池、通信网络等基础设施。

（1）政务云。建立数字政府云平台统一框架和标准规范体系，可以形成"1"个政务云平台、"N"个特色行业云平台、"M"个区域级政务云平台的"1+N+M"总体架构，提供信息化的基础支撑能力，为各类业务应用提供安全、稳定、可靠、按需使用、弹性伸缩的云计算资源能力。

（2）政务网。一般通过建成省、市、县、镇、村五级全覆盖的统一电子政务外网，对接整合各部门业务专网，实现统一、高速、稳定、安全、弹性的网络通信环境。

5. 安全保障

从管理机制、保障策略、技术支撑等方面构建全方位、多层次、一致性的安全防护体系，加强数据安全保护，切实保障数字政府信息基础设施、平台和应用系统平稳高效安全运行。

6. 标准规范

建设数字政府标准规范体系，指导各地各部门开展政务信息化规范建设运营，实现标准统一、互联互通、数据共享、业务协同。

7. 运维管理

完善对信息基础设施、平台和应用系统运行维护以及相关的服务流程管理、维护服务评价，加强系统建设和应用的绩效考核、投资效益评估、运营改善等，形成分级管理、责任明确、保障有力的数字政府运行维护管理体系。

7.3.5　数字政府省级平台与其他系统的关系

数字政府省级平台在整体数字政府建设中有着承上启下的重要作用。

1. 与国家平台的关系

数字政府省级平台通过政务信息资源共享平台实现与国家、其他省市间的信息共享和业务协同；按照全国一体化在线政务服务平台建设要求，实现省一体化在线政务服务平台与国家政务服务平台对接；投资项目审批平台、公共资源交易平台等专项领域国家重点信息系统可以通过国家政务服务平台、大数据平台、共享交换平台打通数据通道，实现业务协同。

（1）在统一身份认证方面，省级平台可与国家身份认证系统对接，提升个人、法人身份核验能力。

（2）在开展电子印章应用方面，省级平台可对接国家电子印章系统，推进电子印章服务在各省的应用。

（3）在政务移动应用方面，省级平台可建立与国家平台的对接、互通，可兼容微信、支付宝及其他APP等多种通联工具，实现统一、标准的信息互通，按照国家统一规范，建立统一发布、准入审核的政务移动应用商店，加强移动应用的规划、准入、发布、安全等管理。

2. 与省级部门应用系统的关系

各部门按照数字政府总体技术框架建设应用系统，新建部门应用系统部署在政务云平台，已建部门应用系统逐步迁移到政务云。部门应用系统按照规范与数字政府的应用支撑平台对接，根据业务需求，在数字政府公共支撑平台上快速构建、快速部署，并在应用中按需快速迭代。

3. 与市级平台的关系

在省级数字政府总体技术框架下，各市按照省级数字政府标准规范，实现市级平台与省平台的互联互通、数据共享。

7.4　数字政府政务应用设计要点

数字政府的政务应用分为管理能力应用和服务能力应用。

管理能力应用面向各级政府、各部门履行专业职能的业务，包括经济调节、市场监管、社会治理、公共服务、环境保护等，以及面向政府内部管理的协同办公业务等。

服务能力应用由面向群众办事创业的政务服务业务、面向领导的决策保障业务以及面向跨层级、跨区域的跨域协作业务构成。

通过统一规划、统一标准、统一建设，实现跨部门系统互联互通、数据交换共享、业务流程协同，构建数字政府大服务、大应用、大数据、大平台体系，提升数字政府整体效能。

7.4.1　扁平高效的协同办公应用设计要点

协同办公应用主要是通过扁平、透明、移动、智能的办公方式，实现移动办公、协同审批，提高跨部门政务业务协同效率，降低行政成本，改善和优化并联审批流程。

协同办公应用包括办公自动化系统、决策支持系统、电子督查系统以及实现协同办公的应用支撑系统。

1. 办公自动化系统

省直各部门按省统一规范改造现有办公自动化系统，对接应用支撑平台、政务微信平台和移动办公终端，实现省直部门、地市政府办公自动化系统互联互通，尽快实现全省范围非涉密公文及各种文件传输互通，逐步整合相关系统，实现一体化的公文处理、业务审批、机关事务处理。

2. 决策支持系统

实现全省数据汇聚，在省级大数据中心基础上，实现丰富、及时、准确的数据分析应用，包括驾驶舱、仪表板、热力图等多种呈现形式，支持各级领导决策。

3. 电子督查系统

建设集督查和绩效信息采集、分析、管理、监督、运用为一体的"督考合一"综合信息管理服务平台，建立全程监控和流程控制机制，并结合政务微信平台，实现督查工作随时审核、随时签收、随时反馈。

4. 实现协同办公的应用支撑系统

建立公文流转总线，制定公文交换标准规范，通过电子印章，实现跨部门、跨地市、跨系统公文流转；通过移动政务应用平台，支持移动办公应用。

协同办公应用的关键因素有以下三个方面：

（1）研究制定电子公文交换数据标准，建立健全电子公文交换机制。

（2）研究解决电子印章的安全性和有效性问题。

（3）建立移动政务应用超市，并建立相应的数据标准和开发规范，采用微服务等技术架构，规划、设计和开发各种应用，形成产品化的软件、服务、功能，促进应用开发快速迭代。

7.4.2　科学智能的经济调节应用设计要点

经济调节应用通过充分整合和利用政府、社会数据资源，推进跨地区、跨部门、跨层级信息共享与业务协同，不断提高宏观经济各领域监测分析、目标设定、政策制定与评估能力，强化经济监测预测预警能力，增强经济调节的前瞻性、针对性、协同性。

经济调节应用包括经济大数据运行分析应用、经济运行主题数据库、宏观调控数据体系等内容。

1.经济大数据运行分析应用

基于政务大数据中心，汇聚投资、消费、就业、税收、财政、金融、能源等经济运行领域的监测数据，建立经济运行大数据分析模型，对区域经济运行趋势进行分析和预判，为淘汰落后产能、清理"僵尸企业"、鼓励科技创新、扶持优势产业、改造技术落后企业等一系列经济调节目标提供及时、精准、有效的决策信息。

2.经济运行主题数据库

围绕经济运行重点领域，依托宏观经济、产业专题、企业专题数据库等，汇聚相关领域的产业组织、生产能力、生产要素、市场竞争、资源环境等基础数据，构建经济运行主题库，提升经济管理数据资源统筹协调能力。构建支撑企业开办、不动产登记、跨境贸易等主题服务系统。

3.宏观调控数据体系

统筹共享有关部门掌握的企业、工业经济运行和制造业领域等经济数据信息，通过对各类数据进行自动汇聚、清洗、比对、统计、数据可视化等操作，为建设企业高质量发展综合评价体系、支撑行业大数据指数等经济调节工作提供数据和应用支持。

经济调节应用的关键因素有以下三个方面：

（1）完善经济运行监测分析体系，加强基础数据管理，提高经济运行监测分析质量和水平，通过对重点行业、重点企业和重点产品的分析，及时发现苗头性、倾向性问题，建立完善分析报告体系。

（2）实现数据充分共享，完善基础数据采集机制，将分散在各部门、各环节的数据进行分类采集、整合共享，推动各部门数据和各地市数据共建共享。

（3）加强数据质量控制，完善数据采集整合全过程的质量管理，做好数据审核，防止数据分析发生大范围系统性误差。

7.4.3　统一协作的市场监管应用设计要点

市场监管应用主要是以"互联网＋监管"新模式为突破口，通过汇聚、整合来自多渠道的市场主体准入、生产、行为等多维数据信息，加强事中、事后监管，推行"双随机、一公开"监管机制，建立准入宽松便捷、风险主动发现、执法跨界联动的多元共治市场监管体系。

市场监管应用包括市场监管大数据库、综合监管平台、移动监管系统、监管事项目录、"双随机、一公开"监管平台以及网络交易信用档案等。

1.市场监管大数据库

基于大数据平台整合市场主体档案库，根据市场监管事项目录及相关事项标准化梳理结果，建设监管规则信息库及监管业务信息库，为部门协同监管提供数据支撑。

2.综合监管平台

集约建设通用监管和行政处罚系统，支撑多部门综合监管业务统一运作，实现对市场主体的常态化、系统化监管，提高部门协同监管能力，发挥监管合力。

建设市场监管标准化管理系统，实现对监管事项、监管部门、监管对象、监管表单、执法文书、法律法规依据等的规范化管理。

建设市场监管预警系统，通过对市场主体日常市场行为信息的分类整理、动态评估，准确、及时预警潜在市场风险，运用大数据手段，将事后处罚转向事前防控。

3.移动监管系统

建设移动监管系统，以关联整合的市场主体信息业务为开展依据，支撑各部门使用手持移动设备上的移动执法客户端完成日常监管、行政处罚、行政强制等现场业务的办理，及时登记、报送市场主体各类违法违规行为。

4. 监管事项目录

从权责清单出发，梳理明确各级部门监管事项目录，优化部门监管流程，完成各级部门监管事项统一进驻市场监管平台，按照统一标准实现省市两级互联。借助可信电子证照、信用信息、政务大数据等推动市场监管精细化。

5. "双随机、一公开"监管平台

建设各部门通用的监管平台，将具备行政执法职能的各级部门全部纳入该平台。

按照全省（自治区、直辖市）统一要求，由省级部门统一梳理本部门、本系统行政执法事项，明确检查事项的检查主体，法定的检查事项全部纳入随机抽查事项清单。

完善检查对象名录库和执法检查人员名录库，涵盖各部门所有具有执法资格的执法检查人员信息，各部门统一录入、动态管理。

为其他监管系统预留灵活加载的数据接口，支持多部门联合惩戒、大数据分析、智能预警、分类监管等应用，适应不断发展的监管业务需要。

6. 网络交易信用档案

加强对网络交易平台、网络商品和服务经营者以及其他网络交易服务机构的监管，督促落实网络商品和服务经营者实名登记和身份核实制度，依法查处网络交易中的违法行为，为网络交易当事人创造公平、公正的网络交易环境。

市场监管应用的关键因素有以下三个方面：

（1）数据共享。以建设政务大数据中心为契机，实现地市监管数据、行业监管数据、互联网第三方监管数据汇聚，发挥数据整合共享优势。

（2）机制保障。从业务管理、技术保障等层面进行指导，建立清晰统一的接口及规范，保障相关业务部门系统与监管平台有机整合。

（3）系统互通。依托统一政务信息资源共享平台，打通综合监管部门、行业监管部门的数据通道，实现各级部门市场监管信息互联互通。

7.4.4 共治共享的社会治理应用设计要点

社会治理应用是以社会治理大数据为支撑，创新立体化的治理机制，构建一张社会治理"地图"，提升社会风险预测、预警、预防能力、应急指挥调度能力，形成智能感知、快速反应、精准指挥、科学决策的现代化社会治理体系。

社会治理应用包括移动终端应用、社会治理指挥调度及监控平台、网格化综合治理平台以及社会治理大数据库等。

1. 移动终端应用

通过微信公众号、小程序、APP 等移动终端应用，让社区居民、志愿者、辖区单位内部保卫、网格员、保安和警察等各种社会治理力量参与社会治理工作，实现事件信息采集、分析和预警，实现"多元参与、共建共享"的治理格局。

2. 社会治理指挥调度及监控平台

基于统一的电子地图和网格，整合接入各相关部门业务系统，依托地理信息、视频监控、智能感知、移动互联、电话热线等信息采集手段，建立跨部门、跨层级联动，可视化、扁平化的综合性指挥平台，支撑对突发事件的监测、预测、预警和应急指挥，建立集约高效、共享协同的社会治理模式。

3. 网格化综合治理平台

网格化综合治理平台建设主要涉及三个方面建设内容：

（1）建设辖区档案系统、辖区配备系统，为基层工作人员提供辖区内人、单位、房屋、楼宇等对象管理、分类查询、基础档案展现、基础统计、可视化功能，实现辖区服务管理对象电子化、全覆盖。

（2）建设事项任务管理系统、工作台账系统、民情日志等系统，为各级部门提供任务分派、审核等全过程监管，为基层工作人员提供辖区对象花名册、按巡查任务登记服务记录等功能，提升服务管理的有效性、针对性。

（3）建设移动巡检系统、协同治理系统，为基层工作人员提供日常巡检、事件上报、信息采集、事件回访等功能，为各级指挥中心提供事件调度分派功能，为各级部门提供事件处理功能，支撑跨层级、跨部门、跨区域的业务协同。

4. 社会治理大数据库

基于政务信息资源共享平台整合接入各相关部门业务系统和社区网格的社会治理相关数据，建设社会治理业务库及治理专项库，为精细化社会治理应用提供全方位数据支撑。

社会治理应用的关键因素在于统筹规划设计相关制度机制、业务标准和技术规范等，推进社会综合治理业务办理、网格管理等流程标准化，以及网格监督检查和考核奖惩等制度规范化。

7.4.5 普惠便利的公共服务应用设计要点

公共服务应用通过充分发挥信息化促进公共资源优化配置的作用，促进信息化创新成果与公共服务深度融合，形成线上线下协同、服务监管统筹的移动化、整体化服务能力，推进基本公共服务均等化、普惠化、便捷化。

公共服务应用包括智慧养老服务、智慧教育服务、智慧社区服务、智慧旅游服务、精准脱贫服务等公共服务类应用。

1. 智慧养老服务应用

通过建设覆盖全省（自治区、直辖市）所有医疗机构的远程医疗服务体系，使基层群众和老年人得到优质均等的医疗服务。

整合养老服务信息平台资源，实现与相关公共服务信息平台联网、与各地养老信息平台衔接、与社区服务网点及各类服务供应商对接，整合线上线下资源，促进供需对接，增强精准服务能力，为老年人群体提供各类线上和线下融合的服务。

2. 智慧教育服务应用

持续完善公共服务平台建设，推进教育数据资源整合，建立覆盖各级各类教育机构、互联互通的优质教育资源共享平台，建设优质教育资源共享服务体系。

完善教育基础数据库，建设教育大数据分析主题数据库，推进教育决策和管理信息化、教育内容资源均等化，提升政府教育决策、管理和公共服务水平。

3. 智慧社区服务应用

建立完善社区公共服务综合平台，推动地市为街道（乡镇）及社区开展服务提供支撑，整合社区服务资源，建设网上社区服务超市，提升社区服务水平，让居民享受优质的生活服务。

整合应急、公安、消防、气象、交通、城管等社会治理信息资源，实现城市信息发布应急管理，提升社区治理水平，让居民享受安全、舒适的生活环境。

4. 智慧旅游服务应用

着力发展移动化智慧旅游应用，整合升级旅游产业大数据平台，与政务大数据中心对接，获取交通、气象、公安等部门以及社会第三方旅游大数据资源，实现各地区旅游数据共享。

深化智慧旅游建设，加快旅游区及重点旅游线路的无线宽带网络覆盖，推进机场、车站、宾馆、景区景点、旅游购物店、游客集散中心等主要场所的信息互动。

推动智慧旅游乡村建设、各地区资源整合，完善游客信息服务体系，提升旅游的管理、服务水平。

5. 精准脱贫服务应用

推进扶贫大数据平台建设，对建档立卡的相对贫困村、相对贫困人口数据进行补充和完善，建立覆盖农村低收入群体的社会保障大数据平台，运用大数据从多维度、多层面对扶贫对象、扶贫措施、扶贫成效进行分析，为各级政府扶贫管理工作提供数据支撑。

完善以"信息共享、业务协同"为目标的智慧扶贫信息化应用框架，推进跨部门、跨层级的服务与资源整合共享、业务协同联动和决策科学支撑，建设以群众为核心的智慧扶贫大数据管理和信息服务平台，实现精准识贫、精准扶贫、精准脱贫。

公共服务政务应用的关键因素有两点：

（1）围绕公共服务清单，健全和提升公共服务标准，完善公共服务事项管理机制，推动公共服务事项动态管理。

（2）以数据为中心，充分利用政府数据资源，采集和利用社会化数据资源，注重公共服务信息公开、开放互动。

7.4.6　多方共治的环境保护应用设计要点

环境保护应用充分利用大数据、物联网等技术，建设智能、开放的环境保护信息化体系，推进生态环境保护管理与创新。

环境保护应用包括环境监测监控一体化系统、环境综合管理协同系统、环保大数据分析应用和环保公共服务应用等。

1. 环境监测监控一体化系统

在现有环境监管信息平台基础上，依托大气、噪声、污染源、水资源、机动车尾气等环境数据采集网络，建设环境综合监测监控一体化系统，以点带面，以面查点，形成集中统一的环境监控预警平台。

2. 环境综合管理协同系统

以污染源管理为主线，建设集审批管理、现场执法、行政处罚、排污管理、固体废弃物管理等业务的一体化管理系统，实现主动推送、预警提醒、智能判断等精细化管理功能。

3. 环保大数据分析应用

汇集水、气、声、固体、放射源、污染源、生态、应急、土壤等各类环保数据资源，并整合至政务大数据中心，实现环保数据资源统一访问、统一应用、共享互通。

4. 环保公共服务应用

通过网站、移动 APP 等多门户、全方位发布社会关心的环保数据，实现与公众的互动，保障公众对环境状况的知情权，通过公众参与的环境污染监督，支撑生态环境部门实现更加有效的管理和执法。

环境保护政务应用的关键因素有两点：

（1）整合环保数据。充分协调、互联国家、省、市、县（区）环保四级平台，做好环境保护大数据的互通联动，并依托"政务云"和政务大数据中心的环境和资源，建设统一的环境保护主题数据库，实现环保大数据的采集整合、共享共用。

（2）完善配套设计。充分依托环保相关部门、企业行业、社会机构和公众的力量，构建并优化环境保护监测网络。

7.4.7 便捷优质的政务服务应用设计要点

政务服务应用主要是通过升级改造网上办事大厅，建设政务服务网，推动线上线下服务融合，建立多元化的政务服务模式，精简审批环节、压缩办理时限、优化用户体验，力争实现高频事项"最多跑一次""只进一扇门"。

政务服务应用包括政务服务终端应用、政务服务门户、政府网站集约化平台、政务服务管理平台、统一申办受理和审批系统、网上中介服务超市、对接微信平台、政务服务大数据、政务服务事项实施目录、实体政务服务大厅等。

1. 政务服务终端应用

通过移动手机终端、一体机、家庭智能电视机等各种终端，为群众、企业提供多元化的服务渠道。在多终端、多渠道拓展政务服务应用，特别是微信公众号、小程序、城市服务、支付宝等第三方移动互联网服务渠道，全面覆盖各用户群，使群众、企业可通过指尖把事办好。

一体化规划设计各类政务服务终端，使各类终端用户体验基本一致，包括界面风格一致、办事指引一致、办事流程一致；提供场景式服务，提供形式直观、易看易懂的办事导航指引，方便群众办事。

2. 政务服务门户

通过升级改造网上办事大厅，建设政务服务网，各地各部门依托政务服务网开通本地区本部门服务站点，推动政务服务事项在政务服务网、移动终端、实体大厅、政府网站和第三方互联网入口等服务渠道同源发布。

3. 政府网站集约化平台

按照国家关于政府网站集约化建设的部署要求，建成全省（自治区、直辖市）统一的政府网站集约化平台，分批次将各级政府网站迁移上平台，并将政务移动客户端、政务新媒体纳入平台管理，实现统一标准规范、统一域名格式、统一技术平台、统一安全防护、统一运维监管。

4. 政务服务管理平台

提供部门政务服务事项进驻、运行管理等管理功能，支撑部门提供全流程线上服务，支持PC端服务和移动端服务同步发布，实现线上线下融合的一体化服务。

对接应用支撑平台，充分运用八大应用支撑平台提供的服务实现政务服务应用智能化、便捷化。依托统一身份认证中心，实现办事"零跑腿"；依托可信电子证照系统，协助办事人便捷录入在线申办表单、提交办事材料，方便工作人员在线查阅核验，减少重复工作；依托数据共享，实现信息自动填充、少填少报；依托非税支付、统一物流和智能客服平台，实现政务服务线上全流程闭环办理。

5. 统一申办受理和审批系统

支撑跨层级审批，实现省级与市级申办受理和审批系统的衔接，支持部门高效开展业务审批。

6. 网上中介服务超市

采取统一建设、数据共享、综合监督的建设模式，建成贯通省、市、县三级的网上中介服务超市，并与行政审批事项深度融合，解决中介服务材料多、耗时长的问题，推动行政审批再提速，强化中介服务监管，降低企业制度性交易成本。

7. 对接微信平台

基于政务服务平台的统一服务接口，与微信平台全面对接，支持通过微信公众号、小程序、城市服务等渠道，实现身份认证、服务预约、在线申办、进度查询、扫码支付、业务咨询、评价投诉等服务。

把高频政务服务延伸至触达范围更广的微信平台上，将身份证等各类电子证照与微信卡包关联，进一步优化掌上政务服务体验，支撑高频政务服务事项"零跑腿"、材料信息"少填少报"，提高办事便捷性，让群众、企业在指尖上能办事、好办事。

8. 政务服务大数据

建设政务服务事项目录库、事项服务档案库、办事人服务档案库、办件档案库，汇聚关联各部门政务服务运行的过程数据，形成统一政务服务信息资源体系，为各级政府部门充分运用政务大数据进行绩效管理、效能监督、服务优化，推进政务服务提速增效提供有力支撑。

9. 政务服务事项实施目录

在现有省级行政许可事项通用目录的基础上，对政务服务事项进行科学分类，按照部门单一事项、跨层级事项、跨部门事项、垂直管理事项、协同服务事项等分级分类进行梳理优化，统一事项管理，制定全省政务事项实施目录，实现政务服务事项统一动态管理、同步更新、同源发布、多方应用。

10. 实体政务服务大厅

实体政务服务大厅为必须到现场办理的事项提供优质、便捷服务，实现"一窗办理"和"最多跑一次"。

依托智能客服平台的统一预约系统，实现线上预约与大厅现场排队叫号系统一体化。

统筹规划整合各部门、各地市的实体政务服务大厅，包括政务服务终端、办事窗口以及政务服务大厅的信息基础设施。

建设统一政务服务终端的后台支撑能力，为群众提供标准规范统一、用户体验一致的政务服务。

依托智能客服平台，实现凡要到现场办理的事项可预约，并在预约时向群众提供清晰的事项指引，力争做到"只跑一次""一次办成"。

政务服务应用的关键因素有四点：

（1）与国家政务服务平台全面对接。实现业务互通、数据共享，按照全国一体化的要求完善网上政务服务体系。

（2）与地市政务服务平台对接。地市的政务服务全面进驻省级统一的政务服务网，将高频便捷应用向各种服务渠道尤其是移动端进驻。

（3）与省级垂直业务系统对接。通过统一的服务总线（API网关等技术）实现与垂直业务系统对接，解决前端与后台系统、省级与市级系统脱节的问题。

（4）与应用支撑平台对接。全省网上办事一个用户账号登录即可全网通办，利用人脸识别等人工智能技术，实现刷脸认证，通过非税支付平台，实现扫码缴费，通过统一的可信电子证照库，解决重复提交资料问题。

7.4.8　数据驱动的决策保障应用设计要点

决策保障应用通过有效整合政府数据和互联网企业、基础电信运营商等社会第三方数据，为各级政府综合决策提供科学、全面、准确、及时的信息支撑，适应新形势下政府治理体系和治理能力现代化的要求。

决策保障应用包括数字政府决策服务平台和应急指挥"一张图"地理信息资源库等。

1. 数字政府决策服务平台

整合汇聚各类政务数据资源和社会数据资源，依托政务大数据中心数据可视化技术实现数据的直观展现，在城市运行、地区生态环境监测、行业经济运行、管理效能评价等方面提供模型预测、分析研判等综合应用，提升政府基于大数据的科学决策能力。

2. 应急指挥 "一张图" 地理信息资源库

以现有卫星遥感、航拍等空间地理信息为基础，整合交通、水系、行政区域界线、地名、地貌、植被、气象、人口、风险点、危险源信息，统筹设计、建设、管理和更新应急指挥 "一张图" 信息资源库，解决不同地理信息数据库、空间坐标系统、数据格式等影响 "一张图" 应急综合指挥和科学决策的问题。

决策保障应用的关键因素有两点：

（1）拓宽决策信息的广度与深度。把分散在省直部门、各地市、互联网上的信息资源按照统一的资源分类标准建立目录，对信息资源进行主题化描述和知识化管理，提供统一检索入口。

（2）保障应急指挥信息资源数据及时有效接入与同步更新，提供稳定、可靠、有效的应急指挥信息资源服务。

7.4.9 高效顺畅的跨域协作应用设计要点

跨域协作应用主要是通过优化跨区域协作的政务服务事项，提升跨区域通关效率，利用数字化推动各区域之间人流、物流、资金流、信息流更顺畅，优化营商环境，促进各区域之间合作，最终实现互利共赢。

跨域协作应用包括跨域一站式办事服务系统和智慧口岸平台等。

1. 跨域一站式办事服务系统

依托数字政府政务服务应用平台，建立健全跨区域的行政许可和公共服务专题事项清单，构筑网上一站式办事服务窗口，线下大厅设立一站式办事综合窗口，推动跨域行政许可和公共服务事项部门业务办理的协同，实现不同区域之间办事更方便、更畅通。

2. 智慧口岸平台

推进智慧口岸建设，推进口岸信息共享与相关部门各作业系统的横向互联，以口岸信息化建设推进口岸发展，构建服务不同区域、面向全国、联通世界的口岸大通关、大物流、大外贸公共信息服务平台。

跨域协作应用的关键因素有两点：

（1）加强部门间资源共享共用和集中统筹，实现口岸管理相关部门信息互换，全面共享出入境运输工具、货物、物品、人员等申报信息、物流监控信息、查验信息、放行信息、企业资信等信息。

（2）深化各区域之间口岸合作，建立在 "信息互通" 和 "行动互助" 方面的合作机制，推进不同区域之间系统相互通联，共同推动便捷通关模式发展。

7.5 数字政府应用支撑平台设计要点

数字政府应用支撑平台主要是结合 CA 和电子印章、工作流引擎、电子表单、消息服务等通用组件服务，建设应用支撑平台，为数字政府政务应用服务提供基础支撑服务。

数字政府应用支撑平台应包括统一身份认证中心、可信电子证照系统、非税支付平台、社会信用公共平台、移动政务应用平台、数据共享平台、地理信息公共服务平台、智能客服呼叫平台等。

7.5.1 统一身份认证中心设计要点

统一身份认证中心应依托人口、法人单位基础信息库，构建省级统一身份认证中心，围绕可信数字身份整合各种核验方式，为全省政务服务提供统一的身份认证，并对接国家统一身份认证系统，实现"一次登录、全国通办"。

统一身份认证中心包括省级统一身份认证中心、全省统一账户库、省级政务服务统一用户支持等。

省级统一身份认证中心示意图如图 7.5 所示。

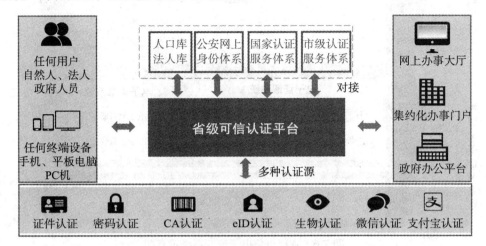

图 7.5　省级统一身份认证中心示意图

1. 省级统一身份认证中心

以省级政务服务网统一身份认证平台为基础，构建省级统一身份认证中心，为全省政务服务系统提供统一身份认证服务。

为互联网用户（含自然人、法人）、公务人员提供统一账户服务，实现任何用户在任何设备上，使用一个账户即可获取全省（市）政务服务，同时完成和国家统一身份认证系统的对接，实现全国范围内政务服务跨层级、跨区域通办。

2. 全省统一账户库

依托人口库、法人库，为全省政务服务提供统一的实名身份认证服务，利用数字证书、生物特征识别（面部、指纹、虹膜、声音识别等）等技术手段，整合公安可信身份认证以及第三方的身份核验方式，建立面向互联网用户（自然人、法人）、公务人员的全省统一账户库。

实现便捷注册、多渠道身份核验，随时随地证明"我就是我"，支撑"一次注册，全网通行""一次认证、全网通办"。

3. 省级政务服务统一用户支持

业务办理系统按照统一规范接入省级统一身份认证中心，获取符合国家规范的用户账户认证服务及用户基本信息。

实现业务办理系统的单点登录服务，覆盖实体政务服务大厅、政务服务网、门户网站、移动服务、自助终端等多种应用场景，为全省政务服务用户提供统一的身份认证和账户管理服务。

7.5.2　可信电子证照系统设计要点

可信电子证照系统提供电子证照发证、用证、电子印章认证、身份认证、数字签名认证和信息加解密等服务，解决网上提交办事材料的合法可信问题，实现群众办事少提交、少跑动。

可信电子证照系统包括省级电子证照系统、电子印章、证照电子化以及个人和企业电子证照应用等。

省级可信电子证照系统示意图如图 7.6 所示。

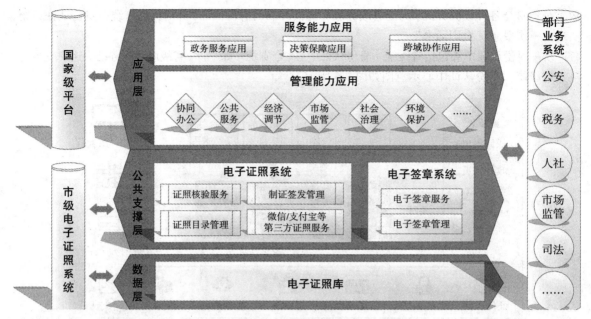

图 7.6　省级可信电子证照系统示意图

1. 省级电子证照系统

按照国家统一规范，提高电子证照的可信度和通用性，与国家政务服务平台统一电子证照系统对接，实现电子证照全国互认互信。

用户通过实名身份认证后，个人电子证照可保存至微信 / 支付宝等相关第三方应用，企业用户可通过企业微信查看企业的电子证照信息。

支持在微信 / 支付宝上提交电子证照，方便办事人提交办事材料，从电子证照提取信息自动填充在线申办表格，提升办事体验。

2. 电子印章

建立规范、可信、易用的统一电子印章服务，为电子证照、电子文书、电子公文等"保驾护航"。

规范电子印章制发、管理、验证等业务，提供电子文档电子印章认证、身份认证、数字签名认证和信息加解密等服务，实现印章和验章功能，提供应用 SDK（Software Development Kit，软件开发工具包）接口及文档，方便系统接入。

电子证照系统使用电子印章服务对电子证照进行印章，生成符合国家标准的电子证照文件。依托电子印章验证服务，实现跨省签发电子证照的有效性验证，为办事人跨省跨区域使用电子证照办事提供技术支撑。

3. 证照电子化

拓展电子证照系统功能，支持证照可信等级管理，实现各省内存量证照以及跨省证照的采集和复用。

4. 个人和企业电子证照应用

重点围绕民生服务，实现对个人办事高频证照服务覆盖，逐步开通居民身份证、出生医学证明、居民户口簿、居住证、结婚证（离婚证）、残疾人证、婚育证明、社保证明、不动产权证书、完税证明、学历学籍证明、机动车驾驶证等电子证照服务。

支撑"减证便民"行动，推动常用基层证明实现异地网上开证明。

围绕深化营商环境综合改革、投资审批、网上中介服务超市等专项，推动常用企业电子证照的开通和应用。

支撑"多证合一"改革,与全省工商登记系统对接,实现电子营业执照签发同步向省级电子证照系统推送,支撑涉企事项办理时在线实时查验企业电子证照,扩展"一照一码"营业执照电子证照的应用,推进中介资质审核、中选通知、服务结果等关键环节采用电子证照,减少项目业主跑腿,强化中介服务监管。

7.5.3　非税支付平台设计要点

非税支付平台是通过形成统一的网上非税支付渠道,支撑非税支付业务网上缴费,推动非税缴费事项网上支付,实现"扫码缴费",解决非税缴费渠道不一致、群众在缴费单位窗口及银行网点柜台"扎堆"办理业务、长时间排队等问题。

非税支付平台包括非税支付平台、政务服务网上缴费系统、数据和服务接口等。

1. 非税支付平台

支持通过第三方支付平台(微信、支付宝等)、收款银行实现非税业务网上支付,对接市级非税业务网上缴费平台及其他非税缴费服务平台,并与省级政务服务集约化平台整合,形成全省统一的非税业务网上缴费渠道,实现线上线下缴费一体化,非税缴费"一站通"。

2. 政务服务网上缴费系统

规范网上缴费流程,推动相关事项分批进驻非税支付平台,对涉及个人的缴费事项设定相应的支付二维码,实现缴费环节的主动推送,让办事人足不出户轻松缴费。

3. 数据和服务接口

建设数据和服务接口,提供非税业务网上缴费信息服务,支撑对资金流向、流量实行全程监控,促进缴费信息共享,有以下三点:

(1)支撑网上非税业务缴费及电子票据领取。

(2)支撑财政部门及执收单位非税业务网上缴费的对账及信息服务。

(3)支持与其他政务业务系统进行衔接,提供非税缴费数据信息的共享服务。

7.5.4　社会信用公共平台设计要点

社会信用公共平台通过连接国家信用平台,逐步整合、对接各部门、各行业业务系统,实现省级社会信用信息互联互通,逐步实现跨部门、跨行业、跨区域信用信息记录、整合和应用,建设完整、真实、动态更新的信用档案及社会信用信息库。

社会信用公共平台应包括社会信用平台、社会应用数据、全省统一的社会信用体系以及行业领域的信用应用。

社会信用公共平台示意图如图 7.7 所示。

1. 社会信用平台

面向公众升级完善信用信息公示、红黑名单公示查询展示、联合奖惩专项信息查询展示、信用政策法规查询、信用异议申请、信用投诉、信用监督反馈等功能。

完善社会信用服务系统,提供信用公示、信用查询、信用异议、信用信息推送等社会信用服务,全面支撑政务服务、市场监管、社会治理等应用。建设社会信用档案管理系统,规范信用数据管理工作,提高数据归集、数据整合、数据质量、数据分析、数据脱敏、数据服务、数据安全等数据资源全流程管理能力,形成权威的自然人和法人等信用主体档案,建设高效的信用数据治理体系。

(1)建设社会信用业务管理系统。支持开展信用异议管理、信用审查报告、信用授权、信用

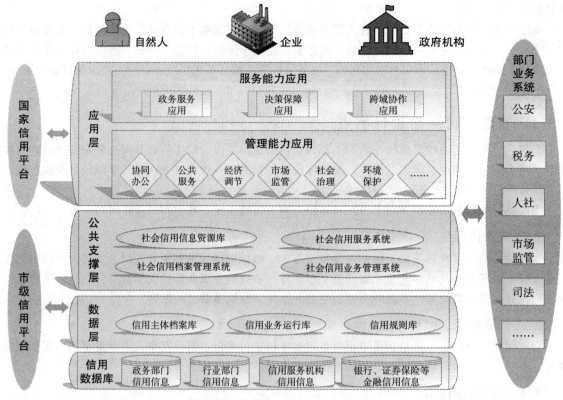

图7.7　社会信用公共平台示意图

红黑名单管理、信用评估等信用业务管理工作，为落实守信联合激励和失信联合惩戒机制提供技术支撑。

（2）建设社会信用信息资源库。建设信用主体档案库、社会信用信息库、信用业务与服务信息库、信用规则信息库等信息库，形成覆盖全面、权威真实的自然人与法人单位信用信息库。

2. 社会信用数据

梳理部门、行业信用信息共享目录，依据职能去梳理部门、行业所提供和共享的信用信息目录内容。

明确法人与自然人信用元数据、信用数据指标项等规范，包括数据项编码、数据项类别、数据项名称、数据项定义、数据项类型、数据项长度等，为各级部门汇聚法人、自然人信用信息提供规范指引。

按照国家信用数据相关规范制定统一的信用信息分类标准与编码规范、统一分类与编码管理等规范。

3. 全省统一的社会信用体系

健全涵盖信用信息归集共享机制、信用监管机制、信用奖惩机制、信用应用机制、信用主体权益保护机制、信用宣传教育机制、信用工作推进机制等的制度支撑。

构建以信用为核心的新型市场监管体制，建立健全事前信用承诺和信用查询、事中信用记录和信用分类监管、事后联合奖惩和信用修复、以信用为核心的监管机制。

4. 行业领域的信用应用

基于完整真实的社会信用主体档案快速构建行业、领域信用应用，有力支撑政府部门对行业、领域主体的联合监管、专项整治、重点排查等市场监管工作。在条件成熟的领域，引入信用报告机制，促进行业主管部门制定相关标准及管理办法，执行联合惩戒措施。

7.5.5　移动政务应用平台设计要点

移动政务应用平台依托移动政务应用平台，实现行政办公移动化，支撑公务人员在移动端实现移动办公和协同审批。

移动政务平台包括移动政务应用支撑平台和移动政务智能终端安全管控平台。

1. 移动政务应用支撑平台

依托数字政府政务云平台架构，建设"分布开发、集中审核、统一发布"的移动政务应用支撑平台，实现移动端应用快速开发和部署。

实现应用开发、审核、发布、升级、暂停服务、下架等全生命周期管理，同时提供对终端应用的推荐、搜索、用户评价等发布推广功能。

提供智能终端的 PaaS（Platform as a Service，平台即服务）服务，为终端应用、微服务和原生应用提供开发框架的支撑，对接政务服务资源，提供标准的服务交互接口。

2. 移动政务智能终端安全管控平台

为智能终端提供统一的安全接入管控机制，提供统一的设备认证授权、风险审计、检测评估、实名认证等功能，形成"安全受控、可信认证"的管控体系，支撑智能终端的鉴权管理。

7.5.6　数据共享平台设计要点

数据共享平台利用大数据技术，构建全省政务信息资源共享枢纽，增强数据汇聚、交换、服务能力，为推动政务数据资源实现跨层级、跨区域、跨部门共享交换和协同应用提供有力支撑。

数据共享平台应包括信息共享机制、政务信息资源目录以及政务信息资源共享平台等。

省级数据共享平台示意图如图 7.8 所示。

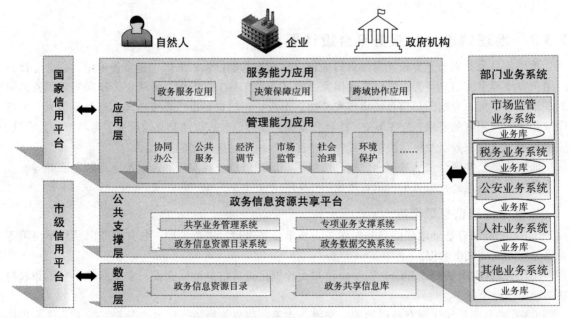

图 7.8　省级数据共享平台示意图

1. 信息共享机制

建立依职能按需共享的信息共享机制，数据提供部门依职能采集和提供信息，业务部门在履行职能开展业务过程中，产生和采集政务信息资源目录数据。数据使用部门依职能获取和使用信息共享目录信息，获取履行职能所需的信息，并在履行职能开展业务过程中使用。

2.政务信息资源目录

依据各部门权责清单，梳理建立权责事项与数据资源的关联关系，明确部门履行权责产生的数据资源和所需的数据资源，形成政务信息资源目录与信息共享目录。

组织相关各部门进行政务数据信息资源目录梳理，更新完善政务信息资源目录，梳理确立信息共享目录，建立权责事项与数据资源的关联关系，通过政务信息资源目录系统进行政务信息资源管理和发布。

3.政务信息资源共享平台

建立共享业务管理系统，支撑依职能按需开展共享业务活动，提供信息共享申请、授权、协调、仲裁、数据反馈核准等信息共享业务管理。

建设专项应用支撑系统，支持快速实现相关专项数据共享管理，满足各部门专项应用需求，实现统一管理和对外服务，为各级政务部门的业务协同、公共服务和辅助决策等提供可靠的数据交换、数据授权共享等服务。

优化现有政务信息资源目录，在现有信息资源基础上，以责任采集部门和权威来源部门所提供的信息资源为基准进行整合，形成跨部门、跨层级的统一政务信息资源目录，确保信息资源的有序共享和使用。

改造信息资源目录系统，建设权责事项与数据资源关系管理功能，支持依职能按需共享应用。

升级政务数据交换系统，完善数据库、文件、消息等批量交换，监管信息整合比对及数据统计分析辅助决策等后台应用；优化服务调用个案访问方式，支撑巡检、执法、办事等前台应用。

同时以省级政务信息资源共享平台为中心，全面完成市级（含各县区）的接入与应用，并实现与国家级平台的对接，形成覆盖全省、统筹利用、统一接入的数据共享平台，构建省市"两级平台、三级管理"的政务信息资源共享体系。

7.5.7　地理信息公共服务平台设计要点

地理信息公共服务平台依托自然资源地理空间框架基础设施，汇聚、整合各单位、行业、社会等第三方地理空间信息资源，纵向实现国家、省区和市（县）三级框架的联通，横向实现跨省区域的基础地理信息与专题图层信息的集成和叠加，形成统一的省、市、县级地理信息服务体系，依据国家相关安全保密的要求，为各单位、社会公众提供地理信息数据的共享与服务，为城市公共管理、应急处理、公共服务以及科学决策等提供"一张图"地理信息数据的支撑。

地理信息公共平台包括基础地理信息数据库、地理信息公共服务平台以及地理信息服务等。

省级地理信息公共服务平台示意图如图7.9所示。

1.基础地理信息数据库

（1）完善现有基础地理信息数据库，为城市公共管理、应急处理、公共服务以及科学决策等提供优质的地理底图数据。

（2）推进省级基础地理信息资源建设和大比例尺地理信息数据建设，实现城市、乡镇和农村基础地理信息全覆盖。

（3）在丰富和细化现有地形地貌、交通、水系、境界、植被、地名等要素基础上，进一步拓展地表覆盖、水下地形、地下管线、地名地址以及生态、环境、资源等方面的信息内容。

（4）完善国家、省、市三级基础地理信息数据库联动更新机制，实现不同尺度地理信息数据及时同步更新，保障基础地理信息数据鲜活。

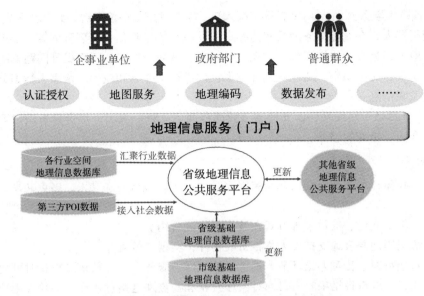

图 7.9 省级地理信息公共服务平台示意图

2. 地理信息公共服务平台

（1）依据国家标准，以现有省级地理空间框架建设为基础，建成全省统一、权威的地理信息公共平台，为全省政府部门和社会公众提供统一、集成的地理信息应用与服务奠定坚实基础。

（2）整合各部门地理空间信息数据，融入具有时空标识的商业公司 POI（Point Of Information，信息点）数据。

（3）完善数据管理、数据交换等功能。

（4）与国家、市级地理信息公共平台实现纵向关联。

3. 地理信息服务

依托地理信息公共平台及基础地理信息数据库，按照国家相关保密政策要求，完善现有地理空间数据服务功能，提供认证、地图应用、地理编码、数据接口、数据发布、服务注册和二次开发服务等功能，为全省政府部门和社会公众提供经过组合与封装的地理信息及其服务，支撑"一张图"的时空数据展现、空间定位、数据时空分析等多层次的需求。

7.5.8 智能客服呼叫平台设计要点

智能客服呼叫平台全面及时掌握数字政府建设和运行的情况，实现物流、智能客服等运营支撑能力，为保障数字政府整体协同、持续、高效地运行提供有力支撑。

智能客服呼叫平台包括预约平台、智能客服和物流平台等。

1. 预约平台

建设全省统一的预约平台，对需要到现场办理的政务服务事项，提供统一的预约服务，优化人力资源并防止群众扎堆排队等候等现象出现。

为各个政务服务提供统一的接口，提供基本的验证技术和手段，防止恶性预约。在预约时，可公布实体办事大厅的地点、空余时段、预约率等信息。

在导航平台上提供预约入口，引导群众网上办事。

2. 智能客服

推行网上办事智能在线咨询服务，建立公众参与机制，鼓励引导群众分享办事经验，将在线客服插件化，为各政务服务页面或APP提供客服入口，接入微信或短信平台，实现服务结果主动提醒。

借助智能机器人，在政务服务网及实体办事大厅进行信息收集、办事咨询等，推进7×24小时在线智能政务服务，建设智能知识库，实现自动或半自动知识抽取，不断提升问题解决能力。

基于语音识别、文字识别、图片识别等技术，提供智能搜索和应答。依靠大数据分析，提供主动服务，推送关联信息。

对接各市"12345"热线平台，支持省市投诉咨询信息统一视图，综合分析用户诉求，发现热点问题，提供全面、精准的服务。

3. 物流平台

实现统一的物流任务、地址和递送结果跟踪管理，实现地址一次录入，多点共享，订单统一调度，智能分派。

支持网银、微信支付、支付宝等方式在线支付物流费用。

根据实际情况因地制宜地支持无人货柜寄收物件，实现"就近办"。

物流平台对接材料上传和办结环节，推进全流程网上服务。原件预审或核验时可通过大厅和物流提交两种途径，领取审批结果时也可通过大厅自领和物流递送两种途径，必须要用户提供实物证件或材料的，可提供物流上门取件服务，审批结果可通过物流递送，整个办事过程用户无须到大厅，提供足不出户的办事体验。

实时获取物流状态和轨迹，实现全程跟进。开放接口，为政务服务网、政务公众号、APP提供物流查询服务。通过实时跟踪及短信/微信推送能力，在上门取件或派送等关键环节，提前主动通知用户。

7.6   数字政府基础设施设计要点

数字政府的基础设施是整个数字政府顺利运转必不可少的基础设施，包括政务大数据中心、政务云平台以及政务通信网络等。

7.6.1   政务大数据中心设计要点

政务大数据中心是采用数据汇聚、数据治理等技术手段，建设结构合理、质量可靠的政务大数据体系，建立和完善政务数据采集、提供、维护、管理长效机制，提升政务大数据的准确性、完整性、一致性，为实现数字政府提供有力的数据支撑。

政务大数据中心包括政务大数据资源池、数据资源开放利用、数据分析平台以及数据治理等。省级政务大数据中心示意图如图7.10所示。

1. 政务大数据资源池

通过省政务信息资源共享平台，采集、汇聚、整合国家级、省级以及各市级基础数据，建设人口、法人、自然资源和空间地理、社会信用信息等四大类公共基础数据库，为政务服务、社会治理、市场监督等应用提供信息支撑。

围绕网上办事、企业经营、公共安全、社会保障、市场监管、精准扶贫、用户画像等主题，梳理主题信息资源，建设各类主题数据库，为政务服务、宏观调控、行业协同监管、应急指挥等提供大数据辅助决策支持。

整合共享各部门专用数据库，对接融合科研机构、公用事业单位、互联网企业等的社会数据。

2. 数据资源开放利用

完善数据开放平台，升级完善政府数据统一开放平台的接口，做好与省政务信息资源共享平台的衔接，和国家公共信息资源开放平台及市级公共信息资源开放平台互联互通。

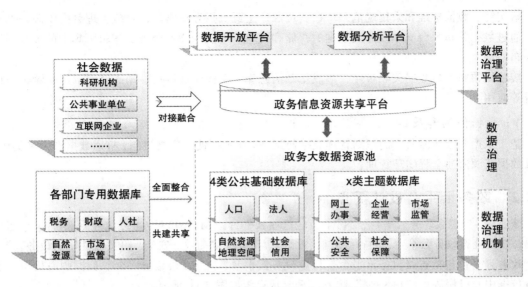

图 7.10 省级政务大数据中心示意图

完善目录发布、数据汇集、安全存储、元数据发布、便捷检索、数据获取、统计分析、互动参与、应用展示等功能，提供数据预览、可视化展现、分析组件、数据下载、接口访问等服务。

建立完善数据资源开放制度规范。建立政务数据资源"负面清单"管理模式，明确不开放的范围。

完善各类技术平台技术规范，建立数据开放标准，制定信息资源管理办法，落实信息资源安全管理制度和保密审查制度。

促进公共数据资源开放与利用，构建政府开放数据 API，实现数据资源以可再利用的数据集形式开放，营造全社会广泛参与和开发利用公共信息资源的良好氛围。

3. 数据分析平台

建设包括政务服务、决策保障、跨域协作、经济调节、市场监管、社会治理、公共服务、环境保护等领域专项大数据的分析与可视化展示应用。

政务大数据资源池为各部门利用数据进行决策分析提供数据基础，各部门不再自建大规模数据仓库，只需开发算法模型，在数据分析平台中加载算法，获取分析结果。

4. 数据治理

数据治理可以考虑在以下三个方面开展。

1）建立数据治理机制

以省政务数据资源目录为基础，结合"三定"职能和数据确权制度，落实"一数一源"。各部门按照数据质量管理制度和标准规范，落实数据质量维护责任。

基于政务数据管理，组织数据提供部门、需求部门及行业专家共同制定数据标准，确保同一数据在各类政务应用中名称、类型、编码、单位、范围等要素一致；对各类数据资源涉及的元数据进行系统分析，逐步实现元数据标准化。

通过开展数据共享交换绩效评价，在制度上促进省直各部门共享数据鲜活更新。

对各部门现存的政务服务数据资源进行统一采集，并按照统一标准清洗、整合、比对，形成有效数据，促进数据质量提升。

2）建设数据治理平台

实现数据资源产生、采集、存储、交换、加工、整合、使用、反馈等环节的管理。

落实统一数据标准和采集规范,从数据资源产生源头抓数据质量,规范管理数据资源采集。

通过数据共享平台支撑政务大数据的存储和交换,形成物理可分布、逻辑可集中的数据资源存储分布格局。

按应用领域进行数据关联整合,形成基础信息库,支撑宏观调控、动态监测、风险预警、执行监督等应用。

3)数据使用和反馈

基于依据职能按需共享的原则管理数据使用,建立数据使用反馈机制,打通数据产生采集环节,形成数据资源流通全程闭环管理。

7.6.2 政务云平台设计要点

按照"1"个省级政务云平台、"N"个特色行业云平台、"M"个区域/市级政务云平台的"1+N+M"布局,建设全省政务云平台,为省级政府各部门、市级提供高效、安全、可按需使用的政务云资源。

政务云平台包括省级政务云平台、行业政务云平台、区域/市级云平台、数据中心机房、远程灾备数据中心机房等。"1+N+M"政务云平台示意图如图 7.11 所示。

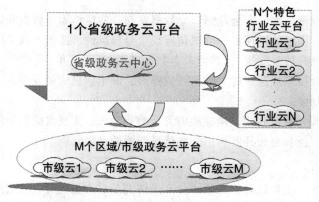

图 7.11 "1+N+M"政务云平台示意图

1.省级政务云

充分利用基础电信运营商全省各地数据中心资源、网络资源,以现有省电子政务云平台为基础,构建"1"个省级政务云平台,支撑省级业务政务云应用。

作为全省政务云的主平台,承载各类省级政务应用,实现基础设施共建共用、信息系统整体部署、数据资源汇聚共享、业务应用有效协同。

2.行业政务云

构建"N"个特色行业云平台,承载省级业务专业性强、安全要求高、数据信息量大的政务应用。已建的行业云平台,要统筹管理、迁移和升级,逐步与省级政务云平台整合对接。同时,在保障网络互通和信息安全的基础上,通过省政务信息资源共享平台实现业务数据共享和交换。

3.区域级/市级政务云

结合各市的基础情况,构建"M"个区域/市级政务云平台,各市已建设的本地政务云平台,依据省统一规范实现与省级政务云平台对接,各市级已建成电子政务云数据中心,要与省级电子政务云数据中心互联,共同构建数据共享交换和资源互联支撑的全省电子政务云数据中心体系,同时实现省与市级政务云平台间接口的统一监控管理,支撑各级政府部门数据共享和业务协同。

4. 数据中心机房

充分评估现有资源，包括运营商的数据中心机房资源、已建省级政务机房资源等，统筹考虑自建或租用基础电信运营商机房。

如果选择租用基础电信运营商数据中心进行构建，应划分物理隔离、资源独立空间，统一纳入电子政务网络体系，并与互联网逻辑隔离。

主中心机房的同城副数据中心机房，与主数据中心通过双链路构成同城双活。

5. 远程灾备数据中心机房

宜选择距离主机房 200 公里以上、地质构造稳定、气候适宜的地区，作为容灾备份数据中心机房。

7.6.3　政务通信网设计要点

政务通信网是根据国家和各省对电子政务网络的规范要求和发展导向，充分利用现有资源，按"同架构、广覆盖、高可靠、富能力"的思路，基于省级原有电子政务外网进行升级改造，为政务应用数据提供通信传输通道。

政务通信网包括"省—市—县—镇"四级电子政务外网骨干网支撑能力、对接整合各部门业务专网、电子政务强逻辑隔离网络平面等。

1. "省—市—县—镇"四级电子政务外网骨干网支撑能力

在组网架构方面，充分利用电信运营商的大容量光纤链路升级改造电子政务外网主网平面，改造现有网络架构，形成省、市、县、镇四级双核心、双链路、负载均衡的网络架构。考虑构建 SDN（Software Defined Network，软件定义网络）智能网络，省市两级备份网络专区。逐步实现高可靠、智能化、云网一体的数字政府智慧网络。

按需动态优化政务外网互联网出口架构，在数字政府政务云平台所在机房新建互联网出口，提高政务云互联网服务能力；按需扩容现有互联网出口，加强安全监管，为省直各单位内部人员提供统一互联网服务，实现省级互联网出口多线 BGP（Border Gateway Protocol，边界网关协议）接入，原则上各单位不再自建互联网出口，同时提升政务云互联网区服务能力，构建统一、安全、可靠、灵活的云政务能力输出边界。

在网络覆盖面方面，电子政务外网覆盖面拓展至县（市、区）、镇（乡、街道），实现省级财政预算单位全联通，拓展政府部门、公共服务区域的无线覆盖，同时依托 SDN 技术实现业务流量灵活调度，提升链路利用率，实现精细化管理。

完善 IPv6 骨干网互联互通，IPv6 互联网出入口扩容，提供 IPv6 访问通道。推动电子政务外网 IPv6 改造，升级改造域名系统、内容分发网络。

2. 对接整合各部门业务专网

进一步细化电子政务网络体系，制定相应级别的网络保护要求，部署对应的网络和安全设备，满足不同级别业务安全需求，为分散隔离的部门自建网络纳入统一的电子政务网络体系奠定基础。

将部门各类分散隔离的业务专网，通过网络割接、业务迁移等方式整合到统一的电子政务网络体系，推动整合现有视音频专网，充分利用线路资源，减少重复建设，为数据共享及大数据平台提供网络支撑。

3. 电子政务强逻辑隔离网络平面

依托电信运营商的大容量光纤链路，为涉及敏感非涉密数据的业务系统提供高可靠的强逻辑隔离网络平面，解决各部门涉及敏感非涉密的业务强隔离需求。

7.7　数字政府行政权力监管体系设计要点

数字政府行政权力监管体系是运用大数据手段,以权力监督和提升政府治理能力为核心,通过制定行政权力信息化标准化体系,建立完善"有权必有责、用权必担责、滥权必追责"的行政权力制约监督体系,促进行政权力运行规范、程序严密、过程透明、结果公开、监督有力、服务便捷。

数字政府行政权力监管体系包括行政权力事项编码规则、行政权力信息化标准体系、行政权力标准化数据库、行政权力网上监管平台、行政权力绩效管理平台、行政权力大数据综合分析平台等。

7.7.1　行政权力事项编码规则设计要点

行政权力事项编码规则是对各级各部门发布的行政权力清单中所有权力事项及各级政务服务中心运行的行政权力事项及业务进行统一梳理、编码,统一所有涉及行政权力运行的信息系统之间的数据交换规则,实现"同一权力、同一标准、同一编码"。

行政权力事项编码包括行政权力基本编码、行政权力实施事项编码、行政权力实施业务编码、行政权力办件流水号编码。

7.7.2　行政权力信息化标准体系设计要点

行政权力信息化标准体系通过规范政府行政权力信息化涉及的数据标准、管理标准、建设标准等,为实现行政权力信息共享和业务协同,提供一体化、标准化政务服务奠定基础。

行政权力信息化标准体系包括行政权力数据库标准规范、行政权力运行系统标准规范、行政权力电子监察标准规范和交换共享标准规范等。

1. 行政权力数据库标准规范

定义行政权力事项入库标准,对行政权力事项基本信息及在运行过程中的结构化数据(产生、制作、获取的各类记录等)和非结构化数据(保存的文件、资料、图表等)提出技术标准,对行政权力信息的获取、使用和管理提出要求。

2. 行政权力运行系统标准规范

定义行政权力运行系统的技术架构、基本功能、主要流程、运行机制和管理规则等内容,统一行政权力运行系统的建设标准和技术规范。

3. 行政权力电子监察标准规范

定义行政权力电子监察的事前、事中、事后监察标准,包括时限、流程、内容、裁量、收费等监察标准,并量化监察指标。提出行政权力电子监察的内容要求、数据格式、监察方法等技术标准,明确对各类行政权力网上督察、督办的管理规则和手段。

4. 交换共享标准规范

按照国务院《政务信息资源共享管理暂行办法》各项要求,编制行政权力信息交换技术标准和管理规范,梳理编制各类行政权力信息共享目录,定义信息开放共享基本内容、数据格式、技术规范等,推进政府部门各业务系统的互联互通,加强平台间对接联动,支撑行政权力信息资源跨地区、跨层级、跨部门互认共享。

7.7.3　行政权力标准化数据库设计要点

行政权力标准化数据库是行政权力网上运行的基础,实现省、市、县、乡四级政府权责清单动态管理,提供政府行政权力基础信息服务。

行政权力标准化数据库包括行政权力事项目库、办理过程库、办理结果库、监察规则库、监察结果库、信息公开库、数据交换库、数据接口库等。

行政权力标准化数据库应按照集中部署、多级使用、分级管理的方法进行建设，根据所制定的行政权力事项编码规则及行政权力数据库标准规范，将行政权力事项电子化后按照标准入库。

行政权力标准化数据库应具有信息管理、流程管理、信息公开权限管理和内部权限管理等功能。

7.7.4　行政权力网上监管平台设计要点

行政权力网上监管平台是针对行政权力的运行过程，对各类行政权力的处理时效、执行流程、执行内容、裁量基准等进行实时监察，对发现的风险事项和违法不当行为进行预警和告警。

行政权力网上运行监管平台与各部门核心业务工作、政务服务事项办理、公共资源交易、绩效考评管理深度融合，在重点领域细化量化权力运行监管规则，有效实现对权力的制约和监督。

结合一体化在线政务服务平台服务门户投诉举报栏目、短信评价及热线电话等多渠道公众评价体系，对公众的问题建议、投诉举报进行统一受理、协调督办、执行办理、结果反馈、效能监督、行政问责等，使政府行政权力运行过程更加高效透明。

7.7.5　行政权力绩效管理平台设计要点

行政权力绩效管理平台通过结合行政权力网上监管平台，对各部门、各地区行政权力运行工作进行一体化的绩效测评。

行政权力绩效管理平台应能够全面掌握各部门、各级政务工作人员服务受理、业务操作、制度执行的规范性、时效性等相关情况，对个人绩效、窗口绩效、部门绩效进行分级管理和科学评价，及时获取政务服务质量的数据，提高工作人员的积极性，强化绩效管理手段。

7.7.6　行政权力大数据综合分析平台设计要点

行政权力大数据综合分析平台运用大数据、认知计算等技术，对行政权力各类数据进行采集、转换、清洗，利用数据分析模型对数据进行深入挖掘、分析、提炼，运用可视化技术，直观展现各类行政权力运行数据统计分析结果。

行政权力大数据综合分析平台探索行政权力数据间的关联关系，指导权力运行流程优化、效能监督等工作开展，为减少办事环节，简化办事程序，提高行政效率提供科学决策参考。

通过构建审慎的权力风险预防和辅助决策模型，为预防行政权力运行风险，提高政府公信力，增强城市治理水平提供有效支持。

7.8　数字政府安全、运营与运维管理设计要点

数字政府安全、运营与运维管理通过完善数字政府的安全保障制度，建立统一的运行和运维管理机制，为数字政府长期、稳定、高效地运行提供保障。

7.8.1　数字政府安全设计要点

数字政府安全应严格落实网络安全工作责任制和国家计算机信息系统安全等级保护、涉密信息系统分级保护、党政部门云计算服务网络安全管理等制度要求，通过建立"多维联动、立体防护"的网络安全体系，增强安全管理、安全保障、安全运用等立体防护能力。

数字政府安全包括建立安全管理机制、完善安全保障策略和强化安全技术支撑等。

1. 建立安全管理机制

安全管理机制的建立主要涵盖以下四方面内容：

1）建立"纵向监督、横向联动"的网络安全管理工作机制

（1）纵向方面，省级与中央网信办、工业和信息化部、国家互联网应急中心、国家保密局、中国信息安全测评中心、中科院信息工程研究所等单位建立常态化工作机制，依托国家互联网监测预警处置平台，合力促进数字政府建设和健康发展。

（2）横向方面，与省级安全管理、测评等相关单位建立跨部门、跨地区条块融合的工作联动机制，加强日常监测预警和联合应急演练，确保信息安全工作协同共治。

2）建立"边界明确、权责清晰"的安全管理机构和人员团队

加强关键信息基础设施安全保护，落实关键信息基础设施安全保障主体责任。组建信息安全保障团队，配备网络、系统、应用、信息、设备、云平台六大领域的专业人才负责日常安全保障和应急响应。

3）建立"标准合规、责任明晰"的网络安全保密机制

严格按照中办、国办的安全保密要求推进数字政府建设，落实安全保密措施，建立符合网络安全标准化要求的保密机制。明确落实安全保密主体责任，加强对设计、建设及运营人员的安全保密管理，确保所有人员严格遵守国家保密法律、法规和各部门安全保密相关规章制度，履行保密义务，并按要求签署保密协议。

4）建立"专项督查与自监管有机结合"的安全检查机制

检查安全措施和整改措施落实情况，定期开展网络安全专项督查，组织安全策略、系统建设、运维管理等多个层面的安全审计。完善网络安全监管制度，监督数字政府建设运营单位落实企业安全保密监管责任。

2. 完善安全保障策略

完善安全保障策略涉及三个体系的建立：

1）建立网络安全事件应急处理体系

建设数字政府网络安全应急指挥中心，制定突发事件应急预案、网络安全应急响应计划、灾难恢复策略、恢复预案，明确数字政府建设运营单位在网络安全、系统运维、公共服务等方面突发事件的应急分工及工作流程，定期组织网络安全应急培训并开展应急演练，不断完善预案，保障数字政府健康持续发展。

2）建立网络安全预警防护体系

结合网络安全态势感知、异常流量监测等安全保障技术，加强电子政务互联网出口网络安全监测，构建网络安全预警防护体系。准确把握网络安全风险规律、提升安全风险管控能力，逐步实现从"基于威胁的被动保护"安全体系向"基于风险的主动防控"安全体系的转变。

3）建立敏感数据保护体系

依托数据泄露防护技术，实现数据安全预警和溯源。完善数据产权保护，加大对数字技术专利、数字版权、数字内容产品及个人隐私等的保护力度。

3. 强化安全技术支撑

强化安全技术支撑主要有以下两方面的建设内容：

1）完善基于物理、网络、平台、数据、应用、管理的六层立体安全防护体系

充分发挥基础电信运营商在物理安全、网络安全、管理安全等方面的运营优势，利用互联网企业在平台安全、数据安全和应用安全方面的技术能力及商用密码骨干企业使用密码技术支撑网络数据安全方面的技术优势，共同建立政务云立体安全防护体系。推动政务云平台获得信息系统安全等

级保护、可信云服务等安全认证。落实信息系统安全等级保护、涉密信息系统分级保护及风险评估制度，定期开展信息安全风险评估和安全测评。

2）推动国产自主可控的产品在重要领域的应用

积极采用国产安全可控的技术和产品，保障数字政府建设安全自主可控。使用符合规范的国产密码基础设施，规范、完善和深化国产密码在政务云平台等政务服务系统的应用，保障数字政府网络安全、数据安全自主可控。提升密码基础支撑能力，建立健全密码应用安全性评估审查制度。

在系统规划、建设和运行阶段，开展国产商用密码应用安全性评估工作，新建网络和信息系统采用国产密码进行保护，已建网络和信息系统逐步开展密码国产化改造。

7.8.2　数字政府运营设计要点

数字政府运营是通过成立数字政府运营管理中心，全面及时掌握数字政府建设和运行情况，为保障数字政府整体稳定、协同、持续、高效运行提供有力支撑。同时，数字政府运行的制度保障也是数字政府持续健康运营的重要保证。

数字政府运营包括数字政府运营绩效管理平台和政务业务管理平台等。

1. 数字政府运营绩效管理平台

提供评价指标设置、管理、发布、自动化评估数据采集等功能，定期获取各平台、各部门系统数据，通过监督考核、公众评价、第三方评估等方式，实现政务效能监督和考核评价，利用科学的量化指标，对各块业务开展情况和运行效能按部门、按类别、按事项等进行考核评估和结果展现，实现以评促进、以评促改。

数字政府的运营可参考以下指标：

（1）业务覆盖率：部门业务实现信息化的比率。

（2）集约化率：部门业务信息系统基于数字政府统一网络和云平台集约建设的比率。

（3）网上办结率：指网上全流程办理并办结的业务量占总业务量（网上办理和实体大厅办理的事项）的比率。

（4）审批时限压缩率：事项承诺办结时限较法定办结期限压缩比率。

（5）信息共享率：部门已提供的数据（依职能）占应提供数据（信息共享目录）的比率。

（6）电子证照率：事项签发和应用电子证照的比率。

2. 政务业务管理平台

实现统一的政务目录管理和权责清单管理。建立政务事项与权责清单、电子证照、信息共享、中介服务的关系模型。从权责清单出发，统一组织各部门梳理各部门的政务服务事项实施目录、电子证照目录和信息共享目录，并通过政务业务管理平台实现统一的权责清单和政务服务事项目录管理，驱动部门业务应用深化、服务事项进驻政务服务平台、监管事项入网格以及部门间的信息共享和业务协同。

3. 数字政府运行的制度保障

数字政府在实施管理的过程中需要外部体制和制度，保障系统的良好运行。这种刚性规制和程序化，强有力地将数字政府的运行纳入法律范畴。政府数字化运行的过程在具有物理性的刚性程序时，更需具有法律制度等的硬性保障，使得政府在大数据时代发挥其良好的政治功能。数字政府本质上是政治权力的一种新型运作，法律与制度的刚性规范可使其运行过程中的危险减到最小，维护权力实行过程的稳定。

1）法律手段维护信息安全和隐私保护，确立法律的权威

大数据发展、信息产业核心技术的进步，在促进信息高速发展的同时也带来更大的潜在风险。政府在进行数字化建设过程中，商业机密和公民个人隐私问题是重中之重，云建设等方面可能会将政府信息扩大化、全局化，甚至威胁到国家的安全。将数字政府的运行监控在法律之下，加强立法，完善相关法律，依法运行。在信息的使用过程中，积极引导信息或者舆论的健康发展，抵制恶劣的网络暴力，规范重要信息和言论设置，创造和谐健康的网络环境，维护网络安全和政局稳定，为数据的共享营造良好的平台。避免监管不力和公共安全问题，实现网络社会的善治。

2）自治和共治相结合，接受公众监督

数字政府在进行内部体制对平台监管时，往往会在一定程度上被圈在框架中，而网络信息真正的使用者是社会各界与公民，他们对于公共服务平台和媒体信息渠道的评价和体验最为真实；所以，全面良好地促进数字政府的发展还需自治和共治相结合，内外监管，推进网络社会的自我约束和自我监管。政府只有在监督的环境中才能更加公正、有秩序地运作，数字政府更是如此。公众可以监视和督促数字政府的运行全过程，且具有依法规范政府行为的权力，在政府的运行超过法律的范围之外后，可进行相应的惩处。因此，为了保证数字政府始终在法律轨道上运行，更重要的是约束政府的整个数字化运行过程，并在内容上进行监管，应全面提升公众参与民主决策的效率和质量。

7.8.3　数字政府维护管理设计要点

数字政府维护管理是以"管运分离"为原则，推行政企深度合作，发挥专业的运维团队技术优势，建立统一的运维标准体系和运维管理系统，为政府已建、在建、拟建的信息化系统长期、稳定、高效运行保驾护航。

数字政府的维护管理包括运维服务标准规范、运维保障机制、一体化运维管理平台和运维管理中心等。

1. 运维服务标准规范

设置统一对外服务台，提供统一运维响应，保障系统稳定运行，提供解决方案、系统管理、数据融合、容灾备份等专业化的技术服务，负责网络安全、技术支持、系统培训、系统运维、数据统计等日常工作，能满足省级部门特定时期 7×24 小时保障需求。

2. 运维保障机制

管理基础的完善才能保证管理的高度和质量。合理调整运维保障策略，深化安全服务响应机制，构建规范化、流程化、知识化、智能化、协同化的运维保障机制。

3. 一体化运维管理平台

对接虚拟化资源池、物理机资源池、大数据资源池、网络资源池，通过自助服务、服务自动化编排、智能分析等构建高效、快捷的自动化管理和高效智能的云数据中心统一管理能力，实现各类设备和资源的开放性自动化运行维护。

4. 运维管理中心

集管理、监控、指挥于一体，通过智能运维监控系统与可视化交互系统相结合，基于组态、控制数据可视化等技术，提供对数据中心的可视化实时运维、监控、管理服务。

第8章 数字政务一体化 在线政务服务平台的设计

百姓少跑腿，信息多跑路，监管无死角，服务零距离[1]

数字政务一体化在线政务服务平台是数字政府的重要组成部分，是新时期国家各级行政机关为社会服务的最有力的抓手，是国家建设数字政府第一阶段最紧迫、必须在近期完成的重要任务。"百姓少跑腿，信息多跑路，监管无死角，服务零距离"，是政府对百姓的承诺。

本章以《国务院办公厅关于印发"互联网＋政务服务"技术体系建设指南的通知》（国办函〔2016〕108号）和《国务院关于加快推进全国一体化在线政务服务平台建设的指导意见》（国发〔2018〕27号）为依据，加上我们实践的体会，从服务平台的总体要求入手，介绍服务平台的总体架构，阐述服务平台4个组成部分、8个统一与5项综合保障的设计要点，对数字政务一体化在线政务服务平台的设计进行全面地解读。

8.1 一体化在线政务服务平台的总体要求

8.1.1 总体目标

建成覆盖全国的整体联动、部门协同、省级统筹、一网办理的"互联网＋政务服务"技术和服务体系，实现政务服务的标准化、精准化、便捷化、平台化、协同化，政务服务流程显著优化，服务形式更加多元，服务渠道更为畅通，群众办事满意度显著提升。

（1）政务服务标准化。实现政务服务事项清单标准化、办事指南标准化、审查工作细则标准化、考核评估指标标准化、实名用户标准化、线上线下支付标准化等，让企业和群众享受规范、透明、高效的政务服务。

（2）政务服务精准化。按照公众和企业办事需求，群众"点餐"与政府"端菜"相结合，将政务服务事项办事指南要素和审查工作细则流程相融合，删繁化简，去重除冗，减条件、减材料、减环节，实现政务服务精准供给，让数据"多跑路"，让群众"少跑腿"。

（3）政务服务便捷化。以用户为中心，整合政务服务资源和流程，提供个性化政务服务，实现一站式办理。创新应用云计算、大数据、移动互联网等新技术，分级分类推进新型智慧城市建设。对政务服务办理过程和结果进行大数据分析，创新办事质量控制和服务效果评估，大幅提高政务服务的在线化、个性化、智能化水平。

（4）政务服务平台化。打造线上线下融合、多级联动的政务服务平台体系。着力破解"信息孤岛"，建成网上统一身份认证体系、统一支付体系、统一电子证照库，推动跨部门、跨地区数据共享和业务协同；推动政务服务平台向基层延伸，促进实体办事大厅规范化建设，公众和企业办事网上直办、就近能办、同城通办、异地可办。

（5）政务服务协同化。运用互联网思维，调动各地区、各部门的积极性和主动性，在政务服务标准化、精准化、便捷化、平台化过程中，推动政务服务跨地区、跨部门、跨层级业务协作。开展众创、众包、众扶、众筹，借助社会资源和智力，加快政务服务方式、方法、手段迭代创新，为企业和群众提供用得上、用得好的"互联网＋政务"服务。

1）佚名。

8.1.2 设计原则

1. 坚持全国统筹

加强顶层设计，做好政策衔接，注重统分结合，完善统筹协调工作机制。强化标准规范，推进服务事项、办事流程、数据交换等方面的标准化建设。充分利用各地区各部门已建政务服务平台，整合各类政务服务资源，协同共建，整体联动，不断提升建设集约化、管理规范化、服务便利化水平。

2. 坚持协同共享

坚持政务服务上网是原则、不上网是例外，联网是原则、孤网是例外，推动线上线下深度融合，充分发挥国家政务服务平台的公共入口、公共通道、公共支撑作用，以数据共享为核心，不断提升跨地区、跨部门、跨层级业务协同能力，推动面向市场主体和群众的政务服务事项公开、政务服务数据开放共享，深入推进"网络通""数据通""业务通"。

3. 坚持优化流程

坚持问题导向和需求导向，梳理企业和群众办事的"难点""堵点""痛点"，聚焦需要反复跑、窗口排队长的事项和"进多站、跑多网"等问题，充分运用互联网和信息化发展成果，优化政务服务流程，创新服务方式，强化全国一体化在线政务服务平台功能，不断提升用户体验，推动政务服务更加便利高效，切实提升企业和群众的获得感、满意度。

4. 坚持试点先行

选择有基础、有条件的部分省（自治区、直辖市）和国务院部门先行试点，推动在一体化在线政务服务平台建设管理、服务模式、流程优化等方面积极探索、不断创新，以试点示范破解难题、总结做法，分步推进、逐步完善，为加快建设一体化在线政务服务平台、推动实现政务服务"一网通办"积累经验。

5. 坚持安全可控

全面落实总体国家安全观，树立网络安全底线思维，健全管理制度，落实主体责任，强化网络安全规划、安全建设、安全监测和安全态势感知分析，健全安全通报机制，加强综合防范，积极运用安全可靠技术产品，推动安全与应用协调发展，筑牢平台建设和网络安全防线，确保政务网络和数据信息安全。

8.2 一体化在线政务服务平台的总体架构

8.2.1 总体层级体系

全国一体化在线政务服务平台由国家政务服务平台、国务院有关部门政务服务平台（业务办理系统）和各地区政务服务平台组成。国家政务服务平台是全国一体化在线政务服务平台的总枢纽，各地区和国务院有关部门政务服务平台是全国一体化在线政务服务平台的具体办事服务平台。

一体化在线政务服务平台体系由国家级平台、省级平台、地市级平台三个层级组成，各层级之间通过政务服务数据共享平台进行资源目录注册、信息共享、业务协同、监督考核、统计分析等，实现政务服务事项就近能办、同城通办、异地可办。具体层级关系如图8.1所示。

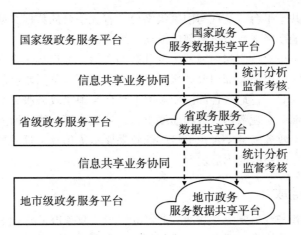

图 8.1　一体化在线政务服务平台总体层级体系图

1. 国家级平台

国家级平台包括国家政务服务平台和国务院部门政务服务平台。

国家政务服务平台作为全国一体化在线政务服务平台的总枢纽，联通各省（自治区、直辖市）和国务院有关部门政务服务平台，实现政务服务数据汇聚共享和业务协同，支撑各地区、各部门政务服务平台为企业和群众提供高效、便捷的政务服务。国家政务服务平台以中国政府网为总门户，具有独立的服务界面和访问入口，两者用户访问互通，对外提供一体化服务。

国家政务服务平台依托国家电子政务外网建设，主要实现各地区、各部门政务服务汇聚、跨地区跨部门数据交换、跨地区统一认证、共性基础服务支撑。汇集各地区、各部门政务服务资源，形成统一事项目录库、证照目录库，实现人口、法人、地理空间信息、社会信用等基础信息资源库和业务信息库共享利用。发挥政务服务访问的"公共入口"、地方部门数据交换的"公共通道"作用；发挥身份认证、证照互认、安全保障等"公用支撑"作用。充分利用国家数据共享交换平台，做好与国家投资项目在线审批监管平台、国家公共资源交易平台、全国信用信息共享平台、国家企业信用信息公示系统等平台的衔接与整合。

国务院部门政务服务平台（业务办理系统），实现部门相关政务服务的办理，并与国家政务服务平台实现对接和办理结果汇聚。

国务院有关部门政务服务平台统筹整合本部门业务办理系统，依托国家政务服务平台的公共支撑系统，统筹利用政务服务资源，办理本部门政务服务业务，通过国家政务服务平台与各地区和国务院有关部门政务服务平台互联互通、数据共享、业务协同，依托国家政务服务平台办理跨地区、跨部门、跨层级的政务服务业务。

2. 省级平台

省级平台应结合各地区的区位优势和特色，充分利用现有电子政务网络资源建设（原则上依托国家电子政务外网），提供省级部门政务服务事项受理、办理和反馈。建立省（自治区、直辖市）政务服务数据共享平台，依托统一信息资源目录，通过与国家级平台和地市级平台的数据交换，实现自然人、法人基础信息共享、用户认证信息交互、证照信息共享、办件信息交换、统计分析和监督考核。

3. 地市级平台

地市级平台充分利用各地区统一电子政务网络建设（原则上依托国家电子政务外网），提供地市级、县级、乡级政务服务事项受理、办理和反馈，有条件的地区可将代办点延伸至村级。依托地市（州）政务服务数据共享平台，实现与国家级平台、省级平台的数据交换，提供地市级范围内基础数据共享共用，实现地市级平台与本级部门纵向系统的衔接与整合。

国家政务服务平台与中央政府门户网站（及其微博微信、客户端）实现数据对接和前端整合；各省（自治区、直辖市）、国务院部门政务服务平台与本地区本部门政府门户网站及客户端的政务服务资源和数据对接；同时，各地区各部门政务服务平台与国家政务服务平台和中央政府门户网站（及其微博微信、客户端）实现数据对接和前端整合，形成全国一体化网上政务服务体系；适应移动互联网趋势，做好网上政务服务平台在手机端的效果展示优化及手机适配，提高百姓用手机登录政务服务平台及政府门户网站的使用舒适度。

8.2.2 平台系统组成

一体化在线政务服务平台主要由互联网政务服务门户、政务服务管理平台、业务办理系统和政务服务数据共享平台四部分构成。平台各组成部分之间实现数据互联互通，各组成部分之间的业务流、信息流如图 8.2 所示。

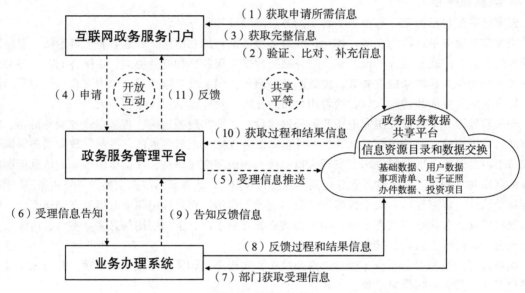

图 8.2 一体化在线政务服务平台系统组成图

1. 互联网政务服务门户

互联网政务服务门户统一展示、发布政务服务信息，接受自然人、法人的政务服务申请信息，经与政务服务数据共享平台进行数据验证、比对和完善后，发送至政务服务管理平台进行处理，将相关受理、办理和结果信息反馈给申请人。

2. 政务服务管理平台

政务服务管理平台把来自互联网政务服务门户的申请信息推送至政务服务数据共享平台，同步告知业务办理系统；政务服务管理平台从政务服务数据共享平台获取并向互联网政务服务门户推送过程和结果信息，考核部门办理情况。

3. 业务办理系统

业务办理系统在政务服务数据共享平台取得申请信息和相关信息后进行业务办理，将办理过程和结果信息推送至政务服务数据共享平台，同步告知政务服务管理平台。

4. 政务服务数据共享平台

政务服务数据共享平台汇聚政务服务事项、电子证照等数据，以及来自互联网政务服务门户的信息、政务服务管理平台受理信息、业务办理系统办理过程和结果，实现与人口、法人等基础信息资源库的共享利用。

8.2.3　建设方式

各省、市建设一体化在线政务服务平台，应遵循平台总体架构，平台各组成部分可结合实际情况组合建设，主要建设方式包括以下几种：

1. 分建方式

省级平台、市级平台各组成部分分级独立建设，通过省、市两级政务服务数据共享平台，实现省、市两级平台数据交换、基础数据共享，如图 8.3 所示。

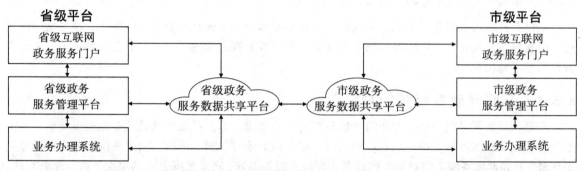

图 8.3　一体化在线政务服务平台分建方式示意图

2. 统分方式

省级平台、市级平台中的互联网政务服务门户统建，基础性及对外核心业务统建，政务服务管理平台（可依托实体大厅或网上大厅）、业务办理系统分建，通过省、市两级政务服务数据共享平台，实现省、市两级平台数据交换，如图 8.4 所示。

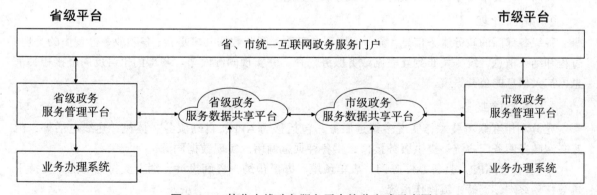

图 8.4　一体化在线政务服务平台统分方式示意图

3. 统建方式

省级平台、市级平台的各组成部分由省级整体统一建设，即全省（自治区、直辖市）一个平台，市及区县级不再建设。政务服务数据省级大集中，在平台内部共享，如图 8.5 所示。

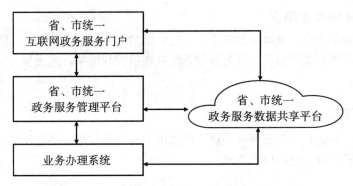

图 8.5 一体化在线政务服务平台统建方式示意图

8.3 一体化在线政务服务平台

一体化在线政务服务平台是数字政府的重要组成部分,实现政务服务的标准化、精准化、便捷化、平台化、协同化,主要由互联网政务服务门户、政务服务管理平台、业务办理系统和政务服务数据共享平台构成。

8.3.1 互联网政务服务门户

互联网政务服务门户公开发布政务服务事项办事指南,为公众提供场景式在线办事导航,为注册用户提供专属的办事数据存储和应用空间,提供网上预约、网上申请、网上查询、咨询投诉等相关服务。互联网政务服务门户与实体政务大厅应在服务引导、同源数据发布的层次上进行充分互联、集成。

1. 建设原则

1)集约建设

按照标准化、集约化原则,采用省级统一门户或省、市两级统一门户建设模式,建设互联网政务服务门户,集中发布和展示政府部门政务服务信息。

2)同源管理

各级各部门的政务服务信息,统一汇聚到本级政务服务数据共享平台,各项业务办理中的受理、过程和结果信息,统一发布到互联网政务服务门户,并实现同源发布。各部门也可反向链接相关信息,扩大信息的公开渠道。

3)多渠道服务

充分利用互联网技术,实现多渠道服务,包括移动 APP、自助服务一体机、热线电话等,由互联网政务服务门户统一提供服务接口,供各种渠道调用,实现数据同源。

(1)移动 APP。具备办件查询、表单预填、办事预约、咨询投诉、网上支付等功能,支持手机等移动终端,支持主流操作系统。

(2)自助服务终端。具备办事指南、办事预约、办件查询等功能,支持身份证识别、二维码扫描、表格样本打印、申请材料上传等功能,实现自助申请服务,一般放置于实体大厅和便民服务点。

(3)第三方公共服务平台。借助成熟的第三方公共服务平台,为自然人和法人提供便捷服务。

2. 系统功能

互联网政务服务门户主要包括用户注册、用户管理、事项信息的发布、事项办理的触发、用户互动、办理过程和结果的查询、服务评价等功能。

1）用户注册

（1）用户分类。注册用户分为自然人用户和法人用户，采用实名制。法人用户可用法定代表人实名注册，激活注册企业账号；或使用统一社会信用代码直接注册企业账号；或与已使用企业CA 认证的用户进行关联注册后创建企业账号；或与已使用电子营业执照的用户进行关联注册后创建企业账号。

（2）用户注册方式：

① 自然人用户注册。自然人用户注册流程如图 8.6 所示，主要包括线上（门户）自行注册、线下（窗口）现场注册和关联注册等形式。

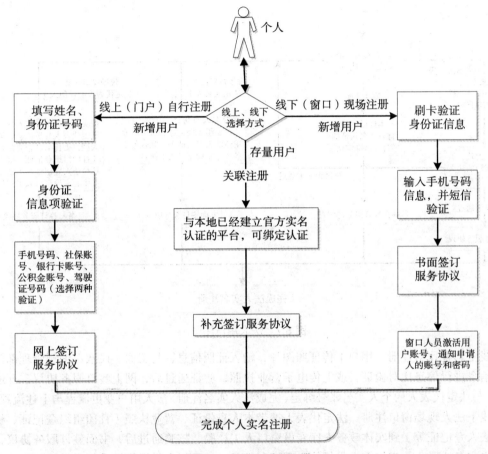

图 8.6　自然人用户注册

·线上（门户）自行注册。申请人注册时，根据注册向导功能，填写用户姓名、身份证号码等基本信息。为保证实时性、安全性、准确性，注册时须不少于三种认证内容，其中身份证信息为必选项，手机号码、社会保障卡信息、银行卡账号、公积金账号、驾驶证档案编号等信息任选两项进行实名验证，验证完成后应签订网上服务协议，完成实名注册。

·线下（窗口）现场注册。在实体政务大厅专设窗口，申请人刷卡进行身份信息验证，并输入手机短信验证码进行确认，验证完成后书面签订服务协议，窗口人员激活用户账号，及时告知申请人的账号和密码，账号默认为身份证号码（登录后账号实际显示内容及运用中，可根据实际需求隐去年月日相关信息，以保护个人隐私），密码应自动随机生成，用户登录后可自行更改。

·关联注册。可通过与本地已经建立官方实名认证的平台绑定认证，获取实名信息，并补充签订服务协议，完成快速注册。

② 法人用户注册。法人用户注册过程如图8.7所示，主要包括线上远程比对注册、线下法人现场窗口注册和关联注册等方式。

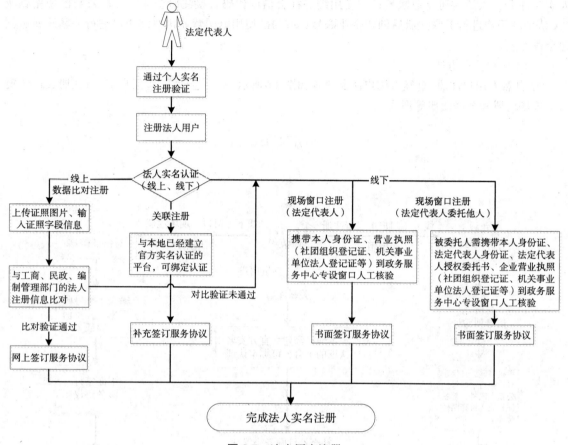

图8.7　法人用户注册

·线上远程比对注册。用户上传证照图片，输入证照信息，与工商、民政、编制管理部门的法人注册信息进行信息比对验证，或上传电子营业执照，验证通过后，网上签订服务协议，开通法人账号，并与法定代表人的个人实名账号绑定，完成法人实名注册。法人用户变更流程与上述流程相同。

·线下法人现场窗口注册。法定代表人携带本人身份证、营业执照（社团组织登记证、机关事业单位法人登记证等）到实体政务大厅专设窗口人工核验，核验通过后，书面签订服务协议，完成法人用户实名注册。法定代表人委托他人现场办理的，被委托人需携带被委托人身份证、法定代表人身份证、法定代表人授权委托书、企业营业执照（社团组织登记证、机关事业单位法人登记证等）到实体政务大厅专设窗口人工核验，核验通过后，书面签订服务协议，完成法人用户实名注册。法人用户变更流程与上述流程相同。

·关联注册。已使用企业CA认证或电子营业执照的用户，可进行绑定认证，获取实名信息，并补充签订服务协议，完成快速注册。

（3）用户登录：

① 用户PC端登录。默认采用身份证号码登录，或已绑定手机号码登录、手机APP扫描二维码登录，登录过程中应采用短信验证、密码等方式提高安全性。

② 用户移动APP端登录。默认采用身份证号码登录，或已绑定手机号码登录。登录过程中应采用短信验证、密码等方式提高安全性。

2）用户管理

（1）自我管理。具备用户信息的维护管理功能，具体应包括以下功能：

① 找回密码。用户遗忘登录密码时，可通过注册手机号码，发送、确认短信验证码，重置密码。也可凭身份证到实体政务大厅，经实体政务大厅专设窗口人员审核确认后，将自动生成的新密码告知用户。

② 更换绑定手机号码。用户更换绑定手机号码，须通过原绑定手机号码短信验证确认解除绑定，并通过新手机号码短信验证绑定。

③ 法人用户授权。法人用户应具有多级授权，可设定被授权人、授权有效期、服务事项范围，被授权人可进行再次授权，授权层级最多三层，具备授权、申请授权、变更授权、取消授权、授权查看等功能。具体授权过程如图 8.8 所示。

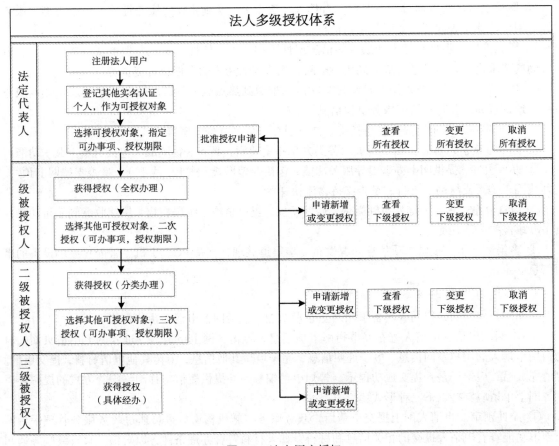

图 8.8 法人用户授权

（2）后台管理。应具有注册用户的管理功能，提供账号的开通、禁用和解禁、操作审计功能：

① 账号开通。具有账号信息的录入、验证、开通等功能，可打印书面服务协议书。

② 账号禁用。用户有违反法律法规行为的，管理人员可进行账号禁用操作，禁用账号应短信通知用户。

③ 账号解禁。具备已禁用账号的解禁功能，账号解禁需经过管理部门负责人审核，并通过短信告知用户。

④ 操作审计。具备用户管理过程的操作日志审计功能，实现可追溯。

当统一用户体系实现法人多账号授权管理模式后，在多业务模式下的应用须考虑实现不同账号可访问不同的应用功能，实现应用精细化授权管理。应用访问控制模式要保证应用访问的安全性，满足应用的实名要求。支持灵活主动的管理应用访问，当应用访问控制策略调整时，能够对某个应用或某类用户进行策略调整，避免对接入应用的扰动，使得系统更加灵活、安全。

3）事项信息的发布

各级政务服务实施机构在省级统一政务服务事项库中动态维护本级服务事项实施清单，政务服务事项库中的在用、最新版本数据单向且实时同步到本级互联网政务服务门户。

（1）事项信息的检索。用户可通过多种方式查找所需的政务服务事项信息：

① 模糊检索。具备通过关键词、词组、筛选条件进行政务服务事项的模糊检索，具备关键字飘红、搜索排名、热点排名等功能。

② 目录检索方式。具备根据部门事项目录、事项类别目录检索功能，查找所需的服务事项信息。

③ 场景导航。具备通过服务对象（自然人、法人）、实施主体、服务性质、申请类型、服务主题等引导功能，查找所需的服务事项信息。

④ 智能推荐。根据自然人和法人的信息属性（如法人主体性质）、办理事项的前后关系、事项订阅的要求进行自动筛选，推送到用户空间，实现注册用户的个性化智能推荐。

⑤ 热点服务。具备热点服务自动排名功能，推送到热点服务频道版块，用户可通过热点服务事项快速链接通道，查找所需服务事项信息。

（2）事项信息展示。提供办事指南、办事引导、信息分享、多渠道展示等功能：

① 办事指南。以静态页面形式展示各类办事指南要素，具备一键下载（包括材料下载）功能。

② 办事引导。提供网上办事引导服务功能，包括办理形式（线上、线下）、是否支持网上预约、通办范围、是否支持网上支付、是否支持物流快递等。

③ 信息分享。具备一键发布到微信、微博功能，提供事项二维码扫描，快速收藏到手机功能，具备办事经验分享功能。

④ 多渠道展示。提供事项信息同源发布、多渠道展现，支持 PC、手机、智能化终端设备的事项信息展示。

4）事项办理的触发

注册用户登录后，申请人具备事项网上办理功能，包括网上申请、预约功能。

（1）网上申请。申请人查看办事指南事项信息，点击"网上申请"，进入网上申请页面，自动引用申请人的用户空间信息、电子证照信息，完善填写其他信息，上传其他申请材料，提交申请。申请完成后，应给予是否提交成功提示，告知申请编号，并提供短信、移动终端等方式的提醒。

网上申请应支持以下三种形式：

① 原件预审。申请人网上提交申请后，政务服务实施机构窗口人员通过政务服务管理平台网上预审功能查看申请人提交的相关信息和材料，如果材料符合办理条件，以短信、移动终端等通知申请人携带原件材料到现场办理，如材料不符合条件，以短信、移动终端等通知申请人网上补正材料。预审通过后，申请人携带原件到现场，窗口工作人员审核通过后，正式受理，并按照事项的办理流程进行内部审查、做出审批决定，并将结果反馈给政务服务管理平台，通过短信、移动终端等方式通知申请人来大厅领取结果，也可选择物流递送形式递送证书结果，整个办理过程应到大厅现场不超过 2 次。具体流程如图 8.9 所示。

② 原件核验。申请人网上提交申请后，默认申请人提交的所有信息材料真实有效，如材料符合办理条件，窗口人员通过政务服务管理平台受理，如材料不符合条件，以短信、移动终端等通知申请人网上补正材料，受理通过后由政务服务实施机构工作人员通过业务办理系统进行审批办理，并将审批过程、结果反馈给政务服务管理平台，窗口人员统一办结，到发证环节时通知申请人携带

原件材料到窗口核验, 核验通过后领取结果, 整个办事过程应到大厅现场不超过 1 次。具体流程如图 8.10 所示。

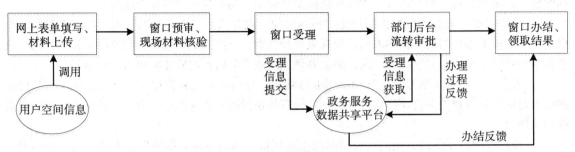

图 8.9 预审流程

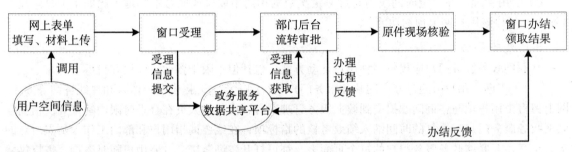

图 8.10 核验办理流程

③ 全程网办。网上申请, 申请信息均为用户验证过的信息, 申请人提交网上申请后, 通过政务服务管理平台受理, 受理通过后由政务服务实施机构工作人员通过业务办理系统进行审批办理, 并将审批过程、结果反馈给政务服务管理平台, 窗口人员统一办结, 审批结果通过物流递送, 整个办事过程无需到大厅。具体流程如图 8.11 所示。

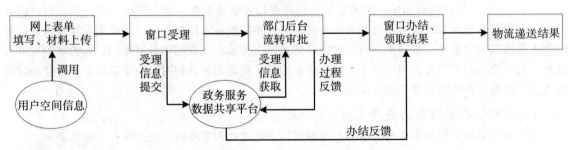

图 8.11 全程网办流程

· 用户辅助数据: 包括申请人自己维护的个人信息和申请人的证照信息。申请人自己维护的个人信息主要指手机号码、地址等, 信息维护变更需短信验证。申请人的证照信息包括自己上传、后台推送两种性质, 自己上传的材料可自行修改, 后台推送的证照信息不得自行修改。个人信息和证照信息应用于网上申请的 3 种形式, 辅助填写申请表格, 上传申请材料, 避免申请人申请时重复填报。

· 办事过程指引: 提交申请后, 申请有多种状态, 不同状态需指引申请人配合, 并在受理通过、不予受理、补正、办结环节, 通过短信、移动终端等渠道提醒申请人。材料需要补正的, 应具备网上补正功能，原件预审或核验时，应告知 2 种途径（大厅提交，物流提交）；领取审批结果时，应告知 2 种途径（大厅自领，物流递送），物流递送需支持网上支付功能。

（2）网上预约。网上预约需用户登录，可通过互联网政务服务门户、APP 等渠道预约，选择预约窗口、事项、日期和时间段，预约申请提交后应给予明确提示预约是否成功。

① 预约控制。应提供预约控制功能，预约时间一般为从第二天开始的一周内的工作时间，可根据每个事项的办理时间与预期人数，设置最大预约数，预约人数超过后该时段停止预约。同一政务服务事项一个身份证只能预约一次，必须办理完成或者取消预约后才能再次进行预约。

② 大厅联动。大厅取号机上开设预约取号功能，并与政务服务管理平台对接，通过刷身份证调出未过期的有效预约并打印排队号单。预约号应按预约时段优先叫号。有条件的地方，可以探索移动端预约。

③ 预约提醒。在预约到期前的合适时间通过短信、移动终端等提醒申请人及时去大厅办理，因故无法办理的，需取消预约操作。

④ 取消预约。在预约时间段内，可以取消预约。可在网上、移动终端、大厅自助设备上进行操作。

⑤ 信用管理。在一定时间段内超过一定次数的预约不取号或取号不办理（比如 1 个月内超过 3 次），暂停该用户网上预约功能。

5）用户互动

互联网政务服务门户应提供多种用户互动方式，包括但不限于咨询、建议和投诉。

（1）咨询。用户可通过互联网政务服务门户进行网上咨询，提供网上留言和在线咨询等方式。网上留言由用户填写咨询问题提交到政务服务管理平台，由工作人员在合理时限内答复并反馈到互联网政务服务门户，答复的时间纳入绩效考核的指标项；在线咨询指用户和部门工作人员点对点的实时交互。互联网政务服务门户的每个页面上，都可打开咨询链接，方便用户随时咨询。需提供精确咨询功能，能够根据用户当前浏览页面，定位咨询对象，如当用户停留在某一政务服务事项的办事指南时，自动将咨询对象定位到该事项所属政务服务主体。

（2）建议。用户访问互联网政务服务门户发现系统故障、内容错误、操作体验、改进建议、工作评议等方面的问题，可提交建议，由政务服务人员通过政务服务管理平台反馈答复。对于合理的建议，答复时应隐去建议人的隐私信息后对外公开。互联网政务服务门户的每个操作页面上，都应具有打开建议窗口的链接，方便用户随时给出建议。

（3）投诉。用户投诉需用户实名登录，选择部门、事项类别、是否愿意公开，填写投诉内容并提交，由政务服务管理机构通过政务服务管理平台接收投诉并作出处理，也可派发至被投诉的部门和人员由其做出解释，反馈给用户。如选择公开，可公示在互联网政务服务门户，为保护投诉人隐私，公开公示时实名投诉用户的个人信息应被隐藏。投诉需在合理时限内予以答复，答复的时间纳入电子监察并作为绩效考核的指标项。

6）办理过程和结果的查询

用户在完成政务服务事项的申请后，可通过以下渠道查询事项的办理过程和办理结果。

（1）互联网政务服务门户。可通过互联网政务服务门户登录用户空间，在已办件列表中查看申请人的办件进度，包括办件的办理信息、过程信息和结果信息。用户也可直接在互联网政务服务门户办件查询中输入统一办件编号查询。

（2）移动终端。用户登录互联网政务服务门户 APP，在办件相关栏目的列表中查询办件信息，也可直接在 APP 办件查询中输入统一办件编号查询。

（3）智能触摸终端。用户可在智能触摸终端的办件查询模块通过刷身份证查询办件信息，也可在办件查询中输入统一办件编号查询。

（4）热线电话。用户可拨打办件查询热线电话并提供统一办件编号，由热线人员代为查询，并反馈办件信息。

（5）二维码。用户可通过手机扫描受理通知书二维码，根据二维码中所附带的统一审核编码信息检索办件库，获取办件信息。

政务服务事项的办件信息展示页面应包含但不限于以下关键要素：

（1）事项申请信息。包括统一审核编码、申请材料、申请时间、收件凭证、受理通知书等。

（2）办理过程信息。包括办理各环节的名称、起止时间、政务服务人员姓名、政务服务人员工号、各环节审查意见等，并附带办理流程图直观展示办理进程。

（3）办理结果信息。包括审查决定及证照批文等。

7）服务评价

服务评价需用户登录，便于核实与回访，应具备限制重复评价，一个 IP、一个账号只能评价一次。

评价指标可分为 5 级，包括非常满意、满意、基本满意、不满意和非常不满意，分别对应 5 分、4 分、3 分、2 分、1 分的分值。当用户选择的是不满意和非常不满意两项时，应填写不满意的具体内容，便于监察人员分类交办处理和反馈结果。

8.3.2 政务服务管理平台

政务服务管理平台包括政务服务事项管理、政务服务运行管理、电子监察管理、电子证照管理、网上支付管理、物流配套管理等基础业务功能，以及并联审批、事中事后监管、政务服务热线等功能拓展与流程优化。

1. 政务服务事项管理

政务服务事项管理是政务服务运行管理、电子监察管理的基础，应具备政务服务事项清单管理和事项动态更新管理功能，记录政务服务事项的应用情况，提供政务服务事项变化追踪、自动检查校验、汇总统计、比对分析等功能。政务服务事项管理主要包括目录清单管理、实施清单管理、清单发布管理、统计分析等功能。

1）目录清单管理

具备对全省（自治区、直辖市）统一动态维护管理功能，覆盖省、市、县三级政务服务事项的主项、子项事项，目录清单管理功能应至少包括以下功能：

（1）清单要素管理。支持事项类型、基本编码、事项名称、设定依据等基本要素的新增、修改、删除等操作。

（2）统一清单库初始化。将统一清单数据初始入库，提供批量导入功能，并根据要素规则自动检查并提醒错误信息。

（3）动态维护管理。具备新增、变更、拆分、合并、暂停、取消、统计分析等功能：

① 新增：清单新增由编制、法制等有关职能部门审核通过后，生成清单新版本及事项编码，统一更新。

② 清单变更、暂停、取消、拆分、合并等操作参照新增流程实施。

③ 查询统计：提供查询统计、报表和电子表格文件导出等功能。

2）实施清单管理

实施清单管理应具备编制、变更、查询统计等功能。

（1）编制。各级政务服务实施机构从目录清单中选择本级范围内的政务服务事项，同步基本要素信息，完善填写实施清单中其他要素信息，填写完成后报编制、法制等部门审核。审核通过后，纳入本部门的实施清单。业务办理系统依托实施清单运行。

提供办理项设置功能，灵活设置办理项多情形条件，根据不同条件关联不同材料，具备办理流程自定义配置，自动生成外部流程图。

（2）变更。实施清单变更参照编制流程实施。

（3）查询统计。提供查询统计、报表和电子表格文件导出等功能。

3）清单发布管理

提供清单发布的通用接口，供各级政府门户网站，省、市两级互联网政务服务门户调用，实现清单同源发布。

4）统计分析

具备事项检索功能，可按区域、部门、类型、状态检索，应具备清单统计报表功能，支持电子表格文件导出功能，提供事项横向部门比对分析，提供同一事项实施清单在不同地区、不同层级的比对分析。

2. 政务服务运行管理

政务服务运行管理实现网上预约、受理、审核、审批、收费、送达、评价等环节的管理。集成大厅各类智能化设备，实现线上线下融合的一体化办理。办理流程如图8.12所示。

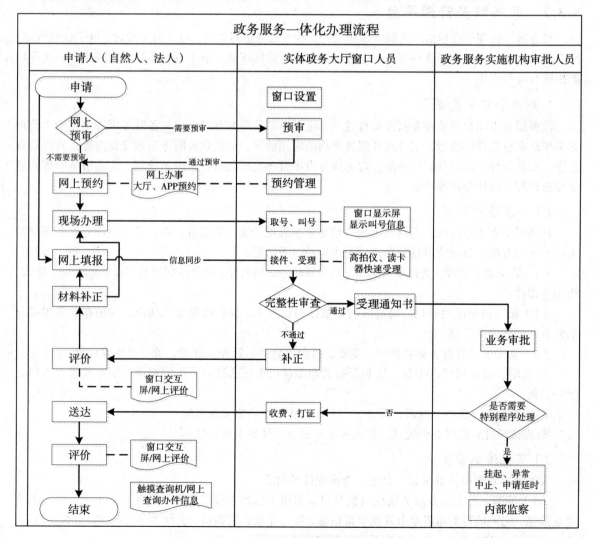

图 8.12　政务服务一体化办理流程

1）网上预审

对注册用户通过互联网政务服务门户、移动 APP 等提交的申请进行初步审核，基本满足申请条件的，即可进行预受理，预受理后，可让申请者进一步提供相关材料或者信息。

2）预约管理

对注册用户通过互联网政务服务门户、移动 APP 等提交的预约办理信息进行管理，提供预约事项属性配置、预约时间段设置等功能。

3）窗口受理

窗口受理是指实体政务大厅窗口人员受理本人权限范围内的服务事项，涵盖咨询、接件、受理、查询等业务环节，主要包括预审、叫号、接件、受理、补齐补正等功能。

（1）预审。对注册用户网上提交的办件申请信息进行审核确认、反馈。若办件中缺少必要材料，提醒用户补充材料；若材料齐全通过预审，通过在线消息、手机短信、移动终端等方式通知用户到现场办理。

（2）叫号。申请人根据取号票到窗口排队办理，通过与大厅窗口显示屏对接，动态显示窗口排队情况，窗口人员在办理业务时，进行叫号操作，按照办件编号进行申办人业务受理。叫号需要与大厅排队取号机、窗口显示屏进行关联。

（3）接件。申请人办理业务时，刷卡进行身份确认，窗口人员快速获取申请人基本信息并完善填写其他信息，证照材料自动关联电子证照库证照信息，其他材料通过高拍仪快速上传到系统，完成接件操作。

（4）受理。接件完成后，进入受理操作，窗口人员受理通过，打印带二维码的受理通知书，受理通知书应提供办件编号、受理时间、受理部门、窗口人员、承诺时限、受理材料以及送达方式等信息，告知申请人。受理不通过，打印不予受理通知书，不予受理通知书应提供办件编号、受理时间、受理部门、窗口人员、不予受理原因等信息，告知申请人。

系统支持一窗受理模式，列出所有受理材料的审查要点并醒目提示，降低综合窗口人员的受理难度。

（5）补齐补正。对于需要材料补齐补正的情况，打印补齐补正通知书，补齐补正通知书应提供办件编号、受理时间、受理部门、窗口人员、承诺时限、需补齐补正材料等信息。申请人补齐补正材料后再来办理时，可直接调出补齐补正办件继续办理。

4）内部审批

对于有独立业务办理系统的政务服务实施机构，通过数据交换，向业务办理系统推送申请表、附件材料、受理信息，并从业务办理系统获取过程信息、审批结果、电子证照。对于没有独立业务办理系统的实施机构，可直接在政务服务运行管理系统中完成事项内部审批环节，内部审批包括业务审批、特别处置、内部监察等功能。

（1）业务审批。实现部门内部办理，包括审查、决定、送达等通用审批环节，应支持部门自定义审批流程。

（2）特别处置。特别处置主要包括事项挂起、异常中止、申请延时等。在听证、实地核查等特殊情况作暂停处理，并告知申请人，事项挂起后，事项办理时效停止计时。由于事项特殊原因需要延时的办件，应申请延时，延时申请审核通过后，该事项监察点时限也将自动延时。对于办件过程中中止的，需要发起中止程序，提交中止原因。

（3）内部监察。对部门内部事项审批办理进行跟踪、监控。具有监察权限的政务服务实施机构人员可以对审批的过程进行监控，提供预警提醒功能。

5）收费制证

根据事项收费依据和标准自动计算收费金额，窗口人员进行核价，打印缴费通知单，申请人持缴费通知单到指定银行窗口缴费，银行工作人员进行收讫确认，打印发票，缴费完成后，申请人返回实体政务大厅，由窗口人员确认收费。有条件的地区可以实现统一在线缴费。需要打印的事项，具备在线套打功能。申请者在互联网政务服务门户上可以自行打印相关通知单。

6）送达

通过手机短信、移动终端等将办理结果告知申请人，请其到大厅取件，窗口人员登记送达信息，也可以通过物流的方式将办理结果送至申请人。

7）查询与评价

事项办理过程中，可在互联网政务服务门户上随时查看办件进度，让申请者能随时查看到整个过程。

事项办理结束后，申请人可通过手机短信、移动终端、互联网政务服务门户、政务服务大厅评价器（或窗口交互平台）等渠道进行办件评价，评价信息应关联到窗口，作为绩效评估的依据。

8）归档管理

审批事项办结后，将相关资料按照档案管理有关要求，在线或离线进行电子归档。这些材料包括：审批形成的电子证照、决定及回执；申请人上传的各类电子文书及提报的审批项目基本信息；实施行政审批受理（或者不予受理）、审查、办理等过程形成的电子表单；行政审批关键业务行为的受理人、受理时间、办理情况等过程描述元数据。

9）智能化集成

（1）高拍仪/扫描仪：可将扫描材料压缩转换并自动上传到政务服务运行管理系统中，实现办件材料的电子化。支持A3/A4大小材料上传，具备图片矫正、编辑等电子材料优化功能。

（2）身份证读卡器：可实现刷卡办件申请、获取办件数据、刷卡办件取证等功能，支持读取二代身份证照片信息功能。

（3）排队叫号系统：可支持刷卡快速打印号票，显示办理事项、排队人数等信息，支持窗口软件叫号集成功能，具备取号机缺纸自动预警功能。

（4）智能触摸终端：可提供大厅简介、组织架构、服务指南、办理流程、法律法规、公示公告等相关信息查询功能，可提供刷卡办件查询、办事评价功能。

（5）窗口显示屏：注明窗口的编号、实施机构名称、政务服务事项的名称、当前登录系统窗口人员姓名和工号，动态显示窗口排队信息，自动标识红旗窗口、先进个人等状态信息。

（6）自助服务终端：可提供办事指南、办事预约、办件查询等服务，支持身份证识别、二维码扫描、样本打印、申请材料扫描等功能。

在实现线上线下集成化办理的同时，支持对部分政务服务事项的全流程网上办理，实现申请、受理、审查、决定、送达等全流程网上运行，主要流程如图8.13所示。

3. 电子监察管理

电子监察管理是对政务服务事项运行全过程进行网上监察，涵盖事前、事中、事后过程，是支撑政务服务事项公开透明运行的保障。电子监察运行流程如图8.14所示。

电子监察管理功能包括监察规则设置、运行监察、投诉处理、效能管理、统计分析和监察日志。

1）监察规则设置

监察规则设置支持监察条件、监察类型、监察状态、扫描时间的自定义配置，提供监察条件运算配置，运算关系包括和、或，大于、小于、等于，加、减、乘、除等。

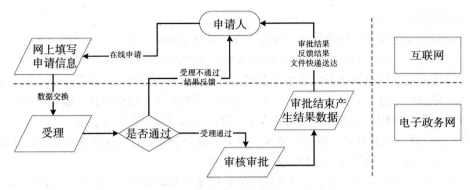

图 8.13　服务事项全流程网上办理

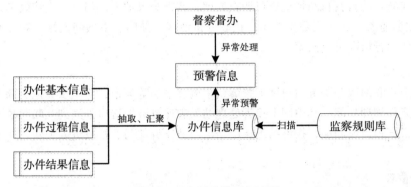

图 8.14　电子监察运行流程

提供监察数据自动运算功能，通过监察条件配置对相关数据进行逻辑计算，生成监察信息数据。提供监察指标配置管理功能，监察指标由监察规则组合而成，通过监察指标将办件信息库中的异常数据自动抓取到异常信息库中。

监察指标分为 5 类：时效异常指标、流程异常指标、内容异常指标、裁量（收费）异常指标、廉政风险点指标。

（1）时效异常指标。设置临近时限监察，计算当日日期减去办件受理日期得到的时限，扫描比对事项法定期限和承诺期限，自动识别是否临近时限、是否超期异常。设置环节时限监察，计算当日日期减去流程上一环节通过日期得到的时限，扫描比对环节处理承诺时限，自动识别办理环节是否超期。

（2）流程异常指标。设置状态异常监察，扫描办件信息库中状态信息，自动识别是否暂停。设置结果异常监察，扫描办件信息库中状态信息，自动识别是否中止、是否不予受理、是否审批不通过。

（3）内容异常指标。设置完整性异常监察，扫描办件信息库中申请表格、申请材料、办理附件信息，识别申请表格字段内容、申请材料、办理附件是否为空。设置一致性异常监察，扫描办件信息库中办件过程信息，识别前后办理环节申请表格字段内容、申请材料、办理附件是否一致。

（4）裁量（收费）异常指标。设置裁量异常监察，扫描政务服务事项库中收费依据信息，比对相关部门收入征管系统的收费依据，识别收费裁量是否异常。设置收费异常监察，扫描办件信息库中收费信息，比对政务服务事项库收费依据信息，识别收费是否异常。

（5）廉政风险点指标。设置廉政风险点监察，对设有廉政风险点的环节、人员，扫描投诉信息库、办件异常信息库信息，识别风险情况。

2）运行监察

运行监察包括实时监控、预警纠错、督查督办、大数据监察。

（1）实时监控。通过自动采集办件信息库数据，还原办件的办理过程。具备政务服务管理机构人员授权查阅功能，可查阅政务服务事项受理、承办、审核、批准、办结等过程信息，包括办件基本信息、办件过程信息、办件结果信息、申请表格、办理附件、结果附件、廉政风险防控信息等内容，政务服务管理机构人员可对发现的异常情况直接发起督查督办处理。

（2）预警纠错。根据时效、内容、流程、收费、廉政五类监察指标自动判断，对异常情况发出预警信号，并通过"黄牌"和"红牌"方式进行提醒。

（3）督查督办。根据预警信号，对发现的异常情况发出督办单，被督办人员需给出答复。督查督办的结果可纳入部门及个人绩效考评。政务服务管理机构人员对部门、个人行使权力过程中出现的疑似异常或异常的自查自纠情况进行调查处理；调查结果纳入部门、个人绩效考评。

（4）大数据监察。运用大数据技术，比较分析地区、部门、事项间数据，对各地各部门政务服务工作的整体运行情况进行监察。

3）投诉处理

投诉来源于互联网政务服务门户网上投诉、来电、来访等渠道，应提供登记、调查、审核、批示、结果认定流程管理功能。其中网上投诉处理结果需通过数据接口推送到互联网政务服务门户反馈，系统应具备全程留痕功能，投诉结果认定结论与被投诉部门、被投诉人关联，并纳入部门、个人绩效考核。

4）效能管理

效能管理可根据各地绩效考核管理办法进行设置，量化考核标准，自动对各部门、各岗位的办事效能进行打分、考核和分析，考核结果通过数据接口定期推送到本级互联网政务服务门户进行公示。绩效考核包括考核规则设置、效能评估、申诉管理、数据上报等。

（1）考核规则设置。应具备考核规则自定义设置，分为部门、窗口、个人三种考核主体类型，手动和自动两种考核方式，考核指标包括考核方式、分值、内容、指标项、权重系数等具体指标。

（2）效能评估。效能评估由考核人员发起操作，可选择考核主体类型，挑选对应的具体部门、窗口或人员，挑选考核规则中的考核指标，填写考核时间范围，发起考核流程。自动考核部分抽取考核主体对应办件信息库的办件数据进行计算，形成办件量、提速率等指标项，自动评估打分；手动考核部分，通过巡逻抽查发现问题，考核人员登记扣分并关联考核指标，受到群众表扬的，考核人员登记加分并关联考核指标。支持部门、窗口、个人考评情况的查询，支持部门、窗口、个人季度考核、年度考核报表汇总。

（3）申诉管理。个人考核扣分，在规定的时限内可进行在线申诉，陈述申诉理由，申诉申请提交后由政务服务管理机构人员进行查证，非因部门、窗口工作人员的过失而造成扣分的，将相应扣分加回。

（4）数据上报。本级效能数据定期上报到上级政务服务管理平台，实现数据效能汇总。

5）统计分析

支持灵活的查询统计设置，可按地区、时间段、部门、事项类型等进行设置，自动生成办件统计、满意度统计、部门办件汇总、办理事项汇总统计、办理时效统计、部门时效统计、异常数据统计、咨询问题汇总统计等数据统计报表，支持在线打印、电子表格导出功能。支持用图表的方式直观展现整体情况，包括各部门办件量、平均用时、办件满意度、异常办件等。

6）监察日志

可自动采集办件情况、办结情况及督办情况等方面的网上运行数据，定量分析并形成日志记录；

对所有政务服务管理机构人员进行系统操作和使用等方面的工作情况进行监控、记录和分析统计。

4. 电子证照管理

电子证照是以数字方式存储、传输的证件、执照、批文等审批结果信息，是支撑政务服务运行的重要基础数据。

电子证照库是基础资源库的组成部分。电子证照库设计应包含证照编号、证照内容信息、证照信息文件、证照样式，并预留电子证照文件的索引。电子证照和证照信息文件数据都应归集到电子证照库中统一管理和使用。证照信息标准应实现省级统一，推动全国互认。

1）证照目录管理

电子证照应该具有统一的目录管理，明确各类证照的类别。电子证照目录可按证照颁证单位、证照类型、持证者类型（自然人和法人）进行分类。

2）证照库接口管理

电子证照库提供的请求访问接口应与具体的证照和证照内容无关。通过制定电子证照库接口服务标准，对新增的证照信息，发布其证照编号和证照内容数据库字段标准，即可通过原设计的接口提供服务。部分存储在其他信息系统中的证照信息，以接口方式提供服务，由电子证照库封装后统一对外提供服务。

3）证照维护管理

证照维护主要包括证照变更、证照年检、证照挂失、有效期管理和版本管理。

（1）证照变更。如因采集数据错漏需要变更证照数据，为新数据产生一个新版本，原数据标记为历史版本。

（2）证照年检。对于需要定期年检的证照，年检信息作为证照附属信息，可以逐年附加。

（3）证照挂失。已挂失的电子证照标记为挂失，不可再被引用，但保留数据备查。

（4）有效期管理。对于注明有效期限的证照，采集时必须采集有效期数据。证照超过有效期后系统自动将其标记为历史版本，不可再被引用。在证照有效期到期前，政务服务平台可以自动通知证照持有人。

（5）版本管理。任何证照信息变动都不会修改数据记录，而是将原数据标记为历史版本，并产生一条新数据。历史数据仅用作备查，不再提供给外部引用。

4）证照安全管理

电子证照安全的核心是电子证照文件的安全，需要有效的机制来保障电子证照文件的完整性（防篡改）、不可否认性（确认电子证照的签发单位）和可验证（确认电子证照是否已被注销）。为保证电子证照在其生成、入库、应用全过程的信息安全，建议在全过程使用电子签名。具体包括：相关系统在调用电子证照库接口服务和封装证照信息文件用于引用时，应使用服务器 CA 验证或相关主管部门审查批准的电子证照系统验证。

5）证照访问管理

注册用户通过登录互联网政务服务门户获取用户相关的电子证照数据，并在事项申请时直接调用。政务服务实施机构在受理、审批时，可以调用电子证照数据辅助办理。

5. 网上支付管理

用户在互联网政务服务门户办理各种事项涉及缴费时，由政务服务门户生成缴款单，向统一公共支付平台发起缴款请求，由公共支付平台与代收机构平台实施电子支付，并按业务归属地区实时将业务数据归集至相关征收部门收入征管系统。按照约定时间（如每日 24 点前），代收机构将资金清分至相关征收部门指定资金结算账户，公共支付平台与代收机构平台、收款银行系统、相关征收部门收入征管系统进行多方对账，并完成资金结报、清算等业务。用户在互联网政务服务门户办理缴费时涉及的"第三方支付平台"须为依法取得《支付业务许可证》的非银行支付机构。网上支付流程如图 8.15 所示。

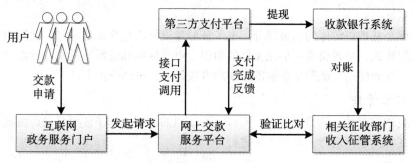

图 8.15　网上支付流程

统一公共支付平台建设主要包括信息系统开发、标准规范制定和系统接入实施三部分。

（1）信息系统开发。主要包括政府收入征管信息系统升级改造、统一公共支付平台建设。

（2）标准规范制定。主要包括相关征收部门接入标准规范、执收单位接入标准规范、代收机构接入标准规范、收款银行接入标准规范的制定。同时在机制配套上，建立以相关征收部门为主导的工作体制机制，出台有利于推动网上缴纳税费的配套政策。

（3）系统接入实施。主要包括相关征收部门接入实施、执收单位接入实施、代收机构接入实施、收款银行接入实施。

6. 物流配套管理

充分利用现有成熟第三方物流服务，实现申请材料和办理结果的传递交接，提供便捷化服务。依托第三方建立统一的物流服务系统，并与网上支付对接，实现网上支付与物流对账，物流传递包括申请材料递送、审批结果递送。

1）申请材料递送

用户登录互联网政务服务门户，选择办件材料递送，自动获取用户基本信息、办件编号信息，推送到物流服务系统，系统自动分配快递员，并通知取件，在递送过程中应记录递送物流状态信息，用户可跟踪物流信息。

2）审批结果递送

窗口人员登录平台勾选递送材料清单，系统根据办件编号、递送地址等生成递送单，系统自动分配快递员，并通知取件，在递送过程中应记录递送物流状态信息，窗口人员和申请人可跟踪物流信息。

7. 并联审批

并联审批是对涉及两个以上部门共同审批办理的事项，实行由一个中心（部门或窗口）协调、组织各责任部门同步审批办理的行政审批模式。结合行政审批制度改革，充分利用政务服务平台，支撑企业设立登记多证合一、投资项目并联审批、投资项目多评合一、投资项目多图联审等拓展应用。

1）企业经营许可联合审批

各地结合实际，根据国务院相关文件要求，逐步推动企业设立登记多证合一，并同步调整网上政务服务平台相关功能和流程。针对与企业经营相关联的许可事项，按行业类别实行联审联办。

2）投资项目并联审批

投资项目并联审批将项目审批分为用地和规划阶段、立项（审批核准备案）阶段、报建阶段、开工后竣工前阶段、竣工后阶段等，实现"事项及材料一单告知，批量申请多个事项，申请材料一窗受理，审批过程并行协同，审批结果关联共享"等服务功能和"项目审批流程图监控、督查督办、汇总分析"等监管功能。有条件的地区可以实行"容缺受理"制度，进一步加快项目审批效率。项目审批应依托投资项目在线监管平台，统一项目代码，上报项目的审批过程和结果信息。

3）投资项目多评合一

投资项目多评合一是由政务服务管理机构牵头会同相关部门，对项目基本信息进行联合评审，明确所需中介评估内容，申请人按需提交所有评估材料，各部门联合评审，统一给出整改意见。投资项目多评合一把对相关中介评估的审查工作由串联改为并联，实现企业投资项目立项评估的统一受理、统一评估、统一评审、统一审批、统一监管。

4）投资项目多图联审

投资项目多图联审，实行一窗受理、一次收费、联合审查，重点解决各部门电子图的格式统一问题，开展基于统一 GIS 地图的电子图审，利用大附件存储技术，实现"一张图"在部门之间的流转、审批，实现全过程自动存档，形成图审电子档案。

8. 事中、事后监管

围绕"先照后证"改革后联动监管、"双随机一公开"、信用监管等方面，以信息化平台为支撑，实现行政监管、信用管理、行业自律、社会监督、公众参与等"五位一体"。充分利用社会信用体系建设成果，加强信用信息在事中、事后监管中的应用，推进综合执法和协同监管。

1）开展企业信用信息交换共享

按照政务服务管理平台统一制订的信息交换共享目录，实现工商部门、审批部门、行业主管部门之间的登记注册、审批信息及监管信息双向实时交换。各政府部门在履行职责过程中产生的行政许可、行政处罚以及其他依法应当公示的企业信用信息，通过企业信用信息公示系统向社会公示。构建同级部门之间行政许可、行政处罚以及其他依法应当公示信息的双向告知、数据比对机制，实现证照衔接、联动监管、执法协作，提高监管效率和监管水平。

2）开展市场主体监管风险监测大数据分析

依托政务服务平台和企业信用信息公示系统等相关平台资源，在归集各类企业信用信息的基础上，工商部门、审批部门和行业主管部门要按照法定职责建立监测系统分工协作框架，逐步建设监测数据信息化系统，加强监测数据开发与应用，开展大数据智能关联分析。逐步建立市场主体监管风险动态评估机制，通过整合日常监管、抽查抽检、网络定向监测、违法失信、投诉举报等相关信息，主动发现违法违规线索，分析掌握重点、热点、难点领域违法活动特征，及时根据市场主体监管动态信用风险等级实施有针对性的监管。

3）开展企业信用监管警示工作

将企业信用信息公示与企业信用监管结合起来，依据信用分类、风险等级、监管职能，对企业实施信用分类监管。对信用良好的企业，实施以随机抽查为重点的监管措施；对有轻微违法失信的企业，通过公开失信记录、督促整改等措施加强监管；对有违法违规等典型失信行为的企业，采用公开违法记录、重点抽查、列入经营异常名录、市场限制等措施加强监管；对有严重违法失信行为的企业，适用重点检查、列入严重违法失信企业名单、市场禁入等监管措施。

9. 打通基层政务服务"最后一公里"

1）加强基层服务中心建设

按照"五个统一"（统一功能定位、统一机构设置、统一名称标识、统一基础设施、统一运行模式）和"三个标准化"（事项名称、流程、材料标准化，事项办理、服务过程标准化，服务管理机制建设标准化）要求，推进乡镇（街道）、村居（社区）便民服务中心规范化建设，推动户籍办理、个体工商登记、社保、农技推广、宅基地申请、计划生育管理、流动人员管理、社会救助、法律调解、社会综治等与基层群众联系密切的事项在基层便民服务中心直接办理。

2）推广网上联动办理

整合各级部门延伸到基层的信息系统，建设覆盖所有乡镇（街道）、村居（社区）便民服务中心的统一政务服务平台。依托统一政务服务平台，推动县级行政审批事项受理窗口下移，建立"基层窗口受理、材料网上流转、主管部门审批、基层窗口反馈"的办事模式，让群众在基层便民服务中心就近办事。

3）推行网上代办

推进实体政务大厅向网上办事大厅延伸，打造政务服务"一张网"，简化服务流程，创新服务方式，对群众办事实行"一口受理""一站办结"。探索发挥农村电商服务站点的作用，以政府适当补贴方式，鼓励农村电商服务点为基层群众提供网上代办行政审批以及社保、缴费、医院预约挂号等服务。

10. 政务服务热线

通过"12345"等政务服务热线集中接受社会公众的咨询、求助、意见、建议和投诉，通过信息化手段逐步整合各部门现有的政民互动渠道。及时解决群众反映的热点和难点问题，提供政策法规、办事程序、生活指南及查询有关部门职能范围等咨询服务。推动政务服务热线与互联网政务服务门户和政务服务管理平台集成，实现"一号对外、诉求汇总、分类处置、统一协调、各方联动、限时办理"，服务范围覆盖政府政务服务和公共服务领域。

8.3.3 业务办理系统

对于有独立业务办理系统的政务服务实施机构，政务服务运行管理系统通过数据交换，向业务办理系统推送申请表、附件材料、受理信息，并从业务办理系统获取过程信息、审批结果、电子证照。对于没有独立业务办理系统的实施机构，可直接在政务服务运行管理系统中完成事项内部审批环节。

业务办理系统功能包括业务审批、特别处置、内部监察等功能。

1. 业务审批

实现部门内部办理，包括审查、决定、送达等通用审批环节，应支持部门自定义审批流程。

2. 特别处置

特别处置主要包括事项挂起、异常中止、申请延时等。在听证、实地核查等特殊情况作暂停处理，并告知申请人，事项挂起后，事项办理时效停止计时。由于事项特殊原因需要延时的办件，应申请延时，延时申请审核通过后，该事项监察点时限也将自动延时。对于办件过程中中止的，需要发起中止程序，提交中止原因。

3. 内部监察

对部门内部事项审批办理进行跟踪、监控。具有监察权限的政务服务实施机构人员可以对审批的过程进行监控，应能提供预警提醒功能。

8.3.4 政务数据共享平台

充分利用国家数据共享交换平台和各地方已有的数据共享交换平台等信息基础设施资源，构建全国政务服务数据共享平台体系。政务服务数据共享平台体系最重要的就是建立目录与交换体系，目录与交换体系由目录体系和交换体系两个体系组成。

1. 目录与交换体系

1）目录体系

政务信息资源目录体系是为整合利用各类政务信息资源而建设的信息服务体系。根据业务需求，按照统一的信息资源目录体系标准，对相关政务服务信息资源进行编目，生成政务服务公共信息资源目录，记录政务服务信息资源结构和政务服务信息资源属性。政务服务信息资源结构通过树状的目录结构，展示政务服务信息资源之间的相互关系，政务服务信息资源属性则描述信息资源的管理属性。

政务服务公共信息资源目录信息包含六类信息：自然人基本信息、法人信息、证照信息、投资项目信息、政务服务事项信息、办件信息。

（1）自然人基本信息。自然人基本信息包括姓名、身份证号码、出生日期等，具体见表 8.1。

表 8.1　自然人基本信息

序　号	字段名	数据类型	描　述
1	姓　名	字　符	
2	公民身份证号码	字　符	
3	性　别	字　符	
4	民　族	字　符	
5	出生日期	日　期	
6	住　址	字　符	
7	照　片	二进制	
8	自然人状态	字　符	

（2）法人信息：

① 法人基本信息。法人基本信息包括统一社会信用代码、机构名称、机构类型等，具体见表 8.2。

表 8.2　法人基本信息

序　号	字段名	数据类型	描　述
1	统一社会信用代码	字　符	18 位统一社会信用代码
2	组织机构代码	字　符	针对存量数据，在一定过渡期内保留
3	机构名称	字　符	
4	机构类型	字　符	企业法人、社团法人
5	法定代表人 / 负责人	字　符	
6	法定代表人 / 负责人公民身份证号码	字　符	
7	注册地址	字　符	
8	注册日期	日　期	
9	机构状态	字　符	

② 企业登记信息。企业登记信息包括统一社会信用代码、企业住所 / 经营地址、经营范围等，具体见表 8.3。

表 8.3　企业登记信息

序　号	字段名	数据类型	描　述
1	统一社会信用代码	字　符	
2	企业住所 / 经营地址	字　符	

续表 8.3

序　号	字段名	数据类型	描　述
3	经营范围	字　符	
4	许可经营项目	字　符	
5	注册资本	数　字	
6	实收资本	数　字	
7	企业类型代码	字　符	
8	行业类型	字　符	
9	行业小类	字　符	
10	成立日期（注册日期）	日　期	
11	营业期限起	日　期	
12	营业期限止	日　期	
13	核准日期	日　期	
14	登记机关	字　符	
15	联系电话	字　符	

③ 法定代表人信息。法定代表人信息包括统一社会信用代码、法定代表人姓名、法定代表人证件号码等，具体见表 8.4。

表 8.4　法定代表人信息

序　号	字段名	数据类型	描　述
1	统一社会信用代码	字　符	
2	法定代表人姓名	字　符	
3	法定代表人证件类型	字　符	
4	法定代表人证件号码	字　符	

④ 法人变更信息。法人变更信息包括统一社会信用代码、变更事项、变更日期等，具体见表 8.5。

表 8.5　法人变更信息

序　号	字段名	数据类型	描　述
1	统一社会信用代码	字　符	
2	组织机构代码	字　符	针对存量数据，在一定过渡期内保留
3	变更事项	字　符	
4	变更前	字　符	
5	变更后	字　符	
6	变更日期	字　符	
7	登记注册机关	字　符	

⑤ 法人注销信息。法人注销信息包括统一社会信用代码、注销原因、注销日期等，具体见表 8.6。

表 8.6　法人注销信息

序　号	字段名	数据类型	描　述
1	统一社会信用代码	字　符	
2	组织机构代码	字　符	针对存量数据，在一定过渡期内保留
3	注销原因	字　符	
4	注销日期	字　符	
5	注销机关	字　符	

（3）证照信息：

① 证照目录信息。证照目录信息包括证照名称、类别、目录编码等，具体见表 8.7。

表 8.7　证照目录信息

序　号	字段含义	数据类型	描　述
1	证照名称	字　符	证照名称
2	证照类别	字　符	如：个人基本信息、法人基本信息、企业资格信息、投资项目审批环节结果信息
3	证照目录编码	字　符	唯一标识某种证照的编码
4	证照授予对象	字　符	自然人、法人、投资项目

② 证照基本信息。证照基本信息包括电子证照标识、证照目录编码、证照编号等，具体见表 8.8。

表 8.8　证照基本信息

序　号	字段名	数据类型	描　述
1	电子证照标识	字　符	每个证照的唯一标识
2	证照目录编码	字　符	
3	证照编号	字　符	证照照面上可见的唯一编号
4	颁证时间	日　期	
5	有效期（起始）	日　期	
6	有效期（截止）	日　期	
7	颁证单位	字　符	
8	持证者	字　符	
9	证照变更记录	字　符	
10	证照图像	二进制	
11	证照电子文书	二进制	证照电子文书包含了完整的结构化信息和可视的证照图像

③ 证照详细信息。证照详细信息包括电子证照标识、照面字段等，具体见表 8.9。

表 8.9　证照详细信息

序　号	字段名	数据类型	描　述
1	电子证照标识	字　符	每个证照的唯一标识
2	照面字段 1	依据字段含义确定数据类型	照片字段是证照记录的个性化信息字段
3	……		
4	照面字段 n	依据字段含义确定数据类型	

（4）投资项目信息：

① 项目基本信息。项目基本信息包括项目代码、项目名称、类型等，具体见表 8.10。

表 8.10　项目基本信息

序　号	字段名	数据类型	描　述
1	项目代码	字　符	全国投资项目统一编码代码，采用数字和连接符组合编码的方式生成的 24 位代码
2	项目名称	字　符	项目单位申请项目时填写的项目名称
3	项目类型	字　符	字典选项：A00001 审批 /A00002 核准 /A00003 备案
4	建设性质	字　符	字典选项：0 新建 /1 扩建 /2 迁建 /3 改建 / 其他
5	项目（法人）单位	字　符	
6	项目（法人）单位统一社会信用代码	字　符	

序 号	字段名	数据类型	描 述
7	项目法人证照类型	字 符	字典选项：1 组织机构代码证 /2 企业营业执照 /3 其他
8	项目法人证照号码	字 符	项目法人证照类型对应的号码，例如：组织机构代码证号或企业注册号等
9	拟开工时间	日 期	项目计划开工时间，只显示年份；格式为：YYYY，例如：2018
10	拟建成时间	日 期	项目计划建成时间，只显示年份；格式为：YYYY，例如：2021
11	总投资（万元）	数 字	以万元为单位，精确到小数点后两位，例如：9000.88 表示 9000.88 万元
12	建设地点	字 符	建设地点分为五种情况： （1）跨省区使用代码 000000 表示 （2）跨境使用代码 000001 表示 （3）境外使用代码 000002 表示 （4）省区内跨区划的情况，则保存上一级区划编码 （5）单省市使用国家统计局统一规定的区划代码
13	建设地点详情	字 符	建设地点的行政区划代码，多个行政区划以 "，" 分割
14	所属行业	字 符	参考【国家统计局国民经济行业分类】进行填写，填写内容为项目所属行业，行业需细化到大类，如：农业
15	建设规模及内容	字 符	
16	联系人	字 符	
17	联系电话	字 符	
18	联系人邮箱	字 符	
19	法人性质	字 符	字典选项：0 国家机关 /1 事业法人 /2 国有企业法人 /3 民营企业法人 /4 外资企业法人 /5 社团法人
20	用地面积（亩）	数 字	以亩为单位，精确到小数点后两位，例如：90.88 表示 90.88 亩
21	新增用地面积	数 字	以亩为单位，精确到小数点后两位，例如：90.88 表示 90.88 亩
22	农用地面积	数 字	精确到亩，例如：90.88 表示 90.88 亩
23	项目资本金	数 字	注册资本，以万元为单位，精确到小数点后两位，例如：9000.88 表示 9000.88 万元
24	资金来源	字 符	字典选项：0 政府 /1 企业 /2 混合
25	财政资金来源	字 符	字典选项：0 中央 /1 省级 /2 市 /3 县
26	量化建设规模的类别	字 符	如建筑面积、一级公路等
27	量化建设规模的数值	字 符	例如：9000.88 平方米
28	量化建设规模的单位	字 符	字典选项：1 平方米 /2 平方公里 /3 亩
29	是否技改项目	字 符	数据字典：0 是 /1 否

② 审批事项办理结果信息。审批事项办理结果信息包括项目代码、权利代码、办结状态等，具体见表 8.11。

表 8.11   审批事项办理结果信息

序 号	字段名	数据类型	描 述
1	项目代码	字 符	全国投资项目统一编码代码，采用数字和连接符组合编码的方式生成的 24 位代码
2	权力代码	字 符	各部门（省、市、县级）审批系统中的权力代码
3	办理部门	字 符	审批单位内部办理部门完整名称
4	办结状态	字 符	字典选项：1 不予受理；2 许可 / 同意；3 不许可 / 不同意；4 其他办结状态（退件、项目单位撤销等）

序　号	字段名	数据类型	描　述
5	办结意见	字　符	办结意见
6	办结时间	日　期	格式为：YYYY—MM—DD 24HH：mm：ss
7	批复文号	字　符	发证事项许可批复时填写
8	批复文件有效期限	日　期	发证事项许可批复时填写（如果有），格式为：YYYY—MM—DD
9	批复文件名称	字　符	批复的红头文件名称
10	批复文件附件扩展名	字　符	采用安全通用的文件格式
11	批复文件附件内容	二进制大文件	批复的红头文件附件，传输时转化为 base64 编码格式的字符串
12	批复项目总投资	数　字	以万元为单位，例如：9000.88 表示 9000.88 万元
13	批复用地面积（亩）	数　字	以亩为单位，例如：90.88 表示 90.88 亩
14	批复新增用地面积	数　字	以亩为单位，例如：90.88 表示 90.88 亩
15	批复农用地面积	数　字	以亩为单位，例如：90.88 表示 90.88 亩
16	批复量化建设规模的类别	字　符	如建筑面积、一级公路等
17	批复量化建设规模数值	数　字	例如：9000.88 平方米
18	批复量化建设规模计算单位	字　符	字典选项：1 平方米 /2 平方公里 /3 亩

③ 项目建设信息。项目建设信息包括建设信息 ID、项目代码、开工、年报、竣工年份等，具体见表 8.12。

表 8.12　项目建设信息

序　号	字段名	数据类型	描　述
1	建设信息 ID	字　符	平台中项目建设情况的唯一标识
2	平台项目代码	字　符	全国投资项目统一编码代码，采用数字和连接符组合编码的方式生成的 24 位代码
3	开工、年报、竣工年份	字　符	格式如：2015
4	报告类型	字　符	数据字典：A08100 开工 /A08200 年报 /A08300 竣工
5	报告日期	日　期	此栏填写报告的时间 yyyy—mm—dd

④ 项目异常名录信息。项目异常名录信息包括异常信息 ID、项目代码、监管部门等，具体见表 8.13。

表 8.13　项目异常名录信息

序　号	字段名	数据类型	描　述
1	异常信息 ID	字　符	平台中异常名录的唯一标识
2	平台项目代码	字　符	全国投资项目统一编码代码，采用数字和连接符组合编码的方式生成的 24 位代码
3	监管部门	字　符	
4	监管部门区划	字　符	监管部门所在地行政区划编码。对于国家统计局代码中没有的开发区，此字段编码允许为空
5	异常情形	字　符	数据字典：A06100 违反法律法规擅自竣工建设 /A06200 不按照经批准的内容组织实施 /A06300 未经过竣工验收擅自投入生产运营 /A06900 其他违法违规行为
6	异常级别	字　符	数据字典：A07100 一般 /A07200 重大
7	异常行为内容	字　符	
8	记录异常日期	日　期	异常产生的时间，格式为：YYYY—MM—DD

（5）政务服务事项信息。政务服务事项信息包括基本编码、实施编码、事项名称等，具体见表 8.14。

表 8.14　政务服务事项信息

序　号	字段名	数据类型	描　述
1	基本编码	字　符	
2	实施编码	字　符	
3	事项名称	字　符	政务服务事项的具体名称
4	事项类型	字　符	
5	设定依据	字　符	
6	行使层级	字　符	国家级、省级、市级、县级、乡级、村级
7	权限划分	字　符	划分同一事项在不同层级间行使的标准
8	行使内容	字　符	指法规条文对不同层级的实施机构行使同一事项有区别性规定的情况
9	实施机构	字　符	办理具体政务服务事项的机构名称
10	实施主体性质	字　符	法定机关 / 授权组织 / 受委托组织
11	法定办结时限	字　符	某一政务服务事项法规条款明确的具体办结时限
12	受理条件	字　符	法规和文件列明的具体条件
13	申请材料	字　符	
14	联办机构	字　符	同一事项有两个以上实施机构
15	中介服务	字　符	法定涉及的中介服务
16	办理流程	二进制大文件	
17	数量限制	字　符	政务服务事项有数量限制的应予标注
18	结果名称	字　符	
19	结果样本	字　符	
20	是否收费	字　符	
21	收费标准	字　符	物价部门核定的标准
22	收费依据	字　符	政府部门正式批文说明
23	服务对象	字　符	自然人 / 法人
24	办件类型	字　符	承诺件 / 即办
25	承诺办结时限	字　符	实际对外承诺办件办结时限
26	通办范围	字　符	全国 / 跨省 / 跨市 / 跨县
27	办理形式	字　符	窗口 / 网上办理
28	是否支持预约办理	字　符	是 / 否
29	是否支持网上支付	字　符	是 / 否
30	是否支持物流快递	字　符	是 / 否
31	运行系统	字　符	国家级 / 省级 / 市级
32	办理地点	字　符	具体承办单位所在地点
33	办理时间	字　符	
34	咨询电话	字　符	办理咨询电话
35	常见问题	字　符	常见问题解答
36	监督电话	字　符	投诉监督联系方式
37	受理条件	字　符	
38	内部流程描述	字　符	权力运行内部流程的说明信息
39	权力更新类型	字　符	新增 / 变更 / 取消
40	版本号	字　符	从 1 开始顺序增加
41	版本生效时间	日　期	权力版本生效时间
42	权力状态	字　符	在用 / 暂停 / 取消

（6）政务服务运行信息（办件信息）。政务服务运行信息包括申请信息、申请材料信息、受理信息、办理环节信息、特别程序信息、办结信息。

2）交换体系

交换体系是为解决部门间、地域间、层级间政务服务信息共享困难、信息不一致、信息实时性不强等问题而建设的信息服务体系。按照政务服务信息资源交换标准，根据各地区各部门应用系统的需求，科学规划共享信息，为部门内的业务应用系统和跨部门的综合应用系统提供信息定向交换服务和信息授权共享服务。

3）相互关系

目录体系和交换体系既相对独立，可独立建设，又相互依赖，可互相提供服务。一方面，通过目录体系建立起的政务信息资源目录及接口，可对政务信息资源进行查询和检索，从而为政务信息交换奠定基础；另一方面，通过交换体系，可对政务信息资源编目进行传送，对信息资源进行访问、获取。应用系统根据需要可以选择目录体系提供的目录服务，或交换体系提供的交换和共享服务，也可选择两个体系提供的所有服务。

4）层次结构

可采用集中与分布相结合的方式进行信息资源目录服务和数据交换服务，其体系主要分为国家、省、地市三级节点，实现国家、省、市、县级数据交换。在国家级节点存储和提供政务信息资源总目录和国家级政务数据交换服务；在省级节点存储和提供相关省级政务信息资源分目录和省级交换服务；在地市级节点存储和提供地市级及以下政务信息资源分目录和地市级及以下交换服务。下级节点应当利用上级节点进行本级政务信息资源的注册和跨区域的数据交换。数据交换体系层级结构如图 8.16 所示。

采用统建模式、分建模式的地区可根据实际情况组织各层级数据交换平台建设。

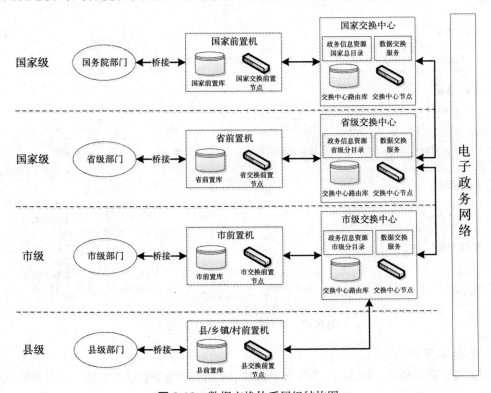

图 8.16　数据交换体系层级结构图

5）交换方式

国家级、省级、地市级节点内部采用集中交换和分布交换相组合的形式。

集中交换模式将信息资源集中存储于共享信息库中，信息资源提供者或使用者通过访问共享信息库实现信息资源交换。对于信息共享程度较高的信息资源，可采用集中交换模式。在集中交换的基础上进行数据清洗、加工、整合，并为其他部门提供服务，便于各类主题信息的统计分析，提高信息查询效率。

分布交换模式将信息资源分别存储于各业务信息库中，以目录的方式进行数据共享，信息资源提供者和使用者通过交换节点提供的交换服务实现信息资源的跨部门共享，实现一数一源、一源多用、跨部门共享。集中与分布相结合，从而支持多种服务模式。国家级、省级、地市级节点之间通过国家级政务服务平台和省级政务服务平台实现数据跨域交换。

政务数据共享平台根据不同的场景提供数据库表、Web Service、文件等数据交换方式。

（1）数据库表方式。在政务数据共享平台能直接访问前置机数据库的情况下，数据交换双方均将数据推送至前置机数据库表中，并从前置机数据库表读取交换给本方的数据。

（2）Web Service方式。数据交换双方通过Web Service发布数据读写接口，并通过调用该接口完成数据的双向交换。

（3）文件方式。对于非结构化的信息资源，政务数据共享平台可以读取非结构化信息资源，通过消息中间件实现非结构信息资源的数据交换。

2. 平台架构

政务数据共享平台是交换体系建设的基础，通过政务数据共享平台建设能够为政府各部门提供跨层级、跨部门的数据共享交换支撑。

政务数据共享平台由平台前置层、共享交换层、平台支撑层、基础资源层组成，平台架构如图8.17所示。

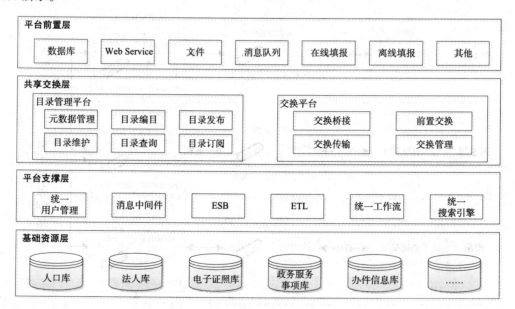

图8.17　政务数据共享平台架构图

1）平台前置层

平台前置层是跨地区、跨部门、跨层级交换共享的政务信息数据前置区域，承担着整个平台的对外服务，包括数据库、文件、消息队列、在线填报、离线填报、Web Service、Web浏览等交换方式。

2）共享交换层

由目录管理平台和交换平台构成。目录管理平台提供元数据管理、目录编目、目录注册、目录发布、目录维护、目录订阅等功能；交换平台提供交换桥接、前置交换、交换传输、交换管理等功能，为信息定向交换传输和形成基础信息资源库提供支撑。

3）平台支撑层

主要提供消息中间件、企业服务总线（ESB）、抽取转换加载（ETL）、调换调度等工具，实现接口封装、数据抽取、数据清洗、数据转换、数据关联、数据比对等功能。

4）基础资源层

汇聚政务服务事项库、办件信息库，共享利用人口、法人、电子证照、信用信息等基础资源库。

3. 平台功能

1）目录管理平台

目录管理平台包括元数据管理、目录编目、目录发布、目录维护、目录查询、目录订阅等功能。

（1）元数据管理。对政务信息资源的标识、内容、分发、数据质量、数据表现、数据模式、图示表达、限制和维护等信息进行统一管理，提供元数据的定义、存储、查询及维护等功能，以利于发现与定位信息资源、管理与整合信息资源，改进系统有效存储、检索和移动数据的能力。

（2）目录编目。对目录数据进行管理，提供目录的生成、注册、查询及维护等功能，以利于跨部门、跨层级以及部门内部进行信息共享的索引。

（3）目录发布。对已生成的目录信息进行审核发布，包括对目录类别、目录项、目录文字等进行审核及发布，形成可查询显示的目录内容和访问地址。

（4）目录维护。对已发布的目录信息进行维护管理，包括删除、停用、更新、重组、备份、恢复等功能。

（5）目录查询。对已发布的目录提供多维度的目录查询、列表查询等功能。

（6）目录订阅。分权限对已发布的目录信息进行订阅查询。

2）交换平台

交换平台包括交换适配、前置交换、交换传输、交换管理等功能。

（1）交换适配。主要完成部门业务办理系统与数据交换系统之间的信息桥接，与部门业务办理系统为松耦合结构，可以在保证部门审批业务信息系统可靠、安全的前提下，实现部门业务办理信息数据库与前置交换信息库之间在线实时交换。

（2）前置交换。为确保各部门现有系统的运行不被资源整合所影响，保障现有系统的数据安全，以前置交换作为各部门与数据交换平台进行数据交换的窗口，一方面从各业务系统提取数据，向数据中心提交；另一方面从数据中心接收数据，并向业务系统传递数据。

（3）交换传输。在前置交换之间构成信息交换通道，根据部署的交换流程，实现交换信息的打包、转换、传递、路由、解包等功能。通过消息总线模式，实现部门前置交换信息库之间的信息处理和稳定可靠、不间断的信息传递。

（4）交换管理。作为交换平台的中心管理模块，应提供图形化的配置工具，实现对整个信息交换过程的流程配置、部署、执行，对整个交换平台运行进行监控、管理。具体包括数据交换适配管理、交换节点管理、交换流程管理等。

4. 各地区现有政务服务相关业务办理系统对接

1）分类、分层级对接

推动政务服务管理平台同各地区现有的政务服务相关业务办理系统对接。

各部门已经自建的政务服务相关业务办理系统，按照数据对接标准升级改造；新开发的业务办理系统，在设计开发时要遵循数据对接标准，在本级实现数据对接。推动上级部门集中部署的业务办理系统对接政务数据共享平台，本级政务服务管理平台通过垂直数据交换通道实现与本级相关部门业务数据的对接。

2）部门业务办理系统对接

按照政务服务的业务流程，政务服务管理平台负责受理和结果发放，部门业务办理系统负责内部业务审批。政务服务管理平台和部门业务办理系统之间的对接流程示意如图 8.18 所示。

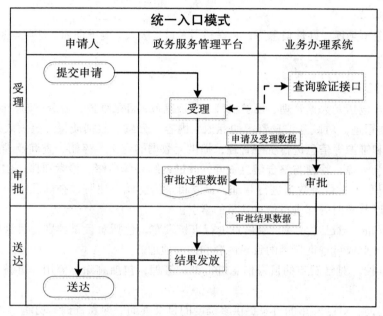

图 8.18 业务办理系统对接流程图

政务服务管理平台受理申请后，按照对接数据标准，将办件申请及受理信息送至部门业务办理系统，部门业务办理系统把审批过程信息和审批结果信息返回给统一平台。同时，如果窗口人员在受理时需要部门业务办理系统辅助，部门业务办理系统提供实时查询验证接口，由政务服务管理平台整合到统一受理功能中。

3）数据交换内容

政务服务数据交换的内容包括申请信息、申请材料信息、受理信息、办理环节信息、特别程序信息、办结信息。具体的数据交换信息标准如下。

（1）申请信息标准定义。申请信息标准定义包括办件编号、事项编码、事项名称等，具体见表 8.15。

表 8.15 申请信息标准定义

序 号	字段名	数据类型	描 述
1	办件编号	字 符	全省统一，作为办件的唯一标识，由业务系统按规则自动生成
2	事项编码	字 符	
3	事项名称	字 符	根据选中的事项自动填写。例：交通建设工程施工许可
4	办件类型	字 符	即办件 / 承诺件
5	申请人名称	字 符	填写申请人的名称，如为个人，则填写姓名；如为法人，则填写单位名称
6	申请人证件类型	字 符	申请人提供的有效证件名称，包括身份证、组织机构代码证等

序　号	字段名	数据类型	描　述
7	申请人证件号码	字　符	申请人提供的有效证件的识别号。如身份证号码：330102198805******
8	联系人／代理人姓名	字　符	如果无代理人，联系人就是申请人
9	联系人／代理人证件类型	字　符	提供的有效证件名称，包括身份证、组织机构代码证等
10	联系人／代理人证件号码	字　符	提供的有效证件的识别号。如身份证号码：330102198805******
11	联系人联系电话	字　符	申请人的联系电话
12	邮编	字　符	申请人联系地址对应的邮政编码
13	通信地址	字　符	申请人的联系地址
14	法定代表人	字　符	申请人是法人时需要填写
15	申请来源	字　符	标识办件的申请源头，如政务服务门户、实体政务大厅等
16	申请时间	字　符	时间格式：yyyy-mm-dd hh 24：mi：ss
17	项目编号	字　符	有注册项目的需要填写项目编号，同国家投资项目管理监管平台中的编号保持一致

（2）申请材料信息定义。申请材料信息定义包括办件编号、材料名称、收取方式等，具体见表 8.16。

表 8.16　申请材料信息定义

序　号	字段名	数据类型	描　述
1	办件编号	字　符	基本信息的办件编号
2	材料名称	字　符	事项所对应的申请材料
3	是否已收取	字　符	标识申请材料收取的情况，1＝是，0＝否
4	收取方式	字　符	纸质收取、附件上传、证照库
5	收取数量	数　字	记录所收取申请材料的数量
6	收取时间	日　期	时间格式：yyyy-mm-dd hh 24：mi：ss
7	附件实体	二进制	如果有上传附件，则该信息保存的是具体的附件信息
8	备　注	字　符	作为申请材料收取情况的补充说明

（3）受理信息标准定义。受理信息标准定义包括办件编号、政务服务人员、受理时间、所在部门，具体见表 8.17。

表 8.17　受理信息标准定义

序　号	字段名	数据类型	描　述
1	办件编号	字　符	基本信息的办件编号
2	政务服务人员所在部门	字　符	进行受理操作的用户所在部门
3	政务服务人员	字　符	登录业务系统进行受理操作的当前用户姓名
4	受理时间	日　期	时间格式：yyyy-mm-dd hh 24：mi：ss
5	受理文书编号	字　符	

（4）办理环节信息标准定义。办理环节信息标准定义包括办件编号、业务动作、审批人等，具体见表 8.18。

表 8.18　办理环节信息标准定义

序　号	字段名	数据类型	描　述
1	办件编号	字　符	基本信息的办件编号
2	业务动作	字　符	通过、退回、其他

序 号	字段名	数据类型	描　述
3	办理环节名称	字　符	
4	下一环节名称	字　符	
5	审批人姓名	字　符	
6	审批意见	字　符	
7	环节开始时间	日　期	
8	环节结束时间	日　期	
9	备　注	字　符	

（5）特别程序信息标准定义。特别程序信息标准定义包括办件编号、特别程序种类、名称等，具体见表 8.19。

（6）办结信息标准定义。办结信息标准定义包括办件编号、办理人员姓名、办结日期等，具体见表 8.20。

表 8.19　特别程序信息标准定义

序 号	字段名	数据类型	描　述
1	办件编号	字　符	基本信息的办件编号
2	特别程序种类	字　符	特别程序的种类： A– 延长审批 B– 除延长审批之外的情况，如书面审查、实地核查、招标与拍卖、检验、检测、检疫、鉴定、考试、考核；专家评审、技术审查、听证、听取利害关系人意见、集体审查、法律法规或规章规定的其他审查方式等
3	特别程序种类名称	字　符	填写上栏列举的实地核查、听证、检验、检测、检疫、鉴定等，不在上列范围时可自行扩展，自行扩展的都按B 类处理，即在"特别程序种类"中填写 B
4	特别程序开始日期	日　期	提出特别程序申请的日期。时间格式：yyyy-mm-dd
5	特别程序启动理由或依据	字　符	特别程序启动理由、原因或依据
6	申请人	字　符	提出特别程序申请的人员
7	特别程序结束日期	日　期	时间格式：yyyy-mm-dd
8	特别程序结果	字　符	进入特别程序后得出的结论，比如实地核查、听证、检验、检测、检疫、鉴定结果等
9	特别程序办理意见	字　符	审批办理意见
10	办理人	字　符	特别程序结果办理人员

表 8.20　办结信息标准定义

序 号	字段名	数据类型	描　述
1	办件编号	字　符	基本信息的办件编号
2	办理人员姓名	字　符	
3	办结日期	日　期	
4	办理结果	字　符	准予许可、不予许可、转报
5	结果证照编号	字　符	
6	办件结果电子文书	二进制	证照批文信息
7	办件结果描述	字　符	证照照面信息描述
8	结果时效	字　符	办件结果的时效
9	备　注	字　符	

5. 省级平台与国务院部门相关系统数据对接

1）对接要求

各地区、各部门根据各自政务服务需求，梳理省级平台与国务院部门相关统建系统相互之间需要对接的事项，细化明确需交换信息的内容、标准、格式等。省级政务服务平台和国务院部门相关信息系统之间的数据交换通过国家政务服务平台实现。

2）对接方式

国务院相关部门根据政务服务需要，推动纵向业务办理系统和政务服务数据资源与地方政务服务平台按需对接。根据国务院部门统建系统和网络实际，可提供系统数据实时交换、批量导入导出、人工录入等不同方式。

（1）系统数据实时交换：

① 接口实时交换。通过 Web Service 接口等方式实现国务院部门统建系统和省级平台对接，实现数据自动实时交换，优点是实时性强、交换效率高、数据质量有保障，适用于对实时性要求高的交换。

② 前置库实时交换。通过前置机数据库的方式实现国务院部门统建系统和省级平台对接，优点是系统改造成本小、交换效率高、数据质量有保障，适用于大批量、实时性要求较高的交换。

（2）批量导入导出。通过人工方式批量导入导出或大批量数据的异步传输，实现国务院部门系统与省级平台对接，优点是能够保证数据的准确性和完整性，但效率低、实时性差，适用于系统数据实时交换实现难度大、网络不畅、大批量、对于实时性要求低的交换。

（3）人工录入。此外，可采取人工二次录入的方式，将要交换的数据在国务院部门系统和省级平台中分别录入，优点是无需进行系统对接及升级改造，缺点是数据的实时性、准确性、完整性都难以保障，重复性工作，适用于国务院部门和省级平台无法实现数据实时交换及批量导入导出的交换。

6. 基础资源库共享共用

积极利用人口、法人、地理空间信息、信用信息、电子证照等基础信息资源库和业务信息库，依托政务数据共享平台实现基础资源库的共享共用。

1）共享共用模式

基础资源库由数据源、信息资源目录、数据服务接口三部分组成。

数据源可以是集中的数据库，也可以是独立的数据库。由政务服务管理平台生成的数据应集中存储，如政务服务事项库、投资项目库、电子证照库等；由其他业务系统管理的数据可以独立存储，如人口、法人、信用信息库等。在市级平台生成的项目信息、电子证照信息应汇聚到省级平台。

信息资源目录记录了所有信息的元数据和访问地址，所有基础数据都应该注册到信息资源目录中。

数据服务接口是外界访问基础信息资源的通道，所有信息资源数据通过数据服务接口统一对外提供访问服务。数据服务接口的形式有多种，可以是 Web Service 接口、前置机或人工操作的查询界面。

国家政务服务平台承担基础资源访问引导功能，实现跨省（区、市）访问基础政务服务数据资源。具体的数据访问流程如图 8.19 所示。

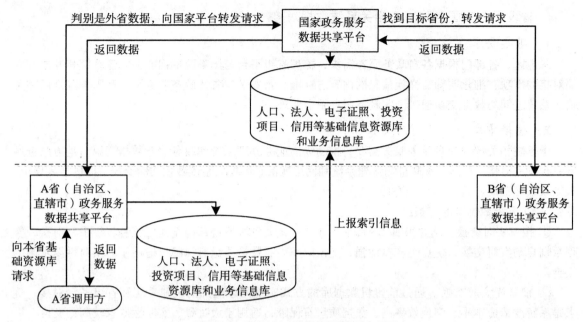

图 8.19 跨省访问基础数据资源流程图

2）访问方式和访问流程

（1）数据访问方式。数据访问的方式有应用系统调用和人工查询两种，如图 8.20 所示。

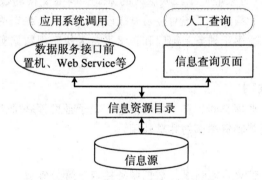

图 8.20 数据访问方式示意图

数据服务接口提供多种数据访问模式。

① 精确匹配返回单条信息。如根据身份证号码获取自然人基本信息。

② 根据筛选条件获取批量数据。如获取政务服务事项库中某部门某时间段后新增或变更的事项。

③ 验证信息真伪。如提交企业统一社会信用代码和注册金额，验证是否真实。

（2）数据访问流程。数据访问由信息请求方发起，通过调用注册到信息资源目录中的数据服务接口，进行信息流转，确认信息源后反馈请求信息，并将经过封装好的信息传输给请求方。

数据访问具体流程如图 8.21 所示。

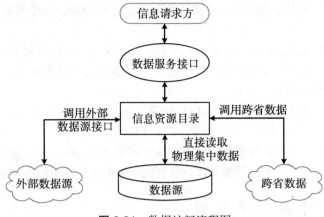

图 8.21　数据访问流程图

3）基础资源目录管理

基础资源目录管理主要包括信息资源的元数据管理、编目、订阅、发布、管理、查询、服务调用等功能，可实现对政务服务基础数据资源的管理和共享。

（1）元数据管理。对政务信息资源的标识、内容、分发、数据质量、数据表现、数据模式、图示表达、限制和维护等信息进行统一管理，以利于发现与定位信息资源、管理与整合信息资源，改进系统有效存储、检索和移动数据的能力。

元数据管理包括以下功能：

① 元数据定义。包括基础分类信息制定、元模型制定、数据分层定义、数据主题管理、模型规范制定。

② 元数据存储。元数据存储的信息管理范围包括数据源接口、ETL 和前端展现等全部数据处理环节，并可对技术元数据及业务元数据进行存储。

③ 元数据查询。元数据查询支持对元数据库中的元数据基本信息进行查询与检索，可查询数据库表、指标、过程及参与的输入输出对象信息，以及其他纳入管理的对象基本信息，并将所查的元数据及其所属的相关信息按处理的层次及业务主题进行组织。

④ 元数据维护。平台的元数据是动态更新的，因此元数据的维护需提供对元数据的增加、删除和修改等基本操作。

（2）目录管理。目录管理系统主要实现了目录分类、编目、审核发布、查询、权限及维护等功能。

① 目录分类。将一级政务服务信息资源目录分为自然人信息、法人信息、证照信息、投资项目信息、政务服务事项信息、办件信息六大类，也可根据实际应用需要进行分类。

② 编目功能。一级政府资源目录由管理部门维护，用于跨部门、跨层级部门信息共享的索引，二级部门内部目录由部门自己设定，用于部门内部信息共享的索引。编制完成之后提交审核。

③ 审核发布。包括对目录类别的审核、对目录项审核、对目录文字审核、对目录流程图审核、资源目录项中标识符编码的查询显示、数据资源目录项中标识符编码的人工修改。

④ 目录查询。包括多维度目录查询、列表查询、信息资源访问功能。

⑤ 目录权限。目录权限管理是对不同用户级别进行授权，满足不同用户对目录浏览、检索的权限要求。

⑥ 目录维护。对已发布的目录进行维护，包括删除、停用、更新、重组目录等操作。

（3）资源管理。资源管理是对抽取的各个业务部门的信息资源进行统一管理，主要功能如下：

① 资源编码管理。根据设定的规则，自动生成信息资源编码。

② 资源版本管理。对于资源的任何变更，进行版本管理，所有历史版本都保留备查。

③ 部门资源管理。包括新增资源、未发布资源、已发布资源、历史资源、应用程序管理、资源数据展示。

④ 资源服务。所有人工或者自动初始化的资源，自动生成一个标准服务，供共享调用。

⑤ 资源调用。对于完全共享的信息资源以及审核备案通过的信息资源，可以查看、调用该资源的服务，实现资源共享使用。

⑥ 资源申请审核。对于非完全共享的信息资源，如需要使用其信息资源，需要进行申请，管理人员进行审核备案。

⑦ 资源与目录关联。维护资源分类，实现资源与目录自动关联，将资源显示到目录。

⑧ 资源订阅管理。主要是对资源的订阅、收到的资源需求和提出的资源需求进行管理。

8.4 政务服务平台"八个统一"

8.4.1 统一身份认证

国家政务服务平台基于自然人身份信息、法人单位信息等国家认证资源，建设全国统一身份认证系统，积极稳妥与第三方机构开展网上认证合作，为各地区和国务院有关部门政务服务平台及移动端提供统一身份认证服务。各地区和国务院有关部门统一利用国家政务服务平台认证能力，按照标准建设完善可信凭证和单点登录系统，解决企业和群众办事在不同地区和部门平台重复注册验证等问题，实现"一次认证、全网通办"。各地区各部门已建身份认证系统按照相关规范对接国家政务服务平台统一身份认证系统。

8.4.2 统一公共收付

按照"统一规划、一点接入"的建设思路，优化完善统一的公共收付系统，为纳入数字政务一体化平台的收费项目，提供统一的收付入口，以及线上线下整合的多渠道缴款服务。对已建的公共收付系统，按照标准规范对接。

8.4.3 统一电子文书

建设统一的电子文书系统，具备数据防篡改、可追溯、可备查、可备用和电子文书归档等功能，促进网上办事、审批办理和档案管理的无缝衔接。

8.4.4 统一电子印章

制定政务服务领域电子印章管理办法，规范电子印章全流程管理，明确加盖电子印章的电子材料合法有效。应用基于商用密码的数字签名等技术，依托国家政务服务平台建设权威、规范、可信的国家统一电子印章系统。各地区和国务院有关部门使用国家统一电子印章制章系统制发电子印章。未建立电子印章用章系统的按照国家电子印章技术规范建立，已建电子印章用章系统的按照相关规范对接。

8.4.5 统一电子证照

依托国家政务服务平台电子证照共享服务系统，实现电子证照跨地区、跨部门共享。各地区和国务院有关部门按照国家电子证照业务技术规范制作和管理电子证照，上报电子证照目录数据。电子证照采用标准版式文档格式，通过电子印章用章系统加盖电子印章或加签数字签名，实现全国互信互认，切实解决企业和群众办事提交材料、证明多等问题。

8.4.6　统一邮寄管理

充分利用现有成熟第三方邮寄服务，建立统一的邮寄服务配套管理系统，实现申请材料和办理结果的传递交接、网上收付与邮寄对账等功能，为群众办事提供便捷化服务。

8.4.7　统一数据共享

国家政务服务平台充分利用国家人口、法人、信用、地理信息等基础资源库，对接国务院部门垂直业务办理系统，满足政务服务数据共享需求。发挥国家数据共享交换平台作为国家政务服务平台基础设施和数据交换通道的作用，对于各省（自治区、直辖市）和国务院有关部门提出的政务服务数据共享需求，由国家政务服务平台统一受理和提供服务，并通过国家数据共享交换平台交换数据。进一步加强政务信息系统整合共享，简化共享数据申请使用流程，满足各地区和国务院有关部门政务服务数据需求。落实数据提供方责任，国务院有关部门按照"谁主管，谁提供，谁负责"的原则，保障数据供给，提高数据质量。除特殊情况外，国务院部门政务信息系统不按要求与一体化平台共享数据的，中央财政不予经费保障。强化数据使用方责任，加强共享数据使用全过程管理，确保数据安全。整合市场监管相关数据资源，推动事中事后监管信息与政务服务深度融合、"一网通享"。建设国家政务服务平台数据资源中心，汇聚各地区和国务院有关部门政务服务数据，积极运用大数据、人工智能等新技术，开展全国政务服务态势分析，为提升政务服务质量提供大数据支撑。

8.4.8　统一基础设施

基础设施包括网络、服务器、安全等硬件基础设施，优先依托政务云平台进行集约化部署建设。网络方面，原则上政务服务的预审、受理、审批、决定等依托统一电子政务网络，政务服务的咨询、预约、申报、反馈等依托互联网。政务服务数据共享平台依托电子政务网络建设。

8.5　综合保障一体化

8.5.1　健全标准规范

按照"急用先行、分类推进，成熟一批、发布一批"的原则，抓紧制定并不断完善全国一体化在线政务服务平台总体框架、数据、应用、运营、安全、管理等标准规范，指导各地区和国务院有关部门政务服务平台规范建设，推进政务服务事项、数据、流程等标准化，实现政务服务平台标准统一、互联互通、数据共享、业务协同。加强政务服务平台标准规范宣传培训、应用推广和贯彻实施，总结推广平台建设经验做法和应用案例，定期对标准规范进行应用评估和修订完善，以标准化促进平台建设一体化、政务服务规范化。

8.5.2　筑牢安全防护

强化各级政务服务平台安全保障系统的风险防控能力，构建全方位、多层次、一致性的防护体系，切实保障全国一体化在线政务服务平台平稳高效安全运行。落实《中华人民共和国网络安全法》和信息安全等级保护制度等信息网络安全相关法律法规和政策性文件，加强国家关键基础设施安全防护，明确各级政务服务平台网络安全管理机构，落实安全管理主体责任，建立健全安全管理和保密审查制度，加强安全规划、安全建设、安全测评、容灾备份等保障。强化日常监管，加强安全态势感知分析，准确把握安全风险趋势，定期开展风险评估和压力测试，及时通报、整改问题，化解安全风险。加强政务大数据安全管理，制定平台数据安全管理办法，加强对涉及国家利益、公共安全、商业秘密、个人隐私等重要信息的保护和管理。应用符合国家要求的密码技术产品加强身份认证和数据保护，优先采用安全可靠的软硬件产品、系统和服务，以应用促进技术创新，带动产业发展，确保安全可控。加强网络安全保障队伍建设，建立多部门协调联动工作机制，制定完善的应急预案，强化日常预防、监测、预警和应急处置能力。

8.5.3　完善运营管理

按照统一运营管理要求，各级政务服务平台分别建立运营管理系统，形成分级管理、责任明确、保障有力的全国一体化在线政务服务平台运营管理体系。加强国家政务服务平台运营管理力量，建立健全相关规章制度，优化运营工作流程，提升国家政务服务平台作为总枢纽的服务支撑能力。各地区和国务院有关部门要整合运营资源，加强平台运营管理队伍建设，统一负责政务服务平台和实体大厅运行管理的组织协调、督促检查、评估考核等工作，推进"一套制度管理、一支队伍保障"。创新平台运营服务模式，充分发挥社会机构运营优势，建立健全运营服务社会化机制，形成配备合理、稳定可持续的运营服务力量。

8.5.4　强化咨询投诉

按照"统一规划、分级建设、分级办理"原则，形成上下覆盖、部门联动、标准统一的政务服务咨询投诉体系，畅通网上咨询投诉渠道，及时回应和推动解决政务服务中的热点难点问题。国家政务服务平台咨询投诉系统提供在线受理、转办、督办、反馈等全流程咨询投诉服务，与各地区和国务院有关部门协同处理，通过受理咨询投诉不断完善平台功能、提升平台服务水平。各地区和国务院有关部门建设完善政务服务平台专业咨询投诉系统，与各类政务热线做好对接，对事项上线、政务办件、证照共享、结果送达等事项服务，开展全程监督、评价、投诉并及时反馈，实现群众诉求件件有落实、事事有回应。国家政务服务平台咨询投诉系统做好与中国政府网咨询投诉功能的衔接。

8.5.5　加强评估评价

依托国家政务服务平台网上评估系统，建立政务服务评估指标体系，加强对各地区和国务院有关部门政务服务平台的在线评估。同时，将各级政务服务平台网络安全工作情况纳入评估指标体系，督促做好网络安全防护工作。建立完善各级政务服务平台网上评估评价系统，实时监测事项、办件、业务、用户等信息数据，接受申请办事的企业和群众对政务服务事项办理情况的评价，实现评估评价数据可视化展示与多维度对比分析，以评估评价强化常态化监督，实现全流程动态精准监督，促进各地区和国务院有关部门政务服务水平不断提升。

第 *9* 章 省级数字政府的设计案例

整体型政府是政府数字化转型的典型形态特征[1]

当今，按照国务院的统一部署，各地掀起了数字政府建设的热潮。目前，数字政府第一阶段建设任务基本完成，部分地区数字政府建设已见雏形，有力推动了政府治理和服务模式的创新，提高了政府为民服务的效率，提高了政府的公信力和执行力。

整体型政府是政府数字化转型的典型形态特征，广东、浙江等省走在了全国的前面。广东率先在全国部署数字政府改革建设，提出了广东数字政府建设的总体规划，描述了数字政府建设的蓝图和发展目标等内容，解决数字政府建设顶层设计的问题；浙江省则较早提出了数字政府建设标准先行的思路，出台了网上政务服务等方面相关的制度文件、工作手册等标准规范，为数字政府建设标准规范的制定提供参考。

我们学习了国内先进省市设计数字政府的好经验，加上本团队参与一些省级数字政府设计实践的体验，编写了一个省级数字政府的设计案例以飨读者，期许收到他山石可以攻玉之效，并与同行切磋、共同进步，为我国建设高效透明的在线数字政府献出微薄之力。

9.1 省级数字政府的建设目标与任务

我国幅员辽阔，各地人口、资源与经济发展情况不尽相同，各地数字政府的建设会结合本地的实际有所侧重，不可能都采用同一模式。根据国务院的要求，各地数字政府建设应把握好如下的目标与任务来进行。

9.1.1 省级政府的主要职责

一个省级人民政府的主要职责是：对全省人民负责；对全省经济进行调节，保持全省的宏观经济稳定发展；推动全省组织实施发展；保障全省人民民主和社会安全稳定；加强优化社会公共服务供给，建立社会化服务体系；把控经济调节，维护市场秩序，弥补市场失灵；引领创新，优化营商环境；促进就业，调整收入分配，促进共同富裕；保护生态环境和自然资源等。

9.1.2 数字政府建设的目标

省级数字政府建设目标是：

（1）加快建设纵向全贯通、横向全覆盖、业务全流程、部门全协同、效能全监管的一体化在线政务服务平台，实现与国家政务服务平台深度对接融合，推动政务服务加速向数字化、网络化、智能化、自助化、移动化发展。政务服务流程不断优化，政务信息资源有效汇聚，政府监管水平持续提升，辅助决策能力显著增强。

（2）推进政务服务线上线下融合互通，推进跨地区、跨部门、跨层级业务协同办理，实现全城通办、就近能办、异地可办，为深入推进"一事通办"改革、推动政府数字化转型提供强有力支撑。

（3）实现一体化在线政务服务平台与国家政务服务平台全面实现对接，市级平台及省级部门系统与一体化在线政务服务平台应接尽接；政务服务事项应上尽上，省、市、县三级政务服务事项

1）佚名。

网上可办率不低于90%；一体化在线政务服务平台标准规范体系、安全保障体系和运营管理体系不断完善，基本实现"一网通办""一事通办"。

（4）按照急用先行、分步实施的原则，逐步实现各市、省级各有关部门的"互联网＋监管"系统与国家"互联网＋监管"系统全面接入。开展本省政府网站集约化工作，实现本地区各级各类政府网站资源优化融合、平台整合安全、数据互认共享、管理统筹规范、服务便捷高效。

9.1.3   数字政府建设的任务

省级数字政府建设的主要任务是一体化在线政务服务平台、"互联网＋监管"系统、政府网站集约化平台和政务数据共享平台等。

1. 一体化在线政务服务平台

作为数字政府重要的公共基础平台，一体化在线政务服务平台主要依托国际互联网、电子政务外网、省级电子政务云计算中心的计算、存储、安全和灾备等软硬件基础设施资源开展建设；对上联通国家政务服务平台，对下联通市级平台，为市级平台和省级各部门提供公共入口、公共通道、公共支撑、核心应用等服务。

一体化在线政务服务平台主要建设以下几方面的内容：

（1）一套政务服务门户体系：包括互联网政务服务门户、实体大厅政务服务门户、用户管理中心、政务服务移动APP（Application，应用程序）、政务服务微信公众号、政务服务微信小程序、网上中介超市、政务服务评价系统、政务服务实体大厅管理系统、"一件事"应用超市、"12345"在线服务平台、防疫在线服务系统等12个系统。

（2）一个政务管理平台：包括政务服务事项管理系统、政务服务工作系统、政务服务运行管理系统、"一事通办"运行管理系统、政务服务监督管理系统、中介超市管理系统、政务服务能力评估系统、政务服务知识处理系统、政务大数据分析决策系统等九个系统。

（3）四个业务办理系统：包括各专业业务办理系统、通用业务办理系统、省级智能审批系统、自助服务终端系统等。

（4）一套综合保障体系：包括标准规范体系、安全保障体系、运行维护体系、服务评估体系等。

2. "互联网＋监管"系统

基于一体化在线政务服务平台的软硬件基础设施，建设省级"互联网＋监管"系统，不替代市县和部门监管业务系统和监管职责，而是联通各市、各省级部门监管系统，推进行政监管数字化，实现监管事项全覆盖、监管过程全记录，实现监管数据可共享、可分析、可预警等；同时为市县和部门协同监管、联合执法、风险预警等提供大数据支持服务，逐步推动实现精准监管和"智慧监管"；同时，与国家监管平台进行双向同步和对接，提供监管综合信息服务和大数据决策支持服务，国家领导可随时通过系统了解全国监管及全省监管工作情况。

3. 政府网站集约化平台

按照统一标准体系、统一技术平台、统一安全防护、统一运维监管的要求，推进数据融通、服务融通、应用融通，整合现有业务系统的访问控制，建设省级政府网站集约化平台，实现本地区各级各类政府网站资源优化融合、平台整合安全、数据互认共享、管理统筹规范、服务便捷高效。政府网站集约化平台是一个供各级政府、部门共同使用的统一工作门户平台，实现对各业务工作平台的集中访问，向平台上的各个政府网站提供站点管理、栏目管理、资源管理、权限管理、内容发布、互动交流、用户注册、统一身份认证、站内搜索、投诉举报、评价监督、个性定制、内容推送、运维监控、统计分析、安全防护等功能支撑。

4. 政务数据共享平台

作为支撑省级数字政府系统平台运行的基础数据平台，政务数据共享平台主要实现各级各部门信息系统互联互通和多源异构数据共享交换。通过省级、市级平台的级联接入、目录同步、数据同步，实现全省数据共享交换全接入、全覆盖、全贯通。政务数据共享平台主要由数据交换对接子系统、数据支撑子系统、应用支撑子系统、数据交换服务子系统、数据共享服务子系统和共享交换中心库等构成。

9.2 省级数字政府的总体设计

省级数字政府主要由一体化在线政务服务平台、"互联网＋监管"系统、政府网站集约化平台和政务数据共享平台等四部分组成，分为省级平台和市级平台两个层级。

9.2.1 层级体系

省级数字政府层级体系主要由省级平台和市级平台组成，如图 9.1 所示。

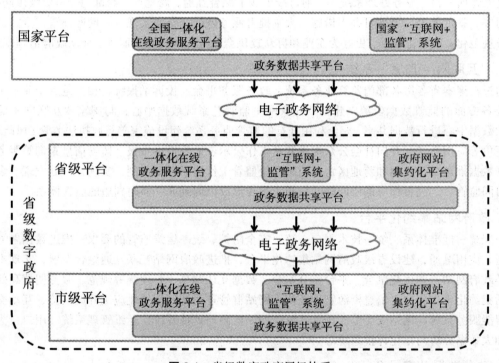

图 9.1 省级数字政府层级体系

1. 省级平台

省级平台是省级数字政府的总枢纽，对上联通国家级平台，对下联通市级平台，为市级平台和省级部门提供公共入口、公共通道、公共支撑、核心应用等服务，实现省、市、县、乡镇、村五级全覆盖，以及政务信息资源共享和业务协同。

2. 市级平台

市级平台（包括国家级园区、省级园区，下同）遵循数字政府系统平台总体架构，按照市级统筹原则建设。县级及县级以下可根据实际情况不另行建设，统一使用上级平台。通过整合市级各类信息系统，建设本地区各级互联、协同联动的平台体系，办理本地区业务。市级平台与省级平台互联互通，依托省级平台办理跨地区、跨部门、跨层级的业务。

9.2.2 系统组成

省级数字政府系统平台逻辑上主要由一体化在线政务服务平台、"互联网＋监管"系统、政府网站集约化平台和政务数据共享平台共四部分构成，如图 9.2 所示。

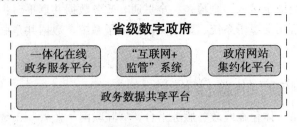

图 9.2 省级数字政府系统组成

1. 一体化在线政务服务平台

作为省级数字政府系统的重要基础公共平台，一体化在线政务服务平台主要包括政务服务门户、政务管理平台、业务办理系统等，通过线上线下融合互通，跨地区、跨部门、跨层级协同办理，全城通办、就近能办、异地可办等措施，大幅提升服务效能，全面实现"一网通办"，全面提升政务服务规范化、便利化水平，更好为企业和群众提供全流程一体化在线服务，推动政府治理现代化。

2. "互联网＋监管"系统

通过汇聚本省各级各部门监管业务系统、政务服务平台、投诉举报统、相关重点企业及第三方平台等各方面的监管数据资源，建立"互联网＋监管"系统数据中心，与国家"互联网＋监管"系统大数据中心进行数据共享，充分利用现有的监管业务系统建设或完善行政执法监管、风险预警、分析评价等应用系统，并向社会公众提供监管工作公示、监管投诉举报、监管信息查询等服务；建立监管数据推送反馈机制和跨地区跨部门跨层级监管工作协同联动机制，实现"一处发现、多方联动、协同监管"，完善相应的协同联动机制，逐步形成纵向到底、横向到边的监管体系。

3. 政府网站集约化平台

按照统一标准体系、统一技术平台、统一安全防护、统一运维监管的要求，推进数据融通、服务融通、应用融通，建设省级政府网站集约化平台，推进政府网站互联互通融合发展，实现本省各级各类政府网站资源优化融合、平台整合安全、数据互认共享、管理统筹规范、服务便捷高效。主要包括集约化工作门户、信息资源管理系统、网站群管理系统、集约化应用开放系统、互动交流系统、智能服务系统、网站安全监测预警系统、网站监测与评估系统、运维管理系统、用户行为分析系统和大数据分析与量化评价系统等。

4. 政务数据共享平台

作为支撑省级数字政府运行的基础数据平台，政务数据共享平台包括基础信息、业务信息、主题信息、宏观经济等政务数据库，以及政务数据共享交换的支撑系统，从而实现各信息系统互联互通和多源异构数据共享交换。

9.2.3 业务数据流程

通过整合各类网上政务服务系统，向企业和群众等提供统一便捷的服务，一体化线上政务服务业务流程如图 9.3 所示。

网上政务服务由渠道、互联网政务服务门户、"一事通办"支撑平台、数据共享交换平台及第三方服务平台构成，依托省数据共享交换平台打通与各级相关部门的业务流，为多渠道业务办理提供支撑服务能力，最终实现一体化在线政务服务平台的目标。

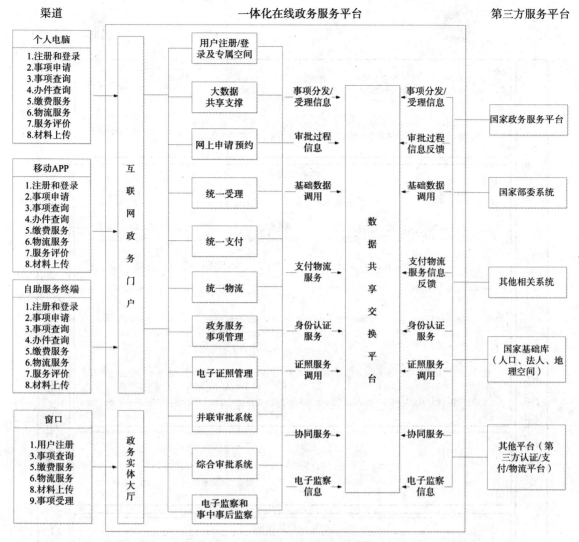

图 9.3　一体化线上政务服务业务流程

9.2.4　总体架构

从技术、数据和应用等不同维度来分析，省级数字政府分别对应技术架构、数据架构和应用架构等三个不同架构。

1. 技术架构

省级数字政府系统主要利用省级政务云平台、电子政务网络等相关基础设施建设，依托互联网向自然人和法人提供服务，依托电子政务网络向各级政府部门工作人员提供服务；利用全省统一数据共享交换平台，实现与国家政务服务平台、部门业务审批系统、国家基础信息库的信息对接与集成。

省级数字政府系统技术架构由基础设施层、数据资源层、应用支撑层、业务应用层、政务服务门户层五个层次及安全保障体系和运行维护体系组成。省级数字政府系统的总体技术架构如图 9.4 所示。

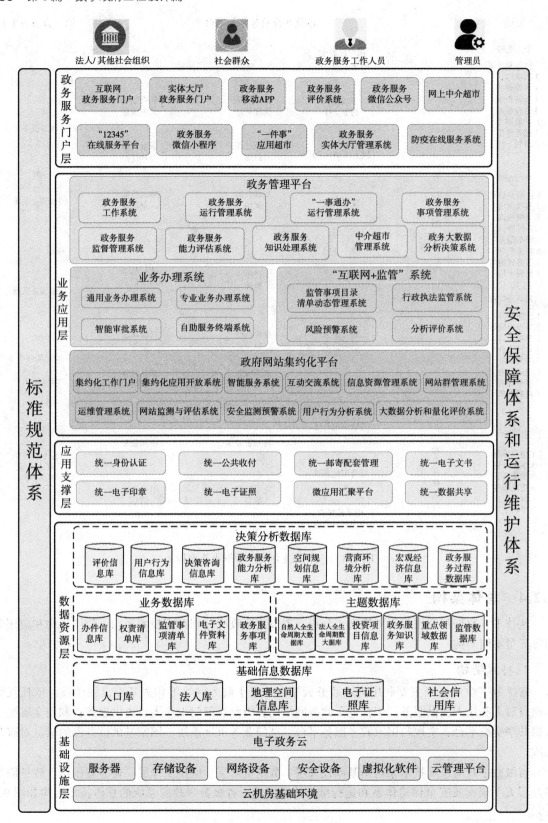

图9.4 省级数字政府系统总体技术架构

（1）基础设施层：包括网络、服务器、安全等硬件基础设施，优先依托政务云平台进行集约化部署建设。网络方面，政务服务的预审、受理、审批、决定等依托统一电子政务网络，政务服务的咨询、预约、申报、反馈等依托互联网。

（2）数据资源层：基于政务服务资源目录和数据交换，主要实现对政务服务数据资源的汇聚、管理、分析和服务等，信息资源库包含本系统自身产生和其他系统汇聚形成的政务服务事项库、办件信息库、监管信息库、行政权力库等政务服务业务信息库。

（3）应用支撑层：为构建省级一体化在线政务服务平台提供基础支撑，包括 CA（Certificate Authority，证书颁发机构）和电子印章、工作流引擎、电子表单、消息服务等各种通用组件服务，也包括统一身份认证、支付平台、电子文书和物流平台等中间支撑系统。统一身份认证为构建"一次注册、全网可信、一点认证、多点互联"的全省统一身份认证体系提供支撑；统一电子印章为促进电子证照、电子材料的有效应用及实现跨区域共享提供保障；电子证照共享平台为实现电子证照共享验证提供支撑。

（4）业务应用层：包括政务管理平台、业务办理系统、"互联网＋监管"系统、政府网站集约化平台等。政务管理平台是开展政务服务事项管理、监督考核、决策分析等工作的平台，为互联网政务服务门户和工作门户提供后台业务支撑，包括政务服务工作系统、政务服务运行管理系统、"一事通办"运行管理系统、政务服务事项管理系统、政务服务监督管理系统、政务服务能力评估系统、政务服务知识处理系统、中介超市管理系统、政务大数据分析决策系统等。业务办理系统包括专业业务办理系统、通用业务办理系统、智能审批系统、自助服务终端系统等。"互联网＋监管"系统是通过汇聚归集各类监管数据，为各地市、各部门开展监管工作提供综合信息服务，提供风险防控预测预警服务，为政务决策提供大数据支持；实现对政府监管的监管。政府网站集约化平台按照国家统一标准体系、统一技术平台、统一安全防护、统一运维监管的要求，推进数据融通、服务融通、应用融通，实现全省政府网站资源优化整合、平台整合安全、数据互认共享、管理统筹规范，向平台上的各级各类政府网站提供站点管理、栏目管理、内容发布、互动交流、用户注册、统一身份认证、站内搜索、安全防护等功能支撑。

（5）政务服务门户层：省级互联网政务服务门户通过省级政府网导航入口进入，面向自然人、法人和其他社会组织提供全省网上政务办事服务，通过智能搜索快速找到服务，进行问办查评，查询公共服务信息；此外，通过全省统一的政务服务 APP，将全省网上政务办事服务延伸至移动端，并提供大数据分析展现服务。政务服务工作门户面向各级各部门政务服务平台工作人员和管理人员，提供综合信息服务，支持内部信息传递、工作交流和经验分享，提供国家网上政务服务工作门户 APP 进行移动办公。自然人和法人可通过 PC（Personal Computer，个人计算机）电脑、移动终端、实体大厅、自助服务终端、呼叫热线等多种渠道访问。

2. 数据架构

省级数字政府系统数据架构由基础信息资源库、业务信息库、主题信息库和决策分析数据库等四部分组成，具体如图 9.5 所示。

（1）基础信息资源库：主要由人口库、法人库、地理空间信息库、电子证照库和社会信用库组成。

（2）业务信息库：主要由基于大数据平台的业务信息主数据库、办件信息库、权责清单库、监管事项清单库、电子文件资料库和政务服务事项库等组成。

（3）主题信息库：主要有全省统一的自然人全生命周期大数据库、法人全生命周期大数据库、投资项目信息库、重点领域数据库、监管数据库、政务服务知识库等主题信息库。

（4）决策分析数据库：主要有全省统一的评价信息库、政务服务能力分析库、用户行为分析库、决策咨询信息库、空间规划信息库、营商环境分析库、服务过程数据库、宏观经济信息库等数据库。

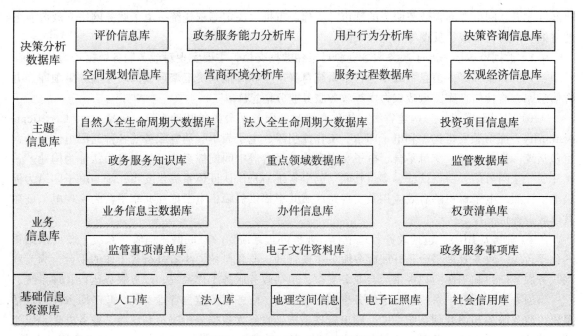

图 9.5 省级数字政府系统数据架构

3. 应用架构

省级数字政府系统应用架构主要包括政务管理平台、业务办理系统、"互联网+监管"系统和政府网站集约化平台等，其应用架构如图 9.6 所示。

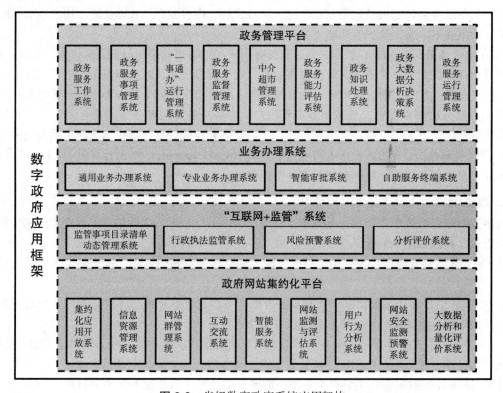

图 9.6 省级数字政府系统应用架构

（1）政务管理平台：包括政务服务工作系统、政务服务事项管理系统、"一事通办"运行管理系统、政务服务监督管理系统、中介超市管理系统、政务服务能力评估系统、政务知识处理系统、政务大数据分析决策系统、政务服务运行管理系统等应用系统。

（2）业务办理系统：主要包括通用业务办理系统、专业业务办理系统、智能审批系统、自助服务终端系统等业务办理系统。

（3）"互联网＋监管"系统：主要包括监管事项目录清单动态管理系统、行政执法监管系统、风险预警系统和分析评价系统等应用系统。

（4）政府网站集约化平台：主要包括集约化工作门户、集约化应用开放系统、信息资源管理系统、网站群管理系统、互动交流系统、智能服务系统、网站监测与评估系统、用户行为分析系统、网站安全监测预警系统、运维管理系统、大数据分析和量化评价系统等。

9.3 省级数字政府的政务服务门户

政务服务门户是政务服务实施机构为自然人、法人和其他社会组织提供互联网和实体大厅政务服务的入口。政务服务门户分为互联网政务服务门户和实体大厅政务服务门户，统一发布政务服务信息，统一提供预约、申请、查询、咨询、投诉、评价等服务。互联网政务服务门户与实体大厅在服务引导、同源数据发布的层次上进行充分的互联与集成。政务服务门户主要由面向公众展示门户、面向工作人员展示门户和后台管理系统构成。

9.3.1 面向公众展示门户

面向公众展示门户主要有互联网政务服务门户、实体大厅政务服务门户、政务服务移动 APP、政务服务微信公众号、政务服务微信小程序、网上中介超市、"一件事"应用超市、政务服务评价系统、用户管理中心、"12345"在线服务平台、政务服务实体大厅管理系统、防疫在线服务系统等，是面向公众办理业务提供统一的线上对外服务窗口。

1. 互联网政务服务门户

互联网政务服务门户统一展示、发布政务服务信息，接受自然人、法人的政务服务申请信息，经与政务服务数据共享平台进行数据验证、比对和完善后，发送至政务服务管理平台进行处理，将相关受理、办理和结果信息反馈申请人。

目前，全省各地政务服务网建设标准不统一、管理不规范，信息公开程度不同，导致各地差异性较大。为了更好地实现业务协同、系统整合、信息共享、安全保障、统一运维管理，同时也能实现资源集约化与成本效益最大化，本次全省互联网政务服务门户采用全省统一网站群建设模式，统一建设、分级管理、信息共享。互联网政务服务门户集中部署在省政务云平台，统一规划建设，统一展现省、市、县、乡、村及各部门网上办事内容，各级、各部门分级管理，分别维护各自负责的内容，实现各级各部门的政务服务应用聚合，面向自然人、法人和其他社会组织提供标准化办事指南和在线办事入口。

1）总体设计要求

省级互联网政务服务门户总体设计包括总体构架和栏目规则设计、风格统一的页面设计、政务服务栏目内容规划梳理、专题服务事项全流程资源整合和梳理等，具体要求如下：

（1）总体构架和栏目规则设计：结合国内外领先的服务理念和服务方式，梳理服务事项，设计门户整体框架结构方案，确定门户频道和栏目，规划门户前台服务形式。

① 框架结构、栏目设计：政务服务门户页面整体架构与布局应突出政务服务的重点内容，充分体现资源整合和政务公开、审批服务、公共资源交易服务、咨询问答服务、清单发布功能定位的

特点，给社会公众展现更多、更好的服务和资源。

② 服务导航框架设计：梳理归类省、市、县、乡、村五级的现有政务服务事项，系统根据不同维度对事项进行分类，方便用户能快速、便捷地定位到想要办理的事项。政务服务可按其性质、服务对象、服务主题、服务层级、服务形式、行政管辖、特定对象等进行分类。

③ 公众交互框架设计：针对办事审批过程中的各环节提供在线帮助与咨询服务，规划设计机器智能交互功能，提供 B/S（Browser/Server，浏览器 / 服务器模式）、C/S（Client-Server，服务器 - 客户机）交互两种方式。

④ 用户中心框架结构和布局：按照用户的使用习惯进行分类，对个人中心各级页面进行框架和布局的设计。

⑤ 移动客户端框架与页面布局：要充分体现移动用户的使用习惯，准确把握移动技术特点，突出用户注册、事项查询，以及互动等内容。

（2）风格统一的页面设计：统一设计省级互联网政务服务门户、市级互联网政务服务门户站点、县级互联网政务服务门户站点页面。

① 提供多套不同风格的统一门户设计稿和说明。

② 网站的表现设计体现简洁、明快，特色鲜明、操作便捷，并保持统一风格。

③ 页面布局突出重点，讲求效果，布局协调统一，位置相对稳定，便于使用。运用图片、动画等多种表现手段，使网站外观优美和谐。

④ 把网站内容的层次性和空间性突出显示出来，使用户很快就可以看到网站的重点信息，设计风格采用扁平化设计方法。

⑤ 采用一套省、市、县、乡、村五级统一的模板进行设计和部署。

⑥ 设计的页面主要有首页、政务公开、个人办事、法人办事等频道页。

2）功能设计

互联网政务服务门户主要提供网上办事、服务导航、服务评价、智能问答、智能搜索、政务咨询投诉举报等服务。

（1）网上办事：注册用户登录后，申请人具备事项网上办理功能，包括申请、预约、查询功能。

① 网上申请：申请人在网上办理事项时自动引用申请人的用户空间信息、电子证照信息，完善填写其他信息，上传其他申请材料，提交申请。申请完成后，给予是否提交成功提示，告知申请编号、自动生成申报信息二维码，并提供短信、移动终端等方式的提醒。

② 网上预约：预约人可在互联网政务服务门户、APP 等渠道预约，选择预约窗口与事项、日期与时间段，预约申请提交后给予明确提示是否成功。

③ 办事查询：用户可通过互联网政务服务门户查询办事的进度情况。

（2）服务导航：主要实现事项性质分类导航、服务对象分类导航、实施主体分类导航、公众办事分类导航、服务主题分类导航、服务层级分类导航、服务形式分类导航、行政管辖分类导航和特定对象分类导航等，方便业务办理用户能快速、便捷地定位到想要办理的事项。

（3）服务评价：主要包括在线评价、评价限制、评价结果处理、评价公示、评价统计等内容。

① 在线评价：用户可根据服务的结果，对自己在网上申报的办件服务态度、办理时间等方面进行满意度评价或打分；可根据预先定义的评价项进行动态显示，默认的主要包括"非常满意""满意""基本满意""不满意""非常不满意"等。

② 评价限制：服务评价需用户登录，便于核实与回访，具备限制重复评价，一个 IP（Internet Protocol，网际互连协议）、一个账号只能评价一次。

③ 评价结果处理：对于"基本满意""不满意""非常不满意"的评价内容，需进行回访，

并详细记录不满意的原因,并将该问题转到相应的部门进行处理、整改。系统应支持对整个回访过程的跟踪。

④ 评价公示:系统根据用户的办事评价数据,为每一个事项生成评价指数并通过门户进行公开,用户可以在浏览事项时查看该事项的评价等级以及其他人对该事项的历史评价记录。

⑤ 评价统计:系统支持对评价数据的统计分析,包括但不限于按事项统计、按部门统计、按评价级别统计等统计维度。

(4)智能问答:智能客服能对公共服务数据、权力事项库和办件库等信息进行自学习,并通过自然语义识别用户提交的问题,利用智能搜索引擎快速检索到相关信息后反馈给用户。系统自动同步答复知识库范围内的市民和企业等各类人群咨询的问题,通过建立客服机器应答流程,判断用户所提问题的分类,展现关联业务知识,推送相关业务的页面或地址,支持常用聊天内容识别回复。智能问答主要实现知识管理、领域语料管理、智能会话管理、接入客户端、统一交互接口和智能问答展示等功能。

(5)智能搜索:系统提供智能检索的方式来检索站群的信息,包括语义分析、业务语义库维护、全文检索索引,并提供智能检索查询及结果界面,提供按照相关度、时间等多维度的排序方式。

① 智能提示:系统支持对搜索关键词的自动关联显示,跟随用户输入给出相关联选项并标注其相关信息条数供用户参考,方便用户选择和查看目标资源。

② 分类搜索:系统支持对不同类别信息的垂直搜索,用户可根据需要进行自定义分类资源的精准查询。若用户未选定分类,则系统默认搜索全部信息并将结果按不同信息类型、信息格式综合排序。

③ 多条件搜索:系统提供高级搜索功能,方便用户输入多个搜索条件进行精准检索、精准定位。

④ 指定范围搜索:对于有一定知识背景和经验的用户来说,为了进一步缩小搜索范围,提高查询准确率,可以指定范围搜索,选择关键词查询范围(标题、正文、全部)、内容发布日期,实现自由、精准定位。

⑤ 自定义排序:搜索结果支持多种排序方式,如按相关度排序、按时间排序、默认综合排序,方便用户浏览查看。

⑥ 多维度结果筛选:支持搜索结果多维度分类显示,用户可对搜索结果进行二次搜索和多次搜索,在检索数据全面的基础上层层筛选,保证最终结果的准确性。

⑦ 结果分页显示:支持对搜索结果分页显示,用户可自定义每页显示信息数量,改善显示效果。

(6)政务咨询投诉举报:建立全省统一的互联网政务服务咨询投诉举报入口,提供统一的投诉、举报、咨询、建议服务。

① 咨询:用户可通过互联网政务服务门户进行网上咨询,提供网上留言和在线咨询等方式,实现个人、法人和办事人员对项目过程中的问题和意见的交流。

② 建议:主要包括在线建议、建议回复进度查询、建议公开等。

③ 投诉:主要包括在线投诉、投诉处理进度查询、投诉公开等。

④ 咨询投诉举报电话公示:通过互联网政务服务门户公示全省统一的咨询投诉举报电话。

⑤ 统计分析:面向公众公开各地市、各级部门处理咨询、投诉、举报、建议等信件的工作效率及办理情况,包括但不限于信件总量、满意率、未按期处理、未按期办结、平均办事时效、综合排名等情况。

3)与其他业务系统的对接

(1)与统一用户认证系统集成:省级政务服务门户通过与统一身份认证系统进行数据接口对接,为办事对象提供实名认证,逐步实现政务服务门户"一次认证、全网通行"。

统一身份认证系统主要是为社会公众、法人单位和公务人员提供统一的身份认证服务,通过统一身份认证系统推动全省各政府部门网上办事系统接入统一身份认证体系，依托身份证实名认证、手机验证、实体大厅现场验证等手段，建设全省统一的社会公众、法人单位和公务人员身份认证体系，为办事对象提供实名认证，实现各级政务服务网之间"一次登录、多点漫游"。统一身份认证系统与省级政务服务门户各个业务系统支持 Http（HyperText Transfer Protocol，超文本传输协议）和 Web Service 两种数据接口对接方式。

（2）与政务服务管理相关系统的对接：政府服务门户与行政审批、权力事项管理等政务服务管理相关系统的对接关系如图 9.7 所示。

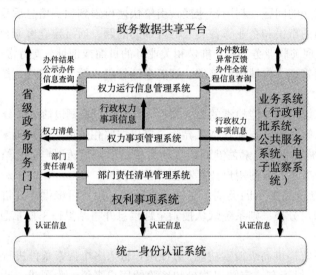

图 9.7　政府服务门户与政务服务管理相关系统对接关系

① 与行政审批系统对接：内容管理平台与网上行政审批系统进行数据对接。

② 与权力事项管理系统对接：行政权力清单发布需要内容管理平台与权力事项管理系统进行数据对接。

③ 与权力运行信息管理系统对接：办件信息结果公示和办件信息查询需要内容管理平台与权力运行信息管理系统进行数据对接。

④ 与部门责任清单管理系统对接：部门责任清单发布需要内容管理平台与部门责任清单管理系统进行数据对接。

2. 实体大厅政务服务门户

实体大厅政务服务门户与互联网政务服务门户、业务办理系统深度融合，采取"一窗"式综合受理服务，为现场业务办理提供办事入口。采用"前台综合受理、后台分类审批、综合窗口出件"的审批模式，健全完善部门间协调机制，严格执行首问负责制，实行牵头部门首办负责制，明确联合审批事项的首办部门（即牵头部门），强化牵头部门的协调作用，实现部门协同办理、集成服务。推行政务服务线上线下相融合，搭建全省政务服务"一窗受理"信息平台，实现"一窗受理""一事通办"。

（1）"一窗"式综合受理业务流程："一窗"式综合服务可按照业务分类形成几个综合受理业务窗口，首先由综合受理窗口统一面向业务办理者受理业务，其次再由综合受理窗口进行具体业务的分发及各部门联合业务办理的调度和协调，从而保障业务办理效率。"一窗"综合受理的具体业务流程如图 9.8 所示。

从图 9.8 所示的业务流程可以看出，实施"一窗"式后，业务办理的主要不同点在于：

① 综合受理窗口统一收件、受理。窗口人员按照收件清单要点进行收件，所有窗口人员在一

套综合受理系统中办理所有办件，综合受理系统与后台的各部门审批系统对接。

② 采用服务清单制。按照收件要点逐条核对收件表格和材料，并通过服务清单记录服务对象的快递地址、就近取件、同城通办等服务信息。

③ 统一出件。各委办局审批完成后，将办理结果交到统一出件窗口，出件窗口根据服务信息进行快递、通知领取等。

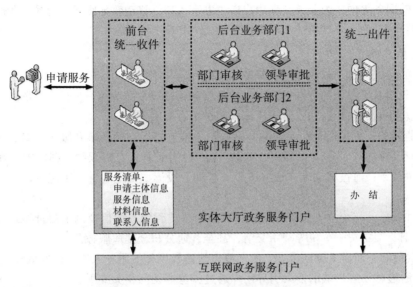

图 9.8 "一窗"式综合受理业务流程图

（2）功能设计：实体大厅政务服务门户主要实现综合业务受理、容缺受理、统一补齐补正、受理材料交接清单管理、统一出件、审批结果签收登记管理、业务咨询和业务监察统计等功能。

① 综合业务受理：具体包括统一受理、已办业务、信息快速填写、服务对象感知、业务数据感知、材料信息感知、历史办件复制、历史材料复用、历史办件结果复用、硬件设备对接应用等功能。

② 容缺受理：政审批事项实行非主审要件缺项受理和审批的"容缺后补"制度，制定动态调整的"容缺后补"事项清单。

③ 统一补齐补正：当业务人员在事项办理过程中，发现需要补齐补正的业务，统一反馈到综合受理系统中的补齐补正业务中，由相关工作人员对该办理事项进行补齐补正工作。统一补齐补正包括待补齐补正业务和已补齐补正业务。

④ 受理材料交接清单管理：对综合窗口业务受理后收取的纸质材料进行统一封装管理，并打印相关的交接清单贴至档案带，此交接清单作为综合窗口与部门交接材料的凭证。

⑤ 统一出件：当业务办理结束时，办理结果反馈到统一出件模块，由统一出件模块进行最后出件的管理，把相关证件入库，并以办理人选择的方式进行送件，解决最后一公里的问题。包括出件事项管理、证件入库、出件投送和出件跟踪四个模块。

⑥ 审批结果签收登记管理：部门内部审批办结后，将办结结果及相应的出件交付至综合窗口，由综合窗口的工作人员对审批结果进行签收、核查并拍照上传到证照库。

⑦ 业务咨询：针对比较复杂的业务开设综合咨询窗，包括咨询业务登记、咨询业务查询等内容。

⑧ 业务监察统计：为方便了解统一申办的办件情况和跟踪各服务情况，提供统一申办监察统计功能；实现办件过程结果对接情况、统一申办情况、办件完整情况等统计。

3. 政务服务移动 APP

依托一体化在线政务服务平台汇聚全省办事指南、办件信息、全省统一查询的服务应用和各级各部门其他政务服务资源，按照统一的标准规范接入各级各部门移动政务服务应用，在统一用户注册和互认体系基础上，搭建与省级政府门户网站 APP 深度融合的省级政务服务移动 APP。面向自然人、法人和其他社会组织等提供全省政务服务移动端办事入口，提供政务服务导航和智能搜索等功能，快速定位服务事项，实现政务服务移动端的统一界面和统一规范。

政务服务移动 APP 包括移动客户端和移动政务服务平台两部分建设内容。移动客户端是面向办事对象用户的服务界面，为业务办理用户提供办事入口。移动政务服务平台是政务服务移动 APP 的支撑和管理后台，为客户端功能实现提供基础能力和服务支撑。

1）移动客户端

制定统一的接入标准、流程规范、开发标准等，满足不同单位、不同开发厂商、不同技术平台在统一政务服务接入平台上的标准化接入。政务服务移动客户端为用户提供办事服务、互动服务、支付服务、搜索功能、消息通知、实人认证、用户中心等服务。

（1）办事服务：梳理适合移动端的办事场景，重点打造高频办事和服务入口，并通过应用开放平台统一接入全省符合该场景的服务，比如开证明 / 补证件、办事预约、办件进度查询等服务。

（2）互动服务：通过移动端完成办事服务咨询、投诉、线上线下办事统一评价、意见调查及征集等。

（3）支付服务：与统一支付平台对接，可以通过支付宝、微信及网上银行客户端完成诸如交通违章罚款缴纳、交学费、个税等费用交纳，甚至开通公积金提取服务等。

（4）搜索功能：通过关键词搜索，用户可以快速找到相关服务入口、办事指南、相关政策等，另外，也可以通过移动客户端的搜索引导用户通过浏览器访问相关应用。

（5）消息通知：将全省统建以及由各部门各地区分建的业务办理和政务服务系统按统一标准对接到消息中心，为用户提供办事和服务消息提醒服务；此外，还可提供消息订阅服务，用户可订阅关于天气、交通、生活服务（如停水停气）、政策、证照到期等方面的消息服务。

（6）实人认证：基于权威、可信机构的身份信息数据，通过实时人脸数据采集对比技术，对具有合法身份的政务服务移动客户端用户进行实人认证，减少用户办事时身份核验时间，提高身份核验准确性，不断提升办事群众和企业的获得感。

（7）用户中心：提供收藏、邀请有奖、我的办事、咨询、投诉、我想了解（搜过的热词）、证卡包等服务。其中，证卡包是由系统统一输出个人和法人代表的所有证卡，包括个人身份证、社保卡、公积金卡、老人卡、驾照、公交卡、水卡、电卡等各类身份证卡，由个人自行进行卡证信息的完善，为最终通过移动端提供电子身份证服务奠定基础。提交的卡证信息越多，用户实名的等级就越高，就可以获得更多服务。

2）移动政务服务平台

移动政务服务平台包括移动端管理平台、移动应用开放平台、预约办事管理系统和移动端用户认证服务系统共四个部分。

（1）移动端管理平台：移动端管理平台分为站点管理和系统管理。

① 站点管理：包括信息维护（如栏目分类、信息管理）、布局管理（如频道管理、维度管理）、扩展功能（如微媒互动、意见反馈、评论管理）、网站管理（如网站参数、机构管理、用户管理、角色管理、日志管理、版本更新）等。

② 系统管理：包括站点管理、封停管理、系统参数设置、统计分析等。

（2）移动应用开放平台：通过移动应用开放平台开放省政务服务综合客户端的各类接口，同时统一各服务应用的建设规范和展现形式，构建省政务服务综合客户端开放的应用生态。全省各部门、各地区发布在省政府移动客户端上的服务应用均需依托移动应用开放平台开发、接入，通过统一标准，统一形式，提升用户体验。同时，利用省移动应用开放平台的运维监控和统计分析功能对全省的各类服务应用监控分析和数据积累，为日后省政务服务综合客户端的升级、提升打造坚实的基础。

① 统一标准规范：移动应用开放平台将不同机构单位、不同标准、不同渠道的各类政务服务、公共服务事项经过聚合、转换，形成统一标准、统一管理、统一展现的应用单元或服务接口，以便在不同展现渠道调用、发布。

② 支撑组件库：提供用户组件、设备组件、资源组件、页面组件、消息组件和支付组件等不同支撑组件，桥接各应用系统模块和原生服务应用，对用户体系、设备终端的调用、常用界面流转、推送消息、支付功能和基础数据的统计等功能进行开放。

③ 应用接入支撑：提供统一应用服务接入标准、统一开放平台、统一应用部署、一次开发多端使用等服务与能力。通过移动应用开放平台将异构的、传统的 Web 模式快速地改造成移动客户端服务模式，提供统一的用户体验，实现应用的一次开发、多平台支持。

（3）预约办事管理系统：依托省政务服务基础数据库和省统一应用接入管理平台，开发全省统一的在线预约办事管理系统，同时与省市县各级政府业务受理平台、电子印鉴系统、证照库系统、人脸识别系统、统一用户管理系统、支付平台等系统进行对接，满足市民通过 PC 端、移动端设备即可在线完成办事资料填报和办事预约等需求，节约市民办事时间，提高政府办事效率。预约办事管理系统实现跨内外网的预约服务，提供集预约管理、消息通知管理、评价管理、统计管理的预约服务闭环，让市民可根据自己实际情况实现线上预约、线下办理。

预约办事管理系统包括办事事项管理、预约窗口（事项）管理、统计数据管理、功能管理和系统管理等功能。

① 办事事项管理：按单位对网上申请的事项进行管理，支持办事事项数据从办事资源管理系统中自动获取。可按需要设置事项申请的方式，如不支持申请、非登录申请、登录申请、指定用户申请等方式。

② 预约窗口（事项）管理：实现窗口配置、回执配置、预约受理、节假日管理等功能。

③ 统计数据管理：可以查看当前站点下网上预约、办事的运行和使用情况。统计数据管理具有预约统计、办件统计、对接统计等功能，可通过不同的维度，如部门、事项、日期等查看相应统计数据。

④ 功能管理：一是对前端事项办理、网上预约等链接地址的管理；二是可以分为如教育、交通运输、就业创业等主题事项办理进行管理，主题可以和事项进行绑定。

⑤ 系统管理：实现站点管理、统计查询、前置库设置、机构管理和用户管理等功能。

（4）移动端用户认证服务系统：具有快速登录、用户身份确认、实人认证、指纹识别和人脸识别等功能。

移动端用户认证服务系统是基于移动端人脸识别及指纹识别系统，实现用户实人认证和快速登录省政务服务移动客户端。系统开发统一的移动端人脸识别及指纹识别 SDK（Software Development Kit，软件开发工具包）组件，为各类 APP 应用提供登录认证、身份证信息比对认证提供支持。

4. 政务服务微信公众号

省级政务服务微信公众号是全省政务服务移动端一个重要入口。自然人、法人和其他社会组织可以在公众号里直接查询办事指南和办件进度，可以接收系统推送的办件信息和系统信息，也可以跳转到省级政务服务 APP 的服务导航快速定位服务事项，实现在线"问、办、查、评"。

政务服务微信公众号主要包括微信公众号前台和后台管理两部分。

（1）微信公众号前台：省级政务服务门户微信服务平台设计了办事服务、查询服务、咨询服务、推送服务和个人中心等功能。

① 办事服务：办事服务栏目是省级政务服务微信服务平台重点打造的功能，通过微信为公众提供办事指南、网上预约、网上预审、办件查询、城市服务等常用服务事项，让社会公众打开微信即可随时、随地掌上办事，是信息惠民政策的落实与体现。

② 查询服务：用户可以通过办理事项的申报号、查询密码（如有），查询已提交的网上办理事项进度和具体结果。

③ 咨询服务：为公众提供政务直播间、咨询投诉等在线互动功能，例如，在办事过程中遇到的有关法规、政策、流程等方面的问题咨询。

④ 推送服务：系统为公众提供强大的信息推送功能，用户可通过选择不同素材下的不同信息进行推送。

⑤ 个人中心：用户点击"我的"直接进入到"个人中心"进行个人信息设置。

（2）微信公众号后台：主要实现多微信公众号集中管理、无缝集成内容管理系统、无缝集成智能交互机器人、便捷菜单设计、多应用自由扩展、一键粉丝同步、自定义消息群发、规范素材管理、安全平台管理、动态统计分析和移动端管理等功能。

5. 政务服务微信小程序

按照微信接入规范将所开发应用接入微信，搭建政务服务微信小程序，在微信公众平台完成查询、预约、办理等各项功能。在微信小程序中利用实名认证功能，对用户资料真实性进行验证审核，实名认证后的用户可使用政务服务微信小程序上的所有功能。

（1）微信小程序前端办事功能：包括服务应用、网上查询及办理、网上搜索、我的证照管理、站点切换和个人中心等功能。

① 服务应用：向用户提供查询类政务服务应用，用户可以通过微信小程序享受便捷的政务服务。

② 网上查询及办理：提供政务服务门户已对接的相关事项的基本信息、办理材料、办理流程等内容查看、进度查询，对办理类事项应用提供网上办理功能。

③ 网上搜索：支持事项分类检索、关键词检索，支持对办事指南的检索，办事指南支持Word、PDF 等附件在线查阅。

④ 我的证照管理：对我的证照如个人身份证、法人营业执照等电子证照进行管理，与电子证照系统对接后在"我的证照"中点击可查看具体的证照信息。

⑤ 站点切换：提供站点切换功能，通过站点切换可以查看指定区域的事项、应用等信息。

⑥ 个人中心：提供我的办件、我的证照、我的收藏等各项功能。

（2）微信小程序后台系统：包括机构管理、用户与权限管理、信息管理、自定义分类管理等。

（3）与其他系统的对接：政务服务微信小程序实现了与统一身份认证系统、用户中心、电子证照系统、资源共享服务中心、政务服务移动端 APP 等系统的接口对接。在与其他系统的对接过程中，由于微信小程序要求数据传输接口及应用跳转链接采用 HTTPS（HyperText Transfer Protocol over Secure Socket Layer，超文本传输安全协议）协议，为了避免数据在传输过程中被窃取，如果某个外部系统接口采用 HTTP 协议，政务服务微信小程序将对 HTTP 协议接口进行接口转换，实现传输数据均通过 HTTPS 协议与微信小程序对接。

① 与统一身份认证系统对接：实现用户在登录时统一调用统一身份认证系统用户信息。

② 与用户中心对接：与统一身份认证系统、电子证照系统、事项库进行对接，实现用户身份信息、电子证照信息和事项信息同步。

③ 与电子证照系统对接：实现用户在办件和查看"我的证照"时统一调用电子证照库信息。

④ 与资源共享服务中心对接：将微信小程序中的用户行为信息同步到资源共享服务中心，供其他系统调用。

⑤ 与政务服务移动端 APP 对接：实现微信小程序与政务服务移动端的事项、应用等信息数据同源。

6. 网上中介超市

依托一体化在线政务服务平台建立全省统一的网上中介超市，中介服务机构零门槛、零限制入驻，进行统一规范管理，实现网上展示、网上竞价、网上中标、网上评价。网上中介超市具体的系统功能如下：

（1）信息公告：展现系统发布的公告信息、新闻动态等发布类的信息。

（2）检索功能：支持多关键字搜索；支持设置多种条件对已备案中介机构进行检索，如中介名称、服务类别、服务项目、机构信用等级、审批部门、成交数量等；支持查询结果按照信用等级、成交数量等方式排序；对查询的结果中的关键字进行高亮显示。

（3）诚信信息查询：用户可查看中介机构的诚信信息，可查询中介机构总体信用展示，可通过设置关键字进行高级检索。

（4）曝光台：通过曝光台信息栏目了解中介机构的诚信信息，系统将依法不能公开的信息进行屏蔽，只公开不涉及保密的中介机构信息。曝光台对信用偏低，综合考评不合格或者有不良行为的中介机构定期对外进行公示，分为不良记录部分和黑名单两部分。

（5）中介机构展示：打造中介机构的个性化虚拟空间，展示中介机构的基本信息、服务项目、信用等级等信息，同时还可提供一些互动服务，与委托人进行在线互动。

（6）互动管理：提供委托人与中介机构的咨询互动服务，可通过多种方式进行咨询互动，如在线交流、视频交流、咨询问答等方式。

（7）移动应用服务：依托政务服务移动端 APP，采用 HTML5.0（HyperText Markup Language5.0，超文本 5.0）统一技术标准，将中介机构信息统一推送到手机终端，支持 Android 终端和 iOS 终端。

（8）网站统计：对中介服务门户的注册信息、业务信息和交易数据进行统计。可直观地动态实时显示各地交换数据情况、网站累计信息（如中介服务项目金额、节约金额、信息库概况等）、网站访问统计、栏目排名、文章排名、项目关注、下载排名等。

（9）用户注册与验证：主要涉及中介服务门户的用户中介机构和项目业主的注册、登录，以及账号密码找回。

（10）中介机构用户中心：提供信息查看、我的申诉、办件管理、我的消息等功能。

（11）项目业主用户中心：提供基本信息发布公告、结果查询、业务查看、网上评价等功能。

7. "一件事"应用超市

"一件事"应用超市实现"一件事"的梳理定制开发。围绕政务服务事项标准化，通过服务"对象 + 行为"的分析，完成餐饮住宿、教育医疗、文化娱乐、生活服务、社会公益等市场准入事项的整合归类，根据"办一件事"的起始步骤设计流程，形成链条和套餐，逐步实现"一件事"最多跑一次。

"一件事"应用超市定制开发包括页面接入改造、认证改造、服务对接等功能。

（1）页面接入改造：在页面顶部嵌入省级政务服务门户头部，并且使得页面与省级政务服务门户的整体风格保持一致。

（2）认证改造：使用省级政务服务门户的统一身份认证完成"一件事"应用超市的用户的注册、登录和密码修改。

（3）服务对接：通过对各类办事服务的集成，无论用户是否已经登录政务服务网，都可对最热门或正在办理的办事服务事项进行查询，营造最佳的用户体验，例如，将公积金、医疗、社保服务进行集成展现，将信用和挂号服务进行集成展现，将交通违法和机动车摇号查询服务进行集成展现等。

各级政府、各部门提供的特色办事服务事项与"一件事"应用超市的对接需按照相关要求进行对接方式和进度的填报，包括对接入系统名称、对接层级、服务层对接方式、"用户中心"查询方式、WebService 接口地址、内联框架嵌入地址、接入状态、进度说明、特殊要求和对接联系方式等内容的要求。

8. 政务服务评价系统

政务服务评价系统包括用户体验监测和政务服务能力评价两部分功能。

（1）用户体验监测：实现用户行为分析、用户画像、服务使用分析、优化支撑等功能。

① 用户行为分析：通过分析用户访问行为数据，对用户的基本属性、用户来源、浏览历史、搜索关键词等进行多维度科学分析，深入了解用户属性，挖掘用户真实需求，为省政务服务门户的优化改进提供数据支撑。

② 用户画像：通过建立用户属性信息库与用户体验信息库，详细记录用户是谁（来源、地域、属性、使用终端）、用户看了什么（新闻、政策、文章、专题专栏）、用户查了什么（站内外搜索了哪些关键词）、用户用了哪些服务（使用了哪些服务、服务效果如何）、用户咨询了什么问题（咨询情况如何）、用户评价如何（对政务服务过程如何评价，进行了哪些投诉）、用户访问轨迹如何（从访问首页到结束关掉最后页面的整个过程），逐步勾勒出清晰的用户轮廓，为后续实现精准化服务创造良好条件。

③ 服务使用分析：实现站点服务概括、服务使用分析等。

④ 优化支撑：实现分析项管理和区域分析管理等。

（2）政务服务能力评价：为公众提供政务服务评价渠道，通过处理分析公众对每一次服务的评价，促进政务服务优化流程、提质增效。政务服务能力评价主要实现办事指南清晰度评价、办事过程服务评价、客服咨询服务评价、系统界面友好度评价、系统操作难易程度评价、政务服务评价后台管理等功能。

① 办事指南清晰度评价：对政务服务事项办事指南开设评价界面，对办事指南完整性、清晰度等进行评价。

② 办事过程服务评价：对每一个办事进行服务评价，包括办事态度、办事效率、办事告知等评价。

③ 客服咨询服务评价：对咨询的服务进行评价，包括咨询回复效率、咨询回复清晰度等。

④ 系统界面友好度评价：对系统界面和文字描述是否符合群众办事思维进行评价。

⑤ 系统操作难易程度评价：对在申请办事时的鼠标点击次数、信息填写难易程度、填写的环节多少进行评价。

⑥ 政务服务评价后台管理：用户的投诉或差评由政务服务实施机构通过政务服务管理平台及时处理，并通过政务服务门户网站向用户反馈结果。

9. 用户管理中心

用户管理中心主要是对用户进行统一管理，为用户提供专属的个人空间，并对用户的基本属性、浏览历史、搜索关键词、系统使用率、使用效果等用户行为数据进行多维度科学分析，深入了解用户属性，挖掘用户真实需求。每个注册用户可以进行注册、登录和维护用户中心信息，可以查看办理服务事项的进度、我的收藏、我的订阅及系统智能推送的信息和智能推荐服务，可以在用户中心进行高级别身份认证。

用户管理中心主要实现账号管理、我的办件、投诉评价、我的资料库、我的咨询、我的投诉、我的收藏、我的足迹、我的消息、我的服务、用户自我维护等功能。

10. "12345" 在线服务平台

按照"大热线对接、小热线融合、无热线联通"原则，整合优化全省各级公共服务热线，建设全省统一规范的"12345"在线服务平台，加强全省政务热线大数据应用，打造政务总客服，为优化政府公共服务、提升社会治理能力提供支撑。"12345"在线服务平台主要建设包括服务系统、综合管理系统、监督系统和分析系统。

1）业务流程设计

"12345"政务服务热线采用统一入口的方式，除公众直接通过省本级提供的全媒体渠道提交诉求外，诉求由各成员单位运营中心先行承接，对属于全省受理范围的，则上报至省级运营中心处理，具体工作流程如图 9.9 所示。

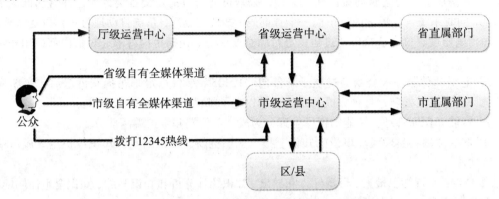

图 9.9 "12345"政务服务热线工作流程

（1）公众拨打"12345"热线，由当前所在地市级运营中心先行承接，若判定属于市级成员单位处理的，则派发至市直属部门或区县处理；若判定属于省级"12345"受理范围的，则通过工单转派或话务转接方式上报至省级运营中心处理。

（2）公众通过市本级自有全媒体渠道提交诉求，由市级运营中心先行承接，若判定属于市级成员单位处理的，则派发至市直属部门或区县处理；若判定属于省级"12345"受理范围的，则通过工单转派方式上报至省级运营中心处理。

（3）公众通过省级全媒体渠道提交诉求，由省级运营中心承接，派发至省直属部门或市级运营中心处理。

（4）公众通过省厅级自有全媒体渠道提交诉求，由省厅级热线运营中心先行承接并处理，若判定属于省级"12345"受理范围的，则通过工单转派或话务转接方式上报至省级运营中心处理。

2）服务系统

建设线上统一服务、统一流转和统一知识库三大载体，构建电话、网站、"两微一端"（微信、微博、移动客户端）、小程序等全媒体联动渠道，实现平台、服务的多元接入、实时对接、互联互通和协同办理。服务系统包括政务热线门户网站、移动 APP 应用、微信应用、短信服务、电子邮件服务、智能知识库管理、资源库管理、数据交换对接等内容。

（1）政务热线门户网站：社会服务对象可通过网络提交相关咨询、建议、投诉等内容，系统实现信息展示、自助下单、办件进度查询、服务知识库查询、运行通报和智能问答等功能。

（2）移动 APP 应用：针对不同用户群体分为公众端、成员单位端、领导端三个版本，并支持 Android 系统和 iOS 系统。

① 公众端：市民可通过手持移动端方便快捷提交诉求，查看诉求办理进度，获取热点信息及生活服务信息，包括用户注册/登录/注销、投诉建议、我的诉求、新闻热线、热点讨论、知识查询、个人信息管理、找回和修改密码等功能。

② 成员单位端：成员单位可通过手持移动端快速查看诉求工单信息，随时随地移动办公，包括用户登录、待办事宜、已办完工单、未办理工单、办理中工单、我关注的工单、督办消息、部门监察预警等功能。

③ 领导端：领导端主要实现用户登录、我关注的工单、工单查询、督察督办和领导驾驶舱等功能。

（3）微信应用：“12345”官方微信公众平台是集咨询、投诉、查询于一体的公众服务平台。公众只需通过手机随时随地登“12345”微信服务号，根据要素提示，自行填写内容生成工单反映诉求，摆脱传统话务服务的排队占线，沟通困难等问题，此外公众还可通过系统自动生成的诉求工单编号或预留手机号码实时查询工单处理进度，随时跟进了解诉求最新处理情况。

（4）短信服务：与运营商短信网关对接，公众可通过短信提交各类诉求，并自动推送至统一受理系统，同时系统自动短信回复市民一个查询码。办理完成后，系统自动通过短信发送办理结果，并发起短信满意度评价，公众可通过短信进行满意度评价。包括短信诉求、短信内部应用和短信回访功能等。

（5）电子邮件服务：公众通过电子邮件向“12345”平台指定邮箱提交诉求后，座席人员可直接在统一受理系统处理，处理完成后系统自动以电子邮件形式回复处理结果。

（6）智能知识库管理：智能知识库管理分为成员单位端和维护端两部分。

① 成员单位端：实现成员单位的知识上报、知识更新、知识回复、知识维护纳入成员单位绩效考核等功能。

② 维护端：实现知识检索、数据导入和导出、知识统计分析和知识开放、知识全生命周期管理、知识栏目分类管理、知识模板管理、分级授权管理等功能。

（7）资源库管理：主要是对核心业务库、信息交换库、用户信息库、分析辅助库等资源库进行管理。

（8）数据交换对接：

① 建立全省统一数据交换标准规范，开发统一标准对接接口，实现与省级联动部门现有自建系统对接。

② 建立全省统一数据交换标准规范，开发统一标准对接接口，实现与已建市级“12345”政务热线平台对接。实现工单数据等相关数据的上报、省市业务协同，为省级平台的数据分析及办件监管提供数据支撑。

③ 按照《国务院办公厅关于印发“互联网＋政务服务”技术体系建设指南的通知》（国办函〔2016〕108号）要求，实现省“12345”政务热线平台与省政务服务平台对接。

④ 与呼叫中心平台对接，实现软电话、来电弹屏等功能。

⑤ 与运营商短信网关对接，系统调用短信网关实现自动收发短信。

3）综合管理系统

基于全媒体的热线门户，建设联动管理、数据分析、应用支撑三大系统，汇集分析省、市、县三级热线服务数据，实现对外服务渠道的多元接入和对内服务效能的监督监管。综合管理系统实现多渠道统一受理、业务综合管理和全省联动管理等功能。

（1）多渠道统一受理：使用对象是座席人员，通过该平台进行工单受理、派审、回访、办结等操作，包括智能受理、智能调度、工单审核、工单回访、工单办结、异常处理等功能。

（2）业务综合管理：主要实现日常办公管理、客户管理和考试培训管理等。

（3）全省联动管理：所有在省级平台无法处理的诉求，由中心座席人员派发给省联动部门、地市平台处理；对于省联动部门、地市平台无法处理的问题，可上报至省平台协调处理。

对于地市平台，以及部分已有信息化系统的省联动部门，可通过数据交换平台实现诉求信息交换；对于还没有信息化系统或信息化系统无法对接互联的省联动部门，则省联动部门可直接登录本系统进行业务处理。

4）监督系统

监督系统通过数据信息还原，实现可视化调度，实时监控成员单位处理成效。建立监督管理模型，实时监测服务数据，基于服务热线大数据，量化各级各部门服务态度、工作效率、办理过程、办理结果，进行绩效评估。监督系统包括智能工单质检、监管督办、绩效考核、运行管理监控等功能模块。

（1）智能工单质检：中心管理人员和监督人员定期对工单和录音进行质检，对座席人员服务态度、工单填写内容、沟通能力进行综合评判，并作为绩效考评的一个组成部分。包括质检规则设置、质检分配、工单内容质检、录音质检、质检审核、质检查询和智能质检。

（2）监管督办：监督系统主要提供给省平台相关管理人员及领导使用，依据相关标准规范，制定监管规则，监管对象包括省平台、地市平台、县（市、区）平台，系统提供实时监控、预警纠错、督查督办、工单质检等功能。

（3）绩效考核：结合中心考评指标，对各项考评细则在系统中进行固化，实现对中心座席人员、中心其他岗位工作人员、省级联动部门、地市平台、县（市、区）平台的绩效考核，考评结果自动汇总并形成报表。

（4）运行管理监控：通过统一运行管理监控模块实现人员动态监控、各系统运行情况监控、话务量及接通率等监控。

5）分析系统

分析系统主要是跟踪监测全省社会动态，供党委、政府决策，热线价值进一步凸显。对热线大数据进行时间、地域、业务等场景的专题分析，提供大数据决策支撑能力，全面监测全省政务服务热线的运营数据，构建以公众满意度为核心的绩效评估体系。包括基础数据统计、专题数据分析、政情民意分析、辅助决策支持等功能。

（1）基础数据统计：可以灵活地定制统计分析模板，对工单、座席人员、省联动部门、市平台、县（市、区）平台等数据进行分析，具体包括座席统计分析、组统计分析、组长接入分析、管理统计分析、省直属部门统计分析和地市统计分析等。

（2）专题数据分析：根据实际情况，进行专题数据分析，设计宏观统计指标，并通过各类图表进行可视化展现，从而充分挖掘这些数据的价值，从宏观到微观，多维度展现全省"12345"的运行情况，为领导和各级部门及省单位决策提供科学依据，并通过大数据的技术应用，提供专题的可视化服务，并可与现场大屏对接，在大屏上展示。包括全媒体服务情况分析、"12345"今日诉求走势分析、地市服务接入情况分析、全媒体服务分析、智能化调度分析、服务工单预警督办、督办分析、全省数据汇聚分析、趋势分析、热点词云钻取、地市服务工单处理情况分析等专题。

（3）政情民意分析：利用云计算、大数据、人工智能等先进技术，对"12345"工单数据、用户行为数据、互联网数据等进行融合分析，洞察民生热点、社会管理、城市治理等问题，为政府提供决策支持，为提升整个社会管理水平提供有力支撑。包括主题分析、舆情分析、报告辅助生成、诉求群体分析、知识库应用情况分析、情绪分析、数据汇聚监控等功能模块。

（4）辅助决策支持：选择和应用适合省"12345"政务服务热线的数据整合工具、分析展现工具、统计分析工具和源数据管理工具，对"12345"政务服务热线数据进行整合分析，辅助领导决策。

① 数据整合和源数据管理：通过作业和转换的流程配置的执行实现对数据的抽取、清洗和转换。从数据源进行抽取数据，进行数据的格式转换、数据修改等操作，转换成为符合目的地要求的数据存入到新的数据源。

② 分析展现、统计分析、源数据管理：整合电子政务行业的数据分析和决策支持的需求，提供一整套满足用户需求的数据分析、报表、绩效监控和信息发布的解决方案，增强政府的洞察能力，为政府决策分析提供强大的保障。包括仪表盘、自助分析、电子表格、OLAP（Online Analytical Processing，联机分析处理）多维分析、灵活查询、数据采集、数据挖掘等功能模块。

11. 政务服务实体大厅管理系统

政务服务实体大厅管理系统主要是在实体政务大厅部署和集成各类智能化设备，并与网上政务服务平台进行对接，实现线上线下融合的一体化业务办理。

政务服务实体大厅管理系统主要由二维码扫描系统、高拍仪/扫描仪、身份证读卡器、排队取号系统、自助查询系统、自助填单系统、自助服务系统、窗口多媒体互动系统、大厅综合管理系统、大数据分析成果展示系统、智能引导系统、屏幕显示系统和办公优化配套设备等构成。

（1）二维码扫描系统：实现扫描排队号票上的二维码可以直接获取申请人基本信息、事项基本信息，并将信息直接写入表单，减少窗口人员手工录入的工作量。

（2）高拍仪/扫描仪：通过集成高拍仪/扫描仪可将扫描材料压缩转换并自动上传到政务服务运行管理系统中，实现办件材料的电子化。支持 A3/A4 大小材料上传，具备图片矫正、编辑等电子材料优化功能。

（3）身份证读卡器：通过身份证读卡器实现刷卡办件申请、获取办件数据、刷卡办件取证等，支持读取二代身份证照片信息功能，减少工作人员的数据录入工作量，也保证了申请人身份的有效性。

（4）排队取号系统：可支持刷卡快速打印号票，显示办理事项、排队人数等信息，支持窗口软件叫号集成功能；同时，具备取号机缺纸自动预警功能。

（5）自助查询系统：提供业务办理事项查询、自助社保查询、房产查询等自助服务，为群众提供审批服务事项查询、打印社保清单、查询养老、医疗、生育、失业等保险信息、查询房产信息、核实房屋登记状况和登记信息等城市生活服务。

（6）自助填单系统：在业务办理前，办事群众可通过自助填单系统的自助填单台完成办事表格打印、下载，减少群众及窗口的二次录入时间，办事窗口则可以通过刷取身份证自动匹配自助填单台的电子表格信息，提供保存、下载、预览、打印等功能。

（7）自助服务系统：让申请人可以像通过银行自助取款机取款、"12306"自助取票机打印火车票一样方便快捷地实现政务服务的自助办理，结合自助文件柜进行申请材料和申请结果的交互，从而真正实现不见面审批。自助服务终端可提供办事指南、办事预约、办件查询等服务，支持身份证识别、二维码扫描、样本打印、申请材料扫描等服务。

（8）窗口多媒体互动系统：实现窗口人员和办事人员的互动，实时统计办事人员对窗口服务质量的评价意见。可将办事人员对窗口工作人员的服务评价信息自动传输到后台管理中心，便于管理层了解每位窗口工作人员的工作情况。窗口多媒体互动系统主要包括办事指南查看及上网浏览、办事过程中的双屏互动及办事确认、办事完成后对本次办事的满意度评价等功能。

（9）大厅综合管理系统：以提高大厅整体效能为主线，及时发现和纠正大厅服务中存在的问题，实现政府管理和服务从传统模式向网络化模式，从分散、被动、粗放向协同、主动和精细转变。大厅综合管理系统实现了工作台、行政管理、服务窗口管理、评价管理、光荣榜管理和终端设备监控等功能。

（10）大数据分析成果展示系统：利用政务大厅内的 LED（Light Emitting Diocle，发光二极管）大屏等设备，提供大数据分析展示、看板设计等可视化功能，包括表格、折线图、饼图、雷达图、地图等各种可视化设计。

（11）智能引导系统：利用政务机器人对大厅楼层平面图、功能区域、办理业务等进行可交互性智能指引。

（12）屏幕显示系统：为进一步提升省政务服务中心的政务服务宣传能力，在大厅室内和室外分别部署 LED 大屏。屏幕显示系统具有视频编辑、播放、信息发布、多画面播放等功能，可满足公共信息展播、集会演出、视频会议、电视转播和广告播出等要求。

根据省政务服务中心现场条件及需求，大屏幕显示系统应具有业内领先的视频图文处理能力，具有高亮度、高清晰度、图像层次丰富、色彩逼真的 LED 全彩显示，能够满足在明亮的光线下显示出色彩鲜艳的画面，融合了最新的 IT 技术，具有自动化资讯播出功能，能实现节目编排完毕后无需人工值守。

（13）办公优化配套设备：根据需要，配套采购 300 台高性能台式机电脑、30 台笔记本电脑、100 台高拍仪、200 台身份证识别仪、100 台高速打印、复印和扫描一体机、5 台排队叫号机、200 台签字板、5 台自助查询一体机、20 台自助服务终端机、20 台智能文件柜、5 台自助填单台、10 台 LED 显示屏、200 块室内全彩 LED 窗口长条形显示屏、200 块 LED 控制卡、200 台扫描枪等政务大厅办公设备。

12. 防疫在线服务系统

2020 年，新型冠状病毒性肺炎疫情暴发，面对这次突发性公共卫生事件，在确保生产生活有序进行的情况下，如何有效地遏制疫情的扩散和蔓延，成为各地政府工作的头等大事。疫情防控期间，各级政府通过数字政府的建设，依托全国一体化在线政务服务平台，建设防疫在线服务系统，充分发挥"互联网＋政务服务"优势，倡导"不见面办""网上办""非接触办"的线上政务服务，让数据多跑路、群众少出门，助力疫情防控数字化"战疫"，充分利用大数据等新一代 IT 技术，对疫情防控进行科学决策和精准指挥。

防疫在线服务系统提供多种疫情防控服务，实现信息发布、信息报告、在线服务、感知预警、辅助决策和精准指挥、应急处置和联防联控等功能；防疫在线服务系统的功能架构如图 9.10 所示。

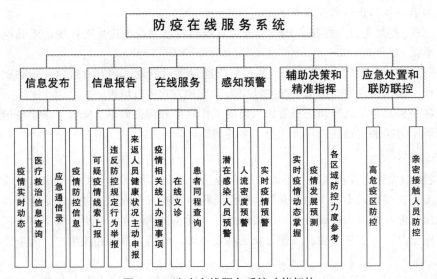

图 9.10　防疫在线服务系统功能架构

1）信息发布

（1）疫情实时动态：

① 全省疫情实时动态：可查询全省疫情确诊人数、治愈人数、死亡人数的动态变化及可视化数据。

② 全国疫情实时动态：可查询全国疫情确诊人数、治愈人数、死亡人数的动态变化及可视化数据。

（2）医疗救治信息查询：全省医疗救治发热门诊／医疗救治定点机构查询。如有出现疑似症状需要就医的，可查询全省医疗救治发热门诊／医疗救治定点机构，用户可选择城市／地区，准确查询相关医院名称、地址及咨询电话，以便尽快就医；同时，提供药品医药信息、定点医院和发热门诊的地图信息查询。

（3）应急通信录：

① 全省各市疾控中心电话查询：如有需要，用户可查询拨打所在地疾控中心电话，以便及时获取有效医疗救助信息。

② 全省各地市场监督物价举报热线：如遇到哄抬物价、虚假广告、消费欺诈、食品安全等方面问题，用户可通过省级政务服务平台查询投诉举报方式，既可以通过全国"12315"互联网平台投诉举报，也可以拨打全省统一的"12315"热线电话，还可以向各级市场监管部门值守电话反映，市场监管部门将及时处理。

（4）疫情防控信息：

① 防控政策：及时对外公布疫情客观发展态势及各市县防控政策。

② 健康科普：传递科学正确的疫情防护知识，有效保护公众身心健康，避免过度恐慌及不必要感染。

③ 科学辟谣：及时向公众传递权威准确疫情信息，纠正谣言等不实信息，避免公众产生认知偏差，采取错误疫情防控措施。

④ 防控资讯：及时发布中央及地方疫情防控具体举措及进展。

2）信息报告

（1）可疑疫情线索上报：用户可以通过系统提供的可疑疫情线索上报服务，提供可疑疫情的线索信息，为进一步防止疫情扩散提供重要信息。

（2）违反防控规定行为举报：用户可通过系统对自己发现的违反防控规定或其他违法违规行为进行监督举报。

（3）来返人员健康状况主动申报：居民可以通过运营商发送的官方短信、张贴在各检测口的二维码、省疾控微信公众号"健康状况主动申报"三种方式进行填报。

通过互联网提高各层级疫情防控管理人员的工作效率和沟通效率，降低了基层疫情防控管理人员由于频繁近距离接触管辖区内隔离人员产生的健康风险。

3）在线服务

（1）疫情相关线上办理事项：省政务服务网整合了全省各厅局多项疫情相关在线办理事项，如疫情期间工程建设审批事项"网上办"，工伤认定申请实行全程网上办理，企业开办和注销"网上办"，社保医保在线办，办税缴费"非接触办"，营业执照设立、变更、备案、注销登记、股权出质登记"网上办"等服务事项，方便公众更高效查询、申请、报批相关事项，为疫情防控带来更及时帮助。

（2）在线义诊：省政务服务平台联合市级卫健委在微信小程序中推出在线义诊功能，点击微信小程序中"在线义诊"图标，即可跳转健康某市官微，使用 7×24 小时免费发热在线咨询服务。

输入想要咨询的问题后，系统将根据问题描述安排合适的医生进行在线诊答。

（3）患者同程查询：由于病毒大都有一定的潜伏期，比如新型冠状病毒的潜伏期长达 14 天，那么如果与病毒携带者接触，就存在被感染的风险，系统上线"患者同程查询"功能，帮助乘坐过公共交通工具的出行用户，一键查询自己同程班次是否有确诊的患者病例。

4）感知预警

（1）潜在感染人员预警：接入运营商历史 / 实时位置信令、交通数据、地理位置数据、卫健委或医院的确诊患者数据，基于多维数据分析确诊患者的历史轨迹，从轨迹分析中可发现确诊患者的伴随人员，同时也可以监控涉疫人员的实时位置，做好涉疫人员的自我隔离监控，并可借助告警功能上报涉疫人员的漫入漫出事件。

（2）人流密度预警：当前疫情背景下，部分敏感区域的人流密度非常关键，如医院、火车站、机场等。超过正常的负载能力，可能导致群体性问题发生，需要对关键区域进行实时人流密度预警。在数据进入平台后实时计算即可统计出结果，快速做出预警；同时可以同步监控全省几千家定点医院和车站、机场等关键区域。

（3）实时疫情预警：以 GIS（Geographic Information System，地理信息系统）信息为基础，利用强大的实时计算能力，快速计算运行各类疫情风险监测模型，及时得到预警各类风险，并按照预警等级进行相关推送。

5）辅助决策和精准指挥

（1）实时疫情动态掌握：以 GIS 信息为基础，利用实时数据采集技术，将各类疫情相关的人员、物资、地区等信息叠加在可视化图层上，让决策层能够实时掌握整体的疫情动态。

（2）疫情发展预测：利用数据开发子系统对涉疫人员迁移信息、疫情上报数据、社区隔离防控数据、人员关系图谱数据进行汇聚、清洗、治理，预测疫情发展，辅助决策实现精准指挥。

（3）各区域防控力度参考：统计人员的迁入迁出数据，结合涉疫人口、人口密度、数量等参数，构建区域防控指数模型，指数越低代表防控做得越好，可作为指挥决策的辅助参考。

6）应急处置和联防联控

（1）高危疫区防控：接入运营商历史 / 实时位置信令、国土局地理位置数据、卫健委或医院的确诊患者数据，基于三者数据分析确诊患者的历史轨迹，从所有患者的历史轨迹分析中发现时空碰撞点，进而完成传染源、传播途径溯源等场景分析。

（2）亲密接触人员防控：对亲密接触人员进行实时位置监控，同时基于大数据研判模型进行异常隔离识别，如轨迹异常、水电煤异常、门禁异常等。

9.3.2　面向工作人员展示门户

工作人员门户主要为平台工作人员提供登录认证、新闻公告、我的办公、预警超时、业务提醒、个人中心、通信录、智能搜索和可视化统计分析等功能。工作人员门户支持单点登录到各业务支撑系统，支持平台工作人员在手机客户端接收各业务支撑系统推送的待办事项，提升内部服务能力和协同效率。

1. 登录认证

实现用户名、口令的输入登录认证功能。通过用户提供的信息，验证登录用户的身份，根据验证结果，给用户相应的提示；认证通过后即可进入工作门户主页 /APP 主页。

2. 新闻公告

为用户提供查看推送的新闻、公开公示、通知公告等信息。

3. 我的办公

我的办公栏目由业务办理、待办业务、已办业务和业务驳回四个功能模块组成：

（1）业务办理：工作人员可以通过门户查看登记的审批业务相关信息，包括申请人基本信息、业务表单、申报材料信息等。基本信息查看完毕，符合审批条件的，即可将业务提交到下一办理人进行审批，下一办理人即可使用电脑或者手机进行审批。

（2）待办业务：通过列表展现当前登录人员各种类型的待处理审批业务的办件数据，查看业务名称、当前环节名称、业务接收日期及承诺时间等相关信息。

（3）已办业务：通过列表展现当前登录人员所有审批完的审批业务办件数据，查看业务名称、当前环节名称等信息。

（4）业务驳回：业务审批时如果存在材料不足等问题时，审批人员可以进行退回操作，将业务驳回到前一办理人的待办业务中，并填写驳回意见。

4. 预警超时

通过列表展现当前登录人员未处理并且时间上预警或超时的审批业务办件数据，可查看业务名称、当前环节名称、申请日期、承诺时限等信息。

5. 业务提醒

系统提供待办业务提醒、预警业务提醒、督办业务提醒等功能。

6. 个人中心

为每个注册工作人员提供个人中心，可以设置个人基本信息、密码修改等。

7. 通信录

系统通过自动同步省级一体化在线政务服务平台的组织机构信息，工作人员可以查询各部门工作人员的联系方式，并支持直接拨打电话、发送即时消息等操作。

8. 智能搜索

系统提供全文检索功能，只需输入关键字即可查询出相关的办件信息、新闻信息、材料信息等内容。

9. 可视化统计分析

根据登录人的权限，提供数据的可视化统计分析，包括但不限于按部门、按办件性质、按项目、按时间、按窗口、按办件状态等不同条件对审批事项办件情况进行分类统计，对各单位和各审批事项在某一时间段的业务量统计。

9.3.3　后台管理系统

政务服务门户后台管理系统主要包括门户内容管理子系统、问办查评子系统、智能检索子系统等。

1. 门户内容管理子系统

门户内容管理子系统实现信息同步、信息管理、栏目和专题管理、模板管理、多媒体管理、工作流管理、公告管理、集群管理、动态单元、待办事项、工作量统计、系统配置管理和系统优化等多项功能。

（1）信息同步：在共享机制上提供手动共享模式、自动共享模式以及其他途径的共享等多元化共享模式，主要包括共享获取、呈送接收、数据交换等功能。

（2）信息管理：主要实现信息编辑管理与发布、可视化编辑、子站生成与克隆、数据共享、日志管理、元数据管理、水印管理、敏感词过滤、自定义信息字段、加密传输等功能。

（3）栏目和专题管理：主要分为栏目管理和专题管理两个板块内容。

（4）模板管理：包括模板与信息分离、模板定义页面表现、模板增删改查、模板组件集成、模板复制、模板预览、模板继承、模板批量导入、模板共享和接收、模板单元设置和静态单元等功能。

（5）多媒体管理：包括媒体文件的统一管理，视频废稿箱图示状列表显示，自定义播放器宽高，适应 RTMP（Real Time Messaging Protocol，实时消息传输协议）和 HTTP 点播，支持 FLV（Flash Video，流媒体格式）等各种主流格式视频提取元数据，支持视频文件自动截取缩略图等功能。

（6）工作流管理：系统提供信息审批管理功能，通过将栏目与工作流结合设置，信息审核过程支持多步骤、多人员的复杂审核机制，便于各网站各栏目自定义不同的审核流程机制。

（7）公告管理：只需简单操作就可以轻松地对公告信息进行系统维护。

（8）集群管理：系统支持多层级互联网政务服务门户管理，可建立一级、二级、三级、四级、五级等多级模式的站点，每个子站点具备完整的数据壁垒，即每个站点均可独立存在、独立管理，各个功能均可独立使用、各自无依赖，拥有自己的模板、频道、权限，以及站内用户和站内机构；也可通过系统内采集、分发、聚合等信息共享手段，实现各个网站的信息网状传播。集群管理主要实现多站点管理、域名服务管理、分布部署管理、集中建设、快速实施等功能。

（9）动态单元：将单元与具体的栏目、信息之间建立关系，栏目或信息变更后，不需要重新设置，单元的内容会显示最新的栏目或信息内容。动态单元有图片新闻、栏目链接、标题链接、文章正文、相关专题和相关报道等几种类型。

（10）待办事项：系统具有待办事项管理功能，用户进入管理系统后台将默认进入"待办事项"栏目，如果有审核权限的用户，系统将显示待审核信息，另外也可显示对前台留言本需审核的留言。

（11）工作量统计：系统实现对网站维护部门、栏目和人员进行工作量的统计管理，统计录入和采用的信息量。

（12）系统配置管理：系统实现了用户管理、角色权限管理、信息要素管理、功能菜单权限等管理功能。

（13）系统优化：系统具有自优化功能，用于清理系统中多余、闲置的以及重复并且无继续使用价值的内容，释放服务器资源，节约系统空间，整理系统环境，提高系统使用性能。

2. 问办查评子系统

问办查评子系统主要实现智能问答、办事服务、统一查询、统一反馈、用户评价和互动交流（咨询、投诉、举报）等功能。

（1）智能问答：通过智能检索互联网政务服务门户及知识库中的信息，系统即时自动回答用户提出的问题，展示相关度较高的一个或多个内容标题，用户可点击进入查看详细内容。

（2）办事服务：主要包括服务定位、表格下载、网上办事和用户访问等功能。

（3）统一查询：实现对办事事项的查询、办事进度的查询，并能对互联网政务服务门户的所有公开内容实现垂直检索。

（4）统一反馈：基于互联网政务服务门户业务全流程数据库，实现统一反馈功能，满足自然人、法人和其他社会组织及时了解和查询办事进度、办事结果的需要。用户可以通过登录或受理号加密码的方式进行查询。

（5）用户评价：用户评价管理能够通过互联网政务服务门户对用户提供评价服务，全方位整合用户评价数据，并对用户评价进行统计分析。

（6）互动交流（咨询、投诉、举报）：系统提供一个全新的个性化互动板块，可以满足各级政府机构通过互联网政务服务门户为公众提供多样化的互动服务需求。包括领导信箱、在线咨询、在线投诉、建言献策等。

3. 智能检索子系统

智能检索子系统主要实现搜索前台、信息展示、拼音功能、自然语言翻译、多功能输入功能、智能排显功能、站点筛选、系统词汇、多种分词、索引库管理、热词排行、热门事项排行、运营统计等。

（1）搜索前台：以业务搜索样式来展现搜索的结果，每一类搜索结果数据都展现前几条，用户可以根据需要点击查看更多想要的内容。

（2）信息展示：可按照不同的信息类型提供不同的展现方式，包括文本、图片、视频等方式。

（3）拼音功能：搜索系统在输入框提供自动提示功能，除了匹配中文，还可以匹配汉语拼音。

（4）自然语言翻译：系统带有自然语言识别技术，能够翻译识别用户的搜索请求成为标准书面语。

（5）多功能输入功能：除了输入文字搜索外，系统还提供语音搜索功能，系统会将用户说的话转换成文字进行搜索。

（6）智能排显功能：用户不需要自己去选择按时间还是按照相关度来排序搜索到的结果，系统自身会根据搜索到的内容来自动选择排序方式。

（7）站点筛选：用户可以选择切换地方（站点），搜索也可以识别用户的输入来确定位置，用户点击地方后将会显示所选地方的信息。

（8）系统词汇：系统包含业务主词、分词扩展、停用词（敏感词）、同义词、百姓体、方言、自学习词语（新词识别），其中主词可以标引信息，通过人工干预使搜索更精准。

（9）多种分词：为了让用户能更精确地找到信息，系统会对不同的字段选择不同的分词效果，系统也支持不分词。

（10）索引库管理：系统可以对各个业务系统送来的信息进行按业务系统分别进行管理。

（11）热词排行：热词排行可提供一定时间内用户搜索次数排行前列的词语列表及统计图表，可以监控一定时间内用户集中搜索的关键词语，了解用户关注的、感兴趣的热点信息。

（12）热门事项排行：热门事项排行功能按照用户点击次数对服务平台的新闻信息、相关政策等文档进行排行，可以监控到一定时间内用户集中关注或感兴趣的事项。

（13）运营统计：系统会收集所有用户（PC、其他调用系统）的搜索行为作为历史记录，并会定期对这些历史记录进行统计与分析，直观地形成各种主题图表，例如搜索次数、用户数、会话数、地区分布、热词排行、热门文章。

9.4　省级数字政府的政务管理及业务办理

按照"一窗受理、集成服务"的要求，在实体政务大厅部署和集成各类智能化设备，搭建政务服务实体大厅系统，与互联网政务服务门户、业务办理系统等深度融合对接，实现线上线下融合的一体化办理。

政务管理平台是承担政务服务管理职能的机构（政务服务管理机构）进行政务服务事项管理、运行管理、监督考核等工作的平台。业务办理系统是政务服务实施机构办理政务服务事项的应用系统。政务管理平台把来自政务服务门户的申请信息推送至政务数据共享平台，同步推送业务办理系统；政务服务工作人员在业务办理系统取得预约、申请等信息后进行业务办理，政务管理平台从政务数据共享平台获取并向政务服务门户推送业务办理过程和结果信息。另外，为了更好地对计算、存储、网络和安全设备等硬件基础设施，操作系统、中间件、数据库等软件基础设施以及应用系统的运行状态监控和综合管理，建设政务服务平台运维管理系统实现对平台统一运维和协同管理。

9.4.1 政务管理平台

政务管理平台是面向政务服务管理机构，开展政务服务事项管理、运行管理、监督考核等业务，平台主要包括政务服务工作系统、政务服务运行管理系统、"一事通办"运行管理系统、政务服务事项管理系统、政务服务监督管理系统、政务服务能力评估系统、政务服务知识处理系统、中介超市管理系统、政务大数据分析决策系统等。

1. 政务服务工作系统

政务服务工作系统主要面向的是各级工作人员、领导等，提供对日常工作的监控和管理，以一种便捷、清晰、醒目的方式展现，并可以快速地处理所有待处理的和已经处理的工作，同时也可对自己管理的、负责的、关注的工作进行监控。

（1）我的工作：统一展示负责的工作、领导安排给我的工作、我的重点工作、部门重点工作等与我相关的工作任务。

（2）待办工作：统一展示用户在各业务系统下需要用户处理的待办业务工作。

（3）数据可视化：根据当前登录的用户权限进行相应内容的统计，并通过可视化的图表展示各类统计数据，包括但不限于受理统计、办件统计、满意度统计、督察督办统计等。

（4）消息中心：展示各个应用推送的通知公告等最新变化了的信息。

（5）个人中心：提供对个人信息、资料等的管理，包括个人基本信息维护、密码修改和找回、个人资料文件的管理、个人日程安排等。

（6）运维监控数据公示：为相关工作人员提供平台运维监控数据公示，包括用户访问情况、用户行为分析、平台健康度、用户体验度及平台安全运行情况等。

2. 政务服务运行管理系统

政务服务运行管理系统实现了预约管理、网上预审、智能调度、收费管理、送达管理、评价管理、归档管理、系统配置管理等功能。

（1）预约管理：对注册用户通过互联网政务服务门户、移动 APP 等提交的预约办理信息进行管理，具备预约事项属性配置、预约时间段设置等功能。

（2）网上预审：对注册用户通过互联网政务服务门户、移动 APP 等提交的申请进行初步审核，基本满足申请条件及材料的，即可进行预受理；预受理后，可让申请者进一步提供相关材料或者信息。

（3）智能调度：实现调度服务中心、事项服务集成、事项数据缓存管理、事项通信管理、服务监控、对接管理等功能。

（4）收费管理：系统根据事项收费依据和标准自动计算出收费金额，窗口人员进行核价，打印缴费通知单，申请人持缴费通知单到指定银行窗口缴费，银行工作人员进行收讫确认，打印发票，缴费完成后，申请人返回实体政务大厅，由窗口人员确认收费。

（5）送达管理：通过手机短信、移动终端等将办理结果告知申请人到大厅取件，窗口人员负责登记送达信息，也可以通过物流的方式将办理结果送至申请人。提供窗口出件送达、文件柜出件送达、物流送达等。

（6）评价管理：事项办理结束后，申请人可通过手机短信、移动终端、互联网政务服务门户、政务服务大厅评价器（或窗口交互平台）等渠道进行办件评价，评价信息关联到窗口，作为绩效评估的依据。系统提供办件查询接口、评价内容管理、评价预警管理、评价数据管理、评价数据变更管理、统计分析、评价接口等功能。

（7）归档管理：审批事项办结后，将审批形成的电子证照、决定及回执，申请人上传的各类电子文书及提报的审批项目基本信息，实施行政审批受理（或者不予受理）、审查、办理等过程形成的电子表单，行政审批关键业务行为的受理人、受理时间、办理情况等过程描述元数据，按照档案管理有关要求在线或离线进行电子归档。

（8）系统配置管理：系统实现"一件事"链条式服务配置、大厅管理、综合窗口管理、业务删除管理、表单管理、"一表"定制、表单和基本信息映射、业务运行配置、事项备注、历史信息资源管理、打印模板配置等功能。

3. "一事通办"运行管理系统

对涉及两个以上部门共同审批办理的事项，实行由一个中心（部门或窗口）协调、组织各责任部门同步审批办理，基于经营范围决定办理事项的"一事通办"运行管理系统主要实现企业经营许可联合审批、投资项目并联审批、投资项目多评合一、投资项目多图联审等功能。

（1）企业经营许可联合审批：针对与企业经营相关联的许可事项，按行业类别实行联审联办。企业经营许可联合审批实现办公业务、企业信息数据中心、统计分析、系统管理、与工商系统对接、与部门业务系统对接、与网上申报对接等功能。

（2）投资项目并联审批：将项目审批分为用地和规划阶段、立项（审批核准备案）阶段、报建阶段、开工后竣工前阶段、竣工后阶段等，实现"事项及材料一单告知，批量申请多个事项，申请材料一窗受理，审批过程并行协同，审批结果关联共享"等服务功能和"项目审批流程图监控、督查督办、汇总分析"等监管功能。

（3）投资项目多评合一：由政务服务管理机构牵头会同相关部门，对项目基本信息进行联合评审，明确所需中介评估内容，申请人按需提交所有的评估材料，各部门联合评审，统一给出整改意见。投资项目多评合一把对相关中介评估的审查工作由串联改为并联，实现企业投资项目立项评估的统一受理、统一评估、统一评审、统一审批、统一监管。

（4）投资项目多图联审：实行一窗受理、一次收费、联合审查，重点解决各部门电子图的格式统一问题，利用大附件存储技术，开展基于统一 GIS 地图的电子图审，实现"一张图"在部门之间的流转、审批，实现全过程自动存档，形成图审电子档案。

4. 政务服务事项管理系统

政务服务事项管理系统建立行政权力清单、公共服务事项清单、"一事通办"事项清单的新增、变更、取消、下放、调整等事项的动态维护机制，为网上政务服务平台等提供权力运行必要的事项信息，为电子监察系统提供基础的监督信息。政务服务事项管理系统主要包括目录清单管理、实施清单管理、清单发布管理、行政权力事项、"一事通办"事项清单和统计分析等功能。

（1）目录清单管理：对各类政务服务事项的各级目录清单要素实行动态管理，包括统一清单库初始化、目录清单要素管理、目录清单审核发布、目录清单动态维护管理等，以保证所有进入事项标准化及动态管理系统目录管理的政务服务事项都有相关法制部门审核，保证没有进入到行政权力清单目录管理的政务服务事项，一律不得实施。

① 统一清单库初始化：将目录清单数据统一初始入库，提供批量导入功能，并根据要素规则自动检查并提醒错误信息。

② 目录清单要素管理：系统支持对标准化要素的灵活配置，固化标准化要素信息，使不同地区同一个事项的标准化事项要素保持统一；实现通用要素设置、通用事项管理和通用事项审核等功能。

③ 目录清单审核发布：对新建的目录进行审核，审核通过后自动发布，审核不通过进行驳回，修改后再次提交审核。

④ 目录清单动态维护管理：具备目录清单的新增、变更、拆分、合并、暂停、取消、统计分

析等目录清单动态维护管理功能。

（2）实施清单管理：实施清单是政务服务实施机构依据"三定"规定确定的职责分工，对目录清单中本机构的政务服务事项进行细化完善形成的清单，各级政务服务实施机构按照自身承担的职责范围，从目录清单中选择本级范围内的政务服务事项，同步基本要素信息，完善填写实施清单中其他要素信息，填写完成后报编制、法制等部门审核，审核通过后，纳入本部门的实施清单。

实施清单管理模块支持对行政权力实施清单的新增、取消、下放、变更等功能，同时对所有行政务服务事项的动态变化过程进行历史版本记录，便于事项比对及事项历史变化过程的回放。按照统一标准自上而下的设计，实现了横向不同区域间保持政务服务事项名称、类型、依据、编码等要素统一。

（3）清单发布管理：各级政务服务实施机构在统一政务服务事项库中动态维护本级服务事项实施清单，政务服务事项库中的在用、最新版本数据单向且实时同步到互联网政务服务门户。系统提供清单发布的通用接口，供各级政府门户网站，互联网政务服务门户调用，实现清单同源发布。

（4）行政权力事项：针对行政许可、行政处罚、行政强制、行政征收、行政检查等执法类职权事项，定制开发梳理页面、梳理要素及审核流程，并经过相关部门审核后正式发布，发布后在事项管理系统中动态维护和更新。

（5）"一事通办"事项清单：编制和发布"一事通办"事项清单，主要包括省级、设区市、县（市、区）、乡镇（街道）四级"一次性告知"清单、"最多跑一次"清单、"一次不用跑"清单、市场准入负面清单、行政事业性收费清单、行政权力中介服务清单等。

（6）统计分析：系统具备清单统计报表功能，支持电子表格文件导出功能，提供事项横向部门比对分析，提供同一事项实施清单在不同地区、不同层级的比对分析。系统通过完善的统计分析功能，让各级管理人员能够根据不同需求，实现各种条件下的单项查询和组合查询，支持跟踪查询、精确查询、模糊查询等多种查询方式。可以查询政务服务事项基本信息、法律法规信息、裁量权信息等信息，为政府决策提供丰富的数据作参考。

5. 政务服务监督管理系统

政务服务监督管理系统对政务服务事项运行全过程和结果进行监督，具有监察规则设置、运行监察、投诉处理、效能管理、统计分析和监察日志等功能。

（1）监察体系：主要包括业务注册管理、监察规则设置、数据采集标准管理、政策法规管理等。

（2）运行监察：实现实时监控、预警纠错、督查督办、大数据监察等功能。

（3）投诉处理：处理来自互联网政务服务门户、来电、来访等渠道的各类投诉，实现投诉登记、调查、审核、批示、结果认定流程管理等。其中，网上投诉处理结果需通过数据接口推送到互联网政务服务门户反馈，系统具备全程留痕功能，投诉结果认定结论与被投诉部门、被投诉人关联，并纳入部门和个人绩效考核。

（4）效能管理：根据各地绩效考核管理办法进行设置，量化考核标准，自动对各部门、各岗位的办事效能进行打分、考核和分析；考核结果通过数据接口定期推送到本级互联网政务服务门户进行公示。

（5）统计分析：支持灵活的查询统计设置，可按地区、时间段、部门、事项类型等进行设置，自动生成办件统计、满意度统计、部门办件汇总、办理事项汇总统计、办理时效统计、部门时效统计、异常数据统计、咨询问题汇总统计等数据统计报表，支持在线打印、电子表格导出功能。

（6）监察日志：自动采集办件情况、办结情况及督办情况等方面的网上运行数据，定量分析形成日志记录；并对所有政务服务管理机构人员进行系统操作和使用等方面的工作情况进行监控、记录和分析统计。

6. 政务服务能力评估系统

政务服务能力评估系统根据互联网政务服务门户提供的服务内容以各级各部门政务服务评估数据，对全省政务服务内容、数量、质量进行评估，通过多种数据采集方式进行全面的数据采集，以政务动态评估指标为依据，结合智能数据分析模型对全省政务服务各项数据进行多维度、智能化评估分析，通过服务评估数据展示实时查看全省服务评估数据，也可查看具体评估项目的详细内容，为省级政务服务评估工作提供实时动态评估数据展示与多维分析。

政务服务能力评估系统具有指标采集、指标管理、数据管理、项目管理、数据分析、发布管理、运维监控、系统管理、服务评估数据统计等功能。

（1）指标采集：系统提供多种指标采集方式，针对各种不同情况提供对应的数据更新机制。在提供数据抽取、数据交换等数据归集的基础上，还提供问卷调查、批量导入等多种方式支持数据采集。

（2）指标管理：是服务评估系统评估体系的基础组成，制定管理评估所用的指标标准，并为指标分配权重，为数据分析提供相应标准。指标管理由指标库、指标维护、权重管理、指标查询等部分组成。

（3）数据管理：对采集数据的数据名称、数据源、数据更新周期进行规范，同时提供统一标准的指标数据接口，保障数据对接时数据传输、数据交换、远程调用数据的规范性。数据管理实现了数据配置、报表管理、数据来源管理、指标数据录入等功能。

（4）项目管理：实现项目分类管理、项目管理、项目审核等功能，通过项目的分类可以组建不同的评估项目，并通过项目审核机制对项目进行严格把控，保证项目的建设质量，最后通过项目管理可以整体管理项目的启动、停止、结项及项目详情等。

（5）数据分析：建立数据校验、数据清洗、数据整理比对、数据计算模型的全流程数据分析体系，对评估有用的信息进行整理，保障数据的合格性，同时对服务能力评估系统采集的指标数据根据分析模型进行科学的计算分析，为评估报告发布提供支持。

（6）发布管理：发布管理通过多种发布方式进行分析报告发布，包括省级互联网政务服务门户发布、纸质版报告发布、多媒体可视化发布等方式。

（7）运维监控：对省级政务服务评估系统所有运行环节进行统一监控，包括系统监控、数据运行监控、数据可视化监控、数据采集监控和系统预警管理，提供了全套的运维监控功能。

（8）系统管理：可根据机构层级体系自由地设定系统维护机构体系，系统支持多层级目录树式机构创建，基本满足不同用户的需求。系统管理包括机构管理、用户管理、角色管理、封停管理等。

（9）服务评估数据统计：围绕服务方式完备度、服务事项覆盖度、办事指南准确度、在线服务深度、在线服务成效度等网上政务服务评估指标，综合评价网上政务服务的供给能力和服务质量。

7. 政务服务知识处理系统

政务服务知识处理系统是集知识的获取、分类组织、存储及动态更新于一体的知识处理系统，为用户提供良好的知识共享和交流环境。政务服务知识处理系统包括知识库管理、知识库维护、知识库应用等功能。

（1）知识库管理：实现栏目类别管理、分级授权管理、部门黄页、知识库模板管理和知识库导入等功能。

（2）知识库维护：主要是供知识库维护人员使用，包括知识新增、知识审核、知识维护等功能。

（3）知识库应用：实现知识检索、工单答复引用知识库、知识点评、知识热度排名、知识下架、知识提问、优秀工单生成知识等功能。

8. 中介超市管理系统

中介超市管理系统实现服务资源管理、中介管理、竞价管理、专家管理、项目特殊情况管理、评价管理、统计分析、服务监督、网站内容管理、系统管理等功能。

（1）服务资源管理：通过建立中介机构库、服务项目库、服务诚信库等服务资源库对各类服务资源进行有效管理。

① 中介机构库：为了便于主管部门对中介服务活动的中介服务组织和从业人员进行监管，建设全省中介机构库，包括但不限于中介机构的资质信息、业绩信息、评价信息等内容。中介机构基本信息由中介机构自行维护，对于中介机构非关键信息，中介机构变更后直接更新，更新信息自动推送告知主管部门；对于关键信息变更（如机构名称），中介机构发起变更后，需由管理机构或行业主管部门审核后方可更新。

② 服务项目库：中介服务项目库统一管理各行业主管部门牵头组织制定所管理或审批涉及中介行业的服务规范信息，如办理流程、材料清单、承诺时限、收费标准等服务信息。

③ 服务诚信库：服务诚信库主要管理中介机构的资质、服务过程管理情况、能效、收费、行业部门监管、服务结果、满意度评价等各方面信息，构建中介服务机构诚信体系，对中介机构的诚信信息实施统一管理。

（2）中介管理：对中介机构的入驻审核、资质审核、中介机构信息的维护以及中介机构的不良记录等进行管理，同时供相关督办部门对中介服务过程各环节处理进行督办。系统提供中介入库管理、资质审核、报停管理、中介信息维护、中介不良记录管理、督办管理等功能。

（3）竞价管理：对竞价项目整个竞价过程及竞价后的过程进行管理，主要包括对业主发布的竞价公告的审核及对项目竞价公告发布后的服务过程管理；系统实现竞价公告审核、随机选择中介、竞价项目跟踪、成交项目信息、合同备案信息等功能。

（4）专家管理：将专家按照不同的行业进行分类管理和登记，实现专家类别管理、专家信息审核、专家添加、专家信息维护等功能。

（5）项目特殊情况管理：对取消公告审核、取消公告处理等特殊情况进行管理。

（6）评价管理：主要是实现项目业主对中介机构提交的服务结果进行确认之后的打分评价管理。根据实际评价工作需要，系统可支持多部门对中介机构进行评价，即项目业主评价之后，中介的主管部门和服务结果的审批部门也可以对中介的服务过程和结果材料进行评价，评价结果将作为中介机构诚信档案的依据。

（7）统计分析：系统提供中介机构统计、中介服务事项统计、项目业主统计、不良记录统计等功能。同时，也支持对中介服务业务量、中介服务事项办理数、项目业主发布公告数按时段进行统计。

（8）服务监督：服务监督实现实时监控、预警纠错、投诉处理、绩效考评、统计分析、争议复审等功能。

① 实时监控：同步全程监控中介机构服务运行过程产生的信息，包括中介服务事项的受理、承办、审核、批准、收费、办结等情况。

② 预警纠错：是指对中介机构服务环节超时、违规收费等违规行为发出预警，并根据严重程度自动给予"黄牌"和"红牌"等提示。在预警明细中可以查看到监察状态、督办状态，监察人员可以对办件进行督办。

③ 投诉处理：对中介机构服务的投诉进行规范办理和归档管理。对来信、来访、来电、网上投诉等信访件进行登记受理，自行调查或转给责任单位调查，调查结果统一归档、外网反馈，投诉调查认定结论纳入中介机构绩效考核。

④ 绩效考评：根据日常监管、专项检查、社会评议、投诉举报和各行业主管部门日常执法执纪情况、中介服务组织不良行为记录情况、执业质量检查情况，对中介服务组织进行年度及日常综合信用考核评价，按行业从高分到低分分为 A、B、C、D 四类进行信用等级分类评价，评价结果实行动态调整并公开，引导服务对象优先选择信用等级较高的中介服务组织。

⑤ 统计分析：对中介机构运行产生的数据进行统计，包括中介服务受理业务量统计、收费情况统计、诚信信息统计等，并可分行业、分时段、分服务项目进行对比统计。

⑥ 争议复审：对中介服务组织出具的服务成果、相关部门出具的审批审查意见、监督评价意见，服务对象或相对人提出异议的，由政府中介监管综合领导协调机构组织有关方面人员进行质询；对质询意见仍持异议的，组织专家进行评审，相关单位根据评审意见予以整改。

（9）网站内容管理：主要包括管理部门信息公告的发布及咨询投诉等内容的回复与管理。

（10）系统管理：主要包括中介服务事项管理、资质管理、通知书模板设置、短信管理和日志管理等。

9. 政务大数据分析决策系统

基于一体化在线政务服务平台的基础设施和政务数据资源共享服务中心汇聚的数据资源，建立政务大数据分析决策系统，运用大数据技术对政务服务基础数据、政务服务过程数据、用户行为数据、监督数据等政务服务大数据资源进行融合分析，打通数据之间联系，挖掘数据价值，有效利用政务信息数据资源，提升服务质量、降低服务成本、提高用户参与度、增强决策科学性，为简化审批流程、提高审批和服务效能创造条件。在大数据分析引擎基础上，通过统计分析、数据挖掘、空间分析、数据建模等分析手段全面揭示政务服务内在图景；准确掌握政府服务和管理的动态变化，发现政务服务过程中的纰漏，依托电子政务外网向政府领导和工作人员提供政务决策分析展示服务和政务运行业务分析服务，支撑政务决策和优化政务服务供给；准确把握和预判公众办事需求，依托互联网面向自然人和法人提供智能化、个性化服务，变被动服务为主动服务。

政务大数据分析系统包含大数据资源支撑子系统、大数据应用支撑服务子系统、政务服务大数据整合子系统、大数据分析引擎子系统、数据可视化子系统、专题构建子系统、政务服务业务分析专题子系统、公众服务分析专题子系统、政务服务决策分析专题子系统、大数据运维管理子系统十个子系统，系统构成如图 9.11 所示。

图 9.11   政务大数据分析系统构成

1）大数据资源支撑子系统

大数据资源支撑工具通过提供标准的数据统一接入机制，将政府各部门及互联网的结构化和非结构化数据汇聚接入。同时，利用分布式数据库、分布式文件系统、分布式数据仓库和关系型数据库对结构化数据和非结构化数据进行高效存储,利用全文检索引擎对信息资源及文档信息进行检索，建立信息资源的高可用性、高性能和可扩展性机制，实现对大数据的灵活存储。

大数据资源支撑子系统由分布式文件系统、分布式数据库、分布式数据仓库、关系型数据库和全文检索引擎组成。

（1）分布式文件系统：主要功能是文件的浏览、查找、文件概况、移动、编辑、重命名、拷贝、修改权限、下载、删除、新建上传等，系统可以在从几台到几千台由常规服务器组成的集群中使用，并提供高聚合输入输出的文件读写访问。分布式文件系统技术特点是，满足大数据处理要求的分布式文件系统，提供高吞吐量访问应用程序的数据，具有高容错性。

（2）分布式数据库：是一个高可靠性、高性能、面向列、可伸缩的分布式存储系统。利用分布式数据库可在一般服务器上搭建起大规模非结构化数据存储集群，适合于非结构化数据存储。大数据分布式数据库运行在分布式文件系统之上，吸收了分布式文件系统的所有优点，另外提供高效的缓存机制，提供系统数据的及时响应。

（3）分布式数据仓库：是为辅助决策系统、专题信息服务系统及其他业务应用系统提供海量结构化数据快速分析功能而建立的数据存储与管理系统。与传统数据仓库系统相比，分布式数据仓库能提供更大的数据存储容量、更强大的数据计算引擎和更为丰富的数据分析工具，能应对大数据环型下的数据分析和组织难度大的问题，在大数据计算引擎下提供了一系列数据提取、转换和数据加载工具及数据立方体构建工具。分布式数据仓库包括数据仓库管理工具、数据提取转化加载工具、数据分析执行引擎、数据仓库扩展工具及操作语言等。数据提取转化加载工具负责将分布的、异构数据源中的数据如关系数据、数据文件等抽取到临时中间层后进行清洗、转换、集成，最后加载到数据仓库中，成为联机分析处理、数据挖掘的基础。数据分析执行引擎可以将数据仓库操作语言所制定的分析计划进行执行并优化，能有效加快数据分析速度。数据仓库扩展工具支持用户采用自定义的工具进行数据仓库中数据辅助结构的定义与操作。数据仓库操作语言及工具定义了一个类似于SQL（Structured Query Language，结构化查询语言）的查询语言，能够将用户编写的SQL语句转化为相应的映射规约程序。

（4）关系型数据库：主要是实现海量数据的管理，是管理、操作和维护关系型数据库的程序，分为本地和服务器数据库管理系统两种类型，包括相互联系的逻辑组织和存取这些数据的一套程序。MySQL、SQL Server、Oracle、DB2均为关系数据库管理系统。系统提供针对大数据管理与存储的基本功能，主要是实现数据的高效化管理和数据库的保护、维护工作，具体功能包括但不限于数据定义、数据操作、数据组织、数据存储、数据管理、数据库的运行管理、数据库的保护、数据库的维护等。

（5）全文检索引擎：对信息资源及文档信息进行检索，即根据用户的查询要求，从信息数据库中检索出相关信息资料。全文检索的关键是文档的索引，即如何将源文档中所有基本元素的信息以适当的形式记录到索引库中。在中文文档中，基本元素可以是单个汉字，也可以是词或词组。根据索引库中索引的元素不同，可以将全文检索分为基于字表的全文检索和基于词表的全文检索两种类型。全文检索引擎可以分为数据搜索服务模块、数据搜索发布模块、个性化服务模块等三大模块。

2）大数据应用支撑服务子系统

大数据应用支撑服务子系统是一个信息的集成环境，将分散、异构的应用和信息资源进行聚合，通过统一的访问入口，实现结构化数据资源、非结构化文档和互联网资源、各种应用系统跨数据库、跨系统平台的无缝接入和集成，提供一个支持信息访问、传递及协作的集成化环境，实现个性化业务应用的高效开发、集成、部署与管理；并根据每个用户的特点、喜好和角色的不同，为用户提供量身定做的访问关键业务信息安全通道和个性化应用界面，使用户可以浏览到相互关联的数据，进行相关的事务处理，解决"信息孤岛"问题。

大数据应用支撑服务子系统主要包括消息服务、权限管理、检索服务、接口服务、服务调度、日志管理、API（Application Programming Interface，应用程序接口）管理等功能。

（1）消息服务：为用户上传文件后提示数据上传情况的消息提醒。

（2）权限管理：对不同角色的权限进行设置和管理。一般使用基于角色访问控制技术RBAC（Role-Based Access Control，基于角色的访问控制）进行权限管理，该技术被广泛运用于实现各类系统的权限管理，非常容易掌握。

（3）检索服务：在整合政务大数据现有资源、互联网资源的基础之上实现为工作人员提供统一的信息资源检索服务。

（4）接口服务：主要提供后台数据库与应用服务器的接口服务，提供应用服务器与基础应用组件平台交互接口服务，以及统一信息保存格式、传递方式、共享方式等。

（5）服务调度：对网格服务（Web服务资源）进行协调，以确保有效地完成协作任务，从而实现资源共享。

（6）日志管理：管理系统运行日志和用户操作日志，定期对日志进行归档、统计分析，保证数据库系统的安全稳定运行。

（7）API管理：系统通过对其上的API进行统一管理。API是应用程序编程接口，云产品之间、应用程序之间、程序与数据之间、服务端与各种客户端之间，都通过调用API进行交互。API有较强的灵活性、拓展性和跨平台性，一组API便能支撑一个完整的服务或者功能。

3）政务服务大数据整合子系统

政务服务大数据整合子系统综合利用元数据、本体、语义等技术，实现对人口信息、法人信息、电子证照信息、办件信息、民生服务信息等政务服务基础数据、政务服务过程数据、用户行为数据等各种类型、形式的数据资源的融合，对数据资源分层分类汇聚，实现多源异构政务信息资源的深度整合与有效利用，推进政务信息资源质量提升、有效关联与知识化表达，揭示政务服务过程的内在图景，实现办事质量控制和服务效果评估，大幅提高政务服务的在线化、个性化、智能化水平。

政务服务大数据整合子系统通过建立统一分类组织的信息资源视图，形成综合信息资源库，建设可靠稳定可持续运行的资源整合系统。政务服务大数据整合子系统对政务大数据进行规则分析和综合管理，实现数据质量提升及碎片化的数据资源关联化、一体化和知识化。政务服务大数据整合子系统实现了数据清洗转换管理、结构化数据整合、文本数据整合、空间数据整合、日志整合等功能，如图9.12所示。

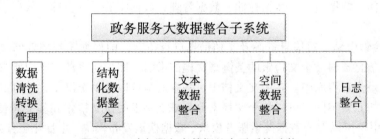

图9.12　政务服务大数据整合子系统功能

（1）数据清洗转换管理：从源系统中抽取数据，进行清洗、转换等操作，并将数据加载到数据仓库，有效解决各部门、各业务系统存在的数据量大、复杂性大，以及数据分散、冗余、不完整等问题，将分散、零乱、标准不统一的数据整合到一起，为决策分析提供依据。包括数据加工流程管理、清洗转换规则管理、任务计划及调度管理、数据清洗转换执行、数据加载、数据清洗转换结果分析、数据实时监控等功能。

（2）结构化数据整合：面向政务外网、互联网，基于TCP/IP（Transmission Control Protocol，传输控制协议/Internet Protocol，网际互连协议）协议的多层架构，对政务服务数据资源中的结构化信息进行整合处理。通过对政务服务基础数据、政务服务过程数据、用户行为数据等进行数据抽取、数据处理、数据整合、数据分析，解决基层零散数据的收集问题及数据存储的问题，而且通过结构化数据整合工具将各应用系统的结构化数据及带有结构化的文本数据整合在一起，为政府提供强有力的决策支持。结构化数据整合包括数据模型定义、用户视图定义、语义检查、模型映射、数据聚合、数据装载刷新六个功能模块。

（3）文本数据整合：抽取政务服务数据中文本型数据，经过数据解密、转码与分词处理，形成全文索引，最终按照预先定义好的数据库模型，将文本类信息资源整合到非关系型数据库中，并最终形成全文检索分词库。其中，文本型数据源主要有纯文本文件、XML（Extensible Markup Language，可扩展标记语言）、关系型数据库、非关系型数据库等。

（4）空间数据整合：对不同来源、格式、特点性质的地理空间数据、包含空间信息的文本类政务服务数据进行逻辑上或物理上的有机集中，经过文本分词、地址提取、空间语义提取、坐标点及其范围确定、元数据提取、标准入库、索引构建等处理，提取空间信息，整合为专题空间库及空间元数据库。空间数据整合包含比例尺分层、地理编码与反编码、空间信息提取、数据空间化、地理数据格式转换等五个模块。

（5）日志整合：对系统日志、应用程序日志、安全日志和用户访问日志等日志信息进行数据解密、数据格式转换，形成标准统一的日志数据，然后通过数据过滤与数据合并操作实现数据去噪，并将数据加载到预先定义好的数据库中。

4）大数据分析引擎子系统

大数据分析引擎主要由大数据计算框架和大数据分析模块组成，实现对政务服务大数据的高效分析，为政务辅助决策、优化政务服务供给提供有价值信息。

（1）大数据计算框架：对集群计算资源进行封装，为政务服务大数据分析提供计算支撑，大数据分析的算法可以在计算引擎中进行自动划分，以分布式并行方式进行快速计算。

（2）大数据分析模块：依托政务服务大数据资源综合库，利用数据分析工具，实现多维信息的数据访问和分析。通过对信息的多种可能的观察形式进行快速、稳定一致和交互性的存取，使得用户能够对数据进行深入观察。系统支持对采集的各政务服务数据进行深层次数据分析与挖掘，包括对政务服务办事能力、政务服务数据资源、政务服务用户使用度、政务服务在线服务效果四个维度的数据分析，并提供相应的分析结果以供展示系统展现。

5）数据可视化子系统

数据可视化子系统由可视化编排、地图可视化、统计图表组件、报表工具与多维 BI（Business Intelligence，商业智能）分析等工具组成，为政务服务大数据可视化展示提供支撑。系统支持对文本数据、结构化表格数据及专题数据的管理等。

（1）可视化编排：通过所见即所得拖拽方式实现灵活的可视化布局，可以将不同数据源中的数据，抽取到同一个仪表板中。用户可以通过自助的方式随时调整仪表板的布局和组件。系统支持字体对齐、组件对齐、组件分布、组件层级控制、画布自定义、标尺、拷贝、粘贴、上下左右移动、回退、重做、保存、全部保存等设置。

（2）地图可视化展示：提供多种控件和渲染方式，支持用户自定义图层，支持基本地形图、专题地图、影像地图、矢量地图等地图，支持分级统计图、分区统计图、复合地图等地图的可视化展示。

（3）统计图表展示：通过将数据转化为图表，实现更准确更形象的信息表达，将抽象的数据采用更加直观的方式展现给用户，避免了大量数据带来的繁琐工作，提高工作的效率。系统支持快速构建统计表、柱状图、饼图、折线图、雷达图、散点图、玫瑰图、气泡图、柱状堆积图、面积堆积图、漏斗图、双 Y 轴图、混合图等样式，支持自定义扩展，满足不同场景的数据展现需求。

（4）报表工具：根据业务主题进行分类组织，形成报表主题分类树，即把同一类业务主题报表设计归类。报表工具包括数据源设置、报表设计、报表输出等基本功能，支持对结构化数据进行自定义表头报表设计、展示、发布、输出等一系列操作。

（5）多维 BI 分析：多维 BI 分析能够很好地对数据进行全方位、多角度、多层次的查询和计算，从而深入了解数据中蕴含的信息和内涵。系统提供了各种常见的 OLAP（Online Analytical Processing，联机分析处理）分析操作，除基本的分组聚合外，还可以进任意多维度分析，包含钻取、切片、切块、旋转、排序、过滤等分析功能。

6）专题构建子系统

专题构建子系统主要是将政府领导、政务服务人员、社会公众等关心的热点问题的历史资料、政策法规、发展动态、统计数据、办件信息等从不同信息系统或信息资源库中抽取出来，形成内容丰富、相互关联的专题信息，实现数据配置和管理，以及专题页面的布局、生成、展示等，并以专题方式发布，为用户提供针对性的信息服务。

系统可以根据用户需要开发各种专题模板，提供可视化、向导性的界面实现应用专题的快速定制和发布。专题构建子系统实现地图查询、地图统计、指标运行图、多维图表展示、知识地图、站点布局管理等模块的封装与构建。系统通过读取专题库、整合库、索引库、知识库等数据库的数据，将数据与专题模块匹配，快速构建政务服务决策分析专题、政务服务业务分析专题、公众服务业务分析专题。

专题构建子系统包括地图查询、地图统计、指标运行图、多维图表展示、知识地图、站点布局等模块。

7）政务服务业务分析专题子系统

政务服务业务分析专题子系统主要服务对象为业务人员，其相关信息来自政务专题库中的业务分析专题库，包括用户访问时间统计表、全省各地市用户数量统计表、用户全景画像情况统计表、地市用户投诉情况统计表、用户投诉来源统计表等信息。

政务服务业务分析专题建设子系统为使用者提供用户行为分析、服务流程优化分析、用户全景画像分析、服务评价分析等。

（1）用户行为分析：包括用户注册来源、访问时间分析、访问流程分析、用户访问行为分析和检索服务分析等。

（2）服务流程优化分析：包括服务流程对比分析、人员配置合理化分析和一站式服务提供方向分析等。

（3）用户全景画像分析：包括法人全景画像和自然人全景画像分析。根据法人注册资本、地址分布、历史办件、税务情况，构建法人全景画像，准确掌握法人办件需求，为个性化主动服务提供支持。根据用户的基本信息、年龄、访问信息、查询信息、办件信息等，构建自然人全景画像，准确掌握用户情况和需求，为个性化主动服务提供支持。

（4）服务评价分析：从政务服务事项数量、用户量、办件量、服务整合度、查询便捷度及综合服务能力等多方面、全角度进行综合服务能力评估，实现决策人员能够通过选择不同评估指标，查阅综合服务能力，并以图表形式清晰化展现，为决策人员提供强有力的数据支撑。服务评价分析包括地区服务评价、部门服务评价、公众评价评估情况、投诉量趋势分析和投诉来源分类统计等。

8）公众服务分析专题子系统

公众服务分析专题子系统主要服务对象为公众，其相关信息主要来自政务专题库中的公众服务专题库和原始基本信息资源、业务信息资源，包括个人用户信息表、办件信息表、办件过程表、办件结果表、评价评估表等信息。

公众服务分析专题子系统包括个人事务服务、服务事项推送、综合搜索服务等模块。

（1）个人事务服务：主要是为政务服务用户提供相应的服务，从而使得政务服务更加便捷化、人性化，包括我的办件、我的咨询、我的材料和我的电子画像等服务内容。

（2）服务事项推送：主要是为用户提供私人定制化服务，包括应用清单推送、审批进度推送、交互办件推送和热点应用推送等，系统不仅可以对应用进行推送，还可以对热点进行推送。

（3）综合搜索服务：为便于政府和城市管理者主动查询了解经济社会热点，提供基于关键词的综合搜索服务。系统提供政务服务事项检索、材料信息检索、历史办件检索、历史咨询投诉检索、审批检索等检索服务。

9）政务服务决策分析专题子系统

政务服务决策分析专题子系统的服务对象为政府领导，相关信息来自政务专题库中的决策分析专题库，包括用户信息统计表、办件信息统计表、投资项目管理负面清单表、不同行业申请开办时间统计表、群众办事便利统计表、服务事项变更统计表、网上政务服务热点地区统计表、公众法人热点统计表等信息，采用数据分析技术、挖掘技术、专题构建技术进行加工处理，主要为领导展示包括服务改革成效、重要指标展示和关注热点分析等方面的内容。

（1）服务改革成效：通过对各地市政务服务网汇聚到政务服务资源共享服务中心的数据进行分析，衡量政务服务政策的实施成效，衡量指标包括权责、简政放权、便民能力等内容。

（2）重要指标展示：对各级各部门汇聚到政务服务资源共享服务中心的数据进行整合梳理与分析，展示当前的重要指标，分析当前政务服务水平，从而采取措施提升或增强政务服务水平。衡量的指标包括政务服务用户、注册用户数量与来源、实名认证用户量、个人用户注册数量、法人用户注册数量、用户数量变化情况、政务办件能力、办件情况、地市、部门服务满意度、办件渠道等。

（3）关注热点分析：对用户办理事项数量进行统计和分析，将用户关注的内容更直观地呈现给领导，包括服务办理热点地区、民生关注热点统计、法人关注热点统计、热点行业统计等内容的分析。

10）大数据运维管理子系统

大数据运维管理子系统主要用于监控和管理拥有众多节点的分布式系统集群，收集和分析集群自身的相关信息，展示、监控和分析收集到的数据。

系统采用分布式结构，主要包括主节点和代理，提供可视化方式的管理和 RestfulAPI（Representational State Transfer Application Programming Interface，表现层状态转化应用程序接口）。主节点是系统运行的大脑，负责集群状态的监控、各分布的代理节点管理、各大数据服务的配置、各大数据服务的运行管理。代理分布在大数据集群的各个节点，负责采集节点的运行状态信息、各大数据服务的配置、运行状态信息，也负责不同服务的配置更改；代理以心跳的形式向主节点报告自己的情况。

大数据运维管理子系统包括可视化监控、节点负载热度、服务管理、节点管理、用户管理等功能模块。

（1）可视化监控：系统提供服务器集群运行各主要服务和计算节点的仪表盘展示视图，同时，提供访问各服务的超级访问连接。

（2）节点负载热度：展示整个集群中各节点的整体负载状况，用不同颜色标识计算节点的负载情况，用户可以一目了然知道集群中各节点的运行状况。

（3）服务管理：主要针对部署在集群上的各种服务提供统一的配置、开启、停止、服务运行状态监控等，并提供可视化界面和用户交互。

（4）节点管理：对集群的各个节点进行配置管理、分组管理，提供对集群中各节点安装的服务进行浏览，提供各节点上服务运行状态展示，提供对集群中的节点增删等功能。

（5）用户管理：提供对进入系统的用户权限进行管理，同时，支持用户的添加和删除等操作。

9.4.2 业务办理系统

业务办理系统是政务服务实施机构办理政务服务事项的应用系统，主要包括专业业务办理系统、通用业务办理系统、智能审批系统、自助服务终端系统等。业务办理系统取得预约、申请等信息后进行业务办理，将全过程信息推送至政务数据共享平台，同步推送政务管理平台。

业务办理系统负责为目前没有业务办理系统的行政权力及公共服务事项提供标准的、统一的业务办理系统，同时也支持已有自建系统的事项向统一系统的迁移。系统通过与工作流引擎联通，由工作流配置各业务的办理环节、环节处理人员及环节的操作等信息，业务办理系统通过获取相关事项的环节和人员进行业务待办的流程处理流转，同时记录各办理环节详细信息。通过采用电子签章、电子公文、电子证照等技术，实现事项的全流程网上审批和无纸化办理，实现审批过程留痕、审批资料电子共享、审批结果电子化出具。原则上，要求全省各级各部门相关业务事项全部进入业务办理系统进行业务办理，对部分部门业务流程逻辑复杂的部分事项或已有专业业务办理系统支撑的，则需经相关部门同意申请后才可不纳入统一系统办理，但必须与统一系统进行数据对接。

业务办理系统的系统构成如图9.13所示。

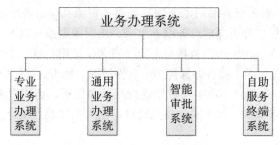

图9.13 业务办理系统构成

1. 专业业务办理系统

（1）按照有良好可扩充性的要求，由省各行业主管职能部门牵头整合优化、改造提升覆盖本行业的现有专业业务办理系统，并跟随应用发展同步扩充规模延伸范围，及时接入省级一体化在线政务服务平台。

（2）对于国家垂直业务办理系统，由省各对口部门负责协调解决国家平台与省级平台的对接。

（3）省投资项目审批平台、公共资源交易平台、信用信息系统等专项领域跨部门重点信息系统，以及省社会保障系统、公积金系统等各类相对独立信息系统，按照标准规范接入省级平台。涉及高频事项的业务办理系统应该要优先接入。

（4）对于自建的业务办理系统，按统一标准规范接入省级一体化在线政务服务平台，确保互联互通，避免出现"二次录入"问题。

2. 通用业务办理系统

通用业务办理系统实现事项预审、事项全流程网上办理，网上审批过程全程留痕，规范行政权力运行，提高办事效率。通用业务办理系统的业务办理过程信息，利用政务数据共享平台，传送到统一数据库，实现统一办件查询和业务监察。通用业务办理系统主要建设有办公业务、在线监督、统计分析等模块。

（1）办公业务模块：主要包括待办业务、已办业务、草稿箱、办理结果和业务委托等功能。

（2）在线监督模块：主要包括预警业务、今日到期、超时业务、督办业务、挂起业务和业务查询等功能。

（3）统计分析模块：主要包括情况简报、按时间统计、按处室统计、按事项统计等功能。

3. 智能审批系统

智能审批系统以大数据和人工智能应用为核心，重构智能服务、智能辅助审批、智能监督、智能决策的政府服务新流程，实现各类办件环节人工与机器智能化相结合，实现网上办事"受理零窗口、审查零人工、领证零上门、归档零材料"，为智能辅助审批业务提供支撑，从而极大提高行政效率，创造全新的政务服务体验。利用机器学习和大数据分析等技术，在政务服务过程中实现自动比对申报条件、自动识别申请材料图文信息、自动判断审批条件逻辑关系、自动调用证照批文数据、自动办结归档等，逐步实现电脑取代人工进行审批。

智能审批系统由智能辅助审批技术支撑、智能辅助审批应用支撑、定制开发的智能审批业务，以及系统对接与数据整合等部分组成。

（1）智能辅助审批技术支撑：主要建设包括事项标准化、智能表单、业务模型建模、图像OCR（Optical Character Recognition，光学字符识别）识别、语义分析、推荐引擎、印章识别、通用证照识别等智能辅助审批技术支撑模块。

（2）智能辅助审批应用支撑：主要建设智慧辅助业务申报、智能采集、智能预检、智能校验、智能感知、自动化审批、转人工审批、审批提醒、智能反馈、事项智能化配置、审批事项配置、材料制式配置、通用材料制式管理、材料审核点管理、审核点规则配置和材料智能审核等智能辅助审批应用支撑模块。

（3）定制开发的智能审批业务：定制开发主要包括《未成年工登记证》核发，律师执业证（工作证）遗失申请补证，律师执业证（工作证）损毁申请换证，企业产品标准备案，消毒产品卫生安全评价备案，义诊活动备案，渔业船员培训机构培训班开班前学员名册、培训内容和教学计划报备，市级非公募基金会印章式样、银行账号备案，市级民办非企业单位印章式样、银行账号备案，市级社会团体印章式样、银行账户备案，大型救灾捐赠和募捐活动备案，民间组织救灾捐赠款使用分配方案备案，职工调动办理住房公积金账户转移，老年人优待证发放，就业失业登记等审批业务。

（4）系统对接与数据整合：智能审批系统与省人口库、法人库、空间地理信息库等基础信息库对接，满足政务服务应用的需要，不断完善人口、法人、地理信息基础信息数据库。同时，系统通过政务服务数据共享平台，对接劳动、社保、教育、民政等部门共享的数据，自动加载相关证明文件或自动验证相关信息，避免申请人重复提交相关证明、反复跑腿。系统提供接口、数据前置库、文件等方式与各部门进行数据共享交换。

4. 自助服务终端系统

自助服务终端系统对在实体大厅、街道、社区、公共服务场所等部署自助服务终端设备进行统一管理，提供全天候、全方位的自助服务。

9.4.3　政务服务平台运维管理系统

以安全防护、云应用管控、多层次监控、告警与故障处理为重点，构建政务服务平台运维管理系统，将所有业务系统中所涉及的网络资源、硬件资源、软件资源、数据库资源等纳入运维监控中，并通过消除管理软件的差别、数据采集手段的差别，对各种不同的数据来源实现统一管理、统一规范、统一处理、统一展现、统一用户登录、统一权限控制，实现运维监控规范化、自动化、智能化，及时、准确、全面掌握信息系统的运行状态，保障各业务系统的正常运行。政务服务平台运维管理系统实现业务系统运维监控、系统资源运维监控、监控主题定制、告警与故障处理、运维服务管理等。

1.业务系统运维监控

对各业务系统运行情况进行实时监控,包括系统办结业务量监控、系统在审业务监控、系统使用用户监控、系统负载量监控、系统运行平稳性监控、系统操作日志监控等。

(1)系统办结业务量监控:可以按照受理单位、申办编号、业务主题、事项名称、受理时间段、办结时间段等条件快速查询已经办结的业务。同时,也可对各部门、各窗口的办结业务量进行统计分析。

(2)系统在审业务监控:可以按照受理单位、申办编号、业务主题、事项名称、受理时间段、办结时间段等查询条件快速查询在审业务,也可以对各部门、各窗口的在办业务量进行统计分析。未办结有异常的业务可以进行督办。

(3)系统使用用户监控:

① 当前在线用户监控:提供实时的在线用户监控功能,管理员可以随时监控系统的使用情况,并可在紧急情况下终止用户会话。

② 在线用户历史记录追踪:提供追踪用户历史使用系统记录的功能,管理员可根据认证记录追踪用户在登录系统过程中的所做的具体操作记录。

(4)系统负载量监控:实现对包括应用支撑平台、门户、大数据专题应用、业务系统等核心应用业务可用性和访问量的监测,包括系统的可用性、响应时间和针对业务系统访问、使用量和业务流程等。

(5)系统运行平稳性监控:通过应用系统所在的运行容器底层提供的监控接口自动收集和分析应用系统总体运行情况,如内存占用、线程数量等,可根据应用系统的架构层次采用不同的监测方式实现对应用系统的运行状态监控。

(6)系统操作日志监控:基于日志组件实现系统操作日志的收集、分析、监控。系统将采集用户行为和状态数据,并将这些结果进行集中存储和管理,便于管理人员查找各个用户的操作信息,同时可以根据关键词对用户行为数据进行统计,还有安全存储和数据分析功能,保证行为数据的有效性、可信性和抗抵赖性,便于审计和分析。

2.系统资源运维监控

主要是对运行系统的资源情况进行监控,包括系统资源监控、系统存储监控、业务进程监控等。

(1)系统资源监控:主要实现对基础硬件设施、基础组件等系统资源进行统一的多层监控,包括主机监控、容器监控、服务监控、数据库监控等。

(2)系统存储监控:系统通过 SNMP(Simple Network Management Protocol,简单网络管理协议)、SMI-S(Storage Management Initiative Specification,存储管理接口标准)对包括磁盘阵列、带库、虚拟带库、灾备系统等存储设备或系统进行状态和性能监控,可以监控到存储控制器状态、设备的 FC(Fibre Channel,光纤信道)端口、ISCSI(Internet Small Computer System Interface Interne,小型计算机系统接口)端口和 FCOE(Fibre Channel Over Ethernet,以太网光纤通道)端口状态、带宽利用率、I/O(Input/Output,输入/输出)实时和历史数据等情况。

(3)业务进程监控:通过统一服务端对不同应用采用不同的方式进行监控,采集并记录运行应用的状态数据,包括应用的调用情况、响应状况、堆内存的使用情况、JVM(Java Virtual Machine,Java 虚拟机)的使用状况、模块每秒的调用情况、活跃线程情况等。

3.监控主题定制

系统支持采用主题的形式进行制作和展现全省网上政务服务平台的整体运行信息。每一个主题都具有明确的展示内容取向,通过汇集各种相关联的主题形成与屏幕布局对应的主题组合,各组合分层展现,逐层细化,从而实现全面、细化监察和管理的目标。

4. 告警与故障处理

告警与故障处理主要实现对 IT（Information Technology，信息技术）资源故障的监视，包括对告警信息进行采集、配置、处理、呈现及相关的统计分析。系统提供告警设置、通知设置、告警展示等功能，运维管理人员可以针对告警内容进行故障处理。

（1）告警设置：设置不同设备不同系统的各参数的预警阈值。在设备的存储、性能或其他参数达到阈值时进行自动预警。

（2）通知设置：设置告警信息的接收用户的姓名、接收手机号码、邮件地址。系统会根据设置的用户信息，通过短信或者邮件的形式给指定用户发出预警或告警通知。

（3）告警展示：对业务监控系统的监控数据进行汇总展示。系统支持灵活可配置的展示页面，对页面展示内容实现模块化处理，每个模块都可通过系统页面拖拽到相应的位置，以适应不同情况下对重点监控的业务的调整。

5. 运维服务管理

运维服务管理提供系统的事件管理、问题管理、变更管理、值班管理、服务目录管理、服务请求管理、IT 服务报告、服务台管理等功能，贴近日常服务具体需求的流程，切实帮助服务人员有序、可控、高效地完成日常工作。

（1）事件管理：帮助运维服务人员对 IT 基础设施故障进行响应和处理。事件管理提供故障记录、分类、调查、诊断、解决，并监控跟踪故障处理情况，以期尽快将 IT 基础设施所提供的服务恢复到正常范围，使故障对业务的影响最小化。

（2）问题管理：是运维服务人员对 IT 资源故障根本原因进行分析、解决的服务管理流程。对 IT 资源中最常发生或具有重大影响的故障进行分析，帮助业务管理服务部门查找引起故障的根本原因，并生成变更请求、变更方法或建议的预防性措施来防止故障的再次发生，变被动维护为主动预防。

（3）变更管理：是为 IT 服务人员在最短中断时间内完成 IT 基础设施或业务服务的任一方面的变更而对其进行控制的服务管理流程。对故障管理、问题管理产生的变更请求进行响应，分析变更影响、评估变更风险、安排变更计划、调配变更资源。

（4）值班管理：对 IT 服务人员的日常值班工作进行统一的管理，主要包括值班计划的配置、排班、值班表的派发、交接班、值班记事、值班历史记录查询等。

（5）服务目录管理：向客户 / 用户提供业务服务目录所有细节，如服务承诺时限、服务支持时间、服务描述等。业务服务目录由技术服务目录支撑，并关联到业务服务流程。

服务目录管理能够生成和维护服务目录，服务目录中包含有关运营服务和为了实际运营所必须的准确信息，帮助调整客户 / 用户期望，从而有助于客户 / 用户和 IT 部门之间的流程整合。

（6）服务请求管理：是 IT 部门向客户 / 用户提供一系列常规性请求进行处理的服务管理流程，包括低风险、经常发生且成本低的微小变更（如重置口令、账号变更）及信息咨询等。服务请求管理实现发起服务请求、服务请求审批、服务请求提供、服务满意度调查等功能。

（7）IT 服务报告：是针对业务运行服务管理部门领导对于业务运行服务管理的需求特点而制定的业务运行服务统计分析报告。IT 服务报告以不同的视角和维度，对统计周期内 IT 服务人员的工作量、工作质量、客户满意度及其他关键绩效指标进行统计分析并通过多样化的图形报表进行展现，最终形成 PDF、Excel 样式的服务报告。

（8）服务台管理：包括自助服务台、个人工作台和管理控制台。自助服务台提供客户 / 用户根据服务目录在线提交服务请求，随时跟踪服务状态，并在线反馈服务满意度。个人工作台作为 IT 服务管理职能模块，根据不同角色权限提供个性化功能服务，如负责统一接收、支持和反馈各种故障、投诉等。管理控制台负责宏观掌控 IT 服务管理整体运行情况，提供仪表盘功能，并实时进行工作情况的统计、分析、报告。

9.5 省级数字政府的"互联网＋监管"系统

为了适应新时代政府监管的新需求，将现代化技术与政府监管职能相结合，"互联网＋监管"是对地方和部门监管工作的监督，对监管的"监管"；对完善事中事后监管、加强和创新"双随机、一公开"等监管方式具有重要意义，是"放管服"改革从"放"的环节向"管"的环节纵深推进的重要抓手。省政府在数字政府建设总体部署框架下提出建设省级"互联网＋监管"系统，促进政府监管规范化、精准化和智能化。

9.5.1 "互联网＋监管"系统

1. 系统概述

省级"互联网＋监管"系统是全国"互联网＋监管"体系的重要组成部分，是国家"互联网＋监管"系统的重要数据来源。省级"互联网＋监管"系统不替代各地市、各部门监管业务系统和监管职责，通过归集共享各类监管数据，为各地市、各部门开展监管工作提供综合信息服务，为各行业、各领域风险防控提供预测预警服务，为相关决策提供大数据支持服务，实现规范监管、精准监管、联合监管和全覆盖监管。省级"互联网＋监管"系统总体架构如图 9.14 所示。

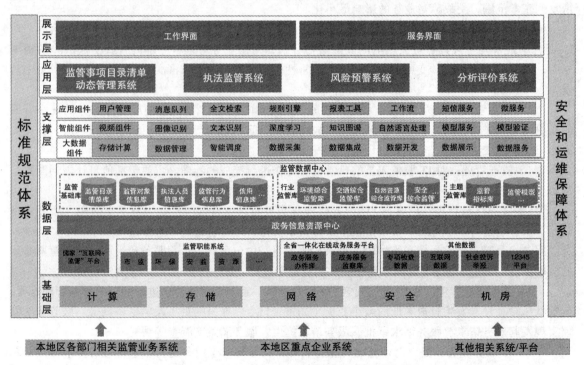

图 9.14 省级"互联网＋监管"系统总体架构

省级"互联网＋监管"系统通过汇聚本地区各级部门监管业务系统、一体化在线政务服务平台、投诉举报系统、相关重点企业及第三方平台等各方面的监管数据资源，建立省"互联网＋监管"数据中心，充分利用现有的监管业务系统建设行政执法监管系统、风险预警系统、分析评价系统、监管事项目录清单动态管理系统等，并向社会公众提供监管工作公示、监管投诉举报、监管信息查询等服务。

省级"互联网＋监管"系统主要由监管数据中心，面向社会公众的服务界面和面向政府部门的工作界面，监管事项目录清单动态管理系统、行政执法监管系统、风险预警系统和分析评价系统四个应用系统，以及标准规范体系、安全保障体系和运维保障体系等构成。省级"互联网＋监管"系统依托省级一体化在线政务服务平台进行建设，通过电子政务外网与国家"互联网＋监管"系统互联互通，实现与国家"互联网＋监管"系统大数据中心的数据共享，实现监管业务的协同联动。

2. 监管数据中心

充分利用已有的基础设施资源，建设省级监管数据中心，为相关业务应用提供数据支撑，同时与国家"互联网＋监管"系统共享共用监管数据。监管数据中心主要实现对各类监管数据的归集、监管数据库的建库、对外提供数据服务等。

（1）数据归集：采用前置机交换、批量交换、数据接口、文件交换等多种方式，采集和汇聚本地区各级部门监管业务系统、政务服务平台、投诉举报系统、相关重点企业及第三方平台等相关渠道的监管数据，清洗、关联后形成各类监管数据库。

（2）监管数据库：主要有监管事项目录清单库、监管对象信息库、执法人员信息库、监管行为信息库、监管投诉举报信息库、信用信息库、第三方平台和重点企业信息库、知识库等数据库。

① 监管事项目录清单库：归集本地区监管事项的清单信息，主要包括业务指导（实施）部门、监管事项主项名称、监管事项子项名称、监管方式、监管措施、监管对象、设定依据、监管流程、监管结果、监管层级、检查表单等内容。

② 监管对象信息库：主要包括法人（企业、社会组织、机关和事业单位等）、特定自然人（如法定代表人、企业高管、律师、注册会计师）、设施设备（如电梯、锅炉）、特定产品（如药品、特殊食品）、场地场所（如建筑工地、水库）、项目工程（如投资项目）等监管对象的信息。

③ 执法人员信息库：包括全省各部门具有执法资格或受行政委托实施监管业务的人员信息，例如个人基本信息、单位、执法岗位、执法证号、资格资质等内容。

④ 监管行为信息库：按照执法全过程记录制度有关要求，记录、归集监管执法全过程工作情况，主要包括监管事项编码、监管对象、监管方式、检查表单、监管内容、监管结果、监管部门、监管人员、监管时间等内容。

⑤ 投诉举报信息库：归集全省涉及监管投诉举报业务的数据，并接收国家"互联网＋监管"系统推送的投诉举报信息，包括投诉举报来源、类型、日期、对象、内容和处理结果等。

⑥ 信用信息库：归集本地区与监管对象相关的信用信息，并接收国家"互联网＋监管"系统推送的信用信息数据，包括法人及特定自然人的处罚记录、经营异常记录、信用异常记录、严重违法失信名单等。

⑦ 第三方平台及重点企业信息库：采集、汇聚本地区与监管相关的第三方平台和重点企业的相关信息，包括舆情数据、生产经营数据、监测监控数据等，并接收国家"互联网＋监管"系统推送的第三方平台及重点企业相关数据。

⑧ 知识库：主要包括监管法律法规库、案例库、预案库、规则库、风险特征库及有关领域的专业信息库等。

（3）数据服务：对归集的各方面数据资源进行抽取、清洗、比对、校核、转换、关联、整合等数据处理，确保数据的规范性、准确性和有效性。将本地区监管数据中心的数据推送、汇聚或同步至国家"互联网＋监管"系统大数据中心；同时，可根据本省的监管业务需要向国家"互联网＋监管"系统申请共享使用国家系统或其他地方和部门的数据。

3. 系统界面

"互联网＋监管"系统包括服务界面和工作界面两个界面，为各类用户提供人机交互界面。

（1）"互联网＋监管"系统服务界面：依托本省一体化在线政务服务平台建设"互联网＋监管"系统服务界面，为社会公众提供服务，按照行政执法公示制度有关要求，向社会公众公示监管执法情况，提供监管事项目录清单、监管工作有关法律法规查询服务。省级"互联网＋监管"系统服务界面采用链接方式向公众提供国家"互联网＋监管"系统统一的投诉举报入口，由国家系统接收公众提交的监管投诉举报信息，并推送到相关地方办理，办理结果及时向国家"互联网＋监管"系统反馈。

（2）"互联网＋监管"系统工作界面：工作界面主要是为监管工作人员提供服务，主要包括双随机抽查、联合监管、信用监管、风险预警、监管情况统计分析、监管事件跟踪分析、监管情况可视化展现等。

4. 支撑体系

（1）标准规范体系：按照国家"互联网＋监管"系统标准规范要求建设省级"互联网＋监管"系统的标准规范体系，同时，结合本省的建设及应用实际，制定完善本省有关标准规范，为本省监管业务系统建设提供指导。

（2）安全运维体系：建设全省"互联网＋监管"系统及相关业务系统的安全和运维保障，强化数据安全管理，建立分级授权管理机制，确保数据归集、共享、使用等各环节的数据安全。建设网络平台安全防护措施，强化信息容灾备份，提高日常管理、风险预警和应急处置能力，有效防范安全风险。

5. 应用系统

"互联网＋监管"系统主要包括监管事项目录清单动态管理系统、行政执法监管系统、风险预警系统和分析评价系统四个应用系统。

（1）监管事项目录清单动态管理系统：按照省级统筹原则，梳理全省监管职责，形成全省监管事项目录清单，按照统一标准纳入省级"互联网＋监管"系统运行，同时汇聚到国家"互联网＋监管"系统，实现同步动态管理。监管事项目录清单动态管理系统就是针对监管事项提供汇聚和统计分析功能，规范监管事项的发布、运行，实现监管事项的动态化、标准化管理。监管事项目录清单动态管理系统实现编码规则管理、目录清单管理、事项汇聚审核、统计分析、分类查询等功能。

（2）行政执法监管系统：主要由"双随机、一公开"监管子系统、联合监管子系统、移动监管子系统、非现场监管子系统、信用监管子系统、投诉举报处理子系统等构成。

① "双随机、一公开"监管子系统：通过建立监管对象名录库和执法人员名录库，为全省实施统一的"双随机、一公开"监管工作提供技术支撑，实现全过程信息化记录和管理。建立全省监管对象风险与信用分级分类监管机制，针对不同信用风险等级的监管对象采取差异化分类监管措施，合理确定、动态调整抽查比例、频次和被抽查概率；同时，实现与国务院有关部门"互联网＋监管"系统"双随机、一公开"监管工作平台的衔接。

② 联合监管子系统：为全省各部门开展联合监管提供数据通道、数据资源、任务管理等支撑能力，具体包括审批联动、抄告抄送、协查协办、专项整治等服务能力。

③ 信用监管子系统：汇聚整合本省经营异常记录、信用异常记录、监管对象处罚记录、严重违法失信名单等相关信用信息数据，以及国家"互联网＋监管"系统推送的信用信息数据，归集至省级"互联网＋监管"系统数据中心信用信息库，实现企业信用风险分类管理、信用约束、信用风险预测预警、信用信息共享等，支撑全省开展信用监管相关工作，促进企业加强自我约束。

④ 移动监管子系统：为全省各级部门开展移动执法检查提供支撑，同时归集、整合移动监管的全过程记录，纳入监管行为信息库统一管理和应用。基于移动监管子系统，利用移动终端设备、手机APP、全过程执法记录仪等开展行政执法、日常检查、双随机抽查等监管任务，包括信息查询、

任务认领、过程记录、拍照取证、签名管理、抄告移交、结果反馈等环节，规范执法流程，保障依法履职。

⑤ 非现场监管子系统：为全省各级部门通过互联网、物联网等开展非现场监管相关工作提供支撑，同时归集、整合非现场监管的相关数据信息，纳入监管行为信息库统一管理和应用。比如，通过互联网开展对商品价格、药品销售等方面的非现场监管，通过物联网开展对生态环境、安全生产等方面的非现场监管，通过视频监控开展对食品加工、交通运输等方面的非现场监管。

⑥ 投诉举报处理子系统：利用本省的"12345"等平台实现投诉举报处理功能，接收国家"互联网＋监管"系统分送的监管投诉举报信息，根据各部门监管职责进行分发处理，并记录事件认领、事件分流、任务指派、结果录入、回复反馈、督查督办等工作情况。同时，汇聚本省有关投诉举报系统（如"12345""12315"等）的投诉举报信息，形成统一的投诉举报信息数据库，开展综合分析应用。

（3）风险预警系统：利用数据分析比对、关联计算、机器学习等多种技术手段，加强风险研判和预测预警，及早发现防范全省苗头性风险，为开展重点监管、联合监管、精准监管及辅助领导决策提供支撑。

① 风险模型管理：对全省风险模型进行设计和管理，主要包括风险模型名称、数据需求、分析算法、研判标准、输出结果等内容。建立风险模型验证、修正机制，通过实际应用不断迭代优化风险模型，提高模型准确性，不断拓展模型应用范围。根据监管业务需要，与国家"互联网＋监管"系统风险模型进行共享共用，不断完善风险预警措施，强化风险预警能力。

② 风险分析研判：利用风险分析模型和相关参考数据，按照舆情指标、监管指标、违法指标、信用指标、生产经营指标及行业特征指标等指标体系，对各类数据资源进行分析比对，研判风险等级，例如，对于负面舆情集中的问题线索，利用相关的风险预警模型，对有关的行政处罚数据、信用风险分类数据、生产经营数据等进行关联、比对、分析、计算，得出风险分析结果。

根据风险预警的需要，向国家"互联网＋监管"系统提交有关风险线索、业务模型和数据需求，利用国家"互联网＋监管"系统的信息资源和大数据分析处理能力协助本省发现监管风险隐患。同时，接收国家"互联网＋监管"系统风险预警的有关线索，开展本省风险分析和处置工作。

③ 风险核查处置：根据监管职责分工将风险分析结果及线索数据及时推送给相关业务部门。业务部门接收监管风险处置任务后，按照相关工作要求开展处置工作，及时排查风险隐患，并实时反馈风险处置结果。

（4）分析评价系统：依托监管数据中心归集的监管数据，对本省各级部门执法监管动态情况开展多维度分析，并进行可视化展示，为领导决策、政府管理、社会服务提供数据支持，实现对监管的"监管"。系统主要包括执法监管可视化展示、综合评价分析、监管事件跟踪分析、监管效能评估等功能模块。

① 执法监管可视化展示：通过对各类监管数据的深度整合和分析，采用图、表等多种方式，通过大屏幕、PC机、移动设备等可视化展现监管部门、监管对象、监管执法、事件跟踪、风险预警等各方面情况，直观呈现全省监管工作全局态势。根据实际情况接入本省执法监管相关视频监控系统，实时查看、掌握各类监管业务开展情况。

② 综合评价分析：利用数据中心基础数据和智能化统计分析工具，开展关联分析。按照不同维度和主题对监管数据和结果进行分类，实现对监管对象类型、结构及信用等各类指标的统计分析，形成地区、行业、部门等多维度的监管工作统计分析报表，生成相关综合分析评估报告。

③ 监管事件跟踪分析：聚焦本省重点监管事件，全面跟踪分析事件的起因、动态、影响、舆情等，以及有关方面的响应情况、处置措施和结果，形成对重点监管事件的全链条记录和分析。

④ 监管效能评估：监管效能评估用于对全省各级监管部门监管工作情况的监督,强化监管的"监

管"。系统基于监管业务、投诉举报、社会舆情、重大事故、群众评价等数据,评估监管执法工作的质量和效能情况,包括对双随机抽查、投诉举报处理、协查协办等履职情况的评估。依据与事中事后监管体系相对应的综合评价指标体系,形成对本省各级监管部门监管工作的综合评价。

9.5.2　与其他相关系统的对接

1.与国家"互联网＋监管"系统的对接

省级"互联网＋监管"系统与国家"互联网＋监管"系统联通对接,构建形成标准统一、协同联动的全国"互联网＋监管"体系。在业务应用方面,省级"互联网＋监管"系统根据投诉举报、联合监管、决策支持、风险预警等业务需要,通过与国家"互联网＋监管"系统之间建立访问接口或推送、反馈业务数据,实现监管业务的协同联动。在数据支撑方面,省级"互联网＋监管"系统为国家"互联网＋监管"系统提供监管事项清单、监管对象、监管行为、投诉举报等数据,并通过国家"互联网＋监管"系统与其他地区及国务院部门"互联网＋监管"系统实现监管数据共享。

2.与本省相关系统的对接

省级"互联网＋监管"系统用于支撑全省各部门开展"双随机、一公开"监管、联合监管、非现场监管、信用监管等跨部门监管业务,全省各部门监管业务系统用于支撑开展本部门监管业务。省级"互联网＋监管"系统联通对接全省各部门监管业务系统,归集汇聚全省各部门监管业务系统相关监管数据,并通过数据接口等方式实现监管业务无缝对接。省级"互联网＋监管"系统联通对接全省行政审批系统,接收行政审批系统推送的数据信息,根据行政审批情况有针对性地开展后续监管工作,实现审批联动。同时,省级"互联网＋监管"系统向全省行政审批系统反馈监管结果和信用数据,形成事前审批、事中监管、事后惩戒各环节协同联动的管理机制。结合本地实际,省级"互联网＋监管"系统可联通对接全省重点企业系统、监管相关第三方平台等,归集汇聚重点企业及第三方相关监管数据。

9.6　省级政府网站集约化平台

针对政府网站存在的建设分散、数据不通、使用不便等突出问题,运用大数据、云计算、人工智能等技术,建设基于统一信息资源库的政府网站集约化平台,打通信息壁垒,推进集约共享,提升政府网站管理和整体服务水平,努力建设整体联动、高效惠民的网上政府。省级政府网站集约化平台由集约化工作门户、信息资源管理系统、网站群管理系统、集约化应用开放系统、互动交流系统、智能服务系统、网站安全监测预警系统、网站监测与评估系统、运维管理系统、用户行为分析系统和大数据分析与量化评价系统等组成。

9.6.1　集约化工作门户

集约化工作门户是一个供各级政府、各部门、各个事业单位共同使用的统一工作门户平台,整合现有业务系统的访问控制,通过单点登录的方式实现对各业务工作平台的集中访问,登录用户通过统一的门户可以在一个桌面上进行各项业务办理、处理和审批操作,减少系统使用复杂度;另外,还提供各类动态信息、信息简报、通知通告等汇总统计显示,以及各类业务信息的播报。集约化工作门户由单点登录系统、工作台、互动交流、新闻中心、知识库、资源库等模块组成,降低用户进入系统和获得各系统信息的难度,使用户获取和使用信息更直接、更方便,实现信息共享、综合利用。集约化工作门户系统框架如图9.15所示。

(1)单点登录系统:主要实现自动匹配,保证用户仅在门户系统进行一次登录即可完成本次访问对所有系统的登录认证操作,并实现用户在各系统间的无缝转接、漫游和状态保持。

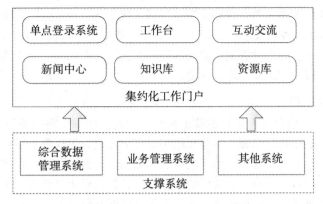

图 9.15　集约化工作门户系统框架

（2）工作台：根据登录用户类型、权限不同提供各式各样的专属工作台展示页面，涵盖政务服务事项管理、用户服务体验监测、电子监督管理、大数据决策分析、网上服务能力评估等业务板块。

（3）互动交流：为全体用户提供互动交流的平台，包括交流论坛、留言簿及在线调查等功能。用户可针对平台使用、网站建设、意见建议等方面发布交流问题，其他用户可对已发布的感兴趣的问题进行留言回复或交流。

（4）新闻中心：主要包括要闻、公告、专题、政策，热点等板块。系统采用 24 小时轮播图片新闻方式展现重要内容，支持新闻搜索功能并展示近期搜索热词，采用点击排行方式展示新闻热点。

（5）知识库：为用户提供可随时查看所发布的关于平台使用、服务订购、网站建设规范等相关知识，用户也可主动分享个人知识内容、资料等内容，经知识库管理员审核通过后可在知识库板块统一发布。

（6）资源库：用户在日常工作中可随时到资源库中查找资源，包括数据资源、图片资源、音视频资源、文档资源等，为日常工作提供帮助。

9.6.2　集约化应用开放系统

集约化应用开放系统对统一平台软件产品、APP、组件、接口、PaaS（Platform as a Service，平台即服务）云服务、SaaS（Software as a Service，软件即服务）云服务等应用（服务）统一进行应用注册、应用授权、应用监控及统计分析等管理。

（1）应用注册：包括注册申请、应用审核、审核管理等。

（2）应用授权：包括使用申请、应用授权、用户授权等。

（3）应用监控：包括应用运行情况、应用授权情况、应用使用情况、安全审计等。

（4）统计分析：包括应用使用热点分析、厂家分布分析、应用使用排名分析、应用评价排名等。

（5）后台管理功能：主要实现多系统支持服务、标准规范应用接入服务、标准化组件库服务、应用接入服务、应用接入管理、应用测试服务流程管理、应用接入全流程管理、应用多维度管理、运行分析等后台功能。

9.6.3　智能服务系统

智能服务系统主要有统一智能问答系统、统一智能搜索系统和统一智能推送系统等。

1. 统一智能问答系统

统一智能问答系统通过对知识库和网站海量信息资源的有机整合，依托系统对语言和专业知识处理能力，运用人机互动"对话"服务方式，通过智能提示和人机交互，实现网站在线咨询形式和交互流程的创新，创建政府网站由"自助式浏览"到"智能化关怀服务"的全新服务方式，为公众提供7×24小时不间断在线咨询服务。同时，与"12345"在线服务平台构建上下联动的在线咨询体系。统一智能问答系统实现了实时自动答复、提问智能提示、百姓体词库、智能学习、语音识别、转接人工客服、智能搜索对接、知识库管理等功能。

2. 统一智能搜索系统

统一智能搜索系统是结合了人工智能技术的新一代搜索引擎，将标签技术应用于政府门户网站，对主要信息和服务都用通俗易懂、口语化的用语打上标签，不仅便于用户查找，而且便于将很多相关信息和服务通过标签关联起来，除了能提供传统的快速检索、相关度排序等功能，还能提供用户角色登记、用户兴趣自动识别、内容的语义理解、智能信息化过滤和推送等功能。利用先进搜索技术，为用户提供办事指南、常见问题、政策文件、最近办事地点、政务服务入口、政务 APP、政务微信的精准搜索服务。统一智能搜索系统包括相关推荐搜索词、敏感词屏蔽、搜索结果置顶、智能纠错、拼音搜索、智能推荐、自定义框计算、用户位置识别、百姓体词汇搜索、社会化搜索、语音搜索等功能模块。

3. 统一智能推送系统

统一智能推送系统通过多维度的关联计算，与用户行为分析相结合，对搜索结果、资源内容进行关联展示，将用户感兴趣的政府网站的信息、服务主动推送给用户，实现千人千网，以提供个性化、便捷化、智能化服务。统一智能推送系统主要包括智能推送模型、标签库管理、用户群体定位、系统智能推送、工作人员主动推送等功能模块。

9.6.4 互动交流系统

省级网站集约化平台提供基于全新集约化架构下的个性化互动服务，通过统一的管理平台建立各部门联动的在线交互服务，满足公众多层次的互动服务需求。同时，与"12345"在线服务平台构建上下联动的互动交流体系。互动交流系统主要包括留言评论、在线访谈、征集调查、咨询投诉、领导信箱、后台管理等功能模块。

（1）留言评论：网民可通过留言评论功能对网站发布的信息进行留言、评论，保障网民的参与权、表达权，方便政府部门对政府网站的服务质量进行统计，主要有评论设置、留言评论、评价、审核、发布、答复、删除、统计等功能。

（2）在线访谈：基于政府网站实现图文信息直播、网络视音频直播、互动交流应用等，主要包括访谈角色管理、访谈主题管理、在线访谈活动的管理与控制、内容的审核与管理、视频直播、图文直播、往期回顾等功能。

（3）征集调查：通过开展民意征集、问卷调查方式，可以迅速了解社会不同层次、不同背景的公众对一些政府工作服务的认可程度，就重大政策和重要事件客观地收集真实需求信息和征集意见，调整修正决策和策略，满足不同的需求。

（4）咨询投诉：构建统一的咨询投诉渠道，实现各类信件网上受理、办理、督办和查询等。群众通过政府网站，可就其所关注的各类问题进行咨询、反映、申诉，提合理化建议；可对政府各部门的办事效率、行为规范进行监督投诉。

（5）领导信箱：公民、法人或者其他组织通过政府网站领导信箱系统直接向领导反映情况，提出建议、意见或者投诉请求，依法由领导或有关国家机关处理和回复。

（6）后台管理：互动交流平台后台管理功能包括办件问题多渠道提交、后台业务办理、办结办件前台反馈、业务配置、数据调用、后台功能支持等。

9.6.5　信息资源管理系统

构建分类科学、集中规范、共享共用的统一信息资源库，按照"先入库，后使用"原则，对政府网站的信息资源及对接应用系统数据库中的资源进行统一管理，实现统一采集、统一分类、统一元数据、统一数据格式、统一调用、统一监管，实时掌握资源、系统运行概况，能够对信息资源进行全生命周期管理。

（1）信息资源采集：系统支持多种资源获取方式，可实现网页采集、数据库采集、数据接口对接、批量导入等。

（2）信息资源存储：支持对结构化数据存储、非结构化数据存储和文件存储，支持对海量数据、异构数据的分布式存储。

（3）资源库管理：主要实现库管理、目录管理、分类管理、标签管理、同步策略、元数据管理、元数据管理和导入导出等功能。

（4）信息资源管理：主要实现应用接入管理、资源目录管理、资源格式管理、资源维度管理、资源浏览、检索及统计分析等。

（5）资源规范管理：主要实现标准化资源体系、各单位获取标准化栏目体系、资源目录动态更新和数据资源汇聚与共享等。

（6）接口管理：主要是对应用接入接口、目录同步接口、资源同步接口和消息服务接口等进行管理。

（7）数据资源池：主要包括信息资源、应用资源和用户资源等。

① 信息资源：主要包括来自政府各级单位、各级部门网站中动态发布的政务动态信息数据，来自政府各级单位、各级部门网站中政府信息公开目录的政府信息公开数据，来自政务服务网中人们日常生活密切相关的信息查询类、公共事业类和生活缴费类等相关服务的数据，来自政务服务网中为个人、企业办事的一站式网上服务，包含权力事项库、责任清单、电子证照、电子监察等行政审批数据。

② 应用资源：来源于省级部门、各地市政府及各地市单位提供的公共服务，各单位将开发完成的 PC 版、移动版服务应用接入统一资源库进行入库。入库的应用资源可按照相关的开放标准共享给其他单位进行使用。

③ 用户资源：在资源库中留存所有通过全省统一用户注册的用户数据。

（8）统计分析：需提供对海量信息资源进行相关分析展示。

（9）日志管理：主要实现记录资源库内所有操作日志的回看、查询、安全审计，以及多条件组合查询自动发布和手工发布的日志信息，以定位是否发布成功。

（10）回收站：主要是支持已删除资源的找回，已经删除的资源默认在回收站中保存，可在回收站中对资源搜索查找，将资源恢复到原存放目录，亦可在回收站中将资源彻底清除。

（11）接口服务：是外部系统使用信息资源库的入口，外部系统通过信息资源管理系统提供的接口服务，实现查询检索信息资源，使用信息资源，可以新增、修改和维护信息资源，可以导入和导出信息资源。

9.6.6　网站群管理系统

网站群管理系统提供从内容采集、创建、管理、传递、发布、共享、呈送、纠错、归档等信息全生命周期过程中所需的各项功能，支持统一身份认证、站群权限体系、增量多线程更新、多站点加密发布等，协同确保数据的规模性、可靠性和安全性。

（1）发布管理：主要实现网站管理、栏目同步管理、网站信息推送管理、模版管理、网站及栏目统计、移动端内容集约化发布管理等。

（2）可视化专题制作：提供可视化、拖拽式专题制作功能，提供背景风格、框架布局、栏目导航、新闻列表、图片播放、视频播放等丰富全面的可视化专题制作组件，对专题块在标题、背景、样式、代码方面提供完善的个性参数设置功能。

（3）信息报送：是下级单位向上级单位网站报送各类政务信息、上级单位采集并处理、发布信息的过程，主要包括信息采编、报送审核、信息上报、采用审批、报送统计、报送人员管理、通知管理等功能。

（4）归档管理：通过建立归档库的方式，把需要归档的站点、栏目、稿件、网页、资源等内容，从生产库移动到归档库，管理信息内容的历史版本资料，同时减轻生产库的处理压力，提高系统的运行效率。

（5）音视频管理：对政府网站的音视频资源进行分类存储管理、前台发布管理，供网民浏览访问。分为前台功能和后台功能，前台用来展示视频资源，音视频管理具有直播功能，可实时将报道的事件在前台展示；后台用来存放和管理视频类资源，创建和管理视频栏目。

（6）智能表单：可以基于智能表单对于网站上基于表单形式的网上调查、网上咨询、网上留言、意见征集等应用进行设计开发。

9.6.7 运维管理系统

运维管理系统主要是对政府网站集约化平台进行运行维护与管理，以保障平台的正常运行，由准入退出管理子系统、绩效考核管理子系统和运维监控子系统构成。

1. 准入退出管理子系统

准入退出管理子系统就是对各级单位网站开办、关停、维护采取标准化审核管理机制，设置标准流程对各级网站统一进行管理。准入退出管理子系统实现了网站申请、申请审核和日常维护等功能。

（1）网站申请：包括网站开办申请、网站信息变更申请、网站临时关停申请、网站永久关停申请。不同事项网站申请需通过统一平台在线填写对应申请单，申请单基本信息包括申请人、职务、单位、联系方式、邮箱、手机等，临时关停申请还需填写关停开始时间、结束时间等。

（2）申请审核：审核员可对各申请人提交的申请进行审核及编辑审核意见，审核完成后，系统将审核结果及意见自动发送到申请者，实现对网站开办审核、网站变更审核、网站关停整改审核和网站永久关停审核等。

（3）日常维护：管理员可对网站开办申请、网站退出申请、网站信息变更申请及网站临时关停申请进行日常维护，包括网站申请材料的递交通知、网站审核意见通知、网站临时关停到期通知等内容发布。管理员还可对审核通过申请进行撤回，可对申请状态进行变更，可对重复申请进行删除等。

2. 绩效考核管理子系统

绩效考核管理子系统是根据网站类型、级别制定对应合理的考核指标标准，从网站健康、网站内容覆盖、网站功能提升、网站先进典型案例等多方面对网站建设情况进行综合考核，最终对网站整体情况做出绩效评估并生成评估报告。为了不断提高采编人员的职业能力和改进工作绩效，提高采编人员在工作执行中的主动性和有效性，并最终提高网站整体建设水平，绩效考核管理系统对各网站主办单位提供从报送量、报送稿件量、报送图片稿件量、报送附件稿件量、报送稿件驳回量、报送稿件浏览量、报送稿件评论数、报送稿件评分等方面制定科学合理绩效考核指标，对下级单位及网站采编人员工作绩效进行考核。绩效考核管理子系统包括网站绩效评估和内容保障绩效评估。

（1）网站绩效评估：包括意见征集、指标管理、任务管理、网站自评、网站考评、考核结果公布等功能模块。

① 意见征集：包括创建征集、发布征集、查看意见等。

② 指标管理：网站主管单位可根据指标体系及第一阶段向各网站主办单位收集的意见建议，按不同级别、不同类型网站制定专用考核指标，包括对创建指标、查看指标、修改指标、删除指标等指标的管理。

③ 任务管理：包括创建任务、查看任务、修改任务、删除任务和发布任务等。

④ 网站自评：包括查看任务、任务自评、自评提交、自评报告等。

⑤ 网站考评：包括查看任务、考评打分、考评报告等。

⑥ 考核结果公布：包括查看自评数据、查看考评数据、评估报告撰写和评估报告发布等。

（2）内容保障绩效评估：通过考评指标项选择、评估指标项权重划分、考评体系制定、数据统计等过程对下级部门及网站编辑个人绩效进行绩效考核，并最终生成单位绩效排名、个人绩效排名。内容保障绩效评估有指标库维护、考评指标体系制定和考核排名等功能。

① 指标库维护：对绩效考评基础指标进行日常维护，例如报送量、报送长稿件量、报送图片稿件量、报送附件稿件量、报送稿件驳回量、报送稿件浏览量、报送稿件评论数、报送稿件评分等。

② 考评指标体系制定：考评指标体系制定完成并启用后，底层数据处理系统将按照最新启用的考评指标体系进行统计考核。

③ 考核排名：以绩效考核指标体系作为考核标准，支持按月度 / 季度 / 年度对下级部门、网站采编人员绩效考核排名查询。

3. 运维监控子系统

运维监控子系统对服务器、网络、数据库、任务、预警等进行日常监控，帮助统一平台运维人员实时掌握服务器、网络、数据库及应用系统运行情况，保障统一平台正常运维。

运维监控子系统包括服务监控、IT 资源监控、任务监控、数据监控和监控预警等功能。

（1）服务监控：主要监测网站集约化平台各应用服务的运行状态，包括注册状态、申请情况、用户数量、运行状态、IT 资源消耗等，并提供图形化展示，可设定敏感状态告警机制，例如计算资源不足、异常操作、注册审核异常等，如出现异常或访问不通，及时预警。

（2）IT 资源监控：是对平台的资源负载情况，如磁盘使用情况、内存使用情况、CPU（Central Processing Unit，中央处理器）使用情况等进行实时监控，对磁盘空间不足、内存不足、CPU 使用率过高等情况进行及时预警。

（3）任务监控：是对各应用服务中发布任务所产生的图片、文件、视频、模板等资源进行实时监控，同时对发布任务中各类资源的数据传输情况、网络占用情况及任务的平均处理时长进行实时监控。

（4）数据监控：主要实现接口使用情况监控、数据资源情况监控、平台用户数量监控等。

（5）监控预警：根据阈值设置生成预警事件信息和系统后台服务，系统定时执行，支持查看预警事件列表信息。

9.6.8　网站监测与评估系统

网站监测与评估系统对全省政府网站及其"两微一端"运行情况进行 24 小时自动监测，提供实时详尽的动态监测图表、监测报告，促进政府网站持续健康发展，开展政府网站绩效评估，多维度评估政府网站服务能力，引领政府网站向规范化、集约化、实用化和智能化发展，通过自定义检查条件、检查时间为用户提供实时详尽的动态监测图表，并提供详细监测报告下载。辅助用户推进政府网站信息内容建设有关工作，提高网站信息发布、互动交流、便民服务水平全面提升网站的权威性和影响力，维护政府公信力。

网站监测与评估系统主要实现日常监测、网站抽查、预警通知、监管数据分析等功能。

（1）日常监测：实现对各单位的日常监测，支持按照全部、组织单位门户、组织单位本级部门、组织单位下属单位等分类展示网站监测结果，以及支持以数字、图表等方式直观展示网站监测结果。

（2）网站抽查：支持组织单位自主创建抽查任务，对购买服务订单所含及以外的网站进行批量抽查；支持抽查结果详情在抽查模块界面单独展示，并提供抽查检测报告在线预览、下载；支持根据抽查结果在线发送整改通知及检测报告，填报单位收到整改通知可根据通知及报告内容进行整改，整改完成可发送反馈报告。

（3）预警通知：支持短信通知、邮件通知、微信版预警通知，让网站管理者及时发现问题，及时获取网站预警信息，及时解决问题，降低在互联网上的不良影响，节约人力投入，极大降低网站运营成本，随时随地掌握网站问题。

（4）监管数据分析：包括站点数据概览、日常监测统计等两部分内容。

① 站点数据概览：支持组织单位查看下辖各级站点数据概览，包括各级上报网站数、关停网站数、例外网站数、暂不检测网站数，全面检测网站数；站点数据概览列表支持下钻查看下级组织单位站点数据概览；下钻到最后一级组织单位则展示其主管网站列表，列表支持按标识码、网站名称搜索。

② 日常监测统计：支持组织单位查看下辖各级网站日常监测数据，包括监测网站数、网站不联通比率、网站死链平均数、首页不更新网站数、首页平均更新条数、网站内容更新总数等；支持下钻查看下级组织单位站点数据概览；下钻到最后一级组织单位则展示其主管网站列表，列表支持按标识码、网站名称搜索。

9.6.9 网站安全监测预警系统

网站安全监测预警系统针对网站群安全提供特征性安全监测、事前监测、提前预警、安全趋势精准分析、云监测服务等。网站安全监测预警系统旨在解决政府网站面临的各项 Web 安全、信息泄露和新闻领域文本政治性错误等问题，主要监测 DNS（Domain Name System，域名系统（服务）协议）是否被劫持、被挂商业广告、恶意代码，网站外链是否有恶意网址、暗链、钓鱼网址等，国家涉密文件、军队番号、不宜公开的内部信息、个人隐私泄露及领导人姓名、职务和领导人排序、涉及港澳台和其他敏感的政治性错误、敏感词等问题。集约化网站安全监测预警系统包括错别字监测、敏感词监测、信息泄密监测、隐私泄露监测、网站外链监测、敏感图片监测和恶意代码监测等功能模块。

（1）错别字监测：

① 日常错别字监测：统计每日监测的新增稿件错别字问题，详细记录错别字 / 敏感词所在位置并给出相应的推荐词等。

② 全站错别字监测：按周期对全站的历史稿件和新增稿件进行错别字 / 敏感词扫描，扫描完成会自动生成一份监测数据报告，便于逐一修改。

（2）敏感词监测：采用机器学习经典算法，依据敏感词的特点，使用多种处理模式，快速准确查找错别字敏感词。综合应用传统 N-Gram 语法模型、深度学习技术（词向量、RNN（Recurrent Neural Nerwork，循环神经网络）、LSTM（Long Short-Term Memory，长短期记忆网络）等），对大量文本内容进行深度学习训练，构建灵活的自学习的敏感信息监测引擎，为政府网站报道、媒体信息报道保驾护航。敏感词监测包括对日常敏感词监测、全站敏感词监测和建立自定义敏感词库等。

（3）信息泄密监测：主要监测网站内容有无泄露涉密信息、政府或企业内部资料等，及时避免可能出现的违法情况或企业信誉危机。

（4）隐私泄露监测：主要监测网站内容有无泄露公民隐私信息，及时避免可能出现的违法情况或侵权投诉。

（5）网站外链监测：主要监测网站外链情况，是否有异常外链，是否有恶意网址、钓鱼网址、商业广告。

（6）敏感图片监测：基于开放的图片 API 识别色情等敏感图片，在大规模互联网图片的提取和训练的基础上，利用深度学习 CNN（Convolutional Neural Networks，卷积神经网络）等算法进行色情等敏感图片识别与监测。

（7）恶意代码监测：主要监测网页源代码是否规范，是否含有不安全代码字段，是否被植入恶意代码等漏洞。

9.6.10　用户行为分析系统

用户行为分析系统是通过实时采集政府网站或政务 APP 在线用户行为数据，发现用户行为规律，从而客观揭示网上政务服务访问和办理过程的内在图景，洞察用户体验提升需求，为政府构建更高效、更便捷、更智能的政务服务提供有力数据支撑。用户行为分析系统包括概览、热力图、实时分析、流量分析、访客分析、页面分析、公开分析、互动分析、办事分析、在线报告、APP 监测和用户行为分析后台管理等功能。

（1）概览：集中展示用户所关注的关键数据，进行整体汇总分析。主管单位在概览界面不仅可通过迁徙图了解所辖区域网站总体访问情况，还可直观了解到下级各网站访客数、浏览量及排名。主办单位在概览界面不仅可了解本网站总体访问情况、访客来源地域及排名，还可了解网站流量变化趋势、网站最受欢迎栏目 TOP5、网站受欢迎文章 TOP5、网站热门服务 TOP5 及网站热搜关键词。

（2）热力图：以特殊高亮、数据图表形式显示用户热衷的页面区域。

（3）实时分析：对最近 30 分钟内数据的统计分析，通过实时访客、实时画像、实时表单、实时地域四个角度实时分析展示，便于针对网站开展的活动或新上的专题，实时查看访问效果。

（4）流量分析：从不同时间维度展示网站的访问人数和浏览量等信息。按小时、每日、每月等不同时段分析访客数、浏览量、IP 数的趋势，灵活指定不同时间段，分析浏览趋势、新访客趋势、活跃访客趋势及数据对比变化情况。

（5）访客分析：多维度组合对用户进行细分和描述（如用户来源、用户画像等），了解用户的访问规律和喜好，发现政府网站在信息公开、互动交流、在线办事方面的服务热点和服务短板。画像分析包含建立用户画像、实时分析、访客分析、访客轨迹分析、跳出率、活跃度、留存度、创建用户群等；来源分析包含来源媒介、来源网站、来源页面、直接访问、搜索引擎、搜索关键词、实时地域、地域分析、客户端环境等内容的分析。

（6）页面分析：对用户访问的信息公开、互动交流、办事指南等页面进行监测分析。对网站浏览页面集中展示，查看网页热点图，可分析网站进入页面、离开页面、外链页面等，支持从访客数、流失量、访问时长、跳出率、退出率等不同维度对每个页面进行分析；可筛选查询大于特定浏览量的页面；对网站内所有被访问域名排名，从访客数、浏览量、平均浏览页数、访问时长等不同维度分析，并记录该页面历史访客数。

（7）公开分析：针对政府或政务网站的公开栏目，利用采集到访客数据做专题分析，如公开栏目首页热力图、热门分类、热门文章、重点分析、公开年报（数据的获取依赖网站公开栏目的 url 识别规则及公开文章的识别规则）。

（8）互动分析：针对政府网站的互动栏目，利用采集到的用户行为数据做专门分析，包括互动总览、调查征集、领导信箱、网上咨询、在线访谈等。

（9）办事分析：针对"互联网＋政务服务"、政府信息公开、互动交流等进行网上办理过程、表单填写体验等数据进行监测、分析和统计展示。

（10）在线报告：按月统计网站用户体验行为数据并生成报告，提供报告在线预览及下载生成 Word 文件，便于数据利用及工作汇报。

（11）APP 监测：对政务 APP 的用户和运营情况进行监测和分析，形成全平台 APP 应用情况全景图。了解 APP 用户访问热点、忠诚度、跳出率、活跃度留存度及地域分布等情况。

（12）后台管理：主要实现用户行为分析、用户画像、服务使用分析和优化支持等功能。

① 用户行为分析：包括用户来源及终端分析、访问趋势分析、用户访问深度分析和检索数据分析等。

② 用户画像：包括用户全景分析、行为建模、用户访问轨迹分析和自然人及法人全景画像等。

③ 服务使用分析：包括站点服务概括和服务使用分析。

④ 优化支撑：包括分析项管理、区域分析管理两部分内容。

9.6.11　大数据分析与量化评价系统

随着政府网站集约化平台不断使用将积累大量的过程数据，通过数据聚类、分类、语义分析、搜索、过滤、数据标签、关联词、分词等数据挖掘手段，对统一平台用户行为、网站内容、网站传播、领导影响力传播、舆情、正声传递、决策等进行量化分析，从而为统一平台的优化改进提供可靠的数据支撑。大数据分析与量化评价系统主要实现用户行为分析、网站内容分析、网站传播影响力分析、领导影响力分析、舆情分析、政声传递分析、大屏展示和运营数据分析等。

（1）用户行为分析：主要是从访问者地理来源、访问者渠道来源、搜索引擎来源、访问者系统环境、搜索引擎可见性、用户粘度、页面访问、站内搜索等方面，基于当前用户行为，进行量化分析，为网站改进优化提供支撑，包括用户概况分析、用户流量分析、用户来源分析、访问页面分析、访客分析、用户目标分析和 App 使用分析等。

（2）网站内容分析：按照数据标签实现自动聚类方式，对网站各类内容更新量、更新内容热度、更新内容正确性及网站内容保障性等进行分析，从而为网站内容建设优化提供数据分析支撑和方向，包括内容更新分析、网站更新量分析、内容热度分析、内容正确性分析、内容准确性分析和内容保障性分析等。

（3）网站传播影响力分析：通过搜索引擎、网络媒体、社交媒体等多种传播途径数据进行分析，从而得出网站综合传播指数，为网站传播影响力提供数据分析支撑和方向，主要包括搜索引擎影响力、网络媒体影响力、社交媒体影响力、网民影响力等分析。

（4）领导影响力分析：通过搜索引擎、网络媒体、社交媒体等多种传播途径数据进行分析，从而得出网站综合传播指数，为领导影响力传播优化提高提供数据分析支撑和方向，包括搜索引擎影响力、网络媒体影响力、社交媒体影响力、网民影响力等方面的分析。

（5）舆情分析：通过对国内主流新闻网站（新浪、搜狐等）、政府网站、论坛（天涯、百度贴吧等）、微博（新浪、腾讯等）进行监测，对信息进行统一过滤、自动分类和处理，使用户能清楚地看到政府相关的热门事件和影响，提供分门别类的舆情信息。监控全省相关的社会热点和负面信息，及时发现问题，为政府决策提供参考，包括新闻搜索、比较搜索、内容分类、热点发现、关键词发现、个性化追踪、热点趋势分析、事件热度分级和舆情预警等。

（6）政声传递分析：通过转载量、转播路径、传播范围等对政府文件、政策、号召政声传递情况进行分析，主要包括政声转载分析和传播路径分析等。

（7）大屏展示：以管理者、监管者视角，通过大屏展示系统，对省政府门户网站日常维护管理、日常访问行为、常态化监测监管等各项业务提供全局性的统一监测、统一指挥、统一调度、统一决策服务。

（8）运营数据分析：对集约化平台的资源情况、健康情况和访问情况进行不同维度数据统计，以可视化界面展示整体业务数据统计，通过地图、雷达图、条形图、折线图、表格等方式进行展示，让领导和工作人员以最直观的方式查看数据并辅助分析，包括对平台资源情况、平台健康情况和平台访问情况的分析等。

9.7　省级数字政府的政务数据共享平台

政务数据共享平台是支撑省级数字政府系统平台运行的基础数据平台，主要实现信息系统互联互通和多源异构数据共享交换。按照集约化、标准化的原则，推进省级、市级数据交换与共享平台迭代升级和功能完善。通过省级、市级平台的级联接入、目录同步、数据同步，实现全省数据共享交换全接入、全覆盖、全贯通。

政务数据共享平台主要由数据支撑子系统、应用支撑子系统、数据交换对接子系统、数据交换服务子系统、数据共享服务子系统和共享交换中心库等构成。

9.7.1　数据支撑子系统

数据支撑子系统是数据交换和共享平台的核心部分，实现政务服务数据的统一管理和应用。利用统一的数据支撑子系统，完成政务服务数据处理和主题对象构建等功能，实现政务服务数据的统一的标准化存储管理，同时，为大数据分析提供支撑服务。

数据支撑子系统实现元数据接入、数据目录、数据检索、数据推荐、数据监控、数据接口定制、数据安全、数据审计、数据可视化等功能。

1. 数据接入

对注册到数据支撑子系统的数据资源，通过数据资源注册的唯一标识，建立到数据资源（数据库）的连接，然后执行 D M L（Data Manipulation Language，数据操纵语言）操作，并将执行的 D M L 操作内容、执行时间和执行时长记录至大数据日志提供监控。通过数据资源接入提供外部的数据访问服务。

2. 数据目录

数据目录实现包括核心元数据制定、目录分类、目录编制、目录传输、目录注册、目录审核、目录校验、目录修改、目录维护、目录检索、目录导入导出和目录收藏等功能。

（1）核心元数据制定：实现政务数据资源的分类、核心元数据描述、代码规划，以及目录编制的组织、程序、要求等内容的制定。

（2）目录分类：实现目录的数据属性分类、涉密属性分类和层级属性分类。

（3）目录编制：基于核心元数据标准的目录生成，提供从不同形态的政务数据资源中手工或自动抽取数据，并生成目录。

（4）目录传输：政务部门前置机上的目录数据向目录中心的报送，包括目录信息获取、目录信息交换桥接、信息传输和目录信息入库。

（5）目录注册：向政务数据资源目录节点注册目录内容。

（6）目录审核：审核目录内容，记录审核结果和审核意见，并能够返回目录编制岗位重新修改。

（7）信息校验：检查员对操作员生成的目录数据进行合法性检查。

（8）目录修改：提供对目录内容的修改，并对目录重新提交、审核和注册发布。

（9）目录维护：实现目录分类维护、目录维护。

（10）目录检索：提供资源目录检索功能，方便用户快速查询资源目录。

（11）目录导入导出：支持目录批量导入和导出。

（12）目录收藏：提供用户关注的资源目录进行收藏的功能。

3. 数据检索

系统提供数据索引与检索及查询服务，包括基础检索、高级检索和关联检索。

（1）基础检索：提供精确、模糊查找功能。

（2）高级检索：提供业务特定的复杂逻辑查询和分析类查询。

（3）关联检索：通过后台数据挖掘建立数据之间的关联，提供关联查找、推荐。

4. 数据推荐

基于个人查询习惯、条件匹配、个人身份的数据推荐，提供数据收集、模型分析和推荐服务功能。

（1）数据收集：业务系统将数据发送至数据收集服务，数据收集服务将数据记录原始记录库。

（2）模型分析：对所有系统词条进行分词并去重操作，得到一个 Item 列表。根据用户历史浏览记录中的词条出现情况，计算用户对 Item 列表中每个分词词汇的偏好权重，得到 User 列表。根据 User 列表中的偏好权重，计算出每个待推荐的词条中各分词词汇的总得分情况，形成推荐信息列表。

（3）推荐服务：将推荐信息列表中的数据按词条的得分高低作降序处理，筛选出指定时间段内的前 N 个词条所指代的网页 ID（Identity Document，身份证标识号），在该时间段内推荐给目标用户，完成此推荐服务。

5. 数据监控

对数据交换和共享平台汇聚的数据、数据共享全流程的数据库、数据资源进行监控，包括数据资源监控和数据库监控。

（1）数据资源监控：监控数据资源的健康状态、访问量、执行时间、访问日志。针对各种突发异常情况，能够快速的定位。支持设定各种监控指标和监控阈值。

（2）数据库监控：包括对结构化数据库和非结构化数据库的运行情况监控，包含 IP 地址、CPU 使用率、版本、连接数、设备状态。

（3）提供磁盘占用、数据库基础信息、DML、线程连接、CPU 使用率、磁盘 I/O 等方面的监控。

6. 数据接口定制

针对地方和部门共享数据需求，提供数据接口定制服务，无需改变平台即可满足新的数据需求，包括数据服务申请、数据服务配置、数据服务审核、数据服务发布等功能。

7. 数据安全

采用数据传输加密和数据存储加密两种方式。

（1）数据传输加密：关注调用数据服务和业务服务时的数据传输加密场景，开发人员在数据服务目录上注册数据服务时，支持 HTTP、HTTPS 两种协议。

（2）数据存储加密：采用字段级加密，加密算法支持可逆或不可逆，对于可逆的加密算法，提供相应的解密算法。

8. 数据审计

实时记录数据交换共享平台各系统的数据库活动，对数据库操作进行细粒度审计的合规性管理，对数据库遭受的风险行为进行告警，对攻击行为进行阻断。数据审计包括多层业务关联审计、细粒度数据库审计、数据操作审计、精准化行为回溯、全方位风险控制和多形式的实时告警等。

（1）多层业务关联审计：通过应用层访问和数据库操作请求进行多层业务关联审计，实现访问者信息的完全追溯，包括操作发生的 URL（Uniform Resource Locator，统一资源定位符）、客户端的 IP、请求报文等信息进行多层业务关联审计。

（2）细粒度数据库审计：通过对不同数据库的 SQL 语义分析，提取出 SQL 中相关的用户、SQL 操作、表、字段、视图、索引、过程、函数等要素，实时监控来自各个层面的所有数据库活动，对违规的操作进行阻断。

（3）数据操作审计：审计应用系统对数据交换共享平台数据库访问的操作用户、操作的数据库、执行时间、执行的 SQL 语句等操作记录情况。

（4）精准化行为回溯：一旦发生安全事件，提供基于数据库对象的完全自定义审计查询及审计数据展现，摆脱数据库的黑盒状态。

（5）全方位风险控制：提供灵活的策略定制，根据登录用户、源 IP 地址、数据库用户、数据库表、数据库字段、操作时间、SQL 操作命令、返回的记录数或受影响的行数、关联表数量、SQL 执行结果、SQL 执行时长、报文内容的灵活组合来定义客户所关心的重要事件和风险事件。

（6）多形式的实时告警：当检测到可疑操作或违反审计规则的操作时，系统可以通过监控中心告警、短信告警、邮件告警、系统日志告警等方式通知管理员。

9.7.2　应用支撑子系统

应用支撑子系统主要是实现应用和服务的统一管理与监控，包括应用自动化部署、应用集群管理、应用日志审计、政务资源共享支撑、数据库管理系统、数据库读写分离集群等功能。

1. 应用自动化部署

基于面向服务的 SOA（Service-Oriented Architecture，面向服务的架构）架构针对数据交换共享平台提供应用系统或服务进行自动化部署，不需要用户人工干预，在用户指定发布地址后由脚本或程序自动执行应用软件的安装部署，并提供具有负载均衡能力的应用功能，可随负荷增加自动部署新实例，自动监控各项应用的运行情况。具体实现应用容器管理、应用目录管理、应用发布和命名解析等功能。

（1）应用容器管理：提供一个应用程序的存储库，以便存储应用开发者上传的可执行程序包，同一个应用的多个版本程序包分别保存，保留历史版本。

（2）应用目录管理：实现应用注册、应用注销、应用信息更新等全生命周期的管理，提供应用及服务查询功能。

（3）应用发布：实现应用包或经编译的应用源代码根据所配置的服务器或容器地址发布。

（4）命名解析：根据政务资源共享工具中命名服务解析规则自动生成对应用实例的命名。

2. 应用集群管理

应用集群管理能够有效地完成应用的故障恢复和动态伸缩，包括应用集群自动化部署、应用集群健康状态监控、应用集群故障恢复、应用集群日志管理和应用容错迁移等。

（1）应用集群自动化部署：根据应用初始设定的容量请求，自动计算出集群的拓扑结构，完成集群节点的自动化部署，并根据命名解析规则自动生成该应用集群的命名。

（2）应用集群健康状态监控：实时监控应用实例的健康状态。

（3）应用集群故障恢复：监控到应用实例的健康状态不符合预期时，判断该种情况是否为应用故障，并通过重启等操作实现应用集群的故障恢复。

（4）应用集群日志管理：提供应用的运行日志、状态日志及错误日志管理。

（5）应用容错迁移：结合应用集群管理，有效地完成应用从发生故障的容器迁移至集群中备用容器，并恢复应用集群功能。

3. 应用日志审计

系统实现收集启动日志、系统服务日志和应用程序日志等，提供日志的搜索分析，具体包括日志采集、日志存储和索引、日志解析、日志查询分析、应用审计采集、应用审计整合、应用审计分析、应用审计配置等。

（1）日志采集：为不同的应用和系统定义需要收集的日志。

（2）日志存储和索引：提供保存接收到的所有日志条目，为其建立索引。

（3）日志解析：提供将日志的文本信息切割为日志条目，从每个日志条目解析出用于索引的属性，包括日志条目产生的时间、系统、应用、类别、重要程度、消息内容等。

（4）日志查询分析：根据时间、应用、类别、消息内容等查询相关的日志条目，支持对查询结果分类统计和图形化展示。

（5）应用审计采集：每当访问到已配置的应用和服务入口，系统生成一个审计事件 ID，产生一条包含该审计事件 ID、用户、应用名称、服务名称和时间戳的审计日志。

（6）应用审计整合：通过相同的事件 ID，可以将一次请求在不同应用和系统中产生的审计日志关联起来，作为一个整体进行索引、查询和分析。

（7）应用审计分析：提供以用户、应用、服务、时间、数据等审计属性为条件查询相关日志条目，所得条目包含其唯一的事件 ID。提供以事件 ID 为条件查询对应一个用户请求的完整的服务执行过程，用于支持详细的事件分析。审计业务请求的访问记录，包括请求的源 IP、目标 IP、URL 路径、应用名称、执行时间。

（8）应用审计配置：提供选择需要做审计的应用和服务入口，系统仅对选定的应用和服务进行监控产生审计日志，而忽略其他的访问。

4. 政务资源共享支撑

保障应用系统按照标准规则正常运行，以及实现各类业务流程所需的通用功能组件，提供应用及服务命名解析、多租户管理、消息服务和访问控制等功能。

（1）应用及服务命名解析：利用最新的智能安全命名解析技术，建立管理省级、地方层次化的应用和服务命名体系。应用及服务命名解析具有命名配置、防护规则配置、黑名单设置、白名单设置、域限速设置、IP 段限速设置、监控参数设置、监控信息展示等功能。

（2）多租户管理：实现对数据交换共享平台内各租户的统一管理，提高服务中心的运维和服务能力，包括租户权限隔离、租户信息管理、租户机构管理、租户角色管理、租户资源查看等功能。

（3）消息服务：提供信息集成等能力，为业务模块之间的消息驱动提供基础支持。

（4）访问控制：提供多种认证机制，支持上下行访问控制，访问真实服务时支持多种认证方式。

5. 数据库管理系统

具有开放的、可扩展的体系结构，高性能事务处理能力，以及低廉的维护成本等特性，是完全自主开发的数据库软件，其安全级别达到了所有数据库产品中的最高级。采用三权分立的安全体系结构，保证数据库用户之间的权责明确，确保数据的高安全性，提供易于操作且功能强大的客户端管理软件。

（1）支持 SMP（Symmetric Multi-Processing，对称多处理结构）系统，可在增加主机 CPU 的情况下实现数据库性能的线性加速提高。

（2）数据库提供多操作系统支持，并能运行在多种软、硬件平台上。

（3）提供丰富的数据库访问接口，包括 ODBC、JDBC、API、OCI、PHP、.NET Data Provider 等。

（4）提供完善的日志记录和备份恢复机制，保证数据库的安全稳定、数据完整正确。

6. 数据库读写分离集群

读写分离集群是一个用于提升并发事务处理性能的集群组件。在一个高并发的事务型系统中，当写事务占的比例相对读事务较小时，可通过客户端来实现读写事务的自动分离，读事务在备机执行，写事务在主机执行，减轻主机的负载。数据库读写分离集群具有事务级读写分离、负载均衡、高可用、可扩性、数据库的安全备份、可移植等功能域特性。

9.7.3　数据交换对接子系统

数据交换对接子系统在全省统一数据共享交换平台的基础上，通过数据适配器、规则引擎、数据质量控制等技术，实现地方和部门政务服务数据与全省数据交换共享平台的对接，支撑政务服务数据资源在数据交换共享平台的汇聚共享。数据交换对接子系统包括数据处理、数据连接配置、数据转换规则、数据质量、数据传输等功能模块。

（1）数据处理：提供数据抽取、数据关联、数据冲突检测与处理、数据缓存、数据路由和数据读写优化等功能，实现政务服务业务库数据的抽取、读写等任务。

（2）数据连接配置：包含参数配置、配置管理、连接管理、连接测试、数据预览等功能项，实现政务服务业务数据库的连接和交换数据库的连接配置。

（3）数据转换规则：包括规则的编辑和适配，实现源数据和交换所需数据的转换规则定制及服务。

（4）数据质量：实现对交换数据质量的控制和提升，包括完整性检测、规范性检测、一致性检测、准确性检测、关联性检测。

（5）数据传输：交换传输子系统以消息中间件为底层支撑，实现从一个（或多个）交换节点的数据传输到另外一个（或多个）交换节点上，支持 TCP、HTTP、SSL（Secure Sockets Layer，安全套接层）及 HTTPS 等传输协议。物理链路采用现有的政务外网，数据在链路中采用加密传输。

9.7.4　数据交换服务子系统

数据交换服务子系统实现对部门政务平台数据和地方政务平台数据共享交换的统一管理，对数据汇聚、处理、整合等全过程进行调度和控制，监测数据质量，识别问题数据，保证数据交换共享平台政务数据的准确、完整和可靠，系统包括数据交换内容管理、数据交换管理、数据汇聚管理和数据处理管理等功能。

（1）数据交换内容管理：对事项信息需交换内容、办件信息需交换内容、证照信息及其交换内容等进行梳理。

（2）数据交换管理：对部门政务平台数据、地方政务平台数据共享交换的统一管理。根据部门平台、地方平台等数据需求方的请求，组织相应的数据内容进行传送，提供对数据请求接收、申请审核、数据组织、数据反馈、样例查询、数据交换情况查询统计等功能。

（3）数据汇聚管理：对部门平台、部门审批系统、地方平台政务数据、基础库等向数据交换共享平台的汇聚过程进行统一管理，提供中心汇聚管理、策略配置管理、任务生成管理、任务执行管理、数据处理、目录同步等功能。

（4）数据处理管理：对汇聚到全省政务服务平台的信息资源数据进行离线或在线数据的清洗、比对、整理、转换、分组、计算、排序，建立数据关联等标准化处理。

9.7.5　数据共享服务子系统

系统基于资源共享服务中心汇聚数据、基础信息库、重点信息系统及政务服务事项管理系统、大数据分析系统等政务服务平台系统开展相应数据公共服务的组织和调度。面向部门平台和地方平台，提供全省平台公共服务的检索、查询、订阅、调用和推送等操作，实现各地方政务服务数据、部门政务服务数据、基础信息库数据等政务服务信息资源在部门和地方之间互通共享。通过数据共享服务注册管理、数据共享服务接口设计实现部门、地方政务服务平台和基础信息数据共享服务之间的数据共享。全省基础信息可包含人口、法人基础信息库和重点信息系统数据，包括投资项目在线审批、公共资源交易平台等系统的数据。数据共享服务子系统包括服务发布、服务注册、服务维护、版本管理、服务申请、服务授权、服务监控。

（1）服务发布：数据共享服务提供方在应用支撑系统上发布可共享服务的数据。

（2）服务注册：将共享的服务发布到服务目录中。

（3）服务维护：提供服务修改、服务删除、服务查询和服务定位等。

（4）版本管理：发布及注册的服务可能具有多个版本，对各种版本进行管理，使服务调用能够选择相应的版本进行操作，提供历史版本比对。

（5）服务申请：服务需求方提交服务申请后，通过服务申请审核访问数据共享服务查询和使用授权。

（6）服务授权：根据审核结果提供符合需求方服务申请需求的服务访问权限。

（7）服务监控：实现已经注册的数据共享服务访问日志采集、查看、搜索和分析功能。支持数据服务接口运行健康状况的监控和诊断，支持对调用轨迹、平均耗时情况进行图形化的统计分析。

9.7.6　共享交换中心库

以政务信息资源为基础，建设共享交换中心库，抽取基础政务信息数据和主题数据到共享交换数据库中，实现对外的数据服务。共享交换中心库由前置库、数据交换网管、交换中心库、服务接口组成。

（1）前置库：部署在本项目覆盖的业务部门内部，按一定业务规则完成对各业务系统所产生的信息资源进行的相关预处理工作，数据接收时数据也先进入到接收方的前置库，再流入到接收方的业务系统中。

（2）数据交换网管：政务信息资源经过前置库预处理后汇聚到政务共享交换平台，数据交换网关对信息资源按照共享交换中心库建模设计规则进行梳理、组合，实现政务信息资源的最终入库。

（3）交换中心库：前置库要求网络与编目系统网络能够连通。各部门用前置库把数据从业务库抽出，初步实现政务信息资源归集，确保政务信息的真实、完备、权威、鲜活。同时，为后续交换中心库做到业务信息全覆盖提供支撑。

（4）服务接口。建设和梳理数据服务接口，提供政务信息资源的查询服务、数据对比服务、数据下载接口服务、数据操作接口服务、分类统计接口服务，以及专题应用服务等。

9.7.7　信息资源共享数据库

将各部门、各地方政务系统产生的数据逐步汇总到数据交换共享平台信息资源数库中，最终形成覆盖全省所有可集成的政务系统数据的全省综合信息资源数据库。政务信息资源共享数据库有政务事项信息库、权责清单库、监管事项清单库、电子文件资料库、自然人全生命周期大数据库、投资项目信息库、重点领域数据库、监管数据库、评价信息库、决策咨询信息库、宏观经济信息库、空间规划信息库、营商环境分析库、服务过程数据库等。

（1）政务事项信息库：实时汇聚行政许可、行政处罚、行政强制、行政征收、行政给付、行政裁决、行政确认、行政奖励、行政检查、其他行政权力共 10 类行政权力事项和公共服务事项。开放事项库数据接口，各地市可通过接口调用本级事项库信息，实现各层级、各渠道发布的政务服务事项数据同源发布、同步更新。

（2）权责清单库：实时汇聚依据法律、行政法规、地方性法规和国务院部门规章梳理并经人民政府研究审定的、具有刚性约束力的权力清单、责任清单。

（3）监管事项清单库：按照行政许可、行政检查、行政处罚、行政强制等各类监管业务，梳理全省各级各部门监管事项，明确监管事项、监管机构、监管类别、监管依据、自由裁量、监管对象、办理时限、处置情况等内容，涵盖事前、事中、事后监管全链条，形成统一的监管事项目录清单。

（4）电子文件资料库：主要存放申请人提交的申请材料和办结归档材料，包括采用电子文档格式申请的材料、图形扫描格式的申请材料和办结材料等。

（5）自然人全生命周期大数据库：通过自然人身份证号码建立自然人全生命周期大数据库。归集、清理、匹配、展现自然人在其生命周期内的卫生计生、居住户籍、入学入托、婚姻就业、社会保障、社会救助、养老、死亡、个人证照、纳税、信用和办事情况等享受政务服务和社会服务形成的信息，构建全省自然人的"人物画像"，形成自然人全生命周期大数据库。

（6）投资项目信息库：依托全省投资项目在线审批监管平台，建设投资项目库，实现以项目为主线，统一关联同一项目内的所有行政许可审批服务事项。同一项目内的所有行政许可审批服务事项可以共享项目信息及证照材料，已经审核通过并进入项目库中的各类证照材料无需扫描，可直接调用项目库中的数据并认可其有效性。

（7）重点领域数据库：汇聚财政预决算、重大建设项目批准和实施、公共资源配置、社会公益事业建设、健康卫生、社会保障、食品药品安全、安全生产、生态环保等重点领域数据。

（8）监管数据库：集中存储、共享、分析、展示、利用、处理异常业务信息、业务预警信息、督察督办信息、服务事项进驻情况信息、网上服务登记情况信息、在线办理率级别评定信息，以及重要监管业务过程记录数据、社会投诉举报数据、互联网数据等信息，形成对监管对象事前、事中、事后监管全过程、全领域的监管记录，建立多维度、全生命周期的监管数据库。

（9）评价信息库：实时汇聚全省政务评价全流程数据，包括评价结果、人员、事项、区域、部门等信息，帮助全省各级各部门优化服务。统计分析包括分类统计各个评价指标的数量、趋势分析（根据时间、地域、行业、事项、部门、办事人员）、评价原因分析（包括材料原因、事项审批时间、事项咨询、窗口人员服务态度、座席服务态度、平台原因）等内容。

（10）决策咨询信息库：汇聚政务服务基础数据、政务服务过程数据、用户行为数据等沉淀数据，并进行深度挖掘与多维剖析，包括事项环节办理时间分析、事项节点设置分析、不同地域或年龄段办理入口分析、知识库覆盖率分析、窗口受理事项数分析、门户导航和菜单合理性分析、大厅导航使用成效分析、不同时段办事事项数分析、超时节点分析等内容。

（11）宏观经济信息库：主要汇集地区生产总值、居民消费价格、人口、消费、投资、财政等宏观经济数据，以及工业、农业、能源、金融、交通、房地产等行业经济数据，包括宏观经济基础数据库和专题数据库。实现包括全省生产总值分析、三大产业对比分析、数字经济发展趋势分析、全社会消费品零售总额分析、国际贸易分析、财政收入支出情况分析、地方财政收入支出情况分析、全社会固定资产投资分析、全省人口数分析、居民消费价格指数分析、工业生产者出厂价格指数分析、城镇登记失业率分析、城镇新增就业人数分析等内容。

（12）空间规划信息库：依托地理空间信息库，按区域汇集自然资源、城市规划、环境保护、水利设施、交通、教育、医疗卫生、农业等多部门的专题专业规划，与"一事通办"运行管理系统形成空间信息共享更新、业务协同办理和即时交互。

（13）营商环境分析库：构建营商环境评价模型，分析处理政务服务受理数据、网站信息数据、投融资数据等，从行政审批、政府服务、社会环境等维度综合评价地区的营商环境。分析包括基础设施、人力资源、金融服务、政务环境、法制环境、创新环境、社会环境等内容。

（14）服务过程数据库：建设全省统一的政务服务过程大数据库，汇集全省各级各部门开展政务服务过程相关信息，包括行政权力、公共服务和事中事后监督管理等相关信息。统计分析包括根据地区统计超时事项、根据部门统计事项总数（正常办结、超时、材料补正）、根据事项种类统计

（行政权力、公共服务）、根据事项名称统计、根据事项办理人员统计、根据不同入口办事事项统计、超时事项超过一定比例和数据的预警（按区域、部门、人员）等内容。

9.8 省级数字政府的基础公共支撑系统

数字政府的基础公共支撑系统主要由基础公共支撑系统应用软件和基础公共支撑系统配套硬件两部分组成，为数字政府项目建设提供底层的支撑能力。

9.8.1 基础公共支撑系统应用软件

省级数字政府的基础公共支撑应用软件主要建设包括统一身份认证系统、统一公共收付系统、统一邮寄配套管理系统、统一电子文书系统、统一电子印章系统、统一电子证照系统、微应用汇聚平台等。

1. 统一身份认证系统

以省级集中模式建设全省统一的身份认证体系，为办事对象提供实名认证，逐步实现全省网上政务服务"一次认证、全网通行"。统一身份认证系统将身份认证作为整个互联网政务服务的安全基础，即将身份认证、授权、审计和账号（即不可否认性及数据完整性）定义为政务服务安全的四大组成部分，涵盖单点登录，从而确立了身份认证在整个政务服务安全系统中的地位与作用。

按照国家"互联网＋政务服务"相关指导文件对统一身份认证建设工作的总体要求，构建全省政务服务统一身份认证系统，主要目的是服务于全省网上办事业务信息化发展，促进网络信任体系的建设，提高省政务服务网与地市及其他部门业务系统的信息资源共享能力、信息公开的能力和安全保障能力。

通过构建统一身份认证系统，对全省所有网上办事业务系统的运行提供支撑，提供 PC 端和移动端等终端的"用户名 / 密码"普通账户和 CA 账户认证服务，为系统用户提供统一的认证服务，实现全省业务系统全面统一的用户管理、可靠的身份认证、安全的单点登录、便捷的信息共享，实现各个应用系统安全稳定运行、资源整合，推动管理创新、营造全省网上办事业务的网络信任空间环境，提升用户网上办事体验，切实做到网上办事以用户为中心，提高全省服务型政府建设水平，建设成公众满意的网上综合政务服务平台。

统一身份认证系统整体功能框架如图 9.16 所示。

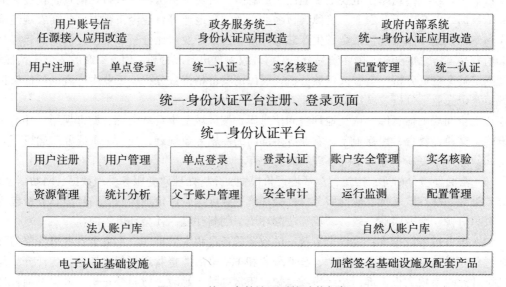

图 9.16 统一身份认证系统功能框架

统一身份认证系统以电子认证和加密签名设备作为基础设施，建设全省统一的自然人和法人账户库，提供用户注册、登录认证、用户管理、账户安全管理、单点登录、实名核验、父子账户管理、资源管理、统计分析、配置管理、安全审计、运行监测等功能，通过 PC 端、移动端的用户名密码、数字证书等多种登录认证方式，为用户提供用户注册、统一认证、单点登录、实名核验等服务。

2. 统一公共收付系统

该系统实现省级一体化在线政务服务平台用户在办理各种事项需涉及缴费时，生成缴款单，依托第三方网上支付平台进行在线缴费。省级统一对接支付平台，全省统一应用。

（1）缴款信息发送：缴款人在网上政务服务平台办理相关审批业务，当需要进行网上缴费业务时，系统将缴款信息按照支付平台约定标准接口将缴款信息发送到支付平台，支付平台根据接收到的缴款信息生成对应的缴款订单信息。

（2）支付结果接收：缴款人通过支付平台进行缴费操作后，支付平台接收到银行支付网关扣款成功的结果，将扣款成功信息和缴费结果信息发送给业务办理系统，业务办理系统更改对应记录的收款状态，并将收款状态和缴费结果同步到外网，使办理人能进行下一步业务。

（3）支付结果人工处理：为解决缴费系统与业务办理系统通信失败的情况，在审批系统中增加手工修改缴费状态的功能，并将收款状态和缴费结果同步到外网，使办理人能进行下一步业务。

（4）系统对账：审批系统与支付平台进行数据对账，对审批业务中产生缴费信息发送给缴费系统的情况、缴费系统将缴费结果和状态通知给审批系统的情况进行对账，以保证双方的数据是同步一致的。

（5）网上缴费信息查询：实现网上缴费信息的查询。

3. 统一邮寄配套管理系统

依托现有成熟第三方建立统一的邮寄配套管理系统，与网上收付对接，实现网上收付与邮寄对账，提供便捷化服务。

办事群众可登录省政务服务统一门户进行在线申报，上传电子材料后选定材料递交及证照领取方式为邮政速递，填写收件地址，完成网上申报。审批部门在规定工作期限内对申请人提交的材料进行预审，预审通过后，系统将申请人办件信息自动推送到邮政物流系统进行下单，并同时发送短信至申请人，申请人准备好申报材料待快递人员上门收取。审批部门完成审批、制作完证照后，发证窗口人员登录平台下单寄送证照，同时系统会将办结信息和证照寄送物流信息发送至申请人，快递人员送证上门后就完成整个办事过程，各个环节都在网上操作，真正实现群众办证足不出户。

（1）基础信息管理：包括配送信息维护、往来单位信息、物流单位信息维护等基础信息。

（2）邮寄申请：针对公众或企业无需到审批现场办理的服务事项，可在网上申请或在中心窗口办事时，选择审批结果邮寄方式，填写收件人、邮寄地址等信息，实现审批结果邮寄业务。

（3）快递单据打印：系统自动提取办件的相关信息，实现办件信息的套打功能；系统支持自动提取申请人姓名、住址、电话等信息，通过打印机套打快递单据。

（4）物流费用支付：需要缴纳物流快递费用时，通过对接支付平台实现网上缴费，支付平台根据接收到的缴款信息生成对应的缴款订单信息。物流公司根据支付平台服务接口，接收缴款信息，包括缴款时间、金额等。

（5）物流跟踪：支持通过手机 APP 客户端查询物流信息；支持通过微信公众账号查询物流信息；对接物流系统，系统支持通过接口方式传送数据到物流系统、系统回传物流单号，再通过单号调用查询接口，查询物流进度。

4. 统一电子文书系统

主要是对政务服务流转过程中形成的各类电子文件（如申请材料、电子证照等电子文书）进行保存、管理与归档等。

（1）电子文书的归档范围：

① 网上行政审批形成的电子证照、决定及回执。

② 申请人使用网上行政审批系统，提交的行政审批申请材料，包括但不限于申请表单、证明材料、图纸、证照批文等。

③ 行政审批实施单位使用网上行政审批系统，实施行政审批受理（或者不予受理）、审查、办理等过程形成的电子表单。

④ 行政审批实施单位使用网上行政审批系统办理行政审批时，受理、审查、审批、告知等关键业务行为的行为时间、机构人员名称等过程描述元数据。

⑤ 归档审批电子文件时，应同时包含该电子文件对应的行政审批实施单位名称、文件题名、文件编号、责任者、日期、密级、运行信息系统描述、文档序号、稿本、格式信息、计算机文件名、计算机文件大小、文档创建程序等元数据。

⑥ 行政审批实施单位使用网上行政审批系统办理行政审批形成的其他有保存价值的电子文件。

（2）电子文书形成方式和格式：

① 电子文书根据形成方式及信任级别，分为两种类型：

· 由省级一体化在线政务服务平台产生或由其他可信平台共享形成，该类电子文书可直接应用于系统、无需核对信息，电子证照属于该类型电子文书。

· 由用户上传或窗口工作人员通过高拍仪上传，申请人提交的各类电子材料属于该类型电子文书。

② 电子文书采用安全通用的文件格式，并对文件类型、大小、图片拍摄、分辨率等有严格的限制。系统具备上传电子文书自动检查功能，如扫描件的分辨率、文书版面大小、文档格式等。若上传文件不符合材料格式上传要求，则系统自动提示申请人重新上传。

（3）数据保存与归档：数据保存与归档具备防篡改、历史数据备查备用、电子文书归档等功能，促进网上办事、审批办理和档案管理的无缝衔接。

（4）应用规则：对电子文书在政务服务中的应用，需建立规范的制度和工作程序并采取相应的技术措施。电子文书应用于政务服务的网上申请、受理、审批、办结等环节，应具备权限控制、痕迹保留功能，保证电子文书的产生、处理等过程符合规范。

5. 统一电子印章系统

构建省统一的电子印章管理平台。电子印章管理平台独立建设，并与应用软件集成。平台可授权各单位管理单位内的电子公章和个人电子签名，提供统一标准的电子公章和个人电子签名的制作服务。该平台可供省各级、各部门共同使用，建立统一的电子印章使用授权、安全认证、管理。

（1）电子印章管理及认证管理服务：支持集中部署、分布管理。电子印章管理平台可授权各下属单位自行管理单位内的电子公章和个人电子签名，提供统一标准的电子公章和个人电子签名的制作、发放、注销、审计、查询、验证等服务。该平台可供各部门、直属单位共同使用。提供统一的电子签章使用授权、安全认证、管理、备案服务；提供印章、签名、身份有效性查询服务；提供印章、签名、证书有效性认证、监督等服务；提供公章制作、公章发放、批量发放、标识发放、公章作废、标识作废、公章销毁、公章挂起与恢复、公章备份与恢复、公章查询、可视化盖章服务。

（2）网页签批认证：提供具有签章功能的 ActiveX 控件，通过二次开发的方式，将电子签章功能集成到应用信息系统中，实现在线对 Web 的数字签名 / 印章签入、验证、证书查看与数据保护的功能；提供对网页签批进行认证，解决系统表单流程化审批的问题。提供二次开发接口，支持各类开发环境和数据库，提供包括 OFFICE 签章、PDF 签章、HTML 签章功能。

（3）制章工具：提供一套完整的电子印章图案制作工具。支持生成印章模板及 TPL 模板应用，支持生成正式应用的方章、圆章样式，支持印章字体、文字、宽度、高度、夹角、厚度等参数调整，支持中心图案设置、印章颜色调整等。

（4）电子签章：支持 Web 或客户端方式的远程申请和制作电子签章，采用在线签章应用模式，即将电子公章存放在电子签章服务器中，统一授权管理。电子签章系统通过与业务系统的开发集成后，用户插入电子签章密钥，在连接电子签章服务器的情况下，根据权限自动在需要盖公章的地方加盖部门或单位公章，以保障电子文件流通的合法化。

电子签章系统是一整套采用 ActiveX 技术开发的应用软件，它可实现在 Word/Excel/HTML/WPS/PDF/FORM 表单 /FILE 文件 /CAD（Computer Aided Design，计算机辅助设计，泛指图形设计软件）图纸 /TIF（Tag Image File，标签图像文件）传真文件以及自主知识产权的 GDF（General Document Format，通用文件格式）版式文件上实现手写电子签名上加盖电子印章和手写签名，并将该签章和文件通过数字签名技术绑定在一起，一旦被绑定的文档内容发生改变（非法篡改或传输错误），签章将失效。只有合法拥有印章钥匙盘并且有密码权限的用户才能在文件上加盖电子签章，保证文档防伪造、防篡改、防抵赖，安全可靠。

（5）电子签名：采用在线和离线相结合的应用模式。除了支持在线签章模式外，还支持录入个人手写签名，将签名存放在电子密钥中，当需要个人签名时，插入电子密钥（可在不连接电子签章服务器的情况下）进行授权签名。系统应自动采取随机密钥对印模图片进行加密，只有在本系统内才能解密获得明文印模图片信息。

电子印章管理系统提供多种手写签章及验证，提供手写互写、互看、互验。支持 USBKey（电子钥匙）预制手写签名图片，也支持手写屏、手写板等多种手写设备。支持在没有手写笔应用下实现手写笔锋、压感真实展现，还原真实笔迹。提供完善接口，与应用系统集成对接，满足用户需求。

（6）USBKEY 电子密钥：用于用户的身份认证，采用 PIN（Personal Identification Number，个人识别码）码验证方式，存放数字证书和加密后的电子签名、电子签章。

（7）移动证书电子签章：政务服务的审批公务人员可以使用移动证书进行电子签章，支持个人电子签名和单位电子签章，支持用户对签名图片的自定义设置。

（8）大厅窗口无纸化应用：办事窗口申报人在对公服务窗口进行无纸化申报时，需解决当事人身份与电子申报材料的可靠绑定问题，实现现场电子申报文件与传统签字或盖章文件具有同等效力，可使用通过手写数字签名系统实现各类窗口电子申报数据的个人手写电子签名及企业的电子签章。

6. 统一电子证照系统

电子证照共享主要是基于统一的标准规范，对外提供统一的电子证照应用服务。通过统一的服务，支持电子证照在政务服务办理、面向公众、面向开发者的共享应用。

（1）电子证照共享管理：实现证照开放目录、证照授权、应用审计日志、统计分析等功能。

（2）电子证照政务应用：如果部门业务系统未实现与电子证照库的对接，部门业务人员可直接使用电子证照系统提供证照查询、证照在线查验调阅、证照副本下载与打印、证照比对、证照纠错、在线统计等功能。

（3）电子证照公众应用：

① 证照持有人访问：证照持有人通过实名认证后，可使用自己的既有证照。经过实名验证的

法人或自然人，可通过证照系统接口，关联到自己的证照，并可对证照进行查询、下载、打印、调用等操作。

② 依法公开访问：根据国家法律要求，电子证照系统可依法向社会公开企业营业执照、卫生许可证等，对社会公众开发，提供查询服务。

③ 经持有人授权访问：根据应用需要，在满足法律及地方电子证照管理规定的要求下，经证照持有人书面授权，他人在授权范围内可访问相关证照。比如，申请人 A 要使用授权人 B 的电子证照，申请人 A 向电子证照共享平台提交证照授权申请，授权人通过电子证照共享平台将证照使用权限授权给 A，并将授权信息提交至电子证照共享平台。

（4）电子证照开发者应用：面向开发者提供共享系统界面，开发者可以在系统上找到证照目录、接口说明、帮助文档等，并可通过关键词、热点、部门等查询条件找到相关的证照服务，主要实现服务展示、服务目录、服务检索、API 详细信息、服务调试等功能。

7. 微应用汇聚平台

通过建设微应用汇聚平台，实现政务移动业务应用的集中化部署和管控，以统一的页面标准和风格输出到平台移动 App。

遵循统一标准、统一部署、统一入口、统一输出的原则，以满足各类型服务资源的顺利接入。

1）微应用汇聚

提供统一接入规范的应用汇聚平台，各类应用、接口可按照规范进行应用改造，实现省各级各部门政务服务应用的统一汇聚，统一对外推广和提供服务，同时保证移动端应用的标准性、开放性、灵活性、可扩展性、安全性和稳定性。

微应用汇聚平台承载面向互联网便民服务的移动应用，平台系统设计重点考虑整体统一展现能力、整体运维能力。

由于各个微应用的开发厂商不同，存在技术架构、能力水平等方面的参差不齐，并且各自独立部署，因此对在线服务质量、统一运维监控等方面存在较大的风险，无法对各个微应用的服务运营数据进行实时采集，从而也给运营决策造成了割裂。针对这个场景，微应用汇聚平台从微应用部署、弹性扩展、运维监控、数字化运营等方面提供完整的全方位的平台支撑，屏蔽了不同微应用的水平差距，统一实现平台层的体系保障，保证了各个微应用的大并发、高可靠等特性，进一步保证了对外服务的高质量，同时，通过集中采集各个微应用的实时运营数据，实现运营决策有数可依。平台包括运维管控门户、信息概览、应用管理、空间管理、资源管理、防盗链、发布审批、应用一键部署及变更、应用自动部署等功能模块。

（1）运维管控门户：可根据用户角色所赋予的权限进行页面操作，实现账号管理，支持注册系统账号，以及账号的密码设置、修改等操作。

（2）信息概览：概览页面显示用户拥有的某个空间内的应用概览分析。在空间下拉列表中选择某个空间后，会跳转到相应空间下的应用概览页面。系统管理员可以查看所有空间信息及所有流程审批，其他用户只能查看部分信息。

（3）应用管理：用户登录后，可以进行应用列表的查看，包括详细信息、监控信息、负载均衡、应用日志等，同时可以进行应用的上传、版本管理、数据接入和对现有应用实例数和内存进行更改，绑定弹性伸缩功能的应用还可以配置弹性规则。

（4）空间管理：用户登录后，可以进行空间的查看、创建、修改和删除，能够直观查看该空间配额信息及对应空间内应用的状态情况。

（5）资源管理：展示当前组织下的所有服务器资源信息，包括实例 ID、IP 地址、配置、运行状态、导入状态及到期日期，用户可以通过多种方式（手动、批量）导入服务器。将当前组织下的服务器分配给组织下的空间，页面展示服务器的分配列表，用户可以通过搜索框进行关键字检索，还可以通过管理图标按钮进行服务器管理。

（6）防盗链：防止外界恶意访问平台的拦截功能，主要是展示拦截的信息，用户通过单击侧边栏进入界面，展示最近两个半小时时间内的拦截统计折线图。

（7）发布审批：应用开发者在发布自己的应用之前，需要先在系统中提交发布审批，待审批通过后才可以在平台发布自己的应用，可以查看自己提交的申请的相关信息。

组织管理员登录后，可以提交申请、查看自己提交的申请信息、查看本组织提交的待审批和审批完成状态的申请信息。政府审批人员登录后，可以对已提交的申请进行处理，同时可以查看自己已经处理过的申请；审批人员可以根据情况将申请驳回或通过审批。通过审批的申请，应用开发用户授权确认后，该审批流程完成，系统运维人员将进行应用发布。

（8）应用一键部署：平台为用户提供了极为方便的应用一键部署和变更服务，用户只需要简单点击鼠标，选择好待上传应用的关键信息后，点击上传应用，即可完成应用的部署动作。平台为用户提供应用开发、部署的易用环境，提供多种集成能力，为用户应用上云提供全方位服务。

2）微应用管理

提供分布式微服务集成开发、部署、运行各阶段工作环境，结合各种工具和运维监控软件，帮助开发者对复杂的分布式微服务应用进行版本管理、部署控制、任务编排等操作，从而达到分布式应用快速上线、高效迭代、持续交付的效果，保证业务应用能够适应高速应用迭代需求，实现业务对外界环境变化时快速变更，缩短应用系统版本迭代周期。同时，在不断业务迭代过程中，积累形成能力中心，提高数据和功能统一性，并提升对外的服务能力。

平台功能包括持续集成、持续交付、项目管理、环境管理、应用管理、服务管理、配置管理、监控系统、日志中心、镜像仓库、集群管理和系统设置。分布式微服务应用平台为政务服务 APP、统一用户管理及认证系统、统一物流中心、统一公共支付系统等提供快速应用集成及运维监控。

9.8.2　基础公共支撑系统配套硬件

省级数字政府的基础公共支撑配套硬件系统主要依托电子政务外网及电子政务外网云计算中心的计算、存储和灾备资源建设数据处理与存储系统及网络安全系统。基础公共支撑系统配套硬件包括对原有系统硬件的继承和升级改造，包括新购置的各类设备，情况比较复杂。限于篇幅，本文对配套硬件的具体型号与数量不予介绍。

1. 数据处理和存储系统

省级数字政府的基础公共支撑配套主机和存储系统主要依托省政务云平台资源，在电子政务外网互联网区和公共网络区分别部署相应的主机和存储设备。电子政务外网互联网区主要部署互联网政务服务门户、统一身份认证系统等应用。电子政务外网公共区主要部署政务管理平台、业务办理系统、电子证照管理系统、投资项目在线审批监管平台等应用。

2. 网络安全系统

省级数字政府的系统网络主要由电子政务外网互联网区、电子政务外网公共区组成，由电子政务云平台提供相配套的安全防护。

省级数字政府的系统总体部署架构如图 9.17 所示。

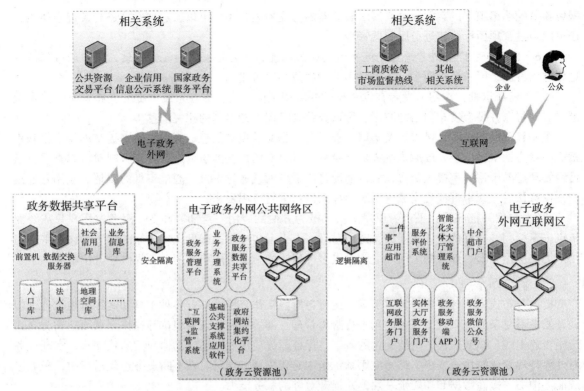

图 9.17 省级数字政府的系统总体部署架构

省级数字政府项目各个应用系统的部署位置具体如表 9.1 所示。

表 9.1 各应用系统的部署位置

系统名称		部署位置
政务服务门户	互联网政务服务门户	互联网区
	实体大厅政务服务门户	互联网区
	政务服务实体大厅管理系统	互联网区
	政务服务移动端（APP）	互联网区
	政务服务微信小程序	互联网区
	政务服务微信公众号	互联网区
	中介超市门户	互联网区
	"一件事"应用超市	互联网区
	政务服务评价系统	互联网区
	"12345"在线服务平台	互联网区
政务服务管理平台	政务服务工作系统	公用网络区
	政务服务事项管理系统	公用网络区
	政务服务运行管理系统	公用网络区
	政务服务监督管理系统	公用网络区
	"一事通办"运行管理系统	公用网络区
	中介超市管理系统	公用网络区
	政务服务能力评估系统	公用网络区
	政务知识处理系统	公用网络区
	政务大数据分析决策系统	公用网络区

系统名称		部署位置
业务办理系统	专业业务办理系统	公用网络区
	通用业务办理系统	公用网络区
	智能审批系统	互联网区
	自助终端服务系统	公用网络区
政务服务数据共享平台	数据交换共享平台	公用网络区
	信息资源共享数据库	公用网络区
政府网站集约化平台	集约化工作门户	公用网络区
	集约化应用开放系统	公用网络区
	智能服务系统	公用网络区
	互动交流系统	公用网络区
	信息资源管理系统	公用网络区
	网站群管理系统	公用网络区
	用户行为分析系统	公用网络区
	网站安全监测预警系统	公用网络区
	运维管理系统	公用网络区
	网站监测与评估系统	公用网络区
	大数据分析和量化评价系统	公用网络区
基础公共支撑系统	统一身份认证系统	互联网区
	统一公共收付系统	互联网区
	统一邮寄配套管理	互联网区
	统一电子文书系统	公用网络区
	统一电子印章系统	公用网络区
	统一电子证照	公用网络区
	统一数据共享	公用网络区
	微应用汇聚平台	公用网络区
	政务服务平台安全管理系统	公用网络区
	政务服务平台运维管理系统	公用网络区
"互联网＋监管"系统	"互联网＋监管"系统	公用网络区

第4篇 数字社会工程设计篇

　　本篇包含数字社会工程概论、数字社会工程设计、数字社会工程设计案例，这三章主要介绍数字社会概述、数字社会发展态势、数字社会的任务、数字社会的发展展望、数字社会工程概述、数字社会治理工程设计、数字民生服务工程设计、数字社会工程设计的重要技术、市级平安城市视频防控系统设计案例、省级文化大数据平台设计案例、省级基层医疗卫生机构管理信息系统设计案例等相关内容。

第 **10** 章 数字社会工程概论

社会是人与人形成的关系总和[1]

数字技术的快速发展和广泛应用，带来新一轮产业革命，催生新的社会业态，推动了数字社会的到来。使人与人的关系、生活样态和生活方式发生了全方位的变化，并呈现出前所未有的独特风貌，使社会治理和民生服务领域长足发展。本章从数字社会概述入手，阐述数字社会的内涵和特征，论述数字社会发展态势和任务，最后展望数字社会的发展前景。

10.1 数字社会概述

10.1.1 数字社会内涵

数字社会是继农业社会、工业社会之后一种更为高级的、特定的社会文化形态。数字社会借助数字化、网络化、大数据、人工智能等当代信息科技的快速发展和广泛应用得以孕育成型，是以不断满足人民群众日益增长的美好生活需要，逐步解决经济社会发展不平衡、不充分的问题为目标的一种新型社会文化形态。

从社会结构视角看，数字社会的节点包括个体和组织，个体和组织都实现高度数字化，个体与个体、组织与组织、个体与组织之间的连接关系实现网络化、智能化，高度的数字化、高速的网络化、高效的智能化等动力因素推动数字社会呈现前所未有的面貌和特征。

10.1.2 数字社会特征

数字社会依托互联网，在数字化、网络化和智能化的助推下，建构起各种活动平台和通行路径，是"网络社会"一种更为形象化的表达。因此，数字社会在运行和网络生活状态上，具体显现为跨域连接与全时共在、行动自主与深入互动、数据共享与资源整合、智能操控与高效协作四个方面的本质特征。

1. 跨域连接与全时共在

跨域连接的前提是实现普遍连接。普遍连接既包括人与人之间的数字化连接、智能设备与各类设备物与物之间的数字化连接，也包括依托数字化实现的人、物、智能设备相互之间的连接和贯通。跨域连接在普遍连接的基础上，依托数字化带来的虚拟化的独有便利，革命性地解决了跨越地域空间限制实现有效连接的问题，从而真正实现全球网络一体化的互联互通目标。在跨域连接而成的网络世界里，任何一个具体的人、物或智能设备等，都作为数字化网络上的"连接点"而存在。

在互联网尤其是移动互联网快速发展后，人、计算机、服务器、智能设备、信息数据资源库之间实现真正意义上的跨域连接。有了普遍连接、跨域连接这样的基础条件和技术支撑作为保障，虚拟形态的网络空间顺其自然地演变为一个行为活动空间和场域，人们随时随地可以通过计算机或其他智能终端设备登录网络空间，介入网络生活。这样的登录和介入，只要合法合规且具备基本的技术门槛条件，就不会受到其他限制性条件约束。因此，人们登录和介入网络空间以后，就可实现全

时共在。

2. 行动自主与深入互动

人类作为社会生活的行为主体，不仅拥有现实社会，还赢得可以无限延展的网络空间这一行为活动场所。人类从数字社会的网络空间中获得极大的行动自由及生活便利，其符码化的网络行为活动，很大程度上回归和彰显了行为主体的自主性。

数字化、网络化和智能化的便利，不仅造就了人类网络行为活动的虚拟形态呈现，而且让这些网络行为活动在网络空间里持续互动便捷地展开。人们可以聚集在网络空间里一个特定的"场所"，围绕特定的议题、公共话题或彼此共同感兴趣的事项，不受时间空间限制，展开深入持久的交流讨论和沟通互动。参与者的身份、年龄、职业、学历等各方面条件不受限制，且可以随时加入或退出讨论，但网络空间里的持续互动时时都在进行。

3. 数据共享与资源整合

数字社会的网络世界是由现实社会中一个个人、一台台计算机和移动终端设备以及一个个大型服务器和数据库连接贯通而成。网络空间中的信息数据不断生成、存储、流转和分享，带来了社会各领域数据的共享。这是数字社会独有的优势所在，这样的优势，前所未有。

数字社会通过网络空间实现了人、计算机、服务器、智能设备、信息数据资源库的连接和贯通，从而把社会各类资源要素都整合在这个特定的平台和场域里面，能够最大限度地对各类资源要素进行整合利用，使其发挥出最大的效用。数字社会通过网络空间进行资源整合，既可以实现跨越地域空间界限的资源整合，又可以方便快捷地完成不同地域空间中资源要素的对接和组合，提升资源整合的时效性和透彻性。

4. 智能操控与高效协作

机械化、自动化和智能化的实现，是科学技术进步带给人类社会生活的福利。从本质上讲，人工智能就是基于数字化发展的时代背景，将数据信息获取、数据运算处理和数据挖掘运用紧密结合，再依托特定的设备得以实现的"类人脑"运算处理和功能呈现过程。数字技术对社会的改变是空前深广的，从而成为当今社会结构变动的内驱力和助动力。通过运用数字技术等当代信息技术手段，人们使用脑力间接操作生产工具的智力劳动逐渐替代使用体力直接操作生产工具的劳动。利用一系列智能设备和自动控制设备，为人们提供更高效便捷的服务，是数字社会和网络生活发展到较高阶段的重要表现。

互联网络背后，其实隐含着的是社会与文化意义上的关联状态与关系网络。网络世界既实现物与物的连接，又实现人与人的连接，更实现人与物的连接。与网络空间里的资源整合相一致，人们依托于网络空间这一平台和场域，还能够在各个不同的工作与生活领域，达成彼此合作、协作共进的目的。

在数字社会和网络生活的条件下，不仅人们彼此之间相互联通的方式发生了改变，整个社会生活中的经济运行、生产管理、价值创造、贸易往来、服务提供、教育培训、文化创新、政治参与、社会交往、休闲娱乐等方方面面的生活内容及呈现方式和运作机制，也都发生了或正在发生着深刻的变化。这都是数字技术在社会生活各领域广泛应用带来的直接社会效应，即数字技术的应用使社会生活各领域的运作方式发生了根本变化，促使各领域的运行效率提高，进而推动生产力发展与社会进步。

10.2　数字社会发展态势

数字社会的发展，覆盖包括数字社会治理和数字民生服务领域在内的整个社会生活诸多领域。

它依托互联网、大数据、物联网、人工智能等当代信息技术的支撑，呈现各自独有的发展态势，在社会生活各领域培育出更多的新生业态，进一步改变整个社会生活运行的基本风貌。

10.2.1 社会领域信息化水平显著提升

互联网、大数据、物联网、人工智能等当代信息技术迅速发展，在数字社会广泛深入应用，并与数字社会各领域融合互动发展，使得数字社会信息化发展能力快速释放，数字社会信息化水平显著提升。

医疗机构应用互联网等信息技术拓展医疗服务空间和内容，构建了覆盖诊前、诊中、诊后的线上线下一体化医疗服务模式。借助远程医疗，身在偏远山区的百姓也能享受数字化带来的红利，"云看病""云就诊"等便民服务逐渐常态化；在2020年抗击新冠肺炎疫情的战役中，无接触看病、无接触就诊显出奇效。基于互联网＋教育的云教室、网校种类逐渐增多，使发达地区教育资源超越时间和空间限制向偏远山村辐射，让偏远山区的孩子们也能学到更加与时俱进的知识，提升偏远山村整体教学水平。基于"互联网＋"的精准扶贫综合管理服务平台，能根据平台现有数据，根据因病、因学、因灾等主要致贫原因将贫困户进行归类追踪，再分类、分优先级进行帮扶，切实帮助贫困户，从而使扶贫工作得到更好的引领和更有效的推动。

10.2.2 数字社会数据融合力度加大

随着互联网、物联网、云计算等新一代信息技术的广泛应用，人们可以对数据进行更为科学准确的分析统计和合理运用，数据融合在社会治理中起着主导作用。在社会治理的过程中，信息化的建设将社会管理相关的信息数据库、社会治安网、社会服务管理网融合在一起，使网络指挥中心和综合治理信访维稳中心间实现互联、互通，以数据共享、协同治理的方式提升社会治理水平。

近年来，我国逐步加大数字社会建设力度，以国家人口基础信息库、法人单位信息资源库、自然资源和空间地理基础信息库等为代表的国家基础数据资源共享，并与社会治安网、社会服务管理网等信息平台的深度融合，稳步提升社会治理水平和民生服务效率，同时为社会治理、打击犯罪、维护社会治安提供更大保障，也为人民群众查询和办理业务提供更多便捷通道。

10.2.3 数字社会数据资源开放力度加大

1. 成熟的技术使数据资源开放具备条件

信息技术的广泛深入应用，引发数据量的爆发式增长，我国在信息产业发展、信息化推进的过程中，积累了大量的数据资源，为数据资源开放提供了源泉。

随着大数据挖掘与分析、人工智能算法、混合式数据云存储、异构数据交换、数据安全体系等相关技术的发展，数据资源有效利用、数据资产确权、数据管理、数据开放共享、数据隐私保护等相关应用技术的成熟，跨领域数据资源开放在技术上完全具备条件。

2. 相关政策使数据资源开放得到有力推动和有效保障

随着大数据产业发展上升为国家战略，大数据对数字社会的价值和影响得到广泛认可，各地纷纷抢抓大数据产业发展机遇，为数据资源开放提供了良好条件。

良好的政策环境为数据资源开放创造难得的政策机遇。党的十八届三中、四中、五中全会提出，要利用大数据推动政府治理能力的提升，加快公共数据开放共享步伐，推动大数据在科学决策、政府管理和民生服务等领域的应用，助推简政放权和万众创新。同时，相关政策涵盖信息数据标准规范、工作信息化支撑基础、优化信息开发应用、建立长效评估考核机制和保障措施等内容，对政府和社会信息资源等数据开放共享进行有效保障。

3. 数据资源开放在社会治理中的充分应用

数据资源作为基础性资源，反映了社会生活多维度的信息，日渐成为社会治理模式创新的突破口。在社会治理和民生服务中充分运用民生数据资源，构建政务和民生服务数据共享平台，对于加快转变政府职能，提升社会治理能力和治理体系现代化水平具有重要意义。

10.2.4　技术创新提升社会环境及服务质量

1. 信息技术创新加速国家治理能力和治理体系现代化

信息技术不断发展创新，通过与行业应用深度融合，为行业提供高品质社会服务，营造优良社会环境。信息技术构建起数字化的社会治理模式，促进社会治理模式创新，加速国家治理能力和治理体系现代化。

信息技术创新推动民生服务数字技术深度应用，促进民生服务模式创新，促进民生服务资源优化配置，提升民生保障便民、利民和惠民水平。

例如，智慧城市把新一代信息技术充分运用在城市各行各业，实现信息化、工业化与城镇化深度融合，有助于缓解"大城市病"，提高城镇化质量，实现精细化和动态管理，提升城市管理成效，改善市民生活质量。

2. 信息技术创新加快传统产业和政府监管体系改革

信息技术创新发展带来的新产业、新业态、新模式，使得传统监管制度与产业政策遗留的老问题更加突出，新问题加快显现，新老问题叠加，从而促进政府部门加快改革与实践发展要求不相适应的市场监管制度和产业政策。另一方面，信息技术创新也在倒逼监管体系的创新与完善，为运用大数据、云计算等信息技术提升政府监管水平与服务能力创造条件。

（1）提升政府社会管理能力，让社会运行更加和谐有序。

（2）提升政府宏观调控能力，让宏观调控更加精准、科学。

（3）提升政府市场监管能力，强化线上线下一体化监管，实现事中监管和事前预防有机结合。

（4）提升政府网络空间治理能力，使网络社会治理更加高效、科学。

信息技术的创新正在深刻影响和改变社会发展，对产业发展、社会治理、民生服务的影响才刚刚开始，应用前景非常宽广。

10.2.5　数字技术缩小城乡区域差距

城乡信息差距是农村社会发展滞后的重要因素。信息技术水平的不断提高，有助于广大农村、边远地区的民众与现代信息社会无缝对接，让农村与城市同步发展。

1. 医共体信息化系统缩小了城乡医疗条件的差距

构筑城乡区域医共体协同平台，实现村卫生室/卫生院与县/市级医院的基本医疗和公共卫生服务数据的上下互联互通，通过信息化手段建立医疗机构间分级诊疗体系，提升基层医疗机构的临床服务能力，提高居民对基层医疗机构的信任度与满意度，逐步实现基层首诊、双向转诊、急慢分治、上下联动的分级诊疗模式，缩小城乡医疗条件的差距。

2. 数字化综合服务平台提高农村信息化水平

利用信息技术搭建农村地区数字化综合服务平台，将涉农政策、农业信息及时有效地传达给农民，并为农民提供各类在线咨询服务，解决农村地区出现的信息接收不均等、信息资源不足、信息缺位等问题，提高农村信息化服务水平，缩小城乡信息化差距。

3. "互联网＋教育"平台缩小城乡教育水平的差距

信息技术在教育领域发挥了巨大作用,教育信息化建设构建了一体化的"互联网＋教育"大平台,通过整合各级、各类教育资源公共服务平台和支撑系统,使城乡教育资源实现共享,推动从教育资源专用向共用转变,促进农村、边远等落后地区教育资源投入的增加,促进教育人才向落后地区的流动,缩小了城乡教育水平的差距。

10.3　数字社会的任务

数字社会涵盖面非常广泛,本节主要从数字社会治理和民生服务两个角度对任务进行阐述。

10.3.1　数字社会治理的任务

社会治理是指政府、社会组织、企事业单位、社区以及个人等多种主体通过平等的合作、对话、协商、沟通等方式,依法对社会事务、社会组织和社会生活进行引导和规范,最终实现公共利益最大化的过程。数字社会治理以信息化为支撑,加强和创新社会治理手段及治理模式,推进社会治理精细化、精准化,提高社会治理现代化水平。

数字社会治理包括多个领域,范围很广,本节从数字公共安全、数字信用、数字应急管理和数字生态保护四个重点领域阐述社会治理的任务。

1. 提升社会安全保障能力

数字公共安全是利用数字化技术手段提供充分防御各种危及人民群众生命和财产安全的灾害、事故或事件的发生,以维持社会稳定的保障体系。数字公共安全包含社会治安、信息安全、食品安全、公共卫生安全、公众出行安全、避难者行为安全、人员疏散的场地安全、建筑安全、城市生命线安全等。

数字公共安全的主要任务包括完善公共区域前端感知网络,搭建公共安全视频图像共享云平台,推进大数据智能化应用,加强基础设施建设,完善安全保障及运维体系等方面。

1）完善公共区域前端感知网络

按照"圈、块、格、线、点"布局模式,构建城乡立体化多层次防控网络。按照"整体规划、分步实施"的原则,通过部署监控点和监控网络、管理平台及机制的建设,建立和完善城乡监控报警联网系统,实现对重点单位、重要目标、交通要道、车站、医院、学校、治安复杂场所等防范重点区域的全覆盖、无盲点监控。

2）搭建公共安全视频图像共享云平台

搭建公共视频监控资源共享云数据中心,对所有资源进行管理、整合,并按照权限将资源共享给综合治理分平台和公安分平台,形成"一总两分"的架构。集中建设、整合联网、全网共享,推动实现政府各部门、各单位图像信息资源共享,实现跨层级、跨区域、跨部门视频图像信息的互联互通。

3）建设视频智能分析应用平台和视频图像信息中心库

支持视频智能应用与预警管控场景,可以对综合治理、公安领域的视频图像数据进行分析,建立车牌、车型、人群、事件、场景等结构化数据中心,以及车辆、行人等多样化的特征数据中心,为公安、交通分析、决策、车辆轨迹查询等业务提供强有力的支撑。进一步深化数据挖掘、人像比对、车牌识别、智能预警、地理信息、无线射频、北斗导航等技术在公共安全视频监控系统中的集成应用,提升智能化分析应用水平。

4）加强基础设施建设,完善安全保障及运维体系

加强视频监控系统联网基础设施建设,建成可靠、安全、高效的网络传输通道。建立健全信息

安全保障体系，实现物理安全、通信网络安全、区域边界安全、主机和应用安全等，以满足信息系统全方位的安全保护需求。全网运维保障系统应以运维流程和服务考核为导向，实现对视频业务系统及其基础支撑运行环境的可视、可控、可管理，达到设备故障主动监测、运行状态可视监控、日常维护规范管理、运维服务量化考核的目标，提升视频系统的整体运行维护管理水平。

2. 创建和谐健康信用环境

数字信用是由个人、企业在网络和新媒体端的在线消费，上传发布图、文、视频内容，点赞、转发、跟帖和评论等一切行为和留下的痕迹，并叠加姓名、性别、年龄等基本属性构成的身份标签。数字信用是数字化生存发展到一定阶段，个人和企业的另一个身份标签，是比身份证、信用卡有更多消费权限的凭证。

数字信用的主要任务有信用信息归集共享、开展信用大数据应用、社会信用环境建设等。

1）加快信用信息归集共享

（1）加快完善公共信用信息平台。

（2）健全公共信用信息目录体系。

（3）完善信用信息归集机制。

（4）扩大信用信息归集范围。

（5）推动社会征信机构依法采集市场主体信用记录。

（6）大力推进政府各部门、公共企事业单位的信用信息归集共享。

（7）依法加快推动各部门业务系统、设立区市信用信息平台、征信系统的信用信息与公共信用信息平台的信用信息共享。

（8）建立政府和具备资质的第三方信用机构的信用信息共享合作机制，扩大信用信息覆盖面。

2）深入开展信用大数据应用

（1）依托居民身份证和企业社会信用统一代码，依法构建以信用数据为基础的信用评分评级体系，形成统一的个人和企业"信用分"，在政务服务、公共交通、教育缴费、看病就医、图书借阅、公园景区等领域开展"信用分"应用，提供优惠折扣、优先办理、先享后付等多形式的信用惠民服务，打造信用审批、信用就医、信用交通等试点示范。

（2）加强政务诚信大数据应用，将行政机关和工作人员的违法违规、失信违约被司法判决、行政处罚、纪律处分、问责处理等信息纳入政务失信记录并归集至公共信用信息平台。

（3）加强电子商务领域信用大数据应用，落实实名登记和认证制度，完善网络交易信用评价体系，加大信用信息公示力度。

3）加强社会信用环境建设

（1）建立完善守信联合激励和失信联合惩戒机制，全面推行"红黑名单"制度，研究制定诚信主体政务服务"绿色通道"制度，对诚信主体在办理行政权力事项过程中实行"容缺受理"机制，优先提供公共服务便利。

（2）加强诚信舆论宣传和社会监督，强化对守信者的激励作用和对失信者约束作用，营造"守信者处处受益、失信者处处受限"的社会信用环境。

3. 加强社会应急保障能力

数字应急管理是基于数字创新的应急管理活动，是将数字化技术和理念应用于应急管理各个环节和各项活动的过程，是应急管理组织与行动的数字化革新。数字应急管理主要任务是建立、完善联动互通的应急体系，实现应急标准规范统一完整、应急业务应用实用管用、应急信息资源互通共享、应急信息化装备科学完备的目标。

1）加强应急大数据分析及应用

（1）建立应急资源数据管理机制，充分利用各类社会化数据，加强救援装备、物资、专家和队伍等应急基础数据的日常动态管理。

（2）建立生产安全事故应急救援指挥决策模型，加强大数据关联分析及结果运用，为风险监测预警、应急指挥决策、事故调查处理等提供数据支撑。

2）建设应急管理大数据应用平台

（1）构建一体化全覆盖的应急管理大数据应用平台，依托国家数据共享交换平台体系，充分利用大数据、云计算、物联网等技术，实现重大风险和隐患在线监测、超前预警预报和灾害事故高效处置。

（2）各地区、各有关部门、各行业企业要在加强自身信息化建设、健全完善相关系统的基础上，将本地区、本部门掌握的安全生产、自然灾害防治领域的风险和隐患信息以及灾害事故信息逐步接入。

4. 提高生态环境感知能力

数字生态保护是综合运用遥感、GIS、北斗卫星导航系统、虚拟现实（VR）、网络和超媒体等现代高新技术，构建城乡生态系统的基础信息平台，并运用决策支持系统（DSS），建立适合于生态建设的专业应用模型库和规则库及其相应的应用决策系统，为生态城市建设的发展模式、管理、规划、设计、公众参与和服务等提供辅助决策依据和手段。

提高生态环境感知能力必须全面设点，完善生态环境监测网络。

1）全面设点，完善生态环境监测网络

（1）建立统一的环境质量监测网络。环境保护部会同有关部门统一规划、整合优化环境质量监测点位，建设涵盖大气、水、土壤、噪声、辐射等要素，布局合理、功能完善的环境质量监测网络，按照统一的标准规范开展监测和评价，客观、准确反映环境质量状况。

（2）健全重点污染源监测制度。各级环境保护部门确定的重点排污单位必须落实污染物排放自行监测及信息公开的法定责任，严格执行排放标准和相关法律法规的监测要求。国家重点监控排污单位要建设稳定运行的污染物排放在线监测系统。各级环境保护部门要依法开展监督性监测，组织开展面源、移动源等监测与统计工作。

（3）加强生态监测系统建设。建立天地一体化的生态遥感监测系统，研制、发射系列化的大气环境监测卫星和环境卫星后续星并组网运行；加强无人机遥感监测和地面生态监测，实现对重要生态功能区、自然保护区等大范围、全天候监测。

2）全国联网，实现生态环境监测信息集成共享

（1）建立生态环境监测数据集成共享机制。各级环境保护部门以及国土资源、住房城乡建设、交通运输、水利、农业、卫生、林业、气象、海洋等部门和单位获取的环境质量、污染源、生态状况监测数据要实现有效集成、互联共享。国家和地方建立重点污染源监测数据共享与发布机制，重点排污单位要按照环境保护部门要求将自行监测结果及时上传。

（2）构建生态环境监测大数据平台。加快生态环境监测信息传输网络与大数据平台建设，加强生态环境监测数据资源开发与应用，开展大数据关联分析，为生态环境保护决策、管理和执法提供数据支持。

（3）统一发布生态环境监测信息。依法建立统一的生态环境监测信息发布机制，规范发布内容、流程、权限、渠道等，及时准确发布全国环境质量、重点污染源及生态状况监测信息，提高国家环境信息发布的权威性和公信力，保障公众知情权。

10.3.2　数字民生服务的任务

民生服务是为满足人民群众多层次、多样化需求,依靠多元化主体提供服务的活动,事关广大人民群众最关心、最直接、最现实的利益问题。民生服务涵盖面非常广,涉及社会生活的各个领域。

数字民生服务的主要任务包括医疗健康、教育、住房保障、社会保障、养老、文化、精准扶贫等多个社会重点关注领域,包括提供更加优质便捷的民生服务、加快缩小城乡数字鸿沟、提高群众信息素养和加速释放数字惠民红利四个方面。

1. 提供更加优质便捷的民生服务

民生服务加速向数字化、网络化、智能化转型,大力推进"互联网＋医疗健康""互联网＋教育""互联网＋住房保障""互联网＋社会保障""互联网＋养老服务"以及数字文化建设,民生服务均等化、普惠化、便捷化水平显著提升。

1）医疗健康大数据应用

依托互联网,未来数字社会大力发展"互联网＋医疗健康",提高医疗健康领域信息化水平,显著改善国民就医环境。

（1）基于大数据应用,建设医疗健康大数据平台,统一完善数据应用标准规范,建立健全全员人口、电子健康档案、电子病历、临床医疗等数据库,打造覆盖公共卫生、医疗服务、医疗保障、药品供应、计划生育和综合管理的全民大数据应用体系。

（2）大力推广预约诊疗、分级诊疗、双向转诊、远程医疗、移动支付、药品物流配送、检查检验报告推送、家庭医生等便民服务,推动远程医疗服务向县级医院、社区卫生服务中心、乡镇卫生院覆盖,引导医疗卫生优质资源向基层下沉,推动个人电子健康档案实时查询、门诊就医"一卡通",扩大医保异地即时结算覆盖范围。

（3）鼓励支持有条件的实体医院发展互联网医院新业态。

2）教育大数据应用

依托互联网,基于大数据应用,未来数字社会大力发展"互联网＋教育",提高教育领域信息化水平,改善教学环境,提升整体教学水平。

（1）推动实现信息化教与学应用覆盖全体教师和适龄学生,数字校园建设覆盖各级各类学校。

（2）加快发展在线教育,建设教育大数据平台,丰富在线开放课程,推动优质数字教育资源普惠共享,加快向革命老区、民族地区、边远地区覆盖,构建"人人皆学、处处能学、时时可学"的教育大数据服务体系。

（3）加强学校、学生、教师、家长"四位一体"的大数据采集分析应用,推动差异化教学、个性化学习、精细化管理、智能化服务。

3）住房保障大数据应用

依托互联网,基于大数据应用,未来数字社会大力发展"互联网＋住房保障",逐步改善居民住房条件,提升居民居住质量。

（1）建设住房保障大数据平台,归集整合城乡规划、房地产市场、住房公积金、金融机构、个人信用等数据资源,加强经济适用房、廉租房、公共租赁房、定向安置房、移交产权房等政府保障性住房的大数据应用,推动实现保障性住房申请审核办理全过程的精准识别、管理和服务。

（2）在商业房地产市场推行"大数据＋监管"模式,加强房地产项目建设、商品房销售、物业管理等领域的市场化监管,提供房地产市场信息和房地产企业信用信息综合查询服务。

4）社会保障大数据应用

依托互联网,基于大数据应用,未来数字社会大力发展"互联网＋社会保障",提高社会保障领域信息化水平，提升社会保障能力。

（1）建设统一的社保公共服务平台，推动跨地区、跨部门、跨层级社会保障公共服务事项的统一经办、业务协同、数据共享，实现社会保障经办事项"最多跑一次"全覆盖。

（2）扩大社会保障卡发放范围，推动社会保障卡跨地区、跨部门、跨业务的"一卡通"应用，实现在就业登记、居民健康、医保结算、养老金发放、民政救助、财政补贴、人才服务等领域的普遍应用。

（3）运用大数据创新社保基金监管，实现社保基金欺诈违法行为智能监控预警。

（4）积极开展就业领域大数据应用，推动人才供需高效对接，提供精准就业服务。

（5）支持培育发展大数据众创空间，加强面向大数据创客的公共研发平台建设。

5）养老服务大数据应用

依托互联网，基于大数据应用，未来数字社会大力发展"互联网＋养老服务"，提升养老领域的服务能力和管理水平，增强老人的获得感、幸福感和安全感。

（1）推动养老服务机构智能化升级改造，完善智慧养老服务网络。

（2）建立养老健康大数据平台，推进养老服务信息与人口健康档案、社会保障、医疗保险等数据资源共享。

（3）建立养老机构服务质量全周期管理体系，运用大数据技术对养老服务机构开展远程监管和服务质量评价。

（4）开发智慧养老终端应用，推广智能终端设备，实现养老人员健康状况实时监测。

（5）创新社区居家养老服务模式，推进智慧养老社区建设，提供高效、便捷的社区居家养老服务。

6）数字文化建设

（1）推动公共数字文化云服务。依托国家公共数字文化工程服务平台，推进数字图书馆、数字文化馆、数字美术馆、数字博物馆等建设，推动各级公共文化设施互联互通和资源共享，形成全覆盖的公共数字文化服务网络。建设综合性公共数字文化云服务平台，鼓励公共文化机构运用人机交互、3D打印等技术建立互动体验空间，引导社会商业运营平台、网络传播媒体广泛参与公共文化服务平台建设，增强公共文化服务能力，打造基于新媒体的一体化公共数字文化服务新业态。

（2）丰富公共数字文化内容。统筹规划公共数字文化资源建设，加快整合报纸、期刊、图书、音像制品、电子出版物等各种资源，完善公共数字文化数据资源库，加强各种特色的公共数字文化资源建设。推动民族特色公共数字文化建设，鼓励各地建设民族风俗、民族艺术、民族手工艺、民族旅游等项目，丰富民族特色资源内容。

（3）创新公共数字文化服务方式。鼓励各类公共文化机构采用互联网、新媒体等手段，利用公共场所的智能触摸屏、电子大屏幕等设备终端，广泛传播数字文化资源，实现公共数字文化服务全媒体多终端覆盖。推进残障人士数字图书馆、音频馆建设，建立面向特殊群体的阅读视听服务体系。开展公共数字文化大数据分析应用，精准对接群众文化需求，大力发展视听新媒体，推动文化信息内容、信息服务和信息终端进农村、进机关、进企业、进校园、进社区，丰富群众精神文化生活。

7）加快数字民生服务市场化发展

积极推进以市场化方式运用大数据促进保障和改善民生服务。

（1）推广已建成且运行稳定的信息惠民服务平台、APP等经验做法，激发市场创新活力，鼓励多元市场主体深度挖掘民生数据资源价值，共同参与共享经济类民生服务平台建设。

（2）在医疗、教育、文化、交通、就业、住房、养老、婚姻、殡葬、户籍等领域，积极引入互联网公司、电信运营商等第三方机构，提供智慧型增值类业务。

2. 加快缩小城乡数字鸿沟

在数字社会中，除了宽覆盖、高速率、安全可靠的信息基础设施，以及大数据、物联网、人工智能、移动互联网、云计算、区块链等先进技术之外，还需关注城市与乡村、技术与业务等领域的融合发展，提升乡村居民的生活品质。

1）强化乡村电信普遍服务

（1）持续推进"宽带中国"战略，加快实现行政村光纤全覆盖，积极推进光纤网络向自然村、贫困地区、边远地区延伸，不断提高光纤网络覆盖率，不断提高广电网络基层用户覆盖率。

（2）乡村宽带接入能力逐步向 50Mbps、100Mbps、200Mbps，甚至 1Gbps 方向发展。宽带应用深度融入生产生活，移动互联网全面普及。

（3）全面落实宽带网络提速降费政策，鼓励通信运营商建立针对农村用户的宽带接入资费优惠机制，提高农村地区宽带用户的普及率和网络服务质量，形成随时随地可以上网的电信普遍服务体系。

2）推动数字化精准扶贫

（1）完善脱贫攻坚大数据平台建设应用，深化大数据应用，提升精准识别、精准施策、精准管理的扶贫工作效能，实现扶贫对象精准识别、资金项目精准安排、帮扶措施精准到位。

（2）实施电子商务进万村工程，推动脱贫攻坚大数据平台与电子商务新业态融合发展，强化社会资源供给和需求有效衔接，重点推进农村特色产品、农村特色旅游等电子商务扶贫，发展订单农业、数字田园及国家储备林扶贫项目等新模式，打造"农产品上行为主、工业品下行为辅"的电子商务扶贫路径。

（3）实施网络扶智工程，完善网络扶贫信息服务体系，丰富网上涉农信息、文化资源、教育资源等服务内容，不断缩小数字鸿沟，提高贫困地区信息服务能力。

3）加快普及乡村信息化应用

（1）依托网上政务服务平台，深化完善面向农村的数字便民服务功能应用，加快乡村网上服务站点建设，大力推广远程服务模式，推进远程医疗、远程教育、社会保障、养老服务、法律服务等公共服务入乡进村，实现农民办事不出村。

（2）全面推进国家信息进村入户工程，加快乡村益农信息社建设，加快整合现有各类农业信息服务系统，推动涉农服务事项"一窗口办理、一站式服务"。

（3）运用大数据助力乡村生态环境治理，加强农村饮用水水源地、生产生活污染源等环境要素的实时监测与关联分析，提高农村生态环境监管和应急处置能力，持续改善农村人居环境，提升乡村居民生活品质。

3. 提高群众信息素养

人民对美好生活的向往，就是数字社会建设的优先行动方向之一。各地各部门聚焦补齐短板和布局前沿，推动实施新一代信息网络技术超前部署行动，广泛开展信息技术应用培训，加快普及提升信息素质基础教育，全面提高全民信息素质。在移动支付、电子商务、共享经济等新模式与社会生活广泛渗透融合，家庭生活数字化程度显著提高的数字社会中，提高全民信息消费能力，显著提升居民生活品质。

1）广泛开展信息技术应用培训

（1）依托各类网络学习平台，开发一批适用性强、高质量的信息技术培训网络课程，加强居民的信息技术应用培训，面向农民工、社会群体免费开放优质网络学习资源。

（2）鼓励高等院校、企业、行业协会、培训机构等社会力量建设信息技术应用技能培训基地，积极开展信息化应用技能培训，组织开展信息技术基层行活动，推动信息技术下乡村、入企业、进机关，提升全民信息技术应用能力。

2）提高全民信息消费能力

（1）持续优化信息消费环境，加强网络购物等领域消费权益保护工作，严厉打击电信网络诈骗、制售假冒伪劣商品等违法违规行为，建立健全企业"黑名单"制度，切实降低信息消费风险，营造公平诚信的信息消费环境。

（2）支持企业推广面向低收入人群的智能手机、数字电视等信息终端设备，扩大信息消费终端设备的覆盖范围。

（3）加强宣传普及信息消费知识，组织开展信息消费体验周、优秀案例展示等各种体验活动，增强信息消费体验，培养消费者信息消费习惯，引导信息消费需求，培育壮大信息消费市场主体。

4. 加速释放数字惠民红利

进一步拓展民生服务便捷化、智能化、个性化、时尚化消费空间，以技术创新推动产品创新、应用创新，有效培育新业态、激发新动能，加速释放数字惠民红利，更好地满足人民群众对高品质民生服务的需求。

（1）推进大数据、云计算、人工智能、物联网等新一代信息技术在社会服务领域的融合应用，支持引导新型穿戴设备、智能终端、服务机器人、在线服务平台、虚拟现实、增强现实、混合现实等产品和服务研发，丰富线上线下相融合的消费体验。

（2）鼓励开展同步课堂、远程手术指导、沉浸式运动、数字艺术、演艺直播、赛事直播、高清视频通信社交等智能化交互式创新应用示范，引领带动数字创意、智慧医疗、智慧旅游、智慧文化、智能体育、智慧养老等新产业新业态发展。

10.4 数字社会的发展展望

技术进步推动数字社会持续发展。互联网、云计算、大数据、人工智能及物联网等新一代信息技术的融合应用使得数字社会面貌更新换代。本节从数字社会基础能力及行业应用场景两个方面对数字社会的发展进行展望。

10.4.1 数字社会基础能力

随着互联网、云计算、大数据、人工智能及物联网等新一代信息技术的持续发展及在社会领域的广泛应用，未来数字社会具有全面透彻的感知能力、高速泛在的互联网络、智能融合的行业应用能力。

1. 全面透彻的感知能力

数字社会通过传感技术，实现对社会生活各方面的监测和全面感知。数字社会利用各类感知设备和智能化系统，智能识别、立体感知社会环境、状态、位置等信息的全方位变化，对感知数据进行融合、共享、分析和处理，并能与业务流程智能化集成，继而主动做出响应，促进数字社会各个关键系统和谐高效运行。

2. 高速泛在的互联网络

有线、无线网络技术的发展，为数字社会中物与物、人与物、人与人的全面互联、互通、互动，以及数字社会各类随时、随地、随需、随意应用提供了基础条件。高速泛在网络作为数字社会的"神经网络"，极大地增强了数字社会作为自适应系统的智能服务能力。

3. 智能融合的行业应用

数字社会各领域基于云计算、大数据技术的应用，实现对海量数据的存储、计算与分析，并引入综合集成法，通过人的"智慧"参与，提升决策支持和应急指挥的能力。信息技术的融合与发展还将进一步推动"云"与"端"的结合，推动数字社会实现智能融合，以及随时、随地、随需、随意的应用。

10.4.2　数字社会应用场景

基于数字社会日益完善的技术手段和基础能力，数字社会各领域的应用场景丰富多彩，基本覆盖了社会治理和民生服务的方方面面。本节通过介绍数字安防、数字应急、数字环保、数字医疗和数字交通五个贴近生活、直观的用户体验场景，展望数字社会发展的广阔前景。

1. 数字安防

随着人工智能、VR/AR、高清识别等技术的快速发展，部署在城市和乡村的大量安防监控设备快速实现高清化和智能化，因此，海量安防监控设备的联网接入产生庞大的数据。5G 技术的大带宽特点可以满足超高清视频传输的需求，其低时延的特点有利于对无人机或机器人等移动巡检设备的远程操控以及应急事故的布控、指挥和处理。5G 技术的海量连接特点可以支撑诸如危险物品监控、重要物资监控等覆盖整个社会的立体安防监控系统。

1）安防巡检机器人

在机器人上安装云台摄像机、360°环视全景摄像机（6～7 路摄像头）以及热成像设备，通过 5G 网络，机器人在巡逻过程中实时将多路高清视频与图像传回后方监控平台，并利用算法对人脸与行为进行人工智能识别。

此外，配合装配的激光雷达、GPS 以及各类传感器，机器人对于周边的障碍物、人流等进行自动规避，完成自主导航巡检。在巡逻过程中，机器人可以实时与后方监控室或就近岗亭的警察进行移动语音对讲联动，辅助警方到现场处理突发事故或案件。

公安部门人员基于机器人上传的高清视频和图像对周边环境做出判断，通过 5G 网络将操作决策下发至机器人，并对其进行实时操控。

未来部署完善的 5G 网络，结合成熟的安防巡检机器人技术，将有效提升社会公共安全保障能力，并大大降低传统人力巡检成本。

2）增强现实（AR）移动警务

依托广覆盖的 5G 网络，AR 移动警务通过全新的 AR 与人工智能技术相结合的移动单警装备，例如移动警务终端、执法记录仪、移动车载以及警用穿戴设备等，与后台公安内部移动警务信息管理平台联动，为警务执法、打击犯罪、维护人民的生命财产安全提供强大的技术支撑。

新型的 AR 智能警务头盔和眼镜代替传统的单兵执法设备，以执法人员的第一视角，在真实空间中看到实时叠加的 3D 或全景的现场信息，并将采集到的高清视频及画面通过 5G 网络实时上传至中心云平台或边缘云服务器。

AI 识别分析系统对上传的视频流和图片进行快速解析，提取出人脸与车辆等信息，并实时与行业用户业务系统中的各种数据库进行比对核查，识别出诸如危险可疑人物、违法违章车辆等目标。

3）无人机安防

依托 5G 网络，无人机的飞行范围更大，并且其信号较难被黑客干扰截获，可以实现一个控制中心控制多台无人机，从而降低操作人员数量及设备成本。

借助 5G 网络的大带宽，无人机可以传输 4K 以上超高清视频，进而实现后续的人工智能识别等操作。无人机将现场获取的图像和数据信息实时回传至后方指挥中心平台，第一时间向指挥人员提供现场情况信息，也可以与地面指挥车相结合，实时将视频、图像等信息传送到指挥车大屏，并通过现场指挥车进行移动指挥。

2. 数字应急

在帮助政府重大应急事件响应和处置方面，5G 及其与物联网、大数据技术相结合催生的泛在网络设施，能够将重大公共应急事件下的物理城市，通过数字孪生技术转化为细致、全面的大数据，包括动态数据和静态数据，政务数据和社会数据，历史数据和推演数据。以数据为驱动，为政府应急指挥中预测预警、智能研判、应急联动和辅助决策注入更多智慧。

1）城市应急管理

城市应急需要快速管控突发灾难事件，要把各类应急数据快速汇总到城市应急指挥中心，进行分析研判，制定进一步处置策略。以 5G 为基础的城市高速泛在网络，能够快速对城市全面感知，实现灾情态势监测、事件预警；通过数据共享，提升跨区域、跨部门、跨领域的协同处置能力，以及突发事件的响应速度和处置效率，推动城市应急管理从被动式、应急式向主动式、预警式城市管理模式转变。

2）社区治理管控

灾情期间，依靠传统社区工作人员巡查，人工监管费时费力，且很难及时掌握辖区防灾情况。结合 5G 网络技术，通过灵活部署无线高清视频监控、安防巡检机器人，有效实现灾情防控能力下沉到社区，协助社区工作人员做好隔离人员防灾管理。大大减轻社区工作人员工作量，有效提升灾情防控工作效率。

3. 数字环保

5G 网络广覆盖并成熟运用后，环保监管模式进入新时代。5G 网络海量连接的特性使全市的环境数据资料汇集到环保部门的数据库，让环保部门进行统一全面的管理；大带宽支持高清影像信息的传输，提高信息的辨别性，使采集到的环境图像信息更加准确有效；低时延保证及时输送信息，方便相关部门及时做出决策。

高清即时的信息传输、无人机和无人船等智能设备的高机动性，使智能设备能够代替人工进行实地作业。依托于无人机和无人船，管理者足不出户便可完成水域的空中、水面和水下三方监测。实际监测时，无人机可根据实际需求，搭载不同的摄像头得到所需要的影像资料。无人船的高清摄像头和水质检测仪可在水面巡航过程中采集分析水质信息并同步回传至检测平台。在水面之下，无人机可配合声呐得到水下地形地貌的信息，也可对水下的可疑问题进行定点排查，由此实现三个维度的立体化管理。

5G 网络的低时延和大带宽特性使高清图像能够实时回传，大大提高管理者对无人机和无人船的精准控制，不仅增强了水域管理的智能性，也节省了大量人力物力，使管理者对于水域的检测更加全面、即时、准确。

4. 数字医疗

5G 网络大带宽、高清低时延特性，能够支持 4K 甚至 8K 的医学影像数据的高速传输与共享，提升诊断准确性，使远程高清会诊成为可能。

1）远程诊疗

依托 5G 网络，远程超声诊断的摄像头将患者的影像传输到医生端，使患者端影像清晰实时地展现在医生面前，医生远程灵活地控制机械臂，通过机械臂操纵检测设备对患者进行检查，低时延的特性使机械臂反应迅速，医生使用机械臂如同使用自己的双手。超声影像的数据信息清晰、流畅地展现在医生面前，帮助医生完成诊断。未来随着 5G 的发展，远程会诊将会变得更加普及，会诊科室种类将更加丰富。

在远程手术中，5G 满足手术对于网络低时延和大带宽的苛刻要求。医生坐在机器面前，接收患者端实时传送的高清视频画面，再远程操纵机械手臂，利用机械手臂远程控制手术刀等手术器具。手术中内脏的纹理和跳动的规律均可清晰、真实地呈现在远方的医生端。远程手术避免了患者的奔波，免去患者去外地就医时额外的花费，更为患者赢得宝贵的时间和生存的机会。

2）户外急救

在 5G 时代，可形成医疗点、救护车、就近医院、远端专家的多方联动，突破空间的界限，争分夺秒抢救患者的生命。一旦有突发病情，医疗站点先进行现场救治，站点医护人员将患者影像信息传输给就近医院并让就近医院即刻调度 120 救护车接送患者去医院进行救治。在 5G 的支持下，呼吸器监护仪的数据传输延迟得以优化减小，同时还能连接更多的设备，如远程超声等，使患者在救护车上能够得到更加全面的检查。

由此，救护车可向医院传输更多的高清影像信息，使医生在医院中便可全面了解患者病情，做好相应的接诊准备，并可利用救护车上实时传来的影像信息指导医护人员进行抢救。患者在到达医院后能直接进入下一步的抢救阶段。如果有需要，还可连接远端专家，让远端专家进行会诊和手术指导。这样不仅可以大大节省抢救时间，也可实施更为合适的抢救方案，提高医疗救治水平。

3）疫情防控

5G 网络的带宽可以满足海量高清影像数据和动态轨迹数据（包括 4K 热影像记录、动态出行轨迹、密切接触记录等）的实时传输，将视频及相应数据准确快速实时传送到指挥部大屏或云平台进行数据记录和监测，有效地提升人员密集场所如机场、火车站等地体温测量效率，并且避免工作人员和被测人员直接接触，降低交叉感染的风险。

高清远程诊断设备及各类医疗移动检测设施可以实现确诊患者在转运环节的及时诊疗。5G 的高带宽、低时延和移动性能可以确保各环节通信信号的稳定和诊断数据的即时传输。搭载 4K 高清视频监控设备的转运车可将高清影音视频、患者体征数据实时回传至指挥部，必要时，指挥部还可启动与转运车及医院专家的三方 5G 远程视频会诊，实现院前急救与院内救治的无缝衔接。

利用 5G 技术和智能机器人的结合，可以在导诊、消毒、清洁和送药等工作中为医护工作者减轻工作压力，降低安全隐患，同时也有助于将有限的医护资源从繁重的日常消毒清洁工作中释放出来，投身于其他需要人工干预的复杂看护工作中去。

5. 数字交通

随着数字技术的不断升级，智能交通的落地场景将逐渐从封闭或特定路段的远程控车和编队行驶向开放路段自动驾驶以及智能城市整体交通管控发展。

1）远程控车

远程控车是未来数字社会发展的典型智能交通应用场景之一。通过 5G 网络将操控室与被控车辆远程连接后，驾驶员可以从远端的操控室远程操控车辆完成加减速、转弯、并线等一系列操作。利用远程控车技术，在矿区及灾害现场等危险环境，驾驶员无需亲临现场，只要在操控室操作无人车辆即可将车辆驶入目标地点，完成任务，避免人员伤亡事故发生。

2）编队行驶

基于车联网和初级自动驾驶技术，编队行驶功能可以使两辆及以上的车辆依次排列，以预设车距尾随领头车辆自动行驶。头车可为人工驾驶或人工辅助无人驾驶，跟随车辆则为无人驾驶，主要应用于物流车队在高速公路等相对封闭的路段上的行驶。编队行驶可以释放更多车道给其他车辆通行，优化整体道路使用情况，缓解交通压力。同时，在编队行驶的状态下，由于车距十分接近，车辆之间形成"气流真空区",能够有效降低空气阻力,减少燃油消耗和二氧化碳排放,实现低油耗的环保驾驶。

物流运输货车装配车载摄像头、雷达等设备用以采集车内及周边环境信息,而车载单元(OBU)则帮助实现车与车之间、车与路之间的信息交互。车载5G终端将所获信息通过5G网络上传,后端监控平台基于这些实时信息做出决策并下发指令,辅助领头车辆驾驶员识别路况与操作驾驶。后方车辆则按照一定的秩序和规则跟随领头车辆在高速公路上自动进行同步加速、减速、刹车、转弯等操作。

3)自动驾驶

单车智能具有改造成本高、盲点多等局限性,C-V2X技术可以用来弥补单车感知存在的缺陷。通过在路侧布设摄像头、雷达、传感器以及路侧单元(RSU)更为详尽立体地获取周边车辆、行人及道路情况,并同车上OBU通信联动,形成车路信息协同,在路口会车、视距碰撞等复杂紧急情况下向车载电脑进行预警,辅助其做出更为精准的自动驾驶决策和判断。

与此同时,采集的车内路侧信息也将通过5G网络传输至后端,经由云平台处理分析后对车速、油耗和线路进行优化,最大程度改善行车效率。由于C-V2X技术可以将不同车辆接入统一云平台管理操作,同时路侧设备所采集的数据信息可以供多台车辆共享,因此可以降低自动驾驶的平均落地成本。

未来5G网络、单车智能与C-V2X相结合,将帮助车辆实现车路协同、视距和非视距防碰撞、安全精准停车、智能车速线路策略等应用场景,真正达到全自动驾驶的水平,极大提升市民的出行体验。

4)交通管控

城市道路安装大量摄像头、微波与气象检测器、智能信号灯和电子路牌等设备,用以获取路面积水结冰、雾霾雷雨天气、道路施工维护、紧急事故拥堵等实时信息,路侧单元与车载单元实行车路协同联动,将车辆与道路信息经由5G网络上传至智能交通管控云平台进行分析。平台通过5G和C-V2X网络将决策信息再下发给车辆与行人,帮助交通部门实现恶劣天气和道路施工、限速、拥堵等情况预警、车辆违章行驶监管以及交通流量统一调度等功能。

第 *11* 章　数字社会工程设计

振叶以寻根，观澜而索源[1]

在新一代信息技术飞速发展的今天，要满足人民群众日益增长的对美好生活的需要，必须进行数字社会建设。振叶以寻根，观澜而索源。这些设计都离不开大数据、云计算、物联网等新一代信息技术，都需要对社会治理和民生服务进行精准分析。把握好数字社会的基本特征才能做好数字社会工程设计。

本章首先从数字社会工程的基本概念入手，对社会治理和民生服务的数字化工程设计进行论述，最后介绍部分数字社会工程设计中使用的关键技术。

11.1　数字社会工程概述

近年来，伴随着大数据、云计算、物联网、人工智能等新一代技术的涌现，当今社会早已不是传统意义上的信息社会，而呈现出越来越鲜明的数字特征。

数字社会建设是为了让人民更好地享受技术的红利、分享发展的成果，让人民更多地融入自我管理的进程、参与自我服务的过程，因此，"以人民为中心"的社会治理集成化和民生服务智能化成为数字社会建设的焦点，数字社会工程则承担着数字社会建设的具体任务。

11.1.1　数字社会工程的内涵

数字社会是从工业化时代向数字化时代转换的基本标志之一。近年来，习近平总书记在会议上多次强调要加快建设数字社会，更好地服务于改善我国人民的生活。因此，数字社会的建设对国家数字化水平的提高具有重要的战略意义，数字社会工程的建设步伐需进一步加快。

1. 数字社会工程的作用

数字社会工程承担着数字社会建设的具体任务，在此意义上，可以认为数字社会工程起到落实国家发展战略、响应社会民生诉求的作用。

1）落实国家发展战略

当今世界以互联网、大数据、人工智能为代表的新一代数字技术日新月异，给国家经济社会发展、国家管理、社会治理、人民生活带来重大而深远的影响。数字社会的建设正在加速，数字社会工程承担了数字社会建设的具体实施。通过数字社会工程对接脱贫攻坚、乡村振兴、科教兴国、健康中国、创新驱动等国家战略，是将国家社会治理理念、公共服务供给侧结构性改革思路，逐步构建成为治理功能实体、服务功能实体的必由之路。

2）响应社会民生诉求

数字社会工程的开展是基于对社会大众迫切诉求的收集和分析之上。在社会生活中，人民群众会产生生理、安全、社交、尊重、自我价值实现等不同层次、不同期许的诉求。数字社会工程肩负着持续满足多样化民生诉求，增进全体人民在共建共享发展中的获得感、幸福感、安全感，让改革

1）刘勰《文心雕龙·序志》。

发展成果更多更公平地惠及全体人民的重任。可以预见，数字社会工程在民生服务供给上将起到更大更重要的作用。

2. 数字社会工程的范畴

"数字社会"涵盖面相当广泛，其服务直接面向千千万万的人民群众。从领域职能上区分，数字社会工程涵盖社会治理、民生服务两大类型领域。

1）数字社会治理工程

数字社会治理工程细分之下涵盖公共安全、社会信用、应急管理、生态保护等领域。

数字公共安全着眼于以数字技术手段对危及人民群众生命和财产安全的灾害、事故或事件的防御；数字社会信用依托居民身份证和企业社会信用统一代码，依法构建以信用数据为基础的信用评分评级体系，并将之应用到社会生活之中；数字应急管理关注借助数字化手段和装备提升应急事件发生时的物资统筹和指挥调度效率；数字生态保护通过先进数字设备和系统来监测自然生态环境和城乡人居生活环境。

2）数字民生服务工程

数字民生服务工程则涵盖教育、医疗健康、养老、家政、文化、旅游和体育等社会领域。

数字医疗健康、数字养老、数字教育、数字家政等领域，都与民众生理和生活息息相关，数字技术应用其中，有效提升人民群众基本生存质量，让人民身心健康得到保障、生活后顾之忧得到解决；数字教育关注知识的数字化形式传播，借助数字化能够提供形式多样的教育内容和教学方法，从而充实教和学的方式，满足不同人群对于知识的获取要求；数字文化和旅游、数字体育以数字化技术提供丰富多彩的应用，满足人民休闲娱乐所需。

11.1.2　数字社会工程的任务

数字社会工程让社会民众的基本安全和社会服务诉求能够得到响应。因社会、经济发展水平存在差异，社会治理和民生服务供给必然存在差异。为此，用数字化来提升国家治理现代化水平，促进保障和改善民生成为数字社会工程的重要任务。

1. 提升国家治理现代化水平

经过长期努力，中国特色社会主义进入了新时代。这个新时代，是决胜全面建成小康社会、进而全面建设社会主义现代化强国的时代，国家治理能力也应与时俱进，实现国家治理的现代化。国家治理现代化的转变和提升，数字社会工程作为重要抓手，能够起到积极的促进作用。

数据是重要的决策资源，也是治理必不可少的事实依据，应通过数字社会工程发挥数字化技术优势，辅助科学决策和社会治理，推进政府管理和社会治理模式创新，从而实现政府决策科学化、社会治理精准化、公共服务高效化。

数字社会工程以数据集中和共享为途径，推动技术融合、业务融合、数据融合，打通信息壁垒，构建信息资源共享体系，最终实现跨层级、跨地域、跨系统、跨部门、跨业务的协同管理和服务。

数字社会工程需要持续加大实施力度，以更好运用数字化技术手段和数据，强化公共安全、信用、应急管理、生态环境保护等治理体系，帮助提升国家治理现代化水平，完成时代赋予的使命任务。

2. 促进保障和改善民生

受制于经济发展水平和地域，基层群众、广大农村人员、边远地区和生活困难群众尚未能够享受基本公共服务，阻碍了服务的发展进程，而供给能力较弱和供给水平质量也同样存在问题需要解决。

总结当前我国的公共服务发展水平可知，扩大基本公共服务供给、强化公共服务弱项、提高服务供给质量，已经成为当前数字社会工程在民生领域的重要任务，数字社会工程在保障和改善民生方面任重而道远。

数字社会工程秉承以人民为中心的发展思想，解决民生领域的突出矛盾和问题。数字社会工程实现以数字化的赋能公共服务领域应用，在教育、就业、社保、医药卫生、住房、交通等领域加速推进公共服务数字化进程，丰富社会服务的供给方式，提升公共服务均等化、普惠化、便捷化水平。

11.1.3　数字社会工程的特点

数字社会工程依托互联网，从最具有基础性意义的技术保障和运作机制层面，解决人们在社会生活中必须要面对的一系列基本问题。数字社会工程还具有地域性明显、需求场景丰富、新技术应用活跃、以数据融合为驱动力等特点。

1. 地域性明显

地域间差异、群众素养、本地经济发展情况使数字社会工程具有地域性明显的特点。我国地区发展程度不一，东西部发展各异，社会各方面发展不平衡，造成了社会民生方面的关注点各异。数字社会工程一般以行政区划作为主体进行建设，比如一个城市、一个城镇、一个农村集合等，因地理环境、资源条件、环境等因素制约使得该主体的发展政策侧重点存在不同，导致了在建设主体范围内，人民群众生活水平、教育素质、文娱活动等社会需求各具特点，因此不同的主体间必然也存在着差异，改善社会生活的需求明显不同，须以此为出发点考虑项目建设具体内容。

2. 需求场景丰富

数字社会工程致力于改善人民群众生活品质，涉及的领域广泛、行业线条众多，与人民群众生活息息相关的衣、食、住、行均包含其中。人们对于美好生活的渴望总是持续向前的，这是社会进步的动力所在。人们希望科技进步的红利能够带来更便利、更快捷、更智能、更安全的生活，诸如此类需求不断涌现，形成数字社会工程建设的个性化目标。项目主体的地域性差异决定了需求的多样化，在开展工程之时需深入需求的表象，挖掘需求的本质，发散思维，创新思路，推陈出新。用新方法看问题、解决问题，助力消除社会痛点。

3. 新技术应用活跃

数字社会工程应用新技术能够源源不断产出新的成果。为了应对复杂多样的社会生活场景，数字社会工程天然具备活跃的创新能力，而创新则通常以技术融合为支撑手段。创新应用的构建是基于当前新技术、新思维发展成果之上综合而成，是两者相互作用的成果。借助新技术的不断发展和应用，数字社会工程创新点得以持续涌现。

4. 以数据融合为驱动力

以往数字社会工程以部门行业线条作为建设主体时，往往无法突破层级的限制来设计系统，最终造成资源不能复用、数据流通存在壁垒的问题。需要采用更高层级的顶层设计来统筹规划安排本地区的数字社会工程，从体制机制的改变着手，才能打破桎梏。数据融合是数字社会工程创新的驱动力所在，当前数据共享已经成为不可逆转的大趋势，数据资源统筹难度正在逐步减小，工程创新道路愈加通畅。

11.1.4　数字社会工程的设计

数字社会工程设计是结合工程实施地区现阶段经济、社会、政策发展情况，结合规划要求，围绕数字社会工程如何开展而进行的系统构思、决策、建设、运营、使用等一系列工作。最终交付成果是设计出与本地社会发展程度、发展方向相匹配的，能够切实解决社会痛点问题，从而直接或间接地帮助促进社会生活更好更快发展的数字化、信息化系统。工程设计通过详尽的调研、准确的分析、全局的谋划、清晰的说明，指导数字社会工程按时按质完成。

1. 数字社会工程设计的作用

数字社会工程设计是在数字社会领域为支撑数字社会工程而开展的设计工作，设计对于工程的作用体现在工程决策、内容统筹、指导实施。

（1）有利于帮助工程决策。设计的决策作用，体现在对数字社会工程建设方案的比对分析和建议上。通过对工程需求调研、经济分析，构建多个可行方案并进行比对，透彻分析各项措施的利弊，择优做出建议。方案比对结果可供决策层理解工程要达到既定目标所需投入的资源，从而对工程做出决策。

（2）有利于进行内容统筹。设计的统筹作用，体现在对工程建设内容的规划和排序上。从工程完整性角度出发，设计能够逐一考虑工程中各组成因素，将设计思路、建设内容进行清晰说明，不遗漏。数字社会工程建设内容繁多，必须通过工程设计将各方面资源、实现的优先级进行全盘考虑和科学安排，才能够确保工程顺利地开展、有计划地推进。

（3）有利于指导工程实施。设计的指导作用，体现在明确角色分工和目标分解上。在数字社会工程中，既有政府或社会组织、企业等建设方，也包括承建方、设备供应商等众多参与人员。设计能够明确参与人员和组织在工程中的分工界面，以此明确各自的职责和工作内容。设计能够将目标进行分解细化，让工程参与各方在目标和任务上达成共识，共同保障既定目标的达成，充分释放工程价值。

2. 数字社会工程设计的特点

（1）全面性。数字社会工程设计是为完成一项系统工程而开展的脑力活动。为完成系统的建设，设计必须大处着眼、细处留心，统筹考虑、全盘谋划，明确工程实施的落点。因此，设计的考察面既要求广度也关注精度，体现其全面性所在。

（2）差异性。数字社会工程设计面对不同领域、不同时期、不同对象，其需求不一而同，每个工程设计应依据实际情况需要，量身定制技术支撑方式和实施路径。而在具体工程设计时应在满足大多数使用群体普遍需要的基础上，兼顾考虑个体的差异性这一事实所在。

（3）先进性。科技发展和技术进步是工程重要的创新源泉，注重对新技术的综合应用，深刻把握新技术内涵和技术发展走向，在开展数字社会工程时应因地制宜、灵活应用。

（4）协作性。数字化工程将数字化技术进行融合，数字社会工程设计则提供技术融合的实现蓝图。技术的多样性决定了设计不是靠单一的专业知识就能完成的，而是涉及多方面的专业知识，因此设计方案是多领域专家共同参与的结果，各技术专业之间必须相互协作才能完成高质量的工程设计工作。

（5）规范性。数字社会工程设计必须在遵守国家标准、行业标准、地方标准的前提下开展，坚持"采标为主，定标为辅"的原则，按照规范的工程流程、技术标准来完成设计工作。

11.2 数字社会治理工程设计

数字公共安全、数字信用、数字应急管理、数字生态保护是近年数字社会治理方面的建设热点，下面主要从这四个方面阐述数字社会治理工程设计。

11.2.1 数字社会治理的三个角度

数字社会治理可以从其发展目标、表现形态、技术实现等角度来理解。

从发展目标角度看，数字社会治理是对社会治理体系的完善，是治理能力现代化的具体体现。

推进国家治理体系和治理能力现代化的一项重要工作,就是推进社会治理体系和治理能力的现代化,数字社会治理以技术为手段,用新一代数字化技术支撑"平安是极重要的民生、加强和创新社会治理的核心是人、维护社会和谐稳定,重在妥善处理社会矛盾、坚持活力和秩序的统一、着力提高社会治理的四化水平"等社会治理新理念的落地。发展数字社会治理有利于将治理水平提升到新高度。

从表现形态角度看,数字社会治理是数字社会重要的组成内容。数字社会治理是社会治理的信息化、数字化,治理信息的数字化采集能力已经延伸到社会生活各个角落,人民群众生产生活过程并未受到影响,但治理信息的应用则切实地让群众得到体会,数字社会治理结果呈现出社会更安全、环境更优良的社会面貌。技术在进步,应用方式在创新,数字社会治理发展规模将更加扩大。

从技术角度看,数字社会治理是数字技术在治理领域的融合和应用。数字化、网络化、大数据、人工智能等当代信息科技的快速发展和广泛应用,提供了以数字化手段辅助社会治理的工具,该工具利用技术和数据致力解决困扰社会长治久安、影响自然和人居环境和谐发展的问题。以新一代数字化技术为支撑,数字社会治理将治理对象从物理空间映射到数字空间,并从数字空间进而反作用到物理空间,串联社会治理参与对象,以此作为抓手落实社会治理的要求。可以预见,治理能力必将随着数字化的发展而得到提升,延伸出更多的能力应用场景。

11.2.2　数字社会治理相关政策

近年来,为了加快推进社会治理进程,指导数字社会治理各项工作方向和重点,国家在数字社会治理方面先后出台了多项推动政策。

1. 数字公共安全相关政策

《关于推进城市安全发展的意见》于 2019 年初由中共中央办公厅、国务院办公厅印发。该意见制定了城市安全工作中长期目标,为安全工作有序开展提供了依据。《公共安全视频监控建设联网应用"十三五"规划方案》提出 2020 年基本实现"全域覆盖、全网共享、全时可用、全程可控",指导了全国各地的"雪亮工程"建设。2019 年 6 月《关于加强和改进乡村治理的指导意见》提到加强平安乡村建设,推进农村地区技防系统建设,加强公共安全视频监控建设联网应用工作,"到 2035 年,乡村公共服务、公共管理、公共安全保障水平显著提高"。《超高清视频产业发展行动计划(2019—2022 年)》对安防监控领域提出,将加快推进超高清监控摄像机等的研发量产,以及推进安防监控系统的升级改造,支持发展基于超高清视频的人脸识别、行为识别、目标分类等人工智能算法,提升监控范围、识别效率及准确率,打造一批智能超高清安防监控应用试点。

2. 数字信用相关政策

《社会信用体系建设规划纲要(2014—2020 年)》提出从行政监管、市场、行业、社会等方面加强对失信主体的约束和惩戒。《关于建立完善守信联合激励和失信联合惩戒制度加快推进社会诚信建设的指导意见》将惩戒措施进一步细化。《关于加快推进失信被执行人信用监督、警示和惩戒机制建设的意见》制定了 11 项联合惩戒措施。国家发改委等 8 部委接连就在一定期限内适当限制特定严重失信人乘坐火车、民用航空器等发布通知。《关于加快推进社会信用体系建设构建以信用为基础的新型监管机制的指导意见》提出,加快完善相关管理办法,明确认定依据、标准、程序、异议申诉和退出机制,并探索建立信用修复机制。

3. 数字应急管理相关政策

《安全生产应急管理"十三五"规划》由国家安全监管总局印发,提出"互联网＋安全生产应急管理"建设工程包括安全生产应急平台联动互通建设项目、安全生产应急救援通信指挥能力建设项目、生产安全事故预警响应能力建设项目。《应急管理信息化发展战略规划框架(2018—2022 年)》由应急管理部印发,为应急系统的建设提供总体指导框架,促进全国应急管理信息化整体布局形成。

《关于加强应急基础信息管理的通知》提出由应急管理部牵头，规划建设全国应急管理大数据应用平台，并要求实现风险和隐患信息的动态监测管理。涉及的重点任务一是风险和隐患信息全面接入，二是灾害事故信息限时报送，三是应急基础信息统一发布管理。

4. 数字生态保护相关政策

《"十三五"国家信息化规划》提出创新生态环境治理模式。以解决生态环境领域突出问题为重点，深化信息技术在生态环境综合治理中的应用，促进跨流域、跨区域联防联控，实现智能监管、及时预警、快速响应，提升突发生态环境事件应对能力。全面推进环境信息公开，支持建立政府、企业、公众共同参与的生态环境协同治理体系。《全国生态保护"十三五"规划纲要》提出建设生态安全监测预警及评估体系的任务，其中包括建立"天地一体化"生态监测体系、定期开展生态状况评估、建立全国生态保护监控平台、加强开发建设活动生态保护监管等信息化工作等要求。《关于构建现代环境治理体系的指导意见》提出通过信息化手段，健全环境治理监管体系，健全环境治理信用体系。《数字乡村发展战略纲要》提出提升乡村生态保护信息化水平、建设农村人居环境综合监测平台等任务要求。

11.2.3 数字社会治理工程发展情况

经过前期建设，我国数字社会治理相关工程建设已经取得许多重要成果，持续在保障民生安全、信用体系构建、应急管理体系完善、生态保护强化等方面开展工作。

1. 数字公共安全建设成果

我国正处于经济转轨、社会转型的特殊时期，社会公共安全形势日益严峻，安全问题已经成为城市数字化建设过程中须考虑的重要问题。社会公共安全涵盖社会生活的方方面面，包含信息安全、社会治安、食品安全、公共卫生安全、公众出行安全、避难者行为安全、人员疏散的场地安全、建筑安全、城市生命线安全等。人口、车辆、道路、房屋及其他也是社会公共安全涉及的要素，此类影响社会治安的环境要素数量不断膨胀，组成也日趋复杂，社会治安防控面临的形势日益严峻。

数字公共安全常用视频监控技术作为支撑，在我国社会治安领域，由政府主导的，范围广影响大的视频监控项目当属"天网工程"和"雪亮工程"。2019年末，中国常住人口城镇化率达到60.60%，相较2018年提高了1.02%，城镇化正在加速，乡村数量依旧庞大。在持续政策推动下，城市区域社会治安的需求持续扩大，乡村地区发展需求旺盛。以"天网工程""雪亮工程"为代表的社会治安项目取得明显成效，通过"看"到社会环境要素的运行状态，才能实施治理，因此对视频图像的采集是有效开展社会安全治理的前提。历经十几年的建设，从"平安城市""天网工程"到"雪亮工程"，累积部署了大量的安防视频设备，目前我国基本实现了视频监控联网覆盖。

（1）"天网工程"是为满足城市治安防控和城市管理需要，利用图像采集、传输、控制、显示等设备和控制软件，对固定区域进行实时监控和信息记录的视频监控系统。"天网工程"以部级、省厅级、市县级三级架构部署，2018年数据显示"天网工程"分布广、性能优，工程已在16个省市部署超过2000万个视频摄像头；可实现每秒比对30亿次，即1秒钟内就能将全国人口"筛"一遍，2秒钟便能将世界人口"筛"一遍。动态人脸识别技术1:1识别准确率已经达到99.8%以上，而人类肉眼的识别准确率为97.52%。应用在追逃、找丢等方面帮助公安机关提高了办案效率。

（2）"雪亮工程"是事关国家安全保障能力的战略工程，是建设更高水平平安中国的基础工程，是满足人民美好生活需要的民生工程。"雪亮工程"融合资源互补的思路，鼓励警民联合，充分调动人民群众参与社会治安管理，是解决乡镇村、社区安防体系盲点的有效措施。"雪亮工程"是以县、乡、村三级综治中心为指挥平台，以综治信息化为支撑、以网格化管理为基础、以公共安全视频监控联网应用为重点的群众性安防工程。工程目标是到2020年实现公共安全视频监控建设联网应用"全域覆盖、全网共享、全时可用、全程可控"。截至 2019 年 7 月，"雪亮工程"全面推进，45 个示范城市（区）重点公共区域视频覆盖率达到 96%。2020 年进入视频监控联网建设应用工作收官之年，各地将持续推进工作开展，努力实现"四全"建设目标。

数字公共安全向着智能化、协同联动等方向发展。

（1）数字公共安全向着智能化方向发展。借助科技对安防技术和思路进行创新，"天网工程""雪亮工程"为社会治理的创新提供了基础数据，同时，结合人工智能，采用机器视觉、深度学习等技术，融合并盘活安防视频录像可挖掘更多智能化应用场景。比如贵阳市依托"块数据指挥中心""天网工程""社会视频资源整合"等重点项目建设推动，先行先试，运用人像识别技术，在打击犯罪、服务群众、社会治理等方面，取得了显著的工作试点成效。智能化在视频监控应用场景已经极大扩展。从治安管理、应急指挥等到灾难事故预警、安全生产监控、生态环境领域，安防监控应用场景更加细分和丰富。当今，人工智能结合物联网（AIoT）加强了视频摄像头的感知能力，也模糊了传统安防的边界，促进智能安防在社会公共安全领域的应用，在未来带来更高质量的创新空间。

（2）数字公共安全要求协同联动。当前，社会公共安全管理正利用互联网、大数据、云计算、人工智能等创新技术，实现全面、精确、实时地掌握各类风险动态，进而提前预防、控制可能发生的危险事故和突发事件。在危机事件发生后，能够做到信息共享与协调联动，实现人与技术的充分融合。最终使城市管理系统能够有即时有效的信息共享、各部门统一协作标准化的紧急应对、无论何时何地畅通无阻的通信、简便快捷地提高处理能力，对事件的预知、预警和预报能够一触即知。而这恰恰是运用数字化技术实现城市社会安全管理最理想的状态。

2. 数字信用建设成果

数字经济时代需要构建新的治理机制，用于满足国家治理的新要求。在我国，社会信用体系建设不仅为数字经济的发展和社会治理模式的创新提供了思路，也为国家治理能力和治理体系的现代化贡献力量。

中国已建立全球规模最大的征信系统，在防范金融风险、维护金融稳定、促进金融业发展等方面发挥了不可替代的重要作用，在改善营商环境方面赢得了国内外的广泛认可。《社会信用体系建设规划纲要（2014—2020 年）》发布以来初步形成"守信受益、失信难行"的社会氛围。现已制定联合奖惩措施 100 多项，覆盖旅游、家政服务、婚姻登记、工程建设、慈善捐赠、拖欠农民工工资、分享经济等多个领域。

（1）统一社会信用代码制度的实施，使每个自然人、法人和其他组织都有唯一的身份标识。

（2）全国信用信息共享平台的建设运行，打破信用信息孤岛，促进信息交换共享。

（3）"信用中国"网站的上线运行，发布社会信用体系建设的权威资讯，向全社会提供"一站式"信用信息查询服务，成为以信用为纽带沟通社情民意的"总窗口"。

2020 年 1 月 12 日，全国信用信息共享平台已连通 46 个部门和所有的省区市，归集各类信用信息超过 500 亿条。"信用中国"网站公示行政许可和行政处罚等信用信息约 1.97 亿条。截至 2019 年 3 月底，全国法院累计发布失信被执行人名单 1349 万人次，累计限制购买动车高铁票 571 万人次，限制购买飞机票 2047 万人次，390 万失信被执行人主动履行法律义务。

各地开展各具特色的信用体系建设活动。贵州省贵阳市借助失信联合惩戒云平台，让"老赖"主动还债；山东省日照市农村商业银行近年来开展"文明信用工程"建设活动，将有形资产担保转为文明信用担保，解决农户贷款难、担保难问题。云南省通过手机平台显示商家诚信评价分值，游客可根据分值选择商家，实时评价服务体验。

数字信用向着加快信用信息归集共享、深入开展信用大数据应用、加强社会信用环境建设等方向发展。

（1）加快信用信息归集共享。加快完善公共信用信息平台和信用中国网站，健全公共信用信息目录体系，完善信用信息归集机制，扩大信用信息归集范围，推动社会征信机构依法采集市场主体信用记录，大力推进政府各部门、公共企事业单位的信用信息归集共享，依法加快推动各部门业务系统、设区市信用信息平台、征信系统的信用信息与公共信用信息平台的信用信息共享。建立政府和具备资质的第三方信用机构的信用信息共享合作机制，扩大信用信息覆盖面。

（2）深入开展信用大数据应用。依托居民身份证和企业社会信用统一代码，依法构建以信用数据为基础的信用评分评级体系，形成统一的个人和企业"信用分"，在政务服务、公共交通、教育缴费、看病就医、图书借阅、公园景区等领域开展"信用分"应用，提供优惠折扣、优先办理、先享后付等多形式的信用惠民服务，打造信用审批、信用就医、信用交通等试点示范。加强政务诚信大数据应用，将行政机关和工作人员的违法违规、失信违约被司法判决、行政处罚、纪律处分、问责处理等信息纳入政务失信记录并归集至公共信用信息平台。加强电子商务领域信用大数据应用，落实实名登记和认证制度，完善网络交易信用评价体系，加大信用信息公示力度。

（3）加强社会信用环境建设。建立完善守信联合激励和失信联合惩戒机制，全面推行"红黑名单"制度，研究制定诚信主体政务服务"绿色通道"制度，对诚信主体在办理行政权力事项过程中实行"容缺受理"机制，优先提供公共服务便利。加强诚信舆论宣传和社会监督，强化对守信者的激励作用和对失信者约束作用，营造"守信者处处受益、失信者处处受限"的社会信用环境。

3. 数字应急管理建设成果

近年来，我国自然灾害、生产事故频发。围绕突发事件的应对，突显出我国应急管理工作面临的巨大挑战。应急管理"9+4"的机构改革、"三定方案"的制定以及《应急管理信息化发展战略规划框架（2018—2022年）》和《2019年度地方应急管理信息化实施指南》的发布，标志着我国应急管理体系的逐渐完善，明确了涵盖先进强大的大数据支撑和智慧协同的业务应用的应急管理信息化发展总体架构。

2019年应急管理部牵头规划建设一体化全覆盖的全国应急管理大数据应用平台，依托国家数据共享交换平台体系，充分利用大数据、云计算、物联网等技术，实现重大风险和隐患在线监测、超前预警预报和灾害事故高效处置。当前已经在实施建设。

部分省市则以云数据系统为支撑建立起"电子一张图"，将应急预案、医疗、交通、公安网络、仓储等多方应急资源整合，形成从监测预警到处置救援的全过程覆盖平台，已取得初步成效。

数字应急管理向着综合化、强化信息沟通、线上线下指挥调度更强调协调性等方向发展。

（1）应急能力向着综合化发展。抗击新冠肺炎疫情，对我国应急管理是一次大考。此次疫情暴露出应急管理存在职能定位不清、网络建设不全、组织保障不力、时效性不强等方面的问题，应急管理必须打破部门本位、条块分割、自成体系的碎片化应急管理格局，实现突发事件应急方式从过去综合协调型向独立统一型转变，从"条块化、碎片化"应急管理模式向"系统化、综合化"应急管理模式转变。

（2）应急信息沟通逐步加强。应急管理的过程可分为事前、事中、事后。事前需要做好预防和准备，防备危机事态的发生，随时监测、传递、分析、发布灾害信息；事中需要积极响应，综合研判方方面面的信息，做出正确的决策，做好处置和救援；事后要收集信息，做好恢复与重建，严防事态反弹。在应急管理的整个过程中始终需要及时、准确报送突发事件信息，以有利于上级机关和领导及时准确地掌握情况。因此，数字化应急管理体系的有效运转是基于信息的及时性和有效性，应急信息沟通愈加得到关注。

（3）线上线下指挥调度更强调协调性。新冠肺炎疫情凸显出在城市应急管理中指挥调度与疫情防控指挥缺乏有效衔接的问题。面对疫情突发事件，作为城市应急管理的指挥调度中心仅起到事件数据、影像集中展示的作用，但在流程上表现出线上线下指挥调度不顺畅，突发事件分级响应不及时。从疫情传播、跟踪、隔离到转运救治整个线下过程，仍依赖于传统公共卫生防控和社区登记管理。未来线上线下指挥调度更强调协调性，因此，需要在提高指挥与调度流程相衔接上发力。

4. 数字生态保护建设成果

数字化是驱动生态保护现代化建设的先导力量。"互联网+"、大数据、人工智能等技术正成为推进生态环境治理体系和治理能力现代化的重要手段。一大批数字化系统服务于生态保护事业。

（1）国家生态环境科技成果转化综合服务平台已建成。2018 年，生态环境部印发《关于促进生态环境科技成果转化的指导意见》，在此背景下建设的国家生态环境科技成果转化综合服务平台于 2019 年 7 月 19 日正式上线，平台旨在大力推动生态环境科技成果的转化，不断提高科技服务水平，以科技和信息化为支撑，打好污染防治攻坚战、改善生态环境质量、推动经济高质量发展。平台数据库已经收录了近 4000 项污染防治与环境管理技术，平台汇集了 1000 余位涵盖水、气、土壤等主要领域的专家，以丰富的技术解决方案，成为研究成果和应用的转换载体。

（2）全国固定污染源统一数据库已逐步形成。通过数据库能够整合打通现有环评、排污许可、监测、环境统计、固废管理和环境执法等信息系统，形成全国统一的污染源管理"大系统"库，实现污染源管理全国"一盘棋"。

（3）2019 年环境互联网+专委会成立。专委会旨在推动互联网与环境领域的深度结合，借助先进的数字技术全面推动和实现生态环境治理能力及治理体系现代化；充分利用互联网、物联网、大数据、人工智能，助力环境管理、环境治理、地方、行业企业和生态文明建设过程；强化智慧环境建设，特别是深化前沿技术在环境领域中应用。

现今，我国正持续着力构建生态环境治理体系，建设生态环境"大平台、大数据、大系统"，利用信息化能力快速妥善应对突发环境事件，激发信息化支撑生态环境管理的潜力。

数字生态保护正朝着强化科学决策和实施、完善监管能力、生态保护与信用融合等方向发展。

（1）强化科学决策和实施。未来会推进建立生态环境保护重大政策评估机制，推动改变只重视政策制定，而忽视政策评估的环境政策制定实施"常态"，研究生态环境政策评估结果反馈机制与重大政策适时修订机制，提高生态环境政策制定实施的经济有效性、决策科学化水平，以技术手段加强生态环境保护科学决策与实施能力。

（2）完善监管能力的需求越加迫切。实施最严格的生态环境监管，是新时代推进生态文明建设的一项重要原则。无论是推进生态环境督查制度化、规范化、精简化，形成中央部省级间合理分工、高效协作的督查制度；或是强化区域、流域、海域生态环境监管执法；还是创新治理模式与机制，充分动员生态环境保护的社会力量。数字化的应用都必将助力环境监管工作高效开展。

（3）生态保护与信用深入结合。近年来，环保部门已能够根据企业环境行为信息，进行企业环境信用评价，为确定企业信用等级提供环保维度的信用评分输入，通过信用系统向社会公开，供公众监督和有关部门、金融等机构应用。对企业环境行为信息的记录，必将随着环境监管体系的完善以及监管能力的增强，能够提供更多的信用评价用于建立企业的环境信用记录，两者间的结合会愈加深入。

11.2.4　数字社会治理工程设计要点

1. 数字公共安全工程设计要点

数字公共安全工程保障人民群众基本的安全需求，其中视频监控公共安全方面的应用广泛。近年来，数字公共安全工程在视频公共安全方面的建设要求体现了对安全监控面广度和深度的考虑，安全能力覆盖场景更为细化，主要包括加强社会面治安防控网建设、加强重点行业治安防控网建设、加强乡镇（街道）和村（社区）治安防控网建设、加强机关企事业单位内部安全防控网建设、加强信息网络防控网建设等要求。

因此在开展数字公共安全工程的设计时，应关注采集监控设备选点、确保数据的安全性、数据分析应用等方面的要求。

1）关注采集覆盖面

社会面、乡镇（街道）和村（社区）防控网建设是实现针对公共区域的监控，重点行业、机关企事业单位防控网建设是实现针对内部区域的监控。对覆盖范围进行设计时应该注重对现场情况的查看，注意周边环境，完整记录，为后面确认选点方案提供准确资料。

2）重视对数据隐私的保护

公共区域的监控涉及大量个人隐私数据，系统应注重对个人隐私数据的保护的设计，采取相应的技术手段和管理措施防止个人数据被盗取或被滥用。内部区域的监控，尤其涉及国家安全的区域、行业，对数据安全的要求更为迫切，要主动加强系统数据管理能力，将监管过程贯穿于数据采集、传输、存储、使用的全过程之中。

3）关注智能化前端设备应用

智能化前端设备能够将部分决策能力前移，对安全事件的发生做出更快响应。首先借助技术强化数据采集能力，在前端运用更智慧的人工智能结合物联网（AIoT）设备，结合高清视频采集技术，智能捕捉和处理高质量的图像。其次，引入边缘计算能力就近提供系统边缘智能服务，满足数字公共安全在敏捷连接、实时业务、数据优化、应用智能、安全与隐私保护等方面的关键需求。根据高德纳咨询公司预测，未来 5 ~ 10 年物联网将会进入一个应用爆发期，边缘计算也将进一步渗透到各类定制硬件中。边缘计算优势在于对时延要求高的场景能够做出及时响应，并且过滤和压缩数据，节省核心网资源，节约投资成本。

4）灵活运用数据进行创新

综合更广泛的数据创新应用。使用深度学习、机器视觉等领域的新算法对海量视频数据进行分析，分布式计算、内存计算框架、智能芯片的有机结合，将从软硬件综合提升系统分析能力。海量数据可使模型训练更加准确，借助政府数据共享交换能力，连通各部门、各行业数据，结合公共安全前端设备所采集的数据，创新思维构建分析模型，提升系统基于海量数据的智能关联分析能力。同时，分析结果也作为输出，供外部系统调用，便于从多角度共同构建社会综合治理网络。

2. 数字信用工程设计要点

数字经济时代需要构建新的治理机制提供保障，从而满足国家治理的新要求。当前的社会信用体系建设不仅为数字经济的发展和社会治理模式的创新提供了思路，而且为国家治理能力和治理体系现代化贡献了力量。数字信用工程需要协调各方力量，打破信息孤岛，形成社会共治。数字信用系统设计的关键在于征信数据的采集和应用。

1）关注对信用信息的获取

信用手段创造性地运用于社会治理，用信用机制推动人们去遵守法律。对于那些不遵循法律达到相当危害程度的行为，视其为不诚信行为，并按照信用的运行逻辑对其违法行为加以记录，依法向社会公示或者提供相应的查询，由此形成相应的声誉机制，实现有效的社会监督和社会共治。

信用信息采集是形成个人、组织征信信息的基础。随着数字化深入各行各业，个人或组织在社会上的行动轨迹和行为很容易形成数字记录，这些信用主体的基本信息、违约信息、违法信息等可以比以前有更加充分的披露，从而方便了信用信息的采集。一方面可以用新技术支撑既有征信体系的完善补强，促进完成系统技术架构的迭代升级；另一方面，扩大信用采集点，可考虑利用物联网感知能力，扩大征信内容的收集场景和维度，以新数据补齐短板充实体系，助力更好刻画个人和组织的征信画像。

2）增强信用数据共享交换能力

在社会治理场景中，对于那些屡屡违法或者存在严重违法行为的主体，除依法应当承担相应的法律责任外，还可以基于失信信息的共享形成相应的信用惩戒机制，使违法者付出更高的代价。要形成信用应用的良好氛围，应以数据共享为驱动力去拓展信用信息的应用场景。

在系统设计时应加大探索征信应用场景，通过强化数据共享交换能力和范围来驱动应用的创新。同时，应用场景的扩大又为征信体系的构建提供新的数据，反哺壮大体系，促进征信应用方式的良性循环，进而形成螺旋式上升态势。

3）关注保护信息的安全性

完善个人征信体系是社会信用体系建设的重要一环，有利于提高全社会的诚信意识，改善我国社会信用环境。完善组织征信体系，以信用消除信息不对等，助力中小微企业建立信用档案获得信贷支持，促进经济更好更快增长。通过技术手段强化信息归集的安全性，确保数据可信可靠，避免不实信息影响信用的形成，进而损害个人和组织利益。

3. 数字应急管理工程设计要点

运用大数据、云计算、区块链、人工智能等新一代数字技术推动城市管理手段、管理模式、管理理念创新，是推动城市治理体系和治理能力现代化的必由之路，更是提高城市应急管理效能的必由之路。数字应急管理工程设计要点如下。

1）强化应急事件协同能力

加强能力间的协同，夯实应急能力的基础。可根据响应机制强度大小，建立数据中台，实现应急能力数据服务化，以此为基础帮助提升应用前台之间的高效协同。按照自然灾害、事故灾难、公共卫生事件、社会安全事件的划分，用数据中台最大限度整合已有应急能力。现状表明公共卫生是当前城市应急管理的短板之一，可通过数字化转型将传染性疾病监测、医疗卫生资源配置等领域数据最大程度上共享，用以构建和城市管理相匹配的应急能力。

2）确保信息沟通网络的畅通和及时达到要求

加大应急体系的数字化、信息化、智能化广度和深度，依托网络快速实现信息的传递和反馈，加快应急响应速度。依托政务信息共享交换平台，广泛接入和获取应急信息，以支撑远程指挥、物资协调、事态分析预测等应用能力发挥作用。通过泛在高速的网络，扩展监控场景，实现风险和隐患点的动态监测信息实时汇聚。以物联网技术手段作为依托强化监测能力，综合运用传感器、视频、遥感等多种监测手段，开展自然灾害隐患动态监测，提高自然灾害监测预警的时效性和工作质量。

3）注意应急流程衔接

由于应急管理事前、事中、事后三个阶段的任务不同，不同性质的突发事件也有发生机理和破坏方式的差异，针对不同突发事件进行应急管理时，侧重的应对阶段也有所不同，三个阶段线上线下交互需要用技术手段进行强化。如地震、海啸等发生突然，现场反应时间很短，进行"事中响应"非常困难，事前预测、事后救援则显得更为关键，因此需要着重技术上预防、监控，提前发现安全隐患，自动下达通知线下现场执行情况，数字化全过程追踪事件处理过程和结果；在发生事件后的救援过程中，借助大数据的应用，科学合理的组织调配人员、物资进行救灾。在森林火灾时，现场指挥更为重要，但在指挥中心利用大数据技术预测灾害发展态势，对于现场决策可起到积极的作用。因此，需要根据突发事件的不同特点，在不同阶段应用大数据，融合线上线下应急流程。

4. 数字生态保护工程设计要点

生态环境保护一般是指人类为解决现实或潜在的环境问题,协调人类与环境的关系,保护人类的生存环境、保障经济社会的可持续发展而采取的各种行动的总称。数字生态保护工程就是用数字化手段解决防治环境污染和生态破坏等重大问题而开展的相关工作。数字生态保护工程通过运用系统分析方法,研究环境污染和生态破坏的现象、产生的原因、消除的办法。数字生态保护系统的建设离不开对海量环境数据的采集和分析、存储、应用,其系统设计的关键在于大数据技术和数据采集技术的应用。

1)对海量数据的存储

在政策制定领域的创新离不开准确及时的海量数据。借助物联网、视频图像采集、卫星遥感等技术手段,采集获取到环境的基础数据和实时运行动态,运用大数据、云计算、人工智能对数据进行分析和预测,洞察环境发展趋势所在,实现依据数据来辅助环境政策的制定。如此海量数据不仅需要能够得到妥善的存储,同时也要求能够快速读取,因此,需要关注大数据实现技术和产品在工程中的适用性。此外,海量数据存储必然需要大量大容量分布式存储或集中式存储的支撑,对于存储基础设施的设计也应该考虑设备的绿色和节能指标,采用云存储服务方式更具备经济性。

2)确保数据采集的覆盖面和能力达标

监控能力的提效需要基于监控网络的覆盖和采集能力的强化。

(1)提高采集的覆盖面,更多采用自动化、远程化手段,依托卫星遥感、无人机、走航车等科技手段去监管指定目标,增加非现场监管场景以减少人工介入工作量,避免危险源造成人员伤害的可能性,提升监管信息化水平。

(2)扩大采集维度,利用芯片、物联网技术的发展获取更强大采集能力,能够更精确地刻画被监管对象的特征,以更多信息提供给大数据进一步应用。

(3)在采集时间上进行延展。凭借监控网络的覆盖和采集存储能力的提升,可加大在线监控监测设备的采集频度,适度减少抽样监测间隔,实时进行数据传送,实现了对企业污染物的不间断管控和对污染问题的跟踪溯源。

11.3 数字民生服务工程设计

随着经济发展和社会的进步,民生领域需求不断变化,国家逐步加大对各项民生需求的关注。健康、教育、养老、文化和旅游领域的数字化建设,是对近年来民生领域提到的"补短板""民生需求为导向培育经济新增长点"的良好诠释。数字医疗健康、数字教育、数字养老、数字文化和旅游成为近年数字民生服务方面的建设典型。

11.3.1 数字民生服务的三个角度

数字民生服务的内涵可从其发展目标、表现形态、技术实现等方面来理解。

(1)从发展目标角度看。民生不仅包括基本的生计与生活,更高层次还包括政治、文化和精神、自我价值实现需求,围绕民生相关的服务组成也应该是多层次多方面的。数字民生服务让服务的广度和厚度得以延伸,不断持续地满足民生所需。数字化让民生服务通过网络和数字技术得以极大的扩展,使其更加符合当前社会发展阶段所需,变得更加易得,实现普惠化。发展数字社会民生服务是当前历史阶段民生所需的必然,是遵循历史发展规律使然。

(2)从表现形态角度看。民生服务的内容在不同历史发展阶段具有不同的内容,社会发展使民生服务不断加入新的需求点。数字民生服务极大丰富了民生服务供应方式。数字民生服务在医疗、教育、文化旅游、养老、社会救助等细分组成领域得以体现,这些领域从不同角度表达民生所需,从而形成数字民生服务种类丰富、表现各异的形态。

（3）从技术实现角度看，数字民生以数据融合为基础，数据的融合极大激发了社会服务的创新和供给。技术推动了民生服务各领域之间产生更紧密的联系，领域间相互作用相互促进。民生服务的精准化和个性化须以数据的获取、融汇和理解为前提，大数据、人工智能等数字化技术赋予民生服务更为智慧的能力。由此可以联想到，技术发展红利必将助力民生服务走向更为广阔的发展空间。

11.3.2　数字民生服务相关政策

1. 数字医疗健康相关政策

从十八届五中全会明确提出建设健康中国，到《"健康中国 2030"规划纲要》的发布，再到十九大报告中提出"应始终坚定地实施健康中国战略"，健康中国战略已在制度建设和机构改革层面全面展开。《国务院办公厅关于促进和规范健康医疗大数据应用发展的指导意见》部署通过"互联网＋健康医疗"探索服务新模式、培育发展新业态，努力建设人民满意的医疗卫生事业，为打造健康中国提供有力支撑。《国务院办公厅关于促进"互联网＋医疗健康"发展的意见》在促进健全"互联网＋医疗健康"服务体系，完善"互联网＋医疗健康"的支撑体系，加强行业监管和安全保障方面提出了要求。《国务院关于实施健康中国行动的意见》《健康中国行动（2019—2030 年）》围绕疾病预防和健康促进两大核心，为实现《"健康中国 2030"规划纲要》目标提出开展 15 个重大专项行动，数字化医疗将大有用途。

2. 数字教育相关政策

《国家教育事业发展"十三五"规划》中明确提出积极发展"互联网＋教育"的工作要求。《教育信息化 2.0 行动计划》强调通过大数据采集与分析，将人工智能切实融入实际教学环境中，实现因材施教、个性化教学。《关于深化新时代教育督导体制机制改革的意见》提出了教育督导方面的目标，即"到 2022 年，基本建成全面覆盖、运转高效、结果权威、问责有力的中国特色社会主义教育督导体制机制"，其中提及加快构建教育督导信息化平台的要求。

3. 智慧养老相关政策

2019 年 11 月 21 日《国家积极应对人口老龄化中长期规划》出台，提出近、中、远三阶段的战略目标，是为应对人口老龄化，国家最高层发布的 30 年不变的战略性、综合性、指导性文件，将应对老龄化发展趋势上升为国家战略，其中就强调了强化应对人口老龄化的科技创新能力。2020 年更是出台了《养老机构服务安全基本规范》，该规范是我国养老服务领域出台的第一项强制性国家标准，非一般推荐性标准，社会各方都要依法强制执行，作为养老服务质量的底线要求必须满足。《关于促进消费扩容提质加快形成强大国内市场的实施意见》提出支持发展社区居家"虚拟养老院"。《民政部关于加快建立全国统一养老机构等级评定体系的指导意见》提出，到 2022 年全国统一的养老机构等级评定体系基本建立，养老机构服务质量有新提升，公众对养老服务的安全感、满意度进一步提高。

4. 数字文旅相关政策

文化和旅游融合发展是从国家层面推动的关乎国家文化发展大计、旅游市场繁荣的战略性举措。

2019 年 8 月 13 日，六部门联合发布《关于促进文化和科技深度融合的指导意见》，要求打通文化和科技融合的"最后一公里"，激发各类主体创新活力，创造更多文化和科技融合创新性成果，为高质量文化供给提供强有力的支撑。提出到 2025 年，建成 100 家左右特色鲜明、示范性强、管理规范、配套完善的国家文化和科技融合示范基地，200家左右拥有知名品牌、引领行业发展、竞争力强的文化和科技融合领军企业，使文化和科技融合成为文化高质量发展的重要引擎。

《关于进一步激发文化和旅游消费潜力的意见》提出要提升文化和旅游消费场所宽带移动网络水平，提高文化和旅游消费便捷程度。

《关于改善节假日旅游出行环境促进旅游消费的实施意见》要求充分运用人工智能技术，大力发展"智慧景区"。

11.3.3 数字民生服务工程发展情况

1. 数字医疗健康建设成果

互联网助力大卫生大健康。互联网助力医疗健康领域的数字化、信息化建设收获成效。

1）"互联网 + 医疗健康"主要成绩

2018年"互联网 + 医疗健康"建设主要成绩来自三个方面，即大力推进宣传贯彻部署、不断完善支撑保障体系、深入开展便民惠民服务。

（1）大力推进宣传贯彻部署，积极回应社会关注，高频率、多维度开展政策解读和新闻发布，密集出台互联网诊疗、互联网医院、远程医疗服务等配套政策，推出"互联网 + 医疗健康"便民惠民10项服务30条措施。

（2）不断完善支撑保障体系，加强全民健康信息国家平台建设，积极推进省统筹平台建设，1273家三级医院初步实现院内医疗服务信息互通共享，28个省份开展电子健康卡试点，144个地级市实现区域内医疗机构就诊"一卡通"。覆盖全国的医疗专网、远程医疗云服务平台及视频云服务平台基本建成，各地二级以上医院均可利用互联网或专网开展远程医疗服务。

（3）深入开展便民惠民服务，各地积极利用信息化手段，着力解决老百姓看病就医"痛点""堵点"，3300多家公立医院出台了信息化便民惠民服务措施；4000余家二级以上医院普遍提供分时段预约诊疗、候诊提醒、检验检查结果查询等线上服务。

2）地方的"互联网 + 医疗健康"

各地卫生机构利用"互联网 +"模式，在卫生监管、公共卫生服务和考核、健康信息互联互通与共享、远程会诊、家庭医生签约服务等方面进行了尝试和探索并取得效果。紧密型医联体、医共体近几年备受关注，各地进行了多种有益尝试。

3）利用互联网做医疗健康科普

利用论坛方式集中分享经验，利用互联网对全民做医学知识科普。2019年12月12日"互联网 + 健康中国"大会以"新时代、新传播、新生态"为主题，围绕互联网 + 医疗服务、医联体、健康新媒体等热点议题，共同探索健康医疗产业发展新模式、新路径，充分挖掘大数据、智能化在健康产业领域的发展潜能。2019年12月，第一届"互联网健康中国"科普大赛举办，旨在引发全民健康关注，借助互联网响应国家号召，提高公众健康素养，调动全社会的积极性和创造性，更好地维护人民健康。

当前我国的卫生健康事业从"以治病为中心"向"以人民健康为中心"转变。明确以预防为主的方针策略，预防在全生命周期扮演着更为重要及积极的角色。数据驱动型的健康医疗领域研究正在成为推动疾病防控取得实效的重要引擎，在加速疾病防控技术突破、改善医疗供给模式、重构健康服务体系等方面将发挥巨大作用。

2. 数字教育建设成果

2018年数据显示中国在线教育用户规模1.35亿人，预计2019—2022年用户规模年均增长

18.3%，二三线城市将成为竞争重点。K12、语言培训、职业教育三者占比超过 50%，是当前在线教育市场的主要热点产品。儿童早教类课程也随着国家二孩政策的驱动得以逐步发展壮大。2016—2017 年度《中国教育培训行业发展蓝皮书》指出，伴随着移动互联网的冲击，K12 教育的线上线下融合加快，未来五年内 K12 教育互联网化市场规模将达 1500 亿元。随着在线教育的发展，部分乡村地区视频会议室、直播录像室、多媒体教室等硬件设施不断完善，名校名师课堂下乡、家长课堂等形式逐渐普及，为乡村教育发展提供了新的解决方案。通过互联网手段弥补乡村教育短板，为偏远地区青少年通过教育改变命运提供了可能，为我国各地区教育均衡发展提供了条件。

2019 年中国教育大数据应用研究院建立，对于创新教育大数据产业生态，助力教育大数据创新合作模式，全面提升教育大数据应用的整体水平和产业竞争力有着重要意义。

为支持全面打赢防疫阻击战，服务全国中小学生居家学习，教育部会同工信部于 2020 年 2 月 17 日正式开通了国家中小学网络云平台。平台资源建设以"一师一优课、一课一名师"项目中获得省部级奖的优质课程资源为基础，统筹整合国家、有关地方和学校相关优质教育资源。平台可供 5000 万学生同时在线使用。

当前，数字教育的发展表现在封闭性被打破、教育系统要素的内涵得到拓展、教育系统内部关系延展与改善、知识传播与知识生产呈现多向与多源。

（1）在数字化的推动下，教育的封闭性被打破。以连接与量化为手段的技术侵入，在系统层面打破了百年来的相对封闭性，并将数字化渗透到各个层面。比如，培养目标上，突破了工业时代知识传承和职业技能培养的时代使命，开始注重思考和批判能力，特别是核心素养和面向 21 世纪的创新能力，使得教育目标与开放的世界紧密连接。教育时长上，教育终身化成为共识。

（2）教育系统要素的内涵得到拓展。基于数字技术的自由性与开放性、生产性与高效性，系统要素的内涵得到拓展。学校将成为学习体验的主要场所，知识传承的功能相当一部分分散到学校之外，由通过数字技术所提供的开放服务来完成。课程从知识传承向知识创造载体延伸，xMOOC 即是通过互联的协作分享进行知识创造而非知识传承，以此体现课程内涵在现阶段的转变。

（3）教育系统内部关系延展与改善。对于学与教关系的影响在于，数字技术改变了学习资源的分布形态以及人们对其的拥有关系，从而使得师生主体的确定性发生改变，进而推动教育关系的转变，使得学习者的主动学习成为常态。对于知识供应关系的影响在于，对教育生态产生巨大冲击的，更多是学校外的知识服务方式的突起，衍生于互联网的学校外知识服务市场规模正在不断扩大，教育资源线上与线下深度融合的趋势更加明显。

（4）知识传播与知识生产呈现多向与多源。作为教育系统的核心功能，知识的传播，犹如生态系统中的"能量传递"，呈现出从学校教育、授受方式的单向流动，向多源知识供应、多向知识流通途径的创新态势，由此形成知识传播的多向性。同时，数字技术支撑的知识创造和传播方式的创新，充分挖掘了个体智慧，使每个学习者都能在知识创造中发挥其价值，由此形成知识生产的多源趋势。

3. 智慧养老建设成果

智慧养老让老有所养。"智慧养老"是指利用信息化手段、互联网和物联网技术，研发面向居家老人、社区的物联网系统与信息平台，并在此基础上提供实时、快捷、高效、低成本的网络化、智能化的养老服务。据民政部数据显示，65 岁以上老人占总人口 7% 的划分标准，我国人口老龄化程度已十分严峻，而我国的居家养老服务设施仍跟不上老龄化的速度。2012 年初，全国老龄办首次提出"智能化养老"的理念，时至今日，智能养老的理念也逐渐深化为智慧养老，重心也由体现 IT 技术转变为以人为本。咨询公司赛迪顾问数据显示，2017 年全球智慧健康养老产业市场规模高达 19 万亿元，预计到 2020 年将达到 37 万亿元，国内市场规模也将由 2017 年的 2.2 万亿元增长至 2020 年的 5 万亿元。

如今已有诸多非医疗行业的公司抢先布局智慧养老领域，其中科技和通信行业转型趋势明显。主要有几类智慧养老解决方案：比如从生活便利出发，家电智能化的角度着眼，采用专门针对养老社区的弱电智能化解决方案，提高老年生活的便利性；从服务体系角度出发，将以居民电子健康档案为核心的区域医疗信息共享平台，帮助构建多层次的医疗服务体系；从健康管理角度出发，以远程医疗为重点的无拘束生命体征测量、疾病预警、重大慢病决策管理等。各地社区探索新型养老模式，类似智慧养老服务中心的机构，已综合利用智慧养老解决方案，可以为空巢老人或生活完全不能自理的老人和各类老人提供服务。

在当前供给侧结构性改革的背景下，促进养老服务供给有效对接养老需求更被明确为现阶段推进养老服务提质发展的重点。

（1）养老体系逐步完善。以居家为基础、社区为依托、机构为补充、医养相结合的养老服务体系正在逐步完善，推动养老服务供给结构不断优化、社会有效投资明显扩大、养老服务质量持续改善、养老服务消费潜力充分释放。数字化技术在养老体系的完善中起到创新供给方式、增加消费渠道的作用，其应用空间将得到极大扩展。

（2）服务着眼点更精细化。服务供给侧加强对老年服务教育的重视。教育部深化职业教育改革，在面向高等院校推出的 1+X 职业技能等级证书试点项目中，将养老服务领域列入首批试点范围等。对于被服务对象的老人来说，空巢和独居老人偏向于生活照料及情感陪伴，高龄老人在此基础上更偏向于医疗护理和临终关怀，而失能老人亟待解决的是专业医疗和护理问题。服务供给和需求侧正向着更精细化场景的方向延伸，势必需要以数字化技术进行支撑。

（3）智能化养老设施需求愈加旺盛。我国在运用"智慧＋科技"的养老模式才刚刚开始，通过科学技术实现远程监测、家政服务、定时定位等服务，构建了一个智能的没有围墙的养老院。这种养老方式在国内，也获得了政府、行业、公众及媒体的广泛关注与认可，它真正实现了满足老年人多元化的需求，让老人充分享受到物联网带来的便捷和舒适。

4. 数字文旅建设成果

智慧文旅以信息化手段融合本地历史、人文、自然旅游优势资源，给旅客提供一站式文化休闲、研学、旅游服务。我国文化和旅游产业融合发展已经进入到以消费为引领的新时期，文化和旅游消费形成的"全域旅游"已成为促进经济社会高质量发展的新引擎、新动能，其含义是旅游引领、多产融合、域面聚集、城乡统筹、景城一体和目的地建设。

智慧文化建设线上线下相结合发展。利用大数据、AI、AR 等技术，智慧博物馆等线下公共文化场馆在游客体验、客流分析、场馆导览、辅助文物修复、古籍文献智能研究等方面的应用建设，提升了场馆的智能化管理水平，提高了对游客的服务水平。而在线上，利用智慧文化云集服务性、资源性、知识性为一体，整合文化馆、图书馆、非遗中心等文化相关机构，集中整合和呈现文化资讯，对线上资源和线下文化场馆进行有机衔接，更方便群众获取文化，组织参与文化活动。线上线下的智慧文化发展丰富了智慧文旅的组成内容

在景区旅游方面正着力打造全域旅游。各地兴起的"一机游"类型的应用是"全域旅游"思路的具体体现，是通过手机将旅游查询和预定进行一站式操作，能够把当地全域景点、酒店、旅行社基本信息集成于一个移动端应用之中，免去旅客到陌生景点旅游时所需的繁杂的攻略制作过程，并获得高质量的旅游体验，运用智慧旅游提升游客的感知。

文化、旅游与智慧化紧密结合，更便于相关部门对旅游市场、旅客行为进行监管。旅游行业是消费纠纷多发的热点行业，直接影响消费质量的提升，以信息化为手段，综合旅游过程中各类影响因素，对景区、旅行社、住宿及在线旅游的运行情况进行监测，形成监控数据，政府可以以监控数据为核心形成旅游市场综合监管格局，创新旅游综合执法模式，消除现有执法各自为政、多头管理却管理缺失的体制弊端。

11.3.4 数字民生服务工程设计要点

1. 数字医疗健康工程设计要点

数字医疗健康是把当代计算机技术、数字技术应用于整个医疗过程的一种新型的现代化医疗解决方案。在数字化医疗中，病人能以最少的流程完成就诊，医生诊断准确率大幅度提高，病人病历信息档案记录着所有当前和历史病人的健康信息，可以大大方便医生诊断和病人自查，能真正实现远程会诊所需的病人综合数据调用，实现快速有效服务，数字化医疗易于实现医疗设备与医疗专家的资源共享。对于医疗机构而言，拥有完善健康信息的数据库更具有权威性，健康信息系统的建立，能极大提高竞争力。关于数字医疗健康系统的设计要点在于数字技术在诊断、预防、防疫等场景中的应用，以及群众健康、医疗数据的安全。

（1）诊断应用方面。关注既有诊疗能力的增强。大数据的应用临床决策支撑上能够起到重要辅助作用，通过对大样本量的分析和后台的数据比对，医生可以在既往诊断的效果中择优判断当前症状的最佳诊疗方案，避免医生由于经验不足或判断偏差导致诊断失误，有望大幅度提升现有诊断水平，尤其在医疗水平相对落后的地区也能够惠及，从而普遍提升社会整体医疗水平。另一个方面，大数据能够辅助与患者沟通。利用大量的数据支撑模拟场景，让患者了解在不同环境和行为的影响下，病情将会如何发展。通过医患之间的沟通，医生对于病情针对性的施策得以更顺利地开展，而患者对病情发展得以深刻地认识，促进其配合治疗的意愿和能动性。大数据的应用对缓解医患关系也起到积极作用。

（2）预防应用方面。"以人民健康为中心"的思想转变势必大大增强疾病预防方面的数字化建设。凭借数字化医疗应用的加强和经验累积，一方面提升原有体检能力以反映真实的健康状态，再者也能够形成更为全面的健康档案，为后续预防和治疗提供详实的数据。影像数据被作为临床诊断最重要的依据之一，深入分析影像数据，运用智能算法实现对体检结果自动筛选分析，对疑似病例及时准确地分辨。另外也可借助人工智能技术增加体检的内容，如将肺功能检测和胸部低剂量电子计算机断层扫描（LDCT）检查可通过对病理图片的高精度比对，实现病情的早期筛选排除。随着算力和算法的进步，人工智能在预防领域将发挥更大的重要作用。

（3）疫情防护应用方面。2020 年初，新冠肺炎疫情考验了我国的卫生体系，暴露了现阶段我国紧急公共卫生事件应对能力的短板，也促进了对"完善重大疫情防控体制机制，推进国家治理能力现代化"更深刻的认识。通过加大对公共卫生体系建设的投入，以国家治理体系与治理能力现代化助力推动建立更完善的公共卫生体系。

聚焦数字化技术提升疫情的防控能力有几个方面应用：

① 用互联网构建疫情信息发布渠道，及时传播防控知识，及时澄清制止谣言的发生，积极引导社会舆论导向以避免恐慌，防止抵制情绪推动疫情加速蔓延。

② 借助定位技术发现人员活动历史轨迹，构建更为精确的个人图谱，主动掌握其密切关系者。

③ 应用人工智能结合物联网感应能力尽早发现疑似病例，进行隔离诊断和治疗。

④ 用区块链建立治疗数据库，在满足跟踪分享治疗经验的同时也满足保护病人个人隐私的需要。

⑤ 对疫情和治疗信息的监控，创新模型算法对治疗效果进行评估和调整，用自动化智能化技术手段提升诊疗效果，缓解医生负担。诊疗信息综合分析数据能够为政府应对疫情，进行管理施策，提供不可或缺的科学依据，是提前布局安排、调配资源、优化配置、制定策略的重要参考。

（4）数据存储方面。根据麦肯锡咨询公司的数据估算，到 2020 年，医疗数据将急剧增长到 35ZB，相当于 2009 年数据量的 44 倍，其中，医疗机构的电子计算机断层扫描（CT）、磁共振（MR）等影像数据增长占据了绝大部分的份额。此外国家政策对医学影像要求保持 15 年以上，数据量庞大。

（5）数据安全方面。目前政策上已经支持第三方机构构建医学影像、健康档案、检验报告、电子病历等医疗信息共享服务平台。因此个人医疗信息将不再只是存在于医院之中，若个人信息保护不到位被非法利用，将助长健康灰色产业链生长。运用大数据解决数据存储问题，运用区块链确保信息的安全是可行的技术手段。

2. 数字教育工程设计要点

数字教育可帮助学生提高学习兴趣，帮助学校精准管理，协助老师因材施教。数字教育系统基于新一代数字技术的支持，可以推动实现教育公平，提高教育质量。数字教育系统的设计关注如何对教育形式转变的支撑，激发学生的创造力，提高学生体验感和自我监管能力。

（1）对教育形式转变的支撑。用技术推动教育方式更加开放。教育体系组成要素的开放，即课程、教材、教育时长、培养目标，以及师生、教学环境已经打破传统教育的时空限制，技术加速推动这一过程。物联网技术使得授课形式更加多样，教材类型更加丰富；应用移动互联网，配合教育策略的改革和教育思路的转变，使得人们获得按需教育的平等机会。视频采集技术对学员行为进行记录，结合大数据算法帮助教育水平评估，实现主动知识推送，助力深度学习需要，也可用于教师对具体学员选择针对性的教育策略，因材施教更具科学性。

（2）助力知识的创造过程。数字技术提供了对知识本质进行探究的更多可能性，也为知识创造提供了拟真的条件和资源。以物联网、移动互联网、AR、VR等技术构建功能强大的拟真环境，开发出更适合表现知识特点的工具，更大限度激发学员的好奇心和创造力。

（3）注重营造应用的体验感。当主动学习变为常态，需要注重用户体验的设计，具备人性化使用体验的系统利于培养用户习惯，增加用户粘性。采用数字技术推动传统学校环境转变，改善教育条件，强化学校作为教育体验场所的功能，并为线上教学过程提供有价值的参考数据。掌握线下学校学习相关信息，有助于在线上学习过程中实施更有针对性的辅导和知识补充，帮助完善学生知识体系，实现教育资源线上与线下深度融合、教育过程线上与线下无缝衔接。

（4）以技术手段增强自我监管能力。《关于促进在线教育健康发展的指导意见》明确加强对互联网教育的监管。因此，教育平台自身应具备教育行为跟踪、教学内容审核、知识产权管理等能力，利用人工智能自动分析手段及时感知违规或高危行为的发生，实现自我监管，体现行业自律，同时能够提供符合上级要求的监管数据，助力监管部门协同和区域协同，提高监管效能。

3. 智慧养老工程设计要点

智慧养老是面向居家老人、社区及养老机构的传感网系统与信息平台，并在此基础上提供实时、快捷、高效、低成本的，物联化、互联化、智能化的养老服务。智慧养老系统设计关注适应老年人生理特殊性而产生的多种应用场景，使老年人需求得到更快更优的响应。在工程设计中可重点关注以下几个方面：

（1）关注居家养老场景。作为养老体系的基础，在居家养老场景中可运用互联网、物联网等技术手段，以数据融合创新居家养老服务模式，完善诸如紧急呼叫、家政预约、健康咨询、物品代购、服务缴费等信息服务，为高龄老人、低收入失能老人设计智能化设备自行感知、获取需求数据，降低老人使用门槛。同时，以更有效的数据互通交换，社区、机构能预先掌握、跟踪和分析老年人个体需求，从而实施更好的服务策略，制定精细化的服务措施。此外，建设完善数据采集交换、数据安全存储体系，归集政府、机构、社区等多方面数据，也为等级评定体系的构建夯实基础。

（2）注重技术与场景相结合。养老产业在社会发展快速变化及国家政策的推动下，将会不断诞生很多新的概念和模式，从目前发展趋势和老年人需求及特点来看，复合型养老产业将从中脱颖而出。当前兴起的"康养＋田园＋养老""旅游＋研学＋养老""智慧＋科技＋养老"等复合型场景必然强调场景之间的融合。运用大数据分析挖掘能够将场景间深层次的隐藏关系呈现，利于服务提供方及时调整服务策略，优化服务的供给方式。

（3）关注对个性化需求的匹配。物联网设备朝着智能化发展，带动了养老设施的升级。当前智慧养老主要还是面向居家养老、社区养老及机构养老的传感网系统与信息平台建设，在此基础上提供实时、快捷、高效、低成本的物联化、互联化、智能化养老服务。未来，人工智能与物联网设备融合的 AIoT 设备，可用于更聪明地感知不同老年人个体的需求，借助广泛、智能化的数据收集能力，为精细化服务方案定制提供重要的依据。

4. 数字文旅工程设计要点

数字文旅工程是以信息化、数字化手段，采用云计算、大数据、物联网、智能化设备，通过建设文旅大数据分析及文旅相关的应用系统，推动文旅业务的数字化发展进程，数字文旅工程设计一般重点关注以下几个方面：

（1）在技术应用方面重点关注文化遗产的保护、资源展示、数据分析等板块。信息技术与文化旅游资源的紧密结合加快了文旅产业的数字化进程，借助 AR、VR，结合历史故事、古迹、文物等赋予文旅资源生命和活力，通过进一步包装和演绎，让文化自己的感染力感染受众，使文化更加完整具象，以此满足大众对历史文化的探究。物联网＋传感器的结合，融合 AR、VR 技术，一方面通过无处不在的物联网覆盖，针对壁画、古陵等重点文化遗产环境进行实时监控，结合大数据分析技术，对文化遗产进行有效管理、客观评估；另一方面，依托数字技术，扩大文化旅游资源的开放范围，开辟文旅产业发展新途径。

（2）在数据的整合和互通方面要重点考虑文旅行业的特殊需求。在文旅产业链上包括参观消费住宿、文旅企业、管理部门等参与者，各个主体对数据有着不同的需求和应用。消费住宿对文旅信息及服务信息较关心，文旅企业希望借助数据洞察文化产业、旅游产业热点趋势挖掘增长点，管理部门则希望掌握更多的监督信息，及时发现管理短板。因此，通过视频联网、物联网、移动通信、智能终端等方式采集和汇总各类文旅相关线上数据，实现文旅信息的整合，并借助统一数据标准降低数据共享成本，方便针对不同文旅产业参与者提供差异化、相关性强的数据。通过分布式资源部署，同构、异构数据资源的存储、分析，构建结构合理、内容丰富、品质精良。

（3）在数据及应用分析中要融合多种分析方式，确保分析结果全面、客观。及时、准确把握文化动态与预测发展趋势是政府决策层开展经济工作的第一要求。趋势分析预测主题对经济发展运行的各项关键指标进行连续性观测、分析、预测，直观展示经济发展的动态，并对其规律性进行揭示，为领导制定相关的政策和策略提供技术支撑。数据分析综合 GIS 系统能够使地理信息和产业登记地理信息数据结合显示，对文化数据进行多角度分析的分析，提供点图、柱图、饼图、线图、热图、网格图、梯度图、气泡图、流向线图等多种展现方式。

（4）在应用系统的设计上要综合考虑线上线下资源有机融合，打造文旅生态圈。通过线上信息和线下文化及旅游资源的结合，打造线上文化云平台和线下文化生态圈，让数字技术与文化传播、资源管理、产业开发、监督管理愈加紧密结合，促进各方协调和谐，达到共同发展壮大的目的。打造生态圈必须以能力开放和数据共享为手段，没有流程的衔接和数据的共享，文旅产业链各环节将无法打通形成合力，而优势互补也无从谈起。

11.4　数字社会工程设计的重要技术

数字技术帮助实现数字社会工程提出的构想，是工程达成设计目标的重要保障。新一代数字技术赋予了数字社会工程创新的动力，技术越发展，创新越活跃，社会治理和民生服务中的应用场景就越丰富。

11.4.1　虚拟现实技术

1. 技术概况

虚拟现实技术指的是采用以计算机技术为核心的现代信息技术生成逼真的视、听、触觉一体化的一定范围的虚拟环境,用户可以借助必要的装备以自然的方式与虚拟环境中的物体进行交互作用、相互影响,从而获得身临其境的感受和体验。

虚拟现实技术具备沉浸性、交互性、多感知性、构想性、自主性等特点。

随着技术和产业生态的持续发展,虚拟现实的概念不断演进。依据《虚拟(增强)现实白皮书(2018 年)》的划分方式,虚拟现实涉及多类技术领域,可划分为五横两纵的技术架构,"五横"为近眼显示、感知交互、渲染处理、网络传输和内容制作相关技术,"两纵"则为虚拟现实、增强现实这两类领域对技术的应用。

2. 数字社会工程中的应用场景

(1)在旅游行业中的应用。旅客能够利用虚拟现实技术提前了解景区各方面的信息及服务,为自己的旅行计划及攻略制定获得准确的参考,并通过沉浸式体验,详细、真切地了解文物古迹的历史进程及发掘现场,掌握更多专业知识。通过虚拟现实技术,还能近距离观察难以亲身到达的地方,在虚拟世界中可以体验危险不宜亲身踏足的自然区域,以安全的方式满足游客的猎奇体验。

(2)在教育中的应用。虚拟现实技术已经成为促进教育发展的一种新型教育手段。虚拟现实技术的应用改变了传统教育只是单向给学生灌输知识的做法,利用虚拟现实技术帮助学生打造生动、逼真的学习环境,使学生通过真实感受增强记忆。利用虚拟现实技术进行自主学习更容易让学生接受,更容易激发学生的学习兴趣。此外,各大院校利用虚拟现实技术还建立了与学科相关的虚拟实验室,帮助学生更好的学习。

(3)在医学方面的应用。专家们利用计算机在虚拟空间模拟人体组织和器官,便于让学生进行模拟操作,并且能让学生感受到手术刀切入人体肌肉组织、触碰到骨头的感觉,使学生能够更快地充分领悟和掌握手术要领。而且,主刀医生们在手术前,也可以在虚拟空间建立一个病人身体的虚拟模型,模拟一次手术预演,这样能够大大提高手术的成功率。

11.4.2　自然语言处理技术

1. 技术概况

自然语言处理属于人工智能领域一个非常重要的分支,是计算机科学和计算语言学中的一个领域。自然语言处理是指用计算机构建出表示语言能力和语言应用的模型,用于对自然语言的形、音、义等信息进行处理,围绕字、词、句、篇章等非结构化数据进行识别、分析、理解、生成等操作。语义是指单词之间的关系和意义,自然语言处理的重点是帮助计算机利用信息的语义结构(数据的上下文)理解含义。计算机可以利用模型处理结果,执行进一步的处理和操作。

自然语言处理的发展过程中,最初以经验主义研究方法为主导,后来理性主义则成为主导,发展到现阶段,从工程化和实用性角度考虑,研究方法趋向于将经验主义和理性主义进行结合。基于统计的自然语言处理方法的理论基础是经验主义,而基于规则的自然语言处理方法的理论基础是理性主义。

自然语言处理主要技术有分词、信息抽取、词性标注、句法分析、指代消解、词义消歧、机器翻译、自动文摘、问答系统、语音合成、信息检索等。

预训练 BERT 算法已经证明在十多项 NLP 任务中超越了最优的算法,成为当前自然语言处理的热点算法。

2.数字社会工程中的应用场景

（1）机器翻译。随着通信技术与互联网技术的飞速发展，信息的急剧增加以及国际联系愈加紧密，让世界上所有人都能跨越语言障碍获取信息的挑战已经超出了人类翻译的能力范围。机器翻译因其效率高、成本低满足了全球各国多语言信息快速翻译的需求。机器翻译属于自然语言信息处理的一个分支，能够将一种自然语言自动生成另一种自然语言又无需人类帮助的计算机系统。目前，谷歌翻译、百度翻译、搜狗翻译等人工智能行业巨头推出的翻译平台逐渐凭借其翻译过程的高效性和准确性占据了翻译行业的主导地位。结合计算机视觉、图像处理、超高清视频等技术，可以做到在实景拍摄中直接同步翻译场景中存在的文字，并实时显示，方便国外旅游时使用。

（2）社会舆情分析。利用自然语言处理技术，可从全网进行多维度挖掘分析针对某一事件、地域等进行多维度分析。进一步，通过大数据和人工智能深度学习实现舆论事件发展、演变的研判。帮助相关管理部门实时预判舆情的动向、其中存在的风险或机遇，为政策的制定提供有力参考。因此，自然语言处理的一个主要应用是获取这些新闻、评论、社交明文内容，并以一种可被纳入算法的格式提取相关信息，帮助开展社会舆情分析。

（3）文本情感分析。在数字时代，信息过载是一个真实的现象，我们获取知识和信息的能力已经远远超过了我们理解它的能力。并且这一趋势丝毫没有放缓的迹象，因此总结文档和信息含义的能力变得越来越重要。情感分析作为一种常见的自然语言处理方法的应用，可以让我们能够从大量数据中识别和吸收相关信息，而且还可以理解更深层次的含义。通过文本情感分析，能够从侧面理解社会服务供给水平，作为人民生活幸福指数的一种参考。

（4）自动问答。随着互联网的快速发展，网络信息量不断增加，人们需要获取更加精确的信息。传统的搜索引擎技术已经不能满足人们越来越高的需求，而自动问答技术成为解决这一问题的有效手段。自动问答是指利用计算机自动回答用户所提出的问题以满足用户知识需求的任务，在回答用户问题时，首先要正确理解用户所提出的问题，抽取其中的关键信息，在已有的语料库或者知识库中进行检索、匹配，将获取的答案反馈给用户。借助自动问答，可以让广大人民群众有效降低使用数字化服务的门槛，以更自然的方式与计算机交流，更快捷地获得服务。

（5）个性化推荐。自然语言处理可以依据大数据和历史行为记录，学习用户的兴趣爱好，预测用户对给定物品的评分或偏好，实现对用户意图的精准理解，同时对语言进行匹配计算，实现精准匹配。例如，在教育服务领域，通过用户阅读的内容、时长、评论等偏好，以及社交网络甚至是所使用的移动设备型号等，综合分析用户所关注的信息源及核心词汇，进行专业的细化分析，从而进行教育方式的调整，实现教育个性化服务，最终提升学习效果。

（6）智能家居。智能家居技术给人们的日常生活带来了极大的便利，语音技术的需求也随之提高，在线语音后的离线语音技术被视为智能家居新的增长引擎。到 2023 年，21% 的智能家居将拥有远程监控和控制，设备支出将占智能家居设备总支出的 52%。未来，离线语音以及离线加在线语音等多种语音形式，将更加广泛地应用于智能家居、智能办公等多种场景。采用离线语音需要事先解决的基本问题包括本地语音识别、本地计算、部分的数据训练。相应的，对于硬件的要求就是低功耗、低成本、快速响应。

（7）征信领域。借助对文本和语言信息内容进行综合分析，可以实现智能征信和审批，极大地提高工作效率。通过多渠道获取用户多维度的数据，如通话记录、短信信息、购买历史，以及社交网络上的相关留存信息等，运用神经网络算法对自然语言内容进行处理，从信息中提取各种特征建立模型，完成用户画像。最后，根据模型评分，对用户的个人信用进行评估。

11.4.3 高清视频技术

1. 技术概况

超高清技术是高清技术的延伸，代表了近年来音视频产业发展的主要方向。与高清技术（1920×1080，约200万个像素）相比，4K（3840×2160，约830万个像素）超高清像素数为高清的4倍，理论清晰度为高清的2倍，8K（7680×4320，约3300万个像素）超高清分辨率为高清的16倍，理论清晰度为高清的4倍。超高清视频提升了分辨率、亮度、色彩、帧率、色深、声道、采样率等指标，更高的技术指标，给观众带来极为清晰、逼真和沉浸感的画面，也使音视频数据量成倍增长。

2. 数字社会工程中的应用场景

（1）安防监控场景。4K超高清技术主要应用在"大场景＋小细节"的环境中。结合全景技术，4K摄像机能实现更广角度的监控，纵览全局；同时，4K画面丰富的细节可以让各个部门进行信息共享，不用为了看清不同区域而架设多台摄像机，达到节约投资成本的目的。例如，在火车站广场前使用一个4K摄像机，监控范围基本能够覆盖整个站前广场，同时基本能够看清行人的面貌；如果抓拍车牌，高清摄像机能拍下一条车道，4K则可以直接拍摄4条车道；在十字路口安装一台4K摄像机，能够覆盖路口4个方向的车辆监控。4目8K超高清全景摄像机也已经应用在部分电力巡检领域中。"5G＋安防＋AI"已成为智能超高清视频应用未来发展的方向。

（2）文教娱乐场景。高清节目的拍摄需要高清摄像机的支持。当前4K纪录片的节目制作设备应具备超级35毫米单片图像传感器，支持ITU-R BT.709和BT.2020色域标准，4K超高清模式下视频记录帧率应≥60P等指标。4K超高清全画幅制作则要求全画幅成像器≥36×24mm、内置机械灰度滤光镜（ND）≥8档、宽容度≥14档、RAW图像格式记录≥16bit线性等指标。在2020年新冠疫情期间，基于"互联网＋5G＋高清"的"云课堂"高清系列课程，已经能够为学生群体开展远程线上教学服务，保障防控疫情期间学校"停课不停学"。

（3）医疗健康场景。高清视野摄像机实现了全高清视频信号的接入、采集和录制，以及高达60帧的视频输出，学员通过网络即可实时观摩手术，不再受限于手术室空间及观摩视角。超高清医疗监视器对细部实现更精细入微的展示，作为疾病诊疗的有效手段，内窥镜不仅可以帮助医生精准地发现病灶，还能够让医师在留下更小创伤的前提下进行手术治疗，具有很高的临床应用价值。在进行内窥镜诊疗时，设备的清晰度显得更为重要。超高清影像系统拥有4K级别分辨率，是全高清分辨率的4倍，能够为医师精细显示手术中的细微血管、神经和筋膜层次，有效帮助医师进行高效准确的手术治疗。采用BT.2020色域标准的超高清医疗监视器，是目前显示设备中最大的色彩空间，能够更加接近于人眼视觉，并可根据手术方式及医师的手术习惯设定最合适的颜色，更方便医师观察血管和病变部位。

（4）智能交通场景。超高清车载行车记录仪提供广角、高清晰度的图像采集能力，对行车事件进行记录，更方便回放时查看细节，而在车内实现实时的4K超高清图像显示，则需要超高清车载显示器。基于高精度图像的采集，车内和云端的人工智能算法能够加以应用，提供行车辅助等更多智能化功能，让交通更安全顺畅。

11.4.4 红外热成像技术

1. 技术概况

热成像技术是指利用感红外探测器和光学成像物镜接受被测目标的红外辐射能量分布图形，并反映到红外探测器的光敏元件上，从而获得红外热像图，这种热像图与物体表面的热分布场相对应。

通俗地讲，热成像就是将物体发出的不可见红外热辐射能量转变为可见的视频图像。

热成像技术经历了光子单元探测为主、致冷型红外焦平面阵列为主、非致冷红外成像技术为主三个发展阶段。

目前国内的热成像摄像机主要分为监控型和测温预警型两大类。

（1）监控型热成像摄像机主要提供实时视频图像，通过伪彩图像来观察监控物体的温度分布，技术含量和价格都比较低，对于大部分并不需要精确测温的市场应用较为普遍。

（2）测温预警型产品除了提供实时的视频图像外，还可以提供画面中各像素点的温度信息，并能提供多区域测温模式，测温型热成像摄像机主要应用于电力在线测温、人体测温等需要精确掌握物体温度的场景。

2. 数字社会工程中的应用场景

（1）防疫场景中移动测温。基于 5G 的测温巡逻机器人系统，用于红外测温筛查及防控指挥，助力防控工作。该机器人不仅可以以红外方式在距离人体 10 米范围进行精密测温，还可以进行口罩识别，对于体温超过预警值或没有规范佩戴口罩的人员，机器人会现场通过高音播报发出温度告警和提醒。无论是固定点位值守还是巡逻，依靠机身上搭载的高清视频都可以无死角观察现场，红外热成像等各类监测数据都可通过 5G 网络同步传送到后台，实现 24 小时全天候监测。

（2）防疫场景中的快速监测。红外热像仪利用热红外成像技术仅需 1 秒钟就能检测出人体温度，并且避免了传统测温需要人员近距离接触的问题，能够实现区域人员识别、精确人员温度检测，测温精度可达 ±0.3℃。在车站、机场等人流大、行动速度快的场合中不仅可以有效提高车站运作效率，还可以大大提升车站安全系数，避免因近距离接触导致的人群交叉感染。

（3）应急管理中侦测火灾。在大面积的森林中，火灾往往是由不明显的隐火引发的，采用传统防灾方式执行效率低且很难发现此类隐性火灾苗头。防山火视频监控系统采用双波段热成像摄像机，可对监控区域进行可见光视频和红外辐射的同步监测，一旦发生山火，双波段热成像摄像机探测到温度超过设定阈值即可自动报警。监控人员可结合温度数据和实时视频画面进行判断并快速响应，把火灾消灭在最初阶段。

第 **12** 章　数字社会工程设计案例

献石寻贝　求索之识[1]

　　数字技术的广泛应用和长足进步，催生社会新业态，带来社会各领域前所未有的变化，进而形成数字社会，并持续完善和不断创新。各行各业正积极探索数字社会工程设计的新应用、新业态、新模式。形成大量的设计成果，使民生服务更加优质便捷、城乡数字鸿沟加快缩小、居民生活品质显著提升、数字惠民红利加速释放，人民群众在数字社会中的获得感和幸福感得以巩固和提升。

　　我国数字社会产业门类众多，数字社会工程涉及各行各业，不一而足、不胜枚举。本章从我们设计过的视频监控、文化、医疗各选出一个典型的设计案例，分别以"守正拓新护万家""聚数兴文求精品"和"敬佑生命筑大网"为题逐一阐述。这仅是我们求索之识，希望能收到献石寻贝之效，对读者有所帮助。

12.1　守正拓新护万家——市级平安城市视频防控系统设计案例

　　城市视频防控系统不仅是平安城市的守护之眼，更是实现智慧交通、智慧基建、智慧政务、智慧教育和智慧医疗的奠基石。随着云计算、大数据、物联网、人工智能等各种新技术不断涌现和深化应用，数据处理、数据共享、数据挖掘、数据分析、数据应用等大数据技术成为平安城市视频防控系统发展的关键技术，未来的平安城市将建立自感应、自适应、智能化的社会治安防控体系，实现平安城市智慧化发展。通过完善技术标准，强化系统联网，分级有效地整合各类视频图像资源，逐步拓宽公共安全视频在政府部门、社会单位及各行各业的应用领域，加强治安防控、优化交通出行、服务城市管理、创新社会治理。

　　本节介绍一个市级平安城市视频防控系统的设计案例，此案例是我们从近年来多个平安城市项目的咨询设计工作中挑选出来，具有代表性和可操作性，旨在抛砖引玉，给同行在类似系统设计中带来启发，相互借鉴学习，提升信息化项目的咨询设计服务水平。

12.1.1　设计总体要求

1. 项目规模

　　本项目建设范围涵盖该市及 11 个县区，完成全市主要道路、重要区域、案件多发地段等重点布控。项目建设内容包括城市防控前端（治安高空瞭望监控、重点区域监控、治安卡口、人脸卡口、鱼球联动、热成像检测）、云计算集群、云存储系统、视频防控综合应用平台、移动警务应急指挥系统、数据容灾备份系统、网络传输系统、安全系统、机房及配套工程等，具体规模详见表 12.1。

2. 设计目标

　　本项目以科学发展观为指导，按照发改委发布的由九部委联合出台的《关于加强公共安全视频监控建设联网应用工作的若干意见》（发改高技 [2015]996 号）要求，确保到 2020 年，基本实现"全域覆盖、全网共享、全时可用、全程可控"的公共安全视频监控建设联网应用目标。同时，为打造一个"全省领先，国内一流"的立体化城市视频防控系统，逐步拓宽公共安全视频在政府部门、社

———————————
1）佚名。

表 12.1　项目规模及内容总表

系统名称	子项目名称	项目规模及内容
平安城市视频防控系统	城市防控前端	治安监控点位 6270 个（球机 2236 台，枪机 6310 台，热点采集相机 1000 套，热成像相机 500 台）
		治安卡口点位 194 个（环境枪机 420 台，环境球机 194 台，卡口枪机 530 台）
		人脸卡口点位 500 个（人脸卡口枪机 600 台）
		鱼球联动点位 50 个（鱼眼球机 50 套）
		高空瞭望监控点 50 个（高空球机 50 台）
	云计算集群及云存储系统	云计算、云检索服务
		大数据分析服务
		应用基础服务
		城市防控前端云存储系统
	视频防控综合应用平台	公共安全视频联网共享子系统
		扁平化指挥调度
		人脸识别系统
		智能行为分析
		人像大数据应用系统
		视频浓缩摘要扩容
		车辆大数据研判、布控
		车辆二次识别、特征分析
		卡口积分研判
		案事件视频图像信息库扩容
		视频图像信息库
		警务业务数据对接
		机动车缉查布控扩容
		海量卡口数据检索
	移动警务应急指挥系统	3G/4G 移动图传终端 30 套及执法单兵仪 300 套
	智能综合运维系统	新建一套智能综合运维系统
	数据容灾备份系统	新建一套数据容灾备份系统（含 11 个县的数据库备份）
	安全系统	万兆安全边界接入平台一套
		互联网安全边界接入平台一套
		PKI 数字证书验证
		视频专网及业务内网防火墙两台
		视频专网及业务内网防毒网关一套
		审计系统一套
		入侵防御系统（IPS）两台
		漏洞扫描系统一台
		安全管理中心（SOC）一套

会单位及各行各业的应用领域，加强治安防控、优化交通出行、服务城市管理、创新社会治理。具体设计目标如下：

（1）规范建设、标准先行。依据国家、省及本地的相关文件，严格执行相关规范要求，按互联互通标准化、数据共享标准化、运维标准化以及存储标准化原则，确保项目建设落地。

（2）合理高效、创新应用。通过按"圈、块、格、线、点"和"高低结合、远近协同、多维采集"

的布点模式开展前端视频防控网络建设，实现对城区、郊区及乡镇重点公共区域视频监控全覆盖、无盲点监控。此外，运用最新的云技术、人工智能、大数据分析和传感器融合等先进技术，提高计算能力进而提升网络和数据共享的效率，通过对视频数据的分析、挖掘，提供丰富的实战应用和大数据应用辅助公安部门决策。

（3）有限联网、整合共享。依托平安城市的视频专网资源，构建城市视频大联网，通过视频图像信息联网共享子系统完成对政府机关、企业单位以及社会面视频图像资源的整合，并与公安网、政务外网等进行有限的互联，数据可面向政府、企业、公众提供按需接入、授权共享。

（4）分级保障、安全可控。采用分层运维管理体系和信息安全体系，提升视频系统的整体运行维护管理水平，实现重要视频图像信息不失控，敏感视频图像信息不泄露。

12.1.2　项目设计任务

（1）完善重点公共区域前端感知网络。按照"圈、块、格、线、点"布局模式，构建市级立体化多层次防控网络。治安监控覆盖整个市区及郊区，对本市所有道路及本市管辖区域的国道、省道、县道上的国界、省界、市界、县界地区的边际出入口布设卡口，进行全局管控。同时按照"整体规划、分步实施"的原则，运用最新技术，通过部署监控点和监控网络、管理平台及机制的建设，建立和完善全市监控报警联网系统，实现对全市范围内重点单位、重要目标、交通要道、各大商场、超市、宾馆、住宅小区、车站、医院、学校、治安复杂场所等防范重点区域的全覆盖、无盲点监控。

（2）建立市级视频云平台，推进视频图像信息大数据智能化应用。建立市级公共视频监控资源共享云数据中心，通过集中建设，全网共享，推动实现政府各部门、各单位图像信息共享平台资源共享，实现跨县区、跨部门视频图像信息的互联互通，在优化交通出行、服务城市管理、创新社会治理等方面取得显著成效。

（3）进一步加强视频防控网基础设施建设，完善安全保障及运维体系。进一步完善城市视频监控系统联网架构，建成运行高效的网络传输通道。建立健全信息安全保障体系，从而实现物理安全、通信网络安全、区域边界安全、主机和应用安全等，以满足信息系统全方位的安全保护需求。全网智能运维保障系统以运维流程和服务考核为导向，做到对视频业务系统及其基础支撑运行环境的可视、可控、可管理，实现设备故障主动监测、运行状态可视监控、日常维护规范管理、运维服务量化考核的目标，提升视频系统的整体运行维护管理水平。

12.1.3　项目架构设计

1. 总体设计思路

本方案拟从系统构架、技术运用、装备落实、运维组织等几方面来保证目标的实现，重点在于以下四个环节：

（1）以物联智能感知、全城全网的理念来主导系统的建设：

① 在根据市城区的实际情况合理分布、酌情选配相关的前端设备的同时，赋予其属性、记录其特征并酌情配置智能感知的功能，使其成为物联的基本单元。

② 运用物联网技术，让全系统所有设备均在物联网的平台上运行，实现端到端无障碍但有条件的信息通信，建立真正意义上的全城全网、智慧感知的公共安全视频联网应用云平台系统。

（2）以大数据和云计算等为先进技术进行系统的核心设计。在系统建设中，采用基于云计算、大数据、物联网、移动互联、智能视频等技术相结合的视图云数据中心平台，形成端到端、整体的"可感知、可防控、可研判"的大数据智慧平安城市构架。

（3）运用智能运维管理和人机结合的手段来保障整个系统的正常运行。系统运维采用智能运维平台进行管理，平台充分运用智能分析、故障检测和工作流引擎等技术，实现故障预警报警、流转处理、统计报表等功能；运维平台能提供相关的研判和提示，为运维提供决策依据，从而能够快速和准确地进行系统维护的指挥调度，最大限度地实现人机合一。

（4）建立健全信息安全保障体系。实现物理安全、通信网络安全、区域边界安全、主机和应用安全等多维度防护目标，以满足信息系统全方位的安全保护需求。

2. 系统总体架构

本项目总体架构采用多层设计架构，按照自顶向下的分层结构化方法进行设计，总体架构如图 12.1 所示。

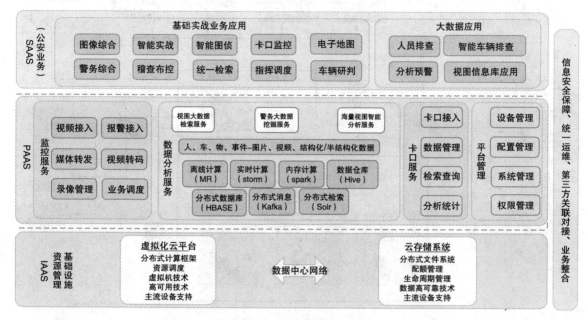

图 12.1 系统总体架构图

系统总体体系架构主要包括以下七个部分：

（1）基础设施服务层（IAAS）。主要包含基础设施、基础设施组成的资源池，以及基础设施的云服务。

（2）视频大数据平台服务层（PAAS）。通过 IAAS 提供的基础资源，PAAS 层主要提供视频相关的基础平台服务和视图大数据平台服务。

（3）视频防控应用系统服务层（SAAS）。在提供的基础视图服务和视图大数据服务基础上，部署和使用目前先进的图侦和图综应用系统，满足"事前、事中、事后"三大业务场景，拉通"警情线、指挥线、案件线"三条核心业务线。

（4）信息安全保障系统。本系统主要包括安全域的隔离、IT 基础设施安全、虚拟化与云计算安全、业务服务本身可用性、安全管理机制等。

（5）统一运维管理系统。本系统主要提供所有资源（不同厂商、不同种类的硬件设备和云化资源池）监控与运行维护、资源调度、运维流程管理、机房基础设施管理、视频业务管理等运维管理功能。

（6）第三方关联对接。公共安全视频联网共享平台，需要给上层各类视频应用及其他系统提供各种层面上的平台接口服务，以便加速各类应用系统视频监控相关业务应用的开发和部署，推动视频监控资源在各类业务系统中的广泛共享和应用。

（7）业务整合。平台的建设需要按照 GB/T 28181-2016《安全防范视频监控联网系统信息传输、交换、控制技术要求》的技术规范和接口标准要求，与已建设的视频监控平台资源实现无缝整合。

3. 系统网络架构

本项目建设的高清视频监控网络将采用全数字模式，整个数字网络采用分布式三层交换架构，分为核心层、汇聚层、接入层三个层面，其中网络核心层节点设置在现有数据中心机房，网络汇聚层节点也设置在运营商机房，网络接入层节点设置在运营商接入机房或前端接入监控点。

系统网络架构如图12.2所示。

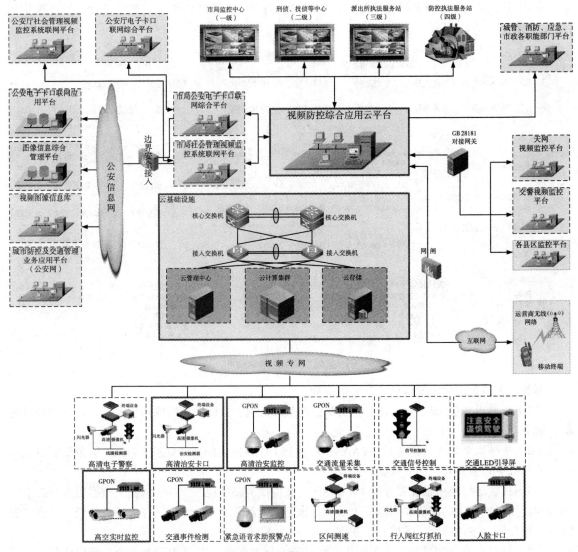

图 12.2　系统网络架构图

4. 本系统与其他系统的关系

视频防控综合应用云平台的设计将按照智慧云的技术演进路线，同时遵循国家标准《安全防范视频监控联网系统信息传输、交换、控制技术要求》GB/T 28181–2016 开展跨域联网。视频专网的视频防控综合应用云平台负责与业务内网的视频图像信息联网平台对接，推送的视频图像资源，保障业务内网各级防控单位用户的图像调用需求。其次，视频防控综合应用云平台汇聚接入新建的治安监控点和治安卡口点，同时通过各类技术手段整合现有天网视频监控平台、11 个区县天眼平台及交警部门的视频监控资源，实现全市所有视频资源的统一管理和调度。视频专网的视频防控综合应用云平台负责与省级视频图像共享平台级联，通过视频专网实现市级视频图像资源向省级平台推送。此外，视频专网的视频防控综合应用云平台负责与社会资源网的社会资源管理平台对接，通过安全边界汇聚社会资源管理平台推送的视频图像资源。

12.1.4　项目的应用支撑系统设计

1. 信息资源规划和数据库设计

1）信息资源规划

在安防管控工作中所收集、整理、加工、传递和利用的一切信息具有社会性、可证性、可信性、时效性等特征，这些信息是城市安防管控工作的基础，是提高政府安防管控能力、建设平安城市的工具。

以实现信息资源的综合利用为目标，对城市监控资源进行科学的分析和归类，建立统一、完善、标准的数据资源中心，实现各数据使用部门的信息共享。

经过对数据资源的分析，数据资源主要包括以下内容：日常管理数据和应急管理数据两大类。日常管理数据主要包含外围集成的相关数据；应急管理数据按数据变化性质分为静态数据及动态数据子类等。根据业务管理的不同要求，可以从不同角度对信息资源进行规划。

（1）按信息资源的内容进行规划。按照内容划分，可以将信息资源划分为 GIS 数据、网络安全管理数据、管理对象（人、车、证）信息数据和业务系统数据等。

（2）按信息资源的形式进行规划。按照形式划分，可以将信息资源划分为文本、文档资料、图像、视频等信息。

（3）按信息资源的用途进行规划。按照用途划分，可以将信息资源划分为业务支撑、业务管理、决策支持三类应用信息。

（4）按信息资源的使用范围进行规划。按照使用范围划分，可以将信息资源划分为公开信息、内部信息。

（5）按信息资源的实时性进行规划。按照实时性划分，可以将信息资源划分为实时信息、后备信息。

2）数据库设计

（1）数据库体系结构。数据库体系架构在逻辑层次上分为五个层次，自下而上分别为数据接入、数据集成、数据存储、数据服务、分析应用。整个体系运行有数据标准体系及基础系统功能支持，如图 12.3 所示。

图 12.3　数据库体系结构图

① 数据接入层。在该架构中最底层是基础的数据接入层。其主要功能是对项目各项应用系统的数据实现无缝的动态接入，并能访问分布在系统中的基础业务数据。该层提供丰富的接口适配器，满足各种应用系统的动态接入能力，实现数据动态集成。

② 数据集成层。数据整合和集成的目的是为信息系统提供集成的、统一的、安全的、快捷的信息查询、数据挖掘和决策支持服务。为了满足这个需求，整合、集成后的数据必须保证一定的集成性、完整性、一致性和访问安全性。

③ 数据存储层。在该层建立数据存储的方案，该层提供数据库的所有功能，能够直接存储管理本地数据，也可将现有各类异构数据资源的数据，通过集成存储在该数据库中，还可直接存取已接入该平台的异构数据资源。提供读写双向数据存取支持，有效实现不同系统间的数据交换。

④ 数据服务层。数据服务层实现对外提供数据服务的接口，经过授权的用户，通过接口获取权限范围内的数据。数据的分析应用，参与数据交换、获取共享数据的应用系统，都是通过该层提供的服务获取数据。该层以多种方式提供数据服务功能，并能动态调整系统的负载均衡，保证优先级高的服务优先获取数据，均衡系统压力。

⑤ 分析应用层。在这一层主要是建立对数据的分析、利用，应用数据的方式很多，包括Web信息发布、查询，报表系统生成报表，这些工具可以购买第三方的成熟产品，也可进行开发。

（2）数据库建设方案：

① 数据库建设与整合的方式。采用信息资源规划的方法对现有信息资源进行科学、合理规划，在全面理清现有数据资源基础上，按照标准、规范开展数据整合与建库。基本流程如图12.4所示。

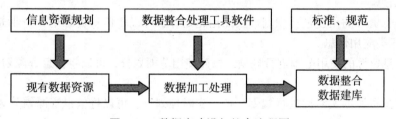

图12.4 数据库建设与整合流程图

·对于新建信息数据库，按照统一的标准、规范，同步建立信息数据库，为保证新建基础数据库的质量，数据入库前须进行严格的数据检查。

·对于新建的业务数据库，建立统一的数据库标准、规范，通过相关业务系统的运行，同步建立业务数据库。

·对于现有数据库的整合，根据同构同标准、同构不同标准、异构同标准、异构不同标准四种情况按照不同的方法分别进行整合改造。但必须坚持以不打破地方数据管理和存储体系，不改变各地基于数据库的应用架构为原则。

② 数据库数据类型及数据库部署。本项目数据库的数据类型有数字、文本和图像等，具体数据类型及相关属性涉及应用需求，其设计将按照相关文件并结合具体业务要求进行建设。

（3）数据库管理与更新维护：

① 建立数据库管理系统，统一管理和维护数据库。为了便于数据库的统一管理与维护，将数据存储和应用开发分开，面向不同的具体需求，开发便于数据维护和更新的基础数据库管理系统。

② 形成有效的数据更新机制。数据更新依赖于基层日常数据采集的基础数据库，采用自下而上的更新方式，由下级数据管理部门负责日常数据采集更新，通过增量备份的方式定期或者实时同步传送数据逐级向上更新数据库。

2. 大数据平台

视频云大数据平台服务层作为衔接上层应用与底层基础设施资源的桥梁，起着承上启下的作用。它将视图业务数据以应用需要的方式进行组织和处理，为应用提供各类服务引擎，包括基础的视频服务、卡口服务、平台管理服务引擎和大数据分析服务引擎，如图 12.5 所示。

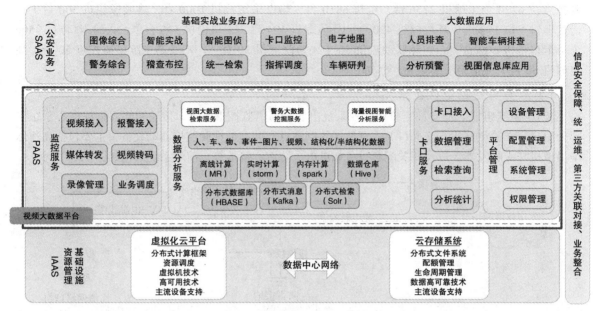

图 12.5　视频大数据平台框架图

大数据分析服务引擎采用 Hadoop（MapReduce/spark/strom）为代表的分布式计算引擎，可满足离线处理、近实时处理、实时业务不同需求。分布式数据库 Hbase 满足对海量结构化 / 半结构化数据存储和处理需求，大数据全文检索引擎（slor+spark）、数据挖掘引擎（spark\Hive）、视频图像智能分析引擎主要是通过智能分析算法，如智能摘要、车牌车系识别、人脸识别比对等，实现从非结构化的视频图像数据中识别提取出所需的人、车、物、事件描述信息的功能。

本次视频防控综合应用系统的视频大数据平台实现以下业务目标：

（1）构建基于大数据技术架构的平台服务，通过 IAAS 层服务并结合智能分析算法（视频摘要、车辆分析、人脸分析、图像增强、事件识别、人车目标分离等）和大数据应用框架（HBASE、Spark+slor、strom、Map/reduce、HDFS、Hive 等）构建先进视频大数据平台，弹性地对海量视频图像进行大数据分析处理和数据挖掘。

（2）非结构化数据结构化描述。提供对海量结构化数据、半结构化数据、非结构化数据的分析和处理，特别是将非结构化的视图数据转换为结构化描述信息。

（3）利用各种大数据分析挖掘技术架构，对这些数据进行深度分析和挖掘，提供更为可靠的预测性信息和综合分析研判结果。

（4）构建智能分析功能服务模块。满足视频摘要、车辆分析、人脸识别等不同视图智能处理需求，并提供分布式计算框架，提供对 150 路视频图像的并发视频摘要能力，提供对 350 路卡口图片的并发分析能力，提供对 350 路通道的人脸分析功能。

（5）构建的智能分析集群资源可动态共享，按需调配，符合业务需求。

（6）构建视频监控服务模块。满足视频接入、报警接入、媒体转发、视频转码、录像管理、业务调度服务等基础服务功能，同时视频接入和转发功能符合国标 GB/T 28181–2016 的定义与要求，提供媒体流转发服务。

（7）构建卡口服务模块。满足卡口数据接入、卡口数据处理服务等服务功能。

（8）构建平台管理服务模块。满足设备管理、配置管理、系统管理、权限管理等服务功能。

3. 城市防控前端系统设计

城市防控前端主要包括治安高空瞭望监控系统、重点区域监控系统。总体规划点位分别为治安监控点位 6270 个（球机 2236 台，枪机 6310 台，热点采集枪机 1000 套，热成像相机 500 台）；治安卡口点位 194 个（环境枪机 420 台，环境球机 194 台，卡口枪机 530 台）；人脸卡口点位 500 个（卡口枪机 600 台）；鱼球联动点位 50 个（鱼眼球机 50 套）；治安高空瞭望监控点 50 个（高空球机 50 台）；报警求助点 80 个。

1）治安高空瞭望监控系统

（1）系统组成。治安高空瞭望监控系统由前端高清监控摄像机、传输网络、指挥中心系统三部分组成。在关键路段、交叉口、重点地区等制高点安装高清视频监控前端设备，主要包括高速球型摄像机与光收发器，以及相关配套设备如供电、防雷、接地等，前端系统结构如图 12.6 所示。

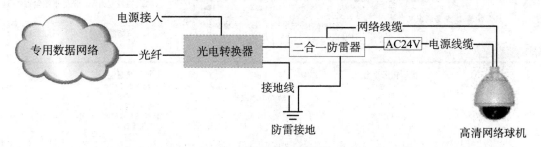

图 12.6 治安高空瞭望监控系统前端系统结构图

从高清视频监控前端路口到指挥中心通过光纤网络传输，负责采集的视频图像和各种控制信号的传送。

（2）系统功能。治安高空瞭望监控系统的功能特点如下：

① 电子透雾。方案采用业界先进的图像增强技术，实现电子透雾功能，即使在大雨、雾气等天气下也能够正常监控，获得清晰的视频和图像。

② 高变倍快速对焦。该高清镜头达到 30 倍光学变焦，16 倍数字变焦，总变倍数达到 480 倍，采用高速对焦算法，对焦快速而且准确，满足安防监控的大范围视野要求。

③ 电子防抖。高空瞭望系统由于布设高度较高，一般在 50 米以上的高空，风速及基础自身的晃动较为严重，因此云台可通过电子防抖技术，保证图像成像的稳定清晰。

④ 可视域。基于 GIS/PGIS 系统客户端上显示镜头可视域，包括方向、角度、距离三方面信息。同时，在 GIS/PGIS 上设置镜头可视域即可实现云台的反向控制。

2）重点区域监控系统

（1）系统组成。重点区域监控系统在城市重点部位、重点场所、主要路口路段、城市出入口、案件多发地带等安装高清视频监控前端设备，主要包括高清摄像机与光收发器，以及相关配套设备如供电、防雷、接地等，前端系统结构如图 12.7 所示。

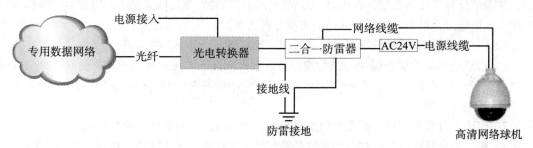

图 12.7 重点区域监控系统前端系统结构图

（2）系统功能。重点区域监控系统具有如下功能：

① 道路监控。通过对道路监控系统的统一规划、合理布局，真正实现对城市干线道路进行全程监控，在道路上行驶的车辆和行人必有监控记录的目标，为各类案件提供侦查线索。在支线道路交汇口安装摄像机是对干线道路全程监控网的补充，同时可以起到辅助交通管理、安全保卫指挥、群体性突发性事件处置的作用。

② 复杂场所监控。在重点及复杂场所安装监控摄像机，其功能如下：

· 打击现行犯罪，各个案件高发部位（如火车站、繁荣商业街等）由公安部门安排专人 24 小时监看，并与路面警力配合打击现行犯罪。

· 为案件提供侦查线索。

· 有效震慑各种违法犯罪活动。

· 有重大群体性事件或突发事件时，及时掌握现场情况，为领导实时决策指挥提供参考。

· 具有自动巡航功能，及时发现监控区域周边人群聚集、快速移动、起火等治安、刑事类案件发生的特征，提升案件处置的响应能力。

③ 重点单位监控：

· 记录出入重点单位的车辆、行人的基本特征，为案发后的取证提供线索。

· 监控区域周边及时发现突发性案件发生的特征，提升案件处置的响应能力。

· 进一步可以扩大监控范围，用于群体性事件的现场处置。

· 安装报警联动按钮，在突发事件发生时可以及时报警，并通过与摄像机的联动快速锁定报警或案发现场。

3）治安卡口系统

治安卡口系统设计基于分布式集中管理策略，通过多层次立体式结构，把系统前端物理层、传输网络层、数据处理层和用户应用层有机结合起来，根据具体的单点应用、区县级应用、地市级应用规模的大范围联网应用灵活部署，强化上级部门的管理职能、突出业务部门的应用职能，做到全网资源的统一管理。系统架构图如图 12.8 所示。

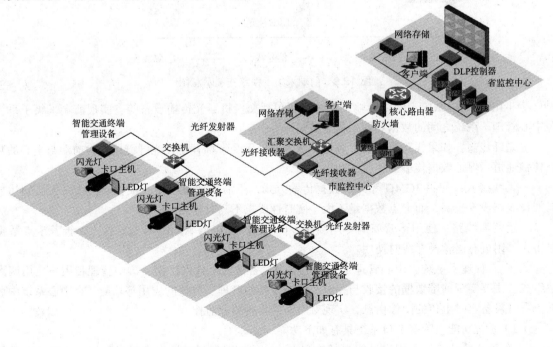

图 12.8 治安卡口系统架构图

（1）系统组成。视频卡口系统主要由前端采集子系统、网络传输子系统、中心管理子系统等部分组成。前端采集子系统通过视频跟踪和分析技术获取车辆的经过时间、速度、图片、车牌号码、车身颜色等数据。数据通过网络传输子系统传输到中心管理子系统。中心管理子系统对数据进行集中管理、存储、共享等处理。

① 前端采集子系统。前端采集子系统对经过的所有车辆的综合信息进行采集，包括车辆特征照片、车牌号码与颜色、车身颜色、司乘人员面部特征等，并完成图片信息识别、车辆速度检测、超速判别、数据缓存以及通过网络向中心管理平台传送数据等功能。该部分系统由 200 万嵌入式高清一体化摄像机、LED 频闪灯、以太网交换机、光传输设备等组成。安装示意图如图 12.9 所示。

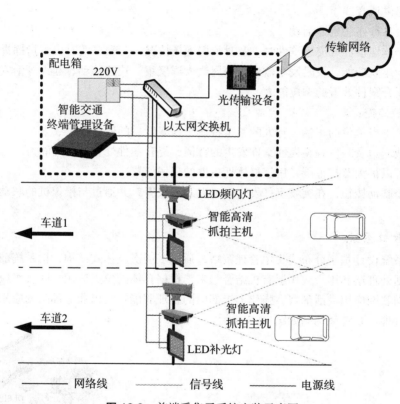

图 12.9　前端采集子系统安装示意图

② 网络传输子系统。网络传输子系统主要包括交换机、光传输设备等，实现前端采集子系统与中心管理子系统之间的数据和图像信息传输。

·光纤传输：如果线路可到达，且施工成本可以承受，推荐建设光纤链路作为前端与中心的数据传输通道，保证数据传输的实时性和可靠性。

·无线接入：使用 3G/4G 等无线数据传输方式，不需要架设线路。推荐通信线路无法到达或者架设线路成本较高，而卡点数据量不大、实时性要求不高时使用。

·运营商线路：使用运营商的专用线路，以 EPON/GPON/ADSL 等方式接入。推荐卡点数据量不大，附近有运营商专线时使用。

③ 中心管理子系统。中心管理子系统主要由设备接入、数据存储、集中管理和用户应用四大块组成。主要实现前端数据的接收与存储、前端设备的管理、数据的应用等功能。在中心系统中可以查看各设备实时上传的图像信息，实现对路面的实时图像监控。

（2）系统功能。治安卡口系统具有如下功能：

① 车辆捕获功能。采用先进的视频检测方式，能够对经过的所有车辆进行捕获，除了正常行

驶的车辆外,系统还可以捕获逆行、超速等违法车辆,以及压、骑线车辆。

② 速度测定功能。采用视频检测方式,能够测算出经过车辆的行驶速度。

③ 压、骑线抓拍功能。系统除了能抓拍在正常车道上行驶的车辆外,还具有抓拍压线、骑线等各类不规范行驶的车辆。

④ 逆行抓拍功能。系统可对违法逆行车辆进行有效抓拍并记录,能自动判断抓拍车辆是否属于逆行,对于逆行的图像可按违章类型进行单独区分。

⑤ 强光抑制。强光抑制技术能有效抑制强光点直接照射造成的光晕偏大,视频图像模糊,能自动分辨强光点,并对强光点附近区域进行补偿以获得更清晰的图像。

⑥ 智能补光功能。补光是卡口系统的重要组成部分,关系到最终的图像质量,系统采用了高性能、低功耗、无光污染的补光设备,配以光敏器件,白天可自动关闭,夜间或光照弱时会自动打开。

⑦ 号牌自动识别功能。系统采用国内领先的图像识别算法,对通过的所有车辆进行车辆号码识别、号牌颜色识别、车身颜色及车型等自动识别。号牌识别时间 ≤ 100ms,全天候号牌识别率 ≥ 97%,全天候车辆号牌识别准确率 ≥ 90%,号牌颜色检测准确率 ≥ 95%。

◎ 号牌结构识别。系统能识别的号牌结构包括单排字符结构的号牌,如军队用小型汽车号牌、GA36-2007 中的小型汽车号牌、港澳入出境车号牌、教练汽车号牌等;武警用小型汽车号牌;警用汽车号牌;双排字符结构的号牌,如军队用大型汽车号牌、武警用大型汽车号牌、GA36-2007 中的大型汽车号牌、挂车号牌、低速汽车号牌等。

◎ 号牌字符识别。识别的字符包括:

·数字: 0 ~ 9。

·字母: A ~ Z。

·省、自治区、直辖市简称: 京、津、晋、冀、蒙、辽、吉、黑、沪、苏、浙、皖、闽、赣、鲁、豫、鄂、湘、粤、桂、琼、川、贵、云、藏、陕、甘、青、宁、新、渝。

·军牌用汉字: 2012 式新军牌。

·号牌分类用汉字: 警、学、领、试、挂、港、澳、超、使。

·武警号牌特殊字符: WJ、00 ~ 34、练。

◎ 号牌颜色识别。系统能识别蓝、黄、白、黑四种底色的机动车号牌。系统采用车牌颜色和视频检测技术结合的方法对车辆进行分型。对于民用车来说,蓝颜色车牌表示的是小型车辆,而黄颜色车牌表示的是大型车辆。

◎ 车辆号牌识别。号牌识别信息包含号牌结构、号牌字符、号牌颜色等信息。

⑧ 车型识别功能。系统在实时记录通行车辆图像的同时,具备车辆识别功能,基于视频检测的 3D 模型识别技术,能够识别小客车、大客车、小货车、大货车、拖拉机、摩托车六种常见车型,全天候车型识别率可达 85% 以上。

⑨ 车身颜色识别功能。系统可自动对车身深浅和颜色进行识别,可供用户根据车身颜色来查询通行车辆,为公安稽查和刑侦案件侦破提供科技新手段。系统可自动区分出车辆为深色车辆还是浅色车辆,并能识别出白色、银色、黑色、红色、紫色、蓝色、黄色、绿色、褐色、粉红色 10 种常见车身颜色。深浅分类识别准确率全天候不小于 85%,10 种常见车身颜色识别准确率全天候不小于 85%。

⑩ 车标识别功能。系统在实时记录通行车辆图像的同时,具备车标识别功能,能够识别奔驰、宝马、大众、别克、丰田、本田、依维柯、金杯、福特、现代、马自达、奇瑞、奥迪、雪铁龙、雪弗兰、标致、东风、五菱、尼桑等 25 种常见车标,全天候车标识别率可达 70% 以上。

⑪ 流量统计功能。可按照不同车型,不同时间对车流量进行统计,并以图形、报表形式输出。

⑫ 图片、视频防篡改功能。前端摄像机内置水印加密防篡改功能,利用数字水印加密技术,

直接将加密信息嵌入图片和视频数据流，也就是从数据的源头加密，断绝了前端数据被篡改的可能性，从而确保取证信息的准确可靠性。

⑬ 断点续传功能。系统支持数据的断点续传，如因网络中断或其他故障，数据无法上传至管理中心时，可暂时将数据存储在前端的 SD 卡中，待故障处理完毕，故障期间的数据会自动的上传至监控中心。

4）人脸卡口系统

本市人口众多，犯罪分子流动性强，情况复杂，所以必须采用高效实用的人脸监控和比对系统，帮助公安侦查人员快速识别＋辨别特定人员真实身份，把过去难以想象的千万级的海量照片库比对需求变成现实，从而有效地为公安侦查、治安管理、刑侦立案等工作提供实战上的有效帮助和解决方法。

（1）系统组成。人脸卡口系统由前端摄像机、人脸索引分析集群、人脸特征数据库和人脸图片存储服务器、管理平台等组成。

① 前端摄像机。前端摄像机有两种选择，可以采用普通高清网络摄像机或智能人脸识别相机。普通高清网络摄像机主要实现图像采集；人脸识别相机不仅可以实现普通高清网络摄像机的所有功能，其内置智能分析算法，还能对人脸进行自动捕获、跟踪、抓拍。

② 人脸索引分析集群。人脸智能分析服务器主要实现对前端摄像机采集的图像进行人脸检测识别、人脸建模、比对检索功能。

③ 人脸特征数据库和人脸图片存储。系统建议架设单独的数据库服务器专门存储人脸系统的数据，主要是人脸特征向量；采用 IPSAN 等设备存储人脸抓拍图片（人脸小图和抓拍大图）。

④ 管理平台。管理平台主要实现人脸系统相关的设备、识别场景规则、报警联动等配置和管理，并结合客户端实现对图像的预览检索、各种报警信息的查看等操作。

（2）系统功能。人脸卡口系统具有如下功能：

① 人脸采集。人脸识别系统能够对检测区域出现的人员进行人脸检测和评分，并筛选出最为清晰的人脸图像作为抓拍人员人脸图片。既避免了对监测区域出现人员的重复抓拍又可以采集人员最佳照片。系统支持多种方式对接获取人脸图像，包括前端智能相机抓拍、后端服务器检测截图人脸图片、卡口图片截取人脸图片等。

② 人脸实时比对报警功能。人脸比对识别主要是利用人脸识别算法对抓拍到的人脸图像进行建模，同时与黑名单数据库中的人脸模型进行实时比对。系统可按通道对人脸进行布防，每个通道可以单独配置黑名单，实现单独布防。

将布控人员的信息（包含姓名、性别、身份证号、家庭住址、人脸照片等信息）加入到黑名单，然后按照时间、地点、布控等级、相识度报警阈值等信息，对人员进行布防。如果人脸的相识度达到设定报警阈值，系统自动可通过声音、弹出窗口等方式进行预警，提醒监控管理人员。监控管理人员可以根据双击报警信息查看抓拍原图和录像进行核实。

③ 人脸查询功能。用户可根据时间、采集地点、相识度、人脸图片等信息，查询历史人脸图片。用户输入的图片中可包含多个人脸，由系统对人脸进行识别后，由用户选择需要进行检索的人脸图片，查询响应时间应小于 10 秒。用户可以根据人脸小图以列表形式快速浏览查询结果，同时可以联动查看抓拍大图和前后联动录像。

④ 静态人脸图像检索功能。在系统中输入待查询的人脸照片，系统自动检测出照片中的人脸信息并截取人脸，用户选择需要检索的人脸后进行相似度、年龄段等参数设置后开始检索，最后检索出的人脸结果会在界面上根据相似度排序显示。

此功能应用广泛，可以通过普通摄像头、卡口相机、手机等获得目标人员头像后，与一些人脸大库进行比对（如当地社保库、常住人口库），进一步确定人员真实身份，比如确定走丢老人的身份、确认拒不交代的疑犯身份、确定无名尸体身份等。

5）鱼球联动系统

鱼球联动系统与传统监控视频类似，鱼球联动点架设于广场、复杂路段、大型十字路口、小型路口等不同场景，利用 1200 万超高清鱼眼摄像机和 1080P 高清晰度智能球机作为前端摄像机捕捉现场画面，通过网络接入视频专网，录像保存于中心云存储，由视频服务器处理分析视频，解码设备将前端视频解码并投放上墙，用于临场现场实时指挥，如图 12.10 所示。

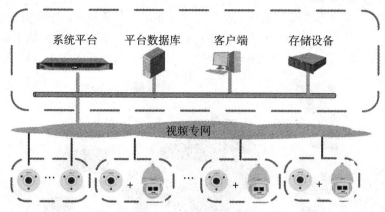

图 12.10　鱼球联动系统结构图

（1）系统组成。鱼球联动系统由以下几部分组成：

① 鱼眼摄像机：1200 万像素鱼眼摄像机，支持 3D 降噪、宽动态、ROI、图片叠加功能，支持多种矫正模式、框选放大、鼠标滚轮放大、鼠标点击取图像中心等功能。可选择红外鱼眼，能够满足 0.1Lux 彩色 /0Lux 黑白情况下看清真实物体。

② 一鱼一球联动：专门用于辅助路段如十字路口、广场等场所，鱼眼和球机安装在同一位置。

③ 存储设备：采用云存储统一负责海量视频数据的保存，提高数据利用效率。

④ 系统平台：通过智能联动算法，将鱼眼和球机进行联动，实现鱼球联动实时监控的操作。

⑤ 解码器：通过解码器对平台实时转发的鱼眼视频流进行解码上墙，并实现鱼球联动上墙操作的工作。

（2）系统功能。鱼球联动系统具有如下功能：

① 鱼眼画面展示。根据鱼眼摄像机 Web 界面配置的鱼眼安装模式和鱼眼显示模式，在平台中选择对应的安装模式和显示模式。

② 鱼球联动配置。鱼眼摄像机与球机进行绑定配置，鱼眼摄像机设定 3 个以上的标定位用于球机指定绑定，标定成功后，进入鱼球联动监控界面，点击鱼眼摄像机的任意位置，会自动联动球机转动到对应预置位。

③ 鱼球联动实时监控。配置鱼球联动标定位之后，进入实时监控界面进行联动操控，通过点击鱼眼视频需要监控的目标，球机将自动转到鱼眼对应的目标下对目标细节进行监控。

6）热成像检测系统

（1）系统组成。热成像检测系统采用热成像仪摄像机，可将温差转换成实时视频图像进行显示，起到实时"探测"的功能，解决普通 CCD/CMOS 摄像机无法解决的难题。系统主要包括前端热成像摄像机、云存储、中心平台及客户端等，传输及架构基本与其他监控系统一致。

（2）系统功能。热成像检测系统具有如下功能：

① 森林、草原、景区、名胜古迹、环境保护区的消防预警，场景特点是监控范围大、物体密度高、火警隐患程度高、隐患探测难度大。

② 海防、林防、边防缉私、港口监控、航道、机场监控等，场景特点是可视化程度低，安全性要求高、监控难度大。

③ 仓库、厂房、监所、园区周界等，场景特点是夜间无光照或全天无光照、场景复杂。

④ 恶劣天气、矿井、化工厂等，场景特点是空气浓度差异大、气候环境恶劣（雨雾雪尘）。

4. 移动警务应急指挥系统

1）移动车载取证系统

（1）系统组成。移动车载取证系统包括车载取证主机、车载云台、全景摄像机（可选配）、GPS模块、手控器、车载显示器、3G/4G模块等，其中GPS模块、3G/4G模块集成于系统取证主机中。该系统广泛应用在巡警、公安、应急指挥等车辆上，其具体系统组成如图12.11所示。

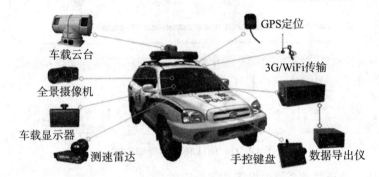

图12.11 移动车载取证系统部署示意图

车载取证主机为整个取证系统的核心部分，可实现高清晰视音频录像存储、图片抓拍、GPS定位、3G/4G网传、预览智能去抖等功能。

支持基于移动网络运营商的3G/4G网络及WLAN传输视音频信号等各种数据信息，实现远程集中管理与统一调度。

后台管理指挥中心通过无线网络，可以在管理平台和远程监控客户端对车辆进行实时指挥和调度，同时可以远程预览、回放及下载录像资料。

（2）系统功能。视音频系统贯穿在整个动态取证系统的日常工作、应急受理、指挥调度、管理系统等各种活动中，是整个指挥系统最有效的信息获取、协调指挥的手段之一；是指挥系统与指挥人员人机交互的最主要的表现形式。其具体应具有如下基本功能：

① 图像实时远程监看。

② 实时监听。

③ 实时语音通信。

④ 同步录像并存档。

⑤ 远程设备控制。

⑥ 图像抓拍及录像标记。

⑦ 平台分级管理。

⑧ 视频归档管理。

⑨ 浏览历史视频记录。

⑩ 实时定位。

⑪ 轨迹回放功能。

⑫ 手动定位发布功能。

⑬ 远程调度导航功能。

2）移动单兵执法系统

（1）系统组成。单兵执法系统前端设备是针对移动手持的专用监控产品，集成液晶显示屏，集成 3G/4G 无线通信模块，内置电池供电，附带线控、小型摄像头、麦克风。单兵执法系统主机采用工业级设计，体积小，重量轻，携带方便；防水、防尘、防摔，具有本地图像存储、3G/4G 无线传输、GPS 等功能，非常适合于移动执法应用。

单兵执法系统采用 3G/4G/WiFi 无线传输网络，经网络运营商专线接入到视频防控中心平台，通过防火墙和网闸确保业务内网安全性。

单兵执法系统通过统一的监控中心管理平台实现集中管理，共用治安视频监控管理平台。单兵视频图像经解码后可上墙显示，通过流媒体服务器，将视频信号转发给各授权访问用户。

（2）系统功能。移动单兵执法系统具有如下功能：

① 视频录像功能。在本地 Micro SD 卡上录像，可以识别 SD 卡，最大容量支持到 32G。用户可以通过菜单里的录像按钮触发录像，也可以通过外置"录像"按键来触发录像。

② 本地回放功能。在本地可以进行录像文件的回放，可以通过菜单查看 SD 卡里的录像文件。用户可以选择任意一个文件进行回放。回放过程中有状态栏显示设备状态和回放文件信息。还可以对回放速度进行控制，可以单帧，1/8x，1/4x，1/2x，1x，2x，4x，8x，MAX 速度进行回放，可以暂停 / 继续，可以退出回放至选择回放文件界面。

③ 本地抓图功能。可以通过外接线控上的抓图按键触发 DVR 进行抓图，用户每按一次抓图键，DVR 便抓取一张图片保存到 Micro SD 卡上，抓图成功后 DVR 触发 DVR 音频输出一段较短的声音表示抓图成功。所抓的图片为 jpg 格式，采用 VGA 的分辨率，以日期和时间来命名，比如 20191206153824.jpeg。

④ 本地图像预览功能。用户可以通过本地菜单中的图片浏览界面浏览 SD 卡里保存的 DVR 自身抓取的图片。用户进入图片浏览菜单，自动列出 SD 卡里保存的图片，用户可以选择要查看的图片，确认就可以进行浏览。在浏览的过程中可以直接切换到上一张或下一张图片进行浏览。

⑤ 本地报警输入功能。用户可以通过按线控上的报警按键，触发一个报警。这个报警可以上传到中心控制端，中心控制端收到后就可以知道前方发生了情况，并采取相应的措施。

⑥ 3G/4G 网络接入功能。单兵设备中自带 3G/4G 模块，用户可以通过 3G/4G 模块将 DVR 连接至 3G/4G 网络，支持手动连接，手动断开，开机自动连接，需要时自动连接，中心端命令控制。

⑦ 支持 GPS 功能。设备内部集成了 GPS 模块，用户可以在单兵设备的菜单中看到当前的 GPS 位置信息，也可以设置 GPS 信息显示在 OSD 上，单兵设备也可以将 GPS 位置信息上传至中心控制端，让中心端的人员可以及时了解到前方人员的位置。

⑧ 语音对讲功能。单兵执法系统可实现监控中心与执勤民警间的语音对讲，实现远程一线情况汇报、远程调度指挥等功能，保持单兵移动执法时的通信畅通。

⑨ USB 主从模式切换功能。单兵设备外置一个 Mini USB 接口，可以设置 USB 为主和从两种模式。主模式时，Mini USB 接口可以外接其他存储设备，访问外接设备内的文件。从模式时，单兵设备的 Mini USB 接口可以接入 PC 机的 USB 口，PC 机可以把单兵设备识别成一个存储设备，直接访问单兵设备上 SD 卡里的文件。

⑩ 支持 SD 卡热插拔。即在 DVR 开机的状态下，将 SD 卡插入至 DVR 的 SD 卡插槽后即可使用。

12.1.5　项目的应用系统设计

视频云应用系统是基于视频图像数据的系统应用模块，主要由图像侦查等基础实战业务应用和大数据应用两部分业务逻辑（子系统）组成，通过调用视频图像信息库系统视图数据、视图大数据云平台数据、大数据平台引擎能力和智能分析处理能力，满足业务实战中对海量视频的应用需求。

1. 基础实战业务应用功能

基础实战业务应用部分将建设统一整合的视图应用业务系统，实现"单点登录、统一鉴权、统一管理配置"，主要提供以下应用功能：

（1）建设视频业务实战应用模块。具有实时图像点播、远程控制功能、历史图像的检索和回放功能、移动视频监控等功能。

（2）建设卡口业务实战应用模块。具有卡口实时监控、车辆布控报警、卡口综合查询、视频联动回放、车辆轨迹回放、违法信息检索、道路信息管理、卡口道路车辆测速、综合统计分析、车辆技战法等功能；同时所建设的卡口业务系统满足"全国机动车缉查布控系统卡口数据上传规范"。

（3）建设智能图像侦查流程框架和应用模块。通过统一的智能图像侦查系统，实现图像信息共享、协同作战。能够让图像分析研判民警，从接获需要进行图像侦查的警情和案情事件开始，进行全流程的图侦工作流，包括图像资源获取、嫌疑对象取证、嫌疑对象追踪、行为轨迹刻画、生成图像研判报告、案事件预警 / 协查 / 研判等完整图像分析研判工作流程；同时系统具有图像综合应用功能、指挥调度、视图库功能、案事件分析研判、案事件管理等功能。

（4）建设案件 / 线索视频信息资源库，实现对重要视频图像信息的存储、处理、检索、调用、查询、点播、下载等功能，并提供对案件 / 线索研判分析功能。

（5）集成视频侦查助手工具，提高民警处理效率。视频图像清晰化工具、视频浓缩与特征检索工具、视频转码工具等多套视侦工具集，可单机部署也可联网使用云智能分析功能，工具与平台流程解耦，可协助民警快速利用智能化资源，减轻民警工作量、增加图像使用率、缩短案件侦破时间。

（6）实现本地内部图像资源的整合利用，开发公共安全智能视频侦查系统与大情报信息系统、警务综合平台、PGIS 系统等业务应用系统的数据共享与接口，为市局以后图侦联网应用共享打下基础。

（7）建设扁平化可视指挥应用模块。系统以市级防控指挥中心业务流程为核心、以动态警情数据为基础、以应用集成为手段、以高效有序的可视化指挥调度为目的，实现警力资源管理、警务管理、实时警情处置、应急指挥与协作、特勤安保、值班管理等功能。

2. 大数据应用部分应用功能

大数据应用部分主要提供以下应用功能：

（1）建设车辆大数据应用模块。主要通过联动分析卡口过车记录、卡口过车图片、警务业务系统数据，使用车辆大数据分析业务模型，提供对高危车辆的"打、防、控"有效预警工具和系统，同时结合车标分析功能，可实现对套牌车、假牌车、无牌车的有效真牌还原和布控稽查。

（2）建设人脸大数据应用模块。建设基于大数据平台架构的人脸预警和比对应用系统，帮助侦查人员在人员出入口快速识别疑犯逃犯，实现人员预警；通过采用人脸检索比对引擎，可辨别特定人员真实身份，把千万级的海量照片库比对需求变成现实，从而有效地为侦查、治安管理、刑侦立案等工作提供实战上的有效帮助和解决方法。

（3）实现其他大数据应用功能。如秒级录像下载、统一视图搜索、以图搜图引擎等。

12.1.6   项目的联网整合系统设计

1. 前端设备接入设计

本项目新建的高清监控点、治安卡口、人像卡口均采用 GB/T28181–2016 国标协议接入视频图像信息共享平台。针对已建的存量视频监控设备，应首先考虑采用 GB/T 28181–2016 国标协议接入，其次考虑采用 ONVIF 协议接入，也可以根据点位实际重要性，点位改造替换或者采用 SDK 开发接入。

（1）GB/T28181–2016 国标协议接入。符合《公共安全视频监控联网系统信息传输、交换、控制技术要求》（GB/T28181–2016）的设备应采用国标规定的接入方式进行接入，并采用标准解码库实现解码显示。接入方式如图 12.12 所示。

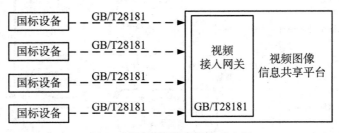

图 12.12　国标设备接入示意图

（2）ONVIF 协议接入。不符合 GB/T28181–2016 国标协议，但符合 ONVIF 协议（开放型网络视频接口协议）的设备可以通过 ONVIF 协议方式直接接入到视频图像信息共享平台。接入方式如图 12.13 所示。

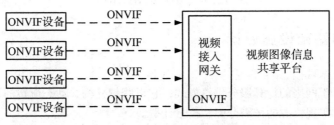

图 12.13　ONVIF 设备接入示意图

（3）设备 SDK 接入。不符合 GB/T28181–2016 国标协议、ONVIF 等标准协议的监控设备，采用设备 SDK（Software Development Kit 软件开发工具包）开发接口和协议接入，通过调用设备前端 SDK，实现兼容接入至视频图像信息共享平台。接入方式如图 12.14 所示。

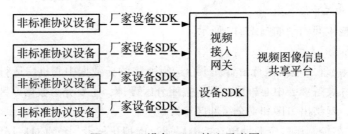

图 12.14　设备 SDK 接入示意图

SDK 方式接入，要求相关设备厂商提供网络转发和解码的 SDK 接口，接入平台可以通过转发接口把码流转发到其他应用服务，解码接口则是在最终显示端上调用此接口进行解码呈现。

针对无法提供 SDK 开发接口和协议的监控设备，可以根据实际情况通过改造方式改造为符合 GB/T28181–2016 要求的监控设备，再通过国标方式接入视频图像信息共享平台。无法完成改造的，建议将监控设备替换成符合国标的设备。

2. 平台联网对接设计

本项目建设的视频防控系统综合应用平台配置了公共安全视频联网共享子系统，可依托视频专网实现与原有天网视频监控平台、交警视频监控平台以及下辖的 11 个县区级视频监控平台实现纵向级联，上下级平台的联网对接应满足《全国公安机关图像信息联网总体技术方案》《公共安全视频监控联网系统信息传输、交换、控制技术要求》（GB/T28181–2016）的标准强制项要求。数据级联满足《公安视频图像信息应用系统第 4 部分：接口协议要求》（GA/T1400.4-2017）等要求。
联网对接方式如图 12.15 所示。

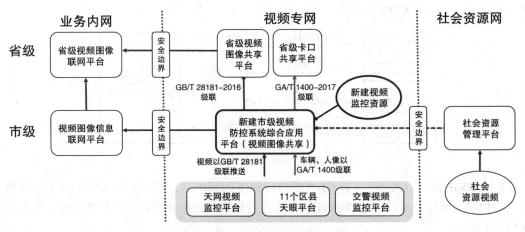

图 12.15　平台联网对接示意图

12.1.7　项目的基础设施设计

1. 云计算集群设计

云计算是一种基于网络的计算服务供给方式，它以跨越异构、动态流转的资源池为基础提供给客户可自治的服务，实现资源的按需分配、按量计费。

在本次项目中，通过物理层的高性能计算集群、存储、安全等设备，结合云网融合和云平台开放的服务接口，并应用基于 VxLAN 的 Overlay 网络虚拟化技术和通过 SDN 技术将网络的控制平面与数据转发平面进行分离，实现可编程化控制来构建云数据中心并承载云数据中心的大二层互通网络。系统部署架构如图 12.16 所示。

1）虚拟化云平台

虚拟化云平台整体架构图如图 12.17 所示。

整体分为六大部分：

（1）物理层。物理层包括运行云管理平台运行所需的云数据中心机房运行环境，以及计算、存储、网络、安全等设备。云中心机房的部署按照分区设计，主要分为数据库区、业务应用区、存储区、系统管理区、网络出口区和安全缓冲区等区域。

（2）资源抽象与控制层。资源抽象与控制层通过虚拟化技术，负责对底层硬件资源进行抽象，对底层硬件故障进行屏蔽，统一调度计算、存储、网络、安全资源池。

（3）云服务层。云服务层提供 IaaS 层云服务，包括云主机、云存储（云数据盘、对象存储）、云数据库、云防火墙、云负载均衡和云网络（用户子网 /IP/ 域名等）。IaaS 层服务向 PaaS 层、SaaS 层提供开放 API 接口调用。

（4）云安全防护。云安全防护为物理层、资源抽象与控制层、云服务层提供全方位的安全防护，包括 DDoS 防御、漏洞扫描、主机防御、网站防御、用户隔离、认证与审计、数据安全等模块。

（5）云运维层。此模块为云平台运维管理员提供设备管理、配置管理、镜像管理、备份管理、日志管理、监控与报表等，满足云平台的日常运营维护需求。

（6）云服务管理。此模块主要面向云管理员，对云平台提供给用户的云服务进行配置与管理，包括服务目录的发布，组织架构的定义，用户管理、云业务流程定制设计及资源的配额与计费策略定义等。

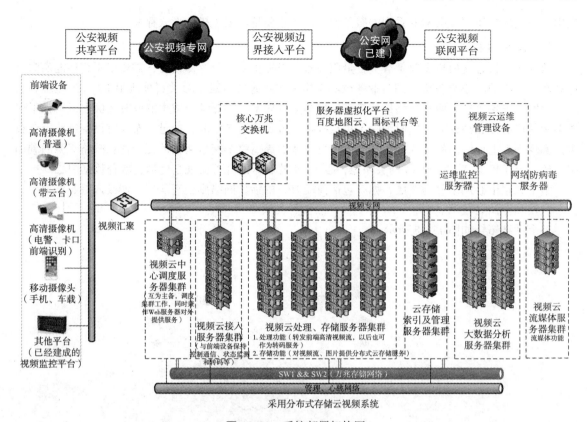

图 12.16　系统部署架构图

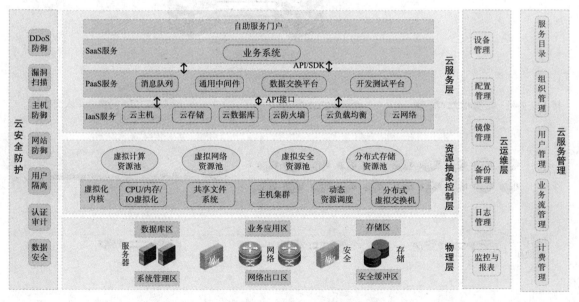

图 12.17　云平台整体架构图

2）高性能计算集群

服务器是云计算平台的核心，承担着云计算平台的"计算"功能。对于云计算平台上的服务器，通常都是将相同或者相似类型的服务器组合在一起，作为资源分配的母体，即所谓的服务器资源池。在这个服务器资源池上，再通过安装虚拟化软件，使得其计算资源能以一种云主机的方式被不同的应用和不同用户使用。在 x86 系列的服务器上，其主要是以云主机的形式存在。

3）云网虚拟融合

数据中心核心交换机需要承载大批量服务器、虚拟化系统及存储设备，需要使用高性能面向云计算数据中心的核心交换机。两台业务核心交换机之间通过四根 40G 光纤实现 IRF2 虚拟化堆叠，在简化网络设备管理，简化网络拓扑管理，提高运营效率，降低维护成本的同时，极大地增强了虚拟架构的可靠性和高性能，同时消除了单点故障，避免了业务中断，通过分布式跨设备链路聚合技术，实现多条上行链路的负载分担和互为备份，从而提高整个网络架构的冗余性和链路资源的利用率。核心交换机支持 L3VxLan 网关功能，跟 SDN 控制器配合可实现全虚拟化融合数据中心。

整个数据中心网络分为 3 层，如果包括前端 IPC 的话，网络则会有 4 层，即接入层、汇聚层、核心交换和存储局域网。

整个网络拓扑如图 12.18 所示。

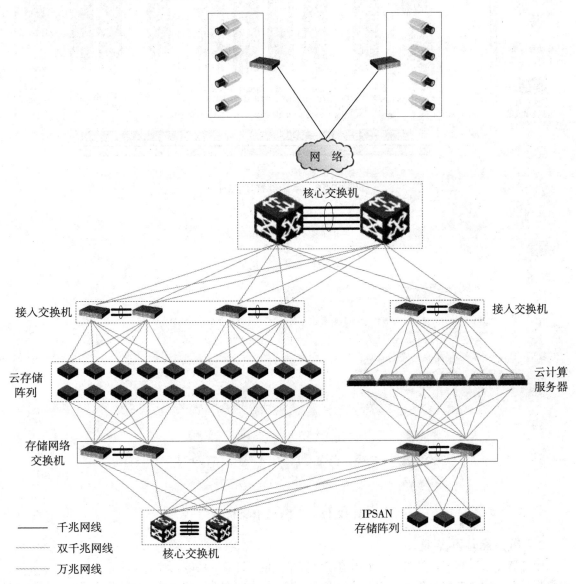

图 12.18 设备网络拓扑图

业务网主要用于前端摄像机、监控平台和云存储、云计算服务之间的数据交互。存储网用于云计算服务和云存储设备间的高速数据流通。云存储设备和云计算设备均采用双网段部署，分别接入业务网和存储网。

4）云平台

（1）云数据中心管理。数据中心管理系统可监管的项目丰富，其中包括数据中心基础设施管理、虚拟化管理、网络应用管理、数据中心流量监控、业务健康管理、运维管理等。

（2）云服务层。云服务管理平台是云业务的管理中心，可以融合资源池化、生命周期管理、业务中间件管理、用户管理、身份认证、安全管理、计费与账务、服务运营、服务水平管理、业务流程自动化等内容，是调度、管理云资源必不可少的手段，是云时代 ITSM/BSM 的新的业务形式。

（3）IaaS 服务。提供硬件和软件基础设施服务。具体包括云主机与云硬盘、云存储、云网络、云防火墙等增值服务。

（4）多用户组织架构服务。组织架构定义是云平台的基础，几乎所有的云平台需求都涉及用户和组织关系，这里牵涉适应视频云平台不同用户不同的定制需求。云平台支持定制多级组织嵌套，每级组织都会划分自己的资源（CPU、内存、存储、网络等）和用户。

（5）云服务使用流程。除了传统的购买单个主机 vHost、单个应用 vApp 功能外，云运营平台重点体现的是定制 vDC 服务。通过服务编排打通端网云，生成以应用为中心的虚拟数据中心服务模板，用户仿佛置身于完全属于自己的机房中，对服务的生命周期进行管理。

（6）云服务的申请与审批。审批是所有政府机构最常见的流程，同时也是个性化最强的业务，需要让云平台服务申请的审批能适应不同政府部门的需要。

（7）云服务交付。云主机服务是云计算在基础设施应用上的重要组成部分。云主机服务可让用户完全控制计算资源，当用户的计算资源需求发生改变时，可以通过门户随时进行计算资源的调整。

（8）云安全服务交付。云安全服务包括云防火墙服务和安全增值服务，包括流量清洗、入侵防御和安全日志审计服务。

5）云安全

对于云平台，需要通过多种形式对不同用户提供云资源服务，在考虑云整体安全防护的同时，也要关注针对不同用户个性化的安全防护需求，用户的个性化安全部署可以作为云安全服务提供给用户，在满足用户需求的前提下，也要达到可运维、可管理的目的。

在本项目中，将部署高端防火墙设备，一方面通过防火墙设备实现共享云平台的整体安全防护；另一方面也通过在防火墙上进行 Context 划分，为每个申请安全服务的用户提供独立的 vFW 服务，用户可在申请防火墙服务时，自主定义 FW 所需资源和性能指标。

6）实现功能

本次部署的 IaaS 基础服务层通过虚拟化软件云计算管理平台来实现对各类服务器设备、存储设备和网络设备的管理。

7）虚拟化平台

（1）平台虚拟化：

① 通过裸金属架构部署虚拟化，并采用全虚拟化和半虚拟化结合的架构。

② 支持内存分配，内存复用功能，并通过优化减少虚拟软件的性能损耗。

③ 支持虚拟机 CPU QoS 控制，并能控制虚拟机获得的最低计算能力，控制虚拟机获得的最大计算能力及批量修改虚拟机的配置参数。

④ 虚拟机可以部署内存 QoS 控制，控制虚拟机最低可获取的物理内存，并能完整地对虚拟机生命周期进行管理，还可支持查询、创建、删除、启动、关闭、重启、休眠、唤醒、克隆虚拟机等一系列功能。

（2）网络虚拟化：

① 本次配置服务器节点集成虚拟交换机功能，满足数据中心要求，并支持跨多物理服务器的分布式虚拟交换机功能。

② 配置的虚拟交换机支持 ACL、VLAN 等网络策略配置，满足网络的安全性，所配虚拟交换机均支持 802.1Qbg 标准。

（3）兼容性：

① 本次部署的虚拟化平台支持主流设备厂商提供的 x86 服务器，部署的虚拟机平台能完美支持主流的 x86 架构的操作系统，包括 Windows Server 2003/2008R2 及以上版本服务器操作系统，Windows XP、Windows 7 操作系统，Redhat、SUSE、CentOS、Ubuntu、Fedora 等业界主流 OS 操作系统。

② 本次部署的虚拟化软件支持主流设备厂商提供的共享存储，并支持服务器自动发现功能，即在加入新的已安装虚拟化软件的物理服务器后，该服务器能被虚拟机管理平台自动发现，并加入到统一管理的虚拟化资源池中使用。

（4）可靠性：

① 本次在关键管理节点 / 服务器部署主备冗余，并具备手工 / 自动虚拟机 HA 功能，支持把虚拟机从故障的服务器上迁移至正常的服务器。

② 部署的虚拟机能完美进行热迁移功能，在不停机的状态下，可以手工或自动地实现 VM 在集群之内的不同物理机之间迁移，保障业务连续性，并且能对虚拟机状态进行实时监控。

（5）云平台管理。本次部署的云平台管理能对 IT 基础架构的物理资源和虚拟资源基础信息、资源的使用、监控、调度进行管理。具体如下：

① 界面应用。云运维管理平台提供图形化的管理操作界面，管理人员能基于图形化简易的操作，进行物理资源的查询、物理设备的状态监控、虚拟机的创建和状态查询与监控、虚拟设备网络拓扑查询等。

② 业务编排。部署的云运维管理平台能提供业务的自动化部署框架模型，管理员通过图形化制定业务的部署应用模型，可通过后端的自动化编排，完成业务的整体规划部署，从而大大简化管理员的操作复杂性。

③ 硬件资源管理。云运维管理平台能提供硬件资源的即插即用能力，并支持硬件资源使用率查询、实时使用量告警等功能，为数据中心管理提供智能化硬件资源管理。

④ 虚拟资源管理。云运维管理平台支持虚拟资源管理，能基于用户的虚拟资源的配额管理，虚拟资源的使用率查询与监控告警，以及基于业务对虚拟资源使用率的情况。

⑤ 网管管理。云运维管理平台网络管理能提供用户网络创建、物理和虚拟网络拓扑管理、虚拟网络隧道管理、虚拟网络功能的部署和管理等。

云运维管理平台提供 VLAN 隔离的虚拟网络，并支持 VXLAN、GRE 等隧道隔离网络，以及跨三层、跨 DC 的大二层网络业务通信的能力。

云运维管理平台支持 SDN 控制解决方案，系统配置的 SDN 控制器软件配合云运维管理平台在云计算中心软件定义网络的控制，并支持双控或分布式部署；可提供北向接口，可与业务系统对接，可实现基于业务的网络流量工程。

⑥ 用户管理。部署的云运维管理平台能提供系统管理员、用户管理员、业务管理员等多种用户角色。

·系统管理员负责整个云平台的管理，并对用户实现按需求的资源配额分配以及对用户的权限和角色管理。

·用户管理员负责在用户配额的资源管理范围内，进行业务的部署和管理维护。

·业务管理员负责对用户业务的维护管理。

⑦ 计量和计费管理。云运维管理平台支持完善的计量和计费管理系统，实现对用户使用的资源按月、周、天、小时进行计量统计，并能基于计算资源、网络资源和存储资源的综合统计计量。

⑧ 资源分区管理。支持对数据中心的服务器资源进行分区管理，并能根据资源的分配配置，满足业务可靠性、服务 QoS 以及业务的最大性能和特定需求部署保障。

⑨ 镜像管理。本次部署的云运维管理平台能提供完善的虚拟机镜像管理,包括镜像的存储方式、镜像的格式管理，除此之外还支持 qcow2、raw、vmdk 等主流的虚拟机镜像格式。

⑩ 资源模版管理。支持管理员创建包括虚拟 CPU 个数、虚拟内存大小、虚拟存储磁盘空间等资源规格的自定义业务需求的虚拟机资源规格模板。管理员可以选择资源模板来创建业务需求的虚拟机并部署业务。

⑪ 资源调度管理。提供完善的虚拟机调度方法，除了提供系统默认的基于 CPU、内存、磁盘需求以及相同主机、不同主机的调度方法外，本次部署的云运维管理平台还提供基于网络资源的调度分配方法，以及提供基于特殊资源亲和性的综合调度算法，可极大地满足业务部署的灵活性。

⑫ 授权认证。支持认证授权机制，能对管理用户的不同角色提供统一认证，并支持对不同的用户授权不同的资源配额使用量。

⑬ 虚拟设备管理。支持对虚拟设备包括状态监控、设置、迁移和服务监控等全面的管理能力。

⑭ 开放服务接口。云运维管理平台提供完善的服务接口，支持通过 REST 接口的方式开放给上层应用。用户可以灵活地基于开放的服务接口开发业务的管理应用。

（6）云网络安全。通过高性能防火墙实现 IaaS 模型下 vFW 需求。一方面通过防火墙设备实现共享云平台的整体安全防护；另一方面通过在实体防火墙上进行 Context 划分，为每个申请安全服务的用户提供独立的 vFW 服务。

2. 云存储系统设计

云存储系统是平安城市视频防控系统中的重要组成部分。采用的云存储系统是一个以目前成熟、主流的 IP 网络技术为基础，通过部署云存储文件系统所构成的存储资源中心。

1）云存储系统整体架构

云存储作为云计算平台中一个统一的存储系统要服务于很多不同的视频图像综合业务应用。通过存储虚拟化管理，云存储可以整合这些不同业务应用存储需求，并进行灵活的容量控制。云存储本身也能够支持多路高清或标准视频并发写入、读取，同时还可快速配置，做到即插即用，再加上完善的用户权限认证过程，可以全面解决视频监控数据的高效存储、灵活调用以及数据安全等要求。

此外，云存储平台不仅支持存储业务，还可充分利用存储设备富余的计算资源，在每一个存储设备上部署跟视频监控系统业务相关的基础服务模块组件，比如视频转发和存储模块，如图 12.19 所示。

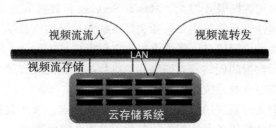

图 12.19　云存储系统负责视频流的存储和转发示意图

　　云存储平台在支持视频监控流媒体转发的同时，也可根据需要扩展支持分布式计算能力，可以根据视频监控智能分析业务或者数据挖掘业务模块的设置和调度，在相应数据所在的存储设备上运行分布式计算（见图 12.20），比如基于 Map/Reduce 的计算和分析，基于 Hbase 数据的检索查询等。

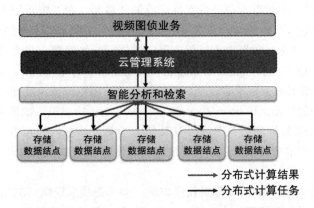

图 12.20　云存储系统数据节点支持分布式计算应用

　　云存储系统采用大规模分布式并行文件系统，以大量的服务器和存储设备为基础，构建一个大规模存储集群，提供上百 PB 的存储容量，并能够在线进行容量的扩充。

　　云存储系统架构图如图 12.21 所示。

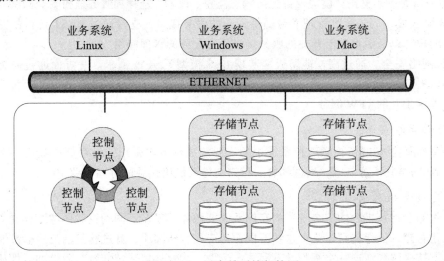

图 12.21　云存储系统架构图

　　云存储中的分布式文件系统采用非对称分布式系统架构，主要包括元数据节点、数据节点、客户端三个部分，系统构建在基于 x86 平台的存储之上，通过操作系统的 API 管理磁盘上的数据，系统组成部分作用描述如下：

　　（1）Master Servers（元数据服务器）。Master Servers 元数据节点即为控制节点，元数据中记录所存储的文件的各种属性，元数据主要包括文件系统的目录结构数据（文件目录树组织）、各个文件的分块信息、数据块的位置信息、属性维护、文件操作日志记录、授权访问等。

　　元数据节点管理包括元数据的创建、查询等和提供数据存储的大容量空间管理。管理整个存储系统的命名空间，对外提供单一的系统映像。

　　元数据节点相当于整个文件系统的大脑，管理各个数据节点，收集数据节点信息，了解所有数据节点的现状，然后给它们分配任务，协调指示各数据节点为系统服务。

云存储系统中采用三台元数据节点，可以起到对元数据的重要保护（冗余）和系统负载均衡的作用（提升系统性能）。

（2）Chunk Servers（数据存储服务器）。管理磁盘和卷，存储用户的文件数据，是整个存储系统的存储资源提供者。负责集群构建，包括节点管理和数据分片，承担数据冗余保护和对数据访问的负载均衡。

数据节点定期向元数据节点汇报其状况，等待并处理命令，实现数据高效、安全读写。

（3）Client（客户端）。云存储系统可提供两种访问方式：API 和 NFS 标准访问接口。云存储系统是一种基于对象化的存储系统，类似于微软的 Azure Blob 接口，客户端 API 的接口方式可以提供丰富功能，可以定义在介于存储与数据库之间语义，为存储对象提供丰富的表达手段。客户端在一个独立的进程中提供服务，当用户需要使用分布式文件系统进行文件读写的时候，将客户端安装至需使用系统的服务器，即可使用系统提供的服务。客户端是以一个类库（包）的模式存在，为用户提供文件读写、目录操作等 APIs，同时也提供 NFS 标准协议访问接口。

2）云存储功能

云存储是将复杂的存储功能实现封闭在云端，通过一种简单的方式为用户提供优质的存储服务。同时，云存储可以有效支持原始视频存储、卡口图片存储、视频图像信息库等数据集中存储与共享业务。系统主要功能如下：

（1）数据存储功能。是指分布式文件系统提供的，类似单机文件系统所具备的，创建文件、写入数据、关闭文件、打开文件、读取数据、删除文件、文件内定位、获取文件属性等功能。

（2）海量存储能力。分布式文件系统提供海量存储能力。系统通过良好设计，将数据存储和访问等数据业务流和系统管理、数据管理等相关的控制流分离。数据存储节点负责提供存储空间容量和数据流服务，使得存储空间的增长和数据流服务能力增长相匹配，为海量存储提供基本保障。而元数据管理服务器负责控制流管理和服务。由于控制流流量相对有限，元数据服务器所能提供的存储空间，仅受限于服务器的内存量。

（3）数据恢复机制。本系统采用手动和自动相结合的方式，为业务系统提供灵活的数据恢复机制。系统支持手动选择需要恢复的时间段，以快速恢复重要的文件。而对于一般性文件，则可以通过数据冗余保证数据依然可访问。此种方式特别适用于价值密度相对较低的视频监控系统中。

（4）动态负载均衡。一个存储集群内部，众多存储节点组建形成的一个统一空间，从整体性能、避免单点故障、数据热点瓶颈等方面，都需要一个良好的动态负载均衡功能。动态负载均衡指集群内部，自动根据各存储节点的 IO 负载、空间容量、CPU、内存负载等因素，调度数据流向，实现 IO 读写的负载均衡。

（5）在线扩容。在线扩容是指不需要停止在线业务的情况下，动态增加或缩小云存储系统的容量，表现业务无感知的增加或删除存储节点。

（6）磁盘热插拔和漂移。存储节点提供磁盘的热插拔功能，为系统维护带来极大的便利。磁盘的热插拔影响仅限于集群内部，实现业务无感知的插拔。

（7）高速并发访问。本系统采用文件切片，以及文件切片内再进行节点间冗余的数据分散方式，使得客户端可以有效利用众多存储节点提供的聚合网络带宽，实现高速并发访问。

3）云存储配置设计

根据项目建设规模进行推算出数据存储容量，本项目所需总存储容量为 14875TB：

·治安防控前端，所需存储：14695TB。

·业务平台存储，所需存储：180TB。

若云存储阵列系统按照 20% 的数据冗余计算，并预留 3% 的系统冗余调整空间，云存储阵列设备，配置 288TB 标称容量，单台实际有效容量为 273TB，则所需云存储磁阵数目为：

$$14875 \times （1+0.2+0.03）/273 \approx 68 \text{ 台}$$

因此，本次项目中配置的云存储系统包含 68 套存储阵列。

本系统采用的云存储设备和系统需满足以下的配置和功能要求：

（1）云存储设备具备两个万兆网络接口，为系统提供高效的网络性能和扩展能力。

（2）云存储设备采用模块化设计，电源、主板、风扇等均可插拔，便于更换维护。

（3）云存储设备在系统处于异常断电的情况下，能保证缓存中的数据不丢失。

（4）单台物理设备即可配置为控制元节点，也可以配置为数据节点。

（5）云存储系统支持网络数据冗余模式，单台设备能够容许同时 3 块以上硬盘故障，数据不丢失，业务不中断。

（6）云存储系统容量可扩展全数百 PB 级以上存储容量，可支持 10 万个虚拟配额存储资源池的划分。

（7）云存储系统性能与系统容量线性增长。

（8）云存储系统具备元节点容灾能力，支持 3 台以上元节点集群，当所有的元节点全部宕机，业务不中断，系统仍然可持续录像。

（9）单台设备出现故障，数据不损失，在整个过程中，数据仍然可以正常读取，业务不中断。

（10）硬盘出现损坏时能自动将数据迁移，在数据迁移过程中，业务不中断。

（11）在不依赖交换机特性的前提下，自身能实现"双平面网络"特性，实现网络冗余和负载均衡特性。

（12）支持机架配置，在处理系统写策略的时候，优先写邻近机架，可以突破交换机级联带来的瓶颈限制。

（13）支持 API 方式访问，以及 NFS 标准访问接口。

（14）云存储系统应能集成基本视频功能，提供视频录像、回放、检索服务。

（15）支持国标 GB/T28181–2016 视频流直写云存储内的存储设备技术，实现标准的视频流直写技术。

3. 容灾备份系统设计

容灾备份系统主要是采用各种冗余备份措施，保证系统的可靠性和安全性，在出现异常情况下，系统可以快速进行恢复。

1）容灾备份系统建设目标

为了能够避免建设单位采用传统备份 / 还原方式的缺陷，需要在现有的网络中架设容灾系统。容灾系统可对核心业务系统通过实时复制的方式将业务数据复制到备用设备，并在原业务系统出现故障时能够快速自动 / 手动切换，以保证业务系统的连续性。同时，对业务数据实现快速地备份、恢复关键数据，并能将在备份或恢复时对系统的影响程度降低到最小程度。

2）系统技术方案

系统由容灾管理平台、容灾存储、数据异地备份三部分组成。

（1）容灾管理平台：容灾接管服务器用于负责临时接管主服务器，保证了业务连续性。通过备份存储柜的虚拟化平台，形成 1:1 的应用接管模式，在容灾模式下，首先将主服务器（容灾对象）转换为虚拟机，然后部署于备份存储柜虚拟化平台内，通过管理平台建立复制容灾节点，发生灾难时，可以通过虚拟服务器自动或手动接管业务实现主 – 从切换，主服务器恢复完成后，通过反向同步实现从 – 主站点切换。

（2）容灾存储：采用备份存储柜，并根据数据的增长情况，配置 SAS 硬盘，并做 Raid5+1 的保护方式,整个磁盘容量需满足未来三年的数据备份容灾存储需求。

(3)数据异地备份:对于重要的数据,在远程容灾中心,利用现有服务器及存储环境,并结合备份产品介质服务器模块,将市本级防控系统数据中心的备份数据定时同步到容灾中心,以便数据中心出现灾难性事故,数据也可以通过容灾中心的备份数据来恢复。

4. 网络传输系统设计

1)网络结构

本项目建设的高清视频监控网络将采用全数字模式,整个数字网络采用分布式三层交换架构,分为核心层、汇聚层、接入层三个层面,其中网络核心层节点设置在现有数据中心机房,网络汇聚层节点也设置在运营商机房,网络接入层节点设置在运营商接入机房或前端接入监控点。

2)网络性能

承载网络本身必须对视频监控业务端到端的视频传送服务质量(QoS)提供保障。网络视频监控系统的 QoS 实现要求 IP 承载网在承载端到端的视音频 IP 包码流时,做到延迟小、抖动低、丢包率低。其中对网络视频监控系统 QoS 影响最重要的指标是丢包率。

本项目要求 IP 承载网络端到端通信的网络延迟、延时抖动、丢包率指标要达到如下要求:

(1)系统端到端的时延上限 300ms,其中网络时延不超过 50ms。

(2)时延抖动上限 50ms。

(3)要求视频流畅,无马赛克现象,网络丢包率不超过 1%。

3)传输链路

传输网络包含前端设备传输链路、视频平台中心等几个环节的链路连接及相关的网络平台。

各环节的传输链路均采用租用运营商链路的方式,在运营商中心机房进行汇聚,组成与运营商其他业务网络物理隔离的监控专网。前端监控点共需租用电路数量如表 12.2 所示。

表 12.2　前端监控点租用电路数量统计表

项　　目	10M 带宽传输专线	20M 带宽传输专线	50M 带宽传输专线
治安监控点	3246	3024	
治安卡口点			194
人脸卡口点		500	
高空瞭望监控点	20	30	
鱼球联动点		50	
报警求助点	80		
小　计	6370	3604	194

4)详细组网设计

系统总体的网络拓扑图如图 12.22 所示。

新建网络以中心管理平台的两台万兆路由交换机作为网络的核心层交换机部署在现有数据中心机房。每个汇聚层交换机都有冗余路由,均采用万兆电路分别上联核心层交换机。前端接入层设备均采用光纤数字电路上联至运营商光纤传输专网。运营商光纤传输专网对前端图像汇聚后,上传至相应的视频监控平台的汇聚交换机。

二层网络在汇聚层交换机终结,网关设置在汇聚层交换机上,汇聚层交换机及以上的网络层面使用三层网络结构,以保持主干网络的稳定运行。汇聚层交换机和核心层交换机之间启用 OSPF 路由协议,实现路由互通和自动选择路由,避免因汇聚层节点单点线路故障而造成整个汇聚层节点网络中断。

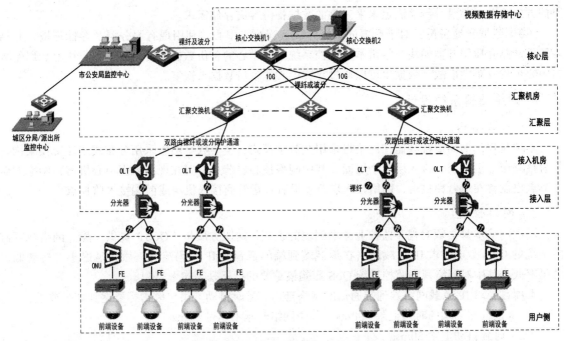

图 12.22 系统总体的网络拓扑图

5. 机房及配套工程设计

本项目现有数据中心的机房布局、装饰与装修、机房承重、电力供配电系统、空调系统、防雷接地系统、综合布线系统、消防系统等已符合 GB50174–2017《数据中心设计规范》B级机房的标准，同时符合国家关于节能的相关规定，本次只需新增配置相应的业务机柜即可满足软硬件安装条件。

12.1.8 项目的安全系统设计

平安城市视频防控系统建设项目充分利用和依托数据中心信息安全保障体系及基础设施。

1. 安全架构

从体系结构来看，安全体系应该是一个多层次、多方面的结构。可将整个系统的安全性在总体结构上分为五个层次：

（1）物理安全。指在设备部署、机房配置、网络布线、设备防护等物理实体方面进行的相关安全防范措施，用于抵御物理安全风险。

（2）设备软件安全。指对系统中所有包含软件的设备采用增强操作系统安全性、病毒防护、恶意代码防护、攻击防护等相关安全的加固措施，用于抵御设备软件的运行安全风险。

（3）网络安全。指确保信息传输中的机密性和完整性，采用加密、隔离等措施抵御网络攻击等网络安全风险。

（4）业务应用安全。采用身份识别、访问控制、系统监控等措施抵御业务应用安全风险。

（5）业务数据安全。对静态存储的设备、用户和权限等信息、视音频录像等数据采用密码技术或水印技术确保信息的完整性和机密性。

2. 网络安全系统

1）网络安全保护要求

网络环境安全防护面向中心机房整体支撑性网络，以及为各安全域提供网络支撑平台的网络环境设施，网络环境具体包括网络中提供连接的路由、交换设备及安全防护体系建设所引入的安全设备、网络基础服务设施。

进行网络环境安全防护的目标是阻止恶意人员通过网络对应用系统进行攻击，同时阻止恶意人员对网络设备发动的攻击，在安全事件发生前可以通过集中的日志审计、入侵防护事件分析等手段发现攻击意图，在安全事件发生后可以通过集中的事件审计系统及入侵防护系统进行事件追踪、事件源定位以发现恶意人员位置或及时制定相应的安全策略防止事件再次发生。

按满足等级保护三级基本要求，网络安全防护包括：

（1）结构安全。

（2）访问控制。

（3）安全审计。

（4）边界完整性检查。

（5）入侵防范。

（6）恶意代码防范。

（7）网络设备防护。

2）设计方案

在核心交换区配置冗余的交换设备，并提供足够的带宽。另外，在网络的边界部署防火墙作为边界访问控制，满足网络结构的安全性。

采用防火墙技术，在本项目中心机房部署两台防火墙，对网络进行边界隔离，严格控制进出网络各个安全区域的访问，明确访问的来源、访问的对象及访问的类型，确保合法访问的正常进行，杜绝非法及越权访问；同时有效预防、发现、处理异常的网络访问，确保网络安全域业务系统正常运行。满足等保对访问控制方面的要求。

建设方案包括以下几个方面：

（1）在网络边界部署访问控制设备，启用访问控制功能。

（2）对入侵行为进行监控、防御。

（3）部署一台审计系统，记录与审查用户操作计算机及网络系统活动的过程，保存并处理审计日志，满足等保对安全审计方面的要求。

（4）部署两台入侵防御系统（IPS），为网络提供保护以防御各种形式的网络攻击行为，包括病毒、蠕虫、拒绝服务攻击与非法的入侵和访问。入侵防御系统（IPS）对数据包进行检测，如检测到攻击，IPS 会在这种攻击扩散到网络的其他地方之前阻止这个恶意的通信，对网络安全进行有效防御。满足等保对入侵防范方面的要求。

（5）在网络的互联边界引入一套网络防病毒安全网关，防范蠕虫病毒的传播及查杀。满足等保对恶意代码防范方面的要求。另外，通过网络防病毒系统对网络设备进行病毒防护。

（6）部署一套漏洞扫描系统，漏洞管理能够对预防已知安全漏洞的攻击起到很好的作用。及时发现整个网络系统中存在的漏洞及弱点，并对整个网络进行风险分析。

（7）部署一套安全管理中心（SoC），SoC 将所部署的各个安全产品和设备纳入到统一的安全监控和管理平台上进行集中管理和监控，通过实时状态监测及时了解网络系统的安全状况、存在的隐患，及时预警和采取安全联动响应措施，实现对网络系统、安全设备、重要应用系统实施统一管理、统一监控、统一审计、协同防护，对安全产品和整体网络安全域风险实现监控保障，并能对信息系统进行实时风险评估和安全运维监控。

3. 安全接入平台

本系统的网络安全设计目标是为了加强网络传输系统的安全强度，以满足数据在视频专网至业务内网的安全传输、交换及应用的需求。

系统架构如图12.23所示。

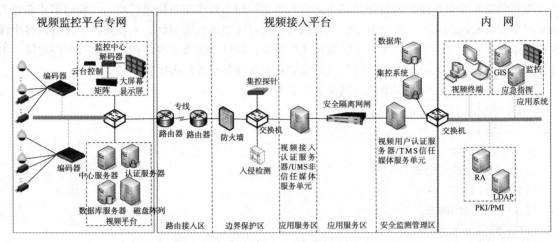

图 12.23　专网到业务内网视频安全接入平台设计

视频接入平台系统主要与视频专网视频平台系统之间通信及协商，可满足多种类型的视频采集前端与业务内网应用平台之间的数据传输。

4. 互联网接入安全设计

针对移动警务业务需求网络与业务系统的需求和特点，本项目采用图12.24所示的安全解决方案。

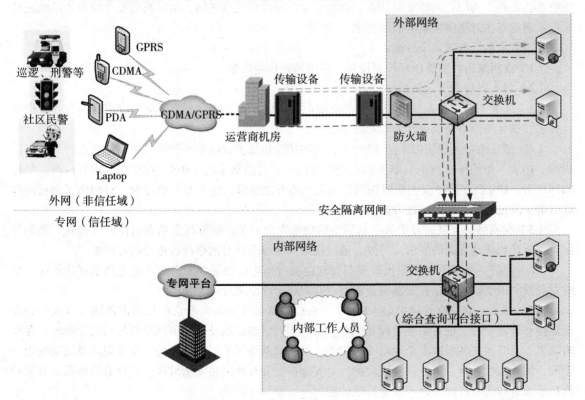

图 12.24　互联网接入安全设计

系统在满足移动/无线警务查询系统业务运行的需求下，在安全性方面，还通过以下几点最大程度保证了所关心的内部数据安全性：

（1）系统保证了内网的安全性。利用安全隔离网闸，把专网与公网从物理上隔离开，这是最切实有效的安全措施。

（2）安全隔离网闸本身的安全性。在安全隔离网闸的体系结构中，内外网进行信息交换的唯一途径是通过数据暂存区交换文件。

（3）系统的内外部处理单元都采用了专用的安全增强的技术，能够很好地保护主机自身的安全性。

12.1.9　项目的运维管理系统设计

系统运维管理系统围绕"管理、业务、服务"的三个层面进行建设，以运维流程和服务考核为导向，实现对视频业务系统及其基础支撑运行环境的可视、可控、可管理，达到设备故障主动监测、运行状态可视监控、日常维护规范管理、运维服务量化考核的目标，提升视频系统的整体运行维护管理水平，为建设具有高效、快捷、安全的视频监控系统提供有力的运维服务保障。

1. 运维管理系统架构

运维管理系统基于 MVC 框架进行设计，具体架构设计如图 12.25 所示。

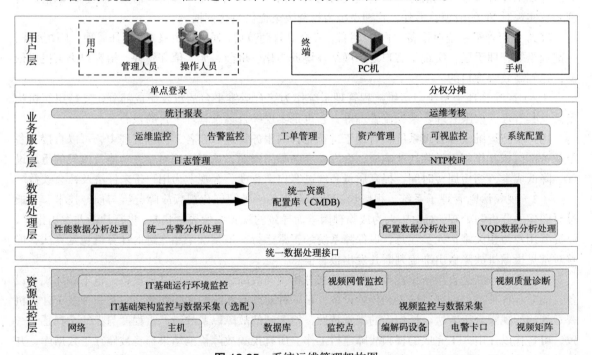

图 12.25　系统运维管理架构图

整体由资源监控层（集中监控与数据采集）、数据处理层（集中监控数据处理）、业务服务层（运行展现与监控管理）和用户层（用户和终端）四部分组成：

（1）资源监控层。资源监控层（集中监控与数据采集）主要实现监控资源的数据采集，包括前端摄像机、DVR、NVR、视频综合矩阵、视频服务、卡口设备等视频系统相关设备。

平台提供的监控功能包括视频网管监控、视频质量诊断监控、NTP 校时，实现对前端摄像机、卡口设备、后端视频设备的监控及视频图像质量诊断与分析以及设备系统时间准确性的监控。

平台提供对网络交换机、服务器、数据库、存储设备等 IT 基础运行环境开展状态监控功能。

（2）数据处理层。数据处理层实现对监控对象数据、告警信息的统一汇聚和集中处理，主要包括配置数据分析处理、性能数据分析处理、统一告警分析处理、VQD 数据分析处理，各种数据的传输统一通过信息总线。

（3）业务服务层。业务服务管理主要功能是通过管理来提高服务和内控水平，通过科学管理来提升运维效益。运维服务平台遵循综合 ITIL 的规范，实现了从救火式变迁到主动式的管理的手段。

业务服务层为用户提供了统一的运维管理服务，集中汇聚监测视频网中视频设备的主要故障告警信息，实现运维监控、告警监控、工单管理、NTP 手动 / 批量校时的统一管理，并形成运维相关数据报表。

（4）用户层。用户主要指管理人员和操作人员，应用终端包括 PC 机、手机终端。针对不同的角色授予不同的管理权限，通过应用终端单点登录实现平台资源的访问和平台服务的应用。用户可通过终端便捷地进行异常上报、工单管理、告警信息的查询、统计报表等技术支持服务等。

2. 运维管理系统组成

运维管理系统包括综合网管子系统、运维管理子系统、视频诊断管理子系统。

（1）综合网管子系统。目前，网络管理越来越重要，它是业务连续性、系统整合、应用服务的基础。复杂异构的网络环境给管理工作提出了巨大的挑战。各种品牌的网络设备、各种网络连接关系等如果没有有效管理措施，来电响应式的管理根本无法满足业务发展的需要。这就可以借助管理系统实现对 IT 的治理。另外，管理系统为投资决策提供量化依据。

IT 综合网管子系统对设备、平台、性能、安全等管理范畴，通过首页概览、拓扑展现、地图展现、一键运维等管理手段，实现了客户复杂网络环境透明化、事前、无人值守管理，给客户决策提供依据，达到高效管理目的。

（2）运维管理子系统。运维流程管理系统作为综合运维平台的重要组成部分，支持组织机构定义及其管理、权限管理、数据流管理等，它也是实现综合运维管理平台的核心。

用户实施运维流程管理系统，有助于进行完善的服务管理。在各个流程管理中，可以直接与各个业务部门相互作用，做到快速响应，合理整合各部门资源，从而实现对业务功能及流程的重新设计，降低成本、缩短周转时间、提高质量和增进客户满意度。客观上为用户带来经济及社会效益。

（3）视频诊断管理子系统。视频诊断管理系统是一种智能化视频故障分析与预警技术。它通过对图像的分析与处理，对由于人为或物理因素而导致的视频图像异常状况，进行诊断并发出报警，以提醒用户与相关维护人员注意，以保障系统的正常运行。该系统采用先进的计算机视觉算法，能够对常见摄像机故障做出准确判断并发出报警信息。

视频质量诊断是直接依据视频图像特征来分析视频故障，无需添加其他设备，也不破坏现有设备，能兼容各种类型的视频输入和传输设备，是一种对现有系统的无损探测。它是一种基于计算机视觉算法的视频分析方法，模拟人的视觉特性，检测到的故障以及故障严重程度与人的主观感受一致，可替代以往由人工完成的视频故障巡检工作。所有视频故障检测结果都将被储存于数据库，并统计分析监控系统的故障数、故障率等情况，极大地方便了对大型视频监控系统的维护和管理工作。

12.2 聚数兴文求精品——省级文化大数据平台设计案例

"根本固者，华实必茂；源流深者，光澜必章"，文化自信作为"四个自信"之一，中国有着优秀的、丰富多彩的文化底蕴，各种民俗文化分散在不同的区域、单位和个体之中，如何通过信息化技术手段将区域内的各种文化进行归集、整理、展现和传播是数字社会工程需要关注的重点之一。本节以我们设计的一个省级文化大数据平台为案例，该案例具有专业化、复杂性、地域性、覆盖面广等特性，利用最新的技术、结合该省实情进行文化大数据平台建设，加强文化资源的整合，扩大特色文化的传播，促进文化产业的繁荣发展，提高公共文化管理和服务的信息化、网络化水平，更好地满足广大人民群众快速增长的数字文化需求，希望能给相关读者及同行有益的参考。

12.2.1　项目设计概述

1. 项目设计规模

省级文化大数据平台根据国家文化部〔2017〕18 号《文化部"十三五"时期公共数字文化建设规划》，结合该省文化发展实际情况及具体需求，在调研基础上形成该设计方案。

该省级文化大数据平台覆盖该省 16 个市、78 个县及其下辖乡镇的文化单位，为各用户提供统一的文化管理平台。

2. 项目设计目标

根据〔2017〕18 号《文化部"十三五"时期公共数字文化建设规划》"按照统一的标准规范，聚拢资源、应用、数据，提供'一站式'应用服务"要求。运用互联网、云计算、大数据分析、数学模型、空间地理信息等新一代信息技术，对文化遗产、特色文化、文化组织活动、文化监管等数据进行综合分析，为国家、省级政府部门提供直观、科学的辅助决策数据，为各单位及个人提供"一站式"的文化服务，优化该省现有的文化管理工作方式，提高业务、管理、服务、决策效率与水平。

（1）推进文化数据集中到省，数据高度融合、业务高效协同。将全省文化数据信息汇聚、分析，同时还针对现有各类业务应用涉及的信息资源进行优化调整，加强数据统计分析业务应用，建立统一的数据交换共享平台，为各用户提供数据的查询、分析、叠加、交换等服务功能。促进数据信息共融、共通、共享，消除"文化孤岛"，实现互通互联，构建服务全省的文化大数据平台，推进提高文化资源的传播效率和信息基础设施的综合利用率，改进数字文化服务的针对性、便捷性和时效性。

（2）促进"互联网 + 数字文化服务"均等化。省级文化大数据平台覆盖省、市、县（区），服务对象涉及省、市、县（区）、镇（乡）四级文化工作单位和公众，以"数字文化"为媒介，构建数字文化云平台，打造数字文化融合教育、旅游、康养、体育等数字文化生态圈，秉承"一带一路"的文化传承与发展；以互联网、云计算、大数据、物联网等新一代信息技术为基础，实现数字文化综合管理，为数字文化各方参与者提供一体化、一站式、综合性的数字文化服务。

（3）强化文化资源监管，推动文化资源健康传播。建立完善的文化资源监管功能，加强文化遗产数据资源的确认、维护和更新，完善文化组织活动的申请、审批等重点环节管控机制，加强文化传播渠道的管理。

12.2.2　项目设计任务

省级文化大数据平台主要设计任务包括：

（1）建设省级文化大数据平台各应用子系统，包括文化市场监管子系统、文化遗产管理子系统、文化组织活动管理子系统、文化招商引资管理子系统、监控预警子系统、分析应用子系统、知识库、领导驾驶舱应用子系统、业务展示子系统等。

（2）建设应用支撑系统，包括数据库系统、应用中间件、消息中间件系统、数据分析系统、数据抽取转换处理（ETL）系统和全文检索软件系统等建设内容。

（3）建设指挥中心，包括视频系统、音频系统、集中控制系统、网络系统、综合布线系统和配套设施等。

12.2.3　总体架构设计

1. 总体架构设计

省级文化大数据平台总体架构由基础设施层、数据资源层、应用支撑层、应用层、用户层、运行维护与安全保障体系、标准与规范体系组成，总体架构如图 12.26 所示。

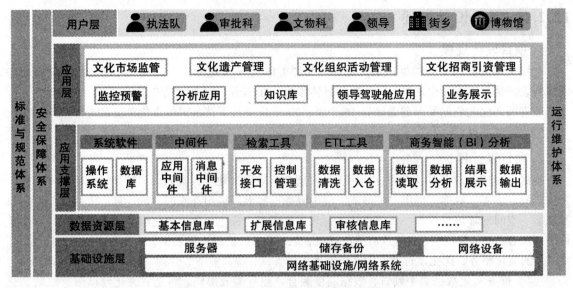

图 12.26 省级文化大数据平台总体架构图

（1）基础设施层。基础设施层为省级文化大数据平台提供机房、计算、存储、网络等基础设施服务，包括机房设施、服务器、存储、网络、负载均衡及相关的安全设备。

（2）数据资源层。数据资源层主要为应用支撑层及应用层提供各类数据信息，包括文化资源及单位基本信息、文化监管审核信息等。

（3）应用支撑层。应用支撑层主要是基础公共功能、各类支撑软件和基础应用软件，包括应用中间件、消息中间件、检索工具、ETL 工具、数据分析等支撑模块。通过基础工具完成文化各业务系统的数据处理和归集，为下一步的大数据管理做好基础支撑。

（4）应用层。文化业务应用指支撑文化业务开展的应用系统，包括文化市场监管、文化遗产管理、文化组织活动管理、文化招商引资管理、监控预警、分析应用、知识库、领导驾驶舱应用、业务展示等子系统。

（5）用户层。用户层主要是为执法、审批、博物馆等各单位用户提供系统登录、信息推送、业务展示等服务。

（6）标准规范体系是遵循文化行业国家和相关的行业标准规范，结合该省粮食文化管理实际情况，完善形成的各个系统相关技术标准和管理规范的集合。

（7）安全保障体系是指根据国家的相关安全标准，从物理层、网络层、主机层、应用层和数据层面对其平台进行安全防护的规范集合。

（8）运维管理体系是指通过资源监控、自动化运维工具、IT 运维流程管理、运维数据统计分析等对平台的正常运行进行保障的规范集合。

2. 功能架构设计

该省级文化大数据平台功能架构包括 9 个应用子系统和 32 个功能模块，各功能模块如图 12.27 所示。

3. 网络结构设计

省级文化大数据平台由省级城域网支撑，依托电子政务云及电子政务外网实现互联互通和数据交换。网络系统结构如图 12.28 所示。

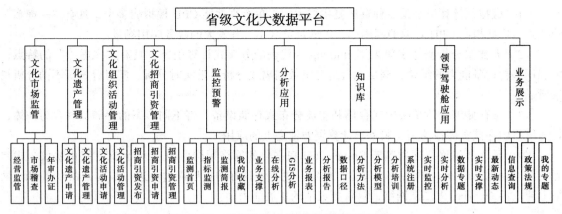

图 12.27 省级文化大数据平台功能架构图

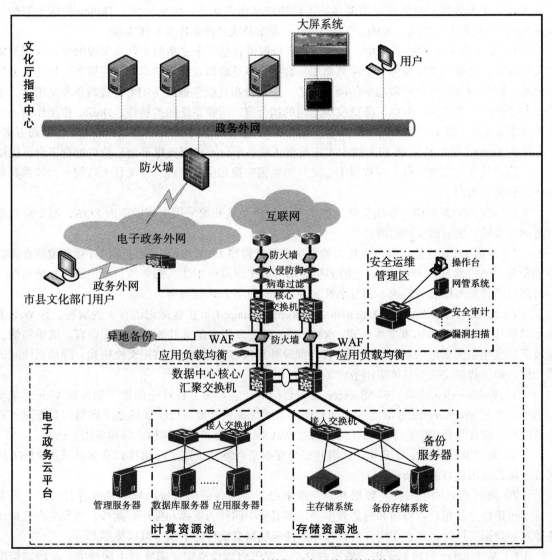

图 12.28 省级文化大数据平台网络系统结构图

该省目前已在省中心部署电子政务云,采用计算引擎、大数据分析、云存储、云网络等多种新技术,为各类应用提供丰富的计算、存储、高性能的网络能力。

（1）虚拟化计算引擎是一种资源复用技术，将单个高性能 CPU 模拟成多个，具有"一虚多"的特点，以此提高 CPU 资源的利用率，可满足负载小、并发大的政务应用场景。

（2）大数据分析服务引擎采用 Hadoop 为代表的分布式计算引擎，具有"多虚一"的特点，可利用多台设备能力的组合，满足大批量海量数据离线分析、近实时分析、实时分析等不同分析场景所需。

（3）云存储综合传统集中式存储和主流分布式存储设备，将不同形态的存储资源合为一体，作为统一的存储资源池使用，服务于计算资源池之上的应用。

（4）云资源池网络通常基于 Spine+Leaf 扁平化的网络架构，通过运行 BGP 路由协议，构建起三层互通的 Underlay 网络，不仅运行稳定，更有着良好的扩展能力。进一步的，在 Underlay 网络上建立的 Overlay 大二层网络，具备更灵活的扩展能力。

4. 技术路线选择

省级文化大数据平台的建设需要多种不同的技术作为支撑，该平台基于 Dubbo 的服务架构，采用面向 SOA 架构、J2EE、XML、WebService 等多种成熟技术作为总体支撑。

（1）基于 Dubbo 的服务架构。省级文化大数据平台是一个复杂的平台，常规的垂直应用架构已无法应对，将应用支撑服务、资源数据库、数据资源处理以及数据共享与交换服务等核心业务抽取出来，作为独立的平台形成稳定的服务中心。采用分布式服务框架（RPC）提高业务复用性，还需要基于面向服务架构（SOA）降低模块之间的耦合度，增强系统的扩展性。Dubbo 框架作为一个分布式服务框架，致力于提供高性能和透明化的 RPC 远程服务调用方案，以及 SOA 服务治理方案。

采用 Dubbo 框架的 SOA 服务技术实现数据各核心平台（应用支撑平台、数据处理平台、应用平台、数据共享与交换平台）与数据中心之间的数据交换和应用整合，使文化大数据平台体系具有健壮性和高可用性。

（2）面向 SOA 架构。省级文化大数据平台应用系统开发采用主流的面向 SOA，便于异构系统之间的集成，更好的支持扩展性等。

（3）遵循 J2EE 规范。省级文化大数据平台设计遵循 J2EE 规范，通过提供计算环境所必需的各种服务，使得部署在 J2EE 平台上的多层应用可以实现高可用性、安全性、可扩展性和可靠性。同时降低了开发多层服务的成本和复杂性，利于迅速部署和增强服务。

（4）XML 技术。XML 即 ExtensibleMarkupLanguage（可扩展标记语言）的缩写，是 Web 上表示结构化信息的一种标准文本格式。XML 是一种可以用来定义其他语言的元语言，简单易懂，是既无标签集也无语法的新一代标记语言。部分外部接口采用 XML 数据交换格式，降低系统间的耦合度，确保数据交换与具体应用平台无关。

（5）WebService 技术。WebService 是一套标准，它定义了各种应用程序如何在 Web 上实现互操作。通过 WebService 标准实现查询和访问。系统提供开放、可扩展的基于网络的数据服务和业务服务，实现与异构信息系统和互访，通过 WebService 标准解决同构、异构应用互访。

（6）基于 REST 的接口服务。数据共享与交换平台特性决定了应用接口众多，采用 REST 风格技术降低应用接口的复杂性。

（7）面向消息的中间件。数据共享交换平台需要与各部门大量的异构系统进行交互，其安全性、可用性、易用性、传输和通信效率等，都需要中间件的支撑和保证。此外，当发生高流量或高并发的数据交换时，消息中间件具有可伸缩性应确保交换传输子系统可以集群部署。

（8）基于 datax 的数据采集。数据共享与交换平台特性决定了需要对不同种类、不同结构的海量数据采集需求，采用 datax 技术提高了采集工作的通用性及高效性。

（9）基于 JSON 的数据表示。数据交换是一个开放的省级文化大数据平台的基本功能，如果数据交换使用的数据格式千差万别，则需要复杂的数据编码以及解码工作，因此统一数据交换使用的数据封装格式是进行省级文化大数据平台建设的首要任务。

采用 JSON 方式对系统要将换的数据进行表示，既可以便于系统之间的数据交换，又可以方便进行扩充，因此该省级文化大数据平台建设的系统全部采用 JSON 格式来表示交换数据。

（10）大数据相关技术，使用 Hadoop HDFS 分布式文件系统作为通过流式方式读取文件的高容错、高吞吐量文件系统。

省级文化大数据平台运用大数据预处理相关技术，包括数据清理、数据集成、数据变换、数据规约、数据离散化等。

省级文化大数据平台在大数据分类中采用决策树分类方法。

省级文化大数据平台在大数据关联分类采用基本成熟的 Apriori 算法，在此基础上进行参数调整及完善，达到捕获数据之间的重要关系。

5. 该系统与周边系统的关系

省级文化大数据平台是基于该省电子政务云相关基础设施进行建设，通过相应的接口与周边系统进行互通。

（1）与上级部门的接口，省级文化大数据平台根据数据报送规范要求进行数据封装后，通过该接口进行数据报送，实现上级部门对该省文化管理事务的统一监管。

（2）与各市、县文化单位的接口，通过开放的 API 接口，实现省级文化大数据平台与各单位管理系统的互联互通，包括文化资源基本信息采集、文化市场监管、文化事务相关申请及审批等。

（3）与政务数据共享交换平台的接口，通过该接口实现省级文化大数据平台与省政务数据共享交换平台之间进行政务数据的共享交换。

12.2.4　信息资源规划和数据库设计

省级文化大数据平台信息资源规划和数据库设计，主要通过信息资源的收集、整理、规划，并进行相关的数据库设计及建模分析。

1. 信息资源规划

文化厅在日常工作中所收集、整理、加工、传递和利用的一切信息具有社会性、可证性、可信性、时效性等特征，这些信息是行政管理工作的基础，是提高政府监管能力、提高政府公共服务能力的工具。

以实现信息资源的综合利用为目标，对全省文化信息资源进行科学的分析和归类，建立统一、完善、标准的数据资源中心，实现各数据使用部门的信息共享。

（1）按信息资源的形式进行划分，按照形式划分，可以将信息资源划分为文本、文档资料、图像、视频等信息。

（2）按信息资源的用途进行划分，按照用途划分，可以将信息资源划分为业务支撑、业务管理、决策支持三类应用信息。

（3）按信息资源的使用范围进行划分，按照使用范围划分，可以将信息资源划分为公开信息、内部信息。

（4）按信息资源的实时性进行划分，按照实时性划分，可以将信息资源划分为实时信息、后备信息。

2. 数据库建设

（1）数据库设计原则。数据库设计将根据各应用系统数据的不同分类和特点及功能需求，并结合数据量，提出最适合自身业务系统的数据架构、应用架构和集成架构。数据库设计的原则是：

① 以需求为导向，以数据为基础。系统数据库的建设是以满足平台业务处理功能需求为主，即以满足数据的采集、审核、多角度查询处理为主，同时兼顾历史数据的清查整理。

② 统一规划，分步实施。系统数据库体系建设内容有轻重缓急之分，各项建设任务互相管理、互相影响。如果不经详细规划而轻率进行，势必因各项资源配备不足而导致混乱甚至返工。因此，必须将各项建设任务理出头绪，找出其中的规律，按照科学合理的节奏分步骤进行，才能充分保证数据库建设的有效性。

③ 遵循标准，规范流程。统一规划下的分步实施必须有充分的标准化基础作保障。否则各单项任务建设后的集成工作难以进行。对于流程、数据、应用技术的标准化工作，应该在系统建设前进行；各应用系统除了遵循硬件平台、网络平台的支撑标准外，还应严格遵守流程、数据、应用技术标准，以保证系统间结合的流畅。

④ 迭代法开发。采用迭代式的方法来开发和建设数据应用体系，即首先选择最核心的内容开发和部署一个满足最基本需求的功能原型。在原型的基础上根据反馈信息和业务的发展，不断总结经验，扩展数据源、不断丰富原型内容完善功能。

（2）数据库建设目标。省级文化大数据平台数据库建设要实现管理和使用部门对业务数据和基础数据的采集、传输、处理、存储、共享以及使用，能够利用数据资源进行综合分析、挖掘，满足各类基础信息和业务信息的需求。

（3）数据库体系结构。数据库体系架构在逻辑层次上分为五个层次，自下而上分别为数据接入、数据集成转换与检索、数据存储、数据服务、分析应用；整个体系运行有数据标准体系及基础系统功能支持。

（4）数据库各类信息表设计。数据库包含各单位的基本信息表、扩展信息表、审核结果信息表等。

① 基本信息表包括单位名称、单位 ID、电话、地址、员工数、法人等基本信息。

② 扩展报表主要用于区分不同类型的文化经营管理单位，通过不同的字段对单位进行区分，例如博物馆、文物、书店、影院等。

③ 审核结果表主要用于保存单位上报的信息审核结果，包括单位 ID、审核时间、审核结果、审核人姓名、审核人 ID 等信息。

（5）数据库管理与更新维护：

① 建立数据库管理系统，统一管理和维护数据库。为了便于数据库的统一管理与维护，将数据存储和应用开发分开，面向不同的具体需求，开发便于数据维护和更新的基础数据库管理系统。

② 形成有效的数据更新机制：

·数据更新依赖于基层日常数据采集的基础数据库，采用自下而上的更新方式，由下级数据管理部门负责日常数据采集更新，通过增量备份的方式定期逐级向上更新数据库。

·涉及由上级部门审批的规划、计划类等数据库，数据库的更新由上而下进行，通过数据增量方式进行传送。

·对于管理数据库的更新，建立行政保障、业务管理系统运行、软硬件配套与数据库更新联动的机制。

（6）数据安全。数据安全是要保障数据不被非法读取、非法篡改、数据恢复快速，具备数据灾难备份和恢复能力。通过网络安全可以抵御外部入侵、非法侵入对数据的破坏，通过内部管理制度和用户访问控制保障内部人员合法对数据的应用。

① 数据存储安全。系统采用安全本地在线存储设备、本地备份存储两种存储方式保障数据备份和恢复能力。在线存储设备自动备份到本地备份存储设备，一旦在线存储发生硬件故障，备份存储设备可以快速接管业务，保证业务连续性。

②　数据访问安全。通过对各个系统和数据库设置用户访问权限，用户需要通过授权才能获得相应资源访问权限；应用系统用户保存用户口令等关键信息时，需要将密码通过加密算法加密后再存储。

③　数据传输安全。在远程进行数据访问和系统使用的过程中，需要考虑数据远程传输的安全性，将通过数据压缩传输，SSL 加密机制传输等方法和措施，保证数据传输安全性。

3. 数据建模分析

基于数据中心基础的功能建设，汇聚文化相关的各项关键信息数据信息，进行存储、梳理和统计，数据中心将根据管理人员的需求，对数据进行筛选、分析，并以这些数据基础，对文化管理决策进行预测及指导，并对文化提供信息化支持。

（1）数据建模。提供专业的建模功能，管理人员可利用数据中心的数据，通过平台来进行建模操作，实现数据中心更高层次的功能应用。

（2）数据分析。以建模功能为基础，根据实际的管理需求，提供对数据进行科学合理的统计分析功能。

（3）多元化展示。对于统计与分析后的结果，提供各类表单及柱状图、饼图、条形图等多种展示方式，可以得到更直观与人性化的数据报告，并帮助管理人员提高工作效率。

12.2.5　应用支撑系统设计

省级文化大数据平台应用支撑平台设计包括系统软件、中间件、全文检索工具、商务智能（BI）分析平台、ETL 工具等应用支撑模块。

1. 系统软件

系统软件产品主要包括操作系统和数据库管理系统，是应用系统部署、运行的基础性软件产品。

1）操作系统

作为服务器的操作系统，在选择上应考虑系统的可靠性，即是否能负担大量用户的服务请求，以较快的速度处理数据，合理地排列服务等问题，系统是否方便使用和管理，在单机和联机环境中，易用性都是最大化用户工作效率和满意度的关键因素，与此同时，也要求考虑系统软件对运行环境的要求。

省级文化大数据平台服务器的操作系统采用标准版操作系统，具有标准的安全性、可管理性和可靠性等强大功能。

2）数据库管理系统

数据库系统的选型必须为高性能、可靠、成熟的数据库产品，以满足省级文化大数据平台系统对数据库系统性能和功能的要求。

Oracle 数据库系统与应用系统的开发平台和支撑平台具有较好的兼容性。另外，在长时间运行大量事务方面 Oracle 数据库应用广泛，在金融、证券、电信、民航等企业以及政府部门等的关键性数据服务中有大量使用案例。

该省级文化大数据平台数据库系统选择使用 Oracle 企业版。

2. 中间件

中间件主要包括应用中间件和消息中间件产品，是实现企业软件架构的基础。

1）应用中间件

应用中间件是应用软件运行的直接依赖环境。根据省级文化大数据平台应用软件开发技术架构对运行环境的要求，核心应用软件系统的应用中间件须符合 J2EE 规范。

系统作为关键业务应用通常是面向事务的，要求具有准确的数据完整性、较好的性能和管理需求，特别对于系统的可靠性、伸缩性能要求特别高。市民卡系统对应用中间件平台具体有以下要求：

（1）支持 J2EE 技术和标准，包括 Enterprise JavaBeans（EJB）、Java Server Page（JSP）、Java Servlet、Java Database Connectivity（JDBC）、Java Connector Architecture（JCA）、Java Message Service（JMS）、Java Naming Directory Interface（JNDI）等。

（2）支持主流 Web 服务器，如 Apache、Netscape、Microsoft 等，或能直接内置 Web 服务器；支持 IE、Netscape 等常见浏览器；支持常见的操作系统，如 IBM AIX、HP-UX、Sun Solaris、Linux、MS Windows NT/2000 等。

（3）支持 Oracle、Sybase、DB2 等主流数据库，能充分利用数据库的优化能力来提高自己的性能，保证配置信息的安全性和高性能；支持负载均衡机制，支持数据库连接池，支持请求队列机制，支持线程缓冲池，支持对象缓冲池，支持动态内容缓存（Caching Dynamic Content），提供自动内存管理以进行垃圾内存回收，支持垂直扩展性（Vertical Scalability）：将系统转变（升级）为一个更大、更有力的相同或不同结构的平台，支持水平扩展性（Horizontal Scalability）：增加适当规模的附加模块来增强应用；提供快速数据库存取技术（Faster Database Access），能提供优异的数据完整性、一致性机制。

（4）良好的并发连接机制，能支持上百个以上的连接数，曾通过高强度的压力测试。

（5）支持以下技术或标准：HTTP、XML/SOAP/WebServices 等。

（6）支持与 OOA、OOD 工具的结合，以及与 Web 开发工具的结合，支持主流的 Java 开发工具，支持网络环境的开发，进行版本控制。

（7）提供良好的互操作性、可集成性，能作为应用系统集成的一个依赖平台。

（8）安全性方面支持允许动态更改 ACL 规则，支持 SSL 实现，支持 UNIX 主机安全模式，支持 NT Domain 的安全设置，支持用外部 LDAP 认证。

（9）良好的可管理性，支持第三方 BEANS，支持 EJB 的动态发布和撤销。

（10）高度的稳定可靠性，必须在业界有上规模的关键业务应用案例。

2）消息中间件

（1）节点。节点是由一个或一组队列控制单元、配置文件、远程监控代理进程、系统运行监控进程组成，为应用系统提供消息存储、传输、管理、控制服务。

（2）队列控制单元。队列控制单元由配置文件、数据交换区、一组核心进程（发送进程、接收进程、监控进程）和一组代理进程（客户代理进程、发布订阅代理进程）等组成。队列控制单元负责对一组队列进行管理和监控，消息发送、接收、通道维护等工作都由队列控制单元负责。一个节点可以根据系统的规模建立一个或多个队列控制单元，以提高系统的管理灵活度和消息的处理能力。

（3）系统运行监控。系统运行监控模块负责对整个系统的运行情况进行监控，并诊断、排除和报告各种错误。系统运行监控模块能够需要及时掌握各系统进程的运行情况，当某个进程出现问题时，运行监控模块可以第一时间监测到，并能够及时进行修复，系统运行模块能够根据用户的配置对应用进程进行调度和管理，当有消息到达时，能够及时触发和通知应用进行接收和处理。

（4）远程监控代理。远程监控代理作为节点与监控管理中心之间的桥梁，负责为监控管理中心收集和提供节点的各类配置信息、监控信息等，同时负责执行监控管理中心上的相关远程控制操作（如配置变更、消息清理），真正实现监控管理中心对节点的实时动态管理。

3. 全文检索工具

全文检索软件支持对大数据量、多语种文本型全文数据进行多种方式的检索，提供 Java 应用开发接口，能够实现系统控制、对象和权限管理、数据维护、检索和结果处理等功能。例如：TRS 全文检索系统、Goonie 全文检索等。

4. 商务智能（BI）分析平台

商务智能（BI）分析平台对海量业务数据进行多样化的分析和展现。把各业务中的各类数据抽取到数据仓库中，进行各类统计、分析、数据挖掘、不同角度（条件）的分析，将数据转化为知识，实现综合查询、统计分析、预测预警等辅助决策支撑功能。主要功能包括：

（1）读取数据。可读取多种格式的文件，同时可读取关系型数据库中的数据。支持连接文本，将所需的数据合并到一个文件，这样可以像操作数据库一样方便，无须用户编程即可实现。

（2）分析功能：

① 关联 / 限定。关联分析主要用于发现不同事件之间的关联性。

② 显示数值比例 / 指示显示顺序。系统可使数值项目的数据之间的比例关系通过按钮的大小来呈现，并显示其构成比，还可以改变数值项目数据的排列顺序等。

③ 监视功能。预先设置条件，使符合条件的按钮显示报警（红）、注意（黄）信号，使问题所在一目了然。

④ 按钮增值功能。可将多个按钮组合，形成新的按钮。

⑤ 记录选择功能。从大量数据中选择按钮，取出必要的数据。

⑥ 多媒体情报表示功能。由数码相机拍摄的照片或影像文件、通过扫描仪输入的图形等多媒体文件、文字处理或者电子表格软件做成的报告书、HTML 等标准形式保存的文件等，可以通过按钮进行查找。

⑦ 分割按钮功能。在分割特定按钮类的情况下，只需切换被分割的个别按钮，便可连接不断实行已登录过的定型处理。

⑧ 程序调用功能。把通过按钮查找抽取出的数据，传给其他的软件或用户原有的程序，并执行这些程序。

⑨ 查找按钮名称功能。通过按钮名查找按钮，可以指定精确和模糊两种查找方法。

（3）丰富的画面。列表画面可以用 and/or 改变查找条件，可以进行统计 / 排序。统计对象只针对数值项目，统计方法分三种：合计、件数、平均，而且可以按照 12 种方式改变数值的显示格式。

视图画面提供切换视角和变换视图功能，数值项目切换通过按钮类的阶层化，图表画面上可以自由地对层次进行挖掘和返回等操作。

（4）数据输出功能。打印统计列表和图表画面等，可将统计分析好的数据输出给其他的应用程序使用，或者以 HTML 格式保存。

（5）定型处理。所需要的输出被显示出来时，进行定型登录，可以自动生成定型处理按钮。以后，只需按此按钮，即使很复杂的操作，也都可以将所要的列表、视图和图表显示出来。

5. ETL 工具

ETL 工具负责将分散的、异构数据源中的数据如关系数据、平面数据文件等抽取到临时中间层后进行清洗、转换、集成，最后加载到数据仓库中，成为联机分析处理、数据挖掘的基础。ETL 是数据抽取（Extract）、清洗（Cleaning）、转换（Transform）、装载（Load）的过程。是构建数据仓库的重要一环，用户从数据源抽取出所需的数据，经过数据清洗，最终按照预先定义好的数据仓库模型，将数据加载到数据仓库中去。

12.2.6　应用系统设计

省级文化大数据平台应用系统围绕利用文化数据服务文化事业和产业而建设，主要包括文化市场监管、文化遗产管理、文化组织活动管理、文化招商引资管理、监控预警、分析应用、知识库、领导驾驶舱应用、业务展示等子系统。

1. 文化市场监管子系统

（1）经营监管，该功能主要将各文化经营单位信息进行集中管理，定期更新，便于监督和审查。

① 经营单位信息填报。文化经营单位注册后通过该功能填报单位基本信息，包括单位名称、单位 ID、电话、地址、员工数、法人等。

② 经营单位信息编辑。文化经营单位注册后通过该功能对已填报的单位基本信息进行编辑，包括增加、删除、修改等。

③ 经营活动数据管理。包括文化经营单位录入本单位文化经营活动的信息，包括活动名称、活动规模、涉及的文化资源保护措施及相关的证明资料。监管部门根据单位填报的活动数据进行核实、审核、确认。

（2）市场稽查。根据各文化经营单位上报的信息，定期针对其真实性进行稽查，如发现违规行为及时在系统中录入稽查记录、图文证据等信息，并生产处罚通知单下发相关单位。

① 在线稽查。监管部门根据文化经营单位上报的单位信息和经营活动进行在线比对，如有违法违规现象，例如企业资质与经营活动的条件要求不匹配，及时提出在线稽查结果并提出复核要求。

② 稽查复核。对在线稽查结果进行实地核实，将复核结果导入稽查复核模块中，并根据复核结果更新文化经营活动信息。

（3）年审办证。通过筛选符合年审条件的单位并生成年审通知下发相关单位，由相关单位通过在线提交年审申请及相关电子材料。年审管理员完成审核后提交审批结果确认。

① 年审申请。各单位根据门户推送的年审通知登录网站提交年审申请及相关资料。

② 年审审批。年审管理员根据各单位提交的申请材料进行审核，并将审核结果提交审批。最终将审批结果进行更新后推送给申请单位。

2. 文化遗产管理子系统

（1）文化遗产申请。申请单位通过该功能模块上报相关的文化遗产保护申请数据，由相关的文化管理部门进行材料审核、现场考察，将审批结果在相关网站进行公布。

① 文化遗产申请。各单位或基层组织可将民俗特色等文化资源申请文化遗产，通过文化遗产申请入口，填报名称、地址、简介等基本信息。

② 文化遗产审核。系统管理员根据申请材料进行审核、评估，如不满足申请条件的直接反馈给申请单位，如初步审核满足条件的申请，则进行现场审查、评估后反馈给申请单位。

（2）文化遗产管理。维护各类文化遗产的数据资料，包括文档、图像、视频等，供外部各单位查看。

① 文化遗产数据归类。根据文化遗产的特征如性质、地址、资料类型等信息进行分类，并根据需求及时推送。

② 文化遗产信息更新。定期对文化遗产信息进行更新，包括文化遗产的基本信息、损坏程度、修复记录等。

③ 文化遗产信息查询。监管部门或外部用户按照不同的权限，通过该功能查询文化遗产相关信息。

3. 文化组织活动管理子系统

（1）文化组织活动申请。针对占用较多公共资源、规模较大的大型演艺展览活动，例如大型演艺活动、展览活动等，主办方通过该功能模块提交主办方信息、业务资质、税务证明、活动地点及场馆、活动规模、安保措施等信息，待相关管理部门进行审批后形成备案，并将审批结果通知主办方。

① 活动申请。主办方根据相关规定要求，在文化组织活动开展前登录系统进行活动申请，填报主办方单位基本信息、活动名称、活动规模、涉及文化资源保护相关等事项。

② 活动审批。监管部门根据主办方提交的活动申请进行在线核实或现场核实，并将审核结果提交审批确认。

③ 申请查询。主办方通过该功能查询活动审批结果。

（2）文化组织活动管理。定期梳理各项互动信息，通过活动类型、规模、效果等数据进行分类，分析该省文化组织活动的发展趋势，及其对该省文化进步的影响。

① 文化组织活动归类。根据文化组织活动的特点如主办方、地址、类型等信息进行分类，并根据需求及时推送。

② 文化组织活动信息查询。监管部门或外部用户按照不同的权限，通过该功能查询文化组织活动相关信息。

4. 文化招商引资管理子系统

（1）文化招商引资发布。为了促进文化产业的繁荣发展，可将部分文化资源通过招商引资的方式将文化资源产业化。在严格遵守文化保护相关管理办法的前提下，将现有的文化资源通过市场化经营的方式得到更好的发展和传播。该模块通过基本的筛选、管理单位审批后，将满足条件的文化资源的招商引资信息通过网站进行发布。

（2）文化招商引资申请。申请单位通过该模块，填报企业基本信息、文化资源经营模式、文化资源保护措施等文化资源开发方案。管理部门根据提交信息情况进行在线审核、现场调查等流程，最终将招商引资审批结果通过网站发布并通知中选单位。

（3）文化招商引资管理。该模块对文化资源信息、投资方信息、文化产业化经营效果等数据进行收集、整理、分析，得出文化资源的重点发展方向，对于不按规定进行文化资源的投资方列入黑名单，确保文化资源因经营不善遭到破坏。

5. 监控预警子系统

（1）监测首页。监测首页展现涉及文化各大职能的关键指标情况，可以快速地使决策者了解文化事业与文化产业的整体情况以及对重点关注对象的监控。点击指标名称，可查看该指标的历年趋势，进一步分析该指标的发展态势。

（2）指标监测。指标监测页面用于浏览查看各日常监控指标运行情况。浏览可按业务主题、预警级别等多种方式查看，不仅可查看指标当前数值，更可查看各指标异常特征及预警信息等。同时用户可方便查看指标阈值设定范围。对于特定权限用户，还可以对系统内设置的阈值进行修改。阈值修改后，指标将按新的阈值标准进行预警提示。

对每个监控指标点击指标名称可以链接到其指标分析页面，查看其历年趋势情况，也可进行多维度分析，查看不同维度下指标的值，进而从历史数据及多个角度分析指标预警的原因。

（3）监测简报。指标监控智能简报是按照固定模板对平台的指标数据监控情况进行月度总结生成汇报文档。报告中所包含的指标覆盖"指标监测"的所有内容。

该模块主要通过与业务人员沟通，了解其常用报告形式，据此设计开发固定格式的报告，并可以实现根据报告时间、报告主体的自定义选择，可以实现报表的定期自动更新；可以实现报表的自动批量生成；支持报表的 Word、PDF 导出；支持纯浏览器的报表生成和下载。

（4）我的收藏。我的收藏模块用于浏览查看、取消用户自定义收藏的关键指标。用户可通过指标监测模块进行常用指标的定制。收藏指标浏览查看方式则和指标监控浏览模块相同。用户可以新建指标组，实现对收藏指标的分类存放。

6. 分析应用子系统

省级文化大数据平台分析应用子系统包括业务支撑、在线分析、GIS分析、业务报表等功能，各功能模块如图 12.29 所示。

图 12.29 分析应用子系统功能示意图

（1）业务支撑。及时、准确把握文化动态与预测发展趋势是政府决策层开展经济工作的第一要求。趋势分析预测主题对经济发展运行的各项关键指标进行连续性观测、分析、预测，直观展示经济发展的动态，并对其规律性进行揭示，为领导制定相关的政策和策略提供技术支撑。

（2）在线分析。在线分析主要通过 OLAP 模型实现，在线分析具备以下技术特点：

① OLAP 模型构建方便，能提供方便、直观的图形化操作界面，无需编码即可实现 OLAP 模型的设计。

② OLAP Server 支持异构数据源访问。能够将多个数据源数据形成文件型的立方体，摆脱对数据库的依赖，尽可能地减小数据库压力，同时 OLAP Server 支持虚拟立方体技术，支持增量更新。

③ OLAP Server 支持子立方体。系统可以将用户对应权限的子立方体分发给用户，用户可以进行离线分析，不需要服务器支持。

④ OLAP 展现具有足够的灵活性。处理支持上钻、下钻、切片、旋转、过滤、图表一起展现以及各种常用图形展现等基本的 OLAP 操作，还支持维度中不同粒度的混合分析，支持不同维度的非平衡混合分析，支持不同层次维度节点之间的计算，具有应用平台开放性。

（3）GIS 分析。该模块使地理信息和产业登记地理信息数据结合显示，对文化数据进行多角度分析的分析，提供点图、柱图、饼图、线图、热图、网格图、梯度图、气泡图、流向线图等多种展现方式。通过 GIS 分析系统，实现以下业务功能：

① 灵活查询。支持两种方式的查询：

·图形查询：在地图上进行自由几何形状选取，点、矩形、圆、折线、多边形等，根据选取结果自动选定所选区域内的市场主体进行统计分析。

·属性查询：根据图形属性在数据库中进行查询，例如根据企业的所属行业，规模进行查询，进行特定的统计分析。

② 查询定位。通过灵活查询的界面进行搜索，对检索结果的企业列表点击进行地图定位，针对具体某一户企业展现其相关文化登记信息。

（4）业务报表。根据各部门的业务需求提供各种业务报表生成。业务报表模块主要功能可以实现各类业务报表的定期自动更新；可以实现报表的自动批量生成；支持报表的 Excel 导出；支持纯浏览器的报表生成和下载。

7. 知识库

（1）分析报告。为了充分发挥文化数据价值，提升文化部门的作用，需要定期或不定期的撰写分析报告，供领导及时掌握文化事业和产业发展及重点领域变化情况，为领导研判经济形势和进行科学决策提供参考，包括专题研究、智能报告、统计简报等。

（2）数据口径。用户能够通过该页面，了解到所用指标的数据口径。数据口径包括业务逻辑产出的方式、统计范围、时间等指标，整个系统各项指标的数据口径将在这一页面展现出来，并支持查询、编辑、问题反馈等功能。

（3）分析方法。为便于用户了解、掌握和使用各类数据分析方法，本页面将常用的数据分析方法原理和价值进行阐述，并以实际案例的形式，将各类数据分析方法运用到实际场景中，以实际案例说明数据分析方法的适合性和价值。通过对各类分析方法的解释和说明，有助于提升统计业务人员数据分析的方法论基础。

（4）分析模型。对于一般用户而言，分析模型理解和使用是一大难点。一方面分析模型能够体现出数据挖掘的成果，分析价值较大；另一方面，分析模型相对于常规统计分析更加复杂，用户难以了解构建标准、工具、机理等，导致用户不敢于基于模型展开分析。因此，针对分析模型的解释极为重要。该页面主要从三个方面对分析模型进行说明：首先是要解释模型构建的最根本问题——模型构建标准，使用户产生信任感；其次是要用通俗易懂的语言，解释模型构建所采用的工具和技术手段，使用户能够了解模型；最后要说明模型的应用场景和意义，使用户能够知晓如何有效地运用模型。

（5）分析培训。为了进一步巩固培训成果，需要将有关培训教材、资料上传至系统中，供用户随时查看。

8. 领导驾驶舱应用子系统

省级文化大数据平台领导驾驶舱应用子系统包括系统注册、实时监控、实时分析、数据专题、实时支撑等功能，各功能模块如图 12.30 所示。

图 12.30　领导驾驶舱应用子系统功能示意图

（1）系统注册。用户填写相关信息注册并通过审核后方可使用相关功能。

（2）实时监控。实时监控并跟踪领导关注的各类业务信息及其趋势变化情况，随时了解所关注信息的最新数据，充分满足决策者对文化部门整体情况以及重点关注对象的监控需求。

（3）实时分析。满足用户日常主要分析需求，保留决策层最关心的信息和最为综合性的指标，利用数据分析展现技术，从多角度、多维度对领导关注的数据进行趋势分析和对比分析通过地图、条形图、环状图、折线图等多种图表展现分析和对比结果。

（4）数据专题。整理载入各种专题分析报告、月度报告、简报等，并按照分析专题分门别类清晰展示，报告均可下载到本地，便于用户随时随地轻松阅读。

（5）实时支撑。实时支撑模块主要是对信息的即时推送，满足会议、汇报等场合的突发性、临时性查询需求。具备信息推送、消息提醒及消息查阅功能。

9. 业务展示子系统

省级文化大数据平台业务展示子系统包括最新动态、信息查询、政策法规、我的专题等功能，各功能模块如图 12.31 所示。

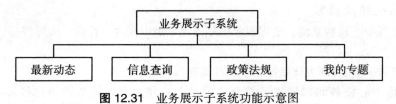

图 12.31　业务展示子系统功能示意图

（1）最新动态。通过该功能展示、发布和文化管理相关的最新动态信息，包括新闻动态、文化遗产数据通报、招商引资公告、文化资源数据通报等。

① 新闻动态。展示该省文化管理相关的新闻动态，包括领导视察指示、文化活动新闻、文化相关其他新闻。

② 文化遗产数据通报。对于文化遗产的申请通报、信息变更通报等。

③ 招商引资公告。在首页展示文化资源招商引资最新公告，包括申请公告、结果公告，最新资源公告等。

④ 文化资源数据通报。按季度或年度等定期向广大用户通报该省的文化资源管理情况、资源数据等。

（2）信息查询。信息查询功能为该省的管理部门、文化企业及广大个人用户提供便捷的信息查询。

① 管理部门查询。各个管理部门通过注册通过后，可通过部门单位名称及账号查询该部门管理范围内的文化资源所有数据信息，以及非本部门管理范围内的文化资源的基本信息。

② 文化企业查询。各文化企业通过营业执照等有效证明注册登记后，可登录系统查询相关的文化资源基本信息、招商引资相关信息等。

③ 个人用户查询。个人用户通过身份证等有效证明注册登记后，可登录系统查询各类文化资源的基本信息、资源开放情况等。

（3）政策法规。展示、发布中央、省、市、县各级关于文化管理的一些政策和实施办法，实施了解、学习、掌握各级政府文化管理工作动态。

（4）我的专题。为提供数据分析应用人员提供一个对系统中分析展现页面进行整合，将多个不同页面按照分析应用人员自己的分析思路和业务需要组合定制成自己的分析专题，制作好的专题类似于PPT一样，可以在线浏览定制好的专题。同时每个页面可以针对相应页面的参数进行选择，每个分析专题的数据也将随之数据更新频率显示最新数据。

我的专题模块主要功能如下：

① 定制专题。业务分析人员可新建专题，选择系统中一个或多个分析展现页面，按照自己的分析思路和业务需要定制个性化分析专题。同时用户都可以将自己已定制好的专题进行发布，发布后的专题将呈现在共享专题目录中，可供其他用户查看自己定制好的专题。

② 浏览专题。业务分析人员可浏览个人定制的专题页面，也可根据专题名称搜索个人定制的专题。

③ 维护专题。业务分析人员可以针对专题名称、专题内容进行修改和维护。

④ 共享专题。每个用户可以在共享专题中查看其他用户已发布的专题，并可以对其进行打分和评论。

12.2.7　省级文化大数据平台指挥中心设计

1.视频系统设计

1）视频系统建设内容

通过改造指挥中心视频系统，实现视频信号采集、集中调度、存储、大屏拼接、显示、控制等功能。

指挥中心部署一套LED大屏系统，整屏可实现多种显示模式。

同时在指挥中心设备间部署视频综合处理平台一套，平台具备视频信号采集（整合AV、VGA、DVI、HDMI、SDI等视频信号资源）、大屏拼接控制、实时图像处理、视频编解码、网络实时预览等功能，实现对指挥中心所有视频及网络信号的高效快速切换推送、存储，统一进行视频资源调度和分级同步共享，实现各类视频信源高效整合。

2）视频系统设计

视频系统分成前端信号源、视频信号传输、视频综合处理平台和大屏显示四个部分。

（1）前端信号源部分。省级文化大数据平台建设视频源如下：

① 指挥中心接入电脑 12 台，接入方式 HDMI 视频信号，预留 VGA 视频信号作为备用视频接入源。

② 视频会议终端设备 12 台，接入方式 HDMI 视频信号。

③ 调度网终端设备 12 台，接入方式 HDMI 视频信号。

④ 考虑到将来视频输入源和视频输出显示器的扩增，总体需求按 64 路以上的视频信号配置。

（2）视频信号传输部分。视频信号源分别有 DVI、HDMI 等高清信号输入与 VGA、BNC 标清信号输入，敷设相应的线缆以及高清传输设备至视频矩阵，并且从视频矩阵通过高清传输设备以及相应线缆传输至远距离的大屏显示从而确保大屏显示无黑屏、无延迟、无抖动。

根据现场测算，DVI、HDMI 均在视频信号有效传输距离内，为保障视频信号线的稳定性，DVI、HDMI 均采用成品信号线进行传输；视频信号线如超过 25 米传输距离，需要增加信号放大器辅助传输。

（3）视频综合处理平台。视频综合处理平台由视频矩阵和平台软件组成，可实现视频信号的采集中调度、存储、显示、分布式控制等功能。可完成前端管理、存储管理、电视墙管理、录像回放、流媒体转发等功能。

视频综合管理平台主要实现标清、高清视频切换上墙、大屏拼接、（开窗、漫游、分割等）多模式显示、存储回放上墙等功能。同时解码模块代替了高清解码器、大屏拼接器、矩阵切换，实现了标清、高清码流解码，转码模块完成第三方码流接入、转换封装、转换码流工作。总体实现功能如下：

① 矩阵切换控制支持网络、数字视频信号的接入和切换输出；支持原始视频数据无压缩直接交换输出；模块化输入、输出板设计，可根据需求组合为各种规格的数字视频交换矩阵。

② 视频编码输入采用 H.264 视频压缩标准；支持光纤、BNC、VGA、DVI、HDMI、模拟高线的视频信号接入编码；支持复合流和视频流编码，复合流编码时音频和视频同步；支持双码流技术。

③ 视频解码输出支持 DVI、HDMI、VGA、BNC 输出显示；支持 1/4/9/16 画面分割显示（BNC 只支持 1/4 画面分割）；支持 500W 高清视频解码；200W 高清视频解码能力、130W 高清视频解码能力（满配）；D1 及以下标清视频解码能力（满配）；支持视音频同步解码；支持多个预设场景，用户可以自定义每个场景电视墙布局。

④ LED 大屏支持多个显示屏的任意大屏拼接；单屏支持多个窗口；支持电子放大和 logo 叠加；支持开窗和漫游功能，最多支持 128 个窗口；窗口支持 1/4/9/16 画面分割；最大支持 4800×1200 分辨率高清底图显示。

（4）大屏显示部分。指挥中心显示系统为一套 LED（约 2m 高 ×3.6m 长）拼接大屏。

控制台负责指挥中心的视频管理控制功能；后端服务器负责进行网络的参数设置和对网络运行情况进行监控。

主屏幕正上方安装室内双基色 LED 显示屏，主要显示电子会标、时间、天气等相关信息等，显示内容还可根据实际需求任意调整。

2. 音频系统设计

1）音频系统建设内容

数字会议音响系统在每个席位安装鹅颈式话筒，接入音频调度，连接视频会议、视频指挥、通信调度等系统，实现各席位话筒与所有语音设备的双向通信。通过音频系统（含拾音、音频接入、调音、音频处理、远程分布式控制及调度、扩声、录音等）的建设满足改造后的指挥中心音频使用要求。

2）音频系统设计

音频系统的设计、施工以高科技、高性能、智能化为目标，充分发挥各个子系统的功能，实现现代化的会议，高效率的完成议事过程。立足现有实际情况，对音频系统、数字会议系统、音响扩声系统和智能会议平板共享系统进行完善。

（1）数字会议方面。数字会议系统主要由数字会议控制主机、桌面式发言讨论主席机、桌面式发言讨论代表机组成，满足各类会议发言讨论的功能要求。

数字会议由数字会议控制主机设置话筒的开启数量和开启模式来控制会议秩序，主席单元可批准或否决代表单元的发言申请，发言者的声音可通过内置扬声器传输。系统标准主机最多可连接128单元，通过增加扩展单元，可实现会议单元无限扩展连接，可与中央控制系统结合，由中控系统统一控制、管理，缔造完美会议室系统方案。通过软件可实现各单元话筒全面管理，设置代表单元的发言时间，进行语种通道分配等功能。指挥中心需要配置和安装一套会议主机、一台会议主席机、若干台会议代表机及相关延长电缆。

发言单元采用便携式的手拉手安装，由此布线较少，整体装修布局美观，安装灵活，使用方便。该系统与集中控制系统搭配使用，可实现视像自动跟踪功能。当发言代表打开话筒时，摄像机自动对准发言人进行摄像，并可投影到大屏幕。

（2）音频扩声方面。会议室音频扩声系统主要由扬声器、功放单元、声音处理设备（调音台、反馈抑制器）、发言话筒、音源等设备共同组成。

① 扩声功放。功放系统要求有全面的保护措施，包括短路保护、开路保护、接入不匹配负载保护、过热保护、输入过载保护、直流保护、高频过载保护，因此功放器能提供良好的、稳定的功率输出供给扬声器系统。扩声功放器 X 只，均采用具有 H 和 D 类高效专业级功放，内置有智能软开机系、线路阻抗检测保护系统、超低信号放大系统等；多种输出模式，音箱常态功率和峰值功率均采用 1.5 ~ 2.0 倍的冗余功率量配置，可满足在各类音源下超长时间工作。

② 数字调音台。数字调音台主要针对多种信号输入源进行相关调整，已改善会场音效。调音台有多路输入输出音轨通道。每条通道（音轨）上都有音量推子用来控制这条音轨的输出音量，电平表显示输出音量的电平值，能实现多路混音。

③ 反馈抑制器。经过调音台后再经过反馈抑制器的梳理，音频能达到比较好的效果，声音丰满、音质细腻、馈音消除，输出音频送到功放进行功率放大，再由功放送到音箱。

（3）音频处理、集中调度及控制系统。指挥中心利用音频处理器和 AV 矩阵，构建高性能的数字矩阵调音台，基本操作功能可以远程地通过可选件（选择控制面板或音量控制面板）来控制。

3. 集中控制系统设计

1）集中控制系统建设内容

随着科技的不断进步，指挥中心建设提出了越来越高的要求，各种先进的音视频设备、电子设备等被采用，以期达到理想的效果。随着多媒体设备数量增加，遥控器会越来越多，控制方法也会越来越多，使得管理人员对于会议室现场环境控制变得繁琐，也很难根据需要及时改变以达到理想效果。

全自动智能化设备集中控制系统可通过触摸式有线 / 无线液晶显示控制屏对几乎所有的多媒体电气设备进行控制，包括投影机、屏幕升降、影音设备、信号切换，以及会场内的灯光照明、系统调光、音量调节等。集中控制系统不仅能控制 DVD、录像的播放、快进、快倒、暂停、选曲等功能，而且可以控制投影机的开关、信号的切换，还有屏幕的上升、下降、白炽灯调节、日光灯开关等功能，免去了复杂而数量繁多的遥控器。

2）集中控制系统设计

集中控制系统主要实现如下控制功能：

（1）对混合矩阵自动控制，实现对计算机信号、音频信号和高清视频信号自由预览和选择输出。中央控制系统通过接收各矩阵的输入 / 输出状态信号反馈到控制系统触摸屏上，或将输入 / 输出状态信号通过控制系统之间的网络传输传送到控制管理中心。

（2）对拼接大屏实现开关控制，信号输入通道的切换以及拼接模式的选择调用，多输出信号同步或非同步控制，重点是对大屏的电源供电进行延时开关的保护控制，以利于对拼接大屏的全面保护，并极大简化使用者对设备保护的操作注意。

（3）通过对信号交换矩阵的控制，实现图像信号和音频信号的播放；对视频音响设备的控制主要在 LCD 触摸屏上对 DVD 和录像机等的全功能操作。根据音源的情况和会场的要求控制音量的大小，做到本地对各会议室设备电源实现时序控制，也可通过中央控制室对设备电源进行远程时序现控制。

（4）集中控制系统通过红外线方式，实现对信号源设备的自动控制，通过网线与主控制室集中控制系统联动。

（5）通过配置的彩色无线触摸屏作为人机对话界面，采用逐层深入的翻页设计，使用会议室的各种设备均可在屏上控制，直观易用。各种功能组合预设，操作更为简单，全部动作均在一次触发后完成，无需逐一动作进行操作，真正体现智能化。

4. 网络系统设计

省级文化大数据平台网络系统由外部数据网及单位内部业务网组成。外部数据网与单位内部业务网实现物理隔离。各网络通过相关汇聚交换机、接入交换机等网络设备，构建高效运行环境。

（1）外部数据网。外部数据运营商线路通过专线的方式直接接入到机房或设备间的外部数据网专用终端上进行资源引接，并且外部资源引接终端使用专用机柜进行统一放置。

（2）单位内部业务网建设方案。各单位内部业务网由接入层交换机将网络覆盖至指挥中心，通过综合布线接入对应座席终端。单位内部业务网采用专线部署，终端设备专机专用，与外网及其他网络物理隔离。

5. 综合布线系统设计

综合布线系统作为指挥中心建设重要的基础性设施之一，规划设计与建设须一步到位，系统主要为满足指挥中心中数据语音通信和计算机网络的需求，为各部门提供集语音、数据、文字、图像于一体的多媒体信息网络。

综合布线的汇聚点设置在设备间网络布线机柜，机柜内主要设置 24 口配线架及光纤配线架，从网络布线机柜的配线架将相应线缆敷设到每个席位并使用相应的模块面板进行端接。

设备间与网管中心机房之间使用两根 12 芯单模光纤连接。

（1）工作区子系统。对于所有到信息终端的数据和语音信息点，选择六类信息模块、光纤模块、语音安装在地插内，安装、维护方便简单。信息插座采用地插，具有标识，以色标和编号表示插座类型以及所在区域。

工作区：在每个席位设置地插，并安装六类屏蔽网络模块、光纤接口模块、语音模块，从地插至 PC 采用六类屏蔽跳线、语音跳线或光纤跳线。

（2）水平子系统。水平子系统包括从工作区信息接口延伸到设备间、控制室及机房的布线，包括设备间至指挥中心的地插。

（3）干线子系统。从网管中心传输至指挥中心设备间敷设一条 24 芯光缆作为主干传输路由；以指挥中心为中心，至各要素功能区域均敷设 12 芯支线光缆两侧分别设置光纤配线架。

（4）机房子系统。在各个汇聚区域的机柜内分别 24 口屏蔽网络配线架与 24 口光纤配线架，光纤配线架至交换机采用双工单模光纤跳线，传输光缆两侧采用 LC 双工单模尾纤（FTTD）、交换机至网络配线架采用六类屏蔽跳线、110 配线架至网络配线架的电话跳线采用六类屏蔽跳线。

6. 环境装修设计

1）供配电系统设计

（1）照明系统。由于指挥中心属于改造建设，照明系统部分利旧，部分改造。

① 办公辅助区应有足够的照明设备，所有照明设备宜安装在墙、天花板上或吊顶上。电照明灯具采用三管 T5 节能 LED 灯盘，灯具尺寸为 600mm×600mm，考虑照度均匀，灯具采用间隔分布方式。

② 办公区域内的主要照明光源应采用高效节能荧光灯，荧光灯镇流器的谐波限值应符合现行国家标准《电磁兼容限值谐波电流发射限值》GB 17625.1 的有关规定，灯具应采取分区、分组的控制措施。照明系统建成后办公区域照度应大于 300Lx。

（2）电源回路敷设。电源回路全部选用国标电缆。所有电缆敷设全部采用保护措施。

① 照明配电系统中，所有照明与插座线缆采用耐火铜芯聚氯乙烯绝缘软电缆，敷设镀锌铁管及金属软管。

② 指挥中心等区域所有地装插座均采用包含至少 2 个三孔，2 个双孔插座模块的电源插座；其余采用普通五孔电源插座，均安放在地板下或者暗装于墙内。

2）安全防范系统设计

建设一套联网型的门禁监控控制系统实现对指挥中心的进出通道进行控制管理，门禁控制器需带刷卡、密码、指纹识别功能。

门禁系统建设内容包括进入业务机房，相关人员用感应卡片开门，若门禁感应卡片没有带也可用密码开门。前端配置门禁读卡器（含刷卡、密码、指纹），配置网络型双门门禁控制器，一套授权发卡器。

3）装修设计

内装饰设计是保证会场的洁净环境并符合人机工程学原理设计的一种观感工程。它体现现代化信息设备间的环境建设的要求。按规范进行设计，并应符合消防的要求。在用材上切合用户要求和合适的造价。

内饰装修设计对会场的高度作出安排，吊顶以上和地板下的留空，设备间净高的安排进行设计。

会场的净高度是指吊顶板以下至高架地板上表面的工作空间高度。会场的净高度应在 2.6m 以上，以利于设备散热和工作人员的舒适度。一般根据最高设备（机柜）高度加 0.5m，以利设备散热。吊顶以上的空间主要作为通风系统的回风通道，其中有消防、照明管路和灯具，高为 0.25m。地板下有管道和电源及信息线槽，还有机柜下的接线盒等设施，地板下高度为 0.25m。

（1）吊顶工程。吊顶工程是对会场的天花的设计，主要安排灯具的效果。灯具不能装在设备或机柜的正上方，以免遮挡光线，应排在两排设备或机柜之间，保证操作面的照度。

吊顶材料选用铝合金微孔吊顶板及配套轻型龙骨制作；为与灯具配套，采用 600×600 的型板，在维修时拆卸不易变形，可采用 0.8mm 厚度的材料。

（2）墙柱面工程。墙柱面工程是对会场内立面的设计，采用腻子乳胶漆简单装修墙面的方式即可满足计算机设备间的装饰需求。

（3）高架地板工程。高架抗静电地板有铝合金木质复合板、全木复合板、全钢复合板、铝合金蜂窝复合板等构造。与之前装修风格一致，指挥中心采用全木复合板。

12.2.8　数据处理和存储系统设计

1. 信息数据量测算

省级文化大数据平台信息数据量的测算包括存储需求测算和带宽测算。省级文化大数据平台数据库主要存储文化相关数据，包括结构化数据、非结构化数据、专题库，省级文化大数据平台各类数据存储需求如表 12.3 所示。

表 12.3　数据共享交换数据库存储测算表

序 号	数据类型	主要内容	大小（TB）
1	结构化数据	图书馆、自然博物馆、厅本级等	160
2	非结构化数据	自然博物馆、民族博物馆等	420
3	专题库	人口、文化单位等基础数据	150
合　计			630

省级文化大数据平台的用户包括政府相关部门、文化经营企业、公众等，其中政府相关部门通过电子政务外网进行访问，文化经营企业、公众通过互联网访问，省级文化大数据平台计算如表 12.4 所示。

表 12.4　省级文化大数据平台带宽需求表

序 号	用户类型	并发用户数（个）	单用户访问带宽（Mbps）	冗余系数	带宽需求（Mbps）
1	政府部门	76	4	30%	435
2	企业及公众	160	4	30%	915

省级文化大数据平台与电子政务外网的互联带宽建议按 500Mbps 配置，与互联网的互联带宽建议按 1000Mbps 配置。

2. 数据处理及存储配置

省级文化大数据平台由电子政务云平台提供计算资源。根据平台的业务需求、运维管理需求，并结合软件架构设计，该设计共配置 12 台应用服务器、4 台分布式文件服务器；并设置 4 个集群，其中集群 1、集群 2 均配置 6 台服务器，集群 3 配置 8 台服务器，集群 4 为关系型数据库集群，配置 4 台服务器。

省级文化大数据平台依托于电子政务外网云平台进行部署，利用电子政务外网云平台进行数据存储和备份。省级文化大数据平台存储空间需求为 630TB。

12.2.9　安全系统设计

进行网络安全防护的目的是阻止恶意人员通过网络对应用系统进行攻击，同时阻止恶意人员对网络设备发动的攻击，在安全事件发生前可以通过集中的日志审计、入侵防护事件分析等手段发现攻击意图，在安全事件发生后可以通过集中的事件审计系统及入侵防护系统进行事件追踪、事件源定位以发现恶意人员位置或及时制定相应的安全策略防止事件再次发生。网络安全防护包括结构安全、访问控制、安全审计、边界完整性检查、入侵防范、恶意代码防范等方面的内容。

省级文化大数据平台依托政务云和电子政务外网进行建设,该平台数据库、分析系统等核心部分共享电子政务云部署的三级等保防护能力,各系统互联通过原有的边界防护设备进行隔离。

12.2.10 运维管理系统设计

省级文化大数据平台运维管理系统包括监控管理、资源管理、流程管理等功能。

(1)监控管理。监控管理功能主要包括对网络、网络单元进行静态信息的采集,故障和性能监视,采集相关的故障和性能表征参数,评价网络和网络单元的状态和有效性,支持网络分析和网络规划。监控管理子系统能够显示拓扑结构,并提供拓扑节点的级联菜单,为运维人员提供综合性的网络信息显示功能。

(2)资源管理。资源是指需要独立进行分配、维护和监控,且具有配置、性能和故障等信息的物理或逻辑对象。资源管理功能主要用于管理省级文化大数据平台相关资源,提供资源的配置信息,掌握各种资源的配备及使用情况,对资源进行统一规范管理。

(3)流程管理。流程管理子系统主要提供面向服务流程的管理功能和面向运维生产的管理功能。通过流程管理和工单管理的支撑使日常的运维工作流程化,职责角色清晰化,还可以保留业务痕迹为业务统计、考评、监督提供基础数据。

12.3 敬佑生命筑大网——省级医疗卫生管理信息系统设计案例

新一代数字技术推动了新医改向一个更高阶段发展,需要建立各类覆盖面更广、统一高效的医疗系统。本节以我们设计的一个省级医疗卫生管理信息系统为例,从业务服务(基本医疗、公共卫生等)、业务管理(业务运营、绩效考核等)、监管管理(服务质量、惩防体系等)、接口管理(新农合数据、医保数据等)、系统管理等方面进行阐述。本着敬佑生命筑大网的理念,通过对该省基层卫生系统深入调研,运用最新的数字技术,对该省医疗机构信息化平台进行整合优化,以建立省级医疗卫生管理系统为核心,完善以政府监管主导、第三方参与、医疗机构自我管理、社会监督为补充的多元化综合监管体系。旨在分享医疗管理系统设计经验,与同行相互探讨学习,共同推进新一代数字化建设的发展。

12.3.1 项目规模

该项目在全省医疗卫生已有信息化资源的基础上,利用全省电子政务外网资源,通过建设医疗卫生机构管理信息系统,实现全省医疗机构互联互通和卫生信息交换与共享,使全省 1528 个政府办乡镇卫生院和社区卫生服务中心(站)基本实现数字化,将全省医疗机构信息化率提高到 90%以上,有效避免医疗机构的信息化投资浪费。同时该系统打破了"信息孤岛",将全省的医疗机构、政府办乡镇卫生院、社区卫生服务中心(站)以及患者等连接起来,通过卫生机构之间的各项医疗资源的协作共享加强基层卫生队伍建设,加强区域医疗的协作和联动能力,实现整个医疗行业的信息化的业务整合,达到国家新医改要求"统一高效、互联互通"的卫生信息化建设目标,体现了"以患者为中心"的医疗卫生理念。最终建立起全省联网的省级医疗卫生管理信息系统,转变工作方式,提高业务、管理、服务、决策效率与水平。

12.3.2 设计目标

该项目通过建设省级医疗卫生管理信息系统,在基层部署云计算终端、便民终端,整合全省已有医疗卫生信息化资源,实现了:

（1）跨系统、跨机构、跨地市的信息互联与共享利用，逐步消除区域范围的卫生信息孤岛、信息烟囱，实现全省卫生信息一体化，推动医疗服务数字化的发展进程。

（2）建立了统一的区域卫生信息平台，连接规划区域内各机构（医疗卫生机构、行政业务管理单位及各相关卫生机构）的基本业务信息系统的数据交换和共享平台，让区域内各信息化系统之间进行有效的信息整合，形成以患者为中心的信息化医疗模式，提升医疗卫生机构业务的整体效率与服务形象，实现管理规范化、医疗行为规范化，减少医疗纠纷，改善医患关系，进而提高全省医疗服务的质量和水平。

（3）医疗卫生管理系统通过信息化加强医改监测与评估，助力医改工作进展监测信息化管理，实现信息化服务医改，强化工作绩效的快速、精确考核，有效推进医药卫生体制综合改革。

12.3.3　项目设计任务

该项目的总体设计任务是：

（1）系统基础设施设计。依托全省电子政务外网资源建设全省卫生计生业务专网，建设省级医疗卫生管理信息系统的云计算基础设施层，含数据中心机房、数据中心计算资源、存储系统、基础网络平台、运维系统及备份系统。

（2）省级医疗卫生管理信息系统设计。基于现有的医疗信息平台，建设新的省级医疗卫生管理信息系统，主要包括优化整合现有医疗信息平台数据库、建设数据交换处理系统及开发平台应用系统。其中，平台应用系统主要有公共基础代码管理系统、地理信息服务平台、采供血及血液库存监管系统、医疗卫生机构基本药物监管系统和医疗机构惩防体系监管信息平台。

（3）业务应用系统设计。建设省级医疗卫生管理信息系统及省级医疗卫生管理信息系统的轻量型应急系统。省级医疗卫生管理信息系统含业务服务系统、业务管理系统、监督管理系统、接口管理系统；省级医疗卫生管理信息系统的轻量型应急系统部署于医疗机构内部，用于满足医疗机构在网络中断应急状态下的门诊挂号、门诊收费等业务服务，保证医疗卫生机构的基本业务不中断和数据连续性。

（4）省级健康信息服务门户系统设计。为居民、医疗卫生机构及卫生管理部门提供关于健康相关的门户信息，以及提供网站咨询及远程诊疗医疗咨询服务等功能。

（5）信息卫生防疫信息系统的设计，构筑起重大疾病预防控制监测和突发公共卫生事件应急处理机制。

（6）信息安全保障体系设计。按照信息系统安全等级第三级保护预定级要求，建设信息安全保障体系。

（7）信息化终端配置设计。为全省的政府办医疗卫生机构配置云终端和网络接入设备，包括一体化安全网关、PC 云终端、打印机及数字证书介质；为部分相关医药卫生体制改革部门配置云终端及数字证书介质。

12.3.4　项目架构设计

1. 总体架构

总体架构设计遵循"统一规划，统一标准，顶层设计，分布部署"基本原则，省级医疗卫生管理信息系统分为基础设施层、信息平台数据层、信息平台服务层、应用层和门户层，其总体架构如图 12.32 所示。

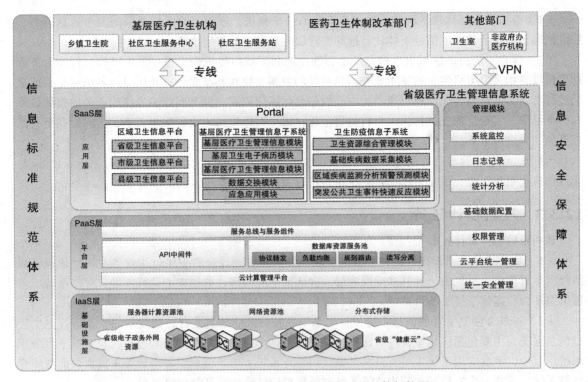

图 12.32　省级医疗卫生管理信息系统总体架构图

2. 网络架构

1）网络架构

省级"健康云"是一个由卫生政务云和机构私有云组成的行业混合云。其中，卫生政务云由政府主导建设和运维，主要承担未来区域卫生信息平台、卫生资源共享与数据交换、区域医疗协同、卫生行政管理等信息服务。机构私有云由医疗机构或社会组织主导建设和运维，主要承担医疗机构（或医疗集团）的内部业务与管理信息服务、卫生数据交换与医疗协同服务。该项目依托电子政务外网的"省—市—县—机构或单位"的四级卫生网络，在省会城市建立省级双活云计算数据中心，在省会城市以外的其余地级市各建立一个云数据中心。

省级"健康云"网络整体架构如图 12.33 所示。

2）云数据中心网络结构

该项目将建设 13 个市级数据中心和省级双活数据中心。省双活数据中心分别部署在省疾控中心的机房内。各市卫计委与政务外网管理机构协调并依据卫计委现有机房资源、各市直属综合医院机房资源和同级电子政务外网节点机房资源情况，确定市级数据中心部署位置。市级数据中心没有部署在政务外网节点的，通过运营商专线连接数据中心与政务外网节点。市级医疗卫生机构汇聚点与市级数据中心部署地点一致，即市级医疗卫生机构汇聚点与市级数据中心部署在一起。市级医疗卫生机构汇聚点到同级电子政务外网节点的专线电路带宽不低于汇聚点内所有接入点专线带宽总和。

省级双活数据中心主中心网络架构共分为核心交换区、共享接入区、互联网区、网管区、应用服务区、统一存储区和内网办公区；省级双活数据中心从中心网络架构共分为核心交换区、网管区、应用服务区和统一存储区。省级双活数据中心内部网络结构如图 12.34 所示。

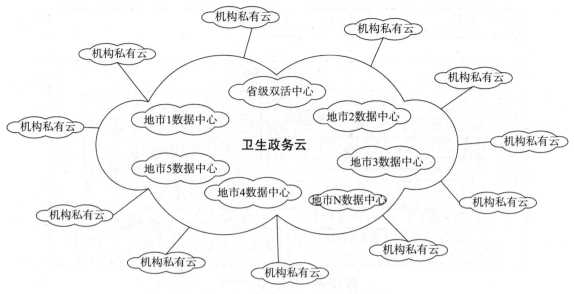

图 12.33　省级"健康云"网络整体架构示意图

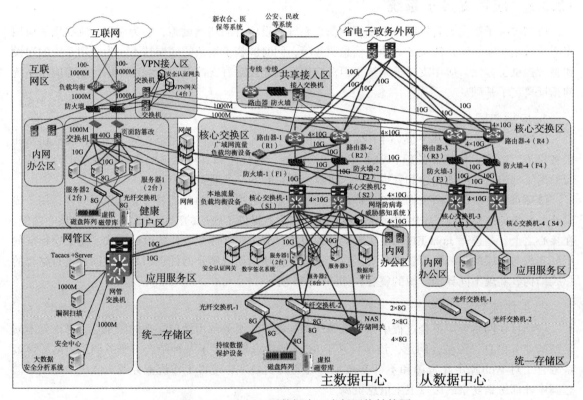

图 12.34　省级双活数据中心内部网络结构图

3）系统功能架构

根据省级医疗卫生机构的情况，省级医疗卫生管理信息系统功能主要包括医疗业务服务、业务管理、监督管理、接口管理等 4 大类，其系统功能架构如图 12.35 所示。

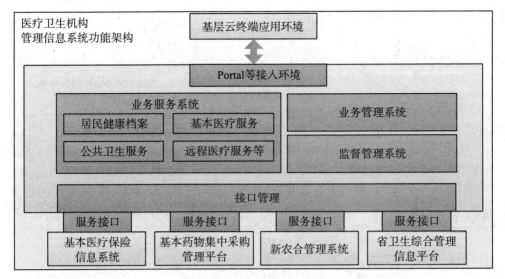

图 12.35   系统功能架构图

12.3.5   应用支撑子系统

应用支撑子系统是省级医疗卫生管理信息系统建设项目的基础设施,它为应用系统提供了应用支撑、数据交换、工作流服务、地理信息服务等,同时屏蔽了复杂的底层技术,为应用系统的建设和整合提供了方便。应用支撑子系统不但对应用系统建设起着支撑框架的关键作用,也为应用系统的拓展奠定了基础。

1. 应用中间件

应用中间件是一个基于 Java EE 体系架构的应用服务器中间件,完全支持 Java EE 规范和 Web 服务标准,提供高级消息传输、Web 服务运行支持、高性能和高可扩展的集群以及多平台支持,帮助运维部门更方便地构建和管理高效、可靠、稳定和安全的业务应用。

该项目在省级的双活数据中心(即省疾控中心双活数据中心)各部署一套应用中间件,用于提供业务系统的解析环境。应用中间件的核心框架和服务提供了底层的配置、日志、管理等核心功能。在核心之上,是遵循 Java EE 标准实现的各种服务。应用在这种微内核的设计模式,使上层标准的服务实现与底层的系统资源管理分离,保持了软件模块间松散耦合的优点。采用中间件进行整合的总线结构,实现不同异构资源的整合,如图 12.36 所示。

2. 工作流管理组件

该项目在网络资源整合过程中由于资源的多样性导致服务调用接口实现的困难性,考虑到不同类型的业务信息资源整合问题,该项目基于 SOA 架构思想提出了一种综合的服务调用策略。该策略融合了对 Web 服务化资源和不可 Web 服务化资源的处理,使得工作流业务逻辑能统一的接口动态调用外部纷繁复杂的医疗卫生信息资源。

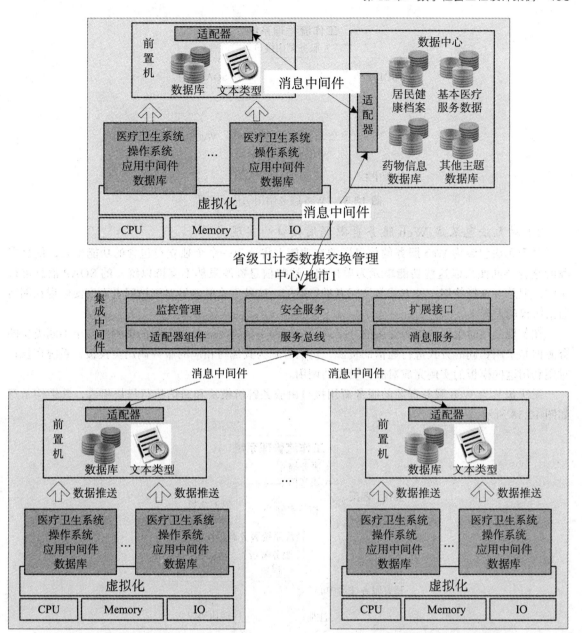

图 12.36 采用中间件整合总线结构图

1）对 Web 服务调用接口的实现

对于包装为 Web 服务的医疗卫生信息资源（包含基层医疗卫生信息资源、区域卫生信息资源、其他卫生信息系统资源），服务调用接口只需要根据其 WSDL 文档描述的服务接口信息将来自于系统的相关数据转化成为 SOAP 消息发送给指定的目的地址便可实现对相应的 Web 服务的调用。Web 服务调用接口的结构如图 12.37 所示。

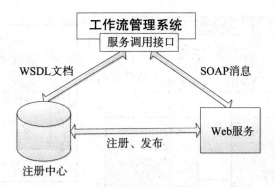

图 12.37　Web 服务调用结构示意图

2）对无法包装成 Web 服务资源调用接口的实现

对于无法包装为 Web 服务的信息资源在功能上将分为一个个独立自包含的功能单元，信息资源的整合协同便是以这些功能单元为单位的。这些信息资源虽然不支持以统一的 SOAP 消息进行访问，但总会选择使用一种方式与访问者进行通信，这种方式的差异对于访问者而言便体现在网络通信协议的差异上。

在实现调用时根据各资源使用的网络通信协议的不同将其划分为不同的类别，各个不同类型的资源但是采用相同的方式进行通信的资源，可以分别为其编写相应的服务调用类模板，系统在执行时便利用这些模板的实例完成对服务资源的调用。

无法包装为 Web 服务资源的服务调用接口由服务解析模块和通信执行模块组成，其结构示意如图 12.38 所示。

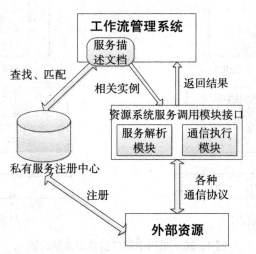

图 12.38　无法包装为 Web 服务调用接口结构示意图

基于以上实现调用后，外部各个系统的医疗卫生信息资源在同一的服务平台业务逻辑上看来变成了近似满足 SOA 特征的以独立自包含的功能单元为单位，具有明确定义接口的松散耦合的服务。

3. 地理信息服务组件

地理信息服务组件可集成第三方的软件，预留建立地理信息服务系统的接口，以服务组件的方式提供服务。可用于进行空间定位、图形数据分析，实现对在一定区域内分布卫生数据进行展现和分析。

以省级数据中心为基础，进行统计分析出全省医疗资源分布状况，并结合地理图形信息系统进行展示，例如：制定区域卫生资源状况，包括医疗人员、医疗机构、社区人群年龄、性别分布图等人口学特征、社区高血压等慢性非传染性疾病的控制情况评价、社区基本谱分布图、统计分析、全省人群疾病谱分布图、统计分析、全县人群年龄、性别分布图等人口学特征。

12.3.6　应用子系统设计

省级医疗卫生管理信息系统整体包括三大应用子系统：区域卫生信息平台、基层医疗卫生管理信息子系统、卫生防疫信息子系统。

（1）区域卫生信息平台。区域卫生信息平台划分为省—市—县三级卫生信息平台。

（2）基层医疗卫生管理信息子系统。基层医疗卫生管理信息子系统包括基层医疗卫生管理信息模块（SaaS 应用）、基层卫生电子病历模块、基层医疗卫生管理信息子系统应急应用模块、基层医疗卫生管理信息模块（App 应用）和基层医疗卫生管理信息子系统数据交换模块等五大应用模块。

（3）卫生防疫信息子系统。卫生防疫信息子系统包含卫生资源综合管理模块、基础疾病数据采集模块、区域疾病监测分析预警预测模块和突发公共卫生事件快速反应模块等四大应用模块。

1. 区域卫生信息平台设计

省级"健康云"平台的设计和建设目标，包含了区域卫生信息平台的建设。健康云平台的区域卫生信息平台参照国家卫生计生委《基于居民健康档案的区域卫生信息平台技术规范》（WS/T 448-2014）进行建设，按照省级—市—县三级平台进行规划建设。

（1）省级卫生信息平台。省级卫生信息平台以现有的省级卫生综合管理信息平台为基础，结合区域卫生信息化的业务需求，按照省人口健康信息化项目顶层设计要求，进行优化提升。该项目的重点内容是：

① 整合卫生综合管理信息平台和计生人口数据库的人口基础信息，建立居民健康档案主索引。

② 实现药品、卫材、诊疗项目和物价收费项目的基础代码管理和基础代码数据共享。

③ 建设健康信息服务门户。

④ 开发合理用药辅助系统。

⑤ 开发地理信息综合应用管理系统。

⑥ 开发远程医疗会诊管理系统。

⑦ 开发血液监管系统。

⑧ 开发慢性病与肿瘤监测管理系统。

⑨ 开发医疗机构惩防体系监管系统。

⑩ 开发医改关键指标监测系统。

（2）市级卫生信息平台。该项目只为市级卫生信息平台提供基础设施资源，包括服务器、存储和备份系统。

市级区域卫生信息平台部署及平台应用开发，由各市根据业务需要自行解决经费，建设方案报省级卫生计生委审批，获得批准后才可实施。

（3）县级卫生信息平台。具有 60 万以上（含 60 万）人口的县卫计委，可以申请利用市数据中心的云计算基础设施，建设县级区域卫生信息平台。人口不足 60 万的县卫计委不再单独建设县级卫生信息平台，使用由市卫计委建设的市级集中卫生信息平台。

鼓励符合条件的县卫计委自行解决建设资金，在建设方案通过省级卫生计生委审批的前提下，开展县级卫生信息平台试点应用，为全省的区域卫生信息化探索道路和积累经验。

1）注册服务

注册服务包括对个人、医疗卫生人员、医疗卫生机构、医疗卫生术语和字典的注册管理服务，系统对这些实体提供唯一的标识。针对各类实体形成各类注册库（如个人注册库、医疗卫生机构注册库等），每个注册库都具有管理和解决单个实体具有多个标识符问题的能力。应提出注册服务统一流程和工作机制，以保证作为关键部件由其他系统所使用。

（1）个人注册服务。个人注册服务是指在一定区域管辖范围内，形成一个个人注册库，个人的健康标识号、基本信息被安全地保存和维护着，将来提供给区域卫生信息平台所使用，并可为医疗就诊及公共卫生相关的业务系统提供人员身份识别功能。

个人注册库主要扮演着两大角色：

① 它是唯一的权威信息来源，并尽可能地成为唯一的个人基本信息来源，用于医疗卫生信息系统确认一个人是某个居民或患者。

② 解决在跨越多个系统时用到居民身份唯一性识别问题。

③ 个人注册服务是将来区域卫生信息平台正常运行所不可或缺的，以确保记录在健康档案中的每个人被唯一地标识，他们的数据被一致地管理且永不会丢失。

该注册服务主要由各医院、基层医疗卫生机构和公共卫生机构来使用，完成居民的注册功能。

（2）医疗卫生人员注册服务。医疗卫生人员注册库，是一个单一的目录服务，为本区域内所有卫生管理机构的医疗服务提供者，包括全科医生、专科医生、护士、实验室医师、医学影像专业人员、疾病预防控制专业人员、妇幼保健人员及其他从事与居民健康服务相关的从业人员，系统为每一位医疗卫生人员分配一个唯一的标识，并提供给平台以及与平台交互的系统和用户所使用。

该功能的基本流程为，各医院、基层医疗卫生机构和公共卫生机构提供所辖医疗卫生人员基础信息给相关管理机构，各机构完成审核并将这些医疗卫生人员信息在平台上给予注册。

（3）医疗卫生机构注册服务。通过建立医疗卫生机构注册库，提供本区域内所有医疗机构的综合目录，相关的机构包括二、三级医院和县级医院、基层医疗卫生机构（社区卫生服务中心（站）、乡镇卫生院和村卫生室）、疾病预防控制中心、卫生监督所、妇幼保健所等。系统为每个机构分配唯一的标识，可以解决居民所获取的医疗卫生服务场所唯一性识别问题，从而保证在维护居民健康信息的不同系统中使用统一的规范化的标识符，同时也满足区域卫生信息平台层与下属医疗卫生机构服务点层的互联互通要求。

（4）医疗卫生术语和字典注册服务。建立术语和字典注册库，用来规范医疗卫生事件中所产生的信息含义的一致性问题。术语可由平台管理者进行注册、更新维护；字典既可由平台管理者又可由机构来提供注册、更新维护。

2）主索引服务

主索引服务用于处理区域卫生信息平台内与数据定位和管理相关的复杂任务，包括相关的索引信息。这些索引链接到产生不同存储服务的服务点，这些服务点产生了特定的个人、医疗卫生人员或者医疗卫生机构，以及实时的业务数据。索引服务负责分析来自外部资源的信息，并恰当地保存这些数据到存储库中，可以反向地响应外部医疗卫生服务点的检索、汇聚和返回数据。

索引服务是平台系统架构的核心组件。该服务负责实现平台互联互通性规范，还可能使用由区域卫生信息平台内提供的组件和服务同其他区域卫生信息平台互动来完成某一项事务。所有到区域卫生信息平台中访问数据的事务希望由索引服务进行处理。索引服务是区域卫生信息平台中唯一一个知晓所有的事务和业务逻辑以及数据访问规则的部件，所以它可以围绕任何数据主题汇集出真正的全程和综合的信息视图。

主索引服务在功能上应包括如下功能：

（1）患者信息注册。业务系统希望把一个患者的索引加入到交叉索引系统时，向交叉索引系统传送请求注册消息，消息中包含待注册的患者信息，主要元素包括：业务系统ID、患者ID、姓名、性别、出生日期、出生地、民族、母亲姓名、婚姻状况、身份证号、住址、电话等。

交叉索引系统通过匹配规则检查系统中是否已存在该患者的索引，按照新增索引或更新索引两种情况分别处理。新增索引需要在交叉索引系统中记录业务系统的索引，同时产生主索引。如果该患者在交叉索引系统中有潜在重复的记录，还需要记录潜在重复信息。更新索引需要更新匹配的业务系统的索引，同时更新主索引。主索引更新时，需要对订阅主索引的系统发布更新的主索引。

（2）患者信息匹配。接收到外部系统登记患者的请求信息后，交叉索引系统首先使用业务系统号＋患者局部 ID（LID）查找，如果存在精确匹配的索引，只需要对原索引信息进行更新即可，如果没有找到精确匹配的患者索引，则需要根据患者的其他信息和系统中的记录进行匹配。

交叉索引匹配引擎首先通过预定义的匹配条件选定一批相近的记录，对每个记录计算匹配度，再根据这组记录的匹配度确定请求登记的信息属于新患者、现有患者或者潜在重复患者。这里所说的潜在重复是指两个患者的信息匹配度比较高但还不足以判定为同一个人。

（3）更新主索引。在交叉索引系统新增或更新一个患者的索引信息后，同时需要对主索引进行更新。向交叉索引提供患者信息注册的系统可能拥有不同的信息可信度，因此其提供的信息对主索引的影响有所不同。更新操作根据新的信息对主索引每个字段记录的信息进行评价，确定该字段的最佳值。

（4）记录潜在重复。匹配引擎检测到申请登记的患者和现存索引存在潜在重复时，需要对潜在重复的情况进行记录，并返回给业务系统或系统管理员进行处理。

（5）发布主索引。业务系统可以向交叉索引系统订阅主索引，便于在以后的应用中加快应用，提高信息准确性，交叉索引系统在对一个患者的主索引更新或增加新索引后，需要向订阅主索引的业务系统发布更新。

记录操作日志交叉索引系统业务记录发生的变化都需要记录操作日志，并能实现回退。

（6）获取患者交叉索引交叉索引系统的主要功能是为业务系统提供业务系统交叉索引表，业务系统可以通过两种方式获取交叉索引：通过全局标识获取、通过患者信息获取。

如果业务系统中记录了患者全局标识，交叉索引系统可以直接检索到该患者的交叉索引表。

当业务系统仅提供患者本地信息向交叉索引系统检索交叉索引时，交叉索引系统首先要进行患者信息匹配，在交叉索引库中查找可以匹配的病人。如果能够精确匹配，则返回该患者的交叉索引；如果仅能匹配到潜在重复，则返回潜在重复信息，由业务系统进一步选择；如果匹配失败，则返回空记录。

（7）获取患者主索引信息。交叉索引系统存储了患者在多个系统中的标识信息，并由此维护一个主索引，记录最准确的患者基本信息，该信息可以提供给业务系统使用，提高业务系统中患者信息的质量。

获取患者主索引信息的使用方法要求与获取患者交叉索引类似，可以由业务系统提供全局标识获取，也可以由业务系统提供患者本地信息获取。

3）健康档案存储服务

健康档案存储服务是一系列存储库，用于存储健康档案的信息。根据健康档案信息的分类，健康档案存储服务分为七个存储库：个人基本信息存储库、主要疾病和健康问题摘要存储库、儿童保健存储库、妇女保健存储库、疾病控制存储库、疾病管理存储库以及医疗服务存储库。

存储服务除了对 POS 和业务协同平台提供健康档案的访问服务，也承担将来自 POS 和业务协同平台的业务文档按照健康档案的数据模型解析和封装为健康档案文档。健康档案存储服务建议遵循 IHE ITI XDS 规范。

4）全程健康档案服务

全程健康档案服务是由一系列的服务构成，总体包括索引服务、数据服务、业务服务和事务处理，如图 12.39 所示。

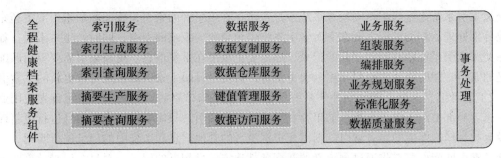

图 12.39 全程健康档案服务组成图

（1）索引服务。索引服务全面掌握信息交换平台所有关于居民的健康信息事件，包括居民何时、何地、接受过何种医疗卫生服务，并产生了哪些文档。索引服务主要记录两大类的信息，一是医疗卫生事件信息，另一为文档目录信息。

信息交换平台用户在被授权的情况下，可以通过全程健康档案服务提供的索引服务从基本业务系统查看某居民的健康事件信息，以及事件信息所涉及的文档目录及摘要信息。再结合健康档案数据存储服务可以实现文档信息的即时展示，使用户更多的了解居民（患者）既往的健康情况，为该医疗服务提供相应的辅助参考作用。

平台索引服务提供的服务组件应包括单个病人索引查询服务、索引更新服务和索引查询服务等。

（2）数据服务。该服务为健康档案业务服务提供功能性的支持，以执行正确的数据访问过程和与不同的注册服务、存储服务、业务管理或辅助决策服务交互所需的转换。通常，全程健康档案服务可以与平台内部组件相互作用。它依赖于基于标准的通信机制，并使用交换层来执行这种相互作用，或者使用更为直接或私有化的接口机制来访问或更新数据到任何一种注册服务、存储服务。数据服务用在两个场景里：记录和获取健康档案数据的在线业务场景，加载和管理健康档案存储库和注册信息的管理功能场景。

数据服务应包含的服务组件有复制服务、数据仓库服务、键值管理服务、数据访问服务。

（3）业务服务。该组件由处理健康档案数据访问事务的服务组成。这些服务被组合在一起建立一个以处理和管理这些健康档案访问事务的场景。这是卫生信息平台内协调和执行事务的唯一地点，其中需要涉及卫生信息平台里的多个服务和系统或需要访问其他区域卫生信息平台的事件。这一组件中的服务管理着卫生信息平台中事务的全局性表示、编排流、响应组装、业务规则应用以及与卫生信息平台的各类其他系统或服务的数据访问。业务联动的众多需求则需要本业务服务组件来配合实现。

业务服务应包括的主要组件有组装服务、编排服务、业务规则服务、标准化服务、数据质量服务等。

（4）事务处理。根据对事务的调用和处理，全程健康档案服务将配置成协调处理所有的"列表"和"获取"事务。对于任何这些事务，将建立管理这些事务的语境，将知晓如何调用一个特定的编排流，并指导编排流的执行，允许在实现这些事务时调用适当的服务。典型的调用包括：

① 调用个人、医疗卫生人员和医疗卫生机构注册服务来鉴别每个实体，并且在它们的使用过程中获得区域卫生信息平台内部标识符。

② 通过交换层服务去调用许可、加密、数字签名、访问控制、匿名访问或其他任何服务，这些服务用于对事务的实现施加适当的控制。

③ 调用平台定位服务，以确定特定居民的特定事务在不同区域存储服务可能有数据的情况下，需要查询其他哪些区域卫生信息平台。

④ 调用存储服务来执行特定平台互联互通规范时访问或获取数据。

⑤ 通过交换层服务将子事务代理调用到存有客户相关数据的其他区域卫生信息平台中。

⑥ 通过交换层服务为正在执行的平台互联互通规范传递一个组合响应。

为了担当处理健康档案数据访问事务的核心，全程健康档案服务必须有能力建立健康档案的完整视图。全程健康档案服务中的索引服务提供这一能力。当全程健康档案服务处理事务时必须依赖索引服务，索引服务可以了解在健康档案里存有哪些数据，并知道这些数据在参与到信息交换平台中的众多系统里的位置。当全程健康档案服务是索引服务所有者时，在索引服务里全程健康档案服务也会提供一套特定的事务来管理、维护和使用索引数据。

集中处理复杂的复合事务时，全程健康档案服务是一个事务处理层，侧重于处理复杂的混合事务，这些事务需要得到一个多域或多平台的信息视图。希望大多数区域卫生信息平台数据访问事务获得这类能力，因为来自于注册服务、访问和统一管理服务、并且常常一个或多个存储服务的数据必须结合在一起才能实现一个请求。本质上，希望到达区域卫生信息平台的更新或"PUT"事件对于单一的域是特定的并被限制在处理该域的一个数据存储服务组件范围内。

5）基于 XDS 的资源目录服务

卫生信息资源目录体系是整个卫生信息资源共享和开发利用的基础。卫生信息资源目录体系的主要作用是实现对信息资源的发现和定位，同时对于加强信息资源的管理以及整合利用也有很大的作用。实现区域卫生信息平台的数据源的智能化管理，需要将各个卫生业务系统的数据源作为信息资源进行管理，建立信息资源目录，实现信息资源的注册、发布、查询、维护等管理功能。

基于 XDS 的资源目录服务作为区域卫生信息平台的核心服务组件之一，应包括资源目录体系角色定义、资源目录体系事务定义、资源文件编码及元数据定义、资源目录管理工作流程设计、归档文档提交和调阅流程设计等。

6）规则服务

规则服务组件是由细颗粒的验证和逻辑处理规则对象的采集器，它在运行期间进行组合以执行适用于正在被处理的特定类型的平台互联互通性事务的业务逻辑。这些业务规则可以被硬编码（指作为程序代码）进入域业务组件或者可以通过业务规则服务动态的使用。

7）订阅/发布服务

订阅/发布服务提供预订事件和管理警报及通知的功能。

（1）警报通知服务：警报是用户能指定控制系统或代理行为的参数。当到达警报条件，服务会通知用户。该服务工作是与下面描述的发布/订阅服务关系非常密切。一个警报例子可以为："如果血液测试结果超出正常范围，请提示我。"通知服务将发出一个信息，与结果连同其他有关资料发给申请检查医生。

（2）发布/订阅服务：该服务管理订阅人和发布者。它提供的功能分两个层次。一是在整合层面，按照整合参数所定义的机制为订阅者提供内容。另一种是在一个更高的水平上，用户可以订阅指定内容。当观察到特定的条件或者用户订阅的内容被发布时，信息通知用户。警报和通知由上文所述服务来处理。

8）隐私安全服务

区域卫生信息平台的隐私管理实际是指对平台数据中心的个人健康档案数据的访问权限管理。总体情况如图 12.40 所示。

（1）区域卫生信息平台根据健康档案数据的隐私级别不同采用不同的数据访问策略。

（2）平台管理者可以设定医疗卫生人员的数据访问权限。

（3）对于居民的所有健康档案信息，平台默认其是普通级别的隐私数据。

（4）平台管理者可以对比较敏感的数据对应的数据元设定高隐私性，从而这些数据元对应的数据都具有高隐私性。

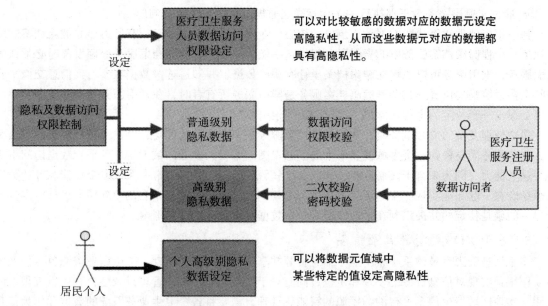

图 12.40　隐私管理总体设计图

（5）平台管理者可以将数据元值域中某些特定的值设定高隐私性。

（6）居民可以将普通级别个人健康档案数据设定为高隐私性。

（7）对于在平台注册的医疗卫生人员，可以根据居民的个人健康档案 ID，访问其有权限访问的普通级别的隐私数据。

（8）非注册医疗卫生人员无权限访问居民的健康档案数据。

（9）对于访问居民高隐私级别健康档案数据需要进行二次校验或者密码校验。

在功能方面，隐私安全服务组件功能如图 12.41 所示。

图 12.41　隐私管理功能设计图

由于隐私在医疗卫生信息系统中特殊性，该项目主要根据基于健康档案的区域卫生信息平台技术方案中有关隐私保护的问题做一阐述。

在上述各种安全防护措施的基础上，在区域卫生信息平台中还提供一系列服务组件来保护有关健康信息中的隐私，主要的服务组件包括：

（1）身份保护服务。该服务将一个患者或居民的身份解释为一个健康档案标识符。患者或客户通常由一个如社保卡号码的通用标识码来标识，这样的卡号关联到每个包含健康档案标识域中的健康档案标识符。健康档案标识符是一个受保护信息，只有交换层之上平台系统才能知道。

（2）身份鉴别服务。该服务验证用户的身份，在执行医疗卫生应用与区域卫生信息平台之间的事务的场景下被调用，以验证参与事务用户的合法性。

（3）身份管理服务。该服务是面向更高层次服务提供的基础服务，例如用户注册、认证、授权，其中包括用户的唯一标识、查找用户的标识、挂起 / 取消用户访问权。

（4）访问控制服务。该服务确定对信息平台应用功能的基于角色的访问权限。这些服务还提供配置和管理用户及角色访问功能和数据的授权，比如根据病种、角色等多维度授权。

（5）加密服务。加密服务包括三个方面内容：

① 密钥管理服务。创建和管理数据存储的加密密钥。

② 数据库加密服务。加密和解密数据库表中的数据字段（列）和记录（行）以保护健康档案以及信息平台中处于使用状态的其他保密的关键系统数据。

③ 数据存储加密服务。加密和解密文件和其他数据块，用于保护在联机存储、备份或长期归档中的数据，以实现关键信息（字段级、记录级、文件级）加密存储。

（6）数字签名服务。数字签名由医疗卫生应用程序的用户创建，以确保临床数据的不可否认性，这样的临床数据如：数据文件、报告、记录中的字段域、安全声明、XML 文档，包括被转换为 XML 文档的 HL7 消息或对象中的元素。该服务在生成签名之前先验证数字证书没有被撤销。

（7）匿名化服务。该服务确保在信息平台中以及提供正常医疗服务以外的（例如医疗保险、管理以及某种形式的研究）传递中使用的患者资料不向非授权用户透露患者的身份。

（8）安全审计服务。这类服务提供对每个事务所涉及的系统、用户、医护工作者、患者 / 居民、健康数据等的报告功能。这些服务对于满足其他业务需求，如系统管理、事务监控、记录重要的与隐私和安全有关的事件等，也是至关重要的。

（9）许可指令管理服务。许可指令管理服务转换由立法、政策和个人特定许可指令带来的隐私要求，并将这些需求应用到区域卫生信息平台环境中。在提供访问健康档案或经过区域卫生信息平台传输健康档案之前，这些服务应用于健康档案以确定患者或个人的许可指令是否允许或限制健康档案的公开。这些服务还允许信息平台用户管理患者 / 居民的特定许可指示，例如根据法律法规的需要和允许，阻止和屏蔽某一医疗服务提供者访问健康档案或者在紧急治疗情况下不经许可直接开放健康档案。

9）配置服务

区域卫生信息平台的配置管理包括用户管理、权限管理和系统配置。

（1）用户管理。通过机构 / 用户管理可以规范用户对集成平台的使用行为，可以根据用户的组织机构设置相应的用户组和对应的用户。用户管理应该能够对用户进行全面的管理，包括用户组的增加、修改和删除；用户的增加、修改和删除；用户与用户组之间的对应；以及其余角色的权限管理安全可靠的密码管理功能。

（2）权限管理。在数据共享交换平台中权限管理至关重要，不同的用户具有不同的权限，使用不同的信息路由路径，对各应用节点的接口调用进行身份验证。这样保证了系统的安全性、可靠性和稳定性。系统应从不同的角度进行相应的权限管理，功能权限指对接入平台的各个应用以及功能服务的访问权限；数据集权限即数据项权限，是指用户对传输中的信息各数据项的访问权限；管理范围及记录权限，是作为共享数据信息内容的访问权限。当用户所具有的信息，符合通过管理范围设定出的特殊匹配条件时，允许用户访问相应管理范围所规定信息内容；权限方案允许用户导出和导入。便于权限管理信息的分发和设定；用户还可对自己相应的权限信息进行打印。

（3）系统配置。由于卫生信息平台是一个复杂、庞大的系统，软件系统需要不断地维护和更新，如果每修改一次都需要到用户终端进行一次程序更新，系统的维护的工作量是无法想象的，为了解决这一矛盾，系统通过配置对各接口及组件实行智能维护，提供功能服务组件版本自动更新功能、系统参数设置功能和提供个性化服务功能。对于数据集和流程定义配置文件的更新，也应通过分发机制保证各节点的统一性。

2.基层医疗卫生管理信息子系统设计

1）基层医疗卫生管理信息子系统部署结构

基层医疗卫生管理信息子系统采用云模式设计和部署，用户只需通过云终端连接卫生计生业务专网，就可以通过一个账户访问基层医疗卫生管理信息子系统，无需关心服务器、存储、数据库等部署细节。基层医疗卫生管理信息子系统提供者（云应用运维服务提供商）通过云管理平台的后台监控系统的运行状况和资源使用情况，当后台的资源利用率或系统交互响应影响到用户体验时，能够动态地扩展资源以满足应用系统的性能要求。其结构如图 12.42 所示。

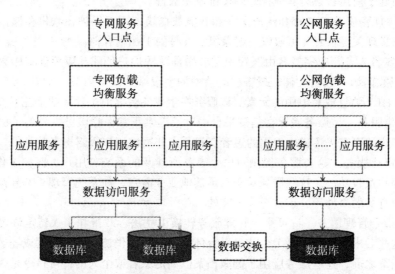

图 12.42 基层医疗卫生管理信息子系统的部署示意图

2）基层医疗卫生管理信息子系统交互

云内部的应用服务之间通过企业服务总线（ESB）进行系统交互，避免点对点的系统接口开发。各业务模块根据提供的服务内容进行 API 封装，以服务的形式发布到 ESB。服务需求者则通过 ESB 发现和使用其他系统发布的服务。

在基层医疗卫生机构管理信息模块（SaaS）应用内部，服务以 WebService 的形式通过 HTTP 协议提供，在内外网数据交换中使用 JMS 消息协议实现。

应用服务内部交互如图 12.43 所示。

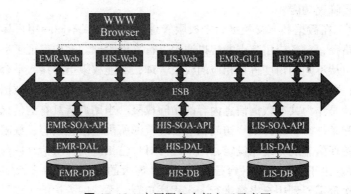

图 12.43 应用服务内部交互示意图

3）基层医疗卫生管理信息子系统模块划分

由于基层医疗卫生管理信息子系统包括公共卫生、医疗服务、医疗保障、药品管理、综合管理等五类业务，并即将增加计划生育业务，业务功能本身就具有一定的复杂度。再加上采用云应用（SaaS）模式设计部署，在该省卫生信息化领域是一种全新的技术尝试。对模块功能进行合理划分，并控制好各模块的规模和复杂度，是该系统开发获得成功的重要保障。

该项目根据业务内容和模块形态及模块开发技术，将基层医疗卫生管理信息子系统划分基层医疗卫生管理信息模块（SaaS 应用）、基层卫生电子病历模块、基层医疗卫生管理信息子系统应急应用模块、基层医疗卫生管理信息模块（App 应用）和基层医疗卫生管理信息子系统数据交换模块等五大应用模块。

（1）基层医疗卫生管理信息模块（SaaS 应用）。基层医疗卫生管理信息模块（SaaS 应用）是医疗卫生机构管理信息的核心模块，医疗卫生机构的医疗服务、公共卫生、计划生育（预留）、运营管理等业务逻辑，均由该应用模块实现，并为 APP 应用和 GUI 应用提供服务接口支持。

根据各医疗卫生机构的情况，新建的基层医疗卫生管理信息子系统生产性功能主要包括业务服务、业务管理、监督管理、与其他模块的接口等功能。

基层医疗卫生管理信息子系统包含 4 大类业务模块，17 个功能模块，其功能结构如图 12.44 所示。

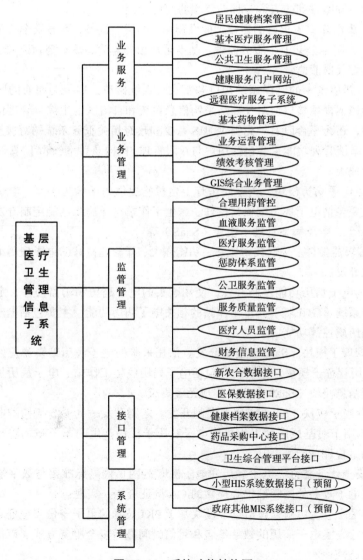

图 12.44　系统功能结构图

医疗卫生服务业务，作为整个医药卫生的服务网络的网底，按照完善医药卫生四大体系，建立覆盖城乡居民的基本医疗卫生制度，建设覆盖城乡居民的基本公共卫生服务体系、医疗服务体系、医疗保障体系、药品供应保障体系，形成四位一体的基本医疗卫生制度的要求，结合该项目系统单元强内聚与松耦合的系统设计原则，主要分为以下几项基本内容：

① 健康档案管理。为居民个人健康档案管理、家庭健康档案管理提供建立、管理、与使用功能，并对已有健康卡的地市提供健康卡管理功能。

② 基本医疗服务管理。为医疗卫生机构提供全科诊疗、住院、家庭病床与护理、健康体检、双向转诊及远程医疗等临床应用与管理功能。

③ 远程医疗服务。提供双向转诊及远程医疗等临床应用与管理功能。

④ 基本公共卫生服务。为适应《国家公共卫生服务规范（2011）年版》要求，提供相应的服务功能，该系统还新增了肿瘤等疾病的管理。

⑤ 健康服务门户管理。为居民、医疗卫生机构及卫生管理部门提供关于健康相关的门户信息，以及提供网站咨询及远程诊疗医疗咨询服务等功能，同时，该项目健康服务门户还提供了 App 客户端，方便百姓进行健康咨询的查询与移动终端的便捷使用。

⑥ 业务管理。为医疗卫生机构的运营，提供药品、物资、设备、财务及个人绩效相关的管理。

⑦ 监管管理。为基本公共卫生服务监管、基本医疗服务监管、基本药物监管、服务质量监管、人员监管、财务监管及血液监管等。

⑧ 接口管理。提供统一的医保系统接口和新农合系统接口，以及为原有的区域卫生信息平台及其他已有的健康档案提供接口，对于药品采购信息系统和自治区卫生综合管理信息平台也预留接口进行对接。同时，还为平台以后扩充提供 HIS 系统和政府相关服务系统的对接接口。

⑨ 系统管理。系统管理功能主要包括用户与权限管理、机构及科室（部门）管理、数据字典管理、运行监管与日志管理等。

（2）基层卫生电子病历模块。为基层医疗卫生机构提供电子病历书写、电子病历存储和电子病案管理服务。主要包括电子病历编辑器控件、医生工作站电子病历功能定制开发、电子病历管理子模块（SaaS 应用）、电子病案管理子模块（SaaS）等。

① 电子病历编辑器控件。采购技术成熟、功能强大、开放性良好的电子病历编辑器开发控件，用于电子病历系统开发。

② 医生工作站电子病历功能定制开发。使用购买的电子病历编辑器控件，定制开发基层医疗卫生机构管理信息系统（GUI 版）医生工作站的相关电子病历功能。主要包括电子病历书写、电子病历调阅和电子病历质控等功能。

③ 电子病历管理子模块（SaaS）定制开发。依托采购的电子病历编辑器控件，定制开发一套 B/S 架构的电子病历管理子模块，主要内容包括电子病历医生工作站、电子病历护士工作站，并与基层医疗卫生管理信息模块（SaaS 应用）实现无缝集成。

④ 电子病案管理子模块（SaaS 应用）定制开发。定制开发一套 B/S 架构的电子病案管理子模块（SaaS 应用），用于对基层医疗卫生机构电子病历子模块产生的电子病历进行电子化归档，并提供完整的电子病案管理功能。

⑤ 电子病历安全认证整合。电子病历和电子医嘱的网页代码标准要与数字签名模块代码标准保持一致。依托省电子政务外网管理中心提供的 CA 认证资源，实现：

·实现各基层医疗卫生机构管理信息子模块基于 PKI 技术的电子身份安全登录和访问该模块。

·实现医生医疗方案电子病历的数字签名和可信时间戳等安全服务方式，以保证电子病历信息的真实性和不可否认性。

（3）基层医疗卫生管理信息子系统应急应用模块。基层医疗卫生管理信息子系统应急应用模块是部署于医疗机构内部的一套轻量型的应用模块。它能够在网络连通的情况下，自动从云端同步医疗机构的人员信息、收费价目信息、库存信息、在院患者信息及运行病历信息等模块运行所需的信息到医疗机构本地的应急模块服务器中。

当网络服务中断并预计不可能短时间内恢复时，医疗机构根据网络应急处理机制，启用应急应用模块。应急应用模块能够满足医疗机构在网络中断应急状态下的门诊挂号、门诊收费、门诊药房以及住院患者的电子病历书写与电子病历存储服务，保证网络服务中断时，基层医疗卫生机构的基本业务不中断和业务数据连续性。

当网络恢复后，应急应用模块能够自动将应急状态下发生的业务和数据同步到云端，包括门诊挂号收费记录、药品库存出入库记录以及电子病历更新等信息。

（4）基层医疗卫生管理信息模块（App 应用）。基于基层医疗卫生管理信息子系统（SaaS）的统一服务层接口，开发基于 Android 的 APP 应用，主要包括公共卫生 APP、村医掌上业务客户端（安卓版）、健康惠民信息服务客户端（安卓版）等。

① 村医掌上业务客户端（安卓版）。村医掌上医疗它不单是信息查询平台，更是一个信息输入平台。村医掌上业务客户端是以病人为中心，借助无线网络、PC 工作站、移动工作站等硬件设施，实现农村群众在家门口就享受到看病就诊和医疗保险的便捷。

村医掌上业务客户端通过便携式终端设备，使医护人员能更简便的获取、录入患者各种医疗数据的信息，实现门诊支付、门诊退单等基本的医疗业务。

主要的功能如下：

· 实现门诊支付、门诊退单等基本医疗业务功能。

· 满足医疗保险部门统筹支付的费用信息录入要求。

· 完成门诊统筹医疗保险结算。

· 满足乡村医生在地域分散的自然村出诊和巡诊的医疗和保险业务实时办理需求。

② 健康惠民信息服务客户端（安卓版）。依托省卫生综合管理信息平台现有数据库架构，结合健康教育相关业务，设计开发面向群众、可根据用户需求定制的健康惠民的安卓版客户端"健康省"（待定名称）。

通过手机登录"健康省"（待定名称）客户端，实现手机挂号、取报告单、查询检查费用等。主要功能如下：

· 手机挂号。"健康省"（待定名称）手机客户端的功能主要包括检查/检验报告查询、费用/价格查询、医疗咨询、导医服务、健康互动、医院资讯、个人空间等。通过手机，进入 APP 应用后，患者可以预约挂号，并可通过手机话费直接支付挂号费。预约挂号成功之后，系统会以短信形式及时提醒患者预约时间，就诊更便捷。

· 科室查找。很多人都有这样的经历，每次到医院看病，都得排长队挂号，也不知道自己该挂哪个科室。"健康省"（待定名称）的建设目标是：当你在手机 APP 里预约挂号时，点开智能分诊板块，就会看到一个人体模型，如果你是腹部不舒服，就点模型的腹部，然后就会出现呕吐、反酸水、绞痛等各种有可能出现的症状选项，选择症状后，APP 就能作出初步评估，为患者分诊。这样患者可以轻松选择自己需要的科室。

· 叫号查询。在 APP 应用中设计一个查询板块，通过输入患者的 ID 号和名字后，系统将提示，目前实际前面还有几个等待人数。患者不必再堵在室外面，焦虑等待，担心错过就诊号。

· 在线互动。客户端提供在线交流互动的功能，实现居民与医生之间的实时互动，居民可以通过该平台完成在线咨询、在线提问以及发送邮件，居民可以就自身的疾病和健康情况进行相关的咨询。

此外，患者对门诊费用、住院费用、检验报告、药品价格以及 B 超、CT 等各种检查项目的费用都可以通过 APP 进行查询。

（5）基层医疗卫生管理信息子系统数据交换模块。在健康云平台的整体架构设计上，基层医疗卫生管理信息子系统相当于一个支持多个医疗机构的机构私有云。机构私有云必须按照省级"健康云"平台统一的数据交换与共享规范，实现机构私有云与卫生政务云之间的云交互服务。

同时，根据该项目方案，为了实现基层医疗卫生机构与新农合、医保、药品招标采购平台等外部系统的结算交易，在卫生政务云实现外部系统的单点接入接口开发。该项目主要开发几个试点市的新农合接口、药招平台接口以及采供血管理系统接口。

① 机构私有云服务接口：

·电子病历共享。按照《省级"健康云"平台电子病历共享规范》的标准要求，开发电子病历浏览器，实现电子病历远程调阅服务接口。

·数据查询与业务协同。按照《省级"健康云"交互协同服务接口规范》的标准要求，实现数据查询、业务协同等服务接口。

·数据交换服务。按照《省级"健康云"平台数据交换规范》的标准要求，实现相关事件报告、活动报告、消息处理等数据交换业务。

② 卫生政务云外部系统接入接口：

·新农合系统接口。按照统一结算平台的业务模式和技术方向，设计开发新农合结算报销接口。

·药品招标采购平台接口。采用单点接入的方式，开发与药品招标采购平台的交易接口，并通过卫生政务云发布统一的药品招标采购交易服务。

·采供血管理系统接口。采用单点接入的方式，开发与采供血管理系统的数据交换接口，并通过卫生政务云发布统一的采供血业务交互服务。

3.卫生防疫信息子系统设计

1）卫生防疫信息子系统架构设计

卫生防疫信息子系统架构如图 12.45 所示。

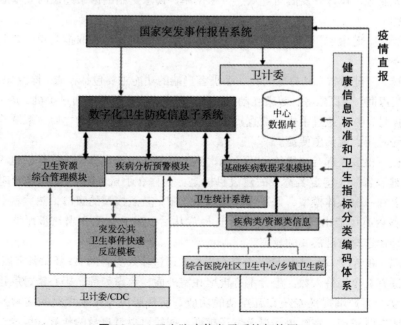

图 12.45　卫生防疫信息子系统架构图

2）模块组成

卫生防疫信息子系统包含以下模块，如图 12.46 所示。

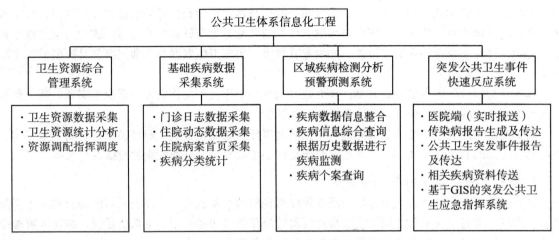

图 12.46　卫生防疫信息子系统模块组成

（1）卫生资源综合管理模块。该模块所处理的信息应包括与各级卫生行政主管机关日常业务相关的全部基础数据信息和统计汇总数据信息。这些信息中一部分原来是以统计报表、调查表形式出现的；另外一部分信息是原来并不在卫计委进行处理，但出于对突发公共卫生事件应急处理和疾病预警的需求而提出的。卫生资源数据信息可分为三类：卫生机构资源信息、统计类信息、居民、病人个人信息。

（2）基础疾病数据采集模块。该模块基于城市卫生信息交换平台和公共卫生综合数据库，实现常规门诊、住院病人疾病基础信息的规范化采集，通过 HL7 数据接口建立起疾病信息整合机制。通过和卫生统计系统做接口实现卫生资源数据的批量采集，共同构建全市公共卫生中心数据库。

（3）区域疾病监测分析预警预测模块。该模块将利用疾病基础信息采集整合系统所产生的大量疾病相关数据，通过专业化的疾病分析软件，实现传染病、慢性非传染性疾病和普通疾病的监测、分析、预警和预测。主要功能有：

① 疾病信息综合查询：对各类疾病信息进行综合查询、个别查询。

② 传染病分析：对影响人民健康的传染病进行分类构成、综合分析、快速分析和个案查询，从不同角度对传染病进行监测和分析。

③ 慢性病分析：对慢性病提供综合分析、快速对比和个案查询的功能。

④ 疾病分析：按照单病种和疾病顺位对疾病进行监测和分析。

⑤ 疾病预警分析：根据预先设定的临界值对各类传染病、慢性病、地方病发病情况进行分析和预警，并采取紧急应对措施，防止该疾病扩散和蔓延。

⑥ 流行病预测分析：根据流行病学理论，对流行病发病和分布情况进行跟踪分析，得到疾病控制的相关数据。

⑦ 疾病历史同期数据对比分析。

⑧ 公共卫生疾病信息统计汇总。

（4）突发公共卫生事件快速反应模块。地理信息不仅可以用作医疗资源管理，而且可以用于疾病监控、分析。例如显示非典型行肺炎的分布状况，分析在人口密集地区的流行性等，从而能够更好地指导医疗机构有效地配置资源，做好疾病的预防工作，有效地控制疾病的传播。

12.3.7 卫生数据交换与共享平台

医疗信息系统处理的对象是复杂的医疗信息,数据交换是实现信息共享的重要前提条件。构建基于区域的卫生数据共享与交换平台,通过统一的信息网络平台直接进行信息共享与交换,加强各部门纵向与横向的业务联系,实现预防保健、医疗服务和卫生与计划生育管理一体化的卫生数据共享和交换。这对于整合卫生信息资源,减少重复投资,实现卫生数据共享和交换都具有重要的实际意义。

省级"健康云"平台的数据共享,主要通过卫生信息平台的文档资源注册服务实现,这主要用于远程医疗协作的电子病历共享和远程医学影像诊断。

数据交换则是为解决结构化数据的有序流动和医疗监管而设置的。通过顶层设计制定系统间、机构间、云间的数据流动规则,实现更加智能化的卫生数据交换与细粒度的数据共享水平。

1. 依托卫生信息平台的数据共享

基于健康档案数据中心实现区域内所有医疗机构的诊疗信息共享,实现区域内的公共卫生资源的整合管理。通过卫生机构之间的各项医疗资源的协作共享加强基层卫生队伍建设,加强区域医疗的协作和联动能力,实现整个医疗行业的信息化的业务整合。

2. 基于消息的数据交换网络

基于消息的数据交换网络是定位于应用层(ISO/OSI 参考模型的第七层)信息交换的网络,由各网络节点按照各种拓扑(星型、环型、树状型、网状型等)结构组成的网络。每个节点均有唯一的节点编号,网络能够根据消息的目标地址(接收节点编号)将消息可靠地投递到目标节点。

3. 请求响应式与异步消息应答

基于消息的数据交换网络,采用传输和处理效率最高的异步通信模式。消息发送只要向交换网络节点提交消息并得到网络节点的确认,就可以确保消息被准确无误地投递到目的地。这样,消息发送者无需等待接受者或者目标节点的确认,就可以发送新的消息。

通过企业服务总线(ESB)的协议转换,可以将异步的 JMS 消息通信协议转换成同步的请求/响应式的 HTTP 服务。

4. 卫生数据交换规范

为了统一卫生数据采集交换标准,需要制定如何实现病历共享、何时报告何种类型的事件、何时报送何种数据以及各种消息类型的具体内容格式等信息交换标准。这部分工作属于顶层设计细化的内容,应该按照标准的制定方法和流程,经过起草、专家评审、征求意见、发布、修订等过程。

省级医疗卫生管理信息系统的数据交换共享平台主要是从数据采集与处理、数据整合和数据交换服务等几方面进行建设。

1)数据采集与处理

数据采集的种类包括以建立基本药物集中采购、支撑基层医疗卫生机构为目标的相关内容采集,和以卫生信息统计和信息发布为目的的汇总/资源性数据采集。数据采集系统包含数据采集前置机和数据采集应用。采集前置机将集中部署到数据中心,并向各级基层医疗卫生机构进行数据交换;数据采集系统部署在"健康云"中心,用于接收各单位应用系统以实时方式连续发送的数据,经过数据规则后,放入数据缓冲区等待入库。

采集的信息包括健康档案信息、基本公共卫生信息、基本医疗服务信息、运营管理信息等,具体内容如下:

(1)健康档案信息:包括居民健康档案管理信息。

(2)基本公共卫生服务信息:包括健康教育信息、预防接种服务信息、儿童健康管理信息、孕产妇健康管理信息、老年人健康管理信息、高血压患者健康管理信息、Ⅱ型糖尿病患者健康管理信息、肿瘤病患者健康管理信息、重性精神病患者管理信息、传染病及突发公共卫生事件管理信息、卫生监督协管信息、肿瘤监测管理信息。

（3）基本医疗服务信息：包括全科诊疗服务信息、住院管理服务信息、家庭病床与护理服务信息、健康体检管理服务信息、双向转诊服务信息、远程医疗服务信息。

（4）运营管理信息：包括药房管理信息、药库管理信息、物资（耗材）管理信息、设备管理信息、财务管理信息、个人绩效考核信息、机构绩效考核信息等。

通过统一业务接口，整合全省医疗卫生信息化基础数据，按照数据类型可以分为四类：

① 孤岛数据。指那些不能相互共享利用、孤立的、分散的业务数据。根据当前省级医疗卫生信息化的现状，多数的医院内部信息系统存在"信息孤岛"的现象，从而也就产生了相应的孤岛数据。典型的孤岛数据包括社区健康档案系统数据、小型医院信息系统（HIS）数据、LIS 数据、医学影像数据、体检系统数据等。

② 烟囱数据。指以业务条线为主的业务数据。典型的烟囱数据有：疾病预防控制业务数据、妇幼保健业务数据等。目前我国广大区域内疾控业务多以业务条线为主，每一个病种都是一个业务条线，从国家到省（自治区）、地区、县市、乡镇的纵向管理，与其他业务条线也是平行的，同样也就造成了相关工作人员，特别是基层数据录入人员的工作负担。

③ 无系统数据。目前很多社区卫生服务中心（站）（特别是中西部偏远欠发达地区）基层医疗卫生机构并没有相应的信息系统，因此造成基础数据无法采集。对于这类区域医疗卫生机构，需要在新建信息系统时，基于本系统建设，并提供相关业务的数据标准。

2）数据整合

数据整合服务包含居民健康档案管理、基本医疗服务管理、基本公共卫生服务、健康服务门户网站（预留）、远程医疗服务子系统（预留）、电子病历（预留）、业务管理子系统、药物（含基本药物）管理、业务运营管理、绩效考核管理等子系统。数据信息将上传数据归档至基层医疗卫生数据中心平台数据库，同时启动相关信息从本地数据库队列中获取本中心接收到的上传数据，根据预定义的业务规则，提供基层医疗卫生服务及业务管理监管需要。

根据数据分布式存储的需求，数据整合服务器也承担分布式文件存储文件定位的功能。

数据整合系统部署在各数据中心核心区。

3）数据交换服务

数据交换系统主要功能是传递、更新整合好的基层医疗卫生机构数据。数据应用服务系统包括电子健康档案共享访问服务、主动式 MPI 应用服务、双向转诊应用服务等。

数据交换系统可以通过开放 WebService、FTP 及 JMS 服务接口实现与各医疗卫生机构的数据传递与共享，其他信息化系统通过调用系统开放的接口实现数据共享。

5. 健康云信息资源共享与业务协同设计

1）信息资源共享方案设计

省级"健康云"平台的资源共享方案设计中，充分利用机构私有云的电子病历存储服务和卫生政务云的注册服务功能，实现信息资源的充分共享。

机构私有云面向医疗机构的内部业务和管理，形成了全院共享的电子病历资源库（EMR）、临床数据资源库（CDR）、运营管理资源库（ODS）等，通过机构私有云的服务接口，允许外部通过卫生政务云或者互联网信息服务门户调用，实现病历数据及业务数据的共享访问。

为了让外部感知或发现机构私有云内的数据及服务，机构私有云通过数据交换平台向卫生政务云发送医疗事件、医疗活动等应用层消息，卫生政务云的信息交换处理系统接收到消息以后进行相应的处理,形成可以更大范围共享的居民健康主记录索引、文档资源注册中心和卫生行业大数据。外部系统通过卫生政务云的文档资源注册中心能够搜索和发现可供共享的文档,并向文档共享方发起调阅请求实现文档共享;外部系统也可以直接调用卫生政务云提供的服务接口,实现与卫生政务云共享居民健康档案和卫生大数据。

(1)共享资源标识与定位。健康云平台的信息资源,分布存储在各云节点的资源存储中心,并由云节点按云交互协同规范提供信息资源的存储与访问服务。各云节点为存储在该节点的资源提供在本节点内可以唯一识别该资源的索引号——资源主索引。通过云节点号和资源索引号,就可以在健康云平台内唯一确定该资源。

(2)资源注册与发现。为了让某节点的资源能够被其他节点发现和利用,各云节点需要将该资源向某一个公认的、容易被大家获取的地方进行注册,相当于向大家广而告之。卫生政务云的资源注册服务就是起到这个集散地的作用。

(3)资源共享与交换。需要共享的医疗文档,由生产者通过注册被共享者发现,共享的一方向文档存储节点发起共享调阅请求实现共享调阅。文档共享调阅是每个私有云节点必须具备的基本共享服务。

2)业务协同与数据交换方案设计

省级"健康云"平台上的医疗业务协同,是通过数据交换网络的消息交换实现的。医疗业务协同采用 SOA 架构,通过云服务接口方式对外发布,服务请求方通过区域卫生信息平台的注册服务发现其他医疗机构发布的服务,并对服务进行调用。

健康云平台的业务协同或数据交换模式有三种形式:协同业务申请、信息发布订阅和事件活动报告。

(1)协同业务申请。协同业务申请方式是由申请方向服务提供方主动发起申请,在云交互环境下,具体的消息响应与处理流程大致会有以下几个步骤:

① 云服务调用。

② 消息封装与发送。

③ 消息路由。

④ 消息接收。

⑤ 消息处理与应答。

⑥ 服务申请方收到服务提供者的应答消息后,根据应答消息的内容,进行相应的后处理,完成一个服务请求事务。

(2)信息发布订阅。消息发布订阅方式主要用于共享数据的更新通知等形式。

(3)事件活动通知。事件活动通知则是一种单向的业务协同模式。根据业务规则或技术标准规范要求,在满足既定的触发条件(如发生某类事件或进行某项活动)时,通过信息交换网络发送特定的通知消息。

12.3.8 项目的基础设施设计

1. 机房及配套设计

1)省卫生信息数据中心机房建设

按照省级卫生信息系统硬件统一部署的思路,该系统在中心节点(省会城市节点)主要依托省卫生信息数据中心机房建设。该项目双活数据中心机房(含主中心和从中心机房)与省卫生信息数据中心机房内同址构建,待省政务外网机房条件具备时,再进行卫生数据中心——政务外网机房的异址搭建。

省医疗卫生机构管理信息系统建设项目的建设规模及与省卫生信息中心数据机房项目的分工如表 12.5 所示。

表 12.5　该项目建设规模及与省卫生信息中心数据机房项目分工表

项目名称	省医疗卫生机构管理信息系统建设项目	省卫生信息中心数据机房项目
建设规模	（1）基础装修：对机房进行装修改造，包括天棚吊顶项目、墙体及墙面项目、地面项目。具体装修改造面积为，天棚吊顶项目约 1200m²，玻璃隔断约 150 m²，铝塑板隔墙 50m²，埃特板隔墙 25m²，800×800 玻化砖 600m²，架空防静电地板 350m²，复合木地板 135m²，乳胶漆墙柱面约 3500m²，门窗项目 66.90m² （2）机房区域基础保障：配置基础电源配套设备，含 3 台交流配电屏，2 套 UPS 及 4 组蓄电池，4 台交流列头柜；部署 6 台机房精密空调，一套风机；一套建设防雷与接地系统；部署消防系统及消防自动报警系统；部署视频监控系统、动力环境监控系统及集中远程管控系统；部署 5 架网络设备用机柜、2 架综合机柜、4 架交流列头柜、47 架服务器机柜及 2 套冷池系统，供配电系统、配电房及柴油发电机系统	（1）机房区域基础保障：交流列头柜 1 台；部署机房精密空调 4 台；部署门禁系统；部署 8 架网络设备用机柜、5 架综合机柜、1 架交流列头柜、15 架服务器机柜及一套冷池系 （2）办公区域基础保障：为办公区配置办公用家具、计算机、打印机、复印机、传真机、电话机、扫描仪、投影仪等设备，并为办公区域部署无线网络通信系统和有线网络通信系统 （3）指挥中心：部署 3 套 90 英寸显示器、6 套 60 英寸显示器、一套全彩 LED 显示屏，并为指挥中心部署音响与会议系统

省医疗卫生机构管理信息系统建设项目涉及机房建设内容及与省卫生信息中心数据机房项目的分工如表 12.6 所示。

表 12.6　该项目建设内容及与省卫生信息中心数据机房项目分工表

项目名称	省医疗卫生机构管理信息系统建设项目	省卫生信息中心数据机房项目
建设内容	（1）基础装修：分别对主机房设备区及配电中心、辅助区、支持区、行政管理区等区域进行装修 （2）机房区域基础保障：不间断电源系统、照明系统、机房布线、消防系统、防雷与接地系统、从数据中心空调系统、电池室和电力室空调系统、新风系统、视频监控系统、动力环境系统、KVM 系统、供配电系统、配电房及柴油发电机系统等	（1）基础保障体系建设：运行维护用综合布线、无线网络通信和有线网络通信系统、网络设备机房空调系统、云计算虚拟化资源区及存储区空调系统、门禁系统等 （2）指挥中心建设：建设自治区医疗卫生信息化平台统一指挥中心，含大屏幕显示系统、音响系统、会议系统

2）其他市数据中心机房建设

该系统除中心节点外，其他数据中心设备部署主要依托该省电子政务外网已有机房资源、各设区市卫计委已有机房资源、各设区市直属综合医院机房资源建设。

3）县汇聚中心及基层医疗卫生机构设备安装位置

各基层医疗卫生机构通过专线方式在所属县汇聚后接入电子政务外网，各县需部署汇聚交换机和防火墙各 1 台，优先部署在所属县电子政务外网机房，存在困难时，也可以采用专线或 VPN 方式汇聚到市级数据中心。

各基层医疗卫生机构网络设备（一体化安全网关）安装在所在机构的信息系统机房或条件较好的办公室内，其他终端（PC 云终端、打印机等）根据需求情况部署。

4）项目实施及安装要求

（1）设备安装要求。机柜抗震加固应符合设备安装抗震加固要求，加固方式应符合施工图的设计要求。

① 机柜顶部应与机柜的顶部上梁加固。抗震必须用抗震夹板或螺栓加固。

② 机柜底部应与地面加固。加固所用的膨胀螺栓或螺栓固定在垫层下的地面上。

③ 机柜应通过连固铁及旁侧撑铁与柱进行加固，其加固件应加固在柱上。

④ 机柜之间撑铁的数量一般按照 600mm 宽的标准，在 1 ~ 10 处时设置一处，11 ~ 15 个机柜的中间设置两处。

⑤ 机柜的安装应端正牢固，垂直偏差不应大于机柜高度的 1‰。

⑥ 列内机柜应相互靠拢，机柜间隙不得大于 3mm。

⑦ 机柜应采用膨胀螺栓对地加固，机柜顶应采用夹板与列槽道（列走道）上梁加固。

服务器和交换机都有 L 型角铁的设备抗震加固应符合工信部通信设备安装抗震加固要求，加固方式应符合施工图的设计要求。

⑧ 服务器安装在机柜上必须使用导轨，导轨前后固定在机柜上。服务器放置在导轨中，先用螺丝把 L 型角铁固定在服务器上，再固定在机柜上，保证服务器抗震防滑。

⑨ 机柜底部应与地面加固。加固所用的膨胀螺栓或螺栓固定在垫层下的地面上。

⑩ 上机柜的设备都有 L 型角铁固定来抗震防滑。

（2）标签管理。为保证所有的主要设备及其附属设备的安装和设备间布线都变得井井有条，易于识别，应采用标签进行识别，具体的标签遵循以下原则：

① 分颜色 / 大小原则。服务器与网络设备标签使用不同颜色的大标签；而这些主要设备的附属设备，如电源线、网线等连接线标签则使用不同颜色的小标签等。

通过标签的大小和颜色等外观特性，不用看标签的详细内容，即可分辨设备的大的种类，如是服务器，还是网络设备；是电源线，还是其他连接线。

② 标准编码原则。每个标签上都要签写该设备的相关信息，如设备编号、名称、新旧 IP、内网 IP、机器用途、机柜位置、维护厂商、联系人等。这些信息都需要采用易懂易记易区分的编码方式进行标记。

主要设备标签内容包括设备标号、设备名称、设备用途、新旧 IP、机柜位置、维护厂商、联系人及联系方式等。

附属设备（附属设备是指服务器或网络设备这些主要设备的附属部件，如电源线、网线等）标签内容包括设备标号、主设备编号、设备名称、设备用途等。

2. 云资源平台设计

在该项目中，云计算平台数据中心分布部署在省级数据中心和各地市数据中心，各市数据中心分别负责所辖区域的计算与服务资源调度，因此，在各地市数据中心均部署云平台软件，实现安全、稳定、高效的云计算资源管理。

云平台部署示意图如图 12.47 所示。

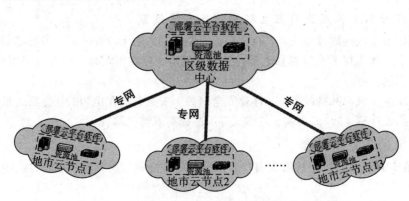

图 12.47　云平台部署示意图

3. 主机系统部署

该项目中，涉及的服务器有数据库服务器、应用服务器和云平台管理服务器，均选用 PC 服务器。针对虚拟化的 PC 服务器，其 CPU 要求支持硬件辅助虚拟化、多路多核；内存要求支持大内存，IO 采用 10GE、GE 端口或 HBA 端口。

本项目各地市数据中心主机系统部署，如表 12.7 所示。

表 12.7　主机系统部署表

主机类型	应用部署	单位	数量	备注
x86 机架式服务器	数据库服务器（服务器 1）	台	6	承载的数据库数据，集群部署：4 台作为双活中心数据库服务器，2 台作为门户系统数据库服务器
	应用服务器（服务器 2）	台	31	（1）部署应用支撑平台及应用系统、健康门户系统，采用虚拟化部署，该省共有 111 个县（区），按照每个县（区）布置 1 台虚拟机并部署应用考虑 （2）13 台虚拟化为地市应用服务器，16 台虚拟化为双活数据中心应用服务器，2 台虚拟化为健康门户系统的应用服务器
	云平台管理服务器（服务器 3）	台	15	（1）部署在各数据中心 （2）2 台作为双活中心云平台管理服务器，13 台虚拟化为地市云平台管理服务器

（1）数据库服务器。数据库系统作为业务系统的核心，具有业务量大、存储数据量大等特点，它承担着业务数据的存储和处理任务。

结合该项目业务需求，省双活数据中心共配置 6 台数据库服务器，其中医疗卫生机构管理信息系统部署 4 台，健康门户服务系统部署 2 台，均采用集群部署。

（2）应用服务器。应用系统中业务服务、业务管理和监督管理等功能采取云计算系统计算虚拟化的方式实现。该项目对每个节点的云数据中心的应用服务器进行虚拟化。

① 主机池设计。主机池是一系列主机和集群的集合体，主机有可能已加入到集群中，也可能没有。没有加入集群的主机全部在主机池中进行管理。

② 集群设计。集群是云计算软件中的一个新概念，其目的是使用户可以像管理单个实体一样轻松地管理多个主机和虚拟机，从而降低管理的复杂度，同时，通过定时对集群内的主机和虚拟机状态进行监测，如果一台服务器主机出现故障，运行于这台主机上的所有虚拟机都可以在集群中的其他主机上重新启动，保证了数据中心业务的连续性。

该项目中，所有的应用服务器都在一个集群中，便于通过服务器虚拟化技术的 HA（高可用性）特性实现故障切换，保障业务的连续性。

③ 虚拟机设计。虚拟机与物理服务器类似，它们主要的区别在于虚拟机并不是由电子元器件组成的，而是由一组文件构成的。每台虚拟机都是一个完整的系统，它具有 CPU、内存、网络设备、存储设备和 BIOS，因此操作系统和应用程序在虚拟机中的运行方式与它们在物理服务器上的运行方式没有任何区别。

通过计算，该省共有 111 个县（区），按照每个县（区）布置 1 台虚拟服务器并部署应用考虑，共需布置 111 台应用虚拟服务器；在省会城市布置 2 台虚拟服务器供该市卫生相关信息系统使用。通过核算，该项目需配置虚拟机 113 台，物理服务器 31 台。

（3）云平台管理服务器。在各地市云节点数据中心和省级双活数据中心分别部署 1 台 PC 服务器作为云平台管理服务器，用于云平台的管理。

（4）云存储需求。根据各子系统数据量评估，云计算平台系统存储量约 832TB（双活数据中心主、从中心存储量各为 351TB，省会城市外 13 个地市各为 10TB）。

4. 存储系统设计

存储系统为数据存储、数据交换、数据共享等业务提供安全、快速、可靠的数据支撑，并实现对迅速增长数据的高效管理。在该项目中省级双活数据中心选择统一存储平台，支持 NAS、FC SAN、IP SAN 组网，具备 NFS、CIFS、FC、FCoE、iSCSI、FTP、HTTP 存储协议；采用独立 NAS 网关提供 NAS 文件服务。

（1）基于 SAN+NAS 架构的存储系统，是在统一的 SAN 架构下，添加了 NAS 网关。NAS 网关和其他主要业务系统主机共享统一 SAN 架构下的存储资源，从而实现在满足主要业务系统的高性能、高可靠数据访问需求的同时，通过添加的 NAS 网关兼顾大量边缘业务系统对存储资源的需求，实现真正的存储信息整合。SAN 提供速度，NAS 提供了在文件处理时的协作性，它们的结合为关键存储系统提供了非常完美的的解决方案。

基于 SAN+NAS 架构的存储系统，可以灵活地根据各个业务系统的数据特点进行 SAN 和 NAS 的架构配置，例如，针对大型数据库的应用采取 SAN 架构的配置，而不采用 NAS 架构的配置，这是基于 NAS 技术与数据库技术之间的差别而定的。NAS 技术基于文件传送，而数据库基于数据块（Block）传送，针对本项目的以非结构化数据为主的电子病历数据库，需要频繁地传送数据块，当它存入 NAS 设备前，必须经过拆分，转为文件，方可存入；而读取数据时，又必须由多个文件组成块，方可为数据库所识别和调用，反复地转换势必影响 I/O 速率，降低数据库应用效率。

（2）磁盘阵列（在线存储）：省双活数据中心各配置一套磁盘阵列，采用高端 FC SAN 磁盘阵列，以满足数据库和数据仓库在线存储的容量、性能、安全、可靠性需求；各配置一套 NAS 网关，用于文件数据的存储处理；在主数据中心配置一套持续数据保护设备（CDP 网关），用于保证数据存储的有效性。

（3）磁带库（近线存储）：虚拟磁带库实现离线数据备份和归档需求。

（4）存储管理控制台终端：对 SAN 网络、分级存储管理、备份、镜像/复制、灾难恢复等进行统一管理的操作控制台。

（5）存储备份网络和设备：为满足备份需求，通过网络或其他方式实现存储的备份。

该项目采用多级存储方式，为保证数据可靠、安全，存储系统建设方案如下：

（1）根据应用和数据特点，云数据中心系统采用高端虚拟化存储架构，对现有存储设备提供统一化的管理。

（2）平台应用服务器通过冗余 FC SAN 网络和 IP 网络连接到存储系统，实现平台数据的集中存储。

（3）存储系统通过 IP 或 FC 网络做适时同步，将数据适时同步到灾备中心上。

（4）应用服务器通过虚拟化存储高级软件，可以实现数据应用级的容灾，当数据中心发生故障或者灾难时，应用业务可以自动切换到容灾中心，保证业务的连续性。

（5）存储系统支持分层存储，支持 SSD、FC、SATA 磁盘，满足不同应用性能和容量需求。

（6）整个光纤网络所有设备冗余，防止单点故障的发生，保证业务连续性。

（7）虚拟化存储的备份引擎，通过 LAN–BASE 或者 LAN–FREE 的模式，对信息化应用平台数据做定期的备份和归档。

该项目中，各地市分别配置：

（1）一套磁盘阵列，用于数据存储和虚拟机映像存储，存储量为 10TB 裸容量。

（2）2 台光纤交换机，作为存储 FC 网络设备。

（3）1 台虚拟磁带库，对云平台重要数据进行数据备份。

5.系统软件方案设计

系统软件包括操作系统、数据库系统、数据备份软件。

1）操作系统设计方案

服务器操作系统是应用系统的支撑平台，合理地选择操作系统能有效地利用硬件资源、提高应用系统的性能及安全性，便于管理维护。

主流的 Unix、Linux 和 Microsoft Windows Server 操作系统都能很好地支持基于 x86 的 PC 服务器。Unix 是一个功能强大、性能全面的多用户、多任务操作系统，最大的特点是稳定和高性能；Linux 是一种外观和性能与 Unix 相近的操作系统，最大的特点是开源；Microsoft Windows 是最流行的 PC 操作系统，最大的特点是简单、易用。总之，这些操作系统各有优缺点，本次项目应根据部署的应用系统的特点、配备的管理人员使用习惯和能力，选择具有高性能、高可用、安全稳定的操作系统。

2）数据库系统设计方案

数据库系统的选型必须为高性能、可靠、成熟的数据库产品，以满足省级基层医疗卫生机构管理信息系统对数据库系统性能和功能的要求。

数据库系统跟应用系统的开发平台和应用系统支撑平台能更好地兼容。另外，实践经验表明在长时间运行大量事务方面数据库非常优秀，在金融、证券、电信、民航等企业以及政府部门等的关键性数据服务中有大量使用项目。

该省医疗卫生机构管理信息系统使用关系型数据库构建整个应用系统中的数据库系统。从本项目的实际需求整合，综合考虑系统的开放性、扩展性和适用性，该项目在省双活数据中心各部署 2 套数据库管理系统，在互联网区健康门户系统部署 2 套数据库管理系统。

3）数据备份软件

该项目通过一体化架构，集备份软件、虚拟带库于一体，简化用户备份管理。结合相应的硬件和存储设备，对整个网络的数据备份进行集中管理，从而实现自动化的备份，以便在数据损坏、丢失时进行恢复，提供高效的数据保护。根据该项目的建设环境条件，数据备份软件具有对软硬件平台广泛兼容，无客户端许可限制；支持各种操作系统的智能灾难恢复；另外，数据备份软件可利用于虚拟机方式的备份管理服务器。

6.网络系统设计

该项目主要利用互联网和专线实现数据的互联互通，通过租用运营商网络构建网络系统。各地市云平台节点到省级云平台节点的传输带宽为 $2 \times 155 \text{Mbps}$，各基层医疗卫生机构应用终端系统网络接入带宽为 4Mbps ～ 10Mbps。

12.3.9　安全体系设计

1.安全防护系统设计

省级医疗卫生管理信息系统依托省级"健康云"和电子政务外网进行建设，该系统数据库、业务应用系统等核心部分共享电子政务云部署的三级等保防护能力，各系统互联通过原有的边界防护设备进行隔离。按照国家信息系统等级保护管理办法和实施指南的要求，针对该项目的信息资源与业务应用系统的安全保障需要，构建信息安全保障系统，其中包括结构合理、功能完整、安全稳定、监管有效、服务全面的安全管控技术体系，切实从物理安全、网络安全、主机安全和应用安全，强化系统性、整体安全管控，实现对所管网络系统的安全设备、网络设备和业务终端和服务器统一管控、监控、审计和安全风险评估，保障省级医疗卫生机构管理信息统及网络系统既具有防范外部恶意攻击、恶意代码危害的能力；又具有对安全事件进行追踪和快速响应处置的能力；以及对系统资源、用户、安全机制等集中管控的能力，实现省级医疗卫生管理信息系统IT网络化运行监控和维护，切实提高省级医疗卫生机构管理系统对经济社会可持续发展的保障和服务能力。

安全系统建设框架如图 12.48 所示。

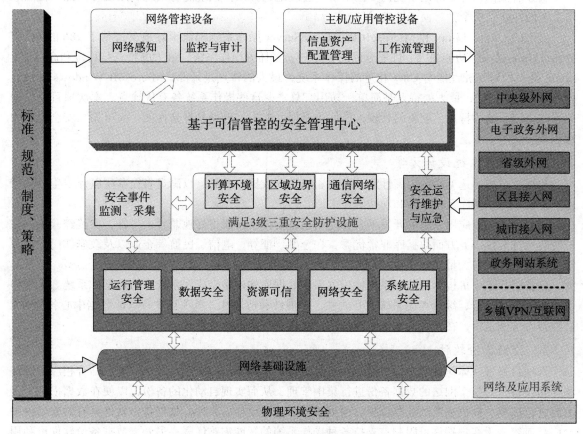

图 12.48 安全系统建设框架示意图

2. 信任体系设计

该项目利用省级政务信息中心已建成的国家政务外网数字证书中心、省级注册中心的数字证书建设系统信任体系。省级卫计委通过购置安全认证网关及数字证书载体，部署在省疾控中心和省经济信息中心，结合数字证书即可建立信任体系，通过数字证书进行身份认证和数字签名，实现对网络用户的身份鉴别、权限认证等。

12.3.10 灾备系统设计

1. 数据备份系统建设方案

该系统采用基于虚拟磁带库的近线数据备份方式。全省地市数据中心均有备份的需求，因此，各数据中心各配置一套虚拟磁带库。在省级双活中心各配置一套虚拟磁带库，其中主数据中心的虚拟磁带库用于备份双活数据中心数据，从数据中心的虚拟磁带库用于备份各地市的数据和双活中心数据。如虚拟磁带库备份系统架构如图 12.49 所示。

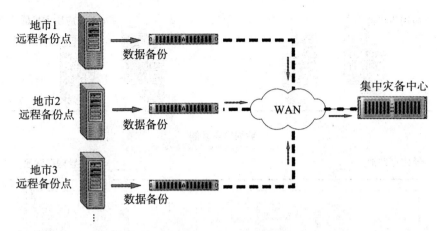

图 12.49　虚拟磁带库备份系统架构图

该项目使用的备份方式主要有全备份和增量备份两种。

2. 备份系统设计

省级医疗卫生管理信息系统涉及与居民健康相关的所有业务，因此其业务数据具有类型多、容量大的特点。根据《卫生部办公厅关于印发基于健康档案的区域卫生信息平台建设指南（试行）的通知》建议，区域卫生信息平台作为区域医疗的重要信息平台，不论规模大小，都应该规划实现 4级及以上灾备等级。

省级电子政务外网数据容灾中心已在省会城市建成，免费为各政务部门提供数据容灾备份服务，目前正在规划建设省级政务外网灾备中心，在省级政务外网灾备中心未建成前，使用电子政务外网数据容灾中心作为过渡方案，备份存储量约为 351TB，备份方式如图 12.50 所示。

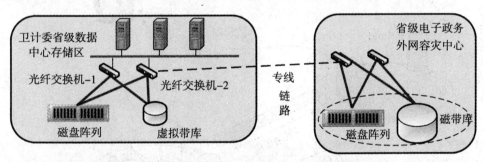

图 12.50　与电子政务外网数据容灾中心灾备示意图

同时，考虑到存储平台的异构性，该系统采用的分布式云计算模式从技术层面也做到了数据异地容灾备份。全省地市级数据中心（省会城市除外）均以中心节点（省会城市节点）数据中心作为异地灾备中心，云计算平台灾备系统结构如图 12.51 所示。

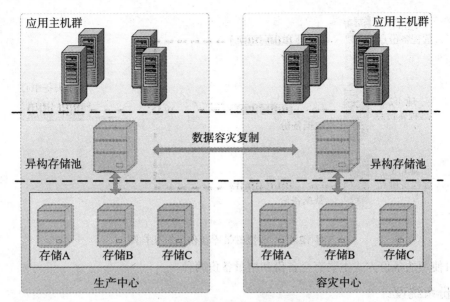

图 12.51 异地灾备系统结构示意图

3. 双活数据中心

该项目省数据中心以"双活"架构建设，使得所有的业务系统在两个数据中心都可以同时运行，同时提供服务。双活数据中心以异址搭建为最佳。

双活数据中心示意如图 12.52 所示。

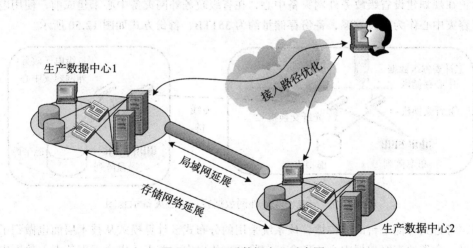

图 12.52 双活数据中心示意图

要实现双活数据中心，需要做到应用层双活、网络层双活、存储层双活。

12.3.11　运行维护系统设计

1. 运行维护系统总体规划

为确保运行维护工作正常、有序、高效地进行，必须针对运行维护的管理流程和内容，制定相应的运行维护管理制度，实现各项工作的规范化管理。运行维护管理制度可分为：网络管理制度、应用系统管理制度、安全管理制度、存储备份管理制度、故障处置制度、人员管理制度和质量考核制度等。

为保证运行维护体系的高效、协调运行，依据管理环节、管理内容、管理要求制定统一的运行维护工作流程，实现运行维护工作的标准化、规范化。运行维护流程包含的环节有：事件管理、问题管理、变更管理、配置管理。

运营维护体系的各技术支持方案包含网络系统运行维护、数据处理和数据库运行维护、存储备份运行维护、应用系统运行维护、数据机房运行维护、远程终端运行维护、安全运行维护和设备管理维护。

运行维护系统总体框架如图 12.53 所示。

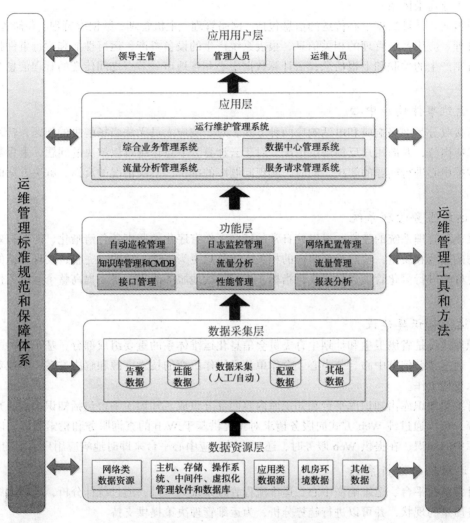

图 12.53 运行维护系统总体架构示意图

（1）数据资源层。数据资源层包括需要采集的网络类数据资源，主机、存储、操作系统、中间件、虚拟化软件和数据库系统，应用类数据源，机房环境类数据以及其他相关的数据资源。

（2）数据采集层。数据采集层包括告警数据、性能数据和配置数据，以及其他数据如机房环境相关的温湿度、水浸、视频监控、空开情况等的数据。

（3）功能层。功能层包括自动巡检管理、日志监控管理、网络配置管理、知识库管理和CMDB、流量分析、流量管理、接口管理、性能管理和报表分析等功能模块。

（4）应用层。应用层为整套的运行维护管理系统，其中包含了综合业务管理系统、数据中心管理系统、流量分析管理系统和服务请求管理系统。

（5）应用用户层。应用用户层主要为该运行维护管理系统的使用者，包括领导主管、管理人员和运维人员。

2. 运行维护体系设计

运维技术服务平台由运维事件响应中心、运维管理系统、运维知识库和运维辅助分析系统构成。

1）整合各地市IT监控平台

将各地市的监控数据交换到运维事件响应中心、运维流程管理系统、运维知识库、运维辅助分析系统，支撑运维体系。

各地市向云计算数据中心传送的信息包括：网络管理、主机管理、数据库管理、存储备份管理、中间件管理、应用系统管理的相关信息，报表系统产生的设备资产、运行性能和运行事件报表，事件告警机制产生的关联和上报信息；云计算数据中心和各地市分节点之间传送的管理信息为网络管理信息。

2）运维事件响应中心

问题接收分为网络响应和电话响应两种方式，对于响应人员无法当场解决的问题，转发到运维部门的相应岗位，并向用户反馈解决情况。对于云计算分节点运维难以解决的问题，上报数据中心并配合数据中心进行问题的解决。同时，实现问题库的维护、解决情况的反馈、解决方案的查询等功能。

3）运维服务管理系统

运维流程管理系统的建立，可以使日常的运维工作有序化，职责角色清晰化，能够有效地提高解决问题的速度和质量，使运维部门内的相关支持信息更为畅通、透明、完整，实现知识的积累和管理，更好地进行量化管理和设定优化指标，进行持续地服务改进，最终提高整个运维工作的效率和质量。

4）运维知识库建设

知识库建设是省级卫生和计划生育委员会信息化运维体系的重要组成部分，基于统一的技术支持平台，通过整合信息中心、分中心、合作单位和协作厂商的技术资源和解决方案，实现对全行有效的技术支持工作。

运行维护知识库由知识库平台和知识库内容两部分组成。知识库平台包括知识检索、知识维护与管理等，可以通过纯Web方式向服务请求对象提供基于Web的查询服务和检索服务，以完全共享知识库中的知识，在提供Web服务时，还可通过响应中心平台来即时地响应用户请求的服务。

5）运维辅助分析系统

以日常监控平台、运维响应中心、运维流程管理系统为基础，通过统计分析，了解运维服务能力与服务质量的现状，并可以进行趋势分析，为运维管理决策提供支持。

第 5 篇　数字经济工程设计篇

　　本篇包含数字经济工程概论、产业数字化工程设计、产业数字化工程设计案例，这三章主要阐述数字经济概述、数字经济的发展意义、数字经济的任务、产业数字化是数字经济工程设计的主战场、产业数字化工程概述、农业数字化工程设计、工业数字化工程设计、服务业数字化工程设计、产业数字化工程设计的重要技术、省级粮食一体化管理平台的设计案例、大型企业工业互联网的设计案例、省级大数据交易中心的设计案例等相关内容。

第 13 章 数字经济工程概论

> 经济是价值的创造、转化与实现[1]

数字经济是继农业经济、工业经济等传统经济之后的一种新的更高级的经济社会发展形态，是以经济全球化为背景、数字技术为驱动、知识资源为依托的经济发展形态。数字经济正在推动新一轮科技革命和产业变革，促进人类生产方式变革、社会生产关系再造以及经济社会结构全方位变迁。数字经济已成为驱动全球经济社会发展和技术变革的主导力量，是驱动中国经济高质量发展的新动能，是价值的创造、转化与实现的新阶段。数字经济对经济社会赋能、赋智、赋值，令我国经济形态更高级、分工更优化、结构更合理，对推动我国经济社会发展具有重要作用和重大意义。

本章从数字经济的概述入手，阐述数字经济的内涵、构成和特征，论述数字经济的发展意义和发展任务，最后引出产业数字化是数字经济工程设计的主战场这一主题。

13.1　数字经济概述

数字经济的概念最早出现于 20 世纪 90 年代，人们对数字经济的认识一直处于不断深化的过程。2017 年，数字经济首次出现在我国《政府工作报告》中，开启了我国数字经济发展的新篇章，并成为我国经济发展的新趋势。迄今为止，数字经济作为一种新的经济形态，对其内涵的研究仍处在不断完善的过程中。

13.1.1　数字经济的内涵

多年以来，对于数字经济的表述，国内外一直没有统一的定义和说法。在众多数字经济的定义中，2016 年 G20 杭州峰会发布的《二十国集团数字经济发展与合作倡议》对数字经济的定义最具代表性，即数字经济是以使用数字化的知识和信息作为关键生产要素、以现代信息网络作为重要载体、以信息通信技术的有效使用作为效率提升和经济结构优化的重要推动力的一系列经济活动。

G20 对数字经济的定义蕴含着丰富内涵，首先，数字经济是一种新的技术经济范式，建立在信息通信技术取得重大突破的基础上，以数字技术作为其经济活动的标志和驱动力，具有智能化、知识化的特点；其次，以数字技术与实体经济融合驱动的产业梯次转型和经济创新发展为主引擎，在生产要素、基础设施、产业结构和治理结构上表现出与农业经济、工业经济等显著不同的新特点，构建了新的经济发展形态。

13.1.2　数字经济的构成

数字经济由数字产业化和产业数字化两部分构成（见图 13.1）。数字产业化是数字经济的基础部分，即信息通信产业部分，主要包括纯数字产品和数字服务，如基础电信业、电子信息制造业、软件和信息技术服务业、互联网行业等；产业数字化是数字经济的融合部分，是由于应用数字技术为传统产业（农业、工业、服务业）所带来的新增产出（如产品数量、质量和生产效率等的提升），产业数字化包括数字化产品和数字化服务，如工业机器人、电子商务、共享经济等。

1）佚名。

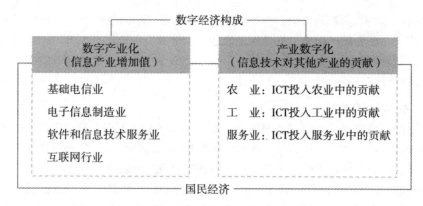

图 13.1 数字经济的构成示意图

1. 数字产业化

数字产业化是云计算、大数据、人工智能等新一代信息技术不断研发、成熟、广泛地市场化应用,形成数字产业,并推动数字产业发展。数字产业化的目的是通过信息技术、管理和商业模式的融合创新,将数字化知识和信息转变为新的生产要素,催生各种新产业、新业态、新模式,最终形成数字产业链和数字产业集群。数字产业化由传统信息产业演化而来,是推动产业融合实现产业数字化的基础,因此,也称为基础型数字经济,在统计上,数字产业化是将信息产业增加值按照国民经济统计体系中各个行业的增加值进行加总。

2. 产业数字化

产业数字化是利用互联网、大数据、人工智能等新一代信息技术对传统产业的产业链上下游进行全面、全要素的数字化改造,推动新一代信息技术与实体经济深度融合,以增量带动存量,提高传统产业的全要素生产率,实现产业降本增效、产业收入增长和产业模式升级,并提升用户体验。产业数字化包括对工业、农业、服务业的数字化改造,通过数字技术与这些产业的融合,为这些产业带来的产出增长,构成了数字经济的主要部分,成为驱动数字经济发展的主引擎。在统计上,产业数字化是将不同传统产业产出中数字技术的贡献部分剥离出来,对各个传统行业的此部分加总得到传统产业中的数字经济总量。

13.1.3　数字经济的特征

在与传统经济对比及经济学视角下,数字经济呈现出以下特点。

1. 与传统经济相比的特征

与传统经济相比,数字经济的特征如下:

(1)数字化。数字技术渗透到传统产业的生产、分配、交换和消费等全部环节,数字技术的发展不仅促使传统产业改造升级,而且不断催生出新的产业发展模式、新型产品和技术。

(2)效率性。数字技术能够降低信息获取成本,大大降低经济社会发展中的交易成本,减少经济活动中时间和空间的因素制约,从而使得技术创新、技术扩散、产品开发和价值创造能够快速迭代,大大提高了效率。

(3)普惠性。与传统经济相比,数字技术能够大幅提高经济增长、就业和公共服务水平,能够运用互惠型的发展模式,为企业、个人用户带来巨大实惠。

(4)融合性。在供给侧,数字经济极大地促进了产业间的融合,让产业边界越来越模糊,甚至不再存在边界。在需求侧,数字经济极大地促进了生产和消费环节的融合,数字经济下的商业模式将更突显消费者的中心地位。

（5）全球化。当前，信息技术已经成为推动全球产业变革的核心力量，并且不断集聚创新资源与新的生产模式、商业模式融合，快速推动农业、工业和服务业的转型升级。在经济全球化的背景下，一方面世界各国信息技术竞争日益激烈，另一方面，全球技术交流也日益紧密，在"竞合"的观念下，全球化特征日益凸显。

2. 经济学视角下的数字经济特征

站在经济学的视角观察，数字经济与传统产业经济体系有所不同，呈现出数据驱动、供求界限模糊化、数字素养需求、数字基础设施、物理与网络世界融合等特征，使经济学发生深刻的变革，全方位重塑经济学领域的生产主体、生产对象、生产工具和生产方式。

（1）数据成为数字经济时代的新生产要素。由于互联网、移动互联网和物联网的快速发展，人与人之间、人与物之间、物与物之间实现了互联互通，从而带来越来越庞大的数据量，并且，按照大数据摩尔定律，数据量以每两年翻一番的速度在增长。随着数据量的暴发式增长，对数据处理和应用的需求也同步增长，从而产生了大数据，使得数据成为数字经济时代越来越重要的战略资产。就像经济学所描述的土地和劳动力是农业时代的关键生产要素，技术和资本是工业时代的关键生产要素，数据则成为数字经济时代的关键生产要素。

（2）数字经济时代的供需界限趋于模糊。对于传统经济活动来说，供给侧和需求侧有着非常严格和清晰的划分界限，但是，随着数字经济的发展，供求方和需求方的界限变得模糊。从供给侧来看，新一代数字技术在各行各业中的应用，创造出满足客户需求的全新方式，使得用户需求能够在产品生产和服务的过程得到充分考虑和满足，也使得产业价值链得到延长和提升。从需求侧来看，由于新一代数字技术的应用，将大大增加供给侧对需求侧的透明度和消费者的参与度，也将出现越来越多的消费新模式，从而改变企业原有的设计方式以及推广、交付方式。由此可以看到，供给方和需求方的界限趋于模糊，并逐渐成为融合的"产消者"。

（3）数字素养成为数字经济时代的新需求。随着数字技术向实体经济各领域渗透，除了专业技能外，劳动者还需要具备数字技能，双重技能显得越来越重要。提高数字素养，既有利于数字生产，也有利于数字消费，是数字经济发展的重要基础和关键要素。对生产者而言，根据统计，40%的企业表示难以找到满足需求的数字技术人才，数字技术人才不足的现象在世界各国普遍存在，因此，劳动者具有较高的数字素养将更容易在就业市场胜出。对于消费者而言，只有具备基本的数字素养，才能正确地使用数字化产品，享受数字化带来的服务，否则将会在数字时代的浪潮中面临淘汰。由此可见，在数字时代，数字素养已经成为和听、说、读、写同样重要的基本能力。

（4）数字基础设施成为数字经济时代的新基础设施。在工业经济时代，铁路、公路和机场等代表性的物理基础设施构成了经济活动的基础设施基本架构。到了数字经济时代，互联网、云计算和大数据等成为必要的信息基础设施。随着数字经济的发展，数字基础设施的概念变得更加丰富，除了我们所熟知的光纤宽带、移动通信网络等信息基础设施，还包括进行过数字化改造的物理基础设施，例如智能化停车系统、指挥交通系统、智能电网和安装了传感器的自来水总管等。由此，工业经济时代的以"砖和水泥"为代表的基础设施转变为数字经济时代的以"光和芯片"为代表的基础设施，社会经济的发展实现了新旧动能的转换。

（5）物理世界和网络世界日益融合。新一代数字技术的发展，带来了信息物理系统的出现。信息物理系统是信息系统和物理系统的统一体，是结合计算领域、传感器和致动器装置的整合控制系统。信息物理系统通过无处不在的环境感知、嵌入式系统、网络通信和网络自动化控制等系统工程，使计算能力与物理系统紧密结合与协调，从而让现实物理世界的各种物体能够具备通信、计算、精确控制、远程协作和自组织等功能。随着物联网、人工智能、VR、AR 等技术的发展，在信息物理系统的基础上，"人机物"融合的信息物理生物系统面世，该系统更关注人机互动以及人类和机器的有机协作，使人类和物理世界的交互方式发生改变。随着信息物理生物系统的广泛应用，人类社会和物理世界、网络世界之间实现了互联互通，界限渐渐消失。由于新一代数字技术与物理世界的日渐融合，带动物理世界实现加速度发展，因此，人类社会也呈现出指数级增长的发展趋势。

13.2　数字经济的发展意义

在当前全球经济发展脚步放缓的局势下，数字经济成为促进国家经济发展、改善社会福利、提高国际竞争能力的必经之路。通过发展数字经济，能够带动相关产业的发展，提升经济发展的质量和水平，进而增强国际竞争力，抢占世界经济发展新的制高点，获得未来发展的先机和优势。

13.2.1　数字经济是现代化经济体系新形态

1. 数字经济占据国民经济核心地位

2018 年，全球主要国家数字经济规模占 GDP 的比重达到 40.3%，到 2021 年，数字经济在全球 GDP 中的占比将超过 50%，其中中国数字经济在 GDP 中的占比将达到 55%，保持快速增长，数字经济在国民经济体系中的比重正在逐年上升，逐渐占据国民经济的核心地位。数字经济板块在国民经济体系中的比重年均增加 2.3% 以上，20 世纪 80 年代普遍认为，一个经济体中制造业板块比重每年增加 0.3%，即处于经济发展的结构裂变高速期。可以看到，当前数字经济发展的裂变速度已经达到超高速。数字经济的持续高速增长，将为缓解经济下行压力、带动全球经济复苏贡献巨大力量。

根据中国信息通信研究院发布的《全球数字经济新图景（2019 年）——加速腾飞重塑增长》白皮书，2018 年，有 38 个国家的数字经济增速显著高于同期 GDP 增速，有约半数国家的数字经济规模超过 1000 亿美元，其中，美国数字经济规模蝉联全球第一，达到 12.34 万亿美元，中国保持全球第二大数字经济体地位，规模达到 4.73 万亿美元。

2. 选择数字经济作为新动能成为全球共识

联合国贸易与发展会议发布的《2019 年数字经济报告》指出，数字经济总体仍处于发展的初期，全球数字经济发展仍以中美两国为主要驱动力，各国应加强引导数字经济发展，让全球更多人能够共享数字经济的发展果实。选择数字经济作为新动能成为全球共识，对于通过发展数字经济，全面推动经济社会健康发展，全球各国采取的战略包括建设信息基础设施、提供数字政府服务、发展数字卫生医疗、推动交通运输及教育部门数字化应用、发展 ICT 部门、推动商业部门及中小企业使用 ICT 产品和服务、提升人民数字素养、加强数字身份认证、隐私和安全管理、加强网络监管、应对气候变化的全球挑战等。

数字经济成为全球各国经济转型、技术创新、产业变革的战略重点。我国对实施国家大数据战略，构建以数据为关键要素的数字经济，加快建设数字中国等工作做出重大战略部署，美国实施《数字经济议程》，英国发布《数字经济战略（2015—2018）》，德国发布《数字战略 2025》，日本制定《I-Japan 战略》，新加坡启动"智慧国家 2025"工程。由此可见，在经济从中高速增长向高质量发展的过程中，中国既需要面对与美国"双子星"的竞争，还需要面对其他国家战略上的追赶，应牢牢把握数字经济发展战略，系统制定时间表、路线图和任务书，全面实现中国经济高质量发展。

13.2.2　数字经济成为中国经济发展新动能

1. 数字经济成为我国经济增长的重要引擎

2017 年，十九大报告首次提到数字经济的概念，此后，数字经济成为我国经济发展的重点领域和新旧动能转换的关键。根据中国信通院研究报告，2019 年，我国数字经济规模达到 35.8 万亿元，名义增长 15.6%，占 GDP 比重达 36.2%。从增速来看，2019 年，贵州、福建两省的数字经济增速超过 20%，重庆、浙江、河北等省市数字经济增速超过 15%，其余大部分省市数字经济增速在 10%～15%，均显著高于同期各省市国民经济增速，数字经济处于高速增长阶段。预计到 2035 年，我国数字经济规模将达到 150 万亿元，占 GDP 比重将突破 55%，达到发达国家平均水平。与美、日、德、英等数字经济规模占 GDP 比重已超过 50% 的国家相比，我国的数字经济发展潜力巨大。

数字经济具有高成长性、强扩散性和降成本性，这三大特征决定了数字经济能够成为我国经济增长的重要引擎。从我国的基本国情来看，我国所特有的"大国效应"能够推进数字经济实现快速发展。2020 年初始，国家及各省已陆续发布当年政府工作报告，从定下的工作内容和工作目标来看，数字经济已成为发展重要方向和热门关键词。我国拥有数量众多且充满活力的企业群体，通过群策群力，推动我国数字技术研发向前发展，在此基础上，推进技术革新和产业创新，最终实现宏观经济发展。从消费层面来看，我国拥有庞大的人口基数，能够带来广阔的消费市场，因此，一种数字化技术只要发展成熟并顺利实现商业化，就能够获得足够的用户规模，从而带动数字经济规模进一步发展。

2. 数字经济政策陆续出台推进数字经济持续发展

经过多年发展，中国数字经济的相关政策已逐步完善，国家及各级政府部门对数字经济的重视程度越来越高，战略也越来越清晰。

（1）国家层面，大力实施网络强国战略、国家信息化战略、国家大数据战略、"互联网＋"行动计划，通过一系列重大战略举措促进互联网和实体经济深度融合发展，推动数字经济发展。在国家发展改革委等 19 个部门联合印发的《关于发展数字经济稳定并扩大就业的指导意见》中，提出通过大力发展数字经济稳定并扩大就业，促进经济转型升级和就业提质扩面互促共进。国家发展改革委组织实施了"2018 年数字经济试点重大工程"，涉及的重点领域包括政务信息系统整合共享应用、大数据应用创新、数字经济公共基础设施等。此外，我国还积极推动数字经济领域的国际合作，在《网络空间国际合作战略》中，提出促进数字经济合作、推动数字经济发展和数字红利普惠共享，让互联网发展成果惠及全球，促进全球经济繁荣发展。

（2）地方政府层面，各省也陆续出台了数字经济相关政策，支持推动数字经济发展。广东省发布《广东省数字经济发展规划（2018—2025 年）》（征求意见稿），推动广东加快向制造强省、网络强省、数字经济强省转变，以数字经济创新发展驱动广东奋力实现"四个走在全国前列"。浙江省将数字经济列为"一号工程"，出台多项政策举措，加快发展智能制造、工业互联网、两化融合等，深入推进数字经济在经济社会各领域的发展。福建省发布《2018 年数字福建工作要点》，提出要进一步加快数字基础设施建设，推动新一代信息技术和实体经济深度融合，推动数字经济不断发展壮大。贵州省发布《贵州省数字经济发展规划（2017—2020 年）》，推进数字经济集聚发展、信息基础设施提升、数据资源汇聚融通、数字政府增效便民、企业数字化转型升级、民生服务数字化应用、新型数字消费推广等十大工程。广西壮族自治区印发《广西数字经济发展规划（2018—2025 年）》，提出以推进数字产业化和产业数字化为主线，夯实完善数字经济发展基础和治理体系，打造面向东盟的数字经济合作发展高地，构建形成具有广西特色的数字经济生态体系。陕西省印发《陕西省 2018 年数字经济工作要点》，提出以互联网和数字经济为引擎，推动枢纽经济、门户经济和流动经济发展，发挥信息化和数字经济驱动引领作用，加快培育发展新动能。安徽省出台《安徽省支持数字经济发展若干政策》，加快建设"数字江淮"决策部署，大力发展数字经济，推进数字产业化、产业数字化，构建现代化经济体系。

综上所述，我国数字经济政策体系已经逐步完善，对数字经济的重视程度越来越高，数字经济的技术和应用层面都取得了巨大的发展，数字经济已经从 1.0 发展到 2.0，数字技术从计算、存储拓展至大数据、人工智能、区块链等。通过数字基础设施、数字产业化、产业数字化转型、公共服务数字化、社会治理数字化等方面的进步，实现网络强国，建设数字中国，构建智慧社会，形成现代经济体系。

3. 数字经济在我国经济高速发展中发挥重要作用

数字经济是落实国家重大战略的关键力量，是撬动经济社会发展的新杠杆，是经济发展提质增效、产业转型升级的新动能与新途径，对我国实施供给侧结构性改革、创新驱动发展战略具有重要意义。数字经济成为高质量发展的重要驱动，为传统产业、行业注入新的生机和活力，不断激发消费、拉动投资、扩大出口、创造就业，助力实现我国经济社会高质量发展的目标。

1）激发消费

据国家统计局统计，2018 年，全国网上零售额为 90065 亿元，相比 2017 年增长 23.9%。2019年上半年，全国网上零售额 48161 亿元，同比增长 17.8%，比一季度加快 2.5 个百分点。其中，实物商品网上零售额 38165 亿元，增长 21.6%，占社会消费品零售总额的比重为 19.6%，比一季度提高 1.4 个百分点，以上均表明消费作为经济增长主动力的地位得到进一步巩固。信息消费需求也在强劲释放，2018 年，我国信息消费规模约 5 万亿。

与此同时，由于数字技术变革，可以实现空间分散、时间错位之间的供求匹配，优化升级了人们的基本需求，并使得人们的消费结构发生变革，与过去相比，我国居民的消费模式发生了消费升级，不再满足于简单的基本物质生活需求，对个性化、特色化有了更加强烈的需求，正在由生存型、物质型、传统型向发展型、服务型、新型消费升级，并且升级的速度越来越快。数字经济发展及其催生的新业态新模式带来的个性化体验使得全社会消费理念和消费方式发生改变，网约车、在线外卖、在线民宿等新业态不断涌现，打开了消费升级新的增长空间。根据国家信息中心分享经济研究中心发布的报告，2018 年，在线外卖在人均餐饮消费支出中占比达到 10.6%，网约车人均消费支出在人均出行消费支出中的占比达到 10.1%。

2）拉动投资

数字基础设施是以数字技术、知识产权为核心价值的新型基础设施，在数据成为关键生产要素的数字经济时代，数字基础设施成为数字经济发展的重要支撑，支撑传统产业向网络化、数字化、智能化方向发展。随着大规模数字经济重大工程建设的全面铺开，大数据综合试验区、数字经济产业园等成为建设重点，数字基础设施建设成为投资的重点方向，通过大力推进 5G、大数据、云计算、区块链、人工智能、量子科技、物联网以及工业互联网不同领域和不同类型的新型基础设施建设，带动制造、电力、卫生、交通等基础设施的智慧化改造，从而实现智能制造、智慧城市、智慧电网、智慧医疗、智慧交通，带来社会经济效益倍增。

3）扩大出口

在经济全球化的背景下，数字经济是在短期内提升我国在国际贸易竞争中新优势的最佳途径，对扩大出口具有非常积极的作用。随着跨境电子商务的发展，在亚马逊、京东、阿里巴巴等全球性的跨境电商平台，中国卖家所占的比例越来越高，作为传统的制造大国，越来越多的中国优质商品通过跨境电商平台和通道流向全球各地，有效地促进和扩大了"中国制造"出口。数字经济以新一代信息技术改造传统产业，驱动我国的消费品传统制造业逐步向全产业链迈进，提升了我国消费品传统制造业的国际分工地位和在全球价值链的水平，形成我国出口产品质量、技术、服务、品牌等核心竞争新优势，有效提高了我国外贸竞争力，并提升国际话语权优势。

4）创造就业

数字经济时代，信息技术将改变和创新城市服务，为产业发展带来越来越精细的社会分工，催生出大量新岗位。根据中国信通院发布的《中国数字经济发展与就业白皮书（2019 年）》，我国数字经济领域就业岗位为 1.91 亿个，占当年总就业人数的 24.6%，同比增长 11.5%，显著高于同期全国总就业规模增速。第三产业劳动力数字化转型成为吸纳就业的主力军，第二产业劳动力数字化转型吸纳就业的潜力巨大。根据世界银行测算，在数字经济下，一个传统行业岗位的消失会带来 2.4 个新增岗位，由此可见，随着数字经济的进一步发展，将带来更多的就业岗位，满足转移人口的就业需求。

4. 数字经济增强我国经济和社会发展"免疫力"

2020 年初暴发的新冠肺炎疫情，给全球经济发展都带来了较大的冲击，并将产生一系列深远的经济和社会影响。对我国来说，本次抗击疫情的过程，虽然暴露出医疗卫生公共服务供给能力不足、社会治理模式手段和治理能力跟不上数字化需求等缺点，但另一方面，在应对疫情期间，数字技术及融合到各领域的数字化应用发挥了前所未有的作用和效果，产生了许多数字经济时代才会有的亮点：专家远程会诊重症患者，在线问诊轻症患者，智能制造企业快速启动口罩生产线，8.5 亿移动互联网消费者挽救零售业，5000 万学生在"钉钉"复课，盒马鲜生、京东到家、美团骑手在各地为线上顾客运送食物和希望，线下超市、百货实施数字化转型，中国已然成为全球最大的数字技术应用市场。在如此短的时间内，这一切能够发生，是因为中国拥有强大的数字基础设施，支撑着数字经济壮大发展以及阿里巴巴、腾讯等一批领军数字平台企业的涌现。

疫情之下社会心理和社会需求结构的变化，催生了新的数字化发展机遇，推动中国经济结构调整，加快数字化转型步伐，通过数字化增强我国经济和社会发展的"免疫力"，实现经济高质量发展。疫情之后，中国推进数字化转型具有非常大的需求空间，对企业来说，数字化转型不再是可选项，而是必选项，并且不仅包括生产、物流和销售渠道的数字化转型，更包含与之匹配的组织和管理的数字化转型。对民众来说，数字化的意义不只是线上消费和娱乐，还包括工作、学习、交流沟通等在内的数字化生活方式。随着社会各行各业及各领域数字化转型的有序推进，将会形成巨大而稳定的投资需求，拉动新一代信息技术产业持续增长，进一步推动数字技术与实体经济融合发展，从而提升各行业各领域运行效率，为宏观经济高质量发展提供新动能，同时保驾护航。

13.2.3   中国数字经济将为世界经济发展贡献"中国模式"

1. 中国打造了独特的数字经济发展样本

我国发展数字经济具有自身独特的国情，在工业化、城镇化和农业现代化发展的过程当中，同步迎来了信息化的浪潮，信息化、工业化、城镇化和农业现代化"四化同步"成为我国发展数字经济的独特时代背景。与西方发达国家相比，数字经济成为关键的新动能，推动我国经济社会加速发展，利用二三十年走完西方发达国家花费两三百年时间才走完的工业化、城镇化和农业现代化历程。

中国用自己的方式打造了全球数字化转型的独特样本。我国是全球最重要的数字经济区域之一，拥有全球规模最庞大的互联网用户数量，这是我国数字经济发展的独特优势，也是我国数字经济加速发展的良好基础。当前，超过 50% 的中国人口都已接入移动网络，海量的消费端和企业端用户数据随着网民数量的增多而同步增多，我国已成为世界上最大的互联网市场和移动互联网市场，并拥有全球最多的数据资源，在数字领域，中国逐渐由"潮流追随者"转变为"趋势引领者"。

在移动支付领域，中国已处于世界领先的位置。中国人民银行数据显示，2019 年，中国移动支付业务金额达到 347.1 万亿元，较 2018 年增长 25.1%。信用卡费率比较服务机构 Merchant Machine 公布数据显示，中国有 47% 的消费者正在使用移动钱包付账，普及率为全球最高；第二名是挪威，普及率为 42%；第三名是英国，移动支付普及率为 24%。美国排名第七，仅有 17% 的人在使用移动支付，中国已经成为全球移动支付最发达的国家。

在电子商务领域，中国也处于世界领先的位置。借助网络化和信息化的发展，在过去 10 多年里，我国形成了全球最大的电子商务市场，诞生了像阿里巴巴和京东这样的巨型互联网和电子商务企业。伴随互联网的高速发展，中国已成为全球第一大网络零售大国，根据世界银行、阿里巴巴集团、中国国际发展知识中心联合发布的《电子商务发展：来自中国的经验》报告，中国电商发展速度居世界前列，交易额占全球电商交易额的 40% 以上。中国电子商务交易总额已从 2008 年的 3.14 万亿元增长至 2019 年的 34.81 万亿元，网上零售规模从 0.13 万亿元增长至 10.6 万亿元。中国电子商务在经济增长、产业创新、就业扶贫、改善社区方面发挥了极大的作用，值得全球发展中国家借鉴学习。

2. "中国模式"开始规模化影响世界

随着中国数字经济的高速发展，中国拥有越来越多的机会投入到全球数字经济领域的规则治理中，中国在数字经济领域的话语权逐步扩大，"中国模式"开始规模化影响世界。中国联合 7 个国家共同发起了"一带一路"数字经济合作倡议，并已经与超过 16 个国家签署了"数字丝绸之路"建设合作协议。通过大力推进"数字丝绸之路"建设合作，中国跨境电商、跨境支付等数字经济服务沿着"数字丝绸之路"走向了各个国家。

在"一带一路"倡议的推动和中国电商全球化的大趋势下，中国跨境电商逐渐成为影响全球经济的网上丝绸之路。截至 2019 年底，中国跨境电商交易规模达到 10.5 万亿元，同比增长 16.66%，主流电商平台覆盖全球 200 多个国家和地区，并吸引了越来越多跨境电商出口企业的入驻，通过"网上丝绸之路"让世界人民见识到"Made In China"的高品质。随着数字化升级引领的中国供应链向全球供应链的蜕变，推动"中国货通全球"向"全球货通全球"进化，并逐步赋能于全球各国的制造、流通领域，加速全球产业效率提升和成本降低，促进全球电商产业进一步融合与升级。

在"一带一路"倡议的推动下，我国正在逐步形成跨境支付全球化网络。《中国银行产业发展报告（2019）》数据显示，截至 2018 年年底，中国银联卡在全球发行总量累计超过 75.9 亿张，受理网络延伸至 174 个国家和地区；支付宝境外线下支付已经覆盖超过 55 个国家和地区，接入了交通出行、吃喝玩乐等数十万家海外门店场景，并搭建了线上全球收付通道，覆盖范围超过 220 个国家和地区，服务触达全球 10 亿用户；微信财付通支付跨境业务接入 49 个境外国家和地区，合作机构超过 1000 家。

除此之外，根据国际数据公司预测，2020 年，中国 500 强企业的海外收入平均占比将超过 30%，机器人、芯片、物联网等不断进入全球市场，互联网+、大数据、人工智能、消费升级等数字经济相关领域的政策和模式都将规模化影响世界。

根据中国信息通信研究院发布的 2019 版《中国互联网行业发展态势暨景气指数报告》，在 2019 年全球互联网上市公司 30 强名单中，中国企业有 10 家，占据榜单的三分之一。上榜企业依次为腾讯控股、阿里巴巴、百度、网易、美团点评、京东、拼多多、360、携程网、微博，这十家中国互联网企业的总市值达 9540.17 亿美元，占 30 强榜单总市值的 27.2%。这十家企业主要分布在北京、杭州和深圳，因此，中国的北京、杭州、深圳与美国的西雅图和硅谷，共同成为这个星球上亮眼的数字经济高地。

当前，中国与美国、日本、英国等发达国家基本站在同一起跑线上（见表 13.1），应把握数字经济发展带来的战略机遇，纵深推进宽带中国、互联网+行动、大数据发展、人工智能等行动计划，把"大国效应""规模效应"，特别是人口优势、市场优势、制度优势与数据优势紧密结合起来，以数字化推进生产智能化、产业高端化、经济耦合化，加速从"跟跑者"向"并跑者"乃至"领跑者"发起冲击，实现中国数字经济弯道超车乃至换道超车。

表 13.1   全球数字经济竞争力前十强

国　家	数字产业	数字创新	数字设施	数字治理	总得分
美　国	65.99	80.18	69.73	87.85	75.94
新加坡	38.35	82.18	52.19	71.12	60.96
中　国	71.34	51.52	56.97	49.66	57.37
英　国	32.13	65.37	34.76	74.17	51.61
芬　兰	16.62	85.54	33.50	64.79	50.11
韩　国	20.84	68.48	44.72	65.40	49.86
日　本	21.32	73.45	39.48	63.81	49.51
荷　兰	21.98	63.62	35.80	76.16	49.39
澳大利亚	26.07	60.56	37.61	70.08	48.58
德　国	30.59	70.87	29.63	59.92	47.75

数据来源:《全球数字经济竞争力发展报告(2019)》

13.3   数字经济的任务

数字经济由数字产业化和产业数字化构成。数字产业化是数字经济的基础部分,发展数字经济,需加快推动数字产业化,为数字经济发展提供必要的基础条件,夯实数字经济发展的基础。产业数字化是数字经济的融合部分,数字技术的快速发展,使各行各业拥抱数字技术,重构实体经济形态,并形成新的经济增长点。

13.3.1   数字产业化的任务

按照国家信息化发展战略要求,到 2025 年,根本改变我国核心关键技术受制于人的局面,形成安全可控的信息技术产业体系。到 21 世纪中叶,国家信息优势越来越突出,先进的信息生产力基本形成。

作为数字经济的基础部分和先导力量,数字产业化的主要任务是通过壮大基础产业、发展新兴产业、布局前沿产业,为数字经济发展提供必要的基础条件,夯实数字经济发展的基础,发挥数字技术对经济社会赋能、赋值、赋智的作用,推动我国经济向形态更高级、分工更优化、结构更合理的数字经济阶段演进。

1. 壮大基础产业

基础产业主要包括通信与网络、电子信息制造业、软件与信息技术服务业等。基础产业的发展任务包括发展基于物联网、IPv6、5G 的信息网络设备和信息终端产品及系统应用,在交通、医疗、能源等重点领域,深入应用物联网技术,推进第三代北斗导航高精度芯片产业化及应用,发展导航及定位系统、车载物联网终端等,加快开发智能器件等基础软硬件产品,在信息娱乐、运动健身、医疗健康等应用领域,研发头盔、眼镜、腕表、手环、穿戴式骨骼等智能可穿戴设备产品。在软件与信息技术服务业领域,开发面向产业转型、政务服务、民生服务、社会治理等领域的应用软件,推进数字化系统开展社会化服务。通过以上举措,做大做强我国集成电路、网络通信、元器件及材料、软件与信息技术服务业等基础产业,向全球价值链中高端迈进。

2. 发展新兴产业

新兴产业包括云计算、大数据产业等。新兴产业的发展任务包括研发突破计算资源管理、超大规模分布式存储等关键技术,加快研发云操作系统、分布式系统软件、虚拟化软件等基础软件。完善云计算产业链条,推进政务云、行业云、"互联网 +"云计算的发展和应用,提升云服务企业、行业和社会的能力。加快大数据技术研发，发展分布式数据库、数据集成工具，发展数据挖掘工具、可视化工具、数据管理平台、数据流通平台等技术。推动大数据在不同行业的创新应用，研发面向不同行业的大数据分析应用平台，包括发展工业大数据，推动大数据在研发设计、生产制造等产业链环节的应用；发展服务业大数据，利用大数据建立品牌、精准营销和定制服务等。建设升级大数据和云计算基础设施，推进大数据和云计算在各领域的规模应用，形成大数据和云计算产业规模效应，增强数字经济发展的数据驱动力。

3. 布局前沿产业

前沿产业包括人工智能、区块链等。前沿产业的发展任务包括加快研发新型芯片、智能硬件、基础软件等软硬件，以及智能建模和自然语言处理等关键技术；推动人工智能与实体经济深度融合，推进人工智能在工业生产、农业生产、电子商务、民生服务、社会治理等领域的应用，在工业领域推广应用工业机器人，在教育、医疗、家政服务等领域加快人工智能技术的应用。探索区块链技术应用场景，推动区块链在金融、数据交易、电子商务、物流、医疗、能源、共享经济、农产品安全追溯等领域的广泛深度融合应用。

13.3.2　产业数字化的任务

按照国家信息化发展战略要求，到 2025 年，数字经济与传统产业深度融合，信息消费总额达到 12 万亿元，工业化与信息化融合迈上新台阶，信息化改造传统农业取得重大突破，大部分地区基本实现农业现代化。到本世纪中叶，经济发展方式顺利完成数字化转型，数字经济成为主要的经济形态。

作为数字经济发展的主引擎，产业数字化的任务是重构实体经济形态，引领农业、工业、服务业完成转型升级，并培育产业新业态新模式，形成经济的新增长点，让数字经济成为主要的经济形态。

1. 重构实体经济形态

1）重构工业经济形态

在产业数字化的组成中，最核心的部分是工业数字化。通过大数据、人工智能、物联网等数字技术提升工业数字化水平，重构工业经济形态，实现我国工业从价值链低端向中高端升级、从制造大国向制造强国迈进。为实现目标，发展任务主要包括以下三个方面：

（1）工业设备智能化，工业设备是工业数字化解决方案的重要组成，其中包括关键基础零部件、数控机床、工业传感器等，通过智能制造基础软硬件产品及智能制造装备等的应用，推动制造设备、生产线和工厂的数字化、自动化、智能化改造，推动工业数字化转型。

（2）推广应用工业软件，工业软件是工业数字化解决方案的关键支撑，包括信息管理软件、嵌入式软件、生产控制软件等，嵌入式软件在工业通信、能源电子、汽车电子等工业重要领域具有较为广泛的应用，随着工业数字化、智能化程度的不断提高，嵌入式软件将成为工业软件发展的重要引擎，进一步推动工业数字化转型。

（3）推广应用工业平台，工业平台是工业数字化解决方案的核心，其中以工业云平台为主。我国在工业平台建设、行业应用、网络建设等方面已出台一系列完善的指导政策，推动工业云平台高速增长，未来，将持续实施"企业上云"行动，推广设备联网上云、数据集成上云等深度用云。

2）重构农业经济形态

农业是中国最古老和传统的行业，农业科技降本增效的需求正在全面快速显现，农业数字化成为现代农业发展的制高点。利用信息技术推动农业发展，大力推广互联网、大数据、物联网、人工智能、区块链等新一代信息技术在农业领域的应用，将为我国农业领域带来巨大的经济和环境效益，实现我国农业可持续高质量发展的目标。为实现目标，发展任务主要包括以下三个方面：

（1）聚焦农业生产、加工、经营环节数字化改造，促进新一代信息技术与种植业、畜牧业、渔业等全面深度融合应用，在育、耕、种、管、收、运、贮等主要生产过程使用先进农机装备，推进智能感知、智能控制等数字技术在生产过程中的应用，提高农机装备信息收集、智能决策和精准作业能力，实现农业生产全面智能化，形成面向农业生产的信息化整体解决方案。

（2）发展农业服务支撑，推进农情信息管理、农业自然灾害监控预警、农产品产销价格监控预警，实现农业信息监测预警，提升农业数字化管理水平。

（3）通过"电商平台＋农特产品＋休闲旅游"的生态扶贫、绿色扶贫模式，推进电子商务与农产品产供销的深度融合，健全农产品数字追溯体系，给高品质生态和有机农业提供"数据"生产力，从而提升产品的高附加值。

3）重构服务业经济形态

我国服务业分为生产性服务业和生活性服务业，在当前人口红利锐减、消费结构升级的大背景下，生产性服务业和生活性服务业都需要通过供给侧的数字化转型升级，重构服务业经济形态，实现高质量发展。为实现目标，发展任务主要包括以下两方面：

（1）推进生产性服务业数字化发展，面向电子商务、物流、金融、交通、节能环保等行业，拓展数字技术应用场景，深化行业应用，推动电子商务、智慧物流、智慧交通、数字金融、数字节能环保等领域发展，并推进研发设计、检验检测服务、商务咨询、人力资源服务等的数字化转型。

（2）推进生活性服务业数字化升级，聚焦旅游、健康、养老、教育、餐饮、娱乐、文化创意等领域，促进线上线下资源的有效整合和利用，推动互联网、移动互联网、移动智能终端与民生服务的深度融合，丰富旅游、健康、家庭、养老、教育等智能化服务产品供给，推动生活消费方式向数字化转变。

2. 培育经济新增长点

1）培育农业经济新增长点

在数字技术与农业生产经营融合的过程中，由于服务模式和需求升级，新业态新模式竞相涌现，形成了农业经济的新增长点。

（1）农产品电子商务：我国是农业大国，近年来，农产品电商成为电子商务发展新的增长点，连续多年以高于电子商务整体增速快速增长，在促进农产品产销环节衔接、助力农民脱贫增收、推动农业转型升级高质量发展等方面，发挥显著作用。

（2）现代农业数字产业园：我国正在加快建设现代农业数字产业园，现代农业数字产业园以新一代信息技术改造传统农业为重点目标，推进新一代信息技术与农业生产、经营、管理、服务全面融合发展，并大力推进物联网在农业生产中的应用，培育农业发展新动能新业态，促进农业生产经营提质增效，农民脱贫增收。

（3）植保无人机：用于农林植物保护作业的无人驾驶飞机，组成部分包括飞行平台（直升机、固定翼、多轴飞行器）、导航飞控、喷洒机构三部分，植保无人机主要用于喷洒作业，通过地面遥控或导航飞控，进行喷洒药剂、种子、粉剂等。植保无人机可以降低大面积区域的监测成本，并能通过传感器实现大量植保数据的收集。

（4）农业气象站：一种自动观测与储存气象观测数据的设备，农业气象站的主要功能是实时监测风、温度、湿度、气压、草温等气象要素以及土壤含水量的数据变化。农业气象站主要由传感器、采集器、系统电源、通信接口及外围设备等组成，虽然农业气象站有多种类型，但都具有基本相同的结构。

（5）精准农业：利用物联网、传感器等数字技术及设备，精确收集农田每一操作单元的环境数据和作物生长数据，精细准确地调整农艺措施，优化给予种子、水、肥和农药等的量、质和时间，通过以上手段和措施获得农产作物的最高产量和最大经济效益，同时保护农业生态环境和农业土地自然资源，获得农业的可持续发展。

2）培育工业经济新增长点

我国工业产业各环节正在加速与新一代信息技术融合，工业数字化、网络化和智能化发展趋势明显，从研发、设计、生产到销售服务的各个环节都在发生改变或被重新定义，除了智能制造技术上的创新，越来越多的工业企业正在加快业态创新和模式创新，推广共享制造、网络化协同、个性化定制等新业态新模式，形成了工业经济的新增长点。

（1）共享制造：共享经济在生产制造领域的创新应用，是运用共享理念，围绕生产制造的各环节，将分散、闲置的生产资源聚集起来，通过弹性匹配、动态共享给需求方的新业态新模式。共享制造包括制造能力共享、创新能力共享和服务能力共享三种方式。近年来，我国共享制造迅速发展，不断拓展应用领域，出现了产能对接、协同生产、共享工厂等。

（2）网络化协同：为了满足特定需求，利用先进的网络技术、制造技术及其他相关技术，构建基于网络的制造系统，并在制造系统支持下，打破企业生产经营范围和方式的空间约束，开展覆盖产品全生命周期的业务活动，实现企业内各环节和供应链上下游的协同和集成，并能够共享各类社会资源，为市场提供高效率、高质量且低成本的产品和服务。

（3）个性化定制：在传统的制造业模式下，由生产者决定生产产品的类型和数量，生产者与消费者之间是割裂的，并不能聚焦客户的真正需求，不能对客户的个性化需求做出快速反应，传统的制造模式存在与客户的个性化需求不匹配的问题。在智能制造模式下，生产边界被打破，用户能直接参与产品设计甚至生产过程，消费者个性化需求得到充分尊重，个性化定制让产品制造的每一个环节都与消费者建立联系，形成有效互动。

3）培育服务业经济新增长点

随着互联网、云计算、大数据、物联网等新一代信息技术在经济社会各行业各领域广泛渗透，其改变了服务业的形态，平台经济、共享经济等一批新业态呈现加速发展趋势，成为第三产业的主力军，为居民生活提供了极大便利，拓宽了居民消费空间，形成了服务业经济的新增长点。

（1）平台经济：平台经济具有透明、共享和去中介化等优势，通过逐步消除传统商业模式环节众多、重复生产和信息不透明等不足，全面整合本地生活服务与垂直领域服务，显著提升小、散、乱的传统服务业资源配置质量。平台经济以共享平台为起点，通过平台实现价值增长，提供基于互联网的个性化、柔性化和分布式服务，培育社会信任体系。

（2）共享经济：共享经济涉及领域广泛，共享单车、共享充电宝、共享住宿等共享方式均为共享经济的产物，并从出行、餐饮、住宿等生活服务领域向农业、工业制造业等生产领域延伸。2018 年，我国共享经济参与人数超过 7.6 亿人，其中作为服务提供者的人数约为 7500 万。随着共享经济领域的延伸和拓展，办公空间共享、企业资源共享、供应链互通等都将成为共享经济的重点挖掘领域，未来，随着共享经济模式逐渐成熟，围绕企业 B 端服务的共享经济应用将实现落地。

13.4　产业数字化是数字经济工程设计的主战场

产业数字化进程正不断加速，数字技术在企业经营中变得更加具有战略价值。但目前不同地区、不同规模企业之间的数字化发展仍不平衡、不充分，为数字工程设计提供了广阔的战场，利用新一代信息技术，打通不同层级与不同行业间的数据壁垒，提高行业整体的运行效率，构建全新的数字经济体系。与此同时，由于不同行业所处的数字化阶段有所不同，其发展进程和推进速度也会略有不同，传统产业数字化转型应当根据行业数字化特点和所处阶段逐步推进。

13.4.1 产业数字化工程设计具有广阔战场

1. 产业数字化进程加速且效益显现

产业数字化是数字经济的融合部分,也是数字经济发展的主引擎,我国产业数字化的规模和增速远高于数字产业化的规模和增速,产业数字化进程正在加速。根据华为公司和牛津经济研究院的测算结果,过去30年,数字投资对GDP增长的边际贡献率达到20倍,而非数字投资的边际贡献率仅为3倍。未来三年,预计全球至少50%的GDP将以数字化的方式实现,数字技术将与各行各业全面渗透融合,并实现效益倍增。

以往,企业在经营运行中对数字技术的定位放在辅助性的角色,但在数字经济时代,数字化对企业而言具有战略价值和战略意义。对数字技术的投资增加,有助于扩大数字溢出对企业经济增长的贡献率。随着数字技术的发展进化和广泛应用,可以增强企业在数据获取、存储、分析等方面的能力,并为企业创造可观的销售收入。通过数字化转型,能够提高企业的生产效率,并提升产业效率。

埃森哲的研究数据显示,2016—2018年,数字化转型领先企业取得了丰硕的成果,营业收入复合增长率高达14.3%,而未进行数字化转型的企业的营业收入复合增长率仅为2.6%;2018年,数字化转型领先企业的销售利润率为12.7%,未进行数字化转型的企业的营业收入复合增长率仅为5.2%。例如,得益于数字化转型对业务效率的改进,2017年华为业务的销售收入高达549亿元,同比增长35.1%,其中数字化业务占比接近10%。

2. 产业数字化为工程设计带来广阔战场

虽然数字经济在我国各行业的发展中取得了一定的成绩,但仍存在众多不足和广阔的发展空间。许多行业的网络化、智能化演进基础薄弱,大多数企业的数字化水平仍较低,数字化转型空间仍然巨大。根据中国社会科学院数量经济与技术经济研究所数字经济课题组测算,目前数字技术对行业增加值的贡献仅为10%左右,数字技术对中国传统产业的渗透率总体还处于较低水平,企业间数字化发展不平衡不充分问题依然突出;与此同时,我国数字化解决方案供应商数量不足,难以为企业数字化转型提供全面支撑。据戴尔科技集团发布的最新中国市场企业数字化转型指数显示,95.5%的中国企业在数字化转型过程中遇到障碍,85.5%的企业决策人认为企业应该进行更为广泛的数字化转型。

不同地区、不同规模企业之间的数字化发展不平衡、不充分,为数字工程设计提供了广阔的战场,围绕解决企业痛点,设计企业可发挥自身优势,提出特色整体解决方案,为相关企业数字化转型发展提供定制化的工程设计服务。

13.4.2 产业数字化转型路径

1. 产业数字化的层次架构

产业数字化利用新一代信息技术,构建信息物理系统,运用数字处理技术对产品的设计业务模式和生产模式等方面进行全生命周期的数字化改造,将生产流程等在内的全生命周期流程转化为定量数据,并对数据进行分析处理,推动产品快速迭代。

从IT架构来看,产业数字化主要分为物理层、平台层和数字层三个层次(图13.2)。

(1)物理层:主要由通信网络、传感器和其他硬件基础设备构成,负责数据的采集、传输和生产执行。

(2)平台层:由大数据平台和云计算平台构成,主要负责提供数据的存储、计算能力。

(3)数字层:由行业间的数据汇聚而成,是IT架构底层的物理层通过数字化技术到虚拟空间的映射,在数字端可以虚拟整个产业的生产过程,数字层的数据构成了数字资产。

通过传统行业与 IT 架构三个层次的结合，搭建了完整的信息物理系统，实现了数据在行业内部流动，并为行业间的协作提供了可能性。

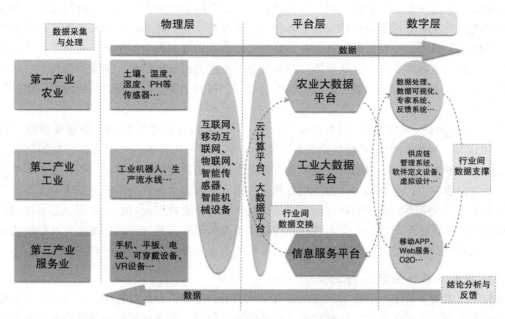

图 13.2 产业数字化的层次架构

2. 产业数字化转型的战略推进路径

传统产业数字化转型应当根据行业数字化特点逐步推进，不同行业所处的数字化阶段有所不同，其发展进程和推进速度也会不同，传统产业数字化转型的路径可概括为以下四个阶段。

（1）第一阶段：数字化转型试点阶段。第一阶段是数字化转型试点，时间是 2018—2020 年。数字化转型首先在具备内部条件支撑的部分企业开始试点，在试点阶段，以企业 IT 转型为主，主要涉及 IT 基础设施的部署，提升数据采集和数据处理能力。数字化转型的基础是 IT 基础设施及新型 IT 架构。IT 基础设施最典型的特点是通过应用传感器、物联网和云计算架构，满足企业每个生产环节的数据采集、传输、处理、存储和反馈的要求。在每个生产环节，通过安装和应用传感器采集生产过程中的数据，再通过移动互联网和物联网传送到数据中心。数据中心通常采用云计算架构提供对外的计算和存储服务，为提高系统的扩展性、灵活性和稳定性，要求具有行业通用标准接口和协议。

（2）第二阶段：中小企业数字化转型阶段。第二阶段是中小企业进行数字化转型，时间是 2021—2025 年。随着国家数字化转型战略的深入推进和典型行业数字化转型实践成功，在第一阶段基于云架构的 IT 基础设施建设完成后，对具备外部支撑条件的中小企业，可进行 IT 和业务双转型，消除企业内部各部门之间的数据孤岛。首先可通过开放 API 的方式取代传统 IT 架构，再逐步推进通过 PaaS 和 SaaS 的方式实现企业业务上云。对于中小企业来说，为减少前期硬件投入成本，可以直接购买 PaaS 云平台和 SaaS 云应用。同时也应看到，业务上云存在安全风险，需要加强技术、管理和监督三个方面的安全治理。在技术层面，为满足业务安全要求，应尽量选用技术成熟的服务方案和具备技术实力、服务能力强的服务商，为提升产品安全性，应采用敏捷开发架构。在管理层面，应加强内部服务管理，制定完善的管理流程，制定和规范安全管理制度。在监管层面，应接受政府、行业协会以及其他第三方监管机构的监督管理，确保业务开展合理、合规。

（3）第三阶段：从企业到行业的集成阶段。第三阶段是从企业到行业的集成阶段，时间是

2026—2030 年。利用 IT 架构和业务双转型消除中小企业内部各部门之间的数据孤岛之后，数据将贯穿包括产品售后服务在内的整个产品周期，并形成最终反馈，为新一轮的业务开展提供指导，形成数据闭环。在从企业到行业的集成阶段，首先应构建跨行业的服务平台，实现行业之间的数据流动，按照用户需求对全行业进行精细化任务分工，提升每个生产环节的效率和专业性；其次应开发行业垂直应用，利用云平台提供对外服务，最终实现企业内部到行业的集成。从整个行业的角度来看，从企业到行业的集成能让企业看清自身及行业服务能力的分布情况，消除供给和需求之间的信息不对称现象，为行业内部的服务能力交易创造可能，有利于提升行业资源利用效率，促进供给侧结构性改革。

（4）第四阶段：构建完整的生态系统阶段。第四阶段是构建完整的生态系统阶段，时间是2031—2035 年。完整的生态系统应由开放云平台、第三方应用开发者和企业用户共同组成。在生态系统中，云平台的作用是为第三方应用开发者提供开发工具和运行环境，应用开发者基于开放的云平台开发企业应用，企业用户作为使用者购买应用，并根据企业自身的业务需求向开发者提出新的应用需求，开发者再对企业的新应用需求进行迭代开发，通过以上过程，实现生态系统的相互促进和双向迭代。在此生态系统中，不再存在产业体系内的闭环，通过开放的数字化基础架构，大量第三方资源利用自身优势进入产业发展环节，推动产业实现快速发展。

3. 实现产业数字化转型的价值

在数字技术的支持下，必将实现各行业数字化的融合发展，在此过程中，数字经济工程设计通过提供解决方案，推动产业数字化转型进入崭新的发展阶段。数字化转型对传统产业及其企业带来的价值如下：

（1）通过数字化转型，运用新型 IT 系统架构，能够消除企业内部的数据孤岛，并能提升业务敏捷度，帮助企业应对快速变化的企业需求，当业务有需求时，迅速响应，适应新时代快速变更的业务发展要求。

（2）通过数字化转型，无论对于农业、工业还是服务业企业，数字化转型能够优化企业的生产过程和业务流程，提升流程管理能力，提高企业和整个行业的生产效率，在单位时间内创造更多的价值，带来明显的行业竞争优势。

（3）通过数字化转型，能够实现数据的流动，打破产业壁垒，向产业链上下游延伸拓展，从而延伸产业链长度，扩展服务环节，实现产品研发、制造、服务全流程的数字化，实现资源的合理配置，避免供应链断裂和供应链风险。同时，利用物联网、大数据、互联网和智能终端等，能够直接获取用户对产品的反馈信息，有利于推动产品的销售，改善产品和服务内容，最终提升产品价值。

第 *14* 章 产业数字化工程设计

博观而约取，厚积而薄发 [1]

产业数字化是数字经济的主引擎，加快新一代信息技术与传统产业的深度融合，推进传统产业数字化、网络化和智能化，已经成为深化供给侧结构性改革、推动传统产业高质量发展和进一步壮大发展数字经济的重点和关键。产业数字化转型是利用数字技术进行全方位、多角度、全链条的改造过程，传统产业量大面广、种类众多，企业主体各自情况千差万别，而产业数字化正处于高速发展阶段，新技术、新应用、新模式、新业态层出不穷。设计者必须跟随世界潮流，紧贴时代脉搏，适应技术发展努力学习；必须博观而约取，才能厚积而薄发，做好产业数字化工程项目的设计。

本章从产业数字化工程的基本概念入手，分别对农业、工业和服务业的数字化工程设计进行论述，最后介绍产业数字化工程设计中常用的重要技术。

14.1 产业数字化工程概述

产业数字化是数字经济的主要组成部分，传统产业通过数字化、网络化和智能化实现产业收入增加和产业模式升级转型，正持续为经济发展注入新的动能。在新技术、新模式、新资本的"数字经济"时代，包括农业、工业和服务业在内的各产业向数字化转型成为势不可挡的历史洪流。

14.1.1 产业数字化工程的内涵

产业数字化，是利用新一代信息技术对传统产业进行全方位、全角度、全链条的改造，以传统产业与数字共建融合为基础，推动产业供给侧和需求侧运营流程的数据在线，对产业链上下游进行全要素数字化改造，从而实现产业降本提效、提高用户体验、增加产业收入和升级产业模式。产业数字化以"鼎新"带动"革故"，以增量带动存量，通过推动互联网、大数据、人工智能和实体经济深度融合，提高全要素生产率。

产业数字化工程，是指以信息为加工对象，以数字技术为加工手段，以意识产品为成果，以介入全社会各领域为市场，通过数字化技术改变产业链上下游生产、制造、管理等各个环节，从而实现产业降本提效、提高用户体验、增加产业收入和升级产业模式的一系列应用。产业数字化工程是通过加强信息技术支撑传统产业的基础性作用，在智能制造、企业服务、民生服务、农业生产等领域形成一大批大数字化解决方案，充分适应重点产业特点和需求的应用过程，增强产业的服务供给能力。

近年来，以人工智能、移动通信、物联网、量子信息、区块链为代表的新一代信息技术加速应用，使得全球创新版图加速重构、全球经济结构加速重塑，数字经济快速发展。新一代信息技术的应用对经济发展具有独特的放大、叠加、倍增作用。研究成果表明，数字化程度每提高 10%，人均 GDP 增长 0.5% 至 0.62%。为此，世界各国紧紧把握趋势、乘势而上，不断释放各类政策红利，积极鼓励和推动产业数字化的深入发展，大力推进数字经济与传统产业的深度渗透、加速融合、相

1）苏轼《稼说送张琥》。

互促进，在众多领域催生了一大批新技术、新产业、新模式、新业态，同时也催生了一大批产业数字化工程的需求。

产业数字化，是数字经济融合部分，即传统产业由于应用数字技术所带来的产出增长和效率提升，具体业态包括以智能制造、工业互联网等为代表的工业融合新业态，以精准农业、农村电商等为代表的农业融合新业态，以移动支付、共享经济等为代表的服务业融合新业态。因此，按照农业、工业、服务业的我国行业的传统分类，产业数字化工程也相应地可分为农业数字化工程、工业数字化工程和服务业数字化工程。

14.1.2 产业数字化工程的任务

当前，我国经济已由高速增长阶段转入高质量发展阶段，正处在转变发展方式、优化经济结构、转换增长动能的攻关时期。在数字经济的发展中，产业数字化工程的任务是通过数字化丰富要素供给，赋能高质量发展；通过网络化扩大组织边界，提高要素配置效率；通过智能化提升投入产出效能，增强持续增长动力，从而推动经济发展质量变革、效率变革、动力变革，为不断增强我国经济创新力和竞争力、实现"两个一百年"奋斗目标构筑坚实基础。

1. 提升产业供给水平，推动质量变革

产业数字化工程作为新一代信息技术的应用，有力地支撑供给侧结构性改革，推动渐进式质量改善和跨越式质量飞跃，显著增强实体经济质量优势。互联网、大数据、人工智能与制造业的深度融合，催生了具有感知、分析和交互功能的智能硬件产品，推动单纯的硬件产品向"互联网＋软件＋硬件＋服务"系统转变，促进产品质量全面升级，使得品种更多、品质很高、功能更多、性能更优。智能可穿戴、无人机、机器人等产品和装备加快融入新型传感、显示、数据分析和人工智能技术，在各领域的应用更加广泛。轻工、纺织、家电等行业全面转型，智能网联带动汽车行业和科技行业变革。

2. 提升经济运行水平，推动效率变革

产业数字化工程形成平台化、网络化和扁平化的组织体系，促进企业、市场的改革，全方位、多层次优化资源配置效率。目前，企业科层制趋向扁平化演进，中间环节逐步减少，生产服务周期逐步缩减，为此，产业数字化工程需要解决供需精准匹配，用户、研发、制造、销售、服务的产品全流程的数据互联，以及按需设计、按需制造、按需配送的组织管理体系等问题，来满足互联网时代企业生产、运营、管理的全新要求。同时，通过产业数字化工程的实施，驱动生产过程的精准化，提高生产线可靠性，降低生产成本，为用户提供基础的设备管理和附件的生产管理服务。除此之外，产业数字化工程还将通过互联网平台的分工协作消除信息不对称性，提高企业协作的范围和效率，使得产业链、供应链、价值链深度融合贯通，带动商流、物流、信息流成本显著降低。

3. 提升融合创新水平，推动动力变革

创新是建设现代化经济体系的第一动力。产业数字化工程是新一代信息技术与传统产业的深度融合，在研发和应用各个环节，服务和产品各个方面，生活和生产各个领域，都能拓展出无穷无尽的空间。人工智能、量子科学、高性能计算、智能机器人、数字制造、生物制造、智能汽车等工业应用需要进一步落地。大数据中心、公共服务平台、智慧农业示范基地等快速发展，大幅降低了产业动力，提升了成本。

为此，产业数字化工程在实施中要重点做好如下工作。

（1）加强关键技术创新。对关键技术、产品研制及工程化推广持续攻关，打造各类服务平台，培育系统解决方案，推动新一代信息技术与产业融合发展，不断提升产业供给能力。

2）加快三大体系建设。推动各类企业利用新型技术改造互联网内外网络，通过对企业数字化、网络化、智能化的建设，带动传统产业改造提升。建设标识解析二级节点，完善标识解析体系。打造一批跨行业跨领域的互联网平台，建设大数据中心。加强安全技术产品研发和管理机制研究，进一步完善三级联动的安全保障体系。

（3）深化融合应用创新。推动全链条的有机协同，支持企业利用标识开展产品溯源、全生命周期管理、供应链优化等创新应用，探索可落地、可推广的商业模式，推动一二三产业、大中小企业融通发展。

14.1.3　产业数字化工程的特征

产业数字化工程作为信息技术与传统产业的深度融合，与数字政府、数字社会等其他数字化工程相比，具有经济性、多样性、继承性、系统性的特征。

1. 经济性

经济性是产业数字化工程的基本特征。产业本质上是一项经济活动，即人类创造、转化、实现价值，满足物质文化生活需要的活动。产业数字化工程是通过数字化的技术手段提升创造、转化、实现价值的能力和效率，即数字化只是手段和工具，核心还是在于价值的创造、转化和实现。因此，产业数字化工程本身就是一项经济行为。另一方面，产业数字化工程的实施主体一般为企业，作为经济活动的市场主体，企业尤其注重工程的经济效益，只有具备经济效益的产业数字化工程，才是真正能创造价值、可持续性发展的工程，才有存在的意义。而对企业主体来说，产业数字化工程的关键是让企业尝到数字化转型的甜头，从数字化转型中获得经济收益，从而增强企业主动谋求数字化转型的内在动力。

2. 多样性

产业是指由利益相互联系的、具有不同分工的、由各个相关行业所组成的业态总称，涵盖了人类经济活动中的方方面面，包括各种各样的具体产业。各个产业之间普遍差异性较大，甚至有天壤之别；即使在同一产业之中，在不同地区、不同主体之间也可能会天差地别，犹如古人所言"橘生淮南则为橘，生于淮北则为枳"。因此，由数字技术与各产业融合而来的产业数字化工程，必然随着主体的不同而呈现多样性特征。

3. 继承性

经过多年信息化发展，各产业、各企业主体普遍已具备一定的信息技术能力，当前的产业数字化并不是对各业以往的信息化推倒重来，而是需要整合优化以往的各业信息化系统，在整合优化的基础上，提升管理和运营水平，用新的技术手段提升各业新的技术能力，以支撑各业适应数字化转型变化带来的新要求。即使对于某些新成立的企业主体或新建的数字化系统，基本上也不是凭空产生，而是在各方原有的技术产品、实践经验等的基础上继承发展而来。

4. 系统性

产业数字化工程基于产业的实际活动，在某一环节或多个环节融入信息技术、数字技术，与企业的生产经营管理活动深度融合。企业的数字化转型并不仅是建设一些网络、部署一些硬件设备、配置一些业务应用软件，更重要的是数字化系统如何融入企业的日常活动中。因此，产业数字化工程是一项系统性工程，工程的关键成功因素除了业务系统本身，还包括相关人员对数字化的思想认识、业务流程的优化调整、管理制度的落实保障，如同一部机器需要各零件紧密组合一样，只有各个部分有机衔接和充分匹配成一个系统，产业数字化工程才能发挥出应有的功效。

14.1.4　产业数字化工程的设计

设计是工程建设的起点，对工程建设预期目标的实现起到举足轻重的决定性作用。在对产业数字化工程进行设计时，必须符合产业发展规律、符合产业发展政策、符合相关标准规范、符合工程实际需求。

1. 符合产业发展规律

产业发展规律主要是指一个产业从诞生、成长到扩张、衰退淘汰的各个发展阶段所具有的普遍性特征，一个产业在各个不同发展阶段都会有不同的发展规律，同时，处于同一发展阶段的不同产业也会有不同的发展规律。在开展产业数字化工程设计时，首先要以科学的态度深入研究产业发展规律，只有符合客观规律工程设计，才能增强产业发展的竞争能力，才能更好地促进产业的发展，也才能设计出成功的数字化工程出来。例如，消费品工业的一个普遍性发展规律是经历技术时代、产品时代和市场时代三个阶段，处于技术时代的产业，数字化工程的重点是快速扩大产能；处于产品时代的产业，数字化工程的重点是加强与用户需求的衔接、提升产品研发能力；处于市场时代的产业，数字化工程的重点是提高生产运营效率、提升产品质量、降低成本。

2. 符合产业发展政策

政府是社会的管理枢纽。为了推动经济社会发展，政府以总体发展目标为战略导向，制定了一系列具体的产业发展政策，通常包括技术、布局、环保、外贸、金融、财税、收入分配等内容。产业发展政策具有约束性或指导性，围绕着产业发展目标对各具体的行为主体提出了相应的要求，各主体须在符合产业发展政策的前提下开展活动。因此，开展产业数字化工程的设计必须全面了解相关产业发展政策，只有符合产业发展政策确定的方向和相关要求，才能顺势而为健康发展，也才能更好地服务国计民生。例如，在工业领域，国家制定了《关于深化"互联网＋先进制造业"发展工业互联网的指导意见》等发展政策，对工业领域的数字化建设做了战略部署和纲领性指引，在开展工业数字化工程设计时，就需要符合国家确定的工业互联网发展方向。

3. 符合相关标准规范

标准是指农业、工业、服务业以及社会事业等领域需要统一的技术要求。标准包括国家标准、行业标准、地方标准和团体标准、企业标准。国家标准分为强制性标准、推荐性标准，行业标准、地方标准是推荐性标准。在进行产业数字化工程设计时，对于国家强制性标准必须完全执行，对于推荐性标准规范也应尽量符合。各行各业在发展的过程中，根据实际情况需要分别制定了大量的标准规范，产业数字化工程的设计除了要符合通用的信息技术类和通信类标准，还应符合具体行业相关的标准规范。开展工程设计时，必须全面了解该产业现行有哪些相关的标准规范。例如，在汽车行业的信息化、数字化建设方面，国家制定有《汽车行业信息化实施规范》，在开展汽车产业的数字化工程设计时，相关设计内容要符合该规范的要求。

4. 符合工程实际需求

如前所述，产业数字化工程具有经济性、多样性、继承性、系统性等特征，这就要求在开展工程设计时，需要深入了解工程实际需求情况，准确把握工程的关键点，才能有针对性地设计出综合效益显著的数字化工程。脱离工程实际情况，忽视不同工程之间存在的差异性，简单复制、生搬硬套其他工程的数字化应用系统，往往难以取得好效果，甚至达不到基本效果而导致工程无法实施。例如，某国内肉类加工企业实施信息化工程，以期解决企业生产、销售、库存等方面存在的问题。但是，某系统集成商未能准确把握该企业网点众多的实际情况，采用在其他企业成功应用过的 C/S 架构设计企业资源计划（ERP）管理系统，由于大量网点的客户端安装维护困难、成本巨大等原因，导致该数字化工程最终未能落地实施。

现代产业包括各行各业，范围广泛、覆盖面大，难以逐一列举，下面根据通用的第一产业、第二产业、第三产业的三次产业分类方法，分别从农业、工业、服务业三个角度对产业数字化工程设计展开论述。

14.2 农业数字化工程设计

从古至今，农业一直是人类生存的基础，在人类社会进步中占据着重要的生产地位，我国作为世界人口大国和农业大国，农业的重要性不言而喻。随着计算机与信息技术的飞速发展，农业生产在 20 世纪末开始进入自动化时代，许多发达国家陆续将自动化机器投入到农业生产中，农业自动化从此拉开序幕。进入 21 世纪后，无线网络、大数据、云计算、人工智能得到广泛应用，数字经济的发展理念开始在全球普及，农业生产也全面进入数字化、智能化的生产新阶段，农业迎来数字化工程建设浪潮。

14.2.1 农业数字化的内涵

农业数字化一般也称为数字农业，两者之间通常等同看待。何谓数字农业？ 1997 年，美国科学院、工程院第一次为数字农业下了定义，他们认为数字农业是在地理学空间和信息技术支撑下的集约化和信息化的农业技术。传统农业是指依靠经验、手工或简单工具进行生产，产业范围包括水产养殖产业链和种植产业链。传统农业受到劳动要素投入、知识经验释放价值的局限性，导致生产效率极为低下，农作物的产出质量也无法得到长期有效的保障。与传统农业不同，数字农业将农业生产从"经验"到"数据"的关键决策因素都进行了转变。数字农业将运用先进的通信与信息技术，通过联网高清摄像机、低延迟传感器、高智能中央控制系统以及大数据运营平台等设备，监测农业生产中的温度、湿度、土壤情况、农作物情况等，并结合以往的农业生产数据，为农业生产者提供高质量高效率的农业生产决策意见。同时，顺"互联网＋农业"之势，做到农业产销一体化，从而大大提高农业产业链的运行效率，优化资源配置效率。

1. 农业数字化的基本理解

对农业数字化即数字农业的理解，可以从技术层面、产业层面和应用层面三个角度来分析。

（1）技术层面。数字农业是指将通信技术、大数据云计算技术、人工智能技术、计算机技术、地理信息技术、全球定位技术、遥感技术、自动化技术等新一代通信与信息技术加载到地理学、农学、生态学、植物生理学、土壤学等农林业相关基础学科中，并在农作物观测、农作物生长、农作物病害、农作物改良等农业实际生产过程中得到应用，达到提升生产效率、优化资源配置、降低生产成本、改善生态环境等目的。

（2）产业层面。信息、数据成为数字农业生产新要素，通过智能化监测、智能化分析、智能化处理、智能化执行，结合现代云计算、大数据、物联网、高速网络等新一代信息技术，对农业产业的对象、环境、过程、技术进行可视化呈现、数字化运作、信息化管理，实现技术与农业各个环节有效融合，以生产方式与生产要素为出发点提升改善种植业、畜牧业等农业产业的效率与质量，以强大的驱动力促进产业升级。对改造传统农业、转变农业生产方式具有重要意义。

（3）应用层面。农业物联网是以物联网连接技术为核心，结合大数据、云计算、高速网络等新一代信息技术，将传感器、摄像头等无线终端应用于农业产业的监测、分析和处理执行，通过人工智能算法提升农业生产力的精准度，实现精准农业生产、精准农产品收割、精准农产品培育等。对已经确定的参数和模型进行自动化调控和操作，最大特点是能够将泛农业数据和信息进行大一统，实现资源精准配置与价值释放，能够极大降低劳动力，提高生产效率，对农业提质增效赋能有着重要作用。

2. 农业数字化的主要内容

数字农业是现代农业在数字经济时代的表现形式，农业数字化主要包括农业生产体系、信息基础设施、信息管理系统、分析决策系统和应用服务系统等几部分。

（1）农业生产体系由生产主体对象、环境因子、技术工具、社会服务组成，其中生产主体对象包括农作物、养殖物、微生物等，是农业生产的基本产品；环境因子是指影响农业生产主题对象的各种自然因子，如土壤、光照、水等；技术工具包括农业栽培技术、农业养殖技术、品种研究技术、农业生产机械和工具等；社会服务是指对农业起到推动作用的生产组织和服务活动，如农业生产资源流通配置、农业市场调节、农业灾害防治、农业教育培训等。农业生产体系结构决定了数字农业的基础架构，也是农业数字化的重点对象，实现农业生产体系中各组成部分的数字化，是实现数字农业分析、管理、决策、服务的前提。

（2）信息基础设施包括感控层、网络层、计算处理层，各层级的设备构成一个有机网络，支撑农业数字化中各项数据信息的采集、传输、存储和处理。感控层负责将农业环境的各项信息采集成为数字化的数据，包括传感器、遥感卫星、无人机、自动气象站以及其他传感器等设备；同时负责将控制指令传递给数字化的农业生产机械和工具，实现对数字农具的自动化、智能化控制。网络层负责将感知层的各感知终端设备连接到计算处理层，实现采集数据和控制信息的传递。计算处理层负责将感控层收集到的数据信息进行存储、分类、自动处理、自动决策，并输出控制指令。

（3）信息管理系统构建在信息基础设施之上，其主要功能一是对数字农业信息的数据进行规范化管理，二是对农业数据进行统计、汇总、分析、查询、共享、输出、显示等。因此，在农业数字化工程中，对信息管理系统的设计重点是规范数据标准建设，并在强化数据库功能建设的基础上，提高数据库应用能力。

（4）分析决策系统基于农业数据，运用大数据、人工智能等新一代数字技术，分析数据中蕴含的客观规律，为预测、判断和科学决策提供支撑。典型的数字农业分析决策系统如农作物生长模型、农产品产量预测、农业环境检测预测等。

（5）应用服务系统是将分析决策结果提供给用户，满足不同用户对农业信息、农业技术、农业管理政策等差异化需求，从而实现农业产业的转型升级。应用服务系统是数字农业发挥作用的决定因素，也是农业数字化工程建设的目的。应用服务系统在架构上包括支撑体系、服务能力和效果反馈三方面内容，在功能上，依据不同用户对象的不同需求，呈现多种多样的应用形式，如与移动互联网结合，开发出的众多农业 APP。

14.2.2　农业数字化发展政策

包括农业在内的"三农"（农业、农村、农民）问题在我国具有"重中之重"的地位，历年的中央一号文件已成为党和国家重视"三农"问题的代表符号。在农业数字化方面，我国提出乡村振兴发展战略，将农业数字化建设提升至国家战略，开展数字农业建设试点，不断深耕"互联网＋农业"，陆续完成一批批数字农业建设工程，促进农业数字化建设从"点"向"面"加速发展。

1. 数字乡村发展战略

党的十九大提出乡村振兴大战略，数字乡村建设稳步推进，战略目的致力于全面振兴我国农业农村，全面升级农业生产的经营模式、生产技术、生产资料。在此过程中，农业规模化经营和新兴农业经营主体成为推进的重点方向，并成为数字农业发展的产业基础。同时，农业生产经营开始引入产业资本，催生出农业现代化进程所需的资金优势、管理优势和技术优势，进一步推动我国数字农业的快速发展。

2. 数字农业建设试点

2017 年 10 月，依据我国《数字农业建设试点总体方案（2017—2020 年）》和农业农村部相关规定，重点建设大田种植、园艺作物、畜禽养殖、水产养殖四类数字农业建设试点项目。我国农业农村部将持续加大支持力度，重点支持精准作业、精准控制设施设备、管理服务平台等内容建设，推动多产业融合，全面落实数字农业在重点地区的推广普及，加快推进大田种植数字农业、设施园艺数字农业、畜禽养殖数字农业、水产养殖数字农业的试点工作。

3. "互联网 + 农业"深入推进

2019 年 2 月，《关于坚持农业农村优先发展做好"三农"工作的若干意见》（简称《意见》）发布，《意见》指出，实施数字乡村战略，促进农村劳动力转移就业，支持乡村创新创业。为此，我国将继续深入推进"互联网 + 农业"，以优势产业、品牌产业为切入点，全面扩大农业物联网示范应用。在数据融合与系统建设中，我国将不断推进重要农产品全产业链大数据与国家数字农业农村系统建设，全面推进信息进村入户，实施"互联网 +"农产品出村进城工程，继续开展电子商务进农村综合示范，依托"互联网 +"推动公共服务向农村延伸。

4. 数字农业工程

农业农村部等七部委印发《国家质量兴农战略规划（2018—2022 年）》（简称《规划》），实施数字农业工程和"互联网 +"现代农业行动。《规划》提出，加快完善农村物流基础设施网络，探索建立"全程温控、标准健全、绿色安全、应用广泛"的农产品全程冷链物流服务体系。可见，我国在农机装备质量水平、农作物生产全程机械化领域将加大投入力度，推动农业全程机械化试点应用，预计到 2020 年我国主要农作物全程机械化示范县将达到 500 个。在数字化改造方面，我国将分品种有序推进农业大数据与农业云管理服务平台的建设，全面实施数字农业工程和"互联网 +"现代农业行动，依托互联网企业先天优势，加强农业遥感、大数据、物联网应用，提升农业精准化水平。

14.2.3　农业数字化发展情况

近年来，我国农业产业进入高速发展阶段。乡村地区数字化基础设施建设逐步完善，"互联网 + 农业"不断推进，智能化、数字化农业平台陆续建成，农村电商的普及与交易规模不断扩大，农村居民农业生产的思维模式发生根本性改变，数字农业在数字经济中的占比稳步提升。

1. 农业数字经济发展稳步提升

根据统计局数据显示，2018 年中国农业数字经济占行业增加值比重达 7.3%。乡村地区经营网络化快速发展，农产品网络零售额保持高速增长，2018 年达到 2305 亿元，同比增长 33.8%。

根据统计局数据显示，2018 年，我国农业数字经济发展取得阶段性进展。据统计，全国已设立农业农村信息化管理服务机构的县（市、区）占比增至 77.7%，县域财政投入数字农业农村建设资金共 129 亿元，县域城乡居民人均电信消费突破 500 元；同时，农业生产数字化改造步伐加快，农村电子商务加快发展。2018 年，我国农业生产数字化水平达 18.6%，县域农产品网络零售额为 5542 亿元，占农产品交易总额的 9.8%，行政村电子商务服务站点覆盖率达 64%，建成益农信息社覆盖行政村 49.7%，信息进村入户工程建设取得显著成效。

2. 农村信息服务取得新成效

中国将数字化农业、农村建设作为现代农业发展的制高点，利用信息技术推动农业发展，大力推广信息技术在农业农村领域的应用。截至 2018 年底，中国共建成 27.2 万个益农信息社，提供公益服务 9579 万人次，开展便民服务 3.14 亿人次。

3. 数字化在农业领域逐步推广

数字信息在中国农业发展中得到越来越多的运用。据统计，我国农村居民手机应用技能培训受众突破千万，"互联网＋现代农业"飞速发展，推动互联网技术在农业生产中的应用不断深化，农业产业数字化转型升级成效显著。与此同时，我国农业农村建设试点应用进展顺利，2015 年至 2018 年农业农村部组织了 9 个省开展农业物联网区域试验，发布了 426 项节本增效农业物联网产品技术和应用模式。具体应用方面，2017 年启动实施数字农业建设试点，并成功发射首颗农业高分卫星，同时现代信息技术在轮作休耕监管、动植物疫病远程治疗、农机精准作业等方面得到广泛应用。

4. 数字农业技术得到快速发展

我国持续加快数字农业技术发展，不断突破数字农业关键技术，大批数字农业技术产品得到应用推广，网络化数字农业技术平台加快建设，在农业数字信息标准体系、农业信息采集技术、农作物生长模型、农业远程教育多媒体信息系统、数字化农业宏观监测系统、嵌入式手持农业信息技术产品、农业问题远程诊断、农业专家系统与决策支持系统、温室环境智能控制系统、农业生物信息学方面的研究应用上，取得了重要的阶段性成果，初步形成了我国数字农业技术框架、数字农业技术体系、应用体系和运行管理体系，促进了我国农业信息化和农业现代化进程。

5. 农业数字化典型建设工程

以农业数字化工程为例，近年来重庆、江苏、河北、内蒙古等多地先行先试，立足自身优势，各自发展出具有本地特色的新模式，为我国农业数字化发展树立了标杆。

重庆建设国家生猪大数据中心，在全国范围内建立起一套完善的全产业链数据采集、数据分析和数据服务机制，实现单品种大数据应用落地及农业供给侧结构性改革新突破，为政府、企业、公众、金融机构等多领域提供决策支撑与生产指导。

江苏连云港建立农业大数据中心平台，集全市农业资源管理、生产管理、技术服务、信息服务、电子商务为一体，规范当地农业生产的操作环节，提高农产品品质，解决人们最关心的食品安全问题。同时提高产品的附加值，为农民增收提供技术支持，并打通连云港各个业务部门，使信息"孤岛"连成"大陆"并活化起来，使统计决策有了"千里眼""顺风耳"。

天津作为农业部确定的全国三个"农业物联网区域试验工程"试验区之一，已建成 20 个农业物联网试验基地。以河蟹等水产养殖为重点，通过大数据与物联网技术的支持，深度挖掘河蟹养殖环境、养殖质量安全、价格与舆情等数据价值，实现精准化管理与养殖，使河蟹养殖变得更加量化可控，促进河蟹养殖业转型升级。

内蒙古自治区建设马铃薯全产业链大数据，采集马铃薯生产、加工、仓储和销售数据，结合农业气象数据进行分析及预测，为农民提供决策支持及信息服务，并在引导市场预期和指导农业生产中充分发挥作用。

14.2.4　农业数字化工程设计要点

1. 农业数字化工程设计的特点

数字农业领域相关工程设计的主要特点是将工程建设和实施目标聚焦于农业管理、农业灌溉、农业种植、农业养殖、农业监测等方面，利用云计算、大数据、物联网、人工智能以及高速网络等新一代信息技术，对农业培育、生产、物流、销售等全过程进行数字化功能实现。由于农业生产活动各环节差异较大，因此，在进行农业数字化工程设计时，需要针对各类应用进行具体分析。

数字农业在应用层面主要包括农业物联网、农业大数据、精准农业和智慧农业四个方面，涉及农业管理、农作物灌溉、农作物监测、农作物采集等内容，典型的应用场景包括智能灌溉、农业无人机、智能温室、收获监测、精准饲养等，各典型应用的特点如下。

（1）智能灌溉：智能灌溉是指基于大数据、云计算、物联网、人工智能等技术，监测空气、土壤、温度、亮度等环境因素，根据所得结果计算灌溉用水需求，并提供可持续和有效的灌溉方式。事实证明，智能灌溉可以有效地提高灌溉效率。

（2）农业无人机：农业无人机可通过手机、电脑等多终端控制，通过高空飞行实现监测作物健康、进行农作物摄影、牲畜管理等多种用途。农业无人机可以帮助农民降低大面积区域的监测成本，并轻松满足大量农业数据的收集需求。

（3）智能温室：智能温室可以通过多功能传感器持续监测农作物环境中的温度、湿度、光照等气候因素，并根据气候变化自动调整温室内的环境，使得农作物能够持续生长在最合适的外部环境当中。

（4）收获监测：智能收获监测可以通过多功能传感器收集农作物质量、流量、水量和数量等信息，通过监测系统的精确比对后，给予农民是否进行收获、收获数量的农作物种植建议，有助于降低农作物失收变坏的风险，提高农作物产量。

（5）精准饲养：精准饲养的方式在于实时监测家畜的健康指标与心理状况，并为家畜成长、饲养、配种、生殖提供有效的养殖建议，从而帮助农民能够快速精准地掌握家畜现状，改善家畜的饲养环境，提高家畜存活率。

2. 农业数字化工程设计的重点

在农业数字化转型上，农业农村现代化是未来主攻的方向。围绕农业供给侧结构性改革、农业高质量发展等乡村振兴战略实施任务，应坚持需求导向、问题导向、应用导向，统筹推进数字农业发展和数字乡村建设，着力构建农业农村数字资源体系，着力推进重要农产品全产业链大数据建设，着力完善民生保障信息化服务。

因此，在进行农业数字化工程设计时应重点关注以下几个发展方向。

（1）在绿色发展方面，深入实施农业物联网、智能农业装备等数字技术的应用，着力实现智能灌溉、精准施肥、病虫害有效防治、农作物长势监测等，重点加强农业面源污染源头控制等。

（2）在食品安全方面，重点关注条形码、传感器等数字技术的应用，能够追溯农产品种植的农药化肥使用、生产过程添加剂使用，以及流通过程检验检疫信息等，有效追踪从田地进入市场再到终端用户厨房的全过程。

（3）在生产效率方面，重点关注农业机器人、自主作业系统、智能温室等数字技术的应用，有利于改善土壤质量，提升设施农业智能化，进而实现产业规模化效益等。

14.3　工业数字化工程设计

工业是实体经济的主体，是国民经济的主导产业，是巩固社会主义制度的物质基础。"以史为鉴，可以知兴替"，第一次工业革命造就了"日不落帝国"；第二次工业革命奠定了西方资本主义主导的世界格局；第三次工业革命成就并巩固了美国的世界霸主地位。世界强国的兴衰史和中华民族的奋斗史一再证明，工业兴则经济兴，工业强则国家强。历史的车轮滚滚向前进入 21 世纪，世界正处于大发展大变革大调整时期，面临百年未有之大变局，打造具有国际竞争力的新工业体系，是我国提升综合国力、保障国家安全、建设世界强国的必由之路，是中华民族实现伟大复兴的坚实基石。当前，推进工业数字化转型已经成为世界主要国家抢占全球产业竞争新制高点、重塑工业体系的共同选择，我国以工业互联网为主要抓手和统领，加强新一代数字技术在工业领域的应用，大力推动传统工业在新时期向数字化、网络化、智能化转型发展。

14.3.1　工业数字化的内涵

工业数字化包括要素、过程和产出的数字化等内容，要素数字化主要体现为数字技术的创新与应用，推进生产装备的数字化改造、培育融合型数字化人才；过程数字化主要体现为研发、设计、采购、生产、销售等全过程业务流程的数字化管理；产出数字化体现为产品的智能化和服务模式的数字化创新。

工业数字化的内涵需要从其基本含义以及与其他基本概念的辨析中进行全面理解。

1. 狭义和广义的工业数字化

"工业数字化"在不同的语境下有不同的含义。当处于常说的"工业数字化、网络化、智能化"时，"工业数字化"指的是工业发展历程中的一个阶段。工业从机械化、电气化、自动化后进入到数字化阶段，工业经济活动中的信息以数字编码的形式进行存储、传输、加工、处理和应用，体现为信息表示与处理的方式为数字化（二进制的 0 和 1），侧重强调计算机在工业中的应用。而同语境下的"网络化"侧重指生产装备与计算机通过网络连接组成一个有机系统，实现远程控制等功能；"智能化"侧重指系统具备像人一样的智慧判断和处理能力。这是"工业数字化"的狭义理解。

而与"产业数字化""农业数字化""服务业数字化"等概念同时提起时，"工业数字化"的广义理解是工业应用数字技术从而带来产出增长和效率提升，是新一代数字技术与工业实体经济的深度融合。工业数字化是工业转型升级的过程和行动，目标是将工业经济活动与数字技术相融合，从而帮助工业获得产出增长和效率提升。工业企业数字化转型是在新一代数字化技术的基础上，以业务数字化为具体载体，以数据资源为关键要素，以数字化技术和业务技术深度融合为发展路径，以开放平台和商业生态为主要标志的一种企业转型升级的模式。通过技术手段的应用，围绕数据资源的关键要素，驱动企业进行产品、业务、能力、思维、组织、商业等多种要素重构，促进企业在新形势下实现高质量发展。本书中的"工业数字化"一般采用的均为广义概念。

2. 工业数字化与两化融合

工业化和信息化融合发展简称两化融合。西方发达国家的工业发展历程中，工业化和信息化是两个不同的发展阶段，先是工业化，然后实现信息化。而我国在新时期为了追赶西方发达国家，实现弯道超车，提出了信息化与工业化融合发展的战略。两化融合是两个历史进程的融合发展，信息化不仅带动工业化，还带动和促进一切与工业化相伴的历史进程，使之融合发展。十八大将此概括为："促进工业化、信息化、城镇化、农业现代化同步发展"，两化融合由此成为工业发展的主线，在过去一段时间里得到了长足发展，形成了一套较为完整的推进工作机制，目前仍发挥着积极作用。

广义上的工业数字化可以看作两化融合在新时期的延伸发展和另一种提法。工业数字化的概念是在数字中国战略提出后，数字经济在工业领域的一种表述，其实质内容与两化融合基本上还是一致的。

3. 工业数字化与工业互联网

按照工业互联网产业联盟发布的《工业互联网术语和定义（版本 1.0）》，工业互联网是满足工业智能化发展需求，具有低时延、高可靠、广覆盖特点的关键网络基础设施，是新一代信息通信技术与先进制造业深度融合所形成的新兴业态与应用模式。

2017 年 11 月《国务院关于深化"互联网 + 先进制造业"发展工业互联网的指导意见》发布后，工业互联网的概念快速兴起，随着各方认识的逐步深入，其内涵不断丰富，继而演化成当前工业领域所有与信息技术、数字技术相关工作的统领概念，成为数字经济在工业领域的载体。从某种意义上说，工业数字化与工业互联网的概念是等同的。

4. 工业数字化与智能制造

智能制造是基于新一代信息通信技术与先进制造技术深度融合，贯穿于设计、生产、管理、服务等制造活动的各个环节，具有自感知、自学习、自决策、自执行、自适应等功能的新型生产方式。

智能制造是一种生产方式，源于人工智能技术在制造业的应用，由智能机器和人类专家共同组成的人机一体化智能系统，着重于在制造过程中体现智能活动，诸如分析、推理、判断、构思和决策等。在两化融合的理论体系中，智能制造是信息化的高级阶段，是两化深度融合后实现工业智能化的结果。因此，智能制造也可以认为是工业数字化的一个重要部分，是工业数字化在生产制造环节的一个发展目标。

14.3.2　工业数字化发展政策

党的十九大报告提出"加快建设制造强国，加快发展先进制造业，推动互联网、大数据、人工智能和实体经济深度融合"。国务院于 2017 年 11 月印发《关于深化"互联网 + 先进制造业"发展工业互联网的指导意见》，明确了我国工业与互联网融合的长期发展思路，成为中国工业互联网建设的行动纲领。自此之后，我国在工业数字化发展方面就以"工业互联网"概念为统领，推出一系列政策文件，推动工业数字化转型。

作为工业互联网建设的主管部门，工业和信息化部在政策上从多个方面积极推进工业互联网发展：

（1）以指导意见、行动计划、工作计划、推进方案等政策为抓手，强化政府推进力度。

（2）以产业联盟为载体，推动政产学研用协同发展构建生态，制定建设指南、推广指南，引导产业发展。

（3）以示范为引领，树立标杆应用项目，促进产业应用推广。

工业互联网方面全国性的政策文件参见表 14.1。

表 14.1　工业互联网相关政策文件

序 号	文件标题	发文机关	发文字号	发布时间
1	国务院关于深化"互联网 + 先进制造业"发展工业互联网的指导意见	国务院		2017.11.27
2	工业和信息化部关于印发《工业互联网 APP 培育工程实施方案（2018—2020 年）》的通知	工业和信息化部		2018.4.27
3	关于印发《工业互联网发展行动计划（2018—2020 年）》和《工业互联网专项工作组 2018 年工作计划》的通知	工业互联网专项工作组	工信部信管函〔2018〕188 号	2018.5.31
4	工业和信息化部关于印发《工业互联网平台建设及推广指南》和《工业互联网平台评价方法》的通知	工业和信息化部		2018.7.9
5	工业和信息化部关于印发《工业互联网网络建设及推广指南》的通知	工业和信息化部		2018.12.29
6	工业和信息化部国家标准化管理委员会关于印发《工业互联网综合标准化体系建设指南》的通知	工业和信息化部国家标准化管理委员会		2019.1.25
7	关于印发《工业互联网专项工作组 2019 年工作计划》的通知	工业互联网专项工作组办公室	工信厅信管函〔2019〕140 号	2019.6.20
8	十部门关于印发加强工业互联网安全工作的指导意见的通知	工业和信息化部等十部门	工信部联网安〔2019〕168 号	2019.7.26
9	工业和信息化部办公厅关于印发"5G+ 工业互联网"512 工程推进方案的通知	工业和信息化部办公厅	工信厅信管〔2019〕78 号	2019.11.19
10	工业和信息化部办公厅关于推动工业互联网加快发展的通知	工业和信息化部办公厅	工信厅信管〔2020〕8 号	2020.3.6

14.3.3 工业数字化发展情况

经过多年努力,我国工业数字化取得了长足进步,并且在多重政策推动和工业互联网的引领下,近期呈加速发展态势。

据统计,2018年我国工业数字经济比重达到18.3%,增速高于农业和服务业。工业各细分行业数字化发展水平差异较大,输配电及控制设备、家用电器、机械、汽车等行业数字化水平较高。

制造企业顺应数字化变革趋势,积极利用互联网、大数据、人工智能等新一代信息通信技术,从解决企业实际问题出发,由内部改造到外部协同、从单点应用到全局优化,持续推动企业数字化、服务化升级。离散型制造企业的数字化转型探索丰富多样,在汽车、航空、电子等产品设计和生产高度复杂的离散型行业中,领军企业内外兼顾,全面推进数字化转型。流程型制造企业的数字化转型探索全面系统,在制药、化妆品等对生产过程控制极为严格的流程行业中,领军企业通过全流程可视化监测、全过程集中化精密控制,形成一体化的智能生产和运维系统,提高产品质量和生产效率。

当前,工业数字化领域的发展还呈现两个比较明显的特征。

(1)资本密集型行业数字化转型快于劳动密集型行业。从要素密集度看工业领域内部数字经济发展特征,不同行业数字经济规模占行业的比重参差不齐。综合来看,以输配电及控制设备、金属加工机械为主的资本密集型行业的数字化转型要明显快于木材加工品和木、竹、藤、棕、草制品、塑料制品、皮革毛羽等劳动密集型行业。

(2)重工业行业数字化转型快于轻工业行业。从产品属性看工业领域内部数字经济发展特征,提供生产资料的重工业部门数字经济规模占行业增加值的比重显著高于提供消费资料的轻工业部门。如汽车整车行业数字经济占比显著高于皮革、毛皮、羽毛及其制品。2017年,重工业数字经济占行业增加值比重基本均高于10%,而轻工业数字经济占行业增加值比重较低,基本维持在4%~7%以下水平。

自2017年《国务院关于深化"互联网+先进制造业"发展工业互联网的指导意见》发布以来,我国的工业数字化转型建设逐渐转向以"工业互联网"作为主要抓手和概念统领,在各方的共同努力下,近年来我国工业互联网发展取得积极进展。

(1)工业互联网新型基础设施建设体系化推进。工业互联网网络覆盖范围规模扩张。基础电信企业积极构建面向工业企业的低时延、高可靠、广覆盖的高质量外网,延伸至全国300多个地市。"5G+工业互联网"探索推进,时间敏感网络、边缘计算、5G工业模组等新产品在内网改造中探索应用。标识解析国家顶级节点功能不断增强,二级节点达47个,覆盖19省20个行业。平台连接能力持续增强。工业互联网平台超过一百个,跨行业、跨领域平台的引领作用显著。启动建设国家工业互联网大数据中心。

(2)工业互联网与实体经济的融合持续深化。当前工业互联网已渗透应用到包括工程机械、钢铁、石化、采矿、能源、交通、医疗等在内的30余个国民经济重点行业。智能化生产、网络化协同、个性化定制、服务化延伸、数字化管理等新模式创新活跃,有力推动了转型升级,催生了新增长点。典型大企业通过集成方式,提高数据利用率,形成完整的生产系统和管理流程应用,智能化水平大幅提升。中小企业则通过工业互联网平台,以更低的价格、更灵活的方式补齐数字化能力短板。大中小企业、一二三产业融通发展的良好态势正在加速形成。

(3)工业互联网产业新生态快速壮大。在国家政策引导下,27个省(自治区、直辖市)发布了地方工业互联网发展政策文件。各地加大投入力度,支持企业上云上平台和开展数字化改造,推动建立产业投资基金。北京、长三角、粤港澳大湾区已成为全国工业互联网发展高地,东北老工业基地和中西部地区则注重结合本地优势产业,积极探索各具特色的发展路径。工业互联网产业联盟不断壮大,成员单位接近1500家,推进标准技术、测试验证、知识产权、产融对接等多方面合作。

（4）工业互联网安全保障能力显著提升。构建了多部门协同、各负其责、企业主体、政府监管的安全管理体系，通过监督检查和威胁信息通报等举措，企业的安全责任意识进一步增强；建设国家、省、企业三级联动安全监测体系，服务 9 万多家工业企业、135 个工业互联网平台，协同处置多起安全事件，基本形成工业互联网安全监测预警处置能力。通过试点示范等，带动一批企业提升了安全技术攻关创新与应用能力。

当前，我国工业互联网也存在一些发展中的问题：

（1）安全问题，工业互联网的开放性和融合性特点打破了以往的安全边界。我国需要建立工业互联网安全生态，打造完整的工业互联网安全防护体系。

（2）标准问题，制造业装备种类繁多，缺乏行业通用的标准体系与关键标准。我国需要制定国家标准，并积极参与国际相关标准制定。

（3）普及问题，中小制造业企业负责人的科技创新意识还存在不足。地方政府需要面向本地制造业企业加强工业互联网培训，推广工业互联网成功案例，提升企业家的创新积极性，引导工业企业上云，加快促进工业互联网平台发展。

14.3.4　工业数字化工程设计要点

我国作为全世界唯一拥有全部工业门类、工业体系最完整的国家，各个行业特点互不相同，各个企业需求也互不相同，因此，各个数字化工程的具体情况或许差别较大，但一些理念、业务流程等设计要点基本通用。

1. 工业数字化工程设计的特点

工业数字化工程设计的普遍特点是要求全过程咨询。当我们说起工程设计时，常常想起的是建筑、市政、交通、水利等基础设施建设工程，此类工程的特点之一是工程建设的成果是拥有一定功能的实体物，因此其工程设计的主要内容是对建设工程所需的技术、经济、资源、环境等条件进行综合分析、论证，编制建设工程设计文件，指导资源配置和工程施工活动。不同于传统的建设工程，工业数字化工程首先属于数字化的信息系统类，工程建设的内容除了机房、服务器、终端、网络等物理实物外，更主要的是操作系统、应用软件、接口协议等数字化内容。其次，工业数字化工程与工业活动紧密相关、相互融合，工程建设的目的是更好地辅助、扩展工业实体开展活动，它并不能脱离工业实体独立地实现完整功能。因此，在进行工业数字化工程设计时，普遍需要全过程咨询，从项目立项开始介入，深度参与到需求确定、方案设计、设备招标采购或定制、软件开发、安装实施、运行使用等各个环节，以便更好地实现工程的预期目标。

工业生产按照制造流程的特点大致可分为流程型制造和离散型制造，因此，这两类工业的数字化工程设计的特点也有明显差异。

1）流程型制造工业工程设计特点

流程制造是指被加工对象不间断地通过生产设备，通过一系列的加工装置使原材料进行化学或物理变化，最终得到产品。典型的流程生产行业有医药、石油化工、钢铁制造、水泥、食品等领域。

流程型制造的生产计划制定简单且相对稳定，常以日产量的方式下达计划，生产设备的能力固定。流程型制造的生产过程控制有如下几个特点。

（1）工艺固定，工作中心的安排符合工艺路线，通过各个工作中心的时间接近相同。

（2）工作中心是专门生产有限的相似的产品，工具和设备为专门的产品而设计。

（3）物料从一个工作点到另外一个工作点使用机器传动，有一些在制品库存。

（4）生产过程主要专注于物料的数量、质量和工艺参数的控制。

流程制造的连续性、批量重复生产特性，使得此类工程设计的特点是聚焦趋势预警、故障诊断、优化运行、质量管控、物料管理等方面功能。流程型企业的生产设备实时产生大量数据，为大数据、人工智能等应用提供了数据基础，便于工业知识的规模复制应用，因此工业数字化在流程型企业中应用的前景广阔。

2）离散型制造工业工程设计特点

相对于流程制造，离散制造的产品往往由多个零件经过一系列并不连续的工序加工最终装配而成。典型的离散型制造包括汽车、机械、电子设备、消费产品制造等行业。

从生产加工过程看，离散型制造企业生产过程是由不同零部件加工子过程或并联或串联组成的复杂过程，其过程中包含着更多的变化和不确定因素，生产计划的制订非常复杂，计划的多变性是最常见的控制难点，而能力需求则是根据每个产品混合建立，并且很难预测，因此生产过程控制更为复杂和多变。总体来说，离散型生产过程控制特点主要有：

（1）生产任务多，生产过程控制非常困难。

（2）生产数据多，数据的收集、维护和检索工作量大。

（3）工作流根据特定产品的不同经过不同的加工车间，而每个生产任务对同一车间能力的需求不同，因此工作流经常出现不平衡。

（4）产品的种类变化较多，非标准产品多，设备和工人必须有足够灵活的适应能力。

（5）通常情况下，一个产品的加工周期较长，每项工作在工作中心前的排队时间很长，引起加工时间的延迟和在制品库存的增加。

连续型企业的产能主要由硬件（设备产能）决定，离散型制造企业的产能主要由软件（加工要素的配置合理性，即管理）决定。不同的离散型制造企业，即使规模和硬件设施相同，因管理水平的差异，结果可能会有天壤之别。因此，离散型工业工程设计的特点是关注各类信息管理系统，包括采购管理、仓库管理、生产过程管理、销售管理等生产业务流程，也包括财务管理、质量管理、人事管理等辅助职能管理系统。从某种意义上说，工业数字化在离散型制造企业中更有用武之地。

2. 工业数字化工程设计的重点

工业数字化工程的设计服务贯穿于工程的全过程，按照工程实施的进程大致可分为业务洽谈、需求诊断、方案设计、工程建设、实施指导和总结五个阶段，各阶段的重点不一样，抓住关键问题做好重点工作，将起到事半功倍的效果。

1）业务洽谈

业务洽谈阶段是整个工程设计活动的起始阶段，是正式开展设计的前提。业务洽谈阶段主要开展的工作包括初步交流、初步调查、编制项目建议书、商务洽谈、签订合同等。

（1）初步交流。在通过老客户、网络、会议、合作伙伴等各种来源获得工程设计需求的信息后，需要与客户进行初步交流。初步交流的方式可以是拜访客户，也可以是邀请客户人员来访，还可以通过电话、邮件等远程沟通方式进行。初步交流的主要内容如下：

① 介绍设计机构的背景、人员、产品、业绩案例等基本情况

② 了解客户的企业基本情况、需求产生的原因与背景、客户希望解决的问题与预期达到的目的等。

③ 在明确客户初步意向后，就下一步的工作，包括资料的提供、下次洽谈与初步调查等达成一致。

（2）初步调查。初步调查的主要任务是根据客户要求和企业现状，分析工程应解决的主要问题，判定工程的边界范围和质量要求，同时了解客户企业工程建设的意向。初步调查通常是就具体问题与客户主管领导进行首次沟通交流，因此要注意几点：

① 初步调查的专业人员应具备较为全面的知识，并对客户企业所处的行业有较深的理解。

② 调查人员要基于事实作独立判断，尽量要有数据支撑，不能偏听客户企业管理者的观点和意见。

③ 要实事求是，不能随意夸大产品和解决方案的效果。

（3）编制项目建议书。项目建议书是在对客户进行初步调查之后，向客户说明其存在的问题、解决问题的思路和初步方案、工程预期成果、工程实施的资源要求等的书面材料。项目建议书的编制要求深度合适、针对性强、内容完整，并以恰当的方式进行表达，可通过幻灯片（Power Point，PPT）和文字文档（Word）方式展现。

（4）商务洽谈。商务洽谈主要围绕工程设计合同逐条具体化，形成规范的文字表述草案，供双方代表签字确认。商务洽谈主要涉及的内容包括：设计咨询服务涉及具体内容和细化的成果、时间进度要求、人员配置要求、工程设计工作开展方式、支撑资源要求、费用以及客户关心的其他内容。

（5）签订合同。目前，国内对工程设计咨询类并没有法定的合同范本，因此，通常由设计咨询服务机构根据自己常用的合同范本，根据本工程商务洽谈的结果起草，经客户企业修改补充，在双方就合同条款和细节达成一致后，正式签订。

业务洽谈阶段的目标是获得客户认可、成功签订合同，因此这个阶段设计服务的重点是编制项目建议书，项目建议书的质量直接体现出设计单位对客户需求的认知程度和工程实施的价值，决定了能否打动客户、获得客户认可。所以，在业务洽谈阶段要准确把握客户相关决策者的意图，找准客户企业存在的问题，提出的解决思路和初步方案要具有针对性和成效。

2）需求诊断

需求诊断阶段的主要任务是：围绕工程找到企业存在的问题，分析问题产生的根本原因，并明确解决问题的思路框架。因此，需求诊断需要进行调研分析、拟定需求分析报告、结果汇报与确认等工作。

（1）调研分析。调研分析主要围绕工程内容，运用多重调查分析的手段和方法，找出企业存在的问题及问题产生的原因，为设计解决方案指出方向和要点。调研分析一般分为两个部分，一是综合调研分析，主要是对企业的整体情况、企业管理现状进行调研；二是专题调研分析，即针对本工程界定的范围，找出企业存在的问题和问题产生的原因。常用的调研方法有访谈、问卷调查、资料收集、现场参观与现场调查等，常用的分析方法有模型分析法、对比分析法、因果分析法、相关分析法、趋势分析法等，在工业互联网工程中，尤其要注重大数据的分析和应用。

（2）拟定需求分析报告。需求分析报告是设计咨询机构向企业提交的首份正式报告，只有找准问题、明确需求，才能获得企业的认可，从而树立企业继续推进工程的信心，也是后续制定针对性的解决方案的前提基础。需求分析报告需要明确以下几个问题：

① 对企业在本工程范围内存在的问题和问题的根源有全面准确、清晰透彻的分析

② 对本工程的需求有明确的界定

③ 对存在问题和需求提出针对性的解决思路框架。

（3）结果汇报与确认。向企业汇报需求诊断的结果即需求分析报告，是对需求诊断阶段的总结，是设计咨询服务过程中的重要里程碑。在向企业管理层正式汇报之前，应从低到高逐级与企业相关人员做好沟通，让各级人员了解相关问题和改进思路，认真听取各方意见，力争取得较为一致的认可。正式汇报之后，企业决策者通常都会发表总结性意见，这是对诊断结果确认的基调，如果决策者的意见是肯定性的，一般只需根据意见进行适当修改完善即可，如果决策者不太满意，则可能需要重新调研关键信息、对需求分析报告作较大修改，最严重的情况是决策者对报告不满意而质疑服务能力，进而取消工程项目合约。

需求诊断阶段的目标是明确需求，因此这个阶段设计服务的重点是找到企业存在问题的关键和

根本，在工作中要注重运用专业知识和分析工具进行深入剖析，透过现象看本质，抓住表面问题背后的真正原因。

3）方案设计

诊断阶段的成果是通过分析企业存在的问题及其原因明确工程的需求，方案设计阶段则是基于问题和需求提供解决方案。在工程实际中，很少有所有部分都是全新开发的解决方案，因为这样的解决方案开发周期长、风险较大，因此一般是在原有较为成熟的解决方案或产品的基础上，根据企业的实际情况进行部分修改完善，以更好地适用于具体企业。

在工业数字化工程不同的建设模式下，方案设计的内容差别较大。例如，由企业主导工程建设，委托第三方工程咨询服务机构进行设计时，方案设计阶段的主要内容是基于企业实际情况，选择合适的技术和产品，整合各方资源形成完整的解决方案。而由服务方案供应商主导工程建设时，供应商一般就是工程的一体化方案提供者，即系统集成总承包商，因此方案设计阶段通常是对自身原有解决方案的优化调整。

方案设计的重点是适用，要针对企业存在问题和资源条件，选择合适的解决方案，达到综合效益和价值最大化。

4）工程建设

工程建设阶段包括硬件设备的安装和软件系统的调测，一般先进行所有硬件设备的安装。工业数字化工程与工业经济活动密切相关，因此很多时候会影响到企业正常的生产经营，尤其是有关生产过程的管理系统，如安装与生产设备直接连接的传感器时，有可能需要中断生产设备的运行。即使是软件系统的切换，也会对企业正常运营有所影响。因此，实施部署时，需要细化工程实施方案，做好割接和回退数据备份等充分准备，将工程建设实施对企业的影响降到最低。

工程建设阶段通常以实施单位为主体，设计服务的重点是做好设计交底密切配合施工，并根据实际情况及时做好设计变更。

5）实施指导和总结

工业数字化工程并不是一个单纯的信息化系统，必然带来企业管理流程的变革。工业数字化工程是否成功、能否实现预期效果，关键不在于技术是否先进、方案是否完善，而在于企业相应的管理是否变革到位。从某种意义上来说，企业管理的变革是主因，工业数字化工程只是实施变革的工具和手段，或者是制造企业追求生产效率更高、生产成本更低、产品品质更好、市场响应更快、资源消耗更少、环境影响更小、持续发展更强、员工生活更美的一个途径。

因此，工业数字化工程的设计服务与其他工程设计不同，并不是以系统建成为终点，而是要覆盖工程的实施指导和总结，包括开展系统的使用培训、指导企业进行相应管理流程的优化，最后还要对工程进行正式总结。对工程设计的总结，既是工程设计咨询机构完成知识积累、提升设计咨询能力的重要手段，也是加强企业客户关系维系、持续拓展业务的需要。

在工业数字化工程设计中，实施指导是设计服务极为重要的一环，很多工程只重视工程建设，花了大量投资建了许多平台、系统，但企业相应的业务流程、管理流程没有匹配优化，导致工程实施效果达不到预期，甚至系统建成之日就是荒废之时。因此，本阶段设计服务的重点是协助和指导企业进行运营优化变革，不但要用上系统更要用好系统，真正实现企业数字化转型。

14.4　服务业数字化工程设计

近年来，我国服务业发展取得显著成效，成为国民经济发展和吸纳就业的第一大产业，稳增长、促改革、调结构、惠民生作用持续增强。加快服务业创新发展、增强服务经济发展新动能，关系人民福祉增进，是更好满足人民日益增长需求、深入推进供给侧结构性改革的重要内容。服务业数字化工程是一个逐步深化的过程，从植入互联网基因到颠覆性创新，再到提供整体的解决方案，服务业企业与互联网技术融合程度的不断加深，能够大幅提升效率，满足用户体验，释放数字对经济发展的放大、叠加、倍增作用。为此，服务业数字化工程是实现服务业数字化、网络化、智能化的有力抓手，了解服务业数字化的内涵、发展政策、发展情况以及工程设计要点，是做好服务业数字化工程设计必备的基础。

14.4.1 服务业数字化的内涵

1. 服务业的基本概念

服务业，又称为第三产业，是指除农业、工业、建筑业以外的其他各业。一般认为服务业即指生产和销售服务产品的生产部门和企业的集合，服务产品与其他产业产品相比，具有非实物性、不可存储性和生产与消费同时性等特性。服务业发展水平是衡量生产社会化和经济市场化程度的重要标志。

我国第三产业包括流通和服务两大部门，具体分为四个层次：

（1）流通部门，包括交通运输业、邮电通信业、商业饮食业、物资供销和仓储业。

（2）生产和生活服务的部门，包括金融业、保险业、地质普查业、房地产管理业、公共事业、居民服务业、旅游业、信息咨询服务业和各类技术服务业。

（3）为提高科学文化水平和居民素质服务的部门，包括教育、文化、广播、电视、科学研究、卫生、体育和社会福利事业。

（4）国家机关、党政机关、社会团体、警察、军队等，但在国内不计入第三产业产值和国民生产总值。

按服务对象划分，服务业一般可以分为以下两类：

（1）生产性服务业，指交通运输、批发、信息传输、金融、租赁和商务服务、科研等，具有较高的人力资本和技术知识含量。

（2）生活（消费）性服务业，指零售、住餐、房地产、文体娱乐、居民服务等，属劳动密集型与居民生活相关。

此外，部分场合还提出公益性服务业的概念，主要是卫生、教育、水利和公共管理组织等。

2. 服务业数字化需求

近年来，我国服务业呈现较快增长，自 2012 年服务业产值占比与制造业持平后，2015 年服务业在国内生产总值中的占比首次超过 50%，依照国际公认的标准，我国已进入服务经济阶段。2019 年，服务业增加值比上年增长 6.9%，服务业增加值占国内生产总值比重为 53.9%，服务业对国民经济增长的贡献率为 59.4%，拉动国内生产总值增长 3.6 个百分点，服务业在国民经济中的"稳定器"作用进一步增强。

我国的服务业在快速发展过程中，也还存在一些问题，主要体现为以下几点：

（1）服务业发展质量及创新能力亟待提升。尽管我国服务业发展速度快，但相比发达国家，服务业增加值比重仍低于世界平均水平，产业创新能力和竞争力不强，质量和效益偏低，整体上处于国际分工中低端环节。

（2）服务业供给不足。服务供给未能完全适应人民美好生活需求的变化，以研发为重点的生产性服务业仍相对滞后，生活性服务业供给不足，尤其是高端供给不足。

（3）服务业的市场环境有待优化。由于新的商业模式、新的营销方法不断涌现，少数新兴服务企业在合同、售后服务、宣传等领域存在短板，服务业监管体系建设滞后，监管能力不足、监管手段落后。

（4）服务业的要素配置效率有待提升。以人才要素为例，随着我国产业迈向中高端以及人民群众多样化多层次服务需求不断增长，复合型和专业化人才的缺口不断扩大，服务业市场尤其是高端服务业的从业人员供给仍严重不足且无法有效匹配，发展服务业尤其是现代新兴服务业需要大量专业人才。

当前，新一轮科技革命和产业变革蓬勃兴起，全球科技创新进入密集活跃期，颠覆性技术创新层出不穷，产业边界日渐模糊，跨界融合、协同联合、包容聚合的态势更加明显。积极顺应新一代数字技术发展，运用数字技术推进服务经济发展深刻变革，深化服务业数字化转型，以满足广大人民群众日益增长的美好生活需求，成为服务业发展的内在要求。

3. 服务业数字化内容

进入数字经济时代，服务业主要从服务模式、监管模式、创新能力、要素配置四个方面推进数字化转型：

（1）数字化赋能服务业新业态。数字化进一步赋能平台经济、共享经济和体验经济发展。数字化带来的互联互通有效增加了服务在平台上的可达到性，推动服务规模发展。发展共享经济，通过共享平台实现价值增长，提供基于网络的个性化、定制化服务，满足服务需求升级。利用虚拟现实（VR）等新一代数字技术创新体验模式，提升服务业在消费过程中的自我体验。

（2）数字化赋能服务业监管模式。应用数字技术推进"数字化+监管"，探索适应新业态特点、有利于公平竞争的公正监管办法，可以有效提升对服务业的监管效率。通过数字化手段解决服务过程中用户的隐私问题，充分利用线上监管和举报平台，为用户提供多种便捷的投诉举报渠道，提高社会监督力度，为服务业的健康发展保驾护航。

（3）数字化赋能服务业创新能力。应用大数据技术，能够实现从用户洞察到商品研发业务流程协同创新；应用人工智能技术，能够加速产品和服务的自创新；应用数字化技术尤其是5G技术，能够更为紧密地连接人与物的信息，促进线上与线下融合发展，有效推进企业与用户的共同创新和价值共创。

（4）数字化赋能服务业要素配置。通过数字化打破传统的要素分配方式，创新要素配置，能够有效提升资源配置效率。一方面是创新人才要素配置，如借鉴平台模式，有效实现全国服务业人才要素的配置。另一方面是创新数字要素配置，推进企业数据、政务数据、公共数据的开放共享，通过大数据交易市场，促进服务业不同领域和其他产业的深度融合。

14.4.2　服务业数字化发展政策

为推动生产性服务业向专业化和价值链高端延伸、生活性服务业向精细化和高品质转变，进一步促进经济提质增效、转型升级，近年来，中央和各级地方政府对服务业发展的支持政策密集出台，加大对民生领域、科技金融、互联网大数据、信息服务等产业的扶持力度，推进服务业高质量发展。

1. 国家级政策

国家发改委、商务部等10部门在2019年发布促消费政策实施方案，促进服务业消费成为其中一个重要内容。未来将继续推动生活服务业提质扩容，新建和改造一批城乡便民消费服务中心，并制定家政、餐饮等重点生活服务业标准，出台家政服务的信用体系指导意见等。同时，进一步加大信息服务的推进力度，不断提升中小城市，特别是农村及偏远地区的宽带网络覆盖水平，并持续加大电信资费的降费力度。

从财税、信贷、土地和价格等方面进一步完善促进服务业发展政策体系。进一步推进服务价格体制改革，完善价格政策，对列入国家鼓励类的服务业逐步实现与工业用电、用水、用气、用热基本同价。国家财政预算安排资金，重点支持服务业关键领域、薄弱环节发展和提高自主创新能力。

积极调整政府投资结构，国家继续安排服务业发展引导资金，逐步扩大规模，引导社会资金加大对服务业的投入。引导和鼓励金融机构对符合国家产业政策的服务企业予以信贷支持。根据实际情况，对一般性服务行业在注册资本、工商登记等方面降低门槛，鼓励服务业的快速发展。

针对目前我国研发设计等生产性服务业发展滞后，生活性服务业缺乏有效和高质量供给，服务业高质量发展亟待推动这个问题，发改委等部门多次出台政策加以推进，提出要加快推动服务业高质量发展，研究服务业发展顶层设计，强化服务业发展政策储备。市场监管总局、发改委联合印发了服务业质量提升专项行动方案，推动服务创新能力建设。

2. 地方级政策

为大力发展服务业，不仅是中央层面，各地政府也纷纷加大了对服务业的政策支持力度。如北京市发布了服务业创新发展实施方案，提出了四方面 29 项开放便利举措，着力推动金融、科技、信息、文化创意、商务服务等五大现代服务业领域的服务贸易发展。河北省出台政策大力推进服务业骨干龙头企业发展，对服务业小微企业税收实施优惠等。陕西省则大力推进制造企业与生产性服务企业资源整合、业务融合，鼓励大中型骨干企业和科技型中小企业向研发设计上游扩展，支持汽车、输变电、节能环保、数控机床等领域企业加速由设备提供商向系统集成服务商转变。

各地政策重点扶持民生领域、金融、互联网大数据、养老等服务业发展，支持关键领域技术研发，特别是重点领域和关键环节，推动价值链、产业链提升，实现整体经济的高质量发展。

14.4.3　服务业数字化发展情况

近年来，服务业在我国经济总量的比重不断提高，逐渐成为国民经济发展的重要动力和新引擎，我国正迈入以服务经济为主导的新时代。从产值规模上看，2018 年服务业占 GDP 的比重达 52.2%，对国民经济增长的贡献率接近 60%，成为我国第一大产业，2018 年服务业实现增加值 469575 亿元，同比增长 7.6%，持续领跑国民经济增长。从就业拉动上看，2017 年底，服务业就业人员占全部就业人员比重的 44.9%。从对税收的贡献看，2017 年服务业在税收中的比重达到 56.3%，成为我国财税收入稳定增长的重要支撑。从市场活力看，服务业企业占新登记注册企业的 80% 左右，成为新增市场主体的主力军。

1. 服务业数字基础设施全面升级

（1）信息通信服务业自身不断壮大。2017 年，作为新兴领域的信息通信服务业增长强劲，同时其与传统服务领域的融合应用持续快速发展。其中担负驱动新动能发展重任的信息传输、软件和信息技术服务业较上年增长 26%，较 GDP 增速相比高出近 20%。规模以上服务业企业中，互联网信息服务行业营业收入同比增长 42.9%，信息技术咨询服务行业同比增长 35.4%，数据处理和存储服务行业同比增长 39.1%；移动互联网接入流量高达 246.0 亿 GB，同比增长 162.7%。信息通信服务业自身快速发展为服务业领域数字化转型提供了雄厚的产业基础。

（2）服务业高效可靠的底层计算基础设施初步形成。大数据、云计算等作为数字经济运行的底层技术，全面支撑服务业领域数字经济的快速发展。如阿里巴巴开发出以"飞天"开放平台为基础的大规模分布式高可用电子商务交易处理平台，可以支撑每秒钟 17.5 万笔的交易订单和每秒钟 12 万笔支付的产生，保障了电子商务交易和支付的稳定运行。同时，数据计算技术广泛应用于公共服务等方面，为社会经济公共服务提供计算资源，如云上贵州单个平台基本集群可提供 12 万核计算资源、100P 存储资源、500T 内存资源的服务能力，推动政府数据整合、共享、开放，带动了企业、社会数据集聚及开发应用。

（3）支撑线上线下融合应用的物流基础设施不断完善。区块链、人工智能等技术在物流领域优先应用取得显著成效。2018 年 2 月，菜鸟网络宣布已经启用区块链技术跟踪、上传、查证跨境进口商品的物流全链路信息，这些信息涵盖了生产、运输、通关、报检、第三方检验等商品进口全流程，将给每个跨境进口商品打上独一无二的"身份证"，供消费者查询验证。京东运用智能技术推动"无人仓、无人车、无人机"的研发和应用，智慧物流领跑全球，使存储效率提升10倍以上，搬运、拣选效率提升5～6倍以上。

2. 服务业资源配置效率显著提升

（1）平台组织提升服务资源配置效率。平台经济和数字技术凭借透明、共享和去中介化等优势，全面整合本地生活服务和垂直领域服务，逐步消除传统商业模式的环节众多、重复生产、信息不透明等劣势，使得小、散、乱的传统服务业资源配置质量显著提升。如住宿领域，根据住宿分享平台小猪短租发布的《2017年度大数据研究报告》显示，截至2017年底，小猪短租已覆盖了全世界37个国家，其中有384个中国城市，超25万套房源，100个海外目的地，近1万套海外房源，显著改善住宿领域的资源配置效率，以海南省为例，商品住宅季节性空置率高达70%，其中三亚空置率达80%，而目前小猪在海南当地的房源有15500套，仅三亚就达10079套，较为充分地盘活了当地存量房资源。

（2）数字技术融合应用显著降低交易成本。一方面，移动支付等技术的普及应用大大节约了交易双方成本，有助于激活交易和提升效率。2017年，移动支付保持较快增长，移动支付业务达375.52亿笔，金额达202.93万亿元，同比分别增长46.06%和28.80%。移动支付平台已经成为一种重要的便捷交易设施，以蚂蚁金服的收钱码为例，据统计，这项服务可以将收银效率提升60%，节约1%的交易成本。另一方面，不断扩大的交易规模和运行良好的各类基础平台成为更多创新应用的肥沃土壤，比如，基于移动支付的新型服务业态不断涌现，如共享单车的推出、生鲜食品30分钟送达服务等。

3. 服务业规模扩张转向规范发展

近年来，通过加强服务业数字经济平台监督和管理，以及数字技术手段的广泛应用，服务领域安全保障缺乏、服务品质良莠不齐等问题显著改观，助力服务业领域数字经济从野蛮生长向规范发展持续转型。

（1）监管政策纷纷出台及时弥补治理缺位。如互联网金融领域，三年来监管和合规方面持续发力，行业乱象得到进一步规范，《关于促进互联网金融健康发展的指导意见》《互联网金融风险专项整治工作实施方案》等政策得到有效落实，2018年互联网金融备案工作逐步展开。经过近三年的有力治理，投资人、借款人以及交易额均向大平台、合规平台聚集，反映出互联网金融服务告别野蛮扩张阶段。

（2）技术手段广泛应用全面提升治理水平。以共享单车为例，共享单车企业建立融合智能化、信息化、可视化技术的自行车服务系统，做好共享单车大数据的收集、管理和使用，实现科学投放、合理规划，共享单车企业服务质量明显提升，群众出行体验持续改善。在网络打假方面，阿里巴巴全球率先使用现代OCR等技术用于扫描审核包括身份证、发票、营业执照、专利证书在内的23种资质图，识别并拦截违规商品图片，大大净化了平台环境，提升了平台治理能力。

14.4.4 服务业数字化工程设计要点

1. 服务业数字化工程设计的特点

在数字技术赋能、经济全球化、发展转型和市场需求升级的驱动下，我国服务业的内涵和形式将更加丰富、分工更加细化、业态和模式不断创新，服务业数字化工程呈现出两个转变的特点：

（1）商业模式的转变。数字化转型代表着传统服务行业的未来商业模式转型，不仅价格模式会有较大变革，服务的管理标准也将不同。举例来说，机器人清洁服务通过程序设定，不仅缩短清洁时间，还能更好地执行统一化的清洁标准，提高整体效率。收费标准也从传统的人头计算模式转变为开始探索以结果为导向的模式。同时，机器人技术也将人类从一些高重复性、高风险的劳动中解放出来，去从事更安全、更有创意的工作。

（2）管理模式的转变。数字化也加速了行业的变革管理，协助提高消费者的满意度和运营管理效率。以智慧餐饮结算系统为例，只要1秒钟扫一下餐盘，就能完成自动结算里面的菜品，还支持刷脸支付等功能，带给客人全新的用餐体验。同时，不但收银员劳动效率有显著的提升，还可以分析菜品数据，不仅为客户的健康保驾护航，还能协助厨师长管理食材成本，进而发掘一些新的利润增长点。

2. 服务业数字化工程设计的重点

在进行服务业数字化工程设计时，应重点关注以下方面。

（1）生产性服务重点提升供应链质量。信息技术的发展使生产性服务业的虚拟化、网络化成为可能，这种服务方式也日益凸显其优越性，促进企业智能化水平明显提高。现代生产性服务业把传统产业链进一步细化，借助互联网将各种优势资源集聚组合，提高生产效率。数字化网络化现代供应链的发展壮大，能优化经济结构，有效支撑产业迈向中高端。

（2）生活性服务重点提升消费品质。在服务业中，生活类服务业领域宽、范围广，涉及人民群众生活的方方面面，与经济社会发展密切相关。目前，我国信息消费正处于从1.0阶段向2.0阶段跃迁的新阶段，即从"信息的消费"转向"信息＋消费"，由线上为主向线上线下融合的新消费形态转变，并呈现出增长速度快、创新活跃度高、辐射范围广、带动作用强、资源消耗低等特点和优势。因此，信息产品和服务消费成为增强经济发展的内生动力。

（3）公益性服务业注重更深层的功能需求的挖掘。近年来，市场化公益服务的供给缺口巨大，数字技术的广泛使用有助于弥补传统公益服务资源缺口。以养老服务为例，由于中国社会老龄化渐行渐近，老年人口规模庞大，增速加快，在数字经济时代，以互联网和大数据为依托，借助物联网、移动通信、云计算等信息通信技术手段可以实现泛在信息环境下的无缝接入，集聚并应用老龄人口大数据，为老年人提供全方位、广覆盖、智慧化的各种养老服务，弥补和克服养老资源不足、传统养老服务水平低等问题。

（4）服务业内部深化融合发展。数字技术作为生产、生活、公益各领域的通用性技术，不断发展的数字技术将加速生产性服务业、生活性服务业和公益性服务业相互融合。数字经济时代大数据、云计算和人工智能等信息技术日益渗透进服务领域，不断增加服务业的技术含量，提升服务业的价值附加。

14.5　产业数字化工程设计的重要技术

科学技术是第一生产力，技术是产业数字化工程的基础支撑，从功能角度来看，产业数字化工程中使用的技术主要包括感知控制、网络通信和信息处理等方面，而在进行工程设计时需要重点关注技术的先进性、适宜性和经济性。

14.5.1　感知控制技术

感知控制技术在功能上分为感知和控制两部分。感知的基本含义是人的意识对内外界信息的觉察、感觉、注意、知觉的一系列过程，控制的基本含义是掌握对象使任意活动不越出范围，或使其按控制者的意愿活动。在产业数字化工程中，感知是指通过各种传感器对产业活动的各个环节进行监测，将特定物体的状态和变化等客观信息转化为可传输、可处理、可存储的电子信号数据，简单地说，感知就是数字化数据的采集；控制通常是指使设备按照人的决策或意愿做出相应的动作，从而得到预期的结果。产业活动中的感知和控制经常与生产装备直接相连，两个功能关系密切，在很多情况下都融合在一个模块或一个设备中，因此通常合并称为感知控制技术。

1. 传感器技术

传感器是数字化智能设备的关键部件，是实体产业推进数字化的首要环节。按照《传感器通用术语》（中华人民共和国国家标准 GB/T 7665-2005）的定义，传感器是指："能感受被测量并按照一定的规律转换成可用输出信号的器件或装置，通常由敏感元件和转换元件组成"，即传感器是一种检测装置，能感受到被测量的信息，并能将感受到的信息，按一定规律变换成为电信号或其他所需形式的信号输出，以满足信息的传输、处理、存储、显示、记录和控制等要求。

传感器技术多样、种类繁多，按照不同的角度可以分为不同的类别。比如按照工作原理可分为物理传感器、化学传感器和生物传感器等；按照输出信号的形式可分为数字式传感器、模拟式传感器等；按照所感知的内容可分为测位置距离等空间参数、测温度、测介质、测重量及其他特殊传感器。

在产业数字化工程设计中，需要根据工程的实际情况，选用合适的传感器技术，主要考虑的因素包括以下几点：

（1）测量对象和输出结果。要进行某个具体的测量工作设计，首先需要明确的是基本的输入与输出，即需要测量的是什么内容，输出结果是哪种输出模式，是数字信号还是模拟信号。

（2）线性范围。传感器的线形范围是指输出与输入成正比的范围，理论上，该范围内传感器的灵敏度为定值。传感器的线性范围越宽，则其量程越大，并且能保证一定的测量精度。工程设计中，在选择传感器时，确定传感器的种类以后，首先要看其量程是否满足要求。但在工程实际中，任何传感器都不能保证绝对的线性，其线性度是相对的。因此，当所要求测量精度比较低时，在一定的范围内可将非线性误差较小的传感器近似看作线性的，适宜的技术参数选择能为工程测量实施带来很大的便利性和经济性。

（3）灵敏度。在传感器的线性范围内，传感器的灵敏度越高，则与被测量变化对应的输出信号的值就越大，更有利于信号处理。另一方面，传感器的灵敏度过高，则与被测量无关的外界噪声容易混入，被放大系统放大后会影响测量精度。因此，工程设计时需要在灵敏度和精度之间找到平衡点，要求传感器本身应具有较高的信噪比，尽量减少从外界引入的干扰信号。同时，传感器的灵敏度具有方向性，当被测量是单向量，而且对其方向性要求较高时，则应选择其他方向灵敏度小的传感器；如果被测量是多维向量，则要求传感器的交叉灵敏度越小越好。

（4）频率响应特性。传感器的频率响应特性决定了被测量的频率范围，必须在允许频率范围内保持不失真。传感器的频率响应越高，可测的信号频率范围就越宽。在动态测量中，应根据信号的特点（稳态、瞬态、随机等）响应特性，避免产生过大的误差。在工程实际中，传感器的响应无法避免存在一定延迟，设计时希望延迟时间越短越好。

（5）稳定性。影响传感器长期稳定性的因素除传感器本身结构和质量外，主要是传感器的使用环境。因此，要使传感器具有良好的稳定性，传感器必须要有较强的环境适应能力。工程设计中在选择传感器时，要到现场实际勘察使用环境，根据具体的使用环境并充分考虑其未来变化来选择合适的传感器，或采取适当的措施减小环境的影响。传感器的稳定性有定量指标，在超过使用期后，在使用前应重新进行标定，以确定传感器的性能是否发生变化。在某些要求传感器能长期使用而又不能轻易更换或标定的场合，所选用的传感器稳定性要求更严格，要能够经受住长时间的考验。

（6）精度。精度是传感器一个重要的性能指标，是关系到整个测量系统测量精度的一个重要环节。传感器的精度越高，其成本往往也越高，因此，传感器的精度只要满足整个测量系统的精度要求就可以，不必选得过高，可在满足同一测量目的的前提下，选择成本较低、结构简单的传感器。如果测量目的是作定性分析的，可选用重复精度高的传感器，不宜选用绝对量值精度高的；如果是为了定量分析，必须获得精确的测量值，就需选用精度等级能满足要求的传感器。

总之，在进行工程设计时，应根据业务需求和限制条件，综合考虑、全面平衡，从千差万别、多种多样的众多传感器中选择最适合的，这也是产业数字化工程设计的作用和价值所在。

2. 射频识别技术

射频识别技术（Radio Frequency Identification，RFID）是一项利用无线射频信号通过空间耦合（交变磁场或电磁场）实现无接触信息传递，并通过所传递的信息达到识别目的的技术。

1）RFID 系统的组成

射频识别系统在架构上主要包括读写器和电子标签两大部分，以及天线、处理主机等其他部分，在具体的工程应用中，根据不同的应用目的和应用环境，系统的具体组成会有所不同。但从 RFID 系统的工作原理和功能组成来看，系统一般都包括信号发射机、信号接收机、编程器、天线等几部分模块。其中，天线安装角度、高度等相对位置会对数据的发射和接收产生较大影响，因此需要工程设计人员对系统的天线安装进行专业设计。

2）RFID 系统的选择

根据 RFID 系统完成的功能不同，可以把 RFID 系统大致分成四种类型：EAS 系统、便携式数据采集系统、物流控制系统、定位系统。

（1）EAS（Electronic Article Surveillance，EAS）系统又称为电子商品防盗窃系统，典型应用场合是商店、图书馆、数据中心等场所。EAS 系统主要的性能衡量指标为检测率和误报率，由于无法达到绝对的百分百，因此在实际应用中防盗效果重在于威慑作用。因此，在数字化工程设计中应用 EAS 系统时，系统整体设计是至关重要的一环。应根据场所布局及业态等应用环境，选择正确的系统设计方案，以达到最佳的防盗效果与成本比。

（2）便携式数据采集系统指使用带有 RFID 阅读器的手持式数据采集器采集 RFID 标签上的数据，此类系统具有较强的灵活性，适用于不宜安装固定式 RFID 系统的应用环境。

（3）物流控制系统的 RFID 阅读器分散布置在固定的区域点位上，并直接与数据管理信息系统相连，而信号发射机一般安装在移动的物体、人员上。当物体、人员流经阅读器时，阅读器会自动扫描标签上的信息并把数据信息输入到系统中，从而达到控制物流的目的。

（4）定位系统的阅读器安装在移动物体上，信号发射机嵌入操作环境的地表下面。信号发射机上存储有位置识别信息，阅读器一般通过无线方式或者有线方式连接到主信息管理系统。

3）电子标签的选择

电子标签由耦合元件及芯片组成，每个标签具有唯一的电子编码，附着在物体上作为目标的标识，高容量电子标签具有存储空间供用户写入信息数据。射频识别技术依据其标签的供电方式可分为无源 RFID、有源 RFID 和半有源 RFID 三类。

（1）无源 RFID 没有单独的供电系统，产品结构简单，体积可以达到厘米量级甚至更小，因此具有成本低、故障率低、使用寿命较长的优点，缺点是有效识别距离较短，其典型应用包括公交卡、二代身份证、食堂餐卡等。

（2）有源 RFID 通过外接电源供电，产品体积相对无源 RFID 较大，拥有较长的传输距离与较高的传输速度，能在百米之外建立高达 1700read/ 秒读取率的联系，其典型应用为需要高性能、大范围的射频识别应用场合，如高速公路电子不停车收费系统等。

（3）半有源 RFID 综合无源、有源两类 RFID 的特点，半有源 RFID 产品在一般情况下处于休眠状态，当进入射频识别阅读器识别范围后才激活。其通常应用场景为：在一个高频信号覆盖的大范围中，在不同位置安置多个低频阅读器用于激活半有源 RFID 产品，由此既完成了定位，又实现了信息的采集与传递。

3. 控制技术

1）DCS 系统

DCS（Distributed Control System，集散控制系统）在国内又称为分布式控制系统，是以计算机为基础，在系统内部（单位内部）对生产过程进行分布控制、集中管理的系统。DCS 通常采用若干个控制器（过程站）对一个生产活动中的众多控制点进行控制，各控制器间通过网络连接并可进行数据交换。DCS 的操作由计算机操作站进行，操作站通过网络与控制器连接，收集生产数据，传达操作指令。

DCS 作为一个集过程控制和过程监控为一体的计算机综合系统，在通信网络等信息技术不断发展和应用的带动下，已经成为了一个综合计算机、通信、显示和控制等 4C 技术的完整体系，其主要特点是分散控制、集中操作、分级管理、配置灵活以及组态方便。

从功能结构上划分，DCS 包括过程级、操作级和管理级三部分。过程级主要由过程控制站、I/O 单元和现场仪表组成，是系统控制功能的主要实施部分；操作级包括操作员站和工程师站，主要完成系统的操作和组态功能；管理级主要是指工厂管理信息系统，作为更高层次应用系统中的一个组成部分。

2）SCADA 系统

SCADA（Supervisory Control And Data Acquisition，数据采集与监视控制系统）是以计算机为基础的生产过程控制与调度自动化系统，侧重于对现场的运行设备进行监视和控制。SCADA 系统目前在电力系统和铁道电气化系统中应用较多。在电力系统中，SCADA 系统作为能量管理系统的一个最主要的子系统，具有信息完整、提高效率、正确掌握系统运行状态、加快决策、能帮助快速诊断系统故障状态等优势，能够提高电网运行的可靠性、安全性与经济效益。在铁道电气化系统中，SCADA 系统能保证电气化铁路的安全可靠供电，对提高铁路运输的调度管理水平起到了很大的作用。

SCADA 系统总体上包括硬件、软件和通信三大部分。在硬件上通常分为客户端和服务器两个层面，客户端用于人机交互，服务器用于与硬件设备通信；在软件方面，SCADA 系统由多个任务组成，每个任务完成特定的功能；在通信方面分为内部通信、与 I/O 设备通信和外界通信，其中内部通信有请求式、订阅式与广播式三种通信形式。

3）PLC 技术

PLC（Programmable Logic Controller，可编程逻辑控制器）是专为工业生产设计的一种数字运算操作的电子装置，它采用一类可编程的存储器，用于其内部存储程序，执行逻辑运算、顺序控制、定时、计数与算术操作等面向用户的指令，并通过数字或模拟式输入 / 输出控制各种类型的机械或生产过程。PLC 技术具有编程容易、组态灵活、安装方便、运行速度快、可靠性高等优点，主要应用于开环控制、模拟量闭环、数字量控制、数据采集监控等功能模块。

在产业数字化工程中应用 PLC 技术，确定控制方案之后要进行工程设计选型，其主要依据是工艺流程的特点和应用要求。PLC 及有关设备应是集成的、标准的，按照易于与工业控制系统形成一个整体、易于扩充其功能的原则，所选用的 PLC 应是在相关工业领域有应用案例、成熟可靠的系统，PLC 的系统硬件、软件配置及功能应与装置规模和控制要求相适应。熟悉 PLC、功能表图及有关的编程语言有利于缩短编程时间，因此，工程设计选型和估算时，应详细分析工艺过程的特点、控制要求，明确控制任务和范围确定所需的操作和动作，然后根据控制要求，估算输入输出点数、所需存储器容量、确定 PLC 的功能、外部设备特性等，最后选择有较高性价比的 PLCt 并设计相应的控制系统。

14.5.2　网络通信技术

产业数字化工程中使用的主流网络通信技术包括工业以太网、时间敏感网络、短距离无线通信技术、低功耗广域网等，采用合适的网络通信技术可以大大降低建设成本。

1. 工业以太网

工业以太网是在工业环境的自动化控制及过程控制中应用以太网的相关组件及技术。工业以太网采用 TCP/IP 协议，和 IEEE 802.3 标准兼容，但在应用层加入各自特有的协议。工业以太网基于 IEEE 802.3（Ethernet），为工业设备提供一个无缝集成到新多媒体世界的途径，企业内部互联网（Intranet）、外部互联网（Extranet）以及国际互联网（Internet）提供的广泛应用从办公室领域和个人生活消费领域兴起，又快速进入工业领域，应用于生产和过程自动化。

一个典型的工业以太网网络环境，含有网络部件、连接部件、通信介质三类网络器件。其中连接部件主要包括 FC 快速连接插座、工业以太网电气交换机、工业以太网光纤交换机、工业以太网光纤电气转换模块等；通信介质主要包括普通双绞线、工业屏蔽双绞线和光纤等。

工业以太网具有以下四方面的优势：

（1）应用广泛。以太网是应用最广泛的计算机网络技术，几乎所有的编程语言都支持以太网的应用开发。

（2）通信速率高。10Mb/s、100Mb/s 的快速以太网已广泛应用，1Gb/s、10Gb/s 以太网技术也逐渐成熟，可以满足工业控制网络不断增长的带宽要求。

（3）资源共享能力强。随着互联网 / 企业网的发展，以太网已渗透到各个角落，网络上的用户已解除了资源地理位置上的束缚，在接入互联网的任何一台计算机上都能浏览工业控制现场的数据，实现"控管一体化"。

（4）可持续发展潜力大。以太网的引入将为控制系统的后续发展提供可能性，工业以太网可以很好地满足机器人技术、智能技术等对通信网络的带宽、性能、灵活性等要求。

2. 时间敏感网络

时间敏感网络（Time Sensitive Networking，TSN）指的是 IEEE 802.1 工作组中的 TSN 任务组基于特定应用需求制定的一组协议标准。该标准定义了以太网数据传输的时间敏感机制，为标准以太网增加了确定性和可靠性，以确保以太网能够为关键数据的传输提供稳定一致的服务级别。TSN 是隶属于 IEEE 802.1 的协议标准，仅是关于以太网通信协议模型中的第二层，即数据链路层的协议标准，所以只是一组协议标准而不是一种完整的协议。换言之，TSN 将会为以太网协议的 MAC 层提供一套通用的时间敏感机制，在确保以太网数据通信的时间确定性的同时，为不同协议网络之间的互操作提供了可能性。

时间敏感网络技术在应用于产业数字化工程尤其是工业互联网时，具有以下三方面的优势：

（1）互联互通优势。TSN 技术遵循国际通用标准，在提供确定性时延、带宽保证等能力的同时，给出了一个标准的、开放的二层以太协议，改进了专用系统的互操作性，同时降低了成本。

（2）全业务高质量承载。TSN 为原有的分层的、相对隔离的产业网络架构进行扁平化的融合提供了可能，同时支持不同类型的业务流在扁平化的产业网络上实现混合承载。

（3）智慧运维。TSN 技术遵循 SDN（Software Defined Network，软件定义网络）体系架构，可以基于 SDN 架构实现设备及网络的灵活配置、监控、管理及按需调优，以达到网络智慧运维的目标。

TSN 技术主要应用于工业网络中，满足工厂 OT 网络设备的互联互通以及 OT 网络和 IT 网络的互联需求。在 OT 内部，根据网络架构和交换机在网络中的位置，可以分为现场级、车间级、工厂级应用。现场级应用指实现现场设备检测监控装置进行互联互通，以及生产线与生产线外部车间内部网络的互联互通；车间级应用指以生产线为单位进行监控与集成控制，实时获取生产线运行形式，实现车间内部不同生产线之间、集中式控制器与设备之间的互联互通，以及车间与车间外部工厂内部网络之间的互联互通；工厂级应用指对整体数据汇总并做集中管控，实现工厂内部各车间之间的互联互通，以及工厂与工厂外部企业内部网络的互联互通。

3. 短距离无线通信技术

短距离无线通信技术是一个通用概念，并没有严格的定义，通常只要通信收发双方通过无线电波传输信息且传输距离限制在较短范围（几十米）以内，都可称为短距离无线通信。由于没有统一、严格的标准，经过多年来的不断探索，目前在短距离无线通信领域形成了众多协议和产品。

1）蓝牙技术

蓝牙技术是一种无线数据与语音通信的开放性全球规范，可使各种设备在没有电线或电缆相互连接的情况下，能在近距离范围内实现相互通信或操作，目前的智能手机普遍支持蓝牙功能。

蓝牙技术拥有以下优点：

（1）适用设备多，无需电缆，通过无线使电脑和电信联网进行通信。

（2）工作频段全球通用，适用于全球范围内用户无界限的使用。

（3）抗干扰能力强，跳频功能可有效避免 ISM 频带遇到干扰源。

（4）兼容性较好，能够独立于各种操作系统。

（5）在短距离内拥有较高的传播质量与效率，尤其是在小于 10 米的工作范围内。

另一方面，当前蓝牙技术也存在一定的问题，包括待机中功耗较高、连接过程繁琐、配对过程中验证密码位数过少有一定安全隐患等。

2）Wi-Fi 技术

Wi-Fi 严格来说并没有一个定义甚至全写，它是 Wi-Fi 联盟制造商将商标作为产品的品牌认证，是一个创建于 IEEE 802.11 标准的无线局域网技术。Wi-Fi 在无线局域网的范畴是指"无线相容性认证"，实质上是一种商业认证。

Wi-Fi 技术突出的优势在于：

（1）无线电波的覆盖范围广，相比蓝牙技术只有 10 米做优的电波覆盖范围，Wi-Fi 的覆盖半径可达到 100 米。

（2）传输速度快，理论上最高速率可达 9.6Gbps，符合个人和社会信息化的高带宽需求。

（3）使用门槛比较低，能够以较低的成本实现较大范围内的网络覆盖。

Wi-Fi 技术不足之处主要是安全性和干扰问题，一方面开放的 Wi-Fi 很容易受到安全攻击，另一方面环境干扰对 Wi-Fi 的传输距离、传输速率影响较大。

3）NFC 技术

NFC（Near Field Communication，近场通信）技术是在非接触式射频识别（RFID）技术的基础上，结合无线互连技术研发而成的一种短距离的高频无线通信技术，当前广泛应用在移动支付、电子票务、门禁、移动身份识别、防伪等场景。

NFC 技术传输距离较短，信息传输属于触发式信息传输，信息交互时间很短，在操作过程中的很多时间属于毫秒级。因此，NFC 技术应用场景主要体现出短和快的业务特征："短"指通信距离短，通常在人手可触及的 10cm 以内；"快"指在很短的时间内快速处理完成信息交互。

上述三种短距离无线通信技术的对比见表 14.2。

表 14.2　短距离无线通信技术对比

名　称	蓝　牙	Wi-Fi	NFC
传输速率	1Mbps	11 ~ 54Mbps	424Mbps
传输距离	10 ~ 100m	10 ~ 200m	1 ~ 20m
频　段	2.4GHz	2.4GHz	13.56MHz
功　耗	20mA	10 ~ 50mA	10mA
安全性	高	低	极高
成　本	中	高	低

4. 低功耗广域网

低功耗广域网（Low-Power Wide-Area Network，LPWAN）是针对物联网中远距离和低功耗的通信需求，应运而生的物联网网络层技术。LPWAN 专为低带宽、低功耗、远距离、大量连接的物联网应用而设计，实现大区域物联网低成本全覆盖，将在产业数字化工程中拥有更多元的应用。LPWAN 按照所用频谱是否获得授权分为两类：一类是工作于未授权频谱的 LoRa、SigFox 等技术；另一类是工作于授权频谱下、3GPP（3rd Generation Partnership Project，第三代合作伙伴计划，一个国际标准化组织）支持的蜂窝通信技术，如 NB-IoT(Narrow Band Internet of Things，窄带物联网）。LoRa、SigFox 等工作于未授权频谱的技术属于某个公司的专有技术，因此国内低功耗广域网领域内主要使用的是 NB-IoT 技术。在中国电信、中国移动、中国联通三个基础电信运营商的大力发展下，目前 NB-IoT 已在各个领域广泛应用，如共享单车、智能水电表、可穿戴设备、工业数据采集等，2019 年末，我国已发展 NB-IoT 业务用户超过 10 亿户。

NB-IoT 是基于 E-UTRAN 技术，使用 180kHz 的载波传输带宽，支持低功耗设备在广域网的一种蜂窝数据连接技术。NB-IoT 由 3GPP 负责标准化，其目标是采用授权频带克服物联网主流蜂窝标准设置中的功耗高和距离限制。NB-IoT 技术上采用窄带通信，可有效降低干扰能力；为降低终端功耗，减小终端处理的复杂度，支持用户上行使用单子载波传输，以提升上行传输的功率谱密度，增加覆盖能力。因此，NB-IoT 具有四大能力特点：

（1）广覆盖，在同样的频段下，NB-IoT 比 GPRS（General packet radio service，通用无线分组业务）网络增益提高 20dB，覆盖面积扩大 100 倍。

（2）具备支撑海量连接的能力，NB-IoT 一个扇区能够支持 5 万个以上的连接。

（3）更低功耗，NB-IoT 终端模块的待机时间可长达 10 年。

（4）更低的模块成本。

NB-IoT 支持三种部署方式：独立部署（Stand-alone）、保护带部署（Guard-band）和带内部署（In-band），可依据实际情况灵活选用。

14.5.3　信息处理技术

信息处理技术主要包括数据清洗、数据分析、数据建模和数据存储等，为在产业互联网应用大数据提供支撑。

1. 数据清洗

数据清洗是指通过对数据集的审查和校验，修补或移除发现的不准确、不完整或不合理数据，从而提高数据质量的过程。

数据处理的基础是对所需数据源的数据进行抽取和集成，从中提取出关系和实体，经过关联和聚合之后采用统一定义的结构来存储数据，实现数据的标准化。由于数据来源广泛、类型繁杂，在对多样性的数据进行收集和提取过程中，因复杂环境、程序瑕疵等各种原因，导致所采集到的数据可能存在数据残缺、数据错误、数据重复、数据不一致等问题，因此在数据集成和提取时需要对数据进行清洗，保证数据质量及可信性。通常来说，数据清洗有 5 个基本步骤：

（1）定义错误类型。

（2）搜索并标识错误实例。

（3）改正错误。

（4）文档记录错误实例和错误类型。

（5）修改数据录入程序以减少未来的错误。

2. 数据分析

数据分析指用适当的统计、分析方法对数据进行详细研究和概括总结，从而找出数据所代表的客观事实和内在规律，进而帮助人们做出判断、指导行动。

（1）数据分析类型。按照不同的维度，数据分析可分为不同的类别，如在统计学领域，把数据分析划分为描述性统计分析、探索性数据分析和验证性数据分析。而从分析实施的角度来看，数据分析又可分为离线数据分析和在线数据分析。

（2）数据分析方法。数据分析方法众多，在工程实际中需要根据分析目的和具体数据选用适宜的方法，常见的有对比分析法、分组分析法、结构分析法、平均分析法、交叉分析法、综合评价分析法、杜邦分析法、漏斗分析法、矩阵关联分析法、聚类分析法等。而从表现形式上，数据分析方法又分为列表法与作图法等。

3. 数据建模

数据模型是现实世界数据特征的抽象，用于描述一组数据的概念和定义。数据建模就是一种用于定义和分析数据的要求和其需要的相应支持的信息系统的过程，通俗地说就是通过建立数据科学模型的手段解决现实问题的过程。

对数据模型的研究包括概念数据模型、逻辑数据模型、物理数据模型三个方面，与此相对应，建模的过程也分为概念建模、逻辑建模和物理建模三个阶段。其中概念建模和逻辑建模阶段与具体的数据库厂商无关，而物理建模阶段则与数据库厂商存在很大的联系，因为不同厂商对同一功能的支持和实现方式各不相同。

4. 数据存储

目前，主流的数据存储方式主要有三类：直连式存储（Direct Attached Storage，DAS）、网络存储设备（Network Attached Storage，NAS）和存储网络（Storage Area Network，SAN）。

（1）DAS 是一种存储设备直接与主机系统相连接的存储方式，即外部存储设备直接挂接在服务器内部总线上，数据存储设备是整个服务器结构的一部分，其本身是硬件的堆叠，不带有任何存储操作系统。DAS 存储方式主要适用于小型网络、地理位置分散的网络以及应用服务器有特殊要求的情况。

（2）NAS 数据存储方式采用独立于服务器、单独为网络数据存储而开发的一种文件服务器来连接所存储设备，存储系统自形成一个网络。NAS 方式的数据存储设备不再是服务器的附属，而是作为独立网络节点存在于网络之中，可由所有的网络用户共享。NAS 拥有真正的即插即用、存储部署简单、存储设备位置灵活、管理容易且成本低等优点，但是也存在存储性能较低、可靠度不高等缺点。

（3）SAN 是指存储设备相互连接且与一台服务器或一个服务器群相连的网络，其中的服务器用作 SAN 的接入点。具体来说，SAN 是一种通过光纤集线器、光纤路由器、光纤交换机等连接设备将磁盘阵列、磁带等存储设备与相关服务器连接起来的高速专用子网。SAN 存储方式创造了存储的网络化，顺应了计算机服务器体系结构网络化的趋势。SAN 拥有大容量存储设备数据共享、高速存储性能、灵活的存储设备配置要求、数据快速备份、数据的可靠性和安全性等优点，目前在众多行业领域中广泛应用。典型的应用包括：应用于对数据安全性要求很高的电信、金融和证券企业的计费业务；应用于对数据存储性能要求高的交通、测绘部门的石油测绘和地理信息系统；应用于具有超大型海量存储特性的图书馆、博物馆的资料中心和历史资料库；应用于数据在线性要求高的商业网站和金融的电子商务。根据所使用接口标准的不同，SAN 分为 FC SAN 和 IP SAN。

综上所述，DAS、NAS、SAN 三种主流的数据存储技术的特点对比见表 14.3。

表 14.3　主流数据存储技术对比

名　称	DAS	NAS	FC SAN	IP SAN
成　本	低	较　低	高	较　高
数据传输速度	快	慢	极　快	较　快
扩展性	无扩展性	较低	易于扩展	最易扩展
服务券访问存储方式	直接访问存储数据块	文件方式访问	直接访问存储数据块	直接访问存储数据块
服务器系统性能开销	低	较　低	低	较　高
安全性	高	低	高	低
是否集中管理存储	否	是	是	是
备份效率	低	较　低	高	较　高
网络传输协议	无	TCP/IP	Fibre Channel	TCP/IP

第**15**章　产业数字化工程设计案例

抛砖引玉　一得之见 [1)]

当前，新一代信息技术发展与新产业革命正处于历史交汇期，传统产业经济加速向数字化、网络化及智能化深度拓展，产业互联网正成为推动互联网、大数据、人工智能和实体经济融合发展的突破口。在党和政府的政策指引下，各行各业的各个企业作为市场主体，积极探索产业发展新应用、新业态、新模式，成功的实践案例如雨后春笋般不断涌现。但我国产业门类众多，产业数字化工程涉及各行各业，不一而足、不胜枚举。

本章从我们设计过的粮业、工业、服务业中各选出一个典型的设计案例，分别以"民食为天构平台""传统工业配新鞍"和"数据汇聚成体系"为题逐一阐述。这仅是我们一得之见，希望能收到抛砖引玉之功，对读者有所启迪。

15.1　民食为天构平台——省级粮食一体化管理平台的设计案例

民以食为天，食以安为先，进入数字经济时代，应如何利用数字技术进一步保障粮食行业安全平稳运行？我们根据国家《粮食行业"十三五"发展规划纲要》中对粮食行业信息化建设的目标要求，遵循国家粮食局对"十三五"期间粮食行业信息化建设的指导意见，设计了一个省级粮食一体化管理平台，采用云计算、大数据、人工智能等新一代数字技术重塑全省粮食行业信息化应用体系，力求达到数字技术各领域广泛应用、粮食数据有效汇聚及强化应用、各类服务及业务协同高效的目标。

该项目从顶层设计的角度，由上而下进行规划，以架构规范、整合资源、革新业务、融汇数据为设计宗旨，上接国家平台，下连各级粮库，对该省粮食行业信息化工作起指导作用，为粮食行业业务拓展提供无限可能。在规范架构上，融合国标行规，结合该省实情，形成体系；在资源整合上，以云计算架构，统筹全省需求，搭建支撑平台；在业务革新上，解析业务流程，实现业务"拼接"，业务开通更快速；在数据融汇上，信息网络全省覆盖，粮食节点全域连接，信息资源的开发利用能力全面提升。

15.1.1　省级粮食一体化管理平台概述

1. 项目规模

项目面向该省粮食行业整体进行设计，以"一个平台、多个应用"为核心搭建该省粮食行业信息化应用的总体框架，涉及单位包括各级粮食局、粮食机构、粮库、涉粮企业，业务应用包括粮食信息的综合监管、粮库的智能化管理、重点粮食批发市场及重点粮食加工企业的智能化监管等，项目大幅提高该省粮食管理的信息化、智能化水平，并为今后粮食业务的快速、灵活开展提供强力支撑。

2. 设计目标

项目根据《粮食行业"十三五"发展规划纲要》以及《国家粮食局关于规范粮食行业信息化建设的意见》等文件精神，主要达成以下设计目标：

1）佚名。

（1）整合该省各级粮食局、粮食机构、粮库的信息化系统，实现对信息化系统集约化、规范化的建设及管理。

（2）重新规划现有业务应用系统，重构各项粮食业务，实现粮食业务应用的敏捷开发、灵活部署。

（3）实现各级粮食机构之间的数据互通共享，通过对数据的清洗分析，提升粮食收储供应的安全保障能力，提升粮食供求平衡价格稳定的市场调节能力。

（4）实现该省粮食行业业务支撑体系规范化、业务支撑平台通用化、行业监管调控智能化。

15.1.2　省级粮食一体化管理平台设计任务

省级粮食一体化管理平台面向该省各级粮食局、二级粮食机构、粮库、涉粮企业进行设计，具体设计任务如下：

1. 形成标准规范体系

遵循粮食行业国家标准和相关的行业标准，结合该省粮食行业实际情况，整理完善一体化管理平台中各个系统相关的技术标准和管理规范，形成适用于该省粮食行业信息化发展的标准规范体系，整体框架由总体标准规范、技术标准规范、业务标准规范、管理标准规范、运营标准规范几部分组成。

2. 搭建应用支撑平台

采用云计算技术架构，以全省集中部署方式，搭建一个基础支撑平台，为全省各级粮食局、二级粮食机构、粮库、涉粮企业提供信息化应用的软、硬件基础，包括计算资源、存储资源、网络资源、安全系统、数据库及中间件等软硬件设施。

3. 构建业务应用系统

项目以"1+4"模式构建业务应用系统，其中"1"为粮食信息综合监管平台，"4"为粮库智能化管理系统、重点粮食批发市场管理系统、重点粮食加工企业管理系统、粮食应急配送中心信息管理系统 4 个业务应用系统。

（1）粮食信息综合监管平台：面向该省全部的粮食行政及相关管理部门、各类涉粮企事业单位和社会公众，进行粮食信息采集、汇总、分析和利用。

（2）粮库智能化管理系统：面向全省粮库，提供各项管理及业务应用功能。

（3）重点粮食批发市场管理系统：面向全省主要的粮食批发市场，提供包括供求信息、电子黄页、用户管理、后台管理、商家店铺管理等在内的业务应用，实现对粮食批发市场的智能化管理。

（4）重点粮食加工企业管理系统：面向全省的重点粮食加工企业，提供包括原粮收购管理、生产加工管理、成品粮库存识别代码、出入库管理等功能在内的业务应用，实现对重点粮食加工企业的智能化管理。

（5）粮食应急配送中心信息管理系统：由业务管理、应急指挥两个子系统构成，对上与粮食行政管理部门联通，接受粮食行政管理部门的应急指挥调度，对下与应急供应网点联通，即时或定期掌握各网点库存和销售情况，实现粮食应急保障及应急指挥，应对紧急事件及自然灾害。

4. 完善信息传输网络覆盖

依托电子政务外网，设计一张纵向连接国家粮食局至县级粮食局，横向连接各二级粮食机构、粮库及涉粮企业的信息传输网络，满足业务应用系统对安全性、稳定性、先进性、扩展性的要求。

5. 建立信息安全保障体系

按照国家信息安全等级保护的相关要求进行信息安全系统的设计，重点从数据中心安全、云平台安全、应用服务安全与数据安全四个方面对该省粮食行业的信息安全进行保障，同时符合云计算和物联网相关国家标准对信息安全的要求。

6. 打造综合运维管理平台

采用先进的 IT 管理平台对各类服务器、数据库、中间件、虚拟化设备、存储设备、机房动力环境等基础设施进行集中监控管理，并构建一个平台化、智能化、高可靠的综合运维管理平台，实现集中信息展现、集中告警处理等功能。

15.1.3 省级粮食一体化管理平台架构设计

1. 平台总体架构

粮食一体化管理平台采用云计算架构进行搭建。基于互联网、云计算、物联网、BI 分析等技术，通过"云、网、端"相互结合，部署云数据中心及云平台，实现对该省粮食行业信息资源的统一管理。云平台的部署需满足数据资源整合、平台开放、移动互联网、社会化协作、用户感知等方面的需求，实现各级粮食局、二级粮食机构、粮库、涉粮企业的接入及业务操作。粮食一体化管理平台的边界为省、市、县各级粮食管理单位的生产系统，以省市县各级粮食局、二级粮食机构、粮库、涉粮企业为主要服务对象，提供行政办公、宏观调控、监督监管、粮食仓储管理及公共服务。

系统的总体架构如图 15.1 所示。

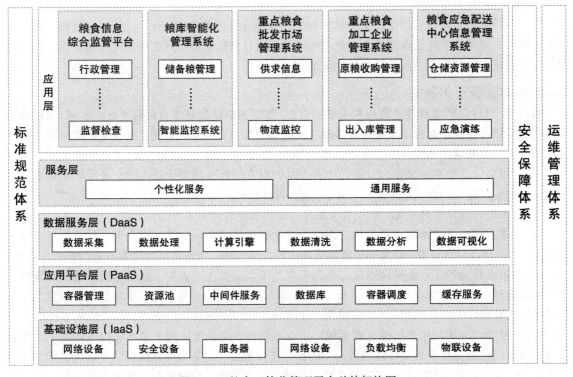

图 15.1 粮食一体化管理平台总体架构图

基础设施层（IaaS）实现对粮食一体化管理平台所有基础设施进行统一管理，为使用者提供对计算基础设施的使用服务，包括处理器 CPU、内存、存储、网络、负载均衡和其他基本的计算资源，能够部署和运行各类软件，包括操作系统和应用程序。

应用平台层（PaaS）将各种能力进行整合，提供容器的项目管理，资源服务和预制容器镜像功能，用于应用的部署和管理，快速给多个开发组织创建、分配、管理基于云端的开发、测试生产环境，基于容器技术，快速提供程序运行或应用依赖的基础服务环境。

　　数据服务层（DaaS）是数据的集中管理平台，提供如数据挖掘、加工、封装、发布的整个流程的管理，按照业务领域的不同划分数据服务域。

　　服务层是指需要开发的粮食通用服务和个性化服务，通用服务是整个平台开发可复用的基础资源，无需重复开发，只需要通过接口调用即可。个性化服务是依据微服务设计思想并根据实际的粮食业务进行设计，不能被其他行业复用只适合粮食业务的服务，在该省粮食系统内部可对其他开发者开放接口。

　　应用层是该省粮食行业信息化系统中所有对使用者开放的功能，包括省级的应用、粮库的应用、涉粮企业的应用，可以通过访问终端直接访问。

　　标准规范体系是遵循粮食行业国家和相关的行业标准规范，结合该省粮食行业实际情况，完善形成的各个系统相关技术标准和管理规范的集合。

　　安全保障体系是指根据国家的相关安全标准，从物理层、网络层、主机层、应用层和数据层面对其平台进行安全防护的规范集合。

　　运维管理体系是指通过资源监控系统、机房可视化管理、自动化运维工具、IT运维流程管理、运维数据统计分析等对平台的正常运行进行保障的规范集合。

2. 总体技术路线

　　粮食一体化管理平台基于完整的云技术架构思想进行设计和实施，实现从业务建模、需求分析到实施落地的全过程管理，并遵循"大平台、微服务、轻应用"的设计理念。其中，"大平台"指构建大容量、多功能统一平台，"微服务"指把应用拆分为多个单独封装的核心功能模块，"轻应用"指使用微服务拼装成为业务应用，通过敏捷开发、运维一体化，实现应用快速部署和灵活调整。

　　粮食一体化管理平台基于互联网、云计算、物联网、BI分析等技术，通过"云、网、端"相互结合，部署云数据中心，实现粮食管理的上下贯通、左右协同、资源共享。"云、网、端"三者关系如图15.2所示。

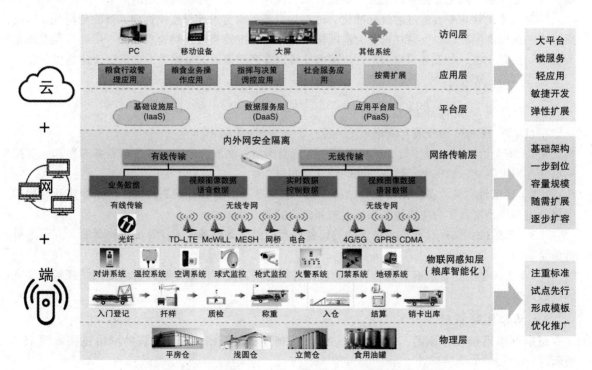

图 15.2　省级粮食一体化管理平台"云、网、端"关系图

1）"云"技术路线

"云"是以云计算与大数据为依托，建立该省粮食业务与服务管理云平台。云端秉承"大平台、微服务、轻应用"的设计思路，支持敏捷开发、弹性扩展，确保平台能够满足业务需求。云平台由平台层、应用层、访问层三个子层级构成：

（1）平台层负责运行时环境（如中间件等）、大数据环境、基础设施环境等的云计算资源提供。改变以往每个系统独立的烟囱式建设模式。一套平台环境可以同时支撑成百上千个应用系统的运行，同时可以支持开发环境、测试环境、生产环境等多种不同的功能。

平台层预置一系列实现应用所需的业务工作流引擎、数据库、业务 API、应用门户、报表引擎、认证平台等，可以支持应用层中各类业务部署的快速实现。

（2）应用层按业务域进行划分，灵活调用轻量级的微服务（REST）进行业务"拼装"，实现不同业务场景下的需要。业务域主要定义业务活动的分类和边界，以便有效管理业务需求和功能实现。在平台层上的应用与传统应用最大的不同在于灵活性与扩展性，彼此在平台上可以独立开发、独立部署、独立运行，实现应用间的松散耦合。同时在微服务架构的支撑下，允许灵活地调整和扩展，大大降低每项应用的上线周期与运维成本。

（3）访问层为用户提供不同的入口，如 PC、平板电脑、智能手机、指挥大屏等，来访问到应用层的各个应用，支持不同业务场景的使用需求。

2）"网"技术路线

"网"是指一张覆盖省、市、县三级粮食管理部门并延伸至骨干涉粮企业的粮食系统有线网络和无线网络系统。"网"秉承"基础架构一步到位、容量随应用扩展而逐步扩容"的思路。

3）"端"技术路线

"端"是各类物联网感知设备，实现各类储粮信息的实时感知与采集。物联端的信息采集、汇聚、分析是"端"的主要任务。粮食一体化管理平台包含了诸多物联网应用的需求。

粮食一体化管理平台通过协议标准化、试点先行等手段实现远程监控管理、智能分析处置，进而形成一批标准模板，以支持在行业大范围推广应用。标准模板可以快速实现同一层级或类型的业务需求。同时，每一个业务单位的个性化需求，可以在通用模版的基础上，进行快速定制化开发。

3. 网络架构设计

1）网络系统设计原则

项目基于 TCP/IP 协议进行网络系统的设计，主要考虑以下因素：

（1）安全性：利用电子政务外网资源和运营商网络资源混合组网时，考虑业务专网和运营商网络在逻辑上隔离，确保电子政务外网的独立性和安全性。

（2）稳定性：从设备、网络拓扑结构、网络技术等多方面保证网络的可靠性及稳定性，构建可靠稳定的网络平台作为应用业务系统实施和推广的基石。

（3）先进性：选择具有技术先进性的设备进行组网，支持基于云计算的网络部署，并可平滑扩展至 IPv6。

（4）扩展性：选择具有良好扩展性的设备进行组网，能够以最小的代价满足网络规模及带宽的扩展需要。

2）总体网络设计

根据网络系统设计原则，省级粮食一体化管理平台以及相关业务系统的网络连接如图 15.3 所示。

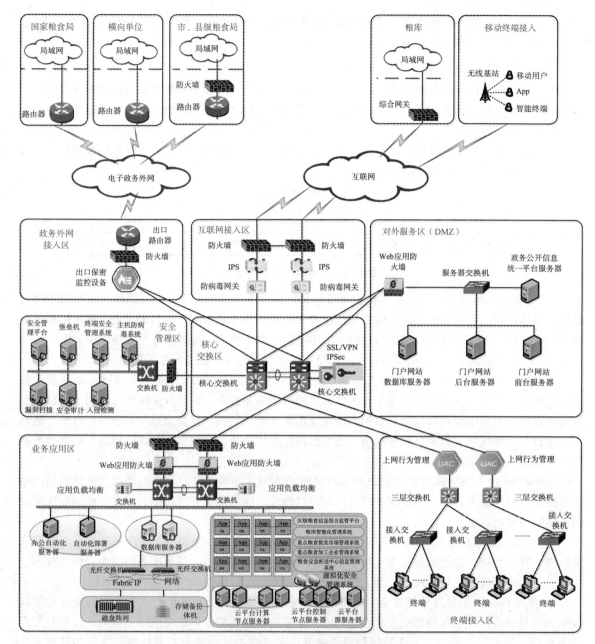

图 15.3 粮食一体化管理平台网络架构图

15.1.4 标准规范体系设计

1. 标准规范体系构建原则

（1）因地制宜原则。国家尚未出台相关标准和规范参考的，根据该省粮食行业信息化的具体情况和应用水平，因地制宜地制定符合系统实情的标准规范。

（2）统一兼容原则。在标准规范制定过程中，国际上已有标准的，尽量参照国际标准；国家已出台标准规范的，要遵循国家的标准规范。

（3）紧密结合原则。以业务应用和社会信息需要为出发点，在信息系统标准规范制定过程中，使标准规范和信息应用紧密结合，提高信息应用的整体能力。

（4）政令畅通原则。出台相关业务标准、技术标准、项目建设规范时，同时颁布后续落实措施，保证项目实施中标准规范的切实执行。

2. 标准规范体系内容

按照标准规范体系的构建原则，省级粮食一体化管理平台的标准规范体系包括两部分内容：一是遵循粮食行业国家标准和相关行业标准，二是结合该省粮食行业实际情况，编制完善项目各系统相关技术标准和管理规范。

项目标准规范体系框架由总体标准规范、技术标准规范、业务标准规范、管理标准规范、运营标准规范等部分组成，如图 15.4 所示。

图 15.4　标准规范体系框架图

（1）总体标准规范。包括总体技术要求和系统名词术语等内容。其中，总体技术要求为针对系统的整体建设，提出技术平台、网络和信息安全等总体技术要求；系统名词术语包括术语标准的编写原则方法，以及系统建设和运行过程中常用的信息技术术语、粮食业务与管理术语。

（2）技术标准规范。包括数据标准、网络标准、应用标准、安全标准等内容。

① 数据标准。指基础数据的有关标准与规范，主要包括粮食信息数据采集规范、粮食宏观数据采集规范、信息资源目录标准规范、共享信息指标体系及解释、信息分类体系与编码规则标准、数据库设计技术要求和接口规范、数据交换与应用服务模式规范、信息交换与共享管理办法、数据中心建设及管理规范、数据互操作规范、元数据内容及代码规范、数据质量评价规范、粮食行业标准所规定的其他数据标准。

② 网络标准。指为保证系统建设和管理规范化所制订的网络建设及管理规范，主要包括网络工程标准、网络技术标准、信息服务网站内容格式规范、网络维护管理标准、粮食行业标准所规定的其他网络标准。

③ 应用标准。指系统开发应用所需的各类技术标准与规范，主要包括应用系统标准、应用开发标准、接口标准、信息服务技术标准、业务系统组件互操作规范、信息服务网站内容格式规范、粮食行业标准所规定的其他应用标准。

④ 安全标准。指信息系统安全保障所需的信息安全管理、信息安全技术和信息安全评估等层面的标准与规范，主要包括信息安全通用标准、信息防泄露标准、系统与网络安全标准、信息安全评估标准、数据安全规范、个人数据隐私等级分类及管理办法、粮食行业标准所规定的其他安全标准。

（3）业务标准规范。包括业务管理组织体系、业务操作规程、信息管理操作规范、业务流程规范等方面的标准规范。

① 业务流程规范集。规定业务流程设计应遵循的设计方法和规则，规范政务事项的名称、政务活动组成、逻辑关系和政务单证，并对业务环节、人员角色、流程时序等基本业务流程单元进行描述。

② 业务协同规范。针对需要跨区域协同的业务，明确相关各方在逻辑流程和政务单证方面应该达到的要求。

③ 业务操作规范集。对业务子系统从信息采集到信息应用服务各环节的操作要求进行规定。

④ 粮食行业标准所规定的其他业务规范标准。

（4）管理标准规范。包括项目管理规范、验收与监理制度、系统测试和评估标准等。

① 项目建设管理办法。描述项目建设全过程的管理规范，主要包括系统建设规划、系统开发项目计划立项与审批、系统开发项目建设管理等方面的标准规范与规章制度。

② 验收与监理标准。主要包括系统建设工程的验收与监理等方面的标准规范与规章制度。

③ 项目测试规范，根据《计算机软件测试文件编制规范》（GB/T9386-2008）国家标准，制定各子系统的测试方法、内容和管理方式，包括功能测试和性能测试的方式、方法及内容。

④ 项目技术文档管理规范。根据系统工程建设管理的要求，制定本信息库技术文档的内容、体系和文档记录标准格式及实施和验收的技术要求。

⑤ 粮食行业标准所规定的其他管理规范标准。

（5）运营标准规范。包括系统软硬件环境、系统设备、数据库、中间件、应用软件等在日常运行、管理和维护等方面的标准规范及规章制度。

① 信息资源评价标准，主要包括信息资源开发利用评定质量的指标及评定优劣的标准规范与规章制度。

② 安全管理标准，主要包括系统安全运行和管理等方面的标准规范与规章制度。

③ 粮食行业标准所规定的其他运营标准。

15.1.5　应用支撑平台设计

项目应用支撑平台由云平台、云数据中心组成，满足粮食业务应用的开发、集成、部署和管理，实现不同角色访问关键业务信息的安全通道和个性化应用界面。

1. 云平台设计方案

项目基于"大平台、微服务、轻应用"的理念，进行全省统一的粮食一体化管理云平台设计。平台使用云计算技术，采用基础设施层（IaaS）、应用平台层（PaaS）、数据服务层（DaaS），基于应用平台层（PaaS）实现服务和应用的解耦，提供"敏捷开发、弹性扩展"的云化应用开发模式。

（1）基础设施层。包括服务器、通信设备、存储设备等硬件设备，以虚拟化技术为核心，将各种硬件设备统一虚拟为虚拟资源池中的计算资源、存储资源、网络资源，以虚拟机的形式向用户提供统一的、标准的基础设施服务。用户不需直接面对或管理硬件设施，就能够在相对统一的设备环境中部署和运行任意软件，包括操作系统和应用程序。虚拟化技术的使用，可以有效提高资源使用效率、降低能耗，提高系统可靠性，实现资源池的弹性扩容升级。

项目将升级、改造、完善省粮储局的基础信息设施，以云计算技术实现粮储局信息系统的资源池化，建成粮储局数据中心"私有云"平台。同时逐步建立基于云计算架构的业务系统运行管理模式，各类业务系统实现均按照新模式运行，提升粮储局支撑业务系统运行的信息基础设施的可靠性和稳定性，提高粮储局信息基础设施的资源使用效率。

（2）应用平台层。包括操作系统、数据库、中间件和运行库等平台软件，即在基础设施层的基础上，安装各种平台软件，为用户提供安装和使用软件必需的环境。应用平台层为应用系统提供安全稳定的运行平台，并对各区域网络进行管理、调度和安全运维；同时在应用系统的全生命周期内提供工具化服务，实现高效、弹性、高可用的软件基础环境。

项目应用平台层的主要功能模块如表15.1所示。

同时，项目应用平台层还提供开发工具和移动工具技术资源，如表15.2所示。

项目应用平台层核心功能包括API服务管理、APP应用管理及公共服务管理，其中API服务管理和APP应用管理基于功能和流程对应用系统进行解耦。API服务管理为在活动流程与业务场景下，识别独立的功能点作为业务服务，多个业务服务共同组成一个完整的业务应用。APP应用管理为按操作步骤、活动流程、业务场景把多个业务服务封装成一个特定的业务功能，成为业务应用。API 服务管理与 APP 应用管理组合，实现对业务应用的模块化、敏捷化开发。

表 15.1　应用平台层主要功能模块

功能模块	功能点	功能模块	功能点
应用持续交付	应用创建与注册	资源服务	NoSQL 实例管理
	代码托管		大数据资源服务申请与管理
	版本与分支管理		数据仓库
	构建引擎		高速缓存实例申请
	部署引擎		高速缓存实例管理
	自动化测试平台		消息中间件实例申请
	持续交付流水线		数据存储申请
	镜像构建		对象存储
	应用部署		IP 资源服务
应用管理	应用启停	节点管理	主机接入管理
	灰度发布		节点类型配置
	滚动更新		节点管理
	应用路由		节点资源消耗
	应用一键部署		节点日志
	负载分配		节点监控
	环境变量管理	租户管理	租户创建
	应用访问管理		配额管理
	部署策略管理		访问控制
	伸缩管理		租户隔离
	应用日志	应用管理控制台（Control Tower）	应用监控
	应用实例状态监控		部署状态监控
	应用运行状态监控		资源使用情况监控
	构建统计分析		主机节点运行状态
	应用健康状态检查		应用批量管理
	服务跟踪		DevOps 监控仪表盘
	应用备份恢复		交付流水线监控
	应用迁移		告警策略配置
容器服务	预置技术应用		告警通知
	企业应用	平台监控与告警	节点运行状态监控
镜像仓库	镜像上传		节点资源使用状态分析
	镜像存储		平台组件运行状态监控
	镜像扫描		告警策略配置
	镜像审核		告警邮件通知
	镜像权限管理		告警用户接口通知
资源服务	Mysql 实例申请		告警短信通知
	Mysql 实例管理		环境参数管理
	Oracle 实例申请		数据持久化
	SqlServer 实例管理		备份还原管理

表 15.2 应用平台层技术资源

技术资源类型	子类型	服务内容
开发工具	开发云	Developer Console
	测试云	单元测试环境
		集成测试环境
		压力测试环境
		准生产环境
	CICD	IDE
		运行时
		中间件
		源代码管理工具
		持续集成
		自动化测试
		容器服务
		镜像仓库
		运维监控
移动工具	移动软件开发包	
	移动应用测试框架	

① API 服务管理。API 服务管理提供各个业务域服务的持续开发和交付能力，管理服务的识别、定义、开发、监控、评估和优化全生命周期管理，为数据扩展、业务共享提供公共服务，实现标准化与规范化管理。同时，预置企业信息化系统通用的技术组件与业务组件。

API 服务管理的主要内容如表 15.3 所示。

表 15.3 API 服务管理主要功能模块

功能模块	功能点
服务管理	服务基本信息管理
	服务接口管理
	服务需求管理
	服务源码管理
	服务框架管理
	服务构建管理
	服务部署管理
	服务授权
	外部服务接入
	服务监控
	Dubbo 协议服务治理
	Restful 协议服务治理
服务审批	服务开发审批
	服务消费审批
服务市场	服务市场

API 服务管理分为 API 网关和 API 门户两部分，API 网关支持 API 的快速开发和已有 API 的快速导入，API 门户对 API 资产进行统一监控、分发与管理。

② APP 应用管理。APP 应用管理基于微服务架构，是轻量级应用的快速开发平台，同时提供轻量级应用的多渠道分发门户，实现企业级应用的深度定制。

APP 应用管理的主要功能模块如表 15.4 所示。

表 15.4　APP 应用管理主要功能模块

功能模块	功能点
应用管理	应用基本信息管理
	应用需求管理
	应用源码管理
	第三方源码对接
	应用框架管理
	服务依赖
	应用构建管理
	应用部署管理
	应用跟踪
	应用监控
	服务发现
应用监控仪表盘	业务视角
	项目视图
	运维视图
应用市场	应用市场
应用监控	应用运行状态监控
	运行日志
应用治理	权重策略
	应用依赖追踪链
APP Store	应用商店

③ 公共服务管理。公共服务是支撑云平台实现能力共享、便捷易用的核心内容,不断完善的公共服务将持续提高应用服务的质量,降低开发运维的成本。

公共服务管理主要功能模块如表 15.5 所示。

表 15.5　公共服务主要功能模块

功能模块	服务内容
GIS 服务	为平台上层应用提供地理信息服务支撑
工作流引擎服务	为平台上层应用提供工作流引擎服务支撑,满足业务审批、流转等自动化办公和业务协同的需求
统一身份认证与单点登录服务	为平台上层应用提供统一身份认证与单点登录服务支撑
短信服务	满足平台业务系统定时和实时发送短信的需求
邮件服务	满足平台业务系统通过外部邮箱服务定时和实时发送邮件的需求
驾驶舱服务	提供粮食行业重大指标分析结论,协助了解行业最新情况与发展趋势,辅助宏观调控决策
文档管理服务	满足平台业务系统所有文档的上传下载、存储、搜索管理

(3) 数据服务层,为数据的集中管理平台,提供包括数据清洗、挖掘、加工、封装、发布等在内的整个流程的管理,并按照业务领域的不同划分数据服务域。数据服务层构建于应用平台层之上,主要提供以下三类服务:

① 关系数据库服务。提供单机、集群等不同大小规模的数据库服务,满足常见的应用数据存储、分析需求。

② 缓存服务。提供基于高速存储的服务，用于数据缓存或作为内存数据库，支撑毫秒级的数据存取。

③ 大数据服务。基于分布式存储方式，提供海量数据的存储服务，按需平滑扩容，同时利用分布式计算的优势完成大数据的业务操作。

2. 云数据中心设计方案

项目在云平台上部署云数据中心，云数据中心的架构以基础设施层和应用平台层为基础，其中，基础设施层涉及服务器资源规划、虚拟资源池管理等内容，应用平台层涉及服务管理、应用开发管理等内容。

云数据中心围绕粮食购、销、调、存、加、监测预警、应急、人事管理等环节的业务和监管需求，实现对全省粮食行业信息资源的统一管理，实现数据的深度挖掘、清洗加工、多维分析能力，实现粮食数据资源的汇聚和共享。通过开发完善统一数据接口的主要业务管理系统，整合各类业务数据信息资源，逐步完善形成全省粮食管理数据存储、处理、分析和服务中心，提升对粮食信息资源的开发和综合利用能力，为粮食应急指挥、宏观调控、预警预报、决策支持等系统提供数据支持。

云数据中心建立粮食信息资源基础数据库群，主要由粮食行政机构类数据库、粮食从业人员类数据库、粮食企业类数据库、粮食企业信用类数据库、粮库视频监控数据库、粮食购销加存基本数据库等组成。

云数据中心主要功能如表 15.6 所示。

表 15.6　云数据中心主要功能

功能模块	服务内容
统一粮食数据存储	保留和整理历史数据，统一存储价格监测数据、储备粮数据、粮食交易数据、财务数据、协同办公数据、粮库物联网端采集数据、涉粮政务协同平台数据等，保证数据的完整性和一致性
统一数据管理	对元数据、数据采集、数据交换、数据发布和共享进行统一管理
数据融合	通过数据迁移工具完成历史数据的迁移，依据统一的数据标准对历史数据进行整理，实现历史数据和新数据同时使用，保持数据的延续性和完整性
数据综合分析	对粮食行业数据进行深度挖掘、清洗加工和多维分析，对数据进行抽取、转化、加载并形成综合指标数据库和主题数据库，对数据进行分析并通过数据查询、统计、分析、报表等方式提供数据支持

15.1.6　应用系统设计

应用系统以云平台为依托，充分利用云平台的统一用户管理、工作流引擎、分布式数据及基础通信等服务进行灵活部署。

1. 粮食信息综合监管平台

粮食信息综合监管平台部署在新建云平台，主要面向粮食行政及相关管理部门、各类涉粮企事业单位和社会公众，进行粮食信息采集、汇总、分析和利用。

粮食综合监管平台提供行政管理、党建管理、仓储管理、安全生产管理、储备粮油管理、GIS 子系统等 27 个功能模块，具体的功能结构如图 15.5 所示。

（1）行政管理。包括 OA 办公、会议管理、档案管理、大事记、车辆管理、维修管理、辅助办公、节假日值班安排，以及其他行政管理类功能。

（2）党建管理。包括"三会一课"检查、党费收缴、党组织关系转接、党员发展流程监控、党员数据库、党务政务公开、法规宣传栏、案件通报栏、党员组织管理等功能。

（3）离退休人员管理。包括离退休人员信息维护、活动管理、活动通知等功能。

（4）人员信息管理。包括人员信息采集、人员信息维护、人员信息查询、人力资源情况统计分析等功能。

（5）人事管理。包括人事档案管理、考核模板管理、用工管理等功能。

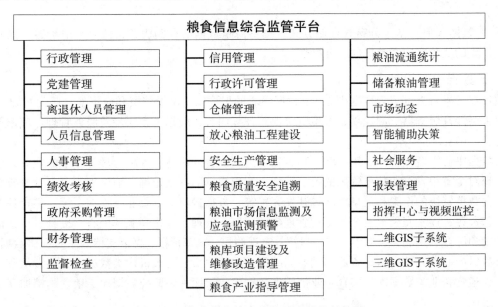

图 15.5   粮食信息综合监管平台功能结构图

（6）绩效考核。包括绩效考核通知发布、绩效考核规则设置、绩效考核材料上报、绩效考核数据统计分析等功能。

（7）政府采购管理。提供从申请到购买的采购流程自动化及流程监督的功能。

（8）财务管理。包括现有财务系统接入、信息交换、系统内查询、粮食收购资金管理、粮食流通建设资金管理、审批流程管理、资产管理、预算及费用管理、报销管理等功能。

（9）监督检查。包括审查管理、检查目录管理、监督检查管理、监督检查宣传公示、执法检查人员资质、权力和责任清单、行政执法监督管理、检查档案管理等功能。

（10）信用管理。包括信用评定规则、信用信息维护、信用查询、信用认证等功能。

（11）行政许可管理。包括粮食收购许可管理、该省储备粮代储资格认定等功能。

（12）仓储管理。包括粮油仓储企业备案、仓储设施管理、库存粮油管理、承储资格管理、基础设施管理、仓储物流设施备案管理、"星级粮库"申报管理、粮库远程监管、粮情远程监管等功能。

（13）放心粮油工程建设。包括放心粮油网点管理、主食产业化项目管理、放心粮油企业资质管理、接入现有放心粮油系统等功能。

（14）安全生产管理。包括安全生产通告发布、危险作业备案、安全组织机构信息登记与管理、安全培训教育台账、安全文件会议台账、机械设备台账、安全生产检查台账、事故隐患整改台账、生产事故台账、安全生产奖励台账、消防器材配置台账、安全值班台账、熏蒸危险性作业许可证、仓储日常作业规范制定、仓储安全管理、安全生产资金投入台账、应急预案演练台账 17 项功能。

（15）粮食质量安全追溯。包括库存识别代码及质量安全追溯、粮食质量安全监管、基于粮食业务的检索与追溯系统、质检机构管理、质量安全检验监测管理、质检档案管理、质检检测业务管理等功能。

（16）粮油市场信息监测及应急监测预警。提供粮油价格监测、粮油市场信息监测预警等功能。

（17）粮库项目建设及维修改造管理。提供资金拨付及跟踪、粮库项目建设及维修等功能。

（18）粮食产业指导管理。主要包括粮食行业龙头企业监督等功能。

（19）粮油流通统计。包括接入粮油统计直报系统、粮油流通数据统计、粮油流通数据分析等功能。

（20）储备粮油管理。包括收购政策管理、产销客户管理、计划管理、仓容管理、储备粮验收、出入库管理、动态轮换管理、储备粮油规模管理、库存数量管理、移库管理、质量管理、库存监测、粮情监管、分片监管、市场供应、查询统计16项功能。

（21）市场动态。接入国家、该省粮食交易平台，提取数据实现粮油流通量统计、成交量统计、价格分析、价格趋势分析、市场信息分析等功能。

（22）智能辅助决策。包括应急网络体系、应急指挥平台、产业发展规划、地方储备粮规模布局、预警预测、辅助决策等功能。

（23）社会服务。包括内网门户、外网门户、公共服务平台、放心粮店管理等功能。

（24）报表管理。包括报表格式自定义、报表汇总、报表打印导出、生成统计图等功能。

（25）指挥中心与视频监控。包括远程监控可视化、视频会议、粮情管理可视化驾驶舱等功能。

（26）二维GIS子系统。整合基础地理信息数据、粮食行业相关地理信息数据及对应关联的基础和业务数据，提供公共接口服务、查询服务、地图服务和地理处理服务等功能。

（27）三维GIS子系统。为粮库空间位置定位提供三维显示的接口，通过倾斜摄影和粮库的建筑模型等反映出粮库三维空间的实际情况。

2. 粮库智能化管理系统

粮库智能化管理系统部署在新建云平台，主要实现对全省粮库统一、智能化管理。系统提供行政办公、机构管理、储备粮管理、仓储管理、出入库管理等17个功能模块，具体的功能结构如图15.6所示。

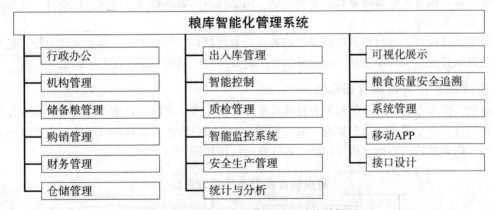

图15.6 粮库智能化管理系统功能结构图

（1）行政办公。包括OA办公、辅助办公、会议管理、档案管理、车辆管理、固定资产管理、绩效考核、考勤管理、党建管理、门户网站、水电管理、后勤管理、假日值班安排、"星级粮库"申报管理、学习培训、人力资源、个人办公17项功能。

（2）机构管理。包括粮库概况、部门管理、岗位管理、人员信息管理等功能。

（3）储备粮管理。包括计划轮换管理、动态轮换管理、仓容管理、储备粮验收管理、移库管理、规模数维护、分片监管、远程监管、统计管理等功能。

（4）购销管理。包括购销价格管理、购销客户管理、市场动态、合同管理、计划管理、采购管理、销售管理、移库管理、报表统计管理、物流管理、接入现有财务管理、生成财务报表等功能。

（5）财务管理。和粮库现有财务软件进行对接，并能调取相关数据统计分析生成财务报表。

（6）仓储管理。包括仓储单位备案、科学储粮分析、库存粮油管理、储粮药品管理、设施设备管理、熏蒸作业管理、充氮作业管理、通风作业管理、粮情检测作业管理、作业调度管理、物料管理、工作计划管理、普通仓储报表管理、出入库确认、粮情记录本管理、库内档案管理、工作日志 17 项功能。

（7）出入库管理。包括车牌识别、扦样管理、检验管理、过磅管理、值仓确认、财务结算、流程调整、流程设置、卡务管理等功能。

（8）智能控制。实现智能通风、智能气调、智能环流、智能气象、能耗监管、虫情监测、智能温控、温湿度监控、气体检测等远程监管功能。

（9）质检管理。包括出入库质检管理、定期质检管理、综合质检管理、质检报告管理等功能。

（10）智能监控系统。包括视频监控配置、仓内视频监控、库区视频监控、库存监测等功能。

（11）安全生产管理。包括仓储安全管理、安全文件会议管理、安全培训教育管理、安全生产检查管理、事故隐患整改管理、生产事故管理、消防器材配置管理、安全值班管理、熏蒸危险性作业许可证管理、粮食熏蒸备案、仓储日常作业规范管理、应急预案演练管理 12 项功能。

（12）统计与分析。包括经营管理统计、设备预警、粮温预警、架空期预警、仓容动态安排、销售对比表等功能。

（13）可视化展示。包括库区平面图、仓房 3D 展示、统计数据展示等功能。

（14）粮食质量安全追溯。包括库存识别码及质量安全追溯、粮食质量安全监管、粮食质量安全追溯等功能。

（15）系统管理。包括用户管理、权限管理、日志管理、消息管理、系统运维情况、系统资源管理、数据备份等功能。

（16）移动 APP。支持 iOS 和 Android 两种智能终端的 APP。实现粮食出入库确认、价格信息、计划进度跟踪、粮食质量报告查看、业务审批、消息查看、数据查询、视频监控查看、仓储设备控制、天气情况等功能。

（17）接口设计。通过粮食信息综合监管平台对接接口，与粮库现有系统进行对接，把包括智能控制、视频监控、出入库管理、温湿度监控、财务等在内的现有系统接入平台统一监管。

3. 重点粮食批发市场管理系统

重点粮食批发市场管理系统部署在新建云平台，对全省主要的粮食批发市场实现智能化管理，包括供求信息、电子黄页、用户管理、后台管理、商家店铺管理、客商即时通信、在线交易系统、订单管理、物流监控、数据分析等功能。具体功能结构如图 15.7 所示。

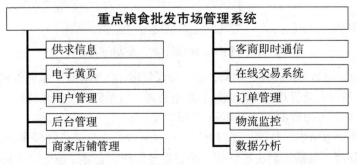

图 15.7　重点粮食批发市场管理系统功能结构图

（1）供求信息。汇集全省批发市场上百个品种近万条粮油产品每日最新价格行情信息；数据实时更新、及时全面。提供市场交易信息的实时数据，实现粮食供求信息发布及维护管理。

（2）电子黄页。实现重点粮食批发市场的机构名称、地址、电话号码等信息的发布与维护管理。

（3）用户管理。包括交易人员注册登记、组织机构管理、权限管理、系统运维情况监控管理、日志管理和电子 Key 认证等功能。

（4）后台管理：

① 人员注册登记：提供注册界面，实现人员注册登记。

② 组织机构管理：实现对组织机构的增、删、改、查等常规功能。

③ 权限管理：实现系统权限的增、删、改、查和人员角色绑定管理。

④ 系统运维情况：实时监控和统计系统运行过程中的各类业务的状态。

⑤ 日志管理：实现跟踪系统出现的问题，并将问题写入日志，提供系统运维人员查看。

（5）商家店铺管理。实现个人用户和注册企业的管理，通过注册基本信息实现登录系统平台，参与粮油产品的电子交易、追溯登记、查询获相关信息的活动。对用户进行类型分类，实现各类粮油产品供应链用户和各级经销商用户的分类管理。

（6）客商即时通信。实现客户与商家的在线即时交流功能。

（7）在线交易系统。为买卖双方提供在线交易的平台，包括电子交易中买卖双方下单、撤单、成交、结算、交割、仲裁处罚的事宜，提供实时的银行转账与物流配送系统接口，实现交易、资金、仓储管理的电子化，并向会员及管理部门提供当前行情及结算信息。

（8）订单管理。主要实现买卖双方信息管理、网上交易流程管理，包括发起订单、订单处理、跟踪货物、更新库存、统计销售情况等功能。

（9）物流监控。与自有物流和第三方物流系统进行对接，利用自动识别技术、全球定位系统、地理信息系统、通信等技术，获取货物动态信息（如货物品种、数量、货物在途情况、交货时间、发货地和到达地、货物的货主、送货责任车辆和人员等）。

（10）数据分析。对各种业务数据进行汇总、处理、抽取，提供全方位、多角度、多维度的分析统计功能，包括业务、财务等类别和历史交易信息、出入库记录、库存识别码、安全追溯信息等信息的统计。

4. 重点粮食加工企业管理系统

重点粮食加工企业管理系统部署在新建云平台，对全省主要的重点粮食加工企业实现智能化管理，包括原粮收购管理、生产加工管理、成品粮库存识别代码、出入库管理、销售管理、财务管理、重点加工资格申请、OA 办公等功能。具体功能结构如图 15.8 所示。

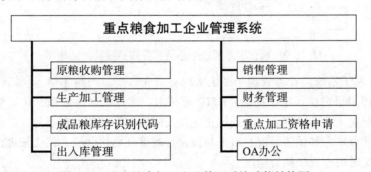

图 15.8　重点粮食加工企业管理系统功能结构图

（1）原粮收购管理。实现重点粮食加工企业原粮收购数量和质量、已加工原粮数量、未加工原粮数量等信息的管理。

（2）生产加工管理。实现原粮日常加工和成品粮生产管理，包括原粮加工安排、生产加工人员、生产加工设备等的管理。

（3）成品粮库存识别代码。收储系统封仓后根据国粮局库存识别码系统规范自动生成识别二维码，避免重复录入，实现代码的自动生成与库内传递，并可导入至粮食信息综合监管平台。

（4）出入库管理。对粮库出入库各项业务及操作进行实时监控、动态跟踪，实时反映粮食出入库、扦样、质检、称重、出入库、保管的整体作业信息处理流程，所有数据动态、及时，确保粮食数量真实、质量准确，监管有据、账实相符。

（5）销售管理。实现重点粮食加工企业销售相关业务统一管理，包括成品粮的销售数量、购买方、成品粮销售去处、结算方式等信息管理。

（6）财务管理。实现重点粮食加工企业财务结算功能。

（7）重点加工资格申请。对已获得重点粮食加工资格的个人或者企业相关信息录入系统备案，实现对重点粮食加工资格的个人或者企业的统一管理、重点粮食加工资格数据统计。

（8）OA办公。管理系统中嵌入重点粮食加工资格日常业务管理所需的OA系统功能。

5. 粮食应急配送中心信息管理系统

粮食应急配送中心信息管理系统部署在新建云平台，由业务管理、应急指挥两个子系统构成。具体功能结构如图15.9所示。

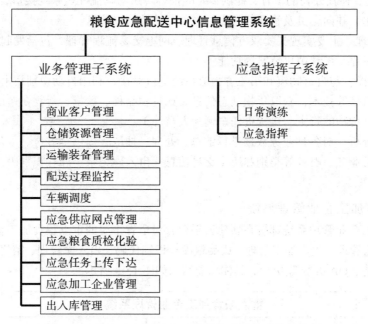

图15.9 粮食应急配送中心信息管理系统功能结构图

（1）业务管理子系统。业务管理子系统实现对商业客户、产品库存、仓储资源、运输装备等信息的管理，采用卫星定位、电子托盘、RFID等技术，实现出入库管理、作业调度、自动盘库、客户合同、物流配送（含车辆调度、路线优化）及安防监控等功能。对下与应急供应网点联通，即时或定期掌握各网点库存和销售情况；对上与粮食行政管理部门联通，接受粮食行政管理部门的应急指挥调度，并实时动态反馈执行情况。

① 商业客户管理。包括商业客户的新增、修改、删除、查询等，实现信息统计、项目信息查询、项目进度管理、信用管理等功能。

② 仓储资源管理。包括仓库本身资源管理、仓储设备管理、仓储作业人员管理等资源管理。实现仓储设备的合理调配，通过设备检修计划提高设备完好率；合理配置仓储结构，提高场地利用率；合理组织仓储作业人员，最大化仓储作业效率。

③ 运输装备管理。对应急粮食配送所需的各项资源进行管理，包括车辆、粮食打包设备、粮

食包装等资源管理。

④ 配送过程监控。通过自动识别、全球定位系统、地理信息系统、通信等技术，获取货物运输的动态信息（如货物品种、数量、货物在途情况、交货时间、发货地和到达地、货物的货主、送货责任车辆和人员等），实现配送过程监控。

⑤ 车辆调度。综合应用 RFID 技术、图像处理技术、通信技术、人工智能技术、信息和电子控制技术等多种手段，对车辆进行智能管理控制，确保车辆运行的准确性和安全性，降低运行消耗和事故发生率，提高车辆运行质量。

⑥ 安防监控。安防监控主要包括视频监控配置、应急中心视频监控等模块。通过视频监控等手段，对应急配送中心周界及业务作业现场等重点区域进行实时、不间断监控，对应急中心粮食情况进行实时监控，对异常情况进行视频动态捕捉等。同时，实现云平台对应急中心部署的视频平台进行集成和配置，以及所有摄像头相关信息的配置，实现省级粮食管理平台与应急中心各个视频系统的互联互通。

⑦ 应急供应网点管理。包括应急供应网点信息的新增、修改、删除、查询等，实现信息统计、业务往来记录、各项业务进度管理、供应网点信用管理、财务结算等功能。

⑧ 应急粮食质检化验。实现应急粮食质量检测、粮食质量抽查、粮油质量抽检、质量安全监测预警等管理功能，并形成质检结果数据库，实现应急粮食质量追溯系统。

⑨ 应急任务上传下达。实现粮食应急管理中心、粮食管理部门、粮食生产企业等单位间应急任务的上传下达，实现应急任务等政务文件的及时收发管理和相关处理人员提示信息推送等。实现应急指挥过程中的上传下达业务数据的增、删、改、查操作。

⑩ 应急加工企业管理。包括应急加工企业信息的新增、修改、删除、查询等，实现信息统计、业务往来记录、各项业务进度管理、供应网点信用管理、财务结算等功能。

⑪ 出入库管理。对粮库出入库各项业务及操作进行实时监控、动态跟踪，实时反映粮食出入库、扦样、质检、称重、出入库、保管的整体作业信息处理流程，确保粮食数量真实、质量准确。

（2）应急指挥子系统。应急指挥子系统可利用应急网络体系，实现应急指挥，应对紧急事件及自然灾害。通过将预先制定的灾害应急预案录入系统，在灾害发生时，根据灾害类别、级别、区域等信息，输出相应的应急预案，以图文的形式在系统进行展示，以便实施应急处置。

应急指挥子系统通过电子化的方式，实现即时准确的应急粮源调度，在发生自然灾害或其他灾害时，给出灾害位置，显示出灾害地周边粮源情况，主要包括库存、品种、交通等情况，给出粮源调度建议方案。

应急指挥子系统通过精准的地图服务，为应急救灾提供运输最佳路线。

① 日常演练模块。在日常工作中，可通过培训演练模拟灾害发生时的状况，进行实战演练，明确落实各岗位职责及应急处理方式，在应急指挥的各个环节做到安全、高效、准确、全面。

② 应急指挥模块。当灾害发生时，可在最短的时间内，快捷高效地提供应急指挥，最大程度降低灾区的粮食危险。

15.1.7　信息资源规划和数据库设计

1. 信息资源规划

信息资源规划以实现信息资源综合利用为目标，对该省粮食行业信息资源进行分析和归类，建立统一、完善、标准的数据资源中心，实现各数据使用部门的信息共享。

根据业务管理的不同要求，可以从不同角度对信息资源进行归类：

（1）按信息资源内容划分，可归类为联机业务处理基础数据、主题数据和资源定位数据。

（2）按信息资源形式划分，可归类为文本、文档资料、图像等信息。

（3）按信息资源用途划分，可归类为业务支撑、业务管理、决策支持三类应用信息。

（4）按信息资源使用范围划分，可归类为公开信息、内部信息。

（5）按信息资源实时性划分，可归类为实时信息、后备信息。

2. 数据库设计

（1）数据库整合方式。采用信息资源规划的方法对现有信息资源进行科学、合理的规划，在全面理清现有数据资源基础上，按照标准、规范开展数据整合与建库。基本流程如图15.10所示。

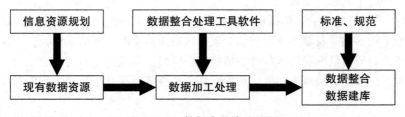

图 15.10　数据库整合流程图

① 对于新建信息数据库，严格按照统一的标准、规范建立，为保证新建基础数据库的质量，数据入库前须进行严格的数据检查。

② 对于新建的业务数据库，建立统一的数据库标准、规范，通过相关业务系统的运行，同步建立业务数据库。

③ 对于现有数据库的整合，根据同构同标准、同构不同标准、异构同标准、异构不同标准四种情况采取对应的方法进行整合改造。但必须坚持不打破各地数据管理和存储体系，不改变各地基于数据库的应用架构为原则。

（2）数据库数据类型。项目数据库的数据类型包括数字、文本和图像，具体数据类型及相关属性由具体应用系统确定。

（3）数据库部署方式。数据库集中部署在新建的省级云数据中心，各地通过统一的应用系统上报数据或通过数据共享交换系统交换数据。

（4）数据结构表设计。各应用系统将按以下主题建立数据结构表：

① 粮食信息综合监管中心：

·会议管理数据结构（表名：HYGL）。

·归档清单数据结构（表名：GDQD）。

·电子档案数据结构（表名：DZDA）。

·归档信息数据结构（表名：GDXX）。

·大事记数据结构（表名：DSJ）。

·党务政务根据制度公开数据结构（表名：DWZWGK）。

·政策制度的细化及下发数据结构（表名：ZCZDXH）。

·党组织管理数据结构（表名：DZZGL）。

·离退休人员活动数据结构（表名：LTXRYHD）。

·考勤管理数据结构（表名：KQGL）。

·节假日值班安排数据结构（表名：JJRZBAP）。

·政府采购管理数据结构（表名：ZFCGGL）。

·出差报销数据结构（表名：CCBX）。

·公务接待报销数据结构（表名：GWJDBX）。

·差旅费报销数据结构（表名：CLFBX）。

·报销单据数据结构（表名：BXDJ）。

- 监督检查机构信息数据结构（表名：JDJCJGXX）。
- 行政执法人员数据结构（表名：XZZFRY）。
- 行政执法队情况数据结构（表名：XZZFDQK）。
- 处理情况数据结构（表名：CLQK）。
- 监督执法工作开展情况数据结构（表名：JDZFGZKZQK）。
- 监督执法工作落实情况数据结构（表名：JDZFGZLSQK）。
- 企业监督检查档案建立情况数据结构（表名：QYJDJCDAJLQK）。
- 监督检查案件处理情况数据结构（表名：JDJCAJCLQK）。
- 执法案件信息统计数据结构（表名：ZFAJXXTJ）。
- 执法监督计划数据结构（表名：ZFJDJH）。
- 举报信息数据结构（表名：JBXX）。
- 监督检查交办报请数据结构（表名：JDJCJBBQ）。
- 立案信息数据结构（表名：LAXX）。
- 粮库管理数据结构（表名：LKGL）。
- 粮油仓储企业备案信息数据结构（表名：LYCCQYBAXX）。
- 库区信息数据结构（表名：KQXX）。
- 仓房信息数据结构（表名：CFXX）。
- 仓储设备情况数据结构（表名：CCSBQK）。
- 检化验条件情况数据结构（表名：JHYTJQK）。
- 从业人员情况数据结构（表名：CYRYQK）。
- 单位财务状况数据结构（表名：DWCWZK）。
- "一符四无"检查数据结构（表名：YFSWJC）。
- 粮食收购资格审批数据结构（表名：LSSGZGSP）。
- 仓储设施管理数据结构（表名：CCSSGL）。
- 放心粮油工程建设数据结构（表名：FXLYGCJS）。
- 安全组织机构数据结构（表名：AQZZJG）。
- 检测业务流程管理数据结构（表名：JCYWLCGL）。
- 检测标准及方法管理数据结构（表名：JCBZFFGL）。
- 试剂耗材数据结构（表名：SJHC）。
- 耗材库存管理数据结构（表名：HCKC）。
- 标准物资申请审批数据结构（表名：BZWZSQSP）。
- 标准物资库存数据结构（表名：BZWZKC）。
- 检测业务查询统计数据结构（表名：JCYWCXTJ）。
- 资金拨付跟踪数据结构（表名：ZJBFGZ）。
- 内部审计数据结构（表名：NBSJ）。
- 购销关系备案数据结构（表名：GXGXBA）。
- 储备粮轮换计划数据结构（表名：CBLLHJH）。
- 应急网络体系数据结构（表名：YJWLTX）。
- 产业规划数据结构（表名：CYGH）。
- 储备粮油收支平衡月报表数据结构（表名：CBLYSZPHYBB）。
- 储备粮油规模库存数据结构（表名：CBLYGMKC）。
- 粮油流通数据分析数据结构（表名：LYLTSHFX）。

② 粮库智能化管理系统：
- 合同管理数据结构（表名：HTGL）。
- 出入库通知单数据结构（表名：CRKTZD）。
- 仓储企业备案信息数据结构（表名：CCQYBAXX）。
- 库点备案信息数据结构（表名：KDBAXX）。
- 仓房、廒间、货位备案信息数据结构（表名：CFAJHWBAXX）。
- 货位管理数据结构（表名：HWGL）。
- 粮食安全追溯数据结构（表名：LSAQZS）。
- 粮食统计查询数据结构（表名：LSTJCX）。
- 设备管理数据结构（表名：SBGL）。
- 药品基本信息数据结构（表名：YPJBXX）。
- 药品采购申请数据结构（表名：YPCGSQ）。
- 药品采购 / 交还入库数据结构（表名：YPCGJHRK）。
- 药品领用数据结构（表名：YPLY）。
- 药品包装 / 残渣销毁数据结构（表名：YPBZCZXH）。
- 粮食出入库数据结构（表名：LSCRK）。
- 扦样管理数据结构（表名：QYGL）。
- 质检化验数据结构（表名：ZJHY）。
- 过磅单数据结构（表名：GBD）。
- 值仓管理数据结构（表名：ZCGL）。
- 结算管理数据结构（表名：JSGL）。
- 温、湿度监控数据结构（表名：WSDJK）。
- 仓内气体监控数据结构（表名：CNQTJK）。
- 智能通风数据结构（表名：ZNTF）。
- 粮情检测报告数据结构（表名：LQJCBG）。
- 库区视频监控数据结构（表名：KNSPJK）。
- 仓内视频监控数据结构（表名：CNSPJK）。
- 仓内视频告警数据结构（表名：CNSPGJ）。

③ 重点粮食批发市场管理系统：
- 供求信息数据结构（表名：GQXX）。
- 电子黄页数据结构（表名：DZHY）。
- 用户基本信息数据结构（表名：YHJBXX）。
- 角色信息数据结构（表名：JSXX）。
- 权限数据结构（表名：QX）。
- 部门管理数据结构（表名：BMGL）。
- 功能模块编号数据结构（表名：GNMKBH）。
- 商家店铺管理数据结构（表名：SJDPGL）。
- 在线交易数据结构（表名：ZXJY）。
- 订单管理数据结构（表名：DDGL）。
- 订单项数据结构（表名：DDX）。
- 订单状态数据结构（表名：DDX）。
- 付款方式数据结构（表名：FKFS）。

④ 重点粮食加工企业管理系统：

·加工企业基本信息数据结构（表名：JGQYJBXX）。

·原粮收购管理数据结构（表名：YLSGGL）。

·原粮加工管理数据结构（表名：YLJGGL）。

·生产加工管理数据结构（表名：SCJGGL）。

·销售管理数据结构（表名：XSGL）。

·重点加工资格申请数据结构（表名：ZDJGZGSQ）。

⑤ 粮食应急配送中心信息管理系统：

·商业客户基本信息数据结构（表名：SYKHJBXX）。

·设备管理数据结构（表名：SBGL）。

·司机信息数据结构（表名：SJXX）。

·车辆信息数据结构（表名：CLXX）。

·运输信息数据结构（表名：YSXX）。

·车辆调度数据结构（表名：CLDD）。

（5）数据库管理与更新维护：

① 建立数据库管理系统，统一管理和维护数据库。为便于数据库的统一管理与维护，数据的存储和应用开发进行分离，面向不同的需求，开发便于数据维护和更新的基础数据库管理系统。

② 形成有效的数据更新机制。数据更新依赖于基层日常数据采集的基础数据库，采用自下而上的更新方式，由下级数据管理部门负责日常数据采集更新，通过增量备份的方式定期逐级向上更新数据库。

涉及由上级部门审批的规划、计划类等数据库，数据库的更新由上而下进行，通过数据增量方式进行传送。

对于管理数据库的更新，建立行政保障、业务管理系统运行、软硬件配套与数据库更新联动的机制。

（6）数据安全。数据安全即保障数据不被非法读取、非法篡改，具备数据灾难备份和快速恢复能力。通过网络安全防范措施抵御外部入侵、非法侵入对数据的破坏，通过内部管理制度和用户访问控制保障内部人员对数据的合法应用。

① 数据存储安全。系统采用安全本地在线存储设备、本地备份存储和远程灾备存储三种存储方式保障数据备份和恢复能力。在线存储设备自动备份到本地以及远程备份存储设备，一旦在线存储发生硬件故障，备份存储设备可以快速接管业务，保证业务连续性。

② 数据访问安全。对各个系统和数据库设置用户访问权限，用户需要通过授权才能获得相应资源访问权限；应用系统用户保存用户口令等关键信息时，需要将密码使用 128 位加密后再存储。

③ 数据传输安全。在远程进行数据访问和系统使用的过程中，考虑数据远程传输的安全性，通过数据压缩传输、SSL 加密机制传输等方法和措施，保证数据传输安全性。

15.1.8　系统互联互通方案

1. 系统内集成方案

项目通过建立统一的省级云平台，规范统一标准和技术，逐步形成业务系统生态。各业务系统在统一标准的指导下，无缝接入云平台。云平台在应用层面，通过实现统一用户管理和单点登录，提供应用访问统一门户，用户只需要登录一次，即可以访问为其授权的各类应用；云平台在技术层面通过提供 API 服务组件，由合作厂商开发统一规范的微服务（RESTful 架构），既可以将服务开放给其他业务系统使用，也可以调用其他系统提供的服务，从而实现各个业务系统的互联互通。

（1）门户集成。门户集成通过统一门户和单点登录，实现系统互联互通。

系统内所有应用采用同一套身份管理信息，保持基础数据的对等。在一处登录，可以访问所有其权限范围内的业务应用，甚至是业务服务。

在门户服务中，应用间的数据可通过变量共享，实现通信、联动。

（2）服务集成。相对门户而言，基于服务 API 的集成是微服务架构下普适性更强的集成方案。在 API 管理中，服务作为共享资源，可以为不同业务应用所调用。通过调用不同应用的服务来完成彼此间的信息共享，具有极大的操作空间，可以根据流程、业务按需实现，并且在信息内容与流程上有更大的定制空间。

2. 系统外集成方案

门户集成与服务集成两种集成方案，对于系统外应用的集成需求同样适用。云平台作为开放式平台，可以支持不同开发语言的环境，不同技术架构的系统，所以可以将遗留系统或第三方系统移植到云平台之上。

基于所有系统服务均为以 RESTful API 提供，因此，外部系统通过接口安全认证之后可以直接访问系统服务，并根据服务市场上相关的文档说明来使用服务。

如果外部系统采用同样的接口协议，粮食智能化管理系统同样可以直接调用外部系统的 API，但如果是其他协议，则需进行服务封装转换为 RESTful API 后再使用。

粮食平台的数据库信息不允许直接作为集成的手段，为确保数据的完整性和安全性，数据同步必须通过 API 的形式输入输出。与系统外交互的数据类型一般包括以下几种：

（1）非结构化数据。主要包括文档文件、音视频文件、办公文件等。针对非结构化数据内外网交换需求，粮食平台主要提供缓存服务器以文件同步方式进行非结构化数据交换，交换流程如图 15.11 所示。

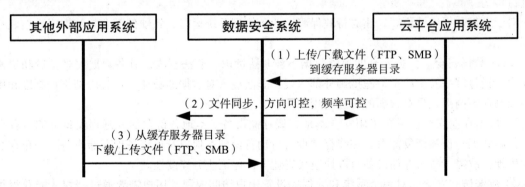

图 15.11　粮食一体化管理平台非结构化数据交换流程图

采用非结构化数据内外网交换须确定以下需求：

① 应用系统需自行向内外网数据安全系统缓存服务器上传 / 下载文件，上传 / 下载文件方式有 FTP 和 SMB 两种。

② 应用系统须确定同步方向（单向、双向）。

③ 应用系统须提供性能指标需求，如数据文件处理吞吐量（ Mbps ）、数据日交换量（ MB、GB ）等。

（2）结构化数据。支持数据库类型主要有 Oracle、MS SQL、MySQL。针对结构化数据内外网交换需求，平台主要提供缓存服务器以数据库同步方式进行结构化数据交换，交换流程如图 15.12 所示。

采用结构化数据内外网交换须确定以下需求：

① 应用系统须自行向内外网数据安全交换平台缓存服务器写入或读取数据，协议为标准 SQL。

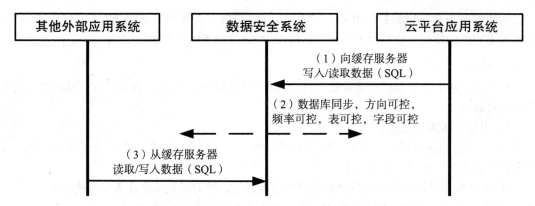

图 15.12　粮食一体化管理平台结构化数据交换流程图

② 数据库同步支持表同步及字段同步，应用系统须确定需要同步的表或字段。

③ 应用系统须提供性能指标，包括吞吐量（Mbps）、数据库到数据库交换记录数（条／秒）、同步数据表数量（张）。

15.1.9　数据处理及存储系统设计

数据处理及存储系统包括三方面内容：主机系统、存储系统及系统软件。

1. 主机系统设计

（1）主机系统设计原则：

① 保证系统及数据的安全性。

② 满足系统功能要求的实用性。

③ 系统采用各种技术的标准性。

④ 技术与成本之间的平衡性。

⑤ 设备及产品售后的全面性。

（2）主机系统的部署。项目选用 x86 机架服务器构架集群系统作为应用支撑平台和数据库系统的数据处理主机，选用 x86 机架服务器构建虚拟机作为业务应用系统的数据处理主机。

项目部署 2 台中心数据库服务器，1 台云平台源服务器，1 台自动化部署服务器，3 台云平台控制节点服务器和 13 台云平台计算节点服务器。

（3）虚拟化云平台设计。主流虚拟化平台（Hypervisor）主要有 VMware vSphere、Microsoft Hyper-V、KVM 和 Xen 四种，其中 KVM 和 Xen 为开源产品，目前业界已有部分厂商根据开源 Xen 开发出自己的虚拟机平台。

项目虚拟化层通过虚拟化软件（如 KVM）对物理层的硬件设施进行虚拟化处理，形成 Hypervisor 虚拟层面的一个或多个虚拟资源池，提供计算、网络和存储能力。资源池可根据需要动态改变所分配的硬件规模，快速适应不同应用系统的需求，提供"弹性、快捷"的资源支撑能力。

虚拟化服务器的配置主要参考业界广泛认可的微服务部署规格进行计算。微服务和轻应用的部署为容器化部署，在资源分配上可以实现灵活分配。对于并发量大或数据处理复杂的服务和应用，其需要占用资源相应增加，在分配时将划分更多的资源；其他的服务和应用将根据经验判断做标准部署。

基本的分配原则如下：

① 对于标准化部署，项目对于每个服务和应用按照 0.25 核 CPU 和 0.5GB 内存进行计算。

② 对于复杂的服务和应用，项目采用集群系统的方式进行资源分配，分配的最小资源为 1 核 CPU+2GB 内存。

以系统中服务和应用的数量为基础,项目对于计算能力规模的测算为 300 核 CPU,按 20% 的冗余来考虑额外的使用,虚拟化平台的设计规模为 360 核 CPU 和 720GB 内存。

2. 存储系统设计

项目云数据中心所存储的业务数据、统计数据具有很高的重要性,在设计存储系统时,首要考虑系统的可靠性。

(1)存储系统设计原则:

① 满足信息的高可用性。存储系统需满足高性能、高可靠性的要求并具备足够的容错特性,提供多种信息保护、共享、管理方案。

② 具有足够的可扩充性。支持目前海量的数据存储,同时满足未来业务发展的需求。

③ 具备多平台、企业级的连接能力,便于主机选型和原有系统整合。

④ 具备相当的技术自主性,优先采用国产品牌的产品。

(2)存储方案设计。存储技术发展已经从原来的直接连接存储(DAS)发展到网络连接存储(NAS)和存储区域网(SAN)。目前 DAS 主要应用在服务器的本地存储,用于安装操作系统和应用软件;NAS 适合于小文件存储,主要应用于服务器的文件存储;SAN 可以为系统提供极高性能的数据 I/O 能力,主要应用于高端数据库等环境。项目采用 SAN 技术进行存储系统的构建,总体架构如图 15.13 所示。

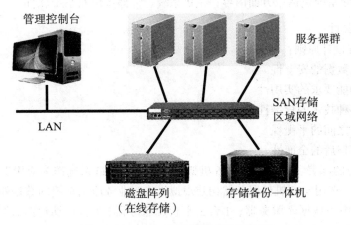

图 15.13 SAN 存储系统总体架构图

① SAN 存储区域网络:采用 Fibre Channel 或者 iSCSI 等存储专用协议连接,构建高速的专用存储网络。服务器群通过 SAN 与多种存储设备进行连接。

② 磁盘阵列(在线存储):采用高端磁盘阵列,满足数据库和数据仓库在线存储的容量、性能、安全、可靠性需求。

③ 存储备份一体机:利用服务器、IP 网络交换机等设备进行备份,实现离线数据备份和归档需求。

项目新建云数据中心配置裸容量不小于 60TB 的在线存储磁盘阵列以及容量不小于 60TB 的存储备份一体机。

3. 系统软件设计

系统软件包括服务器操作系统及数据库系统。

(1)服务器操作系统设计。服务器操作系统的选择主要考虑如何有效利用硬件资源、提高应用系统的性能及安全性、提高管理维护的便利性。

当前主流的 Unix、Linux 及 Microsoft Windows Server 操作系统都可以很好地支持基于 x86 的

PC 服务器。考虑所部署的应用系统的特点及所配备的管理人员情况，项目建议操作维护终端 PC 机选用 Microsoft Windows 系统，PC 服务器选用国产 Linux 内核的操作系统。

（2）数据库系统设计。综合管理平台、云数据中心及各应用系统，对数据库系统性能和功能具有很高的要求，对于数据库系统的选型必须满足高性能、可靠、成熟的要求。

15.1.10　信息传输网络设计

1. 省级数据中心网络设计

省级数据中心为粮食一体化管理平台的核心，在提供数据存储、虚拟化业务服务及数据库功能时需进行高速转发。考虑到数据中心未来将搭载省内大部分业务，在构建数据中心基础网络时，除考虑满足高速转发的需求，必须考虑整网的健壮性及可靠性。

项目中，数据中心基础网络的核心由两台高性能核心交换机组成，两台核心交换机间通过 N×10GE 链路聚合链接，未来可考虑扩展至 40GE/100GE 端口。考虑到数据中心网络的冗余性及网络管理简单化，两台核心交换机采用横向虚拟化技术，虚拟为一台核心交换机。

数据中心核心交换机向上与接入电子政务外网的接入区以及互联网接入区连接，向下通过 10GE 线路与区域每台交换机互联，保障未来业务增长时，全网线路不存在带宽瓶颈，同时保留未来升级的可能性。

为最大限度利用全网资源，保证未来业务虚拟化时整网管理、业务部署、资源调配的方便性，数据中心核心交换机与其他各区域交换机间采用横纵虚拟化的方式，最大限度简化网络层级及结构，同时增加网络健壮性。

2. 各级粮食节点接入方案

全省各级粮食节点（市县粮食局、粮食二级机构及行政部门、粮库等）通过电子政务外网实现粮食业务网络的互联互通，具体的接入方式如图 15.14 所示。

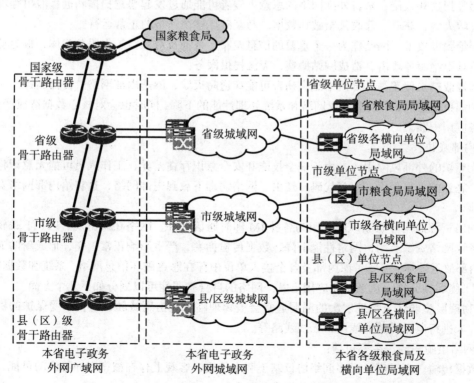

图 15.14　粮食业务网络各级节点接入方式图

电子政务外网由省级政府电子政务外网管理中心进行统一管理，项目粮食业务网络的互联互通在省级电子政务外网管理中心的指导下进行，由电子政务外网管理中心根据全省粮食局实际业务需求，为粮食业务网络分配政务外网公用网络区注册地址，用于粮食业务的互联互通使用。

具体接入政务外网方式主要有直接接入、政务横向城域网接入、互联网 VPN 接入。

（1）直接接入。当地政务外网已覆盖，但横向城域网未建成的，当地粮食局、粮食二级机构及行政部门通过本地汇聚点，以自行铺设线路或租用运营商点对点线路的方式接入到当地政务外网节点的汇聚交换机。

（2）政务横向城域网接入。当地政务外网已覆盖，且横向城域网已建成的，当地粮食局、粮食二级机构及行政部门可通过政务外网横向城域网的接入点接入到政务外网。

（3）互联网 VPN 接入。粮库等粮食网络节点在地域上较为分散，主要考虑通过互联网 VPN 方式接入省级粮食管理平台。

互联网 VPN 接入方式通过特殊的加密通信协议在互联网上为粮库等粮食网络节点与粮食数据中心之间建立一条专有的通信线路，帮助各粮食网络节点同粮食数据中心建立可信的安全连接，并保证数据的安全传输。

15.1.11　安全保障体系设计

1. 安全风险分析

根据网络的组成与功能分析其所面临的威胁，需按物理层、网络层、主机层、应用层和数据层对系统进行安全防护。

（1）威胁分析。网络使用者既有通过电子政务外网进入访问的合法用户，也有来自内部及接入单位的工作人员，因此系统网络面临着两方面安全威胁：

① 外部威胁：

·黑客扫描和入侵。来自外部网络的恶意入侵者可能通过发起恶意扫描和远程溢出等攻击，渗透或绕过防火墙，获取、篡改甚至破坏数据，乃至破坏整个网络的正常运行。

·拒绝服务攻击。网站作为一个重要的信息发布、查询及对社会工作服务载体，很容易受到恶意的大流量拒绝服务攻击，造成网站瘫痪，无法提供服务。

·病毒或蠕虫侵袭。外部网络蠕虫病毒可能穿透防火墙，渗透内部网络，传播病毒。一旦遭受了病毒和蠕虫的侵袭，不仅会造成网络和系统处理性能的下降，同时也会对核心数据造成严重威胁，导致业务应用中断。

② 内部威胁：

·无意识的外部风险引入。由于安全技能和安全意识存在差异，工作人员可能无意识将网络上危险的、恶意的木马程序、恶意代码、蠕虫、网络病毒下载到内部网络，这将给内部网络安全带来严重威胁。

·网络资源滥用导致新风险。因为各种 IM 即时通信软件、网络在线游戏、P2P 下载软件、在线视频导致网络资源滥用，网络性能下降，数据传输拥塞，严重影响正常工作，形成新的威胁。

·内部故意破坏。需要考虑内部及各个接入单位中存在恶意破坏信息网络、系统和数据的可能。

（2）脆弱性分析。从系统和应用出发，网络的自身脆弱性可以划分如下几个方面。

① 物理层脆弱性。物理层次的漏洞通常会被物理临近攻击所威胁，包括未受保护的机房，主机设备，未进行电磁屏蔽的线路，无线线路等。

② 网络层脆弱性。主要包括：

·数据传输。由于现在很多网络协议基于明文传输，客观上存在被窃听和篡改的可能，任何一个对通信进行监测的人都可以对通信数据进行截取。

·重要数据被破坏。目前尚无安全的数据库及个人终端安全保护措施,还不能抵御来自网络上的各种对数据库及个人终端的攻击。

·网络边界。对网络中任意节点来说,其他所有网络节点都是不可信任域,都可能对该系统造成一定的安全威胁。

·网络设备。网络中使用的网络设备,其自身安全性也会直接关系到信息系统和各种网络应用的正常运转。

③ 系统层脆弱性。由于任何产品都不可避免存在本地溢出、竞争条件、远程溢出等脆弱性问题,因此系统本身的脆弱性是不可能完全避免的。

④ 应用层脆弱性。Web 服务器被发现的安全漏洞越来越多,网站面临的安全问题不容忽视。

⑤ 数据处理层脆弱性。主要包含业务关键信息,数据库的信息泄露;篡改数据库内容,伪造用户身份,否认自己的签名,或者可以删除数据库内容,摧毁网络节点,释放计算机病毒等。

2. 安全保障体系内容

根据安全需求分析,建立包含四项内容的安全保障体系:

(1)进行全面的网络安全域规划。

(2)确定信息安全保护等级。

(3)建立安全防护系统。

(4)建立安全管理制度。

3. 网络安全域划分

(1)划分原则:

① 业务保障原则:根本目标是更好地保障网络上承载的业务,在保证安全的同时还需保障业务的正常运行和运行效率。

② 保障性能和有效隔离原则:以不影响或损害业务信息系统的业务功能、性能为首先原则,在保证业务性能的基础上对系统进行安全域划分、进行有效隔离和安全防护。

③ 简洁并规范原则:安全域划分需适度,保持整体上的简洁,一是保持安全域功能和边界通信的简洁,二是保持安全域之间关系(相连互通或隔离)的简洁,三是保持系统安全域整体结构的简洁。

④ 等级保护原则:安全域的划分要做到每个安全域的信息资产价值相近,具有相同或相近的安全等级、安全环境、安全策略等。

⑤ 最小授权原则:安全子域间的防护需要按照安全最小授权原则,依据"缺省拒绝"的方式制定防护策略。防护策略在身份鉴别的基础上,只授权开放必要的访问权限,并保证数据安全的完整性、机密性、可用性。

⑥ 立体协防原则:围绕安全域的防护需要考虑在各个层次上立体防守,包括在物理链路、网络、主机系统、应用等层次;同时,要综合运用身份鉴别、访问控制、检测审计、链路冗余、内容检测等安全功能实现协防。

⑦ 与组织管理架构相适应原则:安全域的划分应与信息系统的管理组织架构相适应,原则上由一个机构管理的信息系统部分应为一个或几个安全域。

⑧ 与系统发展相适应原则:安全域的划分应考虑到业务未来发展需要,在保持系统安全域模型相对稳定的前提下,能够顺利地进行调整、扩展和提升。

(2)安全域划分。省级粮食数据中心网络安全域划分为电子政务外网接入区、互联接入区、对外服务区(DMZ)、核心交换区、安全管理区、业务应用区和终端接入区,各安全域根据业务及应用特点继续进行安全域细分。

① 电子政务外网接入区。电子政务外网接入区是局域网的边界防护区域，实现电子政务外网与局域网访问的安全防护，同时也是整个网络体系的出口，需通过设备手段对进出的访问 IP、端口、服务等细粒度的网络访问方式进行控制，能做到五元组或者八元组等更加细致的控制。

根据需求，电子政务外网接入区需部署下一代防火墙系统作为边界防护设备，边界防护设备以双机负载或者主备模式运行，保证出口处安全设备的稳定长久运行，避免发生单点故障。

② 互联接入区。互联接入区是局域网的边界防护区域，实现互联网与局域网访问的安全防护，要求能够实现对所有业务数据流的检测、分析、防御功能。

同时互联接入区也是整个网络体系的出口，承担着整个网络体系的安全门户工作，要求针对网络出口要达到以下几个防护要求：

·访问控制：通过设备手段对进出的访问 IP、端口、服务等细粒度的网络访问方式进行控制，能做到五元组或者八元组等更加细致的控制。

·入侵防御：通过设备手段对来自外部的端口扫描、协议漏洞攻击、溢出漏洞攻击等带有攻击特征与攻击行为的网络数据包与会话进行阻断，保障局域网的安全。

·恶意代码防护：在网络进出口处部署恶意代码过滤设备，对进出的数据进行快速流检查与深度的文件检查，通过检查及时发现正常数据包中混杂的恶意代码与恶意代码文件，并可进行清除，保证数据流的正常与安全。

根据需求，互联接入区需部署下一代防火墙系统作为边界防护设备，边界防护设备以双机负载或者主备模式运行，保证出口处安全设备的稳定长久运行，避免发生单点故障。

③ 对外服务区。对外服务区为来自互联网的内部人员和公众提供粮食局网站服务。该区主要为 Web 业务系统，在网络中主要面临的威胁为 Web 攻击，包括 SQL 注入攻击、XSS 跨站脚本攻击、WebShell 攻击以及针对 Web 漏洞与 Web 容器漏洞的攻击等。

根据需求，对外服务区需部署 Web 应用防火墙系统。

④ 核心交换区。核心交换区是各个区域互联的中心枢纽，为避免单点故障而部署两台核心交换机，单独划分核心交换区。

核心交换区的需求为部署 VPN，实现远程加密传输功能。

⑤ 安全管理区。安全管理区是指提供安全管理的系统服务器所划定的安全域，该区域实现对整个网络的运行监控、系统分析、安全运营管理等功能，是信息系统的核心区域，应与其他区域进行区域访问控制。

安全管理区的需求为部署安全运营平台、堡垒机、终端安全管理系统、终端准入系统、漏洞扫描系统、数据库审计系统、日志审计系统和下一代防火墙，实现对整个网络的安全管理。

⑥ 业务应用区。业务应用区为内部员工提供内部业务服务和互联网业务服务，是内网业务的核心区域，需与其他区域进行区域访问控制。

根据需求，业务接入区需部署下一代防火墙、服务器负载均衡、CA 认证系统和虚拟化安全管理系统等。

⑦ 终端接入区。终端接入区的办公终端均通过核心交换区域访问业务服务器区域的相关服务器。各终端的主机安全情况复杂，存在多种安全威胁，单纯依靠网络或者审计设备无法达到有效防护。

根据需求，终端接入区需在该区域的终端上部署终端安全管理系统和终端杀毒软件，实现对终端的安全监控、审计及防病毒功能。同时，在该区域需部署上网行为管理系统，建立安全、高效、健康、和谐的网络环境。

4. 安全等级保护

（1）等级划分方法及流程。从信息安全管理的角度来看，计算机信息系统分为非涉密计算机信息系统和涉密计算机信息系统两类。省级粮食一体化管理平台相关信息系统属于非涉密计算机信息系统，主要依据国家信息安全等级保护的相关规范与要求进行预定级，以及进行安全保护系统的设计。

确定信息系统安全保护等级的方法流程如下：

① 确定作为定级对象的信息系统。

② 确定业务信息安全、系统服务安全受到破坏时所侵害的客体（根据信息系统在机密性、完整性和可用性三个方面遭到破坏后对用户带来的损失程度而确定）。

③ 根据不同的受侵害客体，从多个方面综合评定业务信息安全、系统服务安全被破坏对客体的侵害程度。

④ 依据业务信息安全保护等级矩阵表和系统服务安全保护等级矩阵表，得到业务信息安全保护等级和系统服务安全保护等级。

⑤ 将业务信息安全保护等级和系统服务安全保护等级的较高者确定为定级对象的安全保护等级。

确定信息系统安全等级的一般流程如图 15.15 所示。

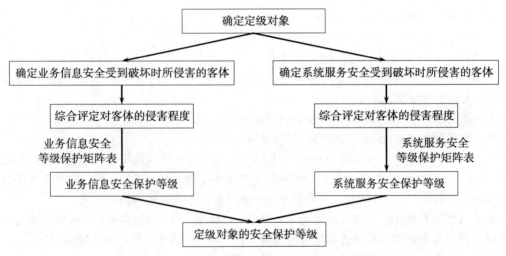

图 15.15　信息系统安全保护等级确定流程图

（2）业务信息安全保护等级：

① 业务信息描述。粮食一体化管理平台所涉及数据包括粮食管理信息、办公信息等。

② 业务信息安全受到破坏时所侵害客体的确定。粮食一体化管理平台的业务信息遭到破坏后，所侵害的客体是社会秩序、公共利益。

③ 业务信息受到破坏后对受侵害客体的侵害程度的确定。社会秩序、公共利益受侵害的程度表现为严重损害，即工作职能受到严重影响，业务能力显著下降，出现较严重的法律问题，较大范围的不良影响等。

④ 确定业务信息安全保护等级。根据分析，粮食一体化管理平台的业务信息安全保护等级为第三级。

（3）系统服务安全保护等级：

① 系统服务描述。粮食一体化管理平台属于为国计民生、社会稳定发展等提供服务的信息系统，其服务范围为区域范围内的国家机关工作人员、放心粮油点的工作人员及面向涉粮企业等。

② 系统服务安全受到破坏时所侵害客体的确定。粮食一体化管理平台的系统服务遭到破坏后，所侵害的客体是社会秩序、公共利益但不损害国家安全。

③ 系统服务受到破坏后对侵害客体的侵害程度。社会秩序、公共利益受侵害的程度表现为严重损害，即会出现较大范围的社会不良影响和较大程度的公共利益的损害等。

④ 确定系统服务安全保护等级。根据分析，粮食一体化管理平台的系统服务安全保护等级为第三级。

（4）安全保护等级的确定。根据信息系统安全保护等级由业务信息安全等级和系统服务安全等级的较高者确定的划分方法，粮食一体化管理平台安全保护等级拟定为三级。

5. 安全防护系统

安全防护系统包括物理安全、网络安全、主机安全、应用安全、数据安全等方面。

（1）物理安全。物理安全指保护计算机网络设备、设施或其他媒体免遭地震、水灾、火灾等环境事故以及人为操作失误或错误和各种计算机犯罪行为导致的破坏过程。

粮食一体化管理平台的物理安全措施包括：

① 重要区域设置门禁系统。

② 部署视频监控系统。

③ 设备配置防雷器。

④ 设置火灾自动报警系统和消防灭火系统。

⑤ 部署机房动力环境监控系统。

⑥ 部署机房 UPS 系统保障电源供给。

（2）网络安全。网络环境安全防护的目标是阻止恶意人员通过网络对应用系统进行攻击，同时阻止恶意人员对网络设备发动攻击。

粮食一体化管理平台的网络环境安全防护措施包括：

① 核心交换区配置冗余的交换设备，提供足够的带宽。

② 在省级粮食数据中心网络电子政务外网接入区、互联接入区的网络边界部署下一代防火墙，通过下一代防火墙严格的访问控制规则，对网络进行边界隔离。在业务接入区、安全管理区与其他区域的网络边界部署下一代防火墙，严格控制进出网络各个安全区域的访问。

③ 在省级粮食数据中心网络互联网接入区部署下一代防火墙，防御各种形式的网络攻击行为。

④ 在省级粮食数据中心网络终端接入区部署 2 台上网行为管理机形成双机保证网络。

⑤ 在省级粮食数据中心网络安全管理区部署 1 台安全审计系统。

⑥ 在省级粮食数据中心网络部署 1 套漏洞扫描系统，预防已知安全漏洞的攻击。

⑦ 在安全管理区部署 1 台堡垒机，严格控制网络和安全设备的登录权限以及登录安全问题。

⑧ 在省级云平台部署 2 台 SSL VPN 设备。

⑨ 部署 1 套安全运营平台，管理全网各种安全设备、网络设备、应用系统服务器、操作系统等。

（3）主机安全。主机安全指对服务器及数据中心的所有办公终端的安全防护。

保护主机系统安全的目标是确保业务数据可用性、完整性和保密性，阻止未授权访问，确保主机系统的安全，发现入侵企图，对安全事件进行审计追踪并进行后续处理。

粮食一体化管理平台的主机系统安全防护措施包括：

① 针对终端设备建立统一的安全管理措施，集中管理操作系统补丁，严格执行病毒管理策略。

② 在安全管理区部署终端安全管理系统，进行外设、桌面安全等管控，并开启实时病毒防护功能。采用统一下发并强制执行的机制对内部终端系统进行管理和维护。

③ 针对重要的服务器，多方面提升底层操作系统的安全防护等级，确保上层应用安全。

④ 防范终端设备的使用口令被窥探造成口令外泄。

（4）应用安全。应用安全防护包括对于应用系统本身的防护、用户接口安全防护和对于系统间数据接口的安全防护。防护的目标为保证应用系统自身的安全性、数据交互时的数据安全性，安全事件发生前发现入侵企图或在事后进行审计追踪。

粮食一体化管理平台的应用安全防护措施包括：

① 建立严格的授权、鉴别与访问控制策略，不开放非常用的协议及协议端口，加强身份认证及操作权限管理，增强口令强度。

② 在粮食数据中心部署 1 套安全运营平台。

③ 在 DMZ 网站发布区部署 Web 应用防火墙，完善 Web 应用安全防护能力。

④ 部署虚拟化安全管理系统，对关键虚拟机进行安全防护。

⑤ 部署虚拟化安全防护系统，进行分层次、全方位、可扩展的安全隔离和安全防护。

⑥ 在业务接入区部署服务器负载均衡，提供 L2-7 层的流量控制，并实时监测服务器状态。

（5）数据安全。数据安全防护包括对数据完整性、数据包保密性的防护，以及数据的备份和恢复。

粮食一体化管理平台的数据安全防护措施包括：

① 采用数字证书（CA 认证）实现强身份鉴别与加密，并实现数字签名。

② 在核心交换区和粮食网络节点部署 VPN 网关，移动办公时通过 IPsec VPN 或 SSL VPN 方式安全接入，保证数据传输过程的完整性、保密性和抗抵赖性。

③ 实现网络设备和通信线路的冗余，同时对数据进行本地备份。

④ 部署 1 套安全审计系统。

⑤ 建立采用客户端证书认证接入及对业务系统认证访问的机制。

6. 安全管理制度

（1）安全管理制度的制定原则。按照管理系统化、工作程序化、保障机制化的原则进行制度设计。

① 管理系统化。形成包括岗位责任制、管理制度、报告制度、内部审计制度、应急预案制度等在内的一整套安全管理制度体系。

② 工作程序化。形成一整套完善、严密、纵横联系的程序和方法，规范和指导信息系统安全工作。

③ 保障机制化。形成具有自稳、自组功能的信息安全保障机制，根据问题调整信息安全管理制度。

（2）信息安全管理制度框架。安全管理规章制度主要包括以下四部分内容：

① 物理与环境安全管理制度。包括机房与设备安全管理制度、物理防盗管理制度、设备、线路、电源管理制度、存储介质管理制度等。

② 系统安全管理制度。包括下一代防火墙安全管理制度、软件系统管理制度、网络资源备份管理制度等。

③ 网络运行安全管理制度。包括安全运营管理制度、计算机病毒防治管理制度、信息备份管理制度等。

④ 信息安全保密管理制度。包括身份识别和密钥管理制度、访问权限管理制度、安全审计管理制度、内部评估制度、人员管理制度等。

15.1.12　综合运维管理平台设计

1. 系统主体功能

综合运维管理平台主要包括资源监控系统、机房 3D 可视化、自动化运维、IT 运维流程管理、运维数据统计分析、综合门户及大屏呈现等功能。

2. 资源监控系统

建立一体化的监控平台，实现对粮食数据中心所有 IT 基础架构及基层粮库主要网络设备的统一采集、监控、预警、展现，实现智能化、自动化、可视化的监控管理。

监控平台满足 IT 基础架构的统一监控管理，包括如下的功能：

（1）第三方兼容性：兼容多厂商、多品牌、多类型、多型号、多版本的设备采集，包括网络设备、安全设备、主机服务器、虚拟机、存储设备、数据库、中间件等。

（2）安全防范：对数据安全和访问权限进行严格限制和管理，确保数据在采集、传输过程中的安全，确保平台在管理过程中的数据安全，确保敏感数据在存储过程中的数据安全。

（3）指标获取的准确性：通过 SNMP、Telnet、SSH、WMI、HTTP、JDBC 等多种方式准确采集不同设备的性能指标且保证时效性。

（4）面向业务视角：以业务逻辑的方式串联 IT 资源，将业务系统的运行状况作为监控对象进行监控管理。

（5）告警中心：对运行情况进行预警，发生故障时快速定位，可以归并告警信息，获取告警根源和关联影响分析，具备手机 APP、短信、PC 客户端等告警通知功能。

（6）资产管理：管理网络中的主机设备、网络设备、安全设备、应用系统，自动发现资产并创建网络拓扑图，根据实际需要将资产划分到不同安全域。

（7）威胁发现：将日志分析结果与威胁情报相结合，发现威胁并告警。

（8）展示与分析：展示当前统计周期内全局、各安全域的风险值和风险趋势，以及待处置的告警情况；展示外部攻击或恶意外链等行为，呈现过去一段时间内的重要受攻击目标和主要攻击来源。

（9）报表：支持报表模板的灵活编辑，可选定不同统计数据以形成整体报表。

3. 机房 3D 可视化管理

机房 3D 可视化管理系统，提供各个机房的地理位置分布，机房之间的关系和机房的状态。主要内容包括：

（1）3D 机房：支持机房布局 3D 效果的可视化呈现，通过全 3D 仿真的虚拟机房环境，洞悉每一个机房元素，了解机房（机房信息、机房元素指标、机房内设备和元素的告警）、机柜（包括机柜内的设备信息、设备面板、机柜微环境等）、其他机房设施的信息，以分级分层的效果进行呈现。通过 3D 可视化视图，支持从机房→机柜→设备的可视化数据钻取路径。

（2）动环监控：对接现有动力环境系统，提供对机房的温湿度、烟感、水浸、空调等多种动力环境资源统一监控，结合基础资源监控管理，实现机房动力环境与设备资源的一体化管理，同时提供告警及报表功能。

（3）综合配线：通过视图构建机房、物理线路的可视化管理，实现从整体到局部的物理线路、配线架和机柜的综合配线可视化管理，提供配线变更记录、配线架、配线接口、配线接口连接图、管线图等功能。

4. 自动化运维工具

通过自动化技术和手段，执行日常运维过程中重复性高、例行的工作，释放运维人员的精力，减轻运维人员的工作量，实现自动化运维。

自动化运维工具主要包括以下几项功能：

（1）自动巡检：从所有资源中选出巡检所关注的资源和指标，设定相应的巡检任务和巡检时间，系统自动完成对选定设备指标的巡检工作，并生成巡检报告反馈给运维人员，超标数据自动标识，节约用户对比时间。

（2）批量配置下发：基于脚本、配置文件、配置命令等形式实现对各类资产的批量化配置，并通过结果检查来判断配置内容是否生效或是否配置成功。

（3）配置备份：实现对监控范围内网络设备的配置管理，包括配置文件批量备份、配置比对、配置变更告警等功能；支持对网络设备、服务器、数据库、应用系统等重要的配置文件进行备份管理。

（4）脚本快速执行：执行相应脚本，进行故障快速解决。

（5）IP 地址管理：针对 IP 网络中的 IP 资源进行管理。通过 IP 地址扫描功能发现网络中存在的 IP，针对 IP 按照部门、地址段等信息进行分类，展示 IP 网络地址的规划率、使用率、非法占用等信息。根据非法占用、未登记、接口变更、网段使用率产生告警消息。

（6）日志监控：对 Windows 日志和 syslog 日志进行监控管理，接收相关日志信息，进行存储分析并产生告警。

（7）端到端故障排查管理：通过 IP、位置、用户名、业务、网络出口等信息进行快速定位，实现从用户接入端到业务系统端的智能追踪，自动呈现单个用户到单个业务应用的路径，帮助管理员快速判断用户网络接入的问题所在。

5. IT 运维流程管理系统

IT 运维流程管理系统通过运维流程管理，将信息中心内部运维管理相关规范和制度有效落地，实现后台运维工作流程化、可追踪、可量化的规范管理。

系统包括如下功能：

（1）自助服务台：用户可以通过网页方式进行自助的查询、报修、申请等操作，并且在线跟踪自己的工单进度、反馈自己的建议、对满意度进行评价。

（2）故障管理：针对用户报修的故障进行快速解决，记录故障现象、处理过程、解决方案等，可追溯、可统计查询、可共享为经验知识等功能。

（3）服务请求管理：针对用户的服务请求，内置对应的模板，完成线上申请、线上审批、线上处理的全部过程。

（4）服务级别管理：实现对外包服务质量的考核，匹配对应的服务级别要求，对不同的时效性进行统计和超时提醒，对严重问题进行升级。

（5）知识管理：实现运维经验和基本知识的存储、分享和引用，提升团队整体的技术水平，提供知识积累的途径。

（6）资产管理：对 IT 资产进行出入库操作、统计查询、变更记录等功能，支持二维码和条形码管理功能，满足移动化管理趋势。

（7）微信接入：通过微信端的应用扩展方式实现用户的自助服务，满足移动化办公的需求。

6. 运维数据统计分析管理

通过故障、人员、工单、资产等多纬度的运维数据统计分析，实时掌握运维综合数据，准确识别运维业务发展规律，快速获取运维管理各方面的直观准确数据，诊断分析问题根源，预判数据走势，洞察全局运维动态。

7. 综合门户及大屏呈现

将系统采集到的监控结果如状态监控、性能监控，以指标数字、交互式 FLASH、图片等方式在首页门户进行实时展现。可自定义门户展现内容，包括告警、资源、业务、拓扑、机房等。

系统能适应大屏幕呈现，支持矢量图界面元素，适应任何分辨率，支持多块拼接的大屏显示，构建监控中心。

15.2   传统工业配新鞍——大型企业工业互联网的设计案例

工业互联网是第四次工业革命的重要基石和关键支撑,是工业实体经济振兴的助推器。工业互联网将新一代数字技术与现代工业深度融合,内容博大精深,发展日新月异。工业是我国经济发展的主导产业,传统工业配上工业互联网的"新鞍",将为传统工业插上腾飞的翅膀。针对工业互联网如何从新兴概念到落地实施、如何推动传统工业数字化转型升级、如何促进工业企业高质量创新发展的问题,必须从总体上进行统筹规划。我们参与设计的国内一家大型电子信息制造企业工业互联网项目内容众多、技术复杂,本案例限于篇幅,主要从总体框架上概要介绍该企业建设的工业互联网项目情况,以期为同行和读者提供参考。

15.2.1   设计总体要求

1.项目背景

某大型电子信息类工业企业主要为客户提供各类电子产品的开发、设计、生产与智能制造等专业服务,产品领域涵盖通信网络设备及其高精密机构件、云端运算设备及其高精密机构件,以及高精密刀具、工业机器人等智能制造工具。该企业厂区占地总面积 600 多亩,主要生产智能手机、平板电脑、高端路由器、高端交换机网卡等电子产品,年产值超过 400 亿元。

为应对在效率、成本和质量等方面面临的新挑战,该企业开展工业互联网项目建设,将新一代数字技术与产品生产制造过程、企业经营管理活动相融合,推动数字化转型,充分发挥数据这一新生产要素的作用,解决劳动力缺口、提升增量收入、提高资产利用率、提高产品核心竞争力,从而实现提质、降本、增效和决策优化。

2.设计目标

项目在多年信息化工程建设实践与经验的基础上,充分利用已有工业信息化资源,引入云计算、大数据、人工智能等新一代信息技术、数字技术,构建面向新时代的工业互联网,打造跨边缘感知层、平台层和应用层的体系,连通设备层、车间层、企业层,为生产者、管理者和决策者提供智能辅助,进一步提升企业的数字化、网络化、智能化水平。

项目设计目标主要有:

(1)建成覆盖生产制造现场活动和数字化生产设备运行状态的数据采集系统,全面夯实数字化基础。

(2)建成工业互联网平台,提升数据存储、分析、处理能力,为数据应用提供基础环境和开发工具。

(3)围绕企业在智能制造、能源管理、质量管理、设备维护、供应链管理等方面的急切需求与发展痛点,形成一系列数字化应用系统,促进生产效率提升、能耗降低、产品优良率提高。

(4)全面提升网络信息安全防护能力,保障工业互联网安全稳定运行,确保企业运营安全。

15.2.2   项目设计任务

项目以物联网平台数据采集为基础,以智能数据平台、智能制造平台、影像大数据平台为核心,辅以数据模型化、模型服务化,部署生产制造、能源管理、质量管理、供货商供给侧管理、智能维护和安全管理服务应用。

项目主要设计任务内容包括:

(1)建设 1 个数据采集系统:利用传感器、采集网关、摄像头等采集各类数据。

(2)搭建 1 个工业互联网基础平台:包括基础设施、大数据管理、行业机理模型、微服务资源池、应用开发工具和平台资源管理。

（3）建设 1 个大数据分析系统：对采集到的大数据进行处理、分析、计算等。

（4）建设智能云网制造系统，主要包括 6 个应用系统：绿色智慧能源管理系统、基于大数据的产品质量管理系统、预测性维护系统、供应链智慧决策系统、供应商零件不良预警预报管理系统及影像数据管理系统。

（5）建设 1 个安全防护系统：包括主机安全、网络安全、业务安全、移动安全及备份系统。

15.2.3　系统架构设计

1. 总体架构

云计算是推动工业互联网发展的一项关键技术，是工业互联网的支柱之一。新工业革命时期的工业数字化具有点多面广、数据量大、算力要求高、快速经济弹性部署等需求特点，传统工业的原有信息化系统正因为融入了云计算等新一代数字技术，才促进了工业互联网的诞生和发展，在某种意义上，可以说云计算充当了新工业革命发动机的角色。

基于云计算基础设施即服务（IaaS）、平台即服务（PaaS）和软件即服务（SaaS）三类服务的系统基本架构，项目按照边缘感知层、平台层和应用层的总体架构设计工业互联网，具体如图 15.16 所示。

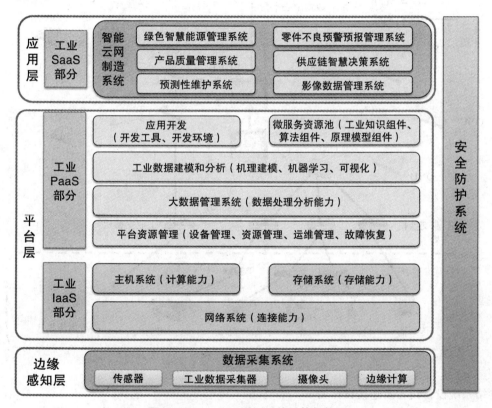

图 15.16　工业互联网系统总体架构图

（1）边缘感知层：实现对不同来源和不同结构的数据进行广泛采集，并将控制信息传递给现场装备。

（2）平台层：细分为工业 IaaS 和工业 PaaS 两个部分，其中工业 IaaS 部分提供计算、存储、网络等基础设施资源，为上层工业 PaaS 调用，提供支撑海量工业数据处理的基础环境；工业 PaaS 部分基于工业机理和大数据模型，通过对海量数据的深度分析，实现工业知识的沉淀和利用，包括大数据管理、工业数据建模与分析、微服务资源池、应用开发工具以及平台资源管理等。

（3）应用层：即工业 SaaS 部分，面向用户提供具体的应用系统，智能云网制造系统包括绿色智慧能源管理系统、产品质量管理系统、预测性维护系统、供应链智慧决策系统、影像数据管理系统等。

2. 网络架构

项目采用工业无源光网络（PON 网络）进行网络互联，实现工厂内数据采集网络和多种工业互联网协议适配，支持 RS232/485 串口、以太网等多种工业设备接口和通信协议，将数据采集系统采集到的数据传输到数据中心平台。

（1）网络拓扑结构。工业 PON 网络通过灵活的网络配置，完成对工业设备数据采集和传输，以实现生产设备监控、信息集采、生产控制等功能。

工业 PON 网络的拓扑结构可与各车间信息节点无缝结合，可根据需要组成多链路备份的树形结构、环形结构等传送网络。网络拓扑结构如图 15.17 所示。

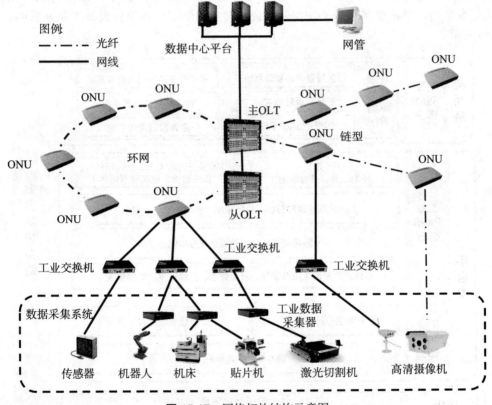

图 15.17 网络拓扑结构示意图

网络系统设备设置及连接设计如下：

① 在车间布放光网络单元（ONU）。

② 在车间设置工业交换机。

③ 将各个车间的数据采集系统通过网线或光纤连接到工业交换机、ONU。

④ 光线路终端（OLT）部署于数据中心机房，为各车间 ONU 提供业务汇聚和传送。

⑤ OLT 通过 GE 上联接口连接到数据中心机房的主机系统和存储系统，工业 PON 网络将各生产设备端口透传到网管上的管理平台，对所有设备统一管理。

（2）功能设计。主要系统功能包括：

① 车间工业互联网基础网络建设，对工厂车间生产线的所有设备，通过工业 PON 网络进行网络互联。

② 全业务通信整合能力：系统提供 FE、GE、CAN、RS485、CVBS（BNC 接头）等多种业务接口，满足各种业务的接入。

③ 车间工业互联网设备数据采集建设，对设备进行工业数据采集，并传输到控制中心。

（3）安全及可靠性：

① 采用安全易维护设备：两套 OLT 最多可以组成 30 个独立的光分配（ODN）环网，可以把各业务或者站点组到不同的环网中，提供安全性；ONU 设备支持远程调试、检测，不需要维护人员亲临现场。

② 多种保护方式提高安全性：汇聚设备 OLT 和 ONU 接入器使用单纤双向环网技术，主备链路快速切换；设备的关键模块都使用双备份，在主用板发生故障情况下，系统会快速自动切换，不影响业务使用；使用主备电源供电；ONU 接入器具备自交换能力，在设备两边的光纤全部断掉的情况下，这个点上的设备之间仍可以通信。

15.2.4 数据采集系统设计

1. 采集数据的内容

项目需要采集的工业数据包括两大类，一类是工业生产现场活动数据，另一类是数字化生产设备的运行数据。

工业生产现场活动数据包括：

（1）车间温湿度等环境参数。

（2）人员数据。

（3）物料数据。

（4）质量数据。

（5）工位检测。

（6）生产异常数据。

数字化生产设备的运行数据包括：

（1）采集设备运行状态：停止、待机、运行、故障、检修等，以及发生的时间点。

（2）采集设备运行工艺参数：电压、电流、功率、温度、湿度、压力、行程、速度、转速、气压、流速、光强、噪声、浓度等。

2. 数据采集方案

项目设计的核心物联网平台是万物互联互通时代资源接入管理、数据采集的有效解决方案，通过该物联网平台高效、安全地将海量设备连接至边缘计算及云端，并在核心层和云端进行设备管理、数据存储，结合平台服务对数据做进一步处理，实现数据分析与可视化展现。

物联网平台支持基于工业标准协议串口、文件、软件界面参数的采集、解析与存储，支持各种智能网关数据采集与存储。在数据传输协议 / 标准方面，可根据用户需求对数据传输提供端到端加密，并支持以容器方式对数据接入的服务进行扩展。

项目对工业现场的信息数据采集有三种方式：

（1）使用传感器采集信息数据。传感器是一种检测装置，能感受到被测量的信息，并能将检测感受到的信息，按一定规律变换成为电信号或其他所需形式的信息输出，以满足信息的传输、处理、存储、显示、记录和控制等要求。

项目在生产车间内关键点位安装温度传感器、湿度传感器、气压传感器、电流传感器等，实时采集生产现场的环境信息。

（2）使用标准数据采集器采集信息数据。采用工业级标准数据采集器与数字化的工业设备连接，通过工业设备提供的协议接口，直接读取设备的运行数据。

项目采用的工业级标准数据采集器由企业针对生产线上的工业设备自主研发，支持通用的工业标准协议，包括 Modbus、Powerlink、EtherCAT、Ethernet/IP、CC-LINK、Profibus/Profinet、Canopen、Sercosll 协议。

项目对表 15.7 中的设备通过安装工业级标准数据采集器进行数据采集。

表 15.7　数据采集器支持的工业设备表

设备类型	型　号
印刷机	Momentum、GKG
贴片机	Universal、Dell、HITACHI
自动光学检测机（AOI）	TR7500、TR7700
激光加工机	HSTLM-330
钻石激光切割机	HSDLM-50、HSDLM-220
精密磨削机	GD-B/SUPER-DG
数控外圆磨床	NP5
无人运输小车（AGV）	TYPELC
高低温测试机	BJYSL-GDW 系列

（3）使用摄像头采集信息数据。项目在生产车间内各个位置安装高清摄像头，对车间进行 360° 无死角监控，保证车间内所有位置至少均处在一个摄像头内。

3. 边缘数据处理

项目使用基于 x86 架构的边缘运算器，将服务器等级计算能力落地到边缘。该边缘运算器采用壁挂式或桌上放置式安装，可更靠近设备端实现大幅减低网络等待时间。边缘运算器提供丰富的可扩充性接口，包含 USB、10G 高速光纤网络以及 3 个高速串行计算机扩展总线接口，支持各种弹性的应用场景。

通过支持图形处理器、现场可编程门阵列等加速器芯片，边缘运算器可帮助加速人工智能、模型推理以及大数据分析应用。边缘运算器配有 8 个硬盘接口，搭配虚拟化储存技术，让边缘运算数据库链接更加方便弹性。辅以软硬件高可靠度的功能，可实现实时控制、实时管理、不停机高度保障性的边缘运算应用场景，降低灾难恢复的风险，因此可为边缘感知层采集到的数据，进行数据清洗、数据解析、数据建模等动作，为不同类别的数据进行解析说明，为决策系统提供支撑。

边缘运算器搭配酷睿（Core）软件架构，实现端到云的数据贯通，结合设备的 3D 模型，实现云与端的可视化接口与机台一体化、一致化的运动控制调配。使用边缘运算器构建一个工业现场云，执行跨多设备智能模型算法，实现现场多设备的管理和快速智能控制。结合智能连动运维服务，支撑环境管理、在线诊断、物流 / 人流管理与影像大数据安全监控。

15.2.5　基础平台设计

项目平台系统的硬件设备主要集中安装在企业数据中心机房，企业现有的机房已具备良好的安装环境：有必要的防尘措施、设有自动火灾报警器和气体灭火器、有可靠的接地措施和防雷措施、环境温度范围 18 ~ 25℃、环境湿度范围 45% ~ 65%。

平台层包括工业 IaaS 和工业 PaaS 两部分，其中工业 IaaS 部分主要是网络系统、计算和存储能力设施等基础设施，工业 PaaS 部分主要是大数据管理系统、工业数据建模与分析、微服务资源池、应用开发工具以及平台的资源管理功能。

1. 主机及存储系统

（1）主机系统。主机系统的建设目标是构造一个功能齐全、运行高效、使用灵活、维护方便、易于扩展、投资节省、安全可靠的主机和网络系统，为了达到这个目标，必须注重考虑可靠性、可用性、扩展性、先进性、经济性以及管理性几个方面因素。

主机系统承担着工业生产大量关键数据服务，在设备选型时必须首先考虑可靠性，确保能够满足业务需求。采用高性能的 PC 服务器具有优良的性价比，既能节省投资，又能获取稳定、可靠、高效的服务，满足业务需求。同时，在平台的后续建设中，随着业务量的扩大和技术的发展必然要求服务器的扩展，PC 服务器系统标准化可以堆积木的方式扩展，保护原有设备的投资，从低端到高端均可以平滑升级和扩展。

① 应用服务器集群。项目配置 50 台机架服务器作为应用服务器集群。将多台服务器组成一组应用服务器集群，通过应用负载均衡技术，可利用多台服务器同时为大量用户提供服务。当某台服务器出现故障时，负载均衡服务器会自动进行检测并停止将服务请求分发至该故障服务器，而由其他工作正常的服务器继续提供服务，保证服务的可靠性。单台应用服务器的主要配置为：E5-2660 V4 的 CPU，16GB 的 RAM 内存，5TB 的 HDD 硬盘。

② 边缘运算服务器。项目配置 15 台高性能 PC 服务器，组建边缘运算服务器群，为边缘数据处理提供运力支撑，单台边缘运算服务器的主要配置为：4 核 E5 2628 的 CPU，256GB 的 RAM 内存，720GB 的 SSD 固态硬盘。

（2）存储系统。项目配置 20 台大容量存储服务器组建存储系统，单台存储服务器的主要配置为：i5-2500 的 CPU，8GB 的 RAM 内存，25TB 的 HDD 硬盘。

2. 大数据管理系统

边缘层通过大量生产设备、机器的数据接入，将不同来源和不同结构的数据进行广泛采集，通过云网的存储、传送及硬件集成虚拟化后，由大数据管理系统将数据及视频影像进行分类、分割、分解、分析等处理，进而提供给工业应用系统，实现智能工厂全面网络化、云端化、平台化，支撑构建物与物、机器与机器、机器人与无人工厂间的全自动化智能制造。

（1）数据接入。工业互联网平台的数据接入模块包含接入接口和缓存系统两大部分，主要涵盖以下处理内容：

① 接入接口：支持各类数据源的文件接口和流接口进行对接接入，同时也支持关系型数据库接口。针对数据实时性要求在分钟级的场景，优先采用文件接口；针对数据实时性要求在秒级的场景，则优先采用流接口。

② 缓存处理：针对接入的各类数据源，平台对数据进行缓存处理，包括将压缩文件进行解压、将同一时间大量的零散文件进行合并、分割大体量数据文件等。

（2）数据稽核。数据稽核主要负责对数据源进行合法性校验和纠错，保证数据质量。稽核处理主要包括文件格式、字段类型、合法性等校验以及对非法数据的过滤处理；数据稽核模块还支持对部分数据的纠错处理，以保证最大化程度保留数据记录。

（3）数据清洗。工业互联网平台在进行数据清洗转换时，支持以下功能：

① 提供向导式的基础数据处理功能，包括过滤、排序、多表关联查询、转置、拆分、抽样、数据比较等功能。

② 提供用户编写代码的方式进行复杂的数据处理。

（4）要素提取。要素提取主要处理对关系要素的提取和内容要素的提取。关系要素提取可提取出两两之间要素关联关系；内容提取可提取出内容中关键要素信息等。

（5）数据打标。数据打标模块主要负责对数据源进行业务数据标签化。针对数据源进行业务化分析处理，根据分析情况打上该数据的业务化标签，为上层应用提供服务。

项目的工业互联网平台提供的支持万亿级索引组件，通过标签标记技术与两段式查询组合技术，为总量在万亿级别、每天千亿级别增量的数据提供近似实时的数据导入，实时创建索引，并提供秒级的多维即时查询与多维即时统计服务。

（6）标准化输出。工业互联网平台将大数据管理系统处理过的数据，通过统一接口，向外部系统提供标准化的数据源。标准化输出支持文件接口输出和流接口输出。

（7）离线计算。离线计算基于云上托管服务，用户可在几分钟内获得一个安全、低成本、高可靠、可弹性伸缩的专属大数据集群。离线计算功能模块在提升研发效率、运维效率、降低硬件成本的同时，轻松应对 TB、PB 级的海量数据的价值挖掘挑战。

（8）实时计算。项目构建的平台支持海量数据实时处理，为各项应用提供基础计算能力。从全流程的实时计算体系的角度看，整个功能模块由核心的平台支撑层和扩展的应用层构成，支持流式数据的实时处理和分布式计算框架。随着数据量的增长，可以通过线性扩展方式实现计算性能的线性提升。实时计算功能模块支持低延迟响应，支持以结构化查询的方式提供计算服务，屏蔽流式计算中复杂技术细节，主要应用于实时数据仓库、实时商务智能报表及实时在线计算等场景。

（9）流计算服务。流计算服务是位于云端的流式数据汇聚、计算服务，借助于该功能服务，可以轻松构建网站点击流分析等流计算应用。

（10）数据工坊功能。数据工坊是一项轻量云上大数据服务，提供基于结构化查询的大数据计算框架；适合需要动态灵活获取大数据计算能力进行批量计算、日志处理或数据仓库应用的场景。

（11）商业智能分析。商业智能分析作为新一代敏捷型商业智能应用服务，为用户提供多维分析和报表展现。用户可以在几分钟上线一套数据可视化分析报表，还可以通过拖拽式自服务操作进行交互式分析，快速获得分析结果。

（12）大数据实时可视交互系统。大数据实时可视交互系统基于数据实时渲染技术，利用各种技术对大规模数据进行整合，实现数据实时图形可视化、场景化以及实时交互，让使用者更加方便地进行数据的个性化管理与使用。

（13）推荐引擎功能。该功能是一站式通用推荐引擎，提供安全、便捷、精准、可靠的推荐系统服务，适用于兴趣推荐、相关推荐、社会化推荐和位置推荐等多种推荐应用场景，帮助提升业务的用户体验和点击转化率。

（14）实时多维分析引擎功能。实时多维分析引擎结合数据列存储技术和极速查询优化技术，提供高性能的实时多维分析能力。可在无需预构建数据立方的情况下，通过结构化查询语句对千亿级数据进行毫秒级的无限制上卷、下钻、切片、切块、旋转等分析操作，实现快速洞察海量数据价值。

（15）公众趋势分析功能。公众趋势分析基于云搜索和自然语言处理能力，提供全面、快速、准确的全网公开数据分析服务，帮助解决舆情分析、品牌监测、竞品分析、数据营销等问题。

（16）智能推荐服务。智能推荐依托海量用户行为和广泛产品覆盖，以数据＋算法＋系统为核心，结合企业在多领域深厚的大数据技术积累，提供基于海量用户画像＋实时大数据机器学习的内容个性化推荐服务。通过简单的应用程序接口调用，可快速拥有优秀的大数据应用能力。

（17）深度学习平台。该功能模块是基于强大云计算能力的一站式深度学习平台，通过可视化的拖拽布局，组合各种数据源、组件、算法、模型和评估模块，让算法工程师和数据科学家在该平台上方便地进行模型训练、评估及预测。平台支持 TensorFlow、Caffe、Torch 三大深度学习框架，提供相应的常用深度学习算法和模型，帮助快速接入人工智能的快车道，释放数据潜力。

3. 工业数据建模与分析

工业数据建模与分析的关键在于行业机理模型。行业机理模型是指通过数字技术对工业研发设计、生产制造、经营管理等制造全过程的运行规律进行显性化、模型化、代码化，即把行业的工业原理、关键材料、核心零部件（元器件）、先进工艺、产业技术等封装成数字化模型。每个行业机理模型都是一个积木式的模块，可供工业 APP 开发者灵活调用，促进工业知识的沉淀、传播、复用与价值创造。行业机理模型是工业 PaaS 的核心，是工业互联网平台技术能力的集中体现。

项目的工业数据建模与分析业务流程如图 15.18 所示。

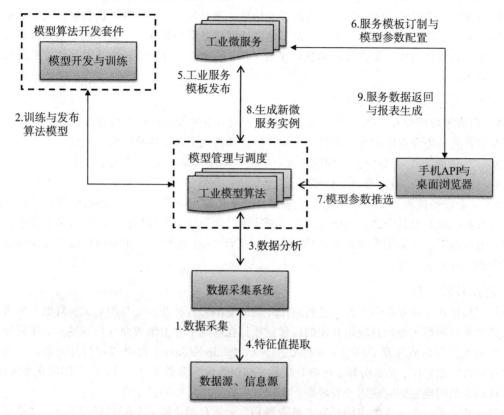

图 15.18 工业数据建模与分析业务流程图

4. 微服务资源池

项目的工业互联网平台提供封装各行业工业经验知识、支撑工业 APP 快速开发部署的工业微服务组件。

1）自动光学检测机（AOI）参数智能优化微服务

（1）微服务应用简介：AOI 参数智能优化微服务通过对 AOI 测试数据、程序参数进行收集，结合串行外围设备接口数据进行数据建模与分析，实现减少 AOI 误测率，提高 AOI 测试品质，同时减少测试人员负担。

（2）使用的数据：AOI 设备信息、AOI 产品测试数据、AOI 程序参数信息、串行外围设备接口测试数据、调机人员信息、贴装设备信息。

（3）应用的模型：AOI 智能参数修正模型。

（4）工业设备接入方案：采用数据采集器与 AOI 设备连接，通过 AOI 设备应用软件的协议端口读取设备的运行数据。采集的数据汇聚到核心物联网平台（IoT 平台），由模型算法开发与调度平台对数据资源进行应用分析。

2）表面贴装加工生产线中的钢网智能保养微服务

（1）微服务应用简介：通过对钢网、刮刀、锡膏状态数据实时采集及建模分析，对钢网保养时间进行预判，将钢网保养机制由以往预防性保养变为预测性保养，大大降低钢网维护成本。

（2）使用的数据：贴装设备信息、钢网数据、刮刀压力、刮刀速度、锡膏厚度、锡膏形状尺寸、串行外围设备接口测试数据。

（3）应用的模型：钢网保养预测模型。

（4）工业设备接入方案：通过三种方式接入，一是采用数据采集器与数字化的贴装设备连接，通过软件协议接口读取设备运行参数，获取设备信息、钢网数据、串行外围设备接口测试数据等；二是采用工业传感器直接测量刮刀压力、刮刀速度、锡膏厚度等数据；三是采用高清摄像头获取锡膏形状信息。采集的数据汇聚到核心物联网平台（IoT 平台），由模型算法开发与调度平台对数据资源进行应用分析。

3）刀具寿命预测分析微服务

（1）微服务应用简介：通过对刀具切削速度、应力及电参数进行大数据分析，提前预判刀具寿命，在刀具疲劳寿命到期前更换刀具，以减少以往预防性更换而导致的成本浪费。

（2）使用的数据：刀具信息、切削方式、电流、电压、切削速度、切削应力。

（3）应用的模型：刀具寿命分析模型。

（4）工业设备接入方案：采用数据采集器与数字化的工业设备连接，通过软件协议接口读取设备运行参数，获取刀具信息、切削方式、切削速度、切削应力等数据；采用智能电表获取设备工作电流、电压数据。采集的数据汇聚到核心物联网平台（IoT 平台），由模型算法开发与调度平台对数据资源进行应用分析。

5. 应用开发工具

开发工具是在工业互联网平台上进行应用开发的基础，各种开发工具的集成能降低开发者利用工业互联网平台进行工业创新应用开发的门槛。项目在基础平台上集成命令行工具、应用程序、应用程序扩展工具等形成开发工具包，支持 C、C++、Python、Java、PHP 等流行开发语言，为开发者提供开发语言和建模、仿真分析、可视化展示、知识管理等多类开发工具，以及图形化编程环境。通过在基础平台构建完整的应用开发环境，实现开发者本地环境的轻量化。

项目在基础平台上集成的应用开发工具主要有：云端自动化服务器配置管理工具、云端资源集中配置管理系统、云平台管理及开发工具、云端多操作系统管理工具以及云端开发、运营、质量组合工具等，并结合云应用拓扑、编排规范等技术提供工业应用开发、测试、维护的一体化服务。

6. 平台资源管理

项目的基础平台具备对工业设备、软件、数据等资源进行管理的功能。

（1）工业设备管理：具备基于平台的工业设备管理能力，可远程实现设备驱动、参数配置、功能设定、维护管理等操作。具备在单个或多个终端设备上部署边缘计算模块的能力，可实时进行数据处理。

（2）软件应用管理：具备各类工业 APP、工业微服务的内容搜索、安全认证、交易支付、运行维护等管理服务能力。具备提供云化研发设计软件、管理软件的能力。

（3）数据与平台运营管理：具备对工业数据资源的管理能力，具备常用的系统运行维护功能，确保工业互联网的安全、可靠运行。

15.2.6   应用系统设计

在项目的工业互联网总体架构中，"边缘感知层"提供数据输入能力，"平台层"提供基础环境，"应用层"提供面向用户的操作接口。从某种意义上说，"边缘感知层"和"平台层"各部分的建设内容，最终为"应用层"的各个业务应用系统提供支撑和服务。"应用层"主要明确了工业互联网赋能于企业的重点领域和具体场景，面向企业的信息化主管与核心业务管理人员，帮助其在企业各项生产经营业务中提升能力。由此，业务应用系统的设计成为项目的重中之重。

作为工业企业的数字化工程，项目的智能云网制造系统重点围绕生产制造过程，开展数据采集、分析、统计、预警等内容设计，主要包含车间计划管理、设备管理、能源管理、品质追溯管理、车间物料管理、备品管理、人员出勤管理等。采集数据经过清洗过滤后，在线自动生成各类网页式报表（产线产出、良率、报废数、物料利用率、在制品库存状态、工单实时进度、设备良率分析、设备稼动率、多车间对比分析、关键缺陷及原因等），并对各生产单位每日/月/季度/年综合效率进行智能分析。另外，根据海量数据记录，对设备运行状态进行预测，对产能进行智能排配，对资源（人力/设备/能源）等优化配置，供不同职能管理人员进行资源统一调度、分配。

项目的应用系统体系如图 15.19 所示。

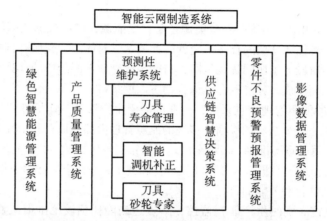

图 15.19　工业互联网项目应用系统体系图

智能云网制造系统通过连接机器、设备、人、制造执行系统、物料追踪系统等所有相关信息，利用制造经验与大数据分析，为生产过程提供实时监控、自动点检、快速决策、智能保养、透明化、扁平化管理，从而全面提高生产效率和产品品质。

（1）生产控制功能。在产品生产过程中，实现智能叫料、智能印刷、智能吸嘴保养、智能送料器保养、贴装异常智能回馈、回流焊接工艺智能监控等智能控制功能。

（2）产能监控功能。快速掌握各生产线、产品的生产实绩，生产主管通过系统第一时间提取生产数据信息，及时分析问题及验收执行成果，并依据实时信息制定行动计划或确认重要决策。

（3）良率监控功能。通过智能检测装备自动采集关键工站和制程品质数据，少许工站数据人工录入，绑定物料批次信息，使用在线统计过程控制等数理统计工具，按照一定计算逻辑，自动生成每日不良因素、出货良率、报废率、批退率、综合效率等相关报表。若出现趋势异常，则即时分析、预警，实现品质数据采集分析。各生产、品质单位主管可根据自己的管辖职责范围查阅良率状况，严控不合格品的产生。

（4）自动化核心设备监控分析。开发全员生产维护微应用，实时收集自动化生产设备数据，掌握产出、稼动、故障时间与首末件不良率分析等信息，依据生产线人员所在线别、工段、工站、工位，以图形化、颜色标记，查看授权的生产数据。具备快速报修功能，在设备出现故障时短信及时通知维修人员，有效提升设备稼动率，降低设备故障对产能的影响。

（5）人员出勤管理功能。每日生产在职人力、出勤人力、离职人力统计，准确掌握生产人力情况，根据生产计划需求及调整直接人力，避免某些工站人力富裕或不足，导致当日产能不达标。

1. 绿色智慧能源管理系统

国家"十三五"规划明确提出单位 GDP 能耗减低 15%，单位 GDP 二氧化碳降低 18%，万元 GDP 用水量下降 23% 等目标，因此利用新一代数字技术推进绿色生产是企业的发展要求。基于生产过程节能增效、生产设备运转稳定、减少故障及不良品事件的精细化管理和成本控制需要，对高能耗生产线工序和设备、经由平台能耗大数据分析，制定顶层节能规划，动态调整节能措施、局部节能精细控制，全面提升生产过程中的效能，实现设备安全稳定运转，生产成本精细管控。

（1）基于大数据的能源管理模式。基于大数据的能源管理新模式，考虑能源管理的全局性、动态性和科学性，建设基于数据驱动的先进能源管理信息系统，推进用能结构的优化，促进能源的梯级利用，实现节能量化管理和系统整体节能，形成支撑企业整体用能的科学管理。

① 用能结构化：加快设备现代化过程，淘汰落后设备，促进源头减量化生产和过程清洁生产，推进用能结构调整。

② 促进能源阶梯级利用：不管是一次能源还是二次能源，都应根据能源转换率来逐级利用。能源介质种类较多，多种能源介质间存在一定的转换关系，对能源分介质进行重组，确定其梯阶优化及管理流程。应用多阶段分层协同优化策略，将能源分介质不同阶段的计算结果转化为系统间约束条件及优化时序，从而形成多种能源介质综合动态调控策略。

③ 基于数据驱动的能源管理信息系统：企业的能源生产管理、计量管理及节能管理，相对于传统能源管理中心来说是一个全新的层面。传统的能源管理内部的信息共享性差，缺乏对企业能源计量科学分析，能源计量管理不准确，很难全面地为决策层提供科学、准确的能源决策和预测信息。而现代能源管理中心，借助大数据、云计算及先进传感技术，进行全局能源数据信息的收集、分析、使用和决策，从而达到优化和节能的目标。

（2）能耗实时监控。实时生产能耗监控，一旦达到能耗预设范围值或供给故障，及时警报显示，避免因能耗不足或超标导致生产异常或出现生产事故。另外，于废水排放口安装监测设备，实时在线监测，每 10 秒向环保局传输监测数据，同步到相应网站，进行公众监督。

（3）节能诊断及预测。绿色智慧能源管理系统是对全流程的能源生产、消费和管理的优化与控制，根据市场和企业资源计划形成生产计划和生产决策，然后由制造执行系统分解到各生产工艺和岗位上实施。在绿色智慧能源管理系统的建设过程中，首先要充分考虑多种集成，包括理论与方法的集成、设备与现代技术的集成以及管理与决策的集成。

绿色智慧能源管理系统在节能诊断与预测方面的功能包括：能源的设备管理、能源的生产调度管理、能源的统计与分析、基础能源的计划与实绩分析、能源生产及消耗趋势的预测、能源的质量管理等功能。通过温度传感器、湿度传感器、气压传感器、电流传感器等对数据进行实时收集，将数据传送至服务器，在智能看板进行实时监控与预测，如有一段时间超出预期值会启动报警系统。节能诊断与预测子系统是在信息技术和自动化技术的基础上，以能源管理中心智能相匹配信息系统，包括基础能源管理、故障处理、能源需求智能化响应、综合管理基础业务逻辑，从而以综合能源数据为依据，实现企业能源消耗的监控、分析与调度。

（4）能源需求智能化响应。绿色智慧能源管理系统利用温度传感器、湿度传感器、气压传感器、电流传感器等对相应能源数据进行收集，并将数据传送至服务器，在智能看板进行实时监控与预测，如有一段时间超出预期值会启动报警系统。绿色智慧能源管理系统的故障处理系统中，能够实现能源系统事件记录、网络系统故障诊断、工艺系统的故障报警及分析、能源系统的自动声音报警、能源系统的闪光灯报警等功能。

2. 产品质量管理系统

基于大数据的工业企业质量管理过程本质上就是在 PDCA（计划、执行、检查、处理）循环中如何处理海量的广义质量数据的过程，因此可以从数据生命周期的角度，通过优化改进的方式构建基于大数据的工业企业质量管理过程。

（1）建立质量数据池。质量数据池指的是所有直接和间接与质量相关数据的集散中心，质量管理过程所需数据全部取自于质量数据池，并且过程所产生的数据也将反馈回"池"中，以便为今后的质量管理获得提供必需的数据。质量数据池是基于大数据的工业企业质量管理过程的核心，因此建立质量数据池就是该管理模式的首要任务。

（2）质量数据池与 PDCA 循环互动。根据 PDCA 循环在产品质量管理过程中对于质量改进的作用，包括以下几个阶段：

① 数据准备阶段：基于大数据的工业企业质量管理模式要求在 PDCA 循环开始之前，充分准备分析所需要的大数据。这些数据要尽可能多地收集企业的生产、物流、营销、财务等业务模块，收集到的数据汇入质量数据池。

② 计划阶段：该阶段的要求根据大数据所反映出来的顾客要求和组织要求，为提供结果建立必要的目标和过程。计划阶段又分为：选择课题、确定目标、提出方案、确定最佳方案、制定对策并反馈。

③ 执行阶段：该阶段企业要按照预定的质量管理课题实施计划，在充分贯彻的基础上，努力实现预期目标。

④ 检查阶段：该阶段用于确认事实方案是否已经达到目标。在对采取的对策进行确认后，企业要对采集到的材料加以总结分析，将完成情况与目标值进行对比。如果没有出现预期的结果，应该确认是否严格按照计划实施对策、确认是否需要重新确定最佳方案。

⑤ 处置阶段：对已被证明有成效的措施，企业要对其进行标准化，制定成工作标准便于执行和推广。对于方案效果不显著或者实施过程中出现的问题，需要重视对问题的总结，为开展新一轮的 PDCA 循环提供依据，相关总结报告汇入质量数据库。

（3）对质量管理人员配备的要求。首先，企业高层管理者要重视和支持基于大数据的企业质量管理。其次，企业要配备既懂得数据分析技术、又谙熟企业各项业务的新型复合型人才。此外，在该质量管理模式下，企业还应在整个产业链上合理配备专业、高端的数据库设计和开发人员、程序员、数学和统计学家，在全面保证产品质量的同时，充分挖掘大数据其他潜在的商业价值。

3. 预测性维护系统

预测性维护模式的出现彻底改变了企业的服务模式和流程。预测性维护的显著特点是让"物"说话，通过物联网联接产品及周边监测传感器，实时监测和了解产品运行和使用情况，并通过云端大数据分析平台进行预测分析，提前感知设备故障，且可远程服务和提前排查故障隐患，使得产品维护变得更加便利，运营更加可靠，成本也更低。

项目通过建立边缘计算平台，互联互通网络架构、企业资源计划（ERP）、制造执行系统（MES）、产品生命周期管理（PLM）、大数据平台、云平台，管理控制生产计划排单、排程、调度、运行、设计、生产管理等，打造预测性维护系统，从而增强企业协同研发力，提供故障诊断、远程运维服务和质量追溯，并提高生产设备的利用率，减少了人工出错率，指导生产设备的装配、调试、运行、等过程，最终实现企业运营效率的提升。

（1）刀具寿命管理。传统生产过程中，刀具的崩刀、断刀很难精准预测，意外中断作业会影响生产效率，频繁更换刀具又会造成资源浪费。

系统通过深度学习、大数据、检测电流、电压、震动等参数变化规律与分析，解决了传统生产工艺中刀具失效模式判定、传感器数据获取、数据分析建模难等问题，从而对刀具失效进行提前预警，配合刀具库存管理系统，有效减少生产过程中的加工产品异常，使刀具使用寿命合理化，减少资源浪费。

在精密刀具加工生产中，系统通过边缘运算平解决设备联网上云、设备智能管理与分析、多平台应用及数据互通等需求，为生产服务、生产执行、生产过程以及生产设计等环节提供了一整套数据采集处理场景解决方案。传统刀具加工设备采集的难点在于机台无开放数据接口、无数据文件及运行日志生成等。工业数据采集网关依托各类设备和工业传感器的快速部署，通过核心物联网平台的 Web 网页和工业 APP 标准化管理设备、采集软硬件数据，实现多用途自主网关分布采集方案，完成了数据有效快速的提取。

刀具 3D 形状参数、磨削程序参数、砂轮数据、机床状态数据、冷却系统数据、环境参数、量测数据以及人工补偿数据等关键、有效的数据，上传至工业互联网平台进行大数据处理与分析，通过智能 AI 进行学习与建模。

（2）智能调机补正。原生产过程中，存在传统调机补正补偿时间长、超归补偿动作频繁、过度依赖人工经验等问题。

系统通过收集量产补正数据，通过大数据处理分析建模进行预测补正，智能预测下一支刀具补偿时间和尺寸，预测尺寸超差报警，提供正能补偿方案，从而达到智能调机补正，节约人力并提高生产效率。

（3）刀具砂轮专家。原有生产模式下，刀具生产需要人工选择刀具材料与砂轮品牌、粒度，耗时长且无法保证尺寸稳定性和面粗度。

系统通过分析砂轮使用数据（砂轮品牌、力度），可视化呈现砂轮品牌使用情况（磨耗、补偿频率、占比），指导砂轮使用的最优粒度及规格，改变刀具生产依靠人工选择砂轮品牌型号、砂轮的使用周期、尺寸、面粗度不稳定的情况。

4. 供应链智慧决策系统

供应链智慧决策系统用来优化供应链库存管理，以库存系统的所有相关数据为基础作功能开发，建立智能办公应用以协助供应链管理者快速发现问题并解决问题，从而达到公司整体供应链状况可视化和最优化的目标。

供应链智慧决策系统根据用户需求定制个性化管理服务，汇聚海量、准确库存数据并以报表直观呈现，最大限度满足了用户对信息查找与利用的需求，及时库存预警让库存永远充足、合理，助力企业实现零库存。系统具有供应链计划、需求计划、主数据管理、实时库存管理、库存过剩与过时管理等功能。

5. 零件不良预警预报管理系统

从供应链的元器件管理出发，研究和建立供应商零件不良预警预报管理机制。采集零件相关数据，如厂商、厂商料号、物料生产周期、物料出货批次、所使用的产品、产品生产数据、测试数据、不良信息、分析结论、维修数据等，进行资料分析和数据建模，开创静态＋动态的双重数据模型分析方法，达到科学预警预报管理，依闭环纠正措施的原则，串通供应链环节，实现生产品质的提升，降低不良的风险，提高客户满意度。

6. 影像数据管理系统

影像数据管理系统作为工业级影像的智能管理平台，旨在为用户提供自底层影像数据采集至顶层机器视觉应用的整套服务。

结合工厂内部生产实例，影像数据管理系统所提供的智能化服务广泛应用于生产制程的各大环节。以网络通路产品制程为例，影像数据管理系统可提供的海量影像大数据服务涵盖了原料管控、智能制造、品质检验等生产环节。

15.2.7 安全系统设计

平台部署安全防护功能模块或组件，建立安全防护机制，确保平台数据、应用安全。项目包括主机安全、网络安全、业务安全、移动安全四大类安全系统建设和备份系统。

项目的安全防护体系如图 15.20 所示。

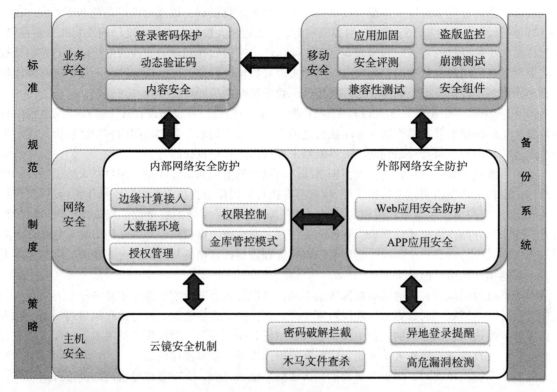

图 15.20　安全防护体系架构图

1. 主机安全

主机安全主要采用云镜安全机制。云镜安全机制基于安全积累的海量威胁数据，利用机器学习为用户提供黑客入侵检测和漏洞风险预警等安全防护服务，主要包括密码破解拦截、异地登录提醒、木马文件查杀、高危漏洞检测等安全功能，解决当前服务器面临的主要网络安全风险，帮助企业构建服务器安全防护体系，防止数据泄露。

应用场景：基于机器学习对各类恶意文件进行检测，包括各类网页后门和二进制木马，对检测出来的恶意文件进行访问控制和隔离操作，防止恶意文件的再次利用，以及文件和资产的管理。

2. 网络安全

（1）内部网络安全防护：

① 边缘计算的接入安全。项目中边缘计算侧的安全功能设计，主要是考虑边缘计算生态系统到工业互联网平台层的安全接入认证问题。边缘计算生态系统作为对工业现场数据聚合、协议转换、核心计算的关键节点，为工业互联网平台数据提供基础支撑，需对接入过程采取安全防护，判断接入设备、地址、行为等内容的合法性。

边缘计算生态系统在接入到大数据平台时，采用面向服务器设备的访问控制技术，针对边缘计算生态系统工业服务器源 / 目的 IP 地址、MAC 地址、端口和协议的访问控制，并针对边缘计算生态系统与平台所传输的数据内容采用 SSL 通信加密和数字证书技术，实现数据内容的安全防护能力。

② 大数据环境安全。项目使用大数据处理软件，在数据的实时计算处理后有相应的可视化展示，形成完善的业务大数据处理机制。

③ 授权管理。按照权限最小化原则授予访问者不同的数据使用权限，有效防止未授权人员或不合规授权人员对数据的访问；针对大数据组件实现实体级授权和细粒度授权。

系统提供通过界面配置实体级授权，针对不同角色进行授权，以及对特定角色基于时间、IP、数据源进行授权。采用基于行为的访问控制模型，更加适合大数据实现细粒度访问控制的自主授权、动态授权和跨域授权的需求，通过制定基于主体属性、客体属性和环境属性的细粒度访问控制授权策略来灵活设定用户对数据的使用权限，从而实现对数据进行细粒度的访问控制。集中进行操作权限管理，可基于数据类型、操作、账号、角色、数据属性进行授权。

④ 权限控制。防护系统实现授权配置管理，由访问控制组件（协议代理）实现访问过程的权限控制。访问控制组件在操作请求实际执行之前进行"操作请求"和"访问内容"的解析，然后根据已配置的权限列表进行权限判断，最终阻断未授权访问和越权访问。

防护系统以协议代理形式进行大数据系统访问过程的鉴权和访问控制。用户对大数据系统的所有操作均由代理转发给实际大数据系统。代理会在执行前根据数据访问策略判断操作是否已被授权。

⑤ 金库管控模式。金库管控模式的目的是保障重要业务系统的安全性，规范操作人员的操作行为，防止部分操作人员违规获取、篡改相关信息，避免由于高权限账号被滥用引起高危操作，降低人为操作风险与信息安全风险。金库管控模式管理需要确认敏感环节，并设置相应的岗位由多人负责，以达到互相监督的效果。

对于通过数据梳理得出的敏感数据级别不同，可以设置不同级别的金库审批流程参与角色。当操作人员针对不同级别的数据进行高风险操作时，在操作正式生效前，或是操作结果返回前，触发"金库管控模式"，由相应的流程中配置的人员担任"授权员"，对操作人员的本次操作流程进行临时授权；授权通过后操作人员才能完成剩余的操作步骤，获得操作结果。

触发金库管控模式时，防护系统提供强认证信息输入界面，支持主账号密码的验证方式。

（2）外部网络安全防护：

① Web 应用安全防护。根据 Web 风险点可明确项目的 SaaS 层 Web 安全要做到 Web 漏洞扫描及验证修补、数据库安全访问控制、用户账户防泄密及登录多因素认证、防入侵、页面防篡改、权限合理划分、细粒度的访问控制措施。

项目采用的 Web 应用安全防护措施有：划分详细区域做好访问控制隔离、部署 Web 应用防护系统（WAF）产品、部署网页防篡改产品及主机加固产品。

② APP 应用安全。APP 风险主要来源于两个方面：一是软件管理，二是软件体系结构。

软件开发是工程技术与个人创作的有机结合，是人的集体智慧按照工程化的思想进行发挥的过程。软件管理是软件开发工程的有效手段，软件体系结构的合理程度及严谨程度取决于集体智慧发挥的程度及经验的运用。

因此，风险的有效规避手段是对开发过程及开发成果的合理审计，以及相关的加固处理措施。项目整体上采用人工审计和产品扫描加固的方式做好 APP 侧的安全防护。

3. 业务安全

业务安全采用登录保护服务和验证码、内容安全等安全机制。

（1）登录保护服务：针对网站和 APP 的用户登录场景，实时检测是否存在盗号方式、登录保护服务、自动机批量等恶意登录行为，为开发者发现异常登录，并建议开发者采取相应的防护措施，降低恶意用户登录给业务带来的恶意风险。

（2）验证码：针对网站、APP 开发者提供安全智能的验证码服务，基于多年技术沉淀，天御验证码最大程度地保护业务安全；同时，便捷的设计减少交互，让开发者不再因验证码难以识别而担心用户流失。

（3）内容安全：基于海量数据支撑及深度学习识别技术，可高效准确地识别文字、图片和视频等多媒体的违规内容，帮助客户降低涉政、广告及其他客户自定义的违规风险，解决网站和 APP 开发者的违规识别难题。节约人工审核成本的同时，大幅提高识别效率，保护业务健康发展。

4. 移动安全

项目采用应用安全（Mobile Security，MS）为用户提供工业 APP 全生命周期的一站式安全解决方案，涵盖应用加固、安全测评、兼容性测试、盗版监控、崩溃监测、安全组件等服务。

5. 备份系统

项目采用 MySQL、SQL Server、PostgreSQL、云缓存 Memcached 等软件提供数据备份功能。

（1）MySQL 提供数据存储、备份回档、监控、快速扩容、数据传输等数据库运维全套解决方案，为用户简化 IT 运维工作，让用户能更加专注于业务发展。

（2）SQLServer 可以处理耗时的数据库管理工作，例如备份、恢复、监控、迁移等全套解决方案，以集群服务模式提供高可用容灾能力。用户无需一次性投入大笔资金购买 license，只需按需付费，非常经济实惠。

（3）数据库 PostgreSQL 能够让用户在云端轻松设置、操作和扩展目前功能最强大的开源数据库 PostgreSQL。

（4）云缓存 Memcached（Cloud Cache Service Memcached）是高性能、内存级、持久化、分布式存储服务，适用于高速缓存的场景，兼容 Memcached 协议，为用户提供主从热备、自动容灾切换、数据备份、故障迁移、实例监控全套服务，用户无需关注以上服务的底层细节。

15.3　数据汇聚成体系——省级大数据交易中心的设计案例

数字经济时代，数据已成为关键生产要素和战略资源，大数据交易是数据要素高效流通，实现数据价值的关键环节，在促进产业数字化转型升级，加快新旧动能转换，打造数字经济的发展新引擎方面发挥重要的作用，大数据交易中心是当前数字化建设的热点，发展前景光明。我们设计的一个省级大数据交易中心，立足该省，面向全球提供综合性大数据交易服务，通过数据产品、交易模式、数字技术创新，体系化汇聚交易跨区域、全领域政务、经济、社会大数据资源产品，力求打造成为全国先进的大数据资产交易流通枢纽。

15.3.1　设计总体要求

1. 项目规模

项目所在地具有临海沿边的国际区位优势，是连接国内通达国际的枢纽中心和开放门户，国际、国内物流、商贸发达，数字经济发展活跃。项目建设的省级大数据交易中心汇集全社会分散数据，打造国际、国内及省市县乡跨区域大数据资源体系，构建政务、经济、社会全领域大数据资源体系，形成工业、农业、金融、教育、医疗等全行业大数据资源体系，提供大数据交易产品品类、规模达到全国前列，立足该省，推动大数据向全国、全球的跨部门、跨行业、跨区域流动，力争成为所在区域规模最大的数据资产集散地。该省级大数据交易中心服务对象包括该省以及全国、全球有数据资源交易需求的团体或个人，大数据交易品种多、服务范围广。

2. 设计目标

按照党中央、国务院《促进大数据发展行动纲要》《关于构建更加完善的要素市场化配置体制机制的意见》和该省数字经济发展规划等对数据资源共享开放、交易流通的指导要求，充分利用云计算、大数据、区块链等新兴技术，以应用为导向、数据为核心、交易为抓手、实现价值为目标，打造省级大数据交易中心，建立健全大数据交易规范体系，打破"数据孤岛"，让数据通起来、聚起来、活起来、用起来，全面释放数据红利，带动大数据产业发展壮大，打造数字经济发展新高地。具体设计目标包括：

（1）以促进该省乃至全国数据交易流通，实现数据价值和产业带动为出发点，统筹建成具有公信力的省级大数据交易中心，推动各领域各行业各主体分散的大数据资源向省级大数据交易中心汇聚、交易、流通，实现大数据交易平台化、规范化、社会化发展。

（2）建成一个综合性数据服务平台，创新服务模式，以数据的采集、处理和存储为基础，数据产品、解决方案、增值服务为重点，以供需对接为辅助，为用户提供全方位、安全便捷的数据服务。

（3）满足多数据源接入和不同级别信息安全策略要求，包括政务公开数据、政务结果数据、第三方企业提供数据、互联网数据以及合作伙伴数据等多种渠道数据来源，基于丰富的数据来源构建多维的数据资产体系，提供全品类大数据交易产品。

（4）在国家相关规范体系框架下，建立该省安全、可信、公平、透明的隐私保护、确权、定价和交易规则，加强大数据交易的规范、监管，提供安全可靠、规范有序的大数据交易环境，确保大数据交易的有效进行。积极与世界各个国家和地区，特别是"一带一路"沿线国家和地区的跨境数据流动规则接轨，推动跨境数据交易先行先试。

15.3.2 项目设计任务

省级大数据交易中心总体设计任务包括"一平台两系统三体系"设计，一平台为一个大数据交换平台，两系统为大数据处理系统和大数据交易系统两个核心业务系统，三体系为大数据交易标准规范体系、运行维护体系和安全保障体系三大保障体系。

1. 一个大数据交换平台

大数据交换平台是省级大数据交易中心的数据获取、发送平台，通过建立"算法跑路代替数据跑路"的机制，实现不宜直接共享开放的数据通过算法处理后，对外提供数据计算结果，确保数据不离开源数据平台，以保障数据权属，解决数据交换过程中最核心的信任问题，实现安全高效的数据交换与业务协同。

2. 两个核心业务系统

（1）大数据处理系统。大数据处理系统主要提供数据支撑服务、数据加工清洗、数据资产评估等服务。

① 建设数据支撑系统，提供多源数据接入、数据处理引擎、数据治理、访问权限控制、数据安全保障、应用市场管理、开发者生态、用户控制台、人工智能引擎、区块链引擎、统一运维管理等功能和能力。

② 建设大数据清洗加工服务系统，为用户提供数据采集、清洗、加工等服务，提供任务管理、工单派发、实时监控等功能。

③ 建设数据资产评估系统，实现数据资产确权、数据质量评估、数据价值评估、数据资产认证等功能。

（2）大数据交易系统。大数据交易系统包括交易处理子系统、服务撮合竞价子系统和可视化展示子系统等，提供安全可靠的数据、服务、应用等各类交易产品和服务。

① 交易处理子系统由交易系统门户、运营支撑后台和用户管理后台组成，为交易双方提供安全可靠大数据交易界面，支撑交易业务流程实现。

② 服务撮合竞价子系统由门户和后台管理等两部分组成，采用电子招投标/竞价等方式，为供需双方提供信息发布渠道、业务撮合渠道，满足定制化数据供给、API开发和服务等需求。

③ 可视化展示子系统展示数据接入、数据存储、清洗加工、评估定价、数据交易等全生命周期管理内容，反映数据开放程度，全面清晰地呈现数据的采集、汇聚、流通、应用等各个环节过程。

3. 三大保障体系

（1）大数据交易标准规范体系。大数据交易标准规范体系建设主要包括数据确权、数据格式标准化、数据质量认证体系、数据交易定价、数据源追溯、数据仲裁制度等标准规范。在遵循国家相关标准规范的基础上制定本省标准规范。

（2）运行维护体系。按照"服务承诺－服务运维－平台支撑－服务承诺"运维管理闭环要求，建立运维团队，建立统一服务电话、运行维护系统等支撑平台，制定故障响应流程、日常巡检、服务质量监督和服务质量报告等运行维护管理制度，提供涵盖事件管理、问题管理、配置管理、变更管理、发布管理等全方位的运维服务，实现对服务全生命周期的精细化管理，确保运维工作正常、有序、高质地进行。

（3）安全保障体系。按照网络信息安全等级保护 2.0 的第三级要求，构建信息安全技术体系和信息安全管理体系，提供系统稳定可靠、安全可控的运行环境。信息安全技术体系包括安全物理环境、安全通信网络、安全区域边界、安全计算环境、安全管理中心等；信息安全管理体系包括安全管理制度、安全管理机构、安全管理人员、安全建设管理、介质管理等，通过技术和管理双重手段，实现省级大数据交易中心的整体安全防御。

15.3.3　项目架构设计

1. 总体架构

该项目的省级大数据交易中心总体架构由基础设施层、大数据接入层、大数据处理层、大数据交易层、大数据应用层、用户呈现层六个层级以及大数据交易标准规范体系、运行维护体系和安全保障体系等三大体系组成，如图 15.21 所示。

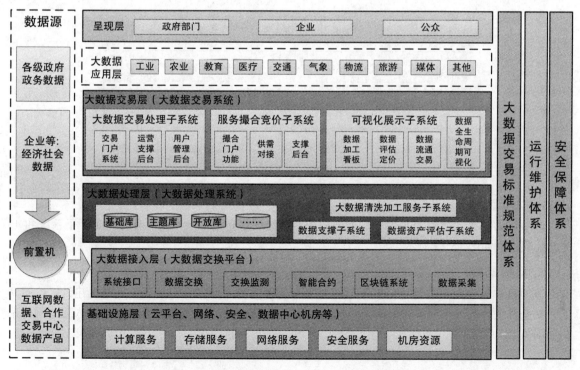

图 15.21　省级大数据交易中心总体架构图

（1）基础设施层：主要为云平台、数据中心机房、网络资源等，为省级大数据交易中心各系统部署提供所需的计算、存储、网络、灾备资源等基础资源。

（2）大数据接入层：数据交换平台提供高可信的数据交换通道，利用区块链技术增强安全保障，实现源数据的采集和数据产品的安全交换。

（3）大数据处理层：大数据处理系统针对需要处理后交易的数据，提供数据加工清洗、数据资产评估、数据管理等服务。

（4）大数据交易层：大数据交易系统提供数据交易、业务撮合及可视化等，通过大数据交易门户开展数据交易业务，通过运营支撑后台进行监测和管理。

（5）大数据应用层：在大数据交易体系架构下推动工业、农业、服务业等各行各业大数据应用。

（6）用户呈现层：为用户提供 PC、移动终端、实体大厅、自助服务终端等多种渠道访问省级大数据交易中心门户系统。

（7）保障体系：大数据交易标准规范体系规范交易行为，为数据确权、定价及交易提供标准规范体系保障。运行维护体系确保运维工作规范、有序开展。安全保障体系，按照网络信息安全等级保护 2.0 的第三级要求，提供系统稳定可靠、安全可控的运行环境，通过技术和管理双重手段，实现省级大数据交易中心的整体安全防御，并制定交易审核制度、数据交易安全管理制度等，加强大数据交易安全管理。

大数据与云计算相辅相成，在该项目的总体架构顶层设计中，充分考虑今后数据来源增加、数据量快速增长以及大数据应用不断拓展的发展需求，前瞻性采用基于云计算的架构设计，通过云计算与大数据技术深度融合，依托云计算的分布式处理、分布式数据库和云存储、虚拟化技术，为省级大数据交易中心海量数量处理、存储提供弹性伸缩、动态调配的强大算力、存储支撑。

该项目由建设单位现有云平台提供 IaaS 层云服务，上层的省级大数据交易中心系统软件采用云原生理念开发设计（应用程序从设计之初即考虑到云的环境，原生为云而设计），现有云平台架构如图 15.22 所示。

图 15.22　云平台架构图

2. 功能架构

该项目的省级大数据交易中心功能架构按照系统层级包括 3 个平台 / 系统、11 个子系统和 43 个功能模块，如图 15.23 所示。

3. 网络架构

该项目省级大数据交易中心基于已有云平台资源作为大数据算力基础设施进行建设，按照功能、安全要求分区云化部署和管理，并通过专线或互联网方式实现数据采集和用户接入等，网络架构如图 15.24 所示。

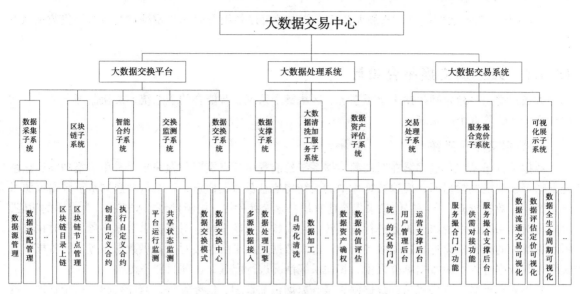

图 15.23 省级大数据交易中心功能架构图

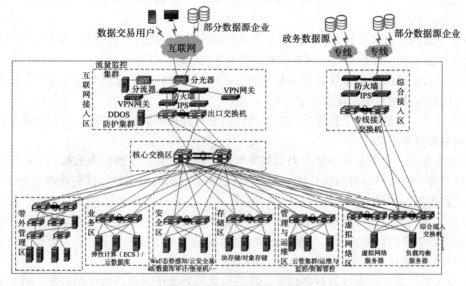

图 15.24 省级大数据交易中心网络架构图

4. 与其他系统的关系

该项目省级大数据交易中心需要与政务数据共享交换平台、参与数据交易企业业务系统等相关系统开设接口，实现数据源采集和提供数据服务等。

（1）与政务数据共享交换平台接口。对于可对外开放的政务数据，可请求采集元数据。对于不宜对外开放的政务数据，通过前置机节点采用算法跑路数据不跑路的机制，进行脱敏处理或返回结果数据。

（2）与第三方数据提供方接口。省级大数据交易中心主要通过数据 API 接口方式进行数据交换，在数据提供方进行算法建模计算，并封装成数据 API 提供交易服务。

（3）与其他大数据交易平台接口。省级大数据交易中心可与国内外其他大数据交易平台进行数据资源共享、数据产品合作。

（4）用户服务数据接口。省级大数据交易中心可以和用户的业务系统进行对接提供数据API服务。

15.3.4　大数据交换平台设计

大数据交换平台包括数据采集子系统、区块链子系统、智能合约子系统、交换监测子系统、数据交换子系统等五个子系统。

1. 数据采集子系统

数据采集子系统通过部署在对端源数据系统的前置机节点实现数据采集，采用采集功能连接系统推送至前置机的数据库，提取数据库中的表结构信息及数据信息，将结构信息同步至数据资源目录系统用于数据校验，将数据信息采集至前置机共享交换库中，用于批量数据交换；通过适配功能，可以将对端系统提供的数据服务进行适配转接至大数据交换平台，对外提供数据服务，同时也可以将前置机中的数据信息进行数据服务封装，与大数据交换平台连接对外提供数据服务。前置机节点实际运营根据合作的源数据单位数量、相关系统情况进行配置，该项目暂不配置。

数据采集子系统主要包括：数据源管理、数据适配管理、任务管理、监控视图、系统管理、资源管理等主要功能。

（1）数据源管理。创建生产库和交换库数据连接，确保数据链路畅通可以将生产库中的数据信息推送至交换库。

（2）数据适配管理。数据适配管理主要是对数据服务接口进行配置管理，提供以下三种功能：

① 服务数据采集。连接对端系统提供的数据服务接口将数据导入交换库。

② 服务桥接。连接对端系统提供的数据服务接口，映射转接后连接共享交换平台，通过共享交换平台可以直接使用对端系统数据服务接口。

③ 服务发布。将前置机交换库中的数据进行封装对外提供数据服务接口，同时共享交换平台可以直接调用数据服务接口。

（3）任务管理。任务管理主要是对数据库与数据库间的数据交换以及数据服务接口的调用进行任务配置管理，使其可以自动执行减少人工操作，保证数据的鲜活性。任务管理主要包含：任务配置和任务状态。

① 任务配置。创建任务填写任务信息，包括任务名称、执行策略、容错量等信息。对于数据库对数据库交换需要选择相应的生产库信息和交换库信息；对于数据服务接口对数据库交换，需要添加相应的数据服务接口、参数信息和交换库信息。

② 任务状态。查看所有有效任务信息、状态信息和每次任务执行的详细信息。对于手动执行任务可以手动点击执行。

（4）监控视图。实时动态显示各任务执行状况、连接池状态和前置机使用情况，确保各任务每次成功执行。可对异常情况进行告警，提醒操作人员及时处理问题。

2. 区块链子系统

区块链对于提高数据安全、增强行业共识、提高数据交易效率能够发挥较好的作用。项目通过使用区块链技术，采用多中心存储的方式，推动数据采集区块链化，保证数据源真实并不可篡改。与传统分布式数据库主从式分布节点不同，区块链技术将采用全对称式的数据节点，不再有主节点的存在。节点之间通过一致性协议同步数据存储。区块链系统是链上交换的底层支撑，主要提供目录上链、目录查询、区块监控等功能。

1）技术架构

区块链子系统核心应用组件包括区块链系统所依赖的基础组件、协议和算法，进一步细分为通信、存储、安全机制、共识机制 4 层结构，如图 15.25 所示。

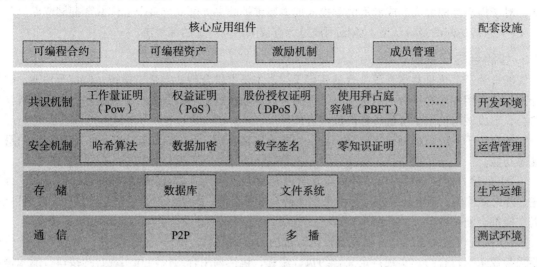

图 15.25　区块链子系统技术架构图

（1）通信：采用 P2P 技术来组织各个网络节点，每个节点通过多播实现路由、新节点识别和数据传播等功能。

（2）存储：区块链数据在运行期以块链式数据结构存储在内存中，最终会持久化存储到数据库中。对于较大的文件，也可存储在链外的文件系统里，同时将摘要（数字指纹）保存到链上用以自证。

（3）安全机制：区块链系统通过多种密码学原理进行数据加密及隐私保护。对于公有链或其他涉及金融应用的区块链系统而言，高强度高可靠的安全算法是基本要求，需要达到国密级别，同时在效率上需要具备一定的优势。

（4）共识机制：是区块链系统中各个节点达成一致的策略和方法，应根据系统类型及应用场景的不同灵活选取。

核心应用组件在核心技术组件之上，提供了针对区块链特有应用场景的功能，允许通过使用编程的方式发行数据资产，也可以通过配套的脚本语言编写智能合约，灵活操作链上资产。通过激励机制维系区块链系统安全稳定运行。对于联盟链和专有链，还需要有配套的成员管理功能。

2）区块链应用功能设计

（1）区块链目录上链。区块链目录上链主要实现以下功能：

① 通过数据上链接口，完成数据目录的上链过程。

② 通过系统中间层完成数据目录的上链过程。

③ 中间层是对 RPC 接口调用做一次封装，上链及查询操作向中间层发送及处理消息即可。

（2）区块链数据查询。通过数据查询接口，实现各个区块、合约和状态的查询。

（3）区块链信息展现。区块链中信息的呈现主要通过区块链浏览器来实现。区块链浏览器是浏览区块链信息的主要窗口，每一个区块所记载的内容都可以从区块链浏览器上进行查阅。区块浏览器是可浏览并查询任意区块、交易、地址的详细信息的工具；可以总览区块链信息，包括当前区块的高度、最新区块的列表等；可以展现区块的信息，包括某一区块的高度、哈希、版本、出块时间、交易数目、前块哈希等。

（4）多链支持。实现"多链、多合约"技术，支持多链协同运作，每条链可以为多个合约实体提供记账服务，可以支撑分级部署，既实现了数据隔离，同时又兼顾了多链间协作。

（5）区块链节点管理。每个共享主体部署一个区块链节点，每个节点都存储所有的目录和数据，对于担心存储太大，或者不愿意投入成本和维护的主体可以与多个主体共享存储节点。

（6）跨链访问的身份认证。验证用户是否有权限访问特定的区块链。

3. 智能合约子系统

智能合约子系统是共享开放平台的底层支撑，主要提供合约的创建、执行、监控等功能。智能合约是构建应用程序和平台的结构基础。作为可以自动执行合约条款的计算机程序，与区块链技术的结合，形成诚信网络中价值转移的数字合约。

智能合约子系统包括创建自定义合约、执行自定义合约、智能合约信息展现、合约访问的身份认证等功能。

（1）创建自定义合约。可以创建自定义的合约，包括自定义的合约名称、合约创建者、合约描述、合约文件等。制定合约接口标准来实现链上数据查询，添加合约运行日志等操作。数据目录、数据交换都会通过自定义的合约来实现。

（2）执行自定义合约。可以查看被执行合约的详细信息，合约的执行方法，并输入合约执行的相关参数来执行合约。实现自定义合约执行流程，包括调用合约代码和实现合约接口。能编译合约文件，打包可执行合约文件并更新合约配置信息，提供合约执行接口。数据交换的流程都会在合约中定义，通过前置机和合约的配合完成数据交换的过程。

（3）合约安全执行沙箱。合约安全执行沙箱，是可信数据交换的核心服务。可信数据交换是基于智能合约和区块链技术，在数据拥有方和数据需求方本地部署区块链前置服务，将实体数据的元数据描述信息入链，同时负责执行合约下发指令，在各方本地生成数据沙箱环境，由合约控制在沙箱环境内提取数据、加密数据、查看数据，并完成数据沙箱环境的封箱、传输、开箱等操作，待数据沙箱超过租约规定期限后自动销毁。

（4）合约访问的身份认证。验证用户是否有权限访问给定的智能合约。

4. 交换监测子系统

交换监测子系统采用数据模式驱动的监控体系，以 Web 方式实现对平台的配置和管控。通过对模型数据的实时采集，协同各数据源交换前置节点，实现从系统的状态信息到数据传输信息等内容的全程管控。

交换监测子系统包括平台运行监测、共享状态监测、数据利用分析等功能。

1）平台运行监测

平台运行监测主要对共享交换平台中的各系统集中监控展示，并对出现的运行问题及时处理，保障平台的高效稳定运行，满足平台用户数据共享的需求。

平台运行监测将预警、异常、故障、咨询问题分类后，分派给系统运维员处理，监督处理过程，确保问题及时解决；通过对平台运维情况、平台运行情况、知识库分布情况等进行统计分析和集中展示，方便运维员和系统管理员随时查询平台运行状态，实现对平台运行问题的监控和管理。

（1）问题处理。问题管理对电话上报、巡检上报、各系统自动上报的异常信息进行分类、记录后生成问题，按照各类问题流转顺序分派给系统运维员处理，同时对问题处理情况进行监督，问题办结后对处理结果确认、将解决方案存档并加入知识库。

问题管理包括问题新建、问题分类、问题分派、问题流转、问题办结、问题查询、问题处理监督管理等模块。

问题管理通过对监控系统上报、巡检上报生成的问题分类、分派、流转、监督等实现问题快速处理。

（2）集中监控展示。集中监控展示通过对问题处理情况、巡检计划执行情况、知识库分布情况、平台运维情况、平台运行情况进行实时可视化滚动展示，提高运维工作的效率。

集中监控展示包括问题处理情况展示、巡检计划执行展示、知识库分布展示、平台运维情况展示、平台运行情况展示等模块。

集中监控展示通过采集问题处理情况数据、巡检计划执行数据、知识库分布数据、平台运维数据、平台运行数据进行集中滚动展示，对各项工作进行展示和监督。

2）共享状态监测

共享状态监测通过内部各个模块，对各类监控和统计信息进行不同维度的视图展现，形成交换概览（平台、域、单位（主体））和资源视图（库表、文件和服务）等。

（1）平台交换监测：

① 平台交换量展示区：累计交换量（亿条）、累计次数（万次）。

② 平台接入情况展示区：包括单位数、市县数、交换域数。

③ 平台接入资源展示区：接入的流程数，包括库表流程和文件流程；接入的服务数。

④ 节点交换信息展示区：直观的展示各节点的接入状态（在线/离线）。

（2）域交换监测。通过平台交换域展示区展示各域的累计交换量分布（亿次），显示各域内数据交换次数、文件交换次数、服务调用次数占比。

域内详细交换情况展示区包括：

① 交换情况：域内库表累计交换量（亿条）、文件累计交换量（GB）、服务总调用次数（万次）、累计交换次数（万次）。

② 接入情况：域内接入的单位数。

③ 接入资源：域内库表流程数、文件流程数、服务注册数。

（3）单位交换监测：

① 单位交换信息展示区：累计交换次数（万次）、累计交换量（亿条）、服务调用量（万次）、文件交换量（GB）。

② 单位交换范围展示区：显示和当前单位有交换情况的单位数、域数。

③ 单位注册资源情况展示区：库表资源、文件资源、服务接口。

④ 单位业务域接入情况展示区：

·当前单位在域内的交换情况（库表交换次数、文件交换次数、服务调用次数占比）。

·当前单位和域内其他单位的数据交换情况分布、发送和接受数据量。

·当前单位和域内其他单位、数据交换总体情况，包括发送总量（亿条）、接受总量（亿条）、交换次数（万次）、交换范围（单位）。

（4）资源视图：

① 库表视图。展现数据库表资源和流程相关的监控统计情况，包括数据库表交换量，交换历史趋势、交换单位排名等。

② 文件视图。展现文件资源和流程相关的监控统计情况，包括文件交换量，交换历史趋势、交换单位排名等。

③ 服务视图。展现服务被申请的情况、当前调用情况，历史调用总量、服务调用量的历史情况、服务流量的历史情况、服务响应时间情况。

3）数据利用分析

从数据利用的角度，对发布的数据进行相关分析，包括数据利用率分析和数据利用率预警等。

（1）数据利用率分析。对发布的数据进行利用率分析，支持数据资源被应用情况的分析，分析内容包括关注次数、收藏次数、评价、订阅数量等。支持同类资源的对比分析。支持数据资源的排名分析。

对于服务接口的资源，支持订阅情况、调用次数的分析。支持同类资源的对比分析。

（2）数据利用率预警。支持对于评价比较低或者利用率比较低的资源和对应单位进行预警。提醒资源提供者对共享的数据进行整改。

5. 数据交换子系统

数据交换子系统包括数据交换模式、数据交换接口、数据交换流程、数据交换服务总线和数据交换中心等。

1）数据交换模式

信息共享交换平台支持集中式交换、分布式交换、链上交换三种交换模式。

（1）集中式交换。集中式交换模式适用于共享数据资源须集中存储、管理的场景，如基础数据资源汇集及信息共享程度较高的信息资源的交换共享，在集中交换的基础上进行数据清洗、加工、整合，并为其他单位提供服务，便于各类主题信息的统计分析和提高信息查询效率。

（2）分布式交换。分布式交换模式将信息资源分别存储于各单位共享信息库中，不进行数据存储，信息资源提供者和使用者以目录的方式进行数据共享，数据交换系统提供数据交换共享通道，各单位在平台中完成申请、审批、授权后，通过前置交换节点提供的交换服务实现信息资源的跨单位共享。

分布式交换模式适用于不对交换共享的数据做集中存储、管理的场景，如单位之间业务类数据、主题类数据的交换共享，以及以服务接口方式共享数据，满足数据资源逻辑集中、物理分散的数据共享交换模式。

（3）链上交换。链上交换模式为借助区块链和智能合约将信息资源提供者的共享数据目录上链，资源使用者需要使用共享数据时通过智能合约来驱动数据交换。链上交换模式适用于敏感数据和条件共享的数据的交换，或者是资源提供者不愿意提供原始数据，只提供部分数据或者结果数据的使用场景。

2）数据交换接口

数据交换接口是数据交换系统与接入单位之间对接的数据交互方式。数据交换过程中，数据的获取和推送都是通过交换接口来完成的。数据交换系统与接入单位之间的接口类型主要分为数据库表交换、文件交换和服务交换三种。

（1）数据库表交换。以前置数据库表作为数据交换系统与接入单位之间的数据获取和推送的接口，数据交换系统通过前置库进行数据交换，接入单位通过桥接方式获取前置库数据或向前置库推送数据，数据库表交换方式具备以下特点：

① 不访问业务数据库，相对安全。

② 配置简单，运维工作量少。

③ 界线明确，责权清晰。

④ 数据传输效率高，实时性高，交换方式灵活，适应场景多。

（2）文件交换。以前置机文件目录作为数据交换系统与接入单位之间数据获取和推送的接口，前置机提供文件目录存储空间，接入单位拥有完全访问文件目录的权限。数据交换系统监控目录中的文件变化进行交换，接入单位通过桥接方式获取前置机目录中的数据文件或向前置机目录推送数据文件。

（3）服务接口交换。以 WebService/REST 服务代理作为交换系统与接入单位之间数据获取和推送的接口，服务代理是在数据交换系统代理业务系统提供的 WebService 服务，对外隐藏该

WebService 服务的真实 URL，使用代理的 URL 即可访问业务系统真实的 WebService 服务以达到数据交换的目的。

3）数据交换服务总线

（1）数据批量交换。根据实际数据交换需要实现数据批量交换，获取全量或者提取有变化的数据，即已交换的数据可以不进行交换，只对新增、变化的数据进行交换。

（2）异步传输。数据传输任务以异步的方式进行，传输过程不会影响其他工作的进展，数据传输的同时可以进行其他操作。

（3）消息打包。所有通过交换的消息都必须符合 SOAP 和 SOAP with Attachment 协议。对审批消息提供基于 SOAP with Attachment 协议的格式扩展，所有审批消息需按照审批消息打包格式进行打包。

（4）智能路由：

① 服务缓存：在交换中心注册的服务，在服务总线中具有缓存功能。

② 负载均衡策略配置：针对集群部署的服务，提供配置负载策略，比如轮询、随机等。

③ 路由规则：提供路由策略设置功能，可实现基于表达式的条件路由和脚本路由。

4）数据交换中心

（1）交换节点管理。交换节点管理主要功能包括查询交换节点、新建交换节点、修改交换节点、删除交换节点。

（2）交换接口管理。交换接口管理主要管理已发布的交换接口，可以进行停用、修改等操作。数据交换中心对外提供以下四种接口，方便外部系统调用：

① 发送方接口。

② 接收方结口。

③ 交换中心接口（与安全管控系统和交换监控系统对接）。

④ 在线调试验证接口。

（3）交换服务管理。根据交换服务的定义，实现从源节点到目标节点的安全、可靠、高效的数据传递功能，满足数据采集、数据分发等交换需求。数据交换必须具有数据采集、数据汇总、数据分发、数据更新通知、数据转发、数据转换。支持实时、定时、按需的数据交换方式。支持多种数据源。具有数据分段传输、数据压缩 / 解压缩、数据缓存、数据加解密传输等。

（4）采集任务管理：

① 采集任务管理。创建采集任务，对单位提供的数据服务、数据库等数据源进行任务配置，通过创建的任务将单位数据采集到共享交换平台。同时提供查看、修改、删除、上线、下线等任务操作。

② 采集任务作业。对已经配置好的采集任务进行执行操作，执行操作根据策略分为手动执行和定时自动执行。定时自动执行分为运行和停止，运行状态任务可自动执行，停止状态任务无法执行。

③ 采集日志管理。查看指定时间范围内的采集数据记录和采集日志记录信息。

（5）交换任务管理：

① 交换任务管理。对各单位之间和单位与共享交换平台之间的交换任务进行管控。在发现异常任务时，可以对任务进行中断操作，保护单位数据安全。同时提供任务查看功能，可查看到每次任务的具体信息，包括任务执行时间、任务状态、交换数据量、交换数据表信息等内容。

② 交换日志管理。查看指定时间范围内的交换数据记录和交换日志记录信息。

（6）数据交换管理。对单位的交换任务进行管理，可以查看单位交换任务的执行情况，包括任务执行时间、任务状态、交换数据量、交换数据表信息等内容。提供任务自动或手动执行设置，同时可对任务进行暂停或删除操作。

15.3.5 核心业务系统设计

1. 总体业务流程

大数据交易总体业务流程根据数据源情况分为两种场景，如图15.26所示。

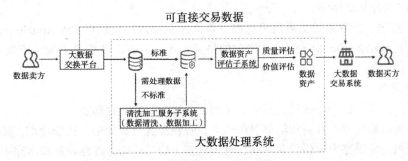

图 15.26 大数据交易总体业务流程图

（1）场景1：数据卖方的数据通过大数据交换平台连接大数据处理系统进行清洗加工、资产评估，形成数据资产后通过大数据交易系统进行交易；

（2）场景2：数据卖方的数据可直接交易，通过大数据交换平台直连大数据交易系统进行交易。

2. 大数据处理系统设计

大数据处理系统实现数据集中管理、加工清洗、数据资产评估等，包括数据支撑子系统、大数据清洗加工服务子系统、数据资产评估子系统等三个子系统设计。

1）数据支撑子系统设计

数据支撑子系统提供多源数据接入、数据处理引擎、数据治理、访问权限控制、数据安全保障、用户控制台、人工智能引擎、区块链引擎、统一运维管理等功能和能力。

（1）多源数据接入。通过独立的数据连接管理模块，负责对业务应用平台中不同类型的业务数据提供数据采集接入支持，统一管理各个外部数据连接的状况，可通过创建、编辑、删除、连通测试进行数据连接管理，提供文件采集服务、数据 API 网关接入服务、动态数据采集服务。

① 数据接入管理：

◎ 数据接入传输模块。对接入数据进行传输服务支持的能力。

◎ 多源异构数据接入模块。多源异构数据接入服务支持多源异构数据文件接入、格式解析、数据清洗加工和存储；建立检测、分类和识别算法模型，对接入的多种数据文件格式进行格式检测、分类和识别、解析；对接入的数据文件进行清洗加工，并进行统一存储，实现多源异构数据的预处理；并对多源异构数据进行入库操作。

② 数据源配置注册。支持多种数据源的配置注册，提供可视化配置模块，便于进行数据资源的接入。

◎ 结构化数据源配置注册。主要针对关系型数据库的配置注册服务，其中包括 MySQL、Oracle、SQL Server 等关系型数据库。结构化数据源配置注册服务模块主要包括如下功能：

· 对 MySQL、Oracle、SQL Server 等关系型数据库连接名称及连接信息进行配置注册。

· 通过 MySQL、Oracle、SQL Server 等数据源驱动进行 MySQL、Oracle、SQL Server 数据库的连接。

·保存 MySQL、Oracle、SQL Server 数据库的配置注册信息。

◎ 半结构化数据源配置注册。主要针对半结构化 FTP 类型数据源的相关配置及注册。半结构化数据源配置注册服务模块主要包括如下功能：

·对半结构化 FTP 类型数据库连接名称及连接信息进行配置注册。

·后台使用 FTP 连接工具进行 FTP 的连接。

·保存半结构化 FTP 的配置注册信息。

◎ 非结构化 FTP 数据源配置注册。主要针对非构化 FTP 类型数据源的配置及注册。非结构化数据源配置注册服务模块主要包括如下功能：

·对非结构化 FTP 类型数据库连接名称及连接信息进行配置注册。

·后台使用 FTP 连接工具进行 FTP 的连接。

·保存非结构化 FTP 的配置注册信息。

③ 数据源连通测试。支持多数据源的连通测试，通过可视化配置模块，提供对不同的数据源进行连通测试。

◎ 结构化数据源连通测试。主要针对关系型数据库的连通测试，其中包括 MySQL、Oracle、SQL Server 等关系型数据库。结构化数据源连通测试服务模块主要包括如下功能：

·MySQL 配置信息传到后台进行测试校验。

·后台根据配置信息使用 MySQL 驱动连接 MySQL 数据库。

·将连接测试结果在页面通过提示信息进行提示。

◎ 半结构化数据源连通性测试。主要针对半结构化 FTP 数据源的连通测试。半结构化数据源连通测试服务模块主要包括如下功能：

·半结构化 FTP 配置信息传到后台进行测试校验。

·后台根据配置信息使用 FTP 连接工具连接 FTP。

·将连接测试结果在页面通过提示信息进行提示。

◎ 非结构化数据源连通性测试。主要针对非结构化 FTP 数据源的连通测试。非结构化数据源连通测试服务模块主要包括如下功能：

·非结构化 FTP 配置信息传到后台进行测试校验。

·后台根据配置信息使用 FTP 连接工具连接 FTP。

·将连接测试结果在页面通过提示信息进行提示。

④ 数据连接状态检索。提供数据连接状态查询，通过可视化配置模块，显示数据连接状态。

◎ 数据连接列表展示。数据连接列表展示功能包括：

·数据连接列表显示数据连接的连接名称等相关信息。

·默认根据数据连接创建时间进行倒序排序。

·根据显示的数据连接信息找到已建数据连接。

◎ 数据连接分类检索。数据连接分类检索功能包括：

·根据数据连接分类下拉列表选择数据连接分类，查询对应数据连接分类的数据连接；

·检索出的数据连接在数据连接列表中展示。

·根据显示的数据连接信息找到已建数据连接。

◎ 数据连接模糊查询。数据连接模糊查询功能包括：

·根据输入的参数进行数据连接名称模糊搜索，在系统库中找出所有符合要求的数据连接；

·检索出的数据连接在数据连接列表中展示。

·根据显示数据连接信息找到所检索的数据连接。

⑤ 异常告警服务：

◎ 采集任务运行异常告警。采集任务运行异常告警功能包括：

·支持运行异常的任务加入告警。

·记录异常时间、异常状态、异常的报错信息。

·支持同一个任务加入多条告警记录。

·支持对启动失败及异常停止的采集任务进行异常告警。

◎ 任务异常告警数据统计。对处于异常状态的采集任务的告警条数并进行统计。

◎ 异常告警详情展示。异常告警详情展示包括：

·展示什么时候出现的告警。

·展示什么原因出现告警。

·根据告警情况能快速找到问题所在。

⑥ 数据接入统计服务：

◎ 日均数据接入统计。日均数据接入统计包括：

·查询所有任务的流量之和。

·查询出统计了多少天。

·运算流量和 / 总天数。

◎ 最近 5 分钟接入数据统计。最近 5 分钟接入数据统计功能包括：

·统计的是最近 5 分钟的流量。

·X 轴最小的粒度为 5 秒钟；

·Y 轴是某一个粒度的流量之和。

◎ 数据接入日增量统计。数据接入日增量统计包括：

·统计的是最近一个月的数据日增量。

·统计截至某一天（X 轴）的流量之和。

·统计截至某一天（X 轴）的天数之和。

·用当天的流量之和除以天数之和就得到当天的接入平均量。

◎ 采集任务数据错误次数的统计与修改。采集任务数据错误次数的统计与修改功能包括：

·任务是定时或实时采集的，每出现一次错误，任务的错误次数增加一次。

·达到这个任务出现错的上限就不再修改。

·出现一次加一次告警，所以对告警条数也有一个限制。

（2）数据处理引擎：

① 数据存储管理。为满足平台整体的业务服务功能与数据处理分析需求，平台内部的数据存储应满足对各种不同类型的海量数据的存储、检索与管理需求，需构建一套采用分布式架构构建的数据统一存储与管理体系。

◎ 离线数据存储管理模块。离线数据存储管理模块负责提供对分布式离线数据库的存储结构及数据资源的数据存储管理接口、数据结构管理、数据维护、存储资源扩展等功能支持。

◎ 实时数据存储管理模块。实时数据存储管理模块负责提供对分布式实时数据库的数据存储管理接口、数据结构管理、数据维护、存储资源扩展等功能支持。

◎ 流数据存储管理模块。流数据存储管理模块负责提供对分布式流数据库的数据存储管理接口、数据结构管理、数据维护、存储资源扩展等功能支持。

◎ 分布式文件存储管理模块。分布式文件存储管理模块负责提供对分布式文件系统的数据存储管理接口、数据结构管理、数据维护、存储资源扩展等功能。

② 元数据管理。元数据管理的逻辑架构分为四层：用户层、业务层、服务层和数据层，如图 15.27 所示。

◎ 用户层：指系统管理员。

◎ 业务层：包含元数据标准管理模块、元数据库管理模块、元数据管理模块、元数据服务模块和元数据用户授权管理模块等。

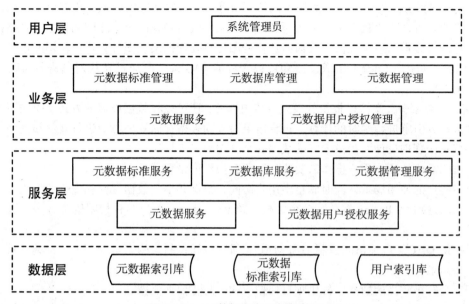

图 15.27　元数据服务逻辑架构图

◎ 服务层：包含元数据标准服务、元数据库服务、元数据管理服务、元数据服务和元数据用户授权服务等。

◎ 数据层：包含元数据索引库、元数据标准索引库和用户索引库等。

③ 离线数据仓库服务：

◎ 离线计算服务。离线大数据计算服务单表可达万亿条记录，主要针对 PB/EB 级别数据而实时性要求不高的批量处理业务，主要应用于大型数据仓库、日志分析、数据挖掘、商业智能等领域。离线大数据计算服务支持分布式 SQL，支持多种数据分析挖掘的分布式计算框架（MapReduce/ 流计算 / 图计算等），内置大量数据挖掘和机器学习算法，应用于海量数据仓库构建、机器学习等各领域，提供丰富的数据管理手段，支持多应用多实例并发同时计算并支持隔离应用数据和程序的能力，可以让多个用户在一套平台上协同工作。

◎ 数据装载方案。数据装载具有数据进出离线大数据计算服务的标准接口，用户可以通过上传数据到平台中或从平台下载数据，通过并发的方式来保证高吞吐量的服务，IO 的能力可以通过添加 HTTP 服务器的方式水平扩展。

·支持批量、历史数据通道。提供批量数据传输服务，提供高并发的离线数据上传下载服务。支持每天 TB/PB 级别的数据导入导出，适合于全量数据或历史数据的批量导入。提供 Java 编程接口，并且在客户端工具中，有对应的命令实现本地文件与服务数据的互通。

·实时、增量数据通道。针对实时数据上传的场景，提供了延迟低、使用方便的大数据总线服务，可用于增量数据的导入，支持多种数据传输插件，同时支持日志服务，进而使用大数据开发套件进行日志分析和挖掘。

◎ 计算模型设计。支持 SQL、MapReduce、Graph 等计算类型及 MPI 迭代类算法。

·SQL 查询。SQL 需要具有可扩展性，内置函数无法满足特定的业务领域内的需求时，用户可以用 Java 或 Python 开发自定义的函数，函数一经创建即可永久使用。

·MapReduce。为满足业务需求，开发自定义的算法或者处理特定的业务逻辑，可以基于平台提供的通过编程框架进行自定义的开发。支持 MR 类型的任务执行，可以用 Java 实现 Map 及 Reduce 方法，而对于数据的分片、任务的并发调度、容错处理等复杂的工作全部由平台框架来完成。

·Graph 图算法。支持图算法的任务执行。图算法在一些特定的领域会更有效率，比如对于人际关系网络的分析，需要找出某个人的所有二度关系，或者查找两个人之间的最短关系路径，则可以用图算法进行编程。系统提供一套面向迭代的图计算处理框架。图计算作业使用图进行建模，图由点（Vertex）和边（Edge）组成，点和边包含权值（Value）。通过迭代对图进行编辑、演化，最终求解出结果。

◎ 流式计算服务。支持以批量的模式上传数据外，还可以将数据以流的方式实时的写入表中，并且通过流计算引擎进行实时的计算，再将结果写入到表格存储等环境中进行展示和查询。

·数据安全管理设计。提供丰富的数据安全管理手段。

用户访问需要认证，用户操作需要鉴权，所有操作记录审计日志。

支持多租户的使用场景，同时满足多用户协同、数据共享、数据保密和安全的需要。

支持 ACL 授权、Policy 授权、角色授权、跨 Project app 授权多种权限管理方法，满足多种场景的需求。

同时提供 DAC（自主访问控制）和 MAC（强制访问控制）的安全管理方案，满足对部分敏感数据的管理需求。

对于安全等级较高的数据，提供项目保护模式，防止数据泄露。

·ACL 授权管理。常见的授权管理模式是 ACL，对于已经存在的用户和对象，可以将指定对象的某个权限授权给该用户。

·Policy 授权策略。当表的数量和用户的数量非常多，且变动频繁时，逐张表进行授权工作量会非常大，这时可以考虑用 Policy 授权模式。Policy 可以视为由管理员设置的指定规则，在形式上是一个 Json 文本，比如允许一个 Project 下的所有用户读所有的表。

·数据强制访问控制（MAC）。某些业务数据中通常会有一部分敏感等级比较高的数据，比如用户的身份证号，手机号以及信用卡号等，对此类的数据需要加以保护，但是同一张表中的非敏感信息则可以开放使用，为了解决这类问题，平台需要提供基于标签的安全管理策略，它和 ACL、Policy 可以配合使用，用户访问数据时必须同时满足两种安全机制。

·项目空间保护。在项目空间开启保护机制后，则默认数据不可以离开此项目空间，包括通过工具导出以及通过 SQL，MR 等方式在其他的项目空间中访问受保护项目空间中的数据都会被拒绝。

·多集群架构设计。数据存储在计算集群上，可以有多个计算集群，在单个集群的存储和计算容量无法满足业务需求的时候，可以用水平扩展的方式增加新的计算集群。全局资源规划系统会分析跨集群的数据调用情况，进行资源的优化配置。

·数据存储设计。支持维表、二级分区等特性。其中维表用于存储数据的定义，可以极高性能参与 join 和查询。二级分区的支持使得可以支持数据日期增量装载和分布，以便于未来对历史数据进行冷数据管理和迁移。另外系统还支持多值列、UDTF 等特色功能，多值列可以在一个列中存储多种属性，并且支持单个或多个属性的高性能检索查询。

④ 实时数据仓库服务：

◎ 数据装载设计。在对外部系统的交互上，分析型数据库能够从离线大数据计算服务批量导入数据，并且可以快速批量导出海量数据到离线大数据计算服务；可以通过外部工具实时的将数据同步到分析型数据库中。

对于前端业务，分析型数据库允许任何遵循 MySQL 5.1/5.5/5.6 系列协议的客户端和驱动进行连接。例如：MySQL 5.1.x jdbc driver、MySQL 5.3.x odbc connector（driver）、MySQL 5.1.x/5.5.x/5.6.x

客户端、Java、Python、C/C++、Node.js、PHP、R（RMySQL）、Websphere Application Server 8.5、Apache Tomcat、JB 对象存储等。

◎ 数据模型设计。分析型数据库的数据模型包括：数据库，表组，表，一级分区，二级分区。分析型数据库中一个数据库对应一个用于访问的域名和端口号，同时有且只有一个 owner，即数据库的创建者。为了管理相关联的数据表，需要表组的功能。表组是数据库的下一级实体，也是表的上一级，一个表必须从属于一个表组。

分析型数据库中表组分为事实表组和维度表组。分析型数据库中表分为事实表和维度表。

◎ 存储模式设计。分析型数据库支持两种存储模式，对应不同的成本和业务模型：

·高性能存储模式实例：使用全 SSD（或 Flash 卡）进行计算用数据存储，使用内存作为数据和计算的动态缓存的实例。可在双千兆或双万兆网络服务器上良好运行，优点是计算性能好、查询并发能力强，缺点是存储成本较高。

·大存储模式实例：采用 SATA 磁盘进行分布式存储，作为计算用数据存储，使用 SSD 和内存两级作为数据和计算的动态缓存的实例。在双万兆网络服务器上才能良好运行，具有存储成本低的优点，但查询并发能力相对较弱，一次性计算较多行列时性能较差。

◎ 系统资源管理设计。分析型数据库通过 ECU（弹性计算单元）进行资源管理。通过操作系统底层技术和分布式资源调度能力，为每个数据库实例创建完全独立的进程。每个数据库至少拥有进程各两个（双副本双活）。

可以通过控制 ECU 型号，来决定进程的配置，通过 ECU 型号可以区分的资源包括 CPU 核数（支持独占和共享）、内存大小（独占）、SSD 大小（独占）、网络带宽（独占）、SATA 数据逻辑大小（仅大存储实例的 Compute Node 可选）。

可以通过控制 ECU 的数量，来决定一个数据库实例所启用的 ComputeNode 数量，从而通过 ECU 类型上所配置的比例来按比例启动若干个 FrontNode 和 BufferNode，从而达到容量水平伸缩的目的。

◎ 计算引擎设计。分析型数据库可以支持两套计算引擎：

·Compute Node Local/Merge（简称 LM）：优点是计算性能很好，并发能力强，缺点是对部分跨一级分区列的计算支持较差。

·Full MPP Mode（简称 MPP）：计算功能全面，对跨一级分区列的计算有良好的支持，可以通过全部 TPC-H 查询测试用例，和 60% 以上的 TPC-DS 查询测试用例。缺点是计算性能相对 LM 引擎较差，并且计算并发能力相对很差。

在开启 MPP 引擎功能的数据库中，分析型数据库会自动对查询 Query 进行路由，将 LM 引擎不支持的查询路由给 MPP 引擎，尽可能兼顾性能和通用性，用户也可以通过 Hint 自行决定某个 Query 使用什么样的计算引擎。

⑤ 流式数据处理总线服务。流式数据处理总线主要用于提供对流式数据的发布（Publish）、订阅（Subscribe）和分发功能，便于轻松构建基于流式数据的分析。

具体支持如下的相关功能：

◎ 数据队列。数据队列基本功能，单 shard 内数据保序。单 Topic 的性能以 shard 数为单位水平扩展。

◎ 点位存储。支持消费应用将消费点位保存到实时数据分发平台服务，保证消费应用在 Failover 后可以从保存的点位进行消费。

◎ 数据同步。数据自动同步到其他服务，支持的服务包括大数据处理引擎、对象存储、AnalyticDB、云数据库、TableStore、Elasticsearch。

◎ 流式数据同步。流式数据同步将服务中的流式数据同步到其他云服务，支持将 Topic 中的数据实时／准实时同步到大数据处理引擎、对象存储、ElasticSearch、云数据库、分析型数据库、表格存储中。用户只需要向实时数据分发平台中写入一次数据，并在服务中配置好同步功能，即可以在其他服务中使用这份数据。

◎ 扩容缩容。支持为 Topic 动态扩容／缩容，一般通过 SplitShard/MergeShard 来实现。具有服务弹性伸缩功能，用户可根据实时的流量调整 Shard 数量，来应对突发性的流量增长或达到节约资源的目的。例如：在业务峰值期间，大部分 Topic 数据流量会激增，平时的 Shard 数量可能完全无法满足这样的流量增长。此时可以对其中一些 Shard 进行 SplitShard 扩容操作，最大可扩容至 256 个 Shard，按目前的流控限制足以达到 256MB/s 的流量，用以应对数据流量的激增。而在业务峰值过后，数据流量下降，多余的 Shard 会占用没有必要的 Quota，因此，此时可以进行 MergeShard 缩容操作，每两个 Shard 合并为一个，直至合适为止。

⑥ 实时计算服务：

◎ 流计算业务架构。目前流计算定义为一套轻量级提供 SQL 表达能力的流式数据加工处理引擎，其业务架构如下：

· 数据产生：生产数据发生源，通常在服务器日志、数据库日志、传感器、第三方数据均是数据产生方，这份流式数据将作为流计算的驱动源进入数据集成模块。

· 数据集成：提供流式数据集成的用以进行数据发布和订阅的数据总线，包括可以集成流式数据处理总线、连接物联网信息和对接日志。

· 数据计算：流计算通过订阅数据集成提供的流式数据，驱动流计算的运行。

· 数据存储：流计算本身不带有任何存储，流计算将流式加工计算的结果写入数据存储，包括关系型数据库、NoSQL 数据库、OLAP 系统等。

· 数据消费：不同的数据存储可以进行多样化的数据消费。

提供消息队列的数据存储可以用作报警。

提供关系型数据库的可以提供在线业务支持等。

◎ 流计算技术架构。流计算是一个实时的增量计算平台，提供类似 SQL 的语言，通过 MapReduceMerge 计算模型（简称 MRM）完成增量式计算。流计算具有比较完善的 Failover 机制，能保证在各种异常情况下数据的精确性，流计算的整个技术架构如图 15.28 所示。

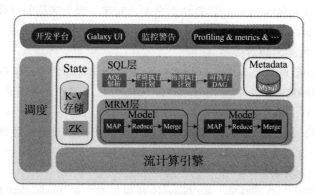

图 15.28　流计算技术架构图

流计算主要由七部分组成：

· 用户接口层：主要提供开发平台，便于用户新业务的开发和作业提交，提供完善的监控告警系统，在作业出现延迟时及时通知到业务方，从而能够及时、更好的优化作业。

· SQL 层：主要负责 SQL 的解析和逻辑及物理执行计划的生成，并最终将执行计划转化成可执行的 DAG。

·MRM 层：依据 SQL 得到的 DAG 生成由不同 Model 组成的有向图，用以处理具体的业务逻辑，通常一个 Model 会包含三部分：Map 进行数据过滤、分发（group）或 join（MapJoin）等操作；Reduce：完成一个 batch 内的聚合计算（流计算将流数据打包成一个个 batch 来进行处理，每个 batch 内会有多条数据记录）；Merge：将该 batch 内的计算结果与以前的结果（State）进行 merge 操作得到新的 State，在 n 个 batch 处理完成后进行 checkpoint 操作（n 值可配置），从而将该 State 持久化化到 state 系统中（如 Hbase、Tair 等）。

·流计算引擎：目前流计算是构建在底层的流计算引擎之上，MRM 将上述的有向图转化成相应的 Topology，然后进行数据的处理与计算，但其对流计算引擎只是弱依赖，在未来会支持更多的计算引擎。

·Metadata：对于提交的每个流计算作业，都会在 Metadata 系统中有相应的元数据，从而便于作业的管理。

·State：在介绍 MRM 的时候有提到过，这个是用来持久化流计算处理的中间结果状态的系统，通过 State 的存储流计算可以实现较完善的容错，保证在各种异常情况下数据的精确性。

·调度：整个流计算集群是构建在调度系统之上，其本身也是流计算能够有效运行和出错恢复的重要保证。

◎ 流计算功能设计。流计算集成诸多全链路功能，方便进行全链路流计算开发，包括：

·强大的流计算引擎，提供流式计算的标准 SQL，支持各类 Fail 场景的自动恢复，保证故障情况下数据处理的准确性；支持多种内建的字符串处理、时间、统计等类型函数；精确的计算资源控制，彻底保证多租户之间作业的隔离性。

·丰富多样的数据采集工具，涵盖从无结构化日志采集到结构化的数据库变更采集，从简单易懂的一键式拖拽上传数据到开放可定制化的编程 SDK，让用户随心所欲采集并上传业务流式数据。

·深度整合各类云数据存储，包括各类数据存储系统，无需额外的数据集成工作，流计算可以直接读写相关产品数据。

·多样化数据展现套件，覆盖各类数据化报表展示组件；同时针对流式计算特有翻牌器、实时大屏等场景提供定制化显示组件，用实时化的大数据助力业务发展。

（3）数据治理：

① 数据探查。提供数据预览、全表统计、字段分析的功能，利用算法能力分析数据内容分布情况，了解数据内涵。

② 标准管理。通过分析业务流程，抽象关键业务对象、业务对象属性，通过数据元元素定义关键业务对象和业务对象属性的数据类型、长度、业务规则等属性，并规范数据元引用的标准数据字典，制定并管理平台遵循的统一数据标准，帮助平台管理者和数据管理者管控治理后数据的一致性和数据质量。

③ 模型管理。从模型覆盖的内容粒度看，数据模型一般分为主题域模型、概念模型、逻辑模型和物理模型。主题域模型是最高层级的、以主题概念及其之间的关系为基本构成单元的模型，主题是对数据表达事物本质概念的高度抽象；概念模型是以数据实体及其之间的关系为基本构成单元的模型，实体名称一般采用标准的业务术语命名；逻辑模型是在概念模型的基础上细化，以数据属性为基本构成单元；物理模型是逻辑模型在计算机信息系统中依托于特定实现工具的数据结构。

④ 智能 ETL。智能 ETL 通过固化数据的处理逻辑和处理过程，引用预置算子并配置算子的参数，以智能化数据处理方式大幅降低人工参与程度，提高数据清洗策略的准确性，保证数据按数据标准的要求被正确处理。智能 ETL 包括代码片段管理、字典映射管理和 ODS 模型智能 ETL。

（4）访问权限控制：访问权限控制实现用户身份管理、单点登录管理、角色管理、授权策略、控制模式服务、安全防护策略管理、安全事件预警等功能。

① 单点登录模块。将系统中多个应用登录进行打通，用户只需要登录一次就可以访问所有相互信任的应用系统。

◎ 用户管理模块。管理用户访问列表，管理用户账号，支持用户创建、删除、更新用户信息等操作。

◎ 用户组管理模块。提供对用户进行分组管理，支持用户组创建、删除、修改用户组成员、指定用户组负责人等操作。

◎ 组织管理模块。系统支持导入组织列表，提供手动录入以及批量导入的方式。

② 资源访问控制：

◎ 角色管理模块。支持为用户分配角色进行授权，支持对角色进行编辑、删除等操作。

◎ 授权策略模块。提供多种系统权限策略可供用户选择使用。这些权限策略仅仅提供了粗粒度的访问控制能力，比如某个产品级别的只读权限或所有权限。

◎ 控制模式服务模块。可以控制用户下资源具有的操作权限，提供灵活的授权策略以及不同的权限控制方式，例如对象访问控制、数据访问控制等。

（5）数据安全保障。实现数据内容的脱敏、数据水印标记与水印追溯，以及数据访问权限的管理及访问记录行为分析报警功能。兼容主流的大数据平台，支持数据抽取、数据漂白、敏感信息分级分类，可还原式脱敏，解决数据分发和使用过程中的数据合规性问题。

① 数据脱敏服务。数据脱敏服务实现数据脱敏服务。兼容主流的大数据平台，通过隐私数据接入管理、隐私数据发现、数据抽取、数据漂白、敏感信息分级分类以及支持还原式脱敏等一系列的操作，解决数据分发和使用过程中的数据合规性问题，保障数据安全。

◎ 隐私数据接入综合管理模块。隐私数据接入综合管理模块，负责对数据源、装载源中的数据进行增、删、改、查管理的功能，并能将数据解析后供用户预览。

◎ 智能隐私数据发现模块。智能隐私数据发现模块，负责实现基于隐私数据算法来发现数据源中的敏感数据，并自动判断敏感数据类型及分类，系统经过分析后再将信息展示出来。

◎ 数据抽取模块。数据抽取模块，负责实现将敏感数据按照一定的规则从整体数据中读取出来，交给隐私数据漂白模块进行处理。

◎ 隐私数据算法模块。隐私数据算法模块，负责实现识别算法与数据漂白算法管理的功能。

◎ 隐私数据漂白模块。隐私数据漂白模块，负责实现将抽取模块抽取的敏感数据基于数据漂白算法和用户设置的漂白规则进行数据漂白的功能。

◎ 隐私数据接口管理模块。隐私数据接口管理模块，负责实现对隐私数据访问接口的限制，能配置允许访问敏感数据的接口的功能。

◎ 敏感词综合管理模块。敏感词综合管理模块，负责实现将用户导入的敏感词或根据用户提供的文本进行智能分析，并将分词出来的敏感词加入敏感词库进行管理。使敏感词库作为机器学习的样本，让敏感数据识别与分析的准确率更高。

◎ 敏感信息分类模块。敏感信息分类模块，负责实现将敏感数据信息进行分类管理。

◎ 数据还原式脱敏模块。敏感数据还原式脱敏模块，负责实现敏感数据脱敏的可恢复式处理，保障数据安全、隐私不被泄露的同时，加强数据的可用性。

② 底层数据安全防护。底层数据安全防护对底层数据的访问、授权以及各类操作监控等进行防护。主要功能包括平台系统安全、数据安全、认证安全和审计分析等功能。

◎ 平台系统安全模块。平台系统安全模块采用先进的信息安全技术，采取有效的安全策略和技术手段，建立全覆盖的安全架构，保障平台系统安全及稳定运行。

◎ 数据安全模块。数据安全模块包括数据文件访问与操作授权、数据文件操作监控服务、数据文件操作记录与异常报警服务等核心功能。

·数据文件访问与操作授权。数据文件访问与操作授权模块，负责实现对数据文件访问权限进行管控；并能实现在访问权限的基础上对用户能操作的数据文件进行细粒度授权。

·数据文件操作监控服务模块。数据文件操作监控服务模块，负责实现各用户对数据文件的操作的监控，无授权的操作被拦截，授权的操作允许执行的功能。

·数据文件操作记录与异常报警服务模块。数据文件操作记录与异常报警服务模块，负责实现所有用户对文件操作以及访问的详细记录，再以表格形式输出；实现在数据文件访问异常、操作异常、状态异常、敏感操作等情况下的报警及短信提醒服务。

◎ 认证安全模块。认证安全模块提供用户身份管理和用户身份验证服务功能。

·用户身份管理。用户身份管理模块，负责实现对用户身份管理的功能，身份信息包括登录信息、数据文件访问权限、数据文件操作权限。

·用户身份验证服务。用户身份验证服务模块，负责实现在用户进行任何操作或做任何访问时对用户身份信息识别，并进行拦截与放行的功能。

◎ 审计分析模块。审计分析模块，负责实现将数据文件操作记录与异常报警服务模块中记录的访问及操作记录统计分析后，以可视化方式输出在页面上的功能。

2）大数据清洗加工服务子系统设计

（1）大数据清洗加工流程。大数据清洗加工流程如图 15.29 所示。

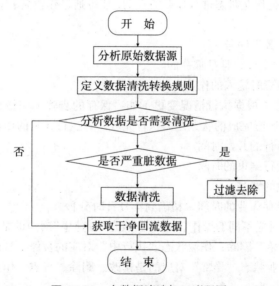

图 15.29　大数据清洗加工流程图

① 在汇聚多个维度、多个来源、多种结构的数据之后，需要对数据进行预处理和分析。预处理过程中除了更正、修复系统中的一些错误数据之外，更多的是对数据进行归并整理，并储存到新的存储介质中。

② 制定数据清洗规则，包括非空检核、主键重复、非法代码清洗、非法值清洗、数据格式检核、记录数检核等清洗规则。

③ 根据规则判定数据是否属脏数据，不属于则不需要清洗转换；如属于脏数据，则根据严重程度不同按不同规则分别进行数据清洗。

④ 数据清洗结束后，则回流干净数据。

（2）工单管理。工单管理实现工单的增删改查，实现工单任务的发布和管理等功能，包括工作台和工单生成。

① 工作台。工作台主要用于展示工单列表，包括未分配 / 处理中 / 暂停 / 已完成 / 已通过五个切换 Tab，用户可以按数据采集、数据清洗、数据加工、数据汇集四种工单类型进行分别操作。

◎ 数据采集。工作类型包含"数据采集"工作类型的工单会在数据采集未分配、处理中、暂停、已完成、已通过标签页进行流转。可查看工单信息，下载工单文件，"接收"确认后数据流转到处理中标签页，工单也可被删除。

◎ 数据清洗。工作类型包含"数据清洗"工作类型的工单会在数据采集未分配、处理中、暂停、已完成、已通过标签页进行流转。

◎ 数据加工。工作类型包含"数据加工"工作类型的工单会在数据加工未分配、处理中、暂停、已完成、已通过标签页进行流转。

◎ 数据汇集。工作类型包含"数据汇集"工作类型的工单会在数据汇集未分配、处理中、暂停、已完成、已通过标签页进行流转。

② 工单生成。提供工单信息输入页面，包括任务编号、任务名称、任务描述、工单名称、工单编号、工作类型、安全级别、优先级、存储路径、处理对象、工单文件数量、人员的选择、工单截止日期，由工单管理员进行工单发布。

（3）自动化清洗：

① 作业管理。主要用于作业步骤保存后会在该列表展示，对不同状态的作业进行操作（修改、预览、日志、删除），可通过作业状态进行作业的查询，还可通过作业名、作业 ID、创建人进行查询。作业列表字段说明：

◎ 序号：每页显示的数据序号。

◎ 作业 ID：系统自动生成，且是唯一的。

◎ 作业名称：保存步骤时输入的作业名称。

◎ 状态：作业的状态（根据执行情况变更）如：保存的步骤不完整状态是"创建中"；运行中的状态是"执行中"；运行完成的状态是"执行完成"；执行异常的作业状态是"执行异常"。

◎ 开始时间：作业运行的开始时间。

◎ 结束时间：作业运行结束的时间。

◎ 创建人：创建作业的账号。

◎ 创建时间：首次保存作业的时间，精确到年月日时分秒。

◎ 操作：不同的状态对应不同的操作。如：作业状态"创建中"对应的是修改、删除；作业状态"待执行"对应的是修改、开始、删除；作业状态"执行中"对应的暂停、日志；作业状态"已完成"对应的是日志、预览；作业状态"异常"对应的是修改、删除、日志；作业状态"暂停"对应的是开始、日志。

② 数据标准化 IDE。提供数据标准化 IDE，针对清洗类型的工单文件进行六个步骤（预处理、数据去重、格式清洗、逻辑错误清洗、字段拆分、字段合并）的清洗加工处理，针对清洗步骤可以保存、运行和预览。具体清洗步骤：

◎ 输入：选择工单。

◎ 数据预处理：

· 数据预览：点击读取字段，显示文件的前五行数据。

· 文件的分隔符为：跳格（\t）、空格、叹号（！）、美元符号（$）、并且符号（&）、竖线（|）、分号（；）、逗号（，），分隔符只针对 TXT 和 CSV 文件，比如 TXT 文件字段之间的分割符是 |，数据预览的时候选择竖线（|），然后点击读取字段。

· 字段名称：显示原文件字段名称。

· 数据类型：三种类型（文本型、数值型、日期型）可进行选择。

·空值不处理：字段中有空值的不进行处理。

·空值时默认值：可输入字符进行替换。

·删除字段：删除原有字段。

◎ 数据去重。完全重复的数据：两个或多个字段的数据是重复，最后处理结果只保留其中一个字段的数据。

·自定义：选择需要筛选的重复字段，手动勾选字段。

◎ 格式清洗。数值型字段：保留整数位或保留两位小数。

◎ 逻辑错误清洗：

·数值型字段：输入最大值和最小值，设置值域约束范围（输入最大值和最小值），对不符合值域范围内的数据进行清洗。

·文本型字段：输入字符长度，对字符中不符合长度的内容进行清洗。

·日期型字段：选择日期时间的最大值和最小值，设置值域约束范围（选择最大值和最小值），对不符合值域范围内的数据进行清洗。

◎ 字段拆分。只能对文本型字段进行拆分。

·拆分规则：输入起始位、结束位、定义字段名称。

◎ 字段合并。只能对文本型的字段进行合并。选择需要合并的字段。

◎ 输出：选择储存目录；输入文件名；选择文件类型。

◎ 保存。保存清洗步骤。

◎ 运行。运行清洗步骤，后台间隔时间 1 分钟。

③ 脚本清洗：

◎ 脚本清洗 IDE。提供脚本清洗 IDE，工作类型为数据采集、数据清洗、数据加工、数据汇集的工单都可以进行脚本清洗。

◎ 我的脚本。基地数据采集员、数据清洗员、数据加工员、数据汇集员有"我的脚本"权限。新增脚本后可进行查看、修改、删除、查询操作。

·新增脚本页包括以下信息：

·脚本名称：必填项，最多输入 8 个汉字。

·功能描述：必填项，最多 500 个字符。

·功能分类：必选项，数据采集、数据清洗、数据加工、数据汇集。

·语言类型：必选项，选择 Python。

·源文件：必选项，根据语言类型上传匹配的文件。

·使用说明：非必填项。

·文档上传：可上传 doc、docx、pdf、txt 格式的文件。

·输入必填信息后，提交脚本，可在"我的脚本"列表展示。

◎ 脚本库。脚本库新增脚本只有系统管理员有权限，可对脚本进行修改、删除、查看、检索等操作。

（4）数据加工：

① 文本处理。提供文件批量导入和分析功能，包括词库生成、全文分词分析、关键词提取、改进 TF-IDF 权重计算、相似度计算和上下文词语义相似（近义词提取）功能。

② OCR 图像识别。对图片上的文字进行读取、识别，可上传 pdf、jpg、png 文件，通过 OCR 图像识别后，将识别出来的文字转换为 Word 文档进行下载。

③ 图像标注。提供线上完成对图像的标注、大小等修改任务，支持矩形框、多边形、点三种方式标注。

3）数据资产评估子系统设计

数据资产评估子系统包括数据资产确权、数据质量评估、数据价值评估、数据资产认证等功能模块。

（1）数据资产确权。数据资产确权赋权是数据资产评估的核心，使信息合法化。数据资产确权对象的价值定性主要考虑的因素包括以下方面：

① 数据资产本身来源内容真实可信，具有权威性；

② 数据覆盖范围全面，数据分类完整，数据项目精细；

③ 以对数据记录总量进行精细化分析，并对多种类目做交叉和结合分析。

功能包括数据资产审查确权、数据资产公告发布、数据确权认证、实时策略管控，并对侵犯数据资产的实体进行法律维权等。

（2）数据质量评估。数据质量评估是在各个服务渠道通过各种服务界面向客户提供数据质量评估服务，功能包括：质量评估指标管理、质量评估规则管理、质量评估模型算法等。

① 质量评估指标管理。使用指标库形式，对质量评估的所有维度进度管理，包括规范性、准确性、精确性、合理性、关联性、真实性、及时性、即时性、时效性、有效性、数据完整性、参照完整性、事实完整性、相关性的完整性、全面性、共同性、定义一致性、业务规则一致性、对于代理源的正确性、精度、非冗余性、可理解性、多维性、分布式数据的同步、可得性、时间性、上下文关联性、可用性、可达性等。

② 质量评估规则管理。质量评估规则管理是针对不同行业数据制定不同的质量评估规则，比如针对医疗数据，可选用有效性、完整性、准确性作为该行业数据质量的评估规则。

③ 质量评估模型算法。通过成熟度评估模型算法，对数据质量进行量化评估，并提供指导路径，生成成熟度评估报告。质量评估模型包括数据汇聚评估、数据治理评估和数据价值评估3个方面。

（3）数据价值评估。数据价值评估通过适宜的数据方法对影响运营数据资产价值的主要因素量化处理，最终得到合理的评估值，功能包括：价值评估指标管理、价值评估模型算法、样本库管理、模型训练管理、价值评估报告生成。

① 评估指标管理。价值评估指标管理是对数据价值评估维度进行管理，包括数据稀缺性、数据行业领域、数据应用场景、数据权益性质等，同时支持用户自定义评估指标。

② 评估模型算法。价值评估模型算法是存储各种数据价值评估模型，包括基于数据自身与相似产品的数据定价方法、基于数据基本特性和商品属性的数据定价方法、基于重置成本的数据资产价值动态博弈法、基于自适应机制的数据价值评估方法等。

③ 样本库管理。样本库存储训练价值评估模型的各种样本数据，提供样本数据上传、样本数据查询、样本数据下载等功能。

④ 模型训练管理。模型训练管理提供数据资产价值评估模型训练工具，供系统不断优化模型。

⑤ 价值评估报告生成。提供数据价值报告生成功能，支持电子报告生成和申请纸质报告。

（4）数据资产认证。通过对数据生命周期中各个业务环节进行管理，从而实现对数据资产的登记、申请确权、资产评估、公示、争议处理等全过程管理。功能包括业务配置管理、评估机构管理、专家评估、机构评估、数据资产认证。

① 业务配置管理。业务配置管理为评估机构配置相应的任务，如为资产评估师配置数据资产认证业务、为会计师配置提供企业相关的审计报告的业务。

② 评估机构管理。评估机构管理包括机构管理和成员管理。机构管理包括资产评估机构、会计师事务所、律师事务所管理；成员管理包括资产评估师管理、会计师管理和律师管理。

③ 专家评估。提供专家评估服务，支持用户选择不同等级专家提供数据资产评估服务。

④ 机构评估。提供机构评估服务，支持用户选择不同机构进行数据资产的评估。

⑤ 数据资产认证。对完成专家评估或机构评估的数据，系统提供数据资产认证服务，通过认证才能作为数据资产进行交易活动。

3. 大数据交易系统设计

大数据交易系统是省级大数据交易中心的核心系统，是对外提供数据产品交易流通的平台。目标用户为有数据交易需求的政府、企业及个人等。大数据交易系统由交易处理子系统、服务撮合竞价子系统和可视化展示子系统三部分组成。

1）大数据交易流程

大数据交易流程分为数据商品上线、数据商品审核、交易实施、交易确认、数据商品下线、交易结算等六个步骤，具体流程如图 15.30 所示。

图 15.30　大数据交易流程图

（1）数据商品上线。卖方完成数据整理，并在交易系统进行相关条目录入的过程，数据上线由数据卖方在交易系统提供的功能入口处完成。

（2）数据商品审核。由交易系统完成对数据可交易化的审核，对满足要求的数据进行上线操作，对不满足要求的数据上线申请，交易系统有权要求修正。

（3）交易实施。交易实施由买方发起，买方在交易系统中发现所需要的数据之后，向卖方发起交易要约，并对交易商品按价格进行付费，交易系统对所付费用进行保管，卖方确认收到买方的要约后，向交易系统发出交易确认，交易系统完成对交易确认的审核后，向买方开放相应使用权限。

（4）交易确认。买方获取到相应数据产品或者相关使用权限后，完成交易确认，交易系统收到相关确认请求，向卖方支付相应费用。

（5）数据商品下线。数据卖方需要提前关闭数据调用的，向交易系统及时发送下线申请，交易系统对下线申请进行处理，并根据交易情况判定是否准许下架。

（6）交易结算。在线数据交易结算在数据完成调取后收取，一般由数据卖方以提现形式结算。

2）交易处理子系统设计

大数据交易处理子系统包括统一的交易门户、运营支撑后台和用户管理后台。

（1）统一的交易门户。交易门户的客户为有数据使用需求的游客/注册用户。

① 注册。对于个人用户，验证邮箱手机号即可完成账号注册，但对于企业用户还需提交企业的资质信息进行审核，审核完成后，获得登录账号。

② 登录。用户通过账号登录交易系统，验证账号后可设置新密码。登录方式有两种：密码登录和短信验证码登录。

◎ 密码登录：通过输入手机号与密码的组合，或是输入邮箱与密码的组合，进行账号登录。

◎ 短信验证码登录：通过输入注册的手机号与短信验证码，进行账号登录。

③ 首页。首页显示网页公共导航栏和 Bottom、商品分类显示、轮播图 banner 展示、新闻资讯展示、热门推荐数据展示、最新上线商品展示、合作客户展示。

◎ 公共头尾。显示公司 Logo、用户中心入口、收藏夹、在线客服、常见问题链接、商品搜索框、导航栏、联系我们、交易指南、特色服务、微信公众号。

◎ 商品分类。对数据商品进行分类展示，点击某一分类即可在当前页面打开分类列表页面。

◎ 轮播图。根据后台配置的轮播图的图片以及关联的链接展示。

◎ 新闻资讯。根据后台资讯列表的管理列表展示调用，按录入时间倒序排列。

◎ 交易信息。实时显示系统交易的动态信息。

◎ 热门推荐。根据后台推荐商品中对热门推荐内容的定义展示。

◎ 最新上线。根据后台推荐商品中对最新上线产品或内容展示。

◎ 折扣优惠。显示正在参加或计划折扣优惠的商品列表。

◎ 合作客户。根据后台合作客户管理的列表进行展示合作客户的相关信息。

④ 商品查找。用户通过商品搜索框、首页商品展示楼层、商品栏目页、商品分类对数据商品进行查找。

⑤ 文件数据栏目。从首页进入文件数据栏目，展示文件数据列表，支持分类筛选、排序操作。

◎ 分类筛选。提供按商品类别、价格区间、日期、关键字等进行文件数据筛选。

◎ 排序。提供按发布时间顺序、销量、用户评论数、综合推荐等进行文件数据排序。

◎ 商品详情。选择某一块数据商品，显示文件数据详情内容，包括图标、名称、评分、发布时间、分类、价格、数据详情。

⑥ API 数据栏目。从首页进入 API 商品栏目，展示 API 商品列表，支持分类筛选、排序操作。

◎ 分类筛选。提供按商品类别、价格区间、日期、关键字等进行 API 数据筛选。

◎ 排序。提供按发布时间顺序、销量、用户评论数、综合推荐等进行 API 数据排序。

◎ 商品详情。选择某一块数据商品，显示 API 数据详情内容，包括图标、名称、评分、发布时间、分类、价格、数据详情。

◎ API 试用。从 API 商品详情页，用户可申请 API 商品的免费试用，运营人员通过运营支撑后台的 API 授权管理功能进行试用授权后，用户可在个人中心页面进行试用。

⑦ 数据报告栏目。从首页进入数据报告栏目，展示数据报告列表，支持分类筛选、排序操作。选择某一数据产品，显示商品详情内容，包括商品图标、卖点介绍、联系客服链接。

◎ 分类筛选。提供按商品类别、价格区间、日期、关键字等进行数据报告筛选。

◎ 排序。提供按发布时间顺序、销量、用户评论数、综合推荐等进行数据报告排序。

◎ 商品详情。选择某一块数据商品，显示数据报告详情内容，包括卖点介绍、联系客服链接。

⑧ 数据合作栏目。从首页进入数据合作栏目，以页面展示的方式为供应商入驻提供入口和引导。

⑨ 数据购买。用户确认订单商品信息，并通过在线支付或者线下汇款的方式对订单进行支付。

⑩ API 在线测试。在个人中心页面，提供 API 在线测试工具，包括批量测试工具，方便用户直接使用。

个人中心。个人中心包括"我的订购""我的块数据""我的 API""我的收藏""我的定制""基本信息""修改密码"等。

◎ 我的订购。提供用户对已下单的订单进行管理，可进行订单详情查看及订单状态管理。

◎ 我的块数据。用户查看可下载的块数据商品列表及块数据详情。

◎ 我的 API。用户查看已购买的 API 商品列表及 API 详情。

◎ 我的收藏。用户查看已收藏的数据商品。

◎ 我的定制。用户查看自己提交的需求定制列表及详情。

◎ 基本信息。用户可修改基本信息，包括昵称、联系方式、头像等。

◎ 修改密码。用户可修改登录密码。

帮助中心。从首页可进入帮助中心栏目，用户可查看"关于我们""交易指南""会员权限""用户协议""常见问题"等专栏。该部分可在运营支撑后台配置专栏及页面内容。

◎ 关于我们。介绍大数据交易中心的基本情况、大事件、公司资质、案例等信息。

◎ 交易指南。介绍交易范围、交易流程、交易规则等内容。

◎ 会员权限。介绍会员制度、会员权力及义务、会员活动等信息。

◎ 用户协议。介绍用户注册时双方须遵循的协议内容。

◎ 常见问题。介绍交易过程常见的问题，包括公司问题、技术问题、业务问题等。

（2）运营支撑后台。运营支撑后台的使用用户为大数据交易运营团队的数据专员、运营专员、销售专员。包括会员管理、数据中心、监控中心、订单管理、财务管理、系统设置等。

① 会员管理。会员管理实现接口审核、资质审核、账户中心、用户调用记录查询、调用明细查询等。

◎ 接口审核。对会员申请的接口进行审核，判断是否符合要求。

◎ 资质审核。对会员的资质进行审核和管理。

◎ 账户中心。提供会员充值、提现、查询余额等操作。

◎ 用户调用记录查询。提供会员查询已购买接口的调用记录。

◎ 调用明细查询。提供会员查询已购买接口的调用明细，包括调用时间、数据内容、调用次数等信息。

② 交易管理：

◎ 实现对交易成交额信息管理，以供门户交易行情大厅进行信息展示。

◎ 实现对成交量信息管理，以供门户交易行情大厅进行信息展示。

◎ 实现保证金管理，包括提交、退还处理等。

◎ 对自动生成的电子凭证进行审核。

◎ 实现用户发票申请、填写开票信息、取消开票等功能。

③ 支付功能。系统所有的支付包括保证金管理，交易资金结算等，都需要通过平台的支付系统完成。

◎ 保证金管理。提供保证金缴纳、退款、提醒等管理功能。

◎ 资金结算。通过金融机构划拨转账或票据流通进行的收付。

④ 财务管理。管理客户的汇款、退款、发票、余额管理等。

⑤ 块数据接入管理。将接入的源数据进行管理，作为资源列表进行后续的商品包装。涉及的管理操作如下：

◎ 查询显示块数据源接入列表。

◎ 添加 / 编辑块数据源。

◎ 禁用 / 启用块数据源。

◎ 删除块数据源。

◎ 设置块数据成本价。

⑥ 供应商管理：

◎ 供应商列表。供应商列表提供对系统接入的供应商及其关联的合同、数据源进行信息管理、以便后续的对账管理、供应商维护。涉及的管理操作如下：

· 查询显示供应商列表。

· 添加 / 编辑供应商信息。

· 关联供应商数据源。

◎ 供应商对账单。按照供应商与平台约定的数据合作协议、接入成本价及账单周期，按期出具对账单。涉及的管理操作如下：

· 查询显示供应商账单列表。

· 查看供应商账单关联数据使用统计。

· 查看供应商账单明细。

◎ 账单实时查询。通过供应商名称及选定的起止时间进行供应商实时账单统计，以便进行更灵活的账单统计查看。涉及的管理操作如下：

· 查询显示供应商账单列表。

· 查看供应商账单关联数据使用统计。

· 查看供应商账单明细。

⑦ 系统管理：

◎ 管理员管理。对使用运营支撑后台的管理员进行账号管理及角色分配。涉及的管理操作包括：

· 查询展示管理员列表。

· 新增 / 编辑管理员信息。

· 删除管理员。

· 重置管理员密码。

· 冻结 / 解除冻结管理员账号。

· 管理员角色分配。

◎ 角色管理。对使用运营支撑后台的管理员角色进行管理及权限分配。涉及的管理操作包括：

· 查询展示角色列表。

· 新增 / 编辑角色。

· 删除角色。

· 角色权限配置。

⑧ 日志管理：

◎ 业务日志。业务日志记录前台用户的业务操作日志，以供后台管理员进行查阅管理。

◎ 登录日志。登录日志记录运营后台管理员的登录日志，以供后台管理员进行查阅管理。

⑨ 配置管理：

◎ 帮助分类。帮助分类对门户的帮助中心内容的分类管理，管理的分类包括新闻中心、关于我们、交易指南、会员权限、用户协议、常见问题。涉及的管理操作包括：

· 新增帮助分类。

· 编辑帮助分类内容。

· 删除帮助分类。

◎ 帮助条目。帮助条目管理是对帮助内容的具体编辑管理，是文本形式的编辑框，运营人员可自由编辑展示在交易系统门户的帮助内容及文本格式。涉及的管理操作包括：

·查询展示帮助条目。

·新增帮助条目。

·编辑帮助条目。

·删除帮助条目。

（3）用户管理后台。用户管理后台主要为注册用户提供订单管理、接口管理、账单管理、调用记录、监控设置、认证管理、加密设置、个人设置等模块。

① 订单管理。对用户在前台上完成的商品订单的集中管理，能够查看某一用户某一时间下单的订单详情，包含的商品信息等。针对前台用户提交的发票申请进行开票操作，包括查询显示线上用户提交的发票申请、填写开票信息等。

② 接口管理。对接口进行管理，包括接口名称、开通状态、余额、价格、调用次数等。

③ 账单管理：

◎ 账单查询。提供按日期查询账单及明细，可查看账单中各数据调用或下载详情，包括：API调用详情、API 调用费用、块数据下载费用等。

◎ 账单导出。提供账单导出功能，支持 Excel、Word 等格式。

④ 调用记录。按日期查询调用记录，包括接口名称、调用状态、调用时间、调用 IP 地址等信息，并提供导出功能。

⑤ 监控设置。可以按接口自定义设置余额报警、报警手机、报警邮箱等，便于及时掌握接口异常使用情况。

⑥ 认证管理。注册后提交认证信息资料，主要面向企业，包括企业基本信息、联系人信息、营业执照、身份证等安全要素。

⑦ 加密设置。设置客户和系统对接的方式、加密方法，获取相关的 key 和校验码。

⑧ 个人设置。提供修改密码、绑定 IP 等功能。

3）服务撮合竞价子系统设计

服务撮合竞价子系统提供一个供需对接平台，采购方或转让方在供需大厅发布需求，供应方或意向受让方在供需大厅报名参与需求，交易市场按照价格优先、时间优先等原则确定双方成交价格并生成电子交易合同，并按线上或线下方式完成交易。服务撮合竞价子系统主要包括服务撮合门户功能、供需对接、支付功能、后台管理等。

（1）服务撮合门户功能。基于统一的交易门户实现服务撮合门户功能。

① 交易行情。以快速、复合查询功能为基础核心，实现交易模糊搜索与查找、市场行情查询、行业权威报告、大数据咨询服务、细分产业分类梳理、企业业务活动查询、企业信用信息查询、行业数据交易展示、交易排名等功能。

◎ 交易模糊搜索与查找。实现信息的模糊搜索与查找功能，根据关键字查找相关交易信息。模糊搜索可以实现：大小写不进行区分；要实现前后模糊查询；字符与数字不区分的模糊查询。

◎ 市场行情查询。提供市场行业信息/资讯搜索和查询功能，供用户了解市场行情。

◎ 行业权威报告。提供行业权威机构/部门发布的行业报告/研究报告等。

◎ 大数据咨询服务。提供用户了解大数据规划、大数据方案设计等等咨询服务的入口，介绍大数据咨询服务的规则、流程等。

◎ 细分产业分类梳理。根据不同类型细分产业列表，对不同的产业进行梳理和排序。

◎ 企业业务活动查询。提供企业客户的业务活动介绍和查询，为企业的业务活动进行宣传推广。

◎ 企业信用信息查询。对接行业主管部门数据，提供企业信用信息查询服务。

◎ 行业数据交易展示。动态展示平台上进行或完成的交易信息，展示热门行业交易情况。

◎ 交易排名。统计分析交易量，按行业、日期等不同维度进行交易排名。

② 供需大厅。供需大厅栏目展示所有已发布的非标供应、需求和标准产品转让供应、需求。

③ 交易公示。交易公示实现对已交易完成的所有公示信息及详情查看。

（2）供需对接功能模块：

① 需求登记。用户提交需求申请时，对交易需求进行登记，填写需求信息。

② 需求审核。登记后，后台运营人员对需求进行审核，运营人员审核通过后，需求会发布在供需大厅展示。

③ 报名参与。用户可对供需大厅已发布的需求进行报名参与竞价。

④ 网络竞价。对于已报名的产品需求，如符合条件，则自动进入网络竞价流程。

（3）服务撮合支撑后台：

① 统计分析。对用户及交易数据进行统计分析，包括每日注册用户、每日供需对接交易成功量、各指标总量及趋势等。

◎ 每日注册用户统计分析。统计每日新增注册用户数及用户情况，分析用户量增长情况及用户群情况。

◎ 每日供需对接交易成功量统计分析。统计每日商品交易成功总量、分类单品交易量排名等信息。

◎ 各指标总量及趋势分析。统计分析不同类型商品交易交易量，预测商品交易趋势。

② 用户管理。用户管理模块主要实现对用户类型、用户属性、用户列表、用户咨询等进行管理。

③ 供需大厅管理。实现对供需大厅的需求申请、需求发布审核、竞买报名申请、竞买报名审核等管理。

◎ 需求申请审核。会员提供需求申请后，运营人员对需求进行审核。

◎ 需求发布审核。运营人员审核通过后，需求会发布在供需大厅展示。

◎ 需求审核。登记后，后台运营人员对需求进行审核，运营人员审核通过后，需求会发布在供需大厅展示。

◎ 竞买报名申请。用户可对供需大厅已发布的需求进行报名参与竞价。

◎ 竞买报名审核。对于已报名的竞买用户，进行审核，如符合条件，则自动进入网络竞价流程。

④ 网络竞价管理。管理产品交易的网络竞价规则，提供新增、删除、修改等功能。

对产品交易的网络竞价进行管理，可以查看每次网络竞价的进度及最终结果。

4）可视化展示子系统设计

可视化展示子系统展示数据接入、数据存储、数据清洗加工、数据评估定价、数据交易等全生命周期管理相关主题内容。直观地展示数据供应方与数据采购方交易动态，分行业、分区域展示数据交易展示地图；直观地反映交易中心政务数据及社会数据接入的情况，反映政府数据开放程度，对交易的数据结果进行建模分析，直观反映区域及行业数据活跃情况，形成数据交易指数等。将数据的汇聚、流通、应用各个环节以精准、清晰的方式，呈现给用户，帮助用户系统、全面的了解数据动态。

（1）数据清洗加工看板。数据加工清洗看板主要分为任务工单监控统计、清洗加工处理流程管理可视化、数据处理能力监控、大数据清洗加工岗位分析和大数据清洗加工科普可视化等五部分。

① 任务工单监控统计。可以通过车间的可视化看板，第一时间了解到车间的运行情况和人员情况，包括工单处理情况和数据处理情况以及各个小组的工单、数据处理趋势走向分析，同时按月度展示人员工作效率的排行榜。

◎ 工单数据量统计：

·年度工单总量：统计整个年度的工单处理总量。

·本月工单处理量：统计当前月的工单处理量。

·本周新增工单处理量：统计当前周新增的工单处理量。

·数据处理总量：统计已经完成工单的数据处理总量。

·本月数据处理量：统计当前月份的数据处理量。

·本周新增数据处理量：统计当前周新增的数据处理量。

◎ 人员工作效率排行榜：

·序号：自动排序，1 在最前面。

·姓名：显示清洗加工人员真实的姓名。

·分组：按采集组、清洗组、加工组、汇集组进行显示。

·角色：采集工程师、清洗工程师、加工工程师、汇集工程师。

·工作效率：有效工时（实际完成时间）/ 总工时（计划完成时间），数值 <1，数值越小工作效率越高，数值 =1，即表示按时间准时完成工单任务，数值 > 1，即表示工单延迟完成，工作效率低。

◎ 数据处理量趋势图。按采集组、清洗组、加工组、汇集组的数据处理情况进行对比，反映总体趋势走向。

◎ 工单处理进程对比图。按采集组、清洗组、加工组、汇集组四个组别统计未分配工单数、处理中工单数、已完成工单数、工单完成总数进行对比，了解每个小组的工单处理情况。

② 清洗加工处理流程管理：

◎ 数据标准化：

·自动化数据处理总量：截止前一天 12 点自动化处理完成的数据标准化处理量之和。

·当月自动化数据处理总量：当月自动化处理完成的数据处理量之和。

·数据标准化类型调用占比：所有的数据类型（数据去重、格式清洗、字段拆分、字段合并、逻辑错误清洗）调用占比取前四，其余类型按其他计算。

◎ 脚本清洗：

·脚本清洗处理总量：通过脚本进行处理完成的数据量之和。

·当月脚本清洗处理量：当月脚本处理完成的数据处理量之和。

·脚本类型调用次数：按调用类型统计四种类型。

◎ 作业管理：

·近半年自动化作业处理量：展示当前月往前的六个月的自动化作业数量，单位：件。

·近半年脚本作业处理量：展示当前月往前的六个月的脚本作业数量。

·作业处理趋势图：对比自动化作业量与脚本作业量近六个月的趋势图。

③ 数据处理能力监控：

◎ 任务组对比图。按采集组、清洗组、加工组、汇集组四个组的任务数进行对比，分别展示新建任务、执行中任务、已完成任务三个维度的指标。若一个任务当中包含采集、清洗、加工、汇集多个业务分类，则每个小组进行任务数统计的时候都要加 1。

◎ 工单月度趋势。展示近六个月的工单已完成数量趋势走向。

◎ 数据完成占比。年初设定本年度计划完成的数据处理量指标，根据实际完成数据处理量显示完成比例，即实际完成 / 计划完成 ×100%。

◎ 数据处理总量。显示平台总的数据处理量。

·当日数据量：显示平台当日的数据处理量。

·环比增长率：上个月的数据处理量 / 去年同期的数据处理量。

·同比增长率：上个月的数据处理量 / 上上个月的数据处理量。

◎ 当月数据实时监控：

· 显示近 30 天的处理中、已完成的数据量。

· 数据处理量月度趋势。

· 显示近 12 个月的数据处理量趋势走向。

◎ 工单进度实时统计。显示最近的七个工单的实时进度统计。各状态下的比例说明：未分配：0%，处理中：10% ~ 90%，已完成 90% ~ 95%，已通过 100%。

◎ 系统监控。监控磁盘使用率、CPU 使用率、内存使用率、网络使用量。统计维度以小时为单位，以每一分钟形成一个点，从而形成动态曲线。

◎ 数据分类。显示处理数据的种类前五类，如政务数据、气象数据等进行多维显示。

· 处理能力指标数据检索服务接口：该接口实现与大数据管理和服务平台的处理能力指标数据的检索调用服务。

· 处理能力指标数据处理服务接口：该接口调用大数据管理和服务平台的数据处理服务组件，支持对处理能力指标数据的查询、编辑、统计等功能。

· 处理能力指标数据采集服务接口：该接口调用大数据管理和服务平台的多数据源采集接口，实现对处理能力指标数据的采集。

（2）数据评估定价可视化。通过可视化的方式展示数据资产评估系统的评估指标、模型、流程等数据全生命周期的评估体系的运行情况。

① 数据产品评估定价流程可视化。"数据评估定价流程"区域分上下 2 部分。上部分指对数据产品进行初次评估定价服务流程，下部分指对已定价数据产品进行实时监控，监控相关因素对价格的影响，是否需要进行调价。

◎ 流程节点一（待评估定价）。待评估定价记录数：大数据交易系统上当前时刻等待进行评估定价的数据产品的记录数。

◎ 流程节点二（解析评估）。解析评估记录数：大数据交易系统当前正在进行解析评估的数据的记录数，即执行中且未出评估结果的数据记录数。

◎ 流程节点三（评估完成）。"评估完成"主要用于描述大数据交易系统当前已完成解析评估的数据的记录数。

◎ 流程节点四（自动定价）。"自动定价"主要用于描述大数据交易系统当前正在进行定价的数据的记录数。

◎ 流程节点五（定价完成）数据记录数。"累计定价完成"主要用于描述大数据交易系统当前已完成定价的数据的记录数。

◎ 流程节点六（定价审核）专家审核通过率。定价审核主要用于描述对已做价格评估的数据产品，需进一步对其预估价格进行审核，以期使价格的评估和预测更有利于数据产品的市场流通和成交价值。

◎ 流程节点七（供应商）。"供应商"节点主要用于描述大数据交易系统将数据产品的评估定价信息通知供应商，供应商根据自身偏好选择接受（或拒绝）"评估定价契约"。

◎ 流程节点八（需调价数据）。"需调价数据"主要用于描述已进行交易的数据商品，因为外部因素的变化，其商品价格需要做出调整的数据商品的指标。

② 数据评估定价统计指标可视化。数据评估定价统计指标主要是从统计维度对数据商品的评估定价过程中变量进行指标化监控，其包括：数据集指标、价格修正指数、数据商品价格指数、定价通知 VS 客户采纳。

（3）数据流通交易可视化。主要用于描述大数据交易系统上的数据供应与需求，以及大数据交易情况的相关指标。

① 交易行情。展示正在交易的市场行情、数据涨幅情况、成交情况、购买方的多次出价情况的交易信息。

② 热度指标信息可视化。用于描述大数据交易系统上的数据流通的总量、流通热度、流通动态等指标。

③ 数据流通统计指标可视化。"数据流通统计指标"包括：今日流通数据总量、当月数据商品供求曲线、当月数据商品流通·行业、当月数据商品流通·类型。

④ 数据流通交易摄动指数。基于一段时间历史交易信息，形成大数据交易摄动指数，展示数据流通交易摄动指数。

（4）数据全生命周期可视化。数据全生命周期可视化主要是展示数据业务、产品和服务项，以期对现有产品和服务能力进行系统、全面的展示，有利于提升业务及产品的品牌认知度和行业影响力，包含数据资源接入与监测、数据流通管理、数据存储管理、数据评估定价、数据融合增值、数据水印管理、数据水印追溯、平台运营情况的可视化展示。

① 数据资源接入与监测可视化。根据现有数据产品情况，展示该数据产品的部分指标，包括获取数据、数据处理、数据存储等。

② 数据存储管理可视化。数据存储管理可视化主要包括数据存储实时统计和数据存储流程及指标可视化。

③ 数据融合增值可视化。用动态图描述平台进行数据融合的机理和指标，提供数据融合增值模型及流程指标可视化、数据融合处理性能指标可视化、数据融合增值指标检索服务接口等。

④ 数据水印管理可视化。数据水印管理可视化包括水印标记模型可视化、水印标记机理可视化和水印标记性能可视化等。

⑤ 数据水印追溯可视化。数据水印追溯可视化用动态图形化的方式清晰描述各种类型的数据水印追溯过程及对应的指标，包括水印追溯效果、水印追溯机理可视化、水印追溯轨迹可视化、水印追溯性能可视化、水印追溯任务可视化等内容。

⑥ 平台运营情况可视化。主要用于对大数据管理和服务平台的数据共享、数据流通交易、数据增值情况等实际运营指标进行可视化展示，包括数据共享概况展示、数据流通交易概况展示、数据增值服务概况展示等内容。

15.3.6　大数据交易标准规范体系建设

大数据交易标准规范体系建设主要包括数据确权、数据格式标准化、数据质量认证体系、数据交易定价、数据保护、数据监管、数据源追溯、数据交易信息披露、数据仲裁制度等内容，为了交易提供完善的数据确权、数据定价、数据交易、结算、交付、安全保障、数据资产管理等综合配套服务和保障。建立省级大数据交易标准规范体系，制定相应的数据交易规则，明确交易内容、交易资格、交易时间、交易品种、交易价格、交易格式、交易确权等内容，规范交易行为，为整个大数据交易过程提供保障。对于跨境数据交易应遵循国家数据跨境流动制度体系相关要求。

需制定的省级大数据交易标准规范包括：

（1）数据保护标准。数据保护标准用于保护数据主体的合法权益，倡导合法、公众透明的数据流通与处理秩序。主要包括合法原则、隐私管理原则、身份保护原则等。

（2）数据交易标准。省级数据交易标准用于规范本省数据交易双方行为，维护交易双方的合法权益，建立合规、互信、共赢的数据交易秩序。主要包括基本原则、禁止清单、交易对象标准等内容。

（3）数据确权标准。数据确权标准用于对用户的数据资源确权进行规范和管理。主要包括数据确权的范围、原则、数据确权主体、确权的方法和技术等。

（4）数据定价标准。数据定价标准用于对平台的数据产品的价格进行规范和管理。主要包括数据定价的适应范围、原则、定价的方法和标准等。

（5）数据结算标准。数据结算标准用于对交易中心的交易结算进行规范和管理。主要包括数据结算的适应范围、原则、流程、结算制度等。

（6）数据交付标准。数据交付标准用于对数据交付进行规范和管理。主要包括数据交付的适应范围、基本原则、交付的数据标准、流程和方法等。

（7）数据资产管理标准。数据资产管理标准用于对数据资产进行规范和管理，将数据作为资产进行价值体系构建，推动数据资产评估实现标准化。主要包括适应范围、基本原则、数据标准化、数据资产评估流程和方法等。

15.3.7　项目的基础设施设计

1. 机房及配套设计

项目所需的机房及配套环境建设由云服务商负责，不需新建机房及配套设施。

大数据交易可视化展示子系统所需大屏幕等展示硬件设施由大数据交易中心土建装修工程负责，该项目不需配置。前置机节点实际运营根据合作的源数据单位数量、相关系统情况进行配置，该项目暂不配置。

2. 云资源平台设计

该项目由建设单位现有云平台提供 IaaS 层的计算、存储、灾备云服务，上层的省级大数据交易中心系统软件采用云原生理念开发设计（应用程序从设计之初即考虑到云的环境，原生为云而设计），云平台建设不在该项目设计范围内。

项目云资源需求估算方法如下：

1）应用服务器处理量计算

参考应用系统服务器测算标准按照业界公认的 SPEC 组织的 Jbb2005 进行测算，同时充分考虑系统的冗余处理能力，以及系统资源分配情况，应用服务器的处理能力性能估算如公式如下：

应用服务器处理量 $=A \times B/(1-C-D)$

其中，A 为每秒最多要处理的业务量；B 为每笔业务需消耗的 SpecJbb2005 峰值；C 为系统的冗余处理能力；D 为其他应用所占用的系统资源百分比。

一台服务器的 CPU 利用率高于 80% 则表明 CPU 的利用率过高会产生系统瓶颈，而利用率处于 70% 时，是处于利用率最佳状态。因此，将 CPU 的冗余设定为 30%。其他应用所占用的系统资源百分比按照 20% 计取。

2）数据库服务器处理量计算

在进行系统数据服务器设备选型工作时，以国际上通用的 TPC 委员会发布的用于评测事务处理业务的 TPC—C 基准为依据，综合考虑业务系统交易复杂性、并发交易数、数据库读 / 写比例、数据库表等因素，推算出符合业务规模的配置方式，同时考虑到系统管理所需消耗的资源，对重要资源保留一定的升级和扩展空间。

数据库服务器处理能力计算如下：

$$TPC-C=U1 \times N1 \times (T1+T2+T3)/3 \times 8 \times 经验系数 / 冗余系数$$

其中，系统同时在线用户数为 U1；平均每个用户每分钟发出 N1 次业务请求；系统发出的业务请求中，更新、查询、统计各占 1/3；平均每次更新业务产生 T1 个事务；平均每次查询业务产生 T2 个事务；平均每次统计业务产生 T3 个事务；一天内忙时的处理量为平均值的 8 倍。

3）虚拟服务器需求

通过核算，项目云虚拟服务器资源需求共为 80 台虚拟机，具体详见表 15.8。

表 15.8　云虚拟服务器资源需求表

序号	系统名称	子系统 / 功能模块	虚拟机数量（台）	虚拟机配置		
				vCPU（核）	内存（GB）	系统存储（TB）
1	大数据交换平台	数据采集子系统	2	8	32	0.5
2		区块链子系统	2	8	32	0.5
3		智能合约子系统	2	8	32	0.5
4		交换监测子系统	2	8	32	0.5
5		数据交换子系统	2	8	32	0.5
6		接口子系统	2	8	32	0.5
7	大数据处理系统	数据支撑子系统	10	16	64	1
8		大数据清洗加工服务子系统	8	16	64	1
9		数据资产评估子系统	8	16	64	1
10	大数据交易系统	交易处理子系统	8	16	64	1
11		服务撮合竞价子系统	8	16	64	1
12		可视化展示子系统	8	16	64	1
13	管理系统	系统监控、数据运维、应用运维等	2	8	16	0.5
14	数据库服务器	数据库服务器	10	16	32	1
15	安全审计服务器	安全审计服务器	2	16	32	1
16	Web 服务器	Web 服务器	2	8	16	0.5
17	测试服务器	测试服务器	2	8	16	0.5
	合计		80	80	—	—

4）云存储需求

根据项目各子系统数据量评估，同时考虑 3 年需求、存储备份以及 30% 年增长率，项目对云平台的存储需求为 400TB。

3. 网络系统设计

项目主要利用互联网和专线实现数据的互联互通，通过租用运营商网络资源构建网络系统，互联网带宽需求为 300M，专线数量及带宽在实际运营中根据政府、企业等数据源主体的网络情况进行配置，不包含在该项目设计范围。

15.3.8　项目的安全系统设计

1. 网络安全等级划定

项目通过业务信息安全等级和系统服务安全等级评估，最终确定省级大数据交易中心安全保护等级为第三级。

1）等级划分方法

从信息安全管理的角度来看，一般将计算机信息系统分为非涉密计算机信息系统和涉密计算机信息系统两类。其中，非涉密计算机信息系统是指不涉及国家秘密的计算机信息系统，包括：党政机关用于处理对外职能事务或用于政府上网工程的信息系统；企事业单位不涉及国家秘密的信息系统；电信、科研、教育等部门向全社会提供的联接因特网的公众信息系统等。项目省级大数据交易中心相关信息系统属于非涉密计算机信息系统范畴。

2）业务信息安全保护等级

根据业务信息安全被破坏时所侵害的客体以及对相应客体的侵害程度,依据国家信息安全技术网络安全等级保护定级指南要求,省级大数据交易中心的业务信息安全保护等级定为第三级,如表 15.9 所示。

表 15.9　业务信息安全保护等级矩阵表

业务信息安全被破坏时所侵害的客体	对相应客体的侵害程度		
	一般损害	严重损害	特别严重损害
公民、法人和其他组织的合法权益	第一级	第二级	第三级
社会秩序、公共利益	第二级	第三级	第四级
国家安全	第三级	第四级	第五级

3）系统服务安全保护等级的确定

根据系统服务被破坏时所侵害的客体和对应客体的侵害程度及服务的重要程度,系统服务安全保护等级为第三级,如表 15.10 所示。

表 15.10　系统服务安全保护等级矩阵表

系统服务安全被破坏时所侵害的客体	对相应客体的侵害程度		
	一般损害	严重损害	特别严重损害
公民、法人和其他组织的合法权益	第一级	第二级	第三级
社会秩序、公共利益	第二级	第三级	第四级
国家安全	第三级	第四级	第五级

4）安全保护等级的确定

信息系统的安全保护等级由业务信息安全等级和系统服务安全等级较高者决定,最终确定省级大数据交易中心安全保护等级为第三级。

2. 安全防护系统设计

1）安全物理环境

省级大数据交易中心所部署的机房等安全物理环境建设由云服务提供商负责,机房环境满足项目等保三级的要求。

2）安全通信网络

项目安全通信网络从网络架构、通信传输、可信验证等方面进行防护,按照网络安全等级保护三级要求。网络架构、通信传输由云服务提供商负责。

3）安全区域边界

项目安全区域边界从边界防护、访问控制、入侵防范、恶意代码和垃圾邮件防范、安全审计、可信验证等方面进行防护。

4）安全计算环境

项目安全计算环境从身份鉴别、访问控制、安全审计、入侵防范、恶意代码防范、可信验证、数据完整性、数据保密性、数据备份恢复、剩余信息保护、个人信息保护、镜像和快照保护等几个方面进行防护。

15.3.9　项目的管理系统设计

管理系统通过对数据接入、存储、数据服务监控全面掌握平台数据及运行状态,集群级的资源监控全面掌握平台服务器集群的运行状况；同时，提供日志服务，实现日志可查询，操作可追溯，实现系统监控、基础运维、故障治理和运维管理等功能。通过空中运维模式，实现在线远程更新数据、应用、系统配置、组件模块等。项目管理系统功能结构如图 15.31 所示。

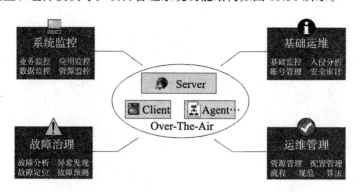

图 15.31 管理系统功能结构图

（1）系统监控。提供业务监控、应用监控、数据监控、资源监控，实现系统核心组件的监控。

（2）基础运维。提供基础监控、入侵分析、账号管理、安全审计等功能，实现系统的基础运维。

（3）故障治理。提供故障分析、异常发现、故障定位、故障预测等功能，实现系统的故障治理。通过异常告警模块采集任务运行中、采集任务启动失败、采集任务、停止的异常告警。包括：

① 异常告警数量统计模块。提供任务异常停止、任务运行异常、异常告警详情展示，采集任务数据错误次数的统计与修改。

② 告警信息查询模块。根据运行状态对告警信息的查询，根据告警类型对告警信息的查询，按任务名对告警列表信息模糊查询，对输入相关告警名的名称的查询，告警列表的分页查询。

③ 实时及定时监控模块。提供对运行中 source 任务实时及定时监控，对运行中的 sink 任务进行实时及定时监控。同时提供 kafka 运行任务的数据量的统计，对 KAFKA connector 中 topic 的监控，对启动失败 source 任务的实时监控，对启动失败 source 任务的定时监控，对启动失败的 sink 任务进行实时监控，对启动失败的 sink 任务进行定时监控。

（4）运维管理。提供资源管理、配置管理，以及流程、规范和算法，实现系统的运维管理。运营期间，根据应用的使用峰值，更新规划，用户可使用平台提供的灰度发布和弹性伸缩，更好地在最小资源耗用的情况下，满足业务需求。

（5）数据运维工作。包括数据内容的维护（无错漏、无冗余、无有害数据）、数据更新、数据逻辑一致性等方面的维护。

（6）应用运维工作：

① 日志中心模块。为运维人员提供的统一的应用/服务日志查看入口，可以有针对性地进行检索后，查看日志详情，设定关键事件，进行日志分析。

② 监控中心模块。提供针对服务器资源和租户空间下资源，应用/服务的资源使用情况的监控，帮助运维人员了解全面的资源消耗情况。

③ 操作日志模块。提供用户在平台内主要操作过程的记录，便于运维人员在出现运维事故时，可以追溯问题发生的前因后果。

④ 预警中心模块。为用户提供基于事件的预警服务，涉及范围包括平台、应用、服务。用户可针对每类监控内容的监控项设定预警规则，以便在问题发生时，可以及时获得告警提示。

参 考 文 献

［1］习近平出席全国网络安全和信息化工作会议并发表重要讲话. 新华网. 2018.4.21.

［2］中共中央办公厅、国务院办公厅. 国家信息化发展战略纲要. 2016.7.27.

［3］国务院. "十三五"国家信息化规划. 国发〔2016〕73 号, 2016.12.15.

［4］国家发展改革委员会. 18 大以来高技术成就之五——我国在数字经济领域取得突出成就. 2017.10.6.

［5］国家互联网信息办公室等. 数字中国建设发展报告 (2017 年).

［6］国家互联网信息办公室等. 数字中国建设发展报告 (2018 年).

［7］于英涛等. 新华三大学. 转型之路–数字化. 机械工业出版社, 2019.5.

［8］李广乾. 积极推进区块链技术, 抢占数字经济时代战略制高点. 中国经济时报, 2019.11.4.

［9］区块链将是第四次工业革命的关键技术. 人民日报, 2019.3.8.

［10］区块链行业研究报告. 上海北外滩金融研究院. 2017.8.17.

［11］王才有. 信息化顶层设计方法与实践探究. 中国数字医学, 2012(3).

［12］刘益江, 江明. 勘察设计行业信息化发展历程与展望. 中国勘察设计, 2019.2.1.

［13］360 百科, 设计. baike.so.com/doc/5339570–5575012.html.

［14］林飞. 数字时代, 设计行业如何向现代工程服务业转型？. 中国勘察设计, 2019.3.

［15］当设计院遇上 IT 公司, 一场关于"数字化"的跨界. 天强管理顾问 (TACTER).

［16］肖鹏. 数字经济及企业数字化转型. 数据工匠俱乐部, 2020.2.5.

［17］杰老师. 数字化转型: 什么是数字化？转什么？塑什么型？数据工匠俱乐部.

［18］杨青. 数据化、信息化、数字化和智能化之间联系和区别解析. 数据工匠俱乐部.

［19］全国智标委. 科技抗"疫". 城市管理、智慧社区 / 园区解决方案汇总, 2020.2.15.

［20］数字政府"战疫"哪省强？大数据参阅, 2020.2.15.

［21］王婕, 石煜倩, 蒲志莉. 疫情之下, 数字经济将迎来新一轮暴发！. 数据观, 2020.2.20.

［22］工信部. 新一代信息技术助力疫情防控、复工复产和中小企业发展情况. 2020.2.26.

［23］GB/T 36463.1–2018. 信息技术服务 咨询设计 第 1 部分: 通用要求. 2018.6.7.

［24］GB/T 36463.2–2019. 信息技术服务 咨询设计 第 2 部分: 规划设计指南. 2019.8.30.

［25］国办发〔2019〕57 号"国务院办公厅关于印发国家政务信息化项目建设管理办法的通知". 2019.12.30.

［26］GB/T 30850.2–2014. 电子政务标准化指南第 2 部分: 工程管理. 2014.6.24.

［27］王宏森. 工程设计在工程项目建设中的作用和影响. 江苏冶金, 2003.6, 31(3).https://wenku.baidu.com/view/
95299cfffab069dc50220149.html.

［28］王玉媛 554. 鱼骨图分析法——超级实用版. 百度文库, 2018.6.26. https://wenku.baidu.com/view/45b24a3483c4bb4cf7ecd
121.html.

［29］郭承贵. 设计公司各专业负责人岗位职责. 百度文库, 2019.12.12.https://wenku.baidu.com/view/1f72adf6720abb68a
98271fe910ef12d2af9a92a.html.

［30］扇窗吹来邂逅, (一篇文章搞定)"全过程工程咨询"的未来及控制要点. https://www.jianshu.com/p/687efdb0f759,
2018.6.15.

［31］信息技术 信息系统工程项目建设技术要求 (征求意见稿), 中华人民共和国工业和信息化部.

［32］发改投资规〔2019〕515 号"发展改革委 住房城乡建设部关于推进全过程工程咨询服务发展的指导意见".

［33］HYD 41–2015 电子建设工程概 (预) 算编制办法及计价依据. 北京: 中国计划出版社, 2015.

［34］国家信息中心, 北京经济技术开发区、北京亦庄投资控股有限公司. 5G 时代新型基础设施建设白皮书. 2019.11.

［35］赛迪智库电子信息研究所. "新基建"发展白皮书. 2020.3.

［36］胡煜, 薛文胜, 罗欣伟. 关于发展我国新一代信息基础设施的思考. 中小企业管理与科技 (下旬刊), 2018.7.

［37］上海市人民政府办公厅．上海市推进新一代信息基础设施建设助力提升城市能级和核心竞争力三年行动计划 (2018-2020 年)．沪府办发〔2018〕37 号，2018.11.19.

［38］山东省人民政府办公厅．关于山东省数字基础设施建设的指导意见．鲁政办字〔2020〕34 号．

［39］中国信息通信研究院．云计算发展白皮书 (2019 年)．2019.7.

［40］阿里云计算有限公司，中国电子技术标准化研究院等．边缘云计算技术及标准化白皮书 (2018)．2018.12.12.

［41］中国信息通信研究院．云计算发展白皮书 (2018 年)．2018.8.

［42］工业和信息化部．2019 年通信业统计公报．2020.2.27.

［43］工业和信息化部．2018 年通信业统计公报．2019.1.25.

［44］中国国际经济交流中心，中国信息通信研究院．2020 中国 5G 经济报告．

［45］国家信息中心．5G 时代新型基础设施建设白皮书．2019.

［46］GSMA，中国信息通信研究院．中国 5G 垂直行业应用案例 2020. 2020.

［47］汪丁鼎，许光斌，丁巍，汪伟，徐辉．5G 无线网络技术与规划设计．2019.

［48］工业和信息化部，国家发展和改革委员会．扩大和升级信息消费三年行动计划 (2018—2020 年)．2018.8.

［49］张鑫．基于高速传输平台的组网方式探讨．南京邮电大学硕士学位论文．2013.12.

［50］武清华．打造低时延光传输网络的策略．光通信研究，2019.10(215).

［51］董琳琳．光纤通信专网与公网融合方案与关键技术研究．北京邮电大学硕士学位论文．2019.5.

［52］杜克扎．专网通信发展走向研究及实践探索．北京交通大学，2004.

［53］陈莉．兖矿集团专用通信网话务统计分析与应用研究．西安科技大学，2009.

［54］吕洪涛，张曜晖，金飙．中国联通省际干线光缆网光纤技术和建设方式研究．邮电设计技术，2018.6.

［55］吴军．云网融合的 5G 承载网演进．电信网络，2019.1.

［56］倪斌．5G 和云时代的承载网演进．中国有线电视，2017.11(11).

［57］史凡，赵慧玲．智能化云计算承载网特征和关键技术分析，中兴通信技术，2012.8(4).

［58］代长征．浅谈云网协同时代运营商 IP 承载网发展．中国新通信，2019(19).

［59］唐俊胜，徐锋，孙成虎．5G 时代智慧城市建设策略研究．广西通信技术，2018(3).

［60］曾伟东．一种面向智慧城市的安全智能承载网网络架构研究．信息安全研究，2019.11(11).

［61］国务院．中国制造 2025. 2015.5.19.

［62］中国电信．云计算指导意见 /CT 云 (NFV 基础设施) 建设指导意见 (2018 年版)．2018.

［63］李良，谢梦楠，杜忠岩．运营商 5G 智能专网建设策略研究．邮电设计技术，2020(2).

［64］广东省电信规划设计院有限公司．5G 网络建设白皮书．2019.1.

［65］工业互联网产业联盟．5G 与工业互联网融合应用发展白皮书．2019.10.

［66］中国电子工程设计院．数据中心设计规范 (GB 50174-2017)．2017.

［67］全国信息安全标准化技术委员会秘书处．信息安全技术网络安全等级保护定级指南 (GA/T 1389-2017)．2017.

［68］国家市场监督管理总局，中国国家标准化管理委员会．信息安全技术网络安全等级保护基本要求 (GB/T 22239- 2019)．2019.

［69］陆峰．我国电子政务发展史．http://www.sohu.com/a/226386833_100136093.

［70］张建锋．数字政府 2.0. 中信出版集团，2019.

［71］汪玉凯．数字政府的到来与智慧政务发展新趋势——5G 时代政务信息化前瞻．人民论坛，2019(11).

［72］王少泉．我国数字政府治理：现实与前景．贵州省党校党报，2019(3).

［73］王少泉．我国数字政府治理的现状、问题及推进途径．重庆三峡学院学报，2018(6).

［74］杨国栋．数字政府治理的理论逻辑与实践路径．长白学刊，2018(6).

［75］朱玲．我国数字政府治理的现实困境与突破路径．人民论坛，2019(32).

［76］陶建钟．数字政府建设是现代治理的深刻革命．浙江日报，2019.12.19,9 版．

［77］国务院．国务院关于加快推进全国一体化在线政务服务平台建设的指导意见．国发〔2018〕27 号．

［78］国务院办公厅．国务院办公厅关于切实做好各地区各部门政务服务平台与国家政务服务平台对接工作的通知．国办函〔2018〕59 号．

［79］国务院办公厅．国务院办公厅关于加快"互联网＋监管"系统建设和对接工作的通知．国办函〔2018〕73号．

［80］国务院办公厅电子政务办公室．关于开展"互联网＋监管"试点示范工作的通知．国办电政函〔2019〕74号．

［81］国务院办公厅．国务院办公厅关于进一步加快推进"互联网＋监管"系统建设工作的通知．国办函〔2019〕80号．

［82］2019年中国数字政府服务能力评估总报告．

［83］广西政务数据"聚通用"攻坚行动计划的通知．桂政办发〔2018〕100号．

［84］中央党校（国家行政学院）电子政务研究中心．2019年省级政府和重点城市网上政务服务能力调查评估报告．

［85］中国信息通信研究院云计算与大数据研究所．政务大数据平台建设白皮书．

［86］华南经济工作室．24省调研报告．

［87］中山大学．深化商事制度改革研究．

［88］陶勇．如何打造"数字政府"．小康，2018.24．

［89］广东省人民政府．广东省"数字政府"建设总体规划(2018—2020年)．粤府〔2018〕105号．

［90］广西壮族自治区人民政府办公厅．广西推进数字政府建设三年行动计划(2018—2020年)．桂政办发〔2018〕99号．

［91］陈敏尔．理想信念高于天，纪律规矩是底线．人民日报，2015.11.9.

［92］李垭卓．浅析数字政府职责体系与运行机制．辽宁经济，2018.4．

［93］国务院办公厅．国务院办公厅关于印发"互联网＋政务服务"技术体系建设指南的通知．国办函〔2016〕108号，2016.12.20.

［94］广西壮族自治区人民政府．广西壮族自治区人民政府关于印发广西数字政务一体化平台建设方案的通知．桂政发〔2018〕53号，2018.11.28.

［95］国务院办公厅．关于印发政府网站发展指引的通知，国办发〔2017〕47号，2017.5.15.

［96］金震宇，房迎．"互联网＋政务服务"实践(三)．光明日报出版社，2019.1.

［97］周民，杨绍亮，赵农．电子政务发展前沿(2015)．2015.7.

［98］广东省人民政府办公厅．关于印发广东省"数字政府"建设总体规划(2018—2020年)实施方案的通知．粤府办〔2018〕48号，2018.10.26.

［99］国务院办公厅电子政务办公室．关于印发各省(自治区、直辖市)"互联网＋监管"系统建设方案要点的通知．国办电政函〔2019〕56号，2019.3.30.

［100］国务院办公厅．关于印发《政府网站集约化试点工作方案》的通知．国办函〔2018〕71号，2018.10.27.

［101］德勒．5G赋能智慧城市白皮书．慧博资讯．

［102］"数字社会"的发展趋势、时代特征和业态成长．电子政务智库，2019.10.22.

［103］关于促进"互联网＋社会服务"发展的意见．发改高技〔2019〕1903号．

［104］广西数字社会建设三年行动计划(2018—2020年)．桂政办发〔2018〕96号．

［105］安全生产应急管理"十三五"规划．

［106］应急管理部．牵头规划建设全国应急管理大数据应用平台．中国新闻网，2019.4.30.

［107］国务院办公厅关于印发生态环境监测网络建设方案的通知．国办发〔2015〕56号．

［108］智慧城市：未来发展的新愿景．智慧城市网，2013.10.4. https://www.zhihuichengshi.cn/XinWenZiXun/12146.html.

［109］什么是社会治理．https://zhidao.baidu.com/question/8521973.html.

［110］数字化应急管理的理论与应用．中国科技纵横，2019(14). http://www.fx361.com/page/2019/0918/5563085.shtm.

［111］数字生态．百度文库，https://wenku.baidu.com/view/863162d3856a561252d36f54.html.

［112］南宁市发展和改革委员会，广西桂盈达数据分析师事务所有限公司．广西南宁市智慧社会建设研究报告．2019.5.

［113］你想拥有数字信用吗．2019.7.29. https://new.qq.com/omn/20190729/20190729A0LM0P00.

［114］人民日报人民时评：信用建设，治理体系新支柱．2018.9.11. http://opinion.people.com.cn/n1/2018/0911/c1003-30284737.html.

［115］人民日报海外版．中国建立全球规模最大征信系统．2019.6.19. http://www.scio.gov.cn/xwfbh/xwbfbh/wqfbh/39595/40688/zy40692/Document/1656902/1656902.htm.

［116］张一洲．推进应急管理数字化转型的支撑点．学习时报，2020.2.28. http://www.qstheory.cn/llwx/2020-02/28/c_1125637854.htm.

［117］尽快完善数字化应急管理体系．中国经济时报，2020.3.3．https://baijiahao.baidu.com/s?id=1660068662303549598&wfr=spider&for=pc．

［118］国务院安委会办公室，国家减灾委办公室，应急管理部．关于加强应急基础信息管理的通知．2019.5.5．

［119］桂政办．广西数字社会建设三年行动计划(2018—2020年)．桂政办发〔2018〕96号．

［120］补齐短板，推进市域社会治理现代化．法制网，2020.4.15．http://www.legaldaily.com.cn/City_Management/content/2020-04/15/content_8170996.htm．

［121］2018—2020年环境信息化建设方案．http://www.chinaeic.net/ywly/ghjh/201804/t20180418_434812.html．

［122］中国环境新闻．全国固定污染源统一数据库建设现场会在南京召开．2019.10.15．https://m.thepaper.cn/baijiahao_4687394．

［123］关于印发《加大力度推动社会领域公共服务补短板强弱项提质量促进形成强大国内市场的行动方案》的通知．发改社会〔2019〕0160号．

［124］美年健康引领预防医学数字化．中国网，2019.5.24．http://fc.china.com.cn/2019-05/24/content_40762988.htm．

［125］如何慎终如始善作善成打好战"疫"？学者在线"云"建言．人民网 – 理论频道，2020.3.13．http://theory.people.com.cn/n1/2020/0313/c40531-31629970.html．

［126］2018年中国在线教育用户规模1.35亿人，预计2019—2022年用户规模年均增长18.3%，二三线城市将成为竞争重点．中国产业信息网，2019.8.19．http://www.chyxx.com/industry/201908/773158.html．

［127］2019年中国在线教育行业发展现状分析 政策红利下在线教育用户规模达2.32亿．前瞻产业研究院，2019.9.23．https://www.qianzhan.com/analyst/detail/220/190920-6ff3a3c9.html．

［128］顾小清．数字技术带来教育生态变革．光明网 – 光明日报，2019.8.6．https://wap.peopleapp.com/article/rmh6113537/rmh6113537．

［129］养老服务产品呈跨界融合趋势．经济日报，2019.8.30．https://baijiahao.baidu.com/s?id=1643281147525180991&wfr=spider&for=pc．

［130］探索养老产业的发展趋势．搜狐网，2019.7.29．https://www.sohu.com/a/330095017_100237898．

［131］虚拟(增强)现实白皮书(2018年)．信通院．

［132］笪旻昊．虚拟现实技术的应用研究 J．电脑迷，2019,(1):53．

［133］什么是自然语言处理(NLP)？定义＋应用一次性看个明白．慧都大数据，2019.03.18．https://blog.csdn.net/qq_27005679/java/article/details/88635727．

［134］NLP基本概念及应用．企鹅号 – 沅江育学，2018.12.31．https://cloud.tencent.com/developer/news/379429．

［135］2019超高清视频标准化白皮书．中国电子技术标准化研究院．

［136］全国首个5G医用测温巡逻机器人助力疫情防控战役．新浪科技综合，2020.2.7．https://tech.sina.com.cn/5g/i/2020-02-07/doc-iimxyqvz1034112.shtml．

［137］数字经济时代的社会信用体系建设．中国市场监管报，2019.12.18．https://www.creditchina.gov.cn/home/xinyongyanjiu/201912/t20191217_179104.html．

［138］文化部关于印发《文化部"十三五"时期公共数字文化建设规划》的通知．文公共发〔2017〕18号．

［139］党的十八大关于文化的内容：扎实推进社会主义文化强国建设．https://wenku.baidu.com/view/ad76ef138bd63186bdebbc8f.html．

［140］中国数字经济发展白皮书(2017年)．中国信息通信研究院，2017.7．

［141］李嵩山．基于数字经济发展现状的分析．经济研究，2019．

［142］全球数字经济新图景(2019年)——加速腾飞重塑增长．中国信息通信研究院，2019．

［143］2019中国跨境电商出口趋势与机遇白皮书．第一财经商业数据中心(CBNData),2019.4．

［144］刘淑春．中国数字经济高质量发展的靶向路径与政策供给．经济学家，2019.6．

［145］中国数字经济发展与就业白皮书(2019年)．中国信息通信研究院，2019．

［146］肖旭．戚聿东．产业数字化转型的价值维度与理论逻辑．改革杂志，2019．

［147］传统产业数字化转型的模式和路径．国务院发展研究中心，2018．

［148］"科普中国"．科学百科．

［149］时间敏感网络 (TSN) 产业白皮书 (征求意见稿). 工业互联网产业联盟 .

［150］工业互联网体系架构 (版本 1.0). 工业互联网产业联盟 .

［151］李铭轩，顾旻霞，林敏 . 面向 NFC 业务的互通性研究 . 电信技术，2018.11.

［152］肖建华 . 兽医信息学 . 北京：中国农业出版社，2009.4 .

［153］全国管理咨询师考试教材编写委员会 . 企业管理咨询实务与案例分析 . 北京：企业管理出版社，2009.

［154］朱森第 . 工业互联网赋能制造业数字化转型 . 财经，2020.1.

［155］王利民，刘佳，杨玲波，杨福刚 . 中国数字农业的基本理念与建设内容设计 . 中国农业信息，2018.12,30(6).

［156］工业互联网术语和定义 (版本 1.0). 工业互联网产业联盟 .

［157］国务院关于印发促进大数据发展行动纲要的通知 . 国发〔2015〕50 号 .

［158］工业和信息化部关于印发大数据产业发展规划 (2016 — 2020 年) 的通知 . 工信部规〔2016〕412 号 .

［159］张赛男 . 文化局管理信息系统设计与实现 . 山东大学，2012.10.12.

［160］范周 . 看《文化部 "十三五" 时期公共数字文化建设规划》释放了哪些信号，2017.8.4.

专业术语中英文对照

英文的专业术语尤其是缩略语有不少是一词多义的，对不同专业往往有不同的词义，以下专业术语中的中英文对照仅针对本书主题所涉及的专业内容进行解读。

【A】

AAU：Active Antenna Unit 有源天线处理单元

ABS：Acrylonitrile Butadiene Styrene 丙烯腈 – 丁二烯 – 苯乙烯共聚物

ACL：Access Control Lists 访问控制列表

ActiveX：ActiveX 对于一系列策略性面向对象程序技术和工具的称呼

Android：Android 安卓手机操作系统

AI：Artificial Intelligence 人工智能

AIoT：AI & IoT 人工智能物联网

Apache：阿帕奇，一种 Web 服务器软件

API：Application Programming Interface 应用程序接口

APP：Application 手机软件

Apriori：关联规则挖掘算法

AR：Augmented Reality 增强现实

ASCII：American Standard Code for Information Interchange 美国信息交换标准代码

AV：Audio&Video 音频 / 视频

【B】

B/S：Browser/Server 浏览器 / 服务器模式

BA：Building Automation 楼宇自动化

BACnet：Building Automation and Controlnetworks 楼宇自动化与控制网络

BAT：B 指百度、A 指阿里巴巴、T 指腾讯，是中国三大互联网公司百度公司（Baidu）、阿里巴巴集团（Alibaba）、腾讯公司（Tencent）首字母的缩写。

BBU：Building Base band Unit 室内基带处理单元

BCM：body control module 车身控制模块

BERT：Bidirectional Encoder Representations from Transformers 一种以"转换模型"为主要框架的双向编码表征模型

BGP：Border Gateway Protocol 边界网关协议

BI：Business Intelligence 商业智能

Blockchain：区块链

BNC：Bayonet Nut Connector 摄像设备输出导线和摄像机连接头

【C】

C/S：Client-Server 客户机 – 服务器

C-V2X：Cellular- Vehicle to X 基于蜂巢式的车用无线通信技术

CA：Certificate Authority 证书颁发机构

CAD：Computer Aided Design 计算机辅助设计，泛指图形设计软件

CapEx：Capital Expenditure 资本性支出

CCD：Charge-coupled Device 电荷耦合器件

CDC：Centers for Disease Control 疾病控制中心

CDN：Content Delivery Network 内容分发网络

CFD：Computational Fluid Dynamics 计算流体动力学

China Ledger：中国分布式总账基础协议联盟

CICD：Continuous Integration Continuous Deployment 持续集成和持续部署

CIFS：Common Internet File System 通用网络文件系统

CMOS：Complementary Metal Oxide Semiconductor 互补金属氧化物半导体

CNN：Convolutional Neural Networks 卷积神经网络

Consortium blockchains：联盟区块链

CPU：central processing unit 中央处理器

CRM：Customer Relationship Management 客户关系管理

CT：Computed Tomography 电子计算机断层扫描

CU：Centralized Unit 中央控制单元

【D】

DAS：Direct-Attached Storage 直连式存储

DataX：一种异构数据源离线同步工具

Data Provider：数据提供程序

DB2：第二代关系型数据库管理系统

DC：Data Center 数据中心

DCIM：Data Center Infrastructure management 数据中心基础设施管理

DCS：Distributed control system 分布式控制系统

DDC：Direct Digital Control 直接数字控制

DDoS：Distributed denial of service 分布式拒绝服务

Dephi：Windows 平台下快速应用程序开发工具

DevOps：Development & Operations 软件开发和 IT 运维

DGD：Differential Group Delay 差分群时延

DICOM：Digital Imaging and Communications in Medicine 医学数字成像和通信

DML：Data Manipulation Language 数据操纵语言

DMZ：Demilitarized Zone 隔离区

DNS：Domain Name System 域名系统（服务）协议

DPI：Deep Packet Inspection　深度数据包检测

DSS：Decision Support System　决策支持系统

DT：Data Technology　数据处理技术

DU：Distributed Unit　分布式单元

Dubbo：阿里巴巴开源的高性能服务框架

DVI：Digital Visual Interface　数字视频接口

DVR：Digital Video Recorder　数字视频录像机

DWDM：Dense Wavelength Division Multiplexing　密集型光波复用

【E】

EB：Exabyte　艾字节，计算机存储容量单位

EC：Embedded Controller　嵌入式控制器

ECS：Enterprise Communication System　企业通信系统

ECU：Elastic compute units　弹性计算单元

EDI：Electronic data interchange　电子数据交换

EJB：Enterprise Java Beans　基于分布式事务处理的企业级应用程序的组件

eMBB：Enhanced Mobile Broadband　增强移动带宽

ERP：Enterprise Resource Planning　企业资源计划

ESB：Enterprise Service Bus　企业服务总线

ETL：Extract-Transform-Load　用来描述将数据从来源端经过抽取（extract）、转换（transform）、加载（load）至目的端的过程

【F】

FC：Fibre Channel　光纤通道

FC SAN：Fibre Channel Storage Area Network　光纤通道存储区域网络

FCOE：Fibre Channel over Ethernet　以太网光纤通道

FLASH：flash　交互式矢量图和 Web 动画标准

FlexEth：Flex Ethernet　灵活以太网技术

flv：FlashVideo　流媒体格式

FT：Fault Tolerant　容错

FTP：File Transfer Protocol　文件传输协议

Full MPP Mode：Full Massively Parallel Processing Mode　完全大规模并行处理模式

【G】

GB：Gigabyte　十亿字节

GCP：Gatewa Control Processor　网关控制处理器

GDF：General Document Format　通用文件格式

GIS：Geographic Information System　地理信息系统

GPS：Global Positioning System　全球定位系统

GPU：Graphics Processing Unit　图形处理器

GRE：Generic Routing Encapsulation　通用路由封装

GUI：Graphical User Interface　图形用户界面

【H】

HA：High Available　高可用、高可靠性

Hadoop：由阿帕奇基金会所开发的分布式系统基础架构

HBA：Host bus adapter　主机总线适配器

Hbase：Hadoop Database　一个分布式的、面向列的开源数据库

HDFS：Hadoop Distributed File System　Hadoop 分布式文件系统

HDMI：High Definition Multimedia Interface　高清多媒体接口

HIS：Hospital Information System　医院信息系统

HL7：Health Level Seven　卫生信息交换标准

HP-UX：惠普公司的 UNIX 操作系统

HPL：High-pressure Laminate　热固性树脂浸渍纸高压装饰层积板

HTML5.0：HyperText Markup Language5.0　超文本标记语言 5.0

HTTP：HyperText Transfer Protocol　超文本传输协议

HTTPS：Hyper Text Transfer Protocol over SecureSocket Layer　超文本传输安全协议

Hyper-V：微软的一款虚拟化产品

Hypervisor：虚拟机监视器

【I】

I/O：Input/Output　输入 / 输出

IaaS：Infrastructure as a Service　基础设施即服务

IBM AIX：IBM Advanced Interactive eXecutive　IBM 公司开发的一套类 UNIX 操作系统

IC：Integrated Circuit　集成电路

ID：Identity document　身份标识

IDC：Internet Data Center　互联网数据中心

IDE：Integrated Development Environment　集成开发环境

IDS：Intrusion Detection System　入侵检测系统

IE：Internet Explorer　网页浏览器

IEEE：Institute of Electrical and Electronics Engineers　电气和电子工程师协会

IHE：Integration the Healthcare Enterprise　医学装备信息交互与集成分会

IoC：Inversion of Control　控制反转

iOS：iPhone OS　苹果公司的移动操作系统

IoT：The Internet of Things　物联网

IP：Internet Protocol　网际互连协议

IPC：IP Camera　网络摄像机

IP-SAN：Internet Protocol Storage Area Network　以太网技术存储区域网络

IPS：Intrusion Prevention System　入侵防御系统

IPsec VPN：Internet Protocol Security virtual Private Network　互联网安全协议虚拟网

IPv6：Internet Protocol Version 6　互联网协议第 6 版

ISCSI：Internet Small Computer System Interface　因特网小型计算机系统接口

ISP：Internet Service Provider　互联网服务提供商

IT：Information Technology　信息技术

Item：Item　列表的单行条例

ITSM：IT Service Management　IT 服务管理

ITU：International Telecommunication Union　国际电信联盟

【J】

Java：一种面向对象编程语言

Java Servlet：一种用于扩展服务器的性能的语言技术

JCA：Java Connector Architecture　J2EE 连接器架构

JDBC：Java Database Connectivity　Java 数据库连接

JMS：Java Message Service　Java 消息服务

JNDI：Java Naming and Directory Interface　Java 命名和目录接口

JSON：Java Script Object Notation　对象简谱

JSP：Java Server Pages　Java 服务器页面

JVM：Java Virtual Machine　Java 虚拟机

J2EE：Java 2 Platform Enterprise Edition　Java2 平台企业版

【K】

Key：密钥

Knowledge Discovery in Database：数据库中的知识发现

KPI：Key Performance Indicator　关键绩效指标

KVM：Keyboard Video Mouse　键盘、视频和鼠标

K12：kindergarten through twelfth grade　幼儿园至第十二年级

【L】

LDAP：Lightweight Directory Access Protocol　轻型目录访问协议

LDCT：Low-Dose Computed Tomography　低剂量电子计算机断层扫描

LED：Light Emitting Diode　发光二极管

Linux：一种操作系统

LPWAN：Low-Power Wide-Area Network　低功耗广域网

LSTM：Long Short-Term Memory　长短期记忆网络

【M】

MapReduce：一种编程模型，用于大规模数据集（大于1TB）的并行运算

Master：能手

Mbps：Million bit pro second　兆比特每秒，速率单位

MCP：Main Control Processor　主控处理器

MEC：Mobile Edge Computing　移动边缘计算

Memcached：一款分布式高缓存系统

MES：Manufacturing Execution System　制造执行系统

MESH：无线网格网络

Microsoft：微软

MIMO：Multiple-Input Multiple-Output　大规模多入多出天线技术

mMTC：massive Machine Type of Communication　海量机器类通信

Modbus：一种串行通信协议

MongoDB：一种基于分布式文件存储的数据库

MPI：Message Passing Interface　信息传递接口

MPP：Massive Parallel Processing　大规模并行处理

MR：Magnetic Resonance　磁共振检查

MS：Mobile Security　移动应用安全

MS SQL：Microsoft SQL Server　微软公司的 SQL 服务器

MySQL：一种关系型数据库

【N】

NAS：Network Attached Storage　网络接入存储

NB-IoT：Narrow Band Internet of Things　窄带物联网

Netscape：网景，一家计算机服务公司

NFC：Near Field Communication　近场通信

NFS：Network File System　网络文件系统

NFV：Network Functions Virtualization　网络功能虚拟化

NGINX：一种高性能的 HTTP 和反向代理 Web 服务器

NoSQL：Not Only SQL　非关系型数据库

【O】

OA：Office Automation　办公自动化

OC：Outer Center　边缘数据中心

OCI：Oracle Call Interface　ORACLE 调用接口

OCR：Optical Character Recognition　光学字符识别

ODBC：Open Database Connectivity　开放数据库连接

ODU：Optical channel Data Unit　光通道数据单元

OECD：Organization for Economic Co-operation and Development　经济合作与发展组织

OLA：Optical Line Amplifier　光线路放大器

OLAP：Online Analytical Processing　联机分析处理

OLP：Optical Fiber Line Auto Switch Protection Equipment　光纤线路自动切换保护装置

OLT：Optical Line Terminal　光线路终端

OLTP：On-Line Transaction Processing　联机事务处理

OOA：Object-Oriented Analysis　面向对象分析方法

OOD：Object-Oriented Design　面向对象设计

OPC：Object Linking and Embedding(OLE) for Process Control　一种数据采集协议

Oracle：一种关系型数据库

OSD：On Screen Display　屏幕菜单式调节方式

OSI：Open System Interconnection　开放系统互联

OSNR：Optical Signal Noise Ratio　光信噪比

OSPF：Open Shortest Path First　开放式最短路径优先

OT：Operational Technology　运维技术

OTN：Optical Transport Network　光传送网

OTU：Optical Transform Unit　光转换单元

【P】

PaaS：Platform as a Service　平台即服务

PB：Petabytes　拍字节，计算机存储容量单位

PC：Personal Computer　个人计算机

PCI：Physical Cell Identifier　物理小区标识

PDCA：Plan、Do、Check、Act　计划、执行、检查、处理

PDF：Portable Document Format　便携式文档格式

PDU：Power Distribution Unit　电源分配单元

PE：Polyethylene　聚乙烯

PGIS：Police Geographic Information System　警用地理信息系统

PHP：Hypertext Preprocessor　超文本预处理器

PIN：Personal Identification Number　个人身份识别码

PKI：Public Key Infrastructure　公钥基础设施

PKT：Packet　储存器

PLC：Programmable Logic Controller　可编程逻辑控制器

POI：Point Of Information　信息点

Private Blockchain：私有链

Public Blockchain：公有链

PUE：Power Usage Effectiveness　电源使用效率

PVC：Polyvinyl chloride　聚氯乙烯

P2P：Peer-to-peer　点对点技术

【Q】

QoS：Quality of Service　服务质量

【R】

RAC：Relative Address Coding　关系地址编码

RAS：Remote Access Service　远程访问服务

RBAC：Role-Based Access Control　基于角色的访问控制

RDS：Relational Database Service　关系型数据库服务

Redis：Remote Dictionary Server　远程字典服务

REST：Representational State Transfer　表述性状态传递

RESTful：一种网络应用程序的设计风格和开发方式

RestfulAPI：Representational State Transfer Application Programming Interface　表现层状态转化应用程
　　　序接口

RFC：Request for Change　变更请求

RFID：Radio Frequency Identification　射频识别技术

RNN：Recurrent Neural Network　循环神经网络

ROADM：Reconfigurable Optical Add-Drop Multiplexer　可重构光分插复用器

ROI：Region Of Interest　感兴趣区域

RRU：Remote Radio Unit　远端射频单元

RTMP：Real Time Messaging Protocol　实时消息传输协议

【S】

SaaS：Software as a Service　软件即服务

SAN：Storage Area Network　存储区域网络

SAS：Serial Attached SCSI　串行连接 SCSI

SATA：Serial Advanced Technology Attachment　串行高级技术附件

SCADA：Supervisory Control And Data Acquisition　数据采集与监视控制系统

SCM：Supply chain management　供应链管理

SCSI：Small Computer System Interface　小型计算机系统接口

SD：Secure Digital Memory Card　安全数据存储卡

SDH：Synchronous Digital Hierarchy　同步数字体系

SDI：serial digital interface　串行数字接口

SDK：Software Development Kit　软件开发工具包

SDN：Software Defined Network　软件定义网络

SDS：Software Defined Storage　软件定义存储

Server-SAN：Server Storage Area Network　基于服务器的存储区域网络

SMB：Server Message Block　服务器信息块

SMI-S：Storage Management Initiative specification　一种存储管理接口标准

SMP：Symmetric Multi-Processing　对称多处理

SNMP：Simple Network Management Protocol　简单网络管理协议

SOA：Service-Oriented Architecture　面向服务的架构

SOAP：Simple Object Access Protocol　简单对象访问协议

SOC：Security Operations Center　安全管理中心

SQL：Structured Query Language　结构化查询语言

SQL Server：Structured Query Language Server　结构化查询语言服务

SSD：Solid State Drive　固态硬盘

SSH：Secure Shell　安全外壳协议

SSL：Secure Sockets Layer　安全套接字协议

SSL VPN：Secure Sockets Layer VPN　安全套接层 VPN

STP：Spanning Tree Protocol　生成树协议

Sun Solaris：Sun 公司研发的计算机操作系统

Sybase：Sybase 公司研发的一种关系型数据库系统

Syslog：system log　系统日志

【T】

TB：Terabyte　太字节，计算机存储容量单位

TCP：Transmission Control Protocol　传输控制协议

TCP/IP：Transmission Control Protocol/Internet Protocol　传输控制协议 / 网际协议

Telnet：Telecommunication Network Protocol　电信网络协议

TIF：Tag Image File　标签图像文件

Tomcat：汤姆猫，是一个开源的 jsp 服务器

【U】

UDDI：Universal Description Discovery and Integration　一种用于描述、发现、集成 Web Service 的技术

UI：User Interface　用户界面

Unix：一种操作系统

UPS：Uninterruptible Power Supply 不间断电源

URL：Uniform Resource Locator 统一资源定位符

uRLLC：Ultra-reliable and Low Latency Communications 超高可靠与低时延通信

USB：Universal Serial Bus 通用串行总线

USBKey：usb key 电子钥匙

User：用户

【V】

Value：价值

Variety：多样性

VC：Virtual Container 虚容器

vCPU：Virtual CPU 虚拟 CPU

Velocity：生成速度

VGA：Video Graphics Array cable 视频图形阵列电缆

VLAN：Virtual Local Area Network 虚拟局域网

VM：Virtual Manufacturing 虚拟机

VMware：Virtual Machine ware 虚拟机软件

VMware vSphere：VMware 公司的服务器虚拟化解决方案

Volume：容量

VPC：Virtual Private Cloud 虚拟私有云

VPN：Virtual Private Network 虚拟专用网络

VR：Virtual Reality 虚拟现实，灵境技术

VRRP：Virtual Router Redundancy Protocol 虚拟路由冗余协议

V2X：Vehicle to X 车用无线通信技术

【W】

WAF：Web Application Firewall 网站应用级入侵防御系统

WAR：Web Archive file 网络应用程序文件

WEB：World Wide Web 全球广域网

WEBSHELL：以 asp、php、jsp 或者 cgi 等网页文件形式存在的一种命令执行环境，也可以称为一种网页后门

Web Service：一种基于可编程的基于网页应用程序

WMI：Windows Management Instrumentation Windows 管理规范

WSDL：Web Services Description Language Web 服务描述语言

WSN：Wireless Sensor Networks 无线传感器网络

【X】

XEN：开源虚拟化技术

XML：EXtensible Markup Language   可扩展标记语言

xMOOC：x Massive Open Online Courses   基于行为主义学习理论的大规模在线开放课程

【Z】

ZooKeeper：一个分布式的，开放源码的分布式应用程序协调服务

3D：3-dimension   三维

3GPP：3rd Generation Partnership Project   第三代合作伙伴计划

4G：the 4th generation mobile communication technology   第四代移动通信技术

4K：4K resolution   4K 分辨率

5G：5th generation mobile networks   第五代移动通信技术

8K：8K resolution   8K 分辨率

.NET：微软当代的操作平台